磨工实用技术手册

（第二版）

邱言龙　李德富　主编

内 容 提 要

随着“中国制造”的崛起，对技能型人才的需求增强，技术更新也不断加快。《机械工人实用技术手册》丛书应形势的需求，进行再版，本套丛书与人力资源和社会保障部最新颁布的《国家职业标准》相配套，内容新、资料全、操作讲解详细。

本书共十一章，主要内容包括：常用资料及其计算，磨工基础知识，包括常用材料及金属材料的热处理，形状和位置公差、表面粗糙度，技术测量基础与常用量具，磨床，磨削加工原理，磨床夹具，磨削加工工艺，特种零件磨削，成形面磨削，精密与高效磨削，刀具刃磨，数控磨削技术等。

本书可供广大铣工和有关技术人员使用，也可供相关专业学生参考。

图书在版编目(CIP)数据

磨工实用技术手册/邱言龙，李德富主编．—2 版．—北京：中国电力出版社，2018.11

ISBN 978-7-5198-2385-6

Ⅰ.①磨…　Ⅱ.①邱…②李…　Ⅲ.①磨削-技术手册　Ⅳ.①TG58-62

中国版本图书馆 CIP 数据核字(2018)第 204688 号

出版发行：中国电力出版社
地　　址：北京市东城区北京站西街 19 号(邮政编码 100005)
网　　址：http://www.cepp.sgcc.com.cn
责任编辑：马淑范（010-63412397）
责任校对：黄　蓓　李　楠　郝军燕
装帧设计：赵姗姗
责任印制：杨晓东

印　　刷：三河市万龙印装有限公司
版　　次：2009 年 10 月第一版　2018 年 11 月第二版
印　　次：2018 年 11 月北京第二次印刷
开　　本：880 毫米×1230 毫米　32 开本
印　　张：28.25
字　　数：541 千字
印　　数：3001—5000 册
定　　价：**88.00** 元

《磨工实用技术手册(第二版)》

编 委 会

主　编　邱言龙　李德富

参　编　邱言龙　李德富　王秋杰

李银涛　刘迎久　丁　轶

林　莉

审　稿　王　兵　雷振国　汪友英

前言

随着新一轮科技革命和产业变革的孕育兴起，全球科技创新呈现出新的发展态势和特征。这场变革是信息技术与制造业的深度融合，是以制造业数字化、网络化、智能化为核心，建立在物联网和务（服务）联网基础上，同时叠加新能源、新材料等方面的突破而引发的新一轮变革，给世界范围内的制造业带来了广泛而深刻影响。

十年前，随着我国社会主义经济建设的不断快速发展，为适应我国工业化改革进程的需要，特别是机械工业和汽车工业的蓬勃兴起，对机械工人的技术水平提出越来越高的要求。为满足机械制造行业对技能型人才的需求，为他们提供一套内容起点低、层次结构合理的初、中级机械工人实用技术手册，我们特组织了一批高等职业技术院校、技师学院、高级技工学校有多年丰富理论教学经验和高超的实际操作技能水平的教师，编写了这套《机械工人实用技术手册》丛书。首批丛书包括：《车工实用技术手册》《钳工实用技术手册》《铣工实用技术手册》《磨工实用技术手册》《装配钳工实用技术手册》《机修钳工实用技术手册》《模具钳工实用技术手册》《工具钳工实用技术手册》和《焊工实用技术手册》一共九本，后续又增加了《钣金工实用技术手册》《电工实用技术手册》和《维修电工实用技术手册》。这套丛书的出版发行，为广大机械工人理论水平的提升和操作技能的提高起到很好的促进作用，受到广大读者的一致好评！

由百余名院士专家着手制定的《中国制造 2025》，为中国制造业未来 10 年设计顶层规划和路线图，通过努力实现中国制造向中国创造、中国速度向中国质量、中国产品向中国品牌三大转变，推动中国到2025年基本实现工业化，迈入制造强国行列。“中国制造2025”的总体目标：2025年前，大力支持对国民经济、国防建设和人民生活休戚相关的数控机床与基础制造装备、航空装备、海洋工程装备与船舶、汽车、节能环保等战略必争产业优先发展；选择与国际先进水平已较为接近的航天装备、通信网络装备、发电与输变电装备、轨道交通装备等优势产业，进行重点突破。

“中国制造2025”提出了我国制造强国建设三个十年的“三步走”战略，是第一个十年的行动纲领。“中国制造2025”应对新一轮科技革命和产业变革，立足我国转变经济发展方式实际需要，围绕创新驱动、智能转型、强化基础、绿色发展、人才为本等关键环节，以及先进制造、高端装备等重点领域，提出了加快制造业转型升级、提升增效的重大战略任务和重大政策举措，力争到2025年从制造大国迈入制造强国行列。

由此看来，技术技能型人才资源已经成为最为重要的战略资源，拥有一大批技艺精湛的专业化技能人才和一支训练有素的技术队伍，已经日益成为影响企业竞争力和综合实力的重要因素之一。机械工人就是这样一支肩负历史使命和时代需求的特殊队伍，他们将为我国从“制造大国”向“制造强国”，从“中国制造”向“中国智造”迈进做出巨大贡献。

在新型工业化道路的进程中，我国机械工业的发展充满了机遇和挑战。面对新的形势，广大机械工人迫切需要知识更新，特别是学习和掌握与新的应用领域有关的新知识和新技能，提高核心竞争力。在这样的大背景下，对《机械工人实用技术手册》丛书进行修订再版。删除第一版中过于陈旧的知识和用处不大的理论基础，新增加的知识点、技能点涵盖了当前的较为热门的新技术、新设备，更加能够满足广大读者对知识增长和技术更新的要求。

本书由邱言龙、李德富任主编，参与编写的人员还有王秋杰、李银涛、刘迎久、丁轶、林莉等，本书由王兵、雷振国、汪友英担任审稿工作，王兵任主审，全书由邱言龙统稿。

由于编者水平所限，加之时间仓促，以及搜集整理资料方面的局限，知识更新不及时，挂一漏十，书中错误在所难免，望广大读者不吝赐教，以利提高！欢迎读者通过 E-mail：qiuxm6769@sina.com 与作者联系！

编　者

2018.2

第一版前言

当前和今后一个时期，是我国全面建设小康社会、开创中国特色社会主义事业新局面的重要战略机遇期。建设小康社会需要科技创新，离不开技能人才。国务院组织召开的“全国人才工作会议”、“全国职教工作会议”都强调要把“提高技术工人素质、培养高技能人才”作为重要任务来抓。当今世界，谁掌握了先进的科学技术并拥有大量技术娴熟、手艺高超的技能人才，谁就能生产出高质量的产品，创出自己的名牌；谁就能在激烈的市场竞争中立于不败之地。我国有近一亿技术工人，他们是社会物质财富的直接创造者。技术工人的劳动，是科技成果转化为生产力的关键环节，是经济发展的重要基础。

高级技术工人应该具备技术全面、一专多能、技艺高超、生产实践经验丰富的优良的技术素质。他们需要担负组织和解决本工种生产过程中出现的关键或疑难技术问题，开展技术革新、技术改造，推广、应用新技术、新工艺、新设备、新材料以及组织、指导初、中级工人技术培训、考核、评定等工作任务。而技术工人要做到这些，则需要不断地学习和提高。

为此，我们编写了本书，以期满足广大磨工学习的需要，帮助他们提高相关理论与技能操作水平。本书的主要特点如下：

（1）标准新。本书采用了国家新标准、法定计量单位和最新名词术语。

（2）内容新。本书除了讲解传统磨工应掌握的内容之外，还加入了一些新技术、新工艺、新设备、新材料等方面的内容。

（3）注重实用。在内容组织和编排上特别强调实践，书中的大量实例来自生产实际和教学实践，实用性强，除了必需的基础知识和专业理论以外，还包括许多典型的加工实例、操作技能及最新技术的应用，兼顾先进性与实用性，尽可能地反映现代加工技术领域内的实用技术和应用经验。

（4）写作方式易于理解和学习。本书在讲解过程中，多以图和表来讲解，更加直观和生动，易于读者学习和理解。

由于编者水平有限，加之时间仓促，书中错误在所难免，望广大读者不吝赐教，以利提高！欢迎读者通过 E-mail：qiuxm6769@sina.com 与作者联系！

编　者

2009 年 9 月于古城荆州

目　录

第十一章 典型零件磨削工艺分析 …………………… 784

第一章

磨工基础知识

第一节　图样表示方法

一、投影法（GB/T 14692—2008）

1. 投影分类

投影法是图样表达的基础，空间机件也是通过采用不同的投影法所获得的图形来表达其形状的，不同的需要可采用不同的投影法。为此投影法也是技术制图的基础。

投影法将按投射线的类型（平行或汇交），投影面与投射线的相对位置（垂直或倾斜）及物体的主要轮廓与投影面的相对关系（平行、垂直或倾斜）进行分类，其基本分类如图 1-1 所示。

绘制技术图样时，应以采用正投影法为主，以轴测投影法及透视投影法为辅。

2. 正投影法

正投影法有单面和多面之分。如六面基本视图属于多面正投影，轴测投影图则是单面正投影。多面正投影又有第一角画法、第三角画法及镜像投影之分。而在正投影法中，应采用第一角画法。必要时，才允许使用第三角画法。正投影法中三种方法的区别见表 1-1。

3. 轴测投影

轴测投影是将物体连同其参考直角坐标系，沿不平行于任一坐标面的方向，用平行投影法将其投射在单一投影面上所得的具有立体感的图形。常用的轴测投影见表 1-2。

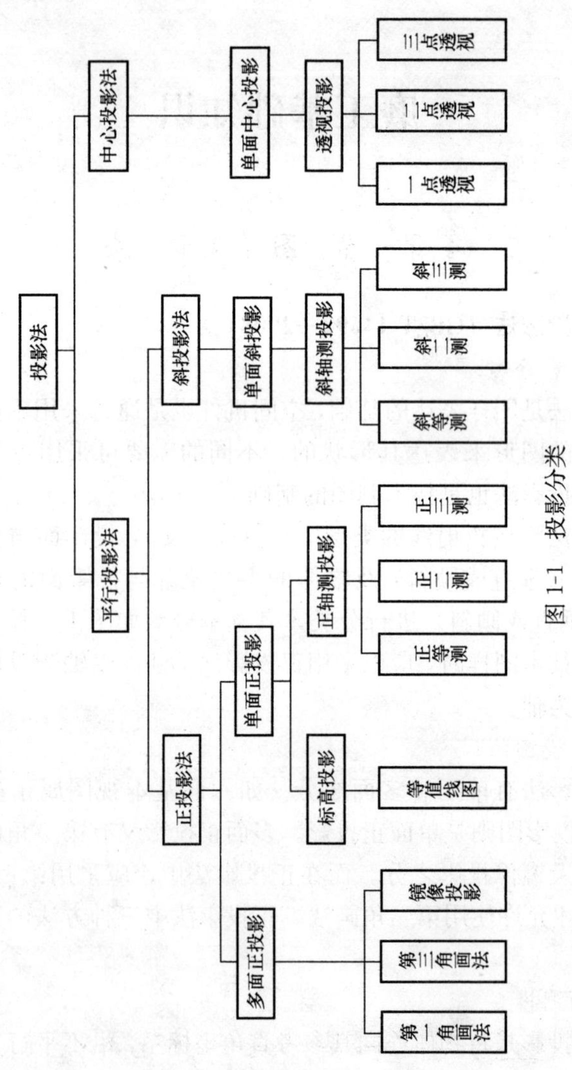
投影法
中心投影法
平行投影法
单面中心投影
透视投影
一点透视
二点透视
三点透视
斜投影法
单面斜投影
斜轴测投影
斜等测
斜二测
斜三测
正投影法
单面正投影
正轴测投影
正等测
正二测
正三测
标高投影
等值线图
多面正投影
第一角画法
第三角画法
镜像投影
图 1-1 投影分类

表 1-1　　正投影法（摘自 GB/T 14692—2008）

区别＼投影法	第一角画法	第三角画法	镜像投影
视线、机件及投影平面之间相对位置	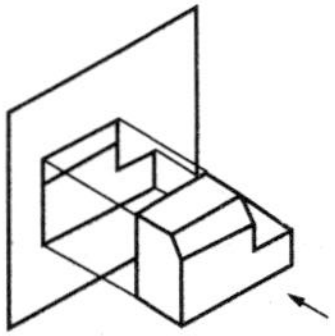	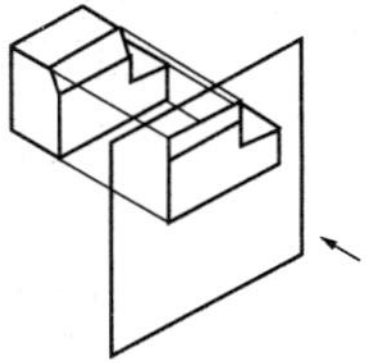 投影平面是透明的	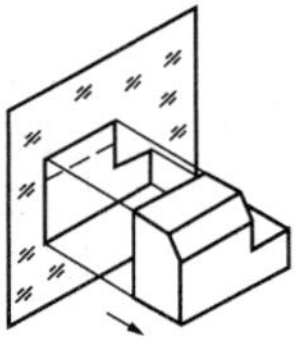 投影平面是镜子
六面展开的方向	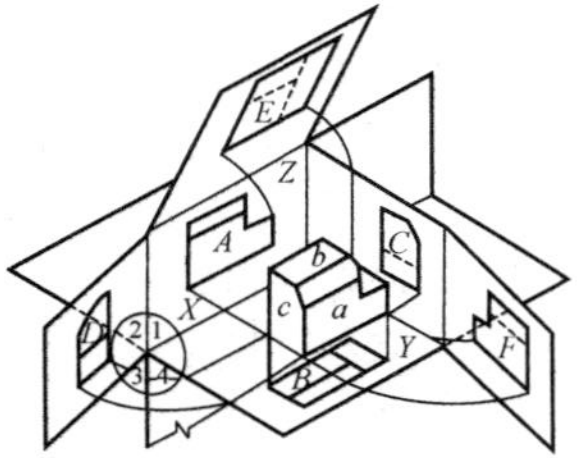	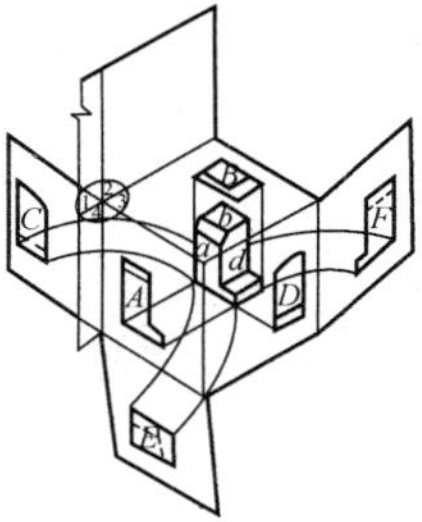	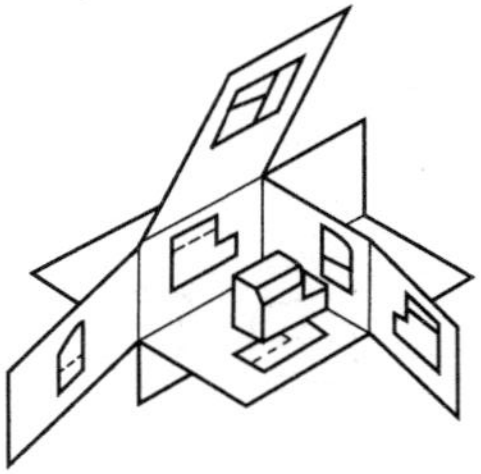
六面基本视图的配置	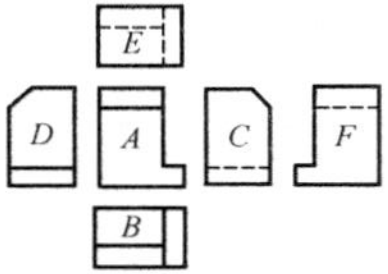	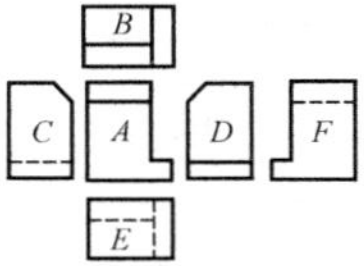	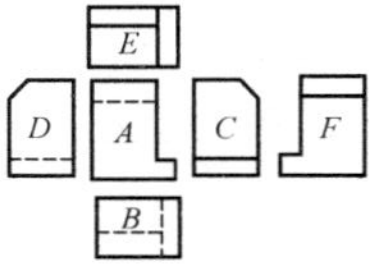

续表

投影法 区别	第一角画法	第三角画法	镜像投影
图样上的识别符号	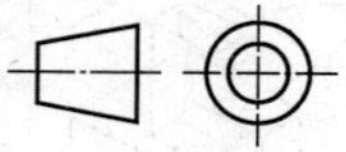	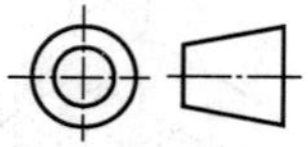	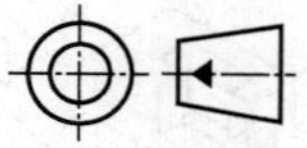
视图上的标注	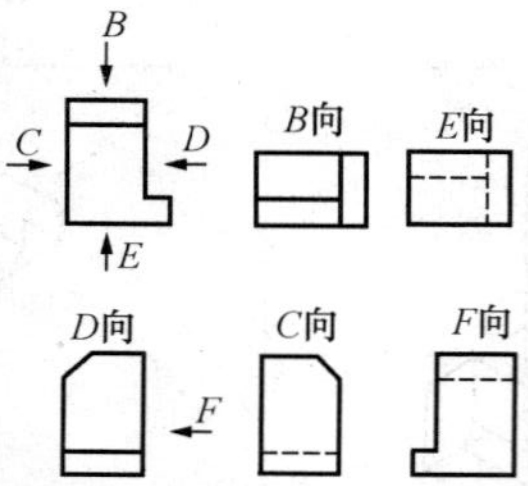 B C D E B向 E向 D向 C向 F向 F 当不按基本视图配置时可用两种表达方法： a. 在视图的上方标出“×向”； b. 在视图的下方标出图名		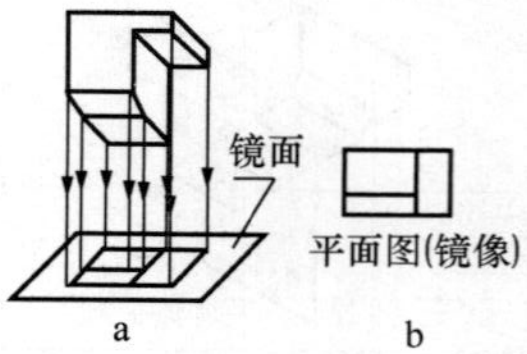 镜面 平面图(镜像) a b

表 1-2 常用的轴测投影（摘自 GB/T 14692—2008）

		正轴测投影			斜轴测投影		
特性		投影线与轴测投影面垂直			投影线与轴测投影面倾斜		
轴测类型		等测投影	二测投影	三测投影	等测投影	二测投影	三测投影
简称		正等测	正二测	正三测	斜等测	斜二测	斜三测
应用举例	伸缩系数	$p_1 = q_1 = r_1 = 0.82$	$p_1 = r_1 = 0.94$ $q_1 = \frac{p_1}{2} = 0.47$	视具体要求选用	视具体要求选用	$p_1 = r_1 = 1$ $q_1 = 0.5$	视具体要求选用
	简化系数	$p = q = r = 1$	$p = r = 1$ $q = 0.5$			无	
	轴间角	Z X Y 120° 120° 120°	Z X Y ≈97° 131° 132°			Z X Y 90° 135° 135°	
	例图	l l l	l l l/2			l l l/2	

4. 透视投影

透视投影是用中心投影法将物体投射在单一投影面上所得到的具有立体感的图形。透视图中，观察者眼睛所在的位置，即投影中心称为视点。透视视点的位置应符合人眼观看物体时的位置。视点离开物体的距离一般应使物体位于正常视锥范围内，正常视锥的顶角约为 60°。透视投影的分类及其画法见表 1-3。

表 1-3　透视投影的分类及其画法（摘自 GB/T 14692—2008）

说明 分类	图　例	说　明
一点透视	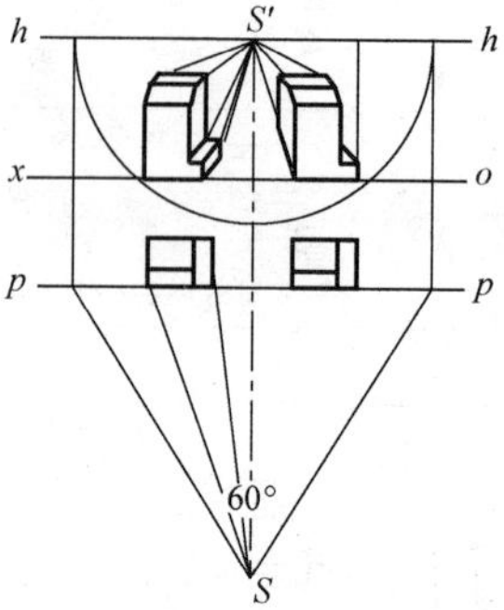 h S′ h x o p p 60° S	（1）一点透视中画面应与物体的长度和高度两组棱线的方向平行。 （2）物体宽度主方向的棱线与画面垂直，其灭点就是主点。 （3）画一点透视时，可用视线迹点法或距离点法作图
二点透视	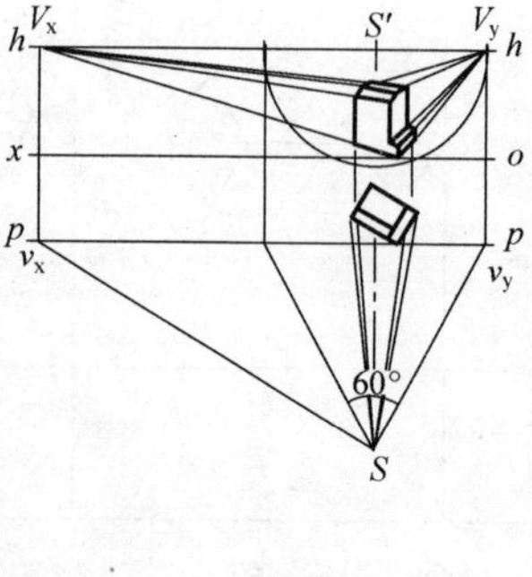 V_x S′ V_y h h x o p p v_x v_y 60° S	（1）两点透视中，画面应与物体高度方向的棱线平行。 （2）画面与物体的主要立面的偏角以 20°～40°为宜。 （3）物体的长度和宽度两组主方向的棱线与画面相交，有两个灭点，均位于视平线 h—h 上。 （4）可用迹点灭点法或量点法画二点透视

续表

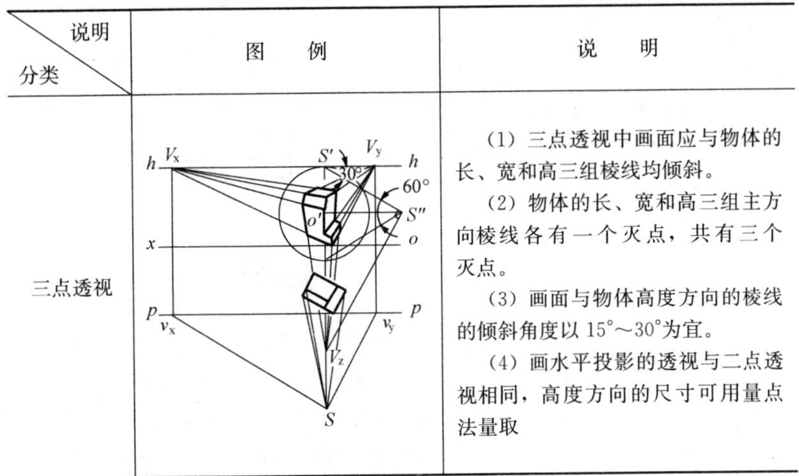

说明 分类	图　例	说　明
三点透视		(1) 三点透视中画面应与物体的长、宽和高三组棱线均倾斜。 (2) 物体的长、宽和高三组主方向棱线各有一个灭点，共有三个灭点。 (3) 画面与物体高度方向的棱线的倾斜角度以 15°～30°为宜。 (4) 画水平投影的透视与二点透视相同，高度方向的尺寸可用量点法量取

二、剖视图与断面图的具体规定

剖视图与断面图的具体规定比较见表 1-4。

表 1-4　　剖视图与断面图的具体规定比较

序号	剖视图	断面图
1	剖视图可以配置在基本视图的位置，或按投影关系配置，也可配置在图样适当的位置上	断面图可以放在基本视图之外任何适当位置——移出断面，也可放在基本视图之内（用细实线画出）——重合断面
2	剖切符号用断开的粗实线画出，以表示剖切面的位置 剖切平面是两粗短划线 剖切柱面为粗的短圆弧	剖切面的位置可用剖切符号（与剖视图中的相同），也可用剖切平面迹线（点划线）表示

续表

<table>
<tr><th>序号</th><th>剖视图</th><th>断面图</th></tr>
<tr><td>3</td><td>当画由两个或两个以上的相交的剖切面剖切的剖视图时，可按旋转剖或采用展开画法，并应标注“×—×”展开，此展开图可看作是完整的全剖视图</td><td>由两个或多个相交的剖切平面剖切得出的移出断面，中间一般应断开 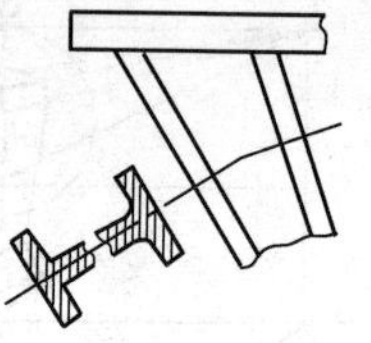</td></tr>
<tr><td>4</td><td></td><td>当剖切平面通过回转面形成的孔或凹坑的轴线时，或当剖切平面通过非圆孔会导致出现完全分离的两个断面时，这些结构应按剖视绘制 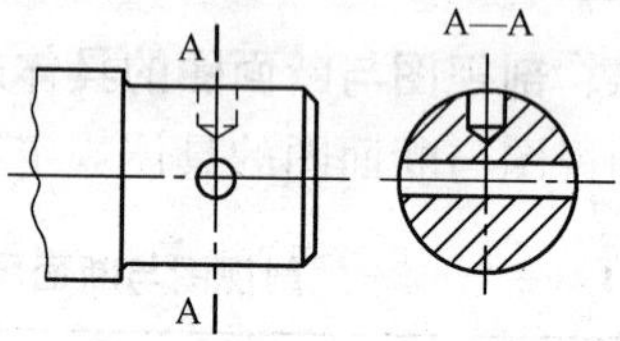
A　A—A　A</td></tr>
<tr><td rowspan="4">5</td><td colspan="2">省略箭头的情况</td></tr>
<tr><td>当剖视图按投影关系配置，中间又没有其他图形隔开时可省略箭头</td><td>对称移出断面、按投影关系配置的不对称移出断面及对称重合断面 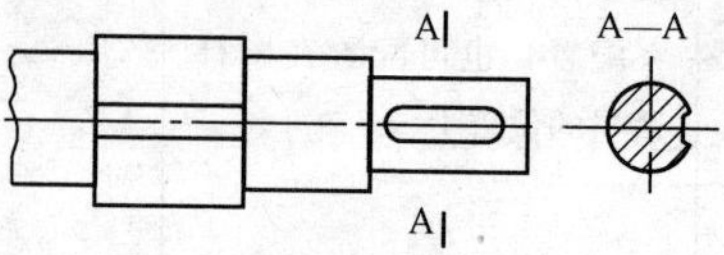
A　A—A　A</td></tr>
<tr><td colspan="2">省略字母的情况</td></tr>
<tr><td>一般不单独省略字母。对阶梯剖中转角处的字母，当地位不够或不易被误解时允许省略</td><td>配置在剖切符号延长线上的移出断面以及配置在剖切符号上的重合断面 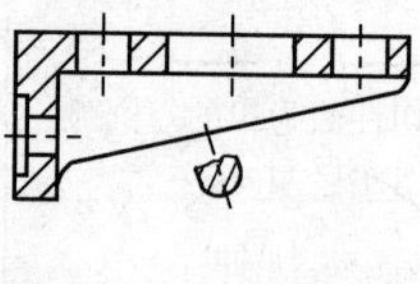</td></tr>
</table>

续表

序号	剖视图	断面图
6	当单一剖切平面通过机件的对称平面或基本对称的平面，且剖视图按投影关系配置，中间又没有其他图形隔开时可省略标注。当单一剖切面的剖切位置明显时，局部剖视图的标注也可省略	对称的重合断面，配置在视图中断处的对称移出断面均不必标注 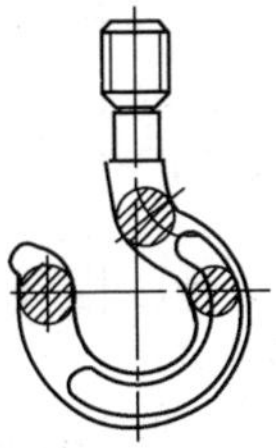
7	剖视图一般不允许旋转后画出，除用斜剖视所得到的剖视图之外	对移出断面，在不致引起误解时允许将图形旋转，并应标注"↷×—×" 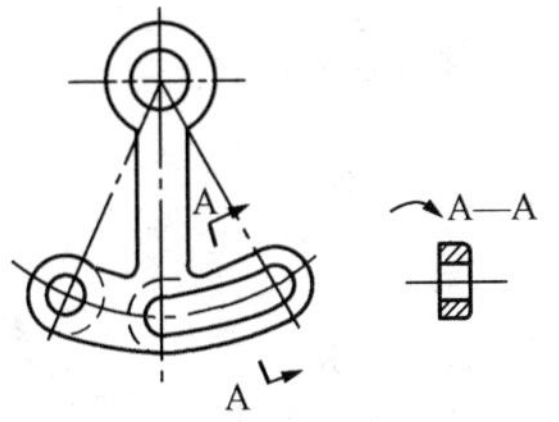 A A—A A

第二节　尺寸与公差的标注

一、尺寸标注的基本规则

GB /T 4458.4—2003《机械制图尺寸标注》标准中规定了有关标注尺寸的基本规则和标注方法，在画图时必须遵守这些规定，否则就会引起混乱，并给生产带来不必要的损失。表 1-5 中列出了尺寸标注的基本规则，并适当地加以了说明。

表 1-5　尺寸标注的基本规则（GB /T 4458. 4—2003)

项目	说明	图例
总则	(1) 完整的尺寸、由下列内容组成： 1) 尺寸线(细实线）和箭头。 2) 尺寸界线(细实线)。 3) 尺寸数字。 (2) 图上所注尺寸数值为零件的真实大小，与图形的比例及绘图的准确度无关。 (3) 尺寸单位是毫米时不需注明，采用其他单位时必须注明单位的代号或名称。在同一图样中，每一尺寸一般只标注一次	尺寸数字 1.5×45° 1.5×45° φ15 箭头 φ10 尺寸界线 20 间距＞7mm 35 尺寸界线超出箭头约2mm 尺寸线
尺寸数字	尺寸数字一般标注在尺寸线的上方或中断处	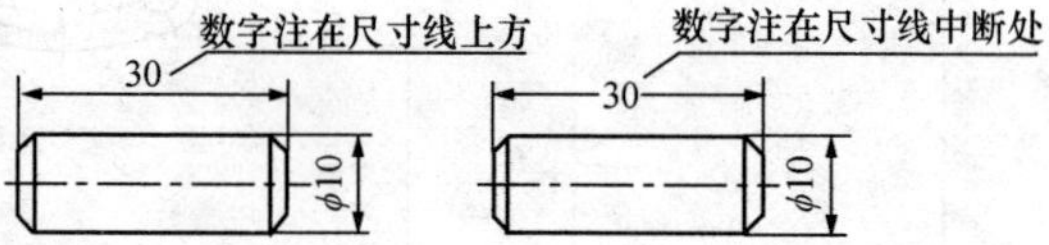 数字注在尺寸线上方 30 φ10 数字注在尺寸线中断处 30 φ10
	直线尺寸的数字应按图 (a) 所示的方向填写，并尽量避免在图示 30°范围内标注尺寸。当无法避免时可按图 (b) 标注。非水平方向的尺寸还可按图 (c) 标注	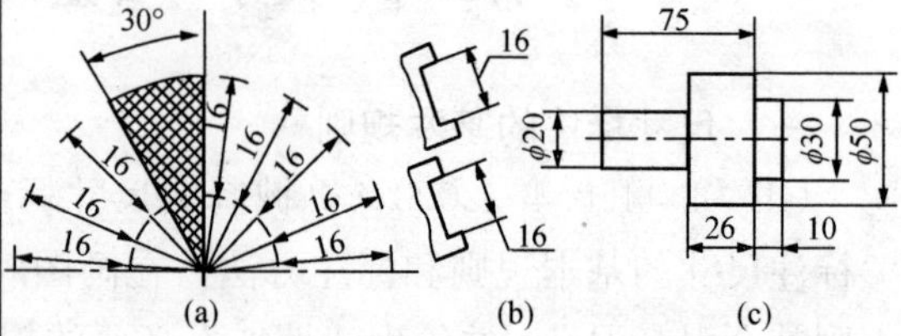 30° 16 16 16 16 16 16 16 16 (a) 16 16 (b) 75 φ20 φ30 φ50 26 10 (c)

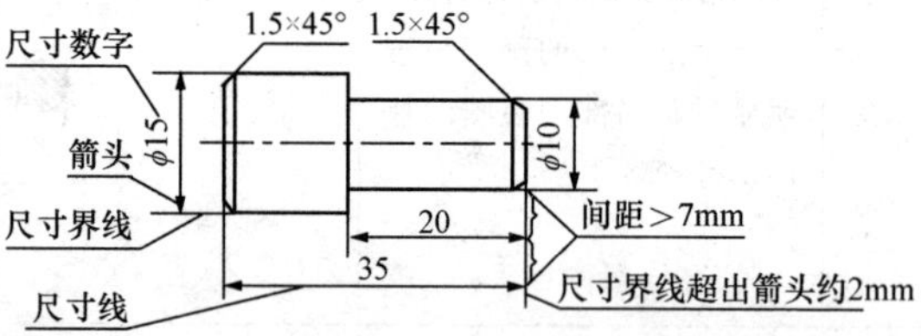

续表

项目	说明	图例
尺寸数字	数字不可被任何图线所通过。当不可避免时，必须把图线断开	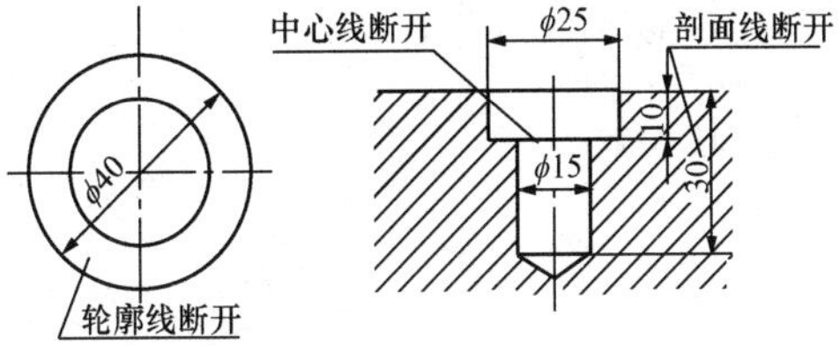
尺寸线	(1) 尺寸线必须用细实线单独画出。轮廓线、中心线或它们的延长线均不可作尺寸线使用。 (2) 标注直线尺寸时，尺寸线必须与所标注的线段平行	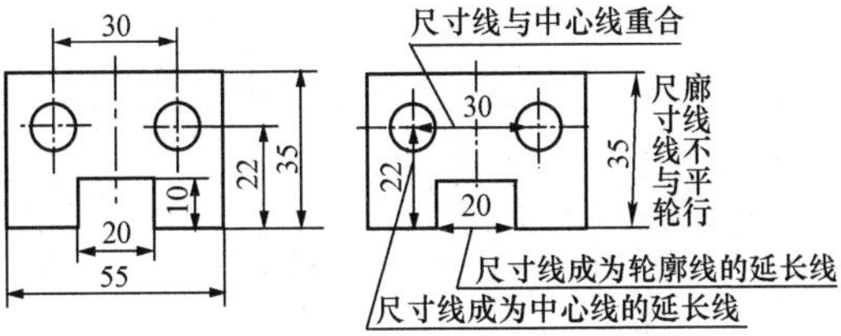 (a)正确　(b)错误
尺寸界线	(1) 尺寸界线用细实线绘制，也可以利用轮廓线［图（a）］或中心线［图（b）］作尺寸界线。 (2) 尺寸界线应与尺寸线垂直。当尺寸界线过于贴近轮廓线时，允许倾斜画出［图（c）］。 (3) 在光滑过渡处标注尺寸时，必须用细实线将轮廓线延长，从它们的交点引出尺寸界线［图（d）］	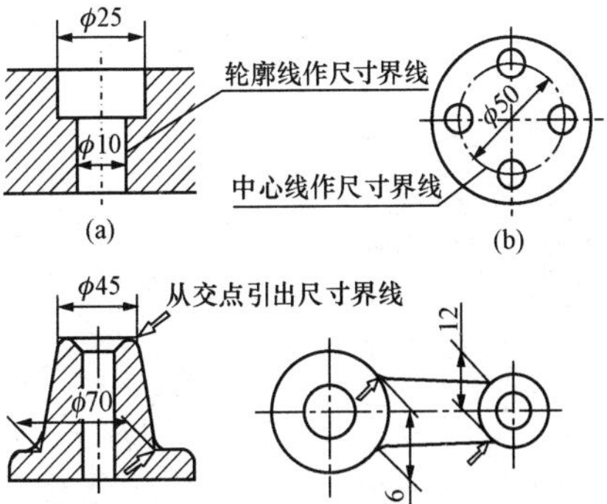 (a)　(b)　(c)　(d)

续表

项目	说明	图例
直径与半径	(1) 标注直径尺寸时，应在尺寸数字前加注直径符号“ϕ”；标注半径尺寸时，加注半径符号“R”。 (2) 半径尺寸必须注在投影为圆弧处，且尺寸线应通过圆心	2-ϕ10　R10　ϕ38　ϕ22　52　ϕ130　ϕ90　ϕ50　ϕ30
狭小部位	(1) 当没有足够位置画箭头或写数字时，可将其中之一布置在外面。 (2) 位置更小时箭头和数字可以都布置在外面。 (3) 标注一连串小尺寸时，可用小圆点或斜线代替箭头，但两端箭头仍应画出	ϕ10　ϕ10　ϕ10　R6　R6　ϕ5　ϕ5　ϕ5　ϕ5　R4　R2　5 3 5　5 3 5　4　4　2　2　2
角度	(1) 角度的尺寸界线必须沿径向引出。 (2) 角度的数字一律水平填写。 (3) 角度的数字应写在尺寸线的中断处，必要时允许写在外面，或引出标注	60°　65°　50°　5°　R28　30°　30°　72　24　60　ϕ22　R22

二、尺寸与公差简化标注法

在很多情况下，作图时只要不产生误解，也可以用简化形式标注尺寸。在 GB/T 16675.2—2012《技术制图简化表示法　第 2 部分　尺寸标注》标准中就明确规定了各种尺寸标注的简化形式，见表 1-6。

表 1-6　　各种尺寸标注的简化形式（GB/T 16675.2—2012）

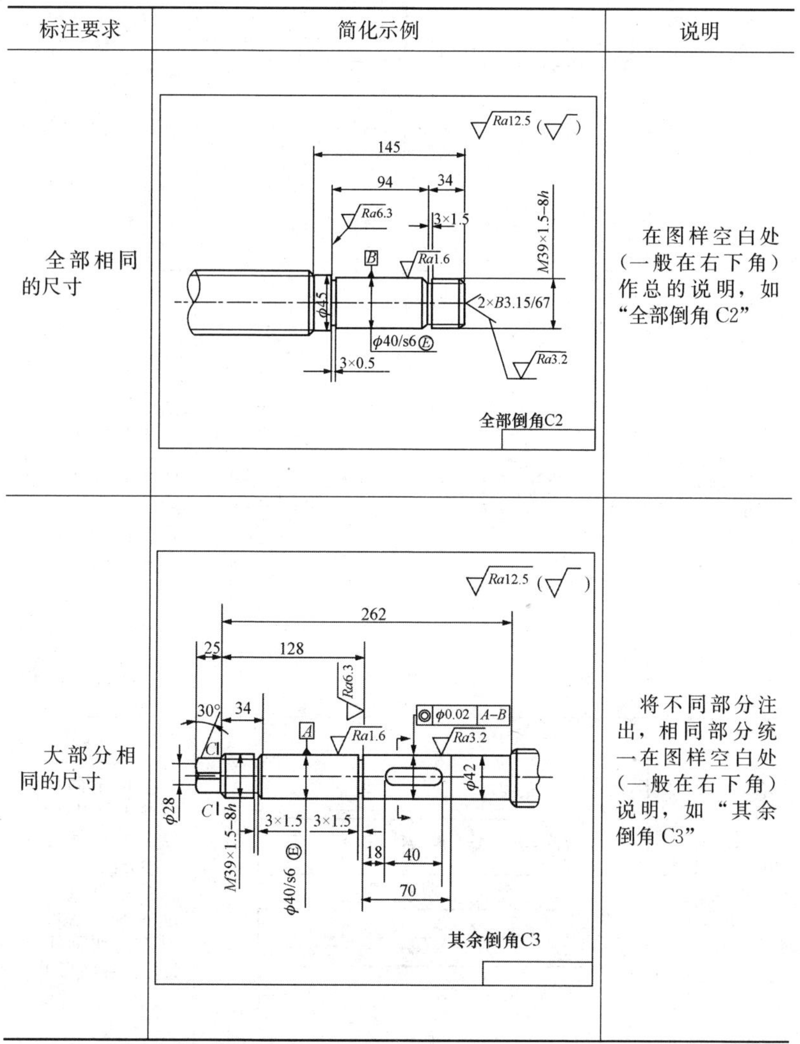

标注要求	简化示例	说明
全部相同的尺寸	全部倒角C2	在图样空白处（一般在右下角）作总的说明，如“全部倒角 C2”
大部分相同的尺寸	其余倒角C3	将不同部分注出，相同部分统一在图样空白处（一般在右下角）说明，如“其余倒角 C3”

续表

标注要求	简化示例	说明
相同的重复要素的尺寸	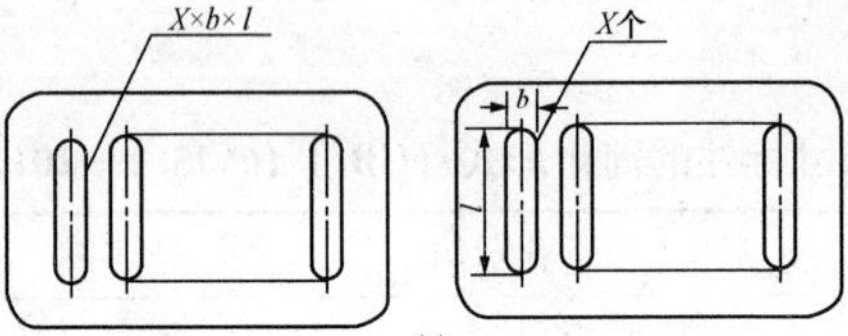 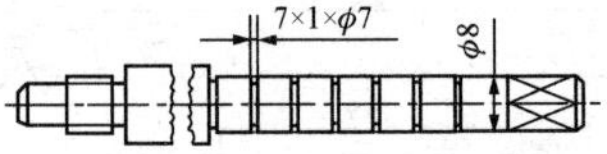 X×b×l　X个　b　l (a) 7×1×ϕ7　ϕ8 (b)	仅在一个要素上注清楚其尺寸和数量
均布要素尺寸	15°　8×ϕ4 EQS　ϕ42 (a) 8×ϕ6　ϕ48 (b)	相同要素均布者，需标均布符号“EQS”［图(a)］。均布明显者，不需标符号“EQS”［图(b)］
尺寸数值相近，不易分辨的成组要素的尺寸	3×$\phi8^{+0.02}_{0}$　2×$\phi8^{+0.058}_{0}$　3×ϕ9 3×$\phi8^{+0.02}_{0}$　2×$\phi8^{+0.058}_{0}$　3×ϕ9 A B C B B A C A	采用不同标记的方法加以区别，也可采用标注字母的方法。 当字母或标记过多时，也可另列表说明而不直接标注在图形上

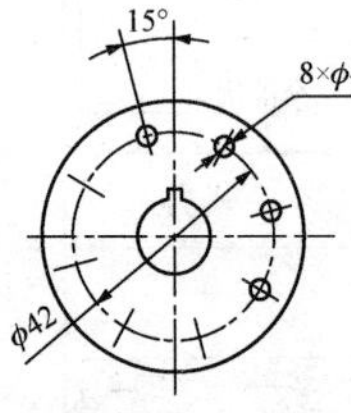

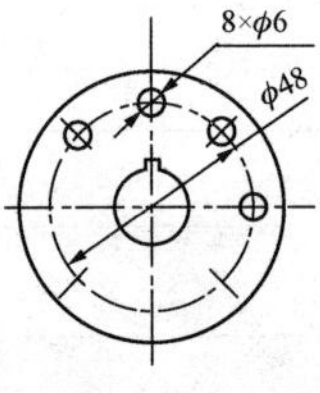

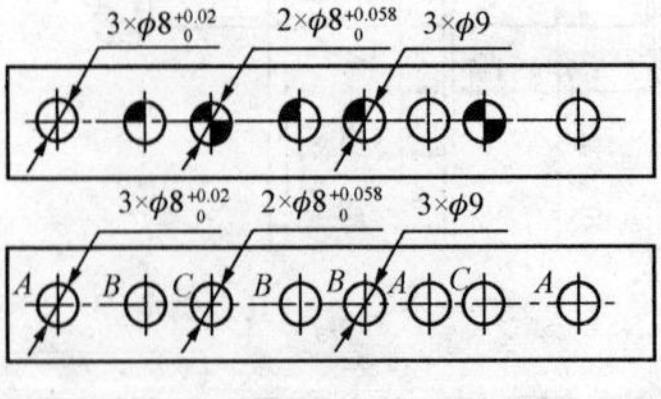

续表

<table>
<tr><th>标注要求</th><th>简化示例</th><th>说明</th></tr>
<tr><td>同一基准出发的尺寸</td><td>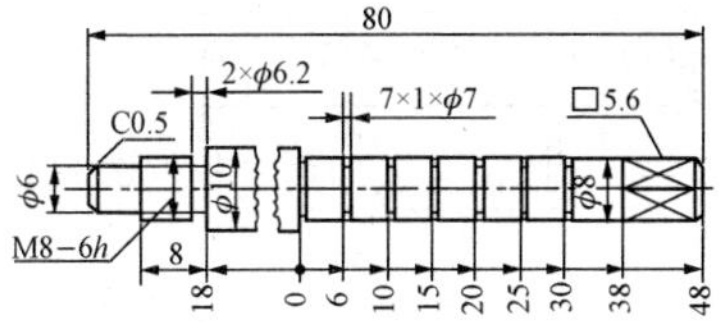

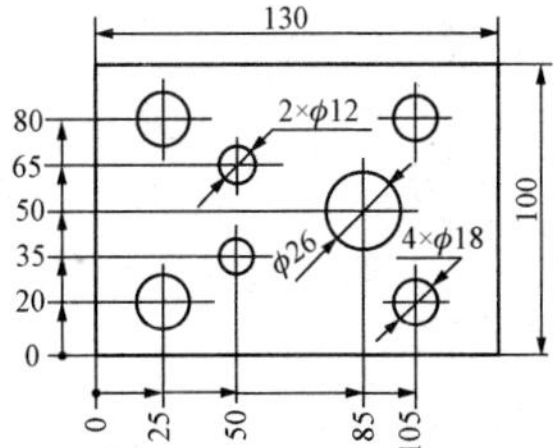

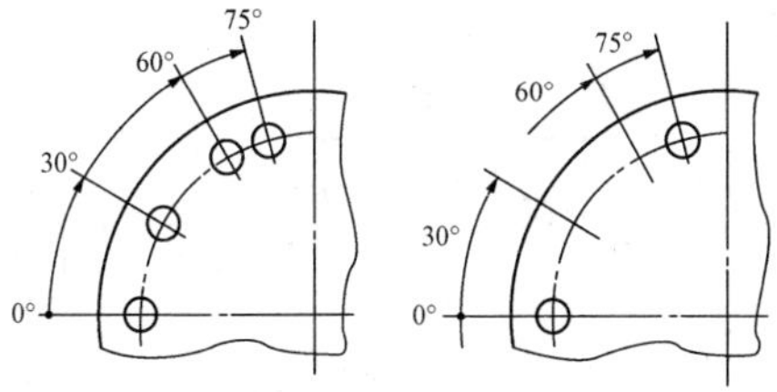
</td><td>标明基准，用单箭头标注相对于基准的尺寸数字</td></tr>
<tr><td>同一基准出发的尺寸</td><td>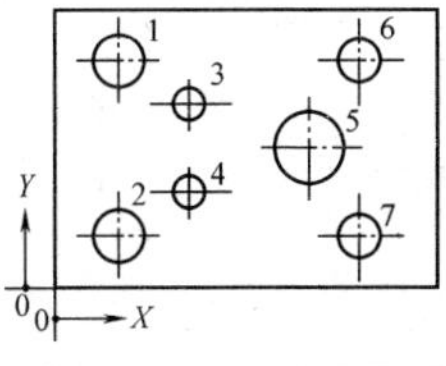

<table>
<tr><th>孔的编号</th><th>X</th><th>Y</th><th>φ</th></tr>
<tr><td>1</td><td>25</td><td>80</td><td>18</td></tr>
<tr><td>2</td><td>25</td><td>20</td><td>18</td></tr>
<tr><td>3</td><td>50</td><td>65</td><td>12</td></tr>
<tr><td>4</td><td>50</td><td>35</td><td>12</td></tr>
<tr><td>5</td><td>85</td><td>50</td><td>26</td></tr>
<tr><td>6</td><td>105</td><td>80</td><td>18</td></tr>
<tr><td>7</td><td>105</td><td>20</td><td>18</td></tr>
</table></td><td>也可用坐标形式列表标注与基准的关系</td></tr>
</table>

续表

标注要求	简化示例	说明
间隔相等的链式尺寸	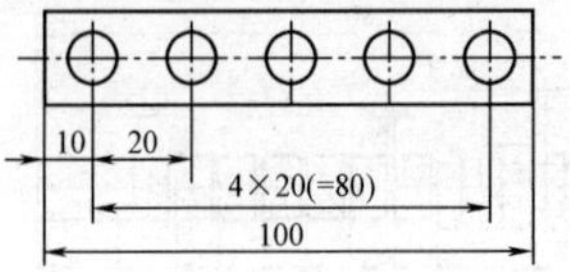 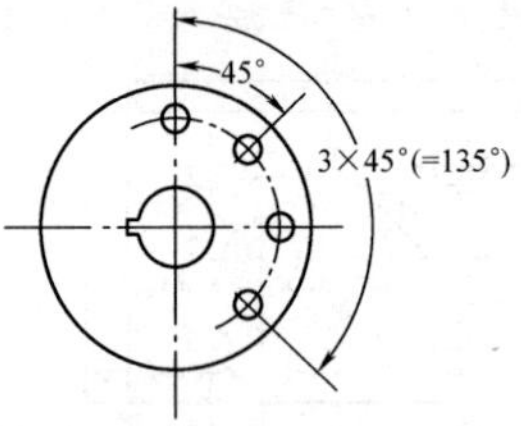 10　20　4×20(=80)　100 45°　3×45°(=135°)	括号中的尺寸为参考尺寸
不连续的同一表面的尺寸	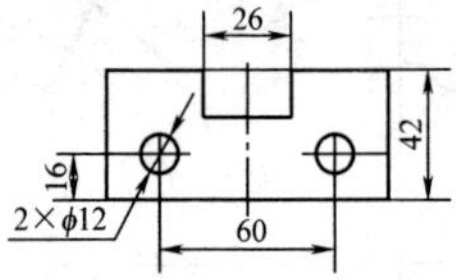 26　42　16　2×ϕ12　60	用细实线将不连续的表面相连，标注一次尺寸
两个形状相同但尺寸不同的零件的尺寸	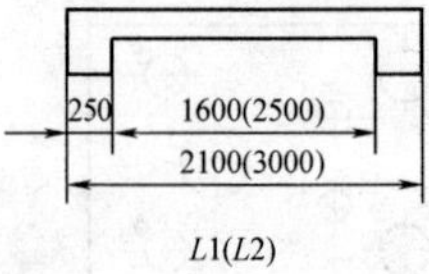 250　1600(2500)　2100(3000) *L*1(*L*2)	用一张图表示，将另一件的名称或代号及不同的尺寸列入括号内
45°倒角	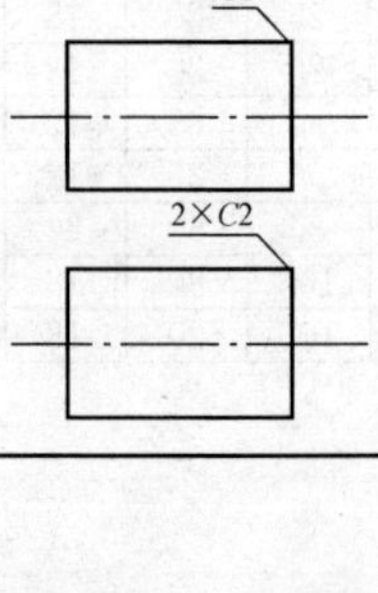 *C*2 2×*C*2	用符号 *C* 表示45°，不必画出倒角，如两边均有45°倒角，可用 2×C2 表示

续表

标注要求	简化示例	说明
滚花规格	网纹 m5 GB/T 6403.3—2008 直纹 m5 GB/T 6403.3—2008	将网纹形式、规格及标准号标注在滚花表面上，外形圆不必画出滚花符号
同心圆弧或同心圆的尺寸	R12,R22,R30 R14,R20,R30,R40　R40,R30,R20,R14 ϕ60,ϕ100,ϕ120	用箭头指向圆弧并依次标出半径值，在不致引起误解时，除起始第一个箭头外，其余箭头可省略，但尺寸仍应以第一个箭头为首，依次表示
阶梯孔的尺寸	ϕ5,ϕ10,ϕ12	几个阶梯孔可共用一个尺寸线，并以箭头指向不同的尺寸界线，同时以第一个箭头为首，依次标出直径
不同直径的阶梯轴的尺寸	ϕ ϕ ϕ ϕ M ϕ ϕ	用带箭头的指引线指向各个不同直径的圆表面，并标出相应的尺寸

续表

标注要求	简化示例	说明
尺寸线终端形式	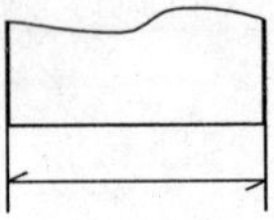	可使用单边箭头
不反映真实大小的投影面上的要素尺寸	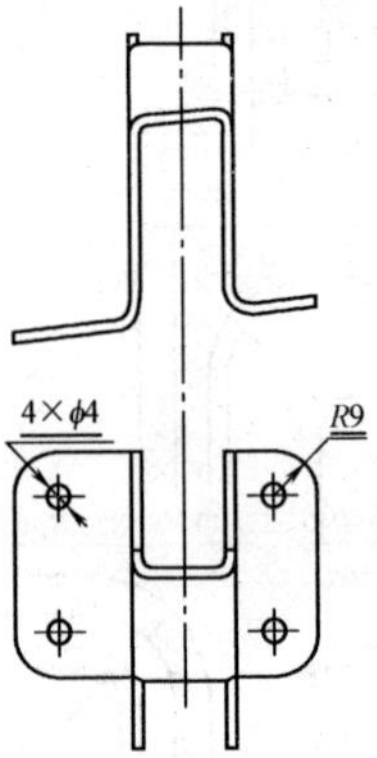 4×ϕ4　R9	用真实尺寸标注。由于该投影面上的要素已失真，尺寸与图形不一致，因此在真实尺寸下面加画粗短划，以示与一般情况的区别
光孔、螺孔、沉孔等各类孔的尺寸	4×ϕ4 ↧10 或 4×ϕ4 ↧10	深度（符号“↧”）为10的4个圆销孔
	6×ϕ6.5 ⌵ϕ10×90° 或 6×ϕ6.5 ⌵ϕ10×90°	符号“⌵”表示埋头孔，埋头孔的尺寸为ϕ10×90°
	8×ϕ6.4 ⌴ϕ12 ↧4.5 或 8×ϕ6.4 ⌴ϕ12 ↧4.5	符号“⌴”表示沉孔或锪平，此处有沉孔ϕ12深4.5

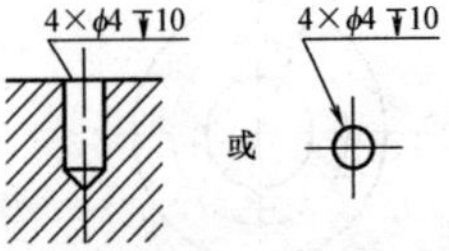

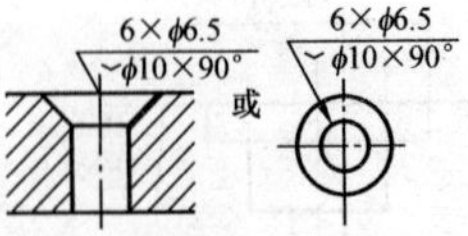

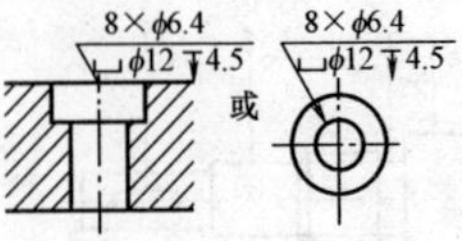

续表

标注要求	简化示例	说明
同类型或同系列的零件或构件尺寸	在图中标注零件代号，用表列出尺寸 (图：400、600、a、b、c) No | a | b | c 1 | 200 | 400 | 200 2 | 250 | 450 | 200 3 | 200 | 450 | 250	所示部位中 a、b、c 三个尺寸随零件代号而异，其余均相同

三、尺寸的未注公差值（GB/T 1804—2000）

“未注公差”系指车间的机床设备在一般工艺条件下能达到的公差值。尺寸的未注公差包括线性尺寸、倒圆倒角和角度三部分的未注公差值。

（1）线性尺寸的未注公差值。

1）未注公差值。线性尺寸的未注公差值应采用 GB/T 1804—2000《一般公差未注公差的线性和角度尺寸的公差》中规定的未注公差值，见表 1-7。它适用于金属切削加工零件的非配合尺寸。

表 1-7　　线性尺寸的极限偏差值（mm）

公差等级	公称尺寸分段							
	0.5～3	＞3～6	＞6～30	＞30～120	＞120～400	＞400～1000	＞1000～2000	＞2000～4000
精密 f	±0.05	±0.05	±0.1	±0.15	±0.2	±0.3	±0.5	—
中等 m	±0.1	±0.1	±0.2	±0.3	±0.5	±0.8	±1.2	±2.0
粗糙 c	±0.2	±0.3	±0.5	±0.8	±1.2	±2.0	±3.0	±4.0
最粗 v	—	±0.5	±1.0	±0.15	±2.5	±4.0	±6.0	±8.0

2）表示方法。采用未注公差时，必须在图样空白处或技术文件中用标准规定的方法标注，如：

“未注公差的尺寸按 GB/T 1804-m”

或“GB/T 1804-m”。

（2）倒圆半径与倒角高度尺寸未注公差值。倒圆半径与倒角高度尺寸的未注公差值应采用 GB/T 1804—2000 中规定的数值，见表 1-8。

表 1-8　　倒圆半径和倒角高度尺寸的极限偏差值（mm）

公差等级	公称尺寸分段			
	0.5～3	>3～6	>6～30	>30
精密 *f*	±0.2	±0.5	±1.0	±2.0
中等 *m*				
粗糙 *c*	±0.4	±1.0	±2.0	±4.0
最粗 *v*				

（3）角度的未注公差值。

1）未注公差值。角度的未注公差值应采用 GB/T 1804—2000 中的有关规定，见表 1-9。

表 1-9　　角度尺寸的极限偏差值（mm）

公差等级	长度分段				
	～10	>10～50	>50～100	>120～400	>400
精密 *f*	±1°	±30′	±20′	±10′	±5′
中等 *m*					
粗糙 *c*	±1°30′	±1°	±30′	±15′	±10′
最粗 *v*	±3°	±2°	±1°	±30′	±20′

注　长度值按角度短边的长度确定，圆锥角按素线长度确定。

2）表示方法。采用未注公差的图样，应在图样空白处或技术文件中用标准规定的方法表示，如：“未注公差的角度按 GB/T 1804-m”。

第三节　极限与配合基础

一、互换性概述

1. 互换性的含义

在日常生活中有大量的现象涉及互换性。例如，自行车、手表、汽车、拖拉机、机床等的某个零件若损坏了，可按相同规格购买一个装上，并且在更换与装配后，能很好地满足使用要求。之所以这样方便，就因为这些零件都具有互换性。

互换性是指同规格一批产品（包括零件、部件、构件）在尺寸、功能上能够彼此互相替换的功能。机械制造业中的互换性是指按规定的几何、物理及其他质量参数的公差，来分别制造机器的各个组成部分，使其在装配与更换时不需要挑选、辅助加工或修配，便能很好地满足使用和生产上要求的特性。

要使零件间具有互换性，不必要也不可能使零件质量参数的实际值完全相同，而只要将它们的差异控制在一定的范围内，即应按“公差”来制造。公差是指允许实际质量参数值的变动量。

2. 互换性分类及作用

(1) 互换性的种类。互换性按其程度和范围的不同可分为完全互换性（绝对互换）和不完全互换性（有限互换）。

若零件在装配或更换时，不需要选择、辅助加工与修配，就能满足预定的使用要求，则其互换性为完全互换性。不完全互换性是指在装配前允许有附加的选择，装配时允许有附加的调整，但不允许修配，装配后能满足预期的使用要求。

(2) 互换性的作用。互换性是机械产品设计和制造的重要原则。按互换性原则组织生产的重要目标是获得产品功能与经济效益的综合最佳效应。互换性是实现生产分工、协作的必要条件，它不仅使专业化生产成为可能，有效提高生产率、保证产品质量、降低生产成本，而且能大大地缩短设计、制造周期。在当今市场竞争日趋激烈、科学技术迅猛发展、产品更新周期越来越短的时代，互换性对于提高产品的竞争能力，从而获得更大的经济效益，尤其具有重要的作用。

3. 标准化的实用意义

要实现互换性，则要求设计、制造、检验等项工作按照统一的标准进行。现代工业生产的特点是规模大、分工细、协作单位多、互换性要求高。为了适应各部门的协调和各生产环节的衔接，必须有统一的标准，才能使分散的、局部的生产部门和生产环节保持必要的技术统一，使之成为一个有机的整体，以实现互换性生产。

标准化是指为在一定的范围内获得最佳秩序，对实际的或潜在的问题制定共同的和重复使用的规则的活动。标准化是用以改造客观物质世界的社会性活动，它包括制定、发布及实施标准的全过程。这种活动的意义在于改进产品、过程及服务的适用性，并促进技术合作。标准化的实现对经济全球化和信息社会化有着深远的意义。

在机械制造业中，标准化是实现互换性生产、组织专业化生产的前提条件；是提高产品质量、降低产品成本和提高产品竞争力的重要保证；是扩大国际贸易、使产品打进国际市场的必要条件。同时，标准化作为科学管理手段，可以获得显著的经济效益。

二、基本术语及其定义

1. 公差与配合最新标准及实用意义

为了保证互换性，统一设计、制造、检验和使用者的认识，在公差与配合标准中，首先对与组织互换性生产密切相关、带有共同性的常用术语和定义，如有关尺寸、公差、偏差和配合、标准公差和基本偏差等的基本术语及数值表等做出了明确的规定。

公差与配合标准最新标准及实用意义如下。

(1)《产品几何技术规范（GPS）极限与配合　第1部分：公差、偏差和配合的基础》的国家标准代号为 GB/T 1800.1—2009，代替了 GB/T 1800.1—1997、GB/T 1800.2—1998 和 GB/T 1800.3—1997。

(2)《产品几何技术规范（GPS）极限与配合　第2部分：标准公差等级和孔、轴极限偏差》的国家标准代号为 GB/T 1800.2—2009，代替了 GB/T 1800.4—1997。

(3)《产品几何技术规范（GPS）极限与配合公差带和配合的选择》的国家标准代号为 GB/T 1801—2009，代替了 GB/T 1801—1999。

(4)《机械制图尺寸公差与配合标注》的国家标准代号为 GB/T 4458.5—2003，代替了 GB/T 4458.5—1984。

(5)《产品几何量技术规范（GPS）几何要素　第 1 部分：基本术语和定义》GB/T 18780.1—2002。

(6)《产品几何量技术规范（GPS）几何要素　第 2 部分：圆柱面和圆锥面的提取中心线、平行平面的提取中心面、提取要素的局部尺寸》GB/T 18780.2—2003。

2. 尺寸的术语和定义

(1) 尺寸。尺寸是指以特定单位表示线性尺寸值的数值，如图 1-2 所示。线性尺寸值包括直径、半径、宽度、高度、深度、厚度及中心距等。技术图样上尺寸数值的特定单位为 mm，一般可省略不写。

(2) 公称尺寸。由图样规范确定的理想形状要素的尺寸，如图 1-2 所示。例如设计给定的一个孔或轴的直径尺寸，如图 1-3 所示孔或轴的直径尺寸 $\phi65$ 即为公称尺寸。公称尺寸由设计时给定，是在设计时考虑了零件的强度、刚度、工艺及结构等方面的因素，通过计算或依据经验确定的。通过它应用上、下极限偏差可以计算出极限尺寸。公称尺寸可以是一个整数或一个小数值，如 36、25.5、68、0.5……孔和轴的公称尺寸分别以字母 D 和 d 表示。

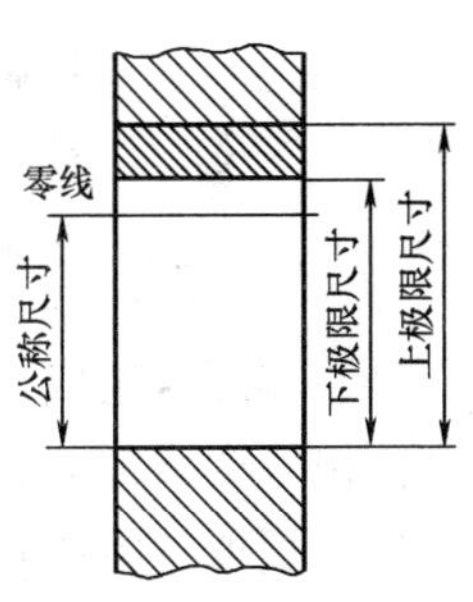

图 1-2　公称尺寸、上极限尺寸和下极限尺寸

(3) 极限尺寸。尺寸要素允许尺寸的两个极端。设计中规定极限尺寸是为了限制工件尺寸的变动，以满足预定的使用要求，如图 1-4 所示。

1) 上极限尺寸。尺寸要素允许的最大尺寸，如图 1-2 (a) 所示轴的上极限尺寸是 $\phi65.021$。

2）下极限尺寸。尺寸要素允许的最小尺寸，如图 1-2（a）所示轴的下极限尺寸是 ϕ65.002。

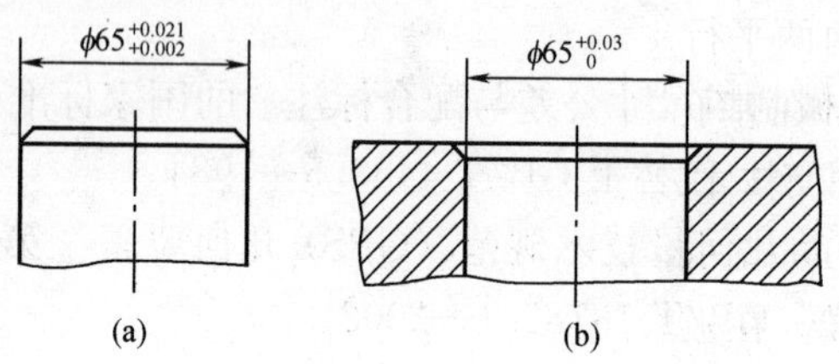

图 1-3　孔、轴公称尺寸和极限偏差

（a）轴；（b）孔

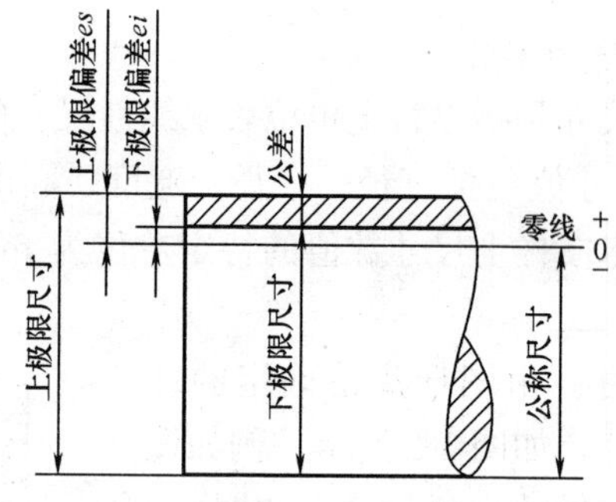

图 1-4　极限尺寸和极限偏差

（4）实际（组成）要素。由实际（组成）要素所限定的工件实际表面组成要素部分。

（5）提取（组成）要素。按规定方法，由实际（组成）要素提取有限数目的点所形成的实际（组成）要素的近似替代。

（6）拟合（组成）要素。按规定方法，由提取（组成）要素所形成的并具有理想形状的组成要素。

3. 公差与偏差的术语和定义

（1）轴。通常指工件的圆柱形外尺寸要素，也包括非圆柱形外尺寸要素（由两平行平面或切面形成的被包容面）。

基准轴。在基轴制配合中选作基准的轴。按 GB/T 1800.1—2009《产品几何技术规范（GPS）　极限与配合　第 1 部分：公差、偏差和配合的基础》标准极限与配合制，即上极限偏差为零的轴。

（2）孔。通常指工件的圆柱形内尺寸要素，也包括非圆柱形内尺寸要素（由两平行平面或切面形成的包容面）。

基准孔。在基孔制配合中选作基准的孔。按 GB/T 1800.1—2009《产品几何技术规范（GPS） 极限与配合　第 1 部分：公差、偏差和配合的基础》标准极限与配合制，即下极限偏差为零的孔。

（3）零线。在极限与配合图解中表示公称尺寸的一条直线，以它为基准确定偏差和公差。通常零线沿水平方向绘制，正偏差位于其上、负偏差位于其下，如图 1-5 所示。

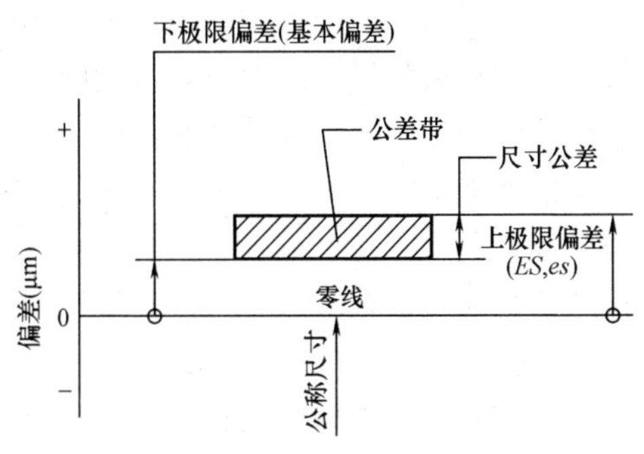

图 1-5　极限与配合图解

（4）偏差。某一尺寸减其公称尺寸所得的代数差。

1）极限偏差：极限尺寸减公称尺寸所得的代数差，有上极限偏差和下极限偏差之分。轴的上、下极限偏差代号用小写字母 *es*、*ei*；孔的上、下极限偏差代号用大写字母 *ES*、*EI*。

上极限尺寸－公称尺寸＝上极限偏差（孔为 *ES*，轴为 *es*）

下极限尺寸－公称尺寸＝下极限偏差（孔为 *EI*，轴为 *ei*）

上、下极限偏差可以是正值、负值或“零”。例如图 1-3（b）所示 ϕ65 孔的上极限偏差为正值（＋0.03），下极限偏差为“零”。

2）基本偏差：在 GB/T 1800.1—2009 极限与配合制中，确定公差带相对零线位置的那个极限偏差，它可以是上极限偏差或下极限偏差，一般是靠近零线的那个偏差，如图 1-5 所示的下极限偏差为基本偏差。

(5) 尺寸公差（简称公差）。允许尺寸的变动量。

上极限偏差－下极限偏差＝公差

上极限尺寸－下极限尺寸＝公差

尺寸公差是一个没有符号的绝对值。

1) 标准公差（IT）：GB/T 1800.1—2009 极限与配合制中，所规定的任一公差（字母“IT”为“国际公差”的符号）。

2) 标准公差等级：GB/T 1800.1—2009 极限与配合制中，同一公差等级（例如“IT7”）对所有一组公称尺寸的一组公差被认为具有同等精确程度。

(6) 公差带。在极限与配合图解中，由代表上极限偏差和下极限偏差或上极限尺寸和下极限尺寸的两条直线之间的一个区域，实际上也就是尺寸公差所表示的那个区域，它是由公差大小和其相对零线的位置如基本偏差来确定，如图 1-5 所示。

4. 配合及配合种类

公称尺寸相同的孔和轴结合时，用于表示孔和轴公差带之间的关系叫配合。相配合孔和轴的公称尺寸必须相同。由于配合是指一批孔和轴的装配关系，而不是指单个孔和轴的装配关系，所以用公差带关系来反映配合比较确切。

根据孔、轴公差带相对位置关系不同，配合分为间隙配合、过盈配合和过渡配合三种情况，如图 1-7、图 1-9 和图 1-10 所示。

(1) 间隙与间隙配合。

1) 间隙：孔的尺寸减去相配合轴的尺寸之差为正值，称为间隙，如图 1-6 所示。

孔的下极限尺寸－轴的上极限尺寸＝最小间隙

孔的上极限尺寸－轴的下极限尺寸＝最大间隙

2) 间隙配合：孔的公差带在轴的公差带之上。实际孔的尺寸一定大于实际轴的尺寸，孔、轴之间产生间隙（包括最小间隙等于零），如图 1-7 所示。

(2) 过盈与过盈配合。

1) 过盈：孔的尺寸减去相配合轴的尺寸之差为负值，称为过盈，如图 1-8 所示。

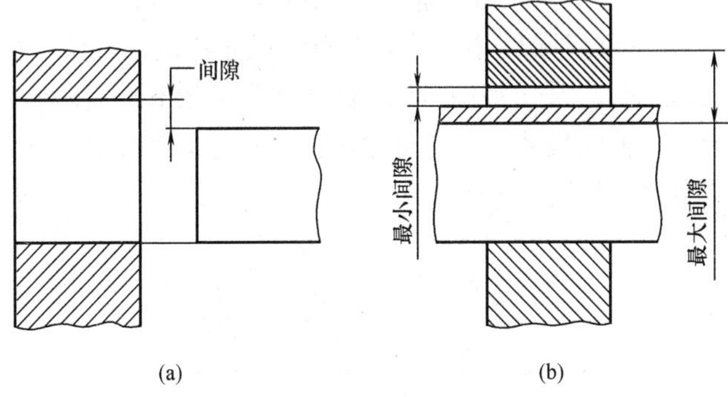

图 1-6　间隙与间隙配合

（a）间隙；（b）间隙配合

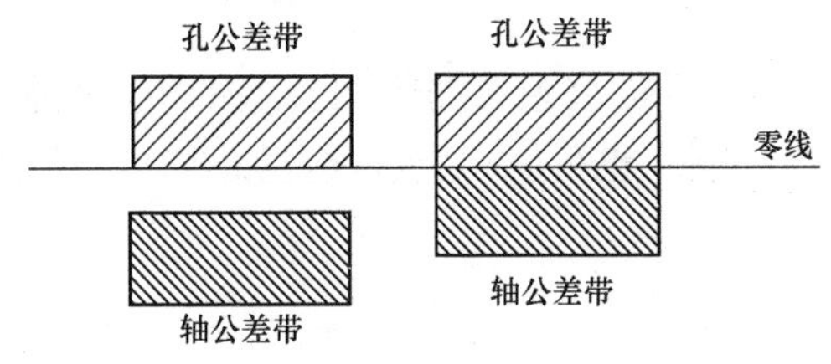

图 1-7　间隙配合示意图

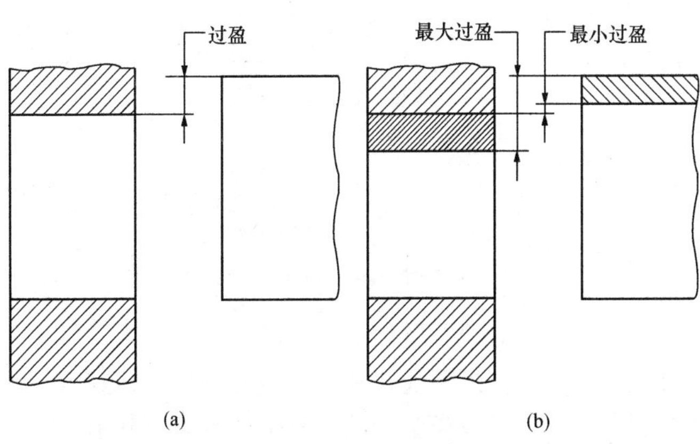

图 1-8　过盈与过盈配合

（a）过盈；（b）过盈配合

孔的上极限尺寸－轴的下极限尺寸＝最小过盈

孔的下极限尺寸－轴的上极限尺寸＝最大过盈

2）过盈配合：孔的公差带在轴的公差带之下。实际孔的尺寸一定小于实际轴的尺寸，孔、轴之间产生过盈，需在外力作用下孔与轴才能结合，如图 1-9 所示。

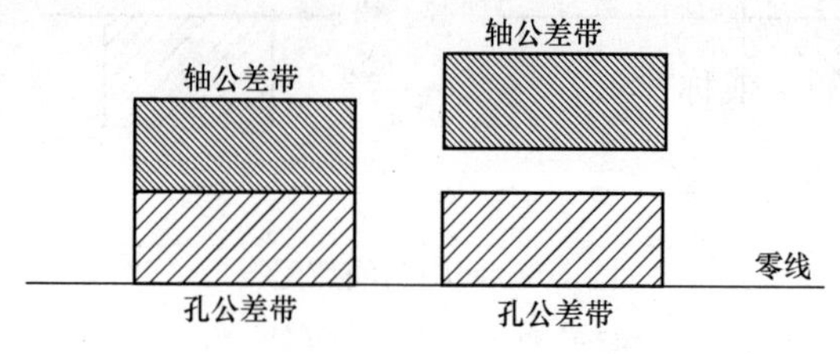

图 1-9　过盈配合示意图

3）过渡配合：孔的公差带与轴的公差带相互交叠。孔、轴结合时既可能产生间隙，也可能产生过盈，如图 1-10 所示。

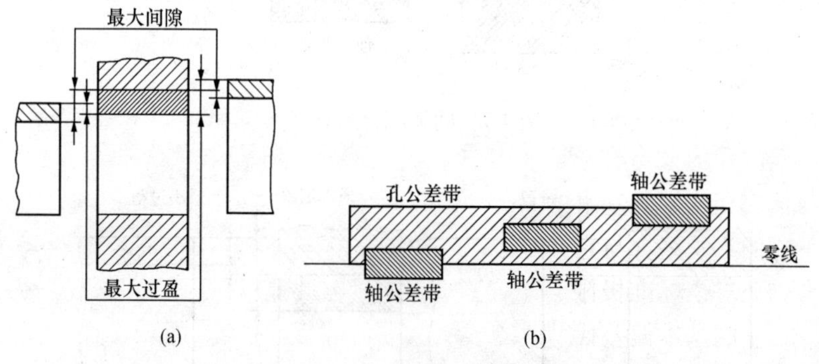

图 1-10　过渡配合示意图

（a）过渡配合；（b）过渡配合示意图

5. 配合制

配合制是指同一极限制的孔和轴组成配合的一种制度。

根据配合的定义和三类配合的公差带图解可以知道，配合的性质由孔、轴公差带的相对位置决定，因而改变孔和（或）轴的公差带位置，就可以得到不同性质的配合。配合制分为基孔制配合和基轴制配合。

（1）基孔制配合：基本偏差为一定的孔的公差带，与基本偏差不同的轴的公差带形成各种配合的制度，如图 1-11 所示，水平实线代表孔或轴的基本偏差。虚线代表另一个极限，表示孔与轴之间可能的不同组合与它们的公差等级有关。这时孔为基准件，称为基准孔。对本标准极限与配合制，是孔的下极限尺寸与公称尺寸相等，它的基本偏差代号为 H（下极限偏差为零）。采用基孔制时的轴为非基准件，或称为配合件。

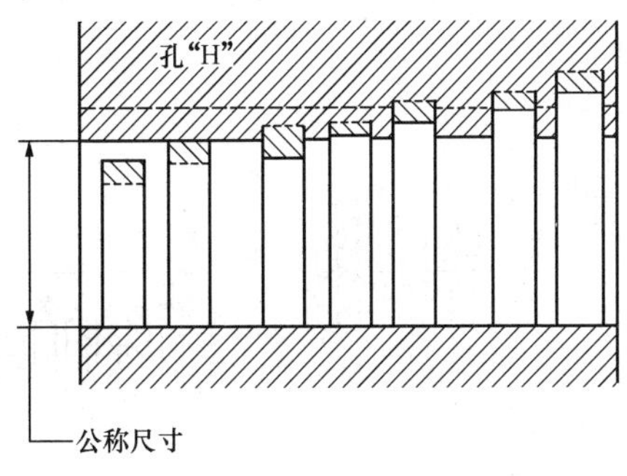

图 1-11　基孔制配合

（2）基轴制配合：基本偏差为一定的轴的公差带，与基本偏差不同的孔的公差带形成各种配合的制度，如图 1-12 所示，水平实线代表孔或轴的基本偏差。虚线代表另一个极限，表示孔与轴之间可能的不同组合与它们的公差等级有关。这时轴为基准件，称为基准轴。对本标准极限与配合制，是轴的上极限尺寸与公称尺寸相等，它的基本偏差代号为 h（上极限偏差为零）。采用基轴制时的孔为非基准件，或称为配合件。

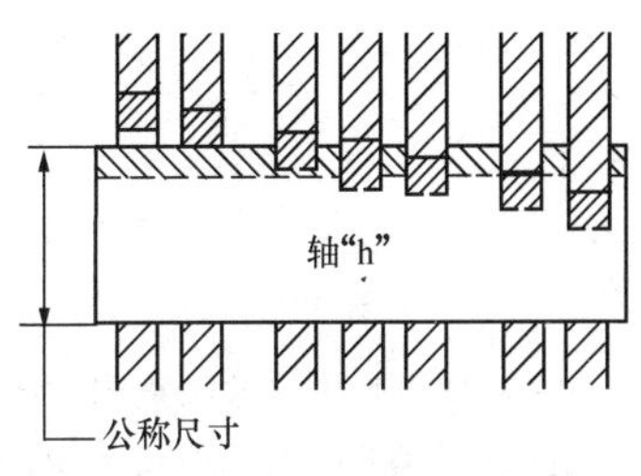

图 1-12　基轴制配合

三、基本规定

1. 基本偏差代号

基本偏差的代号用拉丁字母表示，大写的为孔，小写的为轴，各 28 个，如图 1-13 所示。

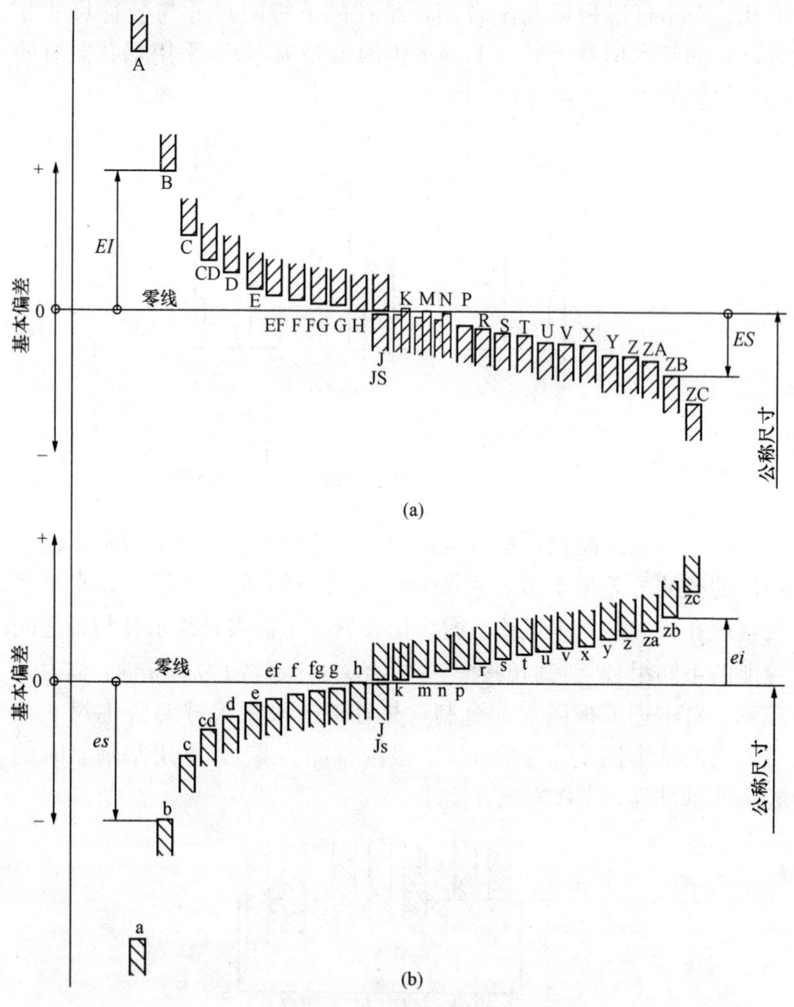

图 1-13　基本偏差示意图

(a) 孔的基本偏差；(b) 轴的基本偏差

2. 偏差代号

偏差代号规定如下：孔的上极限偏差 ES，孔的下极限偏差 EI；轴的上极限偏差 es，轴的下极限偏差 ei。

3. 公差带代号和配合代号

（1）公差带代号由表示基本偏差代号的拉丁字母和表示标准公差等级的阿拉伯数字组合而成，大写字母表示孔的基本偏差，小写字母表示轴的基本偏差，如图 1-14 所示的“H7”和“k6”。

根据公称尺寸和公差带代号，查阅国家标准 GB/T 1800.2—2009，可获得该尺寸的上、下极限偏差值。例如图 1-14 所示的孔“ϕ65H7”查表可得上极限偏差为“+0.03”、下极限偏差为“0”；轴“ϕ65k6”查表可得上极限偏差为“+ 0.021”、下极限偏差为“+0.002”。

（2）配合代号由孔、轴的公差带代号以分数形式（分子为孔的公差带、分母为轴的公差带）组成配合代号，例如 ϕ85H8/f7 或 $\phi 85\,\frac{H8}{f7}$，如图 1-14 所示的孔与轴结合时组成的配合代号应当是“H7/k6”。

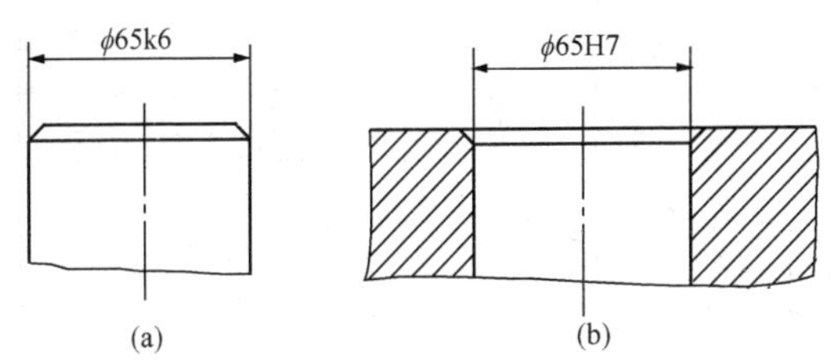

图 1-14　公差带代号标注

（a）轴；（b）孔

4. 基孔制和基轴制优先、常用配合

GB/T 1801—2009 给出了基孔制优先、常用配合和基轴制优先、常用配合，见表 1-10 和表 1-11。选择时，应首先选用优先配合。

表 1-10 基孔制优先、常用配合

基准孔	轴																				
	a	b	c	d	e	f	g	h	js	k	m	n	p	r	s	t	u	v	x	y	z
	间隙配合								过渡配合			过盈配合									
H6						$\frac{H6}{f5}$	$\frac{H6}{g5}$	$\frac{H6}{h5}$	$\frac{H6}{is5}$	$\frac{H6}{k5}$	$\frac{H6}{m5}$	$\frac{H6}{n5}$	$\frac{H6}{p5}$	$\frac{H6}{r5}$	$\frac{H6}{s5}$	$\frac{H6}{t5}$					
H7						$\frac{H7}{f6}$	$^{*}\frac{H7}{g6}$	$^{*}\frac{H7}{h6}$	$\frac{H7}{js6}$	$^{*}\frac{H7}{k6}$	$\frac{H7}{m6}$	$^{*}\frac{H7}{n6}$	$^{*}\frac{H7}{p6}$	$\frac{H7}{r6}$	$^{*}\frac{H7}{s6}$	$\frac{H7}{t6}$	$^{*}\frac{H7}{u6}$	$\frac{H7}{v6}$	$\frac{H7}{x6}$	$\frac{H7}{y6}$	$\frac{H7}{z6}$
H8					$\frac{H8}{e7}$	$^{*}\frac{H8}{f7}$	$\frac{H8}{g7}$	$^{*}\frac{H8}{h7}$	$\frac{H8}{js7}$	$\frac{H8}{k7}$	$\frac{H8}{m7}$	$\frac{H8}{n7}$	$\frac{H8}{p7}$	$\frac{H8}{r7}$	$\frac{H8}{s7}$	$\frac{H8}{t7}$	$\frac{H8}{u7}$				
				$\frac{H8}{d8}$	$\frac{H8}{e8}$	$\frac{H8}{f8}$		$\frac{H8}{h8}$													
H9			$\frac{H9}{c9}$	$^{*}\frac{H9}{d9}$	$\frac{H9}{e9}$	$\frac{H9}{f9}$		$^{*}\frac{H9}{h9}$													
H10			$\frac{H10}{c10}$	$\frac{H10}{d10}$				$\frac{H10}{h10}$													
H11	$\frac{H11}{a11}$	$\frac{H11}{b11}$	$^{*}\frac{H11}{c11}$	$\frac{H11}{d11}$				$^{*}\frac{H11}{h11}$													
H12		$\frac{H12}{b12}$						$\frac{H12}{h12}$													

注 1. $\frac{H6}{n5}$，$\frac{H7}{p6}$在公称尺寸小于或等于 3mm 和$\frac{H8}{r7}$在公称尺寸小于或等于 100mm 时，为过渡配合。

2. 标注 * 的配合为优先配合。

表 1-11　**基轴制优先、常用配合**

基准轴	孔																				
	A	B	C	D	E	F	G	H	JS	K	M	N	P	R	S	T	U	V	X	Y	Z
	间隙配合								过渡配合			过盈配合									
h5						$\frac{F6}{h5}$	$\frac{G6}{h5}$	$\frac{H6}{h5}$	$\frac{JS6}{h5}$	$\frac{K6}{h5}$	$\frac{M6}{h5}$	$\frac{N6}{h5}$	$\frac{P6}{h5}$	$\frac{R6}{h5}$	$\frac{S6}{h5}$	$\frac{T6}{h5}$					
h6						$\frac{F7}{h6}$	$\frac{{}^{*}G7}{h6}$	$\frac{{}^{*}H7}{h6}$	$\frac{JS7}{h6}$	$\frac{{}^{*}K7}{h6}$	$\frac{M7}{h6}$	$\frac{{}^{*}N7}{h6}$	$\frac{{}^{*}P7}{h6}$	$\frac{R7}{h6}$	$\frac{{}^{*}S7}{h6}$	$\frac{T7}{h6}$	$\frac{{}^{*}U7}{h6}$				
h7					$\frac{E8}{h7}$	$\frac{{}^{*}F8}{h7}$		$\frac{{}^{*}H8}{h7}$	$\frac{JS8}{h7}$	$\frac{K8}{h7}$	$\frac{M8}{h7}$	$\frac{N8}{h7}$									
h8				$\frac{D8}{h8}$	$\frac{E8}{h8}$	$\frac{F8}{h8}$		$\frac{H8}{h8}$													
h9				$\frac{{}^{*}D9}{h9}$	$\frac{E9}{h9}$	$\frac{F9}{h9}$		$\frac{{}^{*}H9}{h9}$													
h10				$\frac{D10}{h10}$				$\frac{H10}{h10}$													
h11	$\frac{A11}{h11}$	$\frac{B11}{h11}$	$\frac{{}^{*}C11}{h11}$	$\frac{D11}{h11}$				$\frac{{}^{*}H11}{h11}$													
h12		$\frac{B12}{h12}$						$\frac{H12}{h12}$													

注　标注 * 的配合为优先配合。

5. 在装配图中标注配合关系的方法

在装配图中一般标注线性尺寸的配合代号或分别标出孔和轴的极限偏差值。

（1）在装配图中标注线性尺寸的配合代号时，可在尺寸线的上方用分数形式标注，分子为孔的公差带代号，分母为轴的公差带代号，如图 1-15（a）所示。

必要时（例如尺寸较多或地位较狭小）也可将公称尺寸和配合代号标注在尺寸线中断处，如图 1-15（b）所示。或将配合代号写成分子与分母用斜线隔开的形式，并注写在尺寸线上方，如图 1-15（c）所示。

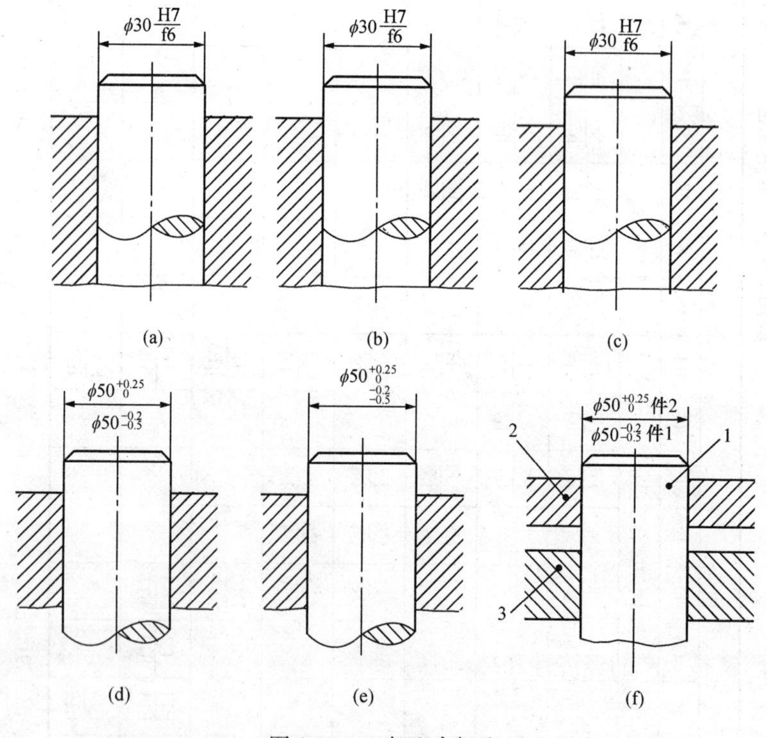

图 1-15　一般配合标注

（2）在装配图中标注相配合零件的极限偏差时，一般将孔的公称尺寸和极限偏差注写在尺寸线的上方，轴的公称尺寸和极限偏差注写在尺寸线的下方，如图 1-15（d）所示。

也允许按图 1-15（e）所示的方式，公称尺寸只注写一次，孔的极限偏差注写在尺寸线的上方，轴的极限偏差则注写在尺寸线的下方。

若需要明确指出装配件的序号，例如同一轴（或孔）和几个零件的孔（或轴）相配合且有不同的配合要求，如果采用引出标注时，为了明确表达所注配合是哪两个零件的关系，可按图 1- 15（f）所示的形式注出装配件的序号。

（3）标注与标准件配合的要求时，可只标注该零件的公差带代号，如图 1-16 所示与滚动轴承相配合的轴与孔，只标出了它们自身的公差带代号。

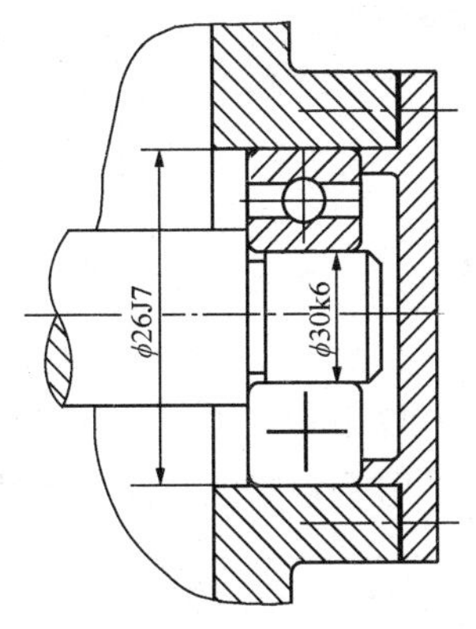

图 1-16　与标准件配合的标注

四、公差带与配合种类的选用

1. 配合制、公差等级和配合种类的选择依据

公差与配合（极限与配合）国家标准（GB/T 1801—2009）的应用，实际上就是如何根据使用要求正确合理地选择符合标准规定的孔、轴的公差带大小和公差带位置。在公称尺寸确定以后，就是配合制、公差等级和配合种类的选择问题。

国家标准规定的孔、轴基本偏差数值，可以保证在一定条件下基孔制的配合与相应的基轴制配合性质相同。所以，在一般情况下，无论选用基孔制配合还是基轴制配合，都可以满足同样的使用要求。可以说，配合制的选择基本上与使用要求无关，主要的考虑因素是生产的经济性和结构的合理性。

2. 一般情况下优先选用基孔制配合

从工艺上看，对较高精度的中、小尺寸孔，广泛采用定值刀、量具（钻头、铰刀、拉刀、塞规等）加工和检验，且每把刀具只能加工一种尺寸的孔。加工轴则不然，不同尺寸的轴只需要用某种刀具通过调整其与工件的相对位置加工即可。因此，采用基孔制可减少定值刀、量具的规格和数量，经济性较好。

3. 特殊情况选用基轴制配合

(1) 直接采用冷拉钢材做轴，不再切削加工，宜采用基轴制。如农机、纺机和仪表等机械产品中，一些精度要求不高的配合，常用冷拉钢材直接做轴，而不必加工，此时可用基轴制。

(2) 有些零件由于结构或工艺上的原因，必须采用基轴制。例如，图 1-17 (a) 所示活塞连杆机构，工作时活塞销与连杆小头孔需有相对运动，而与活塞孔无相对运动。因此，前者应采用间隙配合，后者采用较紧的过渡配合便可。当采用基孔制配合时，如图 1-17 (b) 所示，活塞销要制成两头大、中间小的阶梯形。这样不仅不便于加工，更重要的是装配时会挤伤连杆小头孔表面。当采用基轴制配合时，如图 1-17 (c) 所示，则不存在这种情况。

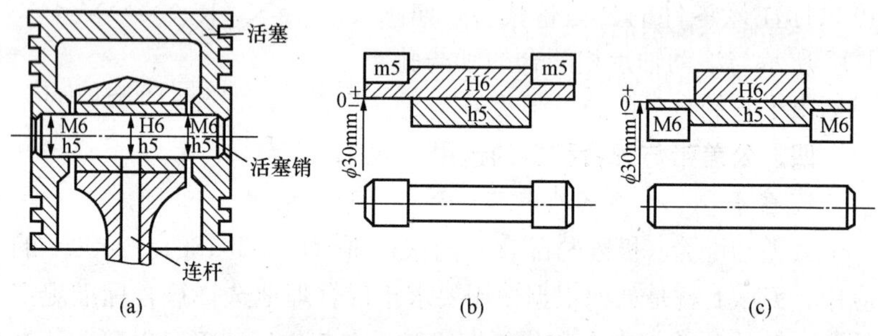

图 1-17 活塞连杆机构

(a) 活塞连杆机构；(b) 基孔制配合；(c) 基轴制配合

4. 与标准件配合时配合制的选择

(1) 与标准件配合时应按标准件确定。例如，为了获得所要求的配合性质，滚动轴承内圈与轴的配合应采用基孔制配合，而滚动轴承外圈与壳体孔的配合应采用基轴制配合，因为滚动轴承是标准件，所以轴和壳体孔应按滚动轴承确定配合制。

(2) 特殊需要时需采用非基准件配合。例如图 1-18 所示的隔套是将两个滚动轴承隔开以提高刚性作轴向定位用的。为使安装方便，隔套与齿轮轴筒的配合应选用间隙配合。由于齿轮轴筒与滚动轴承的配合已按基孔制选定了 js6 公差带，因此隔套内孔公差带只好选用非基准孔公差带才能得到间隙配合，如图 1-18（b）所示。

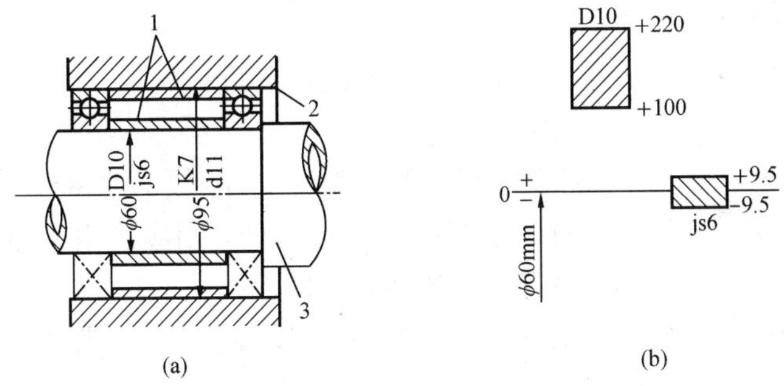

图 1-18　非基准制应用示例

（a）非基准制配合实例；（b）隔套内孔与齿轮轴筒配合公差带

1—隔套；2—主轴箱孔；3—齿轮轴筒

5. 配合种类的选用

选择配合种类的主要依据是使用要求，应该按照工作条件要求的松紧程度（由配合的孔、轴公差带相对位置决定）来选择适当的配合。

选择基本偏差代号通常有以下三种方法。

（1）计算法。计算法是根据一定的理论和公式，计算出所需间隙和过盈，然后对照国标选择适当配合的方法。例如，对高速旋转运动的间隙配合，可用流体润滑理论计算，保证滑动轴承处于液体摩擦状态所需的间隙；对不加辅助件（如键、销等）传递转矩的过盈配合，可用弹塑性变形理论算出所需的最小过盈。计算法虽然麻烦，但是理论根据较充分，方法较科学。由于影响配合间隙或过盈的因素很多，所以在实际应用时还需经过试验来确定。

（2）试验法。试验法是根据多次试验的结果，寻求最合理的间隙或过盈，从而确定配合的一种方法。这种方法主要用于重要的、关键性的一些配合。例如，机车车轴与轴轮的配合，就是用试验方法来确定的。一般采用试验法的结果较为准确可靠，但试验工作量大，费用昂贵。

（3）类比法。类比法是指在同类型机器或机构中，经过生产实践验证的已用配合的实例，再考虑所设计机器的使用要求，并进行分析对比确定所需配合的方法。在生产实践中，广泛使用选择配合的方法就是类比法。

要掌握类比法这种方法，应该做到以下两点。

1）分析零件的工作条件和使用要求。用类比法选择配合种类时，要先根据工作条件要求确定配合类别。若工作时相配孔、轴有相对运动，或虽无相对运动却要求装拆方便，则应选用间隙配合；主要靠过盈来保证相对静止或传递负荷的相配孔、轴，应该选用过盈配合；若相配孔、轴既要求对准中心（同轴），又要求装拆方便，则应选用过渡配合。

配合类别确定后，再进一步选择配合的松紧程度。表 1-12 供分析时参考。

表 1-12　工作条件对配合松紧的要求

工作条件	配合应
经常拆卸 工作时孔的温度比轴低 形状和位置误差较大	松
有冲击和振动 表面较粗糙 对中性要求高	紧

2）了解各配合的特性与应用。基准制选定后，配合的松紧程度的选择就是选取非基准件的基本偏差代号。为此，必须了解各基本偏差代号的配合特性。表 1-13 列出了按基孔制配合的轴的基本偏差特性和应用（对基轴制配合的同名的孔的基本偏差也同样适用）。

表 1-13　轴的基本偏差选用说明

配合	基本偏差	特性及应用
间隙配合	a，b	可得到特别大的间隙，应用很少
	c	可得到很大的间隙，一般适用于缓慢、松弛的动配合。用于工作条件较差（如农业机械）、受力变形，或为了便于装配，而必须保证有较大的间隙时，推荐配合为 H11/c11。其较高等级的 H8/c7 配合，适用于轴在高温工作的紧密配合，例如内燃机排气阀和导管

续表

配合	基本偏差	特性及应用
间隙配合	d	一般用于IT7～IT11级，适用于松的转动配合。如密封盖、滑轮、空转皮带轮等与轴的配合，也适用于对大直径滑动轴承配合，如透平机、球磨机、轧滚成型和重型弯曲机，以及其他重型机械中的一些滑动轴承
	e	多用于IT7～IT9级，通常用于要求有明显间隙，易于转动的轴承配合，如大跨距轴承、多支点轴承等配合。高等级的e轴适用于大的、高速、重载支撑，如涡轮发电机、大型电动机及内燃机主要轴承、凸轮轴轴承等配合
	f	多用于IT6～IT8级的一般转动配合。当温度影响不大时，被广泛用于普通润滑油（或润滑脂）润滑的支撑，如齿轮箱、小电动机、泵等的转轴与滑动轴承的配合
	g	配合间隙很小，制造成本高，除负荷很轻的精密装置外，不推荐用于转动配合。多用于IT5～IT7级，最适合不回转的精密滑动配合，也用于插销等定位配合，如精密连杆轴承、活塞及滑阀、连杆销等
	h	多用于IT4～IT11级。广泛用于无相对转动的零件，作为一般的定位配合。若没有温度、变形影响，也用于精密滑动配合
过渡配合	js	偏差完全对称（±IT/2），平均间隙较小的配合，多用于IT4～IT7级，要求间隙比h轴小，并允许略有过盈的定位配合，如联轴器、齿圈与钢制轮毂，可用木槌装配
	k	平均间隙接近于零的配合，适用于IT4～IT7级，推荐用于稍有过盈的定位配合，例如为了消除振动用的定位配合，一般用木槌装配
	m	平均过盈较小的配合，适用于IT4～IT7级，一般可用木槌装配，但在最大过盈时，要求相当的压入力
	n	平均过盈比m轴稍大，很少得到间隙，适用于IT4～IT7级，用锤或压入机装配，通常推荐用于紧密的组件配合。H6/n5配合时为过盈配合

续表

配合	基本偏差	特性及应用
过盈配合	p	与 H6 或 H7 孔配合时是过盈配合，与 H8 孔配合时则为过渡配合。对非铁类零件，为较轻的压入配合，当需要时易于拆卸。对钢、铸铁或铜、钢组件装配是标准压入配合
	r	对钢铁类零件为中等打入配合，对非铁类零件，为轻打入的配合，当需要时可以拆卸。与 H8 孔配合，直径在 100mm 以上时为过盈配合，直径小时为过渡配合
	s	用于钢铁类零件的永久性和半永久性装配，可产生相当大的结合力。当用弹性材料，如轻合金时，配合性质与钢铁类零件的 p 轴相当，例如套环压装在轴上、阀座等的配合。尺寸较大时，为了避免损伤配合表面，需用热胀或冷缩法装配
	t	过盈较大的配合。对钢和铸铁零件适用于作永久性结合，不用键可传递转矩，需用热胀或冷缩法装配，例如联轴器与轴的配合
	u	这种配合过盈大，一般应验算在最大过盈时，工件材料是否损坏，要用热胀或冷缩法装配，例如火车轮毂和轴的配合
	v,x,y,z	这些基本偏差所组成的配合过盈量更大，目前能参考的经验和资料还很少，须经试验后才应用，一般不推荐

另外，在实际工作中，应根据工作条件的要求，首先从标准规定的优先配合中选用，不能满足要求时，再从常用配合中选用。若常用配合还不能满足要求，则可依次由优先公差带、常用公差带以及一般用途公差带中选择适当的孔、轴组成要求的配合。在个别特殊情况下，也允许根据国家标准规定的标准公差系列和基本偏差系列，组成孔、轴公差带，获得适当的配合。表 1-14 列出了标准规定的基孔制和基轴制各 10 种优先配合的选用说明，可供参考。

表 1-14　　优先配合的选用说明

优先配合	说　明
$\frac{H11}{c11}$，$\frac{C11}{h11}$	间隙极大。用于转速很高，轴、孔温差很大的滑动轴承；要求大公差、大间隙的外露部分；要求装配极方便的配合

续表

优先配合	说　明
$\frac{H9}{d9}$，$\frac{D9}{h9}$	间隙很大。用于转速较高、轴颈压力较大、精度要求不高的滑动轴承
$\frac{H8}{f7}$，$\frac{F8}{h7}$	间隙不大。用于中等转速、中等轴颈压力、有一定精度要求的一般滑动轴承；要求装配方便的中等定位精度的配合
$\frac{H7}{g6}$，$\frac{G7}{h6}$	间隙很小。用于低速转动或轴向移动的精密定位的配合；需要精确定位又经常装拆的不动配合
$\frac{H7}{h6}$，$\frac{H8}{h7}$，$\frac{H9}{h9}$，$\frac{H11}{h11}$	最小间隙为零。用于间隙定位配合，工作时一般无相对运动；也用于高精度低速轴向移动的配合。公差等级由定位精度决定
$\frac{H7}{k6}$，$\frac{K7}{h6}$	平均间隙接近于零。用于要求装拆的精密定位的配合
$\frac{H7}{n6}$，$\frac{N7}{h6}$	较紧的过渡配合。用于一般不拆卸的更精密定位的配合
$\frac{H7}{p6}$，$\frac{P7}{h6}$	过盈很小。用于要求定位精度高、配合刚性好的配合；不能只靠过盈传递载荷
$\frac{H7}{s6}$，$\frac{S7}{h6}$	过盈适中。用于靠过盈传递中等载荷的配合
$\frac{H7}{u6}$，$\frac{U7}{h6}$	过盈较大。用于靠过盈传递较大载荷的配合。装配时需加热孔或冷却轴

第四节　几　何　公　差

一、几何误差的产生及其对零件使用性能的影响

任何机械产品均是按照产品设计图样，经过机械加工和装配而获得。不论加工设备和方法如何精密、可靠，功能如何齐全，除了

尺寸的误差以外，所加工的零件和由零件装配而成的组件和成品也都不可能完全达到图样所要求的理想形状和相互间的准确位置。在实际加工中所得到的形状和相互间的位置相对于其理想形状和位置的差异就是形状和位置的误差（简称几何误差）。

零件上存在的各种几何误差，一般是由加工设备、刀具、夹具、原材料的内应力、切削力等各种因素造成的。

几何误差对零件的使用性能影响很大，归纳起来主要是以下三个方面。

（1）影响工作精度。机床导轨的直线度误差，会影响加工精度；齿轮箱上各轴承座的位置误差，将影响齿轮传动的齿面接触精度和齿侧间隙。

（2）影响工作寿命。连杆的大、小头孔轴线的平行度误差，会加速活塞环的磨损而影响密封性，使活塞环的寿命缩短。

（3）影响可装配性。轴承盖上各螺钉孔的位置不正确，当用螺栓往机座上紧固时，有可能影响其自由装配。

二、几何公差标准

零件的几何误差对其工作性能的影响不容忽视，当零件上需要控制实际存在的某些几何要素的形状、方向、位置和跳动公差时，必须予以必要而合理的限制，即规定形状和位置公差（简称几何公差）。我国关于几何公差的标准有 GB/T 1184—1996《形状和位置公差未注公差值》、GB/T 4249—1996《公差原则》和 GB/T 16671—1996《形状和位置公差最大实体要求、最小实体要求和可逆要求》等。《产品几何技术规范（GPS）几何公差形状、方向、位置和跳动公差标注》的国家标准代号为 GB/T 1182—2008，等同采用国际标准 ISO 1101：2004，代替了 GB/T 1182—1996《形状和位置公差通则、定义、符号和图样表示法》。

1. 要素

为了保证合格完工零件之间的可装配性，除了对零件上某些关键要素给出尺寸公差外，还需要对一些要素给出几何公差。

要素是指零件上的特定部位——点、线或面。这些要素可以是组成要素（例如圆柱体的外表面），也可以是导出要素（例如中心线或中心面)。

按照几何公差的要求，要素可区分为：

(1) 拟合组成要素和实际（组成）要素。拟合组成要素就是按规定方法，由提取（组成）要素所形成的并具有理想形状的组成要素；实际要素是由实际（组成）要素所限定的工件实际表面组成要素部分。由于存在测量误差，所以完全符合定义的实际要素是测量不到的，在生产实际中，通常由测得的要素代替实际要素。当然，它并非是该要素的真实状态。

(2) 被测要素和基准要素。被测要素就是给出了几何公差的要素。基准要素就是用来确定提取要素的方向、位置的要素。

(3) 单一要素和关联要素。单一要素是指仅对其要素本身提出形状公差要求的要素；关联要素是指与其他要素有功能关系的要素，即在图样上给出位置公差的要素。

(4) 组成要素和导出要素。组成要素是指构成零件外表面并能直接为人们所感觉到的点、线、面；导出要素是指对称轮廓的中心点、线或面。

2. 公差带的主要形状

公差带是由一个或几个理想的几何线或面所限定的，由线性公差值表示其大小的区域。

根据公差的几何特征及其标注形式，公差带的主要形状见表1-15。

表 1-15　　几何公差带的主要形式

一个圆内的区域	
两同心圆之间的区域	

续表

两同轴圆柱面之间的区域	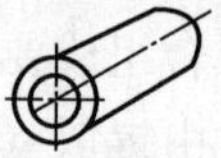
两等距线或两平行直线之间的区域	 或 
一个圆柱面内的区域	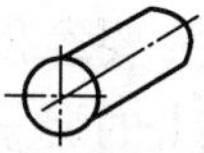
两等距面或两平行平面之间的区域	 或 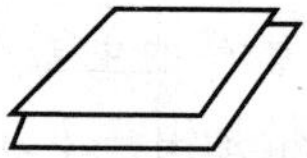
一个圆球内的区域	

3. 几何公差基本要求

几何公差基本要求如下。

（1）按功能要求给定几何公差，同时考虑制造和检测的要求。

（2）对要素规定的几何公差确定了公差带，该要素应限定在公差带之内。

（3）提取（组成）要素在公差带内可以具有任何形状、方向或位置，若需要限制提取要素在公差带内的形状等，应标注附加性说明。

（4）所注公差适用于整个提取要素，否则应另有规定。

（5）基准要素的几何公差可另行规定。

（6）图样上给定的尺寸公差和几何公差应分别满足要求，这是尺寸公差和几何公差的相互关系所遵循的基本原则。当两者之间的相互关系有特定要求时，应在图样上给出规定。

几何公差的几何特征、符号和附加符号见表 1-16、表 1-17。

表 1-16　　几何特征符号

公差类型	几何特征	符　号	有无基准
形状公差	直线度	—	无
	平面度	▱	无
	圆度	○	无
	圆柱度	⌭	无
	线轮廓度	⌒	无
	面轮廓度	⌓	无
方向公差	平行度	//	有
	垂直度	⊥	有
	倾斜度	∠	有
	线轮廓度	⌒	有
	面轮廓度	⌓	有

续表

公差类型	几何特征	符　号	有无基准
位置公差	位置度	⌖	有或无
	同心度（用于中心点）	◎	有
	同轴度（用于轴线）	◎	有
	对称度	⌯	有
	线轮廓度	⌒	有
	面轮廓度	⌓	有
跳动公差	圆跳动	↗	有
	全跳动	⌰	有

表 1-17　　附加符号

说　明	符　号
被测要素	
基准要素	A　A
基准目标	$\phi2$ / $A1$
理论正确尺寸	50

续表

说　明	符　号
延伸公差带	Ⓟ
最大实体要求	Ⓜ
最小实体要求	Ⓛ
自由状态条件（非刚性零件）	Ⓕ
全周（轮廓）	[全周符号]
包容要求	Ⓔ
公共公差带	CZ
小径	LD
大径	MD
中径、节径	PD
线素	LE
不凸起	NC
任意横截面	ACS

注　1. GB/T 1182—1996 中规定的基准符号为[基准符号 A]。

2. 如需标注可逆要求，可采用符号Ⓡ，见 GB/T 16671。

4. 用公差框格标注几何公差的基本要求

（1）用公差框格标注几何公差的基本要求，见表 1-18。

表 1-18　　用公差框格标注几何公差的基本要求

标注方法及要求	图　示
用公差框格标注几何公差时，公差要求注写在划分成两格或多格的矩形框格内，各格从左至右顺序填写： 第一格填写公差符号。 第二格填写公差值及有关符号、以线性尺寸单位表示的量值。如果公差带是圆形或圆柱形，则在公差值前加注 ϕ；如是球形则加注 $S\phi$。 第三格及以后填写基准代号	— | 0.1　　// | 0.1 | *A*　　⊕ | ϕ0.1 | *A* | *C* | *B* ⊕ | $S\phi$0.1 | *A* | *B* | *C*　　◎ | ϕ0.1 | *A*–*B*
当某项公差应用于几个相同要素时，应在公差框格的上方、被测要素的尺寸之前注明要素的个数，并在两者之间加上符号“×”	6× ▱ | 0.2 6×ϕ12±0.02 ⊕ | ϕ0.1
如果需要限制被测要素在公差带内的形状，应在公差框格的下方注明	▱ | 0.1 NC
如果需要就某个要素给出几种几何特征的公差，可将一个公差框格放在另一个的下面	— | 0.01 // | 0.06 | *B*

（2）几何公差标注示例。几何公差应标注在矩形框格内，如图1-19所示。

矩形公差框格由两格或多格组成，框格自左至右填写，各格内容如图1-20所示。

公差框格的推荐宽度为：第一格等于框格高度，第二格与标注内容的长度相适应，第三格及其后各格也应与有关的字母尺寸相适应。

公差框格的第二格内填写的公差值用线性值，公差带是圆形或圆柱形时，应在公差值前加注“ϕ”，若是球形则加注“$S\phi$”。

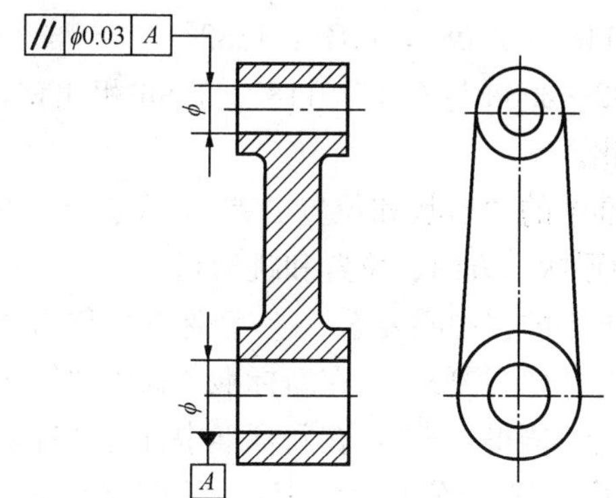

图 1-19 几何公差标注示例

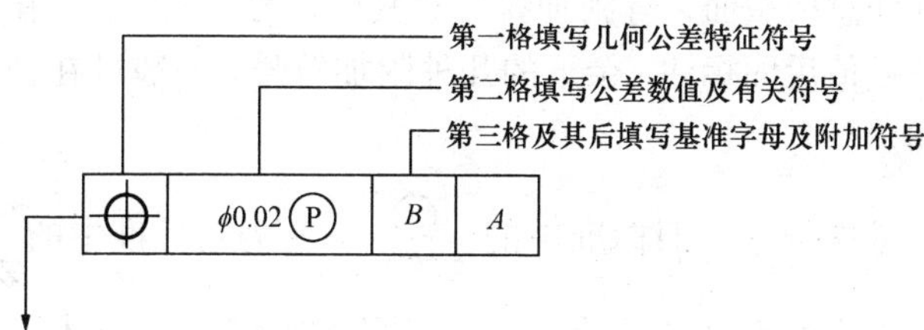

图 1-20 公差框格填写内容

当一个以上要素作为该项几何公差的被测要素时，应在公差框格的上方注明，如图 1-21 所示。

对同一要素有一个以上公差特征项目要求时，为了简化可将两个框格叠在一起标注，如图 1-22 所示。

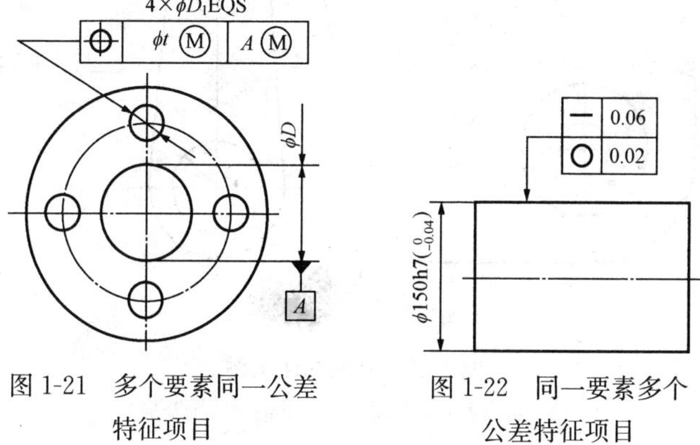

图 1-21 多个要素同一公差特征项目

图 1-22 同一要素多个公差特征项目

5. GB/T 1182—2008 与 GB/T 1182—1996 相比较主要变化

GB/T 1182—2008 与 GB/T 1182—1996 相比较，主要有以下几个方面的变化。

(1) 旧标准中的“形状和位置公差”，在新标准中称为“几何公差”(细分为形状、方向、位置和跳动)。

(2) 旧标准中的“中心要素”，在新标准中称为“导出要素”。

旧标准中的“轮廓要素”，在新标准中称为“组成要素”。

旧标准中的“测得要素”，在新标准中称为“提取要素”。

(3) 增加了“CZ”(公共公差带)、“LD”(小径)、“MD”(大径)、“PD”(中径、节径)、“ LE”(线素)、“NC”(不凸起)、“ACS”(任意横截面) 等附加符号。其中符号“CZ”，可在公差框格内的公差值后面标注，余下的几种附加符号，一般可在公差框格下方标注。

(4) 基准符号由旧标准中的 A ，变为新标准中的 A 。原来小圆圈中的字母 A 应水平方向书写，现在改成小方框后，基准符号只有在垂直或水平方向时字母 A 才能保持正的位置。若符号成倾斜方向，就无法注写字母了，这时应将符号中黑色三角形与小方框之间的连线改成折线，使小方框各边保持铅垂或水平状态方可标注字母，如图 1-23 所示的注法，图 1-23 (a) 基准符号标注在用

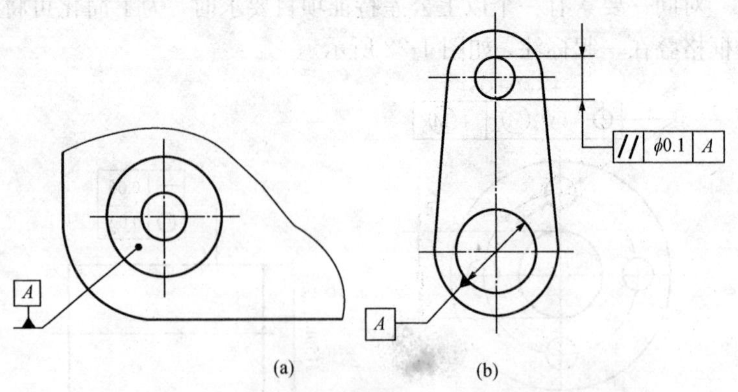

图 1-23 基准标注示例

(a) 轮廓表面为基准；(b) 孔的轴线为基准

圆点从轮廓表面引出的基准线上，图 1-23（b）基准符号表示以孔的轴线为基准。

（5）新标准中理论正确尺寸外的小框与尺寸线完全脱离，而在旧标准中则是小框的下边线与尺寸线相重合。

（6）几何特征符号及附加符号的具体画法和尺寸，仍可参考 GB/T 1182—1996 中的规定。

（7）当公差涉及单个轴线、单个中心平面或公共轴线、公共中心平面时，曾经用过的如图 1-24 所示的方法已经取消。

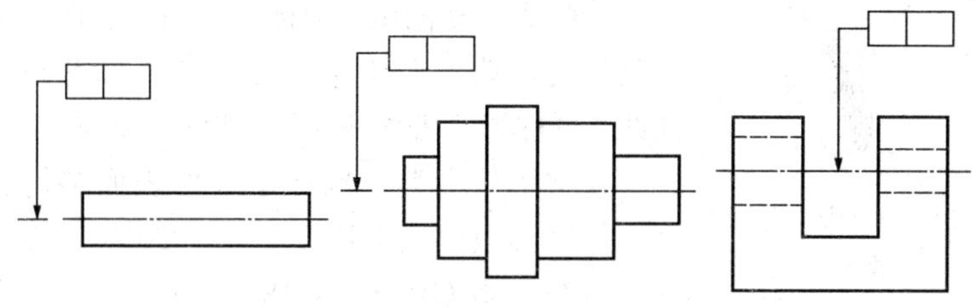

图 1-24　已经取消的公差框格标注方法（一）

（8）用指引线直接连接公差框格和基准要素的方法，如图 1-25 所示，也已被取消，基准必须注出基准符号，不得与公差框格直接相连，即被测要素与基准要素应分别标注。

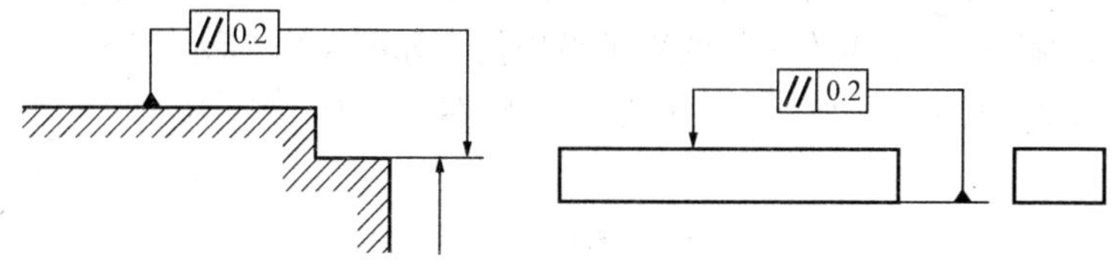

图 1-25　已经取消的公差框格标注方法（二）

第五节　表　面　结　构

一、表面结构评定常用参数

1. 表面结构评定参数

在零件图上每个表面都应根据使用要求标注出它的表面结构要

求，以明确该表面完工后的状况，便于安排生产工序，保证产品质量。

国家标准规定在零件图上标注出零件各表面的表面结构要求，其中不仅包括直接反映表面微观几何形状特性的参数值，而且还可以包含说明加工方法，加工纹理方向（即加工痕迹的走向）以及表面镀覆前后的表面结构要求等其他更为广泛的内容，这就更加确切和全面地反映了对表面的要求。

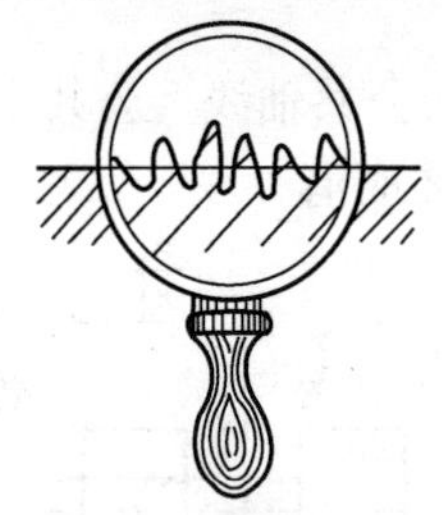

图 1-26　表面轮廓放大图

若将表面横向剖切，把剖切面和表面相交得到的交线放大若干倍就是一条有峰有谷的曲线，可称为“表面轮廓”，如图 1-26 所示。

通常用三大类参数评定零件表面结构状况：轮廓参数（由 GB/T 3505—2009 定义）、图形参数（由 GB/T 18618—2002 定义）、支承率曲线参数（由 GB/T 18778.2—2003 定义）。其中轮廓参数是我国机械图样中最常用的评定参数。GB/T 3505—2009 代替 GB/T 3505—2000 表面粗糙度评定常用参数，最常用评定粗糙度轮廓（*R* 轮廓）中的两个高度参数是 *Ra* 和 *Rz*。

（1）轮廓算术平均偏差 *Ra*。轮廓算术平均偏差 *Ra* 是在取样长度内，轮廓偏距绝对值的算术平均值，如图 1-27 所示。

轮廓算术平均偏差 *Ra* 的数值一般在表 1-19 中选取。

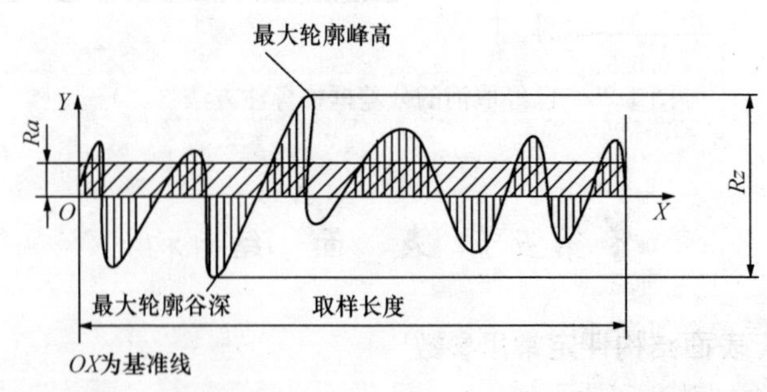

图 1-27　轮廓算术平均偏差 *Ra* 和轮廓最大高度 *Rz*

表 1-19　　**Ra 的数值**（μm）

Ra	0.012	0.2	3.2	50
	0.025	0.4	6.3	100
	0.05	0.8	12.5	
	0.1	1.6	25	

当选用表 1-19 中规定的 *Ra* 系列数值不能满足要求时，可选用表 1-20 中规定的补充系列值。

表 1-20　　**Ra 的补充系列值**（μm）

Ra	0.008	0.08	1	10
	0.01	0.125	1.25	16
	0.016	0.16	2	20
	0.02	0.25	2.5	32
	0.032	0.32	4	40
	0.04	0.5	5	63
	0.063	0.63	8	80

（2）轮廓最大高度 *Rz*。轮廓最大高度 *Rz* 是指在同一取样长度内，最大轮廓峰高与最大轮廓谷深之间的距离，如图 1-26 所示。*Rz* 的常用数值有：0.2、0.4、0.8、1.6、3.2、6.3、12.5、25、50μm。*Rz* 数值一般在表 1-21 中选取。

表 1-21　　**Rz 的数值**（μm）

Rz	0.025	0.4	6.3	100	1600
	0.05	0.8	12.5	200	
	0.1	1.6	25	400	
	0.2	3.2	50	800	

根据表面功能和生产的经济合理性，当选用表 1-21 中规定的 *Rz* 系列数值不能满足要求时，亦可选用表 1-22 中规定的补充系列值。

表 1-22　　**Rz 的补充系列值**（μm）

Rz	0.032	0.5	8	125
	0.04	0.63	10	160
	0.063	1	16	250
	0.08	1.25	20	320
	0.125	2	32	500
	0.16	2.5	40	630
	0.25	4	63	1000
	0.32	5	80	1250

特别说明：原来的表面粗糙度参数 *Rz* 的定义不再使用。新的 *Rz* 为原 *Ry* 定义，原 *Ry* 的符号也不再使用。

(3) 取样长度（*lr*）。取样长度是指用于判别被评定轮廓不规则特征的 *X* 轴上的长度，代号为 *lr*。

为了在测量范围内较好地反映粗糙度的情况，标准规定取样长度按表面粗糙度选取相应的数值，在取样长度范围内，一般至少包含 5 个的轮廓峰和轮廓谷。规定和选取取样长度目的是为了限制和削弱其他几何形状误差，尤其是表面波度对测量结果的影响。取样长度的数值见表 1-23。

表 1-23　　**取样长度的数值系列（*lr*）**（mm）

lr	0.08	0.25	0.8	2.5	8	25

(4) 评定长度（*ln*）。评定长度是指用于判别被评定轮廓的 *x* 轴上方向的长度，代号为 *ln*。它可以包含一个或几个取样长度。

为了较充分和客观地反映被测表面的粗糙度的，须连续取几个取样长度的平均值作为取样测量结果。国标规定，*ln*＝5*lr* 为默认值。选取评定长度目的是为了减少被测表面上表面粗糙度不均匀性的影响。

取样长度与幅度参数之间有一定的联系，一般情况下，在测量 *Ra*、*Rz* 数值时推荐按表 1-24 选取对应的取样长度值。

表 1-24　　取样长度（*lr*）和评定长度（*ln*）的数值（mm）

$Ra/\mu m$	$Rz/\mu m$	lr	$ln(ln=5lr)$
>（0.008）~0.02	>（0.025）~0.1	0.08	0.4
>0.02~0.1	>0.1~0.5	0.25	1.25
>0.1~2	>0.5~10	0.8	4
>2~10	>10~50	2.5	12.5
>10~80	>50~200	8	40

2. 基本术语新旧标准对照

基本术语新旧标准对照见表 1-25。

表 1-25　　基本术语新旧标准对照

基本术语（GB/T 3505—2009）	GB/T 3505—1983	GB/T 3505—2009
取样长度	l	lp、lw、lr①
评定长度	l_n	ln
纵坐标值	y	$Z(x)$
局部斜率		$\frac{dZ}{dX}$
轮廓峰高	y_p	Zp
轮廓谷深	yv	Zv
轮廓单元高度		Zt
轮廓单元宽度		Xs
在水平截面高度 c 位置上轮廓的实体材料长度	η_p	$Ml(c)$

① 给定的三种不同轮廓的取样长度。

3. 表面结构参数新旧标准对照

表面结构参数新旧标准对照见表 1-26。

表 1-26　　表面结构参数新旧标准对照

参数（GB/T 3505—2009）	GB/T 3505—1983	GB/T 3505—2009	在测量范围内	
			评定长度（ln）	取样长度
最大轮廓峰高	R_p	Rp		√
最大轮廓谷深	R_m	Rv		√
轮廓最大高度	R_y	Rz		√

续表

参数（GB/T 3505—2009）	GB/T 3505—1983	GB/T 3505—2009	在测量范围内	
			评定长度（ln）	取样长度
轮廓单元的平均高度	R_c	Rc		√
轮廓总高度	—	Rt	√	
评定轮廓的算术平均偏差	R_a	Ra		√
评定轮廓的均方根偏差	R_q	Rq		√
评定轮廓的偏斜度	S_k	Rsk		√
评定轮廓的陡度	—	Rku		√
轮廓单元的平均宽度	S_m	Rsm		√
评定轮廓的均方根斜率	Δ_q	$R\Delta q$		
轮廓支承长度率	—	$Rmr(c)$	√	
轮廓水平截面高度	—	$R\delta c$	√	
相对支承长度率	t_p	Rmr	√	
十点高度	R_z	—		

注 1. √符号表示在测量范围内，现采用的评定长度和取样长度。

2. 表中取样长度是 lr、lw 和 lp，分别对应于 R、W 和 P 参数。$lp=ln$。

3. 在规定的三个轮廓参数中，表中只列出了粗糙度轮廓参数。例如：三个参数分别为 Pa（原始轮廓）、Ra（粗糙度轮廓）、Wa（波纹度轮廓）。

二、表面结构符号、代号及标注

1. 表面结构要求图形符号的画法与含义

国家标准 GB/T 131—2006 规定了表面结构要求的图形符号、代号及其画法，其说明见表 1-27，表面结构要求的单位为 μm（微米）。

表 1-27　　表面结构要求的画法与含义

符　号	意义及说明
√	基本符号，表示表面可用任何方法获得。当不加注表面结构要求参数值或有关说明（例如：表面处理、局部热处理状况等）时，仅适用于简化代号标注

续表

符　号	意义及说明
	表示表面是用去除材料的方式获得。如车、铣、钻、磨、剪切、抛光、腐蚀、电火花加工、气割等
	表示表面是用不去除材料的方法获得。如铸、锻、冲压变形、热轧、冷轧、粉末冶金等，或者是用保持原供应状况的表面（包括上道工序的状况）
	完整图形符号，可标注有关参数和说明
	表示部分或全部表面具有相同的表面结构要求

国家标准 GB/T 131—2006 中规定，在报告和合同的文本中时以用文字“APA”表示允许用任何工艺获得表面，用文字“MRR”表示允许用去除材料的方法获得表面，用文字“NMR”表示允许用不去除材料的方法获得表面。

2. 表面结构完整符号注写规定

在完整符号中，对表面结构的单一要求和补充要求注写在图 1-28 所示的指定位置。

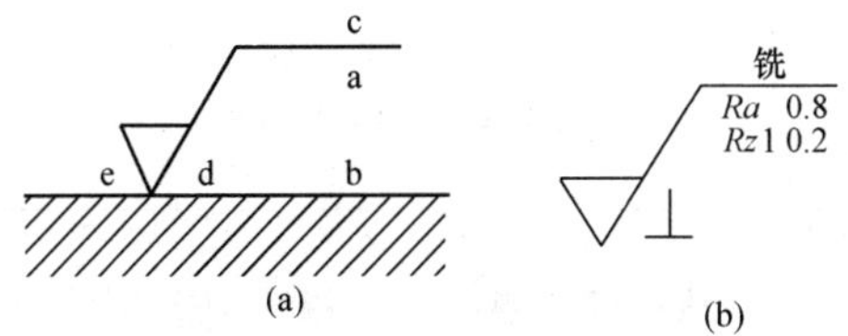

图 1-28　补充要求的注写位置

(a) 位置分布；(b) 注写示例

1）位置 a 注写表面结构的单一要求：标注表面粗糙度参数代号、极限值和取样长度。为了避免误解，在参数代号和极限值间应插入空格。取样长度后应有一斜线“/”，之后是表面粗糙度参数符号，最后是数值，如：$-0.8/Rz6.3$。

2）位置 a 和 b 注写两个或多个表面结构要求：在位置 a 注写一个表面粗糙度要求，方法同图 1-28（a）。在位置 b 注写第二个表面表面粗糙度要求。如果要注写第三个或更多表面粗糙度要求，图形符号应在垂直方向扩大，以空出足够的空间。扩大图形符号时，a、b 的位置随之上移。

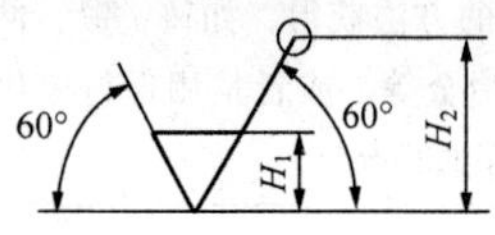

图 1-29　表面结构要求符号的比例

3）位置 c 注写加工方法、表面处理、涂层或其他加工工艺要求，如车、铣、磨、镀等。

4）位置 d 注写表面纹理和纹理方向。

5）位置 e 注写所要求的加工余量，以 mm 为单位给出数值。

表面结构要求符号的比例画法如图 1-29 所示。

表面结构代号的标注示例及意义见表 1-28。

表 1-28　　表面结构代号的标注示例及意义

符　　号	含义/解释
*Rz*0.4	表示不允许去除材料，单向上限值，粗糙度的最大高度为 0.4μm，评定长度为 5 个取样长度（默认），“16%规则”（默认）
*Rz*max0.2	表示去除材料，单向上限值，粗糙度最大高度的最大值为 0.2μm，评定长度为 5 个取样长度（默认），“最大规则”（默认）
−0.8/*Ra*3.2	表示去除材料，单向上限值，取样长度 0.8μm，算术平均偏差 3.2μm，评定长度包含 3 个取样长度，“16%规则”（默认）
U *Ra*max3.2 L *Ra*0.8	表示不允许去除材料，双向极限值，上限值：算术平均偏差 3.2μm，评定长度为 5 个取样长度（默认），“最大规则”；下限值：算术平均偏差 0.8μm，评定长度为 5 个取样长度（默认），“16%规则”（默认）

续表

符　号	含义/解释
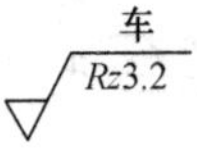 车 $Rz3.2$	零件的加工表面的粗糙度要求由指定的加工方法获得时，用文字标注在符号上边的横线上
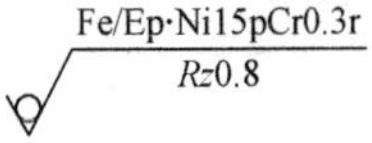 Fe/Ep·Ni15pCr0.3r $Rz0.8$	在符号的横线上面可注写镀（涂）覆或其他表面处理要求。镀覆后达到的参数值这些要求也可在图样的技术要求中说明
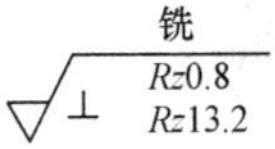 铣 $Rz0.8$ ⊥ $Rz13.2$	需要控制表面加工纹理方向时，可在完整符号的右下角加注加工纹理方向符号
 3	在同一图样中，有多道加工工序的表面可标注加工余量时，加工余量标注在完整符号的左下方，单位为 mm

注　评定长度的（ln）的标注；

若所标注的参数代号没有"max"，表明采用的是有关标准中默认的评定长度。

若不存在默认的评定长度时，参数代号中应标注取样长度的个数，如 $Ra3$，$Rz3$，$RSm3$，……（要求评定长度为 3 个取样长度）。

3. 表面纹理的标注

表面加工后留下的痕迹走向称为纹理方向，不同的加工工艺往往决定了纹理的走向，一般表面不需标注。对于有特殊要求的表面，需要标注纹理方向时，可用表 1-29 所列的符号标注在完整图形符号中相应的位置，如图 1-28（b）所示。

表 1-29　　常见表面加工的纹理方向

符号	说　明	示　意　图
=	纹理平行于视图所在的投影面	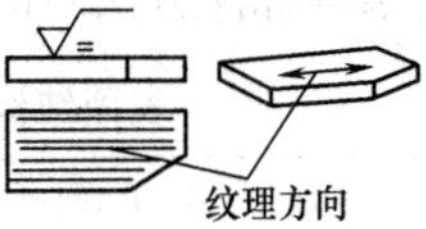 纹理方向
⊥	纹理垂直于视图所在的投影面	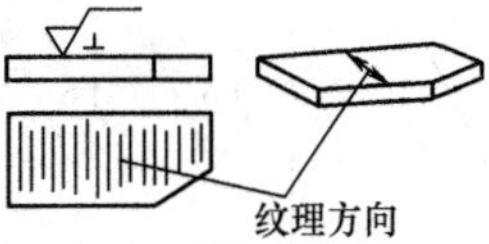 纹理方向

续表

符号	说　明	示 意 图
×	纹理呈两斜向交叉且与视图所在的投影面相交	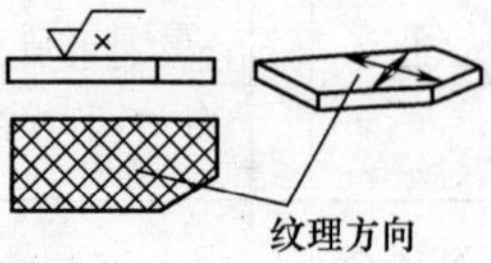 纹理方向
M	纹理呈多方向	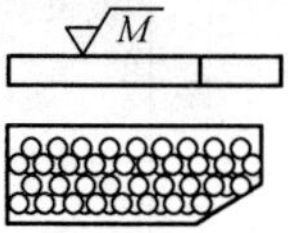
C	纹理呈近似同心圆且圆心与表面中心相关	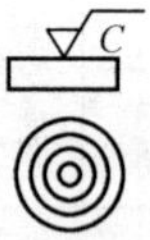
R	纹理呈近似的放射状与表面圆心相关	
P	纹理呈微粒、凸起，无方向	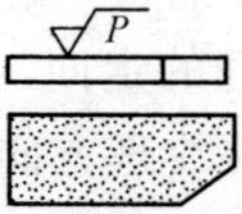

注　如果表面纹理不能清楚地用这些符号表示，必要时，可以在图样上加注说明。

4. 表面结构标注方法新旧标准对照

表面结构标注方法新旧标准对照见表 1-30。

表 1-30　　表面结构标注方法新旧标准对照

GB/T 131—1983	GB/T 131—1993	GB/T 131—2006	说明主要问题的示例
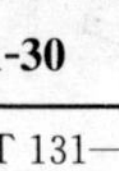 1.6	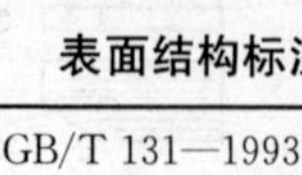 1.6　1.6	 Ra1.6	Ra 只采用“16%规则”

续表

GB/T 131—1983	GB/T 131—1993	GB/T 131—2006	说明主要问题的示例
Ry3.2	Ry3.2 Ry3.2	Rz3.2	除了 Ra“16%规则”的参数
—	1.6max	Ra max1.6	“最大规则”
1.6 0.8	1.6 0.8	-0.8/Ra1.6	Ra 加取样长度
Ry3.2 0.8	Ry3.2 0.8	-0.8/Rz6.3	除 Ra 外其他参数及取样长度
1.6 Ry6.3	1.6 Ry6.3	Ra1.6 Rz6.3	Ra 及其他参数
—	Ry3.2	Rz36.3	评定长度中的取样长度个数如果不是 5，则要注明个数（此例表示比例取样长度个数为 3）
—	—	L Rz1.6	下限值
3.2 1.6	3.2 1.6	U Ra3.2 L Rz1.6	上、下限值

5. 表面结构要求在图样上的标注

表面结构要求对每一表面一般只标注一次，尽可能标注在相应的尺寸及公差的同一视图上。除非另有说明，所标注的表面结构要求是对完工零件表面的要求。

（1）表面结构要求在图样上标注方法示例，见表 1-31。

表 1-31　　表面结构要求在图样上标注方法示例

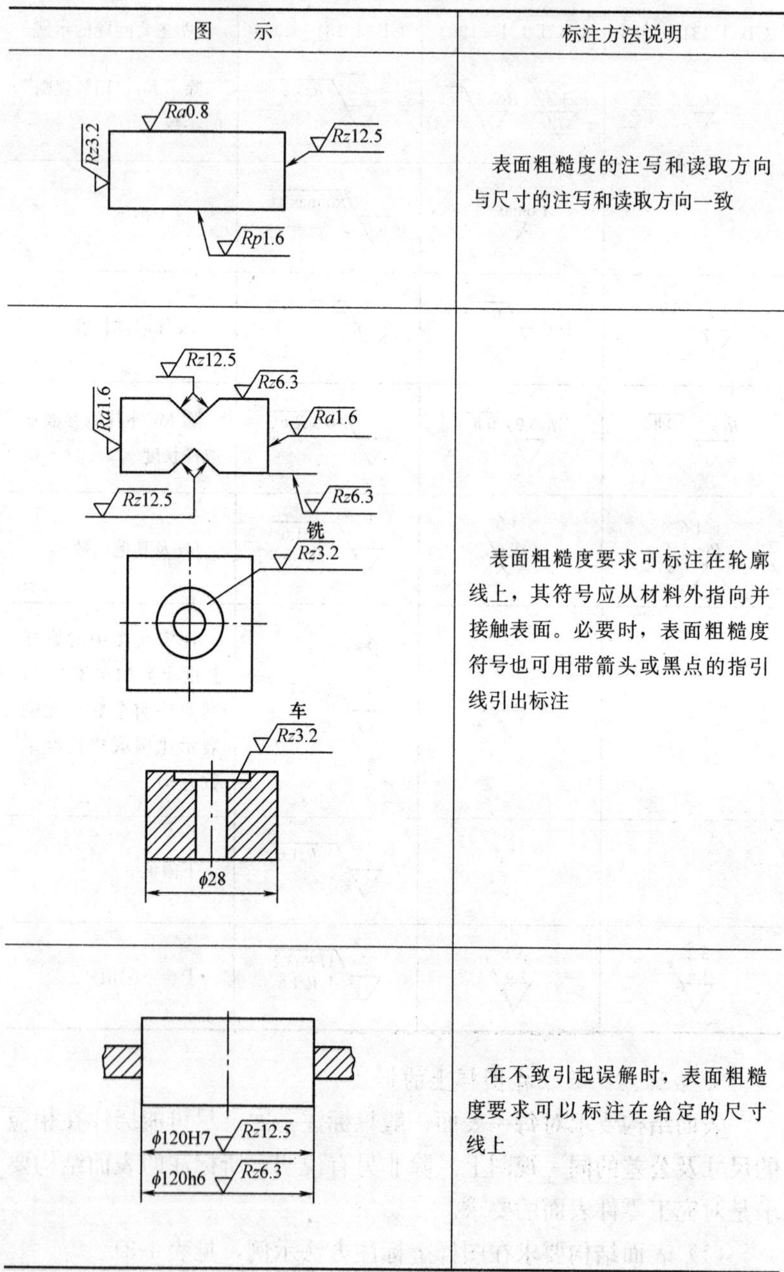

图　　示	标注方法说明
	表面粗糙度的注写和读取方向与尺寸的注写和读取方向一致
	表面粗糙度要求可标注在轮廓线上，其符号应从材料外指向并接触表面。必要时，表面粗糙度符号也可用带箭头或黑点的指引线引出标注
	在不致引起误解时，表面粗糙度要求可以标注在给定的尺寸线上

续表

图　　示	标注方法说明
Ra1.6　0.1　Rz6.3　ϕ10±0.1　ϕ0.2　A　B	表面粗糙度要求可标注在形位公差框格的上方
Rz1.6　Rz6.3　Rz6.3　Rz6.3　Ra	表面粗糙度要求可以直接标注在延长线上
Ra3.2　Ra1.6　Ra6.3　Ra3.2	圆柱和棱柱表面的表面粗糙度要求只标注一次，如果每个棱柱表面有不同的表面粗糙度要求，则应分别单独标注
Fe/Ep·Cr25b　Ra0.8　Rz0.8　M20－6h	由几种不同的工艺方法获得的同一表面，当需要明确每种工艺方法的表面粗糙度要求时的标注方法

(2) 表面结构要求简化标注方法示例，见表 1-32。

表 1-32　　表面结构要求简化标注方法示例

图　示	标注方法说明
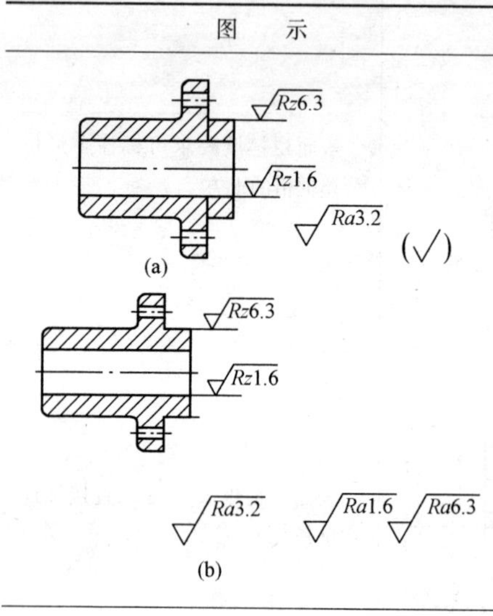	有相同表面粗糙度要求的简化注法。 如果在工件的多数（包括全部）表面有相同的表面粗糙度要求，则其表面粗糙度要求可统一标注在图样的标题栏附近。 除全部表面有相同要求的情况外，表面粗糙度要求在符号后面应有： (1) 在圆括号内给出无任何其他标注的基本符号[(图 a)]。 (2) 在圆括号内给出不同的表面粗糙度要求[(图 b)]。 不同表面粗糙度要求应直接标注在图形中
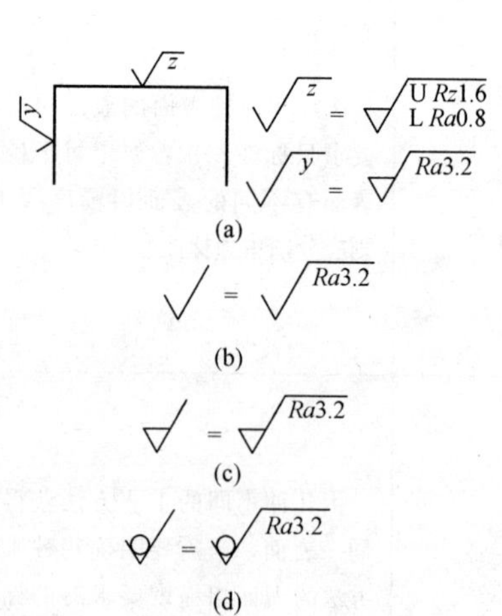	多个表面有共同要求的注法。 当多个表面具有相同的表面粗糙度要求或图样空间有限时的简化注法： (1) 图样空间有限时，可用带字母的完整符号，以等式的形式，在图形或标题栏附近，对有相同表面结构要求的表面进行简化标注[图(a)]。 (2) 只用表面粗糙度符号的简化注法。可用基本和扩展的表面粗糙度符号，以等式的形式给出对多个表面共同的表面粗糙度要求。 1) 未指定工艺方法的多个表面粗糙度要求的简化注法[图(b)]。 2) 要求去除材料的多个表面粗糙度要求的简化注法[图(c)]。 3) 不允许去除材料的多个表面粗糙度要求的简化注法[图(d)]

6. 各级表面结构的表面特征及应用举例

表面结构的表面特征及应用举例，见表 1-33。

表 1-33　　表面结构的表面特征及应用举例

表面特征		Ra/μm	Rz/μm	应用举例
粗糙表面	可见刀痕	＞20～40	＞80～160	半成品粗加工过的表面，非配合的加工表面，如轴端面、倒角、钻孔、齿轮和带轮侧面、键槽底面、垫圈接触面等
	微见刀痕	＞10～20	＞40～80	
半光表面	微见加工痕迹	＞5～10	＞20～40	轴上不安装轴承或齿轮处的非配合表面、紧固件的自由装配表面、轴和孔的退刀槽等
	微辨加工痕迹	＞2.5～5	＞20～20	半精加工表面，箱体、支架、端盖、套筒等和其他零件结合而无配合要求的表面，需要发蓝的表面等
	看不清加工痕迹	＞1.25～2.5	＞6.3～10	接近于精加工表面、箱体上安装轴承的镗孔表面、齿轮的工作面
光表面	可辨加工痕迹方向	＞0.63～1.25	＞3.2～6.3	圆柱销、圆锥销，与滚动轴承配合的表面，普通车床导轨面，内、外花键定心表面等
	微辨加工痕迹方向	＞0.32～0.63	＞1.6～3.2	要求配合性质稳定的配合表面，工作时受交变应力的重要零件，较高精度车床的导轨面
	不可辨加工痕迹方向	＞0.16～0.32	＞0.8～1.6	精密机床主轴锥孔，顶尖圆锥面，发动机曲轴、凸轮轴工作表面，高精度齿轮齿面

续表

表面特征		Ra/μm	Rz/μm	应用举例
极光表面	暗光泽面	>0.08～0.16	>0.4～0.8	精度机床主轴颈表面、一般量规工作表面、气缸套内表面、活塞销表面等
	亮光泽面	>0.04～0.08	>0.2～0.4	精度机床主轴颈表面、滚动轴承的滚动体、高压油泵中柱塞和柱塞套配合的表面
	镜状光泽面	>0.01～0.04	>0.05～0.2	
	镜面	≤0.01	≤0.05	高精度量仪、量块的工作表面，光学仪器中的金属镜面

第四节　劳动保护与安全生产

一、劳动保护

劳动保护是指采用立法和技术措施、管理措施，保护劳动者在生产劳动过程中的安全健康与劳动能力，促进社会主义现代化的建设和发展。它指明了搞好劳动保护必须立法、技术和管理三者结合。就是国家要制定劳动保护的方针和法规，监督企业贯彻执行；企业要实现生产过程的机械化、密闭化和自动化，采用各种防护保险装置等技术措施；也确保劳动保护工作的领导体系，建立和健全组织机构，制定安全制度，开展安全教育并加强管理。

1. 劳动保护的意义

劳动保护是社会主义制度下一件根本性的大事，是社会主义企业为保护职工健康采取的重要措施。做好劳动保护工作有着极其重要的意义。

(1) 搞好劳动保护是实现安全生产，使生产能够顺利进行的重要保证。生产必须安全，安全为了生产。对生产中的不安全因素，采取必要的管理措施和技术措施，加以防止和消除，才能保证生产的顺利进行。

(2) 搞好劳动保护，有利于调动劳动者的积极性和创造性，在生产过程中切实保证劳动者的安全和健康，不断改善劳动条件，就能进一步激发他们的劳动积极性，从而有利于促进生产的发展。

2. 劳动保护工作的任务

劳动保护工作的任务就是保护劳动者在生产中的安全与健康，促进社会主义生产建设的顺利发展，并在发展生产的同时，积极改善劳动条件，变危险为安全，变有害为无害，变笨重劳动为轻便劳动，变肮脏、紊乱为卫生、整洁做到安全生产、文明生产。

(1) 积极采用各种综合性的安全技术措施，控制和消除生产过程中容易造成职工伤害的各种不安全因素，保证安全生产。

(2) 合理确定工作时间和休息时间，严格控制加班、加点，实现劳逸结合，保证劳动者有适当的工余休息时间，经常保持充沛的精力，实现安全稳定生产。

(3) 根据妇女的生理特征，对女职工实现特殊的劳动保护。

二、安全生产和全面安全管理

1. 安全生产的意义

(1) 安全生产是国家的一项重要政策。生产劳动过程中存在着各种不安全、不卫生的因素，如工厂可能发生机械伤害、电击伤害等。生产劳动中还可能出现有毒的气体、粉尘、高频、微波、紫外线、噪声、振动、高温等危害人体健康的情况，如不及时防止和消除，就有发生工伤事故和职业病的危险。

(2) 安全生产是现代化建设的重要条件。在现代化建设中，人是决定性的因素，只有不断改善条件，才能激发他们的劳动热情和生产积极性，促进经济和社会的发展。同时，随着现代化生产的不断发展，必将同时带来新的不安全因素，如不及时引起注意和加强管理，也会影响和破坏生产力的发展。

2. 做好安全生产管理工作

(1) 抓好安全生产教育，贯彻预防为主的方针。安全教育是安全管理的重要内容，必须大力加强安全生产思想教育、安全技术教育、三级安全教育和事故后教育。安全技术操作教育要从基本功入手，做到操作动作熟练，并能在复杂情况下判断和避免事故发生。对于新工人要进行厂、车间、班组三级安全教育。对待特殊工种的工人，要做到教育、培训、考核合格后才能上岗。

（2）建立和健全安全生产规章制度。把生产活动约束在科学、合理、安全的范围内，必须健全法制。此外，还必须在工厂、车间和班组中建立和健全一些行之有效的规章制度。如定期学习制度、安全活动日制度、安全生产责任制度和安全检查制度等。其中安全生产责任制度是企业在安全生产中的一个核心制度。

（3）不断改善劳动条件，积极采取安全技术措施。这是消除生产中不安全、不卫生因素，保证安全生产的根本办法。除了不断采用新技术、新设备，逐步实现生产过程的机械化、自动化和电子化外，还要加强安全技术措施，改变现行生产中不安全、不卫生的条件，如安装各种机械设备的防护装置；对产生噪声的地点和设备采取消音防护和控制；向个人提供各种防护用品等。

（4）认真贯彻“五同时”和做好“三不放过”。即在计划、布置、检查、总结和评比生产工作的同时，要计划、布置、检查、总结和评比安全工作。这是贯彻“安全第一，预防为主”方针的重要内容。出了事故后，除了按制度做好报告工作和保护现场外，还必须做到事故原因不查清不放过：没有预防措施或措施不落实不放过；事故责任者和劳动者未接受教训不放过。这是防止事故再发生的有力措施。

3. 实现全面安全管理（TSC）

全面安全管理是指对安全生产实行全过程、全员参加和全部工作安全管理，简称 TSC。

（1）全过程安全管理就是一个工程从计划、设计开始，包括基建、试车、投产、生产、运输，一直到更新、报废的全过程，都要进行安全管理和控制。

（2）全员参加安全管理是指从厂长、车间主任、技术和管理人员、班组长到每个工人参加的安全管理。其中，领导参加是安全管理的核心。国家要求“管理生产的必须管安全，安全生产人人有责”，就是这个意思。

（3）全部工作的安全管理是指对生产过程中的每项工艺都进行全面分析、全面评价、全面采取措施等。“高高兴兴上班，平平安安回家”包括了全部工作的安全管理。

三、环保管理

1. 环保管理的含义

环境包括大气、水体、矿藏、森林、野生动物、自然保护区和风景游览区等。这些都是国家的自然资源，人民生活的基本条件。

环保管理是指人们运用经济、法律、技术、行政、教育等手段，限制人类损害环境质量的活动，并通过全面规划使经济发展与环境保护相协调，达到既发展经济满足人类需要，又不超出环境的容许范围。也就是说，人类在满足不断增长的物质和文化需要的同时，要正确处理经济规律和生态规律的关系；要运用现代科学的理论和方法，对人类损害自然环境质量的活动施加影响；在更好地利用自然环境的同时，促进人类与环境系统协调发展。

2. 环保工作在国民经济中的战略地位

保护和改善环境是关系到经济和社会发展的重要问题，是进行社会主义物质文明和精神文明建设的重要组成部分。

环境是人类生存发展的物质基础。自然环境不仅为人类的生存提供场所，也为农业生产提供各种原料和基地。但是，由于人类不合理地利用自然资源，乱排“三废”（废水、废气、废渣），滥砍滥伐树木，使环境的污染破坏日益严重，造成生态破坏，甚至危害人的生命。工业生产同样以环境资源为基础，从环境取得资源并向环境排出废物组成循环系统。因此，环保工作的目的，是为人类保护良好的生活、工作环境，这是人类生存发展的需要，是劳动力再生产的必要条件；向时，也是保护人类所需要的物质资源，使经济和社会得到发展。由此可见，经济建设和环境之间的关系是否协调，是经济建设中重要的战略问题。农、轻、重比例失调，花几年的工夫便可以得到调整；经济发展与环境的关系失调，造成生态破坏，用几十年的时间也是难以扭转的。可见环境问题是制订经济和社会发展战略的重要依据。要使经济持续发展，必须使其与环境协调，把环境保护作为经济发展的一个战略目标，放到重要的地位。

3. 环保管理的任务

环保管理是工业企业管理的一个重要内容。生产过程在生产出产品的同时也产生出一定数量的废弃物，特别是污染物，这是生产过程一个整体的两个方面，它们互相依存，是对立的统一。

工业企业环保管理的基本任务，就是要在区域环境质量的要求下，最大限度地减少污染物的排放，避免对环境的损害。通过控制污染物排放的科学管理，促进企业减少原料、燃料、水资源的消耗，降低成本，提高科学技术水平，促进消除污染，改善环境，保障职工健康，减轻或消除社会经济损失，从而获得最佳的、综合的社会效益。

为了实现上述任务，工业企业的环保管理应着重做好以下几个方面的工作。

(1) 加强环保教育，提高广大职工保护环境的自觉性。

(2) 结合技术改造，最大限度地把“三废”消除在生产过程中。这是企业防治工业污染、搞好环保管理的根本途径。

(3) 贯彻以防为主、防治结合、综合治理的方针，大搞综合利用，变废为宝，实现“三废”资源化。这是防止工业污染的必经之路。

(4) 进行净化处理，使“三废”达到国家规定的排放标准，不污染或少污染环境。这是必要的防止手段。

(5) 把环保工作列入经济责任制。这是搞好环保管理的重要保证。

(6) 对热处理、电镀、铸锻等排污比较严重的生产厂点，环保部门要会同有关部门对其治理“三废”的情况和措施进行检查、验收和审核，采取必备条件和评分相结合的考核办法，全部符合必备条件才发给许可证。不符合要求的不能发证，或限期整顿。未经批准不得擅自生产或扩大生产规模。

(7) 贯彻“三同时”原则，新建、扩建和改建的企业，在建设过程中，对存在污染的项目，必须与主体工程同时设计、同时施工、同时投产。各种有害物质的排放，必须遵守国家规定的标准。

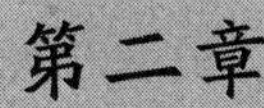

第二章

磨　床

第一节　磨床主要部件的名称和用途

一、外圆磨床主要部件的名称和用途

M1432B 型万能外圆磨床是在 M1432A 型万能外圆磨床基础上改进的，如图 2-1 所示，它主要由床身 1、工作台 2、头架 3、尾座 6、砂轮架 4 和液压传动、机械传动的操纵机构 7 及电器操纵箱 5 等组成。

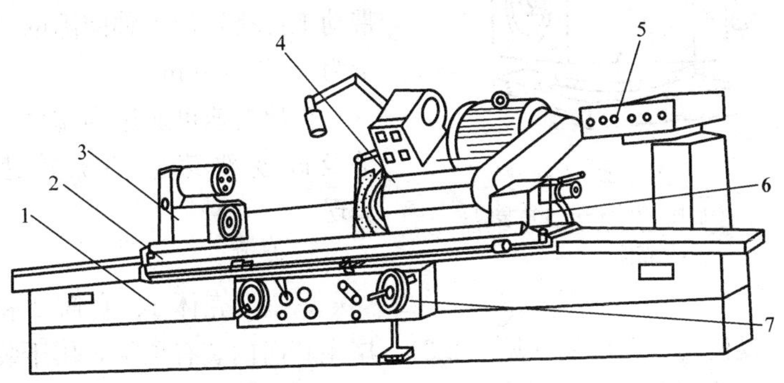

图 2-1　M1432B 型万能外圆磨床

1—床身；2—工作台；3—头架；4—砂轮架；5—电器操纵箱；6—尾座；7—操纵机构

1. 床身

床身是一个箱形铸件，用于支承磨床的各个部件。床身上有纵向和横向两组导轨：纵向导轨上装工作台，横向导轨上装砂轮架。床身内有液压传动装置和机械传动机构等结构部件。

2. 工作台

工作台由上工作台与下工作台两个部分组成。上工作台安装在下工作台之上，可相对下工作台进行回转，顺时针方向可转 3°，逆时针方向可转 6°。上工作的台面上有 T 形槽，通过螺栓用以安装和固定头架和尾座。

工作台底面导轨与床身纵向导轨配合，由液压传动装置或机械操纵机构带动作纵向运动。在下工作台前侧面的 T 形槽内，装有两块行程挡铁，调整挡铁位置，可控制工作台的行程和位置。

3. 头架

头架由底座 1、壳体 3、主轴 4 和传动变速装置 2 等组成（见图 2-2）。头架壳体可绕定位柱在底座上面回转，按加工需要可在逆时针方向 0°～90°范围内作任意角度的调整。双速电动机装在壳体顶部。头架通过两个 L 形螺栓紧固在工作台上，松开螺栓，可在工作台面上移动。头架主轴上可安装顶尖或卡盘，用来装夹和带动工件旋转；主轴间隙的调整量为 0～0.01mm。

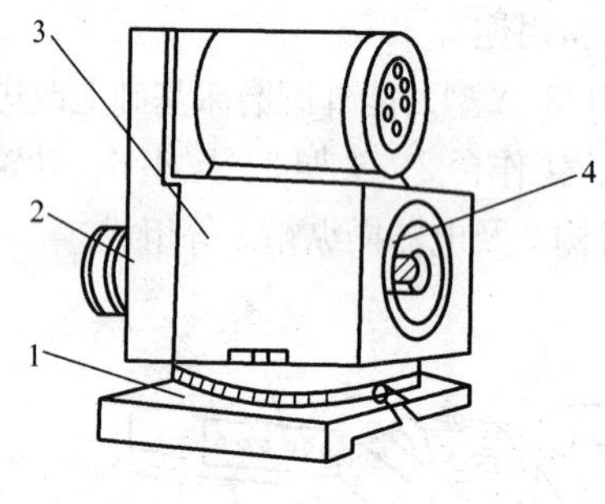

图 2-2　头架
1—底座；2—传动变速装置；3—壳体；4—主轴

头架变速可通过推拉变速捏手及改变双速电动机转速来实现。

4. 尾座

尾座由壳体 1、套筒 2 和套筒往复机构 5 等组成（见图 2-3）。尾座套筒内装有顶尖，用于装夹工件。装卸工件时，可转动手柄 4 或踏尾座操纵板，实现套筒的往复移动。尾座通过 L 形螺栓紧固在工作台上，松开螺栓 3 可在工作台上移动。

5. 砂轮架

砂轮架由壳体、主轴、内圆磨具及滑鞍等组成。外圆砂轮安装在主轴上，由单独电动机经 V 带传动进行旋转。壳体可在滑鞍上作±30°回转。滑鞍安装在床身横导轨上，可作横向进给运动。内圆磨具支架的底座装在砂轮架壳体的盖板上，支架壳体可绕与底座固定的心轴回转，当需进行内圆磨削时，将支架壳体翻下，通过两

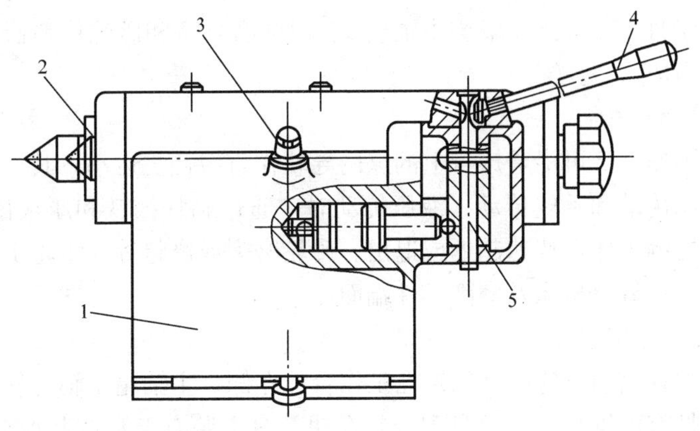

图 2-3 尾座

1—壳体；2—套筒；3—螺栓；4—手柄；5—套筒往复机构

个球头螺钉和两个具有球面的支块，支承在砂轮架壳体前侧搭子面上，并用螺钉紧固。在外圆磨削时，须将支架壳体翻上去，并用插销定位。

二、内圆磨床主要部件的名称和用途

M2110A 型内圆磨床（见图 2-4）是一种常见的普通内圆磨床。

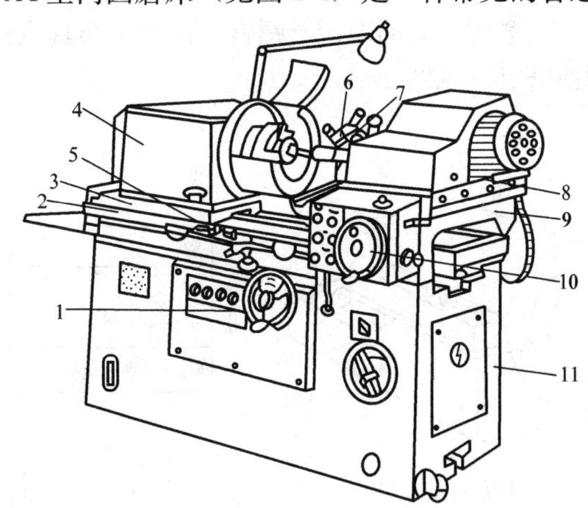

图 2-4 M2110A 型内圆磨床

1—手轮；2—工作台；3—底座；4—主轴箱；5—挡铁；6—砂轮修整器；7—内圆磨具；8—横滑板；9—桥板；10—手轮；11—床身

它由床身 11、工作台 2、主轴箱 4、内圆磨具 7 和砂轮修整器 6 等部件组成。

1. 工作台

工作台 2 可沿着床身上的纵向导轨作直线往复运动，其运动可分液压传动和手轮传动。液压传动时，通过调整挡铁和压板位置，可以控制工作台快速趋近或退出、砂轮磨削或修整等。手轮 1 主要用于手控调整机床及磨削工件端面。

2. 主轴箱

主轴箱通过底座 3 固定在工作台的左侧，主轴箱主轴的外圆锥面与带有内锥孔的法兰盘配合，在法兰盘上装有卡盘或其他夹具，以夹持并带动工件旋转。主轴箱可相对底座绕垂直轴心线转动，回转角度为 20°，用于磨削内锥孔，并装有调整装置，可作微量的角度调整。

3. 内圆磨具

内圆磨具 7 安装在磨具座上，该机床备有一大一小两个内圆磨具，可根据磨削工件的孔径大小来选择使用。用小磨具时，要在磨具壳体外圆上装两个衬套后才能装进磨具座内（见图 2-5）。磨具座内分别装有夹紧螺钉和间隙调整螺钉，以夹紧磨具或松开磨具座盖，以便调换磨具（见图 2-6）。

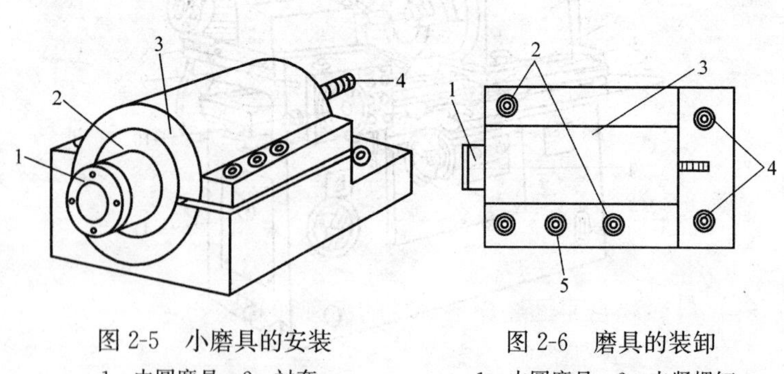

图 2-5　小磨具的安装

1—内圆磨具；2—衬套；3—磨具座；4—带轮

图 2-6　磨具的装卸

1—内圆磨具；2—夹紧螺钉；3—磨具座；4—紧固螺钉；5—调整螺钉

内圆磨具的主轴由电动机经平带直接传动旋转，调整带轮可变换内圆磨具的转速，以适应磨削不同直径的工件。磨具座及电动机均固定在横滑板8上，横滑板可沿着固定在机床床身11上的桥板9上面的横向导轨移动，使砂轮实现横向进给运动。

4. 砂轮修整器

砂轮修整器6安装在工作台中部台面上，根据需要可在纵向和横向调整位置，修整器上的修整杆可随着修整器的回转头上下翻转。修整器的动作是由液压控制，当修整砂轮时，动作选择旋钮转到“修整”位置，压力油使回转头放下，修整结束把动作选择旋钮转到“磨削”位置，油压消失，借弹簧拉力将回转头拉回原处。修整头可用前面带有刻度值的提手作微量进给（见图2-7）。

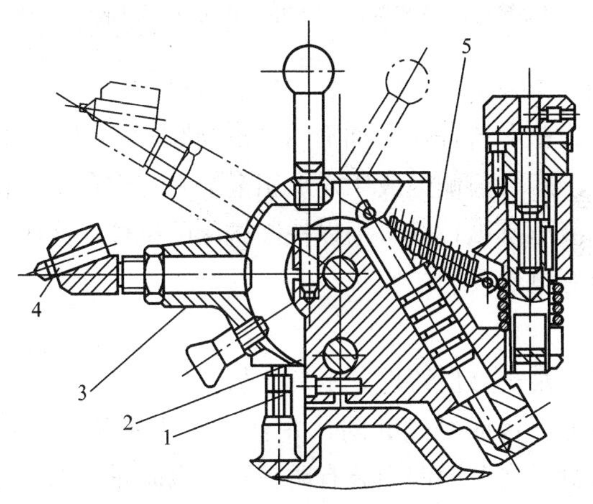

图2-7 砂轮修整器的调整

1—支承螺钉；2—定位销；3—回转头；4—金刚石；5—弹簧

三、卧轴矩台平面磨床各部件的名称和用途

M7120D型平面磨床是在M7120A型的基础上经过改进的卧轴矩台平面磨床，由床身1、工作台2、磨头3、滑板4、立柱5、电器箱6、电磁吸盘7、电器按钮板8和液压操纵箱9等部件组成（见图2-8）。

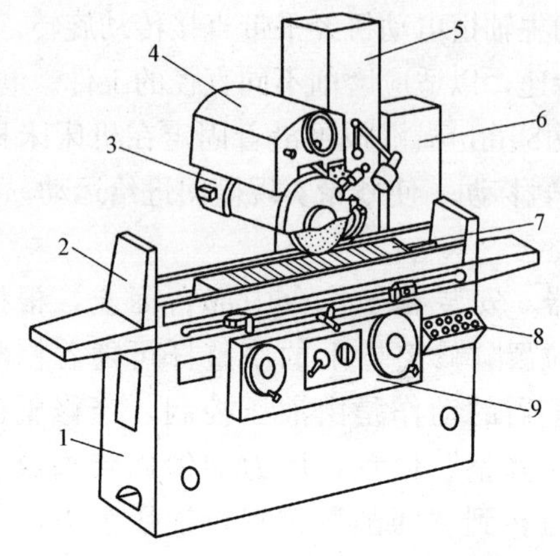

图 2-8 M7120D 型平面磨床

1—床身；2—工作台；3—磨头；4—滑板；5—立柱；
6—电器箱；7—电磁吸盘；8—电器按钮板；9—液压操纵箱

1. 床身

床身 1 为箱形铸件，上面有 V 形导轨及平导轨，工作台 2 安装在导轨上。床身前侧的液压操纵箱上装有工作台手动机构、垂直进给机构和液压操纵板等，用以控制机床的机械和液压传动。电器按钮板上装有电器控制按钮。

2. 工作台

工作台 2 是一盆形铸件，上部有长方形台面，下部有凸出的导轨。工作台上部台面经过磨削，并有一条 T 形槽，用以固定工作物和电磁吸盘。在台面四周装有防护罩，以防止切削液飞溅。

3. 磨头

磨头 3 在壳体前部，装有两套短三块油膜滑动轴承和控制轴向窜动的两套球面推力轴承，主轴尾部装有电动机转子，电动机定子固定在壳体上。

磨头 3 在水平燕尾导轨上有两种进给形式：一种是断续进给，即工作台换向一次，砂轮磨头横向作一次断续进给，进给量 1～12mm；另一种是连续进给，磨头在水平燕尾导轨上往复连续移动。连续移动速度为 0.3～3m/min，由进给选择旋钮控制。磨头除了可液压传动外，还可作手动进给。

4. 滑板

滑板 4 有两组相互垂直的导轨，一组为垂直矩形导轨，用以沿立柱作垂直移动；另一组为水平燕尾导轨，用以作磨头横向移动。

5. 立柱

立柱 5 为一箱形体，前部有两条矩形导轨，丝杠安装于中间，通过螺母，使滑板沿矩形导轨作垂直移动。

6. 电器箱

M7120D 型平面磨床在电器安装上进行了改进，将原来装在床身上的电器元件等装到电器箱内，这样有利于维修和保养。

7. 电磁吸盘

电磁吸盘 7 主要用于装夹工件。

8. 电器按钮板

电器按钮板 8 主要用于安装各种电器按钮，通过操作按钮，来控制机床的各项进给运动。

9. 液压操纵箱

液压操纵箱 9 主要用于控制机床的液压传动。

第二节 磨床的型号

一、机床型号的编制方法

机床型号是机床产品的代号，用以简明地表示机床的类别、主要技术参数、通用特性和结构特性等。目前，我国的机床型号均按最新 GB/T 15375—2008《金属切削机床型号编制方法》编制。GB/T 15375—2008 替代 GB/T 15375—1994，该标准规定了金属切削机床和回转体加工自动线型号表示方法，适用于新设计的各类通用及专用金属切削机床、自动线，不适用于组合机床、特种加工机床。

机床型号由基本部分和辅助部分组成，用汉语拼音字母及阿拉伯数字表示，中间用“/”隔开，读作“之”。机床型号表示方法如图 2-9 所示，图中有“（　）”的代号或数字，当无内容时，则不表示。若有内容则不带括号。有“○”符号的，为大写的汉语拼音字母。有“△”符号的，为阿拉伯数字。有“Ⓐ”符号的，为大写的汉语拼音字母，或阿拉伯数字，或两者兼有之。

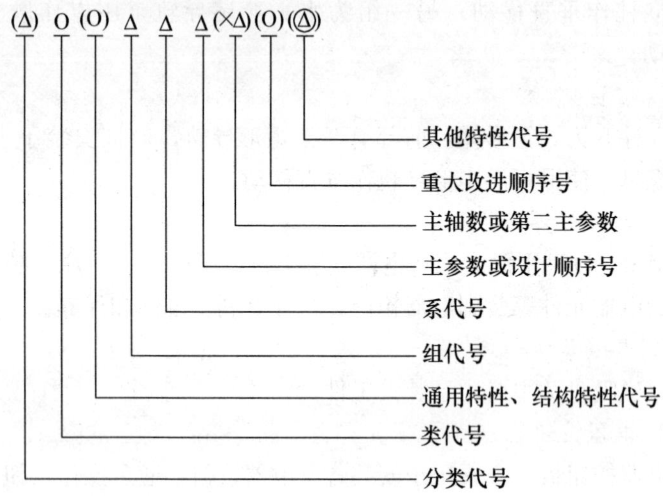

图 2-9　机床型号的表示方法

1. 机床的类代号

机床的类代号用大写的汉语拼音字母表示，如车床用“C”表示，钻床用“Z”表示。必要时，每类可分为苦干分类，分类代号在类代号之前，作为型号的首位，并用阿拉伯数字表示。第一分类代号前的“1”省略，第“2”、“3”分类代号则应予以表示，如磨床分类代号“M”、“2M”、“3M”。

机床的类代号及读音见表 2-1。

表 2-1　机床的类代号(摘自 GB/T 15375—2008)

类别	车床	钻床	镗床	磨床			齿轮加工机床	螺纹加工机床	铣床	刨插床	拉床	锯床	其他机床
代号	C	Z	T	M	2M	3M	Y	S	X	B	L	G	Q
读音	车	钻	镗	磨	二磨	三磨	牙	丝	铣	刨	拉	割	其

对于具有两类特性的机床编制时，主要特性应放在后面，次要

特性应放在前面，例如铣镗床是以镗为主、铣为辅。

2. 机床的特性代号

机床的特性代号，包括通用特性代号和结构特性代号，用大写的汉语拼音字母表示，位于类代号之后。

（1）通用特性代号。当某类机床，除有普通型式外，还有下列某种通用特性时，则在类代号之后加通用特性代号予以区分，用汉语拼音字母表示。若仅有某种通用特性而无普通型式者，则通用特性不予以表示。通用特性代号有统一的固定含义，它在各类机床中所表示的意义相同。机床通用特性代号见表 2-2。

表 2-2　　机床通用特性的代号(摘自 GB/T 15375—2008)

通用特性	高精度	精密	自动	半自动	数控	加工中心（自动换刀）	仿形	轻型	加重型	简式或经济型	柔性加工单元	数显	高速
代号	G	M	Z	B	K	H	F	Q	C	J	R	X	S
读音	高	密	自	半	控	换	仿	轻	重	简	柔	显	速

（2）结构特性代号。对于主参数值相同，而结构、性能不同的机床，在型号中加上结构特性代号予以区分。它与通用特性代号不同，在型号中没有统一的含义。只在同类机床中起区分机床结构、性能不同的作用。结构特性代号应排在通用特性代号之后，用汉语拼音字母表示。

3. 机床的组、系代号

每类机床都划分为十个组，每一组又划分为十个系，系代号位于组代号之后，各用一位阿拉伯数字表示，位于类代号或通用特性代号之后。磨床组、系划分见表 2-3。

表 2-3　　磨床组、系划分表(摘自 GB/T 15375—2008)

一、磨床类（M）

组		系		主参数	
代号	名称	代号	名称	折算系数	名称
0	仪表磨床	0	仪表无心磨床	1/10	最大磨削直径
		1	仪表内圆磨床	1/10	最大磨削孔径

续表

一、磨床类（M）

组		系			主参数
代号	名称	代号	名称	折算系数	名称
0	仪表磨床	2	仪表平面磨床	1/10	工作台面宽度
		3	仪表外圆磨床	1/10	最大磨削直径
		4	抛光机		—
		5	仪表万能外圆磨床	1/10	最大磨削直径
		6	刀具磨床		—
		7	仪表成形磨床	1/10	工作台面宽度
		8	—		—
		9	仪表齿轮磨床	1/10	最大工件直径
1	外圆磨床	0	无心外圆磨床	1	最大磨削直径
		1	宽砂轮无心外圆磨床	1	最大磨削直径
		2			
		3	外圆磨床	1/10	最大磨削直径
		4	万能外圆磨床	1/10	最大磨削直径
		5	宽砂轮外圆磨床	1/10	最大磨削直径
		6	端面外圆磨床	1/10	最大回转直径
		7	多砂轮架外圆磨床	1/10	最大磨削直径
		8	多片砂轮外圆磨床	1/10	最大回转直径
		9			
2	内圆磨床	0			
		1	内圆磨床	1/10	最大磨削直径
		2			
		3	带端面内圆磨床	1/10	最大磨削直径
		4			
		5	立式行星内圆磨床	1/10	最大磨削直径
		6	深孔内圆磨床	1/10	最大磨削直径
		7	内外圆磨床	1/10	最大磨削直径
		8	立式内圆磨床	1/10	最大磨削直径

续表

一、磨床类（M）

组		系		主参数	
代号	名称	代号	名称	折算系数	名称
3	砂轮机	0	落地砂轮机	1/10	最大砂轮直径
		1	悬挂砂轮机	1/10	最大砂轮直径
		2	台式砂轮机	1/10	最大砂轮直径
		3	除尘砂轮机	1/10	最大砂轮直径
		4	软轴砂轮机	1/10	最大砂轮直径
		5	砂带砂轮机	1/10	最大砂轮直径
		6			
		7			
		8			
		9			
4	坐标磨床	0			
		1	单柱坐标磨床	1/10	工作台面宽度
		2	双柱坐标磨床	1/10	工作台面宽度
		3			
		4			
		5			
		6			
		7			
		8			
		9			
5	导轨磨床	0	落地导轨磨床	1/100	最大磨削宽度
		1	悬臂导轨磨床	1/100	最大磨削宽度
		2	龙门导轨磨床	1/100	最大磨削宽度
		3	定梁龙门导轨磨床	1/100	最大磨削宽度
		4			
		5			
		6			
		7			
		8			
		9			

续表

一、磨床类（M）					
组		系		主参数	
代号	名称	代号	名称	折算系数	名称
6	刀具刃磨床	0	万能工具磨床	1/10	最大回转直径
		1	拉刀刃磨床	1/10	最大刃磨拉刀长度
		2			
		3	钻头刃磨床	1	最大刃磨钻头直径
		4	滚刀刃磨床	1/10	最大刃磨滚刀直径
		5	铣刀盘刃磨床	1/10	最大刃磨滚刀直径
		6	圆锯片刃磨床	1/100	最大磨锯片直径
		7	弧齿锥齿轮铣刀盘刃磨床	1/10	最大刃磨铣刀盘直径
		8	插齿刀刃磨床	1/10	最大刃磨插齿刀直径
		9	矿井钻头刃磨床	1	最大工件直径
7	平面及端圆磨床	0			
		1	卧轴矩台平面磨床	1/10	工作台面宽度
		2	立轴矩台平面磨床	1/10	工作台面宽度
		3	卧轴圆台平面磨床	1/10	工作台面直径
		4	立轴圆台平面磨床	1/10	工作台面直径
		5	龙门平面磨床	1/10	工作台面宽度
		6	卧轴双端面磨床	1/10	最大砂轮直径
		7	立轴双端面磨床	1/10	最大砂轮直径
		8	龙门双端面磨床	1/10	最大砂轮直径
		9			
8	曲轴、凸轮轴、花键轴及轧辊磨床	0			
		1	曲轴主轴颈磨床	1/10	最大回转直径
		2	曲轴磨床	1/10	最大回转直径
		3	凸轮轴磨床	1/10	最大回转直径
		4	轧辗磨床	1/10	最大磨削直径
		5	曲线磨床	1/10	最大磨削直径
		6	花键轴磨床	1/10	最大磨削直径
		7			
		8			
		9			

续表

一、磨床类（M）

组		系		主参数	
代号	名称	代号	名称	折算系数	名称
9	工具磨床	0	曲线磨床	1/10	最大磨削长度
		1	模具工具磨床	1/10	工作台面宽度
		2	锉刀磨床	1/10	工作台面长度
		3	钻头沟背磨床	1	最大钻头直径
		4	铲齿车刀成形磨床	1/10	最大磨削宽度
		5	丝锥铲梢磨床	1	最大丝锥直径
		6	丝锥沟槽磨床	1	最大丝锥直径
		7	丝锥方尾磨床	1	最大丝锥直径
		8	卡规磨床	1/10	最大磨削宽度
		9	圆板牙铲磨床	1	最大圆板牙螺纹直径

二、磨床类（2M）

组		系		主参数	
代号	名称	代号	名称	折算系数	名称
0		0			
		1			
		2			
		3			
		4			
		5			
		6			
		7			
		8			
		9			
1	超精机	0			
		1			
		2	内圆超精机	1/10	最大磨削孔径
		3	外圆超精机	1/10	最大磨削直径
		4	无心超精机	1/10	最大磨削直径
		5			
		6	端面超精机	1/10	最大磨削直径
		7	平面超精机	1/10	最大磨削宽度
		8			
		9			

续表

二、磨床类（2M）

组		系		主参数	
代号	名称	代号	名称	折算系数	名称
2	内圆珩磨机	0			
		1	卧式内圆珩磨机	1/10	最大珩孔直径
		2	立式内圆珩磨机	1/10	最大珩孔直径
		3	摇臂式内圆珩磨机	1/10	最大珩孔直径
		4	龙门式内圆珩磨机	1/10	最大珩孔直径
		5			
		6			
		7	框架式内圆珩磨机	1/10	最大珩孔直径
		8	多轴立式顺序内圆珩磨机	1/10	最大珩孔直径
		9			
3	外圆及其他珩磨机	0			
		1	外圆珩磨机	1/10	最大珩磨直径
		2	平面珩磨机	1/10	最大珩磨宽度
		3			
		4			
		5	球面珩磨机	1/10	最大珩磨直径
		6			
		7			
		8			
		9			
4	抛光机	0	半导体抛光机	1/10	抛光轮直径
		1			
		2	内圆抛光机	1/10	抛光轮直径
		3			
		4	曲轴抛光机	1/10	最大回转直径
		5	薄板抛光机	1/10	最大抛光宽度
		6	落地抛光机	1/10	抛光轮直径
		7	台式抛光机	1/10	抛光轮直径
		8	钢带抛光机	1/10	最大抛光宽度
		9			

续表

二、磨床类（2M）

组		系		主参数	
代号	名称	代号	名称	折算系数	名称
5	砂带抛光及磨削机床	0	无心砂带抛光机	1/10	最大抛光直径
		1	外圆砂带抛光机	1/10	最大抛光直径
		2			
		3	平面砂带抛光机	1/10	最大抛光宽度
		4	砂带机	1/10	砂带宽度
		5	凸轮轴砂带抛光机	1/10	最大回转直径
		6	无心砂带磨床	1/10	最大磨削直径
		7	外圆砂带磨床	1/10	最大磨削直径
		8	平面砂带磨床	1/10	最大磨削宽度
		9	万能砂带磨床	1/10	最大磨削宽度
6	刀具刃磨床及研磨机床	0	万能刀具刃磨床	1/10	最大回转直径
		1	圆板牙刃磨床	1	最大圆板牙螺纹直径
		2	车刀刃研磨机	1	最大车刀宽度
		3	梳刀刃磨床	1	最大梳刀直径
		4	铰刀刃磨床	1	最大铰刀直径
		5	成形铣刀刃磨床	1	最大铣刀直径
		6	丝锥刃磨床	1	最大丝锥直径
		7	铰刀研磨机	1	最大铰刀直径
		8	锉丝板研磨机	1	最大磨削宽度
		9	剪切刀片刃磨床	1/100	最大磨削长度
7	可转位刀片磨削机床	0	可转位刃片双端面研磨机	1/10	研磨盘直径
		1	可转位刀片周边磨床	1	最大刀片内切圆直径
		2	可转位刀片负倒刃磨床	1	最大刀片内切圆直径
		3			
		4			
		5			
		6			
		7			
		8			
		9			

续表

二、磨床类（2M）

组		系		主参数	
代号	名称	代号	名称	折算系数	名称
8	研磨机	0			
		1	平面研磨机	1/10	研磨盘直径
		2	内外圆研磨机	1	最大研磨直径
		3	立式内圆研磨机	1/10	最大研磨孔径
		4	双盘研磨机	1/10	研磨盘直径
		5			
		6	曲面研磨机	1/10	最大研磨宽度
		7	中心孔研磨机	1/10	最大工作直径
		8			
		9	挤压研磨机	1	磨料挤出率
9	其他磨床	0	螺旋面磨床	1/10	最大回转直径
		1	多用磨床	1/10	最大回转直径
		2			
		3	中心钻铲磨床	1	最大磨削直径
		4	中心孔磨床	1/10	最大工件直径
		5	立式万能磨床	1/10	最大磨削直径
		6	凸轮磨床	1/10	最大回转直径
		7			
		8			
		9			

三、磨床类（3M）

组		系		主参数	
代号	名称	代号	名称	折算系数	名称
0		0			
		1			
		2			
		3			
		4			
		5			
		6			
		7			
		8			
		9			

续表

三、磨床类（3M）

组		系		主参数	
代号	名称	代号	名称	折算系数	名称
1	球轴承套圈沟磨床	0	轴承套圈端面沟磨床	1/10	最大工件孔径
		1	摆式轴承内圈沟磨床	1/10	最大工件孔径
		2	摆式轴承外圈沟磨床	1/10	最大工件直径
		3	轴承内圈沟磨床	1/10	最大工件孔径
		4	轴承外圈沟磨床	1/10	最大工件直径
		5	调心轴承内圈沟磨床	1/10	最大工件孔径
		6	调心轴承外圈沟磨床	1/10	最大工件直径
		7			
		8			
		9			
2	滚子轴承套圈滚道磨床	0	轴承套圈内圆磨床	1/10	最大磨削孔径
		1	轴承内圈滚道磨床	1/10	最大工件孔径
		2	轴承内圈挡边磨床	1/10	最大工件孔径
		3	轴承外圈滚道磨床	1/10	最大工件直径
		4	轴承套圈端面磨床	1/10	最大工件直径
		5	调心轴承内圈滚道磨床	1/10	最大工件孔径
		6	轴承外圈滚道挡边磨床	1/10	最大工件直径
		7	轴承内圈滚道挡边磨床	1/10	最大工件孔径
		8	轴承外圈挡边磨床	1/10	最大工件直径
		9	轴承套圈端面滚道磨床	1/10	最大工件孔径
3	轴承套圈超精机	0			
		1	轴承内圈沟超精机	1/10	最大工件孔径
		2	轴承外圈沟超精机	1/10	最大工件直径
		3	轴承内圈滚道超精机	1/10	最大工件孔径
		4	轴承外圈滚道超精机	1/10	最大工件直径
		5	调心轴承内圈滚道超精机	1/10	最大工件直径
		6	调心轴承外圈滚道超精机	1/10	最大工件直径
		7	轴承内圈挡边超精机	1/10	最大工件孔径
		8	轴承外圈挡边超精机	1/10	最大工件直径
		9	轴承套圈端面沟超精机	1/10	最大工件孔径

续表

三、磨床类（3M）

组		系		主参数	
代号	名称	代号	名称	折算系数	名称
4		0	×××		
		1	×××		
		2	×××		
		3	×××		
		4	×××		
		5			
		6	×××		
		7	×××		
		8	×××		
		9	×××		
5	叶片磨削机床	0			
		1	横磨叶背仿形磨床	1/10	最大工件长度
		2	横磨叶盆仿形磨床	1/10	最大工件长度
		3	纵磨叶片仿形磨床	1/10	最大工件长度
		4			
		5	叶片前后缘倒角机	1/10	最大工件长度
		6	叶片根部仿形磨床	1/10	最大工件长度
		7	叶片榫头磨床	1/10	最大工件长度
		8			
		9			
6	滚子加工机床	0	圆锥滚子无心磨床	1	最大工件直径
		1	圆锥滚子超精机	1	最大工件直径
		2	圆柱滚子超精机	1	最大工件直径
		3	圆柱滚子无心超精机	1	最大工件直径
		4	圆柱滚子端面研磨机	1	最大工件直径
		5	圆锥滚子球形端面磨床	1	最大工件直径
		6	圆锥滚子球形端面研磨机	1	最大工件直径
		7	滚子端面超精机	1	最大工件直径
		8	球面滚子无心磨床	1	最大工件直径
		9	球面滚子球形端面磨床	1	最大工件直径
7	钢球加工机床	0			
		1	立式钢球磨球机	1/10	砂轮直径
		2	立式钢球研球机	1/10	研球板直径
		3			
		4	立式钢球光球机	1/10	光球板直径
		5			
		6	钢球磨球机	1/10	砂轮直径
		7	钢球研球机	1/10	研球板直径
		8	钢球无心磨床	1	最大钢球直径
		9	钢球光球机	1/10	光球板直径

续表

三、磨床类（3M）

组		系		主参数	
代号	名称	代号	名称	折算系数	名称
8	气门、活塞及活塞环磨削机床	0	气门座面斜棱磨床	1	最大磨削直径
		1			
		2	活塞环倒角磨床	1/10	最大磨削直径
		3	活塞环端面磨床	1/10	最大磨削直径
		4			
		5	活塞椭圆磨床	1/10	最大磨削直径
		6			
		7	活塞环外圆超精机	1/10	最大磨削直径
		8	活塞销超精机	1	最大磨削直径
		9			
9	汽车、拖拉机修磨机床	0			
		1			
		2	曲轴修磨机	1/10	最大修磨直径
		3	气门磨床	1	最大修磨直径
		4	气门座修磨机	1	最大修磨直径
		5	气门座研磨机		—
		6	制动片修磨机		—
		7	气缸平面修磨机	1/10	最大磨削宽度
		8	气缸珩磨机	1/10	最大珩孔直径
		9			

注 1. 表中出现“×××”者，表示此系已被老产品占用，老产品淘汰之前不得启用。

2. 新标准中，磨床（3M）“组代号 2 滚子轴承套圈滚道磨床”中增加“9 轴承套圈端面滚道磨床”；“组代号 3 轴承套圈超精机”中增加“7 轴承内圈挡边超精机”和“8 轴承外圈挡边超精机”。

4. 机床的主参数、第二主参数

（1）机床的主参数用折算值（主参数乘以折算系数）表示，位于组、系代号之后。它反应机床的主要技术规格，主参数的尺寸单位为 mm。如 CA6140 型车床，主参数的折算值为 40，折算系数为 1/10，即主参数（床身上最大工件回转直径）为 400mm。

（2）机床的第二主参数一般是指主轴数、最大工件长度、最大车削长度和最大模数等。多轴车床的主轴数，以实际轴数列入型号中的第二主参数之后，并用“·”分开，如 C2140·4；C2030·6 等。常用车床主参数及折算系数见表 2-3。

5. 机床的重大改进序号

当机床的结构、性能有更高的要求，并须按新产品重新设计、试制和鉴定时，才按改进的先后顺序选用 A、B、C……等汉语拼音字母（但“I”、“O”两个字母不得选用，以免和数字“1”和“0”混淆），加在型号基本部分的尾部，以区别原机床型号，如 C6136A 就是 C6136 型经过第一次重大改进的车床。

重大改进设计不同于完全的新设计，它是在原有机床的基础上进行改进设计，因此重大改进后的产品与原型号的产品，是一种取代关系。凡属局部的小改进或增删某些附件、测量装置及改变工件的装夹方法等，因对原机床的结构、性能没有作重大的改变，故不属于重大改进，其型号不变。

标准中规定，型号中有固定含义的汉语拼音字母（如类代号、通用特性代号及有固定含义的结构特性代号），按其相对应的汉字字音读音，如无固定含义的结构特性代号及重大改进序号，则按汉语拼音字母读音，如 M8240A 读作“磨 8240A”。

二、磨床型号及含义

磨床品种共分三大类，一般磨床为第一类，用字母 M 表示；超精加工机床、抛光机床、砂带抛光机为第二类，用 2M 表示；轴承套圈、滚球、叶片磨床为第三类，用 3M 表示。齿轮磨床和螺纹磨床分别用 Y 和 S 表示。常用第一类磨床按加工不同分以下几组：

0——仪表磨床；

1——外圆磨床（如 M1332A、MBS1332A、MM1420 等）；

2——内圆磨床（如 M2110A、MGD2110 等）；

3——砂轮机；

4——研磨机、珩磨机；

5——导轨磨床；

6——刀具刃磨床（如 M6025A、M6110 等）；

7——平面及端面磨床（如 M7120A、MG7130 等）；

8——曲轴、凸轮轴、花键轴、轧辊磨床（如 M8240A、M8312、M8612A、MG8425 等）；

9——工具磨床（如 MK9017、MG9019 等）。

型号还指明机床主要规格参数。一般以机床上加工的最大工件尺寸或工作台面宽度（或直径）的 1/10 表示；曲轴磨床则表示最大回转直径的 1/10；无心磨床则表示基本参数本身（如 M1080 表示最大磨削直径为 ϕ80mm）。

磨床的通用特性代号位于型号第二位，如型号 MB1432A 中的 B 表示半自动。

机床结构的重大改进用顺序 A、B、C……表示，加于型号的末尾。

目前我国工厂中使用的一部分老型号是用三位数表示，例如 M131W 表示最大磨削直径为 ϕ315mm 的万能外圆磨床，M120W 表示最大磨削直径为 ϕ200mm 的万能外圆磨床。

以平面磨床为例说明磨床型号的表示方法如下：

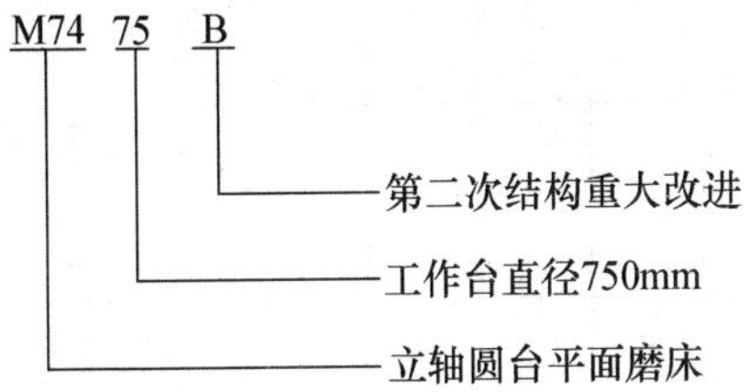

以外圆磨床为例说明磨床型号的表示方法如下：

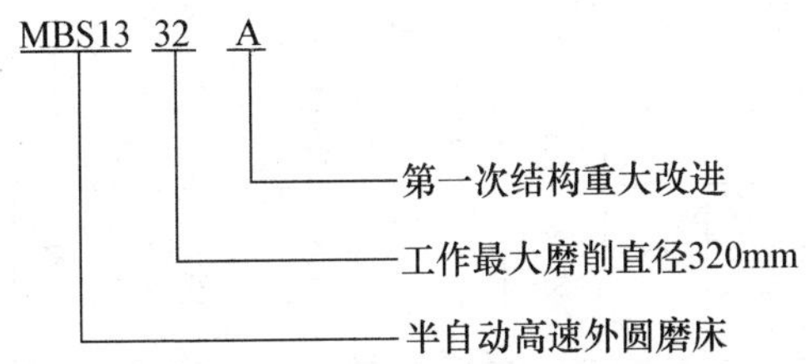

第三节 主要磨床的性能参数

一、外圆磨床

（1）外圆磨床的性能参数见表 2-4。

（2）万能外圆磨床的性能参数见表 2-5。

表 2-4　外圆磨床的性能参数

型　号	技术参数							加工精度		电动机总功率(kW)
	磨削直径(mm)	磨削长度(mm)	中心高(mm)×中心距(mm)	回转角度(°)			砂轮尺寸(mm)(最大外径×宽度)	圆度、圆柱度(mm)	表面粗糙度 Ra(μm)	
				工作台	头架	砂轮架				
M135	2～50	250	90×250	+7 −3		360	250×25	0.003 0.006	0.4	3.05
MMB1312	5～125	250	90×270	±10	+10 −90	360	300×(10～40)	0.001 0.003	0.05	3.475
MBS1320	8～200	500	135×540	+9 −5			400×50	0.003 0.006	0.4	10.5
MB1332A	8～320	500 1000 1500	180×500 180×1000 180×1500	+3 −7			600×75	0.003 0.006	0.4	9.47
MQ1350A	25～500	1000 1500 2000 3000	270×1000 270×1500 270×2000 270×3000	+4 −7 +3 −6 +2 −5 +3 −2			750×75	0.005 0.008	0.4	20.22
MMB1332A	8～320	500 750	180×500 180×750	+7 −6.5 +3 −6.5	−45	+8 −5	400×50	0.001 0.003	0.05	4.77
M1380A	100～800	5000	410×5000	2.5			750×75	0.005 0.018	0.4	45

表 2-5 万能外圆磨床的性能参数

型号	技术参数						加工精度			电动机总功率(kW)
	磨削直径(mm)外圆/内孔	磨削长度(mm)外圆/内孔	中心高(mm)×中心距(mm)	回转角度(°)			砂轮尺寸(mm)(最大外径×宽度)	圆度圆柱度(mm)	表面粗糙度 Ra 外/内(μm)	
				工作台	头架	砂轮架				
MG1412	5～125 /10～40	250/50	90×270	±10	+10 −90	±180	300× (10～40)	0.000 5 0.002	0.012/0.05	4.125
M114W	4～140 /10～25	180/50	80×200	+7 −5	+30 −90	±180	250×20	0.003 0.006	0.4/0.8	2.595
M1420	8～200 /13～100	500，750， 1000/100	135×500 135×750 135×1000	+3 −9	−90	±90	400×50	0.003 0.006	0.4/0.8	4.98
M120W	7～200 /18～50	500/75	110×500	+7 −6	+30 −90	±180	300×40	0.003 0.006	0.4/0.8	4.525
MGB1420A/2	5～200 /13～80	500， 750/80	125×500 125×750	±5	±45	±1.5	400×50	0.0005 0.002	0.012/0.05	2.5
M131W	8～315 /13～125	1000/125	170×1000	+3 −6	±45	±30	400×50	0.003 0.006	0.4/0.8	3.5
MM1432A	8～320 /16～125	2000/125	180×2000	+3 −5	+30 −90	±30	500×50 500×75	0.001 0.007	0.05/0.20	9.15
M1450A	25～500 /30～200	1500/400	270×1500	+2 −9	−90 −90	±30	500×75	0.005 0.008	0.4/0.8	8.1

二、无心磨床

无心磨床的性能参数见表 2-6。

表 2-6　无心磨床的性能参数

型号	技术参数											加工精度		电动机总功率（kW）
	磨削尺寸（mm）		砂轮尺寸（mm）		导轮尺寸（mm）		导轮回转角度（°）		砂轮转速（r/min）	导轮转速（r/min）		圆度 圆柱度（mm）	表面粗糙度 Ra（μm）	
	直径	长度	直径	宽度	直径	宽度	垂直	水平		工作时	修整时			
M1020	0.5～20	80	300	100	200	100	−2～+4	−1～+3	2130	20～210 无级	210	0.002 0.002	0.4	5.35
M1040	2～40	140	350	125	250	125	−2～+4	0～+3	1860	20～180 无级	≥250	0.002 0.004	0.4	8.9
MGT1050	2～50	80	450	150	350	225	0～+5		790	15～130 无级	130	0.0006 0.0015	0.1	13.09
M1080A	5～80	200	500	150	300	150	−2～+5	0～+3	1340	13～100 无级	240	0.002 0.004	0.4	14.5
M1083A	10～150	250	600	200	350	200	−2～+5		1050～1150	7～38	280	0.0025 0.005	0.4	19.125
MG10200	10～200	300	600	300	480	380	−2～+5	−2～+3	970	12～120 无级	200	0.0012 0.0025	0.2	24.12
M11200	10～200	300	500	600	350	600	−2～+5	0～+3	1330	12～200 无级	200	0.0025 0.005	0.8	41.22
MZ1180/1	加工十字轴 25×108		500×32（4 片）		350×16（4 片）		−1～−4	0～+3	1300	12～90 无级	200	按零件的精度		18.59
M11100/1	15.6～32.5	225～325	500	80～215	350	80～215	−2～+4	−2～+4	1330	12～80 无级	200	按钻头的精度		25.82

三、内圆磨床

内圆磨床的性能参数见表 2-7。

表 2-7　　内圆磨床的性能参数

型号	技术参数							加工精度		电动机总功率（kW）
	磨削尺寸（mm）		工件最大回转直径（mm）		主轴最大回转角度（°）	工件转速（r/min）	砂轮转速（r/min）	圆度圆柱度（mm）	表面粗糙度 Ra（μm）	
	直径	孔深	罩内	无罩						
M2110A	6～100	150	270	480	20	200～600	10 000～24 000	0.005 0.006	0.8	4.6
MGD2110	10～100	125	240	350	30	50～500	8000～18 000	0.001 0.003	0.2	7.39
M2120	50～200	200	400	650	30	120～650	400～11 000	0.005 0.006	0.8	7.09
MGD2120	30～200	200	320	530	30	20～200	3000～12 000	0.0015 0.003	0.2	9.69
M250A	150～500	450	510	725	20	28～320	2450～4200	0.01 0.01	0.8	8.55
WX-009	60～160	750	220	350	3	120～650	4200～9300	0.008 0.02	1.8	3
H124	400	1800	400	400		20～224	3800	0.01 0.015	1.6	10.72
CD-34	30～80	100	200			220～520	11 000～26 000	0.008 0.008	0.8	9.725
Q_1-026	150～1000	300			8	4～200	2100～4200	0.01 0.01	0.8	24

四、平面及端面磨床

（1）卧轴矩台平面磨床的性能参数见表 2-8。

表 2-8　卧轴矩台平面磨床的性能系数

型号	工作台尺寸(mm)	技术参数								加工精度		电动机总功率(kW)
		加工范围(mm)	砂轮尺寸(mm)	砂轮转速(r/min)	工作台行程(mm)		磨头移动量(mm)		磨头中心至工作台距离(mm)	平行度(mm)	表面粗糙度 Ra(μm)	
	宽×长	长×宽×高	外径×宽×内径		纵向	横向	垂直	横向				
MM7112	125×350	350×125×300	200×20×75	2800	380	170	330		70～400	1000∶0.01	0.2	2.625
M7120A	200×630	630×200×320	250×25×75	1500 3000	780		345	250	100～445	300∶0.005	0.4	4.02
MM7120A	200×630	630×200×320	250×25×75	1500 3000	800	220	360		85～445	1000∶0.01	0.2	5.442
MM7125	250×800	800×250×400	300×40×75	1440 2880	920	300	450		100～550	1000∶0.01	0.2	7.205
M7130	300×1600	1600×300×400	350×40×127	1500	200～1650		400	350	135～575	1000∶0.015	0.8	7.62
MG7132	320×1000	1000×330×400	300×32×75	1500 3000	1150	350	450		100～550	1000∶0.005	0.4	8.5
M7140	400×800	800×400×355	350×40×127	1460	920	450	420		110～530	1000∶0.01	0.4	7.08
M7150A	500×3000	3000×500×600	500×63×305	1450	3000		630	580	220～850	3000∶0.04	0.8	26.45

（2）立轴矩台平面磨床的性能参数见表 2-9。

表 2-9　立轴矩台平面磨床的性能参数

型号	工作台尺寸（mm）	技术参数								加工精度		电动机总功率（kW）
	宽×长	加工范围（mm）	砂轮尺寸（mm）	砂轮转速（r/min）	工作台行程（mm）		磨头移动量（mm）		磨头中心至工作台距离（mm）	平行度（mm）	表面粗糙度 Ra（μm）	
		长×宽×高	外径×宽×内径		纵向	横向	垂直	横向				
M7232B	320×1250	1250×320×400	85×150×20（6 块）	970	1400		450		450（砂轮底面至工作台距离）	300∶0.005	1.6	24
HZ-014	500×1600	1600×500×500	250×11×75	1100 3000	1750	500	465		200～665	1000∶0.01	0.2	9
HZ-Y150	150×350	350×150×270	180×13×32	3000	375	185	280		370	300∶0.005	0.2	2.15

（3）立轴、卧轴圆台平面磨床的性能参数见表 2-10。

表 2-10　立轴、卧轴圆台平面磨床

型号	电磁工作台直径(mm)	技术参数					加工精度		电动机总功率(kW)	备注
		加工范围(mm)	砂轮尺寸(mm)	砂轮转速(r/min)	工作台纵向行程(mm)	工作台转速(r/min)	平行度(mm)	表面粗糙度 Ra(μm)		
		直径×高	外径×宽×内径							
M7332A	320	320×140	300×40×75	1400 2800	240	40×220	1000∶0.01	0.8	8.55	工作台可倾角度±10°
M7340	400	400×140	300×40×75	1400 2800	240	40×180	1000∶0.01	0.8	8.55	工作台可倾角度±10°
MG7340	400	400×120	300×32×127	1400	240	60×160	1000∶0.05	0.05	8.04	工作台可倾角度±10°
M7350A	500	500×200	400×40×127	1450	310	20×100	1000∶0.01	0.8	8.595	工作台可倾角度±10°
MM73100	1000	1000×320	500×50×203	1450	570	8×48	1000∶0.01	0.2	20	工作台可倾角度±10°
M7450	500	500×300	350×150×280	960		20	1000∶0.01	1.6	24.93	

（4）端面磨床的性能参数见表 2-11。

表 2-11 **端面磨床的性能参数**

名称	型号	技术参数				加工精度		电动机功率（kW）		质量（t）	外形尺寸（mm）（长×宽×高）
		加工范围（mm）（工件直径×长度）	工作台行程（mm）		砂轮转速（r/min）	平行度 mm	表面粗糙度 *Ra*（μm）	总	主		
			纵向	横向							
自动轴承双端面磨床	ME7650	ϕ26～ϕ100×3～28			1060	0.008/ϕ100	0.63	26	11	5	2965×2155×1700
活塞环双端面磨床	M7675A	ϕ55～ϕ180×2.4～50			750	0.01/ϕ150	0.63	38	18.5	8	4100×2570×1645
立轴双端面磨床	M7775	ϕ75～ϕ180×3～7				0.012/ϕ180	0.63	18	7.5	9.5	2890×2865×2865

五、万能工具磨床

万能工具磨床的性能参数见表 2-12。

表 2-12　万能工具磨床的性能参数

技术规格	M6025A	M6025C	MQ6025	MQA6025	MY6025	M612K	MW6020	MW6027
磨削工件最大直径（mm）	250	250	250	250	250	200	200	270
磨削工件最大长度（mm）	400	400	320	450	650	400	320	400
前后顶尖距（mm）	630	630	580	630	650	630	530	600
后顶尖与万能夹头顶尖距（mm）	480							
头架中心高（mm）	125	125	126			105	105	135
顶尖中心线至砂轮中心线距离（mm）	70～300	45～285	200	40～300				
主轴顶尖孔锥度	1∶5	1∶5	1∶10		莫氏 5 号	莫氏 2 号	莫氏 2 号	莫氏 2 号
主轴转速（r/min）					110、180、295	128～385（4 级）	132～258（4 级）	139、206、274、353
头架最大回转角度（°）						−30 +90	±90	90（逆时针）
卡盘直径							130	
砂轮架最大垂直移动量（mm）			250			200	200	200

续表

技术规格	M6025A	M6025C	MQ6025	MQA6025	MY6025	M612K	MW6020	MW6027
顶尖中心线以上（mm）	130	150	190	180				
顶尖中心线以下（mm）	55	55	60	60				
刻度盘每转一格砂轮架垂直移动量（mm）	0.02	0.01	0.005			0.01	0.01	0.01
横向（mm）		0.01	0.02			0.01	0.0025	0.01/0.05
砂轮架回转角度（°）						（±90）	360	
在水平面上（°）		360	360	360	360	360		360
在垂直面上（°）		±15	±15		±15	±12		360
刻度盘每转砂轮架移动量（mm）								
垂直（mm）		2.5	2.5			1	1	1
横向（mm）		3	2			1	2.5/0.5	1/5
砂轮架最大横向移动量（mm）			200			200		200
顶尖中心线以上（mm）		185						
顶尖中心线以下（mm）		45						
磨削螺旋角调整角度（°）					±60			
头架最大伸出量（mm）								150

续表

技术规格	M6025A	M6025C	MQ6025	MQA6025	MY6025	M612K	MW6020	MW6027
砂轮轴转速（r/min）	2800～5600	300 600	4237	4000	1500、3000、6000	2500、3650	3200	3600
砂轮规格（mm）（外径×宽度×内径）								
碗形砂轮	125×35×32					125×35×32		125×35×32
平行砂轮	150×13×32	150×19	150×13～50	ϕ200		200×13×32		150～200×13×32
碟形砂轮	125×13×32					150×16×32		150×16×32
特形的		200×60						
外圆							200×75×20	
平面							150×32×16	
工作台尺寸（mm）（宽×长）	135×920	135×940	135×900		110×1375			
工作台最大移动量								
纵向（mm）	400	400	320		650	500	460	500
横向（mm）	230				270			
垂直升降（mm）					300			

续表

技术规格	M6025A	M6025C	MQ6025	MQA6025	MY6025	M612K	MW6020	MW6027
工作台最大回转角度（°）	120	±60	±45			±45	±7	±45
工作台横向进给量								
刻度盘每转工作台移动量（mm）	2				3			
刻度盘每转一格工作台移动量（mm）	0.02				0.05			
工作台垂直进给量								
刻度盘每转工作台升降量（mm）					0.5			
刻度盘每转一格工作台升降量（mm）					0.01			
工作台移动速度（m/min）						0.33～2.2	0.05～6	0～6
手轮每转工作台移动量（mm）						12.7/15.9	70.6/16.5	25
电机总功率（kW）	0.65/0.85	0.85						
主电动机（kW）	0.4/0.6	0.6	0.75	0.75	1.1	0.75	0.8	0.4（或0.6）
磨外圆附件电动机（kW）	0.25	0.25		0.06				
外形尺寸（mm）（长×宽×高）	1350×1300×1250	1375×1336×1393	1250×1310×1270	1380×1070×1170	1900×1200×1650	1570×1292×1600	1640×1145×1285	1750×1130×1360
质量（kg）	1000	1000	810	1000	1100	1440	1200	1300

六、刀具刃磨床

刀具刃磨床的性能参数见表 2-13。

表 2-13　刀具刃磨床的主要技术数据

名称	型号	技术参数				加工精度		电动机功率(kW)		质量(t)	外形尺寸(mm)(长×宽×高)
		磨削尺寸(mm)(直径×长度)	中心高(mm)×中心距(mm)	工作台尺寸(mm)(长×宽)	加工范围	圆度(mm)	表面粗糙度 Ra (μm)	总	主		
拉刀刃磨床	M6110D	ϕ100×1250		1950×200				1.58	0.6	2.5	2500×1100×1200
拉刀刃磨床	M6112	ϕ120×1700				0.003	0.63	1.9	0.55	2.3	3200×1328×1217
拉刀刃磨床	M6125	ϕ250×2000		2900×300				1.75	1.5	5	5800×2240×1750
车刀刃磨床	M6240F	车刀宽×厚(mm)6×6～40×40						0.6	0.6	0.3	735×590×1266
硬质合金刃磨床	M6250K-2	车刀宽×厚(mm)		50×50				3.1	3	0.75	1920×1340×1680

续表

名称	型号	技术参数				加工精度		电动机功率（kW）		质量（t）	外形尺寸（mm）（长×宽×高）
		磨削尺寸（mm）（直径×长度）	中心高（mm）×中心距（mm）	工作台尺寸（mm）（长×宽）	加工范围	圆度（mm）	表面粗糙度 *Ra*（μm）	总	主		
钻头刃磨床	M6306	φ1× φ6			顶角 60°～180° 后角 0°～15°			0.65	0.4	0.03	533×350×430
自动钻头刃磨床	MZ6312	φ4×φ12			顶角 118° 后角 0°～20°			5.4	2.2	1.5	1450×1580×1500
钻头刃磨床	M6365A	φ10×φ65			顶角 70°～140° 后角 4°～12°			3.8	2.2	1	1350×1290×1440
半自动滚刀刃磨床	M6420B	φ50～φ200×200	135×500		螺旋角 20° 槽数 8～12	A 级 0.63		2.6	2	1.8	1800×1205×1620
滚刀刃磨床	M6425A	φ50～φ250×295	170×520		螺旋角±10° 槽数 8～12			4.3	2.2	2.8	2250×1350×1675
高精度滚刀刃磨床	MG6425	φ50～φ250×290	170×520		螺旋角±10° 槽数 8～16	AA0.63～AAA 级		4.3	2.2	2.8	2150×1350×1675

第四节 磨床新结构及传动系统分析

一、现代磨床新结构

(一) 砂轮主轴轴承的新结构

1. 静压轴承

静压轴承是采用静压技术制成的轴承系统。一般磨床常用动压轴承，主轴旋转时，在轴承和主轴间形成一层压力油膜，起润滑、支承和定心的作用。而当主轴速度低于某一定值时，压力油膜就建立不起来；若旋转停止，压力油膜就会消失。且主轴转速变化后，压力油膜的厚度也随之变化，主轴轴心位置就要改变，其转速精度就要降低。为改善这种状况，由此产生了静压技术。

静压技术是指外界供给一定压力油，在两个相互运动的表面间，不依赖于它们之间的相对速度，而能建立一定的压力油膜，以满足机器设备的高精度、重载荷、高速度及低速度的需要。该项技术已在机床主轴轴承、导轨和丝杠螺母中得到了广泛的应用。

(1) 静压轴承的特点与动压轴承、滚动轴承相比，静压轴承有以下优点。

1) 工作时纯液体摩擦，摩擦因数仅为0.001左右，因此启动功率小，机械效率高，零件使用寿命长。

2) 承载油膜的形成不受速度的影响，能适用于较广泛的速度变化范围，在主轴正、反向旋转及其换向的瞬间，均能保持液体摩擦状态。

3) 油膜抗震性好，且能起平均支承误差的作用，因此运动轨迹平稳，精度保持性好。

4) 油膜承载能力大，故支承承载能力大，适用于大型、重型机床。静压轴承的缺点是，要配备一套专用的供油系统，并对供油系统的过滤和安全有严格的要求，轴承的制造工艺比较复杂，成本较高。

(2) 静压轴承的工作原理。静压轴承系统一般由供油系统、节流器和轴承三部分组成。静压轴承主轴应有足够的刚性，即在外加载荷的作用下，轴心线位置偏移要小，使轴承在承受载荷后仍具有较高的精度。

在结构上，静压轴承等距地开有几个对称分布的压力区（通常开四个)，称之为油腔，其展开图如图 2-10 所示。每个油腔的四周有适当宽度的凸起面作为封油面，又称节流边，它和轴颈之间保持 0.02～0.04mm 的间隙，在每个油腔之间的节流边上开有油槽，将油腔分隔开来，而主轴上不开油槽。

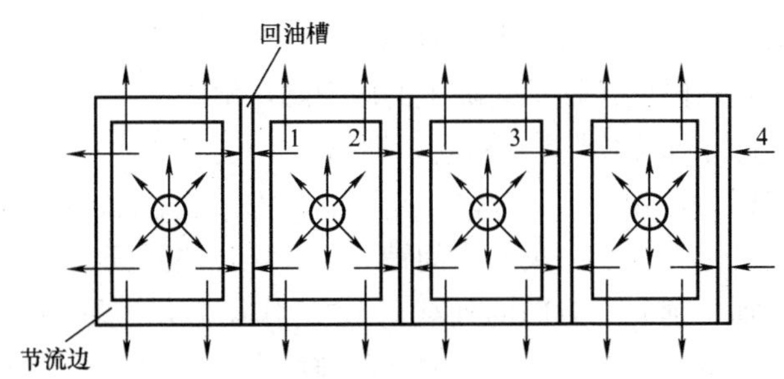

图 2-10 静压轴承油腔的展开图

油泵输出有一定压力 p_s 的油液，经过四个节流器（阻力分别为 R_{G1}、R_{G2}、R_{G3} 和 R_{G4}）分别流入轴承的四个油腔，将轴颈浮起，推向中央，如图 2-11 所示。若损耗在节流器上的压力降为 Δp_G，则各油腔的压力为

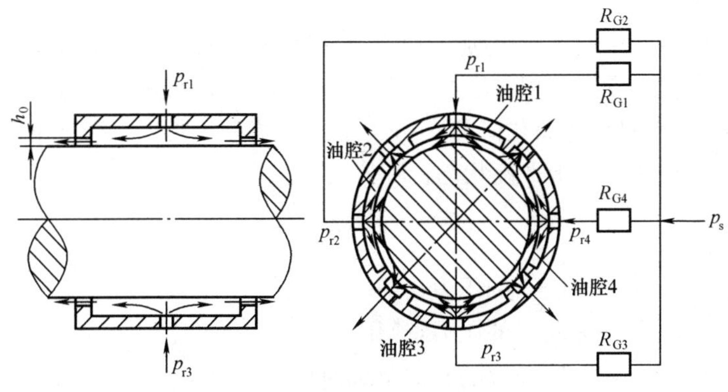

图 2-11 静压轴承的工作原理

$$p_r = p_s - \Delta p_G$$

式中 p_r——各油腔的压力，MPa；

p_s——油泵供油压力，MPa；

Δp_G——损耗在节流器上的压力降，MPa。

油腔中的油又经过间隙 h_0 流回油池，压力从 p_r 降为零。若损耗在轴承间隙中的压力降为 Δp_h，则

$$p_r = \Delta p_h = 0$$

式中 p_r——各油腔的压力，MPa；

Δp_h——损耗在轴承间隙中的压力降，MPa。

如果四个节流器阻力相同，即 $R_{G1}=R_{G2}=R_{G3}=R_{G4}$，那么，四个油腔压力也相等，即 $p_{r1}=p_{r2}=p_{r3}=p_{r4}$，此时没有外载荷作用，主轴被浮在轴承中央，中间被一层高压油膜隔开。

当主轴受到向下方向的外载荷 W 的作用后，主轴中心向下产生一个偏移量，轴承上、下腔回油间隙即发生变化。下面油腔 3 的回油间隙 h_3 减小，而回油阻力 R_{h3} 增大，流量 q_v 下降，通过节流器的流量 q_v 也下降，于是节流器的压力损失 Δp_{Q3} 减小。由于定压系统供油压力 p_s 是始终不变的，由此可得出

$$p_s = p_r + \Delta p_G$$

从中可知，若 Δp_{G3} 减小，则 p_{r3} 必定增大。此时，上面的油腔 1 回油间隙 h_1 增大，回油阻力 R_{h1} 减小，油路中的流量 q_v 增加，通过节流器的流量 q_v 也增加，所以节流器的压力损失 Δp_{G1} 增加，p_{r1} 值减小。这样就在相对应的油腔 3 和油腔 1 之间形成压力差（$p_{r3}-p_{r1}$），其方向与外加载荷 W 相反，直至压力差满足以下公式的条件时，主轴就又处于平衡状态，其公式为

$$(p_{r3}-p_{r1})A = W$$

式中 p_{r3}——油腔 3 的压力，MPa；

p_{r1}——油腔 1 的压力，MPa；

A——油腔油液的有效承载面积，mm^2；

W——外加载荷，N。

在工作过程中，主轴载荷总是有变化的，通过节流器可以改变油腔压力并形成压力差来平衡外加载荷，使之达到相对的平衡，再变化则再平衡。主轴就是这样在静压轴承中承受不断变化的载荷，并保持良好的旋转精度的。

如果在上述油路中不设节流器，则各油腔压力均等于供油压力 p_s，此时 $\Delta p_G = p_s - p_r = 0$，压力差就无法建立。可见，静压轴承之所以能承受载荷，关键在于油泵至油腔之间有节流器。

（3）常用的几种节流器。图 2-12 所示为常用的几种节流器。

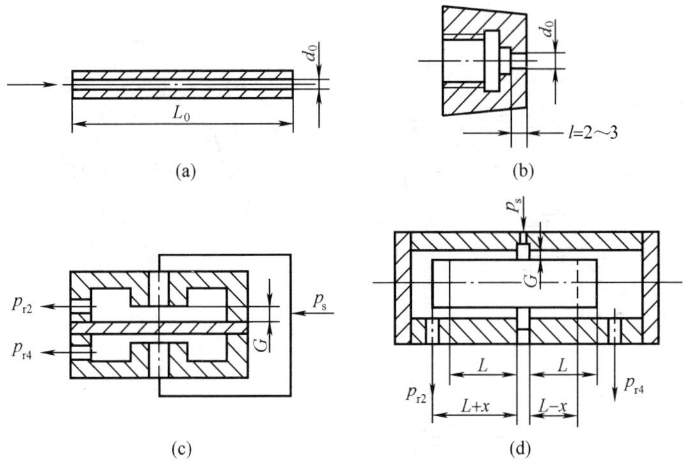

图 2-12 常用的几种节流器

（a）毛细管节流器；（b）小孔节流器；（c）薄膜节流器；（d）滑阀节流器

1）毛细管节流器它是利用流体通过其孔径 d_0 及长度 L_0 来实现节流的。其流态是层流［见图 2-12（a）］。

2）小孔节流器是利用流体通过其小孔孔径 d_0 来实现节流的。其流态是紊流［见图 2-12（b）］。

3）薄膜节流器是利用膜片和节流器体壳的圆台之间的间隙 G 来实现节流的。由于膜片在压差下会变形，故它的节流阻尼是可变的［见图 2-12（c）］。

4）滑阀节流器是利用流体通过其阀体和阀之间的隙缝 G 及其长度 L 来实现节流的。由于滑阀在压差下移动而改变隙缝之长度，故它的节流阻尼也是可变的［见图 2-12（d）］。

以上四种节流器往往和轴承不是一体，故称为外部节流器。

（4）静压轴承的结构与材料。图 2-13 所示为静压轴承结构图。由于静压轴承在正常工作下，无金属之间的直接接触摩擦，故可采用灰铸铁等。但考虑到静压轴承在工作时有可能遇到突然停电或供油系统出现故障等情况，则应采用整体的铸造青铜或铸造黄铜或钢套镶铜材料。为了防止出现突然停电，一般在静压轴承前部设有储能器，在停电瞬间由储能器继续对静压轴承供油。

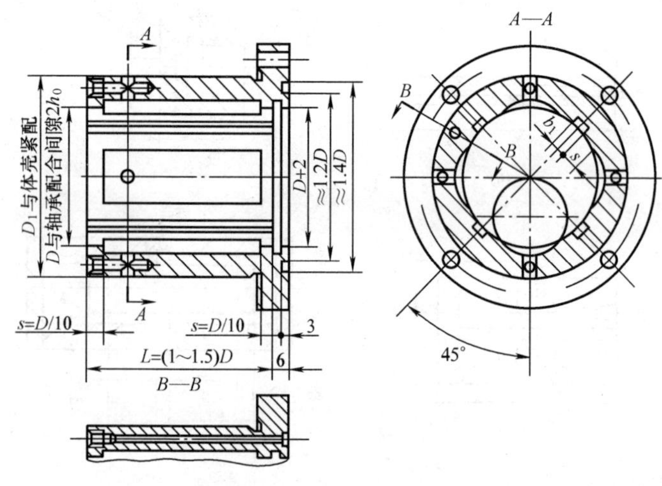

图 2-13　静压轴承结构图

（5）轴向推力静压轴承轴向推力静压轴承是用以承受轴向载荷的轴承，它需要和径向静压轴承同时使用。这种轴承由两个相对的环形槽的油腔构成，工作原理与径向静压轴承相同。常用的轴向推力静压轴承如图 2-14（a）所示。这种推力静压轴承位于径向静压轴承的前端，径向轴承的前轴肩端面为推力轴承的一个油腔，另一个油腔则开在轴承盖上，两个油腔的轴肩是承载面，轴承的间隙通过修磨调整环的厚度来保证。这种结构容易控制轴肩及调整环的平行度误差，因此精度较高。

图 2-14（b）所示的推力静压轴承位于径向静压轴承的两侧。它的两个油腔开在径向轴承的两个侧面上，前侧面的承载面由轴肩

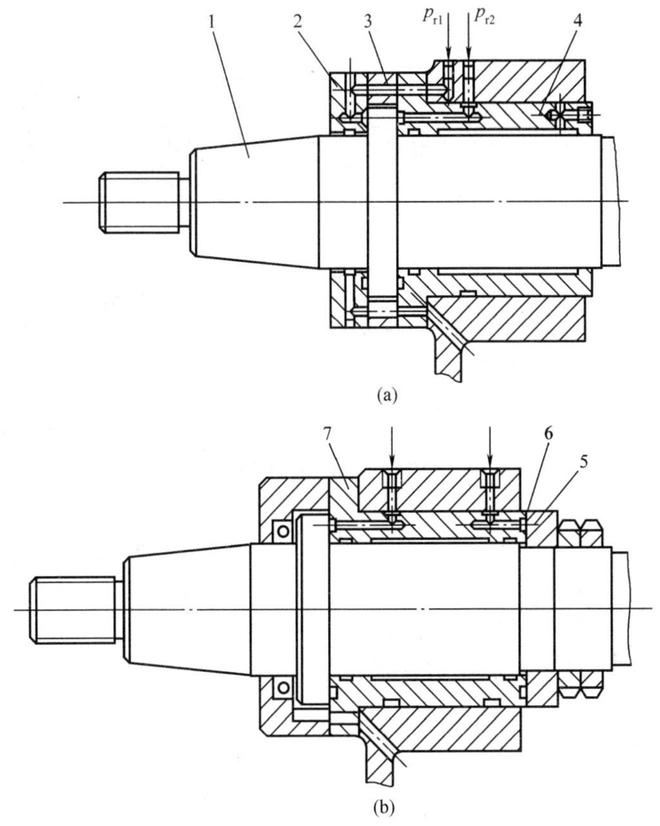

图 2-14 轴向推力静压轴承

（a）推力静压轴承位于径向静压轴承前端；

（b）推力静压轴承位于径向静压轴承两侧

1—主轴；2—轴承盖；3—调整环；4、7—前轴承；5—止推环；6—调整垫圈

承受，后侧面的承载面则由固定在轴上的止推环来承受，轴承间隙可通过修磨调整环的厚度来达到。由于两个端面的垂直度误差难以保证，因此精度较低。

2. 动—静压轴承

动—静压轴承是砂轮主轴轴承的新型结构，它是综合了动压轴承和静压轴承的优点，并克服其缺点而设计的。

如图 2-15 所示为动—静压轴承的结构，它等距地开了几对对

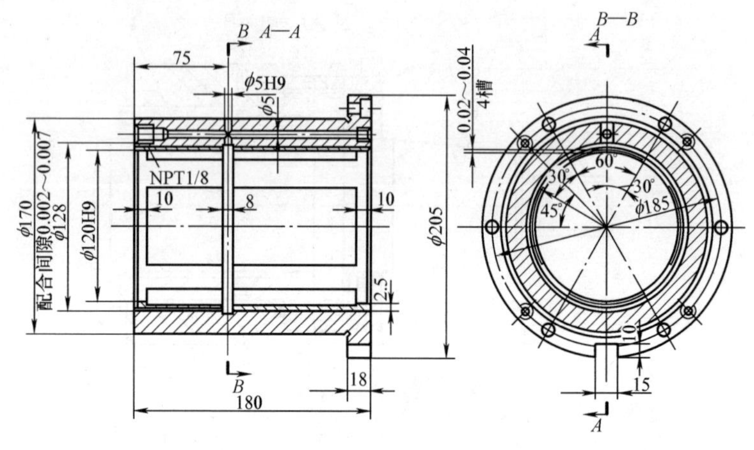

图 2-15　动—静压轴承

称分布的油腔，油腔深度为 0.02～0.04mm，四周为节流边，它和轴颈之间保持适当的间隙，一般为 0.02～0.04mm。在轴承中部有一环形槽，压力油通过环形槽进入四个油腔，形成承载油膜，而在运转时又能产生动压承载油膜，这样可以降低供油压力，因而轴承的温升小。这种轴承在低速时依靠压力油产生承载油膜，这时动压效应较大。因此，它适用于不同的主轴转速。

（二）进给运动机构的新结构

1. 滚动导轨

一般机床导轨多数是平面导轨、V 形面导轨或燕尾形导轨，其传动是滑动摩擦，故称之为滑动导轨。由于滑动导轨摩擦力大，易磨损，传动灵敏性差，因此，在精密磨床和数控磨床中采用了新结构的滚动导轨。

如图 2-16 所示为滚动导轨的装置和结构，它主要由导轨体 3、钢球 2 和滑块 5 组成。有预加负荷的钢球安装在导轨两肩和两侧，由保持器保证两肩钢球位置。钢球可以自转，滑块 5 可在钢球上滚动并带动上导轨及工作台运动。

滚动导轨常用于机床直线导轨中，具有较高的制造精度和定位精度。由于钢球在装配时预加负荷，故它有很高的刚度，在 15m/

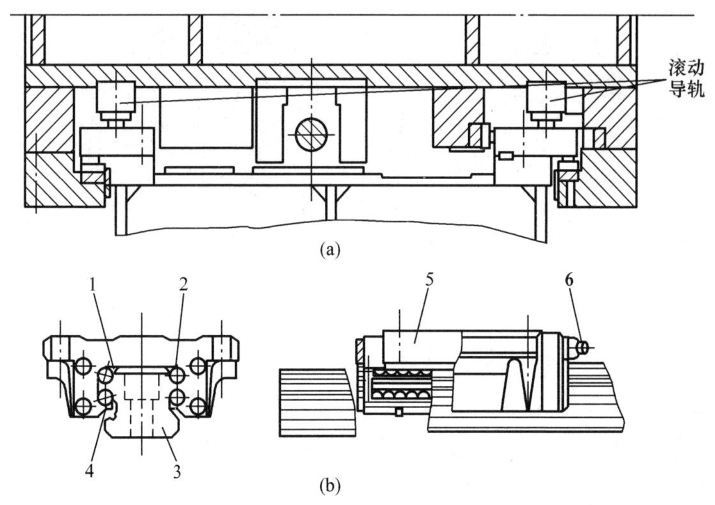

图 2-16 滚动导轨

(a) 滚动导轨装置；(b) 滚动导轨结构

1—保持器；2—钢球；3—导轨体；4—密封圈；5—滑块；6—油环

min 的速度下往复运行 1200km 后，钢球的磨损仅为 0.001mm，且传动时摩擦力小，运动平稳。目前，滚动导轨已广泛用于高精度磨床和数控磨床中，能长期保持高精度的传动。

2. 滚珠丝杠副

进给传动系统多用丝杠螺母传动。普通丝杠螺母传动是滑动摩擦，摩擦力大、传动效率低。如果用于精密机床上的进给机构，则会影响动作的灵敏性；如果用于数控机床，则不能满足数控机床在几个坐标方向上运动精度的要求。因此须采用新型的进给传动机构，滚珠丝杠副就是顺应需要而产生的新结构，它已在精密机床和数控机床上获得广泛应用。

(1) 滚珠丝杠副的特点。滚珠丝杠副就是在丝杠和螺母之间连续装入多粒等直径的滚珠形成一种新型的传动副机构，如图 2-17 所示。

当丝杠或螺母转动时，滚珠沿着螺旋槽向前滚动，在丝杠上滚过数圈后，通过回程引导装置，又逐个地滚回丝杠和螺母之间，构

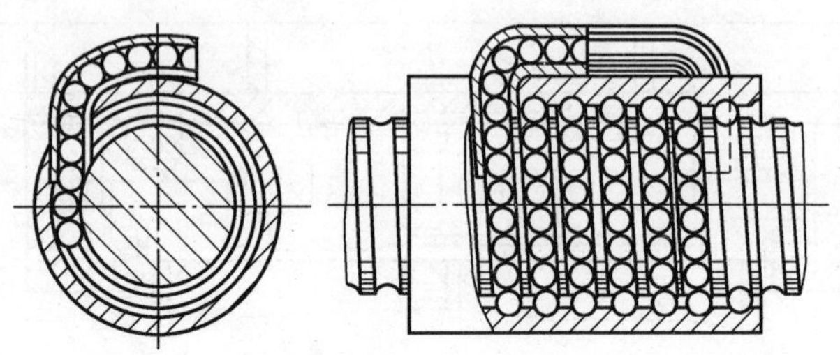

图 2-17　滚珠丝杠副

成一个闭合的循环回路。这种机构可把丝杠和螺母之间的滑动摩擦变为滚动摩擦，克服了普通丝杠螺母传动的缺点。

滚珠丝杠副的优点为：传动效率高、动作灵敏、传动时无轴向间隙、磨损小及精度保持性好。

但滚珠丝杠副也有一些缺点：如结构复杂、径向尺寸较大、制造工艺复杂及成本较高等。此外，由于滚珠丝杠副结构不能自锁，若用于升降机构中须另加一套自锁装置。

(2) 滚珠丝杠副的类型。根据滚珠的循环方式，可分为两大类。

1) 内循环。滚珠在循环回路中始终与丝杠相接触的滚珠丝杠副称为内循环式滚珠丝杠副。图 2-18 所示为单圈内循环式滚珠丝杠副。

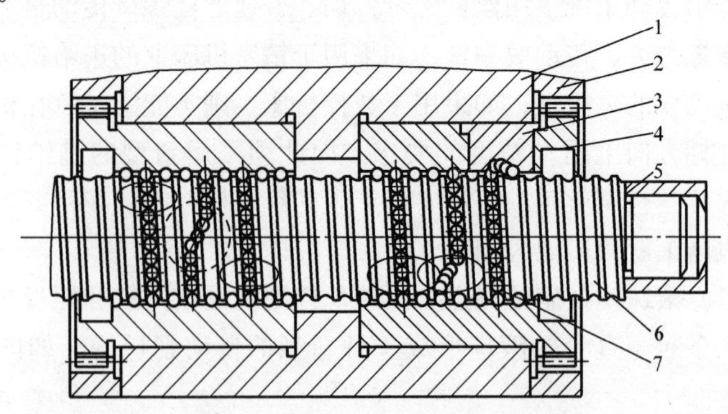

图 2-18　单圈内循环式滚珠丝杠副

1—螺母座；2—齿圈；3—反向器；4—螺母；5—装配套；6—丝杠；7—滚珠

该机构在螺母的侧孔中装一个接通相邻两滚道的反向器，利用平键和外圆柱定位，借助反向器迫使滚珠越过丝杠牙顶进入相邻滚道，以实现循环。通常在一个螺母上采用三个反向器，沿螺母圆周相互错开 120°间隔 $(1\frac{1}{3} \sim 2\frac{1}{3})P$，这种结构由于一个循环只有一圈滚珠，因而回路短，工作滚珠数目少，流畅性好，摩擦损失少，效率高，径向尺寸紧凑，承载能力大，刚性好，缺点是反向器加工困难。

2）外循环。滚珠在循环回路中与丝杠脱离接触的称为外循环。外循环式滚珠丝杠副可分为盖板式、螺旋槽式与插管式三种。机床上常用螺旋槽式结构，如图 2-19 所示。

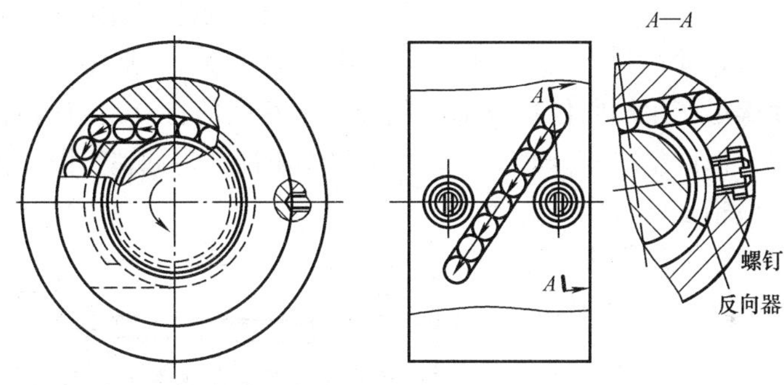

图 2-19 外循环螺旋槽式滚珠丝杠副

在螺母体上相隔 2.5～3.5 圈的螺旋槽上钻出两个孔与螺旋槽相切，作为滚珠的进口和出口。在螺母的外表面上，铣出与螺母螺旋方向相反的螺旋槽与两孔沟通，构成外循环的回路。在螺母的进、出口处，各装上一个挡珠器（反向器）。它是用一段直径和滚珠直径相同的钢丝弯成螺旋形状，再焊上一段螺栓固定在螺母的螺旋槽内制成的。挡珠器一端修磨成圆弧形，与螺母上的切向孔相衔接。滚珠由回程道滚到进口处时，被另一挡珠器的爪端顺利地引入螺旋槽。两个相切孔必须准确地同螺旋槽衔接，螺母体的螺旋回程道也必须与两个切向孔衔接好，以避免运行时滚珠发生冲击、卡珠或引起滑动摩擦而降低传动效率。这种结构由于回程道的制造简单，转折较平稳，便于滚珠返回，因此在各种机床上得到广泛的应用。

（3）消除滚珠丝杠副螺母间隙的方法。滚珠丝杠副要求有较高的精度，但在制造过程中不可避免地会产生一些误差，而造成滚珠丝杠副螺母的间隙。为此，必须消除丝杠螺母的间隙和对其施加预紧力，以实现滚珠丝杠副的精密位移。施加预紧力可以提高滚珠丝杠副的轴向刚度。而消除间隙通常采用双螺母结构，常用的有下列几种形式。

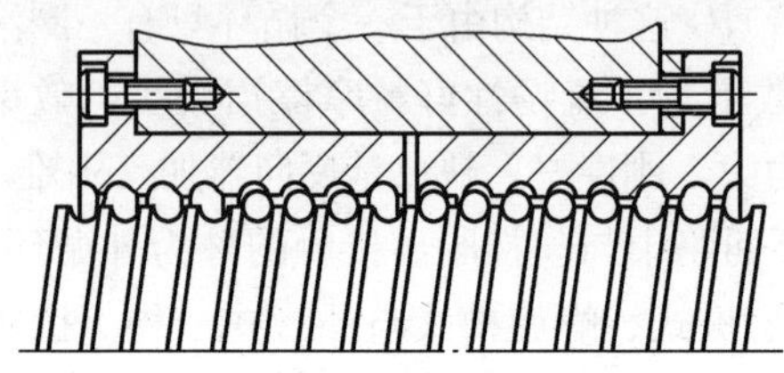

图 2-20　垫片式消除间隙机构

1）垫片式如图 2-20 所示，一般用螺钉把两个凸缘的螺母固定在体壳的左右两侧，并在其中一个螺母的凸缘中间加上垫片，调整垫片的厚度，使螺母产生轴向位移以消除间隙。垫片式的特点是结构简单，刚性好，但调整时需修磨垫片，在工作中不能随时调整，因此仅适用于一般精度的机构。

2）螺纹式如图 2-21 所示，在两个螺母中，一个的外端有个凸肩，而另一个螺母有一段外螺纹，并用两圆螺母固定锁紧，旋转两个锁紧圆螺母，即可消除间隙。螺纹式的特点是结构紧凑，调整方便，因而应用较广泛。

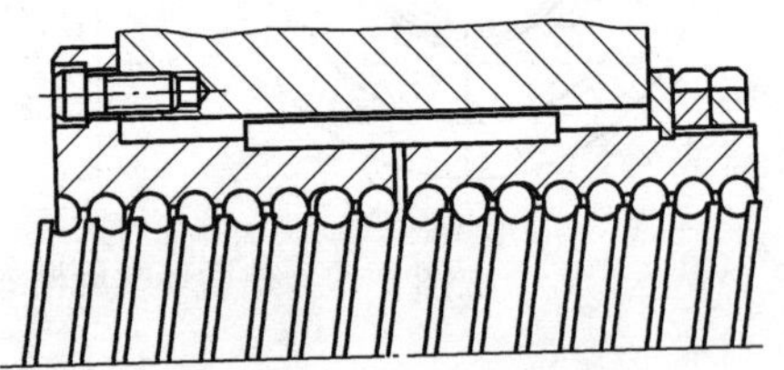

图 2-21　螺纹式消除间隙机构

3）齿差式如图 2-22 所示，在两个螺母的凸肩上加工出相差一齿的齿轮，安装在左右两侧装有内齿圈的壳体上，为了获得微小的调整量，须将左右两侧的内齿圈与两个螺母上的齿轮脱开，并将两个螺母同方向转一个或几个齿，然后将两侧的内齿圈插入齿轮中并固定在壳体上，则两个螺母便产生了相对转

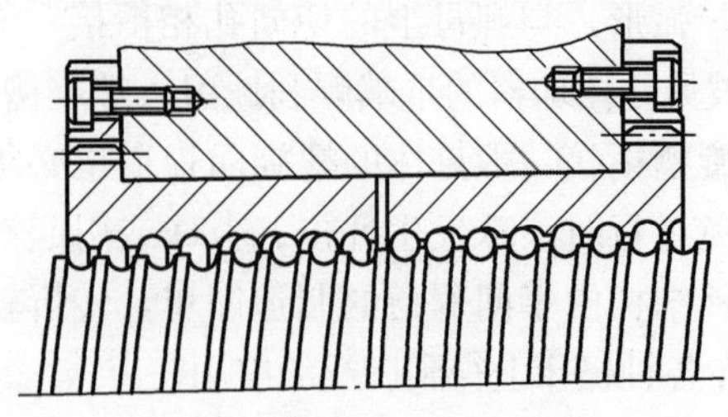

图 2-22　齿差式消除间隙机构

角，从而达到调整间隙的目的。

调整的原理如下。

设左右两端齿数分别为 z_1、z_2，如果两个螺母同时同向转过 n 齿，丝杠螺距为 P，则调整位移量为

$$\Delta P = n\left(\frac{1}{z_1} - \frac{1}{z_2}\right)P$$

式中 ΔP——调整位移量，mm；

n——两螺母转过的齿数；

z_1，z_2——两螺母上内齿圈的齿数；

P——丝杠螺距，mm。

以 WCH3006（外循环齿差式双螺母，公称直径为 30mm，丝杠螺距 P=6mm）滚珠丝杠副为例，其齿数 z_1=79，z_2=80，当同时同向转过 n 齿时，其调整量为

$$\Delta P = n\left(\frac{1}{z_1} - \frac{1}{z_2}\right)P = n\left(\frac{1}{79} - \frac{1}{80}\right)\times 6\text{mm}$$

$$= 0.000\ 95(\text{mm})$$

当 n=1 时，ΔP=0.000 95mm，即最小调整量为 0.95μm。

这种结构的特点是调整精确可靠，定位精度高，但结构比较复杂。目前在数控机床上应用较多。

二、砂轮自动平衡装置

（一）自动平衡的工作原理

砂轮由于制造误差和在法兰盘上安装的原因，往往会造成不平衡。从力学的观点看，砂轮不平衡是指砂轮的重心与旋转中心不重合，即由于不平衡质量偏离旋转中心所致。要使砂轮平衡，一般都是在砂轮上装两个或几个平衡块，调整平衡块的位置，使砂轮的重心与旋转中心重合，即可使砂轮平衡。而平衡块则按砂轮的大小不同而不同，其形状、运动状态及控制的机构则大有区别。

砂轮通常在高速旋转的情况下工作。按照物理学的公式可知，不平衡的砂轮在高速旋转时产生的离心力为 $F=me\omega^2$。离心力的大小与砂轮角速度 ω 的平方成正比。式中质量 m 与偏心距 e 的乘积称为砂轮的不平衡量。要精确平衡砂轮，除了要做静平衡外，还

须做动平衡。而动平衡主要又靠自动平衡装置来实现，其基本原理和方法可归纳为直角坐标法和极坐标法两大类。

1. 直角坐标法

平衡原理直角坐标法是将砂轮本身的不平衡量 me 分解为相互垂直的两个分量 me_x 和 me_y，如图 2-23 所示。将两个配重块 me_{x1} 和 me_{y1} 在砂轮上两个相互垂直的槽内移动，使它们分别和 me_x、me_y 这两个分量达成平衡。采用此法的装置结构原理简单，但需要反复调整，精心操作，才能达到较理想的效果。

2. 极坐标法

平衡原理这种平衡方法如图 2-24 所示，在一根轴上装上 A、B 两个半圆形的偏心轮，两个轮子各自独立，互不牵连。使偏心轮随同砂轮一道高速旋转，而且又各自相对于砂轮有缓慢的旋转。当两个偏心轮转至相同的位置时（即形面重叠时），合力为最大值；当两个偏心轮转至相反的位置时（即相差 180°时），合力为零。根据砂轮偏重的大小和两个偏心轮的相位差，可调整砂轮的平衡状况。

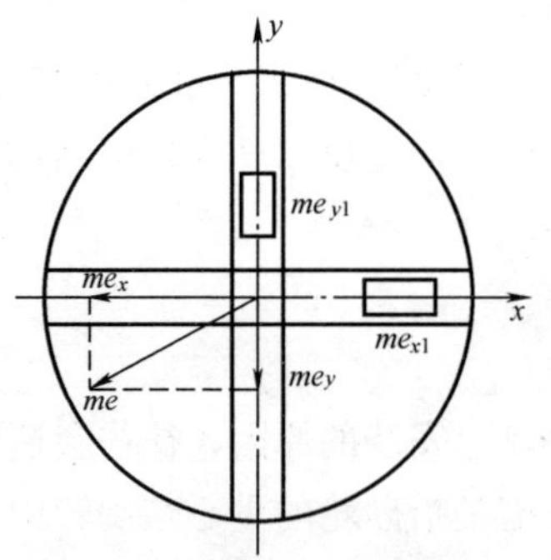

图 2-23　直角坐标法平衡原理

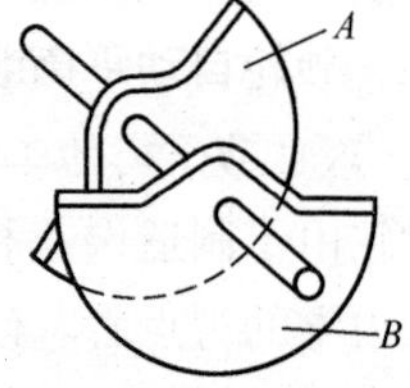

图 2-24　极坐标法平衡原理

调整的方法有两种：一种是偏重的大小和相位分开调整，先调整偏心轮相位，后调整砂轮偏重大小；另一种是偏重的大小和相位同时调整。通过调整使砂轮达到平衡要求。

（二）自动平衡装置的结构

自动平衡装置的结构形式很多，下面以 WSD-1 型砂轮自动平衡装置为例，来了解其结构概况。WSD-1 型砂轮自动平衡装置，是利用极坐标法平衡原理，采取先调整偏心轮相位、后调整砂轮偏重大小的方法的自动平衡装置，其结构如图 2-25 所示。它由平衡头 1、传动机构 2、驱动装置 3、测振传感器 4 和电气检测控制系统——电气箱 5 等组成。在砂轮高速旋转的情况下，检测砂轮的不平衡量，并用对重方法补偿，使补偿质量产生的离心力大小相等，方向相反，把砂轮的不平衡量减小到允许的范围内。

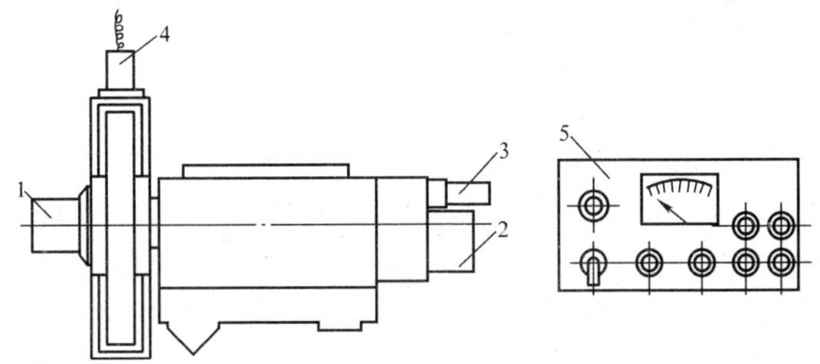

图 2-25 WSD-1 型砂轮自动平衡装置

1—平衡头；2—传动机构；

3—驱动装置；4—测振传感器；5—电气箱

1. 平衡头

平衡头如图 2-26 所示，它由偏心轴 1、平衡块 2 和壳体 3 组成。平衡头装在砂轮前端并与砂轮一起旋转。偏心轴 1 的中心 O_1

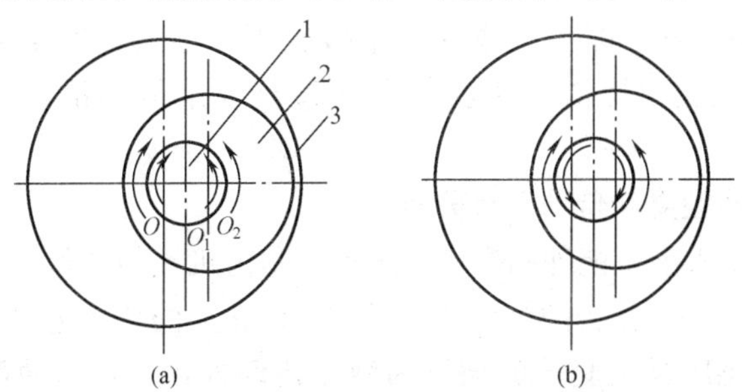

图 2-26 平衡头的相位和偏重的调整

(a) 偏心轴和平衡块同方向同角速度转动；(b) 偏心轴和平衡块反方向同角速度转动

1—偏心轴；2—平衡块；3—壳体

相对于砂轮的中心 O 偏离 2mm，而平衡块 2 的中心 O_2 相对于 O_1 偏离 2mm，通过机械传动装置，使偏心轴 1 和平衡块 2 同方向同角速度转动时，可在 0°～360°范围内调整补偿质量的相位。当偏心轴 1 和平衡块 2 反方向同角速度转动时，可在 0～4mm 范围内调整补偿质量偏心的大小。相位可以按顺时针方向调整，也可以逆时针方向调整。这样不仅可以节约平衡砂轮的时间，而且还可以避免平衡头的补偿质量和砂轮上的不平衡质量叠加，从而避免引起砂轮主轴部件的剧烈振动。

2. 砂轮的平衡过程

图 2-27（a）所示为平衡头与砂轮的任一种相对位置，这时砂轮上的不平衡质量产生一个离心力，两者的合力形成一个激振力，使砂轮主轴部件产生强迫振动，其振幅与这个合力的大小成正比，通过测振传感器可反映到仪表上进行检测。揿动相位调整按钮，则平衡块的偏重朝顺时针方向转动，直至其相位与砂轮不平衡重相差 180°，这时两者合力朝减小的方向变化，因此强迫振动的振幅逐渐减小，表上的指针也向小的读数方向移动，达到某一个最小值，表示相位调整完毕，[见图 2-27（b）]。

由于平衡块偏重产生的离心力小于砂轮不平衡量产生的离心力，因此还没有完全平衡。再揿动偏重调整按钮，使平衡块的重心偏移逐渐增大（此时相位保持不变），则表上指针继续向小的读数方向移动［见图 2-27（c）］，直到平衡块的重心移到如图 2-27（d）的位置，即平衡块的偏重砂轮不平衡质量产生的离心力大小相等，互相抵消，则表上指针移至规定最小值，平衡即告完成。

三、典型磨床传动系统分析

M1432A 型万能外圆磨床的运动，是由机械传动和液压传动联合组成的。除工作台的纵向往复运动、砂轮架的快速进退、自动周期进给及尾座顶尖套筒的缩进为液压传动外，其余运动都是机械传动。

（一）机械传动系统

图 2-28 所示为 M1432A 型万能外圆磨床机械传动系统。

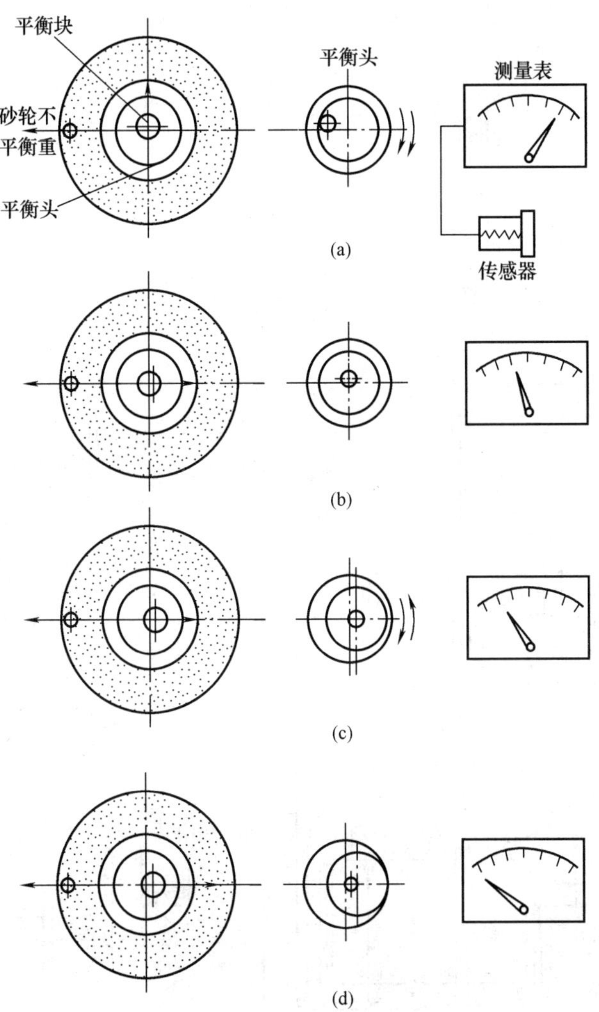

图 2-27 砂轮平衡过程

（a）平衡头与砂轮的任一种相对位置；（b）相位调整；
（c）偏重调整；（d）平衡完成

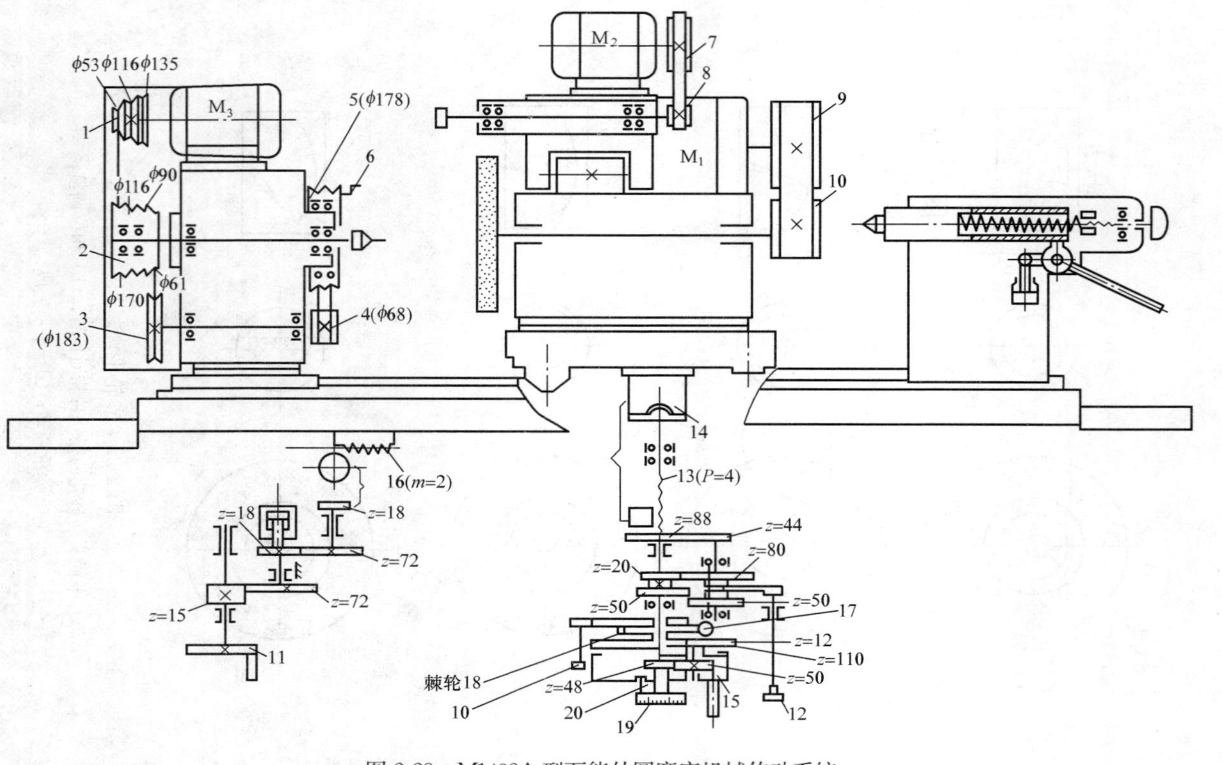

图2-28 M1432A型万能外圆磨床机械传动系统

1. 头架的传动

工件由双速电动机 M3 经三级 V 带轮 1、2 和单级 V 带轮 3、4、5 借拨杆 6 带动工件旋转。把 V 带移至不同直径的带轮上和变速电动机的转速，可使工件得到六种转速。

2. 砂轮的传动

外圆砂轮主轴由电动机 M_1 经 V 带轮 9、10 传动。内圆砂轮主轴由电动机 M_2 经平带轮 7、8 传动。

3. 砂轮架的横向进给运动

砂轮架的横向进给运动有细进给、粗进给和自动周期进给三种。

(1) 细进给时转动手轮 15，通过齿轮副 $\frac{20}{80}$ 和 $\frac{44}{88}$ 及传动丝杠 13，使半螺母 14 带着砂轮架产生进给运动。由于手轮刻度盘上刻有 200 格，因此手轮每转一格进给量为 0.002 5mm。

(2) 粗进给时先将捏手 12 推进，转动手轮 15 通过齿轮 $\frac{50}{50}$、$\frac{44}{88}$ 及丝杠 13，使半螺母 14 带着砂轮架产生进给运动。同样手轮刻度盘上刻有 200 格，每格进给量为 0.01mm。

(3) 自动周期进给有三种进给方式：双进给、左进给和右进给。自动周期进给是通过棘爪液压缸 17 带动棘轮 18，使手轮转动，并通过齿轮副 $\frac{20}{80}$ $\left(或\frac{50}{50}\right)$ 和 $\frac{44}{88}$ 及丝杠螺母，使砂轮架实现自动周期进给。

4. 工作台手摇传动

转动手轮 11 经齿轮副 $\frac{15}{72}$ 与 $\frac{18}{72}$ 和齿轮（$z=18$）与齿条 16 使工作台移动，实现平动纵向进给。

（二）液压传动系统

图 2-29 为 M1432A 型万能外圆磨床的液压传动系统，能实现工作台的自动往复运动、砂轮架快速进退运动、砂轮架周期进给、尾座套筒的缩回、导轨润滑以及其他一些运动。整个液压系统由单

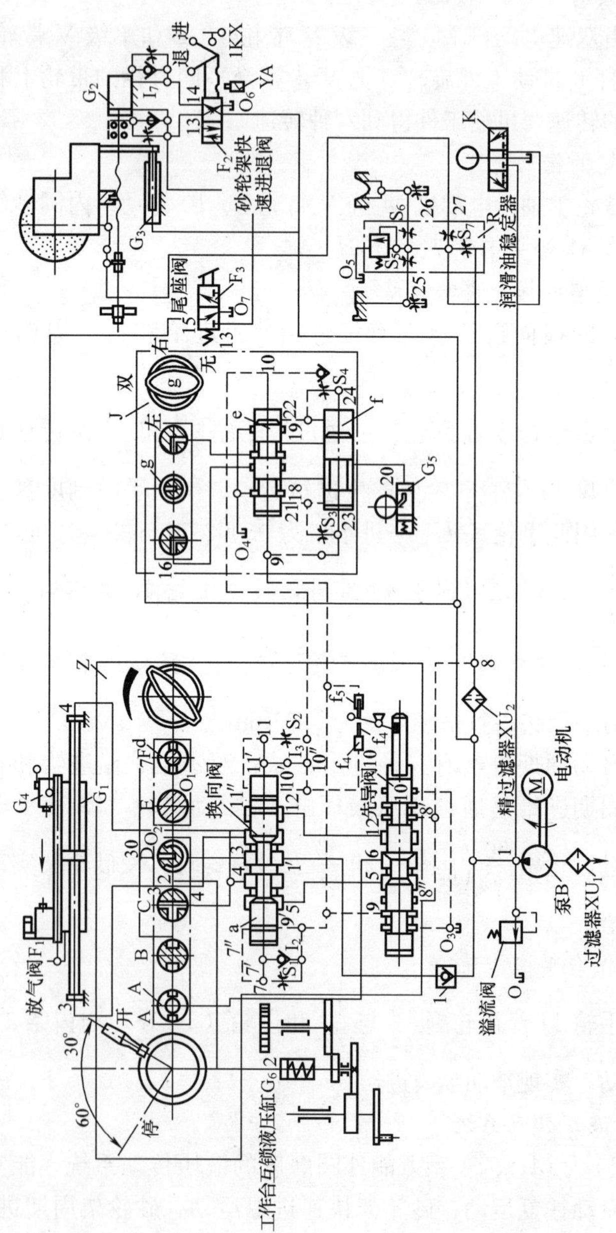

图 2-29　M1432A 型万能外圆磨床的液压传动系统

独液压泵电动机带动齿轮泵供给压力油。调节溢流阀 Y，使主系统压力调至0.1～0.15MPa。各系统压力可由压力计座 K 上的压力计显示。

主油路由输出油路经操纵箱、进退阀、周期进给阀、尾座阀分别进入工作台液压缸 G_1、砂轮架快速进退液压缸 G_2、周期进给棘爪液压缸 G_3、尾座液压缸 G_4 和闸缸 G_5 等。

1. 工作台的自动往复运动

工作台的自动往复运动由 HYY21/3P—25T 型液压操纵箱控制，该操纵箱由开停阀、先导阀、换向阀、节流调速阀、停留阀等组成。

（1）工作台的自动往复运动的回路先导阀、换向阀在左边位置时工作台向左移动，其液压主油路如下。

进油路：油路1→单向阀 I_1→1′→换向阀→3→工作台液压缸左腔，液压缸带动工作台向左移动。同时有一路油经开停阀 D 断面［开停阀开路见图 2-30（a）］经油路 2 至工作台连锁液压缸 G_6，使工作台手摇机构齿轮脱开。

回油路：工作台液压缸右腔→4→换向阀→5→先导阀→6→开停阀断面→轴向槽→B 断面→30→节流阀 F 断面［节流阀形状见图 2-30（b）］→轴向槽→节流 E 槽断面→油池。

工作台向左运动到调空位置时，工作台上右面的撞块，拨动换向杠杆沿逆时针方向摆动，将先导阀拨动右边位置，在压力油作用下，换向阀也被推向右边，于是工作台液压缸进回油路切换，工作台向右行。

（2）工作台运动速度的调节。工作台液压缸回油腔的回油，都是经节流阀回油池的。所以旋转节流阀，改变节流口［E 断面上圆周方向的三角形槽，见图 2-30（b）］的开口大小，便可使工作台的运动速度在0.05～4m/s 范围内作无级调整。由于节流阀安置在回油路上，液压缸的回油腔有一定的背压，造成阻尼，因而可防止冲击，使工作台运转平稳，而且还较易实现低速运动。

（3）工作台的换向过程。工作台的换向过程分三个阶段即制动阶段、停留阶段和启动阶段。现以工作台向左行程终了时的换向为

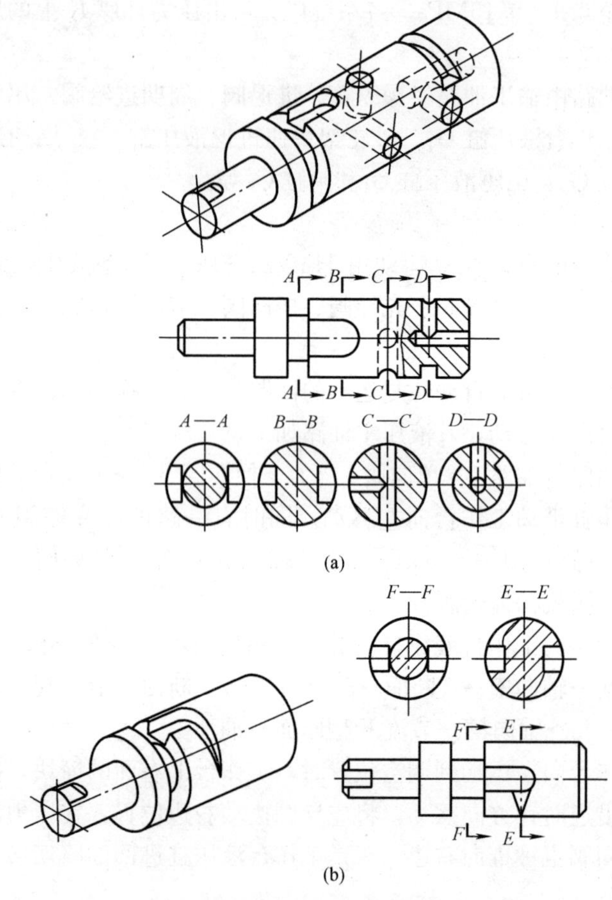

图 2-30　开停阀与节流阀

(a) 开停阀；(b) 节流阀

例，说明上述三个阶段。

1）制动阶段。工作台换向时制动分两步，即先导阀的预制动和换向阀的终制动。当工作台左行至接近终点位置时，其撞块碰上换向杆，拨动先导阀开始向右移动。在移动过程中，先导阀上的制动锥将液压缸回油通路 5→6 逐渐关小，使主回油路受到节流，工作台速度减慢，实现预制动。由于先导阀的移动，便控制换向阀的油路切换，通道 8′→10 关闭［见图 2-31（a）］通道 8″→9 打开，从控制油路来的压力油进入换向阀左端油腔，推动换向阀向右移动，其控制回路如下。

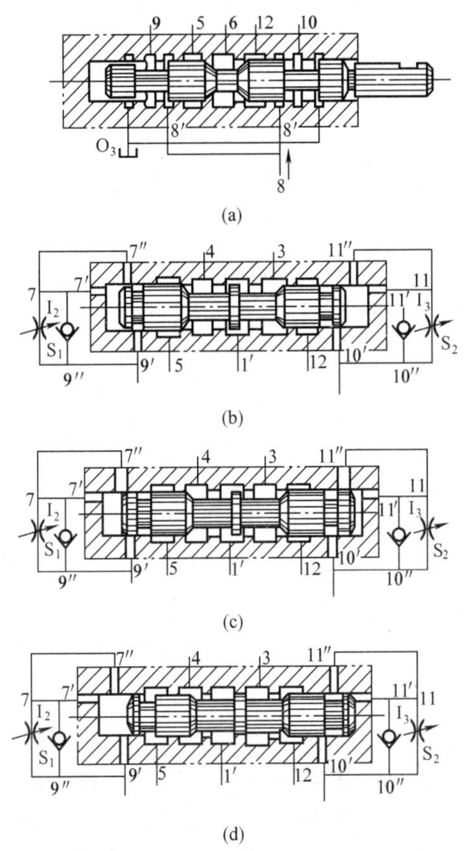

图 2-31　工作台换向各阶段换向阀位置

（a）先导阀的预制动；（b）换向阀的终制动；（c）停留阶段；（d）启动阶段

进油路：1→精过滤器→8→8″→先导阀→9→9″→单向阀 I_2→7′→换向阀左端油腔。

回油路：换向阀右端油腔→10′→10→先导阀→油池 O_3［见图 2-31（b）］。

由于此时回油路直通油池，所以换向阀阀芯迅速地从左端原位快跳到中间位置，称为换向阀的第一次快跳。此时主油路通道1′→4和1′→3都打开，压力油同时进入工作台液压缸左右腔，两腔压力平衡，工作台迅速停止，实现终制动。

2）停留阶段。换向阀第一次快跳结束后，继续右移［见图2-31（c）］，工作台液压缸左右腔一直互通压力油，故工作台停留不动。换向阀在移动时中，由于通孔10′已被遮盖住，右端油腔需经11′→11→节流阀S_2→10″→10→先导阀→油池O_3。回流速度受节流阀S_2控制，即可调整工作台换向时停留时间。

3）启动阶段。换向阀继续右移时，11″与10′通过换向阀芯右端沉割槽相互接通，于是，右腔油路可经11′→11→11″换向阀芯沉割槽→10′→10→先导阀→油池O_3，换向阀作第二次快跳，直到右端终点位置［见图2-31（d）］。

此时换向阀迅速切换主油路，工作台启动反向。

（4）先导阀的快跳。由图2-29可见，在先导阀换向杠杆的两侧各有一个小柱塞液压缸f_4和f_5，也称为抖动阀，它们分别由控制油路9和10供给压力油，并与换向阀右、左油路相通。当先导阀由工作台上的撞块经换向杠杆带动移动一段距离，对工作台完成预制动并切换控制换向阀的油路时，压力油同时进入抖动阀和换向阀，由于抖动阀的直径比换向阀的小，所以快速移动，并通过换向杠杆推动先导阀迅速移动到底，这就是所谓先导阀的快跳。

（5）工作台液动与手动的互锁。当工作台由液压传动做自动往复运动时，工作台手摇机构应该脱开，工作台自动往复时，手轮不能转，以免旋转伤人，这个动作由工作台互锁液压缸完成。当开停阀在“开”的位置时，工作台做自动往复运动时，压力油由1→单向阀I_1→1′→换向阀→开停阀D断面→工作台互锁液压缸G_6，推动活塞使传动齿轮脱开啮合，因此工作台不能带动手轮旋转。当开停阀在“停”的位置时，工作台互锁液压缸通过开停阀断面上的径向孔和轴向孔与油池接通，活塞在弹簧力作用下恢复原位，使传动齿轮恢复啮合。同时，工作台液压缸左右腔通过开停阀 C 断面上的相交径向孔互通压力油，因此便可用手轮摇动工作台。

2. 砂轮架进给运动

砂轮架进给运动有砂轮架快速进退运动和自动周期进给运动两种。

（1）砂轮架快速进退运动：由手动二位四通换向阀 F_2 控制砂轮架快速进退油缸 G_2。

当扳动进退阀 F_2 手柄于“进”位置时，砂轮架快速前进，其液压回路为［见图 2-31（a)］：进油路 1→F_2→14→单向阀 I_7→G_2 右腔通入压力油推动活塞向前，通过丝杠、螺母带动砂轮架快速前进。回油路：G_2 左油腔→13→进退阀 F_2→油池 O_6。

同理，当扳动进退阀于“退”位置时［见图 2-29（b)］，砂轮架快速后退，压力油经进退阀 F_2→13→单向阀 I_6→G_2 左腔通入压力油推动活塞后退，通过丝杠、螺母带动砂轮架快速后退。

（2）砂轮架自动周期进给运动。如需要自动周期进给磨削时，可旋转进给选择阀 9，如图 2-29（b）所示为双向进给状态，当工作台的右撞块撞及杠杆带动先导阀换向时，控制压力油 8→8″→9 推动四通阀 e 右移，压力油 1→16→18→20→进给油缸 G_5 活塞移动、活塞上棘爪带动棘轮通过齿轮、丝杠、螺母使砂轮架微量进给一次（即右进给）。当阀 e 移动一段距离后，控制压力油经 9→21→S_3→23 推动进给阀 f 右移。此时进给液压缸 G_5 油流经 20→19→油池 O_4。进给液压缸 G_5 活塞靠弹簧复位。阀 f 右（左）移的速度可调节 S_4（S_3）以保证进给液压缸有足够的通油时间。

工作台换向后，左撞块撞换向杠杆，砂轮架再微量进给一次，故为上进给。

如选择阀 9 置于“右进给”位置，则磨削时在工作台右端进给。

如选择阀 9 置于“左进给”位置，则磨削时在工作台左端进给。

如选择阀 9 置于“无进给”位置，则磨削时砂轮架无自动周期进给。

3. 尾座套筒的自动进退

当砂轮架处于退出位置时，用脚踏下脚踏操纵板，使尾座阀F_3的右位接入系统，则压力油由1→砂轮架快速进退阀→13→尾座阀→15→尾座液压缸G_4活塞移动，通过杠杆使尾座套筒向后退回，将工件松开。松开脚踏操纵板，尾座阀在弹簧作用下复位，左位接入系统，于是尾座液压缸接通油池，尾座套筒在弹簧作用下向前顶出。

为了保证工作安全，尾座套筒的自动进退与砂轮架快速引进是互锁的。当砂轮架处于快速前进位置时，油路13通过砂轮架快速进退阀与油池相通，如果误踏脚踏操纵板，尾座套筒也不会后退，因此实现了在磨削时不会发生工件自动松开的危险。

第五节 磨床的精度检验

一、检验前的安装调整

磨床精度检验前，首先要进行预调检验，即要调整好机床的安装水平，纵向和横向均不得超过0.04mm/1000mm。现以外圆磨床和平面磨床为例说明。

(1) 检验外圆磨床床身纵向导轨的直线度，在1000mm长度内允差为0.02mm（垂直平面和水平面内的允差值相同）；任意250mm长度内局部允差为0.006mm。

(2) 检验床身导轨在垂直平面内的平行度，外圆磨床最大磨削长度小于等于500mm时，其床身纵向导轨在垂直平面内的平行度允差为0.02mm/1000mm；长度大于500mm时为0.04mm/1000mm。平面磨床磨削长度小于或等于1000mm时公差为0.02mm/1000mm；长度大于1000mm时为0.04mm/1000mm。

图2-32所示为外圆磨床和平面磨床测量导轨直线度误差的示意图。图2-32（a）为用光学准直仪测量外圆磨床床身纵向导轨在垂直面和水平面内的直线度误差；图2-32（b）为用框式水平仪测量平面磨床床身导轨在垂直平面内的直线度误差和在垂直平面内导轨的平行度误差。

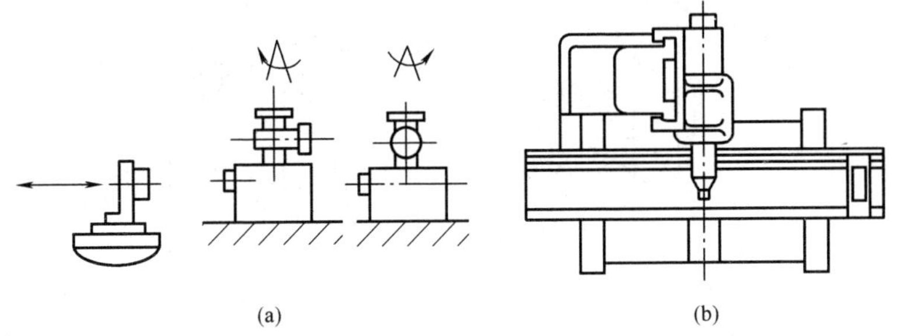

图 2-32 磨床床身纵向导轨精度检验

（a）测量外圆磨床纵向导轨；（b）测量平面磨床床身导轨

（3）检验外圆磨床床身导轨在垂直平面内的直线度，要求公差为 0.04mm/1000mm；对精密磨床要求为 0.03mm/1000mm[见图 2-33(a)]。横向导轨在垂直平面内的平行度公差为 0.04mm/1000mm；对精密磨床要求为 0.015mm/1000mm，检测方法如图 2-33(b)所示。

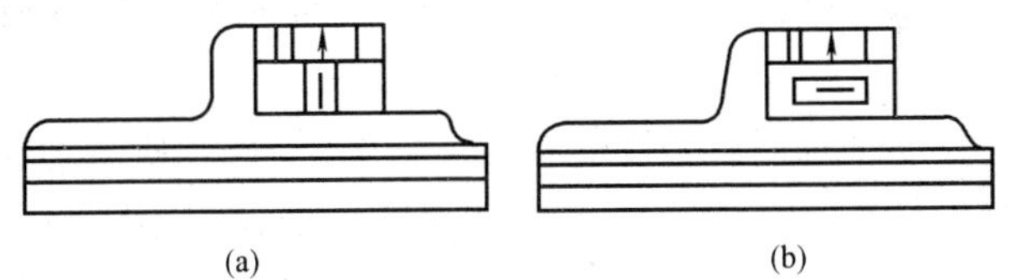

图 2-33 外圆磨床床身横向导轨精度检验

（a）检验直线度；（b）检验平行度

（4）检验平面磨床床身纵向导轨在水平面内的直线度，在 1000mm 长度内公差为 0.02mm，检验方法如图 2-34（a）所示。

（5）检验外圆磨床下工作台面对床身纵向导轨和横向导轨的平行度。在横向导轨上放置检具，使千分表测头触及上下工作台顶面。检验横向时移动千分表，其公差在 1000mm 长度内为 0.015mm［见图 2-34（b)］。

预调精度可称之为磨床的基础精度，只有预调精度符合允差范围，才能对机床某些直线运动精度进行检测。

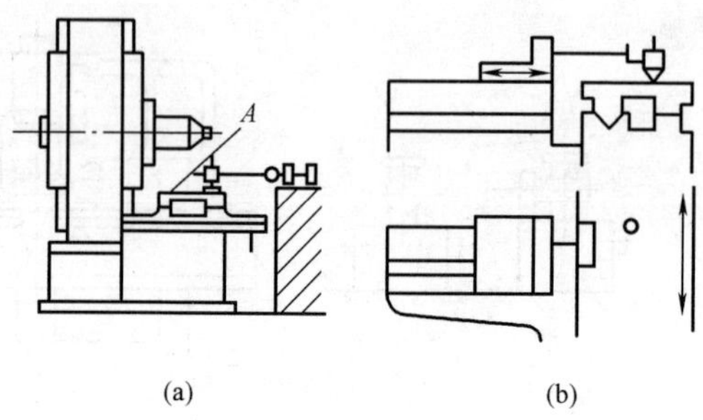

图 2-34　平面磨床纵向导轨和外圆磨床纵、横向导轨的检验

（a）检验平面磨床纵向导轨；（b）检验外圆磨床纵、横向导轨

二、检验的项目及方法

磨床主要检验其几何精度和工作精度，具体项目与检验方法如下。

（一）磨床几何精度的检验

1. 砂轮主轴和头架主轴回转精度的检测

主轴的回转精度主要包括主轴的径向圆跳动和主轴的轴向窜动。

（1）砂轮主轴回转精度的检验。图 2-35（a）所示为检验外圆磨床主轴回转精度的示意图，圆锥面的两处径向圆跳动公差均为 0.005mm（精密磨床为 0.002mm）；主轴的轴向窜动公差则为 0.008 mm（精密磨床为 0.002mm），轴向力 F 为 50N 左右。

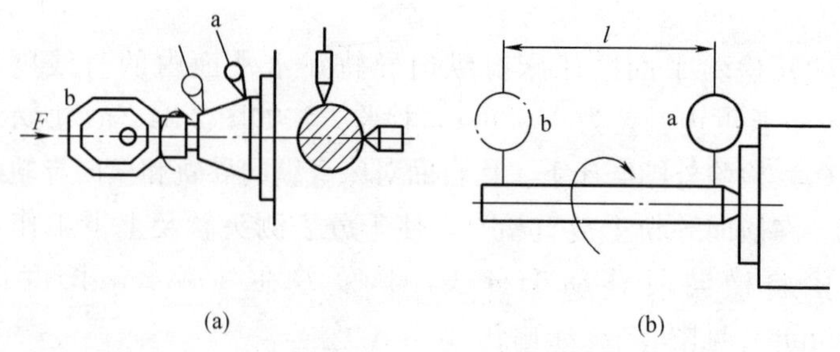

图 2-35　砂轮主轴回转精度检验

（a）检验外圆磨床主轴；（b）检验内圆磨床主轴

图 2-35（b）所示为检验内圆磨床主轴回转精度的示意图，在主轴锥孔内插入检验棒，近锥孔处径向圆跳动公差为 0.01mm，距离 200mm 处径向圆跳动公差为 0.02mm；拔出检验棒，依次转 90°，插入主轴重复检验。并在垂直平面和水平面内分别检验，误差值以四次测量结果的平均值分别计算。

（2）头架主轴回转精度的检验。内圆磨床头架主轴回转精度的检验如图 2-36（a）所示，a、b 点处公差为 0.005mm，c 点处公差为 0.01mm，轴向力 F 为 50N 左右。头架主轴锥孔的径向圆跳动公差，a 点处为 0.005mm，距离 200mm 处为 0.012mm，300mm 处为 0.015mm。重新插入检验棒，依次检验四次，a、b 点误差分别计算，误差以四次读数的平均值计［见图 2-36（b）］。

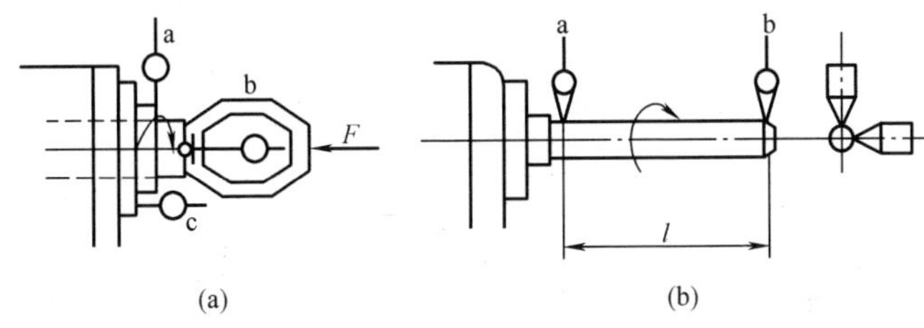

图 2-36　头架主轴回转精度的检验

（a）检验内圆磨床头架主轴；（b）检验外圆磨床头架主轴

2. 磨床直线运动精度的检验

直线运动精度就是磨床运动部件相对于某些部件的位置精度，如平行度、垂直度等。现以 MGB1420 高精度外圆磨床为例，说明检验项目和要求，详见表 2-14。

3. 部件之间等高度精度的检验

（1）砂轮架主轴轴线与头架主轴轴线的等高度检验。如图 2-37（a）所示，在砂轮架主轴定心锥面上装上检验套筒，在头架主轴锥孔中插入一直径相等的检验棒，在工作台上放一桥板，将指示器放在桥板上，移动指示器，误差以指示器读数的代数差值计。一般磨床允差为 0.3mm，精密磨床允差为 0.2mm。头架应在热态下检验。

表 2-14 磨床直线运动精度的检验

检验项目	简图	允差（mm）	检验方法
头架、尾座移置导轨对工作台移动的平行度	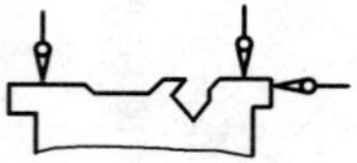	全部长度内为 0.008 在任意 300mm 测量长度上为 0.005	固定指示器，使其测头触及头架、尾座移置导轨的各表面，移动工作台依次检验。 误差分别以指示器在任意 300mm 和全长上读数的最大代数差计
头架主轴轴线对工作台移动的平行度	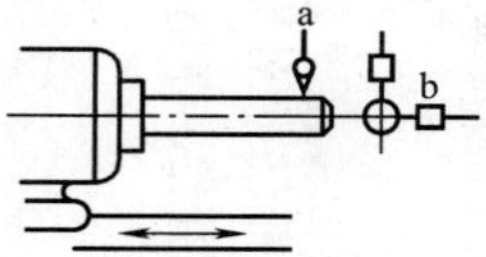	a 及 b 点在 150mm 测量长度上为 0.005，检验棒自由端均只许向砂轮和向上偏	在头架主轴锥孔内插一检验棒，固定指示器，移动工作台。相隔 180°检验两次。 a、b 点误差分别计算。误差以指示器两次读数的代数和之半计
尾座套筒锥孔轴线对工作台移动的平行度	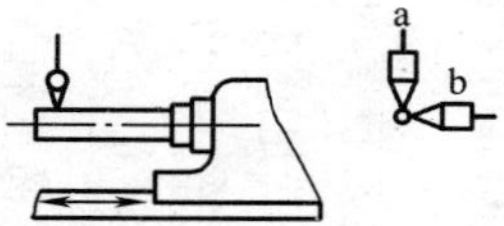	在 150mm 测量长度上 a 点为 0.0075，b 点为 0.005，检验棒自由端只许向砂轮和向上偏	尾座应固定在最大磨削长度 0.8 倍的位置上。 检验棒相隔 180°插两次分别检验 a、b 点误差值。误差以指示器两次读数的代数和之半计
头架、尾座顶尖中心线连线对工作台移动的平行度	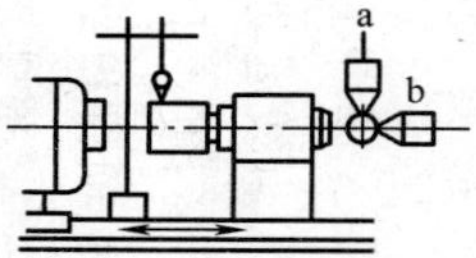	a 点为 0.016，只许尾座高。 b 点为 0.01	在头架、尾座顶尖间顶一长度为最大磨削长度 0.8 倍的检验棒，固定指示器，移动工作台 a、b 点误差分别计算。误差以指示器读数的最大代数差计

续表

检验项目	简图	允差（mm）	检验方法
砂轮架主轴轴线对工作台移动的平行度		a及b点在100mm测量长度上为0.01，检验套筒自由端只许向上偏	在主轴锥面上装一检验套筒，固定指示器，移动工作台检验。主轴转180°检验两次，a、b点误差分别计算。误差以两次读数的代数和之半计
砂轮架移动对工作台移动的垂直度		在砂轮架全部行程长度上为0.007	在工作台上放一角尺，调整角尺，使其一边与工作台移动方向平行。在砂轮架上固定指示器，移动砂轮架，在全程上检验。误差以指示器读数的最大代数差计
内圆磨头支架孔对工作台移动的平行度		a及b点在100mm测量长度上为0.01，检验棒自由端只许向上偏	在支架孔中插入检验棒，在工作台上固定指示器，移动工作台，检验棒在180°方向插两次，a、b点误差分别计算。误差以指示器两次读数的代数和之半计

(2) 内圆磨具支架孔轴线与头架主轴轴线的等高度检验。如图2-37 (b) 所示，其检验方法与图2-37 (a) 相同。一般磨床公差为0.02mm，精密磨床公差为0.015mm。头架应在热态下检验。

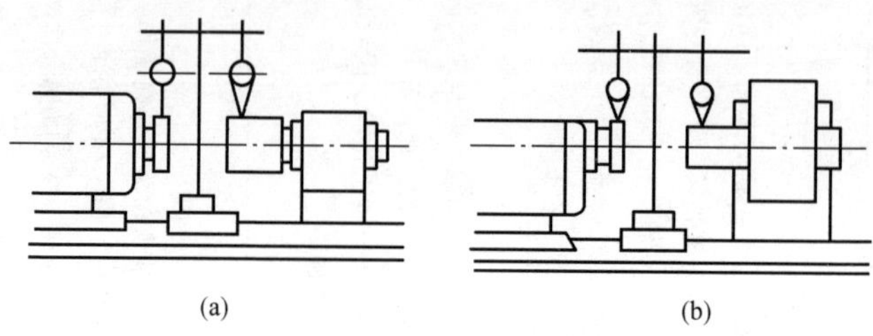

图2-37 等高度精度的检验

(a) 检验砂轮架主轴轴线与头架主轴轴线的等高度；

(b) 检验内圆磨具支架孔轴线与头架主轴轴线的等高度

4. 砂轮架快速引进重复定位精度的检验

将固定显示器的测头触及砂轮架壳体上，并使测头轴线与砂轮主轴轴线在同一水平面内（见图2-38)，砂轮架快速引进，连续进行六次检验，误差以指示器读数的最大差值计。最大磨削直径小于或等于320mm时，一般磨床公差为0.002mm，精密磨床公差为0.001 2mm。

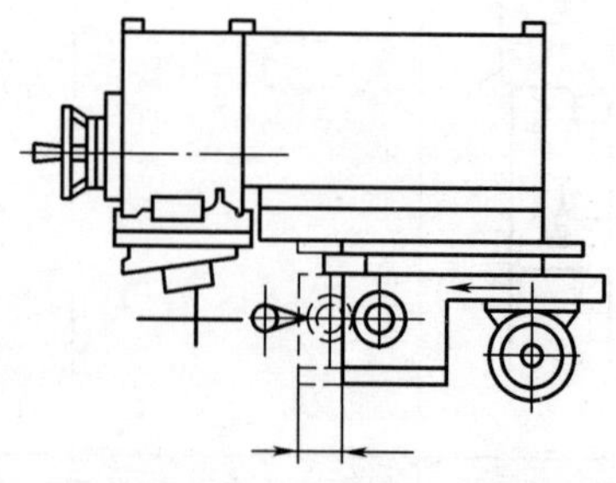

图2-38 砂轮架快速引进重复定位精度的检验

(二) 磨床工作精度检验

工作精度是各种因素对工件加工精度影响的综合反映，一般以工件过试件来进行检验。表2-15为对外圆磨床工作精度的检验。

表 2-15　　外圆磨床工作精度的检验

简图和试件尺寸	检验性质	切削条件	检验项目	公差（mm）
$\phi 32$ 320	顶尖间磨外圆试件的精度	不用中心架 钢不淬硬	圆柱度	0.003
$\phi 50$ 150			圆度	0.000 5
$\phi 50$ 25	卡盘磨外圆短试件的精度	钢不淬硬	圆度	0.001 5
50 $\phi 35$	卡盘磨内圆试件的精度	钢不淬硬	圆度	0.002
$\phi 25$ 35	切入式磨削试件	连续磨削 钢不淬硬	直径尺寸分散度	试件余量在直径上为 0.2。误差以 20 个试件中的最大值和最小值之差计。定程磨削公差为 0.02mm

三、常见磨床精度标准

磨床的精度标准内容很多，现列出常见磨床的加工精度，以供参考，见表 2-16～表 3-22。

表 2-16　　常见外圆磨床的加工精度

型号	加工精度	
	圆度、圆柱度（mm）	表面粗糙度 *Ra*（μm）
M135	0.003 0.006	0.4
MMB1312	0.001 0.003	0.05
MBS1320	0.003 0.006	0.4
MB1332A	0.003 0.006	0.4
MQ1350A	0.005 0.008	0.4
M1380A	0.005 0.018	0.4

表 2-17　　常见万能外圆磨床的加工精度

型号	加工精度	
	圆度、圆柱度（mm）	表面粗糙度外/内 *Ra*（μm）
MGB1412	0.000 5 0.002	0.012/0.05
M1420	0.003 0.006	0.4/0.8
M120W	0.003 0.006	0.4/0.8
M131W	0.003 0.006	0.4/0.8
M1432A	0.003 0.006	0.4/0.8
MM1432A	0.001 0.007	0.05/0.20

表 2-18 常见内圆磨床的加工精度

型号	加工精度	
	圆度、圆柱度（mm）	表面粗糙度 *Ra*（μm）
M2110A	0.005 0.006	0.8
MGD2110	0.001 0.003	0.2
M2120	0.005 0.006	0.8
MGD2120	0.001 5 0.003	0.2
M250A	0.01 0.01	0.8

表 2-19 常见无心磨床的加工精度

型号	加工精度	
	圆度、圆柱度（mm）	表面粗糙度 *Ra*（μm）
M1020	0.002 0.002	0.4
M1040	0.002 0.004	0.4
MGT1050	0.000 6 0.001 5	0.1
M1080A	0.002 0.004	0.4
M1083A	0.002 5 0.005	0.4
MG10200	0.001 2 0.002 5	0.2

表 2-20　　常见平面磨床的加工精度

型号	加工精度	
	平行度（mm）	表面粗糙度 *Ra*（μm）
MM7112	0.01/1000	0.2
M7120A	0.005/300	0.4
MM7120A	0.01/1000	0.2
M7130	0.015/1000	0.8
MG7132	0.005/1000	0.4
M7140	0.01/1000	0.4
M7150A	0.04/3000	0.8
M7332A	0.01/1000	0.8
M7340	0.01/1000	0.8
MG7340	0.005/1000	0.05
MM73100	0.01/1000	0.2
M7450	0.01/1000	1.6

表 2-21　　常见坐标磨床的加工精度

型号	工作精度	
	坐标精度（mm）	表面粗糙度 *Ra*（μm）
MG2920B	0.002	0.2
MG2923B	0.002	0.2
MK2940	0.001	0.8
MG2945B	0.003	0.2

表 2-22　　常见导轨磨床的加工精度

型号	加工精度		
	直线度（mm）	垂直度（mm）	表面粗糙度 *Ra*（μm）
M50100	0.01/1000	1000∶0.01	1.6
MM52125A	0.01/1000	1000∶0.005	平面：0.4 斜面：0.8
MM52160A	0.005/1000		平面：0.4 斜面：0.8

四、磨床精度对加工精度的影响

（一）概述

在机床上加工工件时所能达到的精度，与一系列因素有关，如机床、刀具（砂轮）、夹具、切削用量、操作工艺以及操作技能等。对磨削而言，在正常加工条件下，磨床本身的精度往往是一系列因素中最重要的因素之一。

磨床的精度包括静态精度和动态精度，不同类型的磨床对此有不同的要求。

1. 静态精度

在没有切削载荷以及磨床不运动或运动速度较低的情况下，检测的磨床精度称为静态精度。它包括磨床的几何精度、传动精度和定位精度等。静态精度主要取决于磨床上的主要零、部件，如主轴及其轴承、丝杠螺母、齿轮、床身、导轨、工作台、箱体等的制造精度以及它们的装配精度。

（1）几何精度它是指磨床上某些基础零件工作面的几何精度，决定加工精度的运动件在低速空运转时的运动精度，决定加工精度的零、部件之间及其运动轨迹之间的相对位置精度等。例如，砂轮主轴的回转精度、床身导轨的直线度、工作台面的平行度、工作台移动方向与砂轮轴线的平行度、头架和尾座的中心连线对工作台移动的平行度等。

在磨床上加工的工件表面形状，是由砂轮和工件之间的相对运动轨迹决定的，而砂轮和工件是由机床的执行件直接带动的，所以磨床的几何精度是保证工件加工精度的最基本条件。

（2）传动精度是指磨床内联系传动链两端件运动之间相互关系的准确性，如螺纹磨床的内传动链要准确地保证工件主轴每转一转，工作台纵向移动工件的一个导程等。

（3）定位精度它是指磨床运动部件从某一位置运动到预期的另一位置时所达到的实际位置的精度。实际位置与预期位置之间的误差，称为定位误差。如磨床砂轮架快速引进是规定了多次重复定位的重复定位精度，其公差规定为 0.001 2～0.002mm。

2. 动态精度

磨床在外载荷、温升、振动等作用下的精度，称为磨床的动态精度。上面所讲的静态精度通常只能在一定程度上反映磨床的加工精度。例如，磨削力、夹紧力、磨床零、部件的弹性变形、磨床的热变形和磨床的振动等，这些都是在磨床的工作过程中产生的。为此，在生产实际中，一般是通过磨削加工后的工件精度来考核磨床的综合动态精度，它称为磨床的工作精度。工作精度是各种因素对加工精度影响的综合反映。

本节主要介绍磨床各主要零部件几何精度对工件加工精度的影响。

（二）砂轮架精度对加工精度的影响

砂轮架的精度包括砂轮主轴的回转精度和砂轮架导轨的直线度等，其精度直接工件的加工精度。

（1）砂轮主轴的回转精度是指砂轮主轴前端的径向圆跳动和轴向窜动偏差。一般外圆磨床、平面磨床砂轮主轴的径向圆跳动、轴向窜动公差为0.005～0.01mm；高精度磨床的径向圆跳动、轴向窜动公差应小于0.005mm。砂轮主轴是带动砂轮高速旋转以完成磨削主运动的部件，所以砂轮主轴的回转精度直接影响工件的表面粗糙度。例如径向圆跳动超差，工件会出现直波形振痕；轴向窜动量大，工件表面会出现螺旋形痕迹；两者均超差，还会引起磨削作用不均匀，引起工件圆度和端面圆跳动超差。

（2）砂轮架导轨在水平面内的直线度误差如果较大，则砂轮架前后移动时，砂轮主轴中心线方向将产生偏斜，使修整后的砂轮移动到磨削位置时，砂轮的工作表面与工作台移动方向不平行，使砂轮单边接触工件面，出现螺旋形痕迹；若采用切入磨削，会使工件产生锥度（见图2-39）。因此高精度磨削时，砂轮的修整位置与磨削位置应尽量接近。这样就大大减少了导轨直线度误差对工件加工精度的影响。

（3）砂轮主轴与工件轴线不等高在外圆磨床上，砂轮主轴和内圆磨具支架孔中心线若与夹持工件的头架主轴中心线不等高，磨削圆锥面时将使工件产生形状误差。磨削外圆锥时锥体母线形成中凹

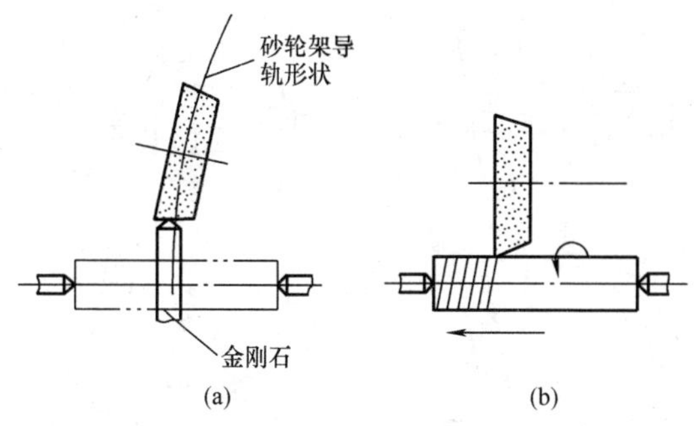

图 2-39 砂轮架导轨直线度误差对加工表面的影响
（a）修整砂轮位置；（b）磨削工件的位置

双曲线形［见图 2-40(a)］；磨削内圆锥时，锥体母线形成中凸双曲线形［见图 2-40(b)］。这项误差对圆锥孔的加工精度的影响比较显著。考虑到头架的热变形影响，工件的中心线可略低于砂轮主轴的中心线。

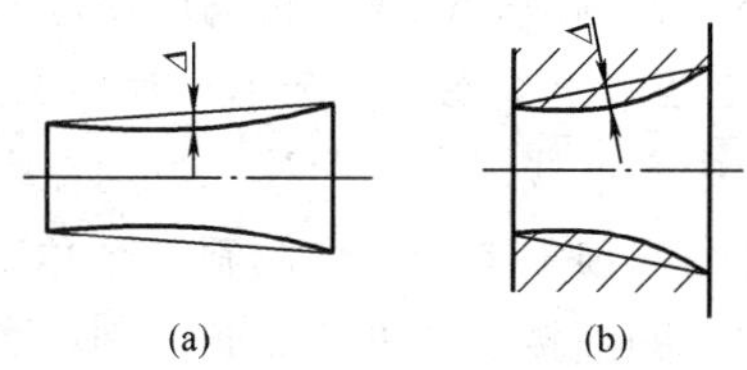

图 2-40 砂轮主轴与工件轴线不等高对加工精度的影响
（a）外圆锥面中凹双曲线形误差；（b）内圆锥孔中凸双曲线形误差

（4）砂轮主轴轴线与工作台移动方向的平行度误差会影响磨削后端面的平面度。若砂轮主轴翘头或低头，都会使工件磨成凸面［见图 2-41(a)、(b)］；砂轮主轴前偏，工件端面会被磨成凹形［见图 2-41(c)］；砂轮主轴后偏，工件端面会被磨成凸形［见图 2-41(d)］。

（三）头架精度对加工精度的影响

头架的精度主要是主轴的回转精度。头架主轴是带动工件做圆周进给运动的，因此其运动误差是直接反映在加工表面上。在内、外圆磨削时，头架主轴的径向圆跳动会使加工表面产生圆度误差，

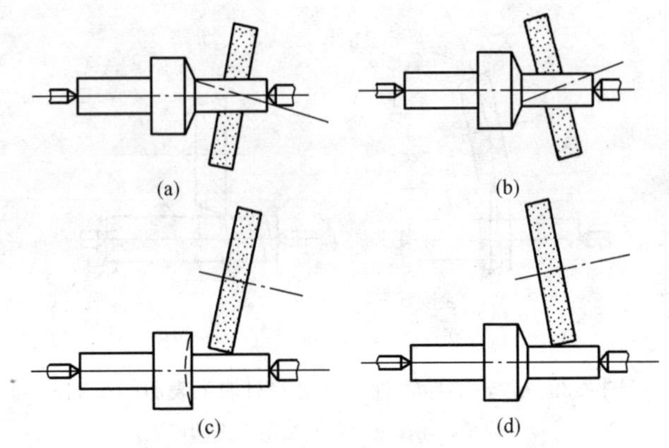

图 2-41　砂轮主轴轴线与工作台移动方向平行度误差

(a) 砂轮主轴翘头；(b) 砂轮主轴低头；(c) 砂轮主轴前偏；(d) 砂轮主轴后偏

轴向窜动会使磨出的端面不平。在螺纹磨床上，头架主轴的径向圆跳动和轴向窜动还会影响被磨螺纹螺距的周期误差。

(四) 头架、尾座的中心连线对加工精度的影响

头架、尾座的中心连线对工作台移动方向在垂直平面内的平行度误差，会使装夹在两顶尖上的工件倾斜一个角度 α，在磨外圆时会产生两头大中间小的细腰形［见图 2-42(a)］；磨端面时会产生凸面［见图 2-42(b)］。倾斜角 α 越大，产生的误差越大。

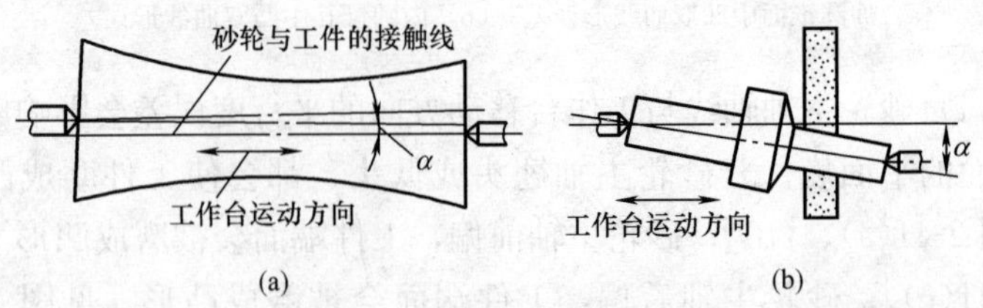

图 2-42　头架、尾座的中心连线对工作台移动方向的平行度误差对加工精度的影响

(a) 磨外圆时；(b) 磨端面时

(五) 工作台和床身精度对加工精度的影响

工作台和床身等移动部件的精度对加工精度有直接的影响，主

要反映在如下方面。

（1）工作台移动在垂直平面内的直线度误差在内、外圆磨削上表现为工件中心高度发生变化，引起工件直径的变化，影响其素线的直线度。但由于工件的位移量 h 是在砂轮的切线方向［见图 2-43(a)］，由此引起的直径变化 2δ 不大，所以对加工精度影响不明显。但是在平面磨床上磨平面时，这项误差使工件在砂轮法线方向产生位移［见图 2-43(b)］，工作台运动误差 h 将直接反映在被磨工件上（δ），使磨出的平面产生平面度或位置误差。

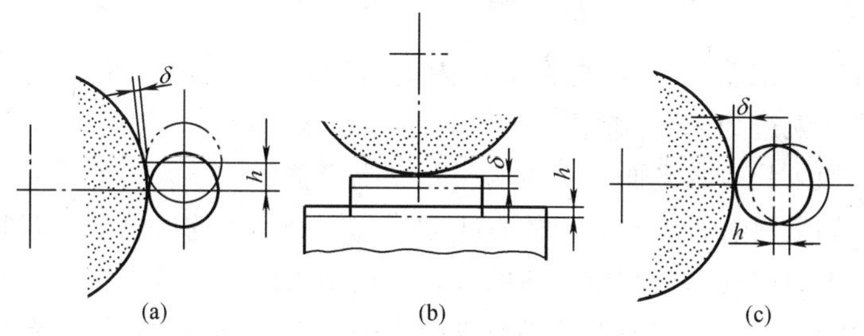

图 2-43 工作台移动的直线度误差对加工精度的影响

（a）工件在砂轮切线方向产生位移；（b）工件在砂轮法线方向产生位移；（c）工件运动误差直接反映在工件上

（2）工作台移动在水平面内的直线度误差对于内、外圆磨削来说，由于工件产生的位移 h 在砂轮法线方向［见图 2-43(c)］，它直接影响工件的加工精度。用砂轮端面磨削工件垂直面时，这项误差也反映到工件上面，影响位置精度。

（3）工作台移动时发生倾斜时，无论内、外圆磨削或平面磨削，都会使工件产生相对砂轮沿接近法线方向的位移（见图 2-44），对加工精度影响较大。

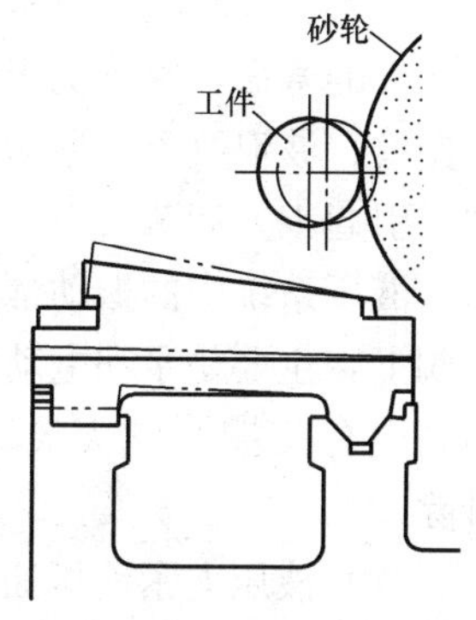

图 2-44 工作台移动时的倾斜对外圆磨削的影响

上述三项误差还会影响修整后的砂轮几何精度，如图 2-45 所示。设 Ox 为砂轮的旋转轴线，要求金刚石的移动轨迹 AB 应与 Ox 轴线平行，当水平面内

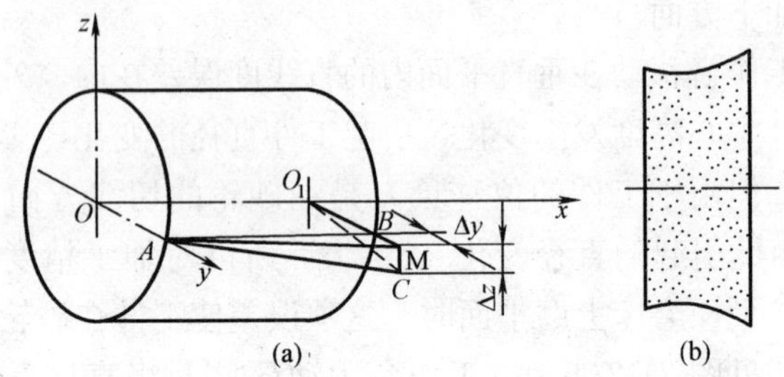

图 2-45 工作台移动的直线度对砂轮修整后工作表面的影响

(a) 金刚石的移动轨迹；(b) 修整后的砂轮素线

的直线度误差为 Δy，垂直平面内的直线度误差为 Δz 时，金刚石的移动轨迹为 AC，修整后的砂轮素线是双曲线。

如果只有水平面内直线度误差，则修整后的砂轮为圆锥体。

如果只有垂直平面内的直线度误差，修整后的砂轮仍是双曲线形。用双曲线形或圆锥形状的砂轮进行切入磨削，将直接影响加工表面的几何形状误差；若进行纵向磨削，由于只有砂轮的边缘与工件表面接触，因而会产生螺旋形痕迹。

(六) 液压系统精度对加工精度的影响

液压传动是磨床的主要传动方式之一，液压系统的制造精度和工作精度对磨床加工精度有至关重要的影响，主要表现在下列几个方面。

(1) 振动和噪声液压系统的振动会使管接头松脱甚至断裂，降低元件的寿命，影响机床的性能，从而影响加工精度，如磨削时产生振纹、波浪纹等。振动后往往随之产生噪声，噪声会恶化劳动条件，引起工人疲劳。

液压系统中的振动常出现在液压泵、电动机、液压缸及各种控制阀上，主要是泵和电动机内吸入空气，或其零件加工及装配精度不高，有关控制阀失灵而引起的，需根据具体情况予以解决和排除。

(2) 液压夹紧液压油通过阀孔和阀芯间的配合间隙时，作用在阀芯上的不平衡力使阀芯靠向阀孔壁面，从而造成阀芯移动时产生摩擦阻力（称为卡紧力）增加。较小的卡紧力，使所控制的液压元件动作迟缓，甚至使自动循环错乱。若阀芯的驱动力不足以克服卡紧力和其他阻力时，就会使阀芯卡死，称为液压夹紧。在磨削加工过程中，出现这种情况，会直接影响加工时机床的正常运动和加工精度。

产生液压夹紧的主要原因是液压控制阀的设计不合理、制造精度差以及油中有杂质及内泄漏等，需加以改进和排除。

(3) 液压泄漏在液压系统和液压元件中，由于加工误差的存在，连接处和相对运动要求的配合面间总存在一些间隙，所以会产生外泄漏和内泄漏。

泄漏直接影响液压系统的性能，使压力、流量不足，作用力或速度下降，实现不了应完成的工作并损耗功率，直接影响加工精度和质量。为此，采用间隙密封的运动副应严格控制其加工精度和配合间隙，注意密封，改进原来不合理的液压系统，尽可能简化回路，减少泄漏环节。

(4) 爬行液压传动中，当液压缸或液压电动机在低速下运转时产生时断时续的运动（即运动部件滑动与停止相交替的运动）；这种现象称为爬行。它不仅破坏了液压系统的稳定性，同时也影响了工件的磨削精度。

造成爬行的主要原因是液压系统内存在空气、液压泵失灵、摩擦阻力太大或润滑油压力、流量不稳定等。应根据具体情况进行排除。

(5) 液压系统的工作压力及工作机构运动速度失常。

1）液压系统的工作压力失常主要表现为压力不稳定、压力调整失灵、压力转换滞后以及卸荷压力较高等，由此会影响加工和精度。

工作压力失常的主要原因是由于磨损较大，增加了泵的轴向、径向间隙；或泵内零件加工及装配精度较差，从而影响了工作压力的提高，引起压力的脉动；再就是由控制阀（主要是压力控制阀和方向阀）引起。控制阀的性能不好、精度不高，致使液压系统压力失常。

2）工作机构的运动速度失常液压系统工作机构的运动速度应

满足磨床所需要的速度范围，且应满足最低速度时不爬行、最高速度时不产生液压冲击。但由于液压系统泄漏、泵的容积效率降低、压力、流量不稳定及有关阀、泵精度较差等原因，常在工作中出现调速范围小、速度稳定性差、往复速度超过规定范围等缺陷，以致直接影响加工精度。

液压系统与同等复杂的机械结构或电气系统相比，发生故障的概率较低，但是其系统精度不容易直接观察，又不太方便测量，具有隐蔽性、难判断性和可变性，所以要根据具体情况和它对加工精度的影响程度认真加以排除。

（七）其他机构精度对加工精度的影响

（1）传动进给或分度机构的误差磨床的传动进给机构或分度机构等的误差，会直接影响加工精度。如头架内齿轮变速机构不能得到准确的速比，在精磨内、外圆、螺纹、齿轮等时，其影响往往很大；若进给机构精度不高，则不易保证最终的加工精度；若分度机构不准确，则在花键磨床、齿轮磨床上磨削等分零件时，就不能保证精确的分度。

（2）运动部件和支持部件刚度不足机床部件应有足够的刚度，以保证其抵抗变形的能力。若运动部件和支持部件没有足够的刚度，在加工过程中，会由于切削力的作用而产生变形，不同程度地引起工件和刀具之间的相对位移，破坏机床静态的原始精度，从而引起加工误差。

（3）磨床安装不良正确安装磨床，对保证机床精度有很大的意义。若磨床安装不良，如垫得不平、垫铁位置放得不当、地脚螺栓松紧不一，或者地基不均匀下沉等，都会使磨床产生变形而失去原有精度，由此会直接影响加工精度。

此外，在磨床工作过程中，因内外热源的影响，会使机床发生热变形，也会造成磨床的原始几何精度下降，严重影响加工精度。

第三章

磨削加工原理

第一节 磨削加工的基本知识

一、磨削加工方法分类

磨削加工是指用磨料来切除材料的加工方法，根据工艺目的和要求不同，磨削加工已发展成为多种形式的加工工艺。通常按工具类型进行分类，可分为使用固定磨粒加工和游离磨粒加工两大类，如图 3-1 所示。各种加工形式的用途、工作原理和加工运动情况有相当大的差异，但都存在摩擦、微切削和表面化学反应等现象，只是形式和程度不同而已。

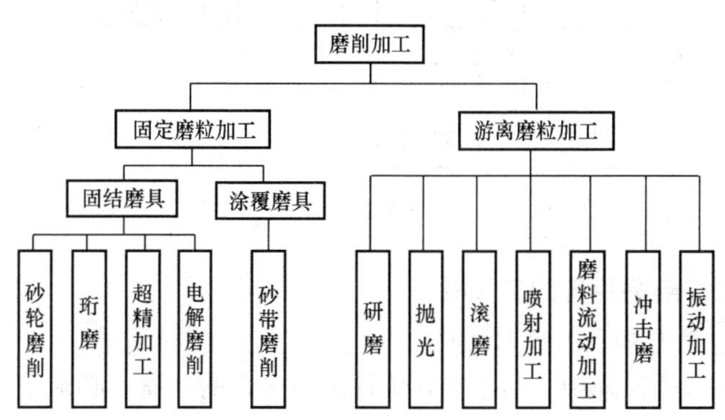

图 3-1 磨削加工分类

通常所称的“磨削”，主要指用砂轮进行的磨削。砂轮磨削方式有多种划分方式。

一般按照加工对象可以分为外圆、内圆、平面及成形磨削。

旋转表面按照夹紧和驱动工件的方法，又可分为定心磨削与无心磨削。

按照进给方向相对于加工表面的关系，可分为纵向进给与横向进给磨削。

考虑磨削行程之后，砂轮相对工件的位置，又区分为通磨和定程磨。

考虑砂轮工作表面类型，又分为周边磨削、端面磨削和周边—端面磨削。

以上所列的大部分磨削方式，在生产实践中并不总是同时存在的，许多磨削方式可以由这些个别特征结合产生，最常用的结合方式如图 3-2 所示。但实际磨削方式和方法，应根据具体条件采用。如磨平面，即可采用端面磨削，也可采用周边磨削，应视设备、加工条件和加工习惯来决定。

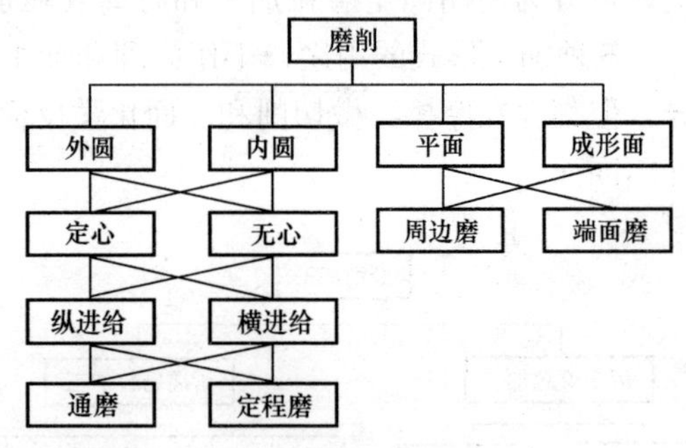

图 3-2　常用砂轮磨削方式和方法

二、磨削用量的基本概念

1. 磨削加工的相对运动

在磨削过程中，为了切除工件表面多余的金属，必须使工件和刀具做相对运动。图 3-3 所示为外圆、内圆和平面磨削的运动。

（1）磨削运动的分类。磨削运动可分为主运动和进给运动两种。

1）主运动：直接切除工件表层金属，使之变为切屑，形成工件新表面的运动。主运动一般为一个，如图 3-3 中的运动 1，即砂轮的旋转运动为主运动，其运动的速度较高，消耗的切削功率较大。

2）进给运动：使新的金属层不断投入磨削的运动。如图 3-3 中的运动 2、3、4 均为进给运动，视磨削方式的不同，其运动方向有所区别。

（2）不同磨削方式的进给运动。

1）外圆磨削［见图 3-3(a)］的进给运动为工件的圆周运动、工件的纵向进给运动和砂轮的横向进给运动（吃刀运动）。

2）内圆磨削［见图 3-3(b)］的进给运动与外圆磨削相同。

3）平面磨削［见图 3-3(c)］的进给运动为工件的纵向（往复）进给运动、砂轮或工件的横向进给运动和砂轮的垂直进给（吃刀运动）。

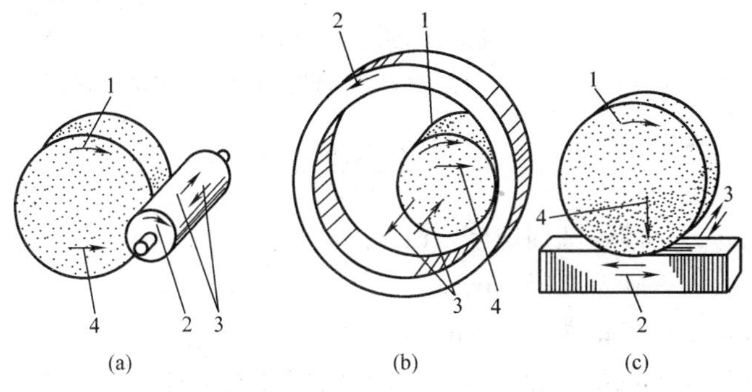

图 3-3　磨削的运动

（a）外圆磨削；（b）内圆磨削；（c）平面磨削

1—砂轮旋转运动；2—工件的进给运动；3—工件的纵向（内、外圆）进给运动；4—吃刀运动

2. 磨削运动基本参数

与磨削运动有关的参数如图 3-4 所示。

（1）砂轮圆周速度 v_s。指砂轮外圆表面上任意一磨粒在单位时间内所经过的路程，用 v_s 表示。砂轮圆周速度可按下列公式计算

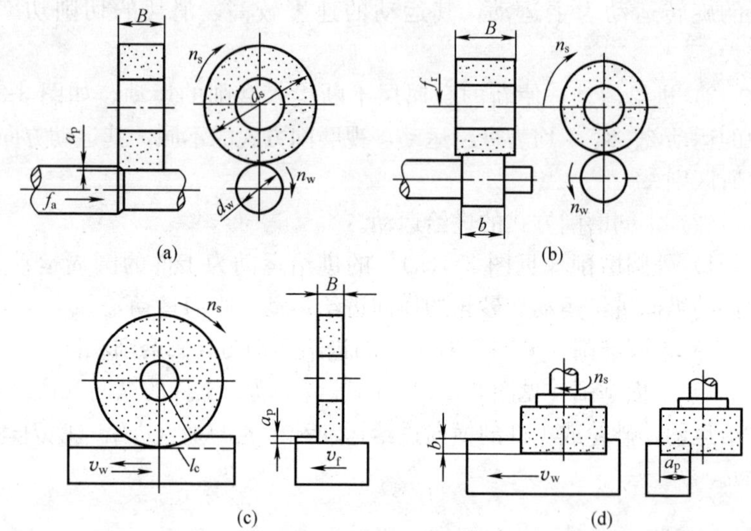

图 3-4　磨削运动参数

（a）纵进给外圆磨；（b）切入磨；（c）圆周平面磨；（d）端面平面磨

$$v_s = \frac{\pi d_s n_s}{1000 \times 60}$$

式中　v_s——砂轮圆周速度，m/s；

d_s——砂轮直径，mm；

n_s——砂轮转速，r/min。

（2）工件圆周速度 v_w。工件被磨削表面上任意一点在单位时间内所经过的路程称为工件圆周速度，用 v_w 表示，因其量值比砂轮圆周速度低得多，故单位用 m/min。工件圆周速度可按下列公式计算

$$v_w = \frac{\pi d_w n_w}{1000}$$

式中　v_w——工件圆周速度，m/min；

d_w——工件直径，mm；

n_w——工件转速，r/min。

（3）纵向进给量 f_a。工件每转一周相对砂轮在纵向移动的距离称为纵向进给量，用 f_a 表示，单位为 mm/r，如图 3-5 所示。纵

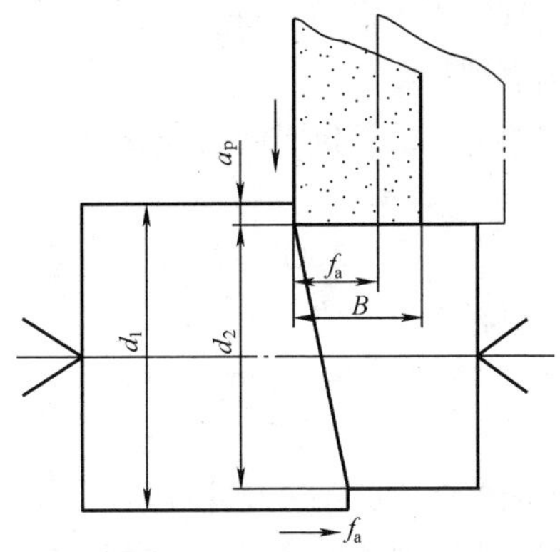

图 3-5　纵向进给量和背吃刀量

向进给量受砂轮宽度 B 的约束，不同材料磨削纵向进给量如下。

粗磨钢件　$f_a=(0.3\sim0.7)B$

粗磨铸件　$f_a=(0.7\sim0.8)B$

精　　磨　$f_a=(0.1\sim0.3)B$

式中　B——砂轮宽度。

内、外圆磨削进给速度 v_f（m/min）与纵向进给量 f_a 有如下关系

$$v_f=\frac{f_a n_w}{1000}$$

（4）横向进给量 a_p。指在工作台每次行程终了时，砂轮在横向移动的距离，又称为背吃刀量，用 a_p 表示。横向进给量可按下式计算

$$a_p=(d_1-d_2)/2$$

式中　a_p——横向进给量，mm；

d_1、d_2——吃刀前、后工件直径，mm。

横向进给量有时也称为径向进给量，用 f_r 表示，单位有 mm/行程、mm/min 或 mm/r。

（5）砂轮与工件接触弧长 l_c。参照图 3-4 有

$$l_c\approx\sqrt{a_p d_s}$$

l_c 单位为 mm。l_c 的大小表明磨削热源的大小、冷却及排屑的

难易、砂轮是否出现堵塞等现象。一般内圆磨削接触弧最长，其次是平面磨削，外圆磨削最小。

(6) 金属切除率 Z。指单位时间内砂轮所切除的金属体积，用 Z 表示，即

$$Z=1000v_w f_a a_p$$

式中 Z——金属切除率，mm^3/min；

v_w——工件圆周进给速度，mm/min；

f_a——砂轮纵向进给量，mm/r；

a_p——横向进给量（或背吃刀量），mm。

(7) 磨削比 G。指金属切除率 Z 和砂轮磨损体积的比值，用下式计算

$$G=Z/Z_s$$

式中 G——砂轮磨削比；

Z——金属切除率，mm^3/min；

Z_s——每分钟砂轮磨损的体积，mm^3/min。

磨削比 G 大，表示砂轮的切削性能好，生产率高，经济效果好。

3. 选择磨削用量的一般原则

(1) 粗磨时，宜选用粒度较粗的砂轮，采用较大的 f_r 和 f_a 以提高生产率；精磨时与之相反，要选用较小的 f_r、f_a 和 v_w，以保证高的精度和表面粗糙度。

(2) 工件刚性好而尺寸大时，可采用较大的 f_r 和 f_a。磨削细长和薄壁等刚性差的工件时，f_r 和 f_a 应小些，可能时考虑适当加大 f_a，但 f_r 应小。

(3) 强度和硬度高或导热性能差的工件，磨削时发热量大，传热慢，应采用小的 f_r，而 v_w 可适当加大，以免烧伤工件。

(4) 使用切削性能良好的砂轮，如大气孔砂轮、铬刚玉、微晶刚玉砂轮等，f_r 可增大一些。

(5) 磨削细长工件时，容易产生松动，v_w 应适当降低。

(6) v_s/v_w 的数值愈大、f_a/B 愈小、f_r 愈小、砂轮半径愈大、磨粒愈细、切削刃等高性愈好，对获得良好的表面粗糙度都有好的

影响。

三、砂轮

1. 砂轮的分类

砂轮的分类见表 3-1。

表 3-1　砂轮分类

<table>
<tr><th>类别</th><th>砂轮名称</th><th>标准编号</th></tr>
<tr><td rowspan="2">通用砂轮</td><td>砂轮（外径 $D \geqslant 100$mm，各种形状）</td><td>GB/T 2485—2008</td></tr>
<tr><td>小砂轮（外径 $D \leqslant 100$mm，各种形状）</td><td>GB/T 2486—2008</td></tr>
<tr><td rowspan="14">专用砂轮</td><td>树脂和橡胶薄片砂轮</td><td>JB/T 6353—2006</td></tr>
<tr><td>螺栓紧固平形砂轮</td><td>JB/T 7983—2013</td></tr>
<tr><td>钹形砂轮</td><td>JB/T 3715—2006</td></tr>
<tr><td>磨曲轴砂轮</td><td rowspan="2">GB/T 2485—2008</td></tr>
<tr><td>磨滚动轴承用平形砂轮</td></tr>
<tr><td>MGT1050 磨床用平形砂轮</td><td>GB/T 2485—2008</td></tr>
<tr><td>磨量规砂轮</td><td rowspan="2">GB/T 2485—2008</td></tr>
<tr><td>磨针砂轮</td></tr>
<tr><td>磨转子槽用薄片砂轮</td><td>JB/T 6353—2006</td></tr>
<tr><td>50m/s ＜v＜ 80m/s 纤维增强树脂薄片切割砂轮</td><td>JB/T 4175—2006</td></tr>
<tr><td>树脂重负荷钢坯修磨砂轮</td><td>JB/T 3631—2005</td></tr>
<tr><td>缓进给强力磨砂轮</td><td>JB/T 10039—2013</td></tr>
<tr><td>烧结刚玉砂轮</td><td>JB/T 11286—2012</td></tr>
</table>

2. 砂轮标记示例

示例：外径 400mm，厚 100mm，孔径 127mm，棕刚玉，粒度 60，硬度中软 2，5 号组织，树脂结合剂，最高工作速度为 35m/s 的双面凹砂轮。

标记为：1　400×100×127—A60L5B—35m/s　GB 2485—2008

四、砂轮的平衡与修整

1. 砂轮的平衡

引起砂轮不平衡的原因主要是砂轮几何形状不对称、砂轮各部分密度不均匀以及安装偏心等。不平衡的砂轮在高速旋转时会产生振动，影响加工质量和机床精度，严重时还会造成机床损坏和砂轮碎裂。通常，直径大于 125mm 的砂轮要进行平衡。砂轮的平衡有静平衡和动平衡两种。一般情况下只需进行静平衡，但在高速磨削和高精度、低粗糙度值磨削等情况下，必要时要进行动平衡或安装自动平衡器。静平衡法如图 3-6 所示，其步骤是：先将已装有砂轮的法兰盘安装在平衡心轴上，再将心轴放在已调好水平的平衡架上，并找出砂轮重心所在的直径 AB。然后，在重心位置加平衡块 C，使 A 和 B 两点位置不变，再加平衡块 D 和 E，并也使 A 和 B 两点位置不变。如有变动，可调整 D 和 E 使 A、B 两点复位。此时，砂轮左右已经平衡。最后，将砂轮转动 90°，如不平衡，可将 D 和 E 向同一方向移动，直到平衡为止。经如此反复调整后，一

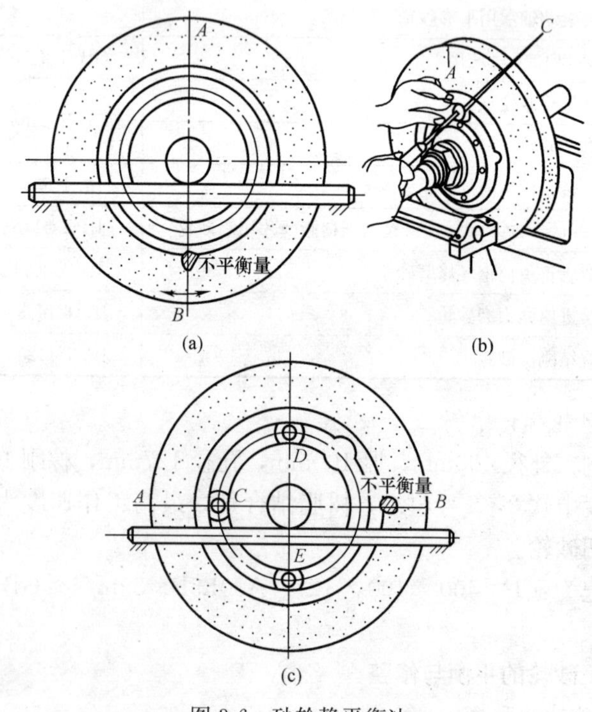

图 3-6　砂轮静平衡法

(a) 求不平衡位置；(b) 装平衡块；(c) 平衡

般砂轮在八个方位都能保持平衡。

2. 砂轮的修整

砂轮表面出现磨粒钝化、表面堵塞、外形失真等现象时，必须及时修整。常见的砂轮修整方法和工具见表 3-2。其中，用单颗粒金刚石修整砂轮是目前最常用的一种方法。其修整要点是：先根据砂轮直径，按表 3-3 确定金刚石颗粒的大小。如图 3-7(a) 所示，金刚石的顶角一般取 70°～80°，安装角通常取与水平面的倾角为 5°～10°，其端面的倾角为 20°～30°；如图 3-7(b) 所示，金刚石笔尖比砂轮中心低 0.5～1mm。修整时金刚石的背吃刀量（横向进给量）在粗磨时取 $a_{px}=0.01\sim0.03$mm/双行程，精磨时取 $a_{px}=0.005\sim0.015$mm/双行程；工作台纵向进给速度 $v_{fx}=3.3\sim6.7$mm/s，粗磨时取大值，精磨时取小值；最后作无背吃刀量的光修行程。径向修整总量，一般单面为 0.10mm 左右。此外，修整时还必须保持金刚石笔尖端锋利，当某一方向磨钝后可转换一角度使用。同时，还要全开切削液，以冲刷掉脱落的碎粒，并避免金刚石因温度剧升而引起破裂。

表 3-2　常见的砂轮修整方法

修整方法	修整工具	原理和特点	适用范围
车削法	单颗粒金刚石，金刚石片状修整器 金刚石笔	用金刚石车削砂轮表面。修整后的砂轮磨粒锋利，切削性能好，砂轮寿命高，能获得很高的加工精度和很小的表面粗糙度值	应用最广，用于各种磨削，如外圆磨、内圆磨、平面磨、工具磨、无心磨及各类专用磨
磨削法	碳化硅磨轮 金刚石滚轮	用碳化硅磨轮或金刚石滚轮磨削砂轮，将砂轮上的磨粒打碎、磨平。修整后的砂轮表面不太锋利，切削性能较差，但碳化硅磨轮经济，金刚石滚轮寿命长，修整效率高、成本低，精度保持性好，加工精度和质量稳定	适用于成形磨、螺纹磨、高速磨及外圆磨等，金刚石滚轮修整用于大批量生产

续表

修整方法	修整工具	原理和特点	适用范围
滚压法	金属滚压轮	用金属滚压轮滚压砂轮，使磨粒碎裂、脱落。修整后的砂轮表面粗糙，切削性能好，但加工表面粗糙度值大，金属滚轮易磨损，因而寿命短，精度易丧失，需要配备砂轮降速装置	适用于单件、小批生产的成形磨削

表 3-3　　金刚石颗粒大小的选择

砂轮直径（mm）	金刚石颗粒大小（克拉）
≤200	0.15～0.25
>200～300	0.25～0.35
>300～500	0.5～0.75
>500～600	1.0～1.25
>600～900	1.25～1.75

注　1 克拉＝0.2g

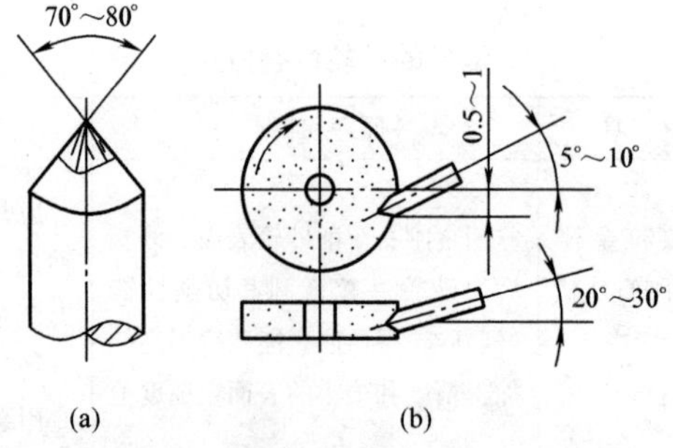

图 3-7　金刚石的顶角及安装

(a) 金钢石的顶角；(b) 金钢石笔的安装

五、切削液的选择

切削液应根据工件材料与加工要求，磨削条件及砂轮等条件选用，同时还应考虑在使用过程中不影响工人健康、工件不生锈、切削液的防腐及废液处理等问题。表 3-4 提供了常用切削液的组成及其使用性能，供选择时参考。

表 3-4 常用切削液的组成及使用性能

类别	型别	序号	名称	组成（质量分数%）	使用性能
油性（非水溶性）切削液	非活性型	1	矿物油	石油磺酸钡 2 煤油 98	用于珩磨、超精磨、硬质合金磨削，加 0.5%亚硫酸钠可增加防锈性能
		2	复合油	煤油 80～90 L-AN15 全损耗系统用油 10～20	用于珩磨及磨光学玻璃
		3	复合油	煤油 55 油酸 40 松节油 5	用于珩磨钢、铸铁、青铜铝合金等材料
	活性型	4	极压油	石油磺酸钡 0.5～2 环烷酸铅 6 氯化石蜡 10 L-AN10 高速全损耗系统用油 余量	润滑性能好，无腐蚀性，用于超精磨削，可代替硫化油使用
		5	F-43 极压油	氧化石油脂钡皂 4 二烷二硫代磷酸锌 4 二硫化钼 0.5 石油磺酸钡 4 石油磺酸钙 4 L-AN7 高速全损耗系统用油 83.5	用于磨削耐热钢、耐热合金钢及耐蚀钢
		6	切削油	石油磺酸钡 4 6411 5 氯化石蜡 10 油酸 7 L-AN32 汽油全损耗系统用油 74 硅油另加 10^{-5}（溶于 19 倍煤油中）	用于高速磨削，极压性能好，对防止局部烧伤退火有良好效果

续表

类别	型别	序号	名称	组成（质量分数%）	使用性能
水溶性切削液	乳化液	7	69-1乳化液	石油磺酸钡 10 磺化蓖麻油 10 油酸 2.4 三乙醇胺 10 氢氧化钾 0.6 L-AN7～10 高速全损耗系统用油 余量	用于磨削钢与铸铁件 质量比 2%～5%
		8	F74-8乳化液	聚氧乙烯醚烷基酚 4.5 五氧化二磷 0.5 三乙醇胺 5 石油磺酸钠 15 L-AN7～10 高速全损耗系统用油 75	用于轴承内外圆磨削 质量比 2%～5%
		9	NL乳化液	石油磺酸钠 36 蓖麻油酸钠皂 19 三乙醇胺 6 苯骈三氮唑 0.2 L-AN15 全损耗系统用油 余量	乳化剂含量高，低浓度，为浅色透明液 用于磨削黑色及有色金属 质量比 2%～3%
		10	防锈乳化液	石油磺酸钠 11～12 石油磺酸钡 8～9 环烷酸钠 12 三乙醇胺 1 L-AN15 全损耗系统用油 余量	用于磨削黑色金属及光学玻璃，加入0.3%亚硝酸钠及0.5%碳酸钠于已配好的乳化液中，可进一步提高防锈性能 质量比 2%～5%
		11	半透明乳化液	石油磺酸钠 39.4 三乙醇胺 8.7 油酸 16.7 乙酸 4.9 L-AN15 全损耗系统用油 34.9	用于精磨，配制时可加 0.2%苯乙醇胺 质量比 2%～3%
		12	极压乳化液	防锈甘油络合物 22.4 （硼酸 62 份、甘油 92 份、45%的氢氧化钠 65 份） 硫代硫酸钠 9.4 亚硝酸钠 11.7 三乙醇胺 7 聚乙二醇（相对分子质量 400） 2.5 碳酸钠 5 水 余量	有良好的润滑和防锈性能，多用于黑色金属磨削 质量比 5%～10%

续表

类别	型别	序号	名称	组成（质量分数%）	使用性能
水溶性切削液	化学合成液	13	420号切削液	甘油 0.5 三乙醇胺 0.4 苯甲酸钠 0.5 亚硝酸钠 0.8～1 水 余量	用于高速磨削与缓进给磨削，有时要加消泡剂，如将甘油换为硫化油酸聚氧乙烯醚可提高磨削效果，如换为氯化硬脂酸聚氧乙烯醚适于磨In-738叶片
		14	高速、高负荷切削液	氯化硬脂酸 含硫添加剂 Tx-10表面活性剂 硼酸 三乙醇胺 742消泡剂 水	用于高速磨削及高负荷磨削
		15	M-2切削液	油酸丁二酸一醇酰胺 葵二酸一乙醇胺 苯甲酸钠等	用于磨削加工（不含亚硝酸钠）
		16	3号高负荷切削液	硫化油酸 30 三乙醇胺 23.3 非离子型表面活性剂 16.7 硼酸盐 5 水 25 消泡剂（有机硅）另加 2.5/1000	具有良好的清洗、冷却等性能，有较高的极压性（*PK*值>2500N） 适用于缓进给强力磨削 质量分数1.5%～3%
		17	H-1精磨液	蓖麻油顺丁烯二酸酐 二乙醇胺 三乙醇胺 癸二酸 硼酸	用于高精度磨削，精密磨削，也适用于普通磨削，可代替乳化液和苏打水 （不含亚硝酸钠） 质量比3%～4%
		18	GMY-2高速切削液	亚硝酸钠 16 油酸钠 4 2010（表面活性剂） 15 三乙醇胺 18 水 余量	用于高速磨削、精密磨削 质量分数： 普通磨削3%～4% 高速高精度与特殊磨削3%～5%

续表

类别	型别	序号	名称	组成（质量分数%）		使用性能
水溶性切削液	化学合成液	19	SM-2	EP-SS 极压添加剂 表面活性剂 防锈添加剂		用于轴承钢、黑色金属等磨削（不含亚硝酸钠） 质量比 3%～4%
		20	NY-802 切削液	油酸钠 阴离子表面活性剂 聚乙二醇 亚硝酸钠 防腐剂 辅助润滑剂等		用于普通磨削和精磨 质量比 1%～2%
		21	10 号强力切削液	合成氯化硬脂酸 聚氧乙烯醚 苯甲酸钠 三乙醇胺 亚硝酸钠 消泡剂 水	 0.5 0.3 0.4 1 0.1 97.7	用于缓进给强力磨削，不稀释，直接使用
		22	QM 强力切削液			用于高速强力磨削及缓进给磨削 QM176、QM189,用于磨削钢材 QM186，用于磨削冷激铸铁 质量分数： 普通磨削 2%～3% 强力磨削 3%～4%
		23	珩磨液	硫酸化蓖麻油（中性） 磷酸三钠 亚硝酸钠 硼砂 水	0.5 0.6 0.25 0.25 余量	有良好的冷却性能与清洗性能，用于珩磨
		24	珩磨液	环烷皂 磷酸三钠 亚硝酸钠 水	0.6 0.6 0.25 余量	用于珩磨

续表

类别	型别	序号	名称	组成（质量分数%）	使用性能
水溶性切削液	化学合成液	25	轴承钢切削液	三乙醇胺 0.4～0.6 油酸 0.3～0.4 癸二酸 0.1～0.2 乳化剂 0.2～0.3 水 余量	用于磨轴承钢
		26	切削液	含硫添加剂 0.4～0.9 聚乙二醇（相对分子质量 400） 0.5 Tx-10 表面活性剂 0.1 6503 清洗剂 0.1～0.2 硼酸 0.1 三乙醇胺 0.2 亚硝酸钠 0.5 742 消泡剂 0.4～0.6 水 余量	用于高、中负荷磨削
		27	切削液	三乙醇胺 17.5 癸二酸 10 聚乙二醇（相对分子质量 400） 10 苯骈三氮唑 2 水 余量	用于磨削黑色金属与有色金属，不磨铜件，可不加苯骈三氮唑 质量分数 1%～2%
		28	透明水溶液	碳酸钠 0.15 亚硝酸钠 0.8 甘油 0.8～1 聚乙二醇（相对分子质量 400） 0.3～0.5 水 余量	用于无心磨床与外圆磨床 质量比 2%～3%
		29	101 切削液	高分子化合物（PAM） 防锈剂 防腐剂 表面活性剂	可代替油类及乳化液 质量比 2%～3%

续表

类别	型别	序号	名称	组成(质量分数%)	使用性能
水溶性切削液	无机盐水溶液	30	苏打水(Ⅰ)	碳酸钠 0.8~1 亚硝酸钠 0.15~0.25 水 余量	用于磨削黑色金属与有色金属磨削,适用于磨球墨铸铁,雨季可加入适量三乙醇胺
		31	苏打水(Ⅱ)	碳酸钠 0.5 亚硝酸钠 1~1.2 甘油 0.5~1 水 余量	用于磨削黑色金属与有色金属磨削,适用于金刚石砂轮(树脂结合剂砂轮不用)
		32		硼砂 1.0 三乙醇胺 0.2 水 余量	用于金刚石砂轮磨削和一般磨削,但不适用于立方氮化硼砂轮

注 表中所列成分及质量比,在各厂家生产中不断有所改进,因此在选用时以厂家说明书为准。

第二节 磨料和磨具

一、磨料

1. 普通磨料

普通磨料的品种、代号及应用范围见表3-5。

表3-5 普通磨料的品种、代号及应用范围(摘自GB/T 2476—1994)

类别	名称	代号	特性	适用范围
刚玉	棕刚玉	A	棕褐色。硬度高,韧性大,价格便宜	磨削和研磨碳钢、合金钢、可锻铸铁、硬青铜
	白刚玉	WA	白色。硬度比棕刚玉高,韧性比棕刚玉低	磨削、研磨、珩磨和超精加工淬火钢、高速钢、高碳钢及磨削薄壁工件
	单晶刚玉	SA	浅黄或白色。硬度和韧性比白刚玉高	磨削、研磨或珩磨不锈钢和高钒高速钢等高强度韧性大的材料

续表

类别	名称	代号	特性	适用范围
刚玉	微晶刚玉	MA	颜色与棕刚玉相似。强度高，韧性和自励性能良好	磨削或研磨不锈钢、轴承钢、球墨铸铁，并适于高速磨削
	铬刚玉	PA	玫瑰红或紫红色。韧性比白刚玉高，磨削表面粗糙度值小	磨削、研磨或珩磨淬火钢、高速钢、轴承钢及磨削薄壁工件
	锆刚玉	ZA	黑色。强度高，耐磨性好	磨削或研磨耐热合金、耐热钢、钛合金和奥氏体不锈钢
	黑刚玉	BA	黑色。颗粒状，抗压强度高，韧性大	重负荷磨削钢锭
碳化物	黑碳化硅	C	黑色有光泽。硬度比白刚玉高，性脆而锋利，导热性和导电性良好	磨削、研磨、珩磨铸铁、黄铜、铝和耐火材料
	绿碳化硅	GC	绿色。硬度和脆性比黑碳化硅高，具有良好的导热和导电性能	磨削、研磨、珩磨硬质合金、宝石、玉石、陶瓷和玻璃
	立方碳化硅	SC	淡绿色。立方晶体，强度比黑碳化硅高，磨削力较强	磨削和超精加工不锈钢、轴承钢等硬而粘的材料
	碳化硼	BC	灰黑色。硬度比黑绿碳化硅高，耐磨性好	研磨或抛光硬质合金刀片、拉丝模、宝石及玉石等

注　普通磨料代号国际标准 ISO 525—1986 中规定了刚玉为 A，碳化物为 C，我国国家标准 GB/T 2476—1994 除用汉语拼音规定的代号外，在国际标准所规定的代号基础上冠以英文名称的第一（或第二）个字母，规定了采用国际标准的代号。

2. 超硬磨料

人造金刚石和立方氮化硼品种及应用范围见表 3-6，人造金刚石微粉和立方氮化硼微粉的品种及应用范围见表 3-7，各基本粒群的尺寸范围见表 3-8。

表 3-6　　人造金刚石和立方氮化硼品种及应用范围
（摘自 GB/T 23536—2009、GB/T 23537—2009）

品种		适用范围		
系列	代号	粒度		推荐用途
		窄范围	宽范围	
人造金刚石	RVD	60/70～325/400		树脂、陶瓷结合剂制品等
	MBD	35/40～325/400	30/40～60/80	金属结合剂磨具，锯切、钻探工具及电镀制品等
	SCD	60/70～325/400		树脂结合剂磨具，加工钢与硬质合金组合件等
	SMD	16/18～60/70	16/20～60/80	锯切、钻探和修理工具等
	DMD	16/18～60/70	16/20～40/50	修理工具等
	M-SD	36/54～0/0.5		硬、脆材料的精磨、研磨和抛光等
立方氮化硼	CBN	20/25～325/400	20/30～60/80	树脂、陶瓷、金属结合剂制品等
	M-CBN	36/54～0/0.5		硬、韧金属材料的研磨和抛光等

注　粒度号是英制单位目；现已废止使用，粒度号（目）与米制单位对照见表 3-8。

表 3-7 人造金刚石微粉和立方氮化硼微粉品种及应用范围（摘自 JB/T 7990—2012）（μm）

品种系列	品种代号	适用范围			
		粒度			用途
		主系列	补充系列		
人造金刚石	M-SD		0～0.5		主要用于硬、脆金属和非金属（如光学玻璃、陶瓷和宝石等）材料的精磨、研磨和抛光。一般为 0～0.5 至 6～12 用于抛光；5～10 至 22～36 用于研磨；12～22 以粗者用于精磨
		0～1	0.5～1		
			0.5～1.5		
		0～2			
			1.5～3		
		2～4			
				2.5～5	
			3～6		
		4～8			
				5～10	
			6～12		
		8～12			
				10～20	
		12～22			
				20～30	
		22～36			
		36～54			
立方氮化硼	M-CBN		0～0.5		主要用于硬、韧金属材料的研磨和抛光主要用于硬、脆金属和非金属（如光学玻璃、陶瓷和宝石等）材料的精磨、研磨和抛光
		0～1	0.5～1		
			0.5～1.5		
		0～2			
			1.5～3		
		2～4			
				2.5～5	
			3～6		

续表

品种系列	品种代号	适用范围			
		粒度			用途
		主系列	补充系列		
立方氮化硼	M-CBN	4～8			主要用于硬、韧金属材料的研磨和抛光主要用于硬、脆金属和非金属（如光学玻璃、陶瓷和宝石等）材料的精磨、研磨和抛光
				5～10	
			6～12		
		8～12			
				10～20	
		12～22			
				20～30	
		22～36			
		36～54			

表 3-8　　各基本粒群的尺寸范围

（摘自 GB/T 6406—1996、JB/T 7990—2012）（μm）

粒度号	尺寸范围	微粉粒度标记	尺寸范围
16/18	1180～1000		
18/20	1000～850	0～0.5	0～0.5
20/25	850～710	0～1	0～1
25/30	710～600	0.5～1	0.5～1
30/35	600～500	0.5～1.5	0.5～1.5
35/40	500～425	0～2	0～2
40/45	425～355	1.5～3	1.5～3
45/50	355～300	2～4	2～4
50/60	300～250	2.5～5	2.5～5
60/70	250～212	3～6	3～6
70/80	212～180	4～8	4～8
80/100	180～150	5～10	5～10
100/120	150～125	6～12	6～12
120/140	125～106	8～12	8～12
140/170	106～90	10～20	10～20
170/200	90～75	12～22	12～22
200/230	75～63	20～30	20～30
230/270	63～53	22～36	22～36
270/325	53～45	36～54	36～54
325/400	45～38		

二、普通磨具

1. 普通磨具代号

(1) 形状。

1) 砂轮类：通用砂轮形状代号及形状尺寸标记见表 3-9。

表 3-9　通用砂轮形状代号及形状尺寸标记（摘自 GB/T 2484—2006）

代号	名称	断面图	形状尺寸标记
1	平形砂轮	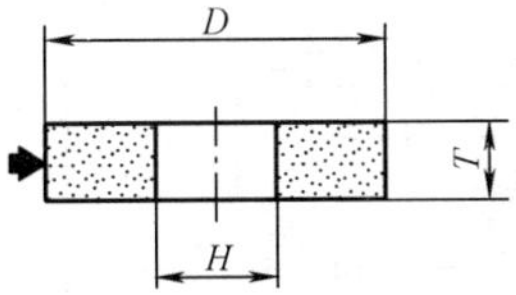 D; T; H	1-型面① D×T×H
2	筒形砂轮	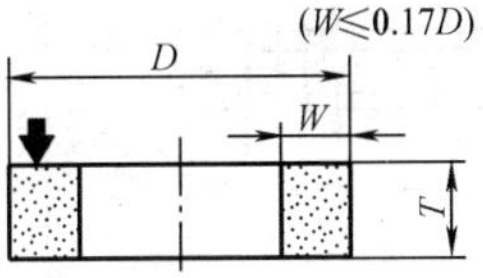 (W≤0.17D); D; W; T	2- D×T—W
3	单斜边砂轮	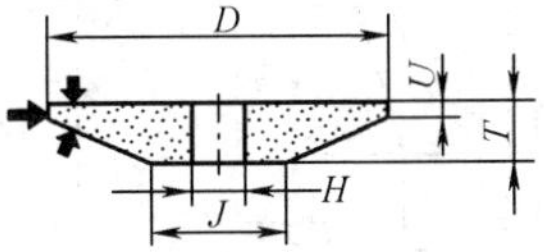 D; U; T; H; J	3- D/J×T/U×H
4	双斜边砂轮	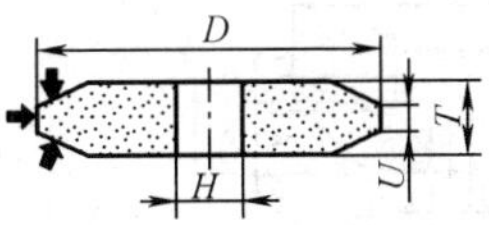 D; T; U; H	4- D×T/U×H
5	单面凹砂轮	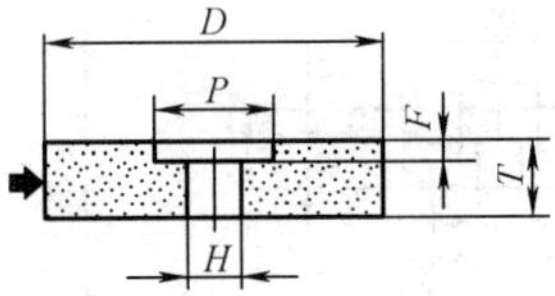 D; P; F; T; H	5-型面① D×T×H—P，F

续表

代号	名称	断面图	形状尺寸标记
6	杯形砂轮	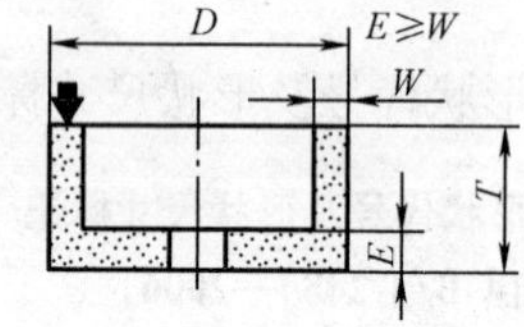 D　E≥W　W　T　E	6- D×T×H—W, E
7	双面凹一号砂轮	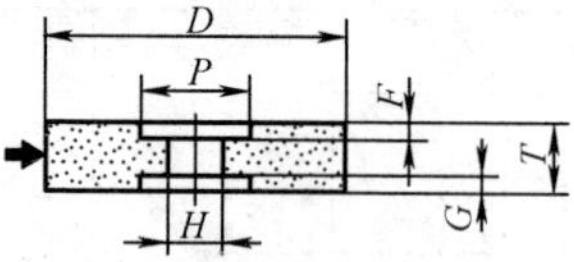 D　P　F　T　G　H	7-型面① D×T×H—P,F,G
8	双面凹二号砂轮	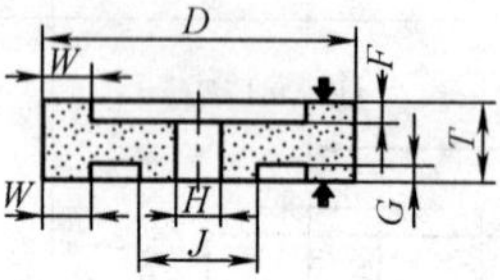 D　W　F　T　W　H　G　J	8- D×T×H—W,J,F,G
11	碗形砂轮	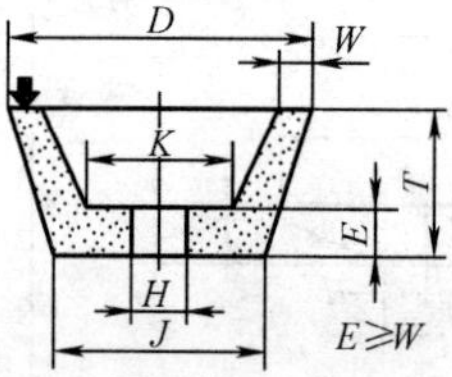 D　W　K　T　E　H　J　E≥W	11- D/J×T×H—W,E,K
12a	碟形一号砂轮	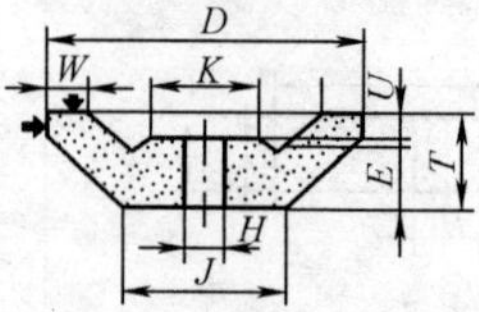 D　W　K　U　T　E　H　J	12a- D/J×T/U×H—W,E,K
12b	碟形二号砂轮	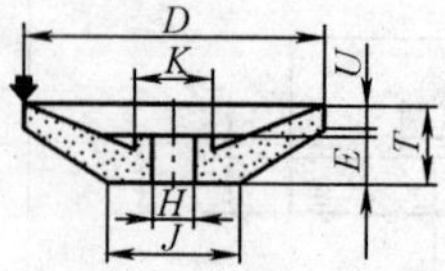 D　K　U　T　E　H　J	12b- D/J×T/U×H—E,K

续表

代号	名称	断面图	形状尺寸标记
23	单面凹带锥砂轮	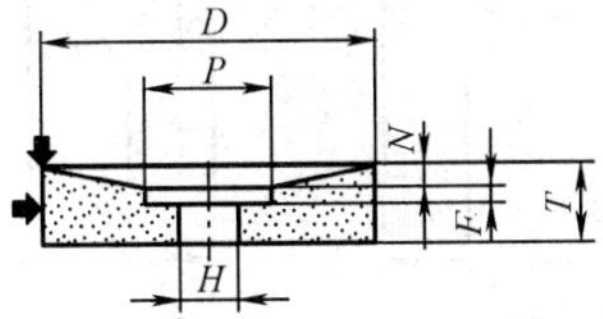 D P N F T H	23- $D\times T/N\times H—P,F$
26	双面凹带锥砂轮	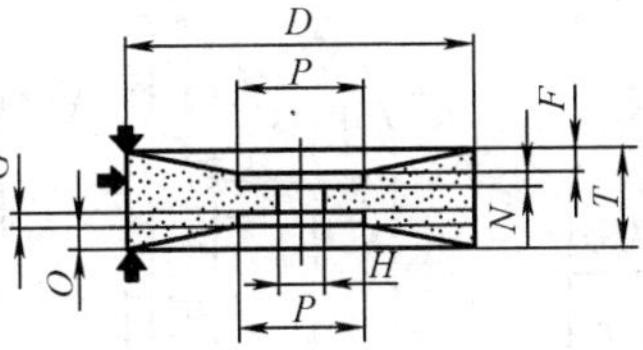 D P F G T N O H P	26- $D\times T/N/O\times H—P,F,G$
27	钹形砂轮	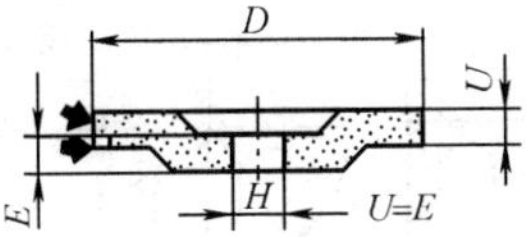 D U E H U=E	27- $D\times U\times H$
36	螺栓紧固平形砂轮	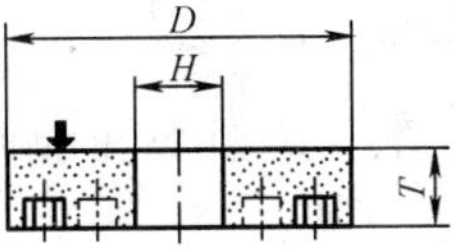 D H T	36- $D\times T\times H$
38	单面凸砂轮	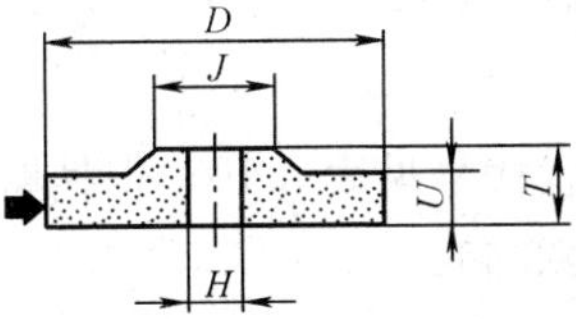 D J U T H	38- $D/J\times T/U\times H$
41	薄片砂轮	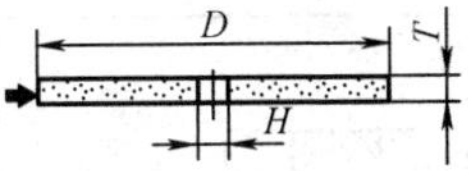 D T H	41- $D\times T\times H$

① 平形砂轮、单、双面凹砂轮的外周面可有各种型面，其型面代号按图 3-8 规定。图中一般 U 为 3mm 或按用户要求，对于 N 型面砂轮的 V 和 X 可按用户要求制造。

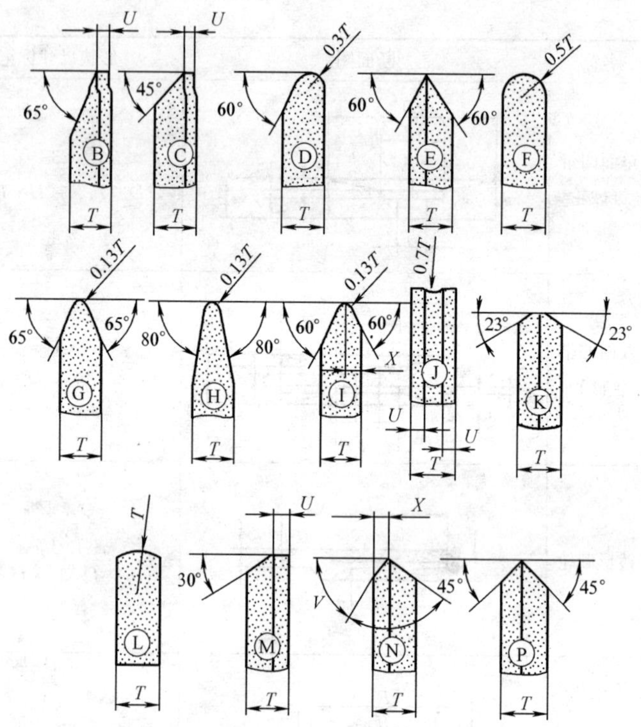

图 3-8　平形砂轮、单双凹砂轮的型面代号

型面标记示例：

型面为 N 的平形砂轮，$X=5\text{mm}$、$V=60°$；1－N($X5V60$)－$D\times T\times H$

2）磨头：磨头类形状代号见表 3-10，带柄磨头（52 型）形状代号和主要尺寸标记见表 3-11。

表 3-10　　磨头类形状代号（摘自 GB/T 2484—2006）

代号	名称	断面图	形状尺寸标记
5301	圆柱磨头	T H D	5301- $D\times T\times H$

续表

代号	名称	断面图	形状尺寸标记
5302	半球形磨头	T H D	5302- $D \times T \times H$
5303	球形磨头	T H D	5303- $D \times T \times H$
5304	截锥磨头	D T H	5304- $D \times T \times H$
5305	椭圆锥磨头	T H D	5305- $D \times T \times H$
5306	60°锥磨头	T H D	5306- $D \times T \times H$
5307	圆头锥磨头	T H D	5307- $D \times T \times H$

表 3-11　带柄磨头（52 型）形状代号和主要尺寸标记

代号	名称	断面图	形状尺寸标记
5201	带柄圆柱磨头	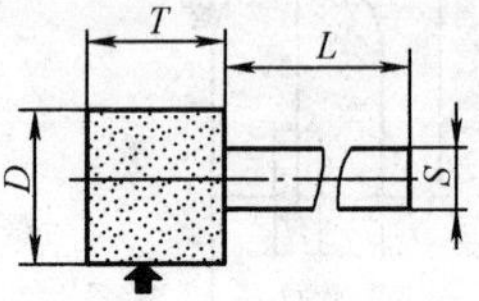 T L D S	5201- D×T×S，L
5202	带柄半球形磨头	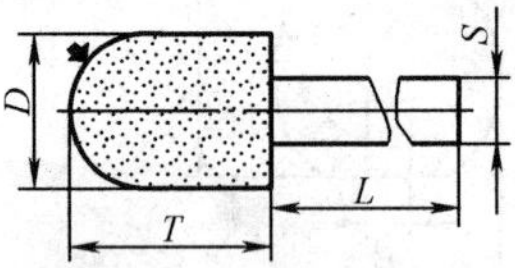 S D L T	5202- D×T×S，L
5203	带柄球形磨头	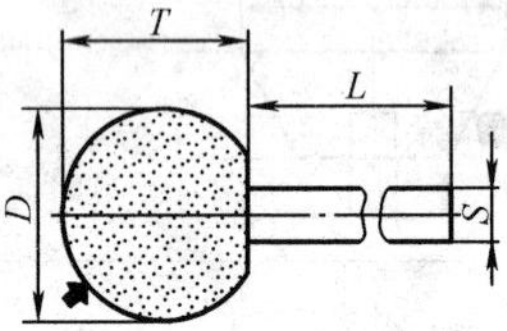 T L D S	5203- D×T×S，L
5204	带柄截锥磨头	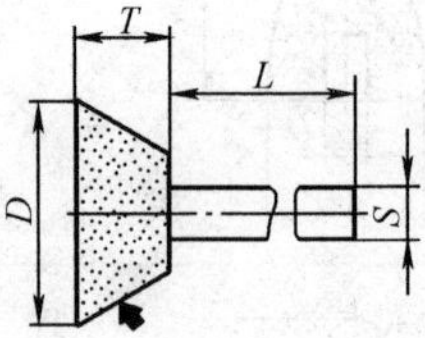 T L D S	5204- D×T×S，L
5205	带柄椭圆锥磨头	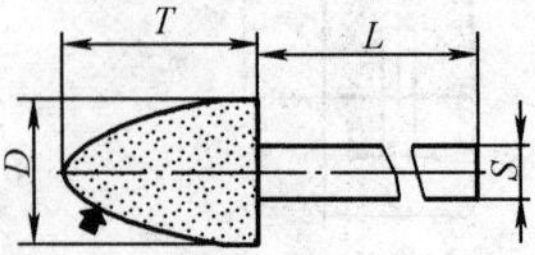 T L D S	5205- D×T×S，L
5206	带柄 60°锥磨头	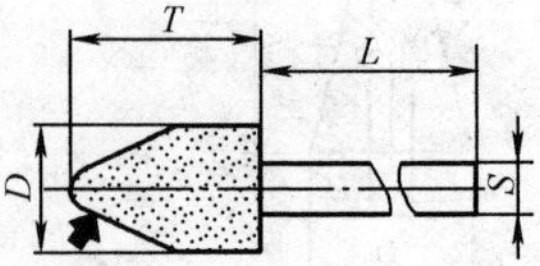 T L D S	5206- D×T×S，L

续表

代号	名称	断面图	形状尺寸标记
5207	带柄圆头锥磨头	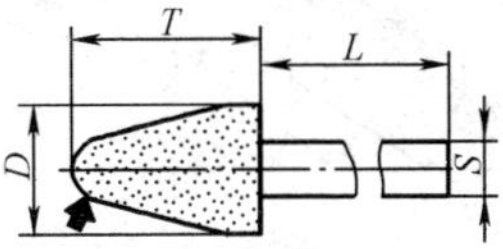	5207- $D\times T\times S$，L

3）磨石：磨石类形状代号和尺寸标记见表 3-12。

表 3-12　　磨石类形状代号和尺寸标记

代号	名称	形状图	形状尺寸标记
5410	长方珩磨磨石	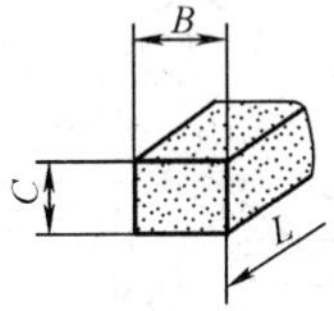	5410- $B\times C\times L$
5411	正方珩磨磨石	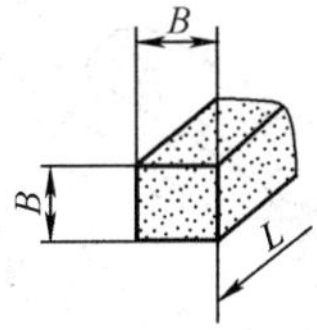	5411-$B\times L$
9010	长方磨石	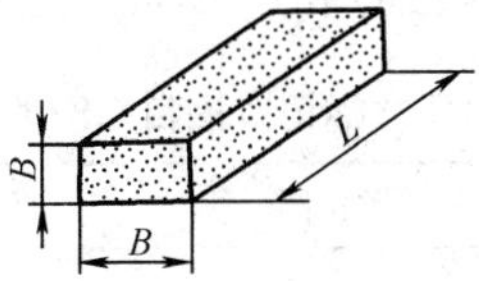	9010-$B\times C\times L$
9011	正方磨石	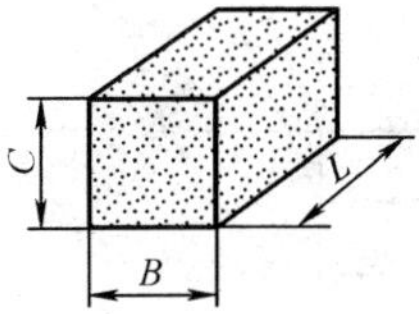	9011-$B\times L$

续表

代号	名称	形状图	形状尺寸标记
9020	三角磨石	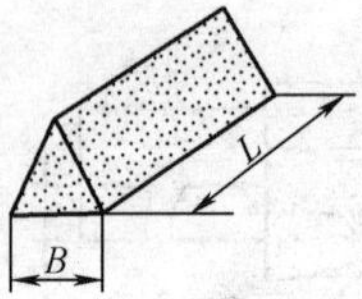 B L	9020-$B \times L$
9021	刀形磨石	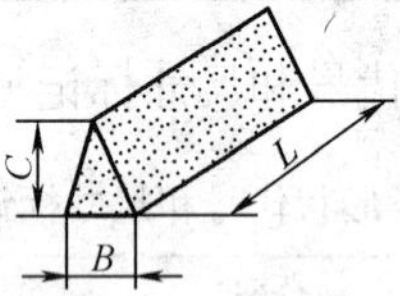 C B L	9021-$B \times C \times L$
9030	圆形磨石	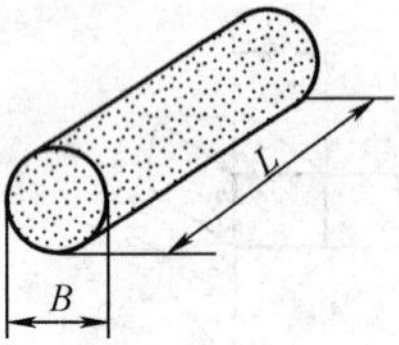 B L	9030-$B \times L$
9040	半圆磨石	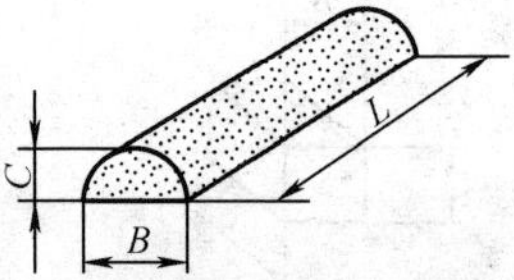 C B L	9040-$B \times C \times L$

4）砂瓦：砂瓦类形状代号和尺寸标记见表 3-13。

表 3-13　砂瓦类形状代号和尺寸标记（摘自 GB/T 2484—2006）

代号	名称	形状图	形状尺寸标记
3101	平形砂瓦	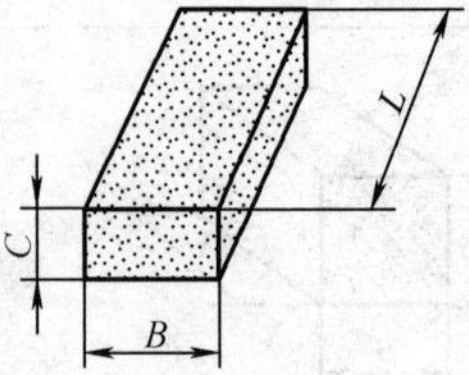 C B L	3101-$B \times C \times L$

续表

代号	名称	形状图	形状尺寸标记
3102	平凸形砂瓦	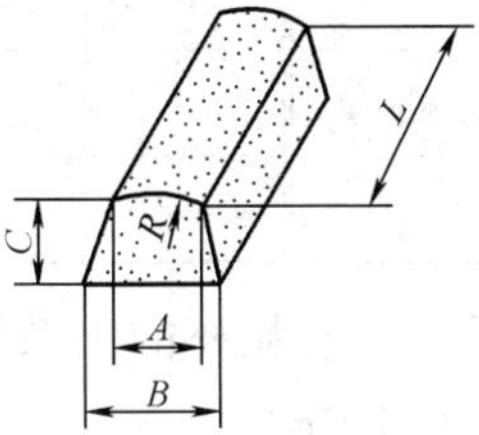 C R A B L	3102-$B/A \times C \times L$
3103	凸平形砂瓦	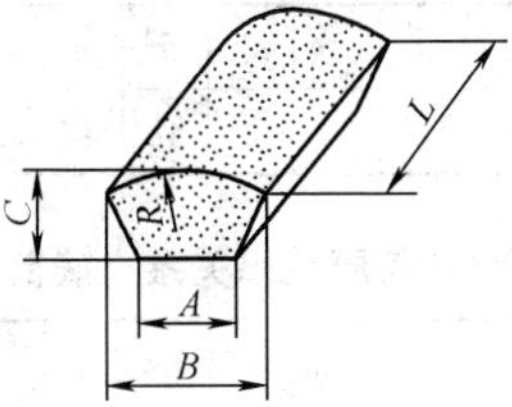 C R A B L	3103-$B/A \times C \times L$
3104	扇形砂瓦	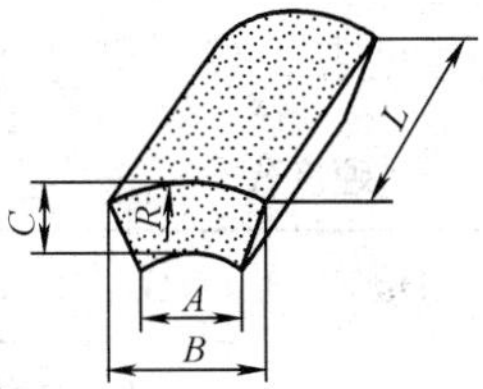 C R A B L	3104-$B/A \times C \times L$
3109	梯形砂瓦	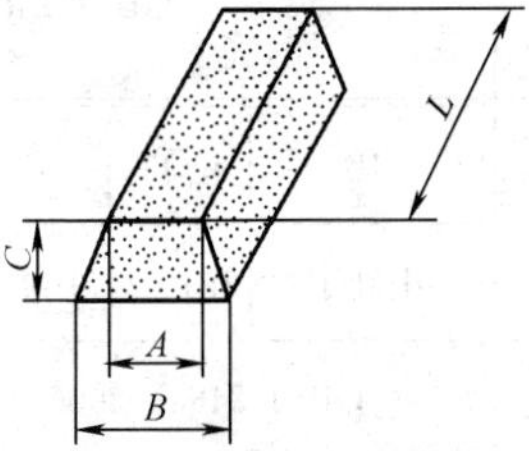 C A B L	3109-$B/A \times C \times L$

（2）结合剂。结合剂代号见表 3-14。

表 3-14　　结合剂代号（摘自 GB/T 2484—2006）

代号	名称	代号	名称
V	陶瓷结合剂	R	橡胶结合剂
B	树脂结合剂	RF	增强橡胶结合剂
BF	增强树脂结合剂	Mg	菱苦土结合剂

（3）组织。磨具组织号与磨粒率的关系见表 3-15，菱苦土磨具组织号与磨粒率关系见表 3-16。

表 3-15　　磨具组织号与磨粒率关系（摘自 GB/T 2484—2006）

组织号	0	1	2	3	4	5	6	7	8	9	10	11	12	13	14
磨粒率（%）	62	60	58	56	54	52	50	48	46	44	42	40	38	36	34

表 3-16　　菱苦土磨具组织号与磨粒率关系（摘自 JB/T4204—2006）

组织号	1S	2S	3S	4S	5S
磨粒率（%）	50～60	40～49	30～39	20～29	10～19

（4）硬度。硬度的代号见表 3-17。

表 3-17　　硬度代号

代号	A、B、C	D、E、F	G	H	J	K	L
硬度级	超　硬		软 1	软 2	软 3	中软 1	中软 2
标准编号	GB/T 14319—2008 JB/T 10039—2013	GB/T 2484—2006					

代号	M	N	P	Q	R	S	T	Y
硬度级	中 1	中 2	中硬 1	中硬 2	中硬 3	硬 1	硬 2	超硬
标准编号	GB/T 2484—2006							

2. 磨具的最高工作速度

磨具的最高工作速度见表 3-18。

表 3-18　　　　　　磨具最高工作速度 *v*（m/s）

结合剂 磨具	最高工作速度				
	陶瓷	树脂	增强树脂	橡胶	菱苦土
平形、单、双面凹砂轮	35	40		35	
弧形、单双斜边，单双凹带锥砂轮	35	40			
单面凸砂轮	35				
筒形、筒形带槽砂轮	25	30			
杯、碗、碟形砂轮	30	35			
磨量规砂轮和砂瓦	30	30			
磨针砂轮	25				
薄片砂轮	35	50	>50～80	50	
钹形砂轮			60～80		
螺栓紧固平形砂轮		35			
丝锥、板牙抛光砂轮				20	
石墨抛光砂轮		30			
镜面磨砂轮		25			
柔性抛光砂轮				23	
磨螺纹砂轮	50	50			
高速砂轮	50～60	50～60			
碾米砂轮	20	20			
磨皮辊砂轮	30				
重负荷钢坯修磨砂轮		50～60			
磨餐具刀砂轮					20～27
磨保安刀片砂轮		25			25
磨头	25	25			
棕刚玉 36 号及更粗，M 及更硬砂轮	40	40			

3. 磨头的形状和尺寸

各种磨头的形状和尺寸见表 3-19～表 3-25。

表 3-19　　圆柱磨头形状和尺寸（mm）

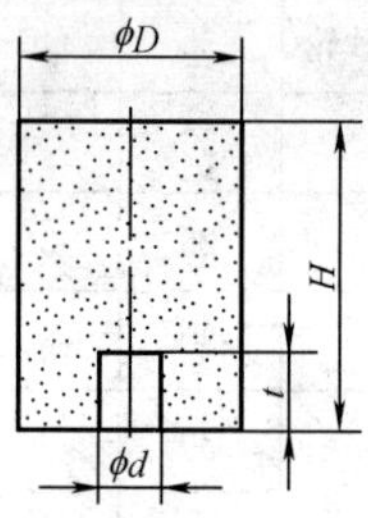

D	H	d	t
4	10	1.5	6
6	10	2	
	16		8
8	13	3	6
	20		10
10	10		6
	16		8
	25		10
13	16	4	8
	25		10
16	20		10
	40		20
20	32	6	13
	63		25
25	32		13
	63	10	25
30	32	6	13
40	75	10	30

表 3-20　　截锥磨头形状和尺寸（mm）

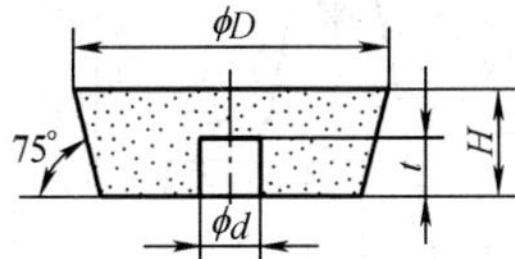

D	H	d	t
16	8	3	6
30	10	6	6

表 3-21　　60°磨头形状和尺寸（mm）

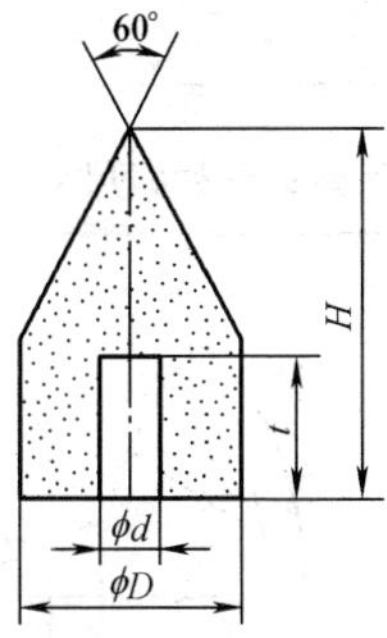

D	H	d	t
10	25	3	10
20	35	6	13
30	50	6	20

表 3-22　　　　圆头锥磨头形状和尺寸（mm）

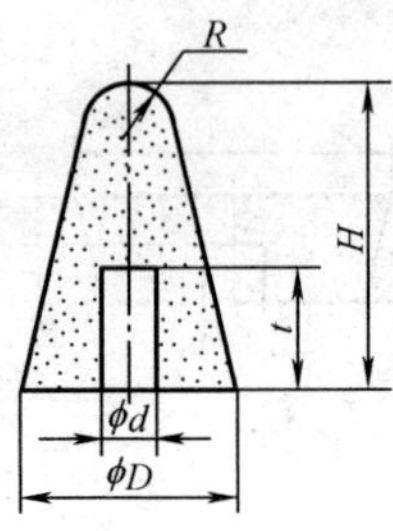

<table>
<tr><th>D</th><th>H</th><th>d</th><th>t</th><th>R</th></tr>
<tr><td>16</td><td>16</td><td>3</td><td>6</td><td>2</td></tr>
<tr><td>20</td><td rowspan="2">32</td><td rowspan="3">6</td><td rowspan="3">13</td><td>3</td></tr>
<tr><td>25</td><td rowspan="3">5</td></tr>
<tr><td>30</td><td>40</td></tr>
<tr><td>35</td><td>75</td><td>10</td><td>30</td></tr>
</table>

表 3-23　　　　椭圆锥磨头形状和尺寸（mm）

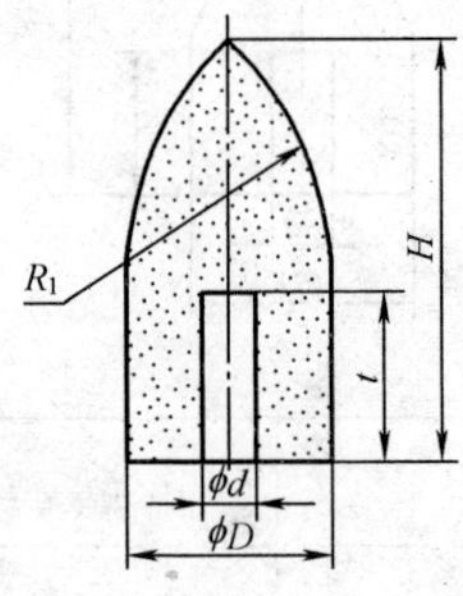

D	H	d	t	R_1
10	20	3	8	25
20	40	6	16	45

表 3-24　　半球形磨头形状和尺寸（mm）

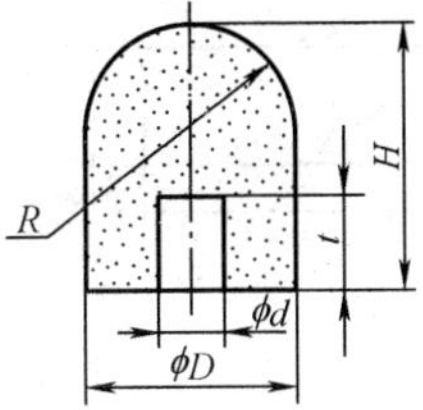

D	H	d	t	R
25	25	6	10	$0.5D$

表 3-25　　球形磨头形状和尺寸（mm）

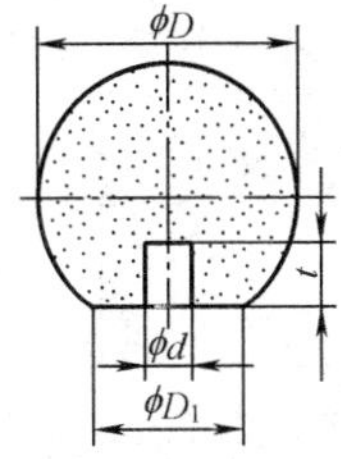

D	d	D_1	t
10	3	6	4
16		7	6
20	6	10	8
25		12	10
30		13	13

4. 磨石的形状和尺寸

各种磨石的形状和尺寸见表 3-26～表 3-31。

表 3-26　　正方磨石形状和尺寸（mm）

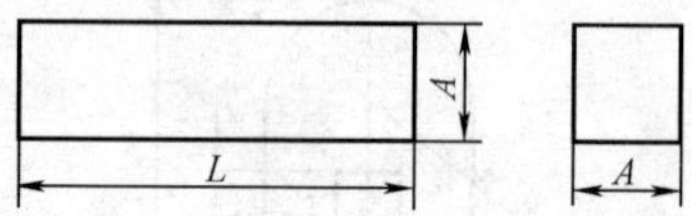

<table>
<tr><th rowspan="2">标准编号</th><th colspan="2">GB/T 2485—2008</th><th>JB/T 11285—2012</th><th>GB/T 14319—2008</th><th>GB/T 14319—2008</th></tr>
<tr><th>磨石</th><th>珩磨磨石</th><th>烧结刚玉磨石</th><th>强力珩磨磨石</th><th>超精磨石</th></tr>
<tr><td>A</td><td colspan="5">L</td></tr>
<tr><td>3</td><td></td><td>40</td><td>—</td><td>40</td><td rowspan="8">20，25，32，40，50，63</td></tr>
<tr><td>4</td><td></td><td>40，50</td><td>80，100</td><td>40，50</td></tr>
<tr><td>6</td><td>100</td><td>50，80</td><td>80，100，125</td><td>50，80，100</td></tr>
<tr><td>8</td><td>100</td><td>80，100</td><td>80，100，125</td><td>80，100</td></tr>
<tr><td>10</td><td>100，150</td><td>100，125</td><td>80，100，125，150</td><td>100，125</td></tr>
<tr><td>13</td><td>100，150</td><td>100，125，160</td><td>100，125，150</td><td>100，125，160</td></tr>
<tr><td>16</td><td>100，150</td><td>160</td><td>100，125，150</td><td>160，200</td></tr>
<tr><td>20</td><td>150，200</td><td>—</td><td>100，125，150，200</td><td>200，250</td></tr>
<tr><td>25</td><td>150，200，250</td><td>—</td><td>100，125，150，200</td><td>250</td><td rowspan="5">80，100，125，160</td></tr>
<tr><td>32</td><td>—</td><td>—</td><td>—</td><td>—</td></tr>
<tr><td>40</td><td>250</td><td>—</td><td>—</td><td>—</td></tr>
<tr><td>50</td><td>—</td><td>—</td><td>—</td><td>—</td></tr>
<tr><td>63</td><td>—</td><td>—</td><td>—</td><td>—</td></tr>
</table>

表 3-27　　长方磨石形状和尺寸（mm）

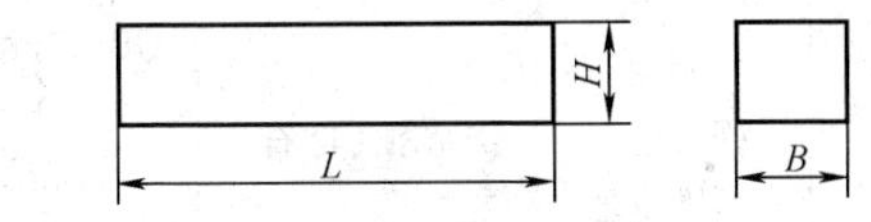

<table>
<tr><th colspan="4">GB/T 2485—2008</th><th colspan="2" rowspan="2">GB/T 14319—2008
强力珩磨磨石</th><th colspan="2" rowspan="2">JB/T 11285—2012
烧结刚玉磨石</th><th colspan="2" rowspan="2">GB/T 14319—2008
超精磨石</th><th rowspan="3">L</th></tr>
<tr><th colspan="2">磨石</th><th colspan="2">珩磨磨石</th></tr>
<tr><th>B</th><th>H</th><th>B</th><th>H</th><th>B</th><th>H</th><th>B</th><th>H</th><th>B</th><th>H</th></tr>
<tr><td>—</td><td>—</td><td>—</td><td>—</td><td>—</td><td>—</td><td>—</td><td>—</td><td rowspan="4">4，6，8，10，13，16，20</td><td rowspan="4">3，4，6，8，10，13，16</td><td>20，25，32</td></tr>
<tr><td>—</td><td>—</td><td>4</td><td>3</td><td>4</td><td>3</td><td>—</td><td>—</td><td>40</td></tr>
<tr><td>—</td><td>—</td><td>—</td><td>—</td><td>—</td><td>—</td><td>—</td><td>—</td><td>50</td></tr>
<tr><td>—</td><td>—</td><td>6</td><td>5</td><td>6</td><td>5</td><td>—</td><td>—</td><td>63</td></tr>
<tr><td>—</td><td>—</td><td>8</td><td>6</td><td>8</td><td>6</td><td>—</td><td>—</td><td rowspan="9">25，32，40，50，63</td><td rowspan="9">20，25，32，40</td><td>80</td></tr>
<tr><td rowspan="4">—</td><td rowspan="4">—</td><td rowspan="2">10</td><td rowspan="2">8</td><td>8</td><td>6</td><td></td><td></td><td rowspan="4">100</td></tr>
<tr><td>10</td><td>8</td><td></td><td></td></tr>
<tr><td rowspan="2">11</td><td rowspan="2">9</td><td>11</td><td>9</td><td></td><td></td></tr>
<tr><td>13</td><td>10</td><td></td><td></td></tr>
<tr><td rowspan="3">20</td><td rowspan="3">6，10</td><td rowspan="3">13</td><td rowspan="3">10</td><td rowspan="3">13</td><td rowspan="3">10</td><td>10，13，16</td><td>6，8，10，13</td><td rowspan="3">125</td></tr>
<tr><td>20</td><td>8，10，13，20</td></tr>
<tr><td>25</td><td>6，8，10，13</td></tr>
<tr><td>—</td><td>—</td><td>16</td><td>13</td><td>16</td><td>13</td><td>—</td><td>—</td><td>160</td></tr>
<tr><td rowspan="2">20，25</td><td rowspan="2">10，13，16</td><td rowspan="4">—</td><td rowspan="4">—</td><td rowspan="4">—</td><td rowspan="4">—</td><td>13</td><td>6</td><td rowspan="4">—</td><td rowspan="4">—</td><td rowspan="4">150</td></tr>
<tr><td>13，16，20</td><td>8，10，13</td></tr>
<tr><td rowspan="2">50</td><td rowspan="2">25，15/10*</td><td>20，25</td><td>10，13，16</td></tr>
<tr><td>40，50</td><td>16，20，25</td></tr>
</table>

续表

<table>
<tr><th colspan="2">GB/T 2485—2008</th><th rowspan="2" colspan="2">珩磨
磨石</th><th rowspan="2" colspan="2">GB/T 14319
—2008
强力珩
磨磨石</th><th rowspan="2" colspan="2">JB/T 11285—2012
烧结刚玉磨石</th><th rowspan="2" colspan="2">GB/T 14319—
2008
超精磨石</th><th rowspan="3">L</th></tr>
<tr><th colspan="2">磨石</th></tr>
<tr><th>B</th><th>H</th><th>B</th><th>H</th><th>B</th><th>H</th><th>B</th><th>H</th><th>B</th><th>H</th></tr>
<tr><td>30</td><td>13，20</td><td rowspan="4">—</td><td rowspan="4">—</td><td rowspan="4">—</td><td rowspan="4">—</td><td rowspan="2">30，40</td><td rowspan="2">13，16，
20</td><td rowspan="4">—</td><td rowspan="4">—</td><td rowspan="4">200</td></tr>
<tr><td>40</td><td>20，25</td></tr>
<tr><td>50</td><td>25，
15/10*</td><td rowspan="2">40，50</td><td rowspan="2">16，20，
25</td></tr>
<tr><td>75</td><td>50</td></tr>
</table>

注 带*号为双面磨石，两层厚度分别为 15mm 及 10mm。

表 3-28　　三角磨石形状和尺寸（mm）

<table>
<tr><td>形
状
图</td><td colspan="3">L　　A　A　A</td></tr>
<tr><td>标准
和名称</td><td>—</td><td>GB/T 2485—2008
磨石</td><td>JB/T 11285—2012
烧结刚玉磨石</td></tr>
<tr><td rowspan="7">尺寸
(mm)</td><td>A</td><td colspan="2">L</td></tr>
<tr><td>4</td><td>—</td><td>100</td></tr>
<tr><td>6</td><td>100</td><td>100</td></tr>
<tr><td>8</td><td>100，150</td><td>100，125</td></tr>
<tr><td>10，13</td><td>150</td><td>100，125，150</td></tr>
<tr><td>16，20</td><td>150，200</td><td>150</td></tr>
<tr><td>25</td><td>300</td><td>—</td></tr>
</table>

表 3-29　　刀形磨石形状和尺寸（mm）

形状图	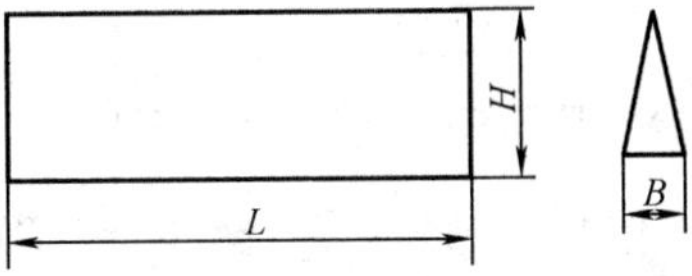				
标准和名称	—	GB/T 2485—2008 磨石		JB/T 11285—2012 烧结刚玉磨石	
尺寸（mm）	*B*	*H*	*L*	*H*	*L*
	5	—	—	10	100
	10	25，30	150	20	150
	15	—	—	30	150
	20	50	150	—	—

表 3-30　　圆柱磨石形状和尺寸（mm）

形状图	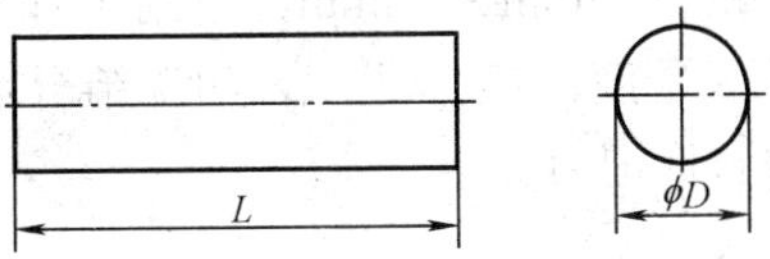	
标准编号	GB/T 2485—2008 磨石	JB/T 11285—2012 烧结刚玉磨石
D	*L*	
6	100	100
8	—	100
10	150	100，125
13	150	125
16	150	125，150
20	200	150
25	200	—

表 3-31　　半圆磨石形状和尺寸（mm）

形状图	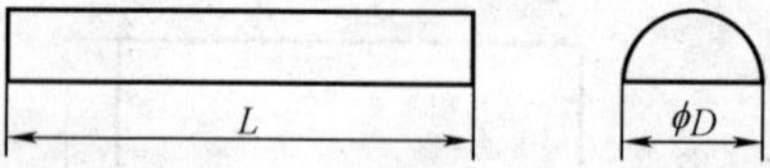	
标准和名称	GB/T 2485—2008 磨石	JB/T 11285—2012 烧结刚玉磨石
D	L	
6	100	100
8	—	100
10	150	100，125
13	150	125
16	150	125，150
20	200	150
25	200	—

标记示例（GB/T 14319—2008）

尺寸为 8mm×6mm×63mm，白刚玉和绿碳化硅混合磨料，W28 粒度，C 级硬度，10 号组织，陶瓷结合剂，经过浸渍处理的长方形超精磨石标记为：

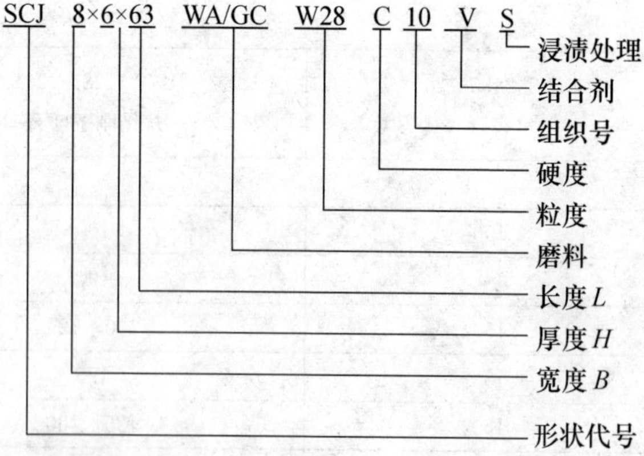

5. 砂瓦的形状和尺寸

砂瓦的形状和尺寸见表 3-32。

表 3-32　砂瓦的形状和尺寸（摘自 GB/T 2485—2008）（mm）

名称	形状	尺寸					
		B	B_1	H	L	R	r
平形砂轮	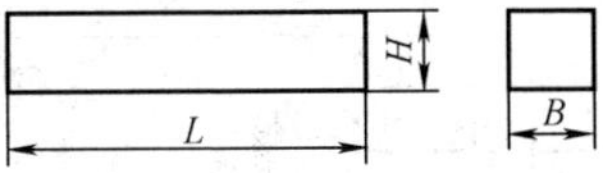	50	—	25	150	—	—
		80	—	25	150	—	—
		80	—	50	200	—	—
		90	—	35	150	—	—
扇形砂瓦	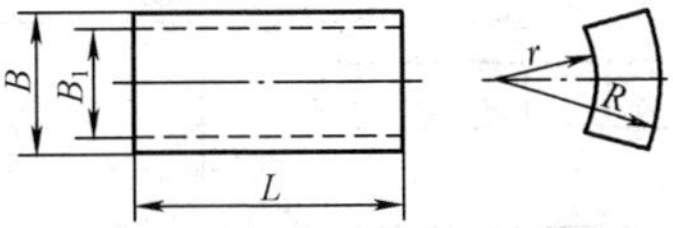	60	40	—	75	85	60
		125	85	—	125	225	190
凸平形砂轮	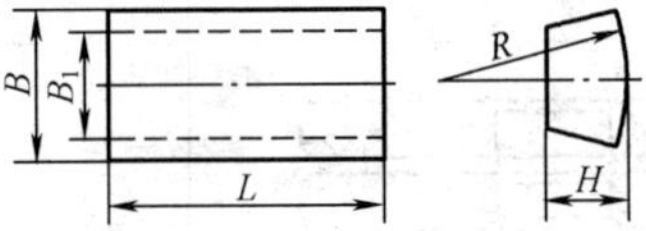	115	80	45	150	250	—
平凸形砂轮	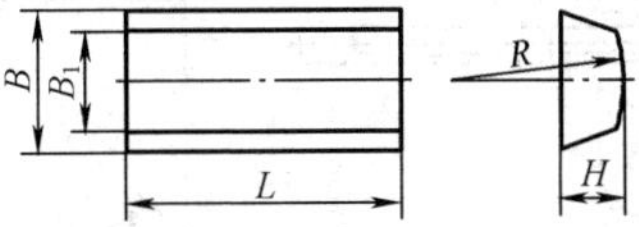	100	85	38	150	230	—
梯形砂瓦	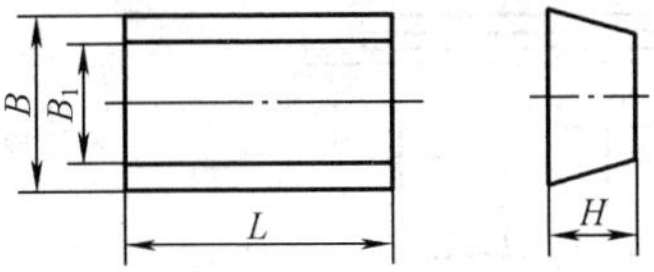	60	50	15	125	—	—
		100	85	35	150	—	—

三、超硬磨具

1. 形状代号

超硬磨具分为砂轮类和磨石、磨头、锯类，其基本形状及代号见表 3-33～表 3-35。

表 3-33　砂轮类形状及代号（摘自 GB/T 6409.1—1994）

系列	名称	形状	代号
平形系	平形砂轮	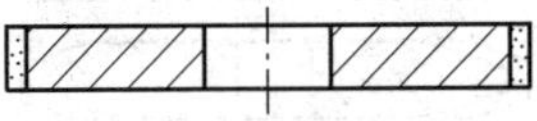	1A1

续表

系列	名称	形 状	代号
平形系	平形倒角砂轮	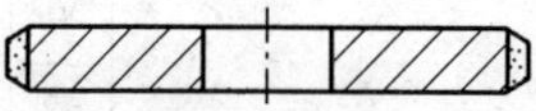	1L1
	平形加强砂轮	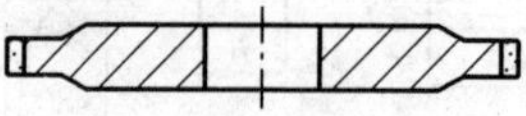	14A1
	弧形砂轮	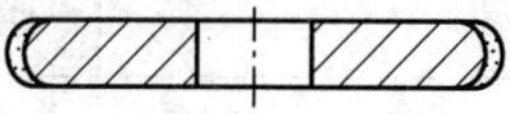	1FF1
		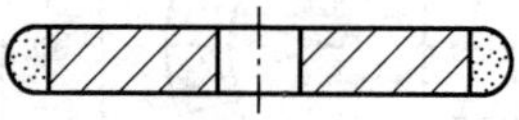	1F1
	平形燕尾砂轮	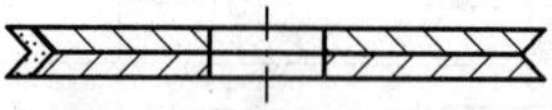	1EE1V
	双内斜边砂轮	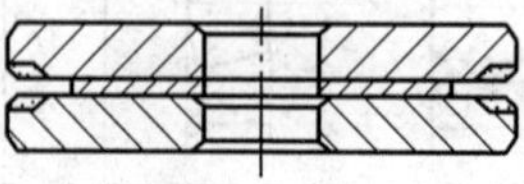	1V9
	切割砂轮	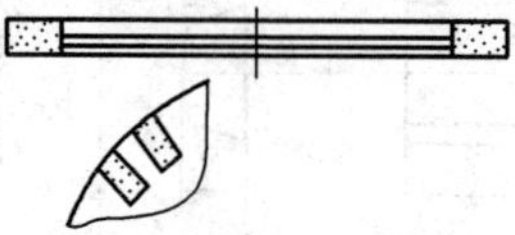	1A6Q
	薄片砂轮		1A1R
	平形小砂轮	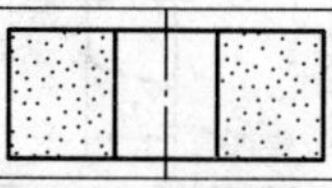	1A8
	双斜边砂轮	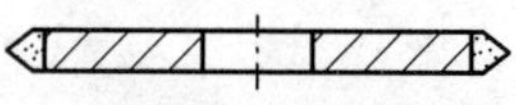	1E6Q
		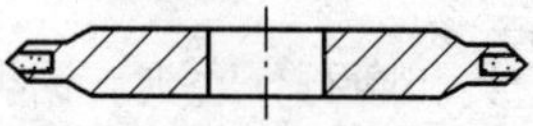	14E6Q
		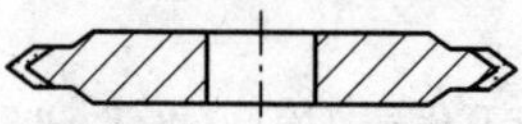	14EE1
		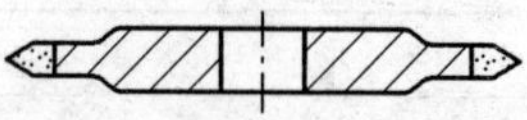	14E1
		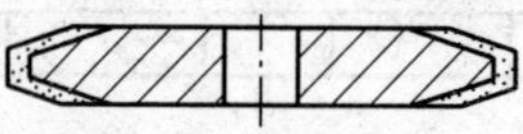	1DD1

续表

系列	名称	形 状	代号
平形系	单斜边砂轮	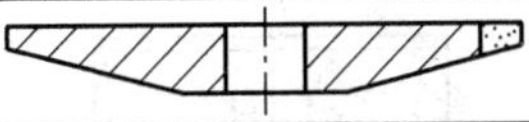	4B1
	单面凹砂轮	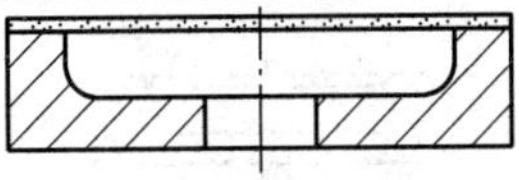	6A2
	双面凹砂轮	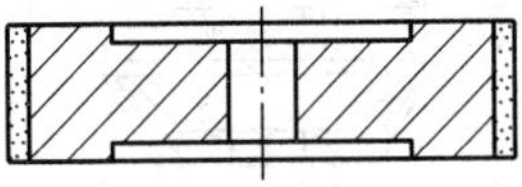	9A1
		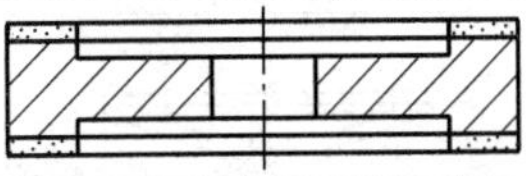	9A3
筒形系	筒形砂轮	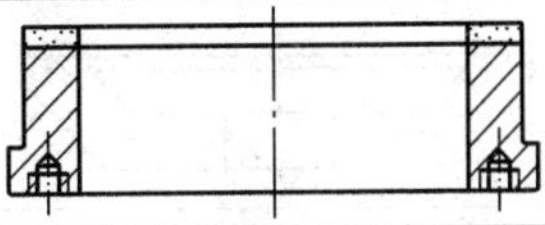	6A2T
	筒形 1 号砂轮	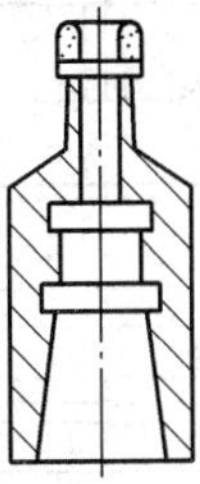	2F2/1
	筒形 2 号砂轮	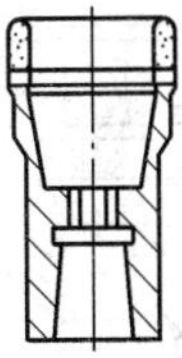	2F2/2
	筒形 3 号砂轮	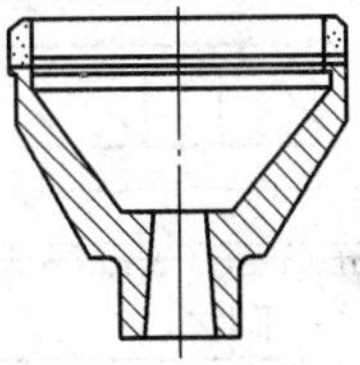	2F2/3

续表

系列	名称	形　状	代号
杯形系	杯形砂轮		6A9
	碗形砂轮		11A2
		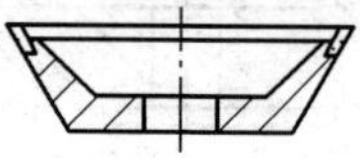	11V9
碟形系	碟形砂轮		12A2/20°
		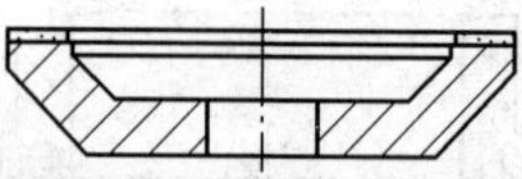	12A2/45°
		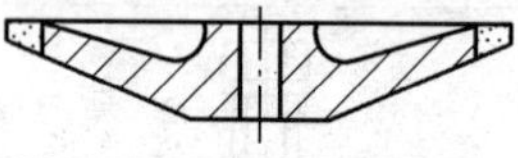	1ZD1
		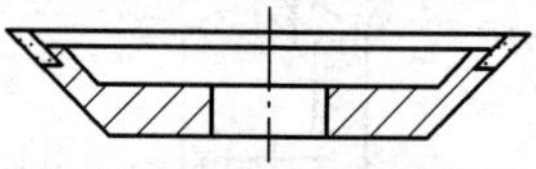	12V9
		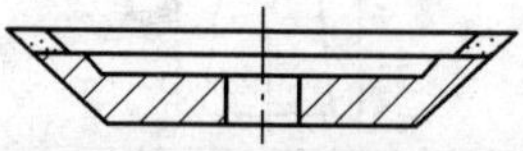	12V2
专用加工系	磨边砂轮		1DD6Y
		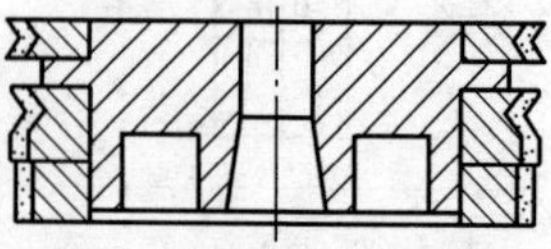	2EEA1V
	磨盘	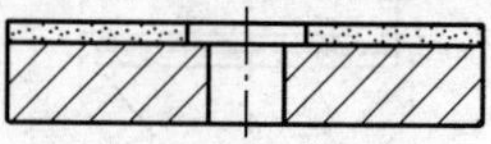	1A2
		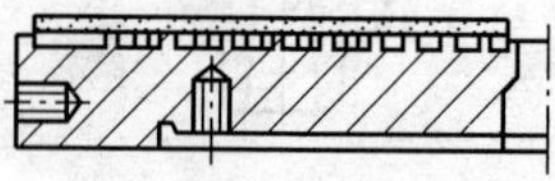	10X6A2T

表 3-34　油石、磨头类形状及代号（摘自 GB/T 6409.1—1994）

类别	名称	形　状	代号
磨石类	带柄平形磨石	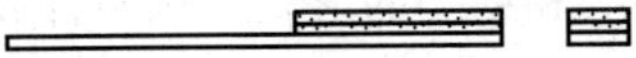	HA
	带柄弧形磨石		HH
	带柄三角磨石	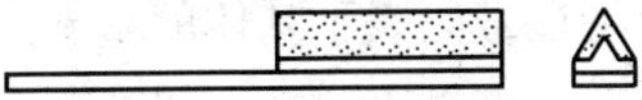	HEE
	平形带弧磨石	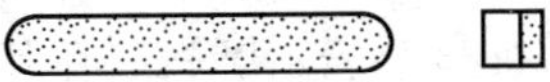	HMA/1
	平形磨石	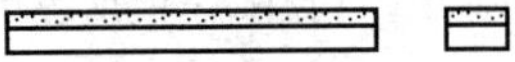	HMA/2
	弧形磨石	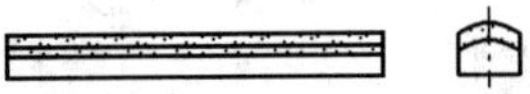	HMH
	平形带槽磨石	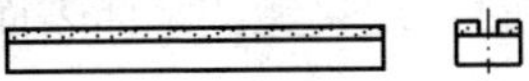	2HMA
	基体带斜磨石	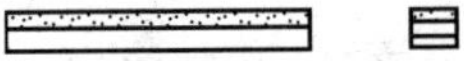	HMA/S°
磨头类	磨头	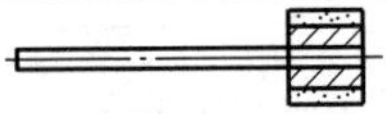	1A1W

表 3-35　锯类形状及代号（摘自 GB/T 6409.1—1994）

类别	名称	形　状	代号
锯类	基体无槽圆锯片	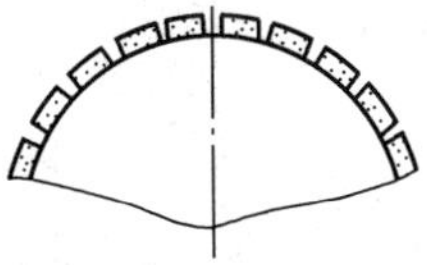	1A1RS
	基体带槽圆锯片	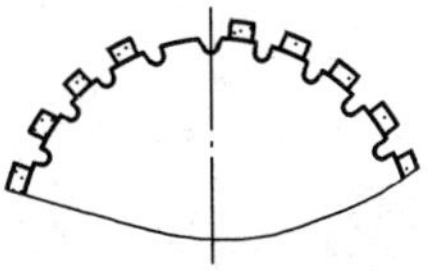	1A1RSS/C_1
	基体窄槽圆锯片	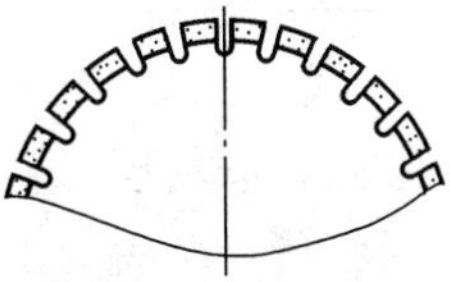	1A1RSS/C_2
	框架锯条	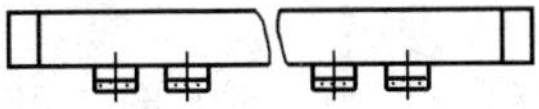	BA2

2. 形状标记法则

此标记系统包括两或三种代号，仅用于标记金刚石或立方氮化硼砂轮、磨石、磨头和锯类的形状。这两种或三种代号可用于任何标记，必要时尚可补充代号。

这些代号的意义如下：

——用数字或特征号码表示基体的基本形状。

——用一个或四个字母表示磨料层的断面形状。

——用数字或特征号码表示磨料层在基体上的部位。

——如果系特殊基体，可用一个或数个字母表示。

（1）形状代号。

1）基体的基本形状。这些代号与磨料层在基体上的部位和使用无关，与磨料层或过渡层接触的基体表面平或凹不影响对代号的决定。基体的基本形状按表 3-36 规定。

表 3-36　　基体的基本形状（摘自 GB/T 6409.1—1994）

代号	形　状	代号	形　状
1	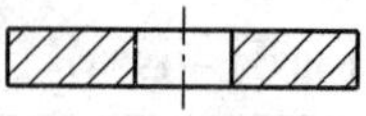	9	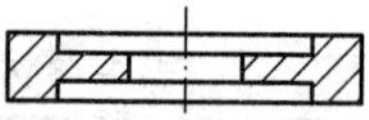
2	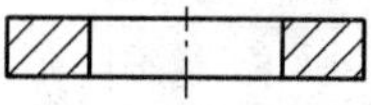	11	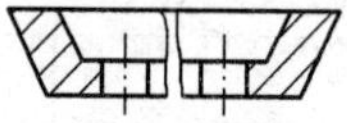
3	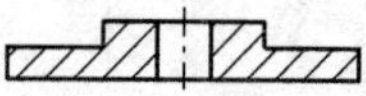	12	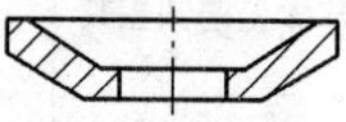
4	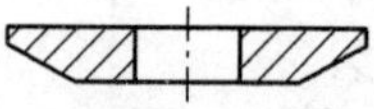	14	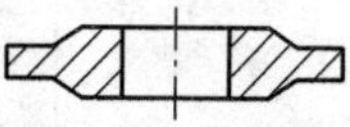
5	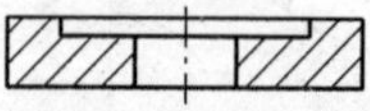	15	

2）磨料层断面形状。代号的确定与磨料层在基体上的位置无关。磨料层的轴向不受限制，磨料层形状由外表面、内表面和两个端面确定。磨料层断面形状代号按表 3-37 规定。

3）磨料层在基体上的位置代号按表 3-38 规定。

4）基体基本形状的改型。基体形状可按需要进行改型，其代号参照表3-39的规定。

表3-37　磨料层断面形状代号

代号	形状	代号	形状	代号	形状	代号	形状	代号	形状
A	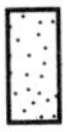	D	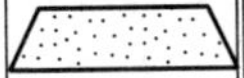	F		K		QQ	
AH		DD	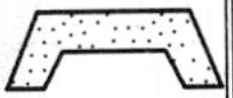	FF		L		R	
B		E		G		LL		S	
BT		EE		GN		M	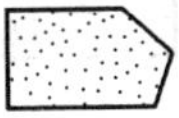	U	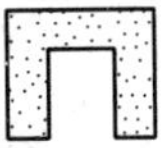
C	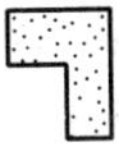	ER	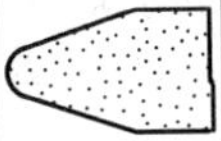	H		P		V	
CH		ET	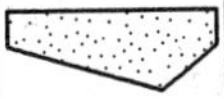	J		Q		Y	

表3-38　磨料层在基体上的位置代号（摘自GB/T 6409.1—1994）

代号	位置	形状	定义
1	周边	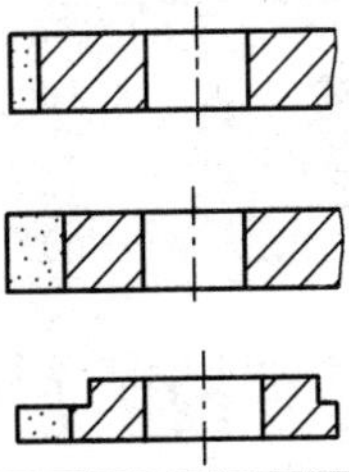	磨料层位于基体的周边，并延伸于整个砂轮厚度（轴向），其厚度可大于、等于或小于磨料层的宽度（径向），基体的一个或多个凸台不计入砂轮厚度（对此定义而言）

续表

代号	位置	形状	定义
2	端面	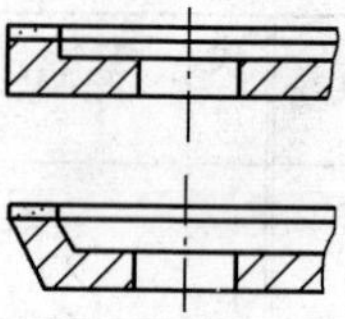	磨料层位于基体的端面，其宽度从周边伸向中心。它可覆盖或不覆盖整个端面，磨料层的宽度大于其厚度
3	双端面	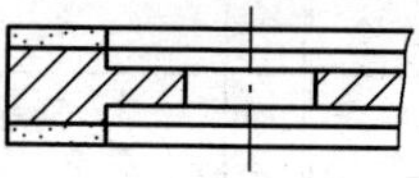	磨料层位于基体的两端面，并从周边伸向中心。它可覆盖或不覆盖整个端面，磨料层的宽度应大于其厚度
4	内斜面或弧面	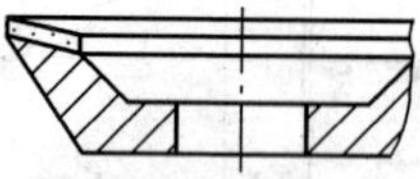	此代号应用于2、6、11、12和15型的砂轮基体、磨料层位于端面壁上，此壁以一个角度或弧度从周边较高点向中心较低点延伸
5	外斜面或弧面	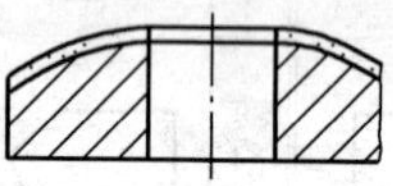	此代号应用于2、6、11、12和15型的砂轮基体、磨料层位于基体端面壁上，此壁以一个角度或弧度从周边较低点向中心较高点延伸
6	周边一部分	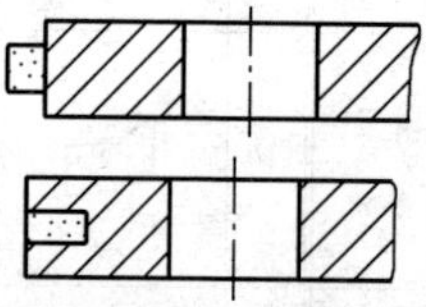	磨料层位于基体的周边，但不占有基体整个厚度，也不覆盖任一端面
7	端面一部分	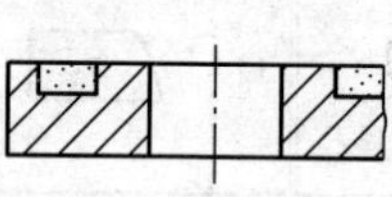	磨料层位于基体的一个端面上，而不延伸到基体的周边，但它可以或不延伸至中心
8	整体	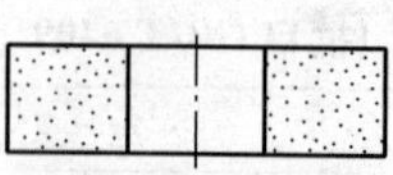	砂轮全部由磨料和结合剂组成，无基体
9	边角	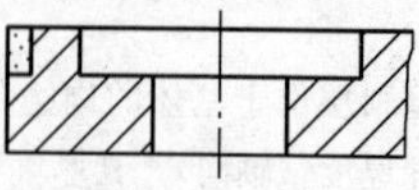	磨料层只占基体周边上的一个角，而不延伸向另一角
10	内孔	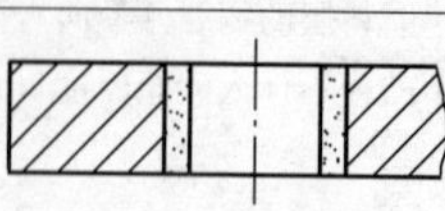	磨料层位于基体的整个内孔

表 3-39　基体形状改型代号（摘自 GB/T 6409.1—1994）

代号	改　型	形　状	定　义
B	埋头孔	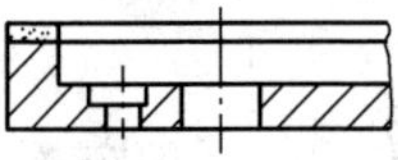	基体内钻有埋头孔
C	锥形埋头孔	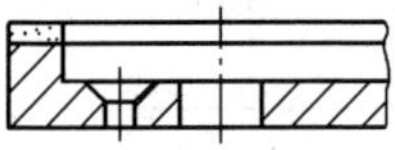	基体内钻有锥形埋头孔
H	直孔	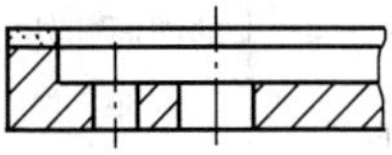	基体内钻有直孔
M	直孔和螺纹孔	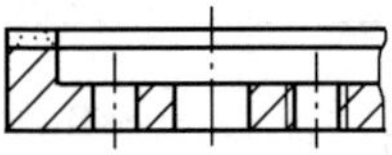	基体内有混合孔（既有直孔又有螺纹孔）
P	单面减薄	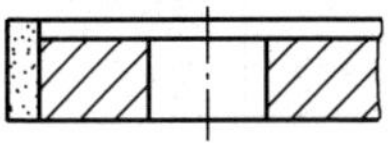	砂轮基体的一端面减薄，其厚度小于砂轮的厚度
Q	磨料层嵌入	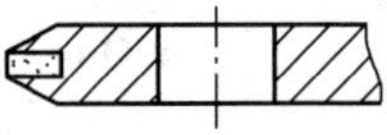	磨料层三个面部分或整个地嵌入基体
R	双面减薄	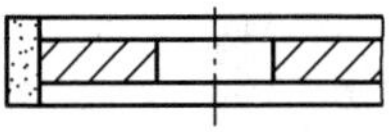	砂轮基体的两端面减薄，其厚度小于砂轮的厚度
S	扇形金刚石锯齿	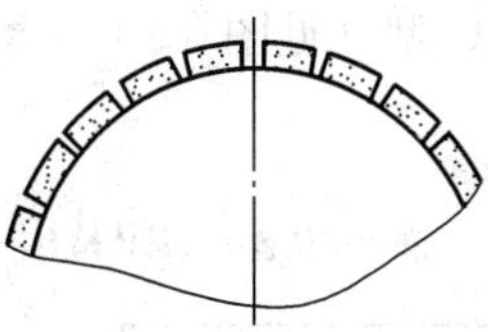	金刚石锯齿装于整体的基体上（锯齿间隙与定义无关）
SS	扇形金刚石锯齿与带槽	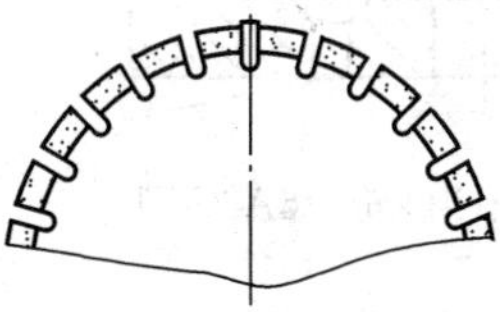	金刚石锯齿装于带槽的基体上

续表

代号	改 型	形 状	定 义
T	螺纹孔		基体带螺纹孔
V	磨料层倒镶式		镶在基体上磨料层的内角或弧的凹面朝外 例如：磨料层形状 AH 镶在其弧的凹面朝外的基体上
W	在心轴上		在基体周边有磨料层的带柄磨头
Y	倒镶式嵌入		见 Q 和 V 定义

（2）产品形状标记示例。

例 1：单面凹砂轮——6A2C 型（见图 3-9）。

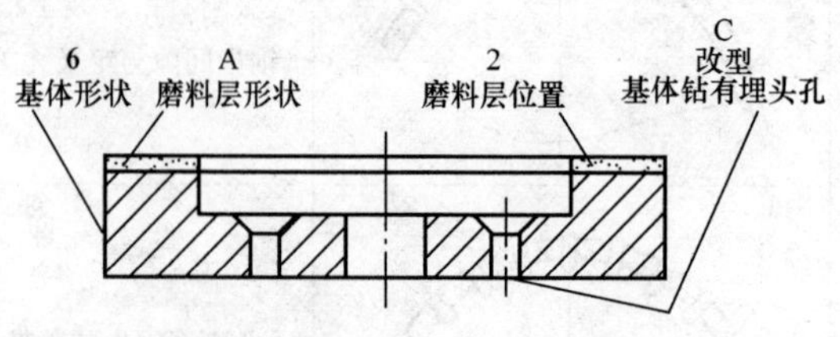

图 3-9 单面凹砂轮—6A2C 型

例 2：圆锯片——1A1RSS/C_1型（见图 3-10）。

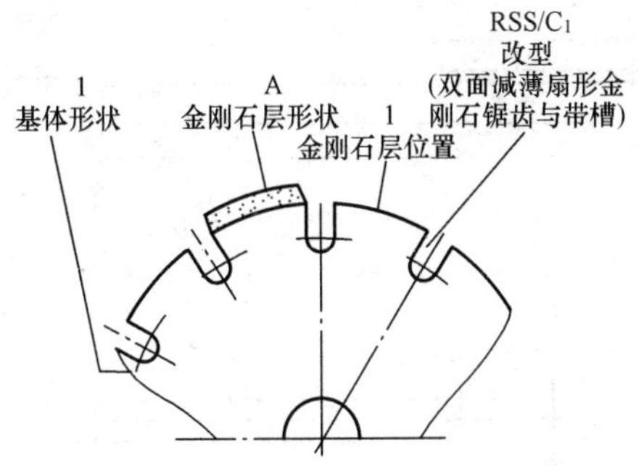

图 3-10　圆锯片—1A1RSS/C_1型

3. 尺寸代号

(1) 砂轮、磨石及磨头的尺寸代号如图 3-11～图 3-15 所示，图中符号的意义见表 3-40。

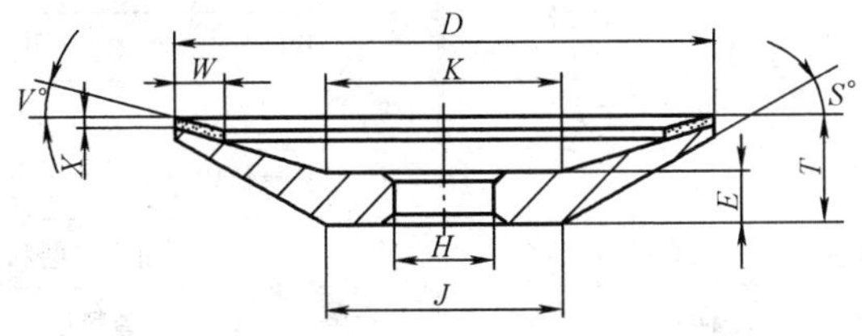

图 3-11　尺寸代号一

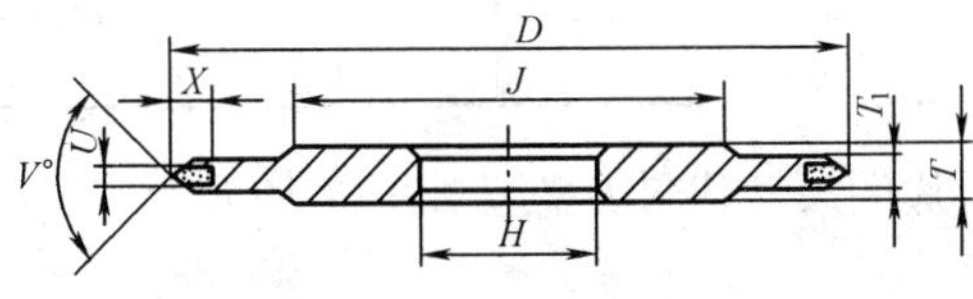

图 3-12　尺寸代号二

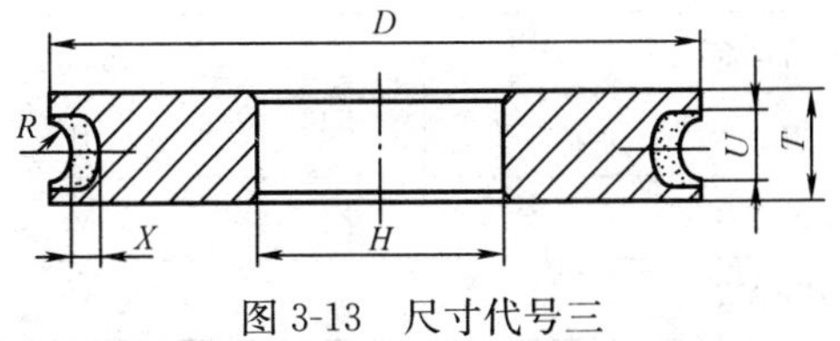

图 3-13　尺寸代号三

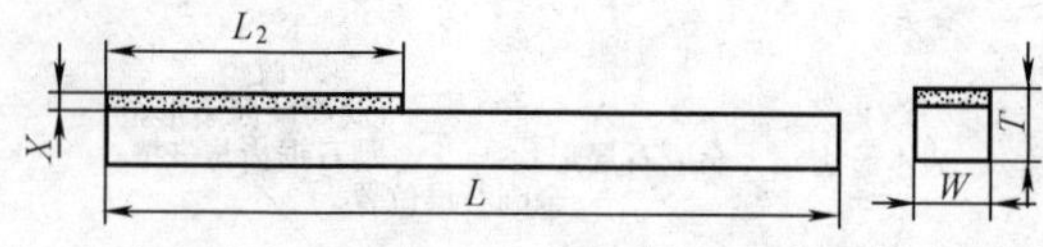

图 3-14　尺寸代号四

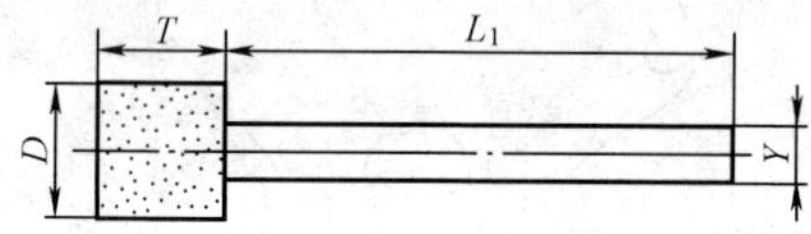

图 3-15　尺寸代号五

表 3-40　　图 3-11～图 3-15 符号意义

代号	意义	代号	意义
D	直径	S	基体角度
E	孔处厚度	T	总厚度
H	孔径	T_1	基体厚度
J	台径	U	磨料层厚度（当小于 T 或 T_1 时）
K	凹面直径	V	面角（磨料层）
L	柄长	W	磨料层宽度
L_1	轴长	X	磨料层深度
L_2	磨料层长度	Y	心轴直径
R	半径		

（2）圆锯片的尺寸代号及意义如图 3-16 所示。

4. 结合剂代号

结合剂代号见表 3-41。

表 3-41　　结合剂代号（摘自 GB/T 6409. 1—1994）

结合剂	代　号
树脂结合剂	B
金属结合剂	M
陶瓷结合剂	V

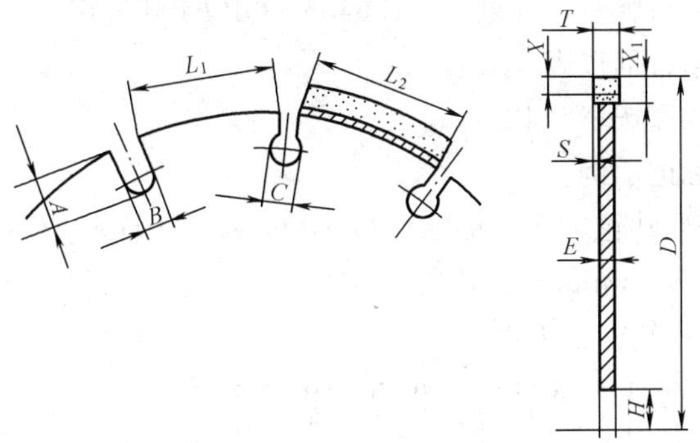

图 3-16　圆锯片的尺寸代号及意义

A—槽深；B—槽宽；C—槽孔直径；D—直径；E—孔处厚度；H—孔径；L_1—基齿长度；L_2—锯齿长度；S—侧隙（T-E)/2；T—金刚石锯齿宽度；X_1—锯齿总深度；X—金刚石层厚度

5. 浓度代号

磨料在磨具中的浓度基础值是 100%时，等于 0.88g/cm³。当金刚石密度为 3.52g/cm³ 时，此值相当于体积的 25%。其他浓度均按此比例计算。浓度代号见表 3-42。

表 3-42　　浓度代号（摘自 GB/T 6409.1—1994）

代号	磨料含量（g/cm³）	浓度①
25	0.22	25%
50	0.44	50%
75	0.66	75%
100	0.88	100%
150	1.32	150%

① 按 GB 3102 的规定，此值不能称为浓度。

6. 产品标记

(1) 标记法则。金刚石或立方氮化硼磨具的完整标记应包括下列部分：

——磨具的形状代号见表 3-33～表 3-39。

——砂轮、磨石的公称尺寸按 GB/T 4127.1—2007 选取。

——磨料牌号、粒度按 GB 6405～GB 6408 规定。

——结合剂按表 3-41。

——浓度按表 3-42。

（2）标记示例。

1）平形砂轮示例：形状代号 1A1、D＝50mm、T＝4mm、H＝10mm、X＝3mm、磨料牌号 RVD、粒度 100/120、结合剂 B、浓度 75 的砂轮标记为：

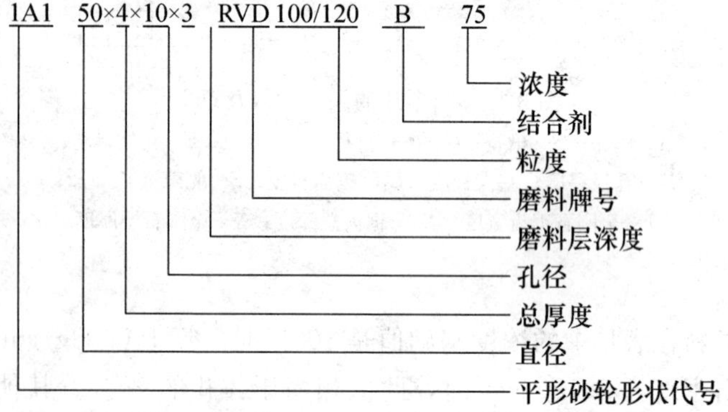

2）带柄平形磨石示例：形状代号 HA、L＝150mm、L_2＝40mm、T＝10mm、W＝10mm、X＝2mm、磨料牌号 RVD、粒度 120/140、结合剂 B、浓度 75 的磨石标记为：

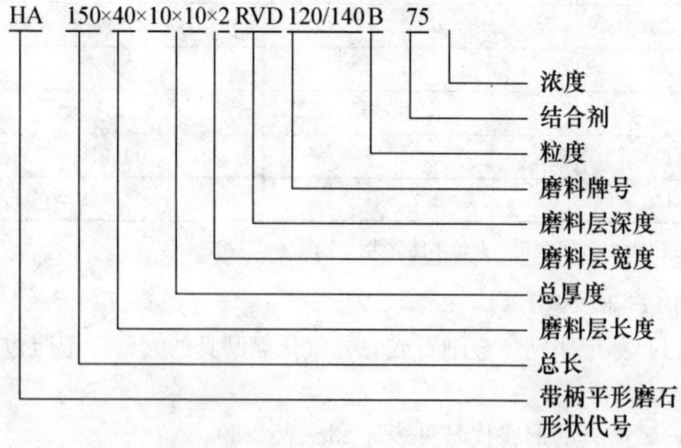

3）圆锯片示例：形状 1A1　RSS/C_1、切割花岗石用 G、D＝

1600mm、$T=10$mm、$H=100$mm、$X=5$mm、$Z=104$、磨料牌号SMD、粒度35/40、结合剂M、浓度50的圆锯片标记为：

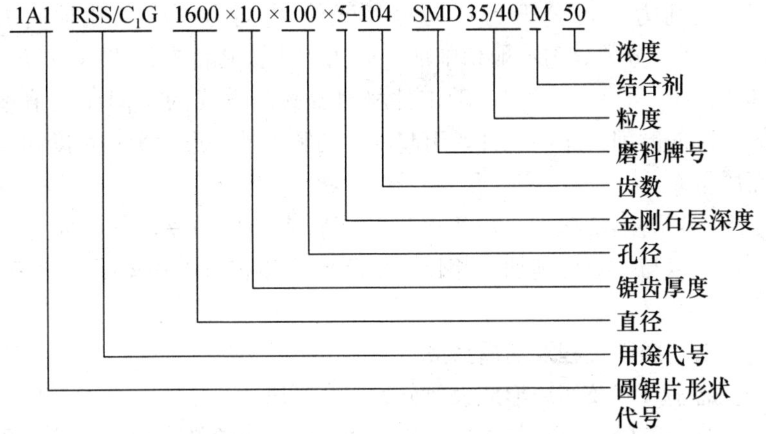

第三节　磨削加工原理

一、磨削加工特点

（1）切削刃不规则。切削刃的形状和分布均处于不规则的随机状态，其形状、大小各异，切削时为很大的负前角，刃端圆半径也较大。

磨粒经精细修整后，将产生一些微小的切削刃，称为微刀。

（2）切削厚度薄。切削厚度一般只有几微米，因此，磨削加工表面可获得较好的精度和较低的表面粗糙度值。

（3）磨削速度高。砂轮的线速度很高，常用的磨削速度$v=30\sim35$m/s，高速磨削时可增至$v=50\sim80$m/s，目前已发展到$v=120$m/s。可获得较高的金属切除率，但同时也产生了砂轮强度、磨削温度和磨削液等特殊问题。

（4）磨削温度高。由于磨削速度高，使磨粒磨削点的瞬时温度高达1000～1500℃。它不仅影响加工表面的质量，也影响磨粒的破碎、磨损、切屑黏附和熔化等。其他磨削区（砂轮与工件接触区）的平均温度一般为500～800℃，对磨削表面残余应力、烧伤及裂纹等有影响。工件的平均温度一般为几十摄氏度。

(5) 法向磨削力大于切向磨削力。磨削时作用于工件和砂轮之间的磨削力也可分解为切向力 (F_t)、法向力 (F_n) 和轴向力 (F_a) 三个分力。与一般切削加工方法相比，其特点是 F_n 大于 F_t，其比值 $F_n/F_t=1.5\sim4$，随工件材料、磨削方式的不同而比值不同。法向磨削力压向工件，引起砂轮轴和工件变形，影响精度和表面质量。

(6) 磨削功率大。由于磨削的磨粒多，切削厚度小，而速度高，所以与一般切削加工相比，切除单位体积所需功率要大得多，为10～20倍。

二、磨削过程及切屑形成

磨削过程及切屑形成大致分为三个阶段。

第一阶段：磨粒与工件开始接触，由于砂轮结合剂及工件、磨床系统的弹性变形，法向切削力很小，磨粒未能切入工件而仅在工件表面产生摩擦，工件表层产生热应力。此阶段称弹性摩擦和变形阶段。

第二阶段：由于砂轮切入量有所增加，法向切削力增大，磨粒已逐渐刻划进入工件，使部分材料向两旁隆起，工件表面形成刻痕；但磨粒前刀面上未有切屑流出。此时除磨粒与工件间相互摩擦外，更主要的是材料内部产生摩擦，工件表层不仅有热应力，而且有由于弹性和塑性变形所产生的应力。此阶段将影响工件表面粗糙度和表面烧伤、裂纹等缺陷。此阶段称刻划阶段。

第三阶段：此时磨粒切削已达一定深度，法向切削力增至一定程度后，被切材料处沿剪切面滑移而形成切屑，并沿磨粒前刀面流出，在工件表层也产生热应力和变形应力。此阶段称切削阶段。

在这三个阶段，除了均可能产生热应力外，材料也可能产生由于相变而引起的应力。

由于磨削深度不同，磨粒分布不均匀等原因，三个阶段的比例是变化的。例如，磨削深度越大，切削作用所占比例也越大；磨粒在砂轮上分布不均匀，两相邻磨粒越近，则后一磨粒的工作状况主要为弹性摩擦和变形。

磨粒切下的切屑非常细小（重负荷磨削除外），一般分为带状切屑、碎片状切屑和熔融的球状切屑。

三、磨削力和功率

1. 磨削力

磨削时作用于砂轮与工件之间的力称为磨削力。在一般外圆磨削情况下，磨削力可以分解为互相垂直的三个分力（见图 3-17）。

图 3-17 中 F_t为切向磨削力（砂轮旋转的切线方向，又称切削力），F_n为法向磨削力（砂轮和工件接触面的法线方向，又称背向力），F_a为轴向磨削力（纵向进给方向，又称进给力）。

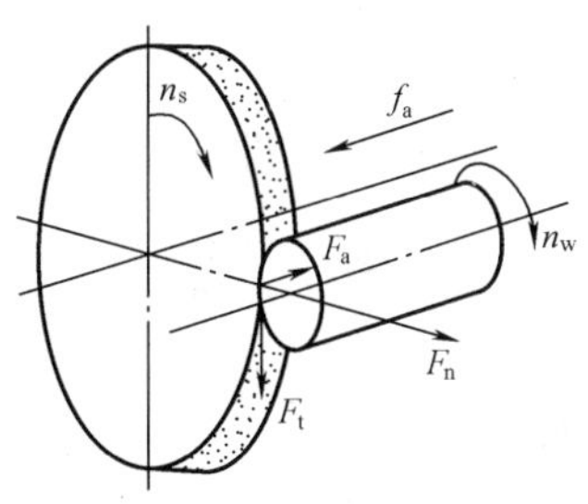

图 3-17　外圆磨削力

切向磨削力 F_t是确定磨床电动机功率的主要参数，又称主磨削力；法向磨削力 F_n作用于砂轮的切入方向，压向工件，引起砂轮轴和工件的变形，加速砂轮钝化，直接影响工件精度和加工表面质量；轴向磨削力 F_a作用于机床的进给系统，但与 F_t和 F_n相比较，数值很小，一般可不加考虑。

在磨削加工中 F_n大于 F_t，其比值 F_n/F_t等于 1.5～4，这是磨削的一个显著特点。F_n与 F_t的比值随工件材料、磨削方式的不同而不同，见表 3-43。

表 3-43　　不同磨削方式 F_n/F_t的比值

磨削方式	外圆磨削			60m/s 高速外圆磨削	平面磨削
被磨材料	45 钢	GCr15	W18Cr4V	45	SAE52100 钢 (43HRC)
F_n/F_t	≈2.04	≈2.7	≈4.0	2.2～3.5	1.75～2.13
磨削方式	缓进给平面磨削	内圆磨削		重负荷荒磨	砂带磨削
被磨材料	In-738	45 钢未淬火	45 钢淬火	1Cr18Ni9Ti GCr15 60Si2Mn	GCr15
F_n/F_t	1.8～2.4	1.8～2.06	1.98～2.66	平均 5.2	1.7～2.1

由于磨削过程很复杂，影响磨削力大小的因素也很多，而且目前对磨削机理研究还在继续深入。因此，理论公式的计算准确度不高，在生产中常用测力仪或测力装置由实验方法测定。

测力仪测出的磨削力公式中的系数和指数见表3-44。

$$F_t = K_t v^{a_t} f^{b_t} a_p^{c_t}$$

$$F_n = K_n v_w^{a_n} f_a^{b_n} a_p^{c_n}$$

式中 v_w——工件圆周进给速度，m/min；

f_a——工件纵向进给量，mm/r；

a_p——砂轮横向进给量，mm。

表3-44　　磨削力公式中的系数和指数

工件材料	K_t	a_t	b_t	c_t	K_n	a_n	b_n	c_n
45钢	119.09	0.417	0.714	0.751	60.04	0.417	0.731	0.698
40Cr	1809.45	0.342	0.554	1.283	1399.20	0.336	0.556	1.304
W18Cr4V	224.45	0.566	0.446	0.651	67.49	0.571	0.430	0.579
球墨铸铁	330.50	0.265	0.356	0.626	383.57	0.187	0.324	0.731

此外，也可根据电动机实际输入功率来计算切向力 F_t

$$F_t = \frac{P_E \cdot \eta_E}{\pi n_s d_s} \times 10^6$$

式中 P_E——磨头电动机实测输入功率，kW；

η_E——电动机传动效率；

n_s——砂轮转速，r/min；

d_s——砂轮直径，mm。

这种方法适用于各种磨削方式，但只能测出切向磨削力的平均值，不能测得磨削里的瞬时值。

磨削力对加工的影响及减小磨削力的方法如下。

(1) 磨削时，由于 F_a 很小，对加工的影响也较小，一般不予考虑。

（2）由于法向力 F_n 较大，使磨床、工件和夹具产生的弹性变形也较大，故 F_n 对工件的加工精度的影响也较大。尤其是在磨削细长轴时，容易产生弯曲变形，使工件产生腰鼓形等形状误差和多角形振痕及径向圆跳动误差。

（3）切向力 F_t 对加工的影响与 F_n 差不多，但影响的程度要小得多。

采用减小磨削用量，特别是砂轮径向进给量可有效控制磨削力；增加砂轮的修整次数，保持磨粒的锋利，也可减小磨削力，从而提高加工表面质量。

2. 磨削功率

磨削功率 P_m 是磨床动力参数设计的基础。由于砂轮速度较高，功率消耗较大。主运动所消耗的功率为

$$P_m = F_t v_s / 1000$$

式中　P_m——主运动所消耗的功率，kW；

F_t——切向磨削力，N；

v_s——砂轮圆周速度，m/s。

砂轮电动机功率 P_h 由下式计算

$$P_h = \frac{p_m}{\eta_m}$$

式中　η_m——机械传动总效率，一般取 0.7～0.85。

磨削功率也可参照功率图来确定。图 3-18 和图 3-19 分别为切入外圆磨削、平面磨削的单位磨削功率图，可分别从图中查出单位磨削功率 P_g ［kW/（$cm^3 \cdot min^{-1}$）］，再乘上金属切除率 Z（mm^3/min），即可得只主运动所需的磨削功率。再除以机械传动效率 η_m 即可得砂轮电动机功率 P_h（kW）。

$$P_h = \frac{P_g Z}{1000 \eta_m}$$

四、磨削热和磨削温度

1. 磨削热及其传导

磨削过程与其他切削过程相比，单位磨削力大，磨削速度很高，因此，其比磨削能比其他磨削方法大很多倍，这些能量绝大部

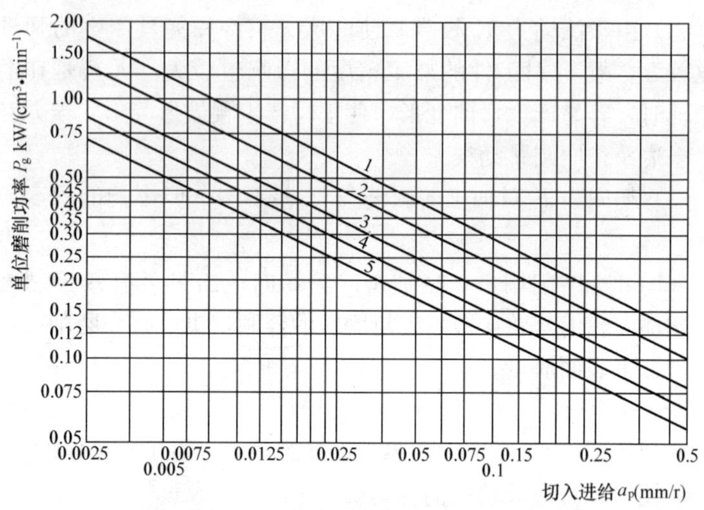

图 3-18 外圆切入磨削单位切削功率

1—低碳镍铬锰钢（170HBS）；2—铸铁（250HBS）；3—硬级砂轮磨中碳铬钼钢；4—中硬级砂轮磨中碳铬钼钢；5—中级砂轮磨中级铬钼钢

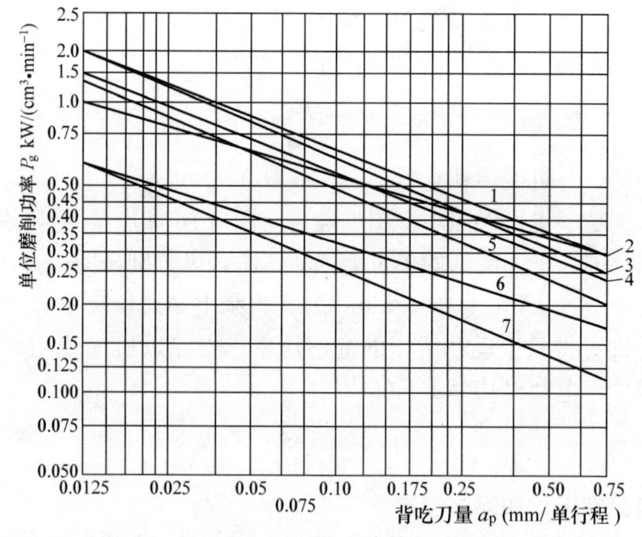

图 3-19 平面磨削单位磨削功率

1—工具钢（67HRC）；2—钛合金（300HBS）；3—镍基高温合金（340HBS）；4—低碳钢（110HBS）；5—铸铁（215HBS）；6—铝（80HBS）；7—硬铝（150HBS）

分转化为内能。而这些热量的分配与其他切削有很大的不同，约有80%传入工件（车削只有3%～9%），切屑带走4%～8%，砂轮带走10%～16%，另外有少部分以传导和辐射形式散出。由于磨削速度高，热量来不及传入工件深处，而瞬时聚集在很薄的表层，形成表层中极大的温度梯度、磨粒磨削点的温度可高达1000℃以上，而表层1mm以下只有几十摄氏度。当局部温度很高时，加工表面就会出现种种热损伤及热变形，影响加工表面质量与加工精度。因此，控制和降低磨削温度是保证磨削质量的重要环节。

磨削热的产生和传散可用下列平衡方程式来表示

$$Q_z=Q_b+Q_m=Q_x+Q_g+Q_s+Q_j$$

式中　Q_z——磨削时产生的总热量；

Q_b——磨屑及工件表层金属塑性变形产生的热量；

Q_m——砂轮磨粒与工件表层摩擦产生的热量；

Q_x、Q_g、Q_s、Q_j——从磨屑、工件、砂轮及介质（切削液、空气）传散的热量。

2. 磨削热对加工的影响

（1）烧伤。在瞬时高温的作用下，磨削的工件表层（一般只有几十到几百微米深）发生不均匀退火，表层变软（对淬硬钢而言）；或不均匀的淬火，表层变硬（对未淬硬钢而言）。

表层烧伤破坏了工件表层组织，影响零件的使用寿命。严重烧伤时工件表面呈焦黄色或焦黑色；轻度烧伤痕迹须经酸洗后才能显示。

避免烧伤的办法是减少砂轮的径向切入量和采取充分的冷却措施；选用硬度较低及组织较为疏松的砂轮；砂轮应及时修整；提高工件的圆周进给速度和工件纵向进给量，以减少工件与砂轮的接触时间，降低磨削温度，可减轻或避免烧伤。

（2）表面残余应力。当磨削温度达到相变温度时，由于表层金相组织的变化引起表层体积的变化，而产生的表层应力。即使没有达到相变温度，但由于表里的温差造成热胀冷缩和工件表面裂纹性变形也会使磨削表面产生残余应力。

残余应力易使工件产生翘曲等形状误差，严重时会产生表面裂纹，降低工件的疲劳强度。精磨时，减少进给量及适当增加光磨次数可有效减少表面残余应力。

3. 磨削温度

一般所说的磨削温度是指磨削区的温度，但磨削区附近的温度高低差别甚大，一般将磨削温度分为如下几种。

（1）磨粒磨削点温度。磨粒切削刃与切屑接触点的温度，是磨削中温度最高的部位，其值瞬时可达1000℃以上。它不仅影响加工表面质量，而且影响磨粒的破碎、磨损，与切屑粘附熔着等现象有关。

（2）磨削区温度。砂轮与工件接触区的平均温度，一般为500～800℃。它影响磨削表面残余应力、烧伤及裂纹等。

（3）工件平均温度。指磨削热传入工件，使工件总体温度升高，一般只有几十摄氏度，但它直接影响工件的形状和尺寸精度。

4. 降低磨削温度的途径

（1）合理选择磨削用量。

1）砂轮速度 v_s 增高，磨削温度相应上升，越易发生烧伤。

2）背吃刀量 a_p 越大，工件表面温度越高，因此宜选用较小的 a_p，但 a_p 过小时，则导致磨削时滑擦与刻划的能量增加，反而易引起表面烧伤。

3）工件速度 v_w 增高，产生的热量增加，但随着 v_w 增加磨削热源在工件表面上移动的速度加快，散热的条件改善，故烧伤情况减轻。

在生产实践中较有效果的措施是减小背吃刀量 a_p，适当减小砂轮速度 v_s 及增加工件速度 v_w 来减小工件表面烧伤和裂纹。

（2）正确选择砂轮。选用较粗的磨粒，采取粗修整，降低砂轮的硬度，控制砂轮磨损和防止砂轮粘着与堵塞，均能有效地降低磨削温度。其中砂轮硬度的合理选择对磨削表面烧伤影响最大，在磨削导热性差的材料、空心薄壁工件、工件与砂轮接触弧较长时，都应选较软的砂轮，以发挥砂轮的自研作用。

磨料的选择也有很大影响。如磨硬质合金工件，采用碳化硅砂轮，多数工件都出现烧伤现象。若选金刚石砂轮磨削，则磨削力小，干磨时摩擦因数小，故磨削区发热量小。

在产生磨削热多和砂轮与工件接触面积大的情况下，可采用大气孔砂轮或表面开槽砂轮。这种砂轮具有不易堵塞、切削能力强和散热快等优点。

（3）提高冷却润滑效果。

（4）及时修整砂轮。

（5）采用低应力磨削工艺。采用低应力磨削，工件表面可获得低的残余拉应力，减少表面烧伤与裂纹。所谓低应力磨削，即在表面 0.025mm 以下深度时，残余应力小于 120MPa。图 3-20 所示为低应力磨削与普通磨削的残余应力比较图。

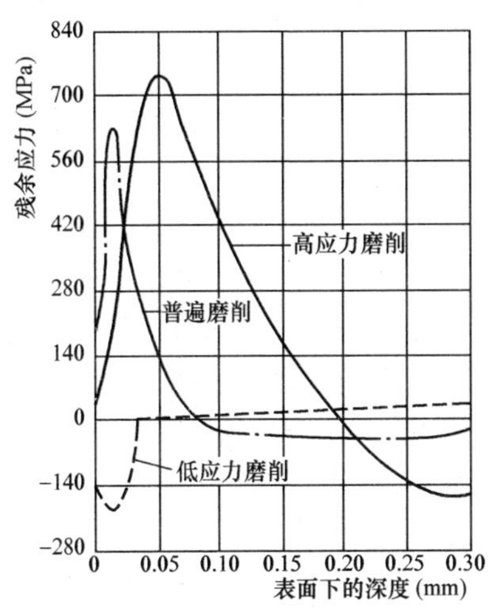

图 3-20　不同磨削方式对残余应力的影响

低应力磨削砂轮速度要低，砂轮硬度要软，横向进给量要小，表 3-45 为低应力磨削与其他磨削主要参数比较。

表 3-45　　低应力平面磨削与其他磨削主要参数比较

磨削方式	低应力磨削	普通磨削	高应力磨削	缓进给磨削
砂轮	A46（G或H）V	A46KV	A46MV	A46HV
砂轮速度（m/s）	10～15	20	20	20～25
径向进给量（mm/d・st）	0.0015～0.005	0.025	0.05	1～20（mm）

续表

磨削方式	低应力磨削	普通磨削	高应力磨削	缓进给磨削
纵向进给速度（m/min）	12～15	27	36	0.3
磨削液	硫化油，极压乳化液	乳化液	干磨	乳化液

低应力磨削适于磨削高强度和高温合金等精密零件，但磨削效率低。因此，磨削余量要小，一般余量取0.25mm，其中先以f_r=0.01～0.02mm/st，切除0.2mm余量，然后再以0.005～0.01mm/st切除剩下的余量。近年来采用CBN砂轮，由于能较长时间保持锋利的切削刃，磨削效率有所提高。

五、砂轮的磨钝及砂轮的寿命

1. 砂轮的磨钝

砂轮在工作一段时间后，砂轮的工作表面会钝化，用磨钝了的砂轮继续磨削，由于砂轮切削能力的丧失，砂轮与工件之间的摩擦加剧，会使工件表面产生烧伤和振动波纹，使工件表面粗糙度值变大。砂轮的磨钝经过初期磨钝、正常磨钝、急剧磨钝三个阶段。初期磨钝阶段，微刃仍相当锐利；正常磨钝阶段，微刃表面的锐角逐渐变钝；当微刃锐角完全消失时，磨削会产生刺耳的噪声，即为急剧磨钝阶段。砂轮磨钝的形式有以下四种。

（1）磨粒的钝化。如图3-21（a）所示，磨粒的锋利微刃已丧失，磨粒表面较平滑。

（2）磨粒急剧且不均匀的脱落。使用较软的砂轮，常出现这种磨钝形式，使砂轮丧失原有的工作形面，如图3-21（b）所示。

（3）砂轮表面被磨屑粘嵌和堵塞。如图3-21（c）所示，磨削韧性材料时常会发生这种磨钝现象。

（4）混合型磨钝。以上三种磨钝现象都发生，是经常发生的磨钝现象。

磨钝的砂轮需及时修整，以满足加工的要求。

2. 砂轮的寿命

砂轮寿命是指砂轮两次修磨之间所经历的实际磨削时间。

砂轮磨损到一定程度时，应及时修整。否则工件会产生颤振，

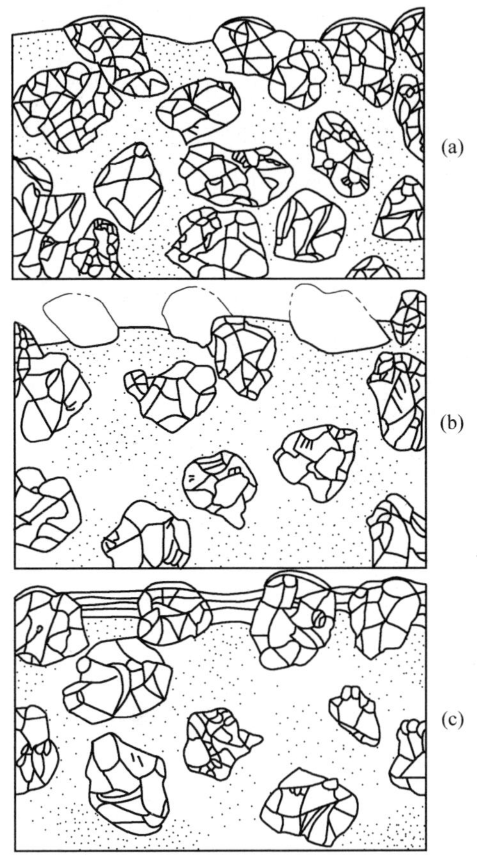

图 3-21　砂轮磨钝形状

(a) 磨粒钝化；(b) 脱落；(c) 粘嵌和堵塞

工件表面粗糙度值突然增大（如磨铸铁件时表面出现晶亮面，磨钢件时表面产生烧伤痕迹）等异常现象。

通常可以从以下几个方面来判断砂轮是否已达到寿命，便于及时修磨。

(1) 用金属切除率 Z 的变化来判断，刚修整的砂轮，磨粒锋利，Z 值较高。如果随着时间的推移，金属切除率下降了 40%～50%，则砂轮已钝化，应及时修整。

(2) 用工件表面质量的变化来判断。如果工件出现颤振、晶亮面或轻微烧伤时，则砂轮已钝化，应及时修整。这一标准较易在操作现场应用。

(3) 用砂轮磨损能力系数的大小来判断。磨损能力系数是指砂轮在单位磨削力作用下，在单位时间内磨去的金属体积。新修整的砂轮，切削刃锋利，则该系数值大；如果该系数值变小，说明单位磨削力增大，砂轮已钝，应及时修整。

3. 影响砂轮寿命的因素

影响砂轮寿命的因素可以从以下几方面考虑。

(1) 砂轮的硬度对寿命影响较大，在重磨削条件下，应选用较硬的砂轮，以免磨损过快。

(2) 磨削用量中背吃刀量 a_p、纵向进给量 f_r 增大，则磨削热增加，砂轮寿命会降低；提高砂轮圆周速度 v_s，可使单个磨粒的负荷减小，从而提高砂轮寿命。

(3) 充分的切削液及合适的冷却方式可提高砂轮寿命。

(4) 提高工艺系统的刚性，则可减少振动，提高砂轮寿命。

第四章

磨 床 夹 具

第一节　磨床通用夹具

磨床通用夹具种类和用途见表 4-1。

表 4-1　　磨床通用夹具种类和用途

<table>
<tr><th colspan="3">种　　类</th><th>主 要 用 途</th></tr>
<tr><td rowspan="4">通用夹具</td><td>顶尖</td><td>普通顶尖
硬质合金顶尖
半顶尖
大头顶尖
长颈顶尖
阴顶尖
弹性顶尖</td><td rowspan="2">用于在外圆磨床上磨削轴类工件的外圆，在平面磨床上成形磨削及分度磨削</td></tr>
<tr><td>鸡心夹头</td><td>单口鸡心夹头
双口鸡心夹头
圆环形夹头
方形夹头
双尾鸡心夹头</td></tr>
<tr><td rowspan="2">心轴</td><td>锥度心轴
带肩心轴
莫氏锥柄悬伸心轴
胀胎心轴
锥度胀胎心轴
液态塑料胀胎心轴
液压胀胎心轴
橡胶胀胎心轴
弹性片胀胎心轴</td><td>用于衬套及盘类工件的磨削</td></tr>
<tr><td>组合心轴</td><td>用于筒体工件的磨削</td></tr>
</table>

续表

<table>
<tr><th colspan="4">种　类</th><th>主 要 用 途</th></tr>
<tr><td rowspan="11">通用夹具</td><td colspan="2">中心孔柱塞</td><td>中心孔柱塞
带肩中心孔柱塞
带圆锥面中心孔组合塞
活柱式中心孔塞</td><td>用于轴端有孔的轴类及筒体类工件的磨削</td></tr>
<tr><td colspan="2">弹簧夹头</td><td>拉式弹簧夹头
推式弹簧夹头</td><td>用于在外圆磨床上磨削直径较小的轴类工件</td></tr>
<tr><td rowspan="4">吸盘</td><td rowspan="2">磁力吸盘</td><td>圆形电磁吸盘
圆形永磁吸盘</td><td>用于内、外圆磨削</td></tr>
<tr><td>矩形电磁吸盘
矩形永磁吸盘</td><td>用于平面磨削</td></tr>
<tr><td rowspan="2">真空吸盘</td><td>矩形真空吸盘</td><td>用于在平面磨床上磨削薄片或非导磁性工件</td></tr>
<tr><td>圆形真空夹头</td><td>用于外圆或万能磨床</td></tr>
<tr><td colspan="2">卡盘与花盘</td><td>三爪自定心卡盘
四爪卡盘
花盘</td><td>用于内、外圆磨床上磨削各种轴、套类工件</td></tr>
<tr><td colspan="2">虎钳与直角块</td><td>精密平口虎钳
磨直角用夹具
直角块</td><td>用于在平面磨床上磨削工件的直角</td></tr>
<tr><td colspan="2">多角形块</td><td>多角形块
六角形块
八角形块</td><td>用于在平面磨床上磨削多角形工件或花键环规及塞规</td></tr>
<tr><td colspan="2" rowspan="2">正弦夹具</td><td>正弦夹具
正弦虎钳
正弦中心架
正弦分度夹具（含万能磨夹具）</td><td>用于在平面磨床上磨削样板、冲头等成形工件</td></tr>
<tr><td>光学分度头</td><td>用于在平面磨床上成形磨削</td></tr>
<tr><td colspan="3">专用夹具</td><td>专用夹具</td><td>用于成批大量生产的内、外圆或平面磨削</td></tr>
</table>

一、顶尖和鸡心夹具

顶尖和鸡心夹具常配套使用，其用途极为广泛，是磨削轴类工件时最简易、且精度较高的一种装夹工件的工具。其中硬质合金顶尖寿命高，适用于装夹硬度高（淬火钢类）的工件。顶尖和鸡心夹具在车床上也常用，但磨床用的顶尖比一般车床用的精度要高。

二、心轴

心轴常用于外圆磨床和万能磨床上磨削以孔或孔与端面作定位基准的套筒类、盘类工件的外圆及端面，以保持工件外圆与内孔的同轴度和与端面的垂直度要求。心轴的中心孔要研磨，并在其锥面上开三条互成 120°的油槽。

（一）锥度心轴

锥度心轴如图 4-1 所示。

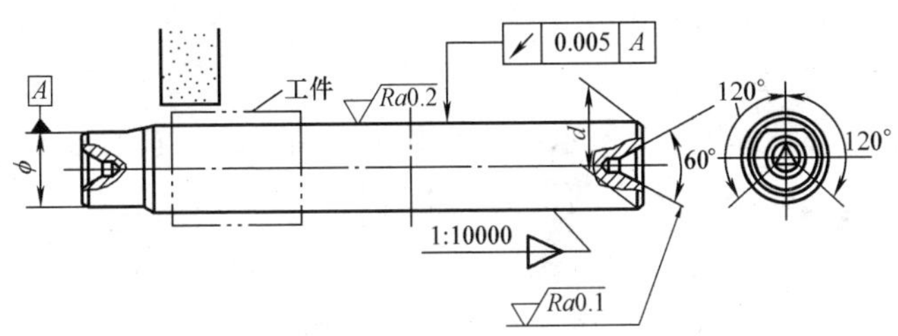

图 4-1　锥度心轴

锥度心轴的锥度一般可取 100mm 长度内 0.01～0.03mm，根据被磨工件的精度需要而确定。心轴外圆与工件内孔之间的配合程度，以能克服磨削力为准，不宜过紧而使工件变形。由于工件孔有一定公差范围，一般需要 1～3 根，甚至 5 根为一组，供选配使用。心轴外圆对中心孔的跳动公差一般为 0.005～0.01mm，应根据工件的精度而定。这种心轴一般用于单件和小批量生产。

对于较大批量的生产，则需对工件孔的实际尺寸测量后进行分组，分批加工，以保证工件在心轴上的位置相对砂轮处在一个稳定的范围内，而不至于左右窜动过大，超出已调整好的工作台行程。

对于某些较长的工件可以采用一端有锥度，另一端为圆柱的心轴，如图 4-2 所示。在加工时，可视实际需要添加一个（任意一

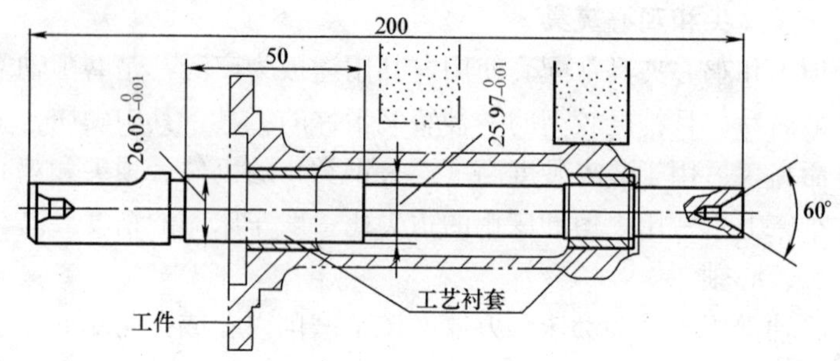

图 4-2　磨较长工件的锥度心轴

端）或两个辅助的工艺衬套，衬套有带肩或不带肩两种，工件内孔压入工艺衬套后与心轴配合。

带锥度一端的衬套可做成可胀式的，以使其与锥度配合良好，并依靠其胀力来带动工件转动。

（二）带肩心轴

带肩心轴如图 4-3 所示。工件上孔径 $d_1 \geqslant d_2$，它的最大跳动公差为 0.005mm，对 k 面的垂直度公差为 0.005mm。

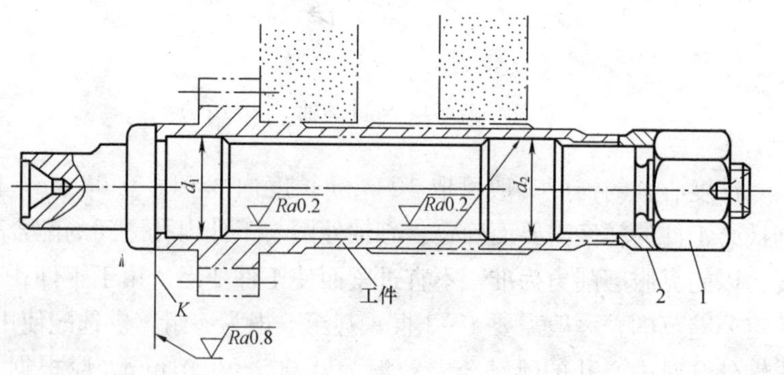

图 4-3　带肩心轴

1—六角螺母；2—专用垫圈

（三）莫氏锥柄悬伸心轴

1. 带肩莫氏锥柄悬伸心轴

如图 4-4 所示为带肩莫氏锥柄悬伸心轴，工件与心轴一般成无间隙的配合。单件生产时，可配磨心轴直径；批量生产时，则按尺

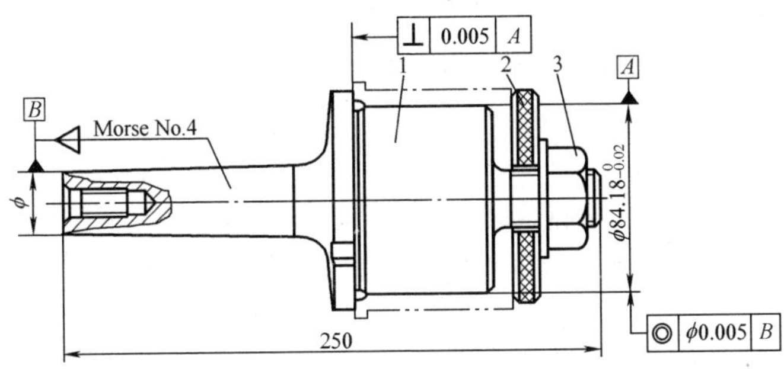

图 4-4 带肩莫氏锥柄悬伸心轴

寸分组，可制成三根供选用，莫氏锥柄的大小可根据工件大小和机床而定，需要时可加莫氏锥度过渡套筒。

2. 带肩复合心轴

如图 4-5 所示为带肩复合心轴。

这种心轴当用大螺母 1 压紧工件时，可磨削工件的端面[见图 4-5(b)]，改用六角螺母 2 压紧工件时，可磨削工件的外圆及其台

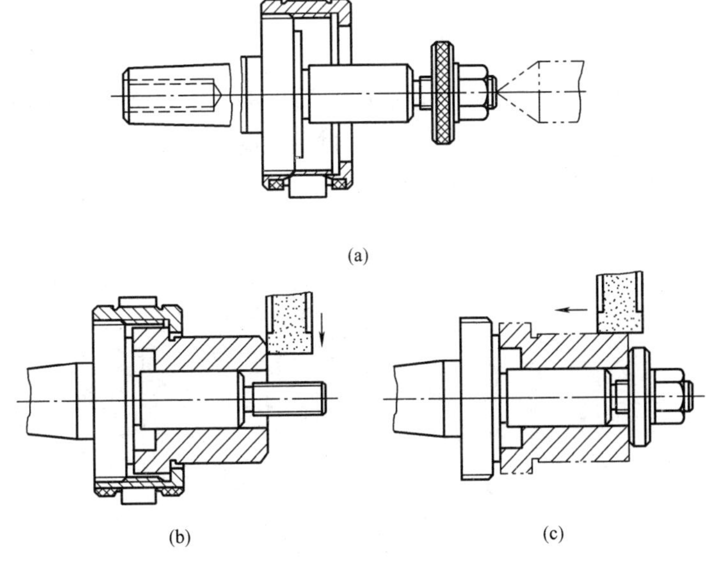

图 4-5 带肩复合心轴

(a) 带肩复合心轴；(b) 用大螺母 1 压紧工件；(c) 用六角螺母 2 压紧工件

阶[见图 4-5(c)]。

使用悬伸心轴时，也可用尾座顶尖作为辅助支承。

(四) 胀胎心轴

1. 锥度胀胎心轴

如图 4-6 所示为锥度胀胎心轴。它是利用心轴上的锥度，使可胀衬套 1 受到螺母 2 及压板 3 的压紧力后胀开，从而夹紧工件。

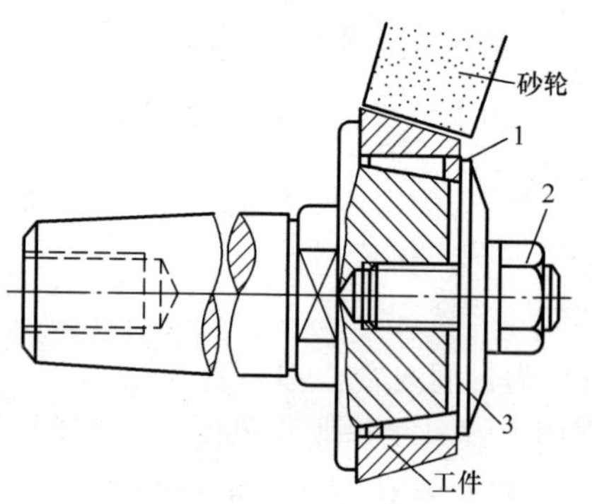

图 4-6　锥度胀胎心轴

1—可胀衬套；2—螺母；3—压板

如图 4-7 所示为两端锥度胀胎心轴，它的夹紧原理与图 4-6 所示心轴相同。由于工件较长，可胀衬套 2 也增长了，为了使其两端胀力均匀，可设计成两端锥度。

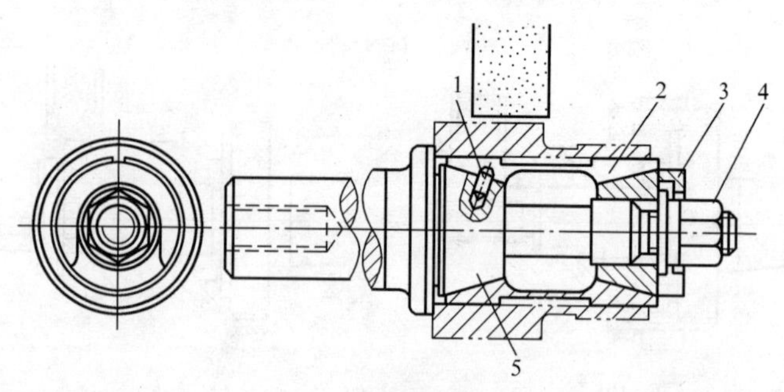

图 4-7　两端锥度胀胎心轴

1—销；2—可胀衬套；3—带圆锥的压圈；4—螺母；5—心轴

这种心轴在工件装上后，应靠紧端面 A 后再夹紧。压圈 3 与心轴 5 为无间隙配合，销 1 用来防止可胀衬套的转动。

如图 4-8 所示为胀鼓心轴，它也属于胀胎心轴。它利用锥度心轴 1 上 1∶50 的锥度将可胀鼓 2 胀开，靠其胀力来夹紧工件，适用于加工直径较大的薄壁套筒类工件。加工时，先将工件套装在可胀鼓 2 上并靠紧端面，然后与可胀鼓一起套装在心轴上。

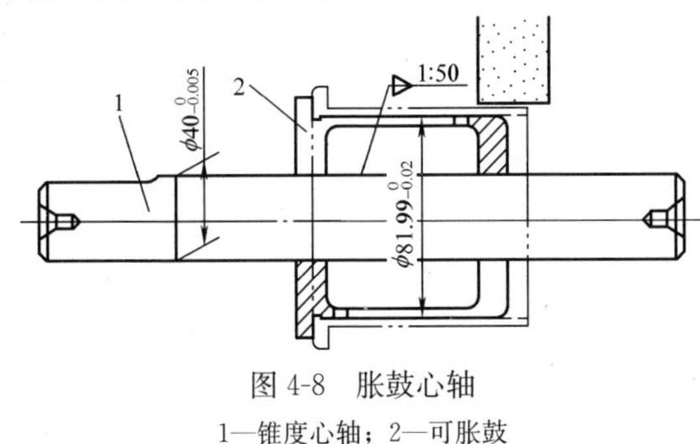

图 4-8　胀鼓心轴

1—锥度心轴；2—可胀鼓

2. 液性塑料胀胎夹具

如图 4-9 所示为内圆磨床用液性塑料胀胎夹具。当旋紧调压螺塞 3 时，柱塞 4 就压缩液性塑料 2，使胀套 6 的薄壁上受到均匀的压力而向外胀，从而将工件夹紧。

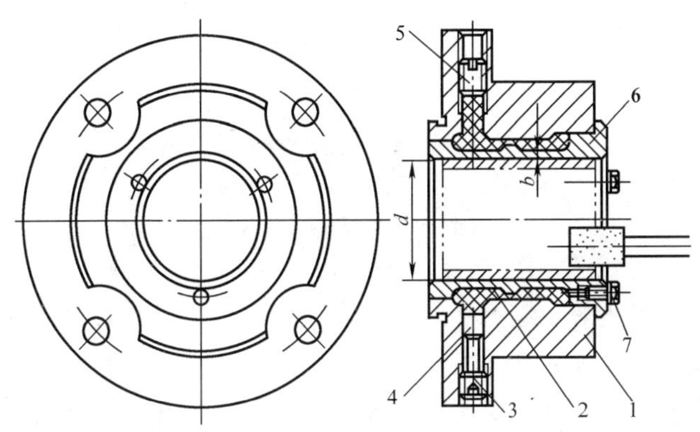

图 4-9　液性塑料胀胎夹具

1—本体；2—液性塑料；3—调压螺塞；4—柱塞；5—堵塞；6—薄壁胀套；7—密封螺钉

第一次灌入液性塑料时，应将3个密封螺钉7全部卸下排气，待液性塑料从3个螺孔中均匀流出时，再将密封螺钉7装上封死，勿使泄漏。为了弥补缝隙处的渗漏，要经常从堵塞5处添加液性塑料。

如图4-10所示为另一种液性塑料夹具，它的工作原理与图4-9所示的相同。止挡螺钉6用来控制柱塞7的行程，以控制胀套胀力的大小，不使其过大。同时卸下止挡螺钉6，可将液性塑料从此螺孔中灌入。

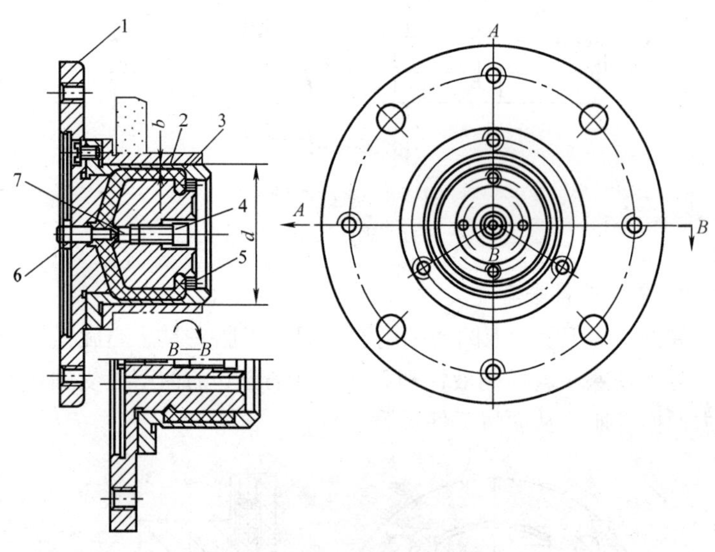

图4-10　外圆磨床用液性塑料胀胎夹具

1—本体；2—薄壁胀套；3—液性塑料；4—调压螺栓；5—密封螺塞；6—止挡螺钉；7—柱塞

3. 液压胀胎心轴

如图4-11所示为液压胀胎心轴。在其内腔灌满凡士林油，当旋紧螺杆3时，油料受压而将胀套2外胀，胀套2中间有一条肋a，用来增加中间部位的刚度，以使胀套从肋a两侧的薄壁部位均匀向外胀，夹紧工件。

该夹具的本体1与胀套2的配合部分为H7/k6，用温差法装

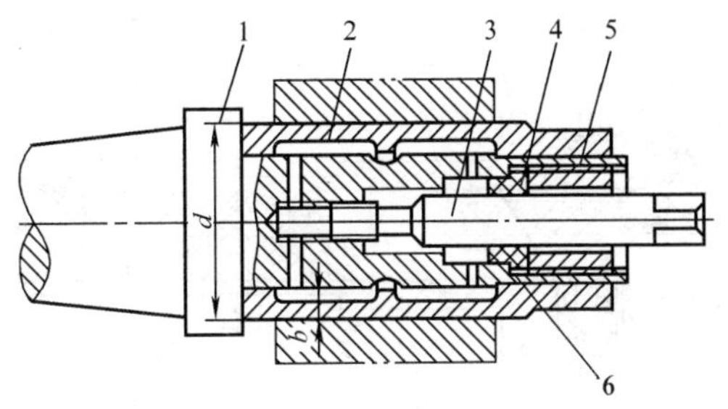

图 4-11 液压胀胎心轴

1—本体；2—胀套；3—调压螺杆；4—橡胶垫圈；
5—螺塞；6—橡胶密封圈

配。胀套 2 留有精磨余量为 0.15～0.20mm，待其与本体 1 装配后再精磨到需要的尺寸。

4. 橡胶胀胎心轴

如图 4-12 所示为悬伸式橡胶胀胎心轴。如图 4-13 所示为橡胶胀胎心轴。调紧调压螺栓 5，使楔块 6 的斜面压紧柱塞 7 的斜面，使柱塞 7 产生轴向移动而压紧橡胶，橡胶受压而使本体 4 向外胀而夹紧工件。K 为排气孔，件 9、11 是用来控制外胀部位的实心定位垫圈，当松开调压螺栓 5 时，弹簧 14 及弹簧座 12 和楔块 6 顶起，柱塞 7 回位，此时夹紧工件的胀力消失。

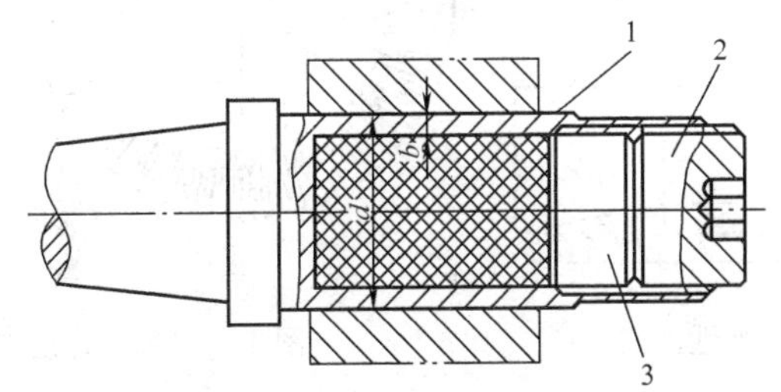

图 4-12 悬伸式橡胶胀胎心轴

1—橡胶；2—调压螺塞；3—柱塞

上述胀胎心轴与夹具的胀胎、胀套的薄壁厚度一般为 1.0～2.0mm，根据其直径大小及长度的长短而定，且要求薄壁厚度的公差在 0.03～0.08mm 范围内，以保持其良好的定心精度。

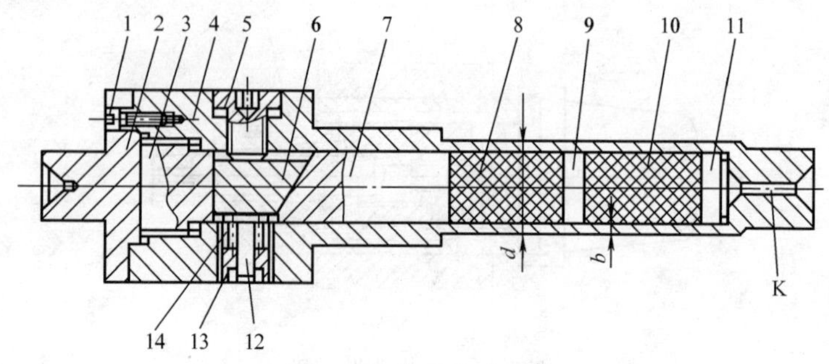

图 4-13　橡胶胀胎心轴

1—螺钉；2—端盖；3—螺柱；4—本体；5—调压螺栓；6—楔块；7—柱塞；8、10—橡胶；9、11—实心垫圈；12—弹簧座；13—调压螺塞；14—弹簧

5. 弹性片胀胎心轴与夹具

如图 4-14 和图 4-15 所示为两种类型的弹性片。当它们在轴向受到压力作用时，会向外径方向均匀胀大或向内径方向均匀缩小。弹性片须成组使用，每组片数视需要而定，一般为 3～5 片。

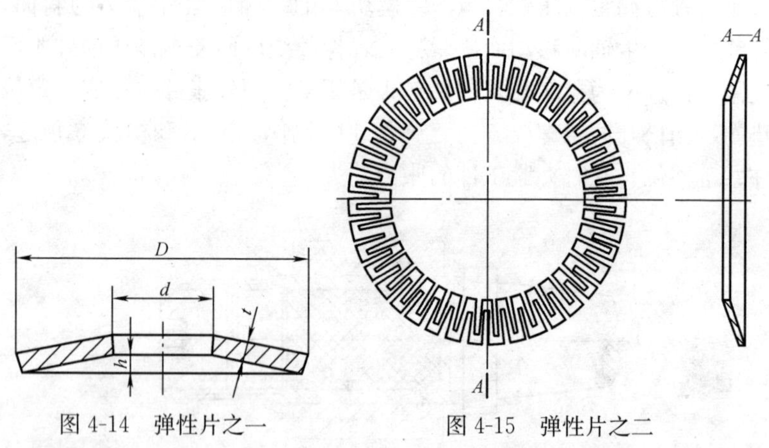

图 4-14　弹性片之一

图 4-15　弹性片之二

如图 4-16 所示为外圆磨床用悬伸式弹性片胀胎心轴。

如图 4-17 所示为内圆磨床用弹性片胀胎夹具。

如图 4-18 所示为万能磨床用弹性片胀胎夹具。

弹性片胀胎心轴与夹具，其定位精度大于 0.002mm，较液性塑料夹具差，且容易损伤工件被夹部分的表面。

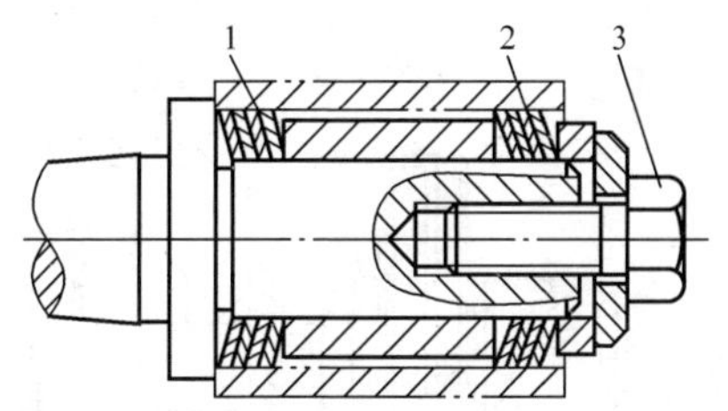

图 4-16　外圆磨床用悬伸式弹性片胀胎心轴

1、2—弹性片组；3—螺栓

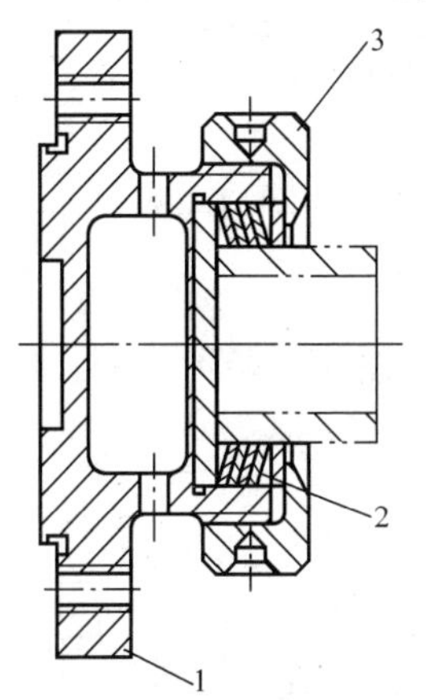

图 4-17　内圆磨床用弹性片胀胎夹具

1—本体；2—弹性片组；3—圆螺母

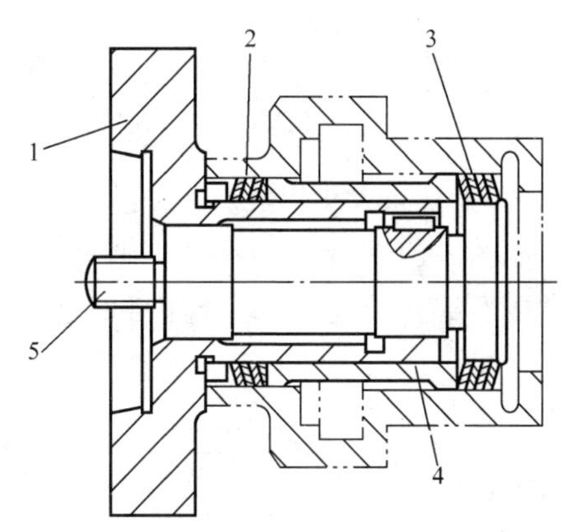

图 4-18　万能磨床用弹性片胀胎夹具

1—本体；2、3—弹性片组；4—套筒；5—拉杆

（五）组合心轴

组合心轴如图 4-19 所示，它适用于较大工件外圆磨削时使用。工件装在心轴上，由左右两端的带肩圆滑盘 3 和带锥面的基座 6 定位，旋紧圆螺母 2，有带肩圆滑盘 3 将工件推向基座 6 的锥面，并将工件压紧。

三、中心孔柱塞

两端为空心的轴类工件，通过柱塞用顶尖装夹进行磨削加工。常用柱塞有如下几种。

（一）中心孔柱塞

如图 4-20 所示是不带肩和带肩的两种中心孔柱塞。

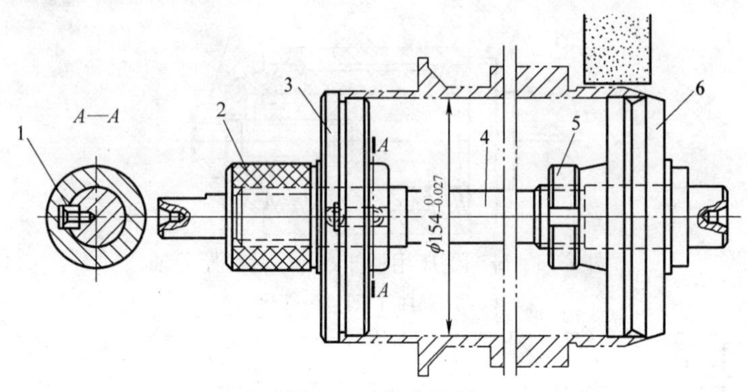

图 4-19　组合心轴

1—键；2、5—螺母；3—带肩圆滑盘；4—心轴；6—带锥面的基座

（二）可胀式中心孔柱塞

如图 4-21 所示为可胀式中心孔柱塞。柱塞外径可胀开，用于筒类或两端孔径较大的轴类工件的磨削。

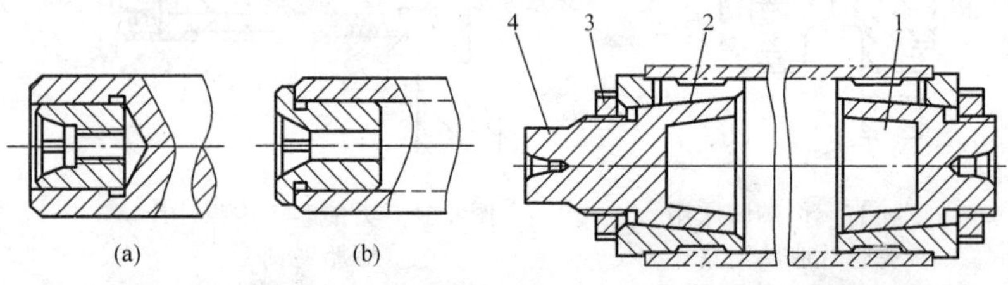

图 4-20　中心孔柱塞

（a）不带肩；（b）带肩

图 4-21　可胀式中心孔柱塞

1—组合塞；2—可胀套；3—圆螺母；4—塞体

（三）活柱式中心孔柱塞

如图 4-22 所示为活柱式中心孔柱塞。用于筒类或两端孔径较大的轴类工件的磨削。

四、卡盘和花盘

卡盘和花盘属机床附件，常用于内圆、外圆和万能磨床上磨削工件。

（一）卡盘

卡盘利用它后面法兰盘上的内螺纹直接安装在磨床主轴上，使用卡盘装夹轴类、盘类、套类等工件非常方便、可靠。常用的卡盘

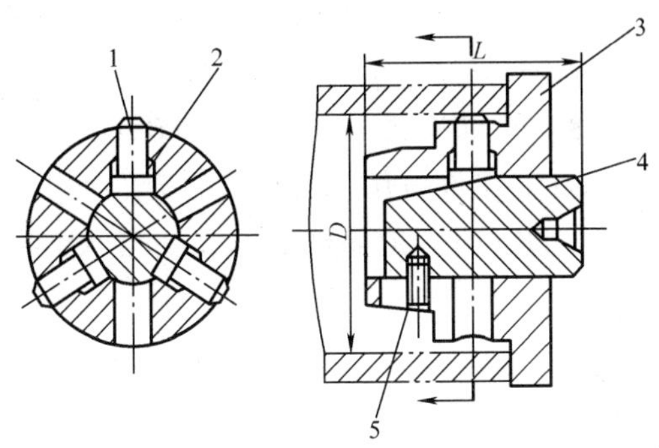

图 4-22 活柱式中心孔柱塞

1—活柱；2—弹簧；3—塞体；4—塞芯；5—销

有下面两种。

1. 三爪自定心卡盘

如图 4-23 所示为三爪自定心卡盘。用扳手通过方孔 1 转动小锥齿轮 2 时，就带动大锥齿轮 3 转动，大锥齿轮 3 的背面有平面螺纹 4，它与三个卡爪后面的平面螺纹相啮合，当大锥齿轮 3 转动时，就带动三个卡爪 5 同时作向心或离心的径向运动。

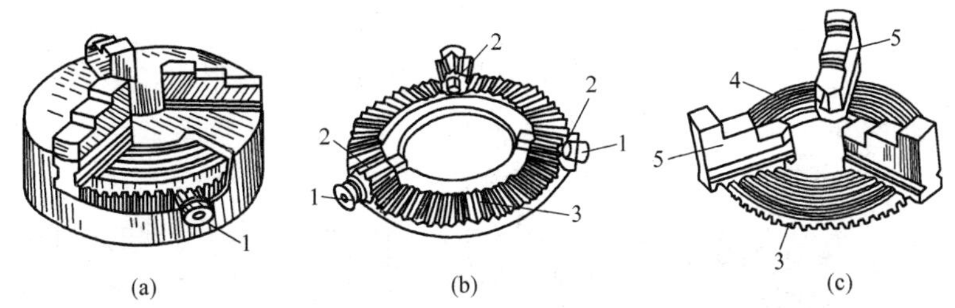

图 4-23 三爪自定心卡盘

1—方孔；2—小锥齿轮；3—大锥齿轮；4—平面螺纹；5—卡爪

三爪自定心卡盘具有较高的自动定心精度，装夹迅速方便，不用花费较长时间去校正工件。但它的夹紧力较小，而且不便装夹形状不规则的工件。因此，只适用于中、小型工件的加工。

2. 四爪单动卡盘

如图 4-24 所示为四爪单动卡盘。它有四个对称分布的相同卡爪1、2、3、4，每个卡爪都可以单独调整，互不相关。用扳手调节螺杆5，就可带动该爪单独的作径向运动。由于四个卡爪是单动的，所以适用于磨削截面形状不规则和不对称的工件。

四爪单动卡盘夹持工件的方法如图4-25所示。它的适用范围较三爪自定心卡盘广，但装夹工件时需要校正，要求工人的技术水平较高。

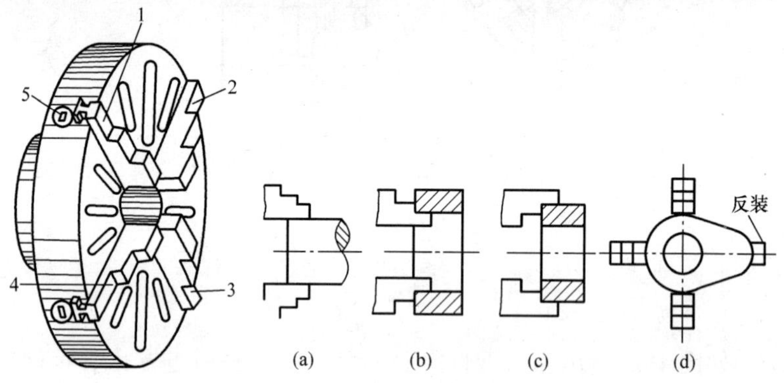

图4-24 四爪单动卡盘
1、2、3、4—卡爪；
5—调节螺杆

图4-25 四爪单动卡盘夹持工件的方法
(a) 正爪夹外圆；(b) 正爪反撑内孔；
(c) 反爪夹外圆；(d) 混合装夹外圆

（二）花盘

花盘可直接安装在磨床主轴上。它的盘面上有很多长短不同的穿通槽和T形槽，用来安装各种螺钉和压板，以紧固工件，如图4-26所示。

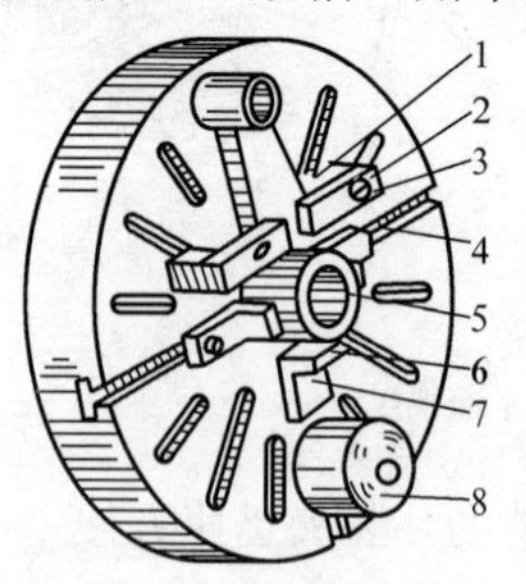

图4-26 花盘上装夹工件
1—垫铁；2—压板；3—压板螺钉；4—T形槽；5—工件；6—小角铁；7—可调定位螺钉；8—配重块

花盘的工作平面必须与主轴的中心线垂直，盘面平整，适用于装夹不能用四爪单动卡盘装夹的形状不规则的工件。

五、弹簧夹头

弹簧夹头也属机床附件，常用于外圆及万能磨床。

六、磁力吸盘和磁力过渡垫块

磁力吸盘和磁力过渡垫块是磨床上常用夹具，特别是在平面磨床上，其用途极为广泛。

磁力吸盘按外形可分为圆形、矩形和球面三类（见表 4-2）；按磁力来源可分为电磁和永久磁铁吸盘（又称永磁吸盘）两类；按其用途又可分为通用、专用、正弦和多功能磁力吸盘。

表 4-2　　电磁吸盘的主要结构形式

矩形吸盘	圆形吸盘	球面吸盘
 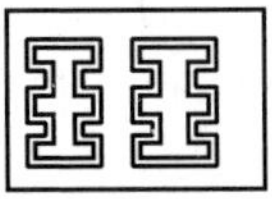 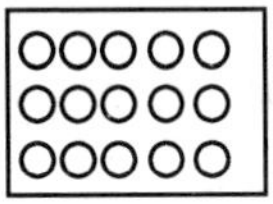 NSNSNSNS	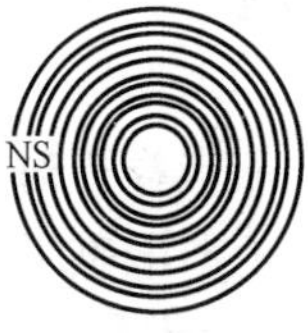  NS	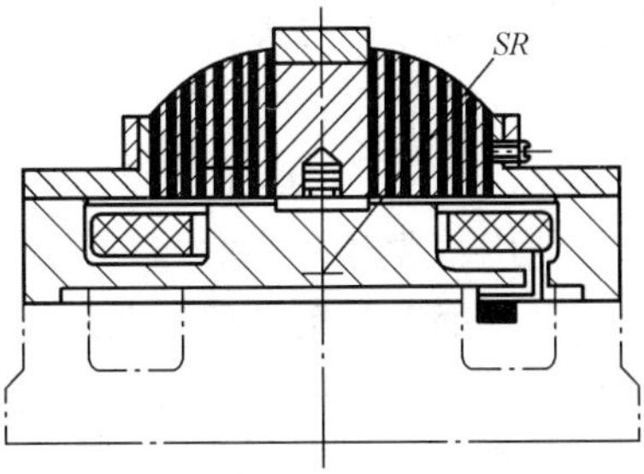 SR

（一）通用圆形电磁吸盘

通用圆形电磁吸盘用于外圆和万能磨床上。在圆台平面磨床上，其工作台多为圆形电磁吸盘。

（二）通用矩形电磁吸盘

通用矩形电磁吸盘常为矩台平面磨床的工作台。它的电磁吸盘使用的直流电压为 55、70、110、140V 四种。电磁吸盘产生的最大吸力可达 2MPa。

通用圆形电磁吸盘和通用矩形电磁吸盘一般是机床附件，随机供应。

（三）正弦永磁吸盘

正弦永磁吸盘常用于矩台平面磨床。它的内部是以永久磁铁作为磁力源，其底部由正弦规组成。此吸盘使用方便，用途广泛。若用它来磨削角度样板，其精度误差≤$1'$。

（四）磁力过渡块

在使用磁力吸盘吸紧工件进行磨削时，往往离不开过渡块的辅助。

磁力过渡块的作用是将吸盘上的磁力线N极引向过渡块本身，再经过放在过渡块上（或贴靠过渡块）的工件和过渡块本身，使磁力线回到吸盘S极，形成一个磁力线回路而将工件吸住。为满足各种形状工件的需要，磁力过渡块可设计成各种形状，常见的是V形和方形磁力过渡块。

多功能电磁吸盘附有一套磁力过渡块，以扩大其使用范围。

七、精密平口虎钳

在矩形平面磨床M7120A上磨削成形样板时，经常使用精密平口虎钳。精密平口虎钳又经常与通用矩形电磁吸盘和正弦永磁吸盘组合使用。常用的精密平口虎钳钳口宽度为50、75、100mm三种。

八、磨直角用夹具（直角块和多角形块）

（一）磨直角用夹具和直角块

磨直角用夹具如图4-27所示，直角块如图4-28所示。它们是

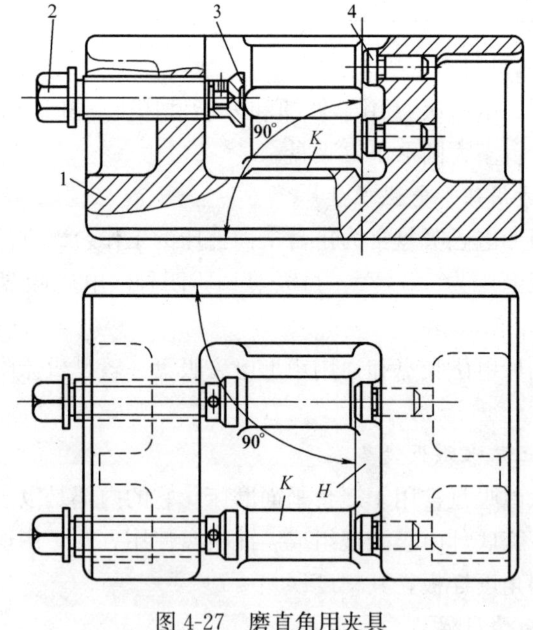

图4-27　磨直角用夹具

1—本体；2—螺杆；3—压帽；4—支承

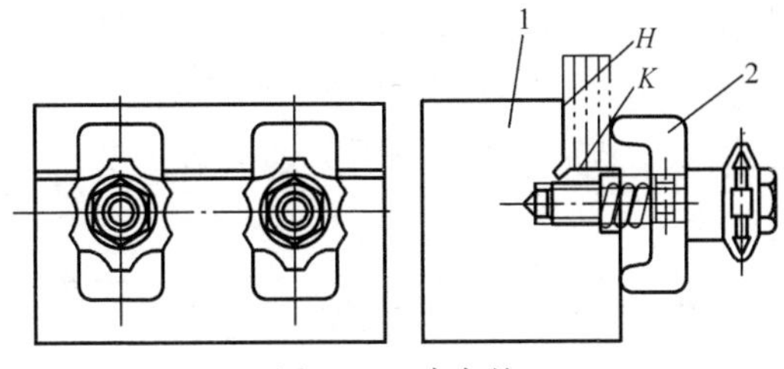

图 4-28 直角块

1—本体；2—弯压板

在 M7120A 平面磨床上与矩形电磁吸盘组合使用的。其本体 1 四周各面之间和对 H、K 面均保持垂直度为 90°±30″的精度要求，可用任意一面作为基准面来磨削工件的直角。

（二）多角形块

六角形块如图 4-29 所示，八角形块如图 4-30 所示。

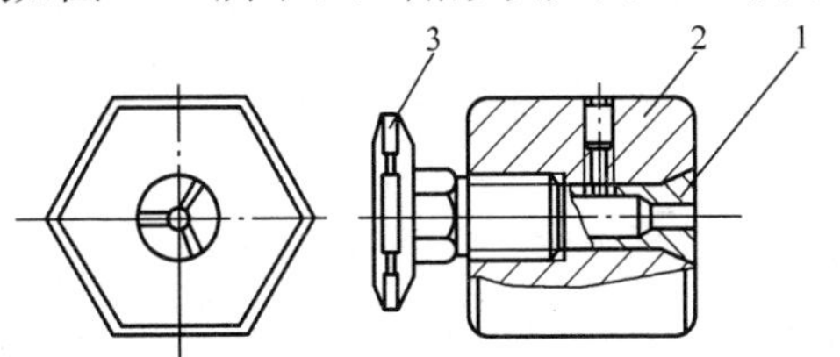

图 4-29 六角形块

1—弹簧夹头；2—本体；3—带手把拉杆

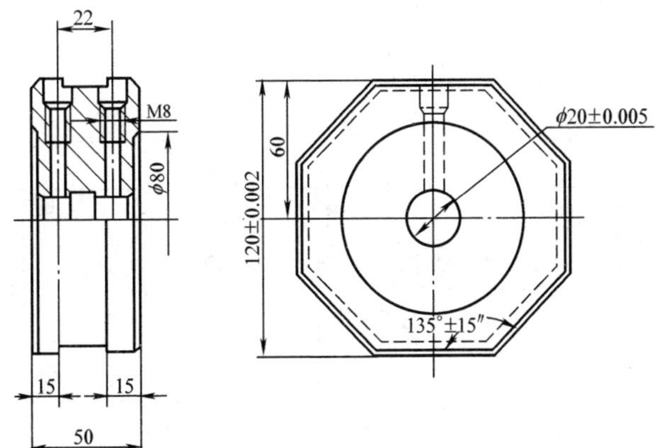

图 4-30 八角形块

多角形块可用于夹紧工件磨削其多角或进行分度磨削，如六角冲头和花键塞规或花键环规等。在磁力吸盘外侧安装一条形定位块，与工作台运动方向和砂轮端面平行（可在安装后，用砂轮修磨一次），作为分度的基准面。

多角形块夹紧工件后卧放或立放在吸盘上，以角面紧靠定位块（分度的基准面）。

九、正弦夹具和正弦分度万能夹具

正弦夹具和正弦分度万能夹具都是利用正弦原理来磨削工件的角度或实现分度磨削的，它们广泛用于成形磨削。正弦夹具又经常与电磁吸盘组合使用。

正弦夹具的种类很多，其使用方法也变化多样，具体使用方法参考本书其他章节。

第二节　典型专用磨床夹具

一、专用矩形电磁吸盘

专用矩形电磁吸盘如图 4-31 所示。该吸盘是根据工件尺寸和

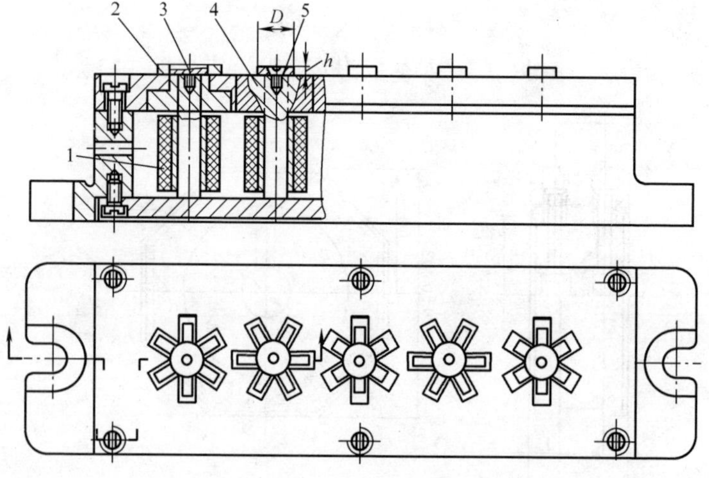

图 4-31　专用矩形电磁吸盘

1—线圈；2—工件；3—螺钉；4—星形铁心；5—定位圈

形状而设计的，专门用来磨削尺寸小而薄的垫圈。为了将工件吸牢，将吸盘的铁心4设计成星形，以增大其吸力，同时由螺钉3将定位圈5固定在吸盘面板上星形铁心的中心位置。定位圈5的外径D小于工件的孔径，厚度也低于工件。磨削时，工件不会产生位移。

二、真空吸盘

真空吸盘如图4-32所示。该吸盘用于在平面磨床上磨削有色金属和非磁性材料的薄片工件。真空吸盘可放在磁力吸盘上，也可放在磨床工作台上用压板压紧后使用。

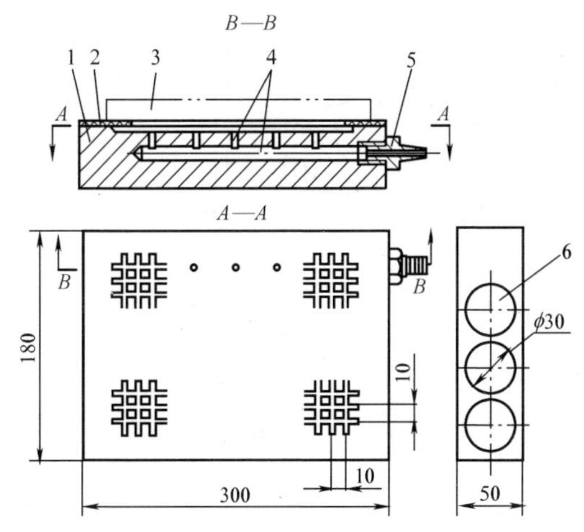

图4-32 真空吸盘

1—本体；2—耐油橡胶；3—工件；4—抽气孔；5—接头；6—减重孔

为了增大真空吸盘的吸力并使其均匀，与工件接触的吸盘面上有若干小孔与沟槽相通，沟槽组成网格形，沟槽的宽度为0.8～1mm，深度为2.5mm。根据需要可在本体上钻若干减轻重量的减重孔6。

真空吸盘根据工件的形状、大小等设计，工件与吸盘面结合要严密，为避免漏气，一般需垫入厚度为0.4～0.8mm的耐油橡胶垫，预先垫上一个与工件形状相同、尺寸稍小的孔口，然后放上工件，将孔口盖住，开启真空泵抽气，工件就被吸牢。如果是多个工件，则按工件数开孔。

三、真空夹头

真空夹头也是利用真空装置吸附工件的夹具，也可称为吸盘。它可用于外圆或万能磨床上夹持薄圆片工件。

如图 4-33 所示，是用于万能磨床上磨削薄圆片内、外圆的真空夹头。橡皮垫厚度为 0.8mm，工件由定位销 2 定位。

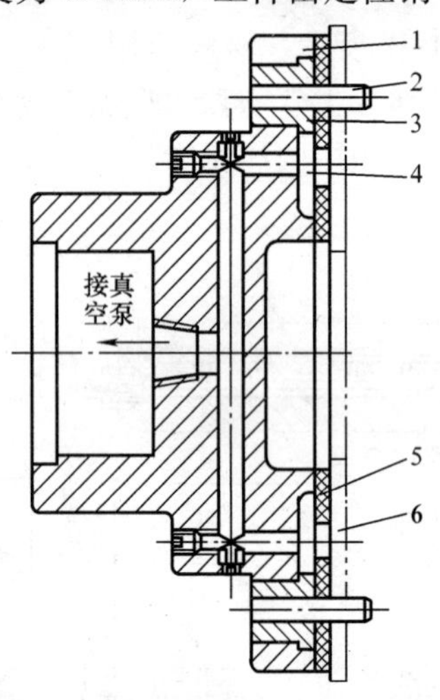

图 4-33 夹持薄圆片的真空夹头

1—本体；2—定位销；3—衬套；4—真空室；5—橡皮垫；6—工件（薄圆片）

四、圆形电磁无心磨削夹具

如图 4-34 所示为在内圆磨床上进行无心磨削轴承外圈内槽面的电磁无心磨削夹具。由于磁力的大小可由设计决定，这是电磁夹具的一个优点。该夹具磁力大小要使工件被吸住而又不至吸得很紧，在受到推力后可产生滑动。夹具的面盘 6（即吸盘）与普通圆形电磁吸盘稍有不同，其隔磁层 7 是只有一圈的环形圈，磁力不大。通电后磁力线 N 极从内圈经过工件 8 到外圈回到 S 极，吸住工件。当受到推力后，工件与面盘 6 产生相对滑动。将工件 8 的外圆表面紧贴在二个支承 2 上[见图 4-34(b)]，使工件中心 O' 与机床主轴中心 O 之间有一个很小的偏心量 e，e 一般为 0.15～0.5mm，其方向在第一象限内。当夹具绕中心 O 转动时，由于有偏心量 e 的

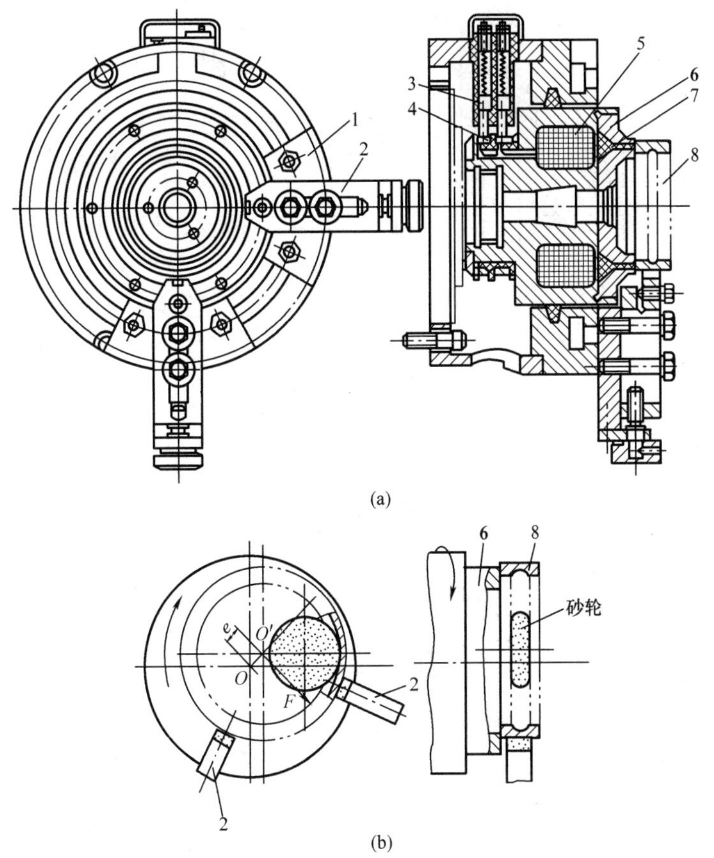

图 4-34　圆形电磁无心磨削夹具

(a) 夹具结构图；(b) 无心磨削原理图

1—支承滑座；2—支承；3—碳刷；4—滑环；5—线圈；6—面盘；7—隔磁层；8—工件

存在以及吸而不紧的状况，工件便绕中心 O' 转动，同时相对夹具面盘 6 滑动，以实现无心内圆磨削，保证了轴承外圈内、外圆的同轴度与壁厚公差要求。

五、轴承外圈内圆磨削液压夹具

如图 4-35 所示为用于内圆磨床上磨削圆锥轴承外圈内锥面的专用夹具。在夹具的油腔 4 内充满油液，当推杆 12 向右移动时，3

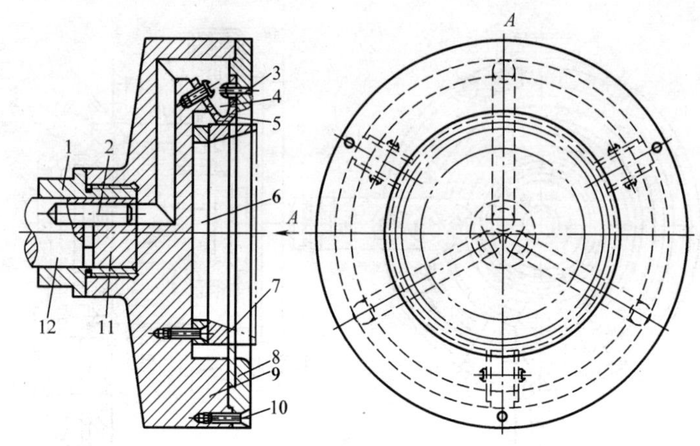

图 4-35　轴承外圈内圆磨削液压夹具

1—主轴；2—活塞；3、10—螺钉；4—油腔；5—橡胶膜；6—定位环；7—工件；8—密封盖；9—本体；11—导套；12—推杆

个活塞 2 压缩油腔 4 内的油液，从而使橡胶膜 5 均匀受压而将工件压紧。它的优点是外圆不受损伤，但夹紧的尺寸范围很窄。

六、锥齿轮端面及内圆磨削夹具

锥齿轮端面及内圆磨削夹具如图 4-36 所示，它用于内圆磨床。

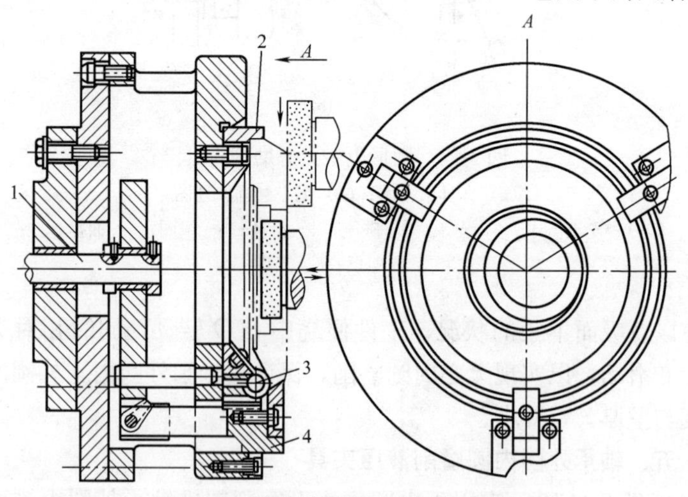

图 4-36　锥齿轮端面及内圆磨削夹具

1—拉杆；2—定位盘；3—钢球；4—压爪

用3个在同一半径上相隔120°均布的钢球3，并以锥齿轮的分度圆作为定位基准，锥齿轮外圆又与定位盘2内圆相配，用压爪4压紧背锥，3个压爪4由拉杆1受气压或液压操纵拉动。钢球直径大小根据锥齿轮的模数选用，同一组3个钢球的直径差值不得大于0.002mm。为了提高其加工精度，最好选择分度圆定位。

七、圆柱齿轮内孔磨削夹具

圆柱齿轮内孔磨削夹具如图4-37所示，它用于内圆磨床。齿轮以端面靠紧定位块1，由滚柱支架2上的三个互成120°的滚柱3与齿轮分度圆相接触，然后用拉杆拉动滑块5，使夹爪4在圆锥面的作用下，通过3个滚柱3将齿轮夹紧。滚柱3与支架2上的3个铆销呈浮动状态，以保证夹紧时以齿轮的分度圆为基准的定位精度，从而保证齿轮分度圆与内孔的同轴度要求。

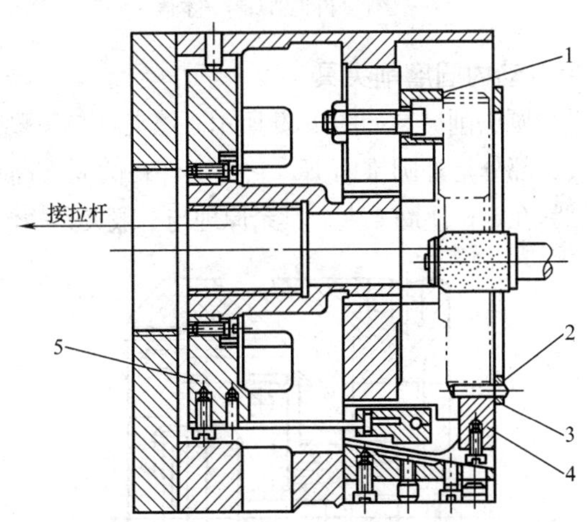

图4-37　圆柱齿轮内孔磨削夹具

1—定位块；2—滚柱支架；3—滚柱；4—夹爪；5—滑块

八、齿轮轴内孔磨削夹具

齿轮轴内孔磨削夹具如图4-38所示。当拉杆1向左移动时，在圆锥面的作用下，装在弹簧夹头3上的夹爪4通过3个滚柱5将齿轮夹紧，以齿轮的分度圆定位。齿轮轴的另一端，与夹具内侧衬套2的孔以无间隙配合定位。

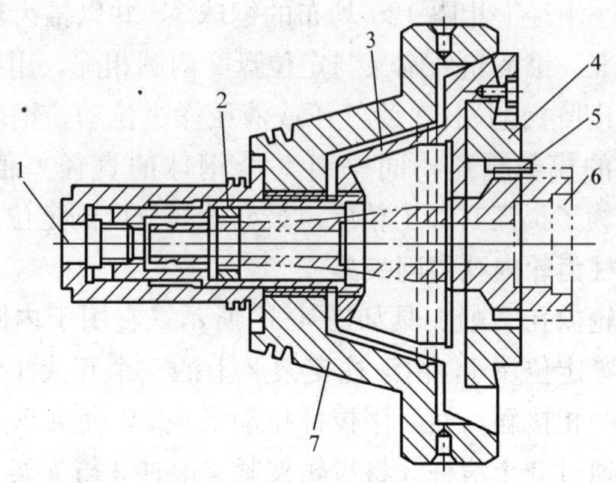

图 4-38　齿轮轴内孔磨削夹具

1—拉杆；2—衬套；3—弹簧夹头；4—夹爪；5—滚柱；6—工件（齿轮轴）；7—本体

九、专用气动内圆磨削夹具

专用气动内圆磨削夹具如图 4-39 所示。该夹具与一般夹具不同之处在于工件被夹部分是外圆锥面 *K*，它使工件在圆周方向被夹紧的同时，端面也靠紧在定位座圈 4 上。其余原理与一般夹具相似。

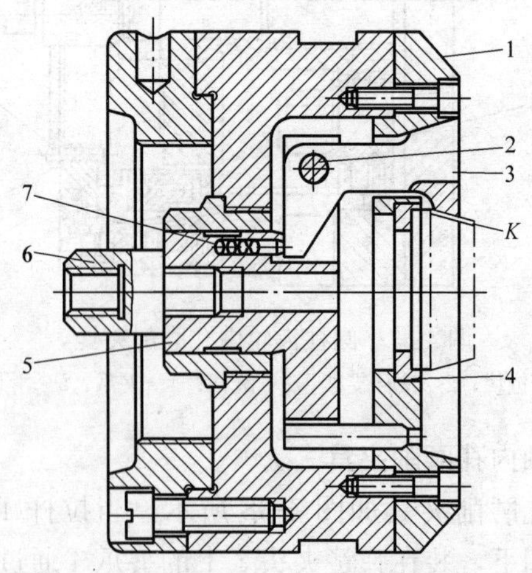

图 4-39　专用气动内圆磨削夹具

1—盖；2—销轴；3—夹爪；4—定位座圈；5—连接盘；6—拉杆；7—弹簧

十、异形工件专用磨削夹具

异形工件专用磨削夹具如图 4-40 所示。它是在内圆磨床上磨削手提式风动工具壳体内孔的夹具。它以工件的端面及内孔定位，拉杆 1 向左移动时，连接盘 4 带动圆柱爪 5 沿锥面滑动收缩，爪口压紧工件 6。

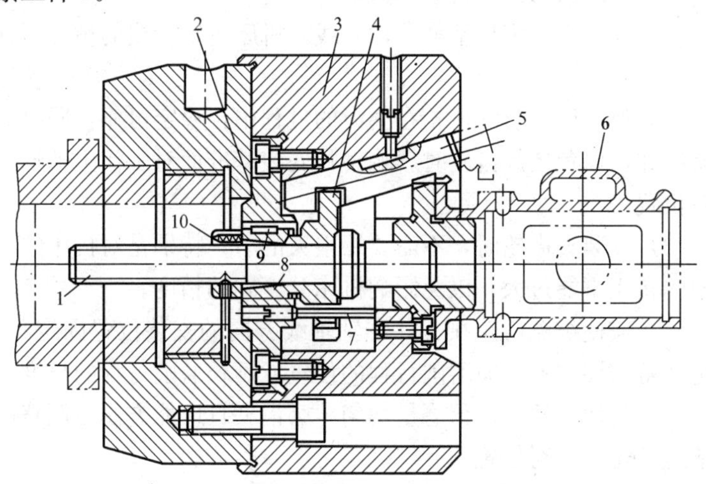

图 4-40 异形工件专用磨削夹具

1—拉杆；2—盘；3—本体；4—连接盘；5—圆柱爪；6—工件；7—导向销；8—套筒；9—螺母

十一、磨扁方夹具

如图 4-41 所示为在平面磨床上磨扁方的专用夹具。它用弹簧

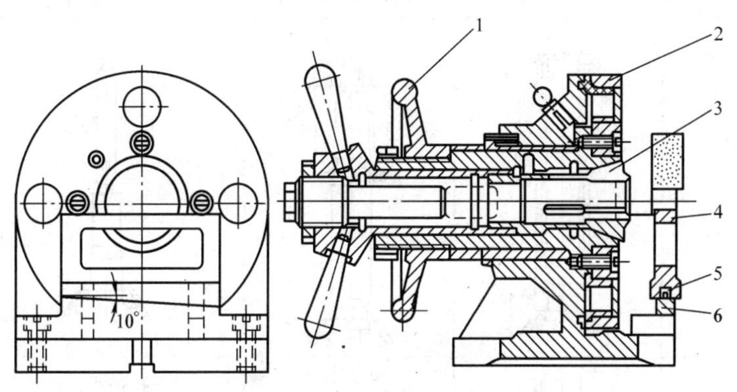

图 4-41 磨扁方夹具

1—手轮；2—分度盘；3—弹簧夹头；4—支承滑块；5—导向销；6—支承座

夹头3夹紧工件，由支承滑块4和支承座6组成辅助支承架，利用10°的斜面调节所需支承面的高度。夹具利用分度盘分度，可以用来磨削对扁方形对称度要求较高的工件。

十二、磨齿夹具

（一）对磨齿夹具的基本要求

（1）保证齿轮定位基准孔轴心线对机床主轴轴线的精确同轴度要求。

（2）保证所安装的齿轮在磨齿的过程中，稳定可靠，同时又要容易装卸，以免装卸齿轮时影响夹具安装基准面对工作主轴轴线的相对位置。

（3）在装夹齿轮时，不需要用很大的力，特别是对机床的工作主轴的转矩不能过大，以免影响机床分度副的精度。

（4）应使被磨齿轮在工件主轴轴线方向的安装位置固定不变，以免经常需要改变纵向磨削行程的位置或延长磨削行程的长度。

（5）为使齿轮两侧留磨量均匀，磨齿夹具应能方便地调整齿轮齿槽对砂轮的相对位置。

（二）常用磨齿夹具

装夹齿轮常用的几种磨齿心轴见表4-3。

表4-3　常用的几种磨齿心轴

名称	带台肩圆柱心轴	开口锥套胀胎心轴	锥度心轴
简图	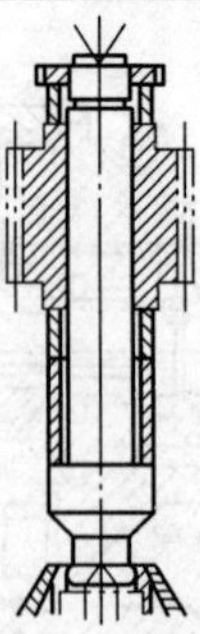	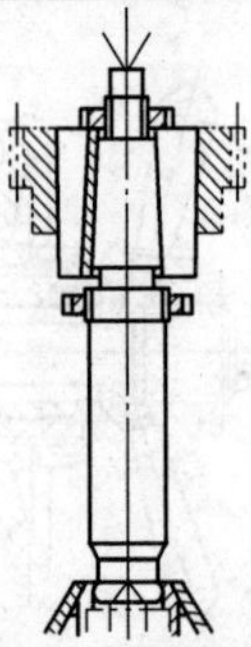	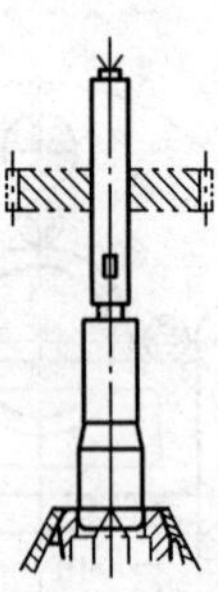
适用范围	适用于孔径小，而孔的公差又很严的中、小直径齿轮	适用于孔径大，孔的公差也较大的齿轮。弹性套孔的锥度为1∶20	适用于孔径小，而孔的公差又很严的齿轮，心轴锥度为0.01∶100～0.02∶100

续表

名称	筒形齿轮心轴	加定位套心轴	大直径盘形齿轮心轴
简图	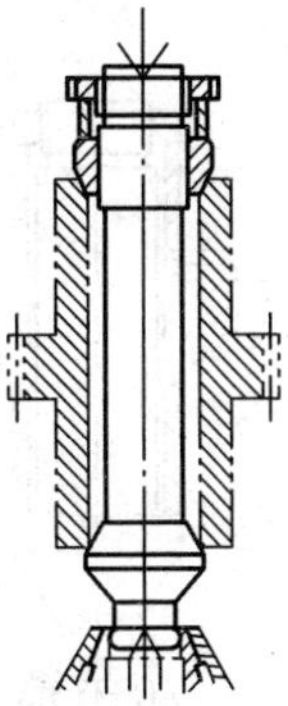	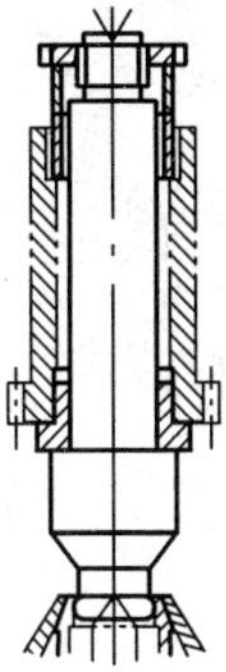	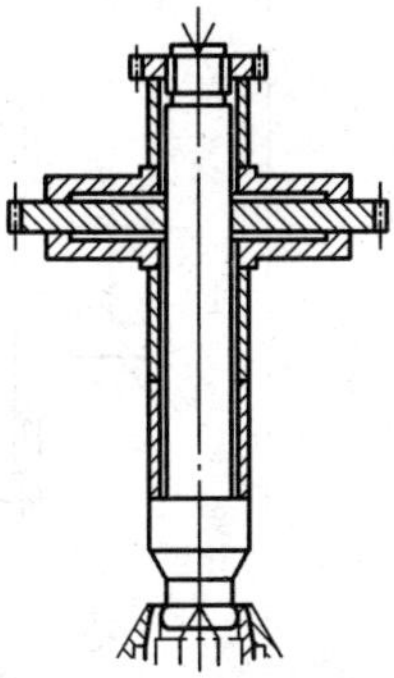
适用范围	适用于磨筒形齿轮，齿轮两端孔口精磨出斜角，装置在心轴锥面和垫圈锥面之间	根据齿轮内孔尺寸，更换定位套，能适应多种规格齿轮的加工	适用于大直径盘形齿轮，齿轮内孔与心轴精密配合，齿轮端面用盘形垫圈支承
名称	外接套心轴	内接套心轴	密珠心轴
简图	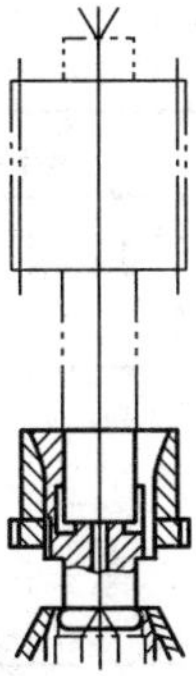	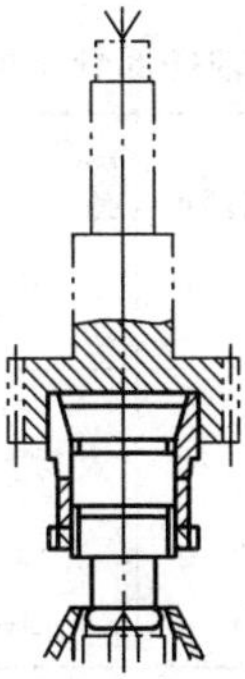	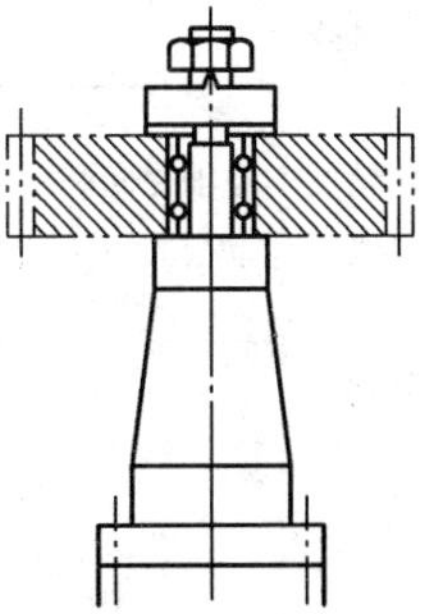
适用范围	适用于轴齿轮，定心夹紧合一，接套弹簧夹头内孔与中心孔同轴度要求很高	适用于轴齿轮，定心夹紧合一，接套弹簧夹头外圆与中心孔同轴度要求很高	适用于高精度的齿轮和剃齿刀，选用 $\phi 2 \sim \phi 10$mm 的 0 级或 1 级钢球，过盈量为 $3 \sim 8\mu$m

续表

名称	大孔径齿轮内径、端面定位心轴	大孔径齿轮内径找正端面定位心轴
简图	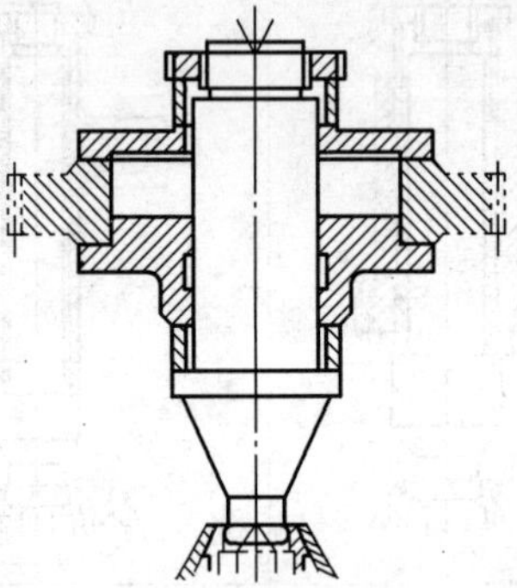	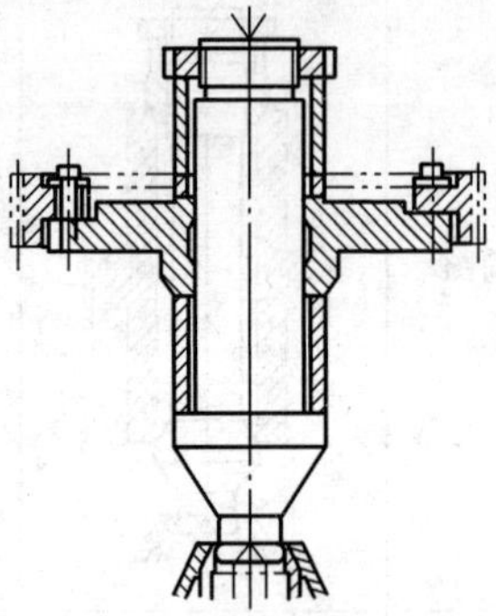
适用范围	适用于大孔径的大齿轮，在心轴上装过渡垫盘，作为齿轮内径定心和端面定位用，用螺母垫圈压紧	适用于大孔径的大齿轮，内孔用千分表找正，端面用过渡垫盘定位，用螺钉将齿轮紧固在过渡垫盘上

心轴各部分精度的要求见表 4-4。

表 4-4　　心轴各部分精度要求

齿轮精度等级	心轴径向圆跳动公差（μm）	表面粗糙度 *Ra*/（μm）	垂直度公差（μm）	中心孔	
				接触面（%）	表面粗糙度 *Ra*（μm）
3～4	1	0.1	1～2	85	0.1
5	2～3	0.1	2～4	85	0.1
6	3～5	0.2	6	80	0.1
7	5～10	0.4	10	70	0.1

第五章

磨削加工工艺

第一节　磨削用量的选择

磨削用量包括砂轮速度 v_s、工件速度 v_w、纵向进给量 f_a、背吃刀量 a_p 和光磨次数等。磨削用量对磨削加工质量和生产率等有很大影响，其影响可见表 5-1。

表 5-1　　磨削用量对加工的影响

磨削用量	生产率	表面粗糙度	烧伤	磨削力	砂轮磨耗	磨削厚度	几何精度
v_s↗	↗		↗	↘	↘	↘	↗
v_w↗	↗	↗		↗	↗	↗	↘
f_a↗	↗	↗		↗	↗	↗	↘
a_p↗	↗	↗	↗	↗	↗	↗	↘
光磨次数	↘	↘	↗	↘	↗	↘	↗

注　本表适用条件：在纵磨和切入磨削时，其他条件均恒定的情况。

一、砂轮速度的选择

砂轮速度低，砂轮磨损严重，生产率低；砂轮速度过高，磨粒切削刃锋利程度易下降，也容易烧伤工件。砂轮速度与表面粗糙度值的关系如图 5-1 所示。

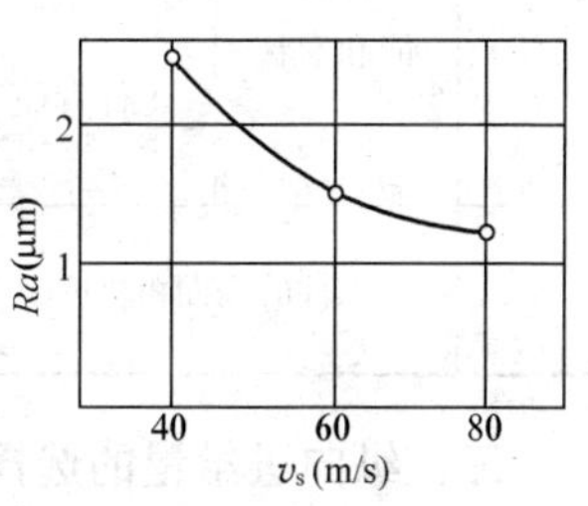

图 5-1　砂轮速度与表面粗糙度的关系

该关系图形成条件是：工件材料 45 钢、调质 250HBS、切入磨削、磨具 PA80MV、速比 $q=60$、磨削液为

2.4%的69-1乳化液。

由图5-1可知，随着砂轮速度提高，表面粗糙度值降低，但应注意防止磨削颤振。一般外圆和平面磨削，使用陶瓷结合剂砂轮，砂轮速度在30～50m/s；内圆磨削及工具磨削一般砂轮速度在60～80m/s，有的已超过100m/s。

二、工件速度的选择

工件速度，对外圆和内孔磨削是指工件的线速度，平面磨削时指工作台运动速度。工件速度 v_w 与砂轮速度 v_s 有关，但较其要小得多。若二者速度比为 q（$q=v_s/v_w$），则

外圆磨削　$q=60\sim150$

内圆磨削　$q=40\sim80$

普通磨削 v_w 一般为10～30m/min，工件速度选择条件见表5-2。

表5-2　工件速度选择条件

序号	主要因素		选择条件
1	速度比 q		砂轮速度越高，工件速度越高；反之，前者越低，后者亦越低
2	砂轮的形状和硬度	直径	砂轮直径越小，则工件速度越低
		硬度	（1）对于硬度高的砂轮，选用高的工件速度 （2）硬度低的砂轮，工件速度宜低
3	工件的性能和形状	工件硬度	（1）工件硬度高时，选用高的工件速度 （2）工件硬度低时，选用低的工件速度
		工件直径	（1）工件直径大，选用高的工件速度 （2）工件直径小，选用低的工件速度（内圆磨削、平面磨削比外圆磨削时工件速度高）
4	工件的表面粗糙度		要降低加工表面粗糙度值，就要减小工件速度，从而选用大直径砂轮

三、纵向进给量的选择

纵向进给量的大小影响工件的表面质量和生产率。纵向进给量大，增加磨粒的切削负荷，磨削力大；纵向进给量小，易使工件

烧伤。

粗磨钢件　$f_a=(0.3\sim0.7)B$ mm/r

粗磨铸铁　$f_a=(0.7\sim0.8)B$ mm/r

精　　磨　$f_a=(0.1\sim0.3)B$ mm/r

四、背吃刀量的选择

磨削背吃刀量通常数值很小。一般外圆纵磨

粗磨钢件　$a_p=0.02\sim0.05$mm

粗磨铸铁　$a_p=0.08\sim0.15$mm

精磨钢件　$a_p=0.005\sim0.01$mm

精磨铸铁　$a_p=0.02\sim0.05$mm

外圆切入磨　普通磨削　$a_p=0.01\sim0.05$mm

精密磨削　$a_p=0.0025\sim0.005$mm

内圆磨削背吃刀量更小一些。磨削背吃刀量选择条件见表5-3。

表 5-3　　磨削背吃刀量选择条件

序号	主要因素		选择条件
1	砂轮特性和形状	粒度	粒度号越大，背吃刀量可选得越小
		硬度	砂轮硬度高，背吃刀量可选得大些
		直径	砂轮直径越小，背吃刀量可选得越小
		速度	砂轮速度越小，背吃刀量可选得越小
2	工件性能和形状	直径	工件直径越小，背吃刀量可选得越小。对大尺寸工件，背吃刀量也不能选得太大，因为大直径工件与砂轮接触面大，转矩很大，设备功率不够
		速度	工件速度大，可选小的背吃刀量

五、光磨次数的选择

光磨即无进给磨削，光磨可消除在进给磨削时因弹性变形而未磨掉的部分加工余量，因此可提高工件的几何精度和降低表面粗糙度值。由图5-2可见，表面粗糙度值随光磨次数的增加而降低。但应注意：并不是光磨次数越多越好。经过一定的光磨次数后，表面粗糙度值变化趋于稳定。因此欲获得更高级别的表面粗糙度值仅靠

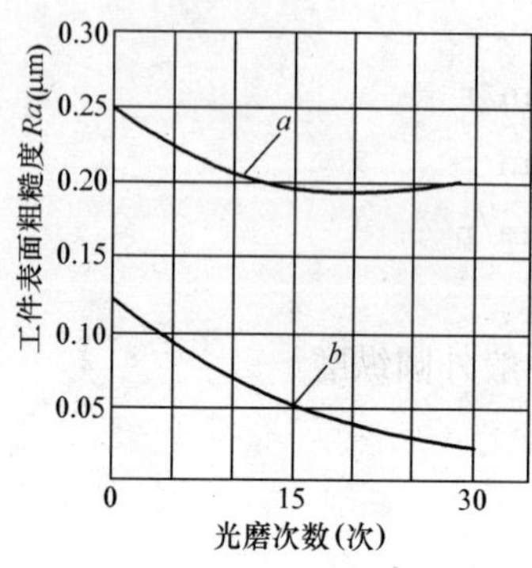

图 5-2 光磨次数与表面粗糙度值的关系
a—普通 WA60KV 砂轮；
b—WA+GCW14EB 砂轮

增加光磨次数是不行的，而应采取其他加工方法。

光磨次数应根据砂轮状况、加工要求和磨削方式确定。

外圆磨削 F40～F60 砂轮，一般磨削用量，光磨次数是单行程 2～4 次。

内圆磨削 F40～F80 砂轮，一般磨削用量，光磨次数是单行程 2～4 次。

平面磨削 F30～F60 砂轮，一般磨削用量，光磨次数是单行程 1～2 次。

六、磨削余量

磨削为精加工工序，余量一般较小。不同的磨削加工，其加工余量的大小可参见表 5-4～表 5-7 进行选择。

表 5-4 外圆磨削余量（mm）

轴径	热处理状态	长度					
		≤100	>100～250	>250～500	>500～800	>800～1200	>1200～2000
≤10	未淬硬	0.2	0.2	0.3	—	—	—
	淬 硬	0.3	0.3	0.4			
>10～18	未淬硬	0.2	0.3	0.3	0.3	—	—
	淬 硬	0.3	0.3	0.4	0.5		
>18～30	未淬硬	0.3	0.3	0.3	0.4	0.4	—
	淬 硬	0.3	0.4	0.4	0.5	0.6	
>30～50	未淬硬	0.3	0.3	0.4	0.5	0.6	0.6
	淬 硬	0.4	0.4	0.5	0.6	0.7	0.7
>50～80	未淬硬	0.3	0.4	0.4	0.5	0.6	0.7
	淬 硬	0.4	0.5	0.5	0.6	0.8	0.9

续表

轴径	热处理状态	长度					
		≤100	>100~250	>250~500	>500~800	>800~1200	>1200~2000
>80~120	未淬硬	0.4	0.4	0.5	0.5	0.6	0.7
	淬　硬	0.5	0.5	0.6	0.6	0.8	0.9
>120~180	未淬硬	0.5	0.5	0.6	0.6	0.7	0.8
	淬　硬	0.6	0.6	0.7	0.8	0.9	1.0
>180~260	未淬硬	0.5	0.6	0.6	0.7	0.8	0.9
	淬　硬	0.6	0.7	0.7	0.8	0.9	1.1
>260~360	未淬硬	0.6	0.6	0.7	0.7	0.8	0.9
	淬　硬	0.7	0.7	0.8	0.9	1.0	1.1
>360~500	未淬硬	0.7	0.7	0.8	0.8	0.9	1.0
	淬　硬	0.8	0.8	0.9	0.9	1.0	1.2

表 5-5　　　　**内圆磨削余量**（mm）

孔径	热处理状态	孔的长度				
		≤50	>50~100	>100~200	>200~300	>300~500
≤10	未淬硬	0.2	—	—	—	—
	淬　硬	0.2				
>10~18	未淬硬	0.2	0.3	—	—	—
	淬　硬	0.3	0.4			
>18~30	未淬硬	0.3	0.3	0.4	—	—
	淬　硬	0.3	0.4	0.4		
>30~50	未淬硬	0.3	0.3	0.4	0.4	—
	淬　硬	0.4	0.4	0.4	0.5	
>50~80	未淬硬	0.4	0.4	0.4	0.4	—
	淬　硬	0.4	0.5	0.5	0.5	
>80~120	未淬硬	0.5	0.5	0.5	0.5	0.6
	淬　硬	0.5	0.5	0.6	0.6	0.7

续表

孔径	热处理状态	孔的长度				
		≤50	>50~100	>100~200	>200~300	>300~500
>120~180	未淬硬 淬 硬	0.6 0.6	0.6 0.6	0.6 0.6	0.6 0.6	0.6 0.7
>180~260	未淬硬 淬 硬	0.6 0.7	0.6 0.7	0.7 0.7	0.7 0.7	0.7 0.8
>260~360	未淬硬 淬 硬	0.7 0.7	0.7 0.8	0.7 0.8	0.8 0.8	0.8 0.9
>360~500	未淬硬 淬 硬	0.8 0.8	0.8 0.8	0.8 0.8	0.8 0.9	0.8 0.9

表 5-6　　端面磨削余量（mm）

直径	工件全长					
	≤18	>18~50	>50~120	>120~260	>260~500	>500
≤30	0.2	0.3	0.3	0.4	0.5	0.6
>30~50	0.3	0.3	0.4	0.4	0.5	0.6
>50~120	0.3	0.3	0.4	0.5	0.6	0.6
>120~260	0.4	0.4	0.5	0.5	0.6	0.7
>260~500	0.5	0.5	0.5	0.6	0.7	0.7
>500	0.6	0.6	0.6	0.7	0.8	0.8

表 5-7　　平面磨削余量（mm）

加工长度	加工宽度		
	≤100	>100~300	>300~1000
≤300	0.2~0.3	0.25~0.4	—
>300~1000	0.25~0.4	0.3~0.5	0.4~0.6
>1000~2000	0.3~0.5	0.4~0.6	0.4~0.7

第二节　外圆磨削

外圆磨削是最基本的、也是应用最广泛的磨削工作，一般在普通外圆磨床和万能外圆磨床上进行。能磨削轴、套筒及其他类型工件的外圆柱及台阶的端面。外圆磨削的形式如图 5-3 所示。

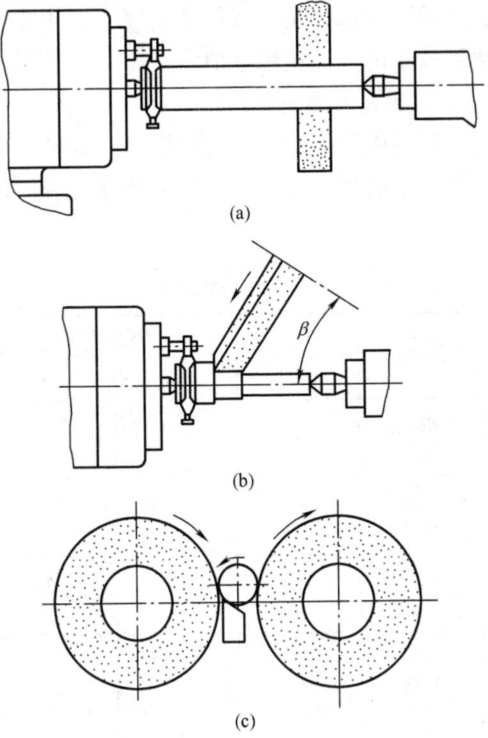

图 5-3　外圆磨削的形式

（a）中心外圆磨削；（b）端面外圆磨削；（c）无心外圆磨削

外圆磨削的磨削精度可达到 IT5～IT6 级，表面粗糙度可达 $Ra0.32$～$1.25\mu m$。采用低粗糙度磨削工艺，表面粗糙度可达到 $Ra0.01$～$0.16\mu m$。

一、外圆砂轮及其正确使用

（一）外圆砂轮的选择

1. 合理选择砂轮的原则

要达到选择砂轮的合理，应遵守以下原则：

（1）磨粒应具有较好的磨削性能，砂轮在磨削时应具有合适的“自锐性”，砂轮不易磨钝，有较长的使用寿命。

（2）磨削时产生较小的磨削力。

(3) 磨削时产生较小的磨削热。

(4) 能达到较高的加工精度(尺寸精度、形状及位置精度)。

(5) 能达到较小的表面粗糙度值。

2. 外圆砂轮主要特性的选择

外圆砂轮一般为中等组织的平行砂轮，砂轮尺寸按机床规格选用。其主要特性包括磨料、硬度和粒度的选择。表 5-8 所列数据供选择时参考。

表 5-8　　外圆砂轮的选择

加工材料	磨削要求	砂轮的特性			
		磨料	粒度	硬度	结合剂
未淬火的碳钢及合金钢	粗磨 精磨	A A	36～46 46～60	M～N M～Q	V V
软青铜	粗磨 精磨	C C	24～36 46～60	K K～M	V V
不锈钢	粗磨 精磨	SA SA	36 60	M L	V V
铸铁	粗磨 精磨	C C	24～36 60	K～L K	V V
纯铜	粗磨 精磨	C WA	36～46 60	K～L K	V V
硬青铜	粗磨 精磨	WA PA	24～36 46～60	L～M L～P	V V
调质的合金钢	粗磨 精磨	WA PA	46～60 60～80	L～M M～P	V V
淬火的碳钢及合金钢	粗磨 精磨	WA PA	46～60 60～100	K～M L～N	V V
渗氮钢(38CrMoAlA)	粗磨 精磨	PA SA	46～60 60～80	K～N L～M	V V
高速钢	粗磨 精磨	WA PA	36～40 60	K～L K～L	V V
硬质合金	粗磨 精磨	GC SD	46 100	K K	V B

（二）外圆砂轮的安装

砂轮安装之前，首先要检查砂轮是否有裂纹，将砂轮吊起，用木槌轻敲其声音。没有裂纹的砂轮声音清脆；砂轮有裂纹时则声音嘶哑，发现有裂纹或声音嘶哑的砂轮应停止使用。

平行砂轮一般用法兰盘安装。其结构主要由法兰盘 3、端盖 2、螺钉和衬垫 1 组成（见图 5-4）。

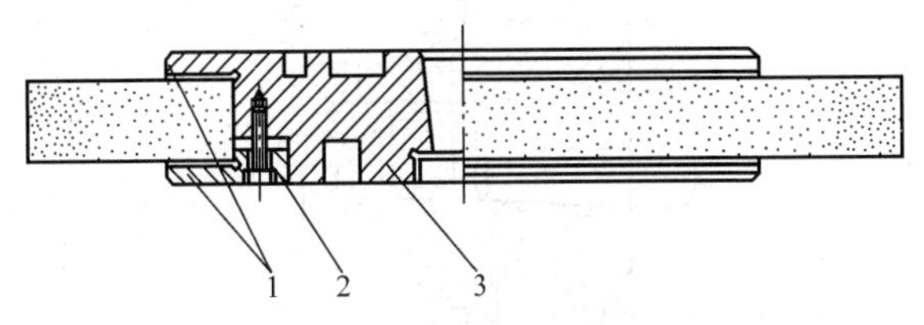

图 5-4　平行砂轮的安装

1—衬垫；2—端盖；3—法兰盘

砂轮的孔径与法兰盘轴颈部分应有 0.1～0.5mm 的安装间隙。如发现砂轮孔径与法兰盘轴颈之间配合过紧，可用刮刀均匀修刮砂轮内孔（砂轮内孔是粉质敷料），绝不可强行压入。如果配合间隙过大，砂轮中心与法兰盘中心易产生安装偏心，从而增大砂轮的不平衡量。遇到这种情况可在法兰盘轴颈的圆周垫上一层纸片，以减少安装偏心。如砂轮孔径与法兰盘轴颈相差太多，就应重新配制法兰盘。

法兰盘支承面平整且两外径尺寸相等，安装时在法兰盘和砂轮之间应垫上 1～2mm 厚的塑性材料制成的衬垫（如厚纸板），衬垫的直径比法兰盘外径稍大一些。紧固螺钉时，不可用力过猛，一般按对角顺序逐步拧紧螺钉，夹紧力要均匀，使砂轮受力均匀。

砂轮安装完毕，应将砂轮初平衡一次，才可以装上磨床主轴。安装时要检查法兰盘的锥孔与主轴锥体是否接触良好。砂轮经整形修整后，须拆卸作第二次平衡（精平衡）。从磨床主轴上拆卸法兰盘时，应注意主轴螺纹的旋向。为防止磨床主轴高速旋转时，螺母自动松开，主轴螺纹方向是这样规定的：逆着砂轮旋转方向转动螺母时就拧紧，一般砂轮主轴螺纹为左旋。拆卸法兰盘时，不能敲击法兰盘或砂轮，以免击伤砂轮或主轴。对较大尺寸的法兰盘，可使用专用的拆卸工具，如图 5-5 所示。拆卸时，应事先在机床上放好木板，避免砂轮掉落碰伤。先将拔头旋进法兰盘的内螺纹中，再旋紧螺钉将法兰盘从主轴锥体中拉出。

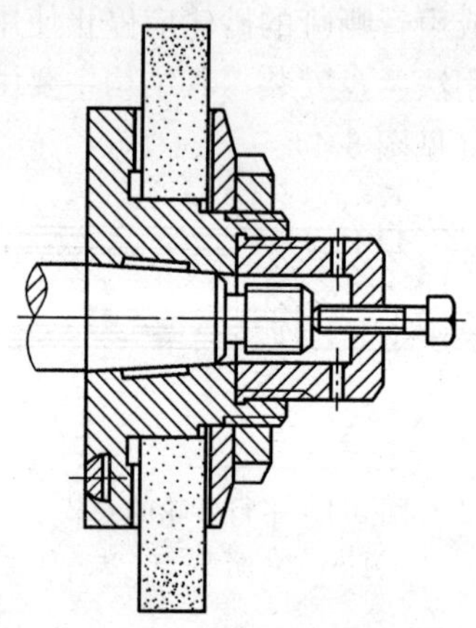

图 5-5　砂轮拆卸工具

（三）外圆砂轮的修整

新安装的砂轮须作好整形修整，以消除砂轮的外形误差对砂轮平衡的影响。尺寸较大的砂轮可先使用滚轮式割刀作粗修整，然后用金刚石笔作精修整。整形修整的面包括砂轮的圆周面和端面两部分。

修整砂轮圆周面时，砂轮横向不要退出过多，因为砂轮架导轨的扭曲，有可能使砂轮在磨削时出现单面接触[见图 5-6(a)]，影响工件的表面粗糙度。磨削轴肩时，为了减少砂轮与工件的接触面，避免砂轮烧伤和提高端面的精度，须将砂轮端面修整成内凹形[见图 5-6(b)]。修整时，可将砂轮架逆时针方向旋转 1°～2°，也可将端面修成狭形的圆环形内凹面[见图 5-6(c)]。

二、外圆磨削的方法

（一）粗磨与精磨

加工中划分粗磨与精磨有以下好处。

(1) 有利于合理安排磨削用量，提高生产率和加工精度。

(2) 在成批生产中，可以合理选用机床。粗磨采用刚性好的磨

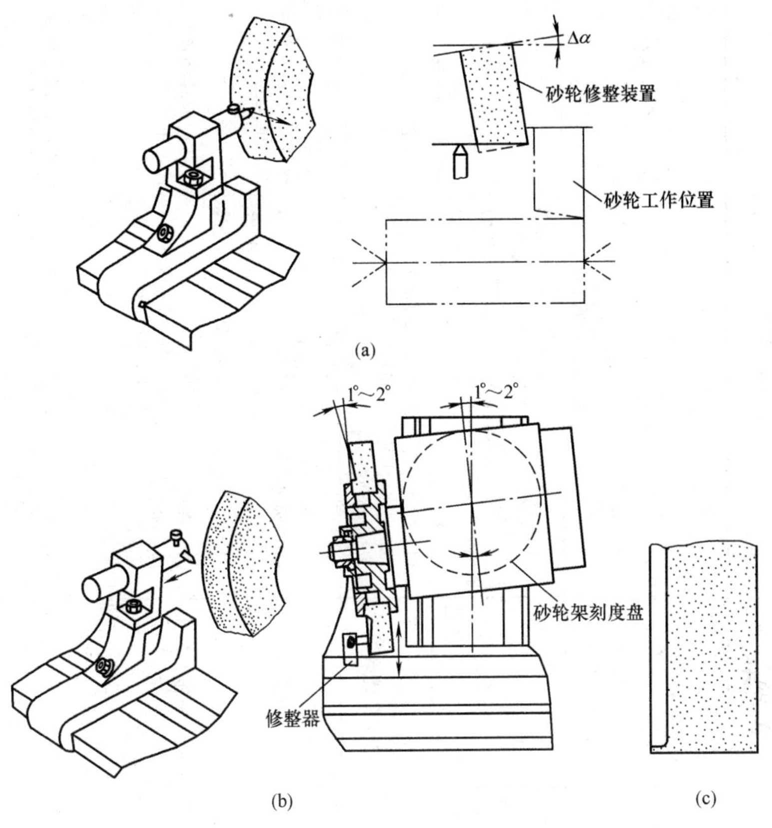

图 5-6　外圆砂轮的修整

(a) 修整的误差；(b) 砂轮端面修整；(c) 砂轮的内凹面

床；精磨采用精度高的磨床。这样对高精度磨床来说，能保证其精度的长期稳定性。

(3) 精磨时，工件的应力和变形基本消除，因此有利于达到稳定的加工精度。

(4) 有利于合理选择砂轮。

(二) 外圆磨削的常用方法

外圆磨削常用方法有纵向磨削法、切入磨削法、分段磨削法和深度磨削法等。磨削时可根据工件的形状、尺寸、磨削余量和加工要求选择正确的方法。外圆磨削常用方法见表 5-9。

表 5-9　　外圆磨削常用方法

磨削方法	磨削表面特征	砂轮工作表面	简图	砂轮运动	工件运动	特点	备注
纵向磨削法	光滑外圆面	1		(1) 旋转 (2) 横进给	(1) 旋转 (2) 纵向往复	(1) 磨削时，砂轮左（或右）端面边角担负切除工件大部分余量，其他部分只担负减小工件表面粗糙度值的作用。磨削深度小，工件余量需多次进给切除，故机动时间长，生产效率低 (2) 由于大部分磨粒担负磨光作用，且磨削深度小，切削力小，所以磨削温度低，工件精度易提高，表面粗糙度值低 (3) 由于切削力小，特别适宜加工细长工件 (4) 为保证工件精度，尤其磨削带台肩轴时，应分粗、精磨	
	带端面及退刀槽的外圆面	1 2		(1) 旋转 (2) 横进给	(1) 旋转 (2) 纵向往复在端面上停靠		
	带圆角及端面的外圆面	1 2 3		(1) 旋转 (2) 横进给	(1) 旋转 (2) 纵向往复端面上停靠		
	光滑外圆锥面	1		(1) 旋转 (2) 横进给	(1) 旋转 (2) 纵向往复		纵进给方向与加工表面平行且与锥面旋转轴线交角为锥顶角之半
	光滑锥台面	1		(1) 旋转 (2) 横进给	(1) 旋转 (2) 纵向往复		夹头扳转角度为锥顶角之半
	光滑锥台面	1		(1) 旋转 (2) 纵向往复	(1) 旋转 (2) 横进给		砂轮架扳转角度为锥顶角之半

续表

磨削方法	磨削表面特征	砂轮工作表面	简图	砂轮运动	工件运动	特点	备注
切入磨削法	光滑短外圆面	1		(1) 旋转 (2) 横进给	旋转	(1) 磨削时，砂轮工作面磨粒负荷基本一致，且在一次磨削循环中，可分粗、精、光磨，效率比较高 (2) 由于无纵向进给，磨粒在工件上留下重复磨痕，粗糙度值较大，一般为 $Ra0.32 \sim 0.16\mu m$ (3) 砂轮整个表面连续横向切入，排屑困难，砂轮易堵塞和磨钝；同时，磨削热大，散热差，工件易烧伤和发热变形，因此磨削液要充分 (4) 磨削时径向力大，工件容易弯曲变形，不宜磨细长件，适宜磨长度较短的外圆表面、两边都有台阶的轴颈及成形表面	
	带端面的短外圆面	1 2		(1) 旋转 (2) 横进给	旋转		
	带端面的短外圆面	1 2		(1) 旋转 (2) 横进给	旋转		α 为 10°、15°、26°30′、30°、45°等
	端面	1		(1) 旋转 (2) 横进给	旋转		

续表

磨削方法	磨削表面特征	砂轮工作表面	简图	砂轮运动	工件运动	特点	备注
切入磨削法	短锥台面	1		(1) 旋转 (2) 横进给	旋转	(1) 磨削时，砂轮工作面磨粒负荷基本一致，且在一次磨削循环中，可分粗、精、光磨，效率比较高 (2) 由于无纵向进给，磨粒在工件上留下重复磨痕，粗糙度值较大，一般为 $Ra0.32 \sim 0.16\mu m$	砂轮修整出斜角为工件圆锥半角
	同轴间断光滑窄台阶面	1 1		(1) 旋转 (2) 横进给	旋转	(3) 砂轮整个表面连续横向切入，排屑困难，砂轮易堵塞和磨钝；同时，磨削热大，散热差，工件易烧伤和发热变形，因此磨削液要充分	多砂轮磨削
	光滑断续等径外圆面	1		(1) 旋转 (2) 横进给	旋转	(4) 磨削时径向力大，工件容易弯曲变形，不宜磨细长件，适宜磨长度较短的外圆表面、两边都有台阶的轴颈及成形表面	宽砂轮磨削

续表

磨削方法	磨削表面特征	砂轮工作表面	简　　图	砂轮运动	工件运动	特点	备注
分段磨削法	带端面的稍短外圆面	1 2	5～10 2 1	(1) 旋转 (2) 分段横进给	(1) 旋转 (2) 纵向间歇运动 (3) 小距离纵向往复	(1) 是切入磨削法与纵向磨削法的混合应用。先用切入磨削法将工件分段粗磨，相邻两段有 5～10mm 的重叠，工件留有 0.01～0.03mm 余量，最后用纵向磨削法精磨至尺寸 (2) 适用于磨削余量大、刚性好的工件 (3) 加工表面长度为砂轮宽的 2～3 倍时最宜	纵磨余量：0.01～0.03mm
	曲轴轴颈	1 2	1 2	(1) 旋转 (2) 分段横进给	(1) 旋转 (2) 纵向间歇运动 (3) 小距离纵向往复		

续表

磨削方法	磨削表面特征	砂轮工作表面	简图	砂轮运动	工件运动	特点	备注
深度磨削法	光滑外圆面	1 2		(1) 旋转 (2) 横进给	(1) 旋转 (2) 纵向往复	(1) 以较小的纵向进给量在一次纵磨中磨去工件全部余量，粗、精磨一次完成，生产率高 (2) 砂轮修成阶梯状，阶梯数与台阶深度按工件长度和磨削余量确定，一般一个台阶深度在0.3mm左右 (3) 适用于大批大量生产 (4) 要求磨床功率大和刚性好	砂轮主偏角 $a=1.5°\sim5°$ $a_p=0.3mm$
	光滑外圆面	1 2 3		(1) 旋转 (2) 横进给	(1) 旋转 (2) 纵向往复		$a_p=0.5mm$

（三）深度磨削法用阶梯砂轮

1. 阶梯的数量、深度和宽度

（1）级数视加工余量大小及砂轮宽度确定，余量大，砂轮宽可多分一些级。一般工件长 $L \geqslant 80 \sim 100$mm，磨削余量 $h=0.3 \sim 0.4$mm 时采用双阶梯砂轮；当工件长 $L \geqslant 100 \sim 150$mm，磨削余量 $h>0.5$mm 时采用多阶梯砂轮。深磨法砂轮如图 5-7 所示。

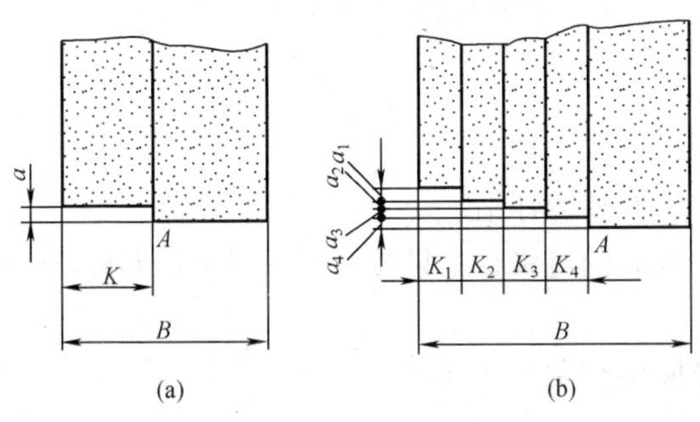

图 5-7 深磨法砂轮

（a）双阶梯砂轮；（b）五阶梯砂轮

（2）阶梯砂轮深度视砂轮的硬度、粒度、工件表面质量和材料性质决定。一般最大深度取 0.1～0.15mm，最小深度取 0.01～0.02mm。一般分配如图 5-8 所示。

（3）阶梯的宽度主要取决于砂轮宽度、工件余量和表面质量。一般，砂轮窄、余量小、表面粗糙度值大，宽度可大些；若工件尺寸精度高，表面粗糙度值小，则最后一级阶梯应宽一些。例，若为五阶梯砂轮，则前四阶梯 $K_1+K_2+K_3+K_4=0.6B$，$K_5=0.4B$。

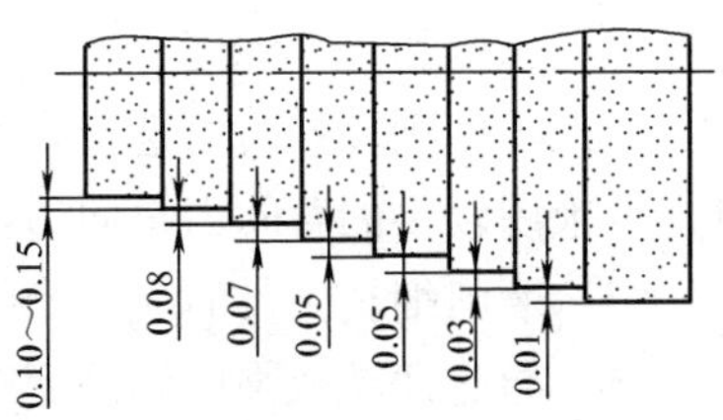

图 5-8 阶梯砂轮深度

2. 阶梯砂轮的修整

用金刚石笔手动进行修整，过程如图 5-9 所示。修整余量随每级要求深度确定，每次修整量不超过 0.05mm，除最后一个阶梯外，进给量可适当大些。最后一个阶梯是决定工件表面粗糙度值和

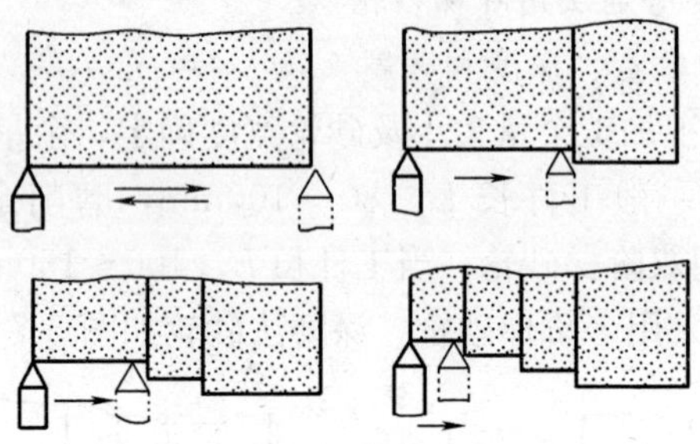

图 5-9　四阶梯砂轮的修整

精度的关键，修整应仔细。

砂轮用钝后的再修整，只要去掉一层余量即可，不必全部去掉阶梯。

三、外圆磨削用量的选择

1. 磨削用量的选择顺序

一般的选择顺序是：先选工件速度（应计算出工件转速），再选磨削进给速度，最后选择背吃刀量。

2. 选择的一般原则

（1）粗磨时，应选择较大的背吃刀量和进给速度，必须使用粒度较粗或修整得比较粗的砂轮。精磨时，应选择较小的背吃刀量、磨削进给速度和工件速度。

（2）工件刚性好时可选择较大的背吃刀量和进给速度，但粗磨时也可采用较小的背吃刀量而适当增大进给速度。

（3）磨削细长工件时应适当降低工件速度。

（4）导热性差或强度和硬度较高的工件应较小的背吃刀量。

（5）使用切削性能好的砂轮、大气孔砂轮和铬刚玉、微晶刚玉砂轮等，可选择较大的背吃刀量。

3. 外圆磨削用量

外圆磨削粗加工时，砂轮速度 $v_s \leqslant 35$m/s，纵向进给磨削用量可参考表 5-10。精磨时，$v_s \leqslant 35$m/s，纵向进给磨削用量可参考表 5-11。

表 5-10　　纵向进给粗磨外圆磨削用量

1. 工件速度

工件磨削表面直径 d_w(mm)	20	30	50	80	120	200	300
工件速度 v_w(m/mm)	10～12	11～22	12～24	13～26	14～28	15～30	17～34

2. 纵向进给量 f_a=（0.5～0.8）B（B 为砂轮宽度，mm）

3. 背吃刀量 a_p

工件磨削表面直径 d_w（mm）	工件速度 v_w（m/mm）	工件纵向进给量 f_a（以砂轮宽度计）			
		0.5	0.6	0.7	0.8
		工作台单行程背吃刀量 a_p（mm/行程）			
20	10	0.021 6	0.018 0	0.015 4	0.013 5
	15	0.014 4	0.012 0	0.010 3	0.009 0
	20	0.010 8	0.009 0	0.007 7	0.006 8
30	11	0.022 2	0.018 5	0.015 8	0.013 9
	16	0.015 2	0.012 7	0.010 9	0.009 6
	22	0.011 1	0.009 2	0.007 9	0.007 0
50	12	0.023 7	0.019 7	0.016 9	0.014 8
	18	0.015 7	0.013 2	0.011 3	0.009 9
	24	0.011 8	0.009 8	0.008 4	0.007 4
80	13	0.024 2	0.020 1	0.017 2	0.015 1
	19	0.016 5	0.013 8	0.011 8	0.010 3
	26	0.012 6	0.010 1	0.008 6	0.007 8
120	14	0.026 4	0.022 0	0.018 9	0.016 5
	21	0.017 6	0.014 7	0.012 6	0.011 0
	28	0.013 2	0.011 0	0.009 5	0.008 3
200	15	0.028 7	0.023 9	0.020 5	0.018 0
	22	0.019 6	0.016 4	0.014 0	0.012 2
	30	0.014 4	0.012 0	0.010 3	0.009 0
300	17	0.028 7	0.023 9	0.020 5	0.017 9
	25	0.019 5	0.016 2	0.013 9	0.012 1
	34	0.014 3	0.011 9	0.010 2	0.008 9

续表

4. 背吃刀量 a_p的修正系数						
与砂轮耐用度及直径有关 k_1					与工件材料有关 k_2	
寿命 T (s)	砂轮直径 d_s（mm）				加工材料	系数
	400	500	600	750		
360	1.25	1.4	1.6	1.8	耐热钢	0.85
540	1.0	1.12	1.25	1.4	淬火钢	0.95
900	0.8	0.9	1.0	1.12	非淬火钢	1.0
1440	0.63	0.71	0.8	0.9	铸铁	1.05

注 工作台一次往复行程背吃刀量 a_p应将表列数值乘 2。

表 5-11 **纵向进给精磨外圆磨削用量**

1. 工件速度 v_w（m/s）					
工件磨削表面直径 d_w（mm）	加工材料		工件磨削表面直径 d_w（mm）	加工材料	
	非淬火钢	淬火钢及耐热钢		非淬火钢	淬火钢及耐热钢
20	15～30	20～30	120	30～60	35～60
30	18～35	22～35	200	35～70	40～70
50	20～40	25～40	300	40～80	50～80
80	25～50	30～50			

2. 纵向进给量

表面粗糙度 $Ra0.8\mu m$　　f_a=（0.4～0.6）B
表面粗糙度 $Ra0.4～0.2\mu m$　　f_a=（0.2～0.4）B

3. 背吃刀量 a_p										
工件磨削表面直径 d_w(mm)	工件速度 v_w (m/mm)	工件纵向进给量 f_a（mm/r）								
		10	12.5	16	20	25	32	40	50	63
		工作台单行程背吃刀量 a_p（mm/行程）								
20	16	0.011 2	0.009 0	0.007 0	0.005 6	0.004 5	0.003 5	0.002 8	0.002 2	0.001 8
	20	0.009 0	0.007 2	0.005 6	0.004 5	0.003 6	0.002 8	0.002 2	0.001 8	0.001 4
	25	0.007 2	0.005 8	0.004 5	0.003 6	0.002 9	0.002 2	0.001 8	0.001 4	0.001 1
	32	0.005 6	0.004 5	0.003 5	0.002 8	0.002 3	0.001 8	0.001 4	0.001 1	0.000 9
30	20	0.010 9	0.008 8	0.006 9	0.005 5	0.004 4	0.003 4	0.002 7	0.002 2	0.001 7
	25	0.008 7	0.007 0	0.005 5	0.004 4	0.003 5	0.002 7	0.002 2	0.001 8	0.001 4
	32	0.006 8	0.005 4	0.004 3	0.003 4	0.002 7	0.002 1	0.001 7	0.001 4	0.001 1
	40	0.005 4	0.004 3	0.003 4	0.002 7	0.002 2	0.001 7	0.001 4	0.001 1	0.000 9

续表

3. 背吃刀量 a_p

工件磨削表面直径 d_w(mm)	工件速度 v_w (m/mm)	工件纵向进给量 f_a（mm/r）								
		10	12.5	16	20	25	32	40	50	63
		工作台单行程背吃刀量 a_p（mm/行程）								
50	23	0.012 3	0.009 9	0.007 7	0.006 2	0.004 9	0.003 9	0.003 1	0.002 5	0.002 0
	29	0.009 8	0.007 9	0.006 1	0.004 9	0.003 9	0.003 1	0.002 5	0.002 0	0.001 6
	36	0.007 9	0.006 4	0.004 9	0.004 0	0.003 2	0.002 5	0.002 0	0.001 6	0.001 3
	45	0.006 3	0.005 1	0.003 9	0.003 2	0.002 5	0.002 0	0.001 6	0.001 3	0.001 0
80	25	0.014 3	0.011 5	0.009 0	0.007 2	0.005 8	0.004 5	0.003 6	0.002 9	0.002 3
	32	0.011 2	0.009 0	0.007 1	0.005 6	0.004 5	0.003 5	0.002 8	0.002 3	0.001 8
	40	0.009 0	0.007 2	0.005 7	0.004 5	0.003 6	0.002 8	0.002 2	0.001 8	0.001 4
	50	0.007 2	0.005 8	0.004 6	0.003 6	0.002 9	0.002 2	0.001 8	0.001 4	0.001 1
120	30	0.014 6	0.011 7	0.009 2	0.007 4	0.005 9	0.004 6	0.003 7	0.002 9	0.002 3
	38	0.011 5	0.009 3	0.007 3	0.005 8	0.004 6	0.003 6	0.002 9	0.002 3	0.001 8
	48	0.009 1	0.007 3	0.005 8	0.004 6	0.003 7	0.002 9	0.002 3	0.001 9	0.001 5
	60	0.007 3	0.005 9	0.004 7	0.003 7	0.003 0	0.002 3	0.001 8	0.001 5	0.001 2
200	35	0.016 2	0.012 8	0.010 1	0.008 1	0.006 5	0.005 1	0.004 1	0.003 2	0.002 6
	44	0.012 9	0.010 2	0.008 0	0.006 5	0.005 2	0.004 0	0.003 2	0.002 6	0.002 1
	55	0.010 3	0.008 1	0.006 4	0.005 2	0.004 2	0.003 2	0.002 6	0.002 1	0.001 7
	70	0.008 0	0.006 4	0.005 0	0.004 1	0.003 3	0.002 5	0.002 0	0.001 6	0.001 3
300	40	0.017 4	0.013 9	0.010 9	0.008 7	0.007 0	0.005 4	0.004 4	0.003 5	0.002 8
	50	0.013 9	0.011 1	0.008 7	0.007 0	0.005 6	0.004 3	0.003 5	0.002 8	0.002 2
	63	0.011 0	0.008 8	0.006 9	0.005 6	0.004 4	0.003 4	0.002 8	0.002 2	0.001 8
	70	0.009 9	0.007 9	0.006 2	0.005 0	0.003 9	0.003 1	0.002 5	0.002 0	0.001 6

4. 背吃刀量 a_p的修正系数

与加工精度及余量有关 k_1							与加工材料及砂轮直径有关 k_2					
精度等级	直径余量（mm）						加工材料	砂轮直径 d_s（mm）				
	0.11～0.15	0.2	0.3	0.5	0.7	1.0		400	500	600	750	900
IT5 级	0.4	0.5	0.63	0.8	1.0	1.12	耐热钢	0.55	0.6	0.71	0.8	0.85
IT6 级	0.5	0.63	0.8	1.0	1.2	1.4	淬火钢	0.8	0.9	1.0	1.1	1.2
IT7 级	0.63	0.8	1.0	1.25	1.5	1.75	非淬火钢	0.95	1.1	1.2	1.3	1.45
IT8 级	0.8	1.0	1.25	1.6	1.9	2.25	铸铁	1.3	1.45	1.6	1.75	1.9

注　1. 工作台单行程背吃刀量 a_p不应超过粗磨的 a_p。

2. 工作台一次往复行程的 a_p应将表列数值乘 2。

四、外圆磨削对中心孔的要求

外圆磨削时最常用的定位基准是工件上的两中心孔，并利用顶尖安装。这种定位安装的特点是：安装方便、定位精度高。但中心孔的行形状误差和其他缺陷，均会直接影响工件的质量。当中心孔为椭圆时，被磨削的工件也会被磨成椭圆。中心孔常见的误差形式如图 5-10 所示。

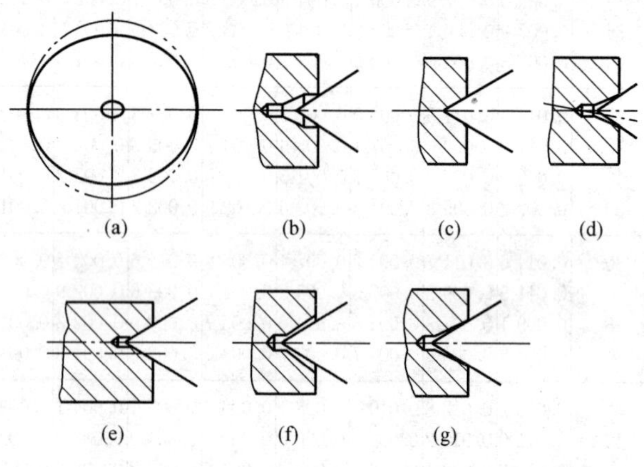

图 5-10　中心孔的误差

(a) 中心孔为椭圆形；(b) 中心孔过深；(c) 中心孔太浅；(d) 中心孔钻偏；(e) 两中心孔不同轴；(f)、(g) 锥角有误差

为保证工件的磨削质量，对中心孔有以下要求。

(1) 60°内锥孔圆度要好，应严格控制圆度误差和多角形误差，避免工件圆度超差和径向圆跳动超差。

(2) 60°内锥孔的角度要准确，两端孔的中心线应在同一轴线上，圆跳动控制在 1μm 之内，避免中心孔与顶尖接触不良造成中心孔变形并加快顶尖孔的磨损。

(3) 60°内锥孔表面的表面粗糙度值要低，一般为 Ra0.1～0.2μm，不得有毛刺，碰伤等缺陷，一般应有保护锥。

(4) 小圆柱孔不能太浅，否则会影响 60°锥孔与顶尖的接触。

(5) 中心孔的尺寸应与工件的直径相适应，其具体大小可参照表 5-12 选择。

表 5-12　　中心孔尺寸（mm）

d		A、B、C型孔				C型孔		选择中心孔的参考数据		
A及B型孔	C型孔	*D* 最大	*L*	L_1	*a*	d_1	L_2 最小	原料端部最小直径 D_0	轴状原料最大直径 D_0	工件的最大质量（kg）
0.5	—	1	1	1.2	0.2	—	—	2	>2	—
0.7	—	2	2	3.3	0.3	—	—	3.5	>3.5	—
1	—	2.5	2.5	2.9	0.4	—	—	4	>4	—
1.5	—	4	—	4.6	0.6	—	—	6.5	>7	15
2	—	5	5	5.8	0.8	—	—	8	>10	120
2.5	—	6	6	6.8	0.8	—	—	10	>18	200
3	M3	7.5	7.5	8.5	1	3.2	0.8	12	>30	500
4	M4	10	10	11.2	1.2	4.3	1	15	>50	800
5	M5	12.5	12.5	14	1.5	5.3	1.2	20	>80	1000
6	M6	15	15	16.8	1.8	6.4	1.5	25	>120	1500
8	M8	20	20	22	2	8.4	2	30	>180	2000
12	M12	30	30	32.5	2.5	13	3	42	>220	3000
16	M16	38	38	40.5	2.5	17	4	50	>260	5000
20	M20	45	45	48	3	21	5	60	>300	7000
24	M24	58	58	62	4	25	5	70	>360	10 000

注　1. L_2根据固定螺钉的尺寸决定，但不应小于L_1。

2. 中心孔表面粗糙度值，按用途自行规定。

3. 不要求保留中心孔的零件采用A型；要求保留中心孔的零件采用B型；为了将零件固定在轴上的中心孔采用C型。

（6）对于特殊的工件，可采用特殊结构的中心孔（见图 5-11）。例如磨削大型精密转子其圆度公差要求为0.00125mm，转子质量大而两轴端材料软，磨削时中心孔易变形，会影响加工精度。故要安装特殊中心孔，特殊中心孔用淬硬钢制成，并用螺纹装入工件两端。

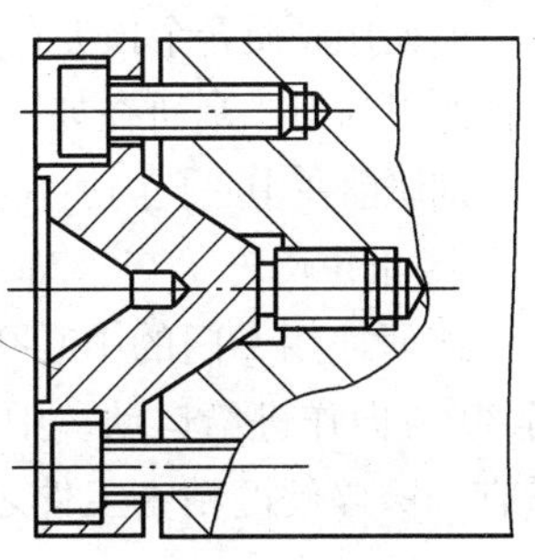

图 5-11　特殊中心孔

五、中心孔修研方法

中心孔修研是为了提高中心孔（基准）精度，消除在前段工序，特别是热处理工序对中心孔造成的损坏。常在粗磨之后、精磨之前及超精磨之前进行，有时要多次修研。中心孔有以下几种修研方法。

1. 用油石或橡胶砂轮修研

先将圆柱形油石或橡胶砂轮夹在车床卡盘上，用装在刀架上的金刚石笔将其前端修成60°顶角。然后将工件顶在油石和车床尾座之间，开动车床研磨（见图5-12)。修研时，在油石上加入少量润滑油(轻机油)，工件用手把持，给予一定压力，这种方法修研质量较高。

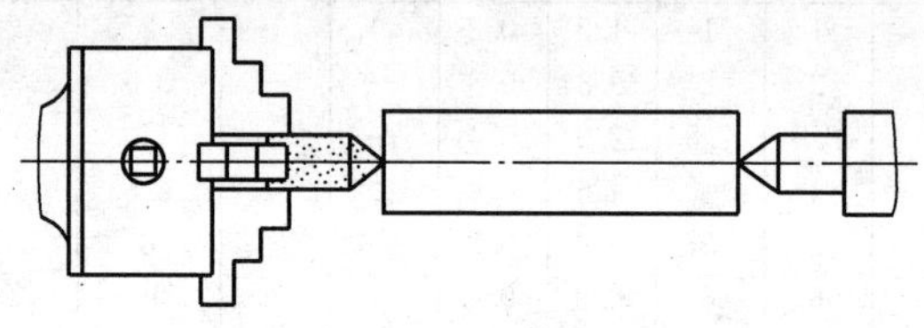

图5-12 用油石修研中心孔

2. 用铸铁顶尖修研

此法与上一种达到基本相同，只是用铸铁顶尖代替油石或橡胶砂轮顶尖。修研时要加入研磨剂。修研前，将铸铁顶尖和磨床顶尖一起磨出60°顶角，则修磨后中心孔的接触面与磨床顶尖的接触会更好。

3. 用成形内圆砂轮修磨中心孔

这种方法主要适用于尺寸较大和淬火变形的中心孔。修磨时，将工件夹在内圆磨床卡盘上，校正工件外圆后，用内圆砂轮修磨中心孔。

4. 用硬质合金顶尖刮研

修研用硬质合金顶尖有4条60°圆锥棱带[见图5-13(a)]，相当于一把四刃刮刀，刮研在如图5-13（b）所示的立式中心孔研磨机上进行。刮研前在中心孔内加入少量全损耗系统用油调好的氧化铬研磨剂。

5. 用中心孔磨床修研

修研使用专门的中心孔磨床。修磨时砂轮作行星磨削运动，并沿30°方向作进给运动。中心孔磨床及其运动方式如图5-14所示。适宜修磨淬硬的精密工件之中心孔，能达到极高的形状精度，圆度公差可达0.8μm。

六、轴类工件磨削工艺

（一）轴类工件的分类及技术要求

轴类工件按其结构形状特点，可分为光轴、阶梯轴、空心轴等，还有较特殊的曲轴、偏心轴。其主要技术要求如下。

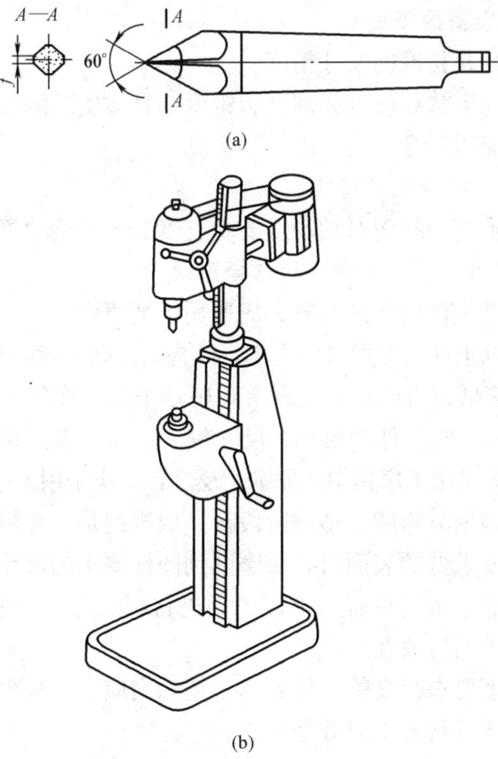

图 5-13 四棱顶尖和中心孔研磨机

（a）硬质合金四棱顶尖；（b）中心孔研磨机

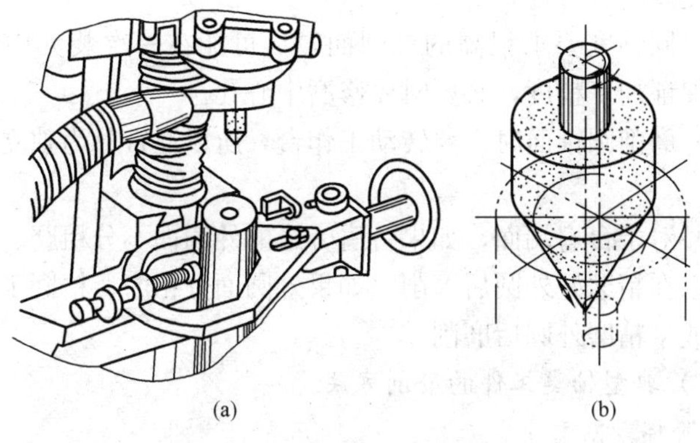

图 5-14 中心孔磨床及其运动方式

（a）中心孔磨床；（b）砂轮运动方式

1. 加工表面的精度

(1) 直径及长度的尺寸精度。

(2) 几何形状精度（如圆度、锥度、直线度、圆柱度等)。

(3) 表面粗糙度。

2. 表面之间的位置精度

包括同轴度、端面对轴心线的垂直度、各种跳动等。

(二) 轴类工件磨削步骤的选择原则

选择轴类工件的磨削步骤，应遵循下列原则。

(1) 根据工件加工批量的大小，结构的复杂程度，尺寸的大小、精度要求的高低、机床设备情况等，确定采用工序集中或工序分散的加工原则。一般工件批量小、尺寸较大、加工表面相互位置精度要求高时，应采用工序集中的原则；反之，则应采用工序分散原则。

(2) 合理划分粗磨、精磨阶段。一般规则是：先粗磨工件上的各个表面，要求低的表面可直接磨削到图样要求的尺寸，要求高的表面应留精磨余量；只有当全部表面进行粗磨后，才能进行精磨。要求最高的表面应放在最后精磨。

(3) 精度要求很高的工件，为了消除内应力，减少加工后的变形，粗磨后要进行人工时效处理。

(4) 磨削第一个工件时，应从长度最长的一个表面开始，以便使工作台调整得比较精确，同时还容易发现工件的淬火变形是否过大，以便及时进行校直。

(5) 同轴度要求很高的外圆面，尽可能在一次装夹中精磨完毕，以保证加工精度，必要时要修磨中心孔。

(6) 磨削圆锥面时，要转动工作台，所以通常分为独立的工序进行。

(7) 对于台肩端面，如果台肩旁边的外圆面不分粗磨、精磨工序，可以在精磨好外圆后磨削；如果外圆面分粗磨、精磨工序，则在粗磨或半精磨外圆后磨削。

(三) 典型轴类工件的磨削方法

1. 阶梯轴的磨削

零件名称为钻床主轴，零件图如图 5-15 所示。

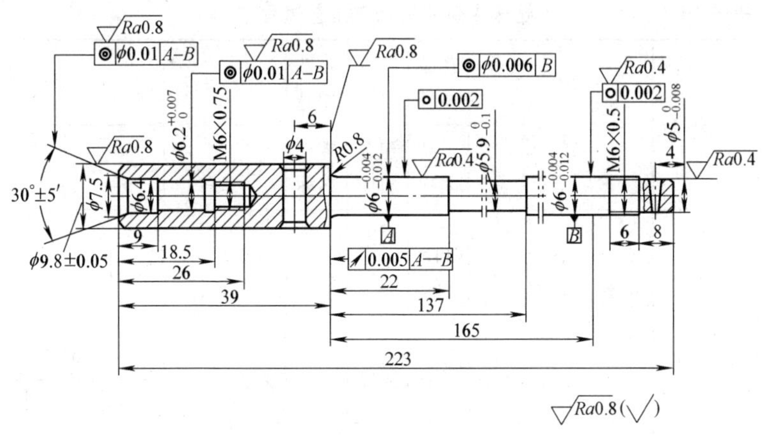

图 5-15　钻床主轴

（1）钻床主轴的主要技术要求见表 5-13。

（2）钻床主轴机械加工工艺过程见表 5-14。

表 5-13　　　　钻床主轴的主要技术要求

项　目	说　　明
○ | 0.002	垂直于 $\phi6_{-0.012}^{-0.004}$外圆轴线的任意正截面上，该圆必须位于半径差为公差值 0.002 的两个同心圆之间
◎ | ϕ0.006	两支承轴颈 $\phi6_{-0.012}^{-0.004}$的轴线必须位于直径为公差值 0.006，且与公共基准轴线同轴的圆柱面内
◎ | ϕ0.01 | A–B	30°±5′锥角和 $\phi6.2_{0}^{+0.007}$内孔的轴线，必须位于直径为公差值 0.01，且与 A、B 公共基准轴线同轴的圆柱面内
↗ | 0.005 | A–B	当零件绕 A、B 公共基准轴线作无轴向移动回转时，在 $\phi6_{-0.012}^{-0.004}$外圆左端面上最外缘一点测量的轴向圆跳动量不得大于公差值 0.005
165 处 G48	长度 165 处高频淬火，48HRC
40Cr	常用合金调质钢

表 5-14　　钻床主轴机械加工工艺过程卡

<table>
<tr><td colspan="2">厂名</td><td colspan="3" rowspan="2">机械加工工艺过程卡片</td><td>产品型号</td><td></td><td>零件图号</td><td colspan="2"></td><td colspan="2">共　页</td></tr>
<tr><td colspan="2"></td><td>产品名称</td><td>组合机床</td><td>零件名称</td><td colspan="2">钻床主轴</td><td colspan="2">第　页</td></tr>
<tr><td>材料牌号</td><td>40Cr</td><td>毛坯种类</td><td>圆棒料</td><td>毛坯外形尺寸</td><td>ϕ14×226</td><td>每毛坯件数</td><td>1</td><td>每台件数</td><td>2</td><td>备注</td><td></td></tr>
<tr><td rowspan="2">工序号</td><td rowspan="2">工序名称</td><td colspan="3" rowspan="2">工序内容</td><td rowspan="2">车间</td><td rowspan="2">工段</td><td colspan="3" rowspan="2">工艺装备</td><td colspan="2">工时</td></tr>
<tr><td>准终</td><td>单件</td></tr>
<tr><td>1</td><td>落料</td><td colspan="3">ϕ14×226</td><td></td><td></td><td colspan="3"></td><td></td><td></td></tr>
<tr><td>2</td><td>粗车</td><td colspan="3">车两端面，钻中心孔 A1，保证总长一夹一顶粗车各挡外圆和阶梯端面，各留加工余量 2.5mm</td><td>金工</td><td></td><td colspan="3">C616 车床、三爪自定心卡盘、偏刀、中心钻</td><td></td><td></td></tr>
<tr><td>3</td><td>热处理</td><td colspan="3">调质 235HBS</td><td></td><td></td><td colspan="3"></td><td></td><td></td></tr>
<tr><td>4</td><td>半精车</td><td colspan="3">校直：弯 0.5mm 内修整两端中心孔。
一夹一顶半精车各挡外圆：ϕ9.8±0.05、$\phi 6^{-0.004}_{-0.012}$，M6×0.5、$\phi 5^{\ 0}_{-0.008}$，各留加工余量 0.45～0.55mm</td><td>金工</td><td></td><td colspan="3">C616 车床、三爪自定心卡盘、偏刀、顶尖</td><td></td><td></td></tr>
<tr><td>5</td><td>热处理</td><td colspan="3">按图 165 长度部分表面淬硬 G48</td><td></td><td></td><td colspan="3"></td><td></td><td></td></tr>
</table>

续表

工序号	工序名称	工序内容	车间	工段	工艺装备	工时	
						准终	单件
6	粗磨	研磨两端中心孔至要求 一夹一顶粗磨各挡外圆：$\phi9.8\pm0.05$、$\phi6^{-0.004}_{-0.012}$、$M6\times0.5$、$\phi5^{0}_{-0.008}$、$\phi5.9^{0}_{-0.1}$，各留加工余量0.25～0.3mm	金工		M120W磨床、三爪自定心卡盘、顶尖、WA砂轮		
7	热处理	油浴加热至(100～150)℃，保温16h					
8	半精磨	研磨两端中心孔至要求 两顶尖装夹工件，半精磨各挡外圆：$\phi9.8\pm0.05$、$\phi6^{-0.004}_{-0.012}$、$M6\times0.5$、$\phi5^{0}_{-0.008}$、$\phi5.9^{0}_{-0.1}$，各留加工余量0.1～0.15mm			M120W磨床、中心架、两只顶尖、WA砂轮		
9	热处理	油浴加热至(100～150)℃，保温12h					
10	精磨	研磨两端中心孔至要求 精磨$\phi5.9^{0}_{-0.1}$及阶梯端面至要求 精磨$\phi6^{-0.004}_{-0.012}$及阶梯端面至要求 精磨$M6\times0.5$外圆至$\phi6^{-0.05}_{-0.08}$ 精磨$\phi5^{0}_{-0.008}$及阶梯端面至要求 调头装夹，精磨$\phi9.8\pm0.05$至要求			M120W磨床、中心架、两只顶尖、WA砂轮		

续表

工序号	工序名称	工序内容	车间	工段	工艺装备	工时	
						准终	单件
11	检验	检验 $\phi6_{-0.012}^{-0.004}$ 圆度公差及其他位置公差					
12	车	一夹一顶，车 M6×0.5 至要求			C616 车床、三爪自定心卡盘、顶尖		
13	车	夹住外圆 $\phi5_{-0.008}^{0}$，中心架托住外圆 $\phi6_{-0.012}^{-0.004}$的右端 钻孔 $\phi5.2\times26$ 沉割内槽 镗 $\phi6.2_{0}^{+0.007}$ 至图样要求 镗 $\phi6.4\times9$ 至要求 攻 M6×0.75 至要求			C616 车床、三爪自定心卡盘、中心架、钻头、镗刀、内割槽刀、丝锥		
14	钳	钻 $\phi4$ 孔及倒角至要求			台钻、钻模		
15	钳	与件配钻、铰 $\phi2$ 锥销孔至要求			$\phi2$ 锥铰刀		
16	检验	$30°\pm5'$内锥面和内孔 $\phi6.2_{0}^{+0.007}$ 相对 A、B 支承轴颈的同轴度			双 V 形块检具		

										审核	会签
标记	处数	更改文件号	签字	日期	标记	处数	更改文件号	签字	日期		

(3) 工艺分析。从工艺过程卡中可见：

1) 采用了工艺分散的原则，划分了粗磨、半精磨和精磨，经多次工序的安排，逐步消除圆度误差复映，使支承轴颈 A、B 的圆度公差在 0.002mm 内。

2）钻床主轴两端中心孔是支撑轴颈 A、B 的公共基准轴线，因此在磨削加工前，均分别对中心孔进行研磨。粗磨前用四棱硬质合金加氧化铝研磨膏研磨；半精磨和精磨前用油石顶尖加氧化铝研磨膏研磨。粗磨前中心孔研后表面粗糙度 Ra 为 0.8μm；半精磨和精磨前中心孔研后表面粗糙度 Ra 达 0.4μm。

3）粗磨 $\phi6_{-0.012}^{-0.004}$外圆时，工件安装采用一夹一顶，其目的是为了提高工件刚性。三爪自定心卡盘夹紧处的外圆长度应尽可能短，避免工件夹顶后产生重复定位，外圆处的径向圆跳动应调整到 0.02mm 内。

4）半精磨和精磨均采用顶尖安装，但因该轴长径比为 37，属细长轴，所以在加工时应使用中心架辅助支承。支承点放在 $\phi9.8\pm0.05$ 外圆的右端，支承处外圆的径向圆跳动应控制在 0.01～0.05mm 内，中心架不能起定位作用。

5）为保证支承轴颈 $\phi6_{-0.012}^{-0.004}\times165$ 外圆的加工精度，应注意以下几点。

a）砂轮必须经过二次严格的静平衡，以减少工件表面多棱形和振痕。

b）磨削时，应在工件无轴向窜动的条件下，尽量减少顶紧力，避免工件产生弯曲变形，以免影响 $\phi6_{-0.012}^{-0.004}\times165$ 的圆柱度。

c）砂轮应始终保持一定的切削力，绝不可用已钝化的砂轮切削，避免工件振动和变形。

d）磨削时应使用对称的夹头，以保持工件旋转时的平稳性。精磨时的余量约在 0.02mm 左右，同时走刀次数不要太多。

2. 细长轴

细长轴通常指长径比（即 L/D）大于 15～20 以上的轴类工件。前例钻床主轴亦是细长轴。图 5-16 所示为精密细长轴。

细长轴刚性很差，磨削时容易产生弯曲变形和振动，使工件产生圆柱形和多角形误差。细长轴的磨削加工关键是防止和减少工件的弯曲变形。常用的方法有两种。

（1）用中心架支承。中心架数目的选择见表 5-15。

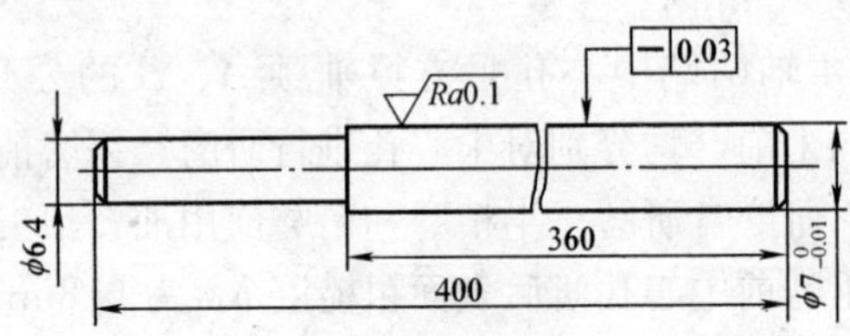

图 5-16 精密细长轴

表 5-15 **中心架数目的选择**

工件直径（mm）	工件长度（mm）					
	300	450	700	750	900	1050
	中心架数目					
26～30	1	2	2	3	4	5
36～50	—	1	2	2	3	3
51～60	—	1	1	2	2	2
61～75	—	1	1	2	2	2
76～100	—	—	1	1	1	2

中心架的形式很多，一般磨床上配置的中心架均可使用。图 5-17 所示是一种磨削细长轴的专用支承装置。磨削时，工件由两个可滚动的钢球支持（一般中心架是用两支承块）。并始终受到一个有一定缓冲作用的平稳支持力，其大小可用螺母调节。工件形状不规则等因素引起支承力的变化，可反映在百分表上。若百分表摆动明显，说明细长轴可能让刀或粗细不一，这时可多磨几次，直至表针摆动消除。也可以调整螺母 17，消除让刀。整个装置通过框架、支架用螺钉紧固在磨床的砂轮罩上。

(2) 用弹性后顶尖和凹形砂轮。凹形砂轮和弹性后顶尖如图 5-18 所示，弹性后顶尖可缓解工件弯曲的让刀现象，而凹形砂轮减少了工件与砂轮的接触面，降低了切削力。

图 5-16 所示的精密细长轴，其磨削步骤见表 5-16。

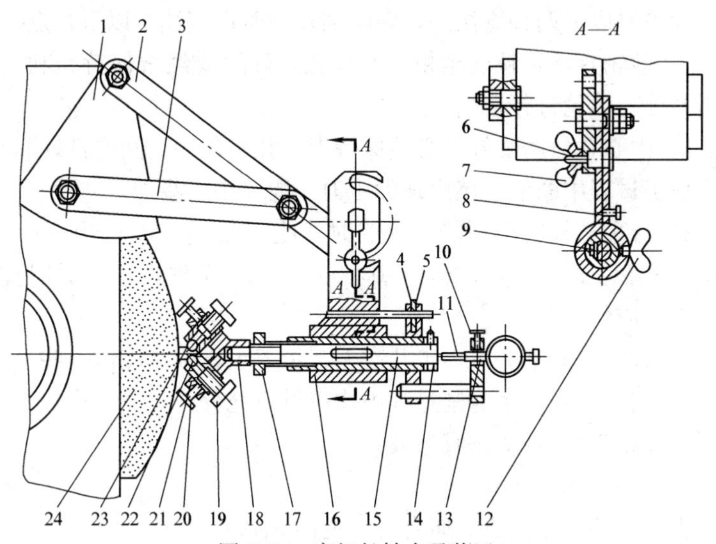

图 5-17 磨细长轴支承装置

1—护罩；2—框架；3—支架；4、7、17—螺母；5—滑套；6、8、12、19、20—螺钉；9—键；10—表座；11—百分表；13—衬套；14—固定套；15—轴；16—翻架；18—支承；21—定位套；22—钢球；23—工件；24—砂轮

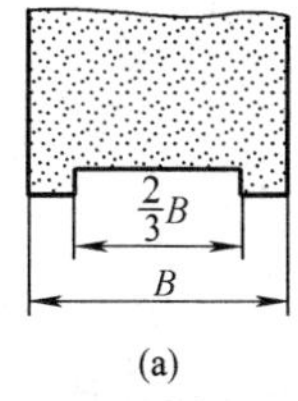

(a)

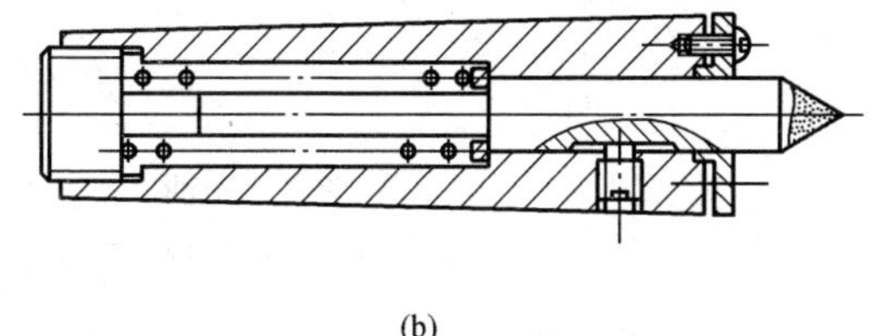

(b)

图 5-18 凹形砂轮和弹性后顶尖

(a) 凹形砂轮；(b) 弹性后顶尖

表 5-16　　细长轴磨削步骤（mm）

工　　序	内　　容
研磨	研磨中心孔
粗磨外圆	磨 $\phi7$ 外圆留精磨余量 0.2mm
校直、时效	控制工件弯曲<0.03mm，消除应力
半精磨外圆	留精磨余量 0.05mm
校直、时效	控制工件弯曲<0.03mm，消除应力
精磨外圆	精磨 $\phi7_{-0.01}^{\ 0}$ 至尺寸，多光磨几次

除采取以上两种方法外，磨削细长轴时还应注意以下几点。

1）砂轮宜软，粒度稍粗，不宜宽，砂轮要经常保持锋利，不能用磨钝的砂轮进行磨削。

2）中心孔研磨要好。必须保持中心孔与顶尖之间的良好润滑，勿使加工过程中断油。尾座顶尖压力一般要小一些。

3）合理选择磨削用量。粗磨时背吃刀量 a_P＝（0.01～0.02）mm；精磨时 a_P＝（0.002 5 ～0.005）mm，工件转速相对同直径的短工件应低一些。

4）轴的中间部分可多走几次刀，走刀也比两端应慢一些。

5）切削液在整个磨削过程中均应供应充分。

6）磨好的工件应垂直吊放。

3. 光轴

光轴的特点是没有一叫台阶（见图 5-19）。

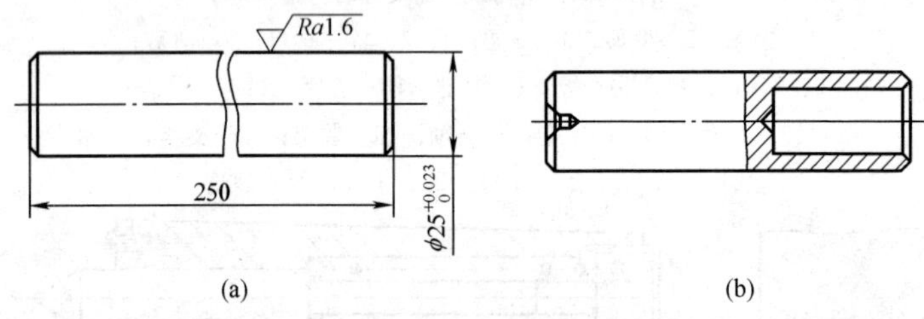

图 5-19　光轴

（a）普通光轴；（b）带内孔的光轴

加工光轴时，同一外圆要分两次装夹，调头磨削方能完成。容易出现的问题是：两次装夹时工件轴线发生变动或两次磨削时工件变形不一样，从而产生接刀痕迹，使两端外圆同轴度超差。因此，必须注意以下几点。

（1）中心孔和顶尖形状要正确，表面粗糙度值应低，同时应特别注意装夹时的清洁工作。

（2）工作台应尽量校正、准确。

（3）调头前和调头后的磨削用量应相同，避免变形不一致而使同轴度出现超差。

（4）接刀位置应尽量靠近工件的一端，而不应在中间部位，因工件两端处刚性较中间好，其变形要小。

（5）磨图 5-19（b）所示工件时，应在工件实心一端接刀。因工件空心一端壁厚较薄，磨削时容易变形，接刀不易接好。

（6）分清粗磨和精磨，工件整个长度粗磨完成后，才能进行精磨。精磨余量尽量留少一些，一般可取 0.02～0.04mm。表面粗糙度值及平直度要求较高的工件，最好多调头磨几次。

4. 偏心轴

偏心轴的特点是轴几个外圆之间的轴线相互平行但并不重合，如图 5-20 所示。

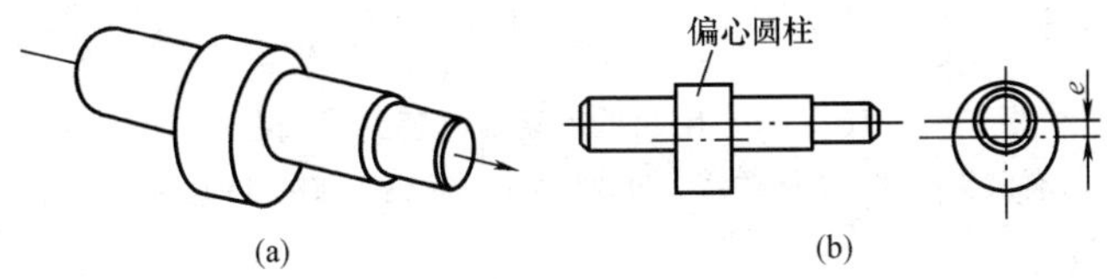

图 5-20　偏心轴

（a）偏心轴；（b）偏心圆柱的偏心距

磨削偏心轴的关键是轴线不与主轴线重合的偏心圆柱面的磨削，一般可采用以下方法。

（1）用四爪单动卡盘装夹磨偏心。此法适应偏心距不大且长度较短的工件（见图 5-21）。

调整四爪单动卡盘时应注意如下几点。

1）工件转到不同位置时，外圆柱 A 上的母线都应与工作台移动方向平行［见图 5-21（b）］。避免工件母线歪斜。

2）偏心圆柱 B 的径向跳动量应控制在磨削余量的 1/3 以内［见图 5-21（c）］。

（2）用偏心套装夹磨偏心。偏心套的内孔与其外圆间的偏心距等于工件的偏心距。［见图 5-22（a）］。将偏心套安装在卡盘中，工件以精磨过的外圆插入偏心孔中，用百分表找正偏心圆使余量均匀，然后锁紧偏心套上两螺钉，即可进行磨削［见图 5-22（b）］。此法适应数量较多且尺寸不大的偏心轴。

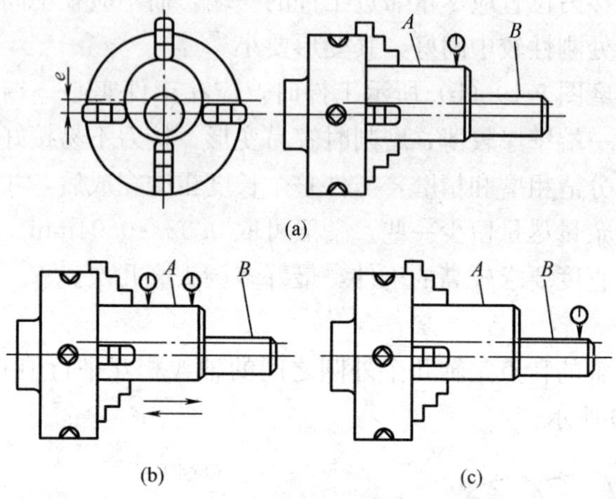

图 5-21 用四爪单动卡盘装夹磨偏心

(a) 工件装夹；(b) 外圆柱 A 上母线检测；(c) 偏心圆柱 B 的径向跳动量测量

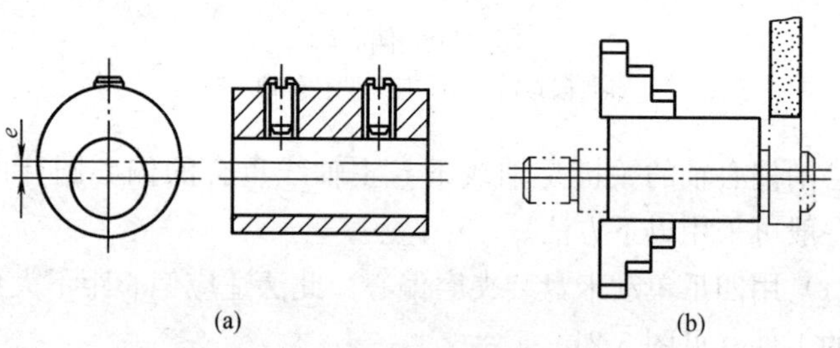

图 5-22 用偏心套装夹磨偏心

(a) 工件装夹；(b) 工件磨削

(3) 用两顶尖装夹磨偏心。此法适应长度较大的工件。如果偏心距 e 不大，而两端轴颈尺寸又足够大时，可直接在工件的两端面上，根据偏心距 e 钻出新的中心孔。磨削图 5-23 所示工件时，两端面上钻出 6 个中心孔。磨轴颈 1 和 4 时，两顶尖顶住中心孔 B，磨偏心 2 时顶住中心孔 A，磨偏心 3 时顶住中心孔 C。

(4) 不符合上述三种情况的工件，应采用偏心夹具。

七、外圆磨削常见工件缺陷及防止措施

外圆磨削常见工件缺陷有表面质量不好、几何形状和相互位置

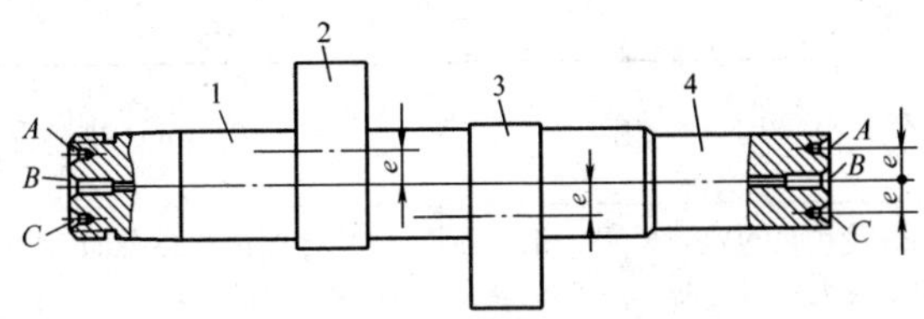

图 5-23　用两顶尖装夹磨偏心

误差等。产生缺陷的原因是多方面的，表 5-17 列出了外圆磨削常见缺陷产生原因及防止措施，供生产中参考。

表 5-17　　外圆磨削常见工件缺陷产生原因及防止措施

工件缺陷	产生原因	防止措施
多角形直波纹	（1）砂轮不平衡，转动时发生振动	（1）注意保持砂轮平衡。使用新砂轮时，虽经过两次静平衡，在砂轮使用过程中出现不平衡，应重新作静平衡；停车前先关断切削液，使砂轮空转脱水，以免切削液聚集在砂轮下部而引起不平衡
	（2）砂轮硬度过高或砂轮硬度不均匀	（2）根据工件材料性质，合理选用砂轮硬度
	（3）砂轮磨钝或圆周磨损不均匀	（3）及时修整砂轮
	（4）砂轮修得过细或金刚石顶角磨钝，修出的砂轮不锋利	（4）合理选择修整用量，或对金刚石琢磨修尖，或翻身重焊金刚石
	（5）工件圆周速度过大，工件中心孔有多角形	（5）适当降低工件速度，修正中心孔
	（6）工件直径和质量过大	（6）增加支承架，降低磨削用量
	（7）砂轮或工件的支承松动，包括砂轮主轴轴承间隙过大，头架主轴轴承松动	（7）按机床说明书规定调整轴承间隙
	（8）电动机不平衡	（8）对电动机进行整机动平衡，采用隔振措施
	（9）砂轮卡盘与主轴锥孔接触不良	（9）修磨卡盘锥孔

续表

工件缺陷	产生原因	防止措施
螺旋形波纹	(1) 砂轮硬度过高，修得过细，而背吃刀量过大 (2) 纵向进给量过大 (3) 砂轮磨损，母线不直 (4) 修整砂轮和磨削时切削液供应不足 (5) 工作台导轨润滑油过多，使台面浮起，在运动中产生摆动 (6) 工作台有爬行现象 (7) 砂轮主轴发生轴向窜动，或配合间隙过大	(1) 合理选用砂轮硬度和修整用量，减少背吃刀量 (2) 适当降低纵向进给量 (3) 修整砂轮 (4) 增大切削液 (5) 降低润滑油压力 (6) 打开放气阀，排除液压系统中的空气，或检修机床 (7) 调整轴承间隙或检修机床
表面烧伤	(1) 砂轮太硬或粒度过细 (2) 砂轮修得过细，不锋利 (3) 砂轮太钝 (4) 磨削用量过大，或工件速度过低 (5) 切削液不充分或喷嘴位置不对	(1) 合理选择砂轮 (2) 合理选择修整用量 (3) 修整砂轮 (4) 减少背吃刀量和纵向进给量，或增大工件速度 (5) 加大切削液或调整喷嘴位置
圆度超差	(1) 中心孔形状不正确，或中心孔内有污垢、毛刺和铁屑 (2) 中心孔或顶尖因润滑不良而磨损 (3) 工件顶得过紧或过松 (4) 顶尖与套筒锥孔接触不良，有松动 (5) 工件刚性差，而毛坯形状误差又大，弹性变形和复映误差过大 (6) 工件不平衡量过大，转动时产生跳动 (7) 砂轮主轴与轴承配合间隙过大 (8) 尾座套筒与体壳配合间隙过大 (9) 头架主轴径向跳动过大 (10) 砂轮太钝或磨损不均匀	(1) 重新修正中心孔，或清除污垢 (2) 改善润滑条件，修正中心孔或顶尖 (3) 调节尾座顶尖压力 (4) 修复或更换 (5) 减小背吃刀量，并从大到小逐渐减小；增加光磨次数 (6) 采取平衡措施 (7) 调整主轴间隙 (8) 更换套筒 (9) 调整头架轴承间隙 (10) 及时修整砂轮

续表

工件缺陷	产生原因	防止措施
圆柱度超差	（1）工件旋转轴线与工作台运动方向不平行 （2）头架和尾座的轴心线不重合 （3）工艺系统的轴向弹性变形不一样 （4）工件刚性太差，弹性变形太大 （5）磨细长轴时，顶尖顶得过紧而使工件弯曲 （6）中心架调整不当 （7）工作台导轨润滑油压力过大，在运动中产生摆动 （8）磨削用量太大而使工件弯曲 （9）切削液不充分	（1）重新找正工作台 （2）在尾座底面垫纸垫或薄铜皮，并用心轴找正 （3）适当降低切削用量，增加光磨次数 （4）使用中心架，增加工件刚性；减小背吃刀量，增加光磨次数；及时修整砂轮 （5）调整预紧力 （6）正确调整撑块和支承块对工件的压力 （7）降低润滑油压力 （8）适当减小背吃刀量 （9）保持充分的切削液
阶梯轴的同轴度超差	（1）见本表“圆度超差”栏（1）～（4） （2）磨削步骤安排不当 （3）用卡盘装夹磨削时，工件找正不对，或头架主轴径向跳动过大	（1）见本表“圆度超差”栏（1）～（4） （2）各段同轴度要求高时，应分粗磨和精磨，同时应尽可能在一次装夹中精磨各段外圆 （3）仔细找正工件基准面，或调整头架轴承间隙
端面垂直度超差	（1）砂轮轴线与工件轴线平行度误差太大 （2）砂轮与工件接触面太大	（1）调整和修刮有关部件，使其符合精度要求 （2）砂轮端面修成内凹形，使砂轮与工件接触宽度小于2mm
两端尺寸较小（或较大）	（1）砂轮越出工件端面太多（或太少） （2）工作台换向停留时间太长（或太短）	（1）调整换向撞块位置，使砂轮越出工件端面约为1/3～1/2砂轮宽度 （2）调整工作台停留时间

续表

工件缺陷	产生原因	防止措施
轴肩旁外圆尺寸较大	(1) 换向时工作台停留时间太短 (2) 砂轮边角磨损或母线不直	(1) 调整工作台停留时间 (2) 合理选择磨料和砂轮硬度
拉毛划伤	(1) 切削液不清洁 (2) 磨料选择不当，砂轮硬度太软	(1) 严格过滤切削液 (2) 合理选择磨料和砂轮硬度

第三节　内圆磨削

内圆磨削用于内孔的精加工，在内圆磨床或万能外圆磨床上进行。可加工通孔、不通孔、圆柱或圆锥孔、台阶孔和孔端面等。磨孔的尺寸精度可达 IT6～IT7 级，表面粗糙度 Ra0.8～0.2μm。采用高精度磨削工艺，尺寸精度可控制在 0.005mm 以内。表面粗糙度 Ra0.1～0.025μm。

内圆磨削的特点如下。

(1) 内圆磨削由于孔径的限制，所用砂轮直径小；转速受磨头的限制（机械式磨头转速在 10 000～20 000r/min)，磨削速度在 20～30m/s，甚至更小。加工表面粗糙度参数值较外圆磨削大。

(2) 因内圆磨削砂轮转速高，故每一磨粒单位时间内参加切削的次数比外圆磨削高十几倍，且砂轮与工件接触弧比外圆磨削长，因此磨削热和磨削力都比较大，磨粒容易磨钝，工件易发热和烧伤。

(3) 因切削液不易进入磨削区域，冷却条件差；磨屑不易排除，容易造成砂轮堵塞，从而影响表面质量，磨削铸铁件时尤为明显。

(4) 砂轮轴悬臂伸出较长，且直径细，刚性较差，容易产生弯曲变形和振动，除影响加工精度和表面粗糙度值外，也限制了磨削用量的提高，制约了生产效率的提高。

一、内圆磨头

内圆磨头也称内圆磨具，它是带动砂轮作高速旋转的部件，砂轮直接或利用接长轴与磨头相连接。

（一）内圆砂轮的选择

1. 砂轮直径的选择

选择依据是工件孔径，二者之间应有适当比值，通常砂轮直径是孔径的0.5～0.9。表5-18列出了孔径ϕ12～ϕ100mm范围内内圆磨削砂轮直径的选择。当工件内孔直径大于ϕ100mm时，应注意砂轮圆周速度不应超过砂轮的安全速度。

表5-18　　内圆磨削砂轮直径的选择（mm）

被磨削孔的直径	砂轮直径 d_s	被磨削孔的直径	砂轮直径 d_s
12～17	10	45～55	40
17～22	15	55～70	50
22～27	20	70～80	65
27～32	25	80～100	75
32～45	30		

2. 砂轮宽度的选择

在砂轮接长轴刚度和机床功率允许的范围内，砂轮宽度可按工件长度选择，见表5-19。

表5-19　　内圆磨削砂轮宽度选择（mm）

磨削长度	14	30	45	＞50
砂轮宽度	10	25	32	40

3. 砂轮硬度选择

内圆砂轮应有良好的自锐性，所以应选用较软的砂轮，通常内圆砂轮较外圆砂轮硬度要软1～2级。一般内圆磨削砂轮硬度为中软。但在磨削长度较长的小孔时，为避免工件产生锥度，砂轮硬度不可太低。

4. 砂轮的粒度选择

为提高磨粒的切削能力，同时避免烧伤工件，应选用较粗粒度。常用内圆砂轮粒度为 36 号、46 号和 60 号。

5. 砂轮组织的选择

内圆磨削排屑困难，为了有较大的空隙容纳磨屑，避免砂轮过早塞实，内圆砂轮的组织要比外圆砂轮疏松 1～2 号。

6. 砂轮形状的选择

内圆砂轮常用的形状有平形和杯形两种（见图 5-24）。其中平形砂轮最为常用，杯形砂轮磨台阶孔及端面比较有利。

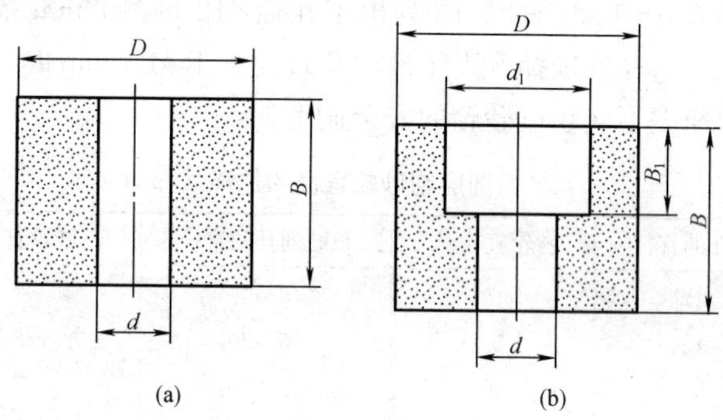

图 5-24　内圆磨削砂轮常用形状

（a）平形砂轮；（b）杯形砂轮

内圆砂轮的选择可参考表 5-20。

表 5-20　内圆砂轮的选择

加工材料	磨削要求	砂轮的特性			
		磨料	粒度	硬度	结合剂
未淬火的碳钢	粗磨	A	24～46	K～M	V
	精磨	A	46～60	K～N	V
铝	粗磨	C	36	K～L	V
	精磨	C	60	L	V
铸铁	粗磨	C	24～36	K～L	V
	精磨	C	46～60	K～L	V
纯铜	粗磨	A	16～24	K～L	V
	精磨	A	24	K～M	V

续表

<table>
<tr><th rowspan="2">加工材料</th><th rowspan="2">磨削要求</th><th colspan="4">砂轮的特性</th></tr>
<tr><th>磨料</th><th>粒度</th><th>硬度</th><th>结合剂</th></tr>
<tr><td rowspan="2">硬青铜</td><td>粗磨</td><td>A</td><td>16～24</td><td>J～K</td><td>V</td></tr>
<tr><td>精磨</td><td>A</td><td>24</td><td>K～M</td><td>V</td></tr>
<tr><td rowspan="2">调质合金钢</td><td>粗磨</td><td>A</td><td>46</td><td>K～L</td><td>V</td></tr>
<tr><td>精磨</td><td>WA</td><td>60～80</td><td>K～L</td><td>V</td></tr>
<tr><td rowspan="2">淬火的碳钢及合金钢</td><td>粗磨</td><td>WA</td><td>46</td><td>K～L</td><td>V</td></tr>
<tr><td>精磨</td><td>PA</td><td>60～80</td><td>K～L</td><td>V</td></tr>
<tr><td rowspan="2">渗氮钢</td><td>粗磨</td><td>WA</td><td>46</td><td>K～L</td><td>V</td></tr>
<tr><td>精磨</td><td>SA</td><td>60～80</td><td>K～L</td><td>V</td></tr>
<tr><td rowspan="2">高速钢</td><td>粗磨</td><td>WA</td><td>36</td><td>K～L</td><td>V</td></tr>
<tr><td>精磨</td><td>PA</td><td>24～36</td><td>M～N</td><td>B</td></tr>
</table>

<table>
<tr><th rowspan="2">结合剂</th><th colspan="3">平形砂轮（mm）</th></tr>
<tr><th>外径 D</th><th>宽度 B</th><th>内径</th></tr>
<tr><td rowspan="15">V</td><td>20</td><td>6，10，20，25，32</td><td rowspan="2">6</td></tr>
<tr><td rowspan="2">25</td><td>6，13，16，25</td></tr>
<tr><td>25，32，50</td><td rowspan="4">10</td></tr>
<tr><td>30</td><td>6，10，25，32，40，63</td></tr>
<tr><td>35</td><td>6，8，10，25，32，40，63</td></tr>
<tr><td rowspan="3">40</td><td>6，16，32</td></tr>
<tr><td>6，10</td><td>13</td></tr>
<tr><td>8，10，25，32，40，50，63</td><td rowspan="2">16</td></tr>
<tr><td>45</td><td>32</td></tr>
<tr><td rowspan="2">50</td><td>6</td><td>13</td></tr>
<tr><td>6，8，10，16，20，25，32，40，50</td><td rowspan="2">16</td></tr>
<tr><td rowspan="2">60</td><td>32，50</td></tr>
<tr><td>8，10，13，20，32，50，63</td><td>20</td></tr>
<tr><td>70</td><td>6，10，13，16，25，32，50</td><td rowspan="3">20</td></tr>
<tr><td rowspan="2">80</td><td>8，13，16，20，32，50，63</td></tr>
<tr><td>B</td><td>20</td></tr>
</table>

7. 砂轮的安装

内圆砂轮一般安装在砂轮接长轴的一端，也有些磨床内圆砂轮是直接安装在内圆磨头主轴上。其紧固方法有螺纹紧固和粘结紧固两种。

(1) 螺纹紧固如图 5-25 所示，由于螺纹有较大的夹紧力，故砂轮安装得比较牢固。

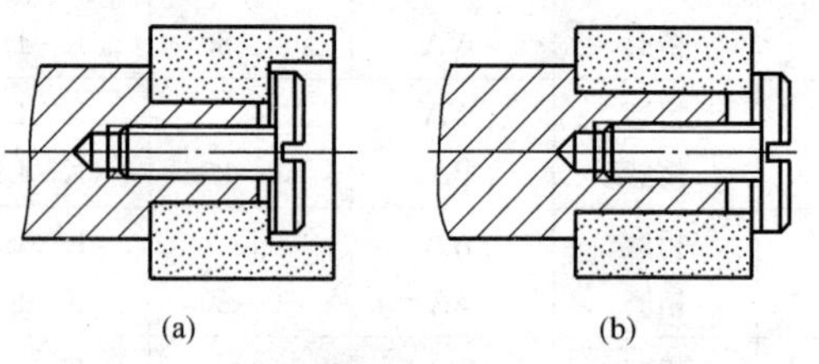

图 5-25　用螺纹安装内圆砂轮

(a) 安装带内台阶孔的内圆砂轮；(b) 安装圆筒形内圆砂轮

螺纹紧固安装砂轮应注意以下事项。

1) 砂轮内孔与接长轴的配合间隙要适当，不要超过 0.2mm。若间隙过大，可以在砂轮内孔与接长轴间垫入纸片，以免因安装偏心而工作时产生振动或松动。

2) 砂轮的两个端面必须垫上黄纸片等软性衬垫，衬垫厚度 0.2～0.3mm。目的是使砂轮受力均匀，紧固可靠。

3) 承压砂轮的接长轴端面要平整，接触面不能太小，否则会减少摩擦面积，不能保证砂轮可靠地紧固。

4) 紧固螺钉的承压端面与螺纹要垂直，以使砂轮受力均匀。

5) 紧固螺钉的螺旋方向应与砂轮旋转方向相反，这样可以保证砂轮不会松脱。

(2) 用粘结剂紧固砂轮如图 5-26 所示，磨 ϕ15mm 以下小孔的砂轮，使用螺钉联接紧固非常困难，所以采用粘结紧固。

常用粘结剂是用磷酸溶液 (H_3PO_4) 和氧化铜 (CuO) 粉末调配而成。

粘结紧固时应注意以下几项。

1) 调配时须将氧化铜粉末放在瓷质容器内，渐渐注入磷酸溶

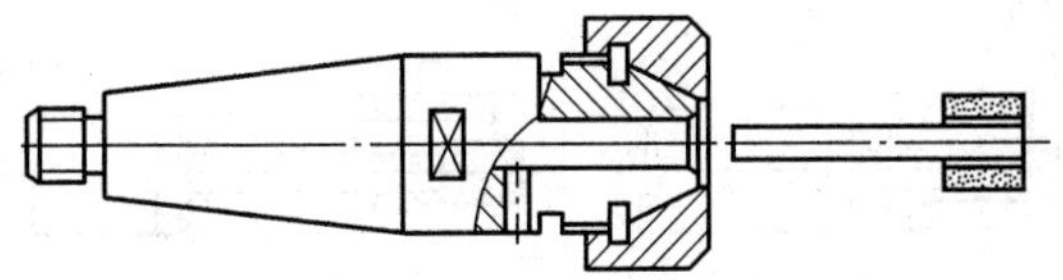

图 5-26　用粘结剂紧固砂轮

液，同时不停搅拌，要调制均匀，浓度适当。

2）粘结剂应充满砂轮与接长轴之间的间隙，内部不应有空洞。

3）用电炉烘干时，时间不宜太长，以免磷酸铜快速凝固时，体积急剧膨胀，以至胀裂砂轮。可观察粘结剂颜色，当其呈暗绿色时，应立即停止加热。

（二）砂轮接长轴

砂轮接长轴为砂轮与磨头中间的连接装置，其常见的形式如图 5-27 所示。其长度的选择如图 5-28 所示。

砂轮接长轴多为自制，制作时应注意如下事项。

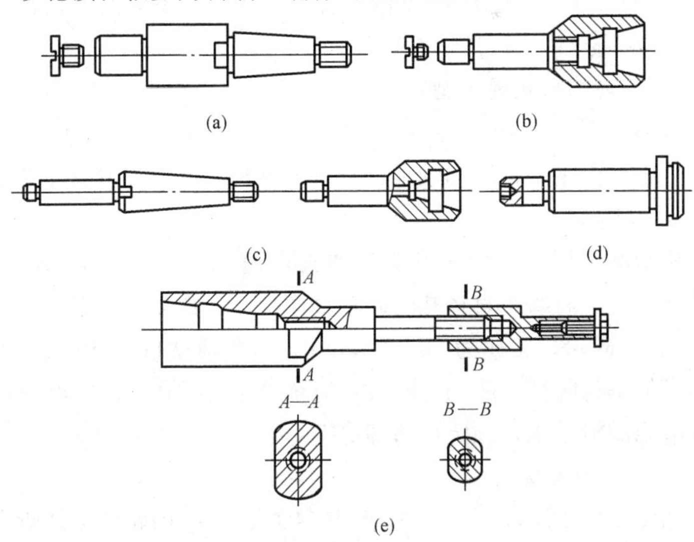

图 5-27　砂轮接长轴的常见形式

（a）带外锥的接长轴；（b）带内锥的接长轴；（c）带内、外锥的接长轴；（d）圆柱接长轴；（e）接长轴上加工出削扁部位

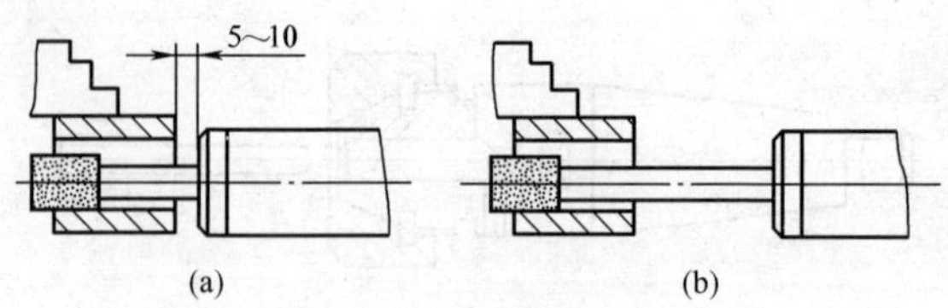

图 5-28 砂轮接长轴长度的选择

(a) 正确；(b) 错误

(1) 保证接长轴上各段外圆与锥面的同轴度要求。

(2) 接长轴锥面应与磨头主轴锥面精密配合。一般接长轴外锥为莫氏锥度 1∶20，配合面积不应小于 85%。

(3) 接长轴应加工出削扁部位，供上紧接长轴和紧固砂轮［见图 5-27 (e)］。

(4) 应考虑接长轴的螺纹旋向，其旋向应与砂轮旋向相反。

(5) 接长轴的材料，可用中碳合金钢并经调质或淬火、回火处理，38～48HRC。常用 40Cr 钢，磨 ϕ8mm 以下小孔的接长轴，应采用 CrWMn 钢，这样刚性更好。

(三) 内圆磨头的类型

1. 机械传动内圆磨头

其主要由主轴、滚动轴承、套筒壳体和平带轮等组成，其结构如图 5-29 所示。

机械磨头属中、低速磨头。磨头转速 10 000～20 000r/min。因转速不高，若磨小直径孔时砂轮直径小，则磨削速度很小。例如直径 5mm 砂轮，转速为 20 000r/min，磨削速度仅为 5m/s。表面粗糙度值不易降低，故该类磨头不适宜磨小直径孔。此类磨头用锂基润滑脂润滑轴承，须定期清理更换。

2. 风动内圆磨头

如图 5-30 所示，磨头主轴上设有涡轮，由压缩空气驱动涡轮使主轴高速旋转，同时供应给轴承的毛细管喷孔，在轴承间隙中形成托起主轴的气膜层起润滑作用。其主轴最高转速可达 110 000r/min，振动小，调节气压可实现磨头的无级调速。

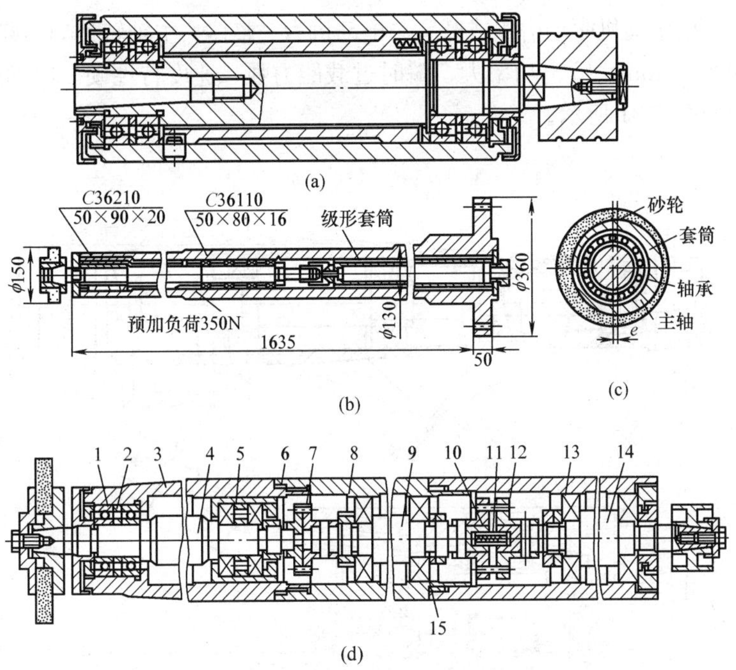

图 5-29　各种机械传动内圆磨头

（a）机械传动内圆磨头；（b）级形套筒；（c）偏心形套筒；（d）结构总成

1—向心推力轴承；2—隔环；3、8、13—壳体；4—主轴；5—轴承套；

6、15—青铜套；7、12—联轴器；9—中间轴；10—弹簧；

11—弹簧套；14—传动轴

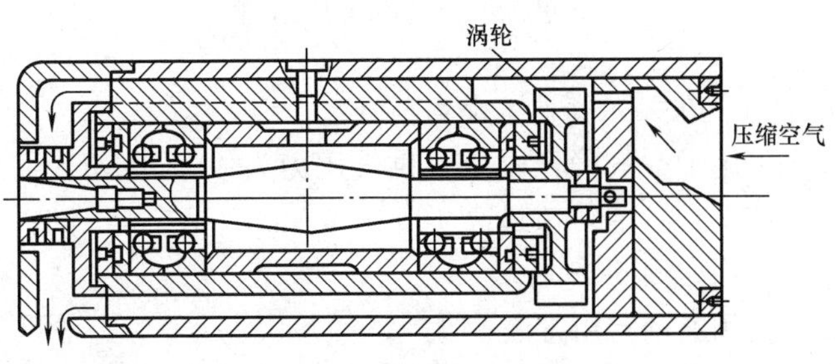

图 5-30　风动内圆磨头

3. 电动内圆磨头

由电动机驱动磨头或磨头与电动机为一整体。主轴转速 50000～90000r/min，输出功率大，瞬时过载能力强，速度特性硬。电动磨头如图 5-31 所示。

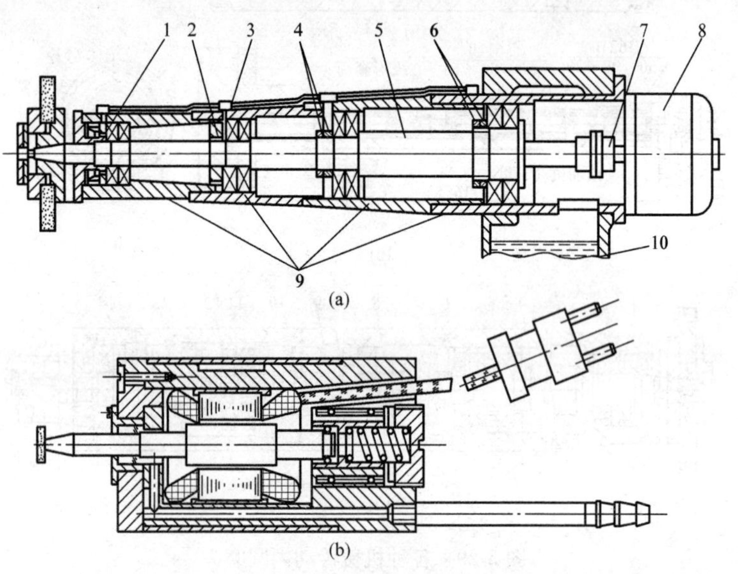

图 5-31　电动磨头

(a) 电动机与磨头用联轴器连接；(b) 电动机与磨头为一整体

1、2、4、6—螺母；3—油管；5—主轴；7—弹性联轴器；

8—电动机；9—壳体；10—油池

4. 空气静压轴承高速电动内圆磨头

由于采用了空气静压轴承，供气压力为 40～65MPa，磨头刚性好，摩擦小，主轴转速最高 180 000r/min，适合磨削 1～10mm 小孔。其结构如图 5-32 所示。

二、内圆磨削常用方法

内圆磨削常用方法见表 5-21。

内圆磨头行星运动方式见表 5-22，行星转速见表 5-23。

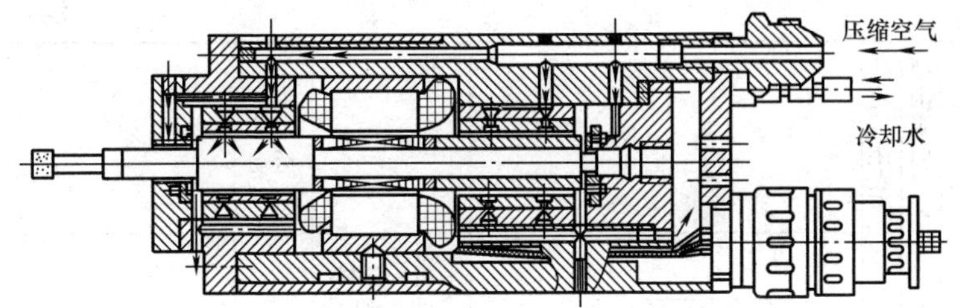

图 5-32　空气静压轴承高速电动内圆磨头

表 5-21　　　　内圆磨削常用方法

磨削方法	磨削表面特征	砂轮工作表面	简　图	砂轮运动	工件运动	备　注
纵向进给磨削	通孔	1		(1) 旋转 (2) 纵向 (3) 横向进给	旋转	
	锥孔	1		(1) 旋转 (2) 纵向往复 (3) 横向进给	旋转	磨头架偏转 1/2 锥角
	锥孔	1		(1) 旋转 (2) 纵向往复 (3) 横向进给	旋转	工件用专用夹具夹持，偏转 1/2 锥角

续表

磨削方法	磨削表面特征	砂轮工作表面	简　图	砂轮运动	工件运动	备　注
纵向进给磨削	不通孔	1 2	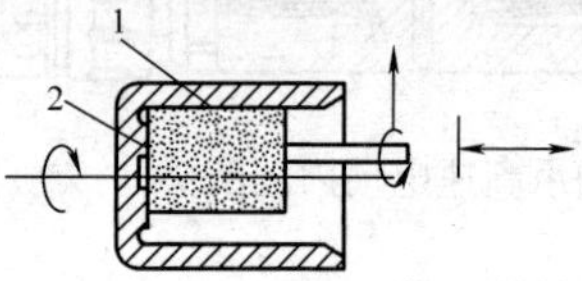	(1) 旋转 (2) 纵向往复 (3) 靠端面	旋转	
	台阶孔	1 2	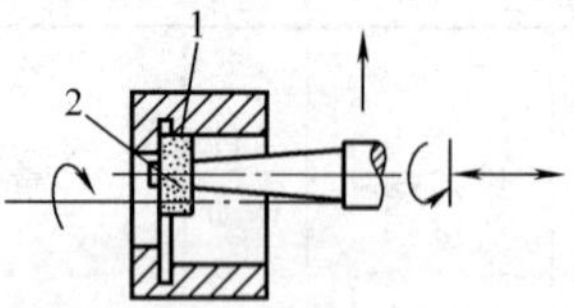	(1) 旋转 (2) 纵向往复 (3) 靠端面	旋转	
	小直径深孔	1	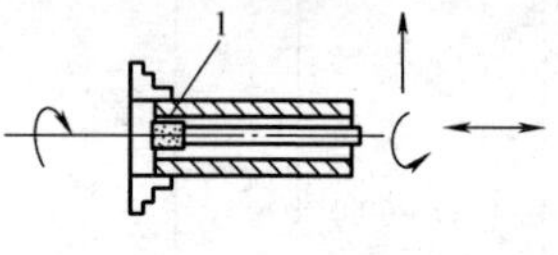	(1) 旋转 (2) 纵向往复 (3) 横向进给	旋转	增加接长轴刚性，保证砂轮锋利，减少背吃刀量，注意排屑和冷却
	间断表面通孔	1	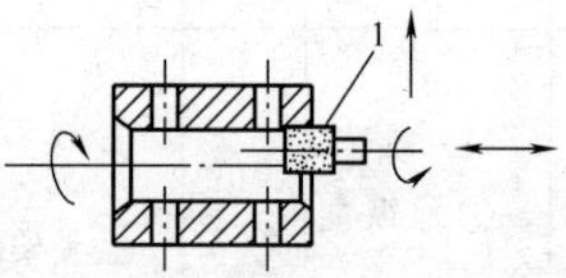	(1) 旋转 (2) 纵向往复 (3) 横向进给	旋转	增加接长轴刚性，保证砂轮锋利，减少背吃刀量，注意排屑和冷却增加砂轮直径，必要时在槽或孔内嵌硬木或胶木
行星磨削	通孔	1	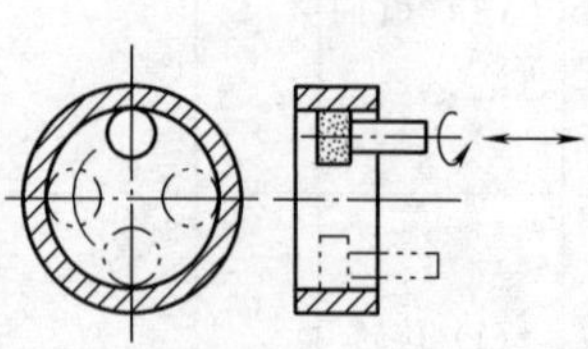	(1) 绕自身轴线旋转 (2) 绕孔中心线旋转，纵向往复	固定	工件体积大或外形不规则时最方便
	台阶孔	1 2	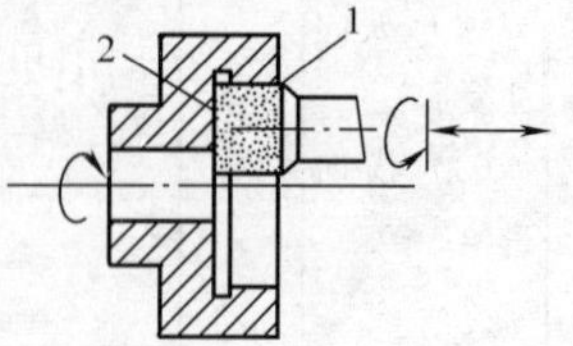	端面停靠，其余同“行星磨削”的“通孔”	固定	

续表

磨削方法	磨削表面特征	砂轮工作表面	简图	砂轮运动	工件运动	备注
横向进给磨削	窄通孔	1	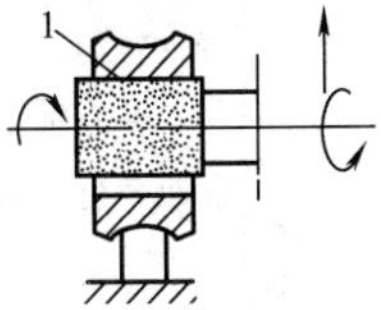	（1）旋转 （2）横向进给	旋转	
	端面	2	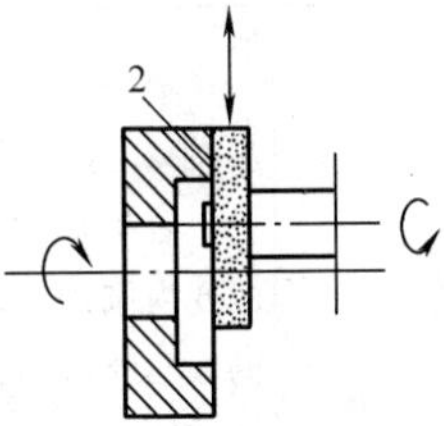	（1）旋转 （2）横向进给	旋转	
成形磨削	带环状沟槽内圆面	1	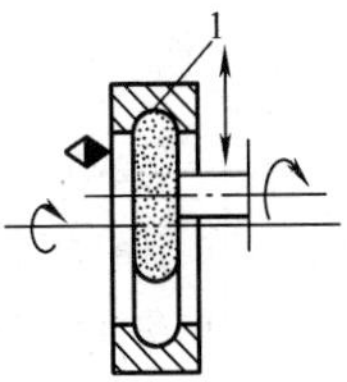	（1）旋转 （2）横向进给	旋转	用成形砂轮
	凹球面	1	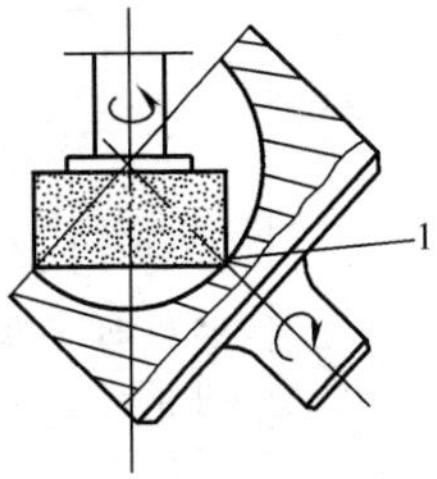	（1）旋转 （2）沿砂轮轴线微量进给	旋转	砂轮直径 $d_s=\sqrt{d_w\left(\frac{d_w}{2}+K\right)}$ 倾斜角 $\sin\alpha=\frac{d_s}{d_w}$ 式中　d_w—工件内球直径； K—工件球面大于半圆为正，小于半圆为负，等于半圆为零

表 5-22　　内圆磨头行星运动方式

方式	简　图	说　明
双偏心轴方式	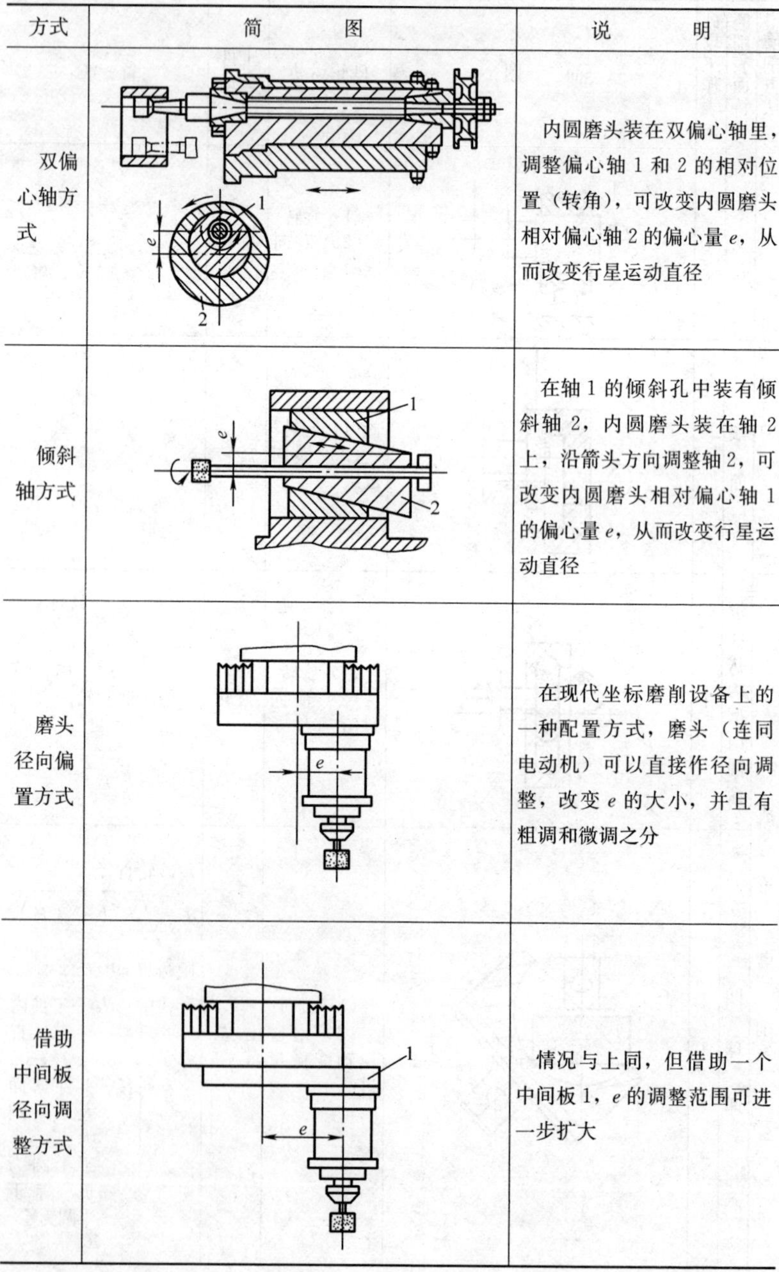	内圆磨头装在双偏心轴里，调整偏心轴 1 和 2 的相对位置（转角），可改变内圆磨头相对偏心轴 2 的偏心量 e，从而改变行星运动直径
倾斜轴方式		在轴 1 的倾斜孔中装有倾斜轴 2，内圆磨头装在轴 2 上，沿箭头方向调整轴 2，可改变内圆磨头相对偏心轴 1 的偏心量 e，从而改变行星运动直径
磨头径向偏置方式		在现代坐标磨削设备上的一种配置方式，磨头（连同电动机）可以直接作径向调整，改变 e 的大小，并且有粗调和微调之分
借助中间板径向调整方式		情况与上同，但借助一个中间板 1，e 的调整范围可进一步扩大

表 5-23　　行星转速（r/min）

工件直径（mm）	砂轮速度（m/s）						
	5	10	15	20	25	30	35
10	160	280	280	280	280	280	280
12	125	240	280	280	280	280	280
16	100	200	280	280	280	280	280
20	80	160	240	280	280	280	280
25	64	125	190	240	260	260	260
30	50	100	150	200	230	240	240
40	40	80	120	160	200	210	220
50	32	64	96	125	160	180	200
65	25	50	76	100	125	150	170
80	20	40	60	80	100	120	140
100	16	32	48	64	80	96	110
125	12	24	36	48	64	76	90
160	10	20	30	40	50	60	70
200	8	16	24	32	40	48	55
250	6	12	18	24	32	36	45

三、内圆磨削用量的选择

1. 砂轮速度

砂轮速度是受砂轮直径及磨头转速的限制，一般在 15～25m/s。在可能的情况下，应尽量采用较高的砂轮速度。内圆磨削砂轮速度的选择可参考表 5-24。

表 5-24　　内圆磨削砂轮速度的选择

砂轮直径 d_s（mm）	<8	9～12	13～18	19～22	23～25	26～30	31～33	34～41	42～49	>50
磨钢、铸铁时速度 v_s（m/s）	10	14	18	20	21	23	24	26	27	30

2. 工件速度

一般工件速度在15～25m/min。表面粗糙度要求高时取小值，粗磨或砂轮与工件接触面积大时取较大值。

3. 纵向进给速度

一般粗磨时为1.5～2.5m/min，精磨时为0.5～1.5m/min。

4. 背吃刀量

一般粗磨时为0.01～0.03mm；精磨时为0.002～0.001mm。每次进给时，要作几次光磨，精磨时光磨次数应更多一些。

内圆磨削的磨削用量值可参考表5-25和表5-26选取。

表5-25　　粗磨内圆磨削用量

1. 工件速度

工件磨削表面直径 d_w（mm）	10	20	30	50	80	120	200	300	400
工件速度 v_w（m/min）	10～20	10～20	12～24	15～30	18～36	20～40	23～46	28～56	35～70

2. 纵向进给量

$f_a=(0.5\sim0.8)B$　B—砂轮宽度(mm)

3. 背吃刀量 a_p

工件磨削表面直径 d_w（mm）	工件速度 v_w（m/min）	工件纵向进给量 f_a（以砂轮宽度计）			
		0.5	0.6	0.7	0.8
		工作台一次往复行程背吃刀量 a_p（mm/行程）			
20	10	0.008 0	0.006 7	0.005 7	0.005 0
	15	0.005 3	0.004 4	0.003 8	0.003 3
	20	0.004 0	0.003 3	0.002 9	0.002 5
25	10	0.010 0	0.008 3	0.007 2	0.006 3
	15	0.006 6	0.005 5	0.004 7	0.004 1
	20	0.005 0	0.004 2	0.003 6	0.003 1
30	11	0.010 9	0.009 1	0.007 8	0.006 8
	16	0.007 5	0.006 25	0.005 35	0.004 7
	20	0.006 0	0.005 0	0.004 3	0.003 8

续表

3. 背吃刀量 a_p					
工件磨削表面直径 d_w（mm）	工件速度 v_w（m/min）	工件纵向进给量 f_a（以砂轮宽度计）			
		0.5	0.6	0.7	0.8
		工作台一次往复行程背吃刀量 a_p（mm/行程）			
35	12	0.011 6	0.009 7	0.008 3	0.007 3
	18	0.007 8	0.006 5	0.005 6	0.004 9
	20	0.005 9	0.004 9	0.004 2	0.003 7
40	13	0.012 3	0.010 3	0.008 8	0.007 7
	20	0.008 0	0.006 7	0.005 7	0.005 0
	26	0.006 2	0.005 1	0.004 4	0.003 8
50	14	0.014 3	0.011 9	0.010 2	0.008 9
	21	0.009 6	0.007 95	0.006 8	0.006 0
	29	0.006 9	0.005 75	0.004 9	0.004 3
60	16	0.015 0	0.012 5	0.010 7	0.009 4
	24	0.010 0	0.008 3	0.007 1	0.006 3
	32	0.007 5	0.006 3	0.005 4	0.004 7
80	17	0.018 8	0.015 7	0.013 4	0.011 7
	25	0.012 8	0.010 7	0.009 2	0.008 0
	33	0.009 7	0.008 1	0.006 9	0.006 1
120	20	0.024 0	0.020 0	0.017 2	0.015 0
	30	0.016 0	0.013 3	0.011 4	0.010 0
	40	0.012 0	0.010 0	0.008 6	0.007 5
150	22	0.027 3	0.022 7	0.019 5	0.017 0
	33	0.018 2	0.015 2	0.013 0	0.011 3
	44	0.013 6	0.011 3	0.009 8	0.008 5
180	25	0.028 8	0.024 0	0.020 6	0.017 9
	37	0.019 4	0.016 2	0.013 9	0.012 1
	49	0.014 7	0.012 3	0.010 5	0.009 2
200	26	0.030 8	0.025 7	0.022 0	0.019 2
	38	0.021 1	0.017 5	0.015 1	0.013 2
	52	0.015 4	0.012 8	0.011 0	0.009 6

续表

3. 背吃刀量 a_p

工件磨削表面直径 d_w (mm)	工件速度 v_w (m/min)	工件纵向进给量 f_a（以砂轮宽度计）			
		0.5	0.6	0.7	0.8
		工作台一次往复行程背吃刀量 a_p（mm/行程）			
250	27	0.037 0	0.030 8	0.026 4	0.023 1
	40	0.025 0	0.020 8	0.017 8	0.015 6
	54	0.018 5	0.015 4	0.013 2	0.011 5
300	30	0.040 0	0.033 3	0.028 6	0.025 0
	42	0.028 6	0.023 8	0.020 4	0.017 8
	55	0.021 8	0.018 2	0.015 6	0.013 6
400	33	0.048 5	0.040 4	0.034 5	0.030 2
	44	0.036 4	0.030 3	0.026 0	0.022 7
	56	0.028 6	0.023 8	0.020 4	0.017 9

背吃刀量 a_p的修正系数

与砂轮寿命有关 k_1						与砂轮直径 d_s及工件孔径 d_w之比有关 k_2			
T/s	≤96	150	240	360	600	d_s/d_w	0.4	≤0.7	>0.7
k_1	1.25	1.0	0.8	0.62	0.5	k_2	0.63	0.8	1.0

与砂轮速度及工件材料有关 k_3

工件材料	v_s（m/s）		
	18～22.5	≤28	≤35
耐热钢	0.68	0.76	0.85
淬火钢	0.76	0.85	0.95
非淬火钢	0.80	0.90	1.00
铸铁	0.83	0.94	1.05

注 工作台单行程的背吃刀量 a_p应将表列数值除以 2。

表 5-26 **细磨内圆磨削用量**

1. 工件速度 v_w（m/min）

工件磨削表面直径 d_w（mm）	工件材料	
	非淬火钢及铸铁	淬火钢及耐热钢
10	10～16	10～16
15	12～20	12～20
20	16～32	20～32
30	20～40	25～40
50	25～50	30～50
80	30～60	40～60
120	35～70	45～70
200	40～80	50～80
300	45～90	55～90
400	55～110	65～110

2. 纵向进给量 f_a

表面粗糙度 Ra1.6～0.8μm　$f_a=(0.5～0.9)B$

表面粗糙度 Ra0.4μm　$f_a=(0.25～0.5)B$

3. 背吃刀量 a_p

工件磨削表面直径 d_w（mm）	工件速度 v_w（m/min）	工件纵向进给量 f_a（mm/r）							
		10	12.5	16	20	25	32	40	50
		工作台一次往复行程背吃刀量 a_p（mm/行程）							
10	10	0.003 86	0.003 08	0.002 41	0.001 93	0.001 54	0.001 21	0.000 965	0.000 775
	13	0.002 96	0.002 38	0.001 86	0.001 48	0.001 19	0.000 93	0.000 745	0.000 595
	16	0.002 41	0.001 93	0.001 50	0.001 21	0.000 965	0.000 755	0.000 605	0.000 482
12	11	0.004 65	0.003 73	0.002 92	0.002 33	0.001 86	0.001 46	0.001 16	0.000 935
	14	0.003 66	0.002 94	0.002 29	0.001 83	0.001 47	0.001 14	0.000 915	0.000 735
	18	0.002 86	0.002 29	0.001 79	0.001 43	0.001 14	0.000 895	0.000 715	0.000 572
16	13	0.006 22	0.004 97	0.003 89	0.003 11	0.002 49	0.001 94	0.001 55	0.001 24
	19	0.004 25	0.003 40	0.002 65	0.002 12	0.001 70	0.001 33	0.001 06	0.000 85
	26	0.003 10	0.002 48	0.001 95	0.001 55	0.001 24	0.000 97	0.000 775	0.000 62
20	16	0.006 2	0.004 9	0.003 8	0.003 1	0.002 5	0.001 93	0.001 54	0.001 23
	24	0.004 1	0.003 3	0.002 6	0.002 05	0.001 65	0.001 29	0.001 02	0.000 83
	32	0.003 1	0.002 5	0.001 93	0.001 55	0.001 23	0.000 97	0.000 77	0.000 62
25	18	0.006 7	0.005 4	0.004 2	0.003 4	0.002 7	0.002 1	0.001 68	0.001 35
	27	0.004 5	0.003 6	0.002 8	0.002 2	0.001 79	0.001 40	0.001 13	0.000 90
	36	0.003 4	0.002 7	0.002 1	0.001 68	0.001 34	0.001 05	0.000 84	0.000 67

续表

工件磨削表面直径 d_w (mm)	工件速度 v_w (m/min)	工件纵向进给量 f_a (mm/r)							
		10	12.5	16	20	25	32	40	50
		工作台一次往复行程背吃刀量 a_p (mm/行程)							
30	20	0.007 1	0.005 7	0.004 4	0.003 5	0.002 8	0.002 2	0.001 78	0.001 42
	30	0.004 7	0.003 8	0.003 0	0.002 4	0.001 9	0.001 48	0.001 18	0.000 95
	40	0.003 6	0.002 8	0.002 2	0.001 78	0.001 42	0.001 11	0.000 89	0.000 71
35	22	0.007 5	0.006 0	0.004 7	0.003 7	0.003 0	0.002 3	0.001 86	0.001 49
	33	0.005 0	0.004 0	0.003 1	0.002 5	0.002 0	0.001 55	0.001 24	0.001 00
	45	0.003 7	0.002 9	0.002 3	0.001 82	0.001 46	0.001 14	0.000 91	0.000 73
40	23	0.008 1	0.006 5	0.005 1	0.004 1	0.003 2	0.002 5	0.002 0	0.001 62
	25	0.005 3	0.004 2	0.003 3	0.002 7	0.002 1	0.001 65	0.001 32	0.001 06
	47	0.003 9	0.003 2	0.002 5	0.001 96	0.001 58	0.001 23	0.009 9	0.000 79
50	25	0.009 0	0.007 2	0.005 7	0.004 5	0.003 6	0.002 8	0.002 3	0.001 81
	37	0.006 1	0.004 9	0.003 8	0.003 0	0.002 4	0.001 9	0.001 53	0.001 22
	50	0.004 5	0.003 6	0.002 8	0.002 3	0.001 81	0.001 41	0.001 13	0.000 91
60	27	0.009 8	0.007 9	0.006 2	0.004 9	0.003 9	0.003 1	0.002 5	0.001 96
	41	0.006 5	0.005 2	0.004 1	0.003 2	0.002 6	0.002 0	0.001 63	0.001 30
	55	0.004 8	0.003 9	0.003 0	0.002 4	0.001 93	0.001 52	0.001 21	0.000 97
80	30	0.011 2	0.008 9	0.007 0	0.005 6	0.004 5	0.003 5	0.002 8	0.002 2
	45	0.007 7	0.006 1	0.004 8	0.003 8	0.003 0	0.002 4	0.001 9	0.001 53
	60	0.005 8	0.004 6	0.003 6	0.002 9	0.002 3	0.001 8	0.001 43	0.001 15
120	35	0.014 1	0.011 3	0.008 8	0.007 1	0.005 7	0.004 4	0.003 5	0.002 8
	52	0.009 5	0.007 6	0.005 9	0.004 8	0.003 8	0.003 0	0.002 4	0.001 9
	70	0.007 1	0.005 7	0.004 4	0.003 5	0.002 8	0.002 2	0.001 76	0.001 41
150	37	0.016 4	0.013 1	0.010 2	0.008 2	0.006 5	0.005 1	0.004 1	0.003 3
	56	0.010 8	0.008 7	0.006 8	0.005 4	0.004 3	0.003 4	0.002 7	0.002 2
	75	0.008 1	0.006 4	0.005 1	0.004 1	0.003 2	0.002 5	0.002 0	0.001 61
180	38	0.018 9	0.015 1	0.011 8	0.009 4	0.007 6	0.005 9	0.004 7	0.003 8
	58	0.012 4	0.009 9	0.007 8	0.006 2	0.005 0	0.003 9	0.003 1	0.002 5
	78	0.009 2	0.007 4	0.005 7	0.004 6	0.003 7	0.002 9	0.002 3	0.001 84
200	40	0.019 7	0.015 8	0.012 3	0.009 9	0.007 9	0.006 2	0.004 9	0.003 9
	60	0.013 1	0.010 5	0.008 2	0.006 6	0.005 2	0.004 1	0.003 3	0.002 6
	80	0.009 9	0.007 9	0.006 2	0.004 9	0.004 0	0.003 1	0.002 5	0.002 0

续表

工件磨削表面直径 d_w (mm)	工件速度 v_w (m/min)	工件纵向进给量 f_a (mm/r)							
		10	12.5	16	20	25	32	40	50
		工作台一次往复行程背吃刀量 a_p (mm/行程)							
250	42	0.023 0	0.018 4	0.014 4	0.011 5	0.009 2	0.007 2	0.005 7	0.004 6
	63	0.015 3	0.012 2	0.009 6	0.007 7	0.006 1	0.004 8	0.003 8	0.003 1
	85	0.011 3	0.009 1	0.007 1	0.005 7	0.004 5	0.003 6	0.002 8	0.002 3
300	45	0.025 3	0.020 2	0.015 8	0.012 6	0.010 1	0.007 9	0.006 3	0.005 1
	67	0.016 9	0.013 5	0.010 6	0.008 5	0.006 8	0.005 3	0.004 2	0.003 4
	90	0.012 6	0.010 1	0.007 9	0.006 3	0.005 1	0.003 9	0.003 2	0.002 5
400	55	0.026 6	0.021 3	0.016 6	0.013 3	0.010 7	0.008 3	0.006 7	0.005 3
	82	0.017 9	0.014 3	0.011 2	0.009 0	0.007 2	0.005 6	0.004 5	0.003 6
	110	0.013 3	0.010 6	0.008 3	0.006 7	0.005 3	0.004 2	0.003 3	0.002 7

背吃刀量 a_p的修正系数

与直径余量和加工精度有关 k_1						与加工材料和表面形状有关 k_2			与磨削长度对直径之比有关 k_3				
精度等级	直径余量 (mm)					工件材料	表面		$\frac{l_w}{d_w}$	≤1.2	≤1.6	≤2.5	≤4
	0.2	0.3	0.4	0.5	0.8		无圆角的	带圆角的					
IT6 级	0.5	0.63	0.8	1.0	1.25	耐热钢	0.7	0.56	k_3	1.0	0.87	0.76	0.67
IT7 级	0.63	0.8	1.0	1.25	1.6	淬火钢	1.0	0.75					
IT8 级	0.8	1.0	1.25	1.6	2.0	非淬火钢	1.2	0.90					
IT9 级	1.0	1.26	1.6	2.0	2.5	铸铁	1.6	1.2					

注　背吃刀量 a_p不应大于粗磨的 a_p。

四、工件的安装

(一) 用三爪自定心卡盘安装工件

三爪自定心卡盘适宜安装外形简单的套类和盘类工件，使用方便但定心精度较低。中等尺寸的三爪自定心卡盘，工件夹紧后径向圆跳动量一般为 0.08mm，高精度的三爪自定心卡盘径向圆跳动量为 0.04mm。使用三爪自定心卡盘时应注意以下几点。

(1) 经常保持平面螺纹与卡爪啮合处的清洁。使用一段时间后，应将卡爪拆下清除丝盘上的磨屑，使卡爪移动灵活。

(2) 安装卡爪必须按基爪上编号对号入座。

（3）卡爪夹持部分要注意保护，安装找正时不能敲击卡爪，卡爪表面受损应及时修磨。

（4）卡盘本身定心精度一般较低。对于成批磨削径向跳动要求严格的工件，可以采用调整卡盘的方法来提高工件定心精度。做法是：把装卡盘的法兰盘上的定心台阶的外圆磨小 0.4～0.5mm，使之与卡盘的配合孔之间有较大间隙，卡盘在径向可以有较大位移量，便于调整。调整时，用百分表测出工件外圆径向跳动量，并用铜棒轻轻敲击卡盘体外圆，直到工件径向跳动量达到规定要求，然后锁紧卡盘。

（5）装夹较长的工件时，工件轴线容易偏斜，工件靠外端的径向跳动量往往较大，需要进行校正。盘形工件端面容易倾斜，也需要校正。校正时，先测量出工件外端或工件端面的跳动量，然后用铜棒敲击工件有关部位，直到跳动量符合要求（见图 5-33）。

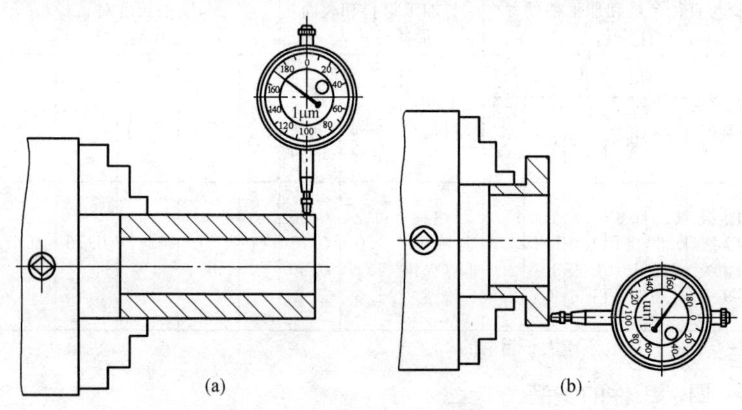

图 5-33　工件在三爪自定心卡盘上校正

（a）套类工件校正；（b）盘类工件校正

（二）用四爪单动卡盘安装工件

四爪单动卡盘可以装夹尺寸较大或外形不太规则的工件，经校正可以达到很高的定心精度，适合定心精度较高、单件及小批量生产。

在四爪单动卡盘上校正工件，工件在卡盘上大致夹紧后，依据工件的基准面进行校正。用百分表可将基准面的跳动量校正在 0.005mm 以内。如果基准面本身留有余量，则跳动量可以控制在磨削余量的 1/3 范围内。在四爪单动卡盘中安装校正时应注意以下几点。

（1）在卡爪和工件间垫上铜衬片，这样既能避免卡爪损伤工件外圆，又利于工件的校正。铜衬片可以制成 U 形，用较软的螺旋弹簧固定在卡爪上，铜衬片与工件接触面要小一些（见图 5-34）。

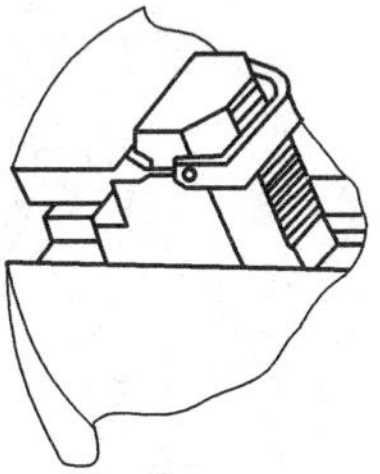

图 5-34　铜衬片结构

（2）装夹较长工件时，工件夹持部分不要过长，约夹持 10～15mm。先校正靠近卡爪的一端，再校正另一端（见图 5-35）。按照工件的要求校正时可分别使用划针盘或百分表。用百分表校正精度可达 0.005mm 以内。

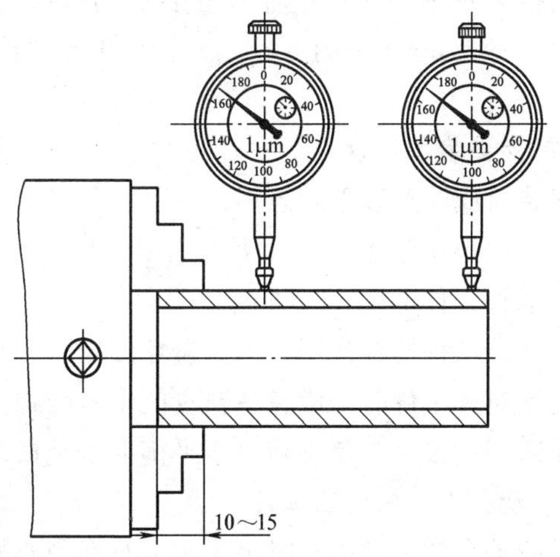

图 5-35　长形工件在四爪单动卡盘上校正

（3）盘形工件以外圆和端面作为校正基准（见图 5-36）。

（4）磨齿轮内孔时，须先用百分表校正端面，然后校正齿轮分度圆。校正齿圈时先把量棒（直径≥1.7m，m 为齿轮模数）放在

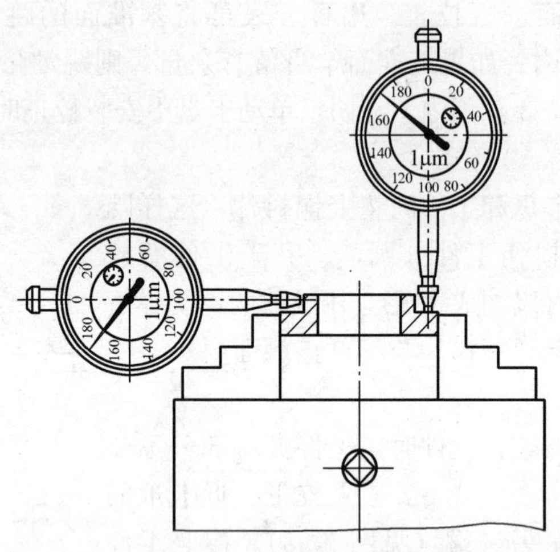

图 5-36　盘形工件在四爪单动卡盘上校正

齿槽中，并用松紧带缚住，使量棒圆柱表面与齿槽两侧面紧密接触，然后用百分表校正（见图 5-36），须用量棒调整四个卡爪的位置。

（三）用花盘安装工件口

用花盘安装时应注意以下几点。

（1）用几个压板压紧工件时，夹紧力要均匀，压板要放平整，夹紧力方向应垂直工件的定位基准面。图 5-37（a）、（b）、（c）所示三种正确，其余三种压板使用不当应避免使用。

（2）装夹不对称工件时，应考虑花盘的平衡问题。必要时加装平衡块，并作适当调整。避免旋转时不平衡冲击及振动。

（四）用卡盘和中心架安装工件

磨削较长的轴套类工件内孔时可采用卡盘和中心架组合，以提高工件的安装稳定性（见图 5-38）。

卡盘与中心架组合使用时，应保持中心架的支承中心与头架主轴的回转轴线一致。调整中心架的方法如下。

（1）先将工件在四爪单动卡盘上夹紧，并校正工件左右两端的径向跳动量在 0.005～0.01mm。然后调整中心架三个支承，使其

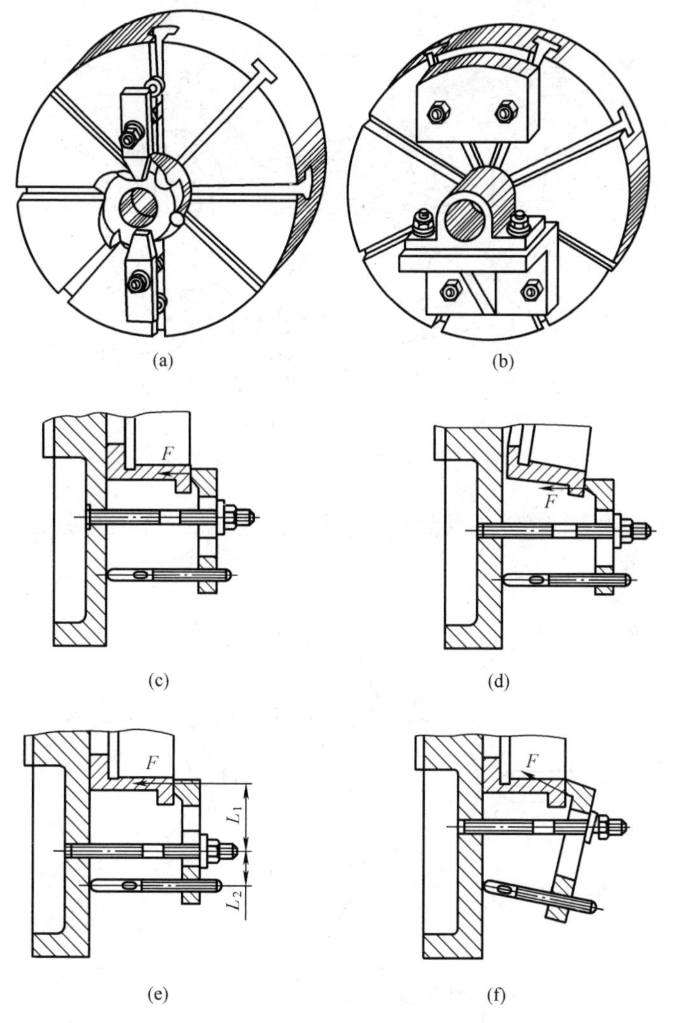

图 5-37　花盘装夹及装夹正误

(a)、(b)、(c) 正确；(d)、(e)、(f) 错误

与工件轻轻接触。为防止调整时工件中心偏移，调整每一支承时均用百分表顶在支承的相应位置（见图 5-39）。

（2）利用测量桥板和百分表进行校正（见图 5-40）。先用已校正的测量棒校正桥板，然后装上工件，推动板桥测量工件外圆母线

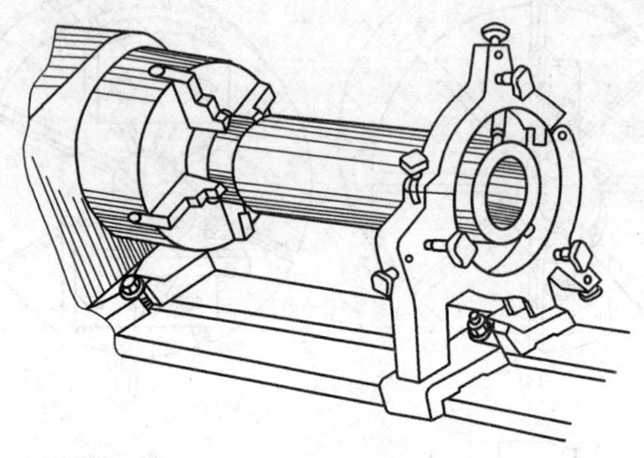

图 5-38　用卡盘和中心架安装工件

和侧母线（图中 a、b 两处），直至校正到工件转动时百分表读数不变时为止。

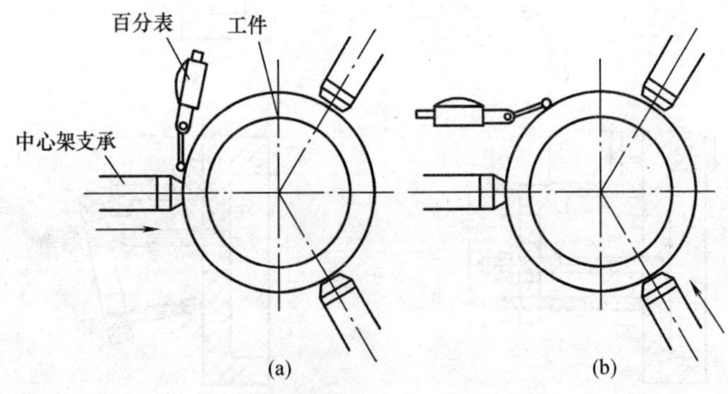

图 5-39　调整中心架的方法

(a) 百分表顶在支承同侧；(b) 百分表顶在支承对应侧

五、几种典型内孔的磨削加工工艺

内孔磨削通常在内圆磨床或万能外圆磨床上进行，砂轮与工件的接触方式也不同，内圆磨床均采用后面接触［见图 5-41 (a)］，万能外圆磨床常用前面接触［见图 5-41 (b)］。主要目的是使砂轮与工件接触位置与砂轮被修整位置一致。

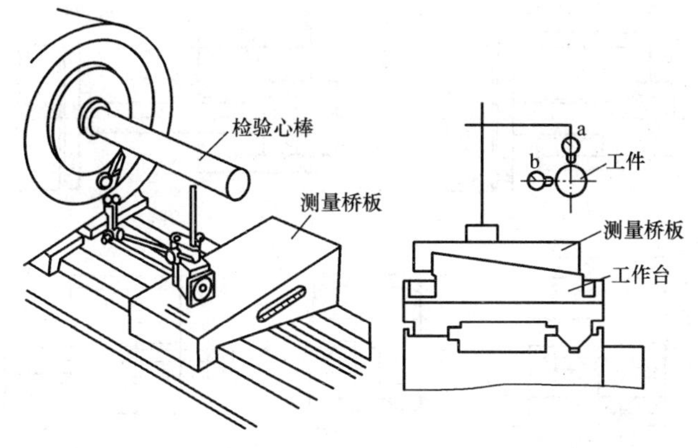

图 5-40　用测量桥板和百分表调整中心架

（一）光滑通孔的磨削

磨削光滑通孔时，首先根据工件孔径确定砂轮直径，并选择合适的接长轴安装好砂轮。接长轴长度一般使砂轮在孔两端伸出（1/2～1/3）B 即可，如图 5-42 所示，太长太短均会影响磨孔质量。

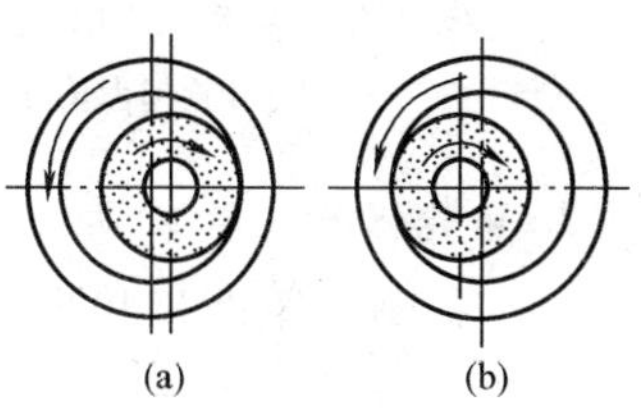

图 5-41　砂轮与工件的接触方式
（a）内圆磨床磨削；
（b）万能外圆磨床磨削

1. 内孔磨削易出现的形状误差及原因

（1）内孔出现锥度。原因是磨头或工作台位置不准确，砂轮磨钝，塞实。

（2）内孔呈多角形，较大孔径比较明显。原因是头架轴承磨损，砂轮轴轴承磨损。

（3）内孔呈椭圆形。由于装夹不正确，主轴轴承间隙太大。

（4）内孔有螺旋形痕迹。由于纵向进给太快或机床爬行，磨头窜动；砂轮磨损或修整不好。

针对以上问题的原因进行机床调整和砂轮修整，对于工件已出现的误差，可多进行几次光磨予以消除。

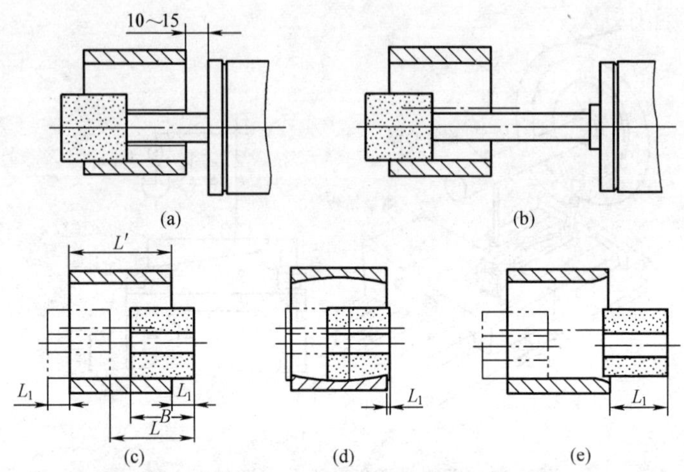

图 5-42 光滑内孔的磨削

(a) 接长轴适当；(b) 接长轴太长；(c) 砂轮越程长度控制；(d) 砂轮越程长度太短；(e) 砂轮越程长度太长

2. 砂轮修整注意事项

(1) 金刚石笔的顶角应加工得小一些（≤90°），尖锋必须很锐利。

(2) 修整背吃刀量取 0.005～0.02mm。修整精磨砂轮最后应作 2～3 次无横向进给的光修整。

(3) 每次修磨量不要太大，一般取 0.1～0.2mm。

3. 切削液

对加工余量大的钢件、薄壁套筒、容易退火和表面粗糙度要求较高的工件。应浇注充分的切削液；磨削铸铁、铜和铝等，一般不加切削液。

(二) 台阶孔的磨削

台阶孔要求内圆柱面和台阶面相互垂直，故两面应在一次装夹中磨出。磨前应用百分表检查砂轮接长轴的旋转轴线与工作台纵向移动的平行度，若不平行，可转动砂轮架调整。

磨削台阶孔的砂轮，其端面应修整成内凹形或用杯形砂轮（见图 5-43）。

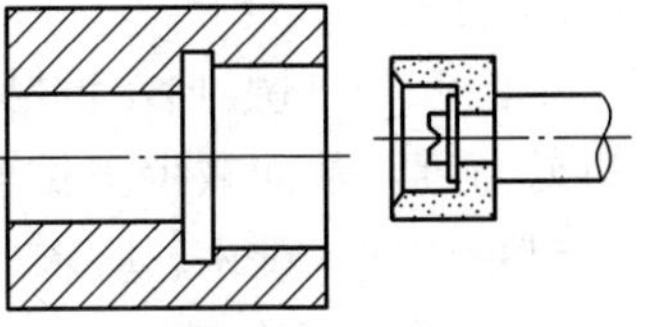
图 5-43　台阶孔的磨削方法

磨削方法是先用纵磨法磨内孔表面，留余量 0.01～0.02mm，然后磨台阶面，最后精磨内孔。

砂轮宽度应适当，对于较浅的台阶孔或平底孔，采用纵磨法应选用宽度较小的砂轮，防止砂轮右端越出太多形成喇叭口。若无合适的砂轮可以将砂轮的后半段修整掉（见图 5-44）。

如果采用上述方法还有困难，则可采用横向切入法磨削。采用切入法磨削时，应注意孔磨好后，不能立即纵向退出砂轮，应先横向退出砂轮，再纵向退出，防止将工件内孔表面拉毛或出现螺旋形痕迹。

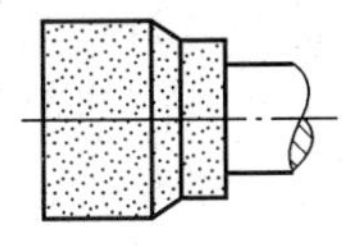
图 5-44　修掉后半段的内圆砂轮

切入法磨削负荷重，砂轮接长轴应选择粗一些，并仔细修整砂轮，背吃刀量应小。

（三）间断表面孔的磨削

内孔表面有一些是间断的，如图 5-45 所示，磨削这些孔时，由于砂轮与孔的接触有间断现象，容易使磨出的孔表面发生几何形状偏差，磨削时应采取相应措施。

1. 内孔中间间断

如图 5-45（a）所示在表面 1 和 2 的部位容易产生喇叭口。解决办法是适当加宽砂轮宽度，用锋利的金刚石笔精修砂轮，用尽量大直径的砂轮接长轴。也可以在精磨时对两端内孔分别进行光磨。

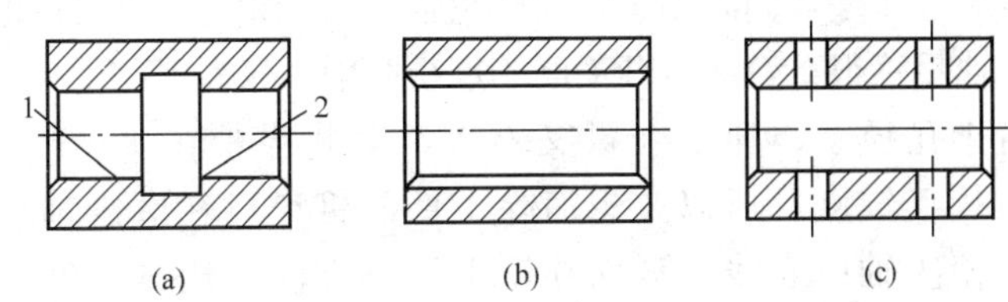

图 5-45　间断表面孔

（a）内孔中间间断；（b）内孔中有键槽；（c）有径向孔的间断内孔

2. 内孔中有键槽

如图 5-45(b)所示键槽边口易出现塌角。解决办法是适当减窄砂轮宽度,从而减少接长轴的变形。对于精度要求较高的内孔,可在键槽中嵌入硬木、胶木或金属材料(铝板条等)。

3. 内孔有径向穿孔

如图 5-45(c)所示,由于在穿孔处切削力的变化,容易产生多角形误差,解决办法是适当增加砂轮宽度和增加光磨行程次数。

(四)小直径深孔的磨削

磨削小直径深孔时,砂轮接长轴只能细而长,刚性很差,容易引起振动和变形。另外,磨屑不易排出,切削液不易注入,对磨孔精度有较大影响。

为增加砂轮接长轴的刚性,可以改变砂轮接长轴的材料,用高速钢淬硬(W18Cr4V)或用硬质合金作接长轴。砂轮用粘结剂粘结在其上,接长轴用钻夹头或弹簧夹头夹持。为了减少修整砂轮时的振动,修整砂轮时可将接长轴缩进一些,修磨完毕再伸至所需的长度,并加以校正。为此接长轴应有较高的直线度。

由于孔径小,开始磨削时,很难判断砂轮与工件是否已经接触,往往会把工件孔端磨成喇叭口,解决办法如下。

(1)将内圆砂轮传动带卸下,使砂轮能自由转动,然后开动头架使工件转动,并将砂轮引入孔中,再慢慢横向接近孔壁,当砂轮与工件接触时,砂轮被工件带动而转动。此时记下横向背吃刀量刻度,以后在此刻度基础上增加背吃刀量。

(2)不开车也不卸下砂轮传动带,把砂轮引进内孔,然后使砂轮横向靠近孔壁,同时用手转动砂轮轴。当砂轮与工件接触时,转动砂轮轴手感很重,即可开动磨床进行磨削。

由于孔径小,加工余量又不大,因此很难在 1~2 次磨削过程中校正锥度。所以要想消除工件的锥度,在磨削前应校验磨床,使主轴中心线与床面导轨平行。方法是用试棒装夹在头架上,用百分表沿棒的母线测量,直到在校验棒左右两端读数一致。

（五）工件内孔磨削加工实例

1. 支承套筒的加工工艺

该工件主要特点是内孔和外圆形状精度和相互位置精度要求较高，表面粗糙度 Ra 小，另外孔壁最薄处为 5mm，在加工中极易变形。支承套筒如图 5-46 所示。

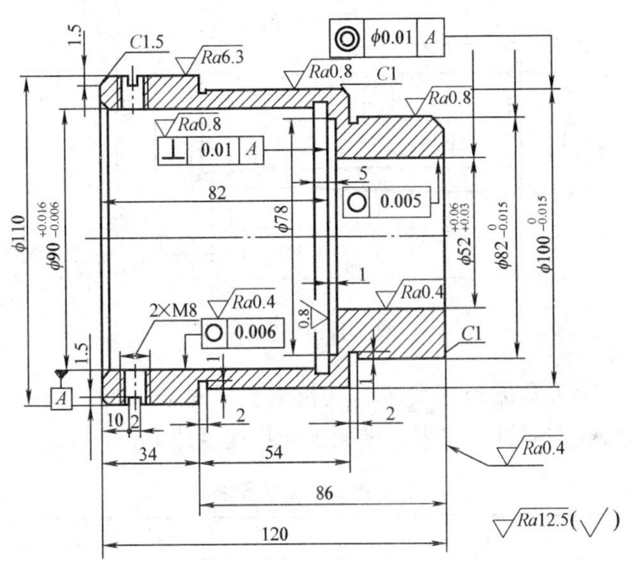

图 5-46　支承套筒

其主要基准是内孔 $\phi90^{+0.016}_{-0.006}$ 的轴线，其技术要求见表 5-27，其机械加工工艺过程卡见表 5-28。

磨削加工工艺分析如下。

（1）因为工件内外圆有同轴度要求，且均需磨削，就存在一个磨削顺序的问题。考虑壁厚较薄。若先磨外圆，则磨内孔时装夹易变形，所以采用先磨内孔（粗、精磨），然后以内孔为基准磨外圆，磨削时采用高精度台阶心轴配合，精度高，易达到同轴度要求。

（2）大小内孔的磨削顺序为先磨大孔 φ90mm，然后磨小孔 φ52mm。这是因为磨小直径内孔所产生的切削力比磨削大直径孔相对较小，产生的振动也小，有利于提高工件圆度。

2. 顶尖套的加工工艺

顶尖套如图 5-47 所示。

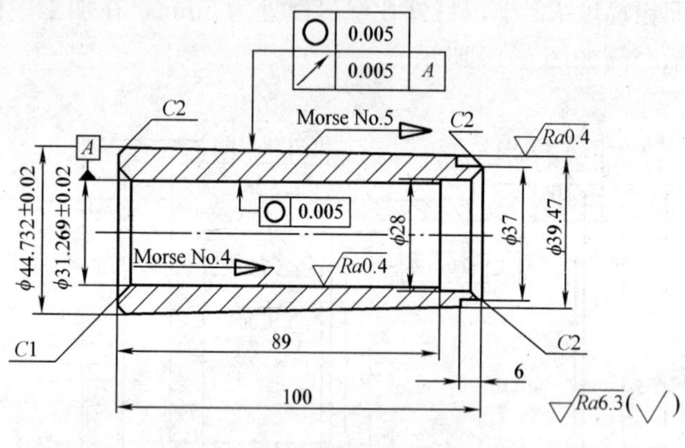

图 5-47 顶尖套

（1）顶尖套的技术要求。其技术要求见表 5-29，特点是内外锥面有较高的同轴度要求，锥面表面粗糙度值 $Ra0.4\mu m$。

表 5-27 支承套筒的技术要求

项　目	说　明
◎ | φ0.01 | A	内孔 $\phi52^{+0.06}_{+0.03}$ 和外圆 $\phi100^{\ 0}_{-0.015}$ 及外圆 $\phi82^{\ 0}_{-0.015}$ 轴线对内孔 $\phi90^{+0.016}_{-0.006}$ 轴线的同轴度公差为 φ0.01mm
○ | 0.006	$\phi90^{+0.016}_{-0.006}$ 内孔的圆度公差为 0.006mm
⊥ | 0.01 | A	内孔 $\phi90^{+0.016}_{-0.006}$ 的台阶孔端面对 $\phi90^{+0.016}_{-0.006}$ 内孔轴线的垂直度公差为 0.01mm
○ | 0.005	内孔 $\phi52^{+0.06}_{+0.03}$ 的圆度公差为 0.005mm

表 5-28　　　　支承套筒的机械加工工艺过程卡

厂名	机械加工工艺过程卡	产品型号		零件图号		共　页
		产品名称		零件名称	支承套筒	第 1 页

材料牌号	45	毛坯种类	棒料	毛坯外形尺寸	ϕ115	每毛坯件数	1	每台件数	2	备注	

工序号	工序名称	工序内容	车间	工段	工艺装备	工时	
						准终	单件
1	落料		准备				
2	锻	模锻，外圆 ϕ115mm，内孔 $\phi85\times75$mm、$\phi47\times50$mm（台阶孔）	锻造				
3	热处理	正火	热处理				
4	粗车	加工三挡外圆，均留余量 1.5mm、长度留余量 2mm、内孔 ϕ52mm 留加工余量 1.5mm	金工		C6140		
5	粗车	调头装夹，粗车内孔 ϕ90mm 留加工余量 1.5mm、保证总长 122mm、内孔 ϕ88.5mm，长度为 80mm	金工		C6140		
6	热处理	调质 180～220HBS	热处理				
7	半精车	车削内孔 $\phi52^{+0.06}_{+0.03}$mm 留磨削余量 0.4mm 车削内孔 $\phi90^{+0.016}_{-0.006}$mm 留磨削余量 0.4mm，并控制长度 82mm 车削 ϕ78mm 端面阶台，长度 1mm 割内沉底槽 5×1mm 车削大端面，表面粗糙度 Ra3.2μm，倒内角 C1.8	金工		C6140		

续表

工序号	工序名称	工序内容	车间	工段	工艺装备	工时	
						准终	单件
8	半精车	调头用软卡爪装夹，长度车至图样要求，$Ra3.2\mu m$，倒内角C0.5	金工		C6140		
9	半精车	上台阶心轴装夹，车外圆 $\phi110mm$ 至图样要求，$Ra6.3\mu m$ 车 $\phi100_{-0.015}^{0}$ mm 外圆、$\phi82_{-0.015}^{0}$ mm 外圆留磨削余量0.3mm 车割三条槽 2×1mm、2×1mm、2×1.5mm，保证各挡长度，倒角四处(磨削加工处倒角增大0.3mm)	金工		C6140 心轴		
10	钳	钻孔 2×$\phi6.7mm$，保证周向对称，攻螺纹2×M8	金工		台钻		
11	粗磨	内孔 $\phi90mm$，留精磨余量0.1mm 内孔 $\phi52mm$，留精磨余量0.1mm	金工		M1432A		
12	精磨	精磨内孔 $\phi52_{+0.03}^{+0.06}$ mm、内孔 $\phi90_{-0.006}^{+0.016}$ mm、阶台端面均达图样尺寸	金工		M1432A		
13	精磨	阶台心轴装夹，精磨外圆 $\phi100_{-0.015}^{0}$mm、外圆 $\phi82_{-0.015}^{0}$mm、及阶台端面均达图样尺寸	金工		M1432A 心轴		
14	检验	按图样要求检验					

表 5-29　　　　　　　　顶尖套的技术要求

项　　目	说　　明
○ 0.005	5 号莫氏外圆锥面的圆度公差为 0.005mm
↗ 0.005 A	5 号莫氏外圆锥面对 4 号莫氏内圆锥面轴线的圆跳动公差为 0.005mm
○ 0.005	4 号莫氏内圆锥面的圆度公差为 0.005mm
45～50HRC	工件淬火后的洛氏硬度为 45～50HRC
锥度要求	用锥度量规涂色法检验：内圆锥≥75% 外圆锥≥85%

（2）磨削工艺分析。顶尖套的机械加工工艺过程卡见表 5-30。

1）内外锥磨削的先后次序确定为先内后外，因为先磨内锥，再以内锥为基准，用心轴装夹工件（双顶尖）磨外锥简便，工件变形小，有利于保证工件精度和提高生产率。

2）内外锥同轴度未作要求，所以磨削时粗磨和精磨内外孔交替进行，这样粗精分散，有利于提高生产率和机床的合理使用。

表 5-30　　　　　　顶尖套的机械加工工艺过程卡

<table>
<tr><td colspan="2">厂名</td><td colspan="2" rowspan="2">机械加工工艺过程卡</td><td>产品型号</td><td></td><td>零件图号</td><td></td><td colspan="2"></td><td colspan="2">共　页</td></tr>
<tr><td colspan="2"></td><td>产品名称</td><td></td><td>零件名称</td><td></td><td colspan="2">顶尖筒</td><td colspan="2">第 1 页</td></tr>
<tr><td>材料牌号</td><td>45</td><td>毛坯种类</td><td>棒料</td><td>毛坯外形尺寸</td><td>φ48</td><td>每毛坯件数</td><td>1</td><td>每台件数</td><td>2</td><td>备注</td><td></td></tr>
<tr><td rowspan="2">工序号</td><td rowspan="2">工序名称</td><td rowspan="2" colspan="2">工 序 内 容</td><td rowspan="2">车间</td><td rowspan="2">工段</td><td rowspan="2">工艺装备</td><td colspan="5">工　时</td></tr>
<tr><td colspan="2">准终</td><td colspan="3">单件</td></tr>
<tr><td>1</td><td>落料</td><td colspan="2">圆棒 φ48×105mm</td><td>准备</td><td></td><td>锯床</td><td colspan="2"></td><td colspan="3"></td></tr>
<tr><td>2</td><td>钻</td><td colspan="2">钻孔 φ23mm</td><td>金工</td><td></td><td>专门机床</td><td colspan="2"></td><td colspan="3"></td></tr>
<tr><td>3</td><td>车</td><td colspan="2">一端面，台阶外圆 φ45mm 长 5mm</td><td>金工</td><td></td><td>C6132</td><td colspan="2"></td><td colspan="3"></td></tr>
</table>

续表

工序号	工序名称	工序内容	车间	工段	工艺装备	工时	
						准终	单件
4	车	车削内孔 ϕ28mm 长 11mm，倒内锥角 60°，孔口为 ϕ32mm	金工		C6132		
5	车	夹 $\phi45\times5$mm 的工艺外圆，活络顶尖顶内锥角，靠模粗车、半精车莫氏 5 号外锥面，保证大端 ϕ44.732mm 为 $\phi45.3\pm0.05$mm、锥面长度不少于 100mm，用锥度套规涂色检验表面接触 ≥60%、Ra6.3μm	金工		锥度靠模车床、5 号莫氏锥度套规		
6	车	以莫氏 5 号外锥面装入车床主轴内锥，车准长度 100mm，外锥面上倒角 C2.3	金工		C6132		
7	车	粗车、半精车莫氏 4 号内锥面，保证内锥大端尺寸 ϕ31.269mm 为 $\phi30.7\pm0.05$mm 锥度量规涂色检验内表面接触≥60%、Ra1.6μm	金工		锥度靠模车床、莫氏 4 号锥度塞规		
8	热处理	淬火 45～50HRC	热处理				
9	粗磨	以外锥面定位装夹，粗磨莫氏 4 号内锥面，留精磨余量 0.1mm，涂色检验接触面 ≥60%、Ra0.8μm	金工		M1432A、莫氏 4 号锥度塞规		
10	粗磨	以粗磨后内锥面定位装夹，粗磨莫氏 5 号外锥面，留精磨余量 0.1mm，涂色检验接触面≥60%、Ra0.8μm	金工		M1432A、莫氏 4 号锥度心轴，莫氏 5 号锥度套规		
11	精磨	以外锥面定位装夹，精磨莫氏 4 号内锥面达图样尺寸，涂色检验接触面 ≥75%、Ra0.4μm	金工		M1432A、莫氏 4 号锥度塞规		

续表

工序号	工序名称	工序内容	车间	工段	工艺装备	工时	
						准终	单件
12	精磨	以精磨后的内锥面定位装夹，精磨莫氏5号外锥面达图样尺寸，涂色检验接触面≥85%、$Ra0.4\mu m$	金工		M1432A、莫氏4号锥度心轴		
13	检验	按图样要求检验					

六、内圆磨削产生缺陷的原因及预防方法

内圆磨削常见缺陷产生的原因及预防方法见表5-31。

表5-31　内圆磨削常见缺陷的产生原因及预防方法

工件缺陷	产生原因	防止措施
多角形直波纹	(1) 砂轮直径和宽度太大，使磨削接触面积过大而产生振动 (2) 砂轮的接长轴细而长，刚性差 (3) 见表5-17“多角形直波纹”部分	(1) 合理选择砂轮直径和宽度 (2) 磨小孔时采用硬质合金接长轴，以提高其刚性 (3) 见表5-17“多角形直波纹”部分
螺旋形波纹	同表5-17“螺旋形波纹”部分	
表面烧伤	(1) 砂轮直径过大，使磨削接触面积过大 (2) 见表5-17“表面烧伤”部分	(1) 合理选择砂轮直径，必要时选择规定范围中的小值 (2) 见表5-17“表面烧伤”部分
圆度超差	(1) 工件夹得过紧或夹压位置不正确而使工件装夹变形过大 (2) 工件不平衡 (3) 用中心架或形块夹具装夹工件时，工件外圆精度低 (4) 磨头轴承松动或精度降低 (5) 头架轴承松动或精度降低 (6) 砂轮钝化或磨损不均匀 (7) 工件热变形过大	(1) 增大压脚面积以减小夹紧压强，也可采用开缝弹性套筒，或选择刚性较好处作为夹压位置 (2) 对工件进行平衡，或采用平衡块等措施 (3) 提高定位基准（外圆）的精度 (4) 重新调整间隙或更换轴承 (5) 重新调整间隙或更换轴承 (6) 及时修整砂轮 (7) 适当降低背吃刀量，并改善冷却效果

续表

工件缺陷	产生原因	防止措施
圆柱度超差	(1) 工件旋转轴线与工作台运动方向不平行。 (2) 用中心架或V形座装夹工件时，工件轴线与机床和夹具轴心的同轴度误差较大。 (3) 工艺系统的轴向弹性变形不一样或砂轮接长轴细而长，刚性太差。 (4) 砂轮往复行程和换向停留时间选择不当。 (5) 砂轮硬度过低。 (6) 磨削用量过大，冷却不充分，使工件热变形和弹性变形过大	(1) 重新找正工作台。 (2) 调整和修刮夹具，减小同轴度误差。 (3) 适当减低切削用量，增加光磨次数。磨小孔时采用硬质合金接长轴，以提高其刚性。 (4) 向两端加大或减小往复行程，能分别纠正鼓形缺陷和鞍形误差。 (5) 适当选择较硬的砂轮。 (6) 适当减低磨削用量，调整冷却喷嘴位置，增大切削液流量
端面垂直度超差	(1) 花盘基面没有磨好，或有毛刺、污垢等。 (2) 工件基面与内孔垂直度误差过大或有毛刺	(1) 用油石修磨工件的安装基面。 (2) 提高基准面的位置精度，或用油石修磨毛刺
拉毛划伤	见表5-17“拉毛划伤”部分	

第四节 无心磨削

无心磨削是工件不定中心的磨削，主要有无心外圆磨削和无心内圆磨削，如图5-48所示。外圆磨削时，工件2安置在磨削轮1与导轮3之间，由托板4托住下部，磨削轮起磨削作用，导轮带动工件旋转并推动工件靠近磨削轮。内圆磨削时工件2安装在导轮3、支承轮5、压紧轮6之间，工作时导轮起传动作用，工件以与导轮相反的方向旋转，磨削轮1对工件内孔进行磨削。

无心磨削是一种适应大批量生产的高效率磨削方法。外圆磨削公差等级可达IT6～IT7级，磨削圆度公差可达0.000 5～0.001mm，

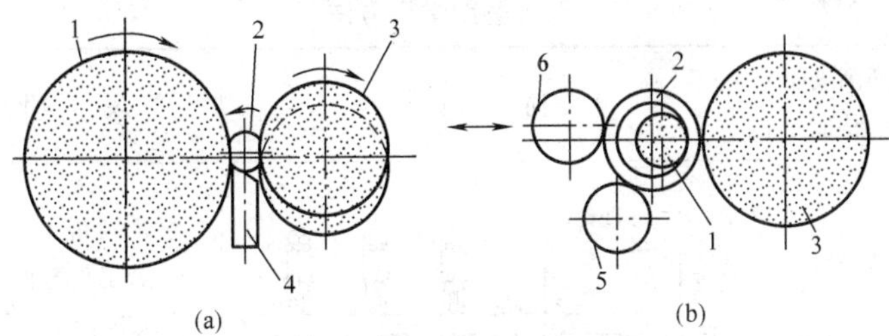

图 5-48　无心磨削的形式

(a) 外圆无心磨削；(b) 内圆无心磨削

1—磨削轮（砂轮）；2—工件；3—导轮；4—托板；5—支承轮；6—压紧轮

表面粗糙度 $Ra0.1 \sim 0.025\mu m$。

一、无心磨削的特点

(1) 磨削过程中，工件中心不定。其位置变化的大小取决于工件的原始误差、工艺系统的刚性、磨削用量及其他磨削工艺参数（工件中心高、托板角等）。

(2) 工件的稳定性、均匀性不仅取决于机床传动链，还与工件的形状、质量、导轮及支承的材料、表面状态、磨削用量和其他工艺参数有关。

(3) 外圆磨削支承刚性好，内圆磨削用支承块支承刚性也好，可取较大的背吃刀量，而且砂轮的磨损、补偿和定位产生的误差对工件直径误差影响较小。

(4) 生产率高。外圆磨削和内圆磨削上下料时间重合，如加上一些附件，很容易实现磨削过程自动化。

(5) 外圆磨削易实现强力磨削、高速磨削和宽砂轮磨削。

(6) 内圆磨削多数情况下只能加工可放在滚柱上滚动的工件，特别适应磨削薄壁工件，加工的内孔与外圆的同轴度要求较高。

(7) 不能修正孔与轴的轴线偏移，工件同轴度要求较低。

(8) 机床调整比较费时，单件小批量生产不经济。

二、无心磨削常用方法

无心磨削常用方法见表 5-32。

表 5-32　　无心磨削常用方法

磨削方法	磨削表面特征	简　图	说　明
纵向贯穿磨法（通磨外圆）	细长轴	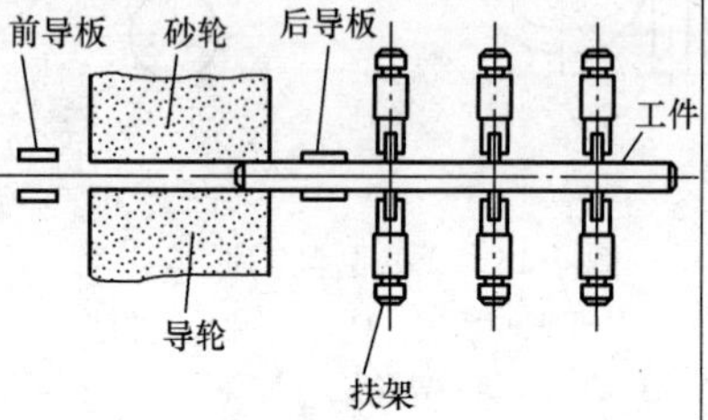 前导板 砂轮 后导板 工件 导轮 扶架	导轮倾角 1°30′～2°30′，若工件弯曲度大，需多次磨削时可为 3°～4°。工件中心应低于砂轮中心，工件直线通过正确调整导板和托架
	同轴、同径不连续外圆	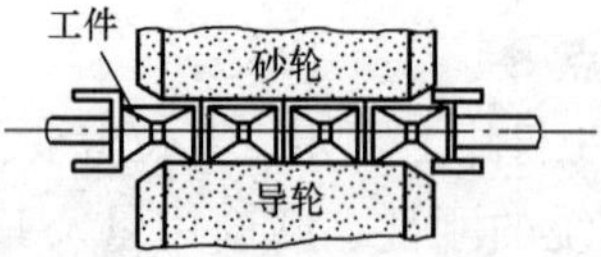 工件 砂轮 导轮	工件较短，磨削重心在磨削轴颈处。要使工件靠在一起，形成一个整体，进行贯穿磨磨
	外圆锥面	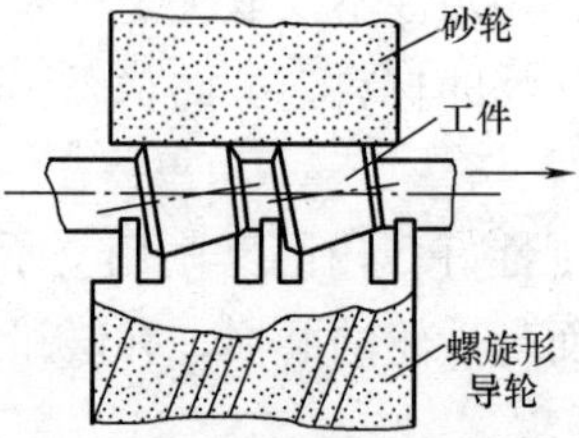 砂轮 工件 螺旋形导轮	将导轮修成螺旋形，带动工件前进进行磨削。又称强迫通磨。适于大批量生产
	球面滚子外圆	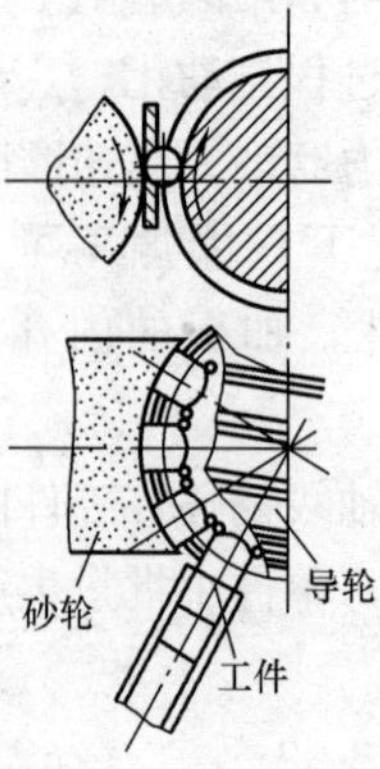 导轮 砂轮 工件	将导轮修成相应形状，进行通磨。适于大批量生产

续表

磨削方法	磨削表面特征	简　图	说　明
纵向贯穿磨法（通磨外圆）	圆球面	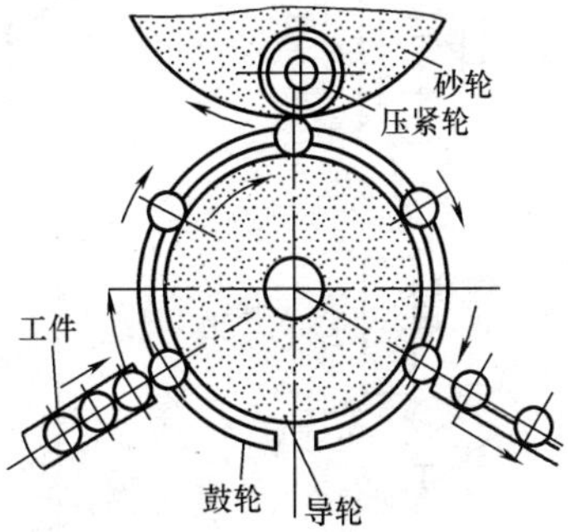	开有槽口的鼓轮围绕常规导轮慢速旋转，每个槽口相当于磨削支板，导轮回转使工件自转，压紧轮使工件与导轮保持接触，保证恒速自转
切入磨法	台阶轴外圆	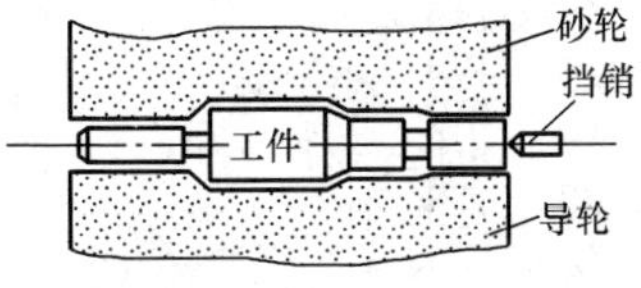	修整导轮和砂轮，使其形状和尺寸与工件相对应，导轮倾斜 15′～30′，工件在很小轴向力作用下紧贴挡销 导轮进给或导轮与砂轮同时进给
	台阶轴外圆	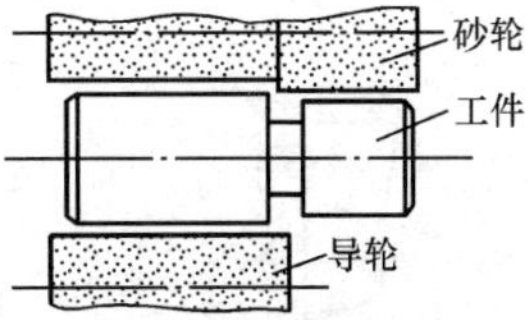	导轮倾斜 15′～30′，砂轮修整成一个台阶，尺寸与工件相对应 一般导轮进给
	球面滚子外圆	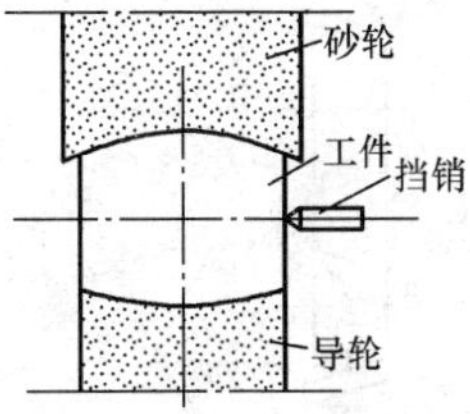	导轮和砂轮都修整成球面，切入磨削

续表

磨削方法	磨削表面特征	简图	说明
切入磨法	圆球面	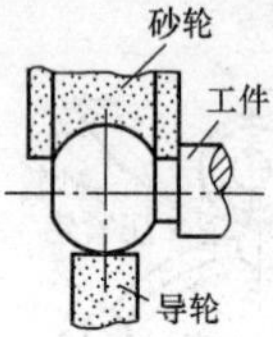 砂轮 工件 导轮	砂轮修整为凹球面，导轮进给
	外圆锥面	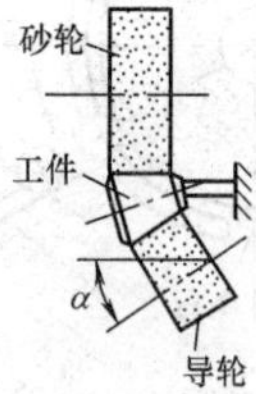 砂轮 工件 α 导轮	将导轮架转过 α 角(等于工件锥角)，适用于 α 较小场合
	外圆锥面	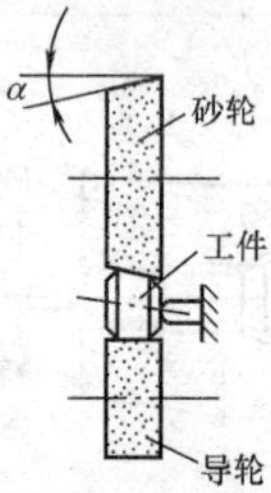 α 砂轮 工件 导轮	将砂轮修整成斜角为 α。适用于 α 较小场合
	外圆锥面	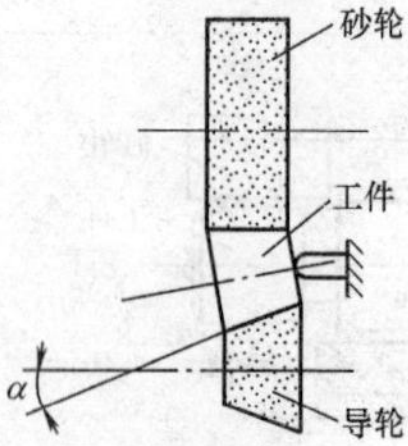 砂轮 工件 α 导轮	将砂轮修整成斜角为 α。适用于 α 较小场合
	外圆锥面	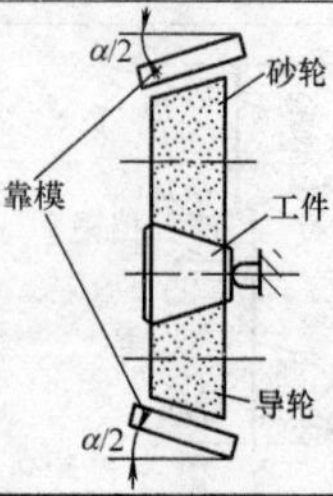 $\alpha/2$ 砂轮 靠模 工件 导轮 $\alpha/2$	工件锥角 α 较大时，砂轮和导轮都修整成斜角为 $\alpha/2$ 的锥形。若 $\alpha/2$ 超出机床刻度范围，修整砂轮和导轮时，需采用斜度为 $\alpha/2$ 的靠模

续表

磨削方法	磨削表面特征	简　　图	说　　明
切入磨法	顶尖形工件外圆	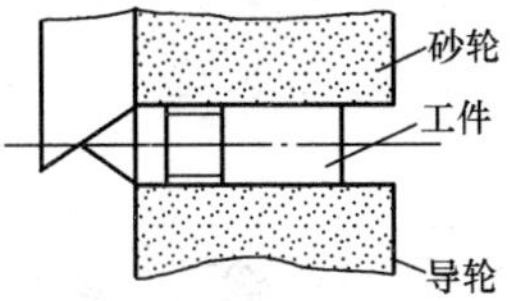	将砂轮修整成相应形状，导轮送进
定程磨法	带端面外圆	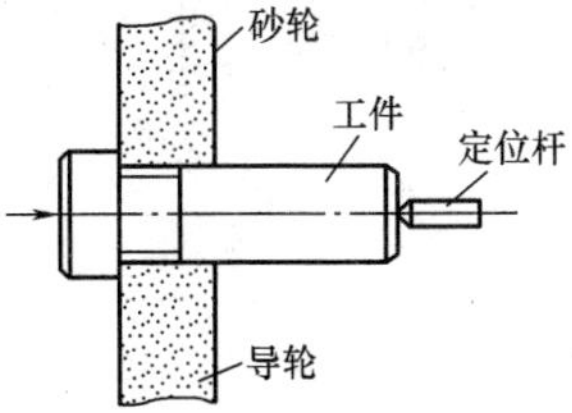	先通磨外圆，工件顶住定位杆后定程磨削，适用于阶梯轴、衬套、锥销等
混合磨法	带圆角外圆	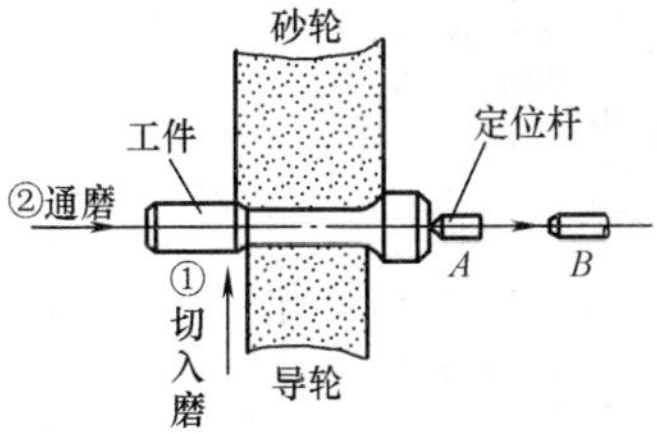	切入磨——通磨混合磨法：切入磨中间部分外圆与圆弧后定位杆由A退至B位置，通磨小端外圆
	带端面外圆	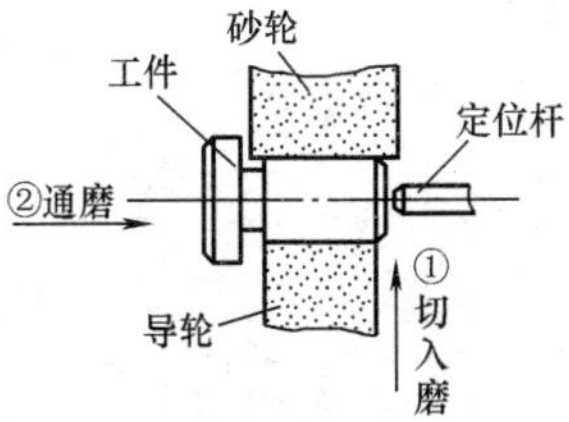	切入磨——通磨——定程磨混合磨法
	阶梯外圆与端面垂直	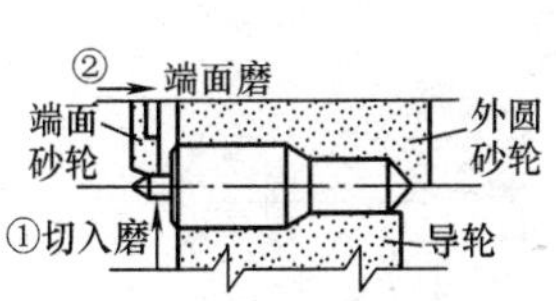	切入磨——端面磨混合磨法：先切入磨出阶梯外圆，再由端面砂轮轴向进给磨出端面

续表

磨削方法	磨削表面特征	简图	说明
无心顶尖磨削	光滑外圆、阶梯套筒外圆等	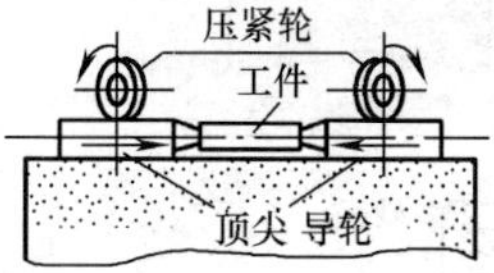	对于同轴度和圆度同时要求很高（＜1μm）的细长工件，用普通贯穿法磨削达不到要求，可在工件每端选配一高精度（公差为0.5μm）顶尖，将此组件用两个弹簧加载的压紧轮压在导轮与支板形成的V形内，每个压紧轮可分别调整，使顶尖始终顶住工件。导轮旋转，顶尖也带动工件旋转，砂轮进给，磨削工件顶尖的外径比工件外径尺寸大，磨削时，顶尖和工件组成的组件形成一个整体，提高了工件的刚性，而且这个组件在磨削时是不定中心的上图中是阳顶尖，下图中是阴顶尖
	外圆面	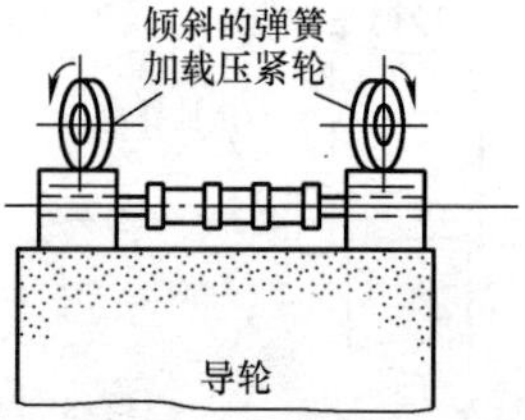	
无心内圆磨削	内孔	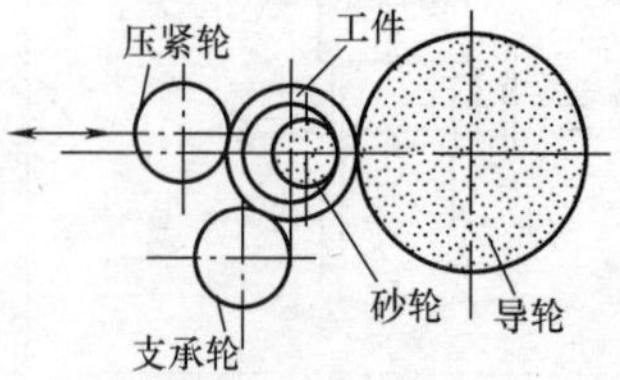	工件在导轮带动下，在支承轮上回转，工件和砂轮中心连线与导轮中心等高。 支承轮有振摆
	内孔	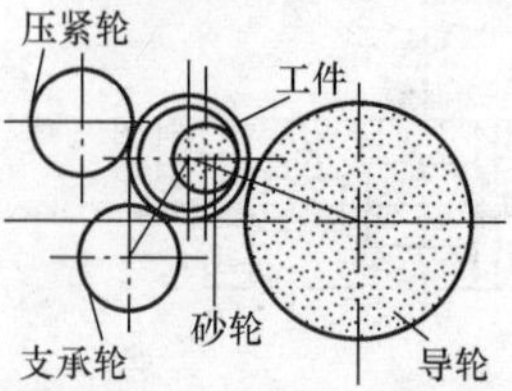	工件和砂轮中心连线高于导轮中心，加工精度高

续表

磨削方法	磨削表面特征	简　图	说　明
无心内圆磨削	内孔	工件 砂轮 支承块	工件靠外圆定位，由支承块支承，刚性好，常用电磁无心夹具装夹
	内孔	工件 支承块 O O' 压紧轮 支承块	工件被两个压紧轮压在拨盘上，支承块支承，工件中心和主轴中心偏心安装，靠工件端面和拨盘间摩擦力将工件压在支承块上旋转
	滚子轴承圈内球面	工件 砂轮 支承块 加压滚轮	在轴承磨床上，工件和砂轮互成 90°旋转，磨出球面，称为横轴磨削法
	内锥面	支承轮 $\alpha/2$ 砂轮 工件 $\alpha/2$ 导轮	导轮与支承轮一起转过一个角度

三、无心磨削用量的选择

砂轮速度一般 v_s 为 25～35m/s；高速无心磨削 v_s 可达 60～80m/s。导轮速度为 0.33～1.33m/s。当 v_s＝25～35m/s 时，其他磨削用量见表 5-33～表 5-35。

表 5-33　无心磨削粗磨磨削用量（通磨钢制工件外圆）

双面的背吃刀量 $2a_p$（mm）	工件磨削表面直径 d_w（mm）									
	5	6	8	10	15	25	40	60	80	100
	纵向进给速度（mm/min）									
0.10	—	—	—	1910	2180	2650	3660	—	—	—
0.15	—	—	—	1270	1460	1770	2440	3400	—	—
0.20	—	—	—	955	1090	1325	1830	2550	3600	—
0.25	—	—	—	760	875	1060	1465	2040	2880	3820
0.30	—	—	3720	635	730	885	1220	1700	2400	3190
0.35	—	3875	3200	545	625	760	1045	1450	2060	2730
0.40	3800	3390	2790	475	547	665	915	1275	1800	2380

纵向进给速度的修正系数与工件材料、砂轮粒度和硬度有关

非淬火钢		淬火钢		铸铁	
砂轮粒度与硬度	系数	砂轮粒度与硬度	系数	砂轮粒度与硬度	系数
46M	1.0	46K	1.06	46L	1.3
46P	0.85	46H	0.87		
60L	0.90	60L	0.75		
46Q	0.82	60H	0.68		

与砂轮尺寸及寿命有关

寿命 T（s）	砂轮宽度 B（mm）		
	150	250	400
540	1.25	1.56	2.0
900	1.0	1.25	1.6
1500	0.8	1.0	1.44
2400	0.63	0.8	1.0

注　1. 纵向进给速度建议不大于 4000mm/min。

2. 导轮倾斜角为 3°～5°。

3. 表内磨削用量能得到加工表面粗糙度 $Ra1.6\mu m$。

表 5-34　　无心磨削精磨磨削用量（通磨钢制工件外圆）

1. 精磨行程次数 N 及纵向进给速度 v_f（mm/min）

精度等级	工件磨削表面直径 d_w（mm）																	
	5		10		15		20		30		40		60		80		100	
	N	v_f	N	v_f	N	v_f	N	v_f	N	v_f	N	v_f	N	v_f	N	v_f	N	v_f
IT5	3	1800	3	1600	3	1300	3	1100	4	1100	4	1050	5	1050	5	900	5	800
IT6	3	2000	3	2000	3	1700	3	1500	4	1500	4	1300	5	1300	5	1100	5	1000
IT7	2	2000	2	2000	3	2000	3	1750	3	1450	3	1200	4	1200	4	1100	4	1100
IT8	2	2000	2	2000	2	1750	2	1500	3	1500	3	1500	3	1300	3	1200	3	1200

纵向进给速度的修正系数

工件材料	壁厚和直径之比			
	>0.15	0.12～0.15	0.10～0.11	0.08～0.09
淬火钢	1	0.8	0.63	0.5
非淬火钢	1.25	1.0	0.8	0.63
铸铁	1.6	1.25	1.0	0.8

2. 与导轮转速及导轮倾斜角有关的纵向进给速度 v_f

导轮转速（r/s）	导轮倾斜角								
	1°	1°30′	2°	2°30′	3°	3°30′	4°	4°30′	5°
	纵向进给速度 v_f（mm/min）								
0.30	300	430	575	720	865	1000	1130	1260	1410
0.38	380	550	730	935	1110	1270	1450	1610	1790
0.48	470	700	930	1165	1400	1600	1830	2030	2260
0.57	550	830	1100	1370	1640	1880	2180	2380	2640
0.65	630	950	1260	1570	1880	2150	2470	2730	3040
0.73	710	1060	1420	1760	2120	2430	2790	3080	3440
0.87	840	1250	1670	2130	2500	2860	3280	3630	4050

纵向进给速度的修正系数

导轮直径（mm）	200	250	300	350	400	500
修正系数	0.67	0.83	1.0	1.17	1.33	1.67

注　1. 精磨用量不应大于粗磨用量（见表 5-33）。

2. 表内行程次数是按砂轮宽度 B=150～200mm 计算的。当 B=250mm 时，行程次数可减少 40%；当 B=400mm 时，行程次数可减少 60%。

3. 导轮倾斜角磨削 IT5 级精度时用 1°～2°；IT6 级精度用 2°～2°40′；IT8 级精度用 2°30′～3°30′。

4. 精磨进给速度建议不大于 2000mm/min。

5. 磨轮的寿命等于 900s 机动时间。

6. 精磨中最后一次行程的背吃刀量：IT5 级精度为 0.015～0.02mm；IT6 及 IT7 级精度为 0.02～0.03mm；其余几次都是半精行程，其背吃刀量为 0.04～0.05mm。

表 5-35 切入式无心磨磨削用量

(1) 粗　磨

磨削直径 d_w (mm)	3	5	8	10	15	20	30	50	70	100	120
工件速度 v_w (m/min)	10～15	12～18	13～20	14～22	15～25	16～27	16～29	17～30	17～35	18～40	20～50
径向进给速度 (mm/min)	7.85	5.47	3.96	3.38	2.54	2.08	1.55	1.09	0.865	0.672	0.592

径向进给速度的修正系数

与工件材料和砂轮直径有关				与砂轮寿命有关				
工件材料	砂轮直径 d_s (mm)			寿命 T (s)	360	540	900	1440
	500	600	750					
耐热钢	0.77	0.83	0.95	修正系数	1.55	1.3	1.0	0.79
淬火钢	0.87	0.95	1.06					
非淬火钢	0.91	0.1	1.12					
铸铁	0.96	1.05	1.17					

(2) 精　磨

磨削直径 d_w (mm)	工件速度 (m/min)		磨削长度 (mm)							
	非淬火钢及铸铁	淬火钢	25～32	40	50	63	80	100	125	160
			径向进给速度 (mm/min)							
6.3	0.20～0.32	0.29～0.32	0.11	0.09	0.08	0.07	0.06	0.05	0.05	0.04
8	0.21～0.36	0.30～0.36	0.09	0.08	0.07	0.06	0.05	0.05	0.04	0.04
10	0.22～0.38	0.32～0.38	0.08	0.07	0.06	0.06	0.05	0.04	0.04	0.03
12.5	0.23～0.42	0.33～0.42	0.07	0.07	0.06	0.05	0.04	0.04	0.03	0.03
16	0.23～0.46	0.35～0.46	0.07	0.06	0.05	0.04	0.04	0.03	0.03	0.03
20	0.23～0.50	0.37～0.50	0.06	0.05	0.05	0.04	0.03	0.03	0.03	0.02
25	0.24～0.54	0.38～0.54	0.05	0.05	0.04	0.03	0.03	0.03	0.02	0.02
32	0.25～0.60	0.40～0.60	0.05	0.04	0.04	0.03	0.03	0.02	0.02	0.02
40	0.26～0.65	0.42～0.65	0.04	0.04	0.03	0.03	0.02	0.02	0.02	0.02
50	0.27～0.68	0.44～0.68	0.04	0.03	0.03	0.02	0.02	0.02	0.02	0.01
63	0.27～0.77	0.46～0.77	0.03	0.03	0.02	0.02	0.02	0.02	0.01	0.01
80	0.28～0.83	0.48～0.83	0.03	0.03	0.02	0.02	0.02	0.01	0.01	0.01
100	0.28～0.90	0.50～0.90	0.03	0.02	0.02	0.02	0.01	0.01	0.01	0.01
125	0.29～1.00	0.53～1.00	0.03	0.02	0.02	0.02	0.02	0.01	0.01	0.01
160	0.30～1.08	0.55～1.08	0.02	0.02	0.02	0.01	0.01	0.01	0.01	0.01

续表

径向进给速度的修正系数										
与工件材料和砂轮直径有关 k_1					与精度和加工余量有关 k_2					
工件材料	砂轮直径 d_s（mm）				精度等级	直径余量（mm）				
	400	500	600	750		0.2	0.3	0.5	0.7	1.0
耐热钢	0.55	0.58	0.7	0.8	IT5	0.5	0.63	0.8	1.0	1.26
淬火钢	0.8	1.9	1.0	1.1	IT6	0.63	0.8	1.0	1.25	1.6
非淬火钢	0.95	1.1	1.2	1.3	IT7	0.8	1.0	1.25	1.6	2.0
铸铁	1.3	1.45	1.6	1.75	IT8	1.0	1.25	1.6	2.0	2.5

注　砂轮圆柱表面的寿命为 900s，圆弧表面为 300s。

四、影响无心外圆磨削质量的要素

（一）磨削砂轮

1. 砂轮形状

砂轮形状直接影响磨削质量、生产率及自身消耗。贯穿磨削时，一般要求砂轮形状适应进料→预磨→精磨→光磨→出料等过程。图 5-49 是贯穿法磨削用砂轮形状。当背吃刀量大时，l_1、l_2 长些，角 γ_1、γ_2 大些；反之，γ_1、γ_2 小些而 l_3 长些。

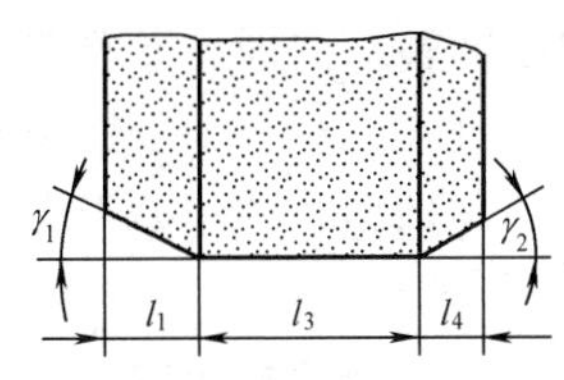

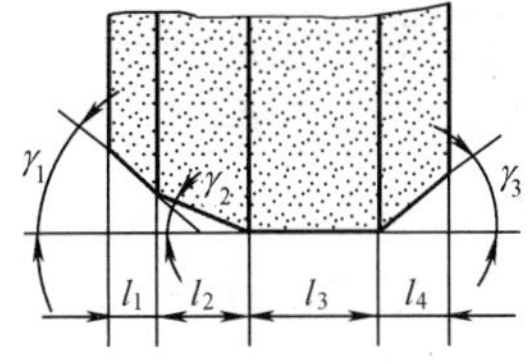

图 5-49　贯穿法磨削砂轮

图 5-50 是宽砂轮，l_1 是进料区，10～15mm，l_2 是预磨区，根据磨削用量确定。l_3 是精磨或光磨区，粗磨时 5～10mm。A 等于最大磨削余量。Δ_1 为进料口，约 0.5mm，Δ_2 为出料口，约 0.2mm。

2. 砂轮特性

砂轮特性常和导轮结合起来考虑。砂轮和导轮最大外径及宽度是由机床决定的。贯穿法磨削时，砂轮与导轮同宽；切入法磨削时，一般也相同；磨圆球面工件时，导轮应窄一些，但一般轮宽不

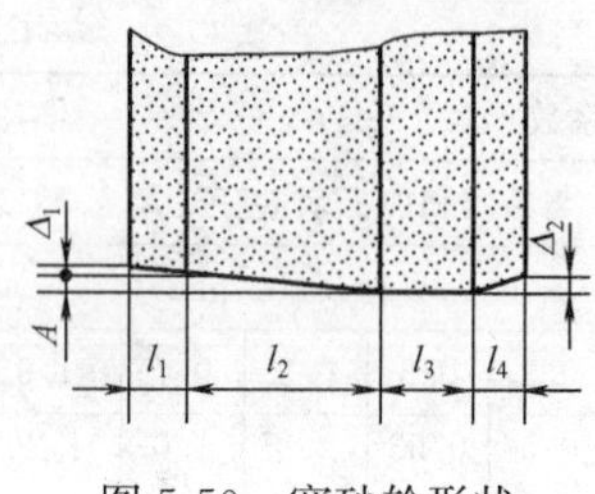

图 5-50　宽砂轮形状

小于 25mm。以 M1080 无心磨床为例，砂轮直径 500mm，用贯穿法磨削时，砂轮和导轮宽度为 150～200mm。用切入法磨削时，砂轮和导轮比工件待磨长度长 5～10mm。

砂轮的磨料、粒度、硬度，结合剂选择与一般外圆磨削基本相同。但通常比一般外圆磨削选得稍硬一些；无心贯穿法磨削时比切入法磨削时稍软一些；多砂轮磨削时，直径小的砂轮稍硬一些。导轮比磨削砂轮要硬一些，粒度细一些。

（二）导轮

导轮与砂轮一起使工件获得均匀的回转运动和轴向送进运动，由于导轮轴线与磨削轮轴线有一倾角 θ，所以导轮不能是圆柱形的，否则工件与导轮只能在一点接触，不能进行正常的磨削。所以导轮曲面形状及修整，导轮架搬转的倾角 θ 和导轮速度对磨削质量、生产率和损耗均有很大影响。

1. 导轮曲面形状

实际使用的导轮曲面是一种单叶回转双曲面。导轮曲面形状不正确，会出现下列问题。

（1）纵磨时，工件中心实际轨迹与理想轨迹相差很大，会产生凸度、凹度、锥度等误差。

（2）磨削时工件与导轮的接触线与理想接触线偏离较大，引起工件中心波动过大，甚至发生振动，会产生圆度误差和振纹。

（3）工件导向不正确，在进入和离开磨削区时，工件表面会局部磨伤。

（4）预磨→精磨→光磨的连续过程不能形成，使生产率降低，影响磨削精度和表面粗糙度，同时难以发挥全部有效宽度的磨削作用，增加砂轮损耗。

2. 导轮倾角 θ

导轮倾角 θ 决定工件的纵向进给速度和磨削精度，应根据磨削方式，工序来选择。一般贯穿法磨削时：粗磨 $\theta=2°\sim6°$，精磨 $\theta=$

1°～2°；切入磨削时：θ=0°～0.5°；长工件磨削时：θ=0.5°～1.5°。

3. 导轮修整角θ°和金刚石位移量h'

当导轮在垂直面内倾斜θ角时，导轮修整器的金刚石滑座也应转过相同的或稍小的角度θ'，此外，由于工件的中心比两砂轮中心连线高H，而使工件与导轮的接触线比两砂轮中心连线高出h，则金刚石接触导轮表面的位置也必须相应移动距离h'，使导轮修整为双曲面形状。

（1）计算法确定θ'与h'（见图5-51）

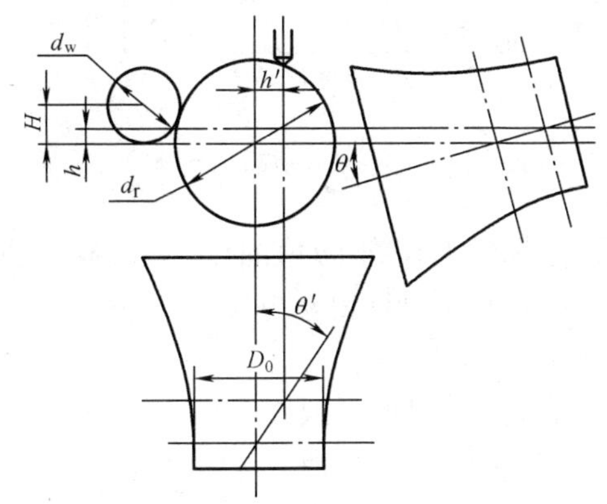

图5-51　导轮修整原理图

$$\theta' = \theta \frac{D_0 + d_w/2}{D_0 + d_w}$$

$$h' = H \frac{D_0 + d_w/2}{D_0 + d_w}$$

式中　θ——导轮倾角；

D_0——导轮喉截面直径；

d_w——工件直径；

H——工件中心高。

（2）作图法确定θ'与h'。首先算出D_0+d_w和$D_0+d_w/2$，并在图5-52中的相应坐标轴上标出对应点，连接此二点交标线于a。

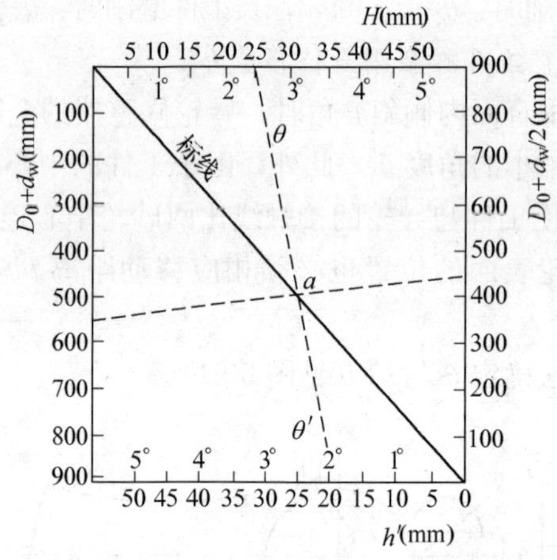

图 5-52　θ'与h'的计算图

再在相应的坐标轴上找到 H 值的点，或 θ 值的点，将任一点与 a 连接并延长交θ'与h'轴即得θ'与h'。

4. 导轮工作速度选择

(1) 磨削大而重的工件时，取 0.33～0.67m/s。

(2) 磨削小而轻的工件时，取 0.83～1.33m/s。

(3) 磨削细长杆件时，取 0.5～0.75m/s。

(4) 工件圆度误差较大时，可适当提高导轮工作速度。

(5) 贯穿法磨削导轮工作速度比切入法磨削时选高一些。

(三) 托板

1. 托板的形状及尺寸

托板形状如图 5-53 所示（图中 b 用得最普遍）。

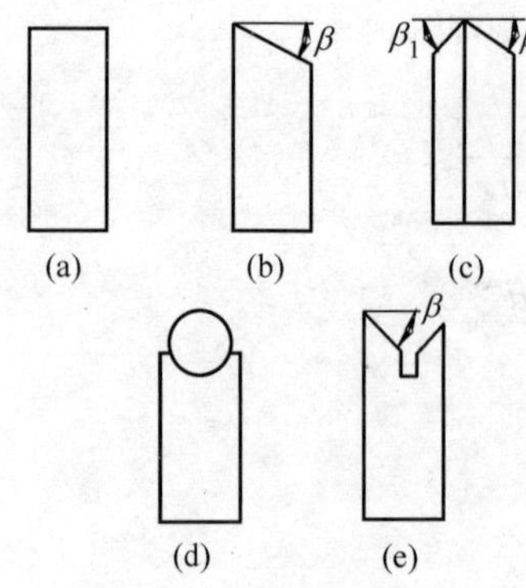

图 5-53　托板的形状

(a) 平面托板；(b) 斜面托板；(c) 双斜面托板；(d) 球面托板；(e) V 型槽托板

(1) 托板角的大小影响工件棱圆的边数，一般托板角 $\beta=20°\sim60°$，β 太大则托板刚性差，磨削时容易发生振动。粗磨及磨削大直径工件（>40mm），宜选取较小的β角；精磨及磨削小直径工件时，宜选取较大的β角；在磨削直径很小的工件及磨削细长杆件且工件中心低于砂轮中心磨削时，可选取β角为0°，以增加托板刚性。当发现工件有特定的棱圆边数时，应试验改变β进行纠正。

（2）托板长度如图5-54所示。贯穿法磨削时，托板长度可用下式计算

$$L=A_1+A_2+B$$

式中　A_1——磨削区前伸长度，$A_1=$（1～2）工件长度，mm；

A_2——磨削区后伸长度，$A_2=$（0.75～1）工件长度，mm；

B——砂轮宽度，mm。

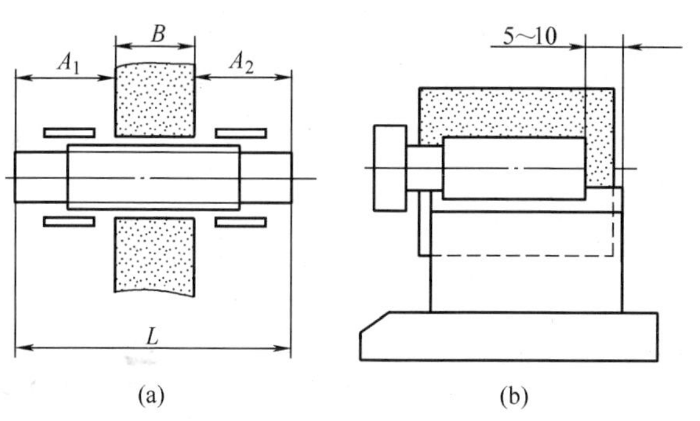

图5-54　托板长度

（a）贯穿法磨削；（b）切入法磨削

用切入法磨削时，托板比工件长5～10mm。

（3）托板厚度影响托板的刚性和磨削过程的平稳性，其大小取决于工件的直径。一般托板厚度比工件直径小1.5～2mm。

（4）托板高度可按下式粗略计算（见图5-55）

$$H_1=A-B-d/2+H$$

式中　A——砂轮中心至底板距离，mm；

B——托板槽底至底板距离，mm；

d——工件直径，mm；

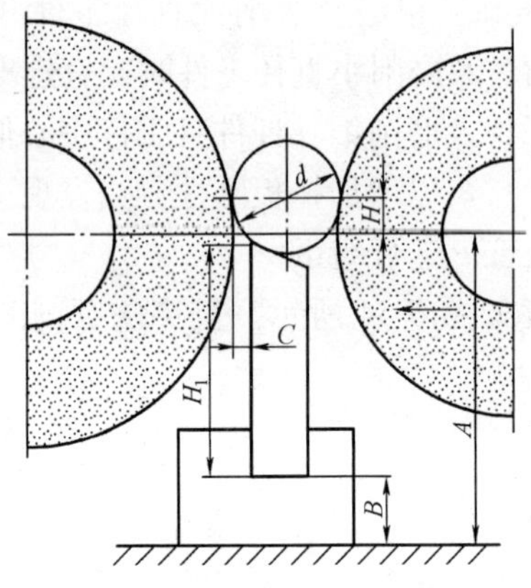

图 5-55　托板高度的调整

H——工件中心距两砂轮中心连线的距离，mm；

H_1——斜面中点距托架槽底的距离，mm。

工件中心距两砂轮中心连线的距离 H 可按表 5-36 选择，也可参考表 5-37 中 H 值。

表 5-36　　工件中心高 *H* 的数值（mm）

导轮直径	300 或 350												
工件直径	2	6	10	14	18	22	26	30	34	38	42	46	50
H	1	3	5	7	9	11	13	14	14	14	14	14	14

（5）托板与砂轮的距离 C 是指托板左侧面与磨削轮在水平面内离开的距离。其值不宜过小，否则会影响冷却与排屑，因为该处为磨削液和排屑的通道，其值按表 5-37 选择。

表 5-37　　无心外圆磨削时 *H*、*B*、*C* 值（mm）

工件直径 d	托板槽底至底板距离 B	工件至砂轮中心值 H	托板与磨削轮距离 C
5～12	4～4.5	2.5～6	1～2.4
12～25	4.5～10	6～10	1.65～4.75
25～40	10～15	10～15	3.75～7.5
40～80	15～20	15～20	7.5～10

2. 托板材料的选择

托板材料应根据工件材料而定，一般用高碳合金钢、高碳工具钢，高速钢或硬质合金制造。磨软金属时，可选用铸铁；磨不锈钢时可选用青铜。

（四）导板的选择与调整

导板的作用是正确地将工件通向及引出磨削区域，所以在贯穿磨削法中导板起着重要的作用。

1. 导板位置对工件的影响

导板安装与调整的准确性，对工件几何形状精度有很大的影响。导板位置不正确，工件会出现各种形状误差，见表 5-38。

2. 导板形状与材料选择

导板形状如图 5-56 所示。工件直径小于 12mm 时选用图 5-56（a）结构；大于 12mm 时选用图 5-56（b）结构。其尺寸由托架结构和工件尺寸决定。

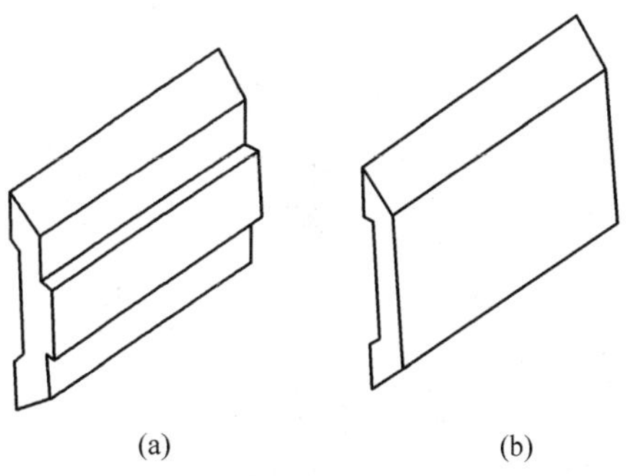

图 5-56　导板

（a）导板Ⅰ；（b）导板Ⅱ

导板材料选择与托板同。

3. 导板的安装

导板安装时，不许凸出在砂轮外，也不允许偏斜安装。前后导板应与托架定向槽平行（平行度应在 0.01～0.02mm），而且应与砂轮、导轮工作面间留有合理间隙（见图 5-57）。

导轮一侧　　$\Delta_1 = A/2$（A 为加工余量）

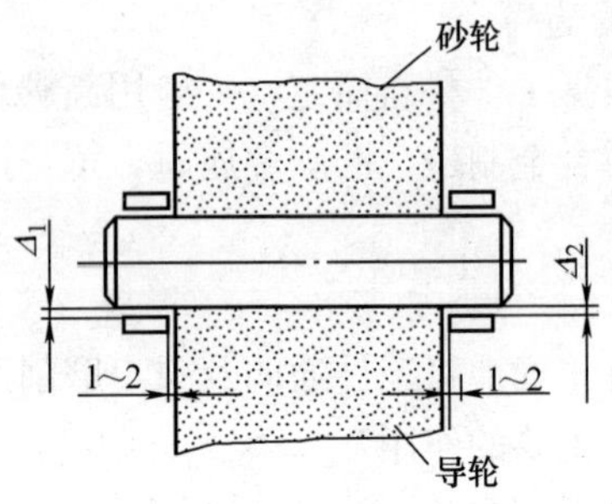

图 5-57　导板的安装与调整

$$\Delta_2 \approx 0.012 \sim 0.025\text{mm}$$

砂轮一侧因不受到工件的压力，应留有较大的间隙，前后导板均 0.4～0.8mm。

表 5-38　　　　　导板位置对工件的影响

导板角度	导板位置	磨削后工件形状
$\alpha_1>0$ $\alpha_2=0$	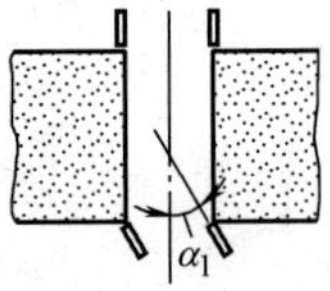 α_1	
$\alpha_1=0$ $\alpha_2<0$	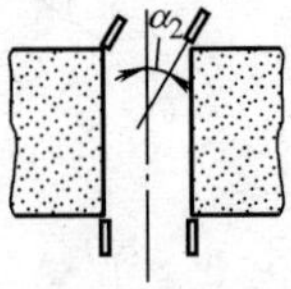 α_2	
$\alpha_1<0$ $\alpha_2=0$	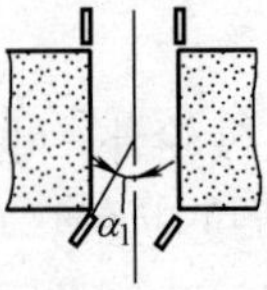 α_1	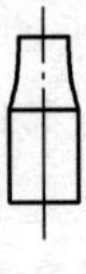

续表

导板角度	导板位置	磨削后工件形状
$\alpha_1=0$ $\alpha_2>0$	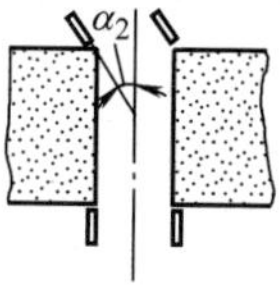	
$\alpha_1>0$ $\alpha_2<0$	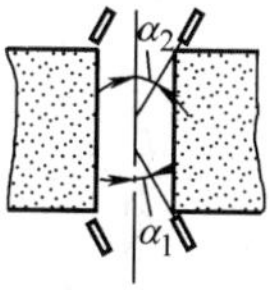	
$\alpha_1<0$ $\alpha_2>0$	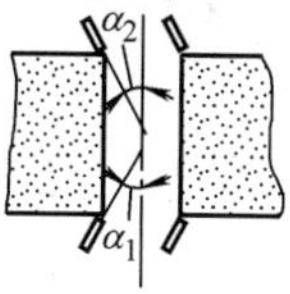	
$\alpha_1>0$ $\alpha_2>0$	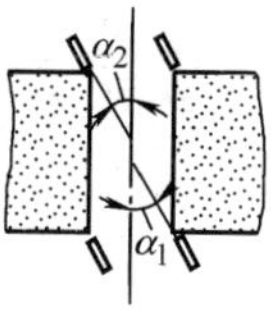	
$\alpha_1<0$ $\alpha_2<0$	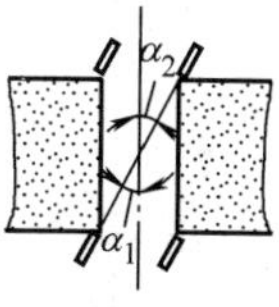	

注　α_1在第三象限小于零，在第四象限大于零；α_2在第一象限小于零，在第二象限大于零。

（五）工件中心高 H

1. H 的确定

中心高 H 可用计算法和作图法确定。

（1）计算法确定 H（见图 5-58）

$$H=\frac{\pi}{360}\cdot\gamma\cdot\frac{(d_s+d_w)(d_r+d_w)}{(d_s+d_w)+(d_r+d_w)}$$

式中 d_s——砂轮直径，mm；

d_w——工件直径，mm；

d_r——导轮直径，mm；

γ——工件与砂轮、导轮接触点的切线角，一般取 5°～11°。

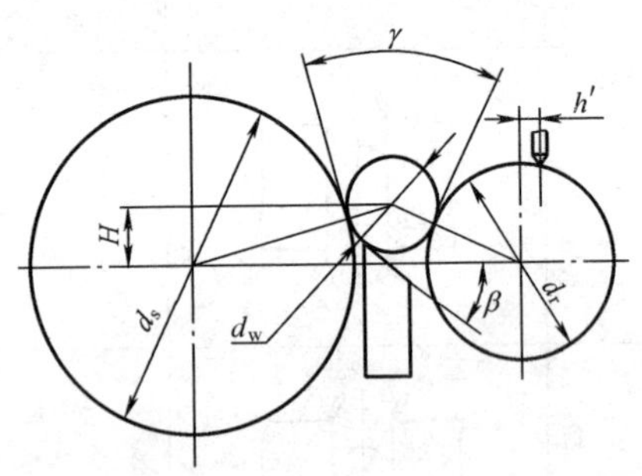

图 5-58 工件中心高 H 计算原理图

（2）作图法确定 H。先计算出（d_s+d_w）和（d_r+d_w）值，在相应坐标轴上找到两对应点，连接交标线于 a，然后将选取的 γ 角度值在 γ 坐标轴找到对应点，连接该点与 a 延长交 H 坐标轴于一点，该点的值即是 H（见图 5-59）。

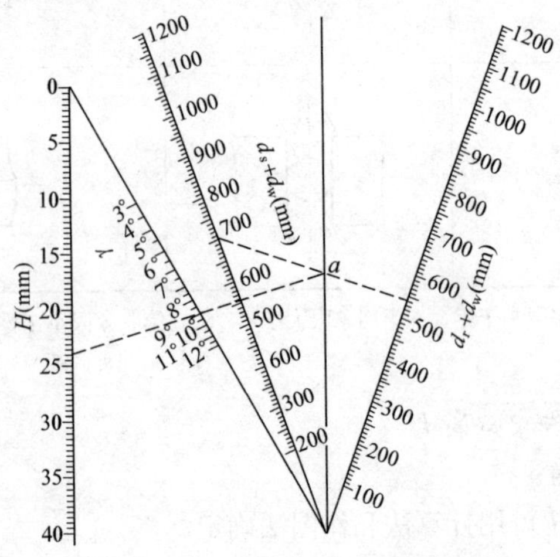

图 5-59 工件中心高 H 计算图

工件中心高 H 对磨削质量有较大影响。H 大时，无心外圆磨削消除工件圆柱度误差能力差，且工件易产生周期性上下跳动，结果在工件表面产生振痕；H 太小，工件原始的多边形误差不易消除。所以应根据工件工艺状况和磨削质量要求，合理选用。

1）薄壁套类工件宜取较大 H 值，可不受上列公式限制。细长工件宜取较小 H 值，小于 6mm 的细长工件，H 值可取负值，即工件中心低于两砂轮中心，但此时托板角 $\beta=0°$（平顶）。

2）工件直径大，H 值可取大些。对于直径相等的工件，质量大、刚性好，H 值应取小些。

3）粗磨比精磨 H 值应取大些。

4）工件圆柱度误差大，H 值应取小些；多边形误差大，H 值应取大些；二者均大时，先取较大的 H 值以消除多边形误差，再取较小 H 值精磨，以消除圆柱度误差。

5）磨削过程中，若工件运动不稳定，或工件表面有振痕，应降低中心高后再磨削。

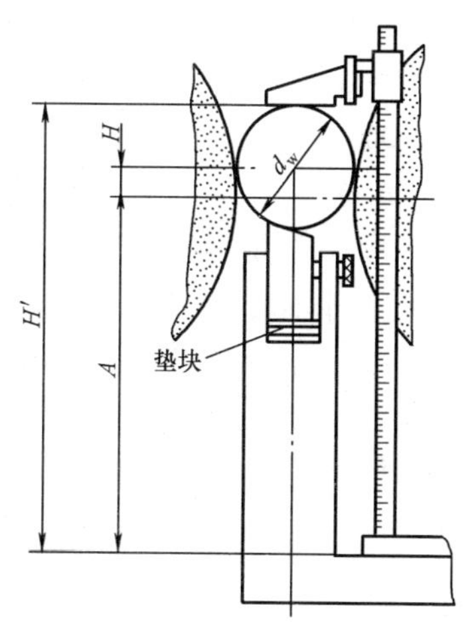

图 5-60　工件中心高的调整

2. 中心高的调整

实际生产中，用如图 5-60 所示的方法来调整中心高

$$H=H-A-d_w/2$$

式中　H——高度尺读数值，mm；

A——机床主轴中心高，mm；

d_w——工件直径，mm。

五、典型零件的磨削工艺

（一）圆销类零件的磨削

此类零件为圆柱形，要求磨削后达到一定的几何形状精度、尺寸精度和表面粗糙度，并不得有烧伤和振痕。根据工件形状，一般

采用贯穿法。其工作步骤如下。

(1) 选择适当砂轮。

(2) 确定工件安装高度，并选择和安装托板。

(3) 调整导轮在垂直平面内的倾斜角 θ，调整好金刚石笔在水平面内回转角及偏移距离，修整导轮。

(4) 修整磨削轮。

(5) 调整前、后导板。方法是：取一直径与工件直径相等的心轴放在磨削轮和导轮之间，逐渐引进导轮。在心轴将被砂轮和导轮夹住时（心轴能被手转动并移动），调整前、后四块导板，调节后取下心轴。

(6) 试磨工件。开动磨削轮和导轮 4，待两轮旋转 3～5min 后，开放少量切削液，将一个工件 3 置于托板上，并推入磨削区。此时若工件不转动，可以将导轮再向磨削轮靠近。当工件接触到磨削轮，便会立即旋转且自动送进。此时应仔细观察磨削火花的分布情况，以判断磨削是否正常。磨削正常时，工件从开始磨削到终了，火花是均匀变化的，并在磨削区后部逐渐减少直到消失，然后工件自动停止在磨削区的工件出口处（见图 5-61）。

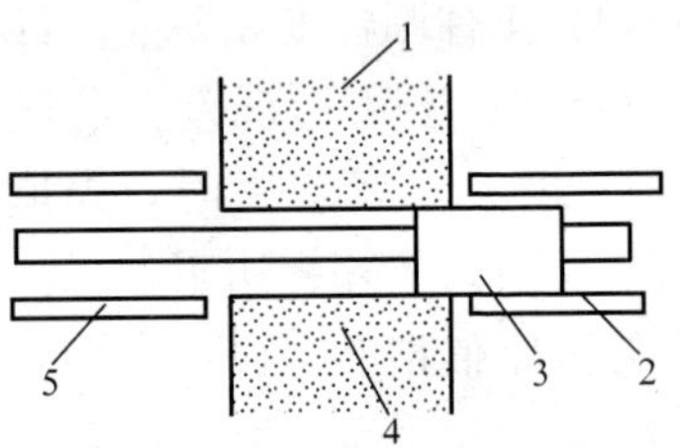

图 5-61　圆柱销的磨削

1—磨削轮；2—后导板；3—工件；4—导轮；5—前导板

(二) 圆锥体的磨削

圆锥体的工件，一般采用切入法进行磨削。机床调整方法视工件锥度大小而定。若工件锥度很小，可以只转动导轮架回转座，使导轮的偏转角等于工件锥角 α 即可。磨削轮和导轮均不修整成锥形［见图 5-62 (a)］。也可以仅将磨削轮修整成锥形，斜角为 α［见图 5-62 (b)］；或将导轮修整成斜角为 α 的锥形［见图 5-62 (c)］。

如果工件锥度较大，就需要将磨削轮和导轮均修整成锥形。为此，需要将磨削轮修整器和导轮修整器各调整到 $\alpha/2$ 的倾角，然后对两轮进行修整。而且应采用具有 $\alpha/2$ 纵向倾斜角的托板［见图 5-

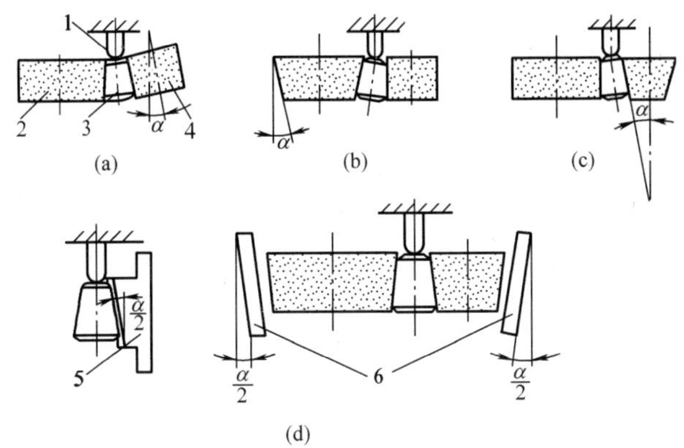

图 5-62 回锥体的磨削

1—挡销；2—磨削轮；3—工件；4—导轮；

5—具有 $\alpha/2$ 斜角的托板；6—靠模

62 (d)]。如果工件锥度超出机床刻度所允许的范围时（如工件锥度在 10°以上而机床刻度仅为 5°），则磨削轮和导轮的修整都要采用具有斜角为 $\alpha/2$ 的靠模。

无心磨削加工圆锥体一般步骤如下。

（1）选择适当硬度、粒度的砂轮。

（2）确定工件安装高度，并选择和安装托板。

（3）根据工件锥度，按前述方法修整砂轮。

（4）安装挡销。挡销可夹紧在两块导板之间，挡销的纵向位置根据待磨表面长度而定。

（5）试磨。试磨方法与一般切入法磨削相同。如果工件在磨削过程中有倒退现象，便需要加大导轮倾角 θ，同时加大修整器的水平偏角并修整导轮，直至工件能抵住挡销而不后退为止。如果磨出的工件锥度不准，可通过转动导轮架回转座加以调整。

（三）细长轴的磨削

细长轴工件没有锥度且仅要求磨光，此时须采用贯穿法磨削，其步骤如下。

1. 调整导轮倾角 θ

一般 $\theta=1°30'\sim2°30'$，如果工件略有弯曲，为将其磨直，常需

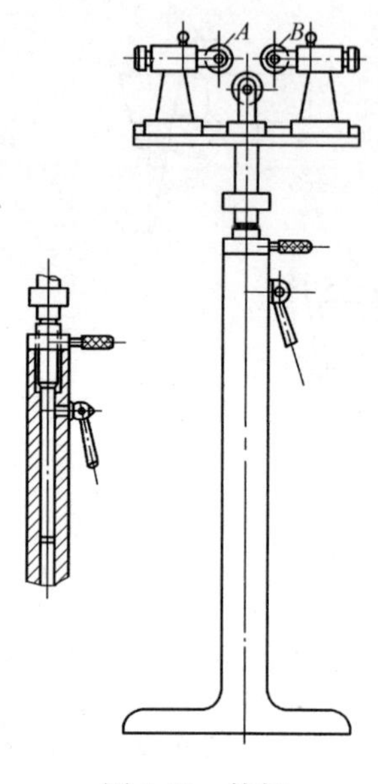

图 5-63 扶架

要几次纵向磨削。因此可以将 θ 加大到 3°～4°，使工件以较大的速度通过磨削区域。

2. 调整工件中心安装高度

磨削小直径的细长轴时（直径小于 6mm），工件中心可低于两砂轮中心连线，使磨削轮将工件向托板压紧，防止工件振动。

3. 调整扶架

首先调整扶架上的高低位置。先从工件入口一边从左至右逐个进行调整，接着再调整扶架上两滚轮 A 与 B 的位置，如图5-63所示。两滚轮不可将工件夹紧，应留少量间隙，使工件在磨削时不致卡住。用同样的方法调整工件出口一边的扶架。扶架长度根据工件的长度选取（见图5-64）。

4. 试磨工件

扶架调整好以后，并可进行试磨工件。试磨时如发现工件有锥度，首先应检查扶架的位置，看是否由于扶架不水平或是不直所引起。若不是这个原因，应再调整砂轮修整器的倾角，重新修整砂轮再试磨。粗磨后工件弯曲度减小，必须重新调整扶架上滚轮的位置。可用厚薄规检查工件与滚轮间的间隙，然后再精磨。必须注意，每次砂轮修整后，都应重新调整扶架上滚轮的位置。

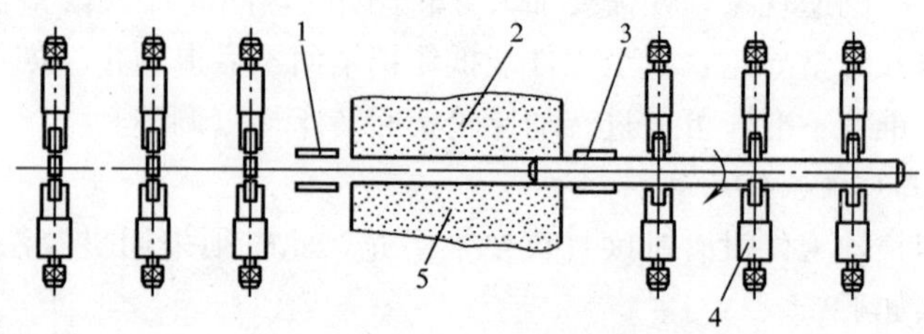

图 5-64 细长轴的磨削

1—前导板；2—磨削轮；3—后导板；4—扶架；5—导轮

（四）无心磨削实例

无心磨削实例见表 5-39。

表 5-39　　无心磨削实例

磨削实例	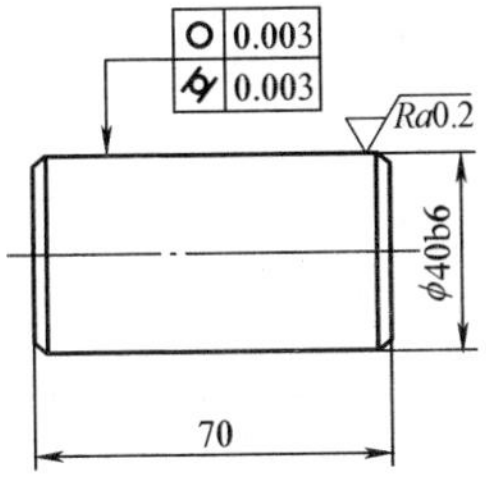 活塞销 材料：GCr15，62HRC 余量：0.3mm 磨削方法：切入磨削 工序：粗磨	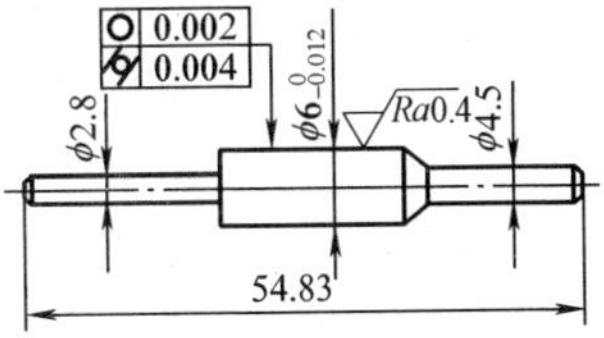 油针 材料：GCr15，62HRC 余量：0.3mm 磨削方法：切入磨削 工序：粗磨
砂轮	A60JV	WA80MV，端面砂轮 WA100NV
导轮	A100PR	A100PR
v_s（m/s）	35	35
v_v（m/min）	35	35
托板角 β（°）	30	30
中心高 H（mm）	14	8
导轮倾角 θ（°）	粗磨 2.5～3.5 精磨 1～1.5	−0.5[①]
径向进给速度 v_r（mm/min）	精磨 0.03	1.5
磨削次数及余量分配（mm）	粗磨二次，0.2，每次 0.1 半精磨一次，0.04～0.045 精磨一次，0.005～0.01	一次切入，同时磨出端面

续表

加工精度（μm）	圆度和圆柱度 3	圆度 2 和圆柱度 4
表面粗糙度 Ra（μm）	0.2	0.4

① 因轴向定位面位于机床前部，故倾角为负。

六、无心磨削常见缺陷及消除方法

无心磨削时，由于调节和操作不当会造成各种各样的缺陷，如工件有圆柱度、多边形和锥度误差及表面粗糙等。每种缺陷又由各种不同原因造成，如导轮修整不圆、磨销轮磨钝，工件中心太低等。因此，分析和预防磨削时产生的缺陷，是一项非常细致的工作。无心磨削中比较常见的缺陷及消除方法见表 5-40，供分析和预防时参考。

表 5-40　　无心磨削中的缺陷及其消除方法

序号	缺陷内容	缺陷产生原因	缺陷消除方法	磨削方法
1	工件有圆柱度误差	（1）导轮未修圆	（1）修圆导轮（修到无断续声即可）	贯穿法与切入法
		（2）导轮主轴和轴承之间的间隙过大或导轮在主轴上松动	（2）调整主轴与轴承之间的间隙，紧固导轮	贯穿法与切入法
		（3）导轮的传动带过松，使导轮旋转不正常	（3）适当地拉紧传动带	贯穿法与切入法
		（4）磨削次数少	（4）适当地增加磨削次数	贯穿法
		（5）上道工序椭圆度过大	（5）减慢导轮横向进给运动速度及增加光磨时间	切入法
		（6）磨削轮磨钝	（6）修整磨削轮	贯穿法与切入法
		（7）导轮工作时间过久，失去了正确的几何形状或表面嵌有切屑	（7）修整导轮	贯穿法与切入法
		（8）切削液不充足或输送得不均匀	（8）给以足够的均匀的切削液	贯穿法与切入法

续表

序号	缺陷内容	缺陷产生原因	缺陷消除方法	磨削方法
2	工件有多边形误差	(1) 工件安装中心不够高 (2) 托板太薄或顶面倾斜角过大 (3) 磨削轮不平衡或传动带太松 (4) 导轮的传动带太松 (5) 工件中心太高，不平稳 (6) 附近机床有振动 (7) 工件的轴向推力太大，使工件紧压挡销面不能均匀地转动	(1) 适当地提高工件中心高度 (2) 更换托板 (3) 平衡磨削轮及拉紧传动带 (4) 拉紧传动带 (5) 适当地降低工件中心高度 (6) 更换磨床位置 (7) 减少导轮倾角到30′～15′	贯穿法与切入法 贯穿法与切入法 贯穿法与切入法 贯穿法与切入法 贯穿法与切入法 贯穿法与切入法 切入法
3	工件有锥度	(1) 由于前导板比导轮母线低得过多或前导板向导轮方向倾斜，而引起工件前部直径小 (2) 由于后导板比导轮母线或导板向导轮方向倾斜，而引起工件后部直径小 (3) 磨削轮由于修整得不准确，本身有锥度 (4) 工件的轴线与磨削轮和导轮的轴线不平行 (5) 托板不直 (6) 磨削轮和导轮的表面已磨损	(1) 适当地移进前导板及调整前导板，使与导轮母线平行 (2) 调整后导板的导向表面，使与导轮母线平行，且在同一直线上 (3) 根据工件锥度的方向，调整磨削轮修整器的角度，重修磨削轮 (4) 调整托板前后的高低或修磨托板 (5) 更换托板或修直托板 (6) 重新修整砂轮	贯穿法 贯穿法 切入法 切入法 切入法 切入法

续表

序号	缺陷内容	缺陷产生原因	缺陷消除方法	磨削方法
4	工件表面有振动痕迹(即鱼鳞斑及直线白色线条)	(1) 磨削轮不平衡而引起机床振动	(1) 仔细平衡磨削轮	贯穿法与切入法
		(2) 工件中心太高引起跳动	(2) 适当地降低托板的高度	贯穿法与切入法
		(3) 磨削轮太硬或磨钝	(3) 更换较软一级的磨削轮和修整磨削轮	贯穿法与切入法
		(4) 导轮旋转速度过高	(4) 适当降低导轮转速	贯穿法与切入法
		(5) 磨削轮粒度太细	(5) 更换粒度粗一些的磨削轮	贯穿法与切入法
		(6) 托板的刚性不足或未固紧	(6) 增加托板厚度及固紧托板	贯穿法与切入法
		(7) 托板支承斜面磨损或弯曲	(7) 修磨托板	贯穿法与切入法
		(8) 主轴锥体与磨削轮法兰盘锥孔的接触不良	(8) 磨锥孔，用涂色法检查锥体的配合	贯穿法与切入法
		(9) 磨削轮修整得不好，太粗糙或太光	(9) 检查修整工具是否松动，调整修整速度	贯穿法与切入法
5	工件表面有烧伤痕迹	(1) 导轮转速太低	(1) 增加导轮转速	贯穿法与切入法
		(2) 磨削轮粒度太细	(2) 更换粒度较粗的磨削轮	贯穿法与切入法
		(3) 磨削轮太硬	(3) 更换硬度低一级的磨削轮	贯穿法与切入法
		(4) 纵向进给量太大	(4) 减小导轮倾角	贯穿法
		(5) 在入口处磨得太多，工件前部烧伤	(5) 转动导轮架	贯穿法
		(6) 在出口处磨得过多，使工件全部烧伤成螺旋线痕迹	(6) 转动导轮架	贯穿法

续表

序号	缺陷内容	缺陷产生原因	缺陷消除方法	磨削方法
6	工件表面粗糙度达不到要求	（1）磨削轮粒度太粗 （2）切削液不清洁或浓度不够 （3）工件纵向进给速度过大 （4）背吃刀量太大 （5）修整磨削轮时金刚钻移动太快，砂轮表面太粗糙 （6）工件在出口处还在磨削，没有修光作用 （7）导轮转速过快 （8）金刚钻失去尖锋 （9）磨削余量过少，没有消除上道工序的粗糙度	（1）更换粒度较细的磨削轮 （2）更换一定浓度的清洁的切削液 （3）减少导轮倾角 （4）减小磨削深度 （5）重修磨削轮 （6）重修磨削轮或转动导轮架，使工件在出口处具有修光作用 （7）降低导轮转速 （8）修磨金刚钻 （9）降低上道工序的粗糙度值或增加磨削余量	贯穿法与切入法 贯穿法与切入法 贯穿法 贯穿法 贯穿法与切入法 贯穿法 贯穿法与切入法 贯穿法与切入法 贯穿法与切入法
7	工件前部被切去一块	（1）前导板突出于导轮 （2）在入口处磨去过多	（1）把前导板向后放松些 （2）转动导轮架回转座进行调整	贯穿法 贯穿法
8	工件后半部被切去一长条	（1）后导板突出于导轮表面，阻碍了工件旋转与前进，而磨削继续在进行 （2）后边托板伸出太长，磨完的工件未掉下，阻碍了将要磨完的工件旋转与前进	（1）将后导板适当地后移 （2）重新安装托板	贯穿法 贯穿法

续表

序号	缺陷内容	缺陷产生原因	缺陷消除方法	磨削方法
9	工件后部有三角形切口或很微小的痕迹	(1) 后导板落后于导轮表面	(1) 后导板适当地前移	贯穿法
		(2) 工件中心过高，引起工件在出口处跳动	(2) 适当地降低工件中心高度	贯穿法
		(3) 工件端面不平或有毛刺，使已停下的工件被后边旋转的工件带动，碰到磨削轮	(3) 更正工艺规程，在无心磨前先磨平端面，并修去毛刺	贯穿法

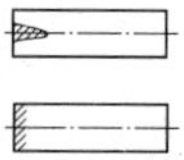

第五节 平　面　磨　削

平面磨削的尺寸精度可达 IT5～IT6 级，两平面平行度小于 0.01∶100，表面粗糙度一般达到 Ra0.2～0.4μm，精密磨削可达 0.01～0.1μm。

一、平面磨削常用方法

平面磨削常用方法见表 5-41。

表 5-41　　平面磨削常用方法

磨削方法	磨削表面特征	简　图	磨削要点	夹具
周边纵向磨削	较宽的长形平面	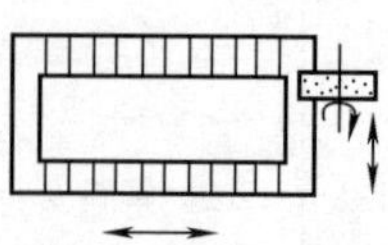	(1) 清除工件和吸盘上铁屑、毛刺 (2) 工件反复翻转磨削，左右不平向左右翻转；前后不平向前后翻转	电磁吸盘

续表

磨削方法	磨削表面特征	简　图	磨削要点	夹具
周边纵向磨削	环形平面	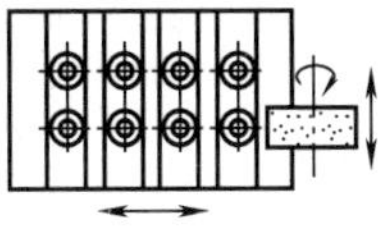	（1）选准基准面 （2）工件摆放在吸盘绝磁层的对称位置上 （3）反复翻转 （4）小尺寸工件磨削用量要小	电磁吸盘挡板或挡板夹具
	环形平面	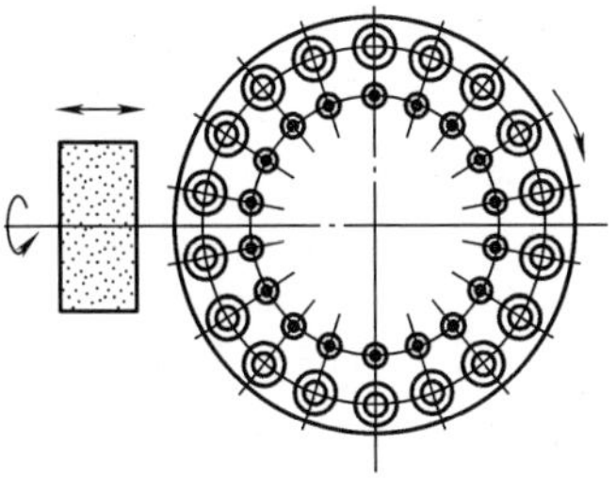	（1）选准基准面 （2）工件摆放在吸盘绝磁层的对称位置上 （3）反复翻转 （4）小尺寸工件磨削用量要小	圆吸盘
	薄片平面	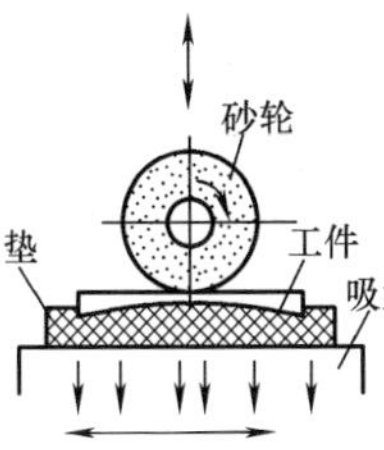 砂轮 垫 工件 吸盘	（1）垫纸、橡胶、涂蜡、低熔点合金等，改善工件装夹 （2）选用较软砂轮，常修整以保持锋利 （3）采用小切深、快送进，切削液要充分	电磁吸盘
	斜面	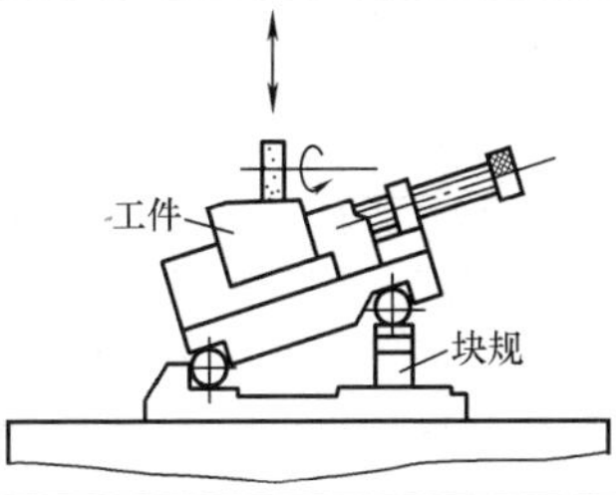 工件 块规	（1）先将基准面磨好 （2）将工件装在夹具上，调整夹具到要求角度 （3）按磨削一般平面磨削	正弦精密平口虎钳，正弦电磁吸盘，精密角铁等
	直角面	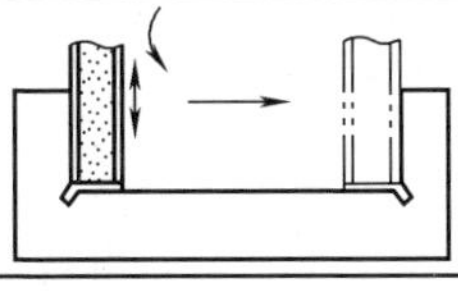	（1）找正槽外侧面与工作台进给方向平行 （2）将砂轮两端修成凹形	电磁吸盘

续表

磨削方法	磨削表面特征	简　图	磨削要点	夹具
周边纵向磨削	圆柱端面	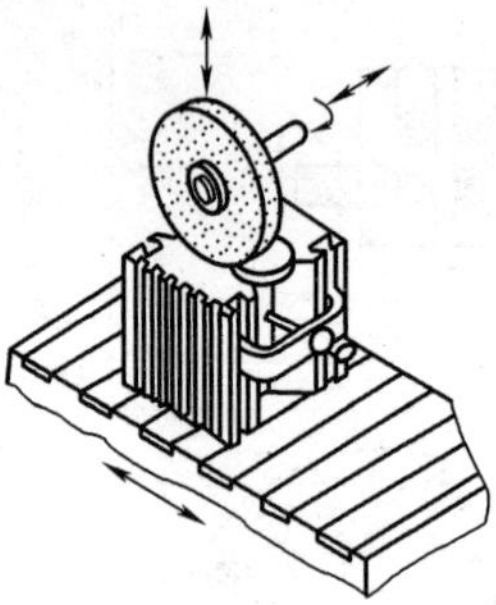	(1) 将圆柱面紧靠V形块装夹好 (2) 工件在V形块上悬伸不宜大	电磁吸盘精密V形块
	多边形平面	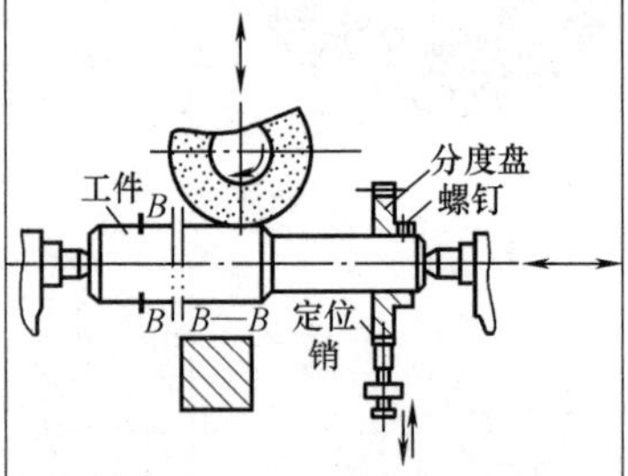 工件 B B B—B 分度盘 螺钉 定位销	用分度法逐个面进行磨削	分度装置
	余量大的平面	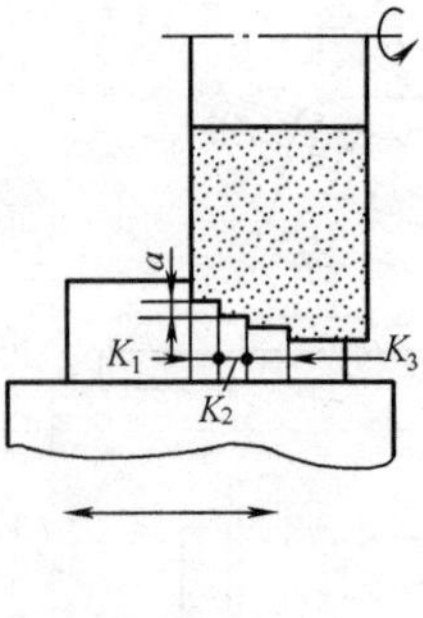 a K_1 K_2 K_3	(1) 根据磨削余量将砂轮修整成阶梯砂轮 (2) 采用较小的纵向进给量	电磁吸盘

续表

磨削方法	磨削表面特征	简　图	磨削要点	夹具
周边切入磨削	窄槽	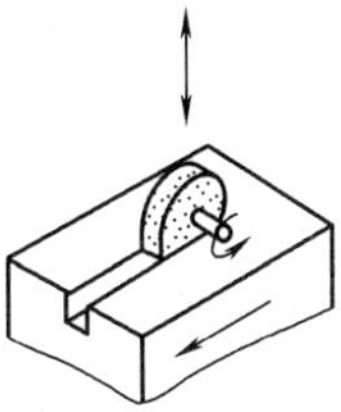	（1）找正工件 （2）调整好砂轮和工件相对位置 （3）一次磨出直槽	电磁吸盘
	窄长平面	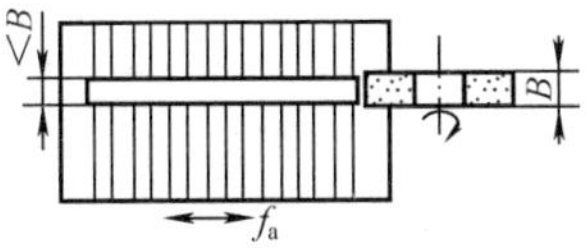	（1）找正工件 （2）调整好砂轮和工件相对位置 （3）反复翻转磨削	电磁吸盘
端面纵向磨削	长形平面	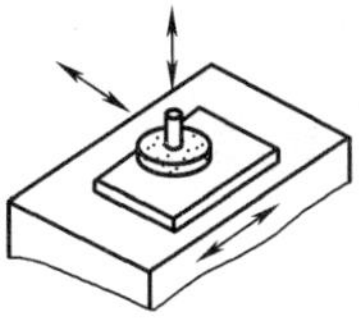	（1）粗磨时，磨头倾斜一小角度；精磨时，磨头必须与工件垂直 （2）工件反复翻转 （3）粗、精磨要修整砂轮	电磁吸盘
	垂直平面	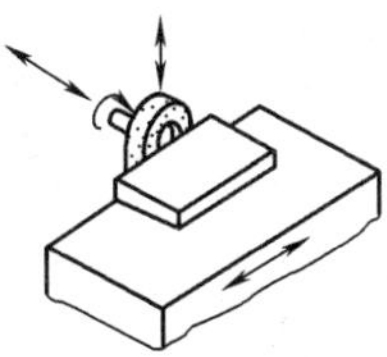	（1）找正工件 （2）正确安装基准面	电磁吸盘

续表

磨削方法	磨削表面特征	简　图	磨削要点	夹具
端面切入磨削	环形平面	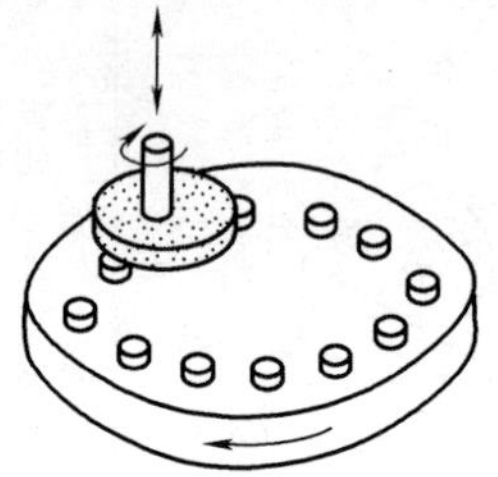	(1) 圆台中央部分不安装工件 (2) 工件小、砂轮宜软，背吃刀量宜小	圆吸盘
	短圆柱形工件的双端平行平面	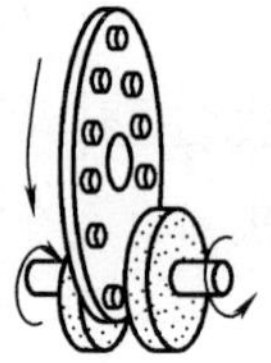	(1) 工件手动或自动放在送料盘上，送料盘带动工件在两砂轮间回转 (2) 两砂轮调整在水平及垂直方向都成倾斜角度，形成复合磨削区	圆送料盘
	扁的圆形工件的双端平行平面		两砂轮水平方向调整成倾斜角，进口为工件尺寸加2/3磨削余量，出口为成品尺寸	导板送料机构
	大尺寸平行平面	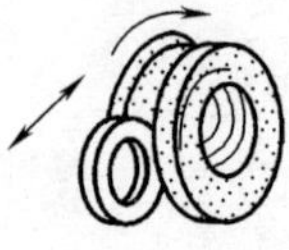	(1) 工件可在夹具中自转 (2) 两砂轮调整一个倾斜角	专用夹具
	复杂形状工件平行平面		(1) 适于形状复杂、不宜连续送进的工件 (2) 砂轮倾斜角使摇臂在砂轮内的死点处。开口为成品尺寸	摇臂式夹具

续表

磨削方法	磨削表面特征	简　图	磨削要点	夹具
导轨磨削	导轨面	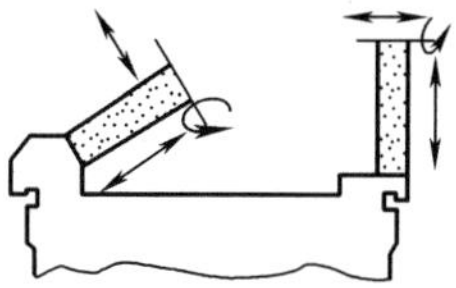	(1) 导轨面的周边磨削 (2) 导轨要正确支承和固定 (3) 调整好导轨面和砂轮的位置和方向	垫铁支承，磨头运动时导轨不固定，工件运动时要固定
			(1) 导轨面的端面磨削 (2) 导轨要正确支承和固定 (3) 调整好导轨面和砂轮的位置和方向	垫铁支承，磨头运动时导轨不固定，工件运动时要固定
	导轨面	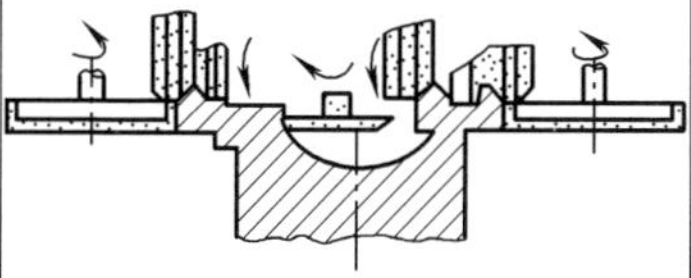	(1) 用成形砂轮分别磨削导轨面，用辅助磨头磨削侧面等 (2) 正确支承和装夹导轨	支承垫铁压板螺钉
		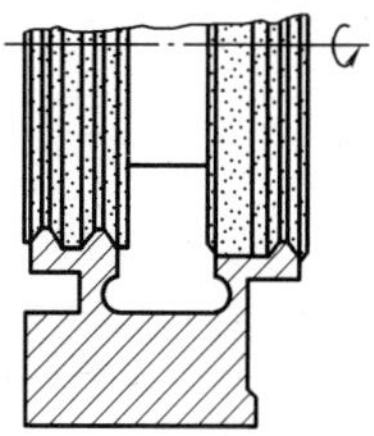	(1) 用组合成形砂轮一次磨出导轨面 (2) 正确支承和装夹导轨	支承垫铁压板螺钉

1. 端面磨削

(1) 磨头倾角对加工面的影响如图 5-65 所示，磨头与工作台面相互垂直，则磨痕是正反交叉的双纹，否则是单纹。

由图 5-65（b）可知凹陷量为

$$\varepsilon \approx K\tan\alpha = \frac{1}{2}\left(d_s - \sqrt{d_s^2 - B_w^2}\right)\tan\alpha$$

为使 ε 值减少，应使 $\alpha \leqslant 30'$。

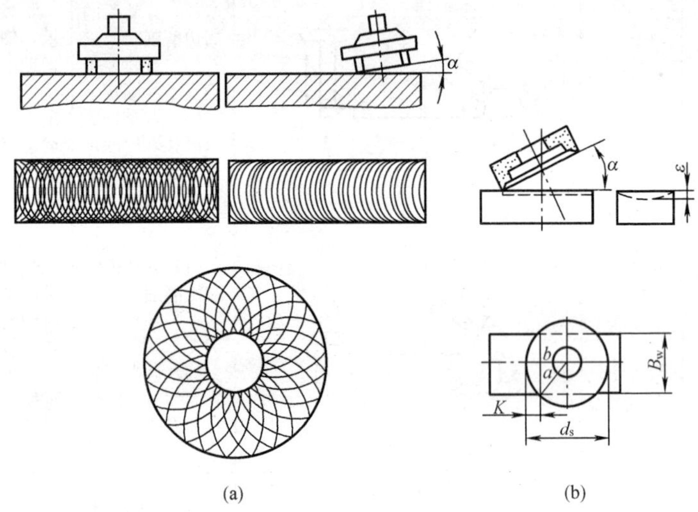

图 5-65　磨头倾角对加工面的影响

（a）磨头倾角与加工面花纹的关系；（b）磨头倾角与加工面凹陷量的关系

（2）镶块砂轮如图 5-66（a）所示，它由几块扇形砂瓦、螺钉、楔块等固定在金属法兰盘上构成。磨削时，镶块砂轮与工件的接触面减少，排屑与冷却条件有了改善。另外，镶块砂轮价格

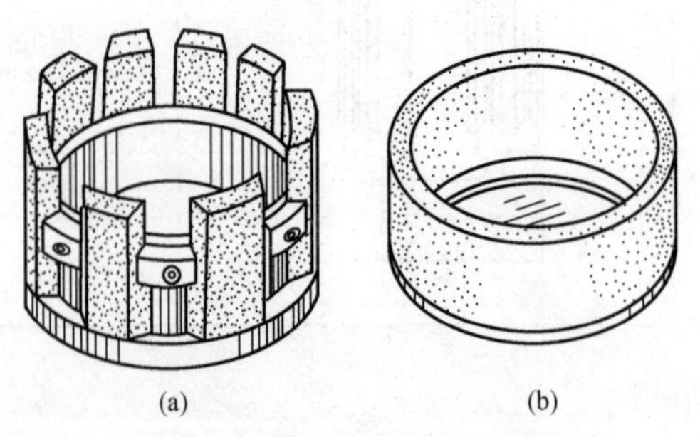

图 5-66　镶块砂轮和筒形砂轮

（a）镶块砂轮；（b）筒形砂轮

便宜，损坏时可以更换个别砂瓦。较图 5-66（b）所示筒形砂轮若损坏就得整个更换要好得多。镶块砂轮缺点是间断磨削，工作时易产生振动，工作平稳性不如整体砂轮；加工表面粗糙度稍差。

2. 双端面砂轮磨削的内尺寸

双端面磨削时，两砂轮间要调整成倾斜角度，使砂轮间形成粗、精、光磨区，对圆弧通过式双端面磨削，应在水平和垂直方向同时调整成倾斜角度。进料口尺寸应为成品尺寸加 2/3 磨削余量，出料口尺寸应为成品尺寸（见图 5-67）。

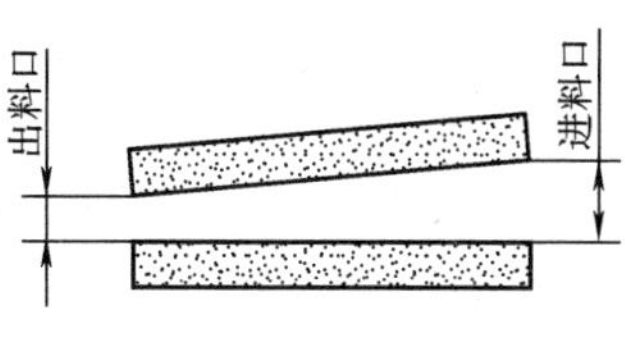

图 5-67　双端面砂轮内尺寸

当被磨削工件两端面面积不相等时，可将一端砂轮转速调低，并将该砂轮的硬度选得略高一些，从而降低此砂轮的磨削效率，使工件两端被磨削量趋于一致。

二、典型工件的加工方法

（一）加工相互平行的两个平面

1. 一般工作步骤

（1）检查毛坯余量，用锉刀或油石清除毛坯基准上的毛刺。

（2）擦净电磁吸盘台面，把工件按顺序排列在电磁吸盘上，通电将其吸住，或用挡板夹具将工件按顺序夹住。

（3）横向移动磨头和纵向移动工作台，使砂轮处于工件上方，再用手摇动磨头垂直下降，使砂轮圆周面的最低点距离工件表面 0.5～1mm，然后调整工作台换向撞块，使工件刚离开砂轮就换向。

（4）粗磨平面。开动机床使砂轮旋转，工作台作往复运动。用手控制砂轮下降，砂轮接近工件时应特别小心，避免吃刀太深造成事故。待砂轮接触工件发出火花后，即可开动横向周期进给进行磨削。整个平面磨光一遍后，砂轮再作一次垂直进给。

（5）修整砂轮。将工作台移动到行程的一端后停止，利用装在磨头或工作台上的金刚石修整砂轮。

（6）精磨平面。修整砂轮后进行，精磨时横向进给量应比粗磨时小 1/4，背吃刀量为 0.005～0.015mm。垂直进给终了，还应进行 1～2 遍的光磨。

应当指出磨削一般平面工件，除装夹时有不同外，其余的加工步骤基本上是相同的。

2. 磨削两平行平面的工艺问题

（1）正确选择磨削平面的磨削次序。因磨削工件上两平行平面，应首先决定先磨削哪一个平面。一般，这两平行平面与其他表面没有相互位置及尺寸精度要求时，可选择面积较大或平直度、表面粗糙度较好的一个平面作定位基准面。如果磨削的两平行平面与其他表面有位置及尺寸精度要求，那就必须根据零件技术要求及前道工序的加工方法来确定磨削的先后次序。

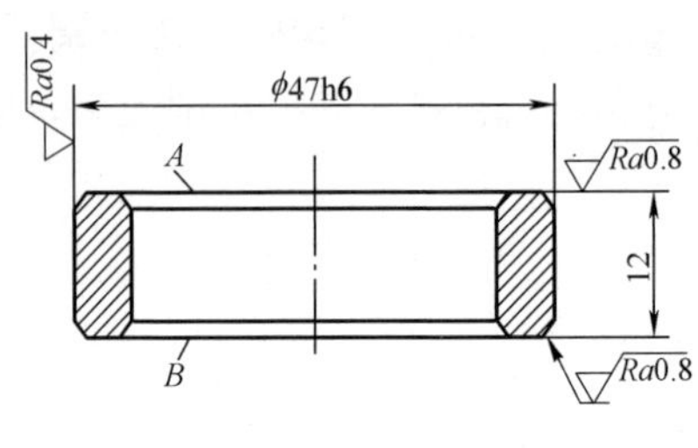

图 5-68 挡圈

例如：磨削如图 5-68 所示挡圈，要求端面 A、B 与外圆 ϕ47h6 垂直。这类工件在车削时，总有一端面与外圆是在一次车削装夹中加工的，因而相互垂直。磨削就应以此端面为定位基准面，磨削另一端面，否则就不能达到垂直度的要求。为易于辨认，车削时通常把与外圆垂直的一个面加工得比较平整和光滑，而另一面则较粗糙。也有采用在不垂直那一面做出标记的办法。

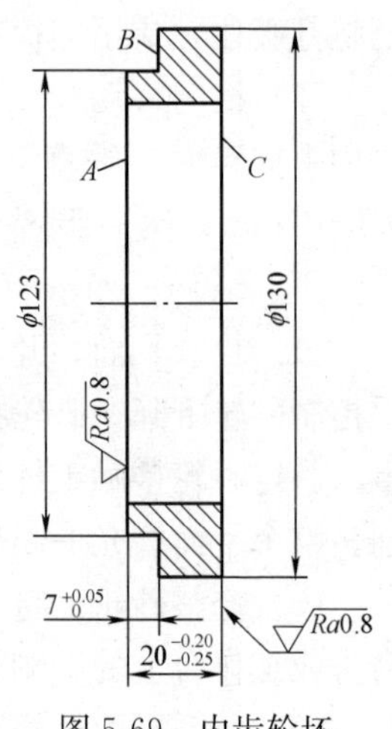

图 5-69 内齿轮坯

又如图 5-69 所示的内齿轮坯，端面 A、B 是在一次装夹中车出的，端面 C 是在另一次装夹中车出的，因此磨削时应首先以端面 A 作定位基准，磨削端面 C，磨光即可，使端面 C 与端面 A、B 平行。然后翻身磨端面 A，保证尺寸 $7^{+0.05}_{0}$ mm，最后再翻身磨 C 面，保证尺寸 $20^{-0.20}_{-0.25}$ mm。如果选端面 C 作定位基准面来磨削端面 A，则端面 A、B 将不平行，且尺寸

$7^{+0.05}_{0}$ mm 也无法保证。

（2）必须注意装夹稳固。磨削小尺寸及壁厚较薄的环形工件（如键、垫圈、薄壁套筒等），由于工件与电磁吸盘接触面积小，吸力弱，磨削时容易在磨削力作用下弹出。厚度较薄的垫片等，有时还会因移动而叠起，其双层厚度会挤碎砂轮，造成事故。故装夹此类工件时，必须在工件四周或左右两端用面积较大的铁板围住，也可以采用挡板夹具，避免工件移动。对于铝、铜、硬质合金等非磁性材料，必须使用夹具安装。

（3）多件磨削时，为了提高效率，应将毛坯按实际厚度分组，厚度大体一致的在一次装夹中磨削；厚薄有翘曲的变形工件，应按翘曲程度分组，比较平直的为一组，翘曲较大的为另一组。严重翘曲的工件应先矫平后磨削。

（4）磨削工件上两平行面原则上可以先把其中一个平面完全磨好后，再翻身磨另一面。但如果毛坯有翘曲变形或加工余量不太大时，则应多次翻身，即第一面大部分磨出后就翻身磨另一面，多次翻磨。否则可能出现一面磨好后另一面已没有加工余量的问题。

（5）要注意的问题如下。

1）磨削时应分粗磨、精磨。先粗磨两平面后再精磨，必要时多翻身几次。翻身装夹时，应根据工件的平行度误差情况，调换装夹位置。横向有不平行度，装夹时前后调换位置；纵向有不平行度，工件应左右调换位置。

2）精磨时砂轮要锋利，切削液要充分，背吃刀量和横向进给量要适当减少。横向进给量必须很均匀。垂直进给终止后，需作1～2遍光磨，直到火花基本消失为止。

3）电磁吸盘的台面要平整、光滑。如果有拉毛，可用油石或细砂布修光。使用时间长，表面有划痕和细小麻点较多，或有某些变形时，可对电磁吸盘进行一次修磨。修磨时，电磁吸盘应接通电源，使其处于工作状态。修磨量应尽量小，只需将台面磨光即可。

（二）薄片工件的磨削

薄片工件（如垫片、摩擦片、样板和导轨镶条等）是厚度较薄或比较狭长的工件，这类工件刚性差，磨削时很容易产生受热变形和受力变形。发生翘曲现象。所以磨削时要采取各种措施来减少工件的发热和变形。

一般应选用硬度较软的砂轮，并使其经常保持锋利；采用较小的背吃刀量和较高的工作台纵向进给速度；供应充分的切削液来改善磨削条件等。磨削过程中应把工件多翻身几次安装，交替地磨削两平面，两平面磨去的余量应均匀。

薄片和狭长工件常常在磨削前就已具有不平度（由于淬火变形和其他原因），如果直接用电磁吸盘吸住磨削，则会出现如图 5-70 所示的问题，这种情况仅靠翻身磨削也不能改变。另外，工件受热时发生不均匀的线膨胀，产生凸起，磨平后工件冷却，也会产生工件被磨成凹面的情况（图 5-71）。

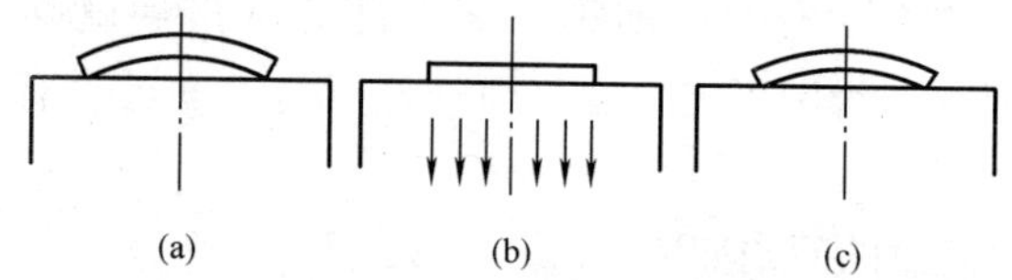

图 5-70　薄片工件在吸进紧时的变形

（a）磨削前工件的形状；（b）用电磁吸盘吸紧时工件的形状；（c）磨削后松开工件的形状

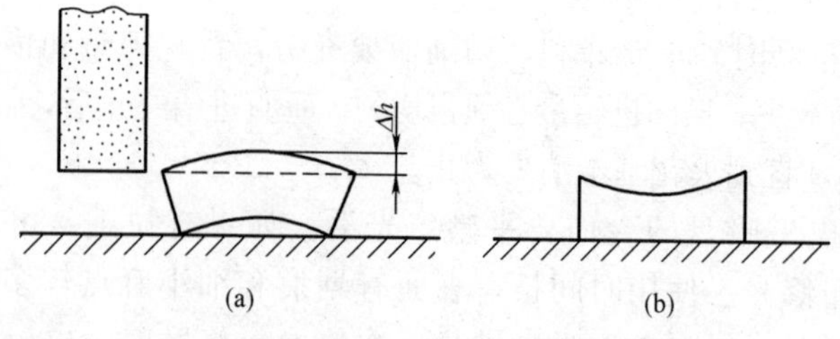

图 5-71　工件的热变形

（a）工件不均匀线膨胀；（b）工件被磨成凹面

薄片工件的装夹方法见表 5-42。

表 5-42　　**薄片工件的装夹方法**

方法和简图	工作要点
1. 垫弹性垫片 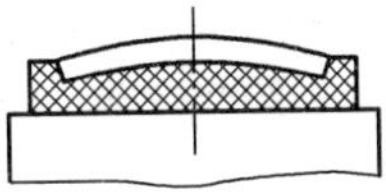	在工件下面垫很薄的橡皮或海绵等弹性物，并交替磨削两平面
2. 垫纸 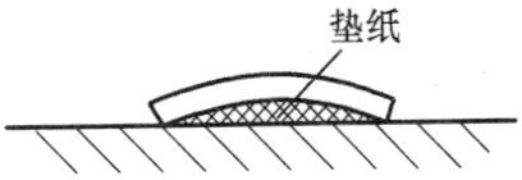	分辨出工件弯曲方向，用电工纸垫入空隙处，以垫平的一面吸在电磁吸盘上，磨另一面。磨出一个基准面，并吸在电磁吸盘上交替磨削两平面
3. 涂蜡 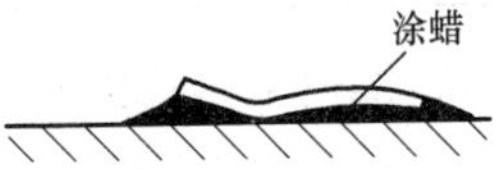	工件一面涂以白蜡，并与工件齐平，吸住该面磨另一面，磨出一个基准面后，再交替磨削两平面
4. 用导磁铁 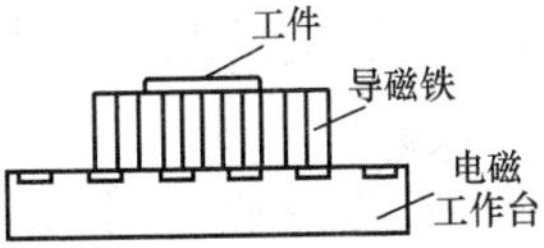	工件放在导磁铁上（减少磁力对工件的吸力，改善弹性变形），使导磁铁的绝磁层与电磁吸盘绝磁层对齐。导磁铁的高度，应保证工件被吸牢
5. 在外圆磨床上装夹 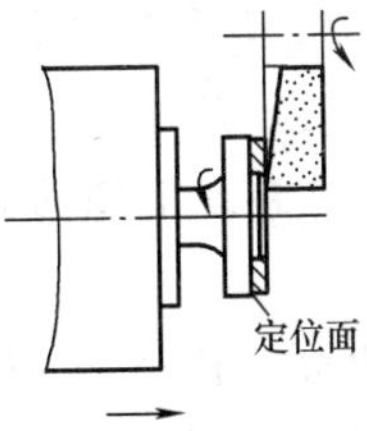	薄片环形工件空套在夹具端面小台阶上，靠摩擦力带动工件旋转，弹性变形基本不存在。起动头架时，用竹片轻挡工件的被磨削面。两平面交替磨削，工件也可分粗、精磨
6. 用夹具 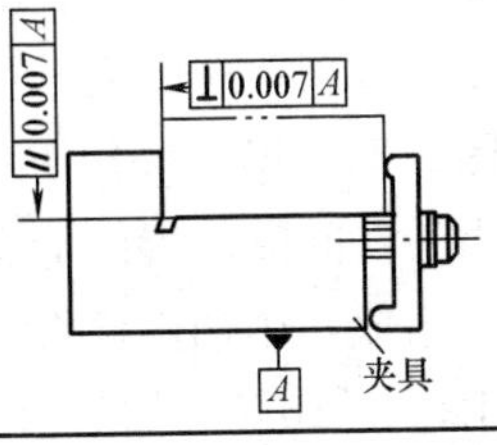	图示为长导轨及其夹具。用机械装夹方法，减少工件弹性变形，磨出基准面后，再磨另一平面

续表

方法和简图	工作要点
7. 先研磨出一个基准面 研磨后平面	先用手工或机械方法研磨出一个基准面，然后吸住磨另一面，再交替磨削两平面
8. 用工作台剩磁 挡板	利用工作台的剩磁吸住工件，减少弹性变形。此时背吃刀量一定要小，并充分冷却

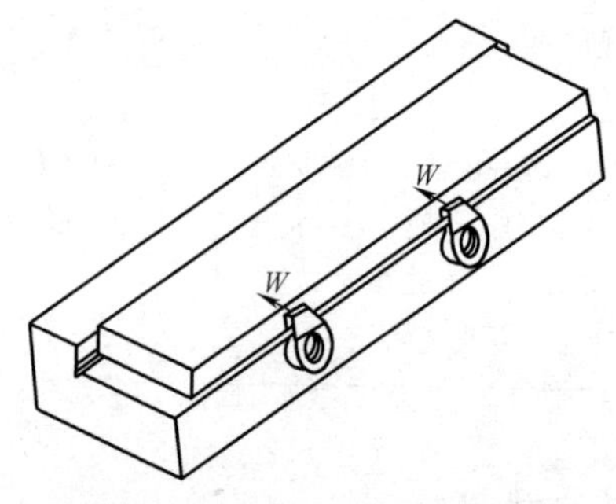

图 5-72　专用角铁式夹具侧面夹紧

除表 5-42 所列装夹方法外，在磨削长条形薄片工件时，工件弯曲变形大，可采用改变夹紧力方向的办法（见图 5-72）。待磨平一面以后，再将工件吸在电磁吸盘上磨另一面。

（三）垂直面和斜面的磨削

1. 垂直面的磨削

磨削的关键是如何采用合适的装夹方法，达到相邻面之间的垂直度要求。

（1）用精密平口虎钳装夹。磨削小型垂直面，特别是非磁性材料工件时常采用精密平口虎钳及装夹加工（见图 5-73)。

（2）用精密角铁装夹。精密角铁如图 5-74（a）所示，它有两个相互垂直的工作平面，垂直度偏差一般在 0.005mm 以内，可达到较高的加工精度。用精密角铁的装夹如图 5-74（b)、(c）所示。

（3）用导磁直角铁装夹。导磁直角铁由一些间隔放置的低碳钢板和黄铜或纯铜板（或其他不导磁的材料）组成，用铜螺栓将二者紧固成一体［见图 5-75（a)］。绝磁体板间距离与电磁吸盘上的绝

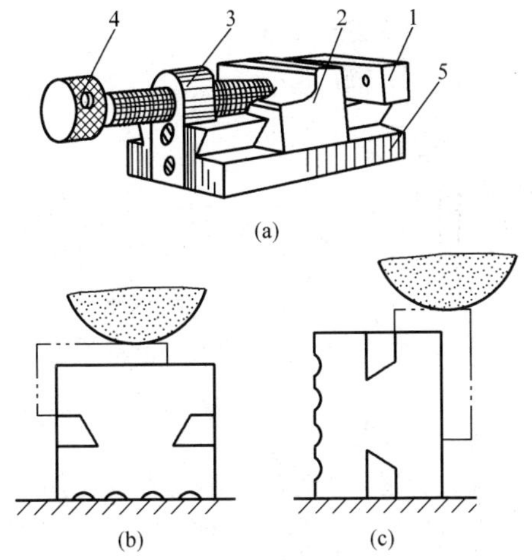

图 5-73　精密平口虎钳及装夹加工

（a）精密平口虎钳；（b）磨削底面；（c）磨削垂直面

1—固定钳口；2—活动钳口；3—凸台；4—传动螺杆；5—底座

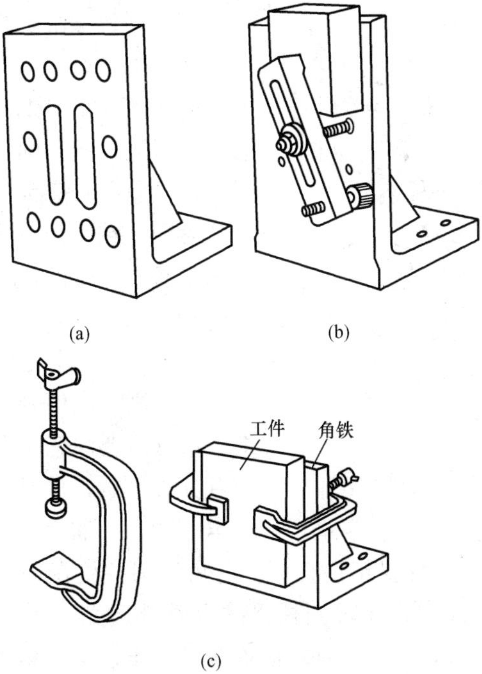

(a)　(b)

工件　角铁

(c)

图 5-74　精密角铁及装夹

（a）精密角铁；（b）用压板及螺栓装夹；（c）“C”形夹头及装夹

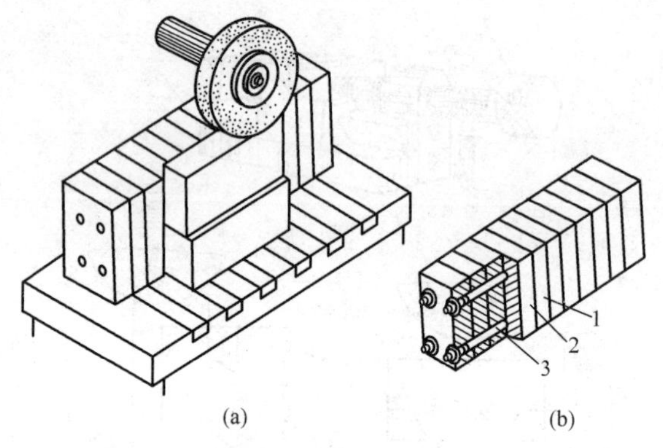

图 5-75　用导磁直角铁装夹磨削垂直平面

(a) 加工示意；(b) 导磁直角铁

1—钢板；2—铜板；3—铜螺栓

磁层距离相等，导磁直角铁的四个工作表面加工成互相垂直。

(4) 用垫纸法磨削垂直面。在缺乏上述夹具时，可以将工件的一个平面精磨后，用以下几种方法，通过垫纸调整，磨削垂直面。

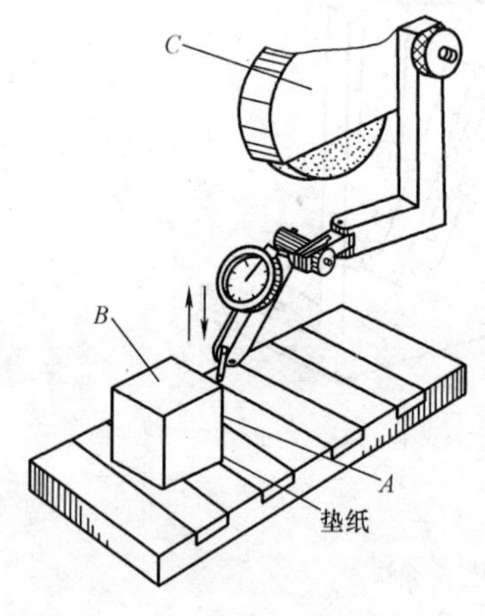

图 5-76　用百分表找正垂直面

1) 用百分表找正垂直面。将百分表固定在磨头 C 上，并使百分表测量杆与平面 A 接触，升降磨头测量 A 面的垂直度误差值（见图 5-76)。如百分表在升降中读数有相差，则在工件底部适当部位垫纸。垫纸时要注意方向，并且垫后用百分表复量，直至百分表上下运动的读数相等为止。然后磨 B 面，再翻磨另一面。

2) 用角尺圆柱找正垂直面。将角尺圆柱放在平板上，再将工件已磨好的平面靠在角尺圆柱母线上看其透光大小（见图 5-77)。如果上段透光多，应在工件右底面垫纸，下段透光多则在工件左底面垫纸，一直垫到透光均匀为止。然后将工件连同垫好的纸一起放置在电磁吸盘上通电吸住，磨出垂直面。

3）用专用百分表座找正垂直面。专用百分表座的结构特点是在百分表座上设有定位点［见图 5-78（a）］，使用前须将百分表 1 校正。方法是：将角尺圆柱 2 放在精密平板 3 上，用百分表座的定位点接触角尺圆柱表面，再将百分表上读数调到零位。此时读数值到定位点所组成的空间平面与定位面垂直［见图 5-78（b）］，然后用校正过的百分表再测量工件并垫纸找正［见图 5-78（c）］，找正时须防止百分表移动。

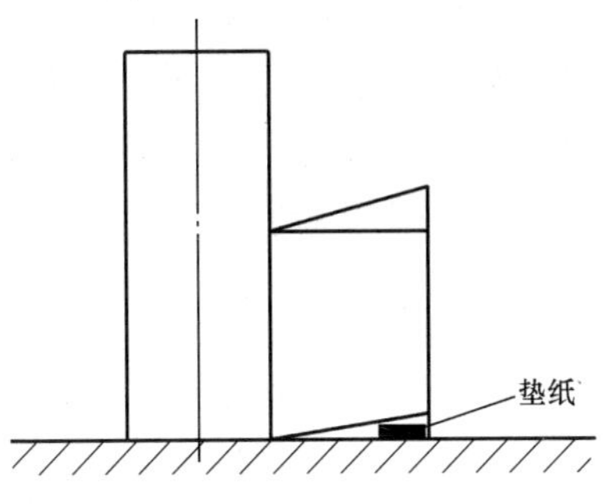

图 5-77　用角尺圆柱找正垂直面

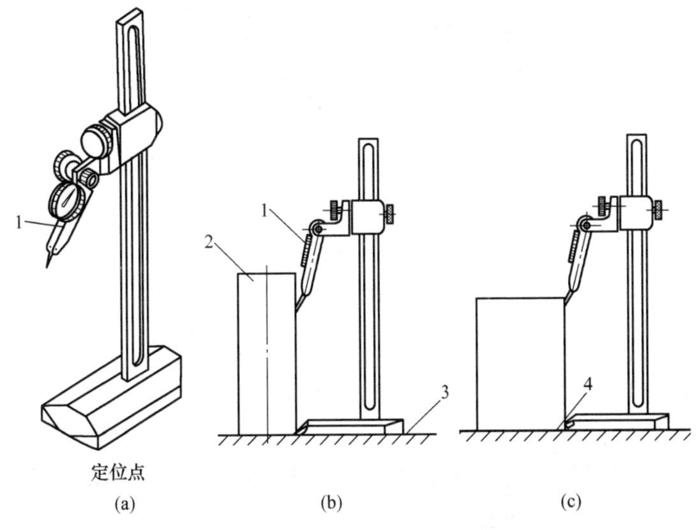

图 5-78　用专用百分表座找正垂直面

（a）专用百分表座；（b）百分表座的校正；（c）测量方法

1—百分表；2—角尺圆柱；3—精密平板；4—垫纸

2. 倾斜面的磨削

倾斜面可用斜度或角度来表示，斜面磨削可采用以下方法。

(1) 用正弦电磁吸盘装夹磨斜面。如图 5-79 所示，将工件校正后，吸在电磁吸盘 1 上，在正弦圆柱 2 和底座 5 之间垫入量块 3，使正弦规连同工件一起倾斜成所需的角度 β，正弦圆柱量块组高度 H 可按下式计算

$$H=L\sin\beta$$

式中 L——正弦圆柱间的中心距，mm；

β——工件角度，(°)；

H——所需垫入的量块高度，mm。

磨削时须锁紧螺母 4 和 6，此种夹具的最大倾斜角度为 45°。

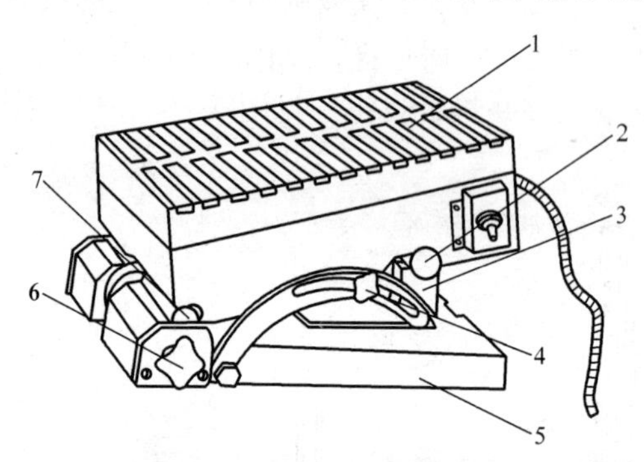

图 5-79 正弦电磁吸盘

1—电磁吸盘；2、7—正弦圆柱；3—量块；4、6—锁紧螺母；5—底座

例：已知工件的角度为 30°。正弦圆柱的中心距为 200mm，试求正弦电磁吸盘正弦圆柱量块组高度 H。

按公式 $H=L\sin\beta=200\times\sin30°=100$ (mm)

(2) 用正弦精密平口虎钳装夹磨斜面。主要使用在磨削小型工件或非磁性工件的斜面磨削中，如图 5-80 所示。

(3) 用导磁 V 形块装夹磨斜面。导磁 V 形块的构造及工作原理与导磁直角铁相似［见图 5-81 (a)］。其两工作表面的夹角为 90°，而其中一个工作面与底面间的角度通常制成 15°、30°或 45°等。厚度较大的磁性材料工件可直接吸在 V 形块的工作面上磨削［见图 5-81 (b)］。厚度较薄或非磁性材料工件，可以夹持在精密

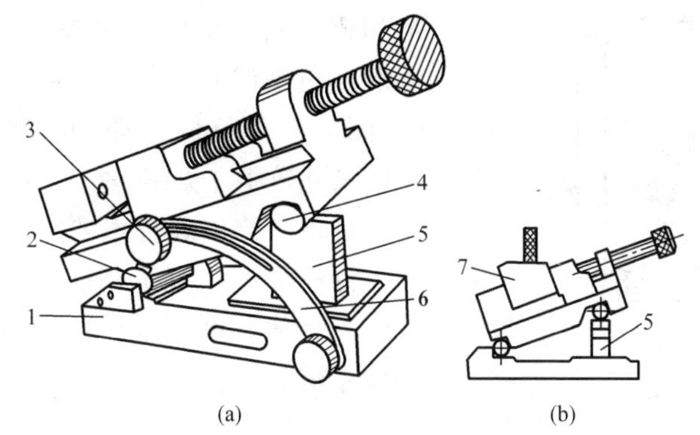

图 5-80　正弦精密平口虎钳及装夹

（a）正弦精密和虎钳结构；（b）工件装夹示意图

1—底座；2、4—正弦圆柱；3—锁紧螺母；5—量块；6—撑条；7—工件

平口虎钳上，然后用导磁 V 形块吸住平口虎钳进行磨削［见图 5-81（c）］。

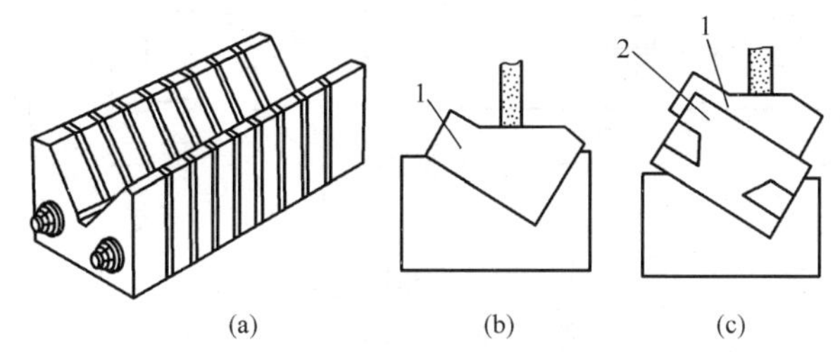

图 5-81　导磁 V 形块装夹磨斜面

（a）导磁 V 形块；（b）厚工件装夹；（c）薄工件或非磁性材料装夹

1—工件；2—精密平口虎钳

（4）用精密角铁装夹磨斜面。工件 1 用 C 形夹头或压板和螺钉夹紧在精密角铁 2 的垂直平面上，用百分表找正，把待磨削斜面装成水平位置进行磨削（见图 5-82）。

3. 直角槽的磨削

（1）直角槽的结构形状。直角槽由两个相互平行的平面和另一个与它们垂直的平面连接而成。为了便于磨削，在平面的连接处通

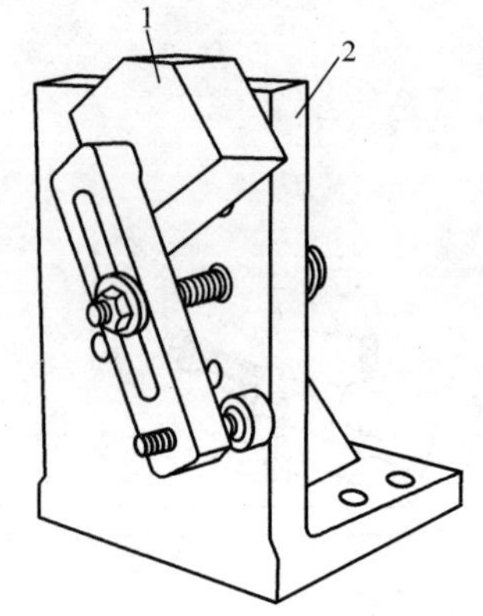

图 5-82 用精密角铁装夹磨斜面
1—工件；2—精密角铁

常都具有越程槽。直角槽一般分为宽形和狭形两种形状，如图 5-83 所示。宽形直角槽的底面较宽，两侧面较狭［见图 5-83（a）］。狭形直角槽的底面宽度尺寸较小［见图 5-83（b）］。

直角槽的一般技术要求是直角槽两平行侧面应垂直于基准面，而且与零件上其他基准面平行，直角槽槽宽的尺寸精度较高等。

（2）直角槽的磨削。直角槽通常可以在一次安装中用砂轮圆周面和砂轮端面磨出。

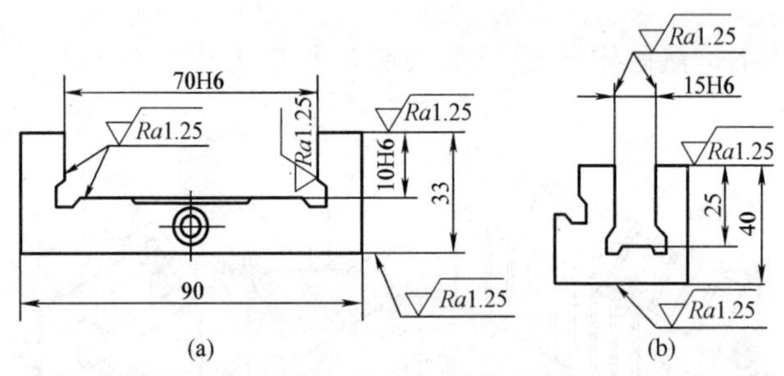

图 5-83 直角槽的形状
（a）宽形直角槽；（b）狭形直角槽

1）宽形直角槽的磨削。磨削时须找正工件外侧基面与磨床工作台纵向平行，方法是用百分表校正工件的外侧基面，然后在直角槽两旁用切入法磨出两段底平面（留 0.03～0.04mm 磨削余量），如图 5-84（a）所示，这样可以较快地用横向法切除平面大部分余量［见图 5-84（b）］。最后再用横向法精磨全部底平面至尺寸。磨削直角槽侧面时，砂轮的两端都需要修成内凹面，工件槽的两个侧面必须在一次安装中分别用砂轮前、后端面依次磨出，以达到较好的平行度要求［见图 5-84（c）］。磨两侧面时，砂轮外圆应在垂直方向退出 0.04mm 左右。

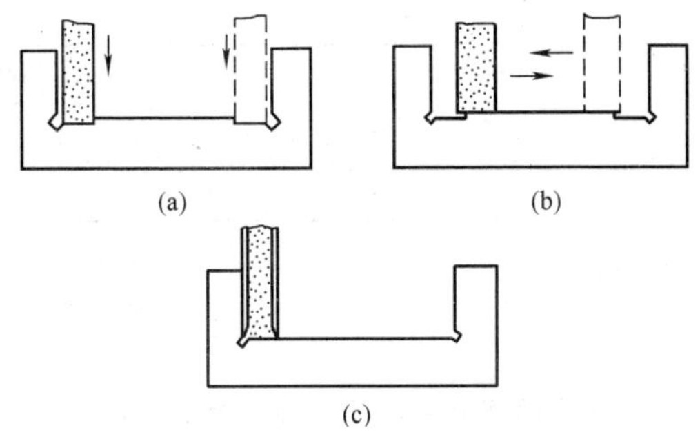

图 5-84　直角槽的磨削

（a）磨削底面两段平面；（b）横向法磨削底面；

（c）磨直角槽两侧面

用砂轮端面磨削直角槽侧面时，砂轮受到很大的侧面压力，使砂轮和主轴产生较大的弹性变形。不仅影响侧面对底面的垂直度要求，而且会把侧面两端砂轮进、出口处磨成塌角。这是因为在进、出口处磨削力减少，砂轮主轴弹性变形减少，使进、出口处多磨去一些金属。对直角槽则形成上宽下窄、两头宽中间窄的缺陷。为了减少上述缺陷，可以把参加磨削的砂轮环形端面的宽度修整的尽量狭些，以减少砂轮的侧面压力；横向进给量尽量少一些，同时要有足够的光磨次数。另外，砂轮的厚度应选择的尽可能厚一些，以减少弹性变形。

2）狭形直角槽的磨削。磨削狭槽时应选择较狭的平形砂轮或将砂轮的宽度修狭。先用切入法将槽底磨至尺寸，然后用砂轮端面磨削两个侧面，直至达到槽的宽度尺寸为止。

三、平面磨削用量的选择

1. 砂轮速度

砂轮速度的选择见表 5-43。

表 5-43　平面磨削砂轮速度的选择

磨削方式	工件材料	粗磨（m/s）	精磨（m/s）
圆周磨削	灰铸铁	20～22	22～25
	钢	22～25	25～30

续表

磨削方式	工件材料	粗磨（m/s）	精磨（m/s）
端面磨削	灰铸铁	15～18	18～20
	钢	18～20	20～25

2. 其他磨削用量

其他磨削用量的选择分别见表5-44～表5-47。

表5-44　　粗磨平面磨削用量——矩形工作台平面磨

1. 纵向进给量						
加工性质	砂轮宽度 B（mm）					
	32	40	50	63	80	100
	工作台单行程纵向进给量 f_a（mm）					
粗磨	16～24	20～30	25～38	32～44	40～60	50～75

2. 背吃刀量							
纵向进给量 f_a（以砂轮宽度计）	寿命 T（s）	工件速度 v_w（m/min）					
		6	8	10	12	16	20
		工作台单行程背吃刀量 a_p（mm）					
0.5	540	0.066	0.049	0.039	0.033	0.024	0.019
0.6		0.055	0.041	0.033	0.028	0.020	0.016
0.8		0.041	0.031	0.024	0.021	0.015	0.012
0.5	900	0.053	0.038	0.030	0.026	0.019	0.015
0.6		0.042	0.032	0.025	0.021	0.016	0.013
0.8		0.032	0.024	0.019	0.016	0.012	0.0096
0.5	1440	0.040	0.030	0.024	0.020	0.015	0.012
0.6		0.034	0.025	0.020	0.017	0.013	0.010
0.8		0.025	0.019	0.015	0.013	0.009 4	0.007 6
0.5	2400	0.033	0.023	0.019	0.016	0.012	0.009 3
0.6		0.026	0.019	0.015	0.013	0.009 7	0.007 8
0.8		0.019	0.015	0.012	0.009 8	0.007 3	0.005 9

续表

3. 背吃刀量 a_p的修正系数				
与工件材料及砂轮直径有关系数 k_1				
工件材料	砂轮直径 d_s（mm）			
	320	400	500	600
耐热钢	0.7	0.78	0.85	0.95
淬火钢	0.78	0.87	0.95	1.06
非淬火钢	0.82	0.91	1.0	1.12
铸铁	0.86	0.96	1.05	1.17

与工作台充满系数 k_f有关系数 k_2								
k_f	0.2	0.25	0.32	0.4	0.5	0.63	0.8	1.0
k_2	1.6	1.4	1.25	1.12	1.0	0.9	0.8	0.71

注 工作台一次往复行程的背吃刀量应将表列数值乘 2。

表 5-45 精磨平面磨削用量——矩形工作台平面磨

1. 纵向进给量						
加工性质	砂轮宽度 B（mm）					
	32	40	50	63	80	100
	工作台单行程纵向进给量 f_a（mm）					
精磨	8～16	10～20	12～25	16～32	20～40	25～50

工件速度 v_w (m/min)	2. 背吃刀量								
	工作台单行程纵向进给量 f_a（mm）								
	8	10	12	15	20	25	30	40	50
	工作台单行程背吃刀量 a_p（mm/st）								
5	0.086	0.069	0.058	0.014 6	0.035	0.028	0.023	0.017	0.014
6	0.072	0.058	0.046	0.039	0.029	0.023	0.019	0.014	0.012
8	0.054	0.043	0.035	0.029	0.022	0.017	0.015	0.011	0.008 6
10	0.043	0.035	0.028	0.023	0.017	0.014	0.012	0.008 6	0.006 9
12	0.036	0.029	0.023	0.019	0.014	0.012	0.009 6	0.007 2	0.005 8
15	0.029	0.023	0.018	0.015	0.012	0.009 2	0.007 6	0.005 8	0.004 6
20	0.022	0.017	0.014	0.012	0.008 6	0.006 9	0.005 8	0.004 3	0.003 5

续表

3. 背吃刀量 a_p 的修正系数											
与加工精度及余量有关系数 k_1							与工件材料及砂轮直径有关系数 k_2				
尺寸精度(mm)	加工余量(mm)						工件材料	砂轮直径 d_s (mm)			
	0.12	0.17	0.25	0.35	0.5	0.7		320	400	500	600
0.02	0.4	0.5	0.63	0.8	1.0	1.25	耐热钢	0.56	0.63	0.7	0.8
0.03	0.5	0.63	0.8	1.0	1.25	1.6	淬火钢	0.8	0.9	1.0	1.1
0.05	0.63	0.8	1.0	1.25	1.6	2.0	非淬火钢	0.96	1.1	1.2	1.3
0.08	0.8	1.0	1.25	1.6	2.0	2.5	铸铁	1.28	1.45	1.6	1.75

与工作台充满系数 k_f 有关系数 k_3								
k_f	0.2	0.25	0.32	0.4	0.5	0.63	0.8	1.0
k_3	1.6	1.4	1.25	1.12	1.0	0.9	0.8	0.71

注 1. 精磨的 f_a 不应该超过粗磨的 f_a 值。

2. 工件的运动速度，当加工淬火钢时用大值；加工非淬火钢及铸铁时用小值。

表 5-46 粗磨平面磨削用量——圆形工作台平面磨

1. 纵向进给量						
加工性质	砂轮宽度 B (mm)					
	32	40	50	63	80	100
	工作台单行程纵向进给量 f_a (mm)					
粗磨	16～24	20～30	25～38	32～44	40～60	50～75

2. 背吃刀量								
纵向进给量 f_a (以砂轮宽度计)	寿命 T (s)	工件速度 v_w (m/min)						
		8	10	12	16	20	25	30
		工作台单行程背吃刀量 a_p (mm)						
0.5	540	0.049	0.039	0.033	0.024	0.019	0.016	0.013
0.6		0.041	0.032	0.028	0.020	0.016	0.013	0.011
0.8		0.031	0.024	0.021	0.015	0.012	0.009 8	0.0082
0.5	900	0.038	0.030	0.026	0.019	0.015	0.012	0.010
0.6		0.032	0.025	0.021	0.016	0.013	0.010	0.008 5
0.8		0.024	0.019	0.016	0.012	0.009 6	0.008	0.006 4

续表

纵向进给量 f_a（以砂轮宽度计）	寿命 T（s）	工件速度 v_w（m/min）						
		8	10	12	16	20	25	30
		工作台单行程背吃刀量 a_p（mm）						
0.5	1440	0.030	0.024	0.020	0.015	0.012	0.009 6	0.008 0
0.6		0.025	0.020	0.017	0.013	0.010	0.008 0	0.006 7
0.8		0.019	0.015	0.013	0.009 4	0.007 6	0.006 1	0.005 0
0.5	2400	0.023	0.019	0.016	0.012	0.009 3	0.007 5	0.006 2
0.6		0.019	0.015	0.013	0.009 7	0.007 8	0.006 2	0.005 2
0.8		0.015	0.012	0.009 8	0.007 3	0.005 9	0.004 7	0.003 9

3. 背吃刀量 a_p的修正系数

与工件材料及砂轮直径有关系数 k_1

工件材料	砂轮直径 d_s（mm）			
	320	400	500	600
耐热钢	0.7	0.78	0.85	0.95
淬火钢	0.78	0.87	0.95	1.06
非淬火钢	0.82	0.91	1.0	1.12
铸铁	0.86	0.96	1.05	1.17

与工作台充满系数 k_f有关系数 k_2

k_1	0.25	0.32	0.4	0.5	0.63	0.8	1.0
k_2	1.4	1.25	1.12	1.0	0.9	0.8	0.71

表 5-47　　精磨平面磨削用量——圆形工作台平面磨

1. 纵向进给量

加工性质	砂轮宽度 B（mm）					
	32	40	50	63	80	100
	工作台纵向进给量 f_a（mm/r）					
精磨	8～16	10～20	12～25	16～32	20～40	25～50

续表

2. 背吃刀量									
工件速度 v_w (m/min)	工作台纵向进给量 f_a (mm/r)								
	8	10	12	15	20	25	30	40	50
	磨头单行程背吃刀量 a_p (mm)								
8	0.067	0.054	0.043	0.036	0.027	0.021 5	0.018 6	0.013 7	0.010 7
10	0.054	0.043	0.035	0.028 5	0.021 5	0.017 2	0.014 9	0.010 7	0.008 6
12	0.045	0.035 5	0.029	0.024	0.017 8	0.014 9	0.012 0	0.009 0	0.007 2
15	0.036	0.028 5	0.022	0.019 0	0.014 9	0.011 4	0.009 5	0.007 2	0.005 75
20	0.027	0.021 4	0.018	0.014 8	0.010 7	0.008 6	0.007 15	0.005 37	0.004 3
25	0.0 214	0.017 2	0.014 3	0.011 5	0.008 6	0.006 9	0.005 75	0.004 3	0.003 4
30	0.0 179	0.014 3	0.012 9	0.009 5	0.007 15	0.005 7	0.004 77	0.003 58	0.002 86
40	0.0 134	0.010 7	0.008 9	0.007 15	0.005 37	0.004 3	0.003 58	0.002 68	0.002 15

3. 背吃刀量 a_p 的修正系数

与加工精度及余量有关系数 k_1								与工件材料及砂轮直径有关系数 k_2				
尺寸精度 (mm)	加工余量 (mm)							工件材料	砂轮直径 d_s (mm)			
	0.08	0.12	0.17	0.25	0.35	0.50	0.70		320	400	500	600
0.02	0.32	0.4	0.5	0.63	0.8	1.0	1.25	耐热钢	0.56	0.63	0.70	1.80
0.03	0.4	0.5	0.63	0.8	1.0	1.25	1.6	淬火钢	0.80	0.9	1.0	1.1
0.05	0.5	0.63	0.8	1.0	1.25	1.6	2.0	非淬火钢	0.96	1.1	1.2	1.3
0.08	0.63	0.8	1.0	1.25	1.6	2.0	2.5	铸铁	1.28	1.45	1.6	1.75

与工作台充满系数 k_f 有关系数 k_3								
k_1	0.2	0.25	0.3	0.4	0.5	0.6	0.8	1.0
k_2	1.6	1.4	1.25	1.12	1.0	0.9	0.8	0.71

注 1. 精磨的 f_a 不应该超过粗磨的 f_a 值。

2. 工件速度，当加工淬火钢时取大值；加工非淬火钢及铸铁时取小值。

四、平面磨削的工艺分析

1. 平面零件技术要求

平面零件按其结构形状特点，可分为板状零件、块状零件和条状零件三类。另外支架类零件和箱体类零件也由若干平面组成，其中一些平面有很高的加工精度要求。平面零件的技术要求如下。

（1）尺寸精度：厚度或槽的尺寸公差。

（2）几何形状精度：平面度等，一般零件磨削平面度公差可取厚度尺寸公差的 1/2；高精度的零件取厚度尺寸公差的 1/4。

（3）相互位置精度：包括平行度、垂直度和对称度。

（4）表面粗糙度：最小 $Ra0.05\mu m$ 左右。

2. 平面磨削的工艺步骤

（1）V 形块如图 5-85 所示，其磨削工艺步骤见表 5-48。

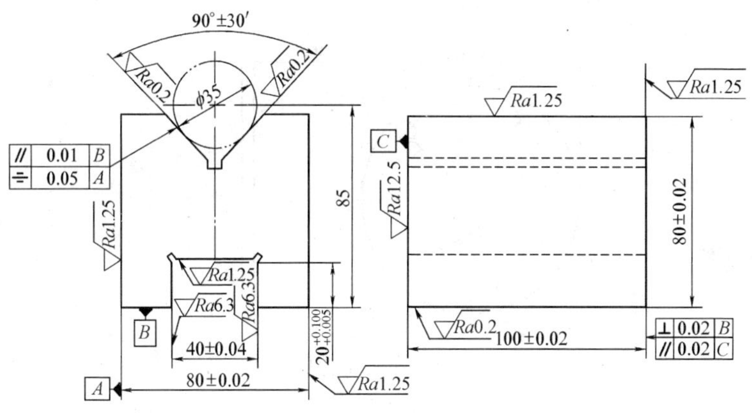

图 5-85　V 形块

表 5-48　　V 形块磨削步骤

工序	内　容	夹　具
1	以 B 为基准磨顶面，翻身磨 B 面至尺寸，控制平行度误差 <0.01mm	
2	以 B 为基准，校 C，磨 C 面，磨出即可，控制垂直度误差 <0.01mm	精密角铁
3	以 B 为基准，校 A，磨 A 面，磨出即可	精密角铁
4	以 A 为基准，磨对面，控制 80mm±0.02mm	
5	以 C 为基准，磨对面，控制 100mm±0.02mm	
6	以顶面为基准，校 A 与工作台纵向平行（<0.01mm），切入磨，控制尺寸 $20^{+0.100}_{+0.005}$ mm，再分别磨两内侧面，控制尺寸 40mm±0.04mm	
7	以 B 和 A 为基准，磨 90°两斜面，控制对称度误差 <0.02mm	导磁 V 形块
8	测量	

磨削用量 $v_s \approx 35\text{m/s}$

$$v_w \approx 15\text{m/min}$$

$$f_a = 2\text{mm/st}$$

粗磨 $a_p = 0.2 \sim 0.3\text{mm}$

精磨 $a_p = 0.01\text{mm}$

平形砂轮 1 250×25×75WA60K5V 35m/s

(2) 薄阀片如图 5-86 所示，磨削时先辨明弯曲方向，在空隙处垫纸、布或涂蜡，再吸在电磁吸盘上磨削。

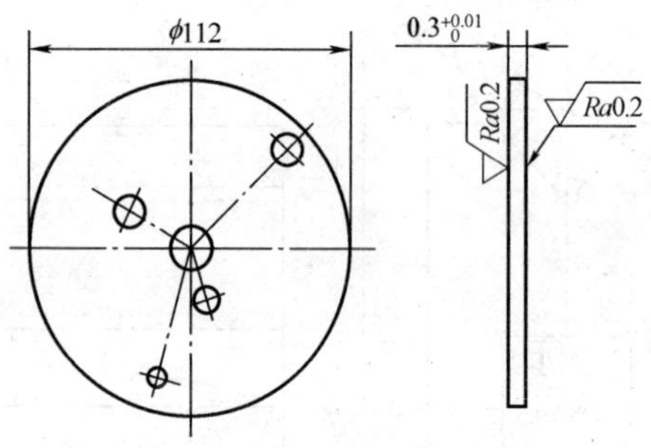

图 5-86 薄阀片

砂轮宜软，其磨削用量为

$$v_s \approx 35\text{m/s}$$

$$v_w = 20 \sim 25\text{m/min}$$

粗磨

$$a_p = 0.015 \sim 0.02\text{mm}$$

精磨

$$a_p = 0.005 \sim 0.01\text{mm}$$

(3) 连杆如图 5-87 所示，采用双端面磨床磨削连杆大头孔的两端面。用圆盘夹具，1750×60×50A46KB 大气孔平形砂轮，总余量 0.2mm，磨削主要参数如下。

砂轮进口尺寸：38.067mm

出口尺寸：38mm

砂轮速度：30m/s

纵向进给速度：2m/min

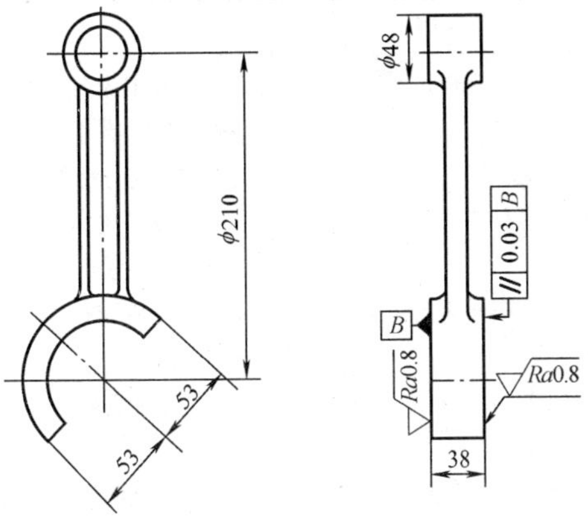

图 5-87　连杆

3. 平面零件常见磨削缺陷及防止措施

平面零件常见磨削缺陷及防止措施见表 5-49。

表 5-49　平面零件常见磨削缺陷及防止措施

工件缺陷	产生原因	防止措施
表面波纹	(1) 磨头系统刚性不足 (2) 塞铁间隙过大或接触不良 (3) 工作台换向冲击而引起工件的一端或两端出现波纹 (4) 见表 5-17“多角形直波纹”部分	(1) 修刮和调整各结合面和滑动面 (2) 修刮和调整垫铁 (3) 调整换向节流阀，或加大工作台行程 (4) 见表 5-17“多角形直波纹”部分
塌角或侧面呈喇叭形	(1) 轴承结构不合理或间隙过大 (2) 砂轮选择不当或不锋利 (3) 进给量过大	(1) 改进轴承结构，调整轴承间隙 (2) 合理选择砂轮或及时修整砂轮 (3) 减小进给量，增加光磨次数。也可在工件两端加辅助工件一起磨削

续表

工件缺陷	产生原因	防止措施
平行度或平面度超差	(1) 工件热变形过大	(1) 采用大气孔砂轮、软砂轮、开槽砂轮等，减小垂直进给量和横向进给量，并充分冷却
	(2) 夹紧位置不当或夹紧力过大	(2) 改进夹紧方法，并选择刚性较好处作为夹紧点，并适当减小夹紧力
	(3) 磨头横向运动精度低	(3) 按机床说明书规定，修刮和调整有关部件
	(4) 夹具（或工件）基面不平或有毛刺	(4) 用油石修磨基面
	(5) 导轨润滑油压力过大，使导轨浮起	(5) 降低润滑油压力
表面缺陷	表面直线痕，表面烧伤及拉毛见表 5-17“螺旋形波纹”“表面烧伤”和“拉毛划伤”部分	

五、平面零件的精度检验

平面零件的精度检验包括尺寸精度，形状精度和位置精度三项。

1. 平面度的检验

(1) 着色法检验。在工件的平面上涂上一层极薄的显示剂（红丹粉或蓝油），然后将工件放在精密平板上，平稳地前后左右移动几下，再取下工件仔细观察平面上的摩擦痕迹分布情况，就可以确定平面度的好坏。

(2) 用透光法检验。采用样板平尺检测。样板平尺有刀刃式、宽面式和楔式等几种，其中以刀刃式最准确，应用最广（见图 5-88)。

检测时将样板平尺刃口放在被检测平面上，并对着光源，光从前方照射，此时观察平尺与工件平面之间缝隙透光是否均匀。若各处都不透光，表明工件平面度很高。若有个别地段透光，即可估计出平面度误差的大小。

(3) 用千分表检验。在精密平板上用三只千斤顶将工件支起，并将千分表在千斤顶所顶的工件表面 A、B、C 三点调至高度相等，误差不大于 0.005mm，然后用千分表测量整个平面，看千分

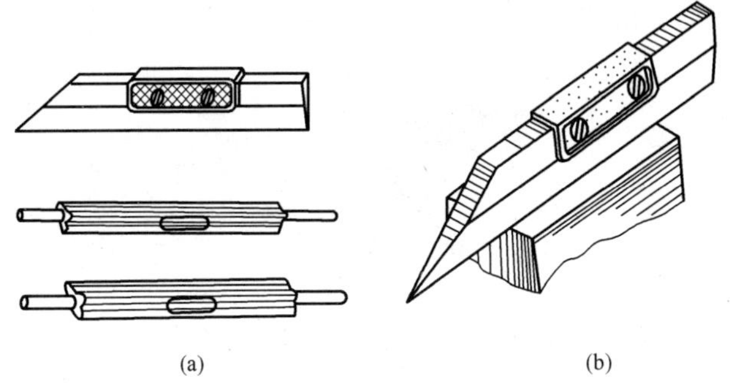

图 5-88　样板平尺
（a）样板平尺的形状；（b）样板平尺的使用

表读数是否有变动，其变动量即是平面度误差值（见图 5-89）。测量时，平板和千分表座要清洁，移动千分表时要平稳。这种方法测量精度较准确，且可直接得知平面度误差值。

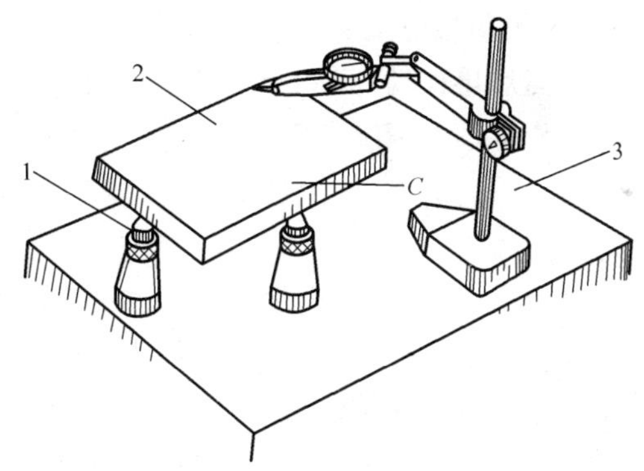

图 5-89　用千分表检验平面度
1—千斤顶；2—被测工件；3—精密平板

2. 平行度的检验

（1）用千分尺或杠杆千分尺测量工件相隔一定距离的厚度。一次可多测几个点，则各点厚度的差值即为平面的平行度误差。

（2）用百分表或千分表在平板上检验。如图 5-90 所示，将工件和千分表支架均放在平板上，把千分表的测量头顶在平面上，然后移动工件，千分表读数变动量就是工件平行度误差。测量时应将平板、工件擦干净，以免脏物影响平面平行度和拉毛工件平面。

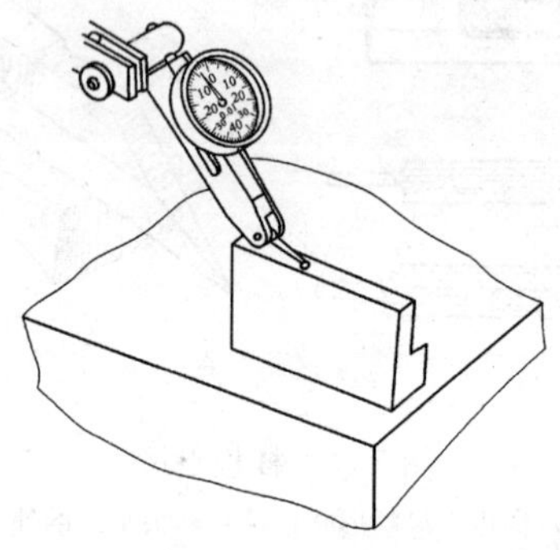

图 5-90 用千分表检验工件平行度

3. 垂直度的检验

(1) 用90°角尺检测垂直度。检验小型工件两平面垂直度时，可将90°角尺的两个尺边接触工件的垂直面，检测时，先将一个尺边紧贴工件一面，然后再移动90°角尺，让另一尺边逐渐接近并靠上工件另一平面，根据透光情况来判断垂直度（见图5-91）。

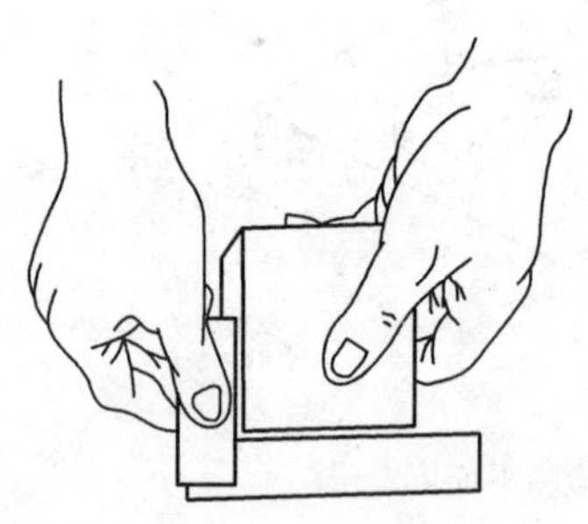

图 5-91 用90°角尺检验垂直度

当工件尺寸较大时，可将工件和90°角尺放在平板上，90°角尺的一边紧靠在工件的垂直平面上，根据尺边与工件表面的透光情况，判断工件的垂直度。

(2) 用角尺圆柱测量。在实际生产中广泛采用角尺圆柱检测，将角尺圆柱放在精密平板上，使被测工件慢慢向角尺圆柱的母线靠拢，根据透光情况判断垂直度（见图5-92）。这种测量方法基本上消除了由于测量不当引起的误差。一般角尺圆柱的高度均超过工件的高度，因而测量精度高，测量也方便。

(3) 用千分表直接检测。此法可以测出工件垂直度误差的具体数值。其测量装置如图5-93 (a) 所示，测量时先将工件的平行度

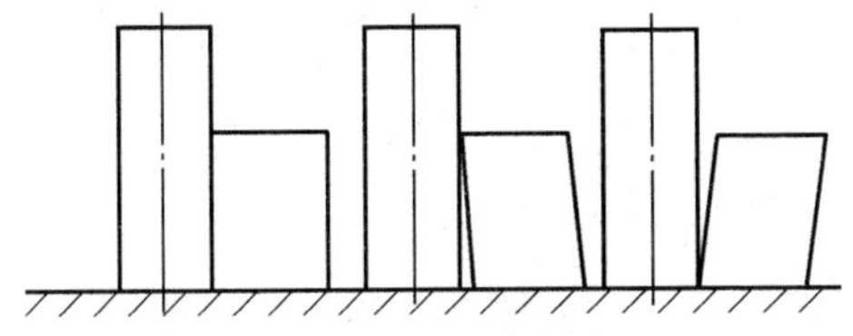

图 5-92　用角尺圆柱检验垂直度

测量好。将工件的平面轻轻地向圆柱棒靠紧，此时，可从千分表上读出数值，然后将工件转向 180°，将工件另一面也轻轻靠上圆柱棒，从千分表上可读出第二个读数。工件转向测量时，应保证千分表、圆柱棒的位置固定不动。两读数差值的 1/2，即为底面与测量平面的垂直度误差。其测量原理如图 5-93（b）所示。

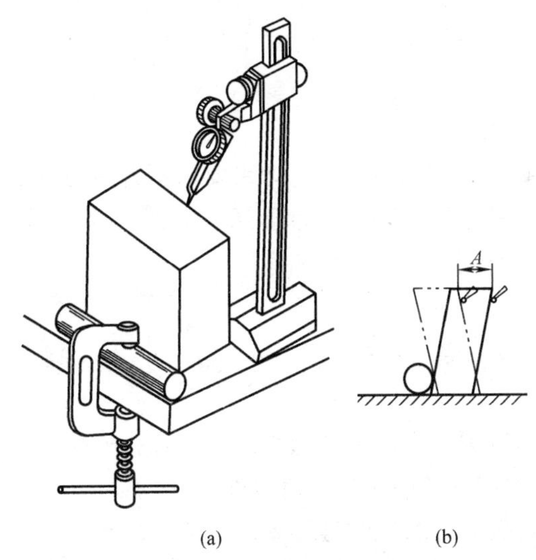

图 5-93　用千分表直接测量垂直度

（a）测量装置；（b）测量方法

两平面间的垂直度也可以用百分表在平面上进行检测。测量时，将工件放置在精密平板上，然后将 90°角尺的底面紧贴在工件的垂直平面上并固定，然后用百分表沿 90°角尺的一边向另一边移动，百分表在距离为 l 的 a、b 两点上的读数差，就等于工件在该距上垂直度的误差值。测量情况如图 5-94 所示。

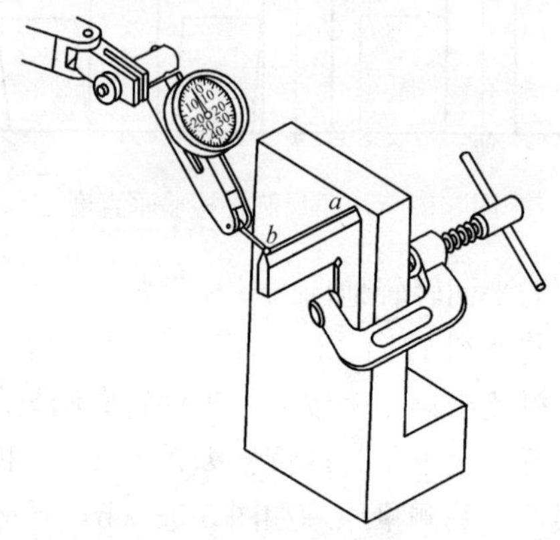

图 5-94 用百分表在平板上检验垂直度

4. 角度的检验

斜面与基准平面间的夹角，如果要求不太高的时候，可用角度尺和万能游标量角器检验；精度要求较高时，可以用正弦规检验，检验方法与检验圆锥体的锥度相同。

第六节 圆 锥 面 的 磨 削

在机械结构中，零件常用圆锥面相配合。圆锥的锥度与锥角已经标准化。表 5-50 为锥度与锥角系列。

一、圆锥尺寸计算及圆锥公差

(一) 圆锥各部分名称及尺寸计算

圆锥各部分如图 5-95 (a) 所示，图中 D 为圆锥大端直径，mm；d 为圆锥小端直径，mm；L 为圆锥长度，mm；α 为圆锥的圆锥角，(°)；$\alpha/2$ 为圆锥的半角，(°)；C 为圆锥的锥度$\left(C=\dfrac{D-d}{L}\right)$。

在加工圆锥的零件图样中，设计给定的圆锥可以用两种形式确定。

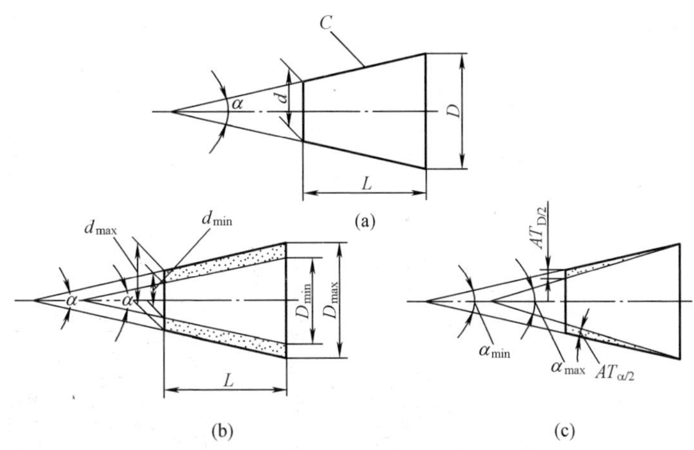

图 5-95　圆锥尺寸及公差

(a) 圆锥基本尺寸；(b) 圆锥直径公差示意；(c) 圆锥角度公差示意

(1) 一个基本圆锥直径（大端 D 或小端 d），圆锥长度 L、圆锥角 α 或其锥度 C。

(2) 二个基本圆锥直径（D，d）和圆锥长度 L。

在磨削圆锥时，常需要参数 $\alpha/2$（圆锥半角）以便调整机床。圆锥半角的计算见表 5-50 中所示

$$C=\frac{D-d}{L}=2\tan\frac{\alpha}{2} \qquad \tan\frac{\alpha}{2}=\frac{C}{2}$$

（二）圆锥公差

圆锥公差除了尺寸公差、形位公差外，还有锥度或角度公差。

(1) 圆锥直径公差 T_D。圆锥直径公差以基本圆锥直径（一般取最大圆锥直径 D）为基本尺寸，其公差带分布见图 5-95（b）。其公差值按 GB 1800—1998 规定的标准公差选取。

(2) 圆锥角公差 AT。圆锥角公差共分 12 个等级，用 $AT1$、$AT2$、…、$AT12$ 表示。圆锥角公差的表现形式有 AT_a（以角度单位微弧度或以度、分、秒表示）和 AT_D（以长度单位微米表示）两种，如图 5-95（c）所示。其公差值见表 5-51。

表 5-50　锥度与锥角系列（摘自 GB/T 157—2001）

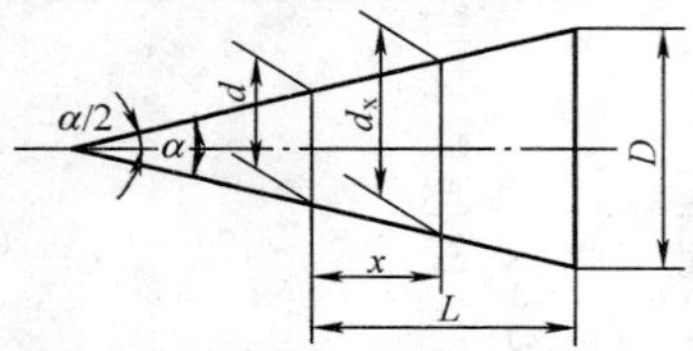

锥度 $C=\frac{D-d}{L}=2\tan\frac{\alpha}{2}$

一般用途的锥度与锥角

基本值		推荐值			应用举例
系列 1	系列 2	圆锥角 α		锥度 C	
120°		—	—	1∶0.288 675	螺纹孔的内倒角，填料盒内填料的锥度
90°		—	—	1∶0.500 000	沉头螺钉头，螺纹倒角，轴的倒角
	75°	—	—	1∶0.651 613	车床顶尖，中心孔
60°		—	—	1∶0.866 025	同上
45°		—	—	1∶1.207 107	轻型螺旋管接口的锥形密合
30°		—	—	1∶1.866 025	摩擦离合器
1∶3		18°55′28.7″	18.924 644°	—	有极限转矩的摩擦锥面离合器
	1∶4	14°15′0.1″	14.250 033°	—	
1∶5		11°25′16.3″	11.421 186°	—	易拆机件的锥形连接，锥形摩擦离合器
	1∶6	9°31′38.2″	9.522 783°	—	
	1∶7	8°10′16.4″	8.171 234°	—	重型机床顶尖，旋塞
	1∶8	7°9′9.6″	7.152 669°	—	联轴器和轴的圆锥面连接
1∶10		5°43′29.3″	5.724 810°	—	锥形零件的结合面及其他锥形轴端
	1∶12	4°46′18.8″	4.771 838°	—	固定球及滚子轴承的衬套
	1∶15	3°49′5.9″	3.818 305°	—	活塞与活塞杆的连接
1∶20		2°51′51.1″	2.864 192°	—	机床主轴锥度，刀具尾柄等
1∶30		1°54′34.9″	1.909 683°	—	装柄的铰刀及扩孔钻
	1∶40	1°25′56.4″	1.432 320°	—	
1∶50		1°8′45.2″	1.145 877°	—	圆锥销，定位销，圆锥销孔铰刀
1∶100		0°34′22.6″	0.572 953°	—	承受陡振及静变载荷不需拆开的机件
1∶200		0°17′11.3″	0.286 478°	—	承受陡振及冲击变载荷需拆开的机件，圆锥螺栓
1∶500		0°6′52.5″	0.114 592°	—	

续表

特殊用途圆锥的锥度与锥角					
基本值		推荐值			应用举例
系列 1	系列 2	圆锥角 α		锥度 C	
7∶24		16°35′39.4″	16.594290°	1∶3.428571	机床主轴，工具配合
1∶9		6°21′34.8″	6.359660°	—	电池接头
1∶16.666		3°26′12.7″	3.436853°	—	医疗设备
1∶19.002		3°0′52.4″	3.014554°	—	莫氏锥度 No. 5
1∶19.180		2°59′11.7″	2.936590°	—	No. 6
1∶19.212		2°53′53.8″	2.931613°	—	No. 0
1∶19.254		2°53′30.4″	2.975117°	—	No. 4
1∶19.922		2°52′31.4″	2.875402°	—	No. 3
1∶20.020		2°51′40.8″	2.861332°	—	No. 2
1∶20.047		2°51′26.9″	2.857480°	—	No. 1

表 5-51　　圆锥角公差数值（摘自 GB/T 11334—2005）

基本圆锥长度 L (mm)		圆锥角公差等级								
		AT1			AT2			AT3		
		AT_a		AT_D	AT_a		AT_D	AT_a		AT_D
大于	至	μrad	(″)	μm	μrad	(″)	μm	μrad	(″)	μm
自 6	10	50	10	>0.3～0.5	80	16	>0.5～0.8	125	26	>0.8～1.3
10	16	40	8	>0.4～0.6	63	13	>0.6～1.0	100	21	>1.0～1.6
16	25	31.5	6	>0.5～0.8	50	10	>0.8～1.3	80	16	>1.3～2.0
25	40	25	5	>0.6～1.0	40	8	>1.0～1.6	63	13	>1.6～2.5
40	65	20	4	>0.8～1.3	31.5	6	>1.3～2.0	50	10	>2.0～3.2
63	100	16	3	>1.0～1.6	25	5	>1.6～2.5	40	8	>2.5～4.0
100	160	12.5	2.5	>1.3～2.0	20	4	>2.0～3.2	31.5	6	>3.2～5.0
160	250	10	2	>1.6～2.5	16	3	>2.5～4.0	25	5	>4.0～6.3
250	400	8	1.5	>2.0～3.2	12.5	2.5	>3.2～5.0	20	4	>5.0～8.0
400	630	6.3	1	>2.5～4.0	10	2	>4.0～6.3	16	3	>6.3～10.0

续表

基本圆锥长度 L (mm)		圆锥角公差等级								
		AT4			AT5			AT6		
		AT_a		AT_D	AT_a		AT_D	AT_a		AT_D
大于	至	μrad	(″)	μm	μrad	(′)(″)	μm	μrad	(′)(″)	μm
自 6	10	200	41	>1.3~2.0	315	1′05″	>2.0~3.2	500	1′43″	>3.2~5.0
10	16	160	33	>1.6~2.5	250	52″	>2.5~4.0	400	1′22″	>4.0~6.3
16	25	125	26	>2.0~3.2	200	41″	>3.2~5.0	315	1′05″	>5.0~8.0
25	40	100	21	>2.5~4.0	160	33″	>4.0~6.3	250	52″	>6.3~10.0
40	65	80	16	>3.2~5.0	125	26″	>5.0~8.0	200	41″	>8.0~12.5
63	100	63	13	>4.0~6.3	100	21″	>6.3~10.0	160	33″	>10.0~16
100	160	50	10	>5.0~8.0	80	16″	>8.0~12.5	125	26″	>12.5~20
160	250	40	8	>6.3~10.0	63	13″	>10.0~16	100	21″	>16.0~25
250	400	31.5	6	>8.0~12.5	50	10″	>12.5~20	80	16″	>20.0~32
400	630	25	5	>10.0~16	40	8″	>16.0~25	63	13″	>25.0~40

续表

基本圆锥长度 L (mm)		圆锥角公差等级								
		AT7			AT8			AT9		
		AT_a		AT_D	AT_a		AT_D	AT_a		AT_D
大于	至	μrad	(′) (″)	μm	μrad	(′) (″)	μm	μrad	(′) (″)	μm
自 6	10	800	2′45″	>5.0～8.0	1250	4′18″	>8.0～12.5	2000	6′52″	>12.5～20
10	16	630	2′10″	>6.3～10.0	1000	3′26″	>10.0～16	1600	5′30″	>16.0～25
16	25	500	1′43″	>8.0～12.5	800	2′45″	>12.5～20	1250	4′18″	>20.0～32
25	40	400	1′22″	>10.0～16	630	2′10″	>16.0～25	1000	3′26″	>25.0～40
40	65	315	1′05″	>12.5～20	500	1′43″	>20.0～32	800	2′45″	>32.0～50
63	100	250	52″	>16.0～25	400	1′22″	>25.0～40	630	2′10″	>40.0～63
100	160	200	41″	>20.0～32	315	1′05″	>32.0～50	500	1′43″	>50.0～80
160	250	160	33″	>25.0～40	250	52″	>40.0～63	400	1′22″	>63.0～100
250	400	125	26″	>32.0～50	200	41″	>50.0～80	315	1′05″	>80～125
400	630	100	21″	>40.0～63	160	33″	>63.0～100	250	52″	>100～160

续表

基本圆锥长度 L (mm)		圆锥角公差等级								
		AT10			AT11			AT12		
		AT_a		AT_D	AT_a		AT_D	AT_a		AT_D
大于	至	μrad	(′)(″)	μm	μrad	(′)(″)	μm	μrad	(′)(″)	μm
自6	10	3150	10′49″	＞20.0～32	5000	17′10″	＞32.0～50	8000	27′28″	＞50.0～80
10	16	2500	8′35″	＞25.0～40	4000	13′44″	＞40.0～63	6300	21′38″	＞63.0～100
16	25	2000	6′52″	＞32.0～50	3150	10′49″	＞50.0～80	5000	17′10″	＞80～125
25	40	1600	5′30″	＞40.0～63	2500	8′35″	＞63.0～100	4000	13′44″	＞100～160
40	65	1250	4′18″	＞50.0～80	2000	6′52″	＞80～125	3150	10′49″	＞125～200
63	100	1000	3′26″	＞63.0～100	1600	5′30″	＞100～160	2500	8′35″	＞160～250
100	160	800	2′45″	＞80～125	1250	4′18″	＞125～200	2000	6′52″	＞200～320
160	250	630	2′10″	＞100～160	1000	3′26″	＞160～250	1600	5′30″	＞250～400
250	400	500	1′43″	＞125～200	800	2′45″	＞200～320	1250	4′18″	＞320～500
400	630	400	1′22″	＞160～250	630	2′10″	＞250～400	1000	3′26″	＞400～630

注 1μrad 等于半径为 1m，弧长为 1μm 所对应的圆心角，5μrad≈1″（秒）；300μrad≈1′（分）

AT_a和AT_D的关系如下

$$AT_D=AT_aL\times10^3$$

式中，AT_D单位为μm；AT_a单位为μrad；L 单位为 mm。

AT_D值应按上式计算，表 5-51 中仅给出了与圆锥长度 L 的尺寸段相对应的AT_D范围值。AT_D计算结果的尾数按 GB 4112～4116 的规定进行修约，其有效位数应与表中所列 L 尺寸段的最大范围值的位数相同。

例： L 为 50mm，选用 $AT7$。查表 5-51 得 AT_a 为 315μrad；$AT_D>12.5\sim20.0$μm，指 $L>40$mm 时，$AT_D>12.5$μm，L 为 63mm 时，AT_D为 20.0μm。当 L 为 50mm，AT_D值用前式计算

$$AT_D=AT_aL\times10^3=315\times50\times10^3$$

$$=15.75\mu m$$

取 $AT_D=15.8\mu m$

(3) 圆锥的形状公差 T_F。圆锥的形状公差通常用圆锥直径公差来限制。但对于重要的锥体配合，还应给出圆锥素线直线度及圆锥度公差。

二、圆锥面的磨削方法

圆锥的特点是圆锥母线与圆锥轴线相交一个角度（圆锥半角 $a/2$）。因此，磨削圆锥面时一般只要使工件的旋转轴线相对于工作台运动方向偏斜一个圆锥半角，即可加工出合格的圆锥。

1. 外锥体的磨削

外锥体一般在外圆磨床或万能外圆磨床上加工。根据工件形状和锥度的大小，可以用以下三种方法。

(1) 转动工作台磨外锥体。磨削时，把工件安装在两顶尖之间，再根据圆锥半角 $a/2$ 的大小，将上工作台相对下工作台，逆时针转过同样大小的 $a/2$ 角度即可（见图 5-96）。

磨削时，一般采用纵磨法，也可以采用综合磨削法。工作台转动角度从工作台右端的刻度尺上读出，刻度尺的刻度通常有两种表示方法：刻度的右边为锥度，左边为角度（见图 5-97）。由于外圆磨床工作台最大回转角度逆时针为 6°～9°，顺时针为 3°，因此用此种方法可加工 12°～18°的圆锥体。

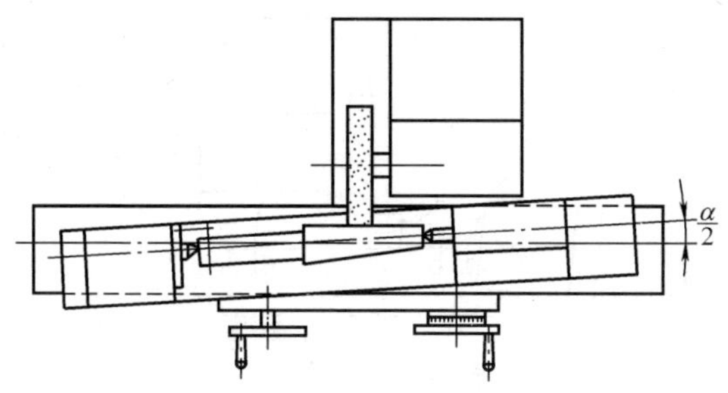

图 5-96　转动工作台磨外锥体

用转动工作台磨外锥体，机床调整方便，工件装夹简单，精度容易控制，加工质量好，一般锥度的加工均采用此法。

(2) 转动头架磨外锥体。工件圆锥半角超过工作台所能回转的角度时，可采用转动头架的方法来磨外锥体。如图 5-98 (a) 所示，将头架转过 $a/2$ 度。有时也可在转动头架的同时，将工作台也偏转一个角度与之配合［见图 5-98 (b)］。这时头架转角 β_1 与工作台转角 β_2 之和即为工件的圆锥半角 $a/2$ 即 ($a/2=\beta_1+\beta_2$)。此种方法适用于磨削锥度较大而长度较短的工件。

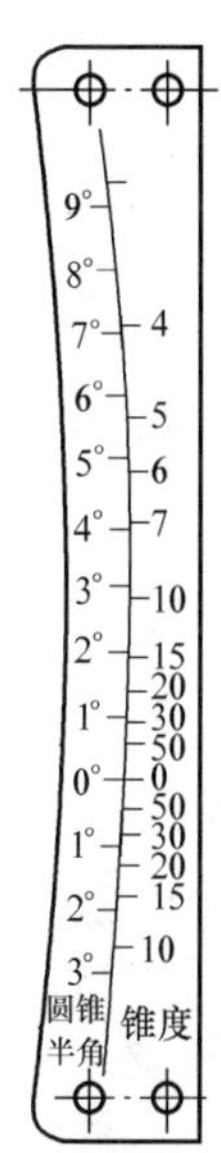

图 5-97　工作台圆锥刻度标尺

(3) 转动砂轮架磨外锥体。锥度较大而长度较长的工件，可采用转动砂轮架的方法磨削（见图 5-99)。砂轮架转过的角度应等于工件的圆锥半角 $a/2$。磨削时工作台不能作纵向进给，只能用砂轮的横向进给来进行磨削，因此工件圆锥母线长度应小于砂轮的宽度。

2. 锥孔的磨削

锥孔可在内圆磨床或万能外圆磨床上进行。磨锥孔的原理与磨外锥相同，磨削方法如下。

(1) 转动工作台磨锥孔，如图 5-100 所示，这种方法受工作台转角的限制，可磨削锥孔的圆锥角小于 18°，长度较长的锥孔，如各种机床主轴、尾座套筒的锥孔等。

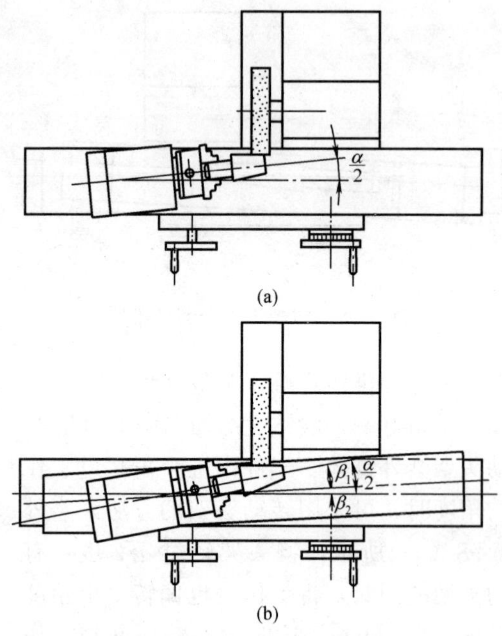

图 5-98　转动头架磨外锥体

(a) 转动头架磨外锥体；(b) 磨伸出较长的外锥体

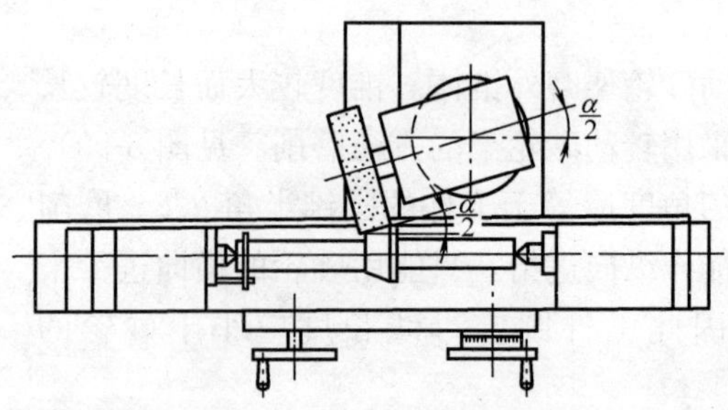

图 5-99　转动砂轮架磨外圆锥

(2) 转动头架磨锥孔。磨削时将头架转过与工件圆锥半角相同的 $a/2$，使工作台进行纵向往复运动，砂轮作微量的横向进给即可(见图 5-101)。

对于左右对称的高精度锥孔，可用如图 5-102 所示的方法磨削。

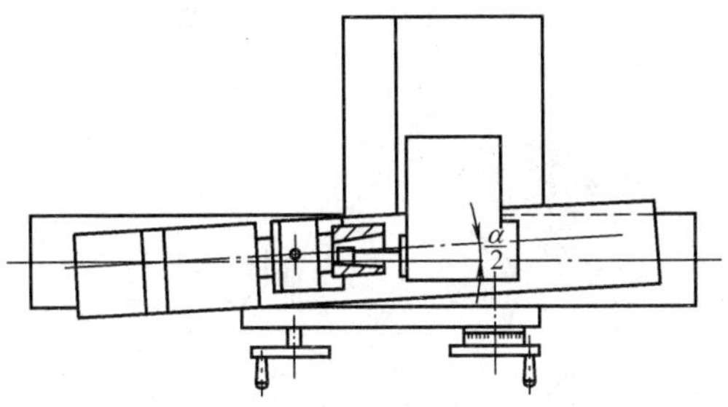

图 5-100　转动工作台磨锥孔

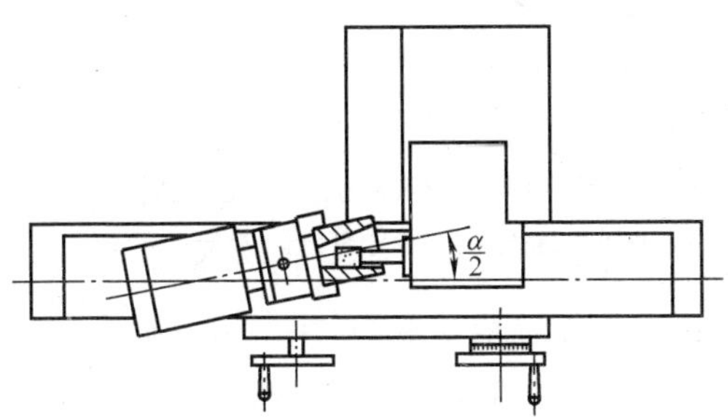

图 5-101　转动头架磨锥孔

磨削时，先把外端锥孔磨削正确，不变动头架的角度，将内圆砂轮摇向对面，再磨削里面一个锥孔。用此方法工件不需卸下，不但能使两对称面的锥度相等，而且可获得很高的同轴度要求。

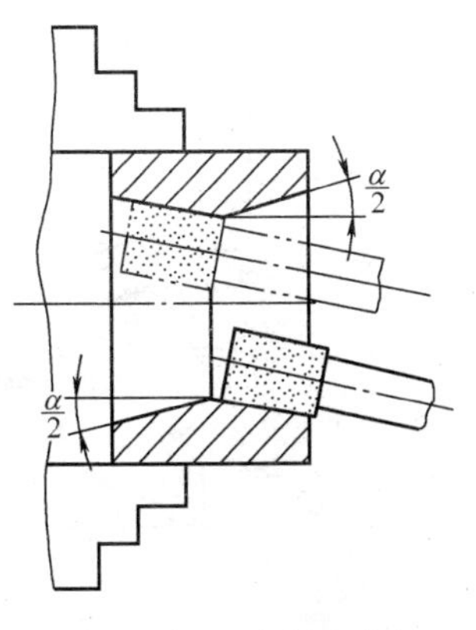

图 5-102　磨削左右对称锥孔的方法

三、圆锥的精度检验

圆锥的精度检验，包括锥（角）度的检验和圆锥尺寸的检验。

锥（角）度的检验方法有以下几种。

（1）用万能游标角度尺。万能游标角度尺又称游标角尺。一般有圆形和扇形两种。

1）圆形游标角度尺的结构如图 5-103 所示。

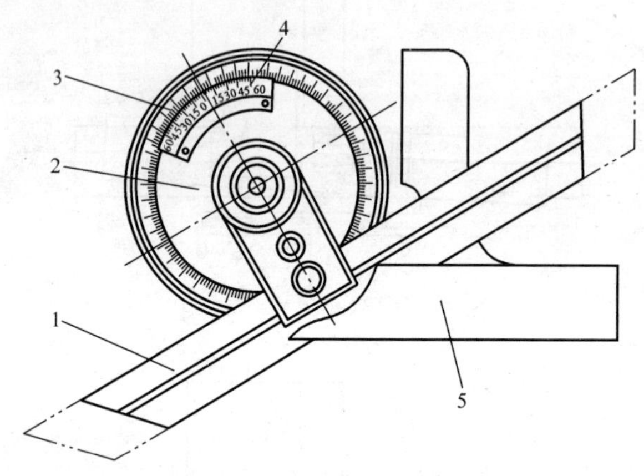

图 5-103　圆形游标角度尺的结构

1—直尺；2—转盘；3—定盘；4—游标；5—固定尺

2）扇形游标角度尺的结构如图 5-104 所示，它可测量 0°～320°范围内的角度。测量时，可转动背曲捏手 8，通过小齿轮 9 转动扇形齿轮 10，使基尺 5 改变角度。扇形游标角度尺测量角度的方法如图 5-105 所示。

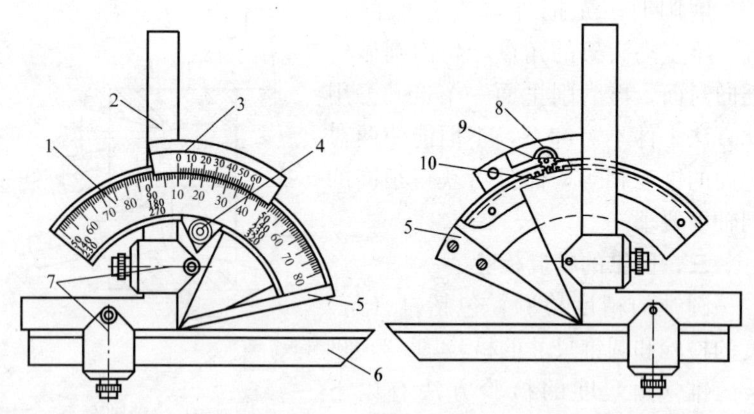

图 5-104　扇形游标角度尺的结构

1—主尺；2—角尺；3—游标；4—制动器；5—基尺；

6—直尺；7—卡块；8—捏手；9—小齿轮；10—扇形齿轮

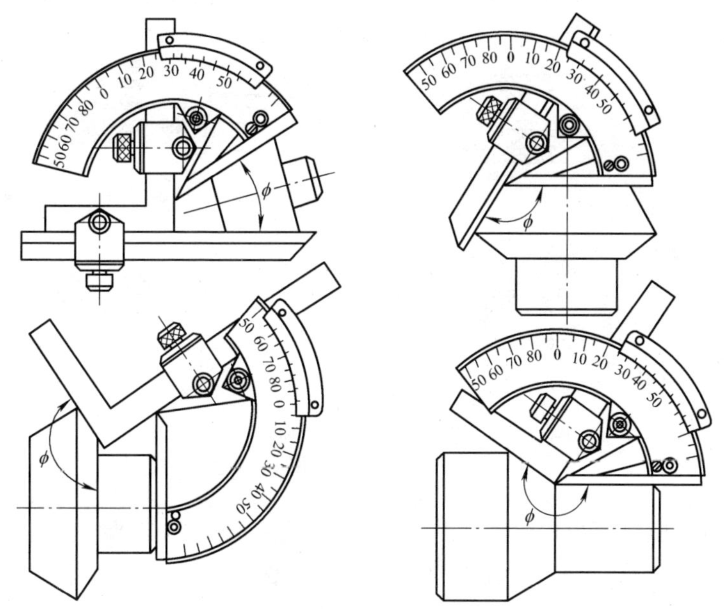

图 5-105　扇形游标角度尺测量角度的方法

（2）用角度样板。在成批和大量生产时，可用专用的角度样板来测量工件。用角度样板测量气门阀杆的方法如图 5-106 所示。

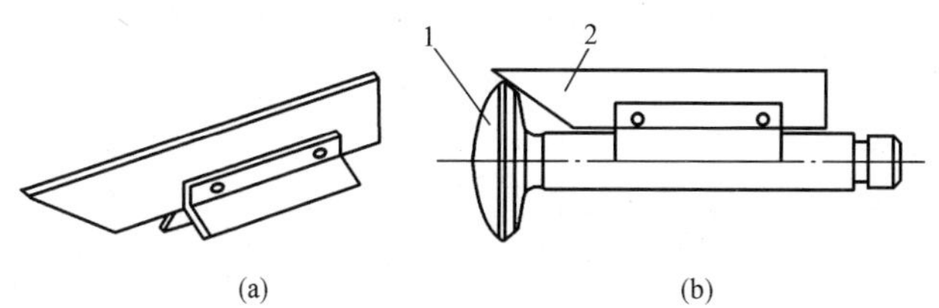

图 5-106　用角度样板测量气门阀杆的方法

（a）角度样板；（b）测量方法

1—工件；2—角度样板

测量时，用样板的 V 形部分安置在阀杆的圆柱体上（即测量基准上），用透光法检测气门阀杆是否正确。

（3）用圆锥量规。检验标准锥孔和外锥的锥度时，可用圆锥塞规或套规测量。塞规和套规如图 5-107 所示。

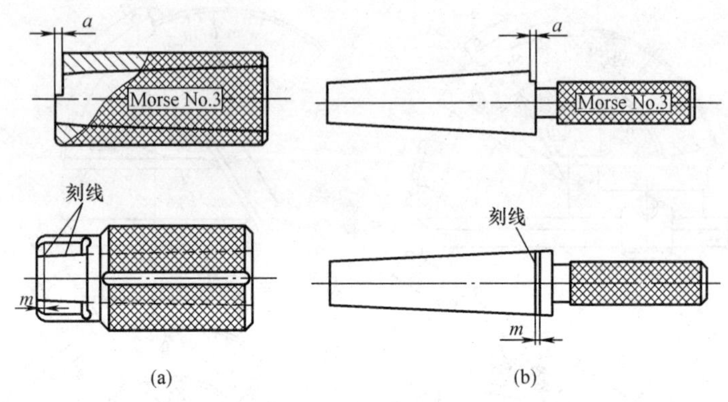

图 5-107　圆锥量规
(a) 圆锥套规；(b) 圆锥塞规

用圆锥塞规检验锥孔时，先在塞规表面顺着圆锥母线全长上涂三条（相隔约 120°）极薄的显示剂（红油或蓝油），然后把塞规放入锥孔内旋转约±30°，观察显示剂擦去的情况，如果显示剂擦去均匀，说明锥体接触良好，锥度正确。假如小端擦着，大端未擦着，说明锥角大了；反之则说明孔的圆锥角小了。

测量圆锥体的方法与上述相同，但显示剂应涂在工件上。

用涂色法检验锥度时，要求工件锥体表面接触处靠近大端，其接触长度不低于下列规定。

高精度：接触长度为工件长度的 85%；

精　密：接触长度为工件长度的 80%；

普　通：接触长度为工件长度的 75%。

(4) 用正弦规。正弦规是利用三角函数中正弦关系来计算、测量角度的一种精密量具，其结构如图 5-108 所示。

测量时，将正弦规安放在精密平板上，工件放在正弦规平面上，下面垫进量块组。量块组高度 H 可根据被测工件圆锥角 α 精确计算，$H=L_s \sin a$（L_s 为正弦规两圆柱中心距，一般有 100mm 和 200mm 两种）。然后用千分表检验工件圆锥体两端高度，如果读数值相同，就说明圆锥角正确。

测量时，如果千分表在 a、b 两处读数不同［见图 5-108 (b)］，

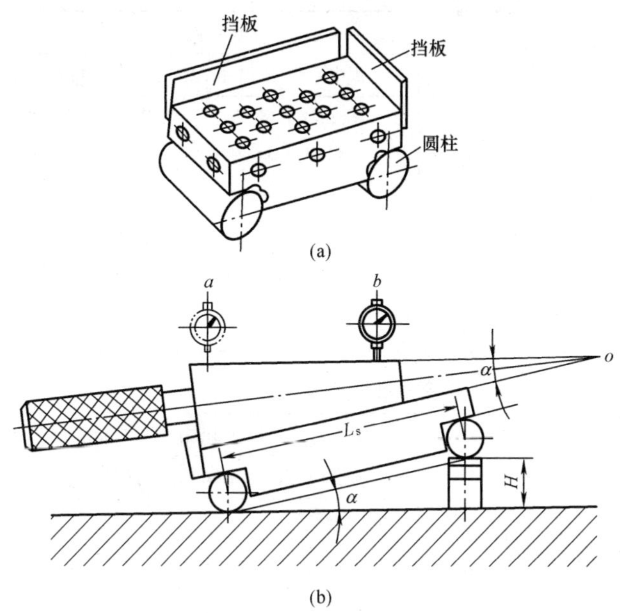

图 5-108　正弦规

（a）正弦规；（b）测量方法

则说明圆锥的锥度有误差。a 点高于 b 点，锥角大；反之锥角小。锥角误差 δ 可按下式计算

$$\delta = e/L$$

式中　δ——锥角误差，rad；

e——a、b 两点读数差，mm；

L——a、b 两点间的距离，mm。

由于 1（rad）$=57.3^{\circ}\times 60'\times 6$

$=206280''=2\times 10^{5}$（$''$）

则圆锥角误差　　$\Delta a=\delta\times 2\times 10^{5}$（$''$）

用正弦规测量常用圆锥时需垫进量块组的高度可从表 5-52 和表 5-53 中直接查出。

表 5-52　　检查莫氏锥度量块组高度尺寸

莫氏锥度号数	锥度 C	量块组高度 H（mm）	
		正弦规中心距 L=100mm	正弦规中心距 L=200mm
0	0.052 05	5.201 45	10.402 9
1	0.049 88	4.984 89	9.969 7
2	0.049 95	4.991 88	9.983 7
3	0.050 20	5.016 44	10.033 8
4	0.051 94	5.190 23	10.380 6
5	0.052 63	5.259 01	10.518 0
6	0.052 14	5.210 26	10.420 5

表 5-53　　检查标准锥度量块组高度尺寸

锥度 C	tan$a$	量块组高度 H（mm）	
		正弦规中心距 L_s=100mm	正弦规中心距 L_s=200mm
1∶200	0.005	0.500 0	1.000 0
1∶100	0.010	1.000 0	2.000 0
1∶50	0.019 9	1.999 8	3.999 6
1∶30	0.033 3	3.332 4	6.664 8
1∶20	0.049 9	4.996 9	9.993 8
1∶15	0.066 5	6.659 3	13.318 5
1∶12	0.083 1	8.318 9	16.637 8
1∶10	0.099 7	9.975 1	19.950 1
1∶8	0.124 5	12.451 4	24.902 4
1∶7	0.142 1	14.213 2	28.426 4
1∶5	0.198 0	19.802 0	39.604 0
1∶3	0.324 3	32.432 4	64.864 9

四、锥度尺寸的控制方法

锥度磨削加工时，当锥度已磨削准确，而大小端尺寸未达到要求时，必须继续磨削。圆锥大小端直径用一般通用量具很难测量准确。用量规测量只能量出工件端面到量规台阶中间平面的距离 a（见图 5-109）。要确定磨去余量，使大小端尺寸合格，可按下式计算

$$h/2=a\sin\ (a/2)\qquad h=2a\sin\ (a/2)$$

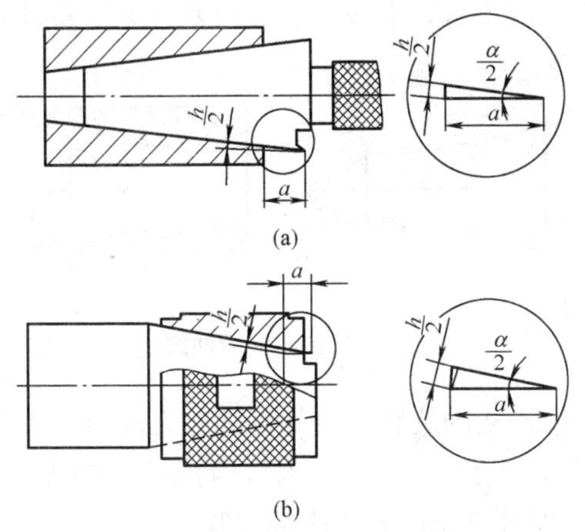

图 5-109　圆锥尺寸的控制方法
（a）控制锥孔；（b）控制锥体

当 $a/2<6°$时，sin（$a/2$）≈tan（$a/2$）；又因 tan（$a/2$）＝$C/2$

所以

$$h=2a\sin(a/2)\approx 2a\tan(a/2)=aC$$

式中　h——直径上需要磨去的余量，mm；

a——工件端面到量规台阶中间平面的距离，mm；

$a/2$——圆锥半角，(°)；

C——工件锥度。

例：磨削锥度为 1∶20 的锥孔，用锥度塞规测量工件时，工件大端面离开锥度塞规台阶中间平面的距离为 1.5mm，问工件需磨去多少余量，大端直径尺寸才能合格？

根据公式　　$h=aC=1.5\times 1/20=0.075$（mm）

即需磨去 0.075mm，才能使锥孔大端合格。

五、圆锥磨削常见缺陷及消除方法

1. 锥面产生双曲线误差

用圆锥套规测量外锥时，发现两端显示剂擦去，中间不接触；用塞规测量锥孔时，发现中间显示剂擦去，两端没有擦去。出现此类缺陷，一般是因砂轮架旋转轴线与工件的旋转轴线不等高引起，使磨出的圆锥母线不直，形成双曲线误差（见图 5-110）。

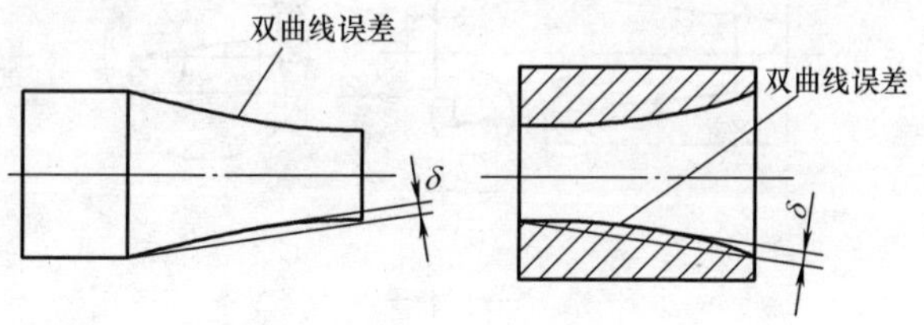

图 5-110　圆锥面的双曲线误差

为此，要求砂轮的旋转轴线与工件的旋转轴线保持等高。外圆砂轮等高要求控制在 0.2mm 以内，内圆砂轮的等高要求控制在 0.2mm 以内，而且只允许头架比工件低。

2. 锥度不准确

锥度不准确引起原因如下。

（1）由于测量不准确而造成工作台、头架或砂轮架的位置调整不准确。

（2）精磨时工作状态与机床调整时工作状态不一致（砂轮锋利程度等），因而工件、砂轮轴和机床的弹性变形也不相同。所以，在精磨和调整机床时砂轮应一样锋利。精磨结束前，光磨至火花基本消失。

（3）磨直径小而长度长的圆锥孔，精磨不能消除粗磨遗留的几何形状误差。所以，粗磨时砂轮要适当修整得粗糙些，以保持较好的切削能力以消除毛坯的几何形状误差；精磨只能在毛坯几何形状误差消除后进行。精磨余量控制在 0.02mm；砂轮接长轴尽可能短而粗；砂轮宽度应适当减狭。

（4）磨床运转中局部发热造成热变形不一致。通常机床在开始工作 1～2h 内热变形最为显著，在此段时间应多进行测量，根据锥度的变动情况及时调整工作台。

第六章

特种零件磨削

第一节　细长轴磨削

一、细长轴磨削特点

（一）细长轴磨削特点

细长轴通常是指长度与直径的比值（简称长径比）＞25 的轴。

细长轴的刚性较差，在磨削力和磨削削热的作用下，工件容易产生弯曲变形，使工件产生形状误差（如腰鼓形或竹节形），多角形振痕和径向圆跳动等。当工件长径比＞40 时，工件由于自重产生的挠度会使工件在加工中产生“让刀”现象，使被加工表面出现素线不直的缺陷。因此，影响磨削加工精度的主要因素其一是工件自身的刚性不足；其二是加工中的磨削力和磨削热。所以，磨削细长轴的关键是如何减小磨削力和磨削热，提高工件的支承刚度。

（二）磨削细长轴时对操作和安装方法的改进措施

（1）消除工件残余应力。工件在磨削前，应增加校直和消除应力的热处理工序，避免磨削时由于内应力而使工件弯曲。

（2）合理选择砂轮，选用粒度较粗，硬度较软的砂轮，以提高砂轮的自锐性。为了减少磨削力，也可将较宽的砂轮修窄。

（3）合理修整砂轮，粗磨的砂轮一定要修整得锋利，要选用尖角的金刚钻用较大的纵向进给量修整。磨削过程中，还要经常使砂轮保持锋利状态。

（4）减小尾座顶尖压力，尾座顶尖压力应比一般磨削小些，这样可以减小预紧力所引起的弯曲变形。

（5）中心孔有良好的接触面，工件中心孔应经过研磨，为了减少中心孔和顶尖间的摩擦，磨削过程中还要经常添加润滑油。

（6）合理选择磨削用量，刚开始磨削时，工件呈弯曲状态，砂轮作间断的磨削，因此最初的几次吃刀量要慢而且小，以减小冲击力，粗磨时取 0.01～0.02mm；精磨时取 0.002 5～0.005mm。工件的转速可选得低些，以防止磨削时振动。磨削细长轴全长，靠近轴的两端可用稍大纵向进给量，磨削中间部位时，进给可慢些，并可适当增加行程次数。

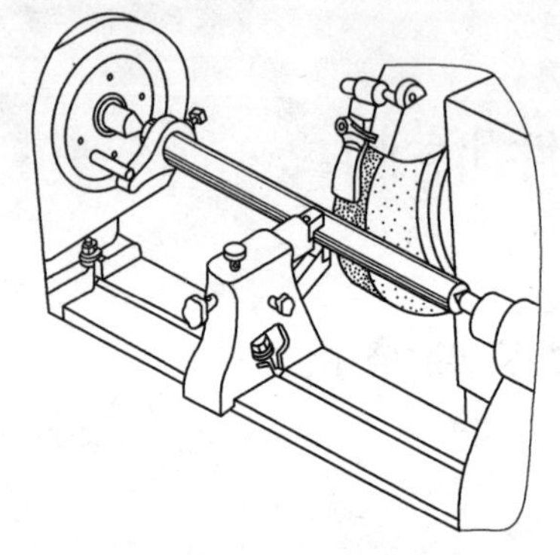

图 6-1 用中心架支承磨细长轴

（7）当工件加工精度较高长度又较长时，可采用中心架支承（见图 6-1）。中心架的架体 2 用螺钉 1 固定在磨床工作台上，工件由垂直支承块 5 和水平撑块 6 支承着。水平撑块 6 可用捏手 10 经螺杆和套筒调整到需要的位置，垂直支承块 5 可用捏手 9 经螺杆 8、套筒 7 和双臂杠杆 4 调整到需要的位置，支承块和承块由尼龙或硬木块制成（见图 6-2）。

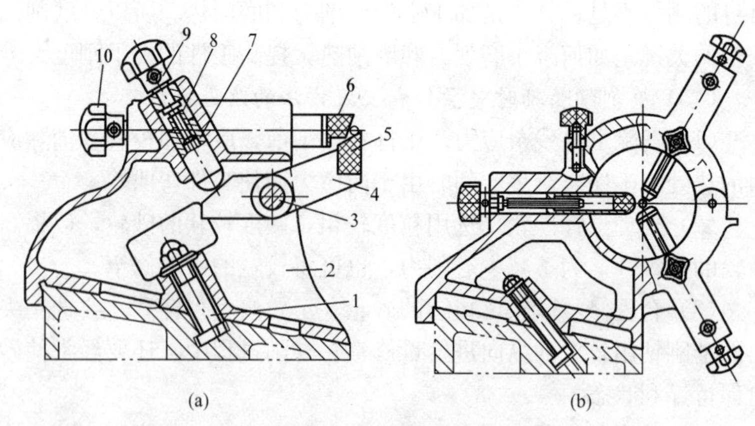

图 6-2 中心架的构造

（a）开式中心架；（b）闭式中心架

1—螺钉；2—架体；3—销轴；4—双臂杠杆；5—垂直支承块；6—水平支承块；7—套筒；8—螺杆；9、10—捏手

（8）磨削过程中要充分冷却。

（9）工件磨好后要吊直存放，以免因自重产生弯曲变形。

（三）提高细长轴磨削质量的措施

1. 增加零件的磨削刚度

细长轴的刚性不足，严重地影响了零件的加工精度，加工中首先应该解决刚性不足的问题。从细长轴的结构特点可知，零件刚度最薄弱的部位是工件的中部，因此在对零件进行加工时，应设法增加工件中部的磨削支承，常用的方法是在中间部位增设中心架。在M1432A型磨床上常用的中心架有两种形式，如图6-2所示。

图6-2（a）所示为开式中心架，是磨削细长轴最常用的支承工具。其结构为两点式，使用时以其水平支承爪和垂直支承爪与砂轮在工件上的磨削点三点共同构成对工件的支承圆，以实现增加磨削刚度的目的。

图6-2（b）所示为闭式中心架。使用时用圆周均布的三个支承爪共同构成对工件的支承圆，无论采用何种形式的中心架支承工件，使用时，首先应根据工件的要求，保证各支承爪所构成的支承中心与工件的回转中心重合。

（1）工件支承圆的加工。方法如下：

1）一般长度细长轴支承圆的加工。对长度与直径比25左右的细长轴，各支承爪所支承的部位——支承圆，必须随机床加工。支承圆的加工精度的好坏，将直接影响细长轴加工后的尺寸精度和形状精度。在磨削支承圆时，应根据不同阶段的磨削性质有所选择的加工，使支承圆具备相应的精度。粗磨阶段的支承圆的加工如图6-3所示，使砂轮大致对准支承部位，工件在两顶尖的支持下，用切入法断续、缓慢地进给，将工件磨出一个完整的圆柱面（磨圆为止）。磨削后的支承圆的径向跳动偏差在0.02～0.03mm之间。精

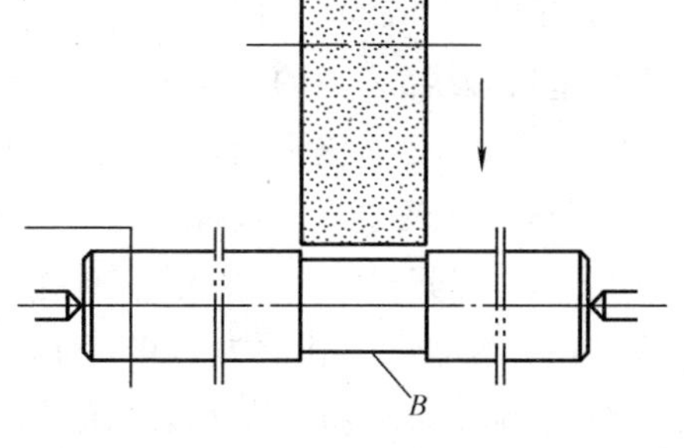

图6-3　支承圆的磨削

磨阶段要求磨削后的支承圆的径向跳动偏差在0.005mm。

2）超长细长轴支承圆的加工。对长径比很大和刚性特差的细长轴，很难在支承点磨出支承圆，这时可用图6-4所示的专用调整套2，将其安装在工件支承圆的附近作为过渡支承圆。该套的外圆柱面经预制磨削，具备较高的几何精度，在套的两端对应均布4个可调节螺钉3，使用时先将调整套用8个螺钉固定在工件1上，转动工件，用百分表根据专用套的外圆跳动情况调整相应方向的螺钉，使调整套的回转中心与工件的回转中心重合，随后中心架就支承在已调整正确了的调整套上，再按一般方法在工件的支承处磨出支承圆。

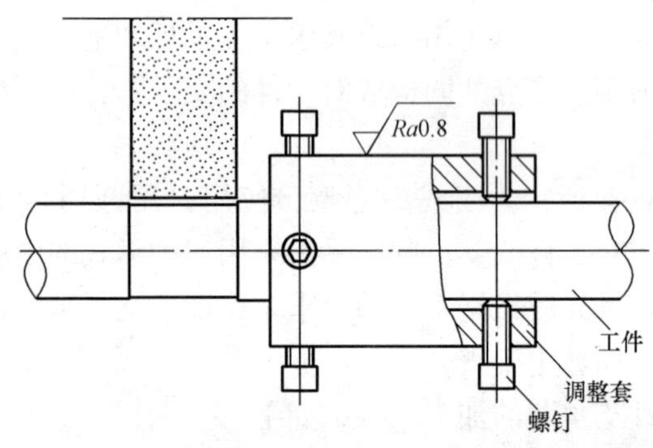

图6-4　专用调整套法磨支承圆

（2）中心架的安装与调整。当工件上的支承圆磨出后，中心架就支承在支承圆上，中心架在支承部位的支承精度直接影响着细长轴的磨削质量，因此安装时应借助百分表认真调整，其方法如下：

1）粗磨前的调整。将百分表按图6-5（a）所示的形式触及在与工件垂直轴线成45°的素线上，转动工件并旋转相应捏手，使上支承块A和下支承块B刚刚接触工件支承圆（以表的变动量监视），调整百分表“0”位，转动下支承块捏手，使工件中心向上移动0.02mm，同时转动支承块捏手，让支承块将工件中心向砂轮方向移动，百分表的变化值为0.025mm。调整量见图6-5（b）。

2）磨削中的调整。随着磨削的深入，需要及时、不间断地对中心架各支承爪进行调整，使之始终保持精确的支承精度。在磨削

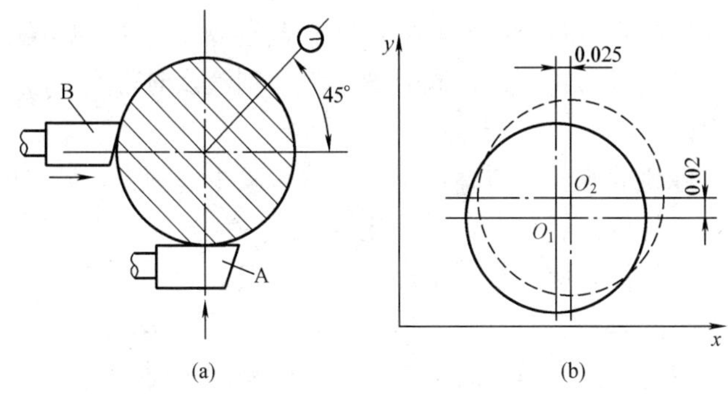

图 6-5　中心架的调整

（a）百分表的安装位置；（b）调整量

过程中要经常对工件各个位置尺寸及径向跳动量进行测量，以便根据测量结果调整相应的支承爪。

当工件中间尺寸大于两端时，可根据具体情况调整水平支承块，使其向工件方向移动。如果是由挠度因素引起的尺寸变化，那么应适当调整下支承块，使工件的中心向上移动；如果工件的径向跳动超差，则应对支承圆进行重新加工。

3）精磨调整。在对细长轴进行精磨前，应对中心架各支承爪进行精细调整，按图 6-5 方式安装千分表，在工件旋转的状态下，调整相应捏手，使表在各方向的变动值保持在 0.005～0.01mrn 之间。

对一些长径比较大及刚性特差的细长轴，精磨时的调整应充分考虑工件挠度因素的影响，一般在调整时，可将工件的自然中心向上多移动一个适当的值（一般取 1/4～1/2 挠度值）。

2. 减少磨削力、磨削热，防止工件变形

细长轴在磨削中的磨削力主要来自砂轮，它与砂轮的特性、修整形式及所选择的磨削用量有关。

（1）砂轮的特性选择。细长轴的特性决定了它加工刚性差且易变形，因此加工中应使砂轮始终保持良好的切削状态，使之不过早地塞实、钝化。因此所选的砂轮的硬度要软，使之具备较好的自锐性；砂轮的粒度也应比普通磨削要粗些，以减少同时参加磨削的磨粒数；选择组织较疏松的砂轮，减少砂轮轮廓与工件的接触面积，增大容屑空间以防止塞实，同时便于将切削液及时带入，减少磨削热的产生。

(2) 砂轮的修整与修整用量。为尽量减少磨削力，砂轮的轮廓表面应始终保持锋利状态，对钝化了的磨粒应及时修整，同时配以相应的修整用量，使之具有正确的轮廓质量。

粗磨时的修整进给量适当地大些，特别是工作台的纵向移动速度应适当快些。但在精磨时为满足零件的精度需要，则应适当减少各项用量。对表面有较高质量要求的细长轴，在对砂轮进行精修时，还应注重砂轮的无进给“光修”，同时注重使用切削液。

另外，在对砂轮进行精修时，应针对细长轴精磨时的操作特点，精磨时砂轮总是从头架一侧开始向尾座一方磨削。在这种磨削形式下，砂轮修整时，应使金刚石的运动方向从砂轮的左侧开始向右侧移动，这样经修整后的右侧刃有锋利的切削尖角，在磨削中主要的切削任务由右侧尖角担负，而其他轮廓具有较好的保持性，能充分地发挥抛光的作用。

(3) 磨削用量的选择。细长轴磨削用量的选择应根据不同性质的加工阶段而定，一般粗磨时的磨削用量为：横向进给深度(0.01～0.03) mm/单程，纵向速度比普通磨削慢些，一般取(1～2)m/min。

精磨时，横向进给量(0.005～0.01)mm/单程，纵向进给速度(0.3～0.5)m/min。

二、细长轴的磨削方法

(一) 用中心架支承磨削细长轴

为了保证支承块和承块与工件成一个理想外圆接触，可在工件支承部位先用切入法磨出一小段外圆，然后以此段外圆作为中心架的支承圆，此外圆要磨得圆，并留有适当的精磨余量。

采用两顶尖装夹的方式，并用中心架支承可以提高工件的支承刚度。但中心架是辅助支承，它不能破坏顶尖对工件的定位。操作时，要仔细地调整中心架，以防止产生重复定位。

当支承圆和工件全长接刀磨平后，随着工件直径的继续磨小，需要周期调整中心架。

中心架数目的选择可参见表 6-1。

表 6-1　　中心架数目的选择

工件直径 (mm)	工件长度 (mm)					
	300	450	700	750	900	1050
	中心架数目					
26～30	1	2	2	3	4	4
36～50	—	1	2	2	3	3
51～60	—	1	1	2	2	2
61～75	—	1	1	2	2	2
76～100	—	—	1	1	1	2

（二）不用中心架支承磨削细长轴

不用中心架支承磨削细长轴，加工关键工艺是在不用中心架的条件下，使工件的弯曲变形减至最小程度。而磨削力是引起细长轴弯曲变形的主要因素。

在砂轮宽度一定的条件下，可修改砂轮工作面的宽度，以减小磨削的背向力。对于精密细长轴，磨削时可将砂轮修成凹形，以减小工件的变形。如图 6-6（a）所示为砂轮经修整以后，砂轮的磨削宽度只有原来的 1/3，故磨削的径向力可大为减小。工件经粗磨以后，再作半精磨、精磨，工件的直线度公差可达到 0.03mm 以内。图 6-6（b）所示为双台阶形砂轮，砂轮实际磨削宽度为原来的 1/3，形面深度取 0.4mm。

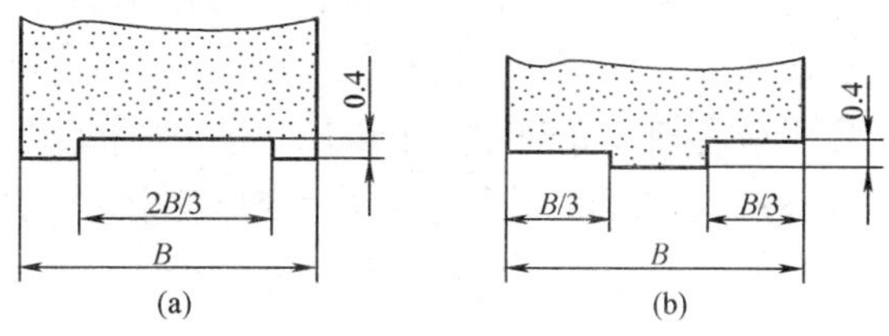

图 6-6　凹形砂轮

其次，采用两顶尖装夹。在磨削小直径工件时，机床尾座顶尖的顶紧力就显得大。为此可采用特殊结构的顶尖，如图 6-7 所示为小弹性顶尖，顶尖所用弹簧的弹力较小，且小顶尖与顶尖体的内孔有较小的间隙，以便顶尖将工件顶紧。

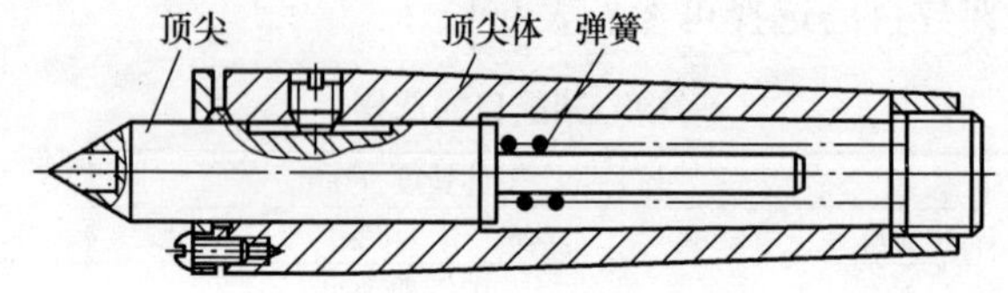

图 6-7　特殊结构的顶尖

三、典型零件加工工艺

典型零件如图 6-8 所示。表 6-2 为图 6-8 细长轴的磨削加工工艺。

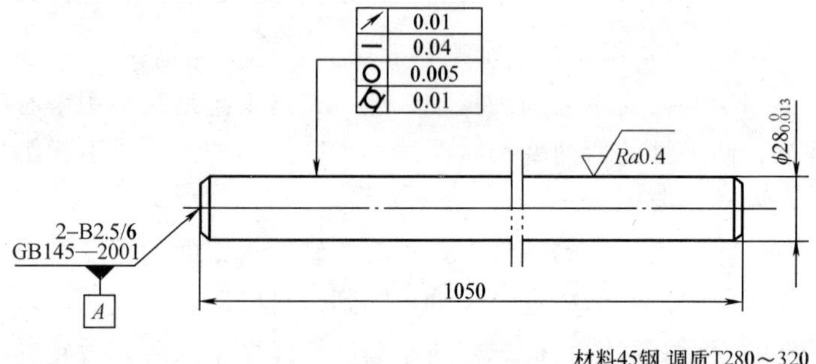

图 6-8　精密细长轴

（一）工艺分析

（1）工件长径比为 37，加工精度较高，但因其刚性差，磨削时需使用中心架以增加支承，最大限度地减少磨削力和磨削变形。将整个加工分成粗磨、半精磨和精磨三个阶段，在各个阶段不同性质的磨削工序中应合理地分配加工余量，并逐步地提高磨削精度。

（2）工件在磨削前应认真检测毛坯的变形及余量分布情况，特别应控制工件的弯曲变形值不得超过磨削余量的 1/3，否则需要进行校直。

（3）工件的刚性很差，在进行支承圆磨削时会有一定难度，如有必要可利用图 6-4 形式的专用调整套做过渡支承磨出支承圆。

（4）粗磨支承圆时应根据毛坯的实际余量的大小，将工件圆周刚刚磨圆即可。

（5）由于有挠度因素的存在，工件在精磨时，应认真调整中心架各支承块，谨防挠度因素影响工件的最终精度。

表 6-2　　　　细长轴磨削工艺

工序	工步	工　序　内　容	设　备	定位基准
1		研中心孔		
2	1	顶磨支承圆	M1432A	中心孔
	2	粗磨 $\phi28$mm～$\phi28^{+0.4}_{+0.3}$mm		
3		低温时效		
4		研磨中心孔	M1432	
5		半精磨 $\phi28$mm～$\phi28^{+0.08}_{+0.06}$mm		
6		精研两中心孔保证与机床工作顶尖角度一致，接触率 75%以上		
7		精磨 $\phi28$mm 至要求		

（二）磨削操作与操作要点

（1）专用硬质合金顶尖精研中心孔，保证表面粗糙度 $Ra0.8\mu m$，接触率 70%。

（2）两顶尖安装工件，用百分表调整尾座顶尖的顶紧力。调整时将百分表触头触及工件中部素线上对“0”后，逐渐旋松尾座顶尖的压力弹簧，当弹簧的压力不能支持自重时，整个工件将会产生位置变动，表的指针也会产生明显的变化，这时再适当增大弹簧压力，使百分表指针恢复至原来位置即可。

（3）选 PPA40KV35 砂轮并进行修整，取工件速度 60r/min，在工件两端用切入法磨削调整机床，保证工件两端尺寸偏差不大于 0.01mm。

（4）中心架支承圆的磨削与操作要点。用切入法在工件中部缓慢磨出等于砂轮宽度的支承圆（磨圆即可），保证径向跳动在 0.02～0.03mm 之间。

（5）中心架的安装与调整及粗磨操作。

1）中心架的安装与调整。根据工件支承圆的位置安装开式中心架，开动头架使工件旋转，分别调整中心架各支承块，使之轻轻触及工件，按图 6-5 所示的百分表值调整中心架各支承块至要求。

2）粗磨操作与要点。

①中心架支承状态下对支承圆的磨削。横向移动砂轮至中心架支承处，在被支承的圆柱面上仔细对刀后，将支承圆直径磨去 0.01mm，并记住横向刻度，以作为粗磨时的参考。

②取工件转速(75～85)r/min、横向进给量(0.01～0.03)mm/单程、纵向进给量 0.5m/min，以上述刻度指数为参照分层将整个工件磨至参考尺寸。

③操作要点。

a）在进行分层磨削时，应严格控制砂轮的横向进给深度，切不可超过刻度盘上的参考值，以免支承失去作用。当工件全长尺寸磨至支承圆尺寸时，再在支承圆上用切入法将直径磨出 0.01～0.02mm，并重新调整中心架各支承。

b）随着工件的直径变小，粗磨阶段需要周期地调整中心架的各支承块，以使工件中心线一直保持正确的位置。

c）当工件直径磨至 ϕ(28.3±0.05)mm 时转入半精磨。

（6）研中心孔，保证表面粗糙度 $Ra0.4\mu m$，接触率 75%。

（7）检测除应力后工件的变形情况，按粗磨时的操作方法磨出支承圆。磨削时严格控制砂轮的横向进给量和进给速度，谨防砂轮与工件接触时产生自励振动。

（8）取纵向工作台移动速度 0.4m/min、砂轮横向进给深度(0.01～0.02)mm/单程、工件转速 75r/min，半精磨 ϕ(28～28.02)±0.015mm，要求在全长上直径尺寸误差不大于 0.01mm，跳动量不大于 0.015mm。

（9）精研中心孔，保证与 M1432A 磨床顶尖角度相符，表面粗糙度 $Ra0.2\mu m$，接触率大于 85%。

（10）选 PPA60KV35 砂轮，单颗粒金刚石按精修参数从砂轮左侧向右侧精细修整；磨削用量：工件转速(40～50)r/min；砂轮横向进给量(0.005～0.01)mm/双程，纵向工作台移动速度(150～200)mm/min。

（11）精磨操作。

1）检测工件最大挠度值。

a. 两顶尖间认真调整尾座弹簧的顶紧力。

b. 将两块百分表同时安装在砂轮架上，在头架一侧工件的上、下素线上对表，并调整“0”位，如图 6-9 所示。纵向移动工作台，使表向工件中部移动，同时注意观察表的变化情况，根据表的变动值可找出工件的最大弯曲点 c，即工件的最大挠度点。表的最大变动值就是挠度值（当两表所反映的数值不同时，可能工件存在圆柱度偏差，应将圆柱度偏差从表值中减去）。

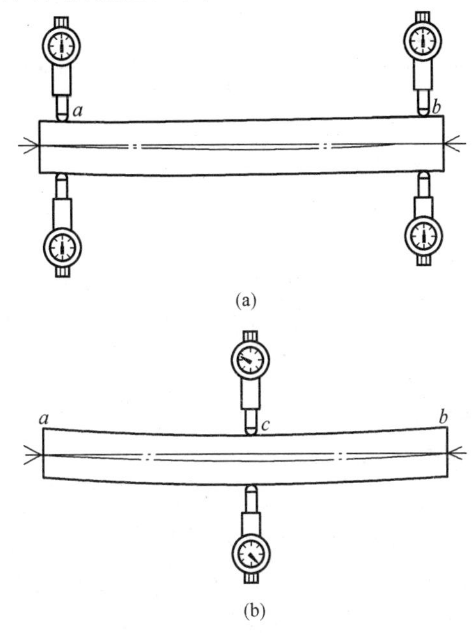

图 6-9 挠度及挠度值的确定

（a）在两端测量；（b）在中点测量

2）中心架的调整。由于受挠度因素的影响，工件在精磨时对中心架各支承块的调整方法与普通细长轴的调整方法不同，具体操作方法为：

a. 移动水平支承块，使之与工件磨削的支承圆轻轻接触，其接触力用安装在对面的千分表来控制，一般顶出量控制在 0.005mm。

b. 调整下支承块，在与下支承块相对应的上素线上安装百分表，并调整“0”位，按图 6-10 形式，调整下支承块使之向上顶起工件。工件向上被顶起的值从表中观察，其值为挠度值的一半（对长径比大的工件则可取 2/3～1 倍的挠度值）。

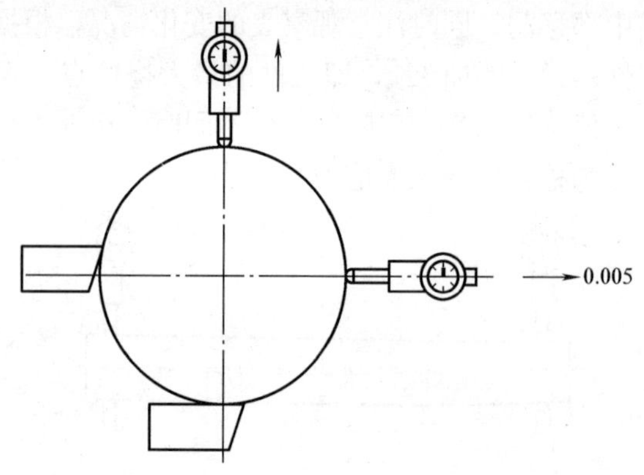

图 6-10　精磨时中心架的调整

c. 对挠度值过大的工件，中心架调整完后还应重新对尾座顶力进行调整。

3）操作技巧。

a. 将中心架支承处工件直径磨去 0.005mm。

b. 按双程形式从头架一侧向尾座方向纵向分层精磨工件全长。

c. 当工件直径尚有 0.005mm 余量时，将中心架各支承块按图 6-5 形式向各方向调过 0.005mm，同样在支承圆处磨去 0.003mm 后，再对工件全长进行精磨，并实行无进给“光磨”一个双程。

（三）质量检验

对细长轴的质量检测，除尺寸外最主要的是检测有关的几何形状精度和位置精度。

在图 6-8 典型零件图上，规定了工件的素线直线度允许偏差 0.04mm、圆度公差 0.005mm、圆柱度公差 0.01mm、圆跳动 0.01mm。检测时根据上述各项形位公差的基本概念和评定方法，结合零件的具体结构特点分别对各项精度进行检测。

1. 圆度、圆柱度的检测

上述两种精度的测量可用千分尺按两点法在圆周不同角度上测出，取其最大误差值（千分尺误差值的一半）作为零件的评定误差值（采用两点法不符合圆度、圆柱度的检测原则，但考虑到零件的使用性和结构特点采用这种方法还是可行的）。

2. 直线度的测量

工件的长度尺寸较大，受自重挠度因素的影响，直线度的检测难度很大。考虑到工件的具体使用情况，对直线度的检测可用检测圆柱度的方法代替，其偏差值也可用圆柱度的偏差代替，重点控制工件全长直径尺寸的一致性。

3. 径向跳动的检测

工件的径向跳动检测可借助于百分表和偏摆仪直接测出。无偏摆仪时，可直接在精磨时的机床两顶尖上检测。

（四）注意事项

（1）在细长轴的磨削过程中，应始终保持砂轮的切削锋利性，操作过程中应随时观察磨削状态，根据具体情况及时修整砂轮。

（2）磨削长径比较大的细长轴，应充分考虑自重挠度，特别在精磨工序应合理地调整中心架的支承力，确保工件的直线度偏差符合图样要求。目前在实际操作中采用手指抵压法，即将工件推向砂轮方向以减小工件的圆柱度误差的做法是不可取的。

（3）工件精磨时的砂轮特性选择，应侧重考虑砂轮的轮廓保持性。

（4）工件精磨时，工件的变形因素会给加工带来不同的影响，因此应改变相应的磨削方式，应多采用使砂轮从头架一侧开始向尾座方向移动的方式。

（5）整个加工中应供给足够的切削液。

第二节 薄片和薄壁套零件磨削

薄片薄壁零件都是刚度较差、加工时容易产生变形的工件。磨削时需了解各自特点，掌握减少变形的方法，以保证工件的加工精度。

一、薄片零件的磨削

厚度不超过最小横向尺寸 1/5 的薄而狭长的片状或板状工件称为薄片工件。

(一) 薄片零件磨削的特点

常见的薄片零件如垫圈、摩擦片和镶钢导轨等厚度较薄或比较狭长的工件均称为薄片、薄板工件。这类工件刚性差，磨削时很容易产生受热变形和受力变形。首先要采取各种措施来减少工件的发热和变形，如选用硬度较软的砂轮，并使它经常保持锋利；采用较小的背吃刀量和较高的工作台纵向速度；供应充足的切削液来改善磨削条件；减少磨前工件的平面度误差和平行度误差；改进装夹方法等。其中改进装夹方法是减少工件受力变形最有效的方法。

由图 6-11 可见，由于工件不均匀的线膨胀，工件被磨成凹面。同时，还必须从工艺和装夹方面来减小工件的受力变形。因为零件常常在磨削前就已具有平面度误差（淬火变形或上道工序所造成的弯曲变形），如直接用电磁吸盘吸住磨削，则工件因刚性较差，吸紧时会产生弹性变形，而当工件磨削完毕松开时，它又恢复原状呈弯曲形平面。

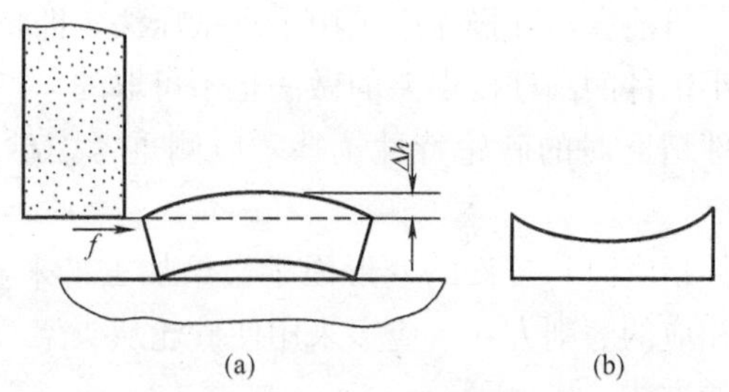

图 6-11 工件的热变形

(a) 工件不均匀线膨胀；(b) 工件被磨成凹面

(二) 减小工件受力变形的方法

1. 垫弹性垫片

在电磁吸盘和工件之间放一层厚度为 0.5～3mm 的橡皮。当工件被吸紧时，由于橡皮垫片能够压缩，因而工件的弹性变形减少，磨出较平整的工件（见图 6-12)。将工件反复翻身磨削几次，在工件的平面度得到改善以后，可直接吸在电磁吸盘上磨削。

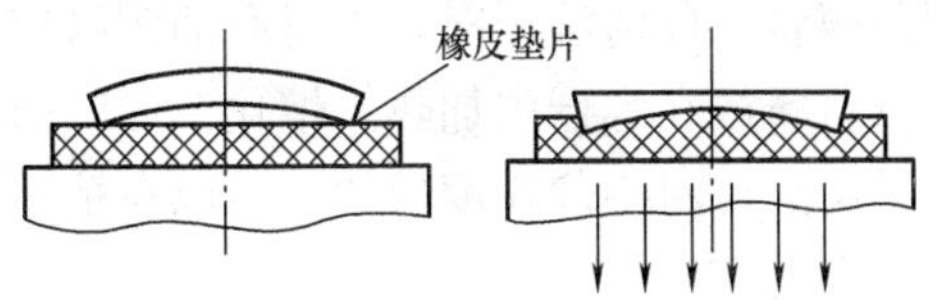

图 6-12　垫弹性垫片

2. 涂白蜡

在工件翘曲的部位涂以白蜡，方法是先在工件表面涂上一层白蜡，然后放在旧砂轮端面上摩擦，使工件上凸部上的白蜡磨去，凹部的白蜡磨平，从而暂时形成无翘曲的定位面。此时，就可以将工件装在电磁吸盘上磨削第一面，再以第一面为基准磨第二面，最后反复翻身磨两平面，直至达到所要求的平面度为止。

3. 垫纸

这是一种常用的简易办法，将工件放在平板上，用橡皮锤轻轻敲击，分辨出空音处（即工件与平板接触有空隙)，再用纸垫入空隙处，并使纸和工件填平，以填平的面作定位基准面，磨出第一个面，再将磨好的第一个面直接装夹在电磁吸盘上磨第二个面，以后再反复翻身磨削几次，直至达到所要求的平行度为止。

这种方法只能用于磨削毛坯翘曲变形不大的工件。

4. 低熔点材料粘固

低熔点材料如石蜡的熔点只有 52℃，松香比石蜡稍高些，它们都有一定的粘结力，用这种材料粘固薄片工件的优点是机械装夹法和电磁夹紧不能比拟的。因为工件在粘固时，几乎没有弹性变形，见图 6-13。

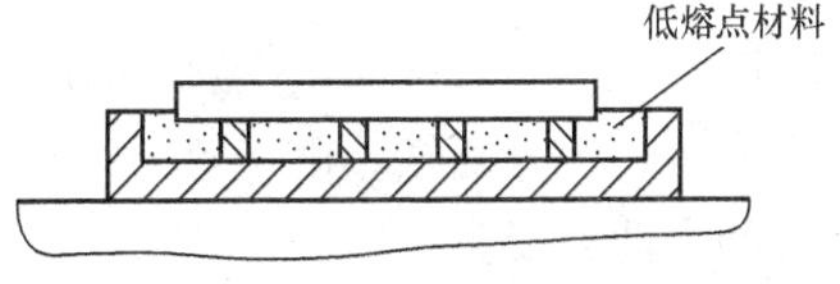

图 6-13　工件用低熔点材料粘固

石蜡的粘结力比松香小，但松香性脆，不需要加热就能清除。石蜡和松香也可混合使用，其粘结力介于石蜡和松香之间，粘结的牢固程度与粘结面的面积成正比。用低熔点材料粘固法，操作时应注意以下几点：

(1) 粘固前应将工件清洗干净，不得有油污以免影响粘结力。

(2) 低熔点材料放在容器内加热，熔化温度应稍高于熔点。

(3) 由于低熔点材料冷却速度较快，所以在粘固时应一次浇填满，以免影响粘固的牢度。

(4) 磨削时应充分冷却，以免高温使石蜡和松香熔化。

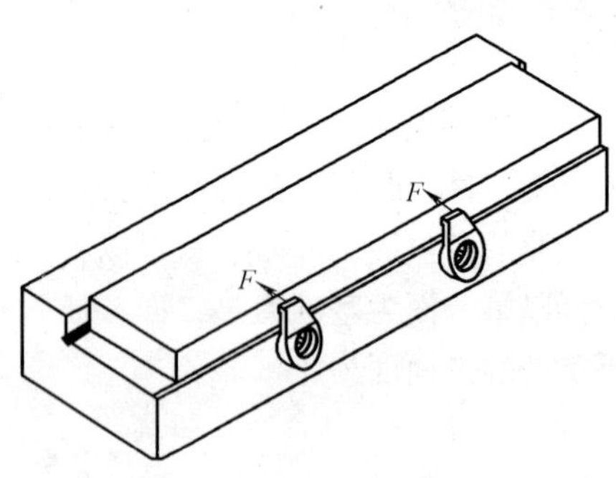

图 6-14　专用角铁式夹具

5. 改变夹紧力方向

磨削长条形薄片工件时，工件的弯曲变形大，在批量生产时，可采用专用角铁式夹具夹紧。如图 6-14 所示工件，可用压板从侧面夹紧(夹紧力为 F)，由于工件侧面宽度方向刚性大，工件不会产生大的夹紧变形。待磨平一面后，再将工件吸在电磁吸盘上磨另一面。

6. 减小电磁吸盘的吸力

减小电磁吸盘的吸力的目的也是为了减小工件的弹性变形，常用的方法是利用改变通过电磁线圈的电流强度来调整电磁吸盘的吸力，但使用这种方法时须重新调整吸盘的电路并采用一定的安全技术措施。

图 6-15 所示为减小电磁吸盘吸力的另一种方法，在电磁吸盘上再放置一个导磁铁，由于磁力线长度增加，则磁力减弱，以减小工件的弯曲变形。

二、薄壁套零件的磨削

薄壁套类零件一般指孔壁厚度为孔径 1/8～1/10 的零件。

(一) 薄壁套零件的磨削特点

薄壁套零件刚度较差，在磨削中常因夹紧力、磨削力、磨削

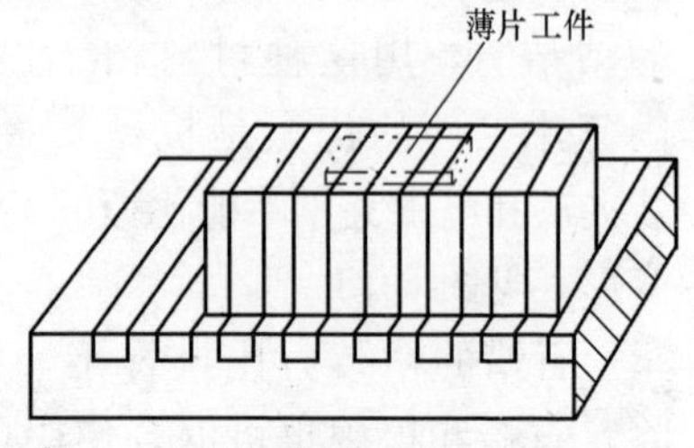

图 6-15　用导磁铁减小电磁吸盘吸力

热和内应力等因素的影响而产生变形。因此，磨削时要设法减小工件的变形。

图 6-16（a）所示为工件在三爪自定心卡盘上装夹所产生的弹性变形。磨削时内孔虽被磨圆［见图 6-16（b）］，但卡盘放松后，工件原有弹性变形又消失，内孔呈三角棱圆形，其等直径误差用通常方法很难测量。图 6-17 所示为三爪内径千分尺，即可测出工件的等直径误差。除了夹紧力外，磨削力和磨削热也常使工件产生相应变形，以造成工件的加工误差。

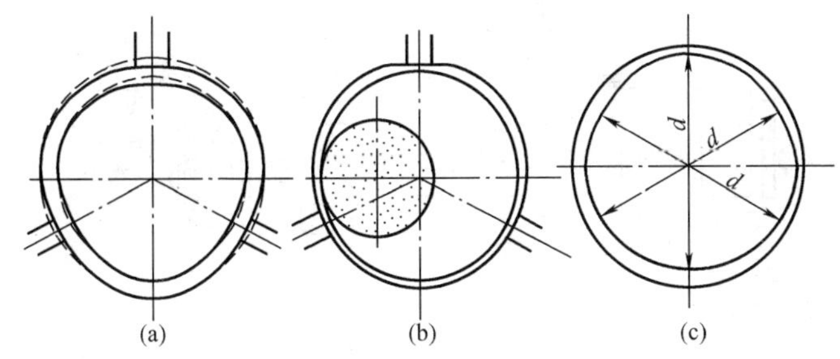

图 6-16　三爪自定心卡盘使工件的变形

（a）夹紧变形；（b）内孔被磨圆；（c）松夹后弹性变形

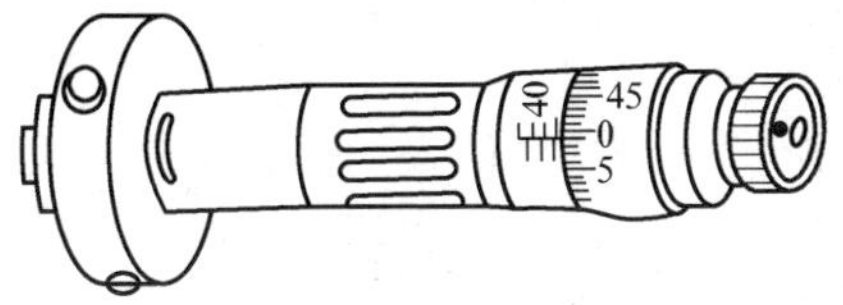

图 6-17　三爪内径千分尺

（二）减少薄壁零件变形的方法

通常可设法减小夹紧力、磨削力和磨削热所造成的工件变形。同时还要注意消除工件的内应力。

1. 减少切削力和磨削热所产生的变形

（1）合理选用砂轮。薄壁套内孔磨削时，散热和冷却效果较差，因此要选用粒度较粗，硬度较软的砂轮磨削，可减少切削力和磨削热。如选用磨削性能好的白刚玉（WA）铬刚玉（PA）砂轮；粗磨、半精磨选 F36 或 F46 粒度，精磨选 F46 或 F60 粒度。硬度一般选 K 级或根据情况选 J 和 L 级。

(2) 细化加工工艺。在工艺方面，应合理选择磨削用量，可划分粗磨、半精磨和精磨以逐步提高工件的加工精度。

(3) 改善冷却效果。磨削热是引起薄壁套变形的原因之一，由于工件内壁磨削热不易散失，工件外圆会磨成中凹面。因此，磨削时还要注意增大磨削液的压力和流量，改进喷注方式保持充分冷却，以减少工件的热变形。对长薄壁套工件可采用图 6-18 所示带有内冷却系统的心轴，大大改善工件散热情况，保证工件加工精度。

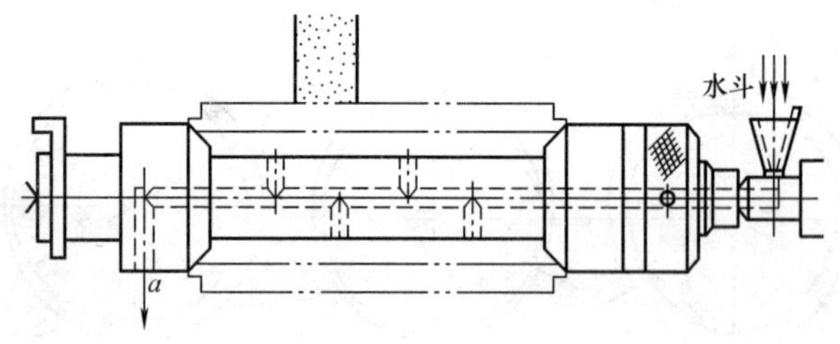

图 6-18　内冷却系统心轴

2. 消除工件的内应力

在粗磨削前后，工件均应进行消除内应力的处理工作，以消除工件由于热处理、磨削力和磨削热引起的内应力。

3. 改进工件的装夹方式

工件在内外圆磨削时尽可能采用夹具装夹，以减少工件的受力变形，其中内孔磨削最关键。主要装夹方法有：

(1) 胀松套装夹。图 6-19 所示采用胀松套衬在卡爪和工件之间来增加夹紧接触面。根据力学原理可知，工件的受力得到了改善，将原来三个卡爪的集中夹紧力变成均匀分布的夹紧力，从而减小工件的变形。此法主要用于单件生产时内外圆磨削及批量生产时内孔的粗磨。

(2) 外圆心轴装夹。在薄壁套类工件的批量生产时，粗磨外圆常采用如图 6-20 所示的装夹方法。心轴的二锥面和心轴的回转中心应具有很高的同轴度。工件由心轴上的二锥面通过螺母夹紧，夹紧力不能太大，以免使工件变形，主要磨削时磨削用量应合适，以防止加工中工件松动。

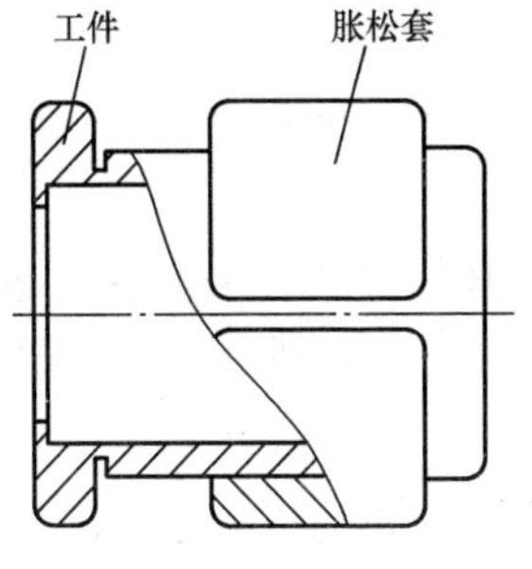

图 6-19　用胀松套增加夹紧的接触面积

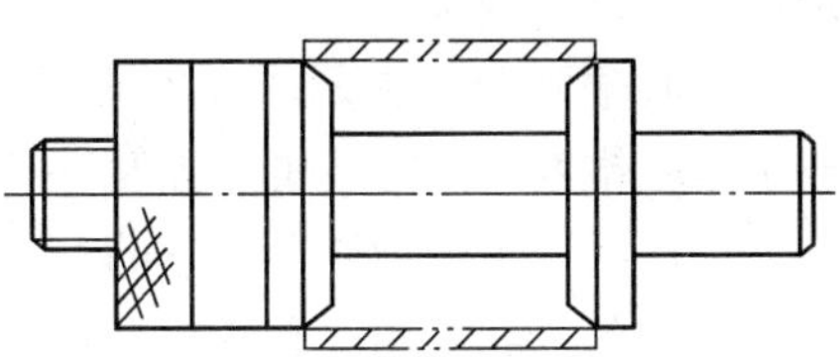

图 6-20　用外圆心轴装夹薄壁套

(3) 用专用夹具装夹。图 6-21 所示为专用夹具，适用于较长的工件批量生产时精磨内孔。工件装入以后，用螺套将工件夹紧在 A 面上，夹紧力的方向作用在工件刚度较高的轴向部位，而且工件两端面经过磨削，基准面 A 经过研磨，从而避免和减少工件的径向变形量。此种装夹要求锁紧螺母的内端面与机床的回转轴线相垂直。

(4) 用通用夹具装夹。图 6-22 所示为用花盘装夹薄壁套的方法，工件用压板夹紧在 A 面上。安装时压板压紧力要均匀一致，压板要放平整，夹紧力方向应垂直于工件的定位基面。此法常用于小批生产。

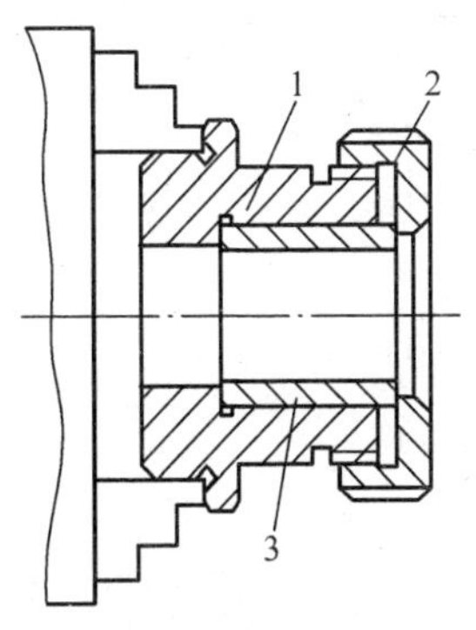

图 6-21　专用夹具装夹
1—定位套；2—锁紧螺母；3—工件

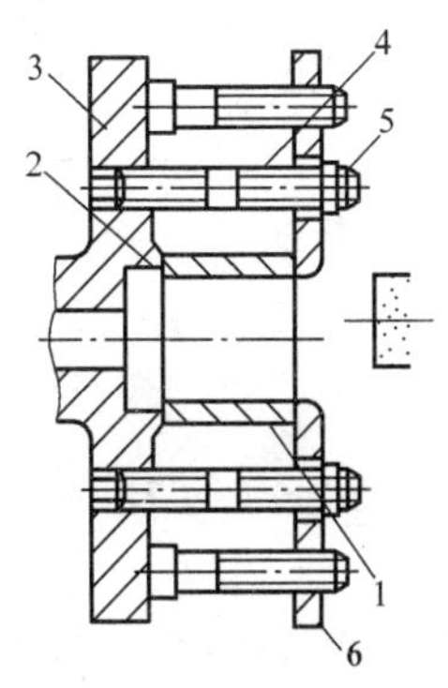

图 6-22　用通用夹具装夹
1—工件；2—定位面；3—圆盘；4—螺栓；5—螺母；6—压板

(5) 电磁盘装夹。图 6-23 所示为用电磁盘装夹薄壁套的方法。电磁无心磨削法即采用此种装夹，它适用于较短的零件，以端面作为定位基准进行内圆磨削。

(6) 心轴胀套装夹。图 6-24 所示为用心轴胀套装夹。心轴 1 制成 1∶20 锥度，其上装可胀弹簧套 2。胀套装夹可使工件外圆受力均匀，以减少工件的变形。它的直径可在一定范围内调整，定位精度高，夹紧可靠。用胀套心轴夹紧时要注意进给方向，只能向大径端方向进给而不能反向进给，以免造成事故。

(7) 用微锥心轴装夹。心轴锥度一般可取 $C=1:8000$，结构见图 6-25。

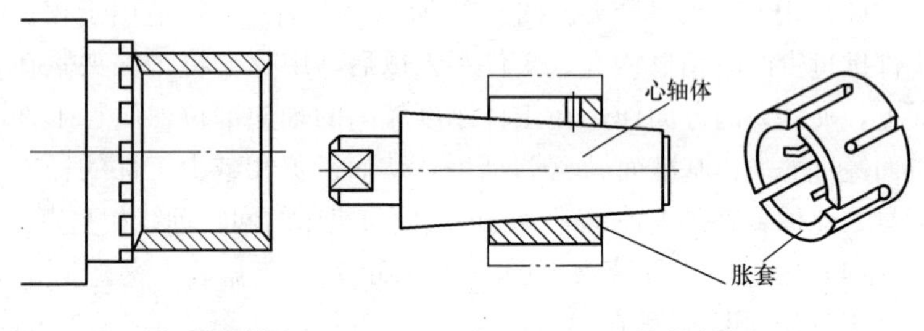

图 6-23　用电磁盘装夹　　　　图 6-24　用心轴胀套装夹

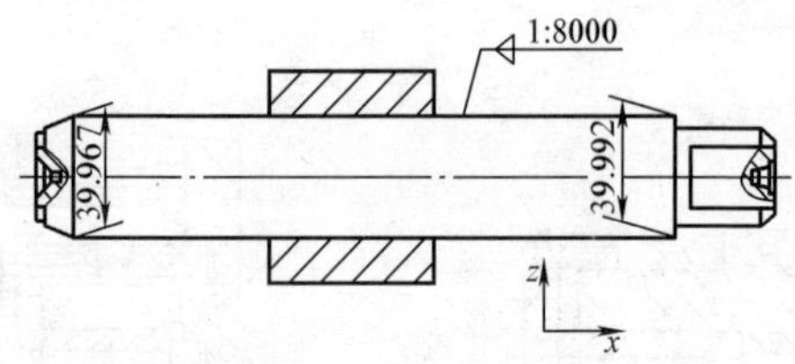

图 6-25　用微锥心轴装夹

(8) 用心轴装夹磨削有锥孔的薄壁套外圆。图 6-26 (a) 所示为薄壁套在心轴上的装夹情况，工件在夹紧力的作用下，由于锥体的作用而产生径向分力，将会使工件产生变形。图 6-26 (b) 所示改进后的心轴，其定位锥体可沿轴向浮动，以使端面 A 承受夹紧力，消除工件的径向变形。

(9) 卡盘中心架装夹。磨削较长的套类内孔时，常采用四爪单

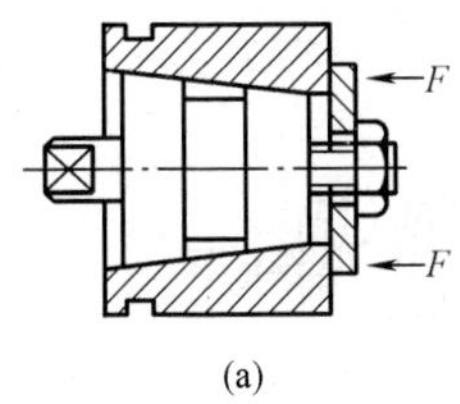

(a)

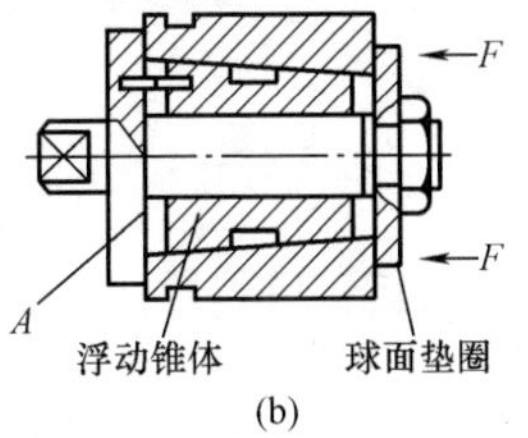

(b)

图 6-26 用心轴装夹磨削有锥孔的薄壁套外圆
(a) 薄壁套在心轴上；(b) 改进后的心轴

动卡盘和中心架装夹。装夹时工件的一端用卡盘夹持，另一端用中心架的支承爪支承在工件的外表面上。装夹前工件外圆须经过预磨，并保持较好的圆度。

第三节 螺纹磨削

一、螺纹磨削的方法、特点和应用

螺纹磨削是螺纹精加工的主要方法之一，用于加工高精度和高硬度的工件，如丝杆、蜗杆、丝锥、螺纹量规、螺纹刀具和已淬火工件螺纹等。单线砂轮磨削精度可达到：螺距在 25mm 以内偏差为 0.003mm，圆度偏差为 0.003mm，牙型半角偏差为 $\pm 5'$，表面粗糙度值 Ra 为 0.5～0.2μm。

螺纹磨削根据使用砂轮的形式和进给方式不同，其常用的加工方法有如下三种。

(一) 单线砂轮纵向进给磨削法

此种方法主要用于单件小批生产，见图 6-27 (a)。

磨削前，将砂轮修成与牙形相符的形状，并使砂轮轴线相对工件轴线倾斜一个螺纹升角，螺纹升角 γ 由下式计算

$$\tan\gamma = \frac{L}{\pi d_{平面}}$$

式中 L——工件的导程，mm。

磨削时，工件的旋转运动和工作台的移动保持一定的展成关系，即工件每转一周，工作台相应移动一个导程（单线螺纹等于螺距），

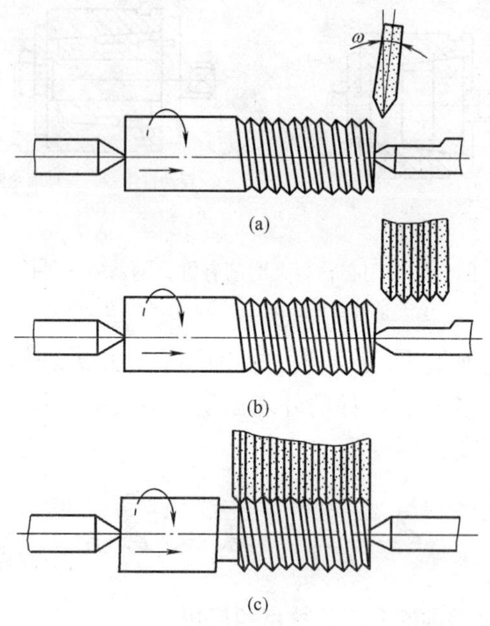

图 6-27　螺纹磨削方法
(a) 单线砂轮纵向进给磨削法；(b) 多线纵向进给磨削法；
(c) 多线砂轮切入进给磨削法

从而磨出一定螺距的螺纹来，用这种方法磨削的螺纹精度较高。

（二）多线砂轮纵向进给磨削法

如图 6-27（b）所示，磨削时用滚轮将圆柱形砂轮修成和工件牙形相同的多线环形槽，采用纵向进给磨削。

这种磨削方法适宜于加工螺距小，且螺纹的长度小于砂轮宽度的工件。考虑到工件的螺距很小，磨削时不必使砂轮轴线倾斜一个螺旋角。

（三）多线砂轮切入进给磨削法

磨削时用滚轮将圆柱形砂轮修成和工件牙形相同的多线环形槽，采用切入进给磨削。当砂轮完全切入齿深后，工件回转一周半左右即可磨出全部齿形。如图 6-27（c）所示。

采用第二、第三种磨削方法效率高，主要用于大批量生产，对于螺距在 3mm 以下的螺纹，可直接在磨床上加工而无需预加工。

当采用多线砂轮，用纵向进给磨削法磨削时，可将砂轮修整成不同的截形。其截形和特点见表 6-3。

表 6-3　　多线砂轮的截形

砂轮形式	简　图	特　点
带主偏角砂轮	k_r	分层磨削，磨削量逐渐减少，修正齿多。主偏角修成 7°30′，当螺距 $P \geqslant 1.75$mm，发生烧伤时，主偏角修成 5°15′
间隔去齿砂轮		磨削效率高，切削液容易进入磨削区，散热快，磨屑冲出及时
三线砂轮		磨削量主要分布在第一粗切齿上，最后一个是修正齿。砂轮可倾斜一个螺纹升角，避免干涉

为了保证砂轮有准确的截形，螺纹磨削所用砂轮的粒度较外圆磨削细，硬度也较高些。一般可按工件螺纹的螺距选择砂轮，见表 6-4。

表 6-4　　砂 轮 的 选 择

螺距（mm）	砂轮的粒度	砂轮的硬度
≤0.5	W14～W20	M～N
>0.5～1.0	W28～W40	L～M
>1.0～3.0	150～240	K～L
>3.0～4.5	80～150	J～K

二、螺纹磨床使用注意事项

（1）机床趋于热平衡状态需要一段时间，为防止砂轮主轴受热后轴向伸长，粗磨工件时应空转 30min 以上，精磨工件时应空转 60min 以上，对精度很高的梯形螺纹丝杆，磨削时的空转时间必须在 90min 以上，否则磨出的螺纹精度不高。

（2）尾座顶尖的压力必须适当，短而粗的工件尾座压力可大些，长而细的工件尾座顶尖的压力要小。

(3) 磨削工件接近最终尺寸时，横向进给量不能太大，一般为0.005～0.01mm，否则不能保证尺寸精度。

(4) 若用平形砂轮磨螺纹时，应先在车床上改制成形，再装到螺纹磨床主轴上，用金刚石精修。

(5) 磨削过程切削液必须充分，集中地喷在磨削区内，以便迅速冷却工件和冲刷砂轮脱落的磨粒，防止工件烧伤变形。停机前应关闭切削液，砂轮空转5min，在离心力作用下，除去砂轮孔隙中的切削液，使砂轮干燥。

(6) 砂轮装在法兰盘上时，砂轮内孔与法兰盘定位面的间隙应均匀分布，砂轮与法兰盘接触端面必须垫厚软纸。逐步对称拧紧螺钉，防止砂轮受力不均而损坏。

(7) 要多次平衡砂轮，使砂轮在运动中减少振动。砂轮在第一次静平衡后，装在螺纹磨床主轴上，进行砂轮形面和端面修整，然后取下再进行第二次静平衡并精修整。必要时，可进行第三次静平衡和精修整。台面下导轨润滑油的压力要调整适当，以减少摩擦力或防止产生漂移。

(8) 砂轮装在法兰盘上不要任意拆下，应一直用至磨损极限，这样可减少磨料、金刚石的消耗和节省安装时间。

(9) 用多线砂轮磨螺纹时，切削液的流量和压力应大些，切削液箱应能够满足切削液中污物的沉淀和降温。

(10) 精磨螺纹时，应尽量由尾座至头架方向进行磨削，以减少由于热变形而引起的螺距误差。

(11) 磨削过程中，砂轮与螺纹间的位置通常要进行动态对刀，其位置应处在工件螺纹部分的中间，从而可以提高磨削效率和磨削质量。为了识别对刀情况，在工件齿面上要涂上普鲁士蓝油等有色液体。涂普鲁士蓝油时不宜过厚，否则会阻塞砂轮气孔，造成砂轮钝化，使工件烧伤。

(12) 精度要求很高的螺纹加工，应采用控制切削液温度的淋浴方式冷却，以保证螺纹的加工质量。当无恒温淋浴方式冷却时，应经常调节尾座顶尖的弹簧压力，可以减少一些热变形误差。

(13) 头架顶尖安装后的跳动量不大于 0.002mm，其角度在保证接触面积大于 75%的同时，应做成大头，以增大丝杆的定位稳定性。

三、螺纹磨床的调整

如图 6-28 所示为 S7332 型螺纹磨床，可磨削内螺纹、外螺纹以及精密丝杠等零件，磨削外螺纹的最大长度为 1000、1500、1850mm 等。

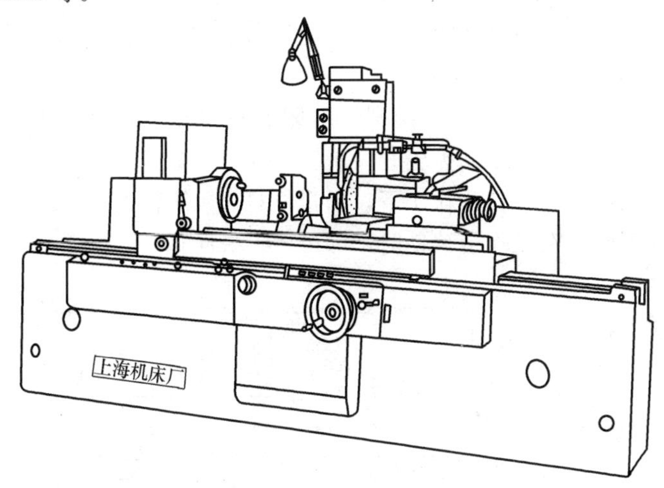

图 6-28 S7332 型螺纹磨床

螺纹磨床的调整要点如下。

1. 磨内螺纹的调整

在万能螺纹磨床上磨内螺纹，备有一套磨内螺纹装置。工件装在四爪单动卡盘内，用千分表找正，将工件端面和内孔校正到规定的精度。选择砂轮直径尽可能大些，以砂轮退出时不碰工件牙顶为宜。修整砂轮时，用试磨薄钢片的方法，校正砂轮牙型角。

2. 磨多线螺纹的调整

利用机床附件—分度卡盘进行多头螺纹磨削。其中分度转盘齿数，根据需要可自行选择。当只有分度齿数为 30 和 48 两种分度转盘时，需分 7、9、11 等线数，应采用交换齿轮分线法解决。

3. 对刀和螺距校正

在机床上磨削先经过车削的螺纹时，需要进行对刀，即调整工件与砂轮的轴向位置，使砂轮对准工件的齿槽，以保证螺纹两侧面磨削余量均匀。

螺距的校正是依靠校正机构获得的，通过杠杆使触头紧压在校正尺上，当工作台移动时，触头沿着校正尺运动，使螺母获得一个附加的回转运动，从而使丝杆连同工作台的移动速度加快或减慢，相应地被磨削的螺纹的螺距增大或减小些，起到了工作台运动的螺距累积误差和全长累积误差的校正作用，提高螺纹的加工精度。

图 6-29 所示为 S7332 型螺纹磨床的对刀和螺距校正机构。对刀时，通过蜗杆 2 带动齿轮套 3 旋转，使工件螺纹与砂轮对准。校正机构的螺母 4 在拉簧作用下，通过杠杆 7，使触点 6 紧压在校正尺 5 的下面，在工作台移动时，即可校正螺距误差。

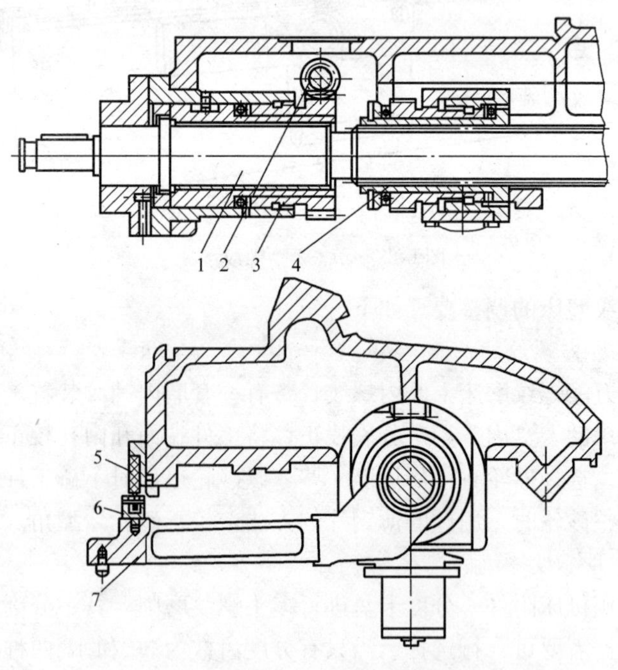

图 6-29　S7332 型螺纹磨床对刀和螺距校正机构

1—丝杆；2—蜗杆；3—齿轮套；4—螺母；

5—校正尺；6—触点；7—杠杆

四、砂轮的选择及修整

（一）砂轮的选择

1. 磨料的选择

大多数螺纹磨床砂轮用白刚玉、铬刚玉做磨料。磨削不锈钢、高钒高速钢适用单晶刚玉磨料；磨削硬质合金、半导体材料的螺纹工件，采用金刚石磨料。

2. 粒度的选择

砂轮粒度受工件螺纹牙底允许的最大圆弧半径限制。在一定的硬度下，粒度过粗不利于砂轮的形状保持和工件表面粗糙度参数值的下降。强调高磨削效率或粗磨工件韧性大或延展性大而粘的材料时，应选择粗粒度磨料；磨削高硬脆而组织紧密的工件，精磨或螺纹牙底形状要求严的螺纹工件时，应选择细粒度磨料。

3. 硬度选择

砂轮硬度过高容易烧伤工件，生产率低；硬度过低不利于保持砂轮形状。磨小螺距工件，选用硬度高的砂轮；磨合金钢、梯形螺纹选择硬度低些的砂轮。

4. 结合剂的选择

砂轮结合剂多数用陶瓷结合剂。大量生产精度不高的工件，采用树脂结合剂。磨削小螺距用的砂轮，可在陶瓷结合剂中加入适量硼、铅元素，以改善砂轮的尖角保持性。

根据以上原则，多线、单线砂轮磨丝锥时，砂轮的选用见表6-5和表6-6。

表6-5　　多线砂轮选用表

螺距 P（mm）	材料	结合剂	粒度	硬度	砂轮宽度（mm）
1	WA	V	W40	P～Q	16
1.25			W50	N～M	16
1.5～1.75			240号	N～M	20
2～2.5			180号	M～G	25

表 6-6　　单线砂轮选用表

螺距 P (mm)	0.25	0.4	0.5	0.7～0.8	1	1.25	1.5～1.75	2	2.5	3～5
粒度	W10	W14	W20	W28	W40	280	240	180	150	120
结合剂	V									
材料	WA、PA									
金刚石笔粒度	F150			F100		F80		F60		金刚石
硬度	P～N			N～M		N～M	M～J	M～L		M～L

(二) 砂轮的修整

1. 金刚石工具修整砂轮

用金刚石修整工具能修整任何特性的砂轮。粗磨螺纹时，修整量为0.01～0.02mm/(d・st)。磨小螺距螺纹时，选用尖锐的金刚石修整工具；磨螺纹砂轮硬度较软时，选用较钝的金刚石修整工具。修整砂轮时，只许单方向、由外向里修整，以保证砂轮的尖部。磨螺纹砂轮修整时，用大颗粒金刚石，选用（0.5～1）克拉/粒。用碎颗粒金刚石烧结的粉状金刚石笔，修整小螺距、单线砂轮按表 6-7 选用。

2. 滚轮修整砂轮

滚轮可用高速钢、硬质合金或金刚石制成，修整时，滚轮和砂轮对滚（见图 6-30）。用高速钢滚轮时，砂轮的线速度为（0.5～2）m/s；用金刚石滚轮时，其线速度为(10～15)m/s，被修砂轮线速度为 35m/s，修整时砂轮进给量为(0.5～0.8)μm/r。

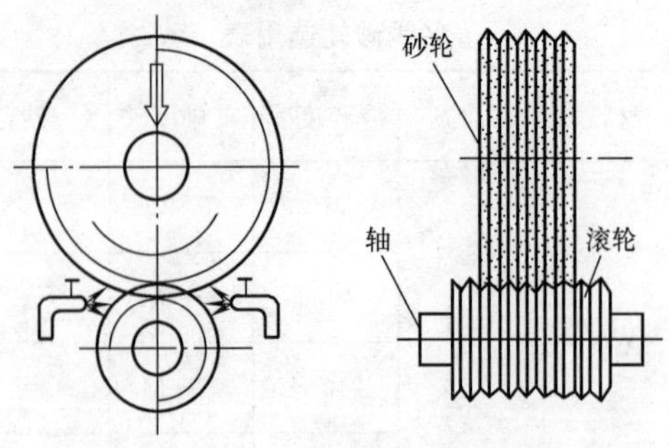

图 6-30　滚轮修整砂轮示意图

表 6-7　**粉状金刚石笔选用表**

规格	型号	金刚石大小（目）	金刚石总含量（克拉）	被修砂轮粒度
粉状	F36	36	1	F60～F120
	F46	46	1	F60～F180
	F60	60	1	F180～F240
	F80	80	1	F240～W28
	F100	100	1	W28～W7
	F150	150	0.5	
	F180	180	0.5	

3. 展成法修整砂轮

展成法修整砂轮如图 6-31 所示。修整砂轮另一侧锥面时，需用倾角为 $\alpha/2$ 的另一侧修整器。

4. 手动修整砂轮夹具

手动修整砂轮夹具如图 6-32 所示。螺纹牙型半角由定位块 2 调整，由修整器 1 实现微进给。

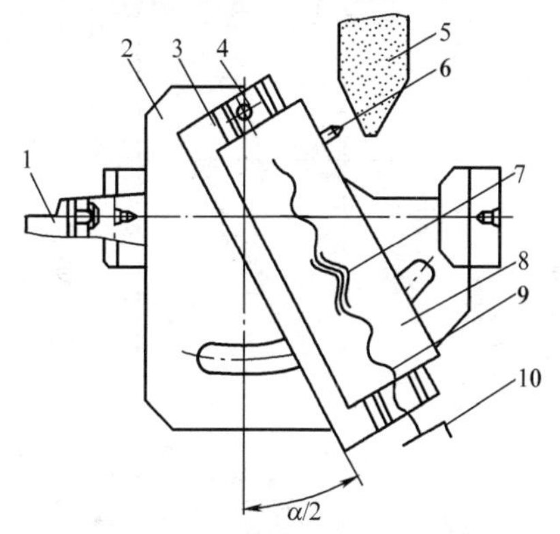

图 6-31　展成法修整砂轮的原理

1—桃形夹头；2—底座；3—滑板座；4—滑板座回转轴；5—砂轮；6—金刚石；7—螺母；8—滑板；9—丝杆；10—手轮

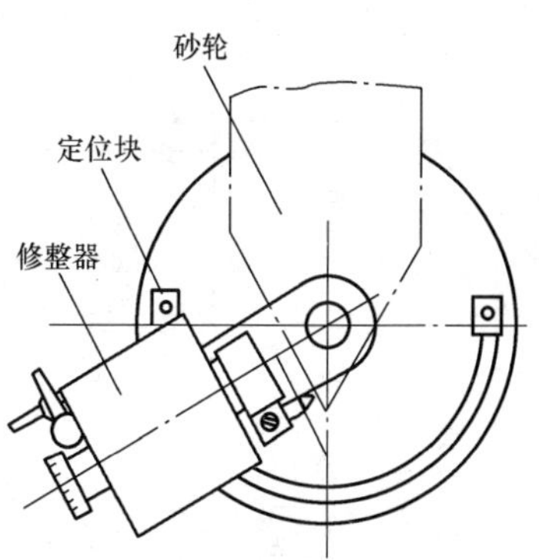

图 6-32　手动修整砂轮夹具原理图

五、工艺参数的选择

1. 磨削用量的选择

磨削普通螺纹、梯形螺纹、滚珠螺纹的磨削用量见表 6-8。磨高速钢丝锥时，工件转速见表 6-9 和表 6-10。

表 6-8 磨削用量表

螺纹种类	螺距 P(mm)	磨削工件			砂轮选择	磨削用量					
		材料	直径(mm)	长度(mm)		粗磨		半精磨		精磨	
						n_w	a_p	n_w	a_p	n_w	a_p
梯形螺纹	3～6 3～6 6～8	9Mn2V 56～58HRC	40 40 70	≤400 500～1000 2000	WA80～120J	4～6	2～3 1～1.5 1～1.5	3～4	0.5～1 0.4～0.7 0.4～0.7	3～4	0.04～0.08
滚珠螺纹	2～5 6～8 10～12	GCr15 50CrMo	≤50 ≤80 ≤100	≤1000 ≤4000 ≤4000	WA80～120J	7～12	0.3～2	7～12	0.2～0.8	5～10	0.03～0.08
普通螺纹	≤3	钢≤56HRC	≤50		WA150～180K	一刀磨出 $n_w=1～3$					

注 1. n_w—工件转速，r/min；a_p—背吃刀量，mm。
2. 工件硬度大于 60HRC 时，采用粗、精磨，精磨背吃刀量为 0.04～0.08mm。

表 6-9　　单线磨螺纹转速

工件直径（mm）	3～4	5～6	8～10	12～14	16～18	20～24	27～30	33～39	42～48
粗磨工件转速（r/min）	40	40	40	30	24	18	15	12	10
精磨工件转速（r/min）	35	35	30	20	16	12	9	7	6

表 6-10　　多线磨螺纹转速

工件直径（mm）	10～12	14～16	18～20	22～24	27～30	32～36	36～40	42～45
工件转速（r/min）	160	160	100	100	63	63	52	40

2. 机动时间的计算

（1）用多线砂轮磨螺纹。

$$T_{\mathrm{m}} = \frac{\pi d}{1000 v_{\mathrm{w}}} n_{\mathrm{w}}$$

式中　T_{m}——机动时间，min；

v_{w}——工件表面线速度，m/min；

n_{w}——在磨削螺纹时间内工件的转速，r/min；

d——螺纹直径，mm。

（2）用单线砂轮磨螺纹。

$$T_{\mathrm{m}} = \frac{L + L_1}{P n_{\mathrm{w}}} i = \frac{L + L_1}{P n_{\mathrm{w}}} \left(\frac{h}{f_{\mathrm{r}}} + m \right)$$

式中　P——螺距，mm；

L——磨螺纹长度，mm；

L_1——(2～5)倍螺距，mm；

n_{w}——工件转速，r/min；

i——走刀次数，$i = (h/f_{\mathrm{r}}) + m$；

h——螺纹中径磨削余量，mm；

f_{r}——每个行程径向进给量，mm；

m——停止横向进给后的行程次数；粗磨时，$m=0$；精磨时，$m=1\sim2$。

六、切削液的选择

磨螺纹的切削液可按表 6-11 选用。

表 6-11　　磨螺纹的切削液选用

名　称	体　积　分　数	特点和使用范围
硫化切削油	75%～80%L-AN15 或 L-AN32 号全损耗系统用油和(20～25)%的硫化切削油	用于一般螺纹磨床
混合切削油	由 L-AN15 全损耗系统用油和专用锭子油，按黏度要求混合使用	切削性能略差，但对降低工件表面粗糙度参数值有利
轻柴油	—	黏度小，冷却性能好，润滑性差，产生油雾大，适用于非金属材料
硫化鲸鱼油	夏季用 L-AN46 全损耗系统用油+(3～5)%硫化鲸鱼油 冬季用 L-AN32 全损耗系统用油+(3～5)%硫化鲸鱼油	润滑性好，适用高速钢丝锥，多线或单线磨削

七、螺纹磨削常见问题、产生原因与解决方法

螺纹磨削常见问题、产生原因与解决方法见表 6-12。

表 6-12　　螺纹磨削常见问题、产生原因与解决方法

常见问题	产　生　原　因	解　决　方　法
螺距误差	工作台爬行	工作台运动中，不得有不必要的附加力及重物，使工作台在运动中阻尼均匀 清除导轨槽中污物，避免因钢带受阻而影响工作台移动
	工件冷却不良	加大切削液流量、均匀喷在磨削区 在工件的全长上装上淋浴式冷却管，使工件全长温差均匀

续表

常见问题	产生原因	解决方法
牙型误差	修整砂轮时，金刚石笔行程不均匀	精磨修整时进给量要小，速度要慢而均匀
	修整器磨损或调整不当	检修修整器，使其精度达到设计要求 防止脏物进入回转轴及各活动接触面 调整尺寸、位置、角度应准确，并紧固各部件
	砂轮磨损	选择较高的砂轮硬度；提高砂轮转速；重新修整和更换砂轮；粗磨、精磨分开
	修整器每次进给后重复修整砂轮的次数不一致	每次进给后，要保持相同的修整次数
	测量基准误差，产生不正确的结论	正确修磨工件的基面，如中心孔、工件侧母线等
	砂轮含杂质或组织不均	更换新砂轮，选择质地较好的砂轮
	磨削 $P=1\text{mm}$ 以下的螺纹，牙型角容易出现不稳定	用粉状金刚石笔修正
	工件螺纹升角引起砂轮的干涉	螺纹升角大于5°时，应对砂轮角度进行修正
中径精度误差	头架顶尖跳动过大	重磨顶尖，使其全跳动不大于0.002mm
	头架、尾座顶尖松动	装顶尖前擦净结合面上的润滑油，使锥面贴合牢靠；不许往锥孔内注大量润滑油
螺距误差	螺距校正尺调整不当	校正尺两个调整螺钉顶住校正尺，并用力适当
	丝杠磨损或变形	更换合格丝杠或对于丧失原始精度的丝杠可利用研磨或修磨纠正

续表

常见问题	产生原因	解决方法
螺距误差	床头顶尖跳动量过大	调整床头顶尖跳动量，使其不超过规定范围
	工件热变形弯曲	适当调整顶尖弹簧压力，以补偿工件热变形伸长
	丝杠精度不高	丝杠精度应比螺纹工件精度高一级。丝杠保证轴向跳动 0.001mm，径向跳动 0.005mm 以内
	丝杠热变形伸长	保证丝杠副润滑油充足，减少热变形 开机后 1h，机床达到热平衡后，用校正尺校正螺距再磨螺纹
	室温变化过大	精密螺纹磨床应在恒温条件下使用，应保持恒温 20℃±1℃
	机床交换齿轮比值误差大	交换齿轮的实际比值与理论值之间的恒定差值应尽量小
	工件的加工基面不良	与机床顶尖相配的中心孔接触面积应在 80%以上，锥孔大头接触多一些
牙型误差	金刚石笔未固紧，修整时产生微量移动	金刚石笔与笔夹配合牢固 金刚石笔伸出不宜过长
	金刚石笔钝化或粒度太细	金刚石笔应更换或转个安装角度 金刚石笔颗粒尺寸至少应为砂轮颗粒尺寸的两倍
中径精度误差	磨削长丝杠中心架未调整好或头架、尾座顶尖轴线与工作台运动方向不平行	正确调整中心架 将头架、尾座顶尖轴线与工作台运动方向调整平行
	磨削热使工件伸长	磨削时要经常扳动尾座压力手柄，保持尾座压力均匀

续表

常见问题	产生原因	解决方法
中径精度误差	磨细长丝杠时，使用中心架的基准处外圆不圆或弯曲	修磨丝杠基准处外圆，圆度应在公差范围之内
	精磨时砂轮磨削工件的底径引起工件弯曲	精磨时须将砂轮打宽，不准磨削工件底径
	中心孔不良，顶尖接触不好，尾座压力过紧	修磨中心孔，顶尖保持良好接触；经常调节尾座压力
	头架拨盘旋转偏心超差，通过夹头脚传给工件	拨盘上的机床和夹头脚间应有少量间隙，不可紧死
牙侧表面粗糙度粗	机床刚性不足	选择刚性好的机床和夹具，用多线砂轮磨螺纹时应特别注意
	磨床未预运转	工作前应先空转 1h
	外界振动传入	安装时远离振源，并设防振沟
	砂轮不平衡	新砂轮应分粗、精修整，并进行两次平衡。 使用中，砂轮不应积聚切削液，下班前应空转 10min，甩去砂轮间隙中的切削液
中径精度误差	中心孔受力变形	夹头螺钉不可拧得过紧，防止夹紧后中心孔变形
	砂轮架快速进给重复定位精度差	保证重复定位精度在 0.005mm 以内
	横进给手轮的刻度值与实际进给量不符，手轮重复定位精度不稳定	检修横进给部件，提高定位精度的稳定性
	砂轮磨损快使中径增大	选择较硬砂轮或经常修整砂轮
	磨削高精度螺纹，由于热胀冷缩引起中径变化	掌握热变形的规律，或用比较法测量中径

续表

常见问题	产生原因	解决方法
中径精度误差	量具操作方法不当或量具本身误差未修正	掌握正确的中径测量方法 根据有关的量具、量棒误差值进行修正
	头架、尾座的侧母线与工作台运动方向有偏差	用标准试棒校正侧母线
	床身导轨安装水平走动或局部磨损严重	重新进行床身水平调整。 修复导轨精度
	液压导轨因润滑浮力过大或过小，使工作台在行程时产生摆动	调整导轨润滑油压力
表面烧伤	砂轮偏心	平衡好砂轮，使周边切削量均匀
	砂轮粒度细、硬度高	选粒度粗一级、硬度低一级的砂轮
	砂轮进给量过大，转速过高	减少进给量和转速或增加进给次数
	砂轮磨钝	及时正确修整砂轮
	切削液不足	加大切削液流量，并喷注在磨削区
	多线砂轮主偏角过大	主偏角可降到5°15′
牙底形状误差	砂轮直径已磨小	更换新砂轮，提高砂轮转速
	砂轮选择不当	选较细、较硬的砂轮。 提高砂轮转速，降低工件转速与磨削深度
	砂轮磨损	工件在精磨前，应精修砂轮
	砂轮齿尖崩裂	金刚石笔由里向外，慢速均匀修整
	梯形螺纹磨削，由于砂轮宽度未掌握，造成底径阶台形	正确计算砂轮宽度，并保持磨削中砂轮宽度不变
	砂轮架螺旋角未扳正确，造成干涉底径不尖	按计算公式正确扳准螺旋角，并注意左、右旋方向
	砂轮未平衡好或机床振动大	精确平衡砂轮、减少机床的振动
	砂轮主轴间隙过大和轴向窜动严重	调整或修复砂轮主轴的几何精度

续表

常见问题	产生原因	解决方法
牙侧表面粗糙度值大	磨削用量不当，磨削深度大，工作转速快	适当减少磨削深度，降低工件转速，提高砂轮转速
	砂轮法兰盘内孔锥度与主轴锥度有误差	磨法兰盘锥孔时应与机床配磨，锥孔接触面达90%以上
	切削液黏度稀，润滑性能差	选择黏度较稠的硫化油作切削液，并可加入少量鲸鱼油
	工件过细，刚性差	多线砂轮磨削螺纹，工件直径应大于M8
	平衡架安装不良	平衡架基础应坚实，使用前用精密水平仪校平
	砂轮传动带传动不良	传动带不得调整过松或过紧，不上下跳动，又能带动主轴传动；用多条带传动时，传动带长度应一致；传动带截面形状均匀、无扭曲变形
	变速传动带传动不平衡	正确紧牢传动带，清除带轮端面上凹坑里堵塞的泥沙与污物
	砂轮修整粗糙	粗修后应精修，选择锋利的金刚石、修整时速度要慢，进给量要小
	砂轮粒度粗、硬度过软	选择较细、较硬一级的砂轮，并精确平衡与修整
	丝杠轴向窜动	消除间隙，调整螺母松紧适当
	切削液太脏	定期更换切削液，并清洗油池
	电动机振动大	电动机不应超过平衡标准
表面烧伤	对刀不准使砂轮单边磨削量大	涂色检查对准位置，宜用铬刚玉砂轮
表面波纹	砂轮的传动带松动	传动带松紧程度调整适当；多根带传动时，传动带长度应一致

续表

常见问题	产生原因	解决方法
表面波纹	砂轮架电动机振动	电动机底座的紧固螺钉应紧牢 电动机的转子、风扇叶、带轮和轴承等零件应平衡及完好
	砂轮架主轴与滑动轴承间隙过大	砂轮架主轴与滑动轴承磨损后应调整好间隙
	砂轮主轴两端轴承同轴度不好	对轴承进行修研，校正其同轴度
	砂轮主轴的轴径部位圆度不好，或已烧伤	将主轴修复至原来精度要求
	砂轮法兰盘或带轮轴内孔与主轴锥面接触不良	修复后涂色检查，接触面应在80%以上
	轴承外圆上的锥体与箱体内的锥孔配合接触不良	修复后涂色检查，接触面应在80%以上
	砂轮硬度偏高、粒度偏细	选择硬度低一级、粒度粗一级的砂轮
	砂轮平衡两次，但仍不精确	再次平衡砂轮，平衡架水平位置应精确
	切削液渗透在砂轮气孔内，造成砂轮失去平衡	磨完工件后，先关闭切削液，使砂轮空转5min，甩掉切削液
	工件中心孔锥面有多角形或与顶尖接触不良	中心孔重新研磨修整，锥孔大头接触多一些
	采用中心架支承磨螺纹时，支承点的工件外圆上有波纹	用外圆磨床磨削支承点外圆，不许有明显波纹
	螺纹磨床附近有振源	在螺纹磨床周围，不准安装产生大震动的设备，安装机床时地面基础和周围应有防震沟

第四节　齿 轮 磨 削

一、齿轮磨削概述

齿轮磨削是齿轮精加工的主要方法之一，高精度的齿轮和齿轮刀具等一般均需磨削。经过磨削的齿轮精度可达到 IT4～IT7 级，表面粗糙度为 $Ra(0.8\sim0.2)\mu m$。和其他齿轮精加工方法相比（如剃齿、珩齿等），它有很多优点，例如剃齿、珩齿对齿轮预加工时产生的误差纠正能力较小，因而它的加工精度直接受齿轮预加工精度的影响，并且剃齿使用一般剃齿刀不能加工热处理淬硬的齿轮，而磨齿不仅能纠正齿轮预加工产生的误差，而且能加工淬硬的齿轮，从而消除热处理产生的变形，其加工精度也比剃齿和珩齿高得多。磨齿的主要缺点是生产率较低，加工成本较高。因而，过去在大量生产齿轮时，很少采用磨齿工艺，随着对齿轮传动精度和传动效率的要求不断提高，要求齿轮具有承受大载荷、高速度、低噪声、长寿命的性能，因而就必须提高齿轮的精度和齿面的硬度。

自从出现了蜗杆砂轮和立方氮化硼（CBN）成形砂轮等新型磨齿机床，磨齿效率成倍提高，加工成本不断下降，这就使磨齿工艺在大量生产齿轮中逐渐得到广泛采用。

图 6-33 所示为大型精密的磨齿机加工斜齿轮的情况。

Y7131 型双锥面形砂轮磨齿机传动系统如图 6-34 所示。

（一）齿轮磨削的方法

齿轮磨削的方法很多，按照磨齿的原理可分为成形砂轮磨齿和展成法磨齿两大类。

1. 成形砂轮磨齿

成形砂轮磨齿是一种高效的齿轮磨削方法（见图 6-35），由于机床不需展成运动，因而机床结构较简单，需要一套较复杂的砂轮修整装置，按不同的模数把砂轮修成渐开线齿形。如 Y73100、Y7550 型磨齿机均属此种类型，可磨削模数 2～12 的齿轮。

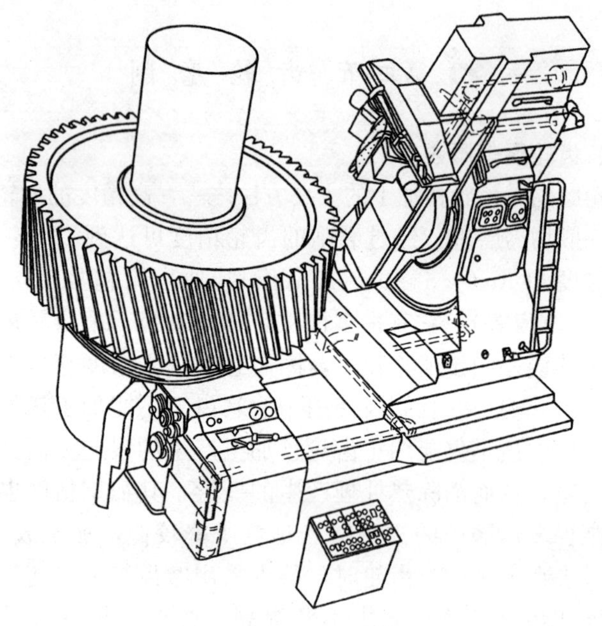

图 6-33 大型精密磨齿机

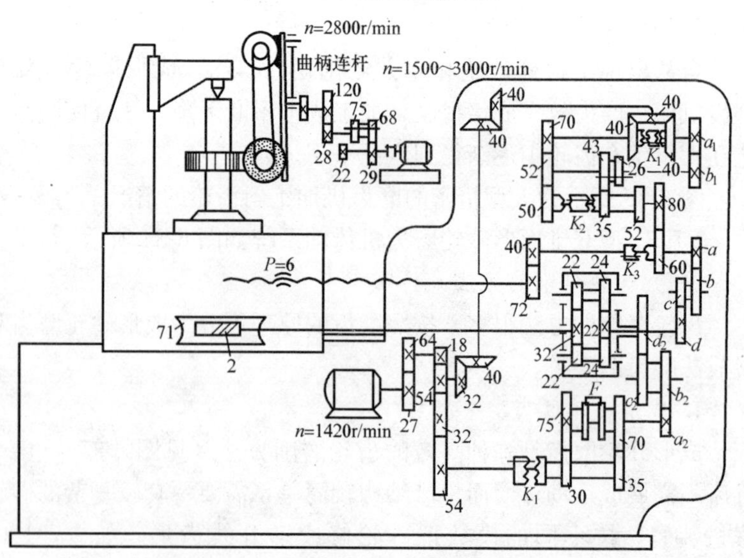

图 6-34 Y7131 型双锥面形砂轮磨齿机

2. 展成法磨齿

展成法磨齿是依靠工件相对砂轮作有规则运动来获得渐开线齿形的。常见的有双碟形砂轮磨齿、双锥面砂轮磨齿和蜗杆砂轮磨齿三种（见图 6-36）。我国生产的如：Y7032A 型双碟形砂轮磨齿机；Y7131、Y7132 和 Y7150 型双碟形砂轮磨齿机；Y7215A、YA7232A 型蜗杆砂轮磨齿机等多种型号。

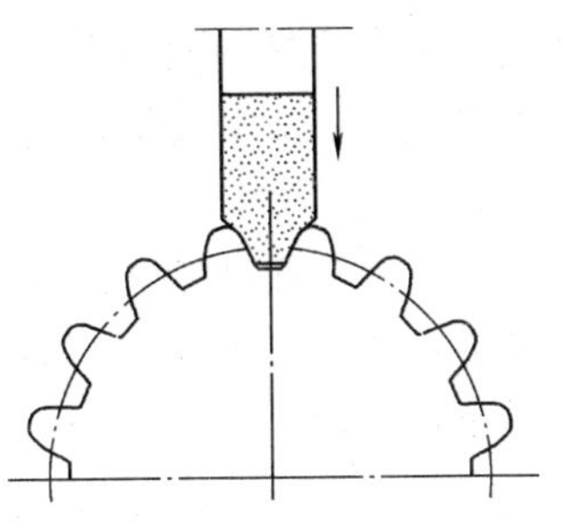
图 6-35　成形砂轮磨齿

（1）双片碟形砂轮磨齿。由图 6-36（a）可见，两片碟形砂轮倾斜安装后即构成假想齿条的两个侧面，其斜角分别等于齿轮的齿形角。磨削时工件采用钢带基圆盘按展成法原理工作，基圆盘与钢带之间的纯滚动和工件的磨削节圆与砂轮的节线之间的纯滚动是一

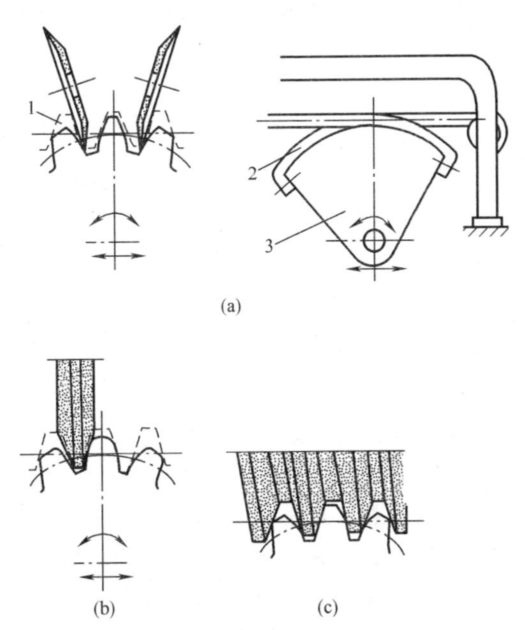

图 6-36　展成法磨齿

（a）双碟形砂轮磨齿；（b）双锥面砂轮磨齿；（c）蜗杆砂轮磨齿

1—假想齿条；2—钢带；3—基圆盘

致的。一个齿槽的两侧磨完后，工件即快速退离砂轮，然后进行分度，以便磨下一个齿槽，这种磨齿方法的加工精度很高，一般不低于5级。

（2）双锥面砂轮磨齿。这种磨削方法是利用齿条和齿轮啮合的原理进行的，如图6-36（b）所示。砂轮截面呈锥形，相当于齿条的一个牙齿，磨削时工件一方面旋转，一方面移动，其运动相当于齿条静止，齿轮节圆在假想齿条的节圆上滚动一样。

（3）蜗杆砂轮磨齿。砂轮修成蜗杆状［见图6-36（c）］，磨齿原理与滚齿相似，即砂轮回转一周，工件相应转过一齿。由于滚切运动及其伴随的分度运动是连续的，所以生产率较高。

（二）磨齿机性能综合比较

磨齿机性能综合比较见表6-13。

表6-13　　磨齿机性能综合比较

磨齿机类型	磨齿精度等级①	生产率系数①	适用场合
蜗杆砂轮磨齿机	3～5	1	成批、大批、大量生产
渐开线环面蜗杆砂轮磨齿机	4～6	4～6	大批、大量生产
成形砂轮磨齿机	5～6	0.8～2	
锥面砂轮磨齿机	5～6	0.2～0.3	单件、小批、成批生产
大平面砂轮磨齿机	3～4	0.2～0.3	小批、成批生产
碟形双砂轮磨齿机	3～5	0.1～0.2	

① 同类机床型号不同，制造厂家不同，磨齿精度和磨齿生产率也大不相同。

二、砂轮的选择、平衡及修形

（一）砂轮的选择

1. 砂轮选择的原则

一般按以下几项原则进行选择。

（1）被磨齿轮的材料一般为各种牌号的淬火合金钢和高速钢（如剃齿刀、插齿刀等），砂轮的材料应选用白刚玉（WA）、铬刚玉（PA）或白刚玉和铬刚玉的混合磨料（WA/PA）。

（2）被磨齿轮齿面的硬度越高，表面粗糙度参数值要求越小，选用的砂轮硬度应越软，粒度应越细。当齿轮要求的精度很高而磨削余量很大时，最好选用不同粒度和硬度的砂轮分别进行粗磨和精磨。

（3）用成形砂轮磨齿时，由于砂轮接触面大，容易烧伤，应选用较软的砂轮。但也要注意过软的砂轮磨损快，难以保持形状精度。

（4）干磨时，散热条件差，选用的砂轮硬度应较软，粒度应较粗，组织应较松，但也要考虑其对齿面粗糙度的影响。

（5）用蜗杆砂轮磨齿时，为保证齿形精度，齿轮的模数越小，砂轮的粒度应越细，硬度应越高。

2. 几种典型磨齿机使用的砂轮

几种典型磨齿机使用的砂轮见表 6-14。

表 6-14　　几种典型磨齿机使用的砂轮

磨齿机类型	典型机床型号	齿轮模数（mm）	使用的砂轮
成形砂轮磨齿机	YS7332	≥2	WA46～80K～LA
碟形双砂轮磨齿机	Y7032ASD-36-X	2～12	WA WA/PA 46～80H～KAD3
锥形砂轮磨齿机	Y7132A	1.5～6	WA WA/PA 60～80K～LAPSX
大平面砂轮磨齿机	Y7125ASRS-402	1～8 1～14	WA WA/PA 46～100H～JAD1
蜗杆砂轮磨齿机	YA7232A RZ301S	1.25～2 2.75～3.25 4～4.5 5～6	WA120～150LAP WA120KAP WA100KAP WA80KAP

除了表 6-14 所列的之外，马格 SD-36-X 型碟形双砂轮磨齿机磨削剃刀齿、KAPP 和 VAS385CNC 型成形砂轮磨齿机磨削直齿轮和斜齿轮、KAPP 和 VIG331CNC 型成形砂轮磨齿机磨削内齿轮都是使用 CBN 砂轮，不仅使磨削效率提高一倍，而且砂轮寿命可以大大延长。

（二）砂轮的平衡

磨齿机使用的砂轮必须经过仔细的平衡，否则磨削时不仅会有振动，影响被磨齿轮的齿面粗糙度，而且也影响被磨齿轮的精度和磨齿机的使用寿命。

大平面砂轮、锥面砂轮和碟形砂轮需要经过两次静平衡，第一次静平衡后，粗修砂轮，然后再进行第二次静平衡，再精修砂轮。

对于蜗杆砂轮，由于它的宽度大、质量大，必须经过动平衡，才能保证得到良好的磨齿精度和较小的表面粗糙度。

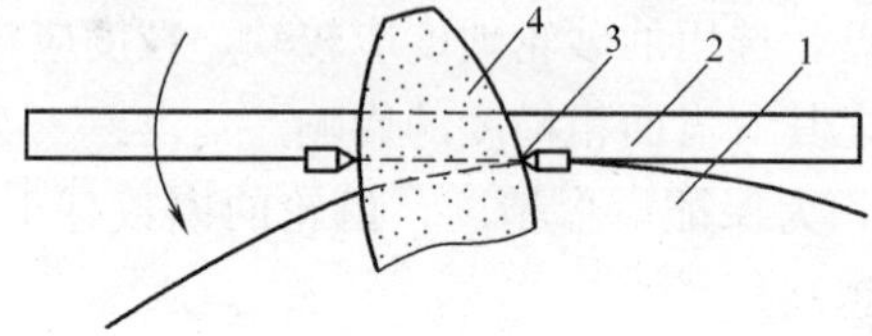

图 6-37　用展成法原理修整砂轮示意图

1—基圆盘；2—展成靠板；3—金刚石；4—砂轮

（三）砂轮修形

1. 成形砂轮的修整

（1）用展成法原理修整砂轮。利用直尺对基圆作纯滚动的渐开线展成原理修整砂轮（见图 6-37），这种方法精确可靠。但难以磨削基圆直径过小或过大的齿轮。

（2）用样板仿形修整砂轮。将齿轮齿槽的形状放大若干倍，做出样板，利用四连杆机构砂轮修整器（见图 6-38）或者其他形式的砂轮修整器修整砂轮。样板的齿形曲线可以做成渐开线，也可用近似圆弧代替。前者要用光学曲线磨床加工，用投影仪放大测量，制造困难、精度较低；后者只要计算得当，误差很小，且制造简单而精确。

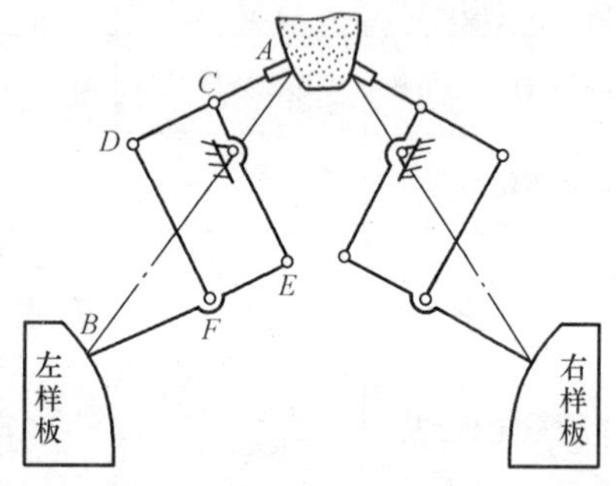

图 6-38　用样板仿形四连杆机构修整砂轮示意图

（3）用圆弧代替渐开线修整砂轮。用圆弧代替渐开线，直接用圆弧砂轮修整器修整砂轮，这种方法简便而精度可靠。计算代替渐开线的圆弧一般都是使用“三点定一圆”的方法，但这种方法计算麻烦而且偏差也较大。

图 6-39 所示，是圆弧代替渐开线的另一种方法，它的计算见表 6-15。这种方法计算简单、偏差最小，而且可以直接算出用圆弧代替渐开线的最大偏差值。从而根据允许的最大误差值确定能否用圆弧代替渐开线。

按照表 6-15 计算所得值调整圆弧修整器，并按图 6-40 所示步骤使修整器圆心先后位于 O_e 和 O_e' 点修整砂轮。

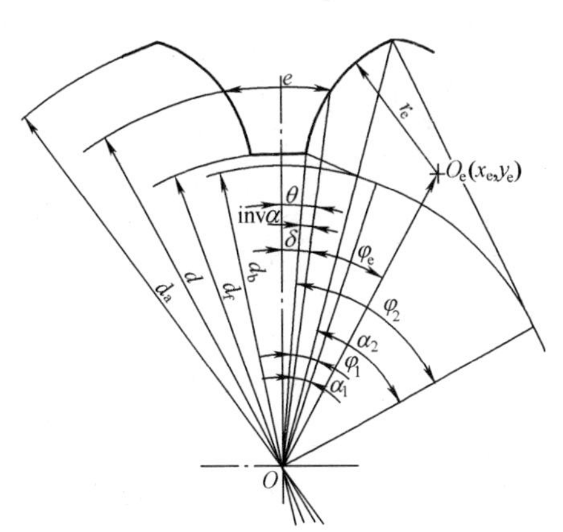

图 6-39　用圆弧代替渐开线

图 6-40　用圆弧修整器修整砂轮示意图

表 6-15　　用圆弧代替渐开线计算表

（长度单位：mm；角度单位：度）

序号	代号、名称和公式	序号	代号、名称和公式
1	d_b——基圆直径	13	$\cos\alpha_1=\frac{d_b}{d_f}$
2	d——分度圆直径	14	$\varphi_1=\frac{180°}{\pi}\tan\alpha_1$
3	d_a——齿顶圆直径		
4	d_f——齿根圆直径	15	$\cos\alpha_2=\frac{d_b}{d_a}$
5	α——分度圆压力角	16	$\varphi_2=\frac{180°}{\pi}\tan\alpha_2$
6	e——分度圆齿槽宽	17	$\varphi'=\frac{1}{2}(\varphi_2+\varphi_1)$
7	Δf_{max}——用圆弧代替渐开线的最大偏差值	18	$\omega=\frac{1}{2}(\varphi_2-\varphi_1)$
8	φ_e——渐开线起点至圆弧圆心的夹角	19	$\rho=\frac{\omega}{\varphi'}$
9	l——齿轮圆心至圆弧圆心的距离	20	$K_1=\frac{0.18745-0.0506\rho+0.0427\rho^2}{1-0.2596\rho}$
10	r_e——圆弧半径	21	$K_2=0.3524+0.013\rho-0.072\rho^2$
11	x_e——圆弧圆心沿 x 轴方向的坐标	22	$\Delta f_{max}=0.943K_2^3\left(\frac{\pi}{180°}\omega\right)^3 d_b$
12	y_e——圆弧圆心沿 y 轴方向的坐标	23	$\varphi_e=\varphi'+K_1\rho\omega$

续表

序号	代号、名称和公式	序号	代号、名称和公式
24	$l=\frac{1}{2}d_b\left[1+K_2^2\left(\frac{\pi}{180°}\omega\right)^2\right]$	27	$\delta=\theta-\frac{180°}{\pi}\mathrm{inv}\alpha$
25	$r_e=\frac{d_b}{2}\varphi_e\frac{\pi}{180°}$	28	$x_e=l\sin(\delta+\varphi_e)$
26	$\theta=\frac{180°e}{\pi d}$	29	$y_e=l\cos(\delta+\varphi_e)$

2. 蜗杆砂轮的修形

由于蜗杆砂轮直径很大，而被磨齿轮的模数相对来说又很小，所以蜗杆螺旋升角都很小，轴向齿距又非常近似法向齿距。因此，蜗杆砂轮修形时，其轴向齿形角和轴向齿距都可按照被磨齿轮的法向齿形角和法向齿距进行修整，不需要再进行计算。

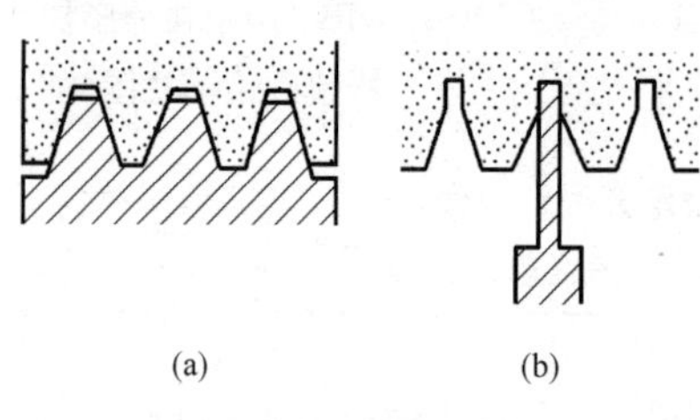

图 6-41 新蜗杆砂轮修形
(a) 用滚压法挤压螺纹槽形；
(b) 用滚压法挤压齿根槽

(1) 新蜗杆砂轮修形。新蜗杆砂轮修形可以在卧式车床上或在专门的蜗杆砂轮修形设备上进行。修形的步骤如图 6-41 所示，先用高速钢滚压轮挤压螺纹槽形［见图 6-41 (a)］，再用齿根滚压轮挤压齿根槽［见图 6-41 (b)］。如果后面的精修砂轮工序不是用金刚石车刀而是用金刚石滚轮修形，则不需事先挤压出螺纹槽形。

(2) 精修蜗杆砂轮。蜗杆砂轮精修螺旋线齿形如图 6-42 所示。可以在蜗杆砂轮磨齿机上或在专门的蜗杆砂轮修形设备上进行。

精修蜗杆砂轮分两次进行，第一次精修后进行动平衡，然后再进行第二次精修。精修砂轮使用两把金刚石车刀分别修整两面齿形，如图 6-42 (a) 所示。如果被磨齿轮的齿根要求圆弧过渡曲线，则可用圆角滚压轮挤压砂轮齿顶，如图 6-42 (b) 所示。

如果被磨齿轮的齿形需要修缘和修根（见图 6-43)，可用有圆弧切削刃的金刚石车刀按照样板修整蜗杆砂轮的齿形［见图 6-43

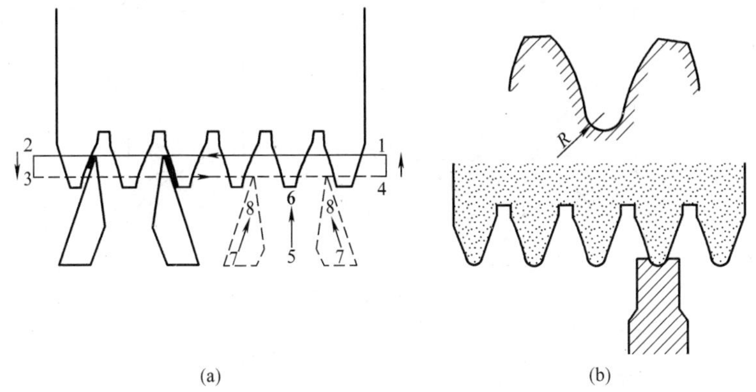

图 6-42　精修蜗杆砂轮

（a）用金刚石车刀修形；（b）用滚压轮挤压圆角

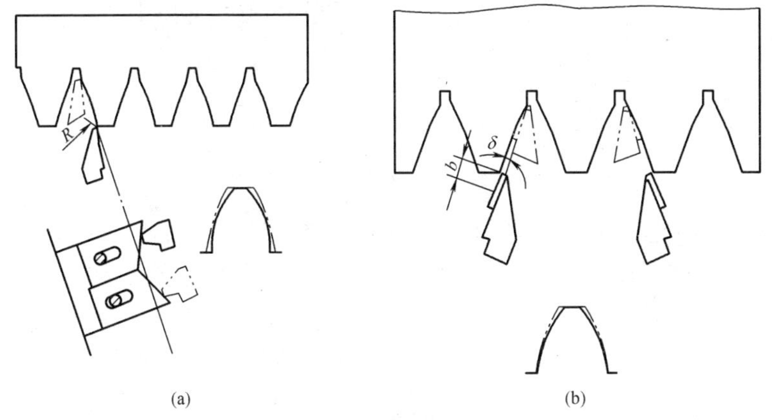

图 6-43　齿轮的齿形需要修缘和修根时蜗杆砂轮修形

（a）用金刚石车刀及样板修形；（b）用研磨成一定角度的金刚石车刀修形

b—金刚石车刀修形长度；δ—修形角度

(a)]。如果被磨齿轮的齿形只需齿顶修缘时，可按照适当角度研磨金刚石车刀，直接修整蜗杆砂轮的齿形，如图 6-43（b）所示。

3. 渐开线包络环面蜗杆砂轮的修形

渐开线包络环面蜗杆砂轮的形状很复杂，但其修形却很简单。修形工具的几何形状及尺寸与被磨齿轮完全一样，其表面镀一层细颗粒的金刚石。新砂轮修形时，将修形工具安装在工件的位置，一

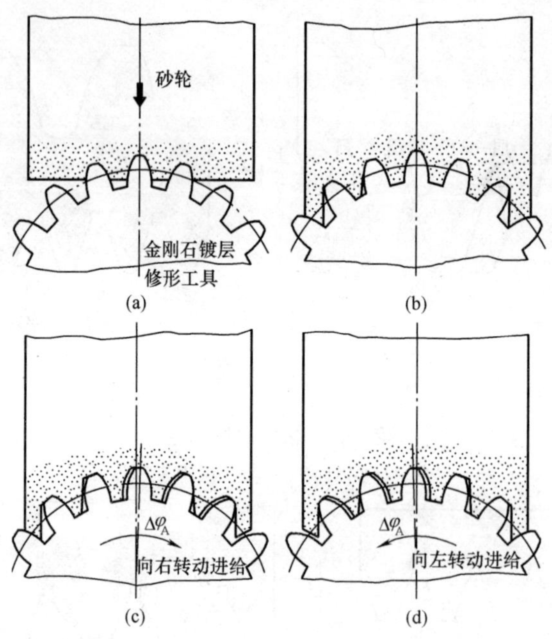

图 6-44　修整渐开线包络环面蜗杆砂轮

方面使砂轮和修形工具同时相对全速回转；另一方面则使砂轮向修形工具缓慢进给［见图 6-44 (a)］，直到环面蜗杆砂轮的全齿高达到所要求的尺寸［见图 6-44 (b)］，然后使修形工具向左右两面转动进给［见图 6-44 (c)、(d)］，按要求扩大环面蜗杆砂轮齿槽的宽度。

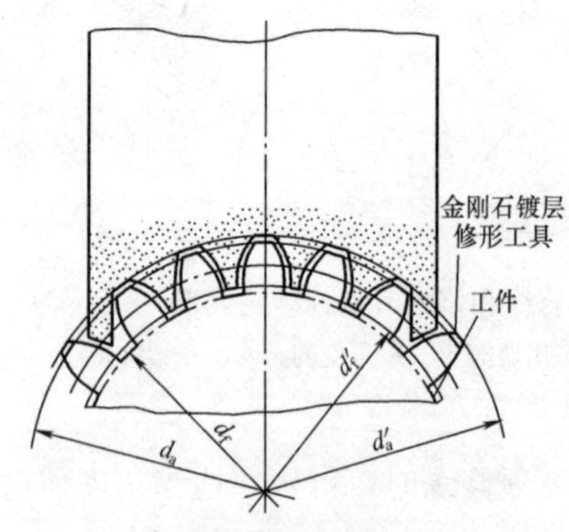

图 6-45　加大齿根圆直径和齿顶圆直径的修形工具

d_a—工件齿顶圆直径；
d_f—工件齿根圆直径
d'_a—修形工具齿顶圆直径；
d'_f—修形工具齿根圆直径

为了避免在磨齿轮的齿形时，同时磨到齿轮的齿顶和齿根，必须将修形工具的齿根圆直径和齿顶圆直径适当放大，如图 6-45 所示。

三、磨齿工艺参数的选择和计算

1. 磨削用量的选择

下面推荐的磨削用量表适用于磨削硬度高于 50HRC 的淬火齿轮。当齿轮硬度低于 50HRC 时，可适当加大其磨削用量。成批生产或大量生产齿轮时，应根据实际所选用砂轮的特性、被磨齿轮的硬度大小、设计所要求的精度等级和表面粗糙度等参数，参考磨削用量表通过试磨，从而确定最合适的磨削用量。

（1）背吃刀量 a_p。粗磨时，应尽量选用较大的背吃刀量。但要注意，除了磨削时不应产生烧伤和裂纹外，还要保证它所形成的表面破坏层深度处在精磨余量的范围之内。背吃刀量的具体数值见表 6-16。

表 6-16　背吃刀量的选择（mm）

模数	碟形双砂轮		锥形砂轮		大平面砂轮		成形砂轮	
	粗磨	精磨	粗磨	精磨	粗磨	精磨	粗磨	精磨
<4	0.04～0.08	0.01～0.02	0.05～0.10	0.01～0.02	0.02～0.03	0.01～0.02	0.04～0.10	0.01～0.03
4～8	0.05～0.10	0.01～0.02	0.05～0.12	0.01～0.02	0.03～0.035	0.01～0.02	0.05～0.15	0.01～0.03
>8	0.05～0.12	0.01～0.02	0.05～0.15	0.01～0.02	0.03～0.05	0.01～0.02	0.05～0.20	0.02～0.03

（2）马格碟形双砂轮磨齿机的磨削用量见表 6-17。

表 6-17　马格碟形双砂轮磨齿机的磨削用量

模数（mm）	每分钟展成的双行程数 n_0							纵向进给量 f（mm）			
	齿轮直径（mm）							齿面粗糙度 $Ra0.8\mu m$		齿面粗糙度 $Ra0.4\mu m$	
	<30	30～50	50～100	100～150	150～200	200～300	>300	粗磨	精磨	粗磨	精磨
<3	300	240	240	220	220	220	200	3.7～4.7	1.3	3.7～4.7	1.1
4	—	240	220	220	200	200	180	3.7～4.7	1.3	3.7～4.7	1.1
5	—	220	200	200	180	180	160	3.7～4.7	1.3	3.7～4.7	1.1
6	—	—	200	180	160	130	130	3.7～4.7	1.3	3.7～4.7	1.1
8	—	—	160	130	130	130	130	3.7～4.7	1.3	3.7～4.7	1.1

（3）锥形砂轮磨齿机的磨削用量见表 6-18。

表 6-18　　锥形砂轮磨齿机的磨削用量

模数(mm)	纵向进给量 f_a (m/min)	展成进给量 f_g (mm) 齿轮齿数						
		10	20	30	40	50	70	>100
2	11～18	0.2	0.3	0.5	0.75	0.95	1.2	1.45
4	11～18	0.25	0.45	0.75	0.95	1.15	1.45	1.8
6	11～18	0.3	0.65	0.95	1.15	1.35	1.7	2.1
8	11～18	0.45	0.75	1.1	1.35	1.6	1.95	2.35
10	11～18	0.55	0.9	1.25	1.55	1.9	2.2	2.6
12	10～20	0.7	1.2	1.6	2.0	2.3	2.55	3.4
16	10～20	0.8	1.4	1.85	2.3	2.65	3.0	3.8
20	10～20	0.9	1.55	2.1	2.55	2.95	3.3	4.2

(4) 成形砂轮磨齿机的磨削用量见表 6-19。

表 6-19　　成形砂轮磨齿机磨削用量

模数(mm)	<5		5～10		>10	
纵向进给量 f_a (m/min)	粗磨	精磨	粗磨	精磨	粗磨	精磨
	10～11	8～9	9～11	8～9	8～10	7～9

2. 磨削余量的确定

磨削余量的大小取决于热处理前预切齿轮的精度、热处理时的变形以及热处理后精磨内孔形成的径向偏差。总的磨削余量应是在磨光全部齿面后还比规定公法线长度大 0.1mm，以便精磨齿面。为了提高磨齿效率，防止磨齿时形成烧伤和裂纹，保证齿轮质量，必须尽量减小磨削余量，具体的磨削余量见表 6-20。

表 6-20　　齿轮磨齿齿厚余量

模数(mm)	齿轮直径(mm)				
	<100	100～200	200～500	500～1000	>1000
<3	0.15～0.20	0.15～0.25	0.18～0.30	—	—
3～5	0.18～0.25	0.18～0.30	0.20～0.35	0.25～0.45	0.30～0.50
5～10	0.25～0.40	0.30～0.50	0.35～0.60	0.40～0.70	0.50～0.80
10～12	0.35～0.50	0.40～0.60	0.50～0.70	0.50～0.70	0.60～0.80
齿厚公差(负值)	0.065～0.08	0.10	0.12	0.15	0.18

磨削不淬火齿轮或表面淬火齿轮时，磨削余量取表中的下限值，磨削淬火齿轮或表面渗碳齿轮时，磨削余量取表中的上限值。必须注意，齿厚余量应从齿轮的两面均匀磨去。

四、切削液的选择

碟形砂轮和大平面砂轮磨齿机都是干磨，不能采用较大的背吃刀量，生产率较低。而成形砂轮、锥形砂轮、蜗杆砂轮以及环面蜗杆砂轮磨齿机都用切削液湿磨，可以采用较大的背吃刀量，生产率较高，但必须应用合适的切削液。

1. 选择切削液的注意事项

选择切削液时应注意以下几点：

(1) 正确选择切削液的黏度，对改进磨削性能非常重要。高黏度的切削液能降低磨削表面粗糙度的参数值，保持砂轮修形的形状，延长砂轮的使用寿命。但黏度过高，会降低切削液的冷却效果，在一定情况下，还会影响磨削精度。所以磨削小模数的齿轮和高精度齿轮时，应选用黏度较低的切削液。而黏度低的切削液虽然冷却效果好，但使用时，容易产生大量的油雾。因而，在一般情况下，还是选用在其他方面效果更好的高黏度切削液为宜。

(2) 加入 EP 添加剂，EP 添加剂又称极压添加剂，它应该是只在机械加工时起活性作用。在任何情况下，都不应使磨屑，特别是很细的铸铁粉尘结成硬块状。加入的添加剂更不应腐蚀机床的材质和表面的油漆。

(3) 在切削液中加入适量的脂肪添加剂可使其增加湿润性，但加入的量不宜过多，以免引起以下不良作用：堵塞砂轮；降低磨屑和磨粒在切削液中的沉淀性能；使切削液过早变质；使切削液黏度过大而加大消耗。

(4) 好的切削液应该是使用很长时间也不生成大量泡沫。如果切削液生成的泡沫过多，则会降低切削液的压力，减少通过喷嘴的流量。从而影响磨削效果，会延长磨削时间，降低砂轮寿命，致使工件表面形成烧伤黑斑等。

(5) 选用的切削液要既能用于磨削钢料，又要能用于磨削铸铁。磨削铸铁时要特别注意将铸铁粉尘彻底过滤掉。

2. 切削液的性能数据

磨齿机使用的切削液国内尚无一定的牌号，都是各个厂家根据自己的需要进行配制。下面是蜗杆砂轮磨齿机使用的切削液的有关数据，仅供参考。

(1) 不进行重新冷却时：

黏度等级	VG46 或 VG68(ISO)
黏度(在 40℃时)	(41～75)mm^2/s
黏度指数	80
闪点	＞185℃
凝点	－12℃

(2)进行重新冷却时：

黏度等级	VG22 或 VG32(ISO)
黏度(在 40℃时)	(20～24)mm^2/s
黏度指数	80
闪点	＞165℃
凝点	－12℃

五、磨齿误差产生的原因与消除方法

1. 成形法磨齿误差产生的原因与消除方法

见表 6-21。

表 6-21　成形法磨齿误差产生的原因与消除方法

磨齿误差	误差简图	产生原因	消除方法
齿形均匀偏斜，但两边齿形偏斜方向相反		砂轮修整器金刚石位置对齿轮轴线偏移	调整砂轮修整器金刚石的位置使其对称于齿轮轴线
两边齿形均匀偏斜		砂轮修整器和金刚石对齿轮轴线的位置不对	向两相反方向调移两个金刚石的位置。同时，调整磨削深度
一边齿形均匀偏斜	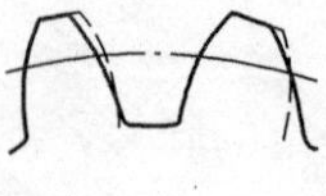	一边的金刚石对齿轮轴线的位置未调整对	重新调整一边的金刚石的位置

续表

磨齿误差	误差简图	产生原因	消除方法
齿形上的一段发生偏差		齿形样板不正确，砂轮磨损，金刚石和四连杆修整器未调好	更换或修理齿形样板，修整砂轮，重新调整金刚石及四连杆机构
齿根偏厚		修整砂轮外圆的金刚石未调好、砂轮磨入齿槽的深度不够(同时齿厚过大)，砂轮两角磨损大	减小修整砂轮外圆的金刚石伸出半径，加大砂轮磨入齿槽的深度，重新修整砂轮
齿距累积误差	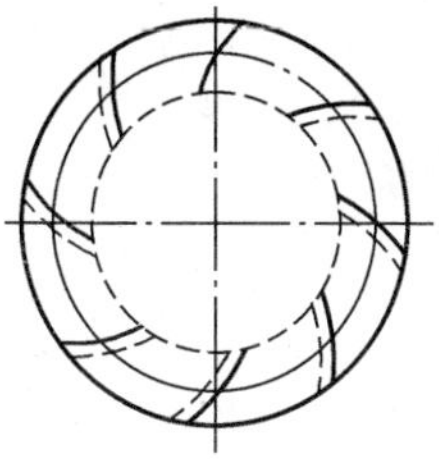	分度盘安装偏斜或径向跳动过大，工件安装偏心，头架顶尖偏摆过大	正确安装分度盘，校正径向跳动，重新安装工件调整头架顶尖，减小偏摆
两边齿面齿向偏差方向相同	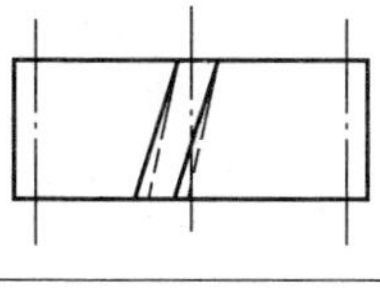	在垂直于砂轮对称中线的平面中，两顶尖偏离旋转轴线	调整两顶尖使其在同一轴线上，并处于砂轮对称中线的平面中
两边齿面齿向偏差方向相反	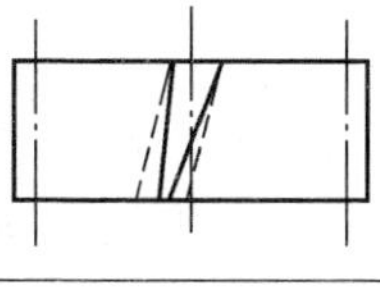	在砂轮对称中线的平面中，两顶尖偏离旋转轴线	调整两顶尖使其在同一轴线上，并处于砂轮对称中线的平面中
齿圈相对两边的齿向偏斜方向相反	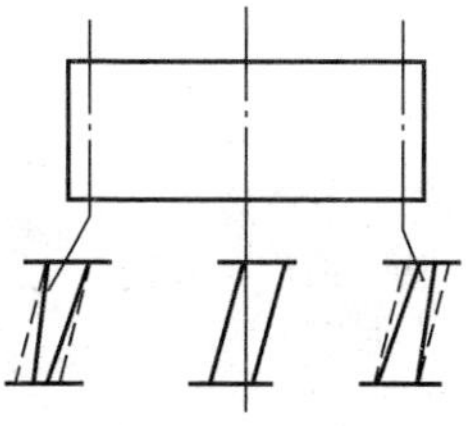	工件轴线和工件旋转轴线不同轴，工件端面安装偏斜	调整两顶尖，使其轴线与工件轴线同轴，修正工件心轴的端面跳动

2. 锥砂轮磨齿误差产生的原因与消除方法

见表6-22。

表6-22　　锥砂轮磨齿误差产生的原因与消除方法

磨齿误差	误差简图	产生原因	消除方法
齿顶逐渐增厚或减薄	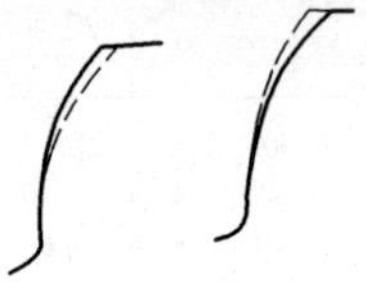	砂轮修整的角度不对，滚圆盘直径不对	修整砂轮的角度，修正滚圆盘直径
齿形局部偏差过大		滚切交换齿轮径向跳动大或精度差，滚圆盘和钢带间有脏物、砂轮修整器导轨松动，砂轮磨损不均	重新调整或更换交换齿轮，清理滚圆盘和钢带，修理、调整砂轮修整器，重新修整砂轮
齿顶塌角或齿根凹入	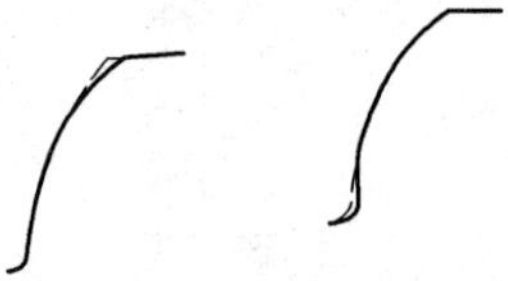	修整砂轮时金刚石在行程两头未出头，砂轮磨损不均	加大金刚石修整时的行程长度使在两头出头，精磨前仔细精修砂轮
齿距偏差过大		蜗杆副齿距偏差超差，或者分度交换齿轮未调好	修理蜗杆副，重新调整或更换分度交换齿轮
齿距累积误差超差		两顶尖不同轴，或头架顶尖未调好，工件心轴跳动大，工件安装偏心，砂轮磨损过快	调整两顶尖，使其在同一轴线上，调整头架顶尖，使其跳动小于2μm，修理工件心轴，重新安装工件，精修砂轮
两边齿面齿向向同一边偏斜	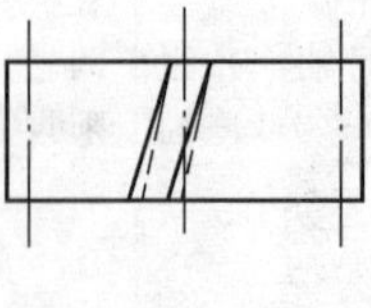	磨头滑座转角调整不准，在滚动平面中两顶尖不在同一轴线上	调整磨头滑座转角，调整两顶尖，使其在同一旋转轴线上

续表

磨齿误差	误差简图	产生原因	消除方法
两边齿面齿向偏差方向相反		在垂直于滚动方向的平面中两顶尖不在同一轴线上	调整两顶尖，使其在同一旋转轴线上
齿圈相对两边的齿向偏斜方向相反		工件轴线对旋转轴线或安装心轴的轴线不同轴	调整工件，使其轴线与工件旋转轴线精确同轴，提高工件端面对内孔的垂直精度
齿向直线度误差		磨头滑座冲击大，振动大，滑座立柱导轨直线度差，接触不良，润滑油太多，台面漂浮，滑座行程太短	检修曲柄连杆机构，修研导轨，调节润滑油量，调节行程距离

3. 大平面砂轮磨齿误差产生的原因与消除方法

见表 6-23。

表 6-23　大平面砂轮磨齿误差产生的原因与消除方法

磨齿误差	误差简图	产生原因	消除方法
齿顶逐渐增厚或减薄		工件头架安装角调整有误差或磨削角调整有误差	根据误差值调整头架安装角或磨削角
齿顶部增厚		展成长度不够或展成位置调整不当，齿顶未磨完全	适当放大展成长度或调整展成位置

续表

磨齿误差	误差简图	产生原因	消除方法
齿根处过厚		展成长度不够或展成位置调整不当，使根部未磨完全。砂轮离开工件轴线太远	适当放大展成长度或调整展成位置。将砂轮适当移近工件轴线
齿根部有较长一段增厚		渐开线凸轮过渡磨损，砂轮修整器导轨有间隙	检查修理渐开线凸轮，检查调整砂轮修整器导轨
齿根部根切		砂轮离工件轴线太近	适当将砂轮移远工件轴线
齿顶部一小段磨去过多(顶切)		由于磨削力变化产生弹性变形，齿顶磨去过多	精磨时减小磨削深度，增加光磨次数，减小变形影响，在砂轮的适当位置，修凹砂轮，补偿塌角误差
齿面成波浪形		砂轮没有平衡好，砂轮主轴端部的径向跳动、轴向窜动超差，砂轮主轴轴承磨损后未调好	仔细平衡砂轮，检查砂轮主轴端部的径向跳动和轴向窜动，调整、修理主轴轴承
齿距偏差或齿距累积误差超差		分度盘安装偏心，轴线偏斜，工件主轴径向跳动过大，工件孔和安装心轴配合过松 分度盘精度差，齿槽有脏物、分度爪定位不准确，分度机构零件磨损	检查分度盘安装基准的跳动，检查并调整主轴，提高工件孔与心轴的配合精度 检查并清理分度盘齿槽，调整分度爪位置，更换磨损零件

续表

磨齿误差	误差简图	产生原因	消除方法
两边齿面的齿向误差方向相同	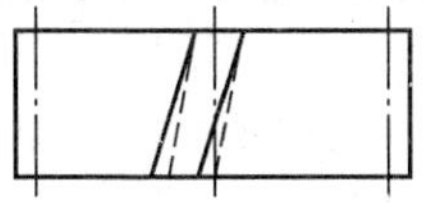	磨削螺旋角调整不准确	按照误差值微调磨削螺旋角
齿圈相对两边的齿向偏斜方向相反	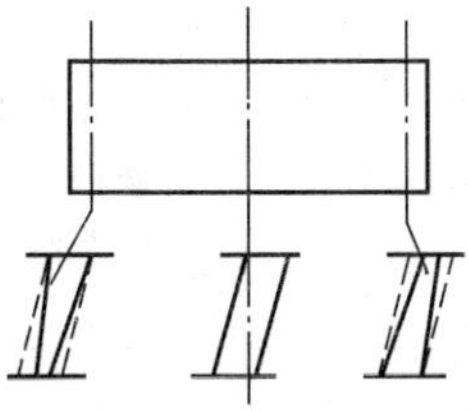	工件轴线与工件旋转轴线不重合	提高工件端面对孔的垂直精度，调整工件主轴端面的跳动
轮齿在齿向方向成鼓形或凹形		砂轮的工作面成为向内凹进或向外凸出的锥面	调整砂轮修整器的转角，使金刚石运动轨迹与砂轮的轴线相垂直
齿面粗糙度过大		砂轮的硬度和粒度不合适，砂轮磨钝、堵塞，砂轮没有平衡好，金刚石尖端磨钝修不光砂轮	选用硬度，粒度合适的砂轮，勤修砂轮，重新平衡砂轮，更换金刚石
磨另一边齿面时尺寸已到，齿面未全部磨出，有黑斑		滚齿或磨孔造成过大的偏心、齿厚的磨齿余量过小，第一边齿面磨去过多，第二边齿面余量不够	提高滚齿、磨孔的精度，注意校正几何偏心，适当放大磨齿余量，均匀磨去两边齿面的余量

4. 碟形双砂轮磨齿误差产生的原因与消除方法

见表 6-24。

表 6-24　碟形双砂轮磨齿误差产生的原因与消除方法（以马格 SD-32-X 型 0°磨削法为例）

磨齿误差	误差简图	产生原因	消除方法
压力角过大或过小	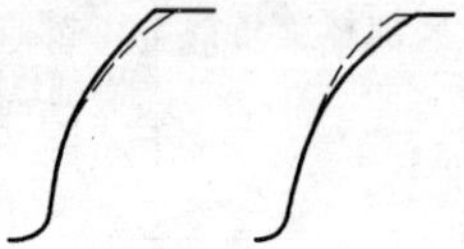	X 机构的杠杆比调整不当	重新调整 X 机构的杠杆比
齿顶顶切		砂轮刚性差	减小磨削深度，勤修砂轮，保持锋利，多次光磨
齿根凹入	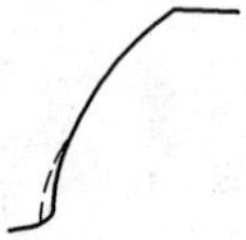	展成长度太长	适当减小展成长度
齿形局部偏差		滚圆盘径向跳动大，滚圆盘和钢带间有脏物	校正滚圆盘的径向跳动，清理滚圆盘和钢带间的脏物
齿顶凸出		展成长度太短，造成不完全展成	适当加大展成长度，使其完全展成
齿根凸出	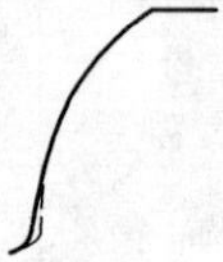	展成长度太短	适当加大展成长度
齿距偏差超差		分度盘本身精度不好，分度失灵，引起跳牙	修理或更换分度盘，调整分度机构

续表

磨齿误差	误差简图	产生原因	消除方法
齿距累积误差超差		分度盘安装不良，径向跳动大，工件主轴跳动过大，工件安装偏心，头架、尾座顶尖不同轴	正确安装分度盘，校正径向跳动，重新校准工件主轴，减小工件内孔和心轴的配合间隙，调整头架、尾座顶尖，使其同轴
螺旋角偏大或偏小	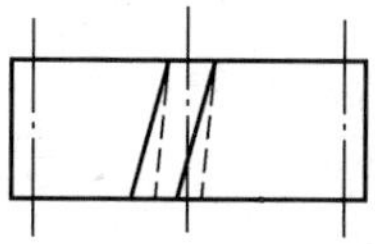	导向槽盘转角不对	校正导向槽盘的转角
齿向直线度不好	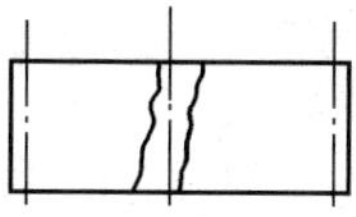	导向槽盘未紧固牢，磨削深度过大	紧固导向槽盘，减小磨削深度，多光磨

5. 蜗杆砂轮磨齿误差产生的原因与消除方法

见表 6-25。

表 6-25　　蜗杆砂轮磨齿误差产生的原因与消除方法

磨齿误差	误差简图	产生原因	消除方法
齿形不对称。齿顶向右或向左偏		修整砂轮时金刚石车刀或金刚石滚轮安装偏斜	微调金刚石车刀或滚轮的安装角度
压力角偏大或偏小	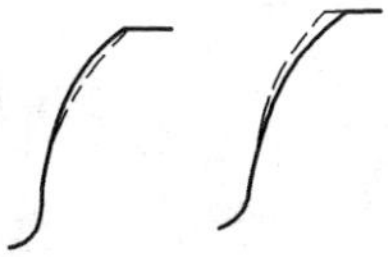	砂轮修形角度偏大或偏小，砂轮的螺距偏小或偏大	调整砂轮修形角度，重新修整砂轮的螺距

续表

磨齿误差	误差简图	产生原因	消除方法
齿顶顶切		金刚石车刀顶部磨损使砂轮根部未修准	重新修磨金刚石车刀，精修砂轮
齿顶偏厚		使用砂轮两端，螺纹长度不够，使展成不完全	将工件向砂轮中部移近些
齿根根切		砂轮螺纹齿形高度太大	修正砂轮外径
齿根偏厚	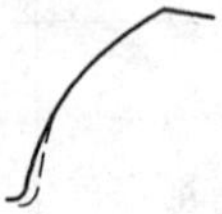	展成不完全，砂轮螺纹棱角磨损	将工件向砂轮中部移近些
两边齿面的齿向向同一方向偏斜	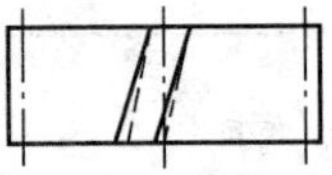	在平行于展成方向的平面中，上顶尖相对于下顶尖(旋转轴线)偏斜	调整上顶尖，使其与下顶尖在同一轴线上
两边齿面的齿向偏斜方向相反	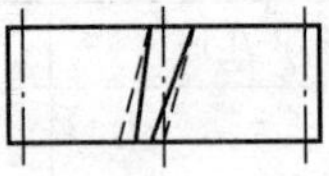	在垂直于展成方向的平面中，上顶尖相对于下顶尖(旋转轴线)偏斜	调整上顶尖，使其与下顶尖在同一轴线上
齿圈相对两边的齿向偏斜方向相反	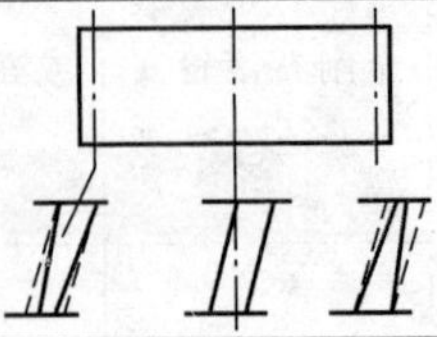	工件轴线和工件旋转轴线不同轴	调整或修磨下顶尖，调整工件主轴端面跳动，提高工件端面对孔的垂直度
齿距累积误差超差		工件安装有几何偏心	提高工件内孔与轴的配合精度，使工件轴线与工件旋转轴线同轴

第五节　花键轴磨削

一、概述

花键轴属于特种的轴类，常用于定中心连接或传递扭矩的场合，花键按齿形可分为矩形齿、三角形齿、梯形齿和渐开线齿四种。其中矩形齿齿形简单，加工工艺性较好，应用广泛。矩形齿有三种定心方式：即大径定心、小径定心和键侧定心（见图 6-46），以大径定心的花键轴，通常只磨削其外径。以小径定心的花键或花键经淬火以后，其小径和键侧均需磨削。花键轴可在花键磨床或工具磨床上磨削。

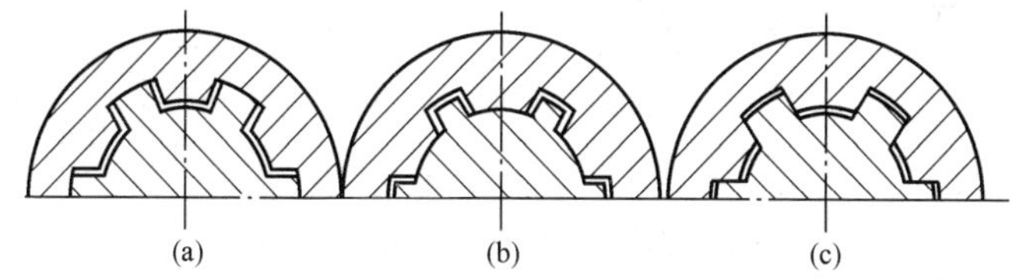

图 6-46　矩形齿花键的定心方式

（a）大径定心；（b）小径定心；（c）键侧定心

二、花键轴的磨削方法

1. M8612A 型花键轴磨床

图 6-47 所示为 M8612A 型花键轴磨床。主要由分度头架 1、

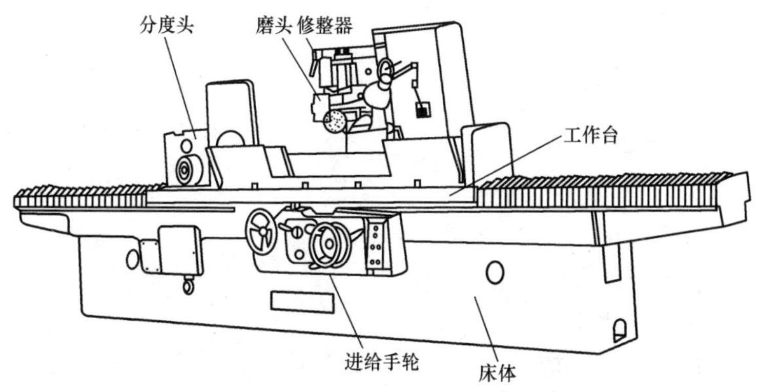

图 6-47　M8612A 型花键轴磨床

磨头 2、修整器 3、工作台 4、垂直进给手轮 6 等组成。可磨削大径小于 ϕ120mm 的矩形齿花键轴。

2. 磨削方法

根据工件的外形尺寸，可选择双砂轮磨削法和单砂轮磨削法两种磨削方法（见图 6-48）。

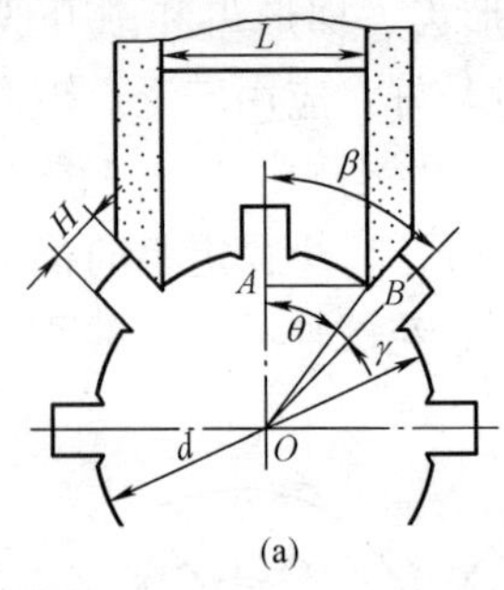

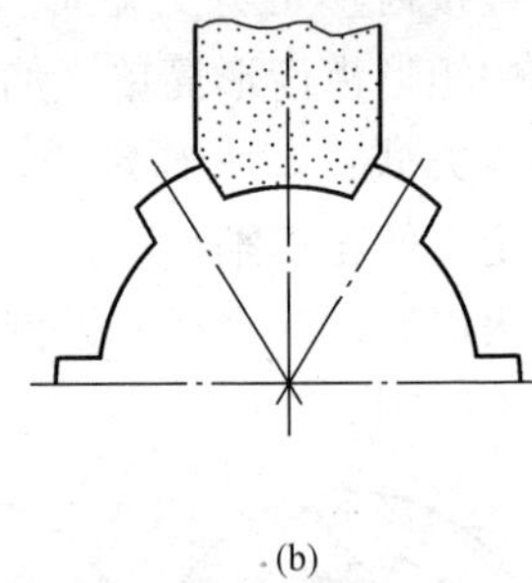

图 6-48　花键轴的磨削方法
（a）双砂轮磨削法；（b）单砂轮磨削法

（1）双砂轮磨削法。如图 6-48（a）所示，在砂轮主轴上安装两个砂轮磨削花键的键侧。两砂轮之间的距离 L（mm）可按下式计算

$$L = d \cdot \sin\theta$$

$$\theta = \beta - \gamma$$

$$\beta = \frac{360^\circ}{N}$$

$$\sin\gamma = \frac{H}{d}$$

式中　d——花键轴的小径，mm；

β——齿形圆周角，(°)；

N——键数；

H——齿宽度，mm。

（2）单砂轮磨削法。如图 6-48（b）所示，将砂轮修成齿槽形

面，以磨削键侧和小径，砂轮用专用修整器修整。

花键轴的磨削方法及特点见表 6-26。

表 6-26　花键轴的磨削方法及特点

磨削方法	简　图	特　点
磨花键轴大径		磨削方法与磨削圆柱面一样，是在外圆磨床上进行精加工，用于大径定心的花键轴
磨花键轴小径（底径）		用圆弧形砂轮磨削，其圆弧半径等于花键轴小径的半径，磨削时砂轮做旋转运动，花键轴作纵向进给。工件每往复行程一次退出砂轮。作一次分度动作（手动或用花键轴磨床的自动分度机构）。每完成花键一周磨削后，砂轮垂直进给一次，直至磨到要求为止，这种磨削方法，生产率较高，用于小径定心花键轴
用成形砂轮三面磨削		这种磨削方法是在花键轴磨床上进行加工，用成形砂轮一次可磨出花键轴小径与花键两侧面，用机床上的砂轮修整器进行修整，修整简单，调整方便，效率高，用于小径定心的花键轴
用双角度砂轮磨花键两侧面	L　β　B　θ　α　O　d	在心轴上同时安装两个角度砂轮磨削花键两侧面（如左图），砂轮之间距离 L 按下式计算 $L=d\sin\theta=d\sin(\beta-\alpha)$ $=d\sin\left(\frac{360}{N}-\arcsin\frac{B}{d}\right)$ 式中　d——花键轴小径，mm； B——键宽，mm； N——键数； β——两键中心夹角，(°)。 砂轮修整简单，调整较方便，尺寸 L 须调整准确，用于大径定心的花键轴

续表

磨削方法	简　图	特　点
用两个平行砂轮磨花键两侧面		在心轴上同时安装两个平行砂轮磨削花键两侧面（如左图），砂轮之间距离 L 按下式计算 $$L=\sqrt{d^2-B^2}$$ 式中　d——花键轴小径，mm； B——键宽，mm。 此方法调整方便，适用于大径定心的花键轴
用三个砂轮同时磨削花键小径和两侧面		在心轴上同时安装三个砂轮，磨削花键轴两侧面和小径（如左图），尺寸 c 按下式计算 $$c=\frac{d}{2}\sin\left(\frac{360}{N}-\arcsin\frac{B}{d}\right)-\frac{B}{2}$$ 式中　B——键槽宽度，mm。 砂轮修整较复杂，调整较难，尺寸 c 必须调整准确，用于小径定心的多键数花键轴

三、砂轮的选择及修整

1. 砂轮的选择

砂轮特性的选择见表 6-27。

表 6-27　砂轮特性的选择

加工简图	磨削方法	砂轮特性
	用成形砂轮磨两侧面及小径	白刚玉(WA)；棕刚玉(A)；46～60；M～N，5；V

续表

加工简图	磨削方法	砂轮特性
	用砂轮圆周面磨花键两侧面	白刚玉（WA）；棕刚玉（A）；46～60；S；4；B
	用锥形砂轮圆周面磨两侧面	白刚玉（WA）；棕刚玉（A）；46～60；S；4；B
	用成形砂轮磨小径表面	白刚玉（WA）；棕刚玉（A）；46～60；R；4；B

砂轮形状和尺寸的选择应根据磨床条件和工件形状来进行。磨削花键轴时，宜采用平形砂轮或单斜边二号砂轮，其直径为100～200mm。

2. 砂轮的修整及修整工具

（1）专用砂轮修整器。图6-49所示为M8612A型花键轴磨床的砂轮修整器。

修整前，先找正刻度盘1上的角度值，并锁紧左、右角度板2，拔起定中心销5，插入定位销8，推动手柄9使导轨10和座11上的金刚钻12、13移动修整砂轮的角度面，修整进给手轮3的刻度值为0.01mm。

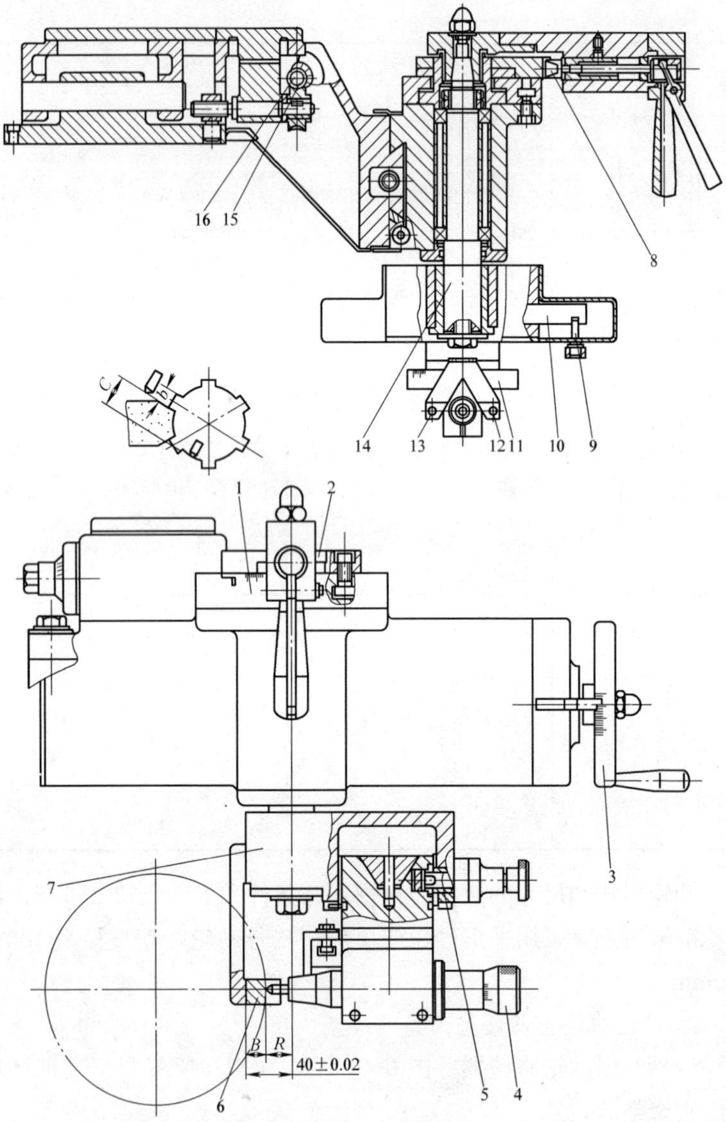

图 6-49　M8612A 型花键轴磨床砂轮修整器

1—刻度盘；2—角度板；3—手轮；4—捏手；5—定中心销；6—对刀块；7—回转架；8—定位销；9—手柄；10—导轨；11—座；12、13—金刚钻；14—主轴；15—蜗轮；16—蜗杆

修整圆弧时，推上定中心销 5，拔起定位销 8，使回转架 7 绕主轴 14 回转，即可修整砂轮的圆弧面。捏手 4 每格刻度值为 0.01mm，根据花键尺寸确定对刀块的尺寸 B（mm）。

$$B = 40 - R$$

式中 40——机器常数，mm；

R——修整圆弧半径，mm。

修整砂轮两斜面时，金刚钻位置 C（mm），可根据花键轴的小径和键宽求得。

$$C = (d - b)/2$$

式中 d——花键轴小径，mm；

b——花键键宽，mm。

为了保证花键对轴中心的对称度，可用蜗杆 16 蜗轮 15 调整。

（2）通用砂轮修整器。图 6-50 所示砂轮修整器，它可安装在砂轮架的壳体上，修整工具是金刚石笔。

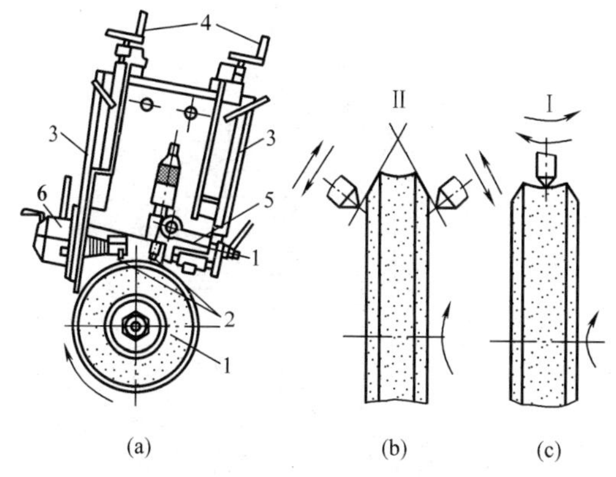

图 6-50 成形砂轮修整器

（a）修整器简图；（b）修整砂轮侧面简图；（c）修整砂轮中部简图

1—砂轮；2—金刚石笔；3—托架；4—切入进给手轮；

5—修整砂轮中部的旋转支座；6—修整砂轮侧面的支座

图 6-51 所示为修整两个组合砂轮侧面的装置，它可以紧固在机床工作台上或磨头壳体上。

图 6-52 所示为修整磨削矩形花键轴砂轮的修整装置，它是由

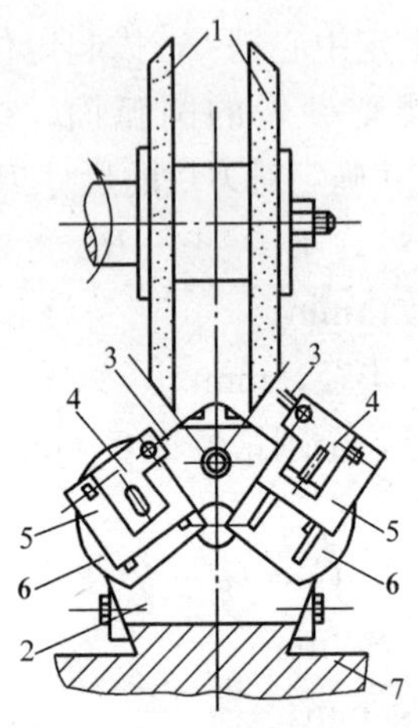

图 6-51 修整两个组合砂轮侧面的装置

1—砂轮；2—夹具底座；3—金刚石笔；4—支座；5—移动托架；6—旋转板；7—机床工作台

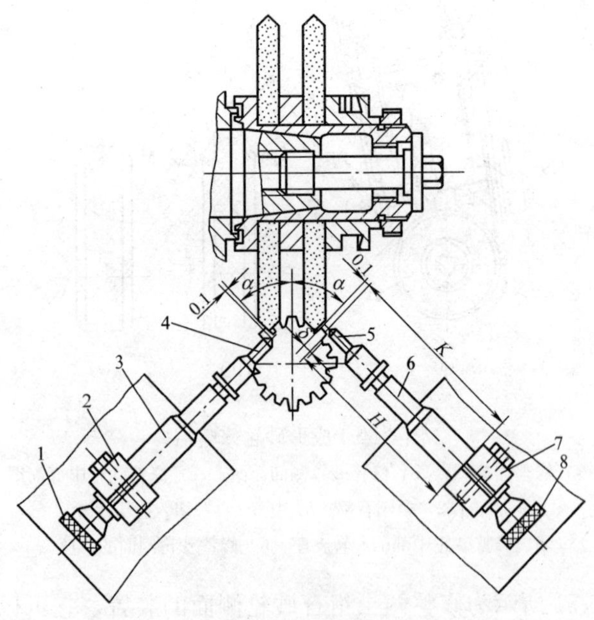

图 6-52 砂轮修整机构

1、8—微调螺杆；2、7—摇杆；3、6—支撑杆；4、5—金刚石笔两个修整侧面和一个圆弧小径的金刚石笔组成，转动带有金刚石笔4和5的支承杆3和6即可修整。花键轴的廓形角是由修整机构的手轮根据角度尺的刻度来实现的。

3. 分度

图6-53所示为M8612A型花键轴磨床头架分度机构。主要由主轴2、分度板1、齿条活塞8和超越离合器10等组成。

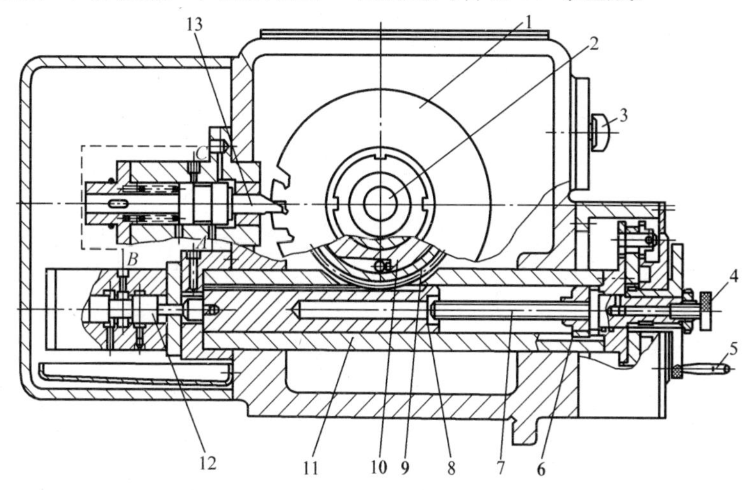

图6-53　M8612A型花键轴磨床分度机构

1—分度板；2—主轴；3—选择阀；4—螺钉；5—手轮；6—螺母；7—螺杆；8—齿条活塞；9—齿轮；10—超越离合器；11—液压缸；12—分配阀；13—插销

其分度机构由液压传动，当工作台行程至左端时，压力油至油口A，推动齿条活塞8向左移动，超越离合器10打滑。同时，分配阀开关3使油液至换向阀12的油口，经油口B至油口C将插销13拔出；另一路油推动齿条活塞向右移动，超越离合器10使主轴2回转分度。其后，插销插入另一分度槽中，完成一次分度，工作台随即启动向右运动。

为了适应不同的分度，须调整齿条活塞的行程，调整时，转动手柄5，经螺杆7使螺母6移动即可。

四、工艺参数的选择

1. 加工余量及公差

矩形外花键（花键轴）和内花键的加工余量和公差见表 6-28。

表 6-28　磨削花键的加工余量和公差（mm）

<table>
<tr><td>尺寸图</td><td colspan="7"> 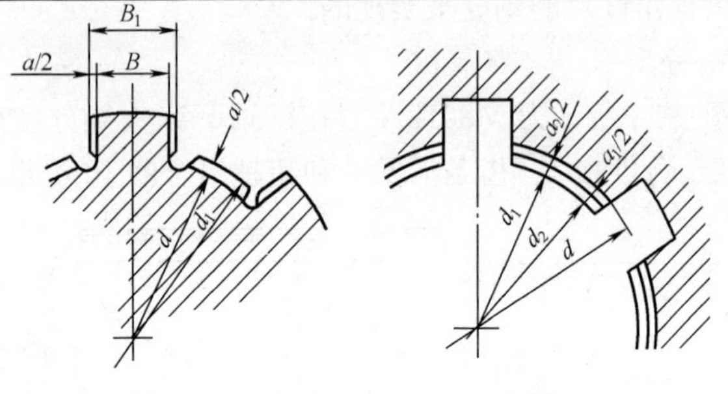(a)　(b)</td></tr>
<tr><td rowspan="22">磨削外花键的加工余量及公差，见图（a）</td><td rowspan="2">花键小径基本尺寸 d</td><td rowspan="2">花键键宽基本尺寸 B</td><td rowspan="2">磨削余量 a</td><td colspan="4">磨削前</td></tr>
<tr><td>小径 d_1</td><td>极限偏差 (h9)</td><td>键宽 B_1</td><td>极限偏差 (h10)</td></tr>
<tr><td>11</td><td>3</td><td rowspan="10">0.20</td><td>11.20</td><td rowspan="2">0
−0.043</td><td>3.20</td><td rowspan="5">0
−0.048</td></tr>
<tr><td>13</td><td>3.5</td><td>13.20</td><td>3.70</td></tr>
<tr><td>16</td><td>4</td><td>16.20</td><td rowspan="5">0
−0.052</td><td>4.20</td></tr>
<tr><td>18</td><td>5</td><td>18.20</td><td>5.20</td></tr>
<tr><td>21</td><td>5</td><td>21.20</td><td>5.20</td></tr>
<tr><td>23</td><td>6</td><td>23.20</td><td>6.20</td><td rowspan="7">0
−0.058</td></tr>
<tr><td>26</td><td>6</td><td>26.20</td><td>6.20</td></tr>
<tr><td>28</td><td>7</td><td>28.20</td><td rowspan="4">0
−0.062</td><td>7.20</td></tr>
<tr><td>32</td><td>6</td><td>32.20</td><td>6.20</td></tr>
<tr><td>36</td><td>7</td><td>36.20</td><td>7.20</td></tr>
<tr><td>42</td><td>8</td><td rowspan="8">0.30</td><td>42.30</td><td>8.30</td></tr>
<tr><td>46</td><td>9</td><td>46.30</td><td rowspan="3">0
−0.074</td><td>9.30</td></tr>
<tr><td>52</td><td>10</td><td>52.30</td><td>10.30</td><td rowspan="7">0
−0.070</td></tr>
<tr><td>56</td><td>10</td><td>56.30</td><td>10.30</td></tr>
<tr><td>62</td><td>12</td><td>62.30</td><td rowspan="6">0
−0.087</td><td>12.30</td></tr>
<tr><td>72</td><td>12</td><td>72.30</td><td>12.30</td></tr>
<tr><td>82</td><td>12</td><td>82.30</td><td>12.30</td></tr>
<tr><td>92</td><td>14</td><td>92.30</td><td>14.30</td></tr>
<tr><td>102</td><td>16</td><td></td><td>102.40</td><td>16.40</td></tr>
<tr><td>112</td><td>18</td><td></td><td>112.40</td><td>18.40</td><td>0
−0.084</td></tr>
</table>

续表

	花键小径基本尺寸 d	拉削余量 a_1	磨削余量 a_2	拉前小径 d_2	拉前小径 极限偏差(h10)	拉后小径 d_1	拉后小径 极限偏差(h7)
磨削、拉削内花键的加工余量及公差见图(b)	11	0.25	0.15	10.60	$^{+0.070}_{0}$	10.85	$^{+0.018}_{0}$
	13			12.60		12.85	
	16			15.60		15.85	
	18			17.60		17.85	
	21			20.60	$^{+0.084}_{0}$	20.85	$^{+0.021}_{0}$
	23			22.60		22.85	
	26	0.30		25.55		25.85	
	28			27.55		27.85	
	32			31.55	$^{+0.100}_{0}$	31.85	$^{+0.025}_{0}$
	36			35.55		35.85	
	42			41.55		41.85	
	46			45.55		45.85	
	52		0.20	51.50	$^{+0.120}_{0}$	51.80	$^{+0.030}_{0}$
	56			55.50		55.80	
	62			61.50		61.80	
	72	0.35	0.25	71.40		71.75	
	82			81.40	$^{+0.140}_{0}$	81.75	$^{+0.035}_{0}$
	92			91.40		91.75	
	102			101.40		101.75	
	112			111.40		111.75	

2. 磨削用量及其选择

磨削花键轴的用量参数如图 6-54 所示。

(1) 磨削速度 v_s。v_s 一般在(25～45)m/s 之间，低速属于小直径的砂轮。为了保证砂轮的圆周线速度 v_s，砂轮主轴有不同的转速。因此机床配有相应的变速带轮，如 M8612A 型花键轴磨床可按表 6-29 选择带轮直径。

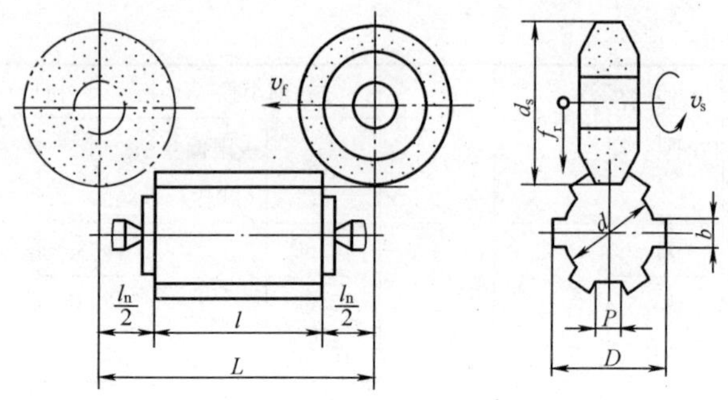

图 6-54　花键轴的磨削用量

表 6-29　　　　　M8612A 型花键轴磨床的带轮直径

砂轮直径（mm）	砂轮主轴转速（r/min）	50Hz			60Hz		
		带轮直径（mm）		皮带长度（mm）	带轮直径（mm）		皮带长度（mm）
		砂轮主轴	电动机		砂轮主轴	电动机	
150～200	3000	100	100	810	120	100	810
100～150	4500	65	100	760	100	125	810
＜100	6000	65	135	810	65	109	760

（2）纵向进给量 v_f（工作台运动速度）。v_f 取决于花键长度 l 及其键数 N。当键长为 60mm 时，纵向进给量为(5～8)m/min，而键长为 250mm 时，纵向进给量可增大到 16m/min，当用挡块磨削时，工作台的运动速度不应超过 8m/min。

（3）砂轮的径向进给量 f_r。f_r 取决于加工方法与被磨表面接触周边长度。当同时磨削键侧面和小径表面时，砂轮周边和花键接触长度小于 10mm 时，其径向进给量为 0.018～0.036mm，其中进给量的大值与工作台运动速度 v_f＝6m/min 相适应，随磨削工件的周边长度增加到 20mm，径向进给量应减小到 0.002～0.005mm。

当完成粗磨和半精磨后，尚须进行无径向进给的工作行程，或进给量为 0.002～0.005mm 的工作行程，称为光磨。具体数值见表 6-30。

表 6-30　　　磨花键的切削用量（淬火钢工件）

单面加工余量 h（mm）	工作台运动速度 v_f（m/min）	径向进给量（mm）			行程数			
		行程名称						
		粗磨	半精磨	光磨	粗磨	半精磨	光磨	共计
0.16	8.0	0.032～0.043	0.01	0.003	3	3	1	7
	10.0	0.028～0.038	0.009	0.003	4	3	1	8
	12.5	0.025～0.034	0.009	0.003	4	3	1	8
	16.0	0.022～0.029	0.007	0.002	5	3	1	9
0.20	8.0	0.036～0.048	0.012	0.004	4	2	1	7
	10.0	0.032～0.042	0.010	0.003	4	3	1	8
	12.5	0.028～0.037	0.009	0.003	5	3	1	9
	16.0	0.024～0.032	0.008	0.003	6	3	1	10
0.25	8.0	0.040～0.054	0.014	0.004	5	2	1	8
	10.0	0.035～0.047	0.012	0.004	6	2	1	9
	12.5	0.031～0.042	0.010	0.003	6	3	1	10
	16.0	0.027～0.035	0.009	0.003	7	3	1	11
0.30	8.0	0.046～0.061	0.015	0.005	6	2	1	9
	10.0	0.040～0.054	0.013	0.004	7	2	1	10
	12.5	0.036～0.048	0.012	0.004	8	2	1	11
	16.0	0.030～0.040	0.010	0.003	8	3	1	12
0.40	8.0	0.051～0.068	0.017	0.005	7	2	1	10
	10.0	0.045～0.060	0.015	0.005	8	2	1	11
	12.5	0.040～0.053	0.013	0.004	9	2	1	12
	16.0	0.034～0.045	0.011	0.004	9	3	1	13
0.50	8.0	0.057～0.076	0.019	0.006	8	2	1	11
	10.0	0.050～0.067	0.017	0.005	9	2	1	12
	12.5	0.045～0.059	0.015	0.005	10	2	1	13
	16.0	0.038～0.050	0.013	0.004	11	2	1	14

注　1. 当工件表面粗糙度 $Ra0.4\mu m$ 及节距精度 $\Delta<0.01mm$ 时，须增加无径向进给两次行程。

2. 当同时用两只磨轮磨侧表面时，可减少一次粗行程数。

3. 当加工工件的周边长≥16mm 时，须增加一次粗行程；当加工工件的周边长≤8mm 时，须减少一次粗行程。

4. 当长度与直径之比超过 4 时，须按下表增加行程数。

$\frac{L}{D}$	4～6		6～10			>10		
总行程数	≤12	>12	<8	<12	>12	<8	<12	>12
增加行程数	1	2	1	2	3	2	4	6

3. 机动时间的计算

花键磨削的机动时间 T_m（min）可按下式计算

$$T_m \frac{2(l+y)}{1000v_f}(\mu_0+\mu)N+t_x N(\mu_0+\mu)$$

$$y=l_1+l_2$$

$$l_1=\sqrt{h(d_s-h)}+(10\sim15)$$

$$\mu_0=(a-a')/f_r$$

式中　l——花键长度，mm；

y——砂轮的切入量和切出量之和，mm；

l_1——砂轮的切入量，mm；

l_2——砂轮的切出量，mm，一般取 5～10mm；

μ_0——粗磨和半精磨时的工作行程数；

a——花键的单边余量，mm；

a'——光磨时的被磨层厚度，mm；

f_r——砂轮的径向进给量，mm；

μ——光磨时的工作行程数；

v_f——纵向进给速度（工作运转速度），m/min；

t_x——每键的分度时间，$t_x=(0.005\sim0.040)$ min/N；

N——花键键数。

五、影响磨削加工质量的因素与解决方法

1. 花键磨削时应注意的事项

（1）要修研好工件的中心孔，以保证花键大、小径的同轴度。

（2）工件装在两顶尖上之后，应校正工件的上、侧素线，其偏差一般在 0.005mm 以内，并用卡板校正键的侧面，使花键中心面对准砂轮的中心面。

（3）根据花键轴的键数，调整好分度机构。

（4）检查头架顶针的同轴度，使顶针的径向圆跳动在 0.005mm 以内。

（5）调整好工作台行程，避免工件在分度时与砂轮相碰。

（6）粗磨时进给量为 0.02～0.04mm，工作台速度在（5～10）m/min 之间；精磨时进给量为 0.005～0.01mm，工作台速度在

(1～5)m/min 之间。

(7) 为保持砂轮边角锋利，砂轮硬度不能太软，磨花键侧面时一般选 K～L，磨花键内径时选用 H～J。

(8) 磨削细长花键轴时可使用中心架，以减少工件的弯曲变形。

2. 花键轴磨削的主要误差与解决方法

花键磨削时，花键轴的几何形状误差产生的原因很多，主要的原因和解决方法见表 6-31。

表 6-31　　花键轴磨削的主要误差与解决方法

花键轴误差	产生原因	解决方法
花键轴小径圆产生锥形、腰鼓形、圆弧与中心线的偏移	(1) 由于头架、尾座顶尖高度不一致产生锥形 (2) 磨削细长花键轴时，因工件弹性变形，磨削后产生腰鼓形 (3) 砂轮修整器的圆弧中心线与分度机构中心线不重合，砂轮纵断面的对称线与分度机构中心线不重合，砂轮磨损等	(1) 用百分表和标准心轴重新校正头架、尾座顶尖高度 (2) 采用千斤顶或中心架支撑工件中部，克服磨削变形 (3) 用对刀样板重新检查调整金刚石笔位置。应调整偏移量小于 0.01mm (4) 要定期修整砂轮，修整后不得发生横向移动
花键轴外圆与底圆同轴度误差	(1) 根圆和外圆的顶尖孔不准确，工艺基准不一致 (2) 分度头架轴承间隙大 (3) 分度头架顶尖有径向圆跳动	(1) 研磨花键轴的顶尖孔 (2) 重新调整轴承，并保证调挡间隙 (3) 仔细检查并重新安装顶尖
花键圆周分布不均匀，键侧有不等分误差；键侧对中心线不平行，有花键齿向误差；花键两侧面不平行	(1) 分度机构不准确，分度板等分和内孔精度差 (2) 分度板插销没有插好 (3) 分度头架顶尖有径向圆跳动 (4) 头架、尾座顶尖轴线不同轴 (5) 头架、尾座顶尖中心连线与工作台导轨不平行 (6) 砂轮夹角大于或小于工件夹角	(1) 重新检查分度板，分度误差超差时应及时更换或重磨 (2) 用百分表和标准心轴校正两顶尖轴线的重合度和纵向偏差 (3) 更换或重磨顶尖 (4) 用对刀样板调整砂轮修整器角度，使其符合工作要求 (5) 调整头架、尾座顶尖上下、前后螺钉 (6) 修磨机床导轨
花键轴定心表面的粗糙度不符合要求	砂轮特性的选择不正确	选择粒度号较大的砂轮

第六节 偏心零件的磨削

一、偏心的磨削

偏心零件是一种较复杂的零件，我们通常把偏离零件旋转轴线的外圆称作偏心圆，偏心圆轴线与旋转轴线的距离称为偏心距。常见的偏心零件有偏心轴、偏心套和曲轴等。

偏心零件上偏心部位的几何中心与整体回转中心不重合，偏心部位上的孔或轴除有一般孔、轴类零件的一切精度外，同时还与整体回转中心或基准表面保持一定的几何位置精度和尺寸关系。

一般偏心零件可采用两顶尖、四爪单动卡盘和专用夹具装夹进行磨削。

1. 在两顶尖间装夹磨削偏心

图 6-55 所示为有两个偏心圆的轴，在工件两端有三对中心孔，磨削轴颈 1、4 时，用中心孔 B 定位；磨削偏心圆 2 时，用中心孔 A 定位；磨削偏心圆 3 时，用中心孔 C 定位。这种方法的特点时工件的装夹较简单，偏心距由中心孔保证。

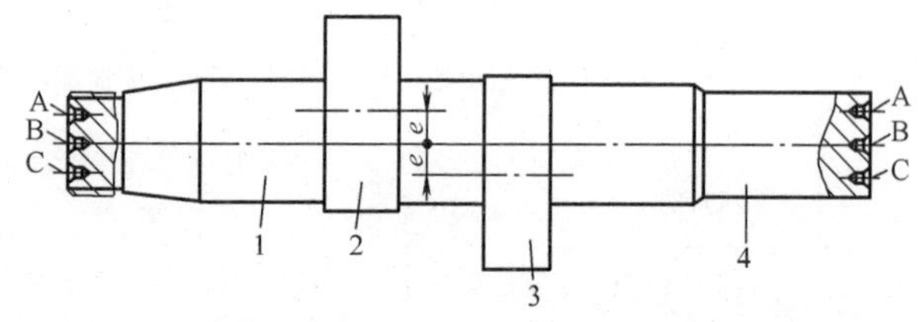

图 6-55 用两顶尖间装夹磨削偏心

2. 用专用夹具装夹磨削偏心

图 6-56（a）所示为一种带中心孔的偏心夹具，将夹具套装在工件已磨好的两端外圆上，然后用夹具上的中心孔 A 和 C，磨削偏心圆。图 6-56（b）所示为一偏心套用偏心轴装夹的方法。偏心夹具通常用于大批量生产中，可获得较高的加工精度和劳动生产率。

3. 用四爪单动卡盘装夹磨削偏心

在单件生产中，常用四爪单动卡盘装夹，磨削长度较短的偏心

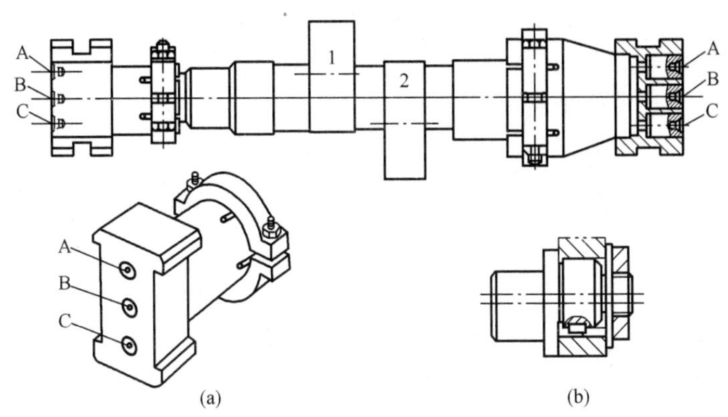

图 6-56　用偏心夹具装夹工件

（a）带中心孔的夹具；（b）偏心心轴

零件。图 6-57（a）所示为用四爪单动卡盘装夹工件的方法。经精确测量偏心距后，再精磨偏心至尺寸，一般可达到较高的加工精度。图 6-57（b）所示为粗磨后测量偏心距的方法，测量时用手转

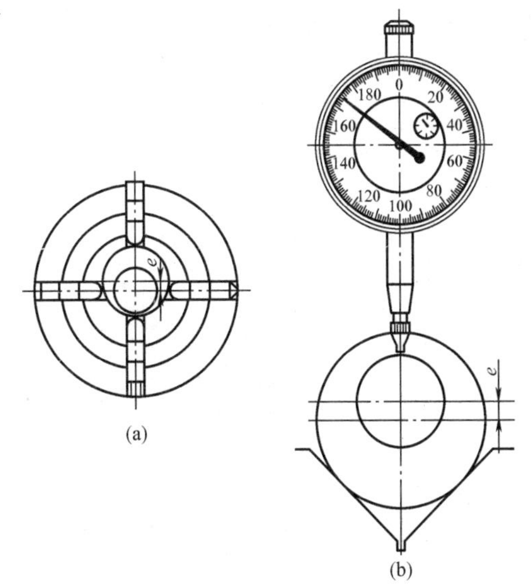

图 6-57　用四爪单动卡盘装夹工件和偏心距的测量

（a）用四爪单动卡盘装夹工作；（b）测量偏心距

动工件，百分表偏摆量的一半，即为工件的实际偏心距。测出的偏心距误差需在精磨调整卡盘时加以修正。

二、偏心轴磨削工艺

偏心轴典型零件如图 6-58 所示。

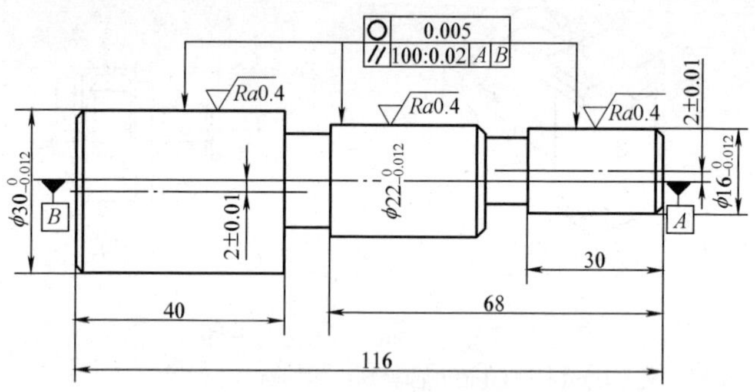

图 6-58 双向偏心轴

图 6-58 所示为特殊结构的双向偏心工件，偏心精度很高，且为单件生产，其磨削加工工艺见表 6-32。

表 6-32　　偏心轴磨削加工工艺

工序	工步	工 序 内 容	设 备	定位基准
1		垫块法三爪自定心卡盘内夹 ϕ22mm 外圆，找正 ϕ30mm 外圆高低点，粗、精磨 ϕ30mm 至尺寸	M1432A	ϕ22mm 外圆
2		四爪单动卡盘内安装 1# 偏心套，以 ϕ30mm 外圆为基准磨 ϕ22mm 至尺寸	M1432A	偏心套 ϕ30mm 外圆
	1	修磨四爪单动卡盘夹持弧		
	2	校正机床		
	3	四爪单动卡盘夹 1# 偏心套，工件在偏心套内校正 ϕ22mm 外圆偏心点		
	4	粗磨 ϕ22mm～$\phi22_{+0.2}^{+0.3}$mm		
	5	百分表检测偏心距		
	6	根据检测结果微调四爪单动卡盘，精磨 ϕ22mm		

续表

工序	工步	工序内容	设备	定位基准
3		以 $\phi30_{-0.012}^{0}$ mm 外圆为基准，四爪卡盘夹 2# 偏心套，磨 $\phi16$mm 至尺寸	M1432A	偏心套 $\phi30$mm 外圆
	1	四爪单动卡盘安装 2# 偏心套，并校正端面及外圆		
	2	工件以 $\phi30_{-0.012}^{0}$ mm 外圆安装在偏心套内，校正 $\phi22$mm 偏心点，保证偏心误差 0.01mm		
	3	粗磨 $\phi16$mm～$\phi16_{+0.2}^{+0.3}$mm		
	4	用等高比较法检测 $\phi16$mm 偏心距		
	5	根据实测结果调整，精磨 $\phi16$mm 至尺寸		

三、曲轴的磨削方法

用于汽车、拖拉机和柴油机的曲轴是一种形状复杂的偏心零件，其曲柄颈和主轴颈均有较高的加工精度和较细的表面粗糙度要求。图 6-59 所示为曲轴的简图，磨削的主轴颈尺寸为 $\phi75$h6，曲柄颈尺寸为 $\phi62$h6，六节曲柄颈分三组成 120°角。其中 A—A 剖视表示 1、6 曲柄颈；B—B 剖视表示 2 和 5 曲柄颈；C—C 剖视表示 3 和 4 曲柄颈。各轴颈均有轴肩宽度尺寸和 $R3\pm0.5$mm 圆弧。为了保证曲轴上几个曲柄颈的相互位置精度，必须在曲轴磨床上采用能

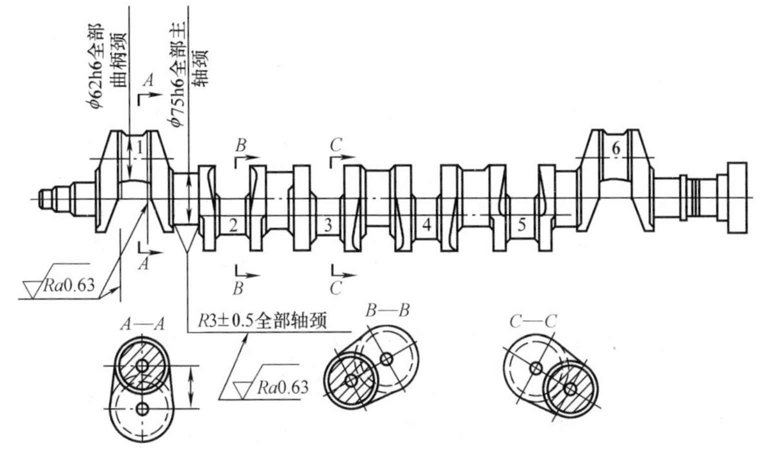

图 6-59　曲轴简图

分度的卡盘在一次装夹中磨完全部轴颈。

图 6-60 所示为 MQ8240 型曲轴磨床，适用于大批大量磨削各种曲轴，磨床由床身 1、工作台 16、头架 2、尾座 10、左卡盘 5 和右卡盘 8 等部件组成。安装工件时，用卡盘定位插销 4、9 将卡盘固定，砂轮架 6 的快速进退和工作台 16 的纵向移动，均由液压驱动。机床具有安全的连锁，当加工曲轴时，将选择开关旋在“曲轴”两字位置上，砂轮架在磨削位置时，工作台只能由手轮 15 手动，不能液动。当操作手柄 12 使砂轮架后退位置时，工作台可液动。砂轮架进给由手轮 11 操纵。当磨削一般外圆时，可启动手柄 14，并用旋钮 13 调节工作台速度。

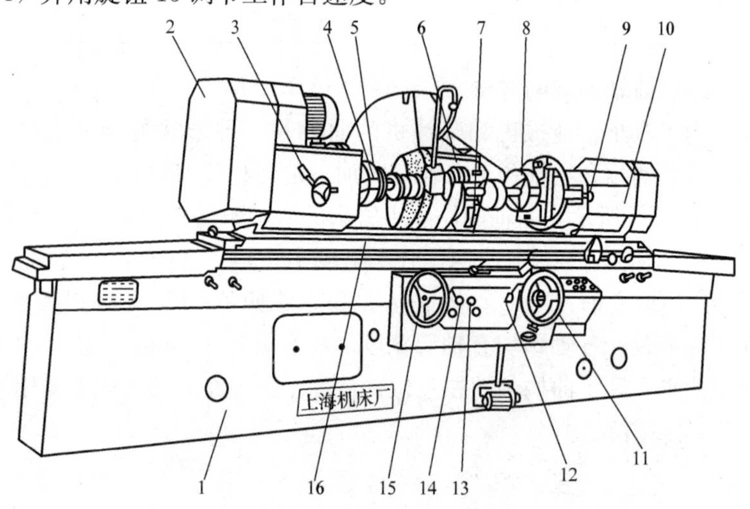

图 6-60　MQ8240 型曲轴磨床

1—床身；2—头架；3—磨削曲轴启动手柄；4、9—卡盘定位插销；5—左卡盘；6—砂轮架；7—中心架；8—右卡盘；10—尾座；11—横向进给手轮；12—砂轮架快速退刀手柄；13—工作台调速旋钮；14—工作台液压开停手柄；15—工作台纵向手轮；16—工作台

图 6-61 所示为 MQ8240 型曲轴磨床的头架结构。头架传动是由双速电动机经带轮 3、13、11 再通过摩擦片 5 带动带轮 10、9 使主轴 2 转动，主轴转速为 42、84、65、130r/min。

主轴 2 是装在精密的角接触球轴承上的。当磨削曲轴时应装上

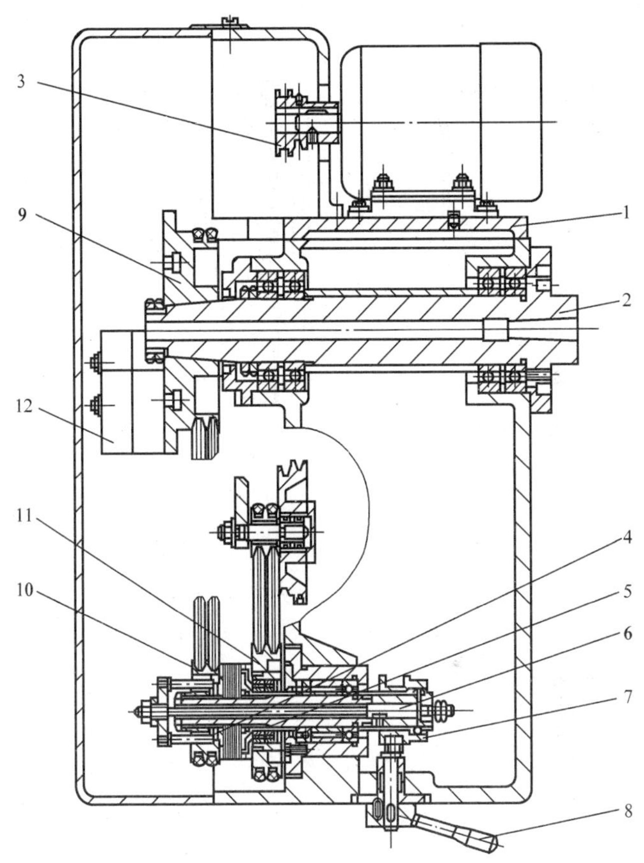

图 6-61　MQ8240 型曲轴磨床头架

1—体壳；2—主轴；3、9、10、11—带轮；4—轴；
5—摩擦片；6—传动轴；7—套；8—手柄；12—平衡块

带爪卡盘。为了不使工件在起动时受冲击力的作用而造成错位，操作时应逐步将手柄 8 压紧，使套 7 逐步压紧滚珠，传动轴 6 向右移动，并由三根轴 4 压紧摩擦片。

左右卡盘安装在头尾架的花盘上（见图 6-62），被磨曲轴装夹在三爪自定心卡盘中，调整曲轴半径时，先拧松四只螺钉 2，转动丝杠 1，使卡盘移动到所需位置。

磨削前先将工件装夹在左右卡盘之间，然后用样板校正轴颈上

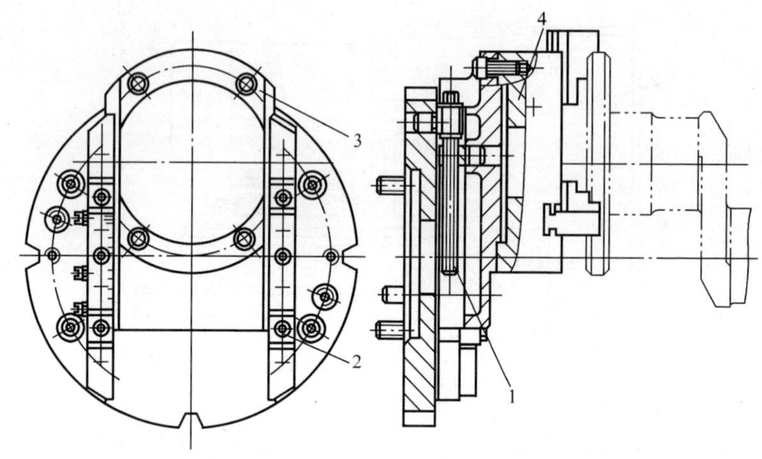

图 6-62　左右卡盘

1—螺杆；2—螺钉；3—滑板；4—卡盘座

下和前后方向的位置。图 6-63 所示为垂直样板，用来校正轴颈的上下位置偏差。使用时把样板放在测量桥板上，当 V 形面轴颈上下部全部接触，即说明位置已调整好。图 6-64 所示为水平样板，用来校正轴颈的前后偏差，使用前先用一直径和轴颈相同的量棒与滚轮 1 接触，将杠杆 2 与百分表 3 校正到零位。样板调整好后，即可校正轴颈的前后方向的位置。

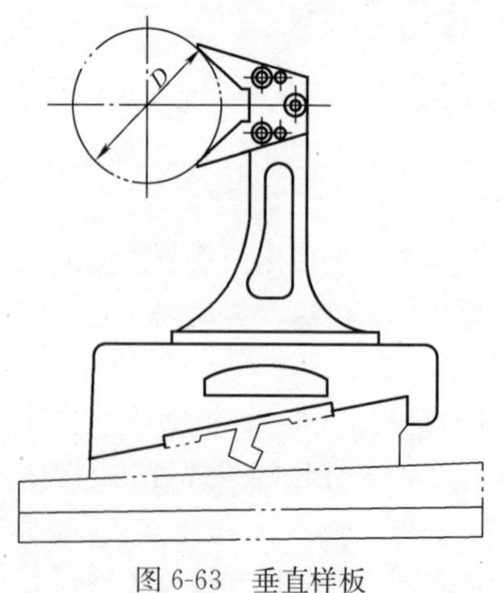

图 6-63　垂直样板

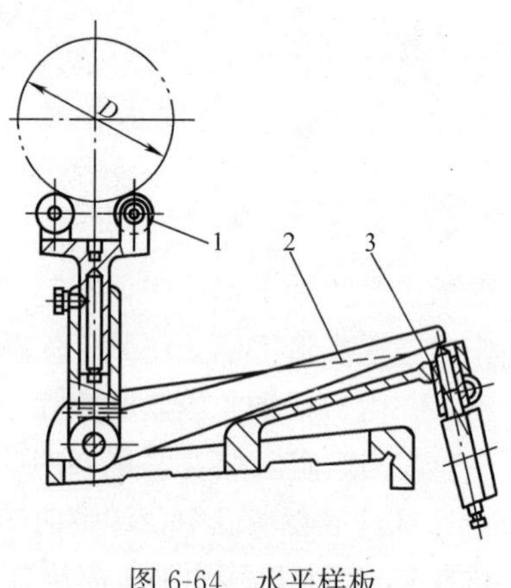

图 6-64　水平样板

1—滚轮；2—杠杆；3—百分表

曲轴的磨削方法基本上与外圆切入磨削法相同，先用砂轮磨出外圆，然后移动工作台分别磨出两端轴肩面和 R 圆弧面。在磨削时要注意曲轴的换挡，避免碰撞发生事故。切入磨削法时产生的磨削力和磨削热比普通磨削大十几倍。为了保证曲轴的加工精度，要将磨削余量分粗，精磨切除，并注意充分冷却。

曲轴轴颈与端面连接为过渡圆弧，其精度由砂轮修整装置保证。

四、曲轴的磨削工艺

1. 工艺准备

（1）阅读分析图样。图 6-65 所示为三拐曲轴，主轴颈尺寸为 $\phi65^{+0.021}_{+0.008}$mm，表面粗糙度值为 $Ra0.8\mu$m。外圆尺寸为 $\phi50^{\ 0}_{-0.014}$ mm、$\phi50^{\ 0}_{-0.021}$ mm，曲柄轴颈尺寸为 $\phi64^{-0.020}_{-0.053}$ mm，表面粗糙度值为 $Ra0.8\mu$m。曲柄互成 120°角度，各轴颈的端面圆弧半径为 $R_3\pm0.5$mm。曲柄轴颈的位置度公差为 $\phi0.1$mm。工件材料为 QT800-2。

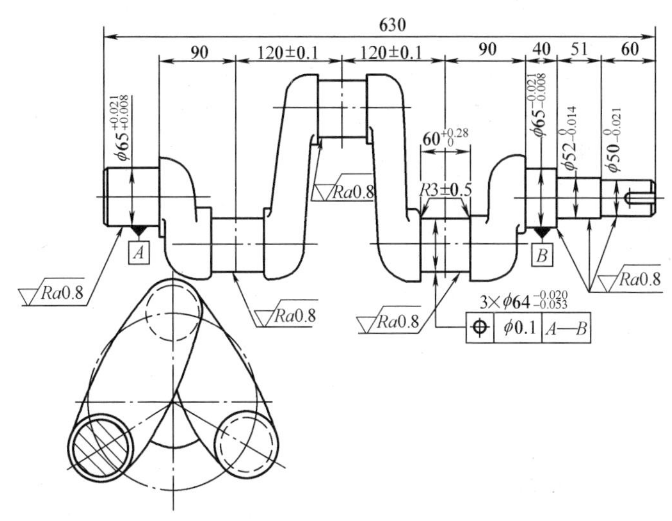

图 6-65　三拐曲轴

（2）磨削工艺。曲轴的磨削工艺与外圆的切入磨削法相同。先分别磨削主轴颈及其外圆，然后磨削曲柄颈及轴肩和 R 圆弧面。切入磨削时产生的磨削力和磨削热比外圆磨削大十几倍，为了保证曲轴的加工精度，要将磨削余量分粗、精磨切除，并注意充分冷却。

曲柄互成120°角度。为了保证曲轴上几个曲柄颈的相互位置精度，磨削工艺上应该在一次装夹中，分度磨完全部曲柄颈。曲轴轴颈与端面的过渡圆弧 R，其精度由砂轮修整器保证。

磨削用量：$v_s=35m/s$，$n_w=65r/min$，$a_p=0.005\sim0.01mm$。

（3）工件的定位装夹。采用左右卡盘装夹，并用水平样板、垂直样板校正轴颈位置。

（4）选择砂轮。选用WAF60M6V。

（5）选择设备。采用MQ8240型曲轴磨床。

2. 工件磨削步骤

（1）粗、精磨主轴颈尺寸为 $\phi65^{+0.021}_{+0.008}$mm 至尺寸要求。圆度误差应小于0.01mm。

（2）磨外圆 $\phi50^{\ 0}_{-0.014}$mm、$\phi50^{\ 0}_{-0.021}$mm 至尺寸。

（3）用左右卡盘装夹，找正工件。以工件两端的主轴颈为基准，用左右卡盘装夹并调整曲柄颈位置，使其与头架主轴旋转中心重合。

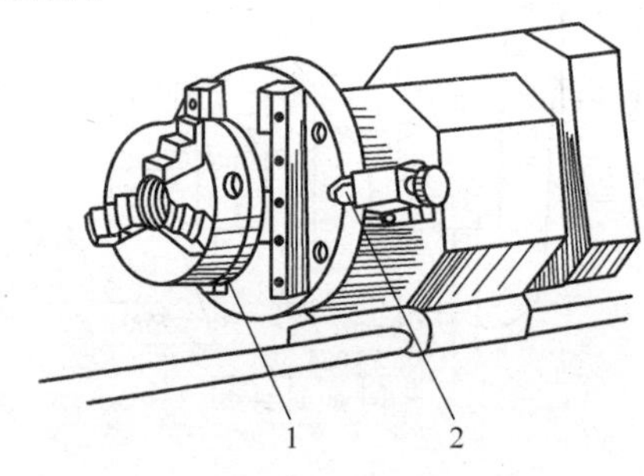

图6-66　尾座十字卡盘锁定

1—右卡盘；2—定位销

如图6-66所示，锁定尾座十字卡盘的定位销，使十字卡盘的移动导轨处于垂直位置。

（4）锁定头架十字卡盘的定位销，用三爪自定心卡盘装夹工件，如图6-67所示。

（5）用样板调整被磨曲轴颈的轴心位置。调整时，先放松卡盘滑板的紧固螺钉，用扳手转动螺杆，使卡盘滑板沿着导轨上下移动。

（6）图6-68所示为用垂直样板调整曲柄颈的上下位置的方法。当水平样板的V型架与曲柄颈前后全部接触时，即说明水平位置已调整好。

（7）如图6-69所示，用水平样板调整曲柄颈的前后位置。调整时，把垂直样板放在桥板上，并使垂直样板的V型架与曲轴颈

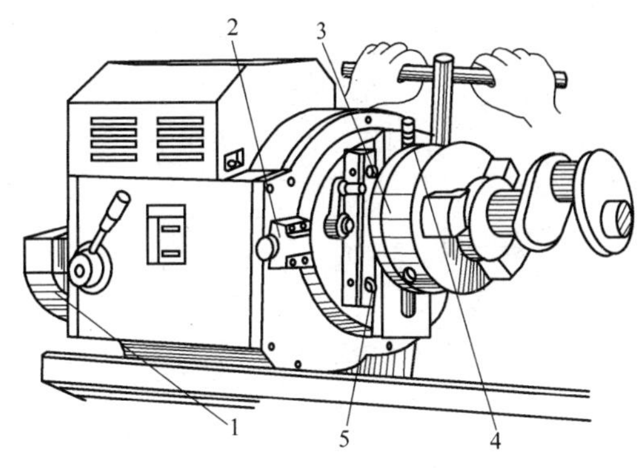

图 6-67　头架十字卡盘锁定

1—平衡块；2—定位销；3—左卡盘；4—螺杆；5—螺钉

接触，调整螺杆，当垂直样板的 V 型架与曲柄颈上下全部接触时，即说明垂直位置已调整好。

(8) 装置平衡块，使主轴转至任意位置时均处于静平衡。

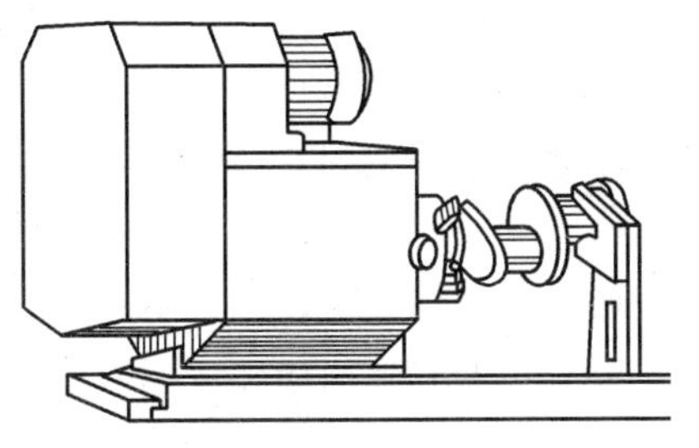

图 6-68　垂直样板的使用

(9) 磨曲柄颈。操作 MQ8240 型曲轴磨床的磨削曲轴起动手柄。将选择开关至“曲轴”位置上，则砂轮架在磨削位置时，工作台只能纵向手动，而不能液压传动，起安全连锁的作用。

(10) 快速引进砂轮至磨削位置。扳动起动手柄，工件圆周速度 $n_w=65\text{r/mm}$，磨削 $\phi64_{-0.053}^{-0.020}$mm 外圆、肩面及 $R_3\pm0.5$mm 至尺寸。

(11) 换挡，磨另两个曲柄至尺寸。

3. 注意事项

(1) 为了减少工件起动时的冲击力，应逐步起动手柄，使工件平稳地旋转。

(2) 磨削中要及时修整砂轮，以保证砂轮正确的形面。

(3) 换挡时注意操作安全，防止砂轮与工件碰撞。

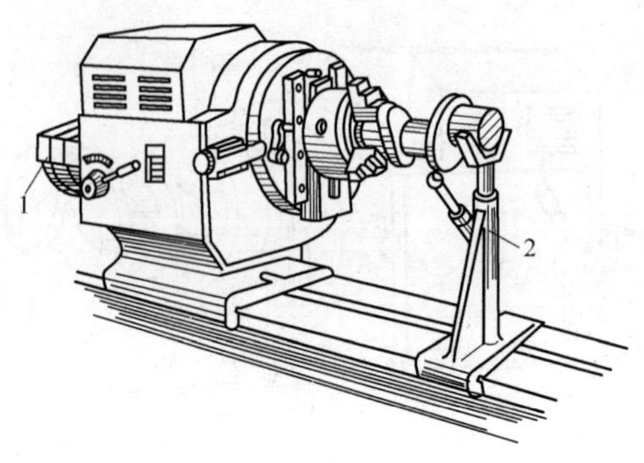

图 6-69　水平样板的使用

（4）注意充分冷却。

4. 精度检验及误差分析

曲柄颈的过渡圆弧由修整器保证，精磨前要修整一次砂轮，以保证加工精度。

曲轴各轴颈的圆度公差应控制在 0.01mm 以内。影响圆度误差的主要因素有下列几项：

（1）磨床头架、尾座回转轴线的误差。

（2）磨削热太大，冷却不充分。

（3）头架的平衡块配置不当，使工件在旋转时产生冲击力，改变瞬时背吃刀量。

（4）工件的转速太快。

（5）砂轮的硬度太硬或太软。

（6）头架主轴的旋转精度的影响。

第七章

成 形 面 磨 削

第一节 成 形 磨 削 概 述

一、成形面的分类

1. 旋转体成形面

由一条平面曲线（直线加曲线）围绕某一轴线回转而成的形面，其立体形状多为圆柱体（或圆锥体）加球体（或其他曲线回转体）组成，如图 7-1（a）所示。常见的如手柄、阀杆等。

2. 直母线成形面

由一条直线沿某一曲线运动形成的成形面，其立体形状由多个圆柱面（或圆锥面）与平面相切、相交、相接而形成，如图 7-1（b）所示。如样板、凸模、凹模拼块等。

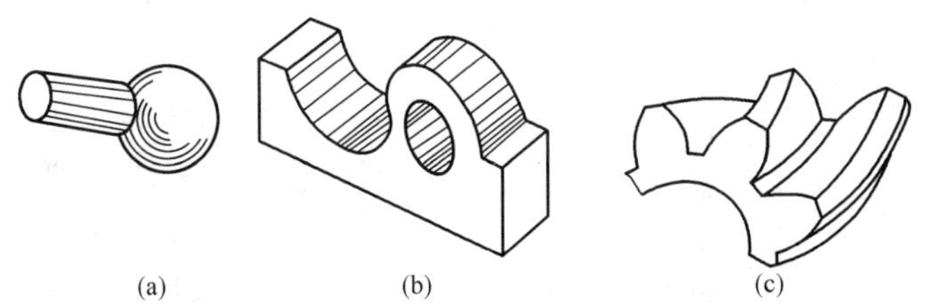

图 7-1　成形面

（a）旋转体成形面；（b）直母线成形面；（c）立体成形面

3. 立体成形面

由多个曲面体组成的空间曲面。常见的如齿轮、凸轮等，如图 7-1（c）所示。

二、成形面的磨削方法

1. 成形砂轮磨削法

是将砂轮修整成与工件成形面完全吻合的反形面，然后用此砂轮切入磨削，以获得所需要的形状。这种方式在外圆、内圆、平面、无心、工具等磨床上均可进行，如图 7-2（a）所示。

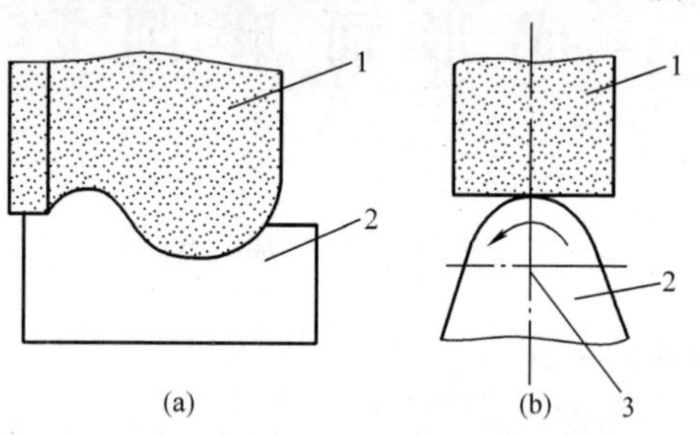

图 7-2　成形面磨削法

（a）成形砂轮磨削法；（b）轨迹运动磨削法

1—砂轮；2—工件；3—夹具回转中心

2. 工件作轨迹运动的磨削法

将工件安装在专用夹具上，使工件作回转等轨迹运动，以获得所需成形面，见图 7-2（b）。它又分靠模法和万能夹具磨削法两种。

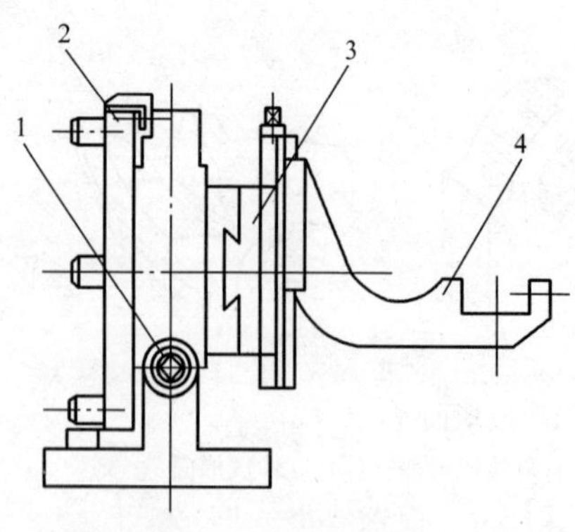

图 7-3　万能夹具简图

1—回转部分；2—分度部分；3—十字滑板部分；4—装夹工件部分

（1）靠模仿形法。将工件安装在带有靠模装置的夹具上，使工件根据靠模的工作成形面作轨迹运动而得到所需的成形面，或在专用机床上按放大样板（或靠模）或放大图进行磨削。此方法常用于批量磨削成形零件。

（2）万能夹具磨削法。万能夹具是一种成形磨削专用夹具（见图 7-3），主要由坐标部分 3、回转部分 1 和分度部分 2 等组成。坐标部分由相互垂直的十字滑板组成。用来调整被磨削工件的回转中心，使其与夹具的主轴中心重合；回转部分通过蜗杆传动使主轴及在主轴上固定的坐标部分绕夹具的轴线旋转；分度部分则由正弦分度盘、正弦垫板、刻度游标所组成，用来控制工件回转的角度。正弦分度盘上的刻度和角度游标控制精度为 3′。用正弦圆柱垫量块的方法控制角度精度为 10″～30″。

装夹工件时，可用螺钉和垫柱（或用心轴）连接在滑板的孔槽上，工件必须有工艺螺孔，以便于连接，或者直接在装夹工件部分装夹。

工件装夹后，须调整十字滑板的坐标位置，以使工件回转中心与夹具主轴中心重合。这时可辅以测量调整器垫量块组用百分表比较测量的方法来找正。找正时，将测量调整器斜面上的滑块固定于某一适当位置，在滑块基准面上垫一组量块，使其至底面的距离恰好等于万能夹具的中心高，然后再用百分表和量块组比较测量工件回转中心至某一面上的距离，使工件与夹具的回转中心一致。

磨削时，摇动回转部分手柄，工件作回转运动，即可获得所需的成形面。在万能夹具上不仅可以磨削内、外圆弧，还可以磨削平面、斜面，经精心找正，可获得极为精确的形状和尺寸。

3. 展成磨削法

成形面的展成磨削法是一种高精度的成形磨削法。其使用的加工设备简单、操作方便，常用于球面的磨削。砂轮修整可以得到一个正确的磨削圆，当工件相对回转时，可以展成一个球面形体。

4. 专用磨床磨削法

用专用磨床（如光学曲线磨床、坐标磨床、齿轮磨床和花键磨床）磨削工件的成形表面。在坐标磨床上，是利用回转工作台和坐标工作台，使工件按坐标运动及回转，利用磨头的上下往复和行星运动，磨削工件的成形面。

5. 数控磨床磨削法

在数控磨床和磨削加工中心上加工各种成形表面，是较先进的磨削加工方法。与普通磨床相比，数控磨床的特点是十分突出的，尤其是计算机数控技术和砂轮自动平衡、自动检测技术等新技术的综合应用，使得磨床不仅在加工精度、工作准备效率方面取得质的飞跃，而且在机床的稳定性、可靠性、灵活性、易维护等方面也得到很大提高，特别适用多品种、小批量、形状复杂、高精度零件的磨削。

三、成形砂轮的修整方法

在成形面的磨削中，采用成形砂轮磨削法较为普遍，尤其是磨削多件相同成形面的工件时，可保证几何形状的一致性。

1. 成形砂轮的形状

成形砂轮的形状很多，但归纳起来，可以分为角度面、圆弧面和由角度、圆弧组成的复杂形面，如图 7-4 所示。

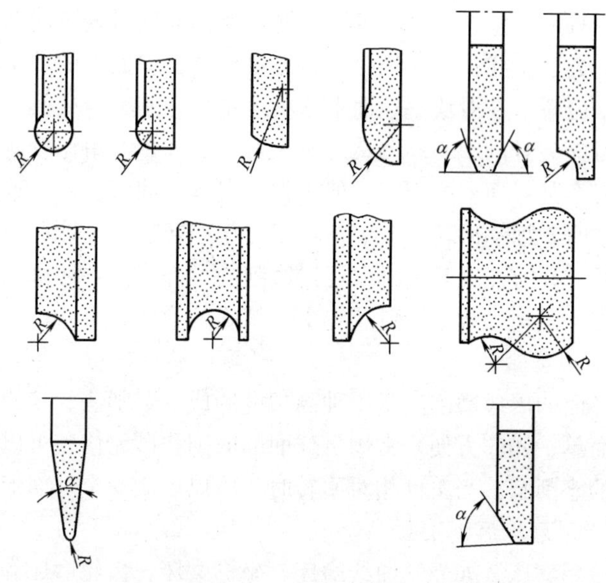

图 7-4　成形砂轮

2. 成形砂轮的修整方式和修整工具

简单成形砂轮，若成形面要求不高，可用绿碳化硅砂轮碎块手工修整。有一定要求的成形砂轮则用金刚石笔或专用修整工具进行修整。批量生产的工件，可用滚轮挤压修整成形砂轮。

(1) 砂轮角度面的修整。修整角度砂轮是采用正弦原理控制砂轮角度，然后用此砂轮磨削工件的斜面。图 7-5 所示为一修整角度砂轮工具。它主要由正弦规 2、装有金刚石笔的滑块 3 和底座 4 组成。

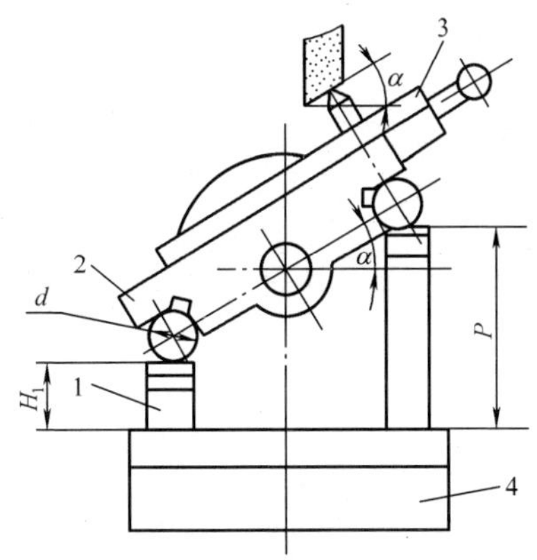

图 7-5　修整角度砂轮工具

1—量块；2—正弦规；3—滑块；4—底座

当所需修整砂轮斜角为 α 时，

$$\sin\alpha = \frac{P[H_1 + (d/2)]}{L/2}$$

$$H_1 = P - (d/2) - \sin\alpha(L/2)$$

式中　H_1——所垫量块组高度，mm；

P——修整工具回转中心到垫量块面的距离，mm；

d——正弦规圆柱的直径，mm；

L——正弦规两圆柱的中心距，mm。

根据算出的 H_1 值，垫入量块组 1，另一边垫入相应高度的衬块支撑。正弦规成斜角后，拧紧螺母锁紧，用手拉滑块 3 右端的把手，移动金刚石笔修整砂轮。此种工具可修整 0°～75°范围内的各种角度砂轮。

图 7-6 所示为圆销滑尺修整夹具，可按夹具上标定的角度，调整滑尺 7、8，使每个滑尺运动方向和垂线的夹角等于需要修整角度的一半。

图 7-7 所示为卧式修整夹具，可按计算尺寸组合量块，垫在量块平台 2、量块侧垫板 3 与正弦圆柱 8 之间，使带有金刚石笔的滑尺 7 的运动方向与水平线的夹角等于砂轮需要修整的角度。

砂轮角度面的修整方法见表 7-1。

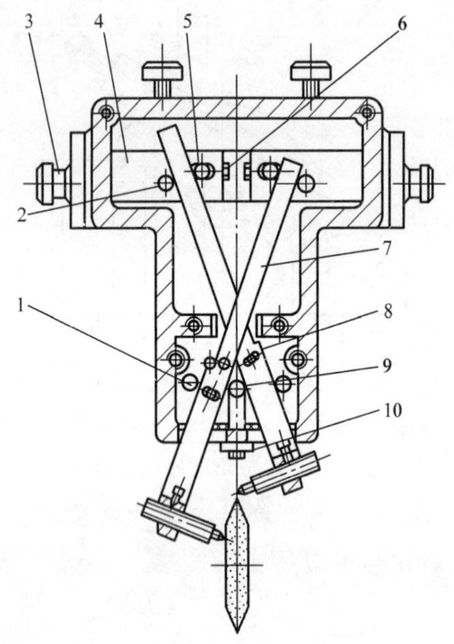

图 7-6　砂轮角度圆销滑尺修整夹具

1、2—滚柱；3—旋钮；4—滑尺座；5、9—短圆柱；6、10—螺钉；7、8—滑尺

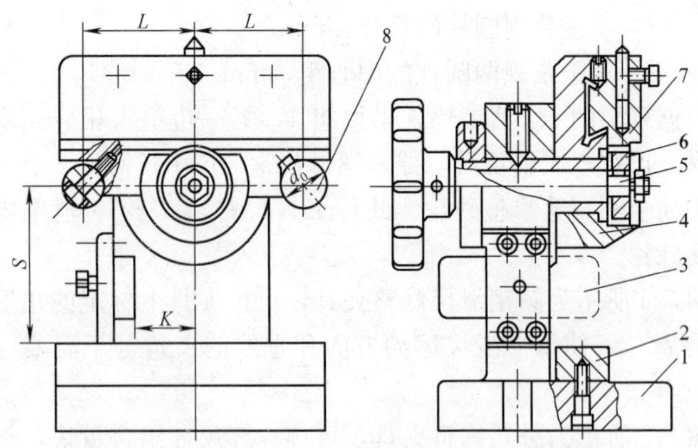

图 7-7　砂轮角度卧式修整夹具

1—底座；2—量块平台；3—量块侧垫板；4—正弦尺；5—转轴；6—齿轮；7—滑尺；8—正弦圆柱

表 7-1　　砂轮角度面的修整方法

砂轮要求修整的形状	修整示意图	计算公式	修整工具	备　注
砂轮右侧 $0° \leqslant \alpha \leqslant 45°$	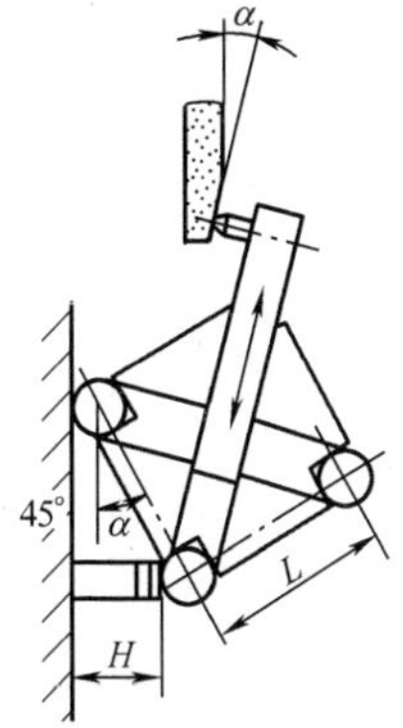	$H = L\sin(\alpha - 45°)$	立式角度修整夹具	H 为垫量块尺寸。 L 为修整夹具圆柱中心距
砂轮右侧 $45° \leqslant \alpha \leqslant 90°$	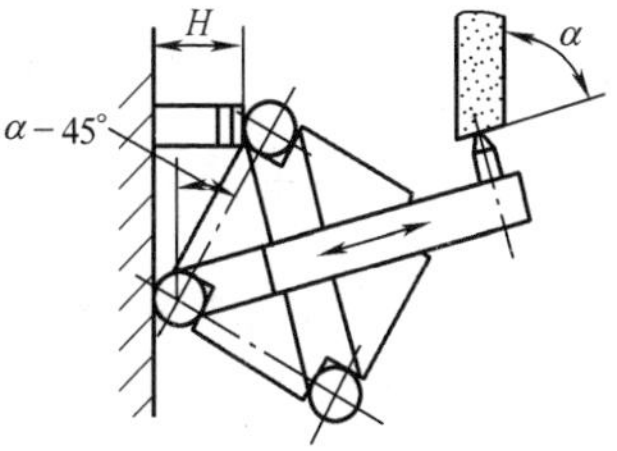		立式角度修整夹具	
砂轮左侧 $0° \leqslant \alpha \leqslant 45°$	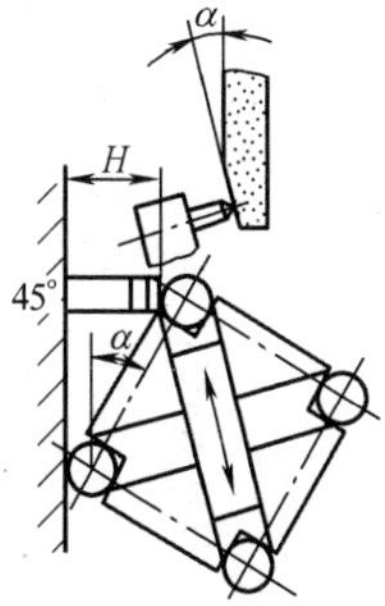		立式角度修整夹具	

续表

砂轮要求修整的形状	修整示意图	计算公式	修整工具	备注
$45^\circ \leqslant \alpha \leqslant 90^\circ$	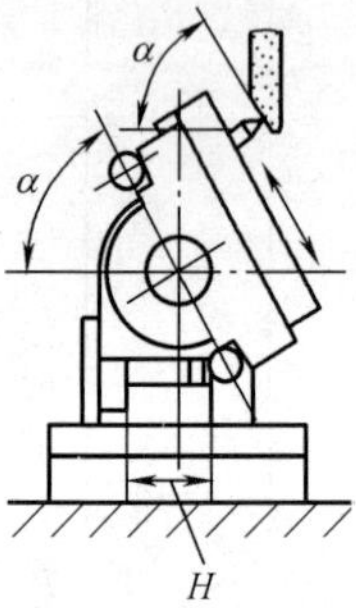	$H=K+L\sin(90^\circ-\alpha)-\frac{d_0}{2}$	卧式角度修整夹具或其他简易角度修整夹具	S为正弦尺圆柱中心至底面基准距离
$\alpha=90^\circ$（侧面）	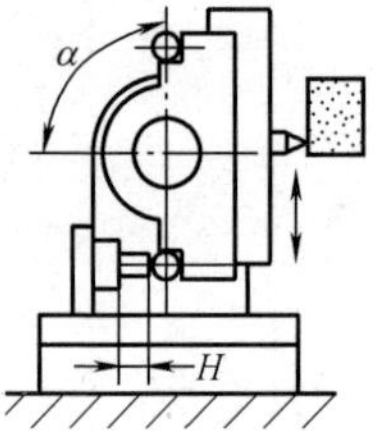	$H=K-\frac{d_0}{2}$	卧式角度修整夹具或其他简易角度修整夹具	
V形（双斜面）	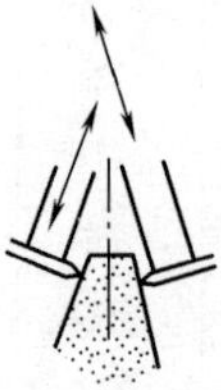		圆销滑尺、拨叉滑尺修整夹具，V形修整夹具，反靠成形机构等	多为机床附件。修成的V形角度大小是固定的
砂轮左侧 $45^\circ \leqslant \alpha \leqslant 90^\circ$	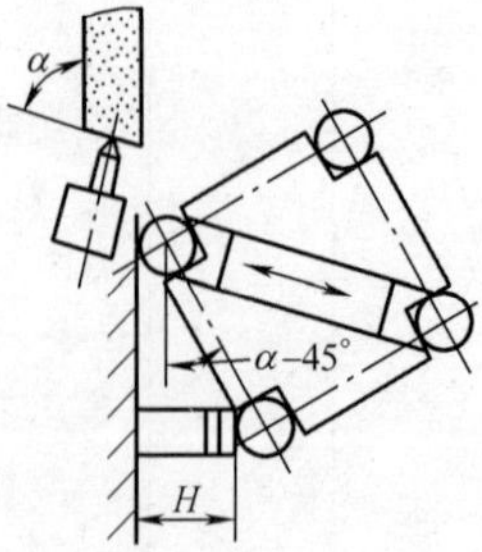	$H=L\sin(\alpha-45^\circ)$	立式角度修整夹具	

续表

砂轮要求修整的形状	修整示意图	计算公式	修整工具	备　注
$\alpha=0°$ （平面）		$H=S-\frac{d_0}{2}$	卧式角度修整夹具或其他简易角度修整夹具	d_0 为正弦尺圆柱直径
$0°\leqslant\alpha\leqslant45°$		$H=S-L\sin\alpha-\frac{d_0}{2}$	卧式角度修整夹具或其他简易角度修整夹具	K 为侧基准到夹具对称线距离。 L 为正弦尺圆柱中心到夹具对称线距离

（2）砂轮圆弧面的修整。修整圆弧砂轮可用修整砂轮圆弧工具，这些工具可修整各种圆弧的成形砂轮，以磨削工件上的圆弧面。

图 7-8 是一种修整砂轮圆弧工具，它主要由支架 6、转盘 2 和滑座 13 等组成。

当金刚石笔尖位于回转中心内侧时，可修整凸（外）圆弧，见图 7-9（a）；当金刚石笔尖位于回转中心外侧时，则可修整凹（内）圆弧，见图 7-9（b）。

图 7-10 所示为立式修整夹具。先按计算尺寸将一组量块垫在量块垫板 7 上，使支架 6 上的钩形块与量块靠牢，回转转盘 2，金刚石笔对砂轮进行修整。修整凸圆弧时，金刚石笔尖在转盘回转中心右边；修整凹圆弧时，金刚石笔尖在转盘回转中心左边。

图 7-11 所示为卧式修整夹具。先按计算尺寸在底面和金刚石笔间垫一组量块，回转金刚石笔支架 4 即可。修整凸圆弧时，金刚石笔尖在主轴 3 中心线上方；修整凹圆弧时，金刚石笔尖在主轴 3 中心线下方。

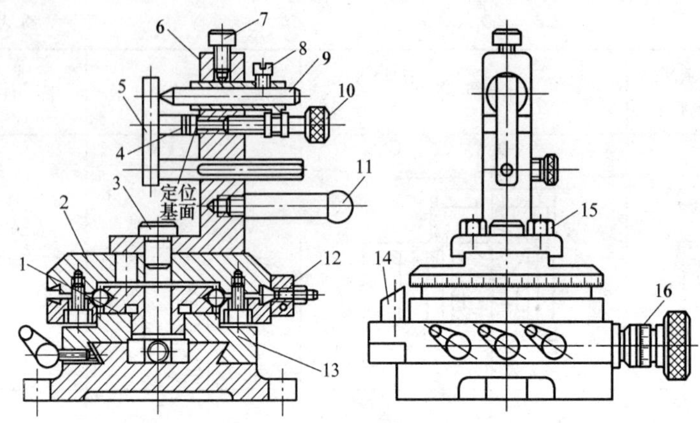

图 7-8　修整砂轮圆弧工具

1—轴承座；2—转盘；3—定位销；4—量块；5—定位棒；6—支架；7、8、10、15—螺钉；9—金刚石笔；11—手柄；12—撞块；13—滑座；14—固定块；16—手轮

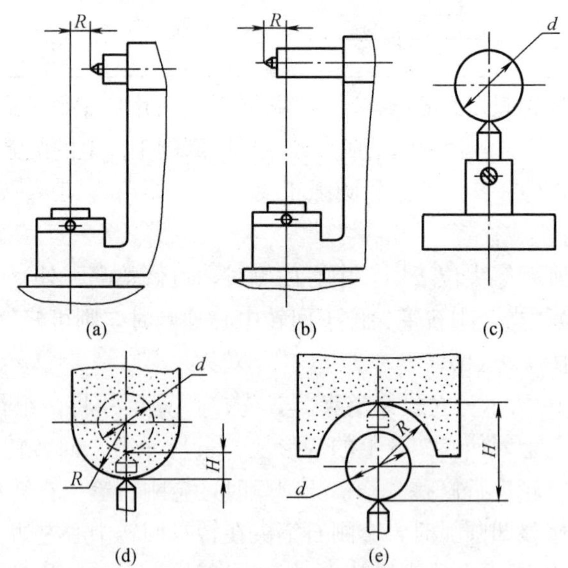

图 7-9　修整砂轮圆弧时金刚石笔位置

(a) 修整凸圆弧时金刚石笔位置；(b) 修整凹圆弧时金刚石笔位置；(c) 金刚石笔与量棒接触；(d)、(e) 工作位置

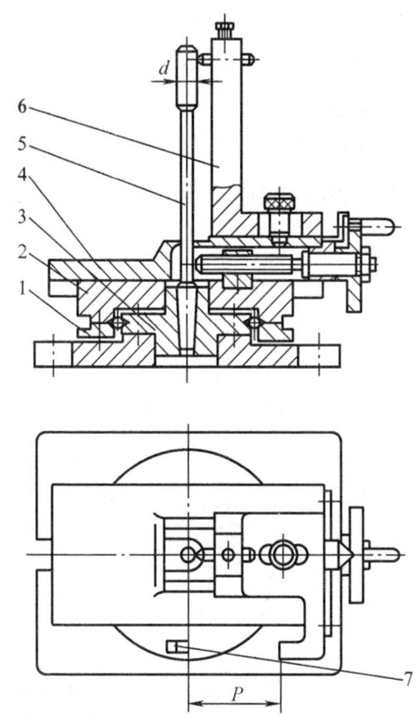

图 7-10　砂轮圆弧立式修整夹具

1—转盘压板；2—转盘；3—心轴；4—上滑板；5—测量心轴；6—金刚石笔支架；7—量块垫板

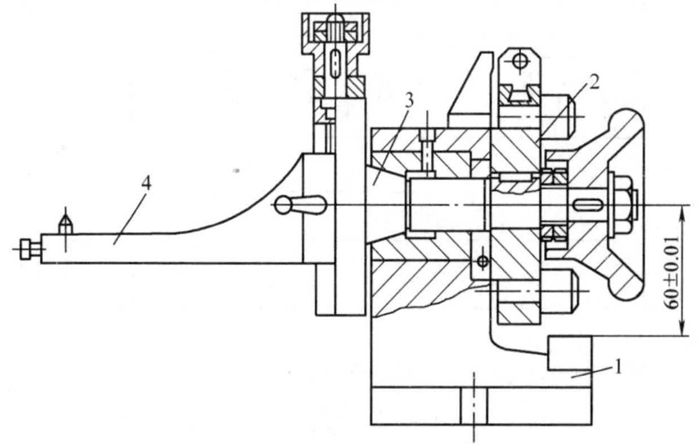

图 7-11　砂轮圆弧卧式修整夹具

1—底座；2—正弦尺分度盘；3—主轴；4—金刚石笔支架

图 7-12（a）所示为摆动式修整夹具。先将计算尺寸的量块组垫在底面与摆轴 1 两端之间，调整金刚石刀杆 4，使金刚石刀尖与底面接触，摆动摆轴，即可修整。修整凸圆弧，金刚石刀尖在摆轴回转中心之下；修整凹圆弧，金刚石刀尖在摆轴回转中心之上。砂轮圆弧较大时可加接长板，如图 7-12（b）所示。

图 7-13 所示为大圆弧修整夹具。修整凸圆弧时，调整支架 1 使金刚石刀尖与测量圆销（与摆杆 5 同心，图中没画出）的内尺寸为计算值 H；修整凹圆弧时，调整支架 1 使金刚石刀尖与测量圆

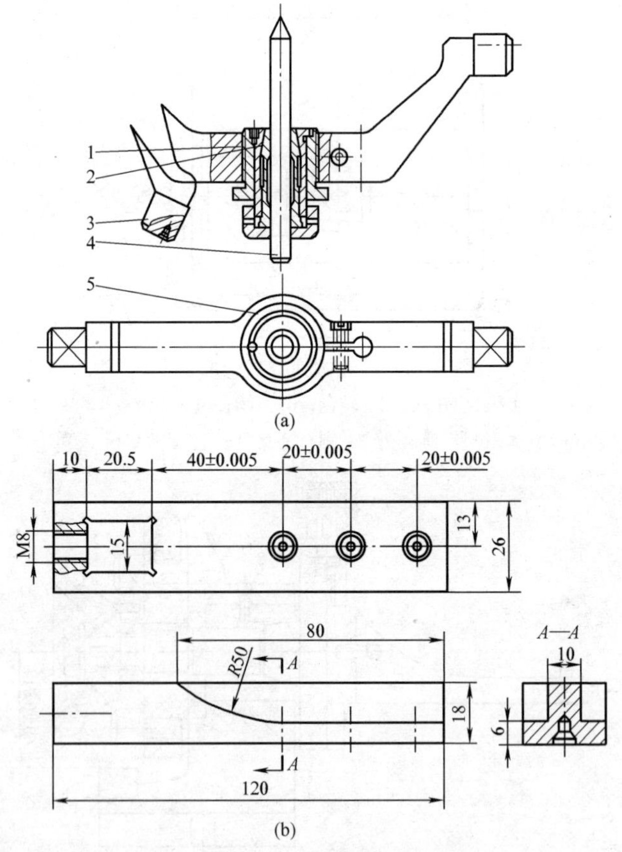

图 7-12　砂轮圆弧摆动修整夹具

（a）摆动式修整夹具；（b）接长板

1—弓形摆轴；2—调节套；3—弹簧夹头；4—金刚石刀杆；5—螺钉

销的外尺寸为计算值 H，摆动摆杆 5 进行修整。

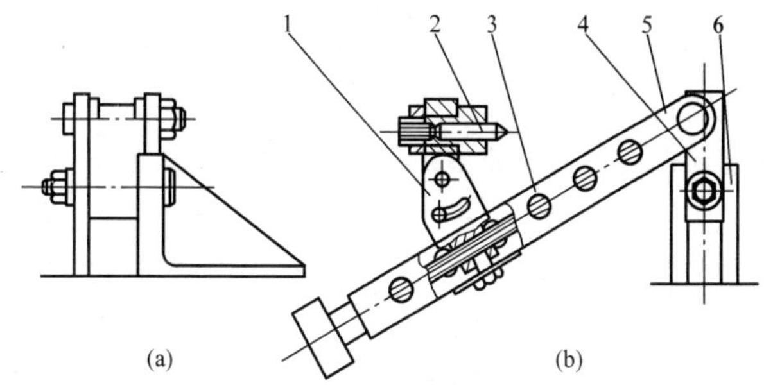

图 7-13　砂轮大圆弧修整夹具
(a) 摆动式修整夹具；(b) 接长板
1—可调支架；2—金刚石刀杆；3—螺杆；4—定心架；5—摆杆；6—底座

图 7-14 所示为自动修整夹具，由液压驱动，座 1 可升降，定

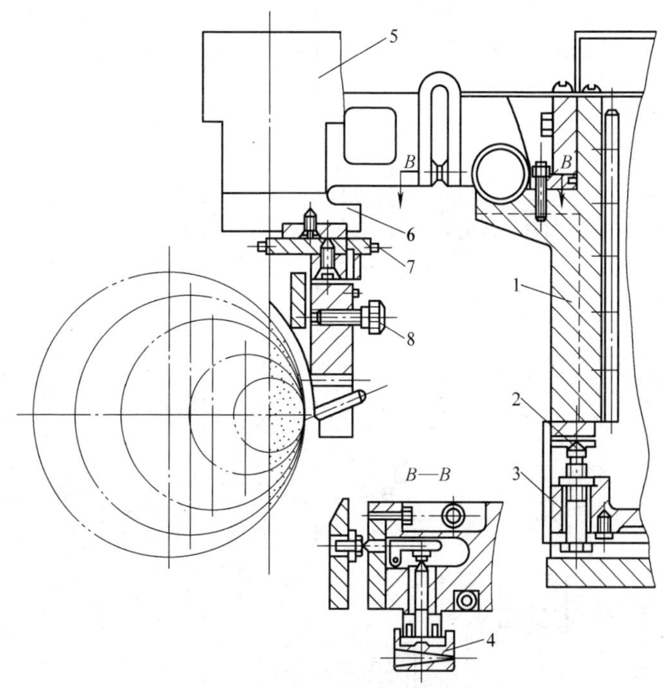

图 7-14　砂轮圆弧自动修整夹具
1—修整器座；2—定位柱；3—立柱；4—旋钮；5—回转液压缸；
6—摇臂；7—金刚石刀夹持器；8—螺钉

位柱 2 保证金刚石刀尖与砂轮中心等高。液压缸 5 回转，带动摇臂 6 摆动，修整砂轮。调整旋钮 4 和螺钉 8，可改变修整夹具径向位置和适应不同砂轮的圆弧半径。因金刚石刀尖与工件最终磨削位置一致，故无需自动位置补偿。

砂轮圆弧面的具体修整方法见表 7-2。

表 7-2　　砂轮圆弧面的修整方法

砂轮要求修整的形状	修整示意图	计算公式	修整工具	备　注
	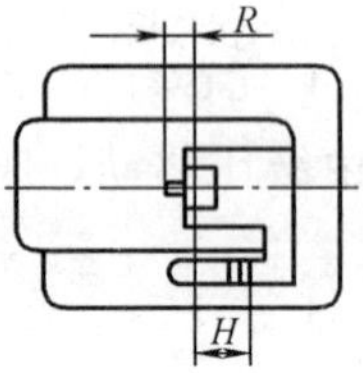	$H=P-\left(R+\frac{d}{2}\right)$	立式圆弧修整夹具	H 为垫量块尺寸 P 为金刚石抵住测量棒时量块尺寸 d 为测量棒直径 R 为凹弧半径
	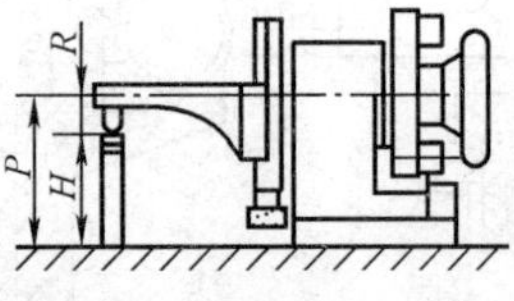	$H=P-R$	卧式圆弧修整夹具	H 为垫量块尺寸 P 为工具中心高 R 为凹弧半径
	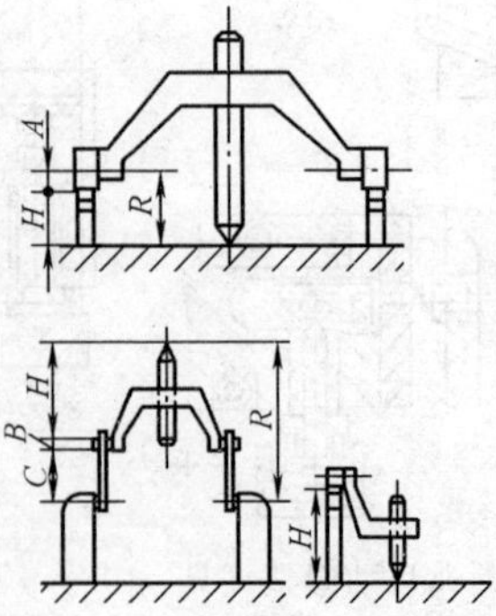	$H=R-A$ 加接长板时： $H=R-B-C$	摆动式圆弧修整夹具	H 为垫量块尺寸 A、B 为夹具基准尺寸 C 为接长板基准尺寸 R 为凹弧半径

续表

砂轮要求修整的形状	修整示意图	计算公式	修整工具	备　注
	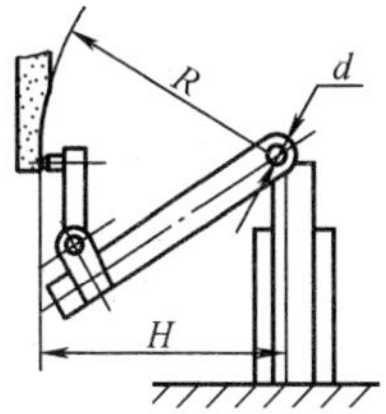	$H=R+\frac{d}{2}$	大圆弧修整夹具	H 为测量值 d 为测量圆销直径 R 为凹弧半径
	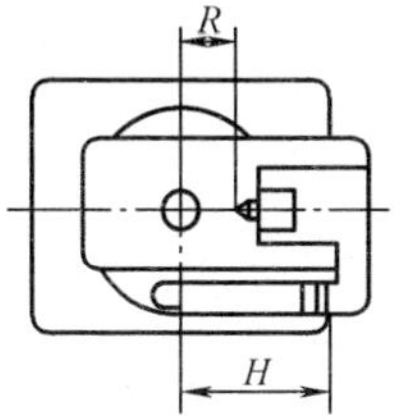	$H=P+\left(R-\frac{d}{2}\right)$	立式圆弧修整夹具	H 为垫量块尺寸 P 为金刚石抵住测量棒时量块尺寸 d 为测量棒直径 R 为凸弧半径
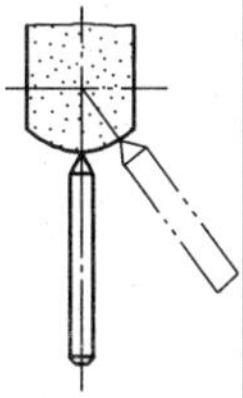	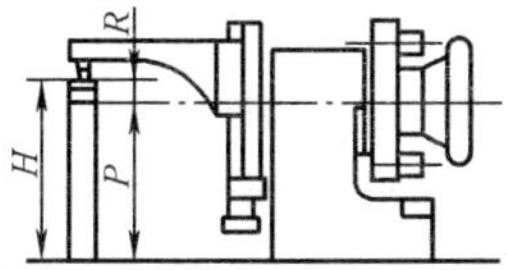	$H=P+R$	卧式圆弧修整夹具	H 为垫量块尺寸 P 为夹具中心高 R 为凸弧半径
	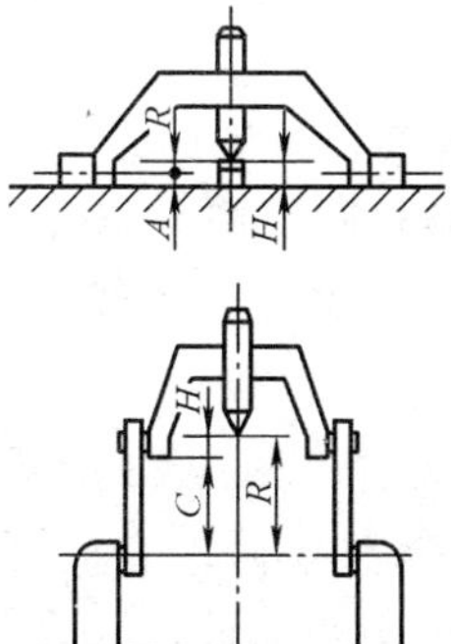	$H=R+A$ 加接长板时： $H=R-C$	摆动式圆弧修整夹具	H 为垫量块尺寸 R 为凸弧半径 A 为夹具基准尺寸 C 为接长板基准尺寸

续表

砂轮要求修整的形状	修整示意图	计算公式	修整工具	备注
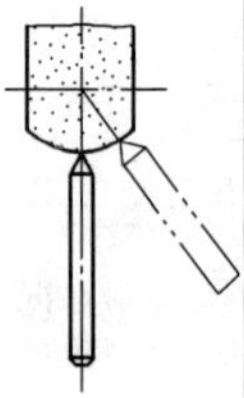	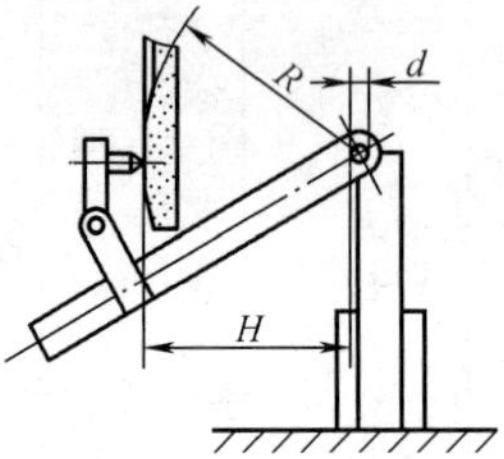 R d H	$H=R-\frac{d}{2}$	大圆弧修整夹具	H 为测量值 d 为测量圆销尺寸 R 为凸弧半径
	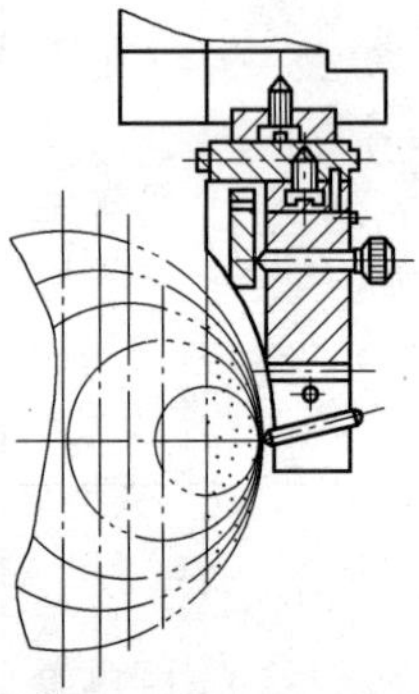		自动圆弧修整夹具	液压自动

(3) 砂轮复杂形面的修整。图 7-15～图 7-22 为砂轮复杂形面的修整装置，它们的用途都比较广泛。砂轮角度面、圆弧面和复杂形面一般都能修整。

图 7-15 所示的立式万能修整装置和图 7-16 所示的卧式万能修整装置与图 7-10、图 7-11 所示的砂轮圆弧修整装置大致相同。不过该万能修整夹具除了回转机构外，还增加了直线移动机构，所以能修整直线和圆弧组成的组合形面。

图 7-17 所示为机械靠模修整装置，图 7-18 所示为液压靠模修整装置，图 7-19 所示为缩放尺修整装置。它们都是装置本身的机构（丝杆、滑座、液压执行机构和缩放尺）在靠模上仿形，但后两种具有将靠模型面缩小和放大的功能，精度也比机械靠模

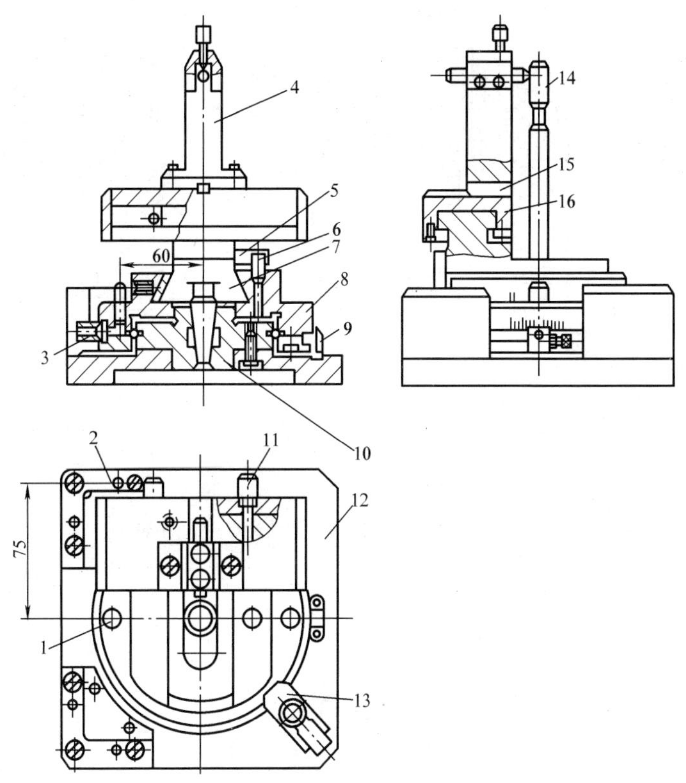

图 7-15　立式万能修整夹具

1—正弦圆柱；2—角尺垫块；3—撞块；4—支承座；5—定位块；6—定位圆柱；7—浮动支座；8—旋转盘；9—挡块；10—心轴；11—定位销；12—底座；13—压板；14—测量心轴；15—键；16—横滑板

修整装置高。

图 7-20 和图 7-21 所示为滚压法修整装置，前者为手动，后者为机动。这两种修整装置是使砂轮与滚压轮（又称挤压轮，同砂轮需要的形面凹凸相反）接触，并相对运动进行跑合，使砂轮的砂粒和结合剂不断破裂和剥落，成为需要的形状。滚压轮常用碳钢和合金钢制造，一般成套使用，一套 2～3 只，其中一只为标准轮，其余为工作轮，工作轮磨损后，用标准轮来修整砂轮，以对磨损的工作轮进行修整。

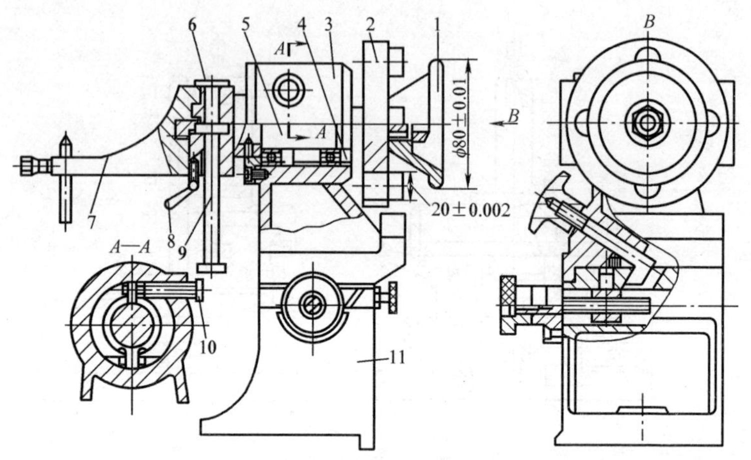

图 7-16　卧式万能修整夹具

1—手轮；2—正弦分度盘；3—主体；4—调整螺母；5—主轴；6—横滑板；7—刀杆滑板；8、10—锁紧手柄；9—正齿轮杆；11—底座

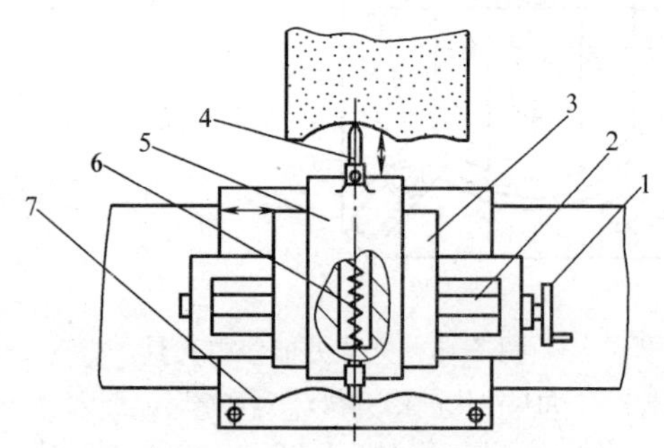

图 7-17　机械靠模修整装置

1—手轮；2—丝杆；3、5—滑座；4—金刚石；6—弹簧；7—靠模

图 7-22 所示为金刚石滚轮磨削法修整装置的一种。金刚石滚轮用镶嵌法或电镀法制造，它的形面与所需修整的砂轮的形面凹凸相反，它与所需修整的砂轮作顺向运动，将砂轮磨削出需要的形状。

金刚石滚轮修整的砂轮，精度高、使用寿命长，工件加工的表面粗糙度值较低，大批量生产时，采用此法尤其优越。

砂轮复杂形面的具体修整方法见表 7-3。

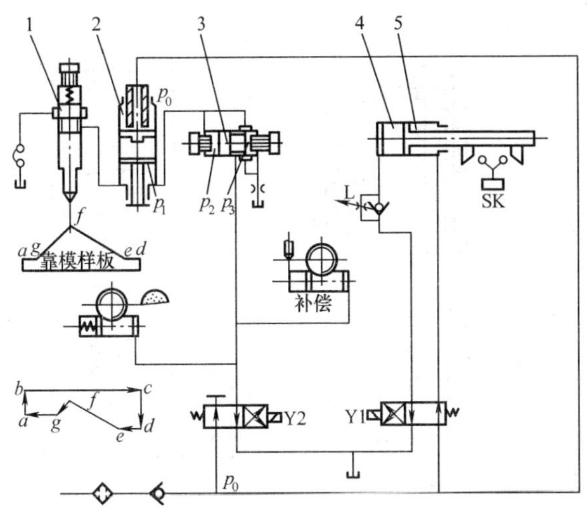

图 7-18　液压靠模修整装置示意图

1—平衡阀；2—控制滑阀；3—差动液压缸；4—活塞；5—横向移动液压缸

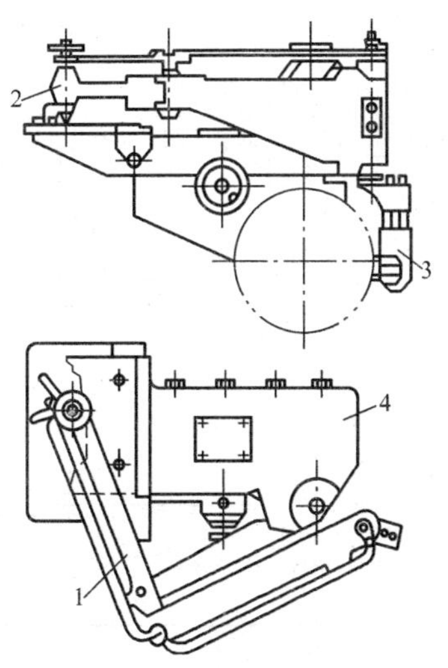

图 7-19　缩放尺修整装置

1—缩放机构；2—靠模器；3—金刚石刀架；4—靠模工作台

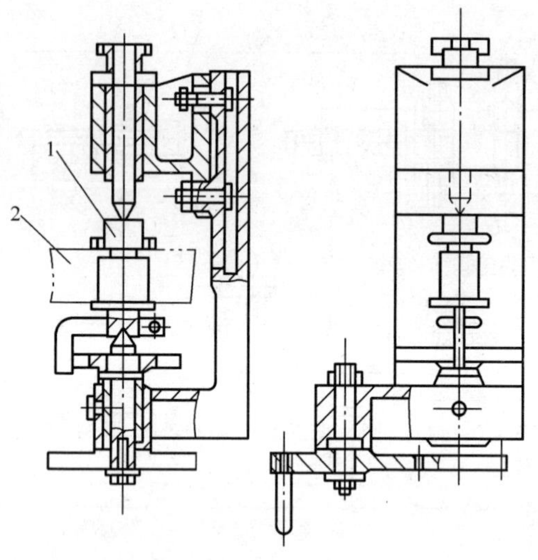

图 7-20　手动滚压修整装置

1—心轴；2—滚轮

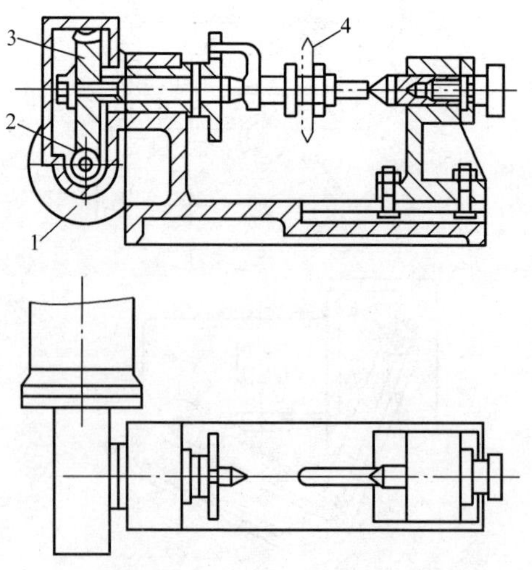

图 7-21　机动滚压修整装置

1—电动机；2—蜗杆；3—蜗轮；4—滚压轮

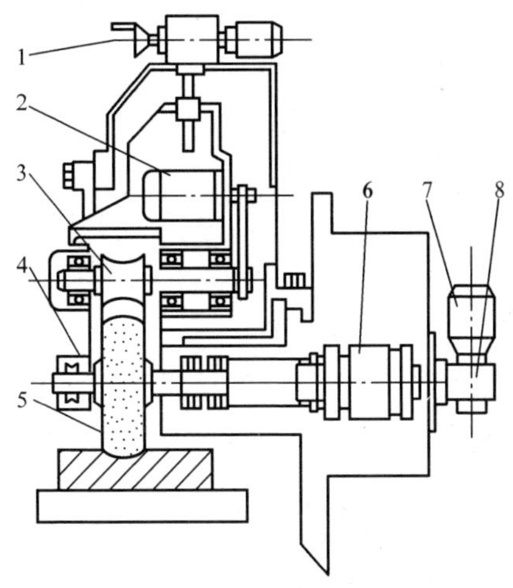

图 7-22　立式金刚石滚轮磨削法修整装置

1—滚轮进给电动机；2—滚轮驱动电动机；3—金刚石滚轮；4—支承装置；
5—砂轮；6—砂轮电动机；7—主轴慢速转动电动机；8—传动装置

表 7-3　　砂轮复杂形面修整方法

修整方法	修　整　示　意　图	修整工具	备　注
单颗金刚石车削法	H	立式万能修整装置	H 为垫量块尺寸
	H	卧式万能修整装置	

续表

修整方法	修整示意图	修整工具	备注
单颗金刚石车削法	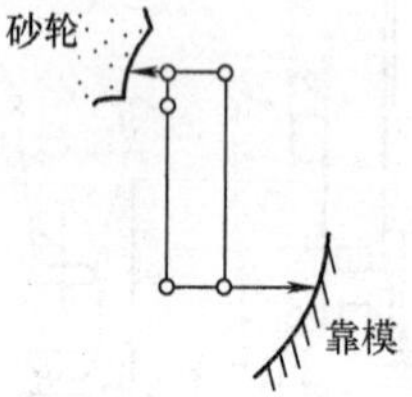	缩放尺修整装置	
	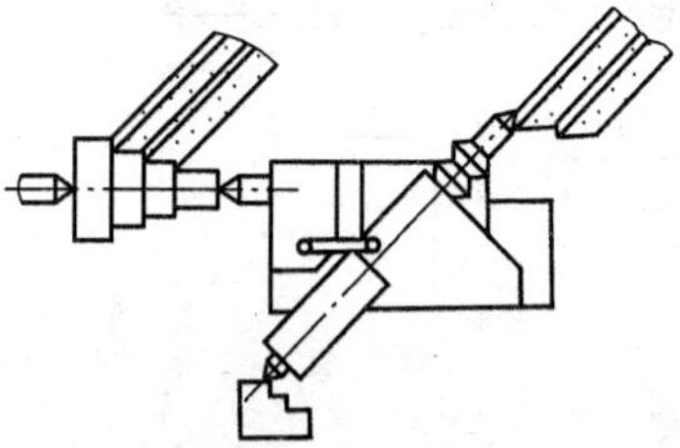	靠模修整装置	机械靠模液压靠模
	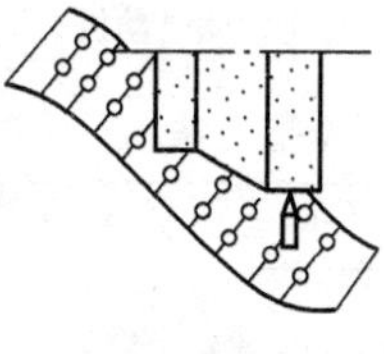	数控修整装置	例如，在数控平面磨床上，同时按两个坐标值修整成形砂轮
滚压法	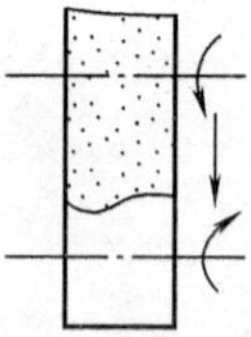	硬质合金或淬硬钢滚压轮	径向滚压
	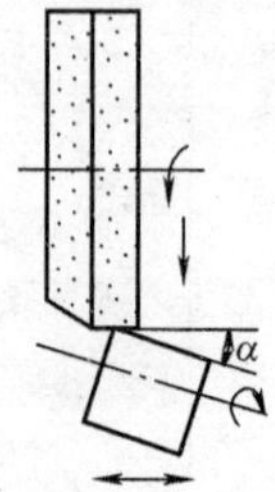	硬质合金或淬硬钢滚压轮	轴向滚压

续表

修整方法	修　整　示　意　图	修整工具	备　注
磨削法	砂轮 金刚石滚轮	金刚石滚轮	

四、成形砂轮修整要点

1. 用单颗金刚石修整成形砂轮的要点

(1) 金刚石顶尖应与夹具回转中心在同一平面内，修整时应通过砂轮主轴中心。

(2) 为了减少金刚石消耗，粗修可用碳化硅砂轮。

(3) 砂轮要求修整的形面，如果是两个凸圆弧相连接，应先修整大的凸弧；如果是一凹一凸圆弧连接，应先修整凹弧；如果是两个凹圆弧相连接，应先修整小的凹弧；如果是凸圆弧与平面相连接，应先修整平面；如果是凹圆弧与平面相连接，应先修整凹弧。

(4) 修整凸圆弧时，砂轮半径应比所需磨削半径 r 小 0.01mm；修整凹模时，砂轮半径应比所需磨削半径 r 大 0.01mm，如图 7-23 所示。

(5) 修整凹圆弧时，最大圆心角 α 与金刚石笔杆直径 d 的关系（见图 7-24）可由下式求得

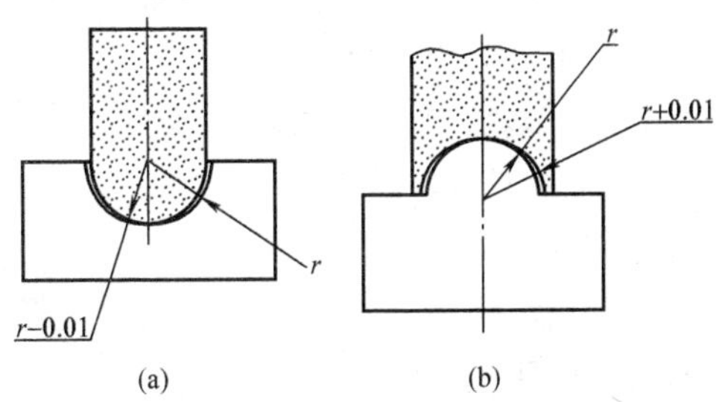

图 7-23　凸凹圆弧修整半径的差别

(a) 修整凸圆弧砂轮半径；(b) 修整凹圆弧砂轮半径

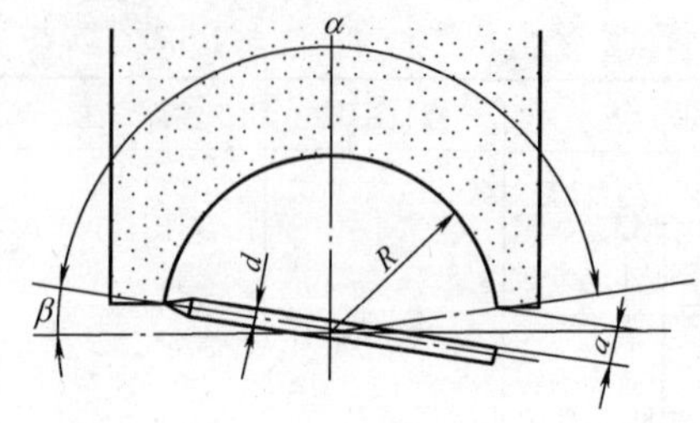

图 7-24　修整凹圆弧时 a 与 d 的关系

$$\sin\beta = \frac{d + 2a}{2R}$$

$$\alpha = 180° - 2\beta$$

2. 滚压法修整成形砂轮的要点

(1) 滚压法修整成形砂轮的形面比较粗糙，切削性能好，但与其他修整方法比较，被磨工件的表面粗糙度值较小。

(2) 金属滚压轮是成形磨削滚压法修整的主工具，制造容易、成本低。

(3) 滚压法修整通常不宜作复杂形面的修整，特别是对 90°直角面的修整。

(4) 滚压法修整需要对机床进行改造，增加减速机构。

(5) 滚压法修整的砂轮硬度均匀性应满足要求，否则修整后砂轮会产生局部变形。

3. 金刚石滚轮磨削法修整砂轮的要点

(1) 修整时，必须保证金刚石滚轮轴线和砂轮主轴中心线平行，并且在同一垂直平面内。

(2) 滚轮速度与砂轮速度之比取＋04～＋07 较好，不得超过＋1（滚轮与砂轮转向相同时，速比取“＋”，反之，则取“－”）。速比值大，砂轮的寿命高，工件表面粗糙度值也小。

(3) 修整时进给量以砂轮每转切入量为 05～08 为宜，进给量大，砂轮的寿命高，工件表面粗糙度值也小。

(4) 修整时，光整转数以（1～30）r 为好，光整转数少，砂轮的寿命高，工件表面粗糙度值也小。

(5) 修整时，切削液的供应必须充分，并注意检查金刚石滚轮的运转灵活性和运动精度。

五、成形面的磨削实例

1. 图样和技术要求分析

图 7-25 所示为一圆弧形导轨，材料 45 钢，热处理淬硬 48～

52HRC，高和宽四面均已磨削加工，现要求磨削 $\phi20\pm0.04$mm 半圆弧面，表面粗糙度 $Ra0.4\mu m$，圆弧轴线对底平面的平行度公差为 0.01mm，对侧面的平行度公差为 0.02mm。

根据工件材料和加工要求，进行如下选择和分析。

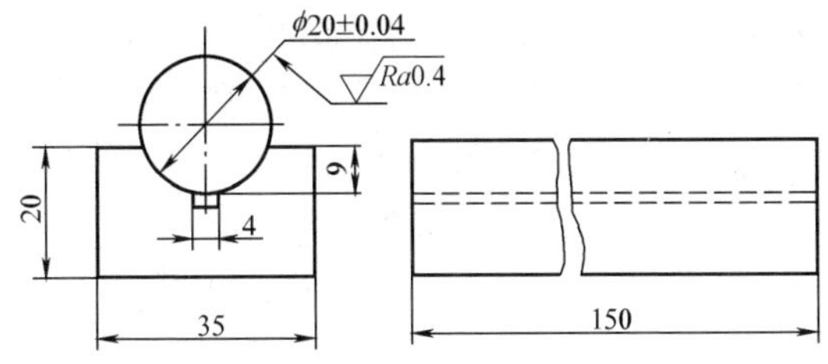

图 7-25　圆弧形导轨

（1）砂轮的选择。所选砂轮的特性为 WA60K5V，修整砂轮用金刚石笔。

（2）装夹方法。工件用电磁吸盘装夹，并用百分表找正，工件侧面与工作台纵向的平行度误差在 0.01mm 以内，装夹前应清理工件和工作台。

（3）磨削方法。用修整砂轮圆弧工具将砂轮修成 $R10_{-0.03}^{-0.01}$mm 的凸圆弧，调整金刚石笔位置（垫量块组控制），以便于获得精确的圆弧尺寸。用切入磨削法粗、精磨半圆弧，磨前注意对刀。粗磨后要精修整砂轮圆弧，以保证磨削精度和表面粗糙度。

（4）切削液的选择。选用乳化液切削液，并注意充分的冷却。

2. 操作步骤

在 M7120A 卧轴矩台平面磨床上进行磨削操作。

（1）操作前检查、准备工作如下。

1）清理电磁吸盘工作台面和工件表面，去除毛刺，将工件装夹在电磁吸盘上。

2）找正工件侧面与工作台纵向运动方向的平行度，误差不大于 0.01mm。

3）修整砂轮，用修整圆弧砂轮工具将砂轮修成 $R10_{-0.10}^{-0.05}$mm 凸圆弧。

4）检查磨削余量。

5）调整工作台，找正砂轮与工件圆弧相对位置，并调整工作台行程挡铁位置。

（2）粗磨圆弧。用切入磨削法粗磨圆弧，注意接刀光滑，留0.03～0.06mm精磨余量。

（3）精修整砂轮。修成$R10_{-0.03}^{-0.01}$mm的凸圆弧。

（4）精磨圆弧。用切入磨削法精磨圆弧，保证$\phi20\pm0.04$mm尺寸，圆弧轴线对底平面的平行度误差不大于0.01mm，对侧面的平行度误差不大于0.02mm，表面粗糙度$Ra0.4\mu$m。

本例的操作要领是要正确修整好砂轮的形状尺寸，找正工件与砂轮的相对位置。

第二节 成形夹具磨削

一、用分度夹具磨削成形面

1. 分度夹具

分度夹具适用于磨削具有一个回转中心的成形面，与成形砂轮配合使用，能磨削比较复杂的形面。

常见的分度夹具有立式回转夹具（图7-26）、卧式回转夹具（图7-27）、正弦分度夹具（图7-28～图7-30）。

这些夹具在安装到磨床工作台上时，必须校正夹具中心线与磨床纵向导轨平行度或垂直度。分度时，在正弦圆柱与固定在基座上的精密垫板间垫以一定尺寸的量块，可控制所需回转角度。量块值计算公式如下（见图7-31）。

$$H_{1,2}=H_0\pm L\sin\alpha-\frac{d}{2}$$

式中 $H_{1,2}$——需垫的量块数值，mm；

H_0——夹具主轴中心至精密垫板的距离，mm；

L——夹具主轴中心至正弦圆柱中心的距离，mm；

α——需回转的角度：当$\alpha<45°$时，量块垫在1、3圆柱下；当$\alpha>45°$时，量块垫在2、4圆柱下；

d——正弦圆柱直径，mm。

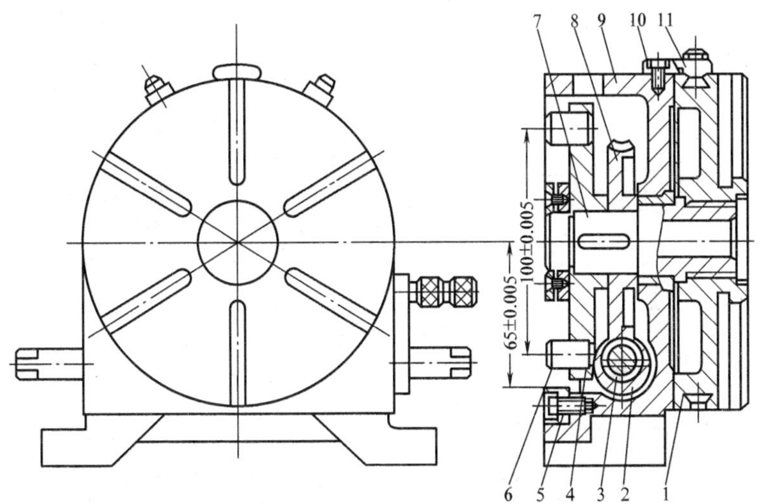

图 7-26 立式回转夹具

1—台面；2—偏心套；3—蜗杆；4—正弦分度盘；5—精密垫板；6—正弦圆柱；7—主轴；8—蜗轮；9—主体；10—角度游标；11—撞块

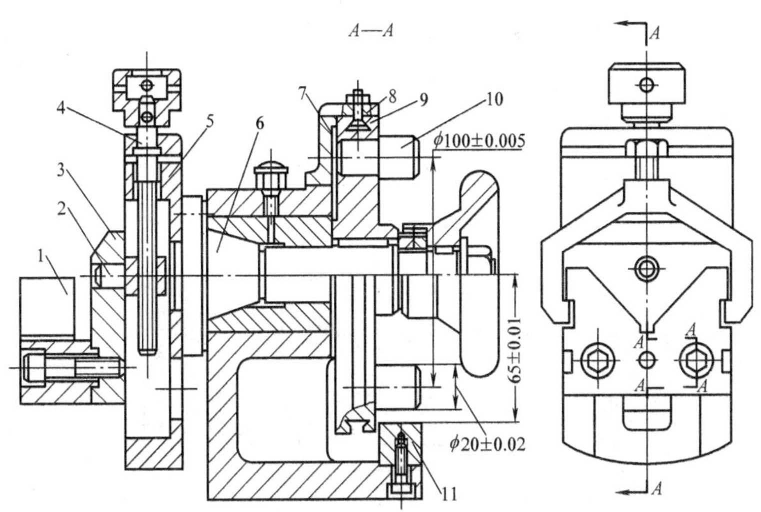

图 7-27 卧式回转夹具

1—V 型夹紧块；2—螺母；3—滑座；4—螺杆；5—滑板；6—主轴；7—定位块；8—撞块蜗轮；9—正弦分度盘；10—正弦圆柱；11—精密垫板

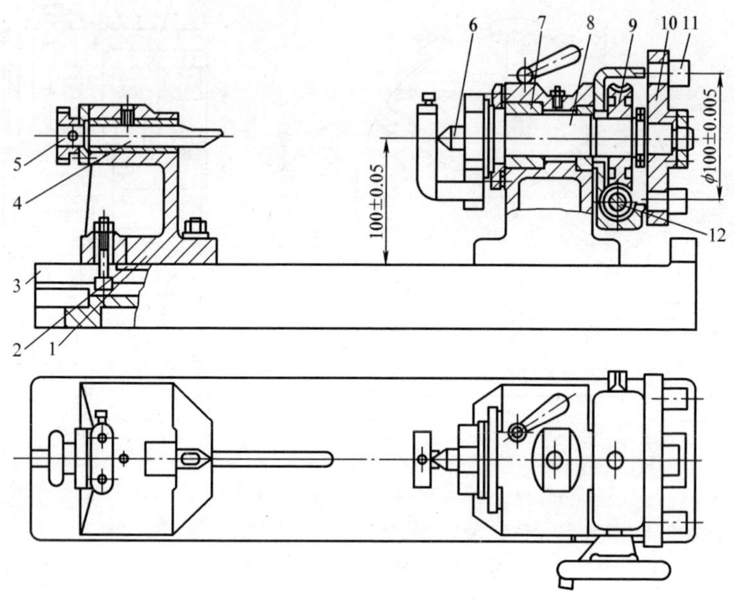

图 7-28 正弦分度夹具

1—尾座；2—滑座；3—基座；4—后顶尖；5—螺杆；
6—前顶尖；7—钢套；8—主轴；9—蜗轮；
10—分度盘；11—正弦圆柱；12—蜗杆

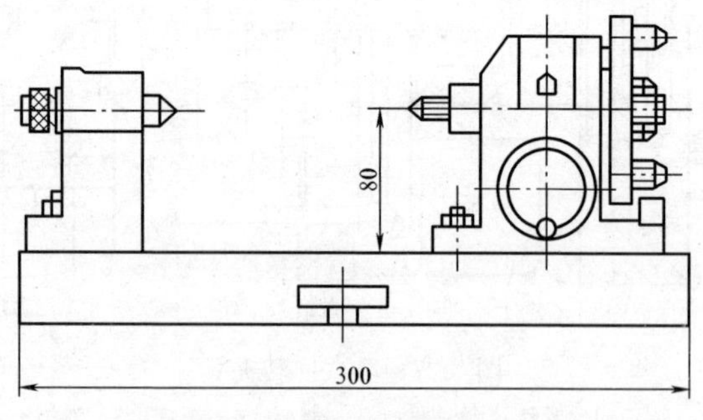

图 7-29 短正弦分度夹具

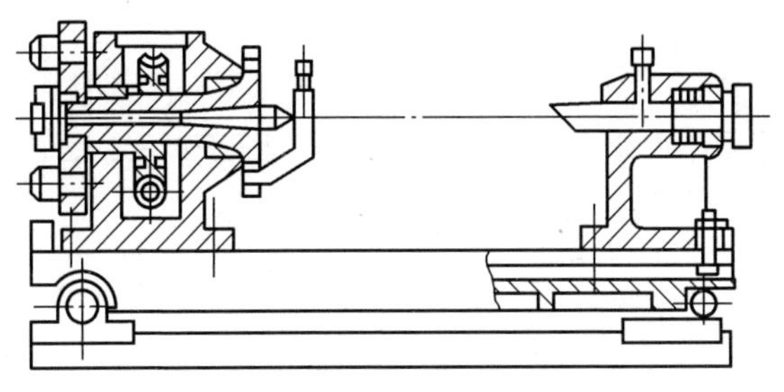

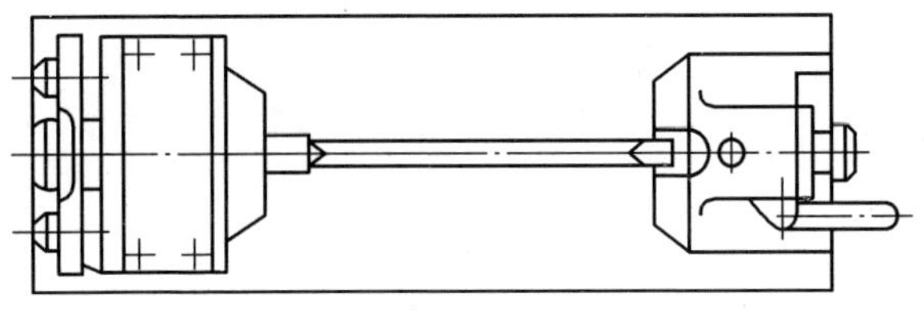

图 7-30　带正弦尺正弦分度夹具

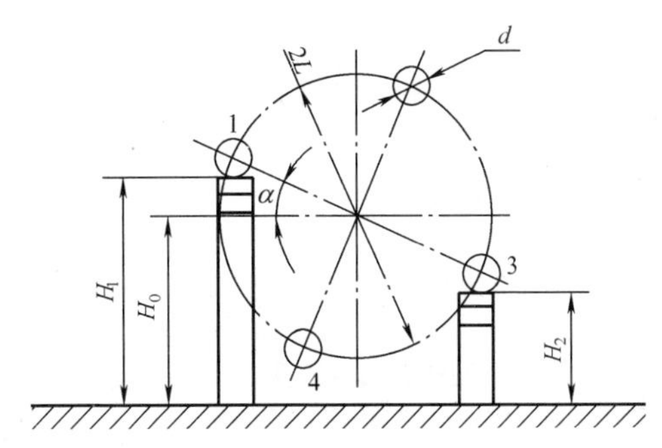

图 7-31　分度时量块值计算

“±”号判定：垫量块的圆柱在第Ⅰ、Ⅱ象限时，符号取“+”；在第Ⅲ、Ⅳ象限时符号取“−”。图 7-31 中，H_1 取“+”，H_2 取“−”。

用分度夹具磨削的典型工件形状见表 7-4。

表 7-4　　用分度夹具磨削的典型工件形状

类　别	示　意　图	使用夹具
带有台肩的多角体、等分槽及凸圆弧工件		回转夹具、卧式回转夹具
具有一个回转中心的多角体、分度槽（一般工件无台肩）		正弦分度夹具
具有一个或多个回转中心并带有台肩的多角体		短分度夹具

2. 磨削实例

表 7-5 是用回转夹具成形磨削的实例。

表 7-5　　用回转夹具成形磨削实例

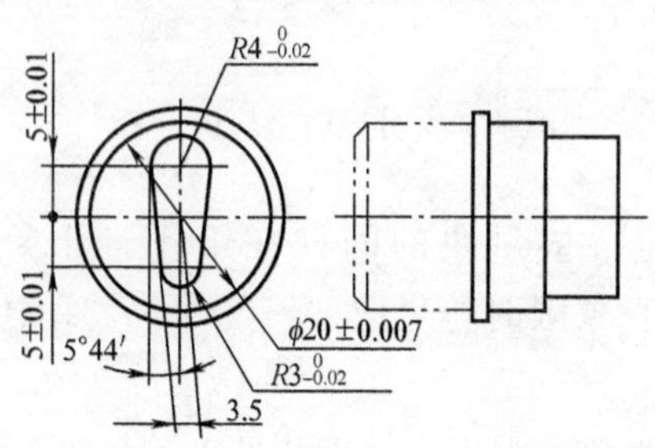

续表

工序	操作示意图	说　明
1	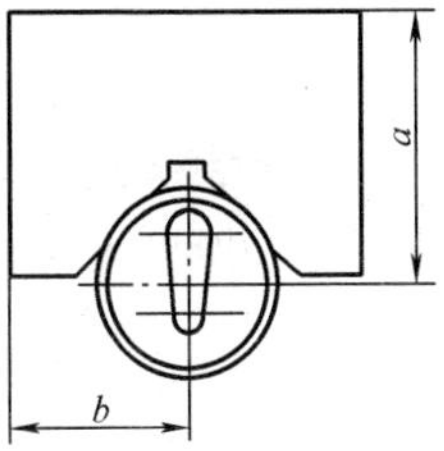	工件用V形块装夹，并测出a、b尺寸
2	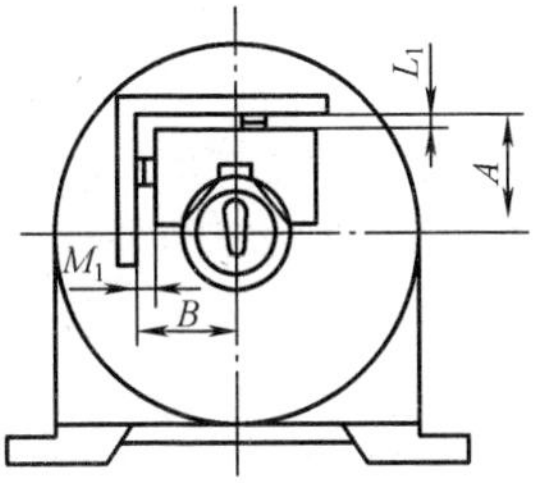	在角尺垫板基面或V形块间垫L_1及M_1尺寸的量块，使工件ϕ20mm的圆心与夹具中心重合 $L_1=A-a$ $M_1=B-b$
3、4	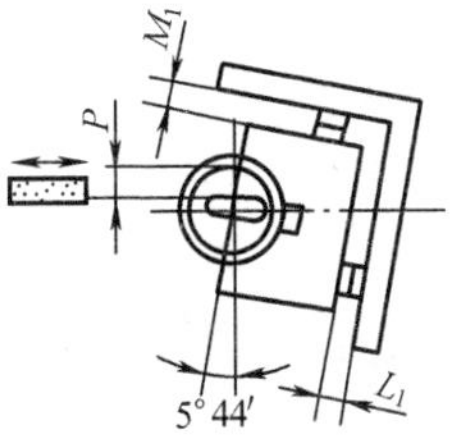	1. 正弦分度盘分别在两个方向转5°44′，用砂轮侧面磨二侧面 2. 以ϕ20mm外圆为基准，测量斜面尺寸 $P=10-3.5=6.5$(nm)
5	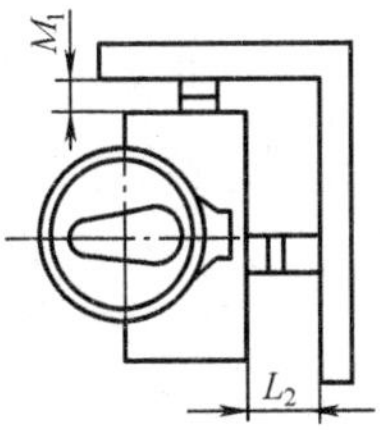	调整量块值；$L_2=(A-a)+5$（即调整工件位置）使$R4$圆弧中心与夹具中心重合
6	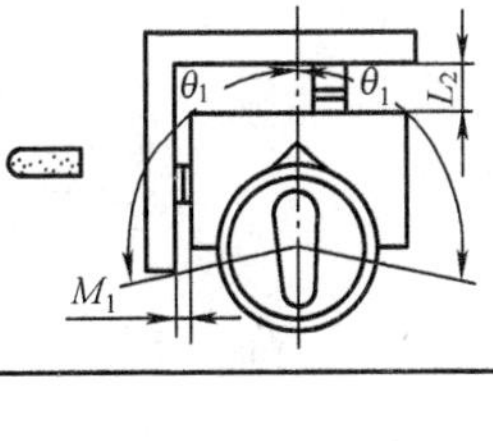	左右摆动台面，磨$R4$圆弧 $\theta_1=90°+5°44'=95°44'$

续表

工序	操作示意图	说明
7	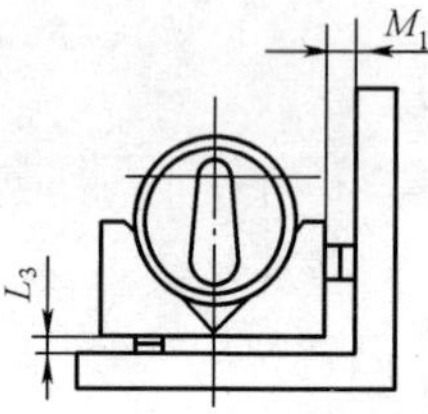 M_1 L_3	调整量块值：$L_3=(A-a)-5$ 使 $R3$ 圆弧中心与夹具中心重合
8	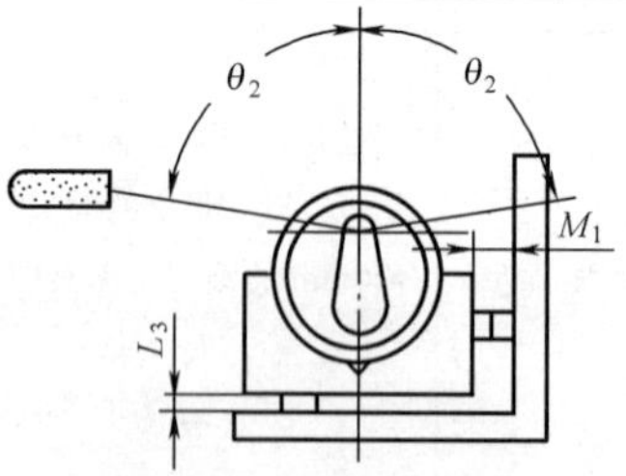 θ_2 θ_2 M_1 L_3	左右摆动台面，磨 $R3$ 圆弧 $\theta_2=90°-5°44'=84°16'$

二、用万能夹具磨削成形面

1. 万能夹具及其磨削工艺要点

如图 7-32 所示为万能夹具。用万能夹具磨削成形面的工艺要点如下。

（1）首先将形状复杂的形面分解成若干直线、圆弧段，然后按顺序磨出各段形面。

（2）根据被磨削的工件形状，选择回转中心，视工件情况不同，回转中心可以是一个或多个。磨削时，要依次调整回转中心与夹具中心重合，并以此中心回转，借以测量各磨削面的尺寸。

（3）成形磨削时的工艺基准不尽一致，往往需要进行工艺尺寸换算。主要尺寸计算为：

1）计算出各圆弧面的中心之间的坐标尺寸。

2）从一个已选定的中心（回转中心）至各平面或斜面间的垂直距离。

3）各斜面对坐标轴的倾斜角度。

4）各圆弧面包角。

（4）对有的形面，部分采用面形砂轮磨削，可提高精度和效率。

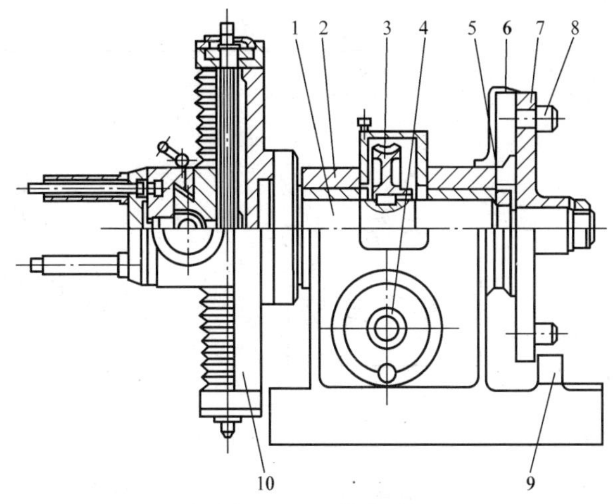

图 7-32　万能夹具

1—主轴；2—衬套；3—蜗轮；4—蜗杆；5—螺母；6—正弦分度盘；7—角度游标；8—正弦圆柱；9—基准板；10—纵滑板

2. 磨削实例

用万能夹具成形磨削实例见表 7-6。

表 7-6　　　　用万能夹具成形磨削实例

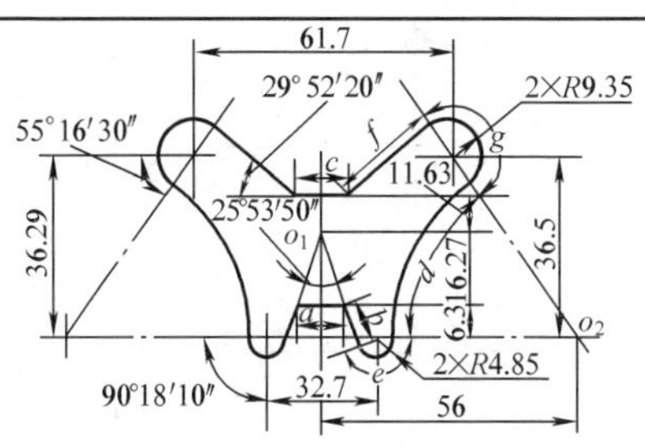

磨削次序标记图

序号	内　容	操　作　示　意　图	说　明
1	装夹、找正	d=10 P−5 P	(1) 工件用螺钉及垫块直接装夹 (2) 调整工件回转中心与夹具主轴中心重合 (3) 根据回转中心测量各面磨削余量

续表

序号	内容	操作示意图	说明
2	磨平面 a	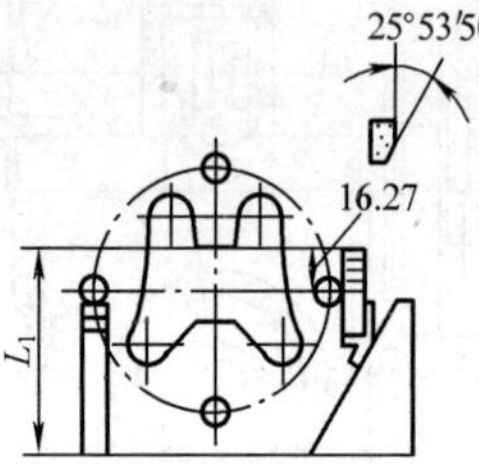 25°53′50″ 16.27 L_1	(1) $L_1 = P + 16.27$ (mm) (2) 接角处留余量
3	磨斜面 b 及接角	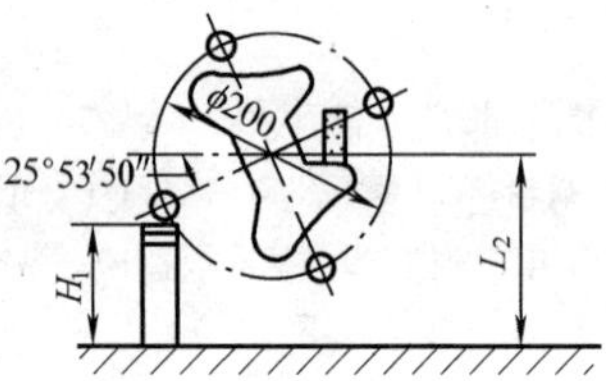 $\phi 200$ 25°53′50″ H_1 L_2	(1) $H_1 = P - (100\sin 25°53'50'' + 10) = P - 53.66$ (mm) (2) 磨斜面，用成形砂轮或与工序 2 结合反复磨削进行接角 (3) $L_2 = P$
4	磨平面 c	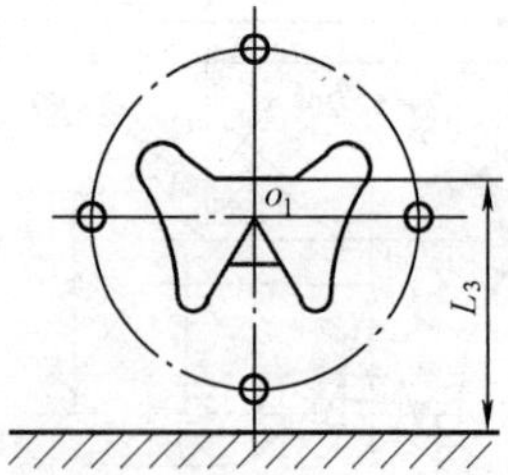 o_1 L_3	(1) $L_3 = P + 11.53$ (mm) (2) 接角处留余量
5	磨基面	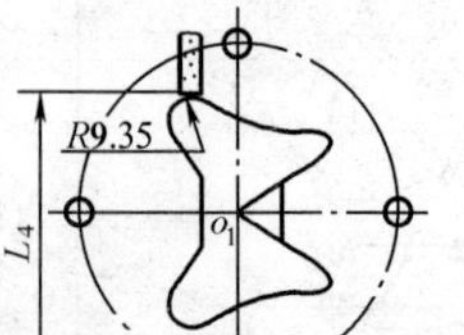 $R9.35$ o_1 L_4	(1) 磨 $R9.35$ 顶部作调整工件位置用基面 (2) $L_4 = P + 40.2$ (mm)

续表

序号	内　容	操作示意图	说　明
6	调整工件位置及磨 $R34.8$ 凹弧 d	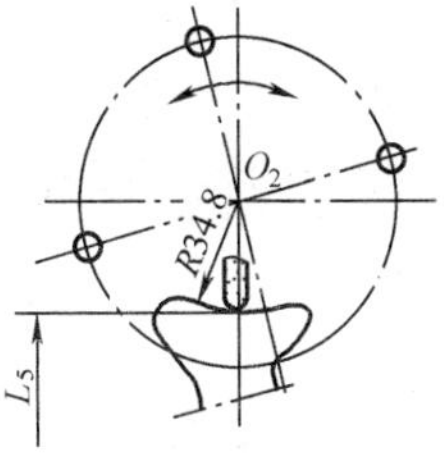 O_2　$R34.8$　L_5	(1) 调整工件位置，使 $R34.8$ 圆心与夹具中心重合 (2) 旋转主轴，用凸圆弧砂轮进行磨削 (3) $L_5 = P - 34.8$ (mm)
7	调整工件位置及磨 $R4.85$ 凸圆弧 e	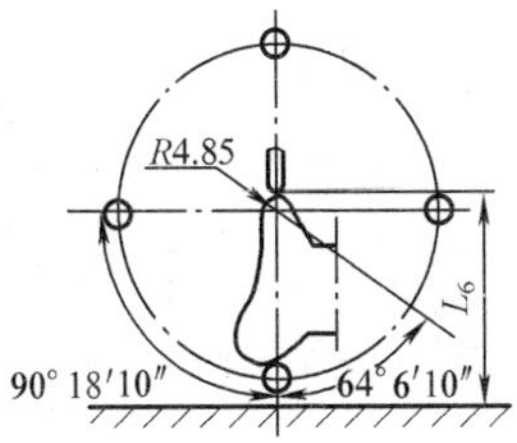 $R4.85$　L_6　90° 18′10″　64° 6′10″	(1) 调整工件位置，使 $R4.85$ 圆心与夹具中心重合 (2) 旋转主轴，磨削 $R4.85$ 凸圆弧，并控制左右摆动的角度 (3) $L_6 = P + 4.85$ (mm)
8	调整工件位置磨斜面 f	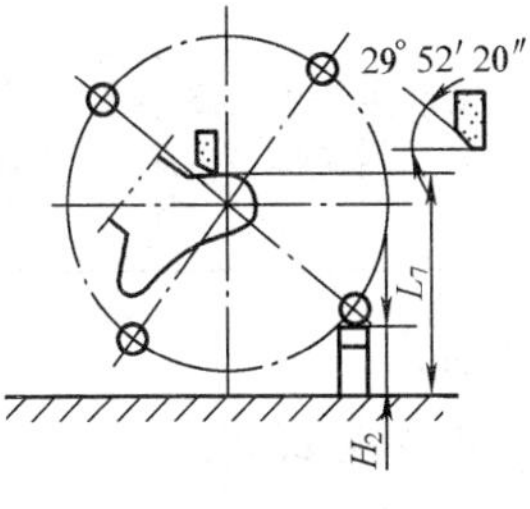 29° 52′ 20″　L_7　H_2	(1) 使 $R9.35$ 圆心与夹具中心重合 (2) $H_2 = P - (100\sin29°52'20'' + 10) = P - 59.8$ (mm) (3) 用成形砂轮磨斜面及接角 (4) $L_7 = P + 9.35$ (mm)
9	磨 $R9.35$ 凸圆弧 g	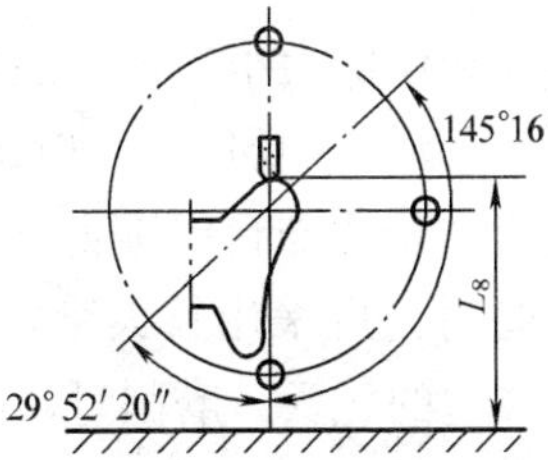 145°16′30″　L_8　29° 52′ 20″	(1) 旋转夹具主轴磨 $R9.35$ 凸圆弧，并控制左右摆动的角度 (2) $L_8 = P + 9.35$ (mm)

注　因工件形状对称，工件另一半磨削方法相同。

第三节 仿 形 磨 削

仿形磨削是在专用机床上按放大样板、放大图或计算机数控指令进行加工的方法。仿形加工时，砂轮不断改变运动轨迹。将工件磨削成形。

几种仿形磨削加工方法见表7-7。

表7-7 仿形磨削加工方法

加工方法	工作原理	用途
缩放尺曲线磨床磨削	应用机床的比例机构，使砂轮按放大样板的几何形状，正确地加工出工件的形面	主要用于磨削成形刀具、样板及模具
光学曲线磨床磨削	利用投影放大原理，将工件形状与放大图进行对照，加工出精确的工件形面	主要用于磨削尺寸较小的成形刀具、样板、模块及圆柱形零件
靠模仿形磨削	一般按工件曲面形状制作靠模，装在机床上，再对靠模仿形加工出需要的精确曲面	主要用于磨削凸轮、轧辊等
数控仿形磨削	应用数控原理，在磨削过程中，按预定的曲线，控制磨头运动轨迹，精确磨出形面	主要用于大型模具加工

一、缩放尺曲线磨床磨削

缩放尺曲线磨床磨削工艺要点如下：

（1）正确调整比例机构，缩放比可在1∶1～1∶100范围内调节选择。

（2）放大样板的制造精度和比例大小，视工件公差决定。样板常用4～5mm黄铜板制造，样板最大长度＜400mm，最大凹凸深＜150mm。安装时，样板曲面一定要与台面垂直。

（3）正确选择触头。粗磨时，可采用较大半径触头；精磨时，要视样板的形状和比例选择合适的触头。磨削时，触头的成形端要顺畅通过样板全部曲面。

（4）砂轮行程高度应高于工件5～10mm。推荐值为：

1）行程速度为 85mm/min 时，行程为 0～40mm；

2）行程速度为 60mm/min 时，行程为 40～60mm；

3）行程速度为 45mm/min 时，行程为 60～70mm。

二、光学曲线磨床磨削

1. 磨削工艺要点

光学曲线磨床可以磨削精密样板、对合曲线的对板的精密成形刀具。表面粗糙度值可达 $Ra0.4\mu m$，在模具加工及复杂形面磨削中应用较广。其磨削工艺要点如下：

（1）正确制作放大图。不论哪种放大图，制作时，比例和尺寸尽可能精确，线条粗细取 0.1～0.2mm 为好。为减少像差，一般尽量利用投影屏的中间部分。制作分段放大时，线段划分一般不超过 9mm（50 倍时），分段线最好选在有规则的线段上，并按序标出符号、移动的方向和坐标尺寸。

（2）正确修整砂轮形状。修整砂轮时分粗磨和精磨，粗磨时，对于 F100 砂轮，修整用量为 0.14mm/r；对于 F180 砂轮，修整用量为 0.08mm/r。精磨时，修整用量为 0.04mm/r。

（3）正确选择照明方式。一般磨削薄件和圆柱形工件时，用透射光；厚件及妨碍透射的工件，用反射光。为了增加清晰度，在磨削厚件时，往往同时使用透射光和反射光，并将光栏孔径适当调小。

（4）正确选择磨削用量　磨削用量的选择见表 7-8。

表 7-8　磨削用量的选择

磨削用量	砂轮架滑板往复速度（次/min）	单斜面滑板纵向进给速度（mm/s）	滑板纵、横向复合速度（mm/s）	背吃刀量（mm）
粗　磨	85	0.6	0.03～0.08	0.02
精　磨	45	0.03～0.16	0.001 6～0.005	0.003～0.005

2. 磨削方法

在光学曲线磨床上磨削工件主要用轨迹法和切入法。轨迹法又称逐点磨削法，砂轮在垂直方向不停地往复运动，同时砂轮架滑座作纵向、横向进给运动，其合成运动与放大图曲线相吻合，从而磨出工件的形面。切入法是用成形砂轮作切入式磨削。

3．磨削实例

斜面及内角的磨削方法见表7-9，圆弧的磨削方法见表7-10。

表7-9　　斜面及内角的磨削方法

形面	方法		示意图	说明
斜面磨削	轨迹法磨削	砂轮座滑板斜置	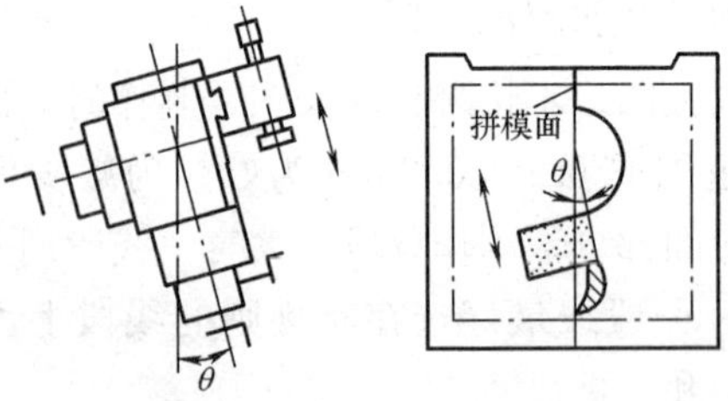	将工件拼模面磨正，再将磨头座滑板倾斜 θ 角，移动滑板，根据放大图校正砂轮座运动方向
		放大图及工件斜置	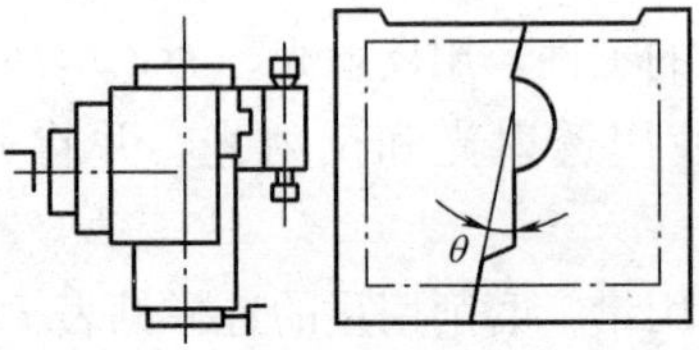	将工件拼模面磨正后，利用附在屏幕上的坐标方格，使放大图上斜线与坐标方格垂线重合，此时放大图基线（拼模面）已斜置 θ 角，再移动工件，使已磨好的拼模面映像与放大图上的拼模线重合
	切入法磨削		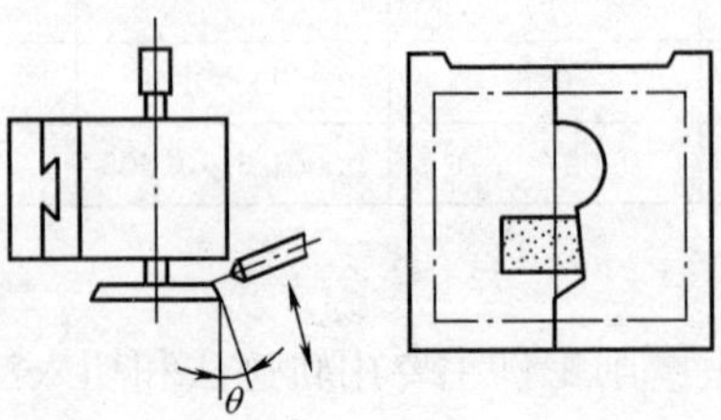	用修整器将砂轮修成 θ 角，同时将砂轮的形面映象与放大图校核 用成形砂轮切入法磨削

续表

形面	方法		示意图	说明
内角磨削	轨迹法磨削	磨正90°内角	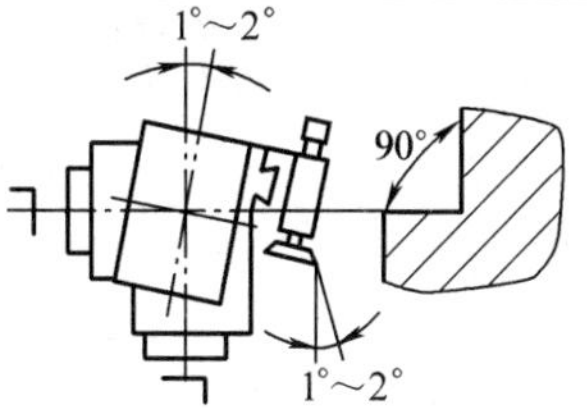	将砂轮座倾斜1°～2°，并将砂轮修成斜角，移动砂轮座纵、横滑板进行磨削
		磨斜90°内角	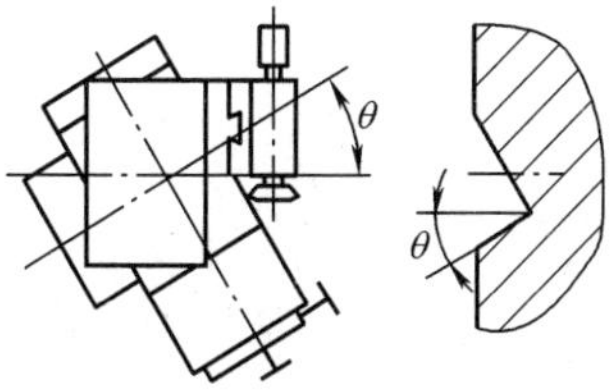	将砂轮座纵滑板回转θ角，并将砂轮修成双面斜角，移动纵、横滑板进行磨削。若$\theta>45°$，则纵滑板按图示相反方向转$90°-\theta$
		工作台或工件回转	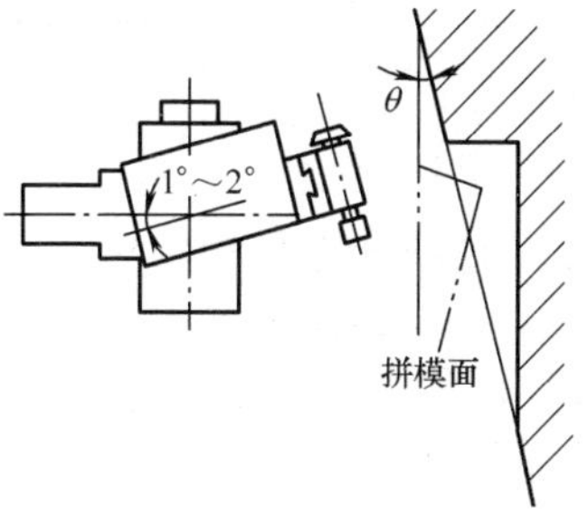	先将拼模面磨正，将工件转θ角，使待磨面与磨头纵、横滑板平行，移动纵、横滑板进行磨削
	切入法磨削		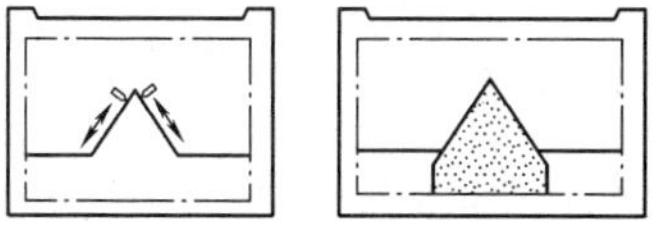	用修整器将砂轮修整成形，并与放大图校核 用成形砂轮切入磨削

表 7-10　　圆弧的磨削方法

方法	轨迹法			切入法
砂轮形状	单斜边砂轮	双斜边砂轮	平直形、凸圆弧砂轮	成形砂轮
磨凸圆弧示意图	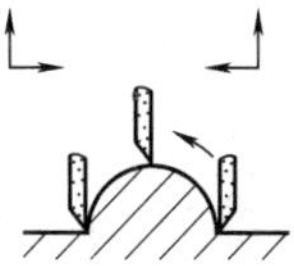	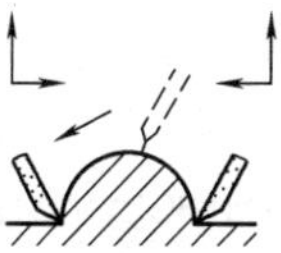	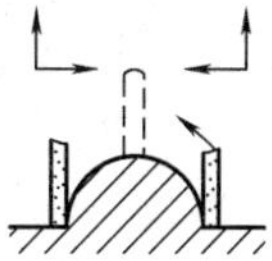	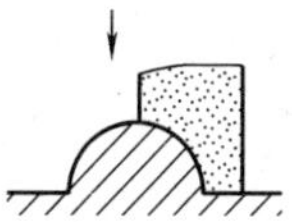

续表

方　法	轨　迹　法			切入法
砂轮形状	单斜边砂轮	双斜边砂轮	平直形、凸圆弧砂轮	成形砂轮
磨凹圆弧示意图				
说　明	两接角处（凸圆弧）或两端（凹圆弧）需要正反两块砂轮	两接角处或两端需将磨头倾置	（1）平直砂轮操作方便但接角较深 （2）砂轮圆弧半径为工件圆弧半径的2/3～3/4	（1）用修整器将砂轮修整成形 （2）凹圆弧半径大时，可将砂轮修成缺圆，并将磨头倾置

三、靠模仿形磨削

1. 凸轮靠模仿形磨削

凸轮靠模仿形磨削在凸轮磨床上进行，它的原理如图7-33所示。靠模4和工件3安装在同一条轴线上，同相位回转，滚轮6在弹簧2作用下紧靠凸轮靠模4，摇架1带动靠模4和工件3摇摆，砂轮5进给。

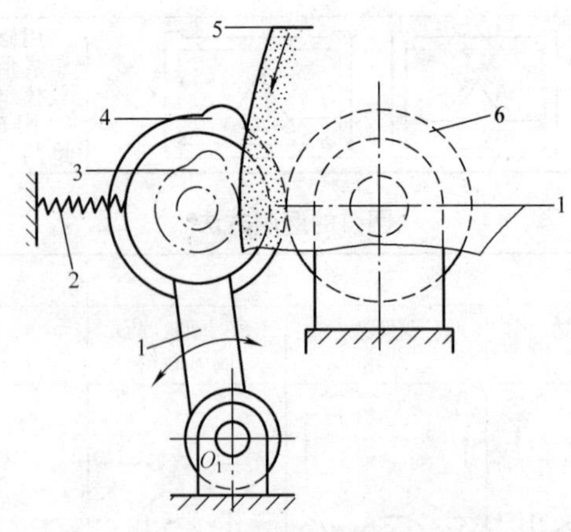

图7-33　凸轮靠模仿形磨削原理

1—摇架；2—弹簧；3—工件；4—靠模；5—砂轮；6—滚轮

凸轮靠模仿形磨削的要点如下：

（1）按工件凸轮形状、数量和相角制备一套相应靠模。凸轮形状精度主要取决于母凸轮和靠模精度，其精度要求在 0.005mm 以内。

（2）正确调整夹具，保证靠模和工件凸轮的对称中心线与工作键槽的相对位置。

（3）反磨靠模时，横进给手轮反向操作，使砂轮架带着导轮后退以实现砂轮进给，被修磨的靠模尺寸大小及基圆跳动量要精确测量，使误差尽量减小。

（4）磨削凹形凸轮时，应先计算出凹形处曲率半径，砂轮半径必须小于工件曲率半径。

（5）成批生产时，要定期测量凸轮形状和相位角，并根据情况调整机床或修磨、更换靠模。

2. 轧辊磨削

台面回转式轧辊磨削原理如图 7-34 所示。工作台纵向移动，长臂 6 顶在直尺 4 或 5 上，上工作台同时绕定位柱回转，形成凸、凹轧辊面。

砂轮架摆动式轧辊磨削原理如图 7-35 所示。砂轮架滑板电动机 M 通过变速齿轮将运动传动到 z_1 后分成两路：其一，通过 z_{11}、

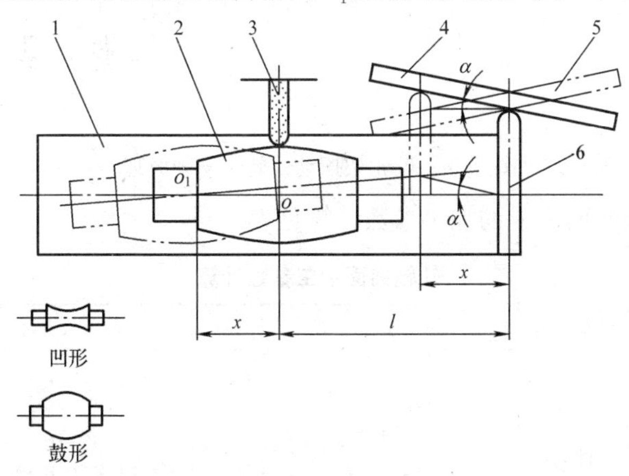

图 7-34　台面回转式轧辊磨削原理

1—上工作台；2—工件；3—砂轮；4—靠模直尺（鼓形）；5—靠模直尺（凹形）；6—长臂

z_{12}直至z_{13}完成滑板纵向移动；其二，通过i直到z_9、z_{10}转动凸轮，并推动直角杆A、B、C，使砂轮架绕支点D回转，砂轮即在工件长度的不同截面上磨出不同尺寸的直径。移动机构F用以调整轧辊形面的凸凹量。

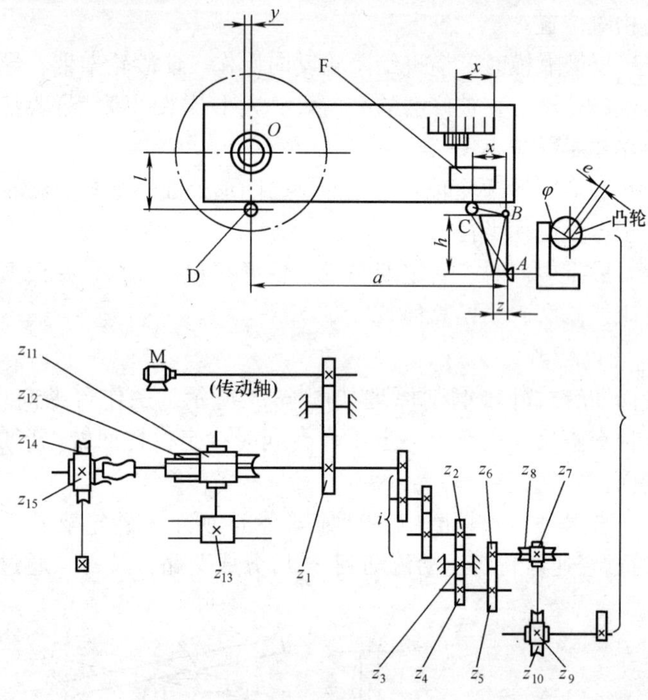

图7-35 砂轮架摆动式轧辊磨削原理

轧辊曲面形成的加工参数计算见表7-11。

表7-11 轧辊曲面加工参数计算

磨削方式	计算内容	公式	参数注释
台面回转式	工件向砂轮移动量	$y=\frac{\tan\alpha}{l}x^2=Kx^2$ $K=\frac{\tan\alpha}{l}$	α——靠模直尺与工作台运动方向夹角 x——工作台纵向移动距离 l——长臂与靠模直尺的接触点到回转中心o的距离 K——常数

续表

磨削方式	计算内容	公式	参数注释
砂轮架摆动式	曲面凸凹量	$y=\frac{x}{a-x}\cdot\frac{l}{h}e(1-\cos\varphi)$ $x=\frac{ay}{y+\frac{l}{h}e(1-\cos\varphi)}$	y——曲面凸凹量 x——杠杆距离 a——杠杆支点至砂轮架回转中心距离 e——凸轮偏心量 l——砂轮中心至砂轮架回转中心距离 h——杠杆支点与受力点距离 φ——磨曲面全长的一半时，凸轮转过的角度
	凸轮转角 φ	$\varphi=\frac{\frac{L}{2}z_{12}}{z_{13}m\pi z_{11}}i\times\frac{z_2z_5z_7z_9}{z_4z_6z_8z_{10}}360°$	L——曲面全长 i——凸凹量调整选择齿轮传动比 m——齿轮模数

第四节 坐标磨床磨削

一、基本磨削方法

坐标磨削的基本磨削方法见表 7-12。

表 7-12　　坐标磨削的基本方法

方法	简图	说明
通孔磨削		(1) 砂轮高速旋转，并作行星运动 (2) 磨小孔，砂轮直径取孔径的 3/4
外圆磨削		(1) 砂轮旋转，并作行星运动，行星运动的直径不断缩小 (2) 砂轮垂直进给

续表

方法	简图	说明
外锥面磨削	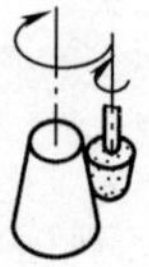	(1) 砂轮旋转，并作行星运动，行星运动的直径不断缩小 (2) 砂轮锥角方向与工件相反
沉孔磨削	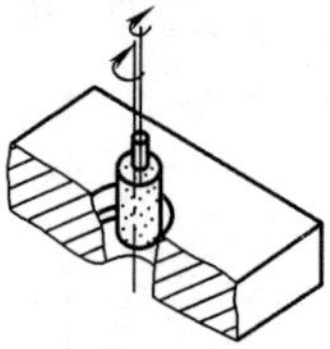	(1) 砂轮自转同时作行星运动，垂直进给，砂轮主要工作面是底面棱边 (2) 内孔余量大时，此法尤佳
沉孔成形磨削	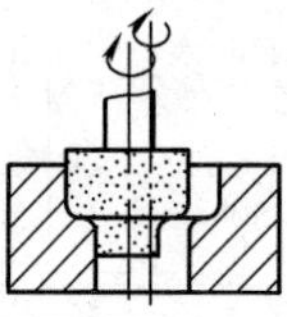	(1) 成形砂轮旋转，同时作行星运动，垂直方向无进给 (2) 磨削余量小时，此法尤佳
底部磨削	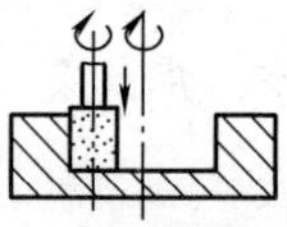	(1) 砂轮底部修凹 (2) 进给方式同沉孔磨削
横向磨削	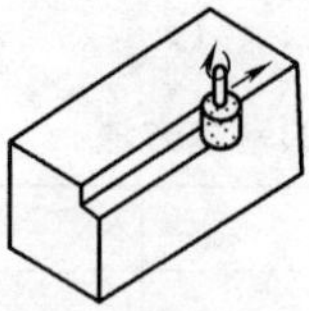	(1) 砂轮旋转，直线进给，不作行星运动 (2) 适于直线或轮廓的精密加工
垂直磨削	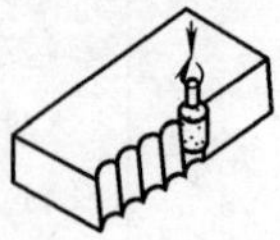	(1) 砂轮旋转，垂直进给 (2) 适用轮廓磨削且余量大的情况 (3) 砂轮底部修凹
锥孔磨削 (用圆柱形砂轮)	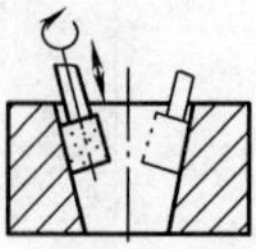	(1) 将砂轮调一个角度，此角为锥孔锥角之半 (2) 砂轮旋转，并作行星运动，垂直进给

续表

方　法	简　图	说　明
锥孔磨削（用圆锥砂轮）		（1）砂轮旋转，主轴垂直进给，行星运动直径不断缩小 （2）砂轮角度修整成与锥孔锥角相应
倒锥孔磨削		（1）砂轮旋转，主轴垂直运动，随砂轮下降，行星运动直径不断扩大 （2）砂轮修整成与锥孔锥角相适应
槽侧磨		（1）砂轮旋转，垂直进给 （2）用磨槽机构，砂轮修整成需要的形面
外清角磨削		（1）用磨槽机构，按需要修整砂轮 （2）砂轮旋转，垂直进给 （3）砂轮中心要高出工件的上、下平面
内清角磨削		（1）用磨槽机构，按需要修整砂轮 （2）砂轮旋转，垂直进给 （3）砂轮中心要高出工件的上、下平面 （4）砂轮直径小于孔径
凹球面磨削		（1）用附件45°角板，将高速电动机磨头安装在45°角板上 （2）砂轮旋转，同时绕主轴回转

续表

方 法	简 图	说 明
连续轨迹磨削		(1) 用电子进给系统 (2) 砂轮旋转，同时按预订轨迹运动

二、坐标磨床磨削实例

如图 7-36 所示零件，用连续轨迹数控磨床制造其凹凸模具。

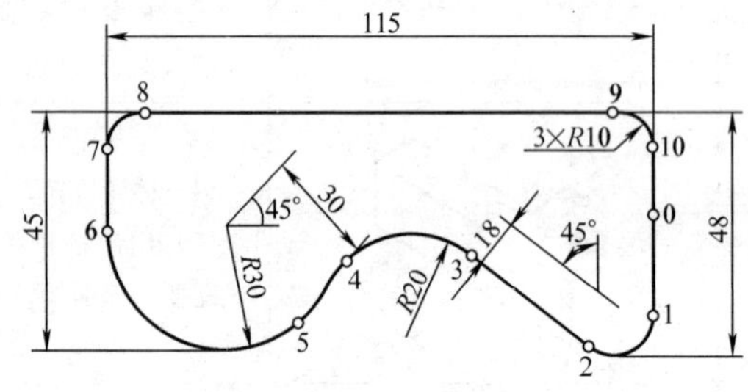

图 7-36 零件图

1. 模具制造工艺过程

模具制造工艺过程见表 7-13 和表 7-14。

表 7-13 凸模制造工艺过程

序号	工 序	工 艺 内 容
1	刨和铣	加工外形六面，凸模形状粗铣
2	平 磨	外形六面
3	坐标镗	钻螺孔，画凸模形状线，钻定位销孔，留磨量 0.3mm
4	铣	凸模形状，单边留磨量 0.2mm
5	热处理	62～65HRC
6	平 磨	外形六面
7	CNC 坐标磨	磨定位销孔，编程磨凸模形面，在机床上检验和记录形面尺寸与定位销孔的相对位置

表 7-14　　凹模制造工艺过程

序号	工　序	工　艺　内　容
1	刨和铣	外形六面和内形面粗铣
2	平　磨	外形六面
3	坐标镗	钻各螺孔，钻镗定位销孔，留磨量 0.3mm
4	热处理	62～65HRC
5	平　磨	外形六面
6	NC 线切割	以定位销孔为基准，编程切割内形，单边留磨量 0.05～0.1mm
7	CNC 坐标磨	按凸模程序，改变入口圆位置和刀补方向磨内形面，单边间隙 0.003mm，磨好定位销孔

（1）工艺分析。确定加工方法、路线及工艺参数。图 7-37 所示为坐标磨削时磨削路线及砂轮中心轨迹。为了保证多次循环进给在切入处不留痕迹，一般应编一个砂轮切入的入口圆。磨凸圆时，砂轮由 A 逆时针运动 270°，在 B 点切入轮廓表面。编程时，不计算砂轮中心运动轨迹插补参数，只计算工件轮廓轨迹插补参

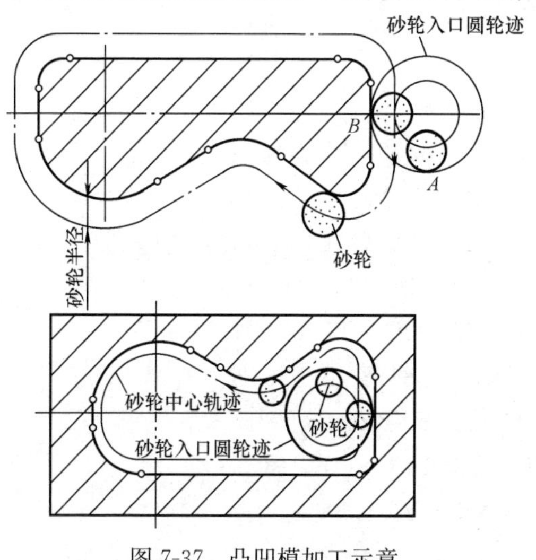

图 7-37　凸凹模加工示意

数。

工艺参数如下：

T_1K10.13　　V0.04　　E3%

T_2K10.01　　V0.003　　E3%

T_3K10.001　　V0.001　　E1%

T_4K10.00　　V0.000　　E1%

即砂轮半径为10mm，加工余量单边为0.013mm，用T_1砂轮磨三次，每次进给0.04mm；T_2砂轮磨三次，每次进给0.003mm；T_3砂轮磨一次，每次进给0.001mm；T_4砂轮不进给，磨一次。

(2) 数值计算。目的是向机床输入待加工零件几何参数信息，以适应机床插补功能。它的内容包括直线和圆弧起始点坐标、圆弧半径及其他有关插补参数。

(3) 后置处理。其任务是将工艺处理信息和数值计算结果的数据，编写成程序单传输或从键盘输入到机床数控装置。

2. 磨削模具的完整加工程序

```
N1 X0 Y0 M00 (MAINPOROGRAM) $
N2 T1 G71 J100 $
N3 T2 G71 J100 $
N4 T3 G71 J100 $
N5 T4 G71 J100 $
N6 G01 X150. F1500 M02 $
N100 X100. Y-15. M00 (SUBROUTNE) $
N105 G13 X85. Y0. G41 G78 F500 K15. $
N110G01 Y-18. $
N115G02 X67.929 Y-25.071 K10. $
N120G01 X56.784 Y-13.926 $
N125G03 X28.50 K20. $
N130G01 X21.213 Y-21.213 $
N135G02 X-30. Y0 K30. $
N140G01 Y10. $
```

N145G02 X-20. Y20. K10. $

N150G01 X75. $

N155G02 X85. Y10. K10. $

N160G01 Y0. $

N165G03 X100. Y-15. G79 K15. $

N170G72 $

如加工凹模，只需改变入口圆位置和将左刀补改为右刀补即可，其余程序不变。

第八章 精密与高效磨削

第一节 精密与超精密磨削

一、概述

精密加工是指在一定的发展时期中，加工精度和表面粗糙度达到较高程度的加工工艺，当前是指被加工工件的加工精度为1～0.1μm 、表面粗糙度为 Ra(0.2～0.01)μm 的加工技术。而超精密加工是指加工精度和表面质量达到更高程度的加工工艺，当前是指被加工工件的尺寸精度高于 0.1μm，表面粗糙度 $Ra \leqslant 0.025\mu m$ 的加工技术。目前精密加工和超精密加工达到的水平见表 8-1。

表 8-1　　精密加工和超精密加工达到的水平

项目＼加工类别	精密加工 (μm)	超精密加工 (μm)
尺寸精度	2.5～0.75	0.3～0.25
圆度	0.7～0.2	0.12～0.06
圆柱度	1.25～0.38	0.25～0.13
平面度	1.25～0.38	0.25～0.13
表面粗糙度 Ra 值	0.1～0.025	≤0.025

目前，超精密加工正从微米、亚微米级〔($1\sim10^{-2}$)μm〕的加工技术向纳米级[($10^{-2}\sim10^{-3}$)μm，1nm＝10^{-3}μm]的加工技术发展。

二、加工方法

根据加工方法的机理和特点，精密加工和超精密加工方法可以分为以下四类。其所用工具、所能达到的精度和表面粗糙度以及应用见表 8-2。

表 8-2 常用的精密加工和超精密加工方法

<table>
<tr><th>分类</th><th colspan="2">加工方法</th><th colspan="2">加工工具</th><th>精度（μm）</th><th>表面粗糙度 Ra（μm）</th><th>被加工材料</th><th>应用</th></tr>
<tr><td rowspan="4">刀具切削加工</td><td rowspan="4">切削</td><td>精密、超精密车削</td><td rowspan="3" colspan="2">天然单晶金刚石刀具、人造聚晶金刚石刀具、立方氮化硼刀具、陶瓷刀具、硬质合金刀具</td><td rowspan="3">1～0.1</td><td rowspan="3">0.05～0.008</td><td rowspan="3">金刚石刀具：
有色金属及其合金等软材料
其他材料刀具：
各种材料</td><td>球、磁盘、反射镜</td></tr>
<tr><td>精密、超精密铣削</td><td>多面棱体</td></tr>
<tr><td>精密、超精密镗削</td><td>活塞销孔</td></tr>
<tr><td>微孔钻削</td><td colspan="2">硬质合金钻头、高速钢钻头</td><td>20～10</td><td>0.2</td><td>低碳钢、铜、铝、石墨、塑料</td><td>印制线路板、石墨模具、喷嘴</td></tr>
<tr><td rowspan="6">磨料加工</td><td rowspan="2">磨削</td><td>精密、超精密砂轮磨削</td><td rowspan="2">氧化铝、碳化硅、立方氮化硼、金刚石等磨料</td><td>砂轮</td><td rowspan="2">5～0.5</td><td rowspan="2">0.05～0.008</td><td rowspan="2">黑色金属、硬脆材料、非金属材料</td><td>外圆、孔、平面</td></tr>
<tr><td>精密、超精密砂带磨削</td><td>砂带</td><td>平面、外圆磁盘、磁头</td></tr>
<tr><td rowspan="4">研磨</td><td>精密、超精密研磨</td><td colspan="2">铸铁、硬木、塑料等研具
氧化铝、碳化硅、金刚石等磨料</td><td rowspan="2">1～0.1</td><td rowspan="2">0.025～0.008</td><td rowspan="2">黑色金属、硬脆材料、非金属材料</td><td>外圆、孔、平面</td></tr>
<tr><td>油石研磨</td><td colspan="2">氧化铝油石、玛瑙油石、电铸金刚石油石</td><td>平面</td></tr>
<tr><td>磁性研磨</td><td colspan="2">磁性磨料</td><td rowspan="2">10～1</td><td rowspan="2">0.01</td><td>黑色金属</td><td>外圆
去毛刺</td></tr>
<tr><td>滚动研磨</td><td colspan="2">固结磨料、游离磨料、化学或电解作用液体</td><td>黑色金属等</td><td>型腔</td></tr>
</table>

续表

分类		加工方法	加工工具	精度(μm)	表面粗糙度 Ra(μm)	被加工材料	应用
磨料加工	抛光	精密、超精密抛光	抛光器 氧化铝、氧化铬等磨料	1～0.1	0.025～0.008	黑色金属、铝合金	外圆、孔、平面
		弹性发射加工	聚氨酯球抛光器、高压抛光液	0.1～0.001	0.025～0.008	黑色金属、非金属材料	平面、型面
		液体动力抛光	带有楔槽工作表面的抛光器 抛光液	0.1～0.01	0.025～0.008	黑色金属、非金属材料、有色金属	平面、圆柱面
		液中研抛	聚氨酯抛光器 抛光液	1～0.1	0.01	黑色金属、非金属材料	平面
		磁流体抛光	非磁性磨料 磁流体	1～0.1	0.01	黑色金属、非金属材料、有色金属	平面
		挤压研抛	粘弹性物质 磨料	5	0.01	黑色金属等	型面、型腔去毛刺、倒棱
		喷射加工	磨料液体	5	0.01～0.02	黑色金属等	孔、型腔
		砂带研抛	砂带 接触轮	1～0.1	0.01～0.008	黑色金属、非金属材料、有色金属	外圆、孔、平面、型面
		超精研抛	研具(脱脂木材，细毛毡)、磨料、纯水	1～0.1	0.01～0.008	黑色金属、非金属材料、有色金属	平面
	超精加工	精密超精加工	磨条 切削液	1～0.1	0.025～0.01	黑色金属等	外圆
	珩磨	精密珩磨	磨条 切削液	1～0.1	0.025～0.01	黑色金属等	孔

续表

分类	加工方法		加工工具	精度(μm)	表面粗糙度 Ra(μm)	被加工材料	应用
特种加工	电火花加工	电火花成形加工	成形电极、脉冲电源、煤油、去离子水	50～1	2.5～0.02	导电金属	型腔模
		电火花线切割加工	钼丝、铜丝、脉冲电源、煤油、去离子水	20～3	2.5～0.16		冲模、样板(切断、开槽)
	电化学加工	电解加工	工具极(铜、不锈钢)电解液	100～3	1.25～0.06	导电金属	型孔、型面、型腔
		电铸	导电原模电铸溶液	1	0.02～0.012	金属	成形小零件
		蚀刻	掩模板、光敏抗蚀剂、离子束装置、电子束装置	0.1	2.5～0.2	金属、非金属、半导体	刻线、图形
	化学加工	化学铣削	刻形、光学腐蚀溶液耐腐蚀涂料	20～10	2.5～0.2	黑色金属、有色金属等	下料、成形加工(如印刷线路板)
	超声加工		超声波发生器、换能器、变幅杆、工具	30～5	2.5～0.04	任何硬脆金属和非金属	型孔、型腔
	微波加工		针状电极(钢丝、铱丝)、波导管	10	6.3～0.12	绝缘材料、半导体	打孔
	红外光加工		红外光发生器	10	6.3～0.12	任何材料	打孔、切割
	电子束加工		电子枪、真空系统、加工装置(工作台)	10～1	6.3～0.12	任何材料	微孔、镀膜、焊接、蚀刻

续表

分类		加工方法	加工工具	精度 (μm)	表面粗糙度 Ra(μm)	被加工材料	应用
特种加工	离子束加工	离子束去除加工	离子枪、真空系统、加工装置(工作台)	0.01～0.001	0.02～0.01	任何材料	成形表面、刃磨、蚀刻
		离子束附着加工		1～0.1	0.02～0.01		镀膜
		离子束结合加工					注入、掺杂
	激光束加工		激光器、加工装置(工作台)	10～1	6.3～0.12	任何材料	打孔、切割、焊接、热处理
复合加工	电解	精密电解磨削	工具极、电解液、砂轮	20～1	0.08～0.01	导电黑色金属、硬质合金	轧辊、刀具刃磨
		精密电解研磨	工具极、电解液、磨料	1～0.1	0.025～0.008		平面、外圆、孔
		精密电解抛光	工具极、电解液、磨料	10～1	0.05～0.008	导电金属	平面、外圆、孔、型面
	超声	精密超声车削	超声波发生器、换能器、变幅杆、车刀	5～1	0.1～0.01	难加工材料	外圆、孔、端面、型面
		精密超声磨削	超声波发生器、换能器、变幅杆、砂轮	3～1	0.1～0.01		外圆、孔、端面
		精密超声研磨	超声波发生器、换能器、变幅杆、研磨剂、研具	1～0.1	0.025～0.008	黑色金属等硬脆材料	外圆、孔、平面
	化学	机械化学研磨	研具、磨料、化学活化研磨剂	0.1～0.01	0.025～0.008	黑色金属、非金属材料	外圆、孔、平面、型面
		机械化学抛光	抛光器、化学活化抛光液	0.01	0.01	各种材料	外圆、孔、平面、型面
		化学机械抛光	抛光器、增压活化抛光液	0.01	0.01		外圆、孔、平面、型面

精密磨削与超精密磨削是利用精细修整的砂轮进行加工。精密磨削砂轮粒度为 F60～F80、可达到 1μm 的加工精度、表面粗糙度 Ra0.025μm，超精密磨削砂轮粒度为 W40～W5、可获得 0.1μm 的加工精度、表面粗糙度 Ra0.025μm 以下。较之其他精密和超精密加工方法，有以下特点：

（1）除获得 Ra0.1μm 以下的表面粗糙度外，工件的尺寸精度和形状精度也能达到很高水平。

（2）可减轻劳动强度，易于实现自动测量，工件精度和表面粗糙度比较稳定，生产效率高，操作技术便于掌握。

（3）加工范围广。可加工金属与非金属及各种圆柱面、内外锥面和端面及简单成形面。

三、精密磨削与超精密磨削机理

精密磨削是依靠砂轮的精细修整，使磨粒在具有微刃的状态下进行加工而得到低的表面粗糙度参数值，微刃的数量很多且有很好的等高性，因此被加工表面留下的磨削痕迹极细，残留高度极小。随着磨削时间的增加，微刃逐渐被磨钝，微刃的等高性进一步得到改善，切削作用减弱，微刃的微切削、滑移、抛光、摩擦使工件表面凸峰被碾平。工件因此得到高精度和极细的表面粗糙度。磨粒上大量的等高微刃是用金刚石修整工具精细修整而得到，微刃如图8-1所示。

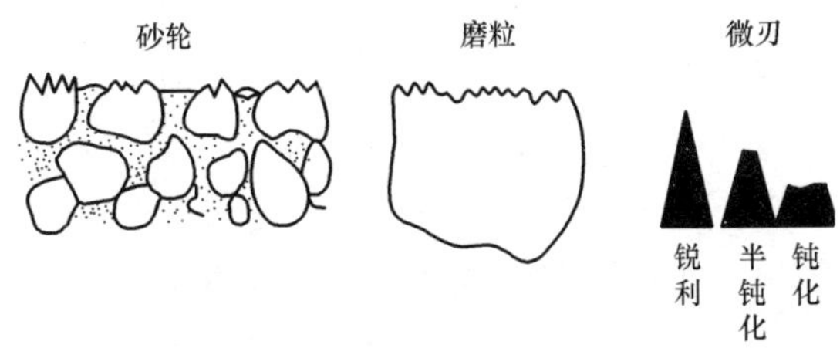

图 8-1　磨粒微刃示意图

超精密磨削的机理主要是背吃刀量极小，是超微量切除。除微刃切削作用外，还有塑性流动和弹性破坏等作用。

四、精密磨削与超精密磨削砂轮的选择

1. 磨料选择

（1）精密磨削的磨料。磨钢件、铸铁件选用刚玉类；磨有色金属用碳化硅。

(2) 超精密磨削的磨料。一般采用金刚石、立方氮化硼等高硬度磨料。

2. 粒度选择

精密磨削选 F60~F80 以下,超精密磨削选用 F240~W20。

3. 硬度选择

要求磨粒不能整颗脱落和有较好的弹性。一般选择 J、K、L 级较适合;对砂轮硬度的均匀性也应严格要求。

4. 结合剂选择

一般用陶瓷结合剂和树脂结合剂砂轮均能达到要求。

5. 组织选择

要求有均匀而紧密的组织,尽量使磨粒数和微刃数多些。一般精密磨削砂轮的选择见表 8-3。超精密磨削和镜面磨削砂轮的选择见表 8-4。

表 8-3　　精密磨削砂轮的选择

砂轮						被加工材料
磨粒材料	粒度		结合剂	组织	硬度	
白刚玉(WA)	粗 F46~F80	细 F240~W7	石墨填料 环氧树脂 酚醛树脂	密 分布均匀 气孔率小	中软(K、L)	淬火钢、铸铁 15Cr,40Cr,9Mn2V
铬刚玉(PA)						工具钢 38CrMoAl
绿碳化硅(GC)						有色金属

表 8-4　　超精密磨削、镜面磨削砂轮的选择

磨削方式＼参数	磨料	粒度	结合剂	硬度	组织	达到的表面粗糙度 Ra(μm)	特点
超精磨削	WA PA	F60~F80	V	K、L	高密度	0.08~0.025	生产率高,砂轮易供应,容易推广,易拉毛
	A WA	F120~F240 W28~W14	B R	H、J	高密度	<0.025	质量较上栏粗,粒度稳度,拉毛现象少,砂轮寿命较高

续表

参数 / 磨削方式	磨料	粒度	结合剂	硬度	组织	达到的表面粗糙度 Ra（μm）	特点
镜面磨削	WA WA+GC 石墨填料	W14 以下微粉	B 或聚丙乙烯	E、F	高密度	0.01	可达到低表面粗糙度值，镜面磨削

注　用于磨削碳钢、合金钢、工具钢和铸铁。

五、砂轮的修整

精密磨削砂轮修整方注有单粒全刚石修整、金刚石粉末烧结型修整器修整及金刚石超声波修整等。

1. 单粒金刚石和金刚石粉末烧结型修整器修整

修整情况如图 8-2（a）所示，金刚石合理的顶角和锐利的尖锋是保证获得微刃的重要条件之一。金刚石顶角一般取 70°～80°，且在修整过程中应保持尖角的锋利。金刚石修整器的安装高度和角度是金刚石尖锋应低于砂轮中心 1～2mm，安装角为 10°～15°。

2. 金刚石超声波修整

超声波修整又分为点接触法和面接触法。二者的区别在于修整器的顶部，点接触是尖顶，面接触是平顶，平顶面接触效果好一

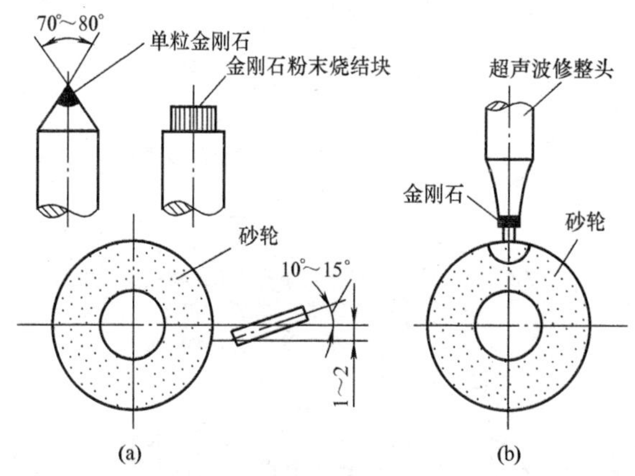

图 8-2　精密磨削砂轮的修整
（a）单粒金刚石、金刚石粉末烧结型修整器修整砂轮；
（b）金刚石超声波修整砂轮

些。修整情况如图 8-2（b）所示。

3. 超硬磨粒砂轮的修整

修整通常包括整形和修锐。整形是使砂轮达到要求的几何形状和精度；修锐是去除磨粒间的结合剂，使磨粒露出结合剂一定高度(磨粒尺寸的 1/3 左右)，形成切削刃，磨粒间空隙以容纳切屑。

普通砂轮整形和修锐可在一次修整中完成，而超硬磨粒砂轮，必须分为先后两个工序。先用金刚石滚轮整形；然后对整形后形面光滑、磨削性能差的砂轮进行修锐。

（1）超硬磨料砂轮的修锐方法。一般使用机械法，也可用电加工方法，参见表 8-5。

表 8-5　　超硬磨料砂轮的修锐方法

修锐方法	图　示	修锐特点	备　注
用刚玉块修锐	v_{fd}　n_{sd}	刚玉磨粒与超硬磨粒接触后，刚玉磨粒被破碎，对树脂结合剂起切削作用，钝化的超硬磨粒因失去结合剂的把持而脱落	修整表面较粗糙，切削能力强，型面精度低
用砂轮磨削法	v_{fd}　n　n_{sd}	用普通砂轮修整，二者速度相仿，为了提高修整效率和精度，可尽量降低超硬磨料砂轮速度，而适当提高普通砂轮速度	修整表面粗糙，磨削性能好，此法最简单
液压喷砂法	α　喷嘴　n_{sd}	以碳化硅或刚玉磨粒从高速喷嘴喷出，喷射在转动的砂轮表面上，从而去除部分结合剂，裸露切削刃	喷嘴安装角 $\alpha=5°\sim15°$，一般喷射时间约 30s
用普通磨料和刚滚轮修锐	SiC或Al_2O_3　n　n_{sd}　钢轮　$\Delta<d_g$	钢轮和超硬磨料砂轮的圆周速度相等，依靠普通碳化硅或刚玉磨粒挤轧超硬磨料砂轮，使磨粒露出结合剂表面	两轮间的间隙小于碳化硅或刚玉磨粒的直径 d_g

续表

修锐方法	图　示	修锐特点	备　注
液压喷射法	喷嘴　旋涡室　α　h　n_{sd}	用高压泵输出切削液，流量为 20L/min，压力为 150Pa。当切削液进入旋涡室，形成低压吸入大量空气，碳化硅磨粒从边孔进入与切削液混合，以高速从喷嘴喷出	修锐的砂轮锋利，型面精度较好，修锐时间短，作用角 $\alpha \leqslant 10°$，h 宜小些，根据情况调整
电火花法		利用电火花放电的能量，将砂轮中的接合剂电蚀掉，从而修整成形	用于导电的砂轮，修整效率低，一般少用
电解法		利用电解加工方法，去除表层的结合剂。超硬砂轮接正极，修整工具轮接负极	用于导电砂轮，修整效率高，但精度低

（2）修整磨具的选择。采用普通磨料磨具修整超硬磨粒砂轮时，修整磨具的选择见表 8-6。

表 8-6　　修整磨具的选择

超硬磨料砂轮		修　整　磨　具			
结合剂	粒　　度	磨料	粒度	硬度	结合剂
树脂结合剂	70/80～100/120 120/140～170/200 230/270 及以细	GC 或 WA	100～120 170～200 230～270	L～M K～L J～K	V
青铜结合剂	60/70～100/120 120/140～170/200 230/270 及以细	GC	80～100 140～170 170～200	P～Q M～N K～L	V

注　修整 CBN 砂轮时，修整磨具的硬度宜选较软些。

（3）磨削法修整用量。修整轮一般采用普通磨削速度(30～35) m/s，超硬磨粒砂轮速度应低些，为(15～25)m/s。

磨削修整的背吃刀量、粗修为(0.02～0.04)mm，精修为 0.01mm。

修整时应尽可能采用切削液。

4. 砂轮修整用量

(1) 修整导程（纵向进给量）f_d。磨粒的微刃性和微刃的等高性与 f_d 有密切的关系，如图 8-3 所示，随着 f_d 减小，工件表面粗糙度参数值降低；但 f_d 过小，砂轮的切削性能变差，易烧伤工件和产生螺旋形等缺陷。

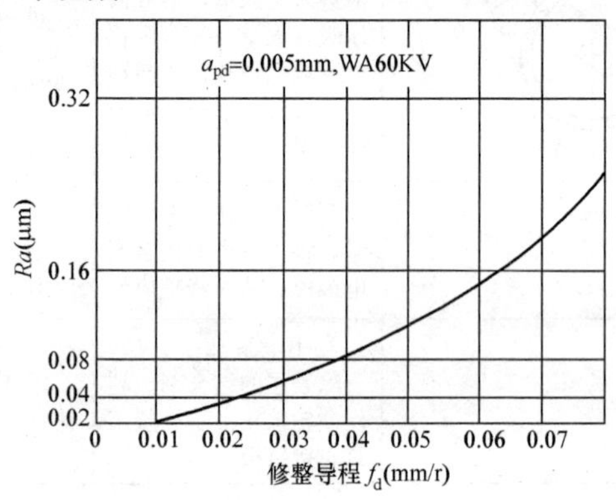

图 8-3 修整导程

(2) 修整背吃刀量（横向进给量）a_{pd}。a_{pd} 对加工表面粗糙度的影响是一致的，如图 8-4 所示。随着 a_{pd} 的减少，工件表面粗糙度值降低。a_{pd} 的合理范围是：精密磨削 $a_{pd} \leqslant 0.005$mm；超精密磨削和镜面磨削 $a_{pd}=0.002 \sim 0.003$mm。

(3) 修整次数与光修次数。在超精密磨削和镜面磨削时，砂轮

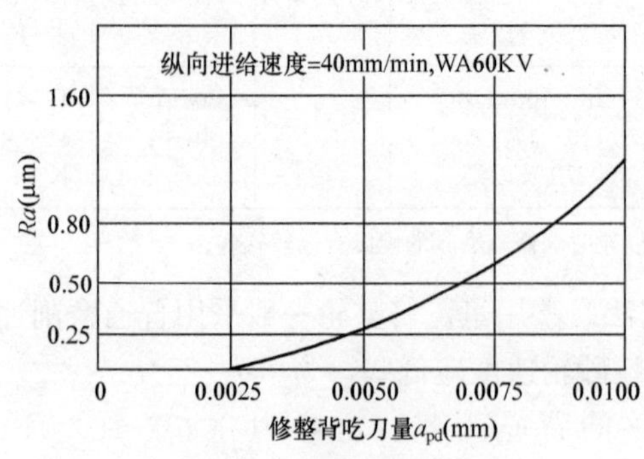

图 8-4 修整背吃刀量

磨损较小，一般修去 0.05mm 就能使砂轮恢复切削能力。修整可分为初修和精修。初修时 f_d 和 a_{pd} 取大值，逐次递减，最后一次可取 f_d=0.05mm/r，a_{pd}=0.002～0.003mm，精修 2～3 次。为了去除砂轮工作面上个别突出的微粒或被金刚石打松而又没有脱落的磨粒，要进行无横向进给的纵向走刀的光修，使砂轮表面平直，避免螺旋形缺陷。光修次数不宜多，一次即可。

六、磨削用量的选择

1. 砂轮速度 v_s

砂轮速度在(15～30)m/s 时，对工件表面粗糙度无显著影响，但若 v_s 进一步提高，砂轮的切削作用增强，摩擦抛光作用减弱，使表面粗糙度不如低速好，且磨削热增加，机床振动也较大，易产生烧伤、螺旋形和波纹等缺陷。因此一般取 v_s=(15～20)m/s。

2. 工件速度 v_w

工件速度 v_w 在一定范围内对工件表面粗糙度无显著影响。若 v_w 增高，易产生振动，使工件表面波纹度增加；当 v_w 较低时，工件表面易烧伤和出现螺旋形等缺陷。一般宜采取 $q = v_s/v_w = 120 \sim 150$，镜面磨削时宜选用较大值。

3. 工件纵向进给量 f_a

因微刃砂轮切削能力差，f_a 增大时，工件易产生烧伤、螺旋形、多角形等缺陷；但 f_a 太小，生产率太低。因此在不产生螺旋形等缺陷的前提下，f_a 宜选大些。

4. 背吃刀量 a_p

a_p 对工件表面粗糙度影响较大，一般选取原则是不能超过微刃高度，否则砂轮与工件接触压力增大，易破坏砂轮微刃和产生螺旋形波纹。一般 $a_p \leqslant 0.0025$mm。由于磨削余量一般为 0.1～0.015mm，所以进给次数约为 2～3 次，镜面磨削余量只有 0.002～0.003mm，故只进给一次。

5. 光磨

为降低表面粗糙度值，应增加“光磨”次数。光磨时，砂轮与工件间仍维持一定压力，以充分发挥半钝化微刃的摩擦抛光作用。

光磨次数对表面粗糙度的影响如图 8-5 所示，一般光磨 4～8

个行程后，砂轮的抛光性能就可以发挥出来，达到 Ra(0.05～0.025)μm。图中曲线 2 为镜面磨削，可见次数多，工件表面粗糙度就低，为了达到 $Ra\leqslant0.01\mu m$，一般需要 20～30 个行程。

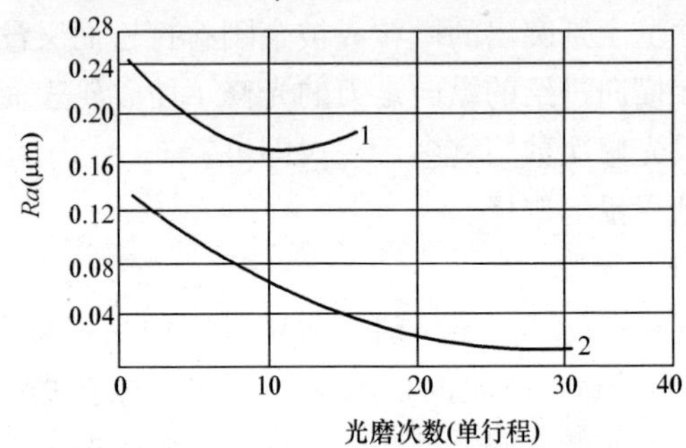

图 8-5　光磨次数对表面粗糙度的影响

1—粗粒度砂轮（PA60KV）；2—细粒度砂轮（WA/GCW10KR）

各种方式精密磨削，超精密磨削和镜面磨削的工艺参数分别见表 8-7～表 8-9。

表 8-7　外圆精密、超精密及镜面磨削工艺参数

工艺参数	工序			
	精密磨削	超精密磨削		镜面磨削
砂轮粒度	F60～F80	F60～F320	W20～W10	<W14
修整工具	单颗粒金刚石，金刚石片状修整器	同左（锋利）	同左	锋利单颗粒金刚石
砂轮速度(m/s)	17～35	15～20	15～20	15～20
修整时纵向进给速度(m/min)	15～50	10～15	10～25	6～10
修整时横向进给量(mm)	≤0.005	0.002～0.003	0.002～0.003	0.002～0.003
修整时横向进给次数	2～4	2～4	2～4	2～4
光修次数(单行程)	—	1	1	1
工件速度(m/min)	10～15	10～15	10～15	<10
磨削时纵向进给速度(m/min)	80～200	50～150	50～200	50～100
磨削时横向进给量(mm)	0.002～0.005	<0.0025	<0.0025	<0.0025

续表

工艺参数	工序			
	精密磨削	超精密磨削		镜面磨削
磨削时横向进给次数(单程)	1～3	1～3	1～3	1～3[①]
光磨次数(单程)	1～3	4～6	5～15	22～30
磨前零件粗糙度 Ra(μm)	0.4	0.2	0.1	0.025

① 一次进给后，如压力稳定，可不再进给。

表 8-8　　内孔精密、超精密及镜面磨削工艺参数

工艺参数	精密磨削	超精密磨削	镜面磨削
砂轮转速(r/s)	167～333	167～250	167～250
修整时纵向进给速度(m/min)	30～50	10～20	10～20
修整时横向进给次数(单程)	2～3	2～3	2～6
修整时横向进给量(mm)	⩽0.005	⩽0.005	0.002～0.003
光修次数(单程)	1	1	1
工件速度(m/min)	7～9	7～9	7～9
磨削时纵向进给速度(m/min)	120～200	60～100	60～100
磨削时横向进给量(mm)	0.005～0.01	0.002～0.003	0.003～0.005
磨削时横向进给次数(单程)	1～4	1～2	1
光磨次数(单程)	4～8	10～20	20
磨前零件粗糙度 Ra(μm)	0.4	0.20～0.10	0.05～0.025

注　1. 表中采用 WA60K 或 PA60K 砂轮磨削。

2. 修磨砂轮工具采用锋利的金刚石。

表 8-9　　平面精密、超精密及镜面磨削工艺参数

工艺参数	工序		
	精密磨削	超精密磨削	镜面磨削
砂轮粒度	F60～F80	F60～F320	W10～W5
修整工具	单颗粒金刚石 片状金刚石	锋利金刚石	锋利金刚石
砂轮速度(m/s)	17～35	15～20	15～30

续表

工 艺 参 数	工 序		
	精密磨削	超精密磨削	镜面磨削
修整时磨头移动速度(mm/min)	20～50	10～20	6～10
修整时垂直进给量(mm)	0.003～0.005	0.002～0.003	0.002～0.003
修整时垂直进给次数	2～3	2～3	2～3
光修次数(单程)	1	1	1
纵向进给速度(m/min)	15～20	15～20	12～14
磨削时垂直进给量(mm)	0.003～0.005	0.002～0.003	0.005～0.007
磨削时垂直进给次数	2～3	2～3	1
光磨次数(单程)	1～2	2	3～4
磨前零件粗糙度 Ra(μm)	0.4	0.2	0.025
磨头周期进给量(mm)	0.2～0.25	0.1～0.2	0.05～0.1

七、精密磨削与超精密磨削的机床

(一) 精密磨削机床

精密磨削机床应有较高的几何精度，以保证工件的几何形状精度要求。高精度的横向进给机构，以保证砂轮修整时的微刃性和微刃等高性。还应有低速稳定性好的工作台移动机构，不产生爬行、振动，以保证砂轮修整质量和加工质量。

1. 机床的几何精度

(1) 砂轮主轴回转精度。主轴回转精度应在1μm左右，通常采取以下措施：

1) 选择合理的轴承；采用滑动轴承须合理调整间隙至0.01～0.015mm范围；静压轴承圆跳动应小于0.005mm。

2) 提高主轴本身精度。主轴应经过超精密磨削。

3) 控制好主轴的轴向窜动。

(2) 工作台几何精度。其中床身纵向导轨直线度和平行度，床身横向导轨直线度，头架、尾座中心连线与工作台移动方向平行度及砂轮主轴中心线对工作台移动方向平行度等，均应达到或超过普通精密级磨床出厂技术要求。

(3) 横向进给精度。应达到和超过精密磨削的工艺要求。

2. 工作台低速运动稳定性

（1）提高液压系统的驱动刚性，避免液压系统中混有空气，可在工作台左边液压缸上增设放气阀，经常排除油路中空气。

（2）改善节流阀的低流量调节性能，必要时增加另一只螺旋式节流阀。

（3）改善导轨润滑条件，防止压力润滑工作台运动时漂浮。

（4）油压波动要小，例如用叶片泵替换瞬时流量不均匀的齿轮泵。

（5）工作台换向要平稳。

3. 减少机床振动

（1）精平衡砂轮，应进行两次以上的精细静平衡或采用动平衡，也可使用砂轮自动平衡装置。

（2）消除电动机振动。

1）轴承精度低或轴承磨损，可更换 A 级精度的滚动轴承。

2）将砂轮架电动机的转轴连同传动带轮进行动平衡。

3）安装时在电动机与砂轮架之间用硬橡皮或硬木块进行隔振。

4）砂轮轴传动用 V 带要求长度一致，厚薄均匀，并尽量减少 V 带根数。

（二）超精密磨削机床

国内外一些超精密磨削机床的结构特点和加工质量见表 8-10。

表 8-10　　国内外超精密磨削机床的结构特点和加工质量

机床型号 生产厂家	结构特点	加工质量	
		尺寸形状精度	表面粗糙度
N5 外圆磨床 美国 布朗—夏普公司	工件主轴为液体静压轴承 有弹性微位移机构	圆度 0.25μm 圆柱度 25 000∶0.25 尺寸精度±0.25μm	Rz0.03μm
MUG21/50 万能磨床 日本 三井精机	工件主轴为空气静压轴承	圆度 0.1μm 圆柱度 250 000∶1 尺寸精度±0.5μm	Rz0.04μm

续表

机床型号 生产厂家	结构特点	加工质量	
		尺寸形状精度	表面粗糙度
MG1432A 外圆磨床 中国 上海机床厂	砂轮主轴为动压轴承 工件主轴为液体静压轴承	圆度 0.5μm 圆柱度 200 000∶1 尺寸精度 1μm	Ra0.01μm
RHU500 超精密磨床 瑞士 斯图特公司	砂轮与工件主轴为多点式动压轴承	圆度 0.1μm 圆柱度 500 000∶1 尺寸精度±0.25μm	Rz0.02μm
超精密外圆磨床(CNC) 英国 科兰菲尔德工业大学 精密工程研究所(CUPE)	采用数控系统 垂直液体静压导轨 整个机床有密封罩，淋浴恒温 0.1℃	圆柱度<±0.1μm	

八、加工实例

图 8-6 所示为轧制微米级带箔用精密轧辊简图。

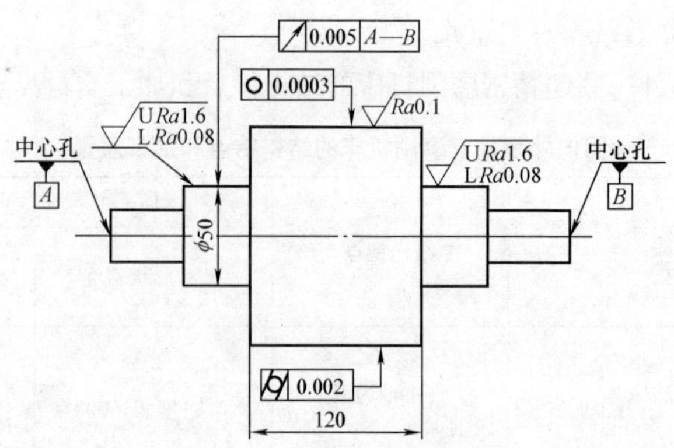

图 8-6 精密轧辊简图

1. 工艺特点及加工方法分析

(1) 在加工前，应对中心孔进行仔细研磨和检查，检查中心孔与顶尖的接触情况，根据检查结果进行研修，使其圆度和同轴度误差达到 0.2μm。

（2）为保证加工精度，应分为精磨、超精磨、镜面磨削。若在同一磨床上进行磨削，必须使工件在精密磨削时达到精度要求。超精密和镜面磨削主要用来改善表面粗糙度。

（3）切削液要求润滑性能好，同时冷却性能和清洗性能也较好。超精密和镜面磨削宜采用质量分数为 5%～10%极压乳化液或含有表面活性剂的切削液。同时还应注意切削液的过滤净化。

2. 对超精密磨削前的工序要求

即精密磨削时其圆度、圆柱度、圆跳动等均应符合技术要求（即精密磨削时应达到的目标）。

（1）轧辊工作面和两轴颈的圆跳动应小于 0.005mm；

（2）轧辊工作面圆柱度应小于 0.002mm；

（3）轧辊工作面和两轴颈应留 0.01～0.02mm 的超精密磨削余量；

（4）轧辊工作面和两轴颈表面粗糙度应低于 *Ra* 0.2μm。

3. 超精密磨削

（1）机床采用 MG1432 或 MG1432A 型。

（2）砂轮采用 WA240KV 型。

（3）砂轮修整。用锋利金刚石，f_d=0.012mm/r（此时工作台速度约为 10mm/min），a_{pd}=0.002 5mm，修 3 次，光修 1 次。

（4）磨削用量。v_s=18m/s，v_w=10m/min，工作台纵向进给速度 v_f=(50～100)mm/min，a_p=0.002 5mm，横向进给次数不宜过多，约 2 次即可。

磨削后工件表面粗糙度可达 *Ra*(0.045～0.025)μm，同时保证轧辊面与两个轴颈的同轴度。

留镜面磨削余量 0.002～0.003mm。

4. 镜面磨削（轧辊工作面）

（1）砂轮。采用细粒度树脂结合剂加石墨填料的砂轮 WAW10EB（加有石墨）。

（2）砂轮修整。用锋利金刚石，f_d = 0.01mm/r，a_{pd} =

0.0025mm，修整3次，光修1次。

(3) 磨削用量。$v_s = 18$m/s，$v_w = 8$m/min，$v_f =$ (50～100) mm/min，横向进给量多少与砂轮性能及机床条件有关，一般在0.005～0.01mm范围内选用。

(4) 对刀。第一次磨削特别重要，若第一次进给太大，不仅会破坏砂轮表面的微刃，而且因砂轮的切削能力差，将使工件产生烧伤和螺旋形缺陷。因此在磨第一个工件时应仔细对刀。一般可采用以下对刀方法：

1) 用磨削指示仪。

2) 在工件表面上涂一层极薄的红油，然后使砂轮慢慢接近工件，当砂轮刚刚擦掉工件上的红油时，就停止横向进给，并纵向进给一次，然后再继续横向进给。

3) 通过观察砂轮上的水纹或者听声音的变化来判断。但很难以此作为精确的对刀方法，通常把这种方法和上两种方法配合使用，以便加快对刀过程，提高工作效率。

(5) 光磨时间：约2～4h（光磨次数20～30次）。

磨削后工件表面粗糙度值小于 Ra0.01μm，圆度可达0.002mm。

第二节 研　　磨

一、研磨的特点和分类

(一) 研磨的特点

(1) 尺寸精度高。研磨在低速、低压力下磨除一层极薄金属层，工件变形和表面变质层很轻微，可稳定获得高精度表面。其尺寸精度可达0.025μm。

(2) 形位精度高。圆度可达0.025μm，圆柱度可达0.1μm。

(3) 表面粗糙度值低。研磨能均匀地切掉工件表面的凸峰，降低表面粗糙度，其 Ra 可达0.008μm。并能使两个零件的接触面达到精密配合。

(4) 不能提高工件各表面间的位置精度。

（5）工件表面耐磨性提高。因为凸峰被磨平，有效接触面积增大。

（6）工件表面疲劳强度提高。

（7）设备简单、制造方便。

（8）适应性好。可单件手工生产，也可成批机械化生产。可加工钢材、铸铁、各种有色金属，亦可加工硬脆的玻璃、陶瓷等非金属。

（二）研磨的分类

按研磨剂使用的条件，研磨可分为如下三类。

（1）湿研（又称敷料研磨）。把研磨剂连续加注或涂敷于研具表面，磨料在工件与研具之间不停地滚动或滑动，形成对工件的切削运动。其金属切除率高，可达干式研磨的5倍以上。但在加工表面几何形状和尺寸精度方面不如干式研磨，因此多用于粗研和半精研。

（2）干研（又称嵌砂研磨或压砂研磨）。在一定压力下，将磨粒均匀地压嵌在研具的表层中，嵌砂后进行研磨加工。这种研磨方法可获得很高的加工精度和低的表面粗糙度值，但效率低。

（3）半干研。类似湿研，采用的研磨剂是糊状的研磨膏，粗、精研均可采用。

根据加工表面形状特点，还可分为平面、外圆、内孔、球面、螺纹、成形表面的研磨和啮合表面轮廓研磨等。

按精密程度可分为普通研磨和超精密研磨。超精密研磨又可分为振动研磨和电解研磨。

二、研磨机理和运动轨迹

（一）研磨机理

研磨是由游离的磨粒通过研具对工件进行微量切削的过程。在被加工表面和研具之间置以游离磨料和润滑液，使被加工表面和研具产生相对运动并加压，磨料产生切削、挤压等作用，从而去除表面凸处，使被加工表面精度得以提高，表面粗糙度参数值得以降低。研磨加工模型如图8-7所示。

研磨机理可归纳为以下几种作用：

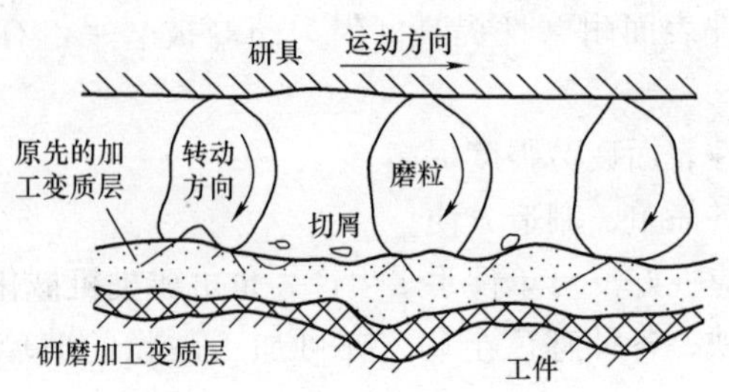

图 8-7 研磨加工模型

（1）磨粒的切削作用。磨粒的切削作用在不同的条件下有不同的方式。在研具较软、研磨压力较大的情况下，磨粒可镶嵌到研具上，产生刮削作用，这种方式有较高的效率。在研具较硬（如淬硬合金钢）、研磨压力较大的情况下，磨粒不能嵌入研具，而是在被加工表面和研具之间滚动，以其锋锐的尖角进行切削。

（2）塑性变形。磨粒挤压被加工表面的粗糙峰部，在塑性变形及流动中使工件表面峰谷趋于熨平或在反复变形中产生加工硬化，最后断裂而形成细微切屑。

（3）化学作用。当采用氧化铬、硬脂酸或其他研磨剂时，工件表面会形成一层极薄的氧化膜，这层氧化膜很容易被磨掉而不伤基体。在研磨中氧化膜会不断地迅速形成，又不断地被磨掉，从而加快了研磨过程，使表面粗糙度降低。

（二）研磨运动轨迹

1. 对于研磨运动轨迹的要求

对于研磨运动轨迹的要求，应能保证工件加工表面上各点均有相同的（或近似的）被切削条件；同时还要保证研具表面上各点有相同的（或近似的）磨削条件。其要求如下：

（1）工件相对研磨盘平面作平行运动，保证工件上各点的研磨行程一样，以获得良好的平面度。

（2）研磨运动力求平稳，尽量避免曲率过大的转角。

（3）工件运动遍及整个研具表面，以利研具均匀磨损。

（4）工件上任一点的运动轨迹，尽量不要出现周期性重复情况。

2. 常用的研磨运动轨迹

常用的研磨运动轨迹如图 8-8 所示。

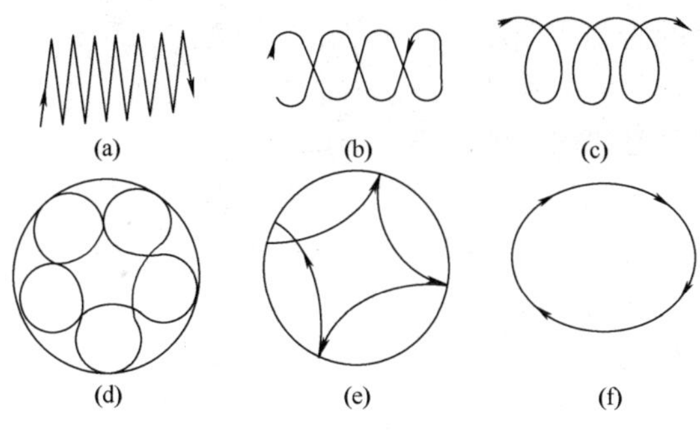

图 8-8　研磨运动轨迹

(1) 直线式轨迹。如图 8-8 (a) 所示，这是一种平行运动，其研磨速度一致，研磨量均匀，运动较平稳，研磨行程的同一性较好。但研磨轨迹容易重复，平板的磨损不一致；双面研磨时，工件尺寸的一致性差。适于研底面狭长而高度较高的工件。

(2) 正弦曲线轨迹。如图 8-8 (b) 所示，工件的运动轨迹和正弦曲线相似，基本上属于平行运动。研磨运动轨迹交错不易重复，方向为有规律地变化，可避免切痕的重复，利于表面粗糙度值的降低。但平板磨损不均匀，影响尺寸的一致性和平面平行度的提高。

(3) 无规则的圆环线轨迹。如图 8-8 (c) 所示，其轨迹为拉开的圆环，工件在左右摆动的同时，作直线往复移动。此轨迹能较好地走遍整个平面，不易重合，研磨的同一性好，因此尺寸的一致性好。由于回转角度大，不宜研磨尺寸精度高的工件。

(4) 外摆线轨迹。如图 8-8 (d) 所示，短幅外摆线比较全面地满足了研磨运动的要求，具有较高的研磨精度，特别是平面平行度和尺寸一致性较好，但需避免轨迹周期性重复。由于研磨行程比较一致，工件能走遍整个表面，研磨盘的磨损比较均匀。适于尺寸精度要求较高及大量生产的小型工件。

(5) 内摆线轨迹。如图 8-8 (e) 所示，这种运动轨迹尺寸一致性好，平板磨损较均匀，由于连续的 180°大回转，运动平稳性较差，平面的平行度不够好。

(6) 椭圆线运动。如图 8-8（f）所示，运动方向能不断改变，可得到较好的研磨质量，结构简单，操作方便。缺点是各处的研磨行程不一致，尺寸一致性差，研磨盘的磨损不均匀。

三、研具及研磨剂的选择

研具是研磨剂的载体，用以涂敷和镶嵌磨料，使游离磨粒嵌入研具发挥切削作用；同时又是研磨成形的工具，把本身的几何形状精度按一定方式传递到工件上。

(一) 研具的选择

1. 对研具的要求

(1) 研具材料硬度应比工件材料低，组织均匀致密，无夹杂物，硬度均匀，有适当的被嵌入性。

(2) 有良好的耐磨性，变形小，几何精度保持性好。

(3) 表面应光整，无裂纹、斑点等缺陷。

(4) 结构要求合理，有足够的刚度，应考虑排屑、储存多余磨料及散热等问题，其工作表面应具有较高的几何精度。

(5) 研具的硬度选择特别重要，太硬会造成磨粒破碎与磨损，甚至有些磨粒被挤入工件材料内，破坏加工表面质量；太软则会导致磨粒过深地被挤入研具材料中。正确地选择研具的硬度，才能使磨粒暂时地被支撑，也能迅速地改变它们的位置，使每颗磨粒都有新的棱角陆续参加切削。

2. 研具材料

常用的研具材料见表 8-11。

表 8-11　　常用的研具材料

材料	性能与要求	用途
灰铸铁	120～160HBS，金相组织以铁素体为主，可适当增加珠光体比例，用石墨球化及磷共晶等办法提高使用性能	用于湿式研磨平板
高磷铸铁	160～200HBS，以均匀细小的珠光体（70%～85%）为基体，可提高平板的使用性能	用于干式研磨平板及嵌砂平板

续表

材料	性能与要求	用　途
10、20低碳钢	强度较高	用于铸铁研具强度不足时，如M5以下螺纹孔，$d<8$mm小孔及窄槽等的研磨
黄铜、纯铜	磨粒易嵌入，研磨工效高，但强度低，不能承受过大的压力，耐磨性差，加工表面粗糙度值大	用于余量大的工件，粗研及青铜件和小孔研磨
木材	要求木质紧密、细致、纹理平直、无节疤、虫伤	用于研磨铜或其他软金属
沥青	磨粒易嵌入，不能承受大的压力	用于玻璃、水晶、电子元件等的精研与镜面研磨
玻璃	脆性大，一般要求10mm厚度，并经450℃退火处理	用于精研，并配用氧化铬研磨膏，可获得良好研磨效果

除上表所用研具材料外，还可用淬硬合金钢、钡镁—锡合金、钡镁—铁合金及锡等作研具材料。例如，使用锡研光盘研光石英基片（制造高精度振动元件）取得良好效果。

3. 通用研具

(1) 平面研具。

1) 常用尺寸。平面研具有研磨平板与研磨圆盘两种。研磨平板多制成正方形，常用尺寸有200mm×200mm、300mm×300mm、400mm×400mm等规格。研磨圆盘为机研工具，其工作的环形面宽度视工件及研磨的轨迹而定，一般为工件长度的0.8～1.2倍。

2) 结构形式。湿研平板分开槽和不开槽两种。平板上开槽，其作用是将多余的研磨剂刮去，保证工件与平板直接接触，使工件获得高的平面度。湿研平板常开60°V形槽，槽宽b和槽深h为1～5mm，两槽距离$B=(15\sim20)$mm，根据被研表面尺寸而定（见图8-9）。机研圆盘多开螺旋槽，其螺旋方向应考虑圆盘旋转

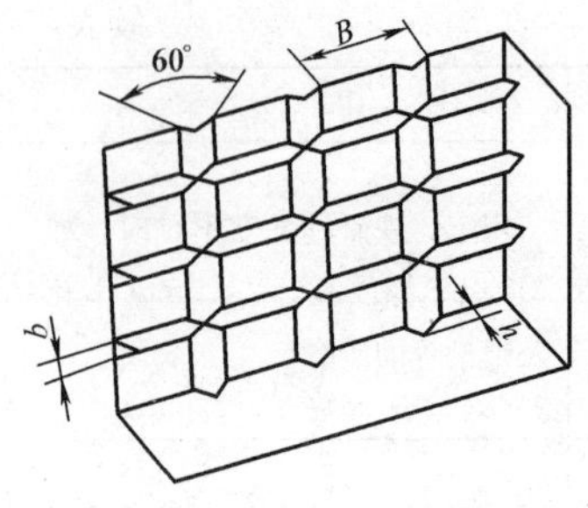

图 8-9　平板上开沟槽

时，研磨液能向内侧循环移动，与离心力作用相抵消而不至于飞出。

图 8-10 所示为研磨盘常开的沟槽形式，如用研磨膏研磨时，选用阿基米德螺旋线型槽较好。但用开槽圆盘研磨，工件表面粗糙度值升高，因此若要求工件表面粗糙度值较低时，研具不可开槽。

（2）外圆柱面研具。

1）结构形式。小直径研具一般为整体式，直径较大时，孔内加研磨套。常用开口可调研磨套，见图 8-11（a）。对于高精度外圆柱面研磨，可用三点式研具［见图 8-11（b）］，研磨套制成开口的，便于调节尺寸。图 8-11（c）除开口外，还开两个槽，使研磨套具有一定弹性。大型工件的研磨套，可在内表面铣几条槽以增加弹性，见图 8-11（d）。为了得到较高的研磨精度，研磨套调整后，

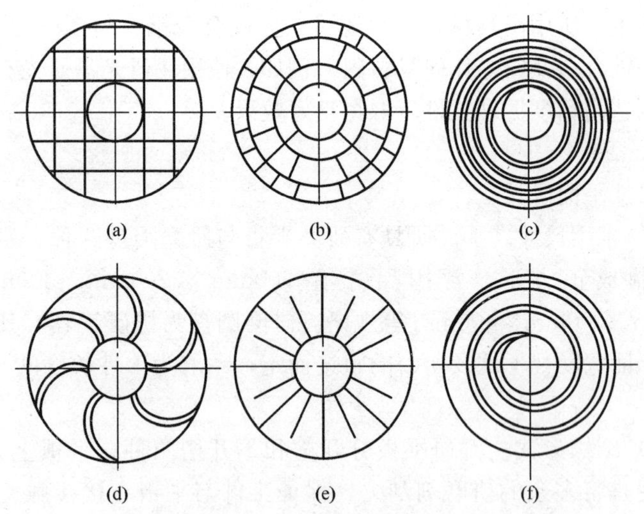

图 8-10　研磨圆盘沟槽形式

（a）直角交叉型；（b）圆环射线型；（c）偏心圆环型

（d）螺旋射线型；（e）径向射线型；（f）阿基米德螺旋线型

须经研磨修整内孔，方可对工件进行加工。

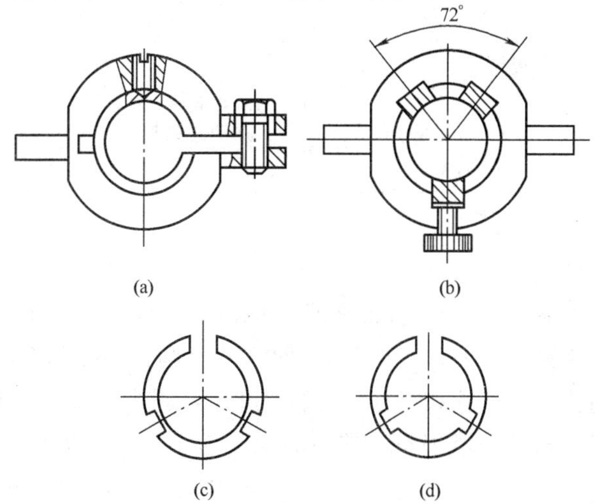

图 8-11　外圆柱面研磨套形式

2）研磨套尺寸见表 8-12。

表 8-12　　研 磨 套 尺 寸

参　数	尺　寸(mm)	注　意　事　项
内径 d_i	$d_i = D_w + (0.02 \sim 0.04)$ D_w 为工件外径	与工件保持适当间隙
外径 d_e	$d_e = d_i + (10 \sim 20)$	壁厚过厚，弹性变形困难；太薄，强度低，刚性差，变形不易控制
槽数 n	3 槽均布，其中一条为径向通槽	随直径增大槽数可按比例增加
槽宽 b	$b=1 \sim 5$	与研磨套的直径有关，直径大则 b 取大值
槽深 t	$t<b$	影响套的弹性变形，与研磨套的厚度有关

续表

参　数	尺　寸(mm)	注　意　事　项
长度 l	$l=\left(\frac{1}{4}\sim\frac{3}{4}\right)l_w$ 或 $=\left(1\sim2\frac{1}{2}\right)d_i$ l_w 为被研表面长度	过长影响轴向移动距离；过短导向作用差，两端磨损快

注　粗研与精研用研磨套不能混合使用。

(3) 内圆柱面研具。

1) 结构形式。内圆柱面研具又称研磨心棒。按使用特点分为可调式与不可调式两种（见图 8-12）。不可调式心棒制造简单，精度高，适用于精密孔和小直径孔的研磨。可调式心棒可利用锥度使研磨环胀大来补偿磨损量。常用的锥度为 1∶50（用于 ϕ20mm 以下的孔）和 1∶20[用于 ϕ(14～90)mm 孔]。其结构可分开槽和不开槽两种，开槽心棒多用于粗研磨，不开槽用于精研，槽的形式如图 8-13 所示。

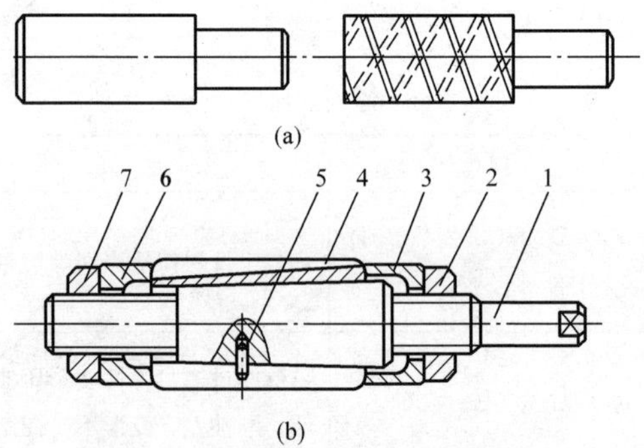

图 8-12　可调与不可调试心棒

(a) 不可调式；(b) 可调式

1—心棒；2、7—螺母；3、6—套；4—研磨套；5—销

2) 小孔研具（直径小于 8mm），一般用低碳合金钢制成成组固定尺寸研磨棒，小深孔可用弹簧钢丝制作研瓣，弹性研瓣由 300～320HBS 的弹簧钢丝制成。适于一般精度的小孔研磨，也可研磨母线为曲线的小孔。其尺寸可参考表 8-13。

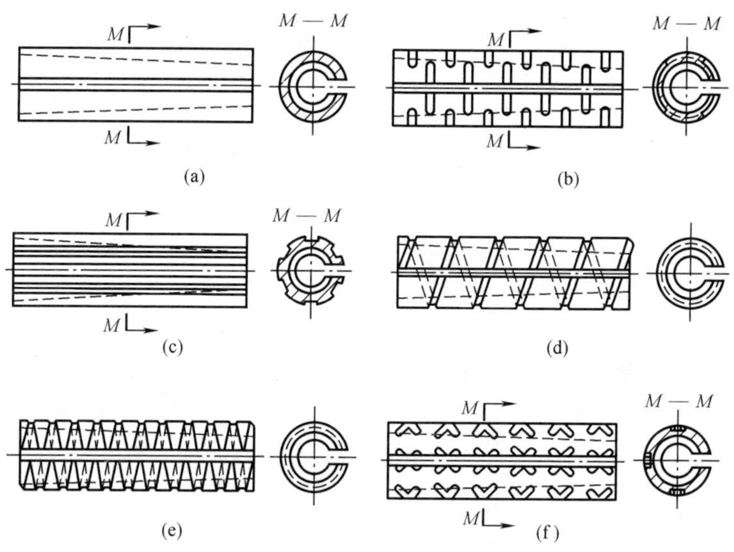

图 8-13　内孔研磨心棒沟槽形式

（a）单槽；（b）圆周短槽；（c）轴向直槽；

（d）螺旋槽；（e）交叉螺旋槽；（f）十字交叉槽

表 8-13　　**弹性研瓣 *R* 和 *h* 尺寸表**（mm）

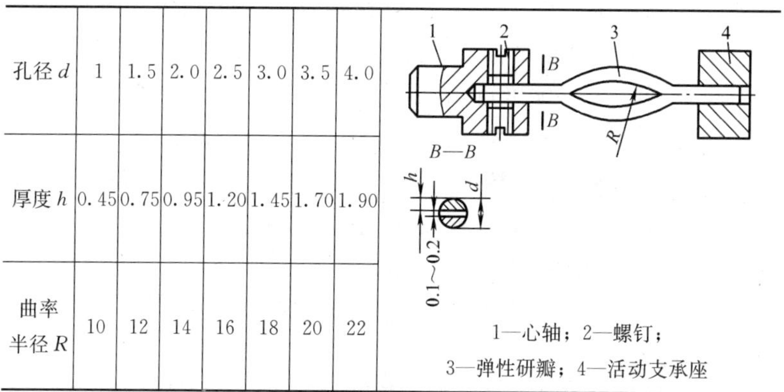

孔径 d	1	1.5	2.0	2.5	3.0	3.5	4.0
厚度 h	0.45	0.75	0.95	1.20	1.45	1.70	1.90
曲率半径 R	10	12	14	16	18	20	22

1—心轴；2—螺钉；

3—弹性研瓣；4—活动支承座

3）不通孔研磨心棒（见图 8-14）是利用螺纹通过锥度使外径胀大。研磨心棒的工作部分长度必须大于被研孔的长度，至少要长 20～30mm。锥度心棒和研磨套的配合锥度为 1∶50～1∶20。研磨

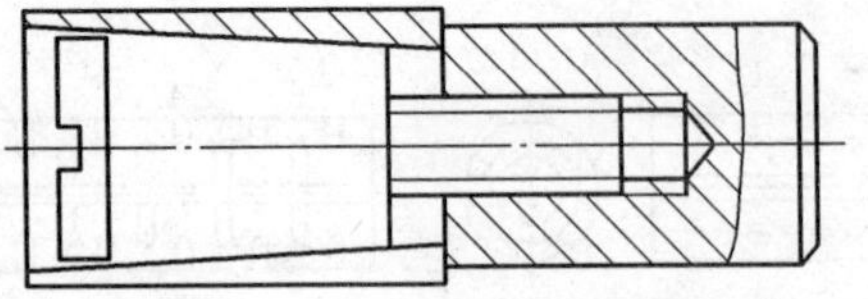

图 8-14 不通孔研磨心棒

不通孔由于磨料不易分布均匀，可在心棒外径上开螺旋槽或在轴向做成反锥。

4. 新型研具

(1) 含固定磨料的烧结研磨平板。该平板是将金刚石或立方氮化硼磨料与铸铁粉末混合后，利用粉末冶金方法成形并烧结而成小薄块，再用环氧树脂将这些小薄块粘结在底板上组合成大的研磨平板。这种平板适用于精密研磨陶瓷、硅片、石英和硬质合金等脆性材料制造的工件，研磨效率高，加工表面光亮如镜。

(2) 粉末冶金研具。以铁粉为基础掺入少量铜粉和石墨粉，压制成形后高温烧结，最后精磨加工成形。研磨时加研磨剂，其效果与灰铸铁研具接近，但成本低。

(3) 电铸金刚石油石。利用电铸方法，通过镍金属结合剂，将金刚石粒固结成薄片，再用环氧树脂粘结在基体上而成的手工研具。主要用来研磨硬质合金刀具及各种淬硬金属。这种油石加工效率高，研后表面粗糙度可达 $Ra0.1\mu m$，工作面形状保持时间长，使用方便。

(4) 环氧树脂研磨棒。用于研磨高精度静压轴承，要求研磨后圆度达到 $0.6\mu m$，锥度小于 $1\mu m$，两孔同轴度 $0.5\mu m$。

(二) 研磨剂的选择

研磨剂是由磨料、研磨液及辅料调配而成的混合物。

1. 磨料

磨料按硬度可分为硬磨料和软磨料两类。其中常用的有氧化铝系、碳化物系、超硬磨料系和软磨料系四类。各种磨料及其适用范围见表 8-14。

粒度的选择，研磨一般只用微粉，普通产品粗研有时选用

$100^{\#}\sim240^{\#}$，以提高研磨效率。研磨微粉粒度的选择见表 8-15。

表 8-14　　常用磨料及其适用范围

<table>
<tr><th>系列</th><th>磨料名称</th><th>适　用　范　围</th></tr>
<tr><td rowspan="4">氧化铝系</td><td>棕刚玉</td><td>粗、精研钢、铸铁及硬青铜</td></tr>
<tr><td>白刚玉</td><td>粗研淬火钢、高速钢及有色金属</td></tr>
<tr><td>铬刚玉</td><td>研磨低粗糙度表面、各种钢件</td></tr>
<tr><td>单晶刚玉</td><td>研磨不锈钢等强度高、韧性大的工件</td></tr>
<tr><td rowspan="3">碳化物系</td><td>黑色碳化硅</td><td>研磨铸铁、黄铜、铝等材料</td></tr>
<tr><td>绿色碳化硅</td><td>研磨硬质合金、硬铬、玻璃、陶瓷、石材等材料</td></tr>
<tr><td>碳化硼</td><td>研磨和抛光硬质合金、陶瓷、人造宝石等硬度高的材料，为金刚石的代用品</td></tr>
<tr><td rowspan="3">超硬磨料系</td><td>天然金刚石</td><td rowspan="2">研磨硬质合金、人造宝石、玻璃、陶瓷、半导体材料等高硬难切材料</td></tr>
<tr><td>人造金刚石</td></tr>
<tr><td>立方氮化硼</td><td>研磨高硬淬火钢、高钒高钼高速钢、镍基合金钢等</td></tr>
<tr><td rowspan="3">软磨料系</td><td>氧化铁</td><td rowspan="3">精细研磨或抛光钢、淬硬钢、铸铁、光学玻璃及单晶硅等
氧化铈的研磨、抛光效率是氧化铁的 1.5～2 倍</td></tr>
<tr><td>氧化铬</td></tr>
<tr><td>氧化铈</td></tr>
</table>

表 8-15　　微粉粒度的选择

<table>
<tr><th rowspan="2">微粉粒度</th><th colspan="3">适　用　范　围</th><th>能达到的表面粗糙度</th></tr>
<tr><th>连续施加磨粒</th><th>嵌砂研磨</th><th>涂敷研磨</th><th>Ra（μm）</th></tr>
<tr><td>W28</td><td>√</td><td></td><td>√</td><td>0.63～0.32</td></tr>
<tr><td>W20</td><td>√</td><td></td><td>√</td><td rowspan="2">0.32～0.16</td></tr>
<tr><td>W14</td><td>√</td><td></td><td>√</td></tr>
<tr><td>W10</td><td></td><td></td><td>√</td><td rowspan="2">0.16～0.08</td></tr>
<tr><td>W7</td><td></td><td>√</td><td>√</td></tr>
<tr><td>W5</td><td></td><td>√</td><td>√</td><td>0.08～0.04</td></tr>
<tr><td>W3.5</td><td></td><td>√</td><td>√</td><td rowspan="2">0.04～0.02</td></tr>
<tr><td>W2.5</td><td></td><td>√</td><td>√</td></tr>
<tr><td>W1.5</td><td></td><td>√</td><td>√</td><td>0.02～0.01</td></tr>
<tr><td>W1.0</td><td></td><td>√</td><td>√</td><td rowspan="2"><0.01</td></tr>
<tr><td>W0.5</td><td></td><td>√</td><td>√</td></tr>
</table>

注　√表示可选用。

2. 研磨液

研磨液主要起润滑和冷却作用。湿研时为研磨粉的载体，稀释研磨剂，使微粉均匀地分布在研具表面上。常用的研磨液见表 8-16。

表 8-16　常用研磨液

工件材料		研磨液
钢	粗研	煤油 3 份，L-AN15 全损耗系统用油 1 份，透平油或锭子油（少量），轻质矿物油（适量）
	精研	L-AN15 全损耗系统用油
铸铁		煤油
铜		动物油（熟猪油与磨料拌成糊状，后加 30 倍煤油），锭子油（少量），植物油（适量）
淬火钢、不锈钢		植物油、透平油或乳化液
硬质合金		航空汽油
金刚石		橄榄油、圆度仪油或蒸馏水
金、银、白金		酒精或氨水
玻璃、水晶		水

3. 辅助材料

辅助材料是一种混合脂，在研磨过程中起吸附作用、润滑作用及化学作用。最常用的辅助材料有硬脂酸、油酸、脂肪酸、蜂蜡、硫化油和工业甘油等。表 8-17 和表 8-18 列出了硬脂酸混合脂的推荐配方，供参考。

表 8-17　硬脂酸混合脂配方（一）

种类	质量分数（%）				使用温度（℃）	备注
	硬脂酸	石蜡	工业用猪油	蜂蜡		
Ⅰ	44	28	20	8	18～25	将配方按重量称出，同时加热至 100～120℃，搅拌均匀，后用脱脂棉过滤，冷凝成块状后切片备用
Ⅱ	57		26	17	<18	
Ⅲ	47	45		8	>25	

表 8-18 硬脂酸混合脂配方（二）

种类	硬脂酸(g)	蜂蜡(g)	癸二酸二异辛脂(g)	十二烯基丁二酸(g)	无水碳酸钠(g)	甘油	仪表油(g)	石油磺酸钡(g)	航空汽油(mL)	备注
Ⅳ	100	11	16	0.8					2～4	将上述原料(汽油除外)一起加热(≤80℃),然后加入航空汽油,不停地搅拌,不让其自由结晶,使各成分均匀混合为止
Ⅴ	20～30	2～3			0.01～0.04	2～5滴				将硬脂酸和蜂蜡加热(180℃)熔化,然后加入无水碳酸钠和甘油,搅拌1～2min停止加热,继续搅拌至凝固
Ⅵ	100	10～12					6～8	0.5	10	将上述原料(除汽油外)加热熔化(约80℃),待温度降至70℃时,加入汽油搅拌均匀,然后倒入容器中成形备用

4. 研磨剂的配制

研磨剂常配制成液态研磨剂、研磨膏和固体研磨剂（研磨皂）三种。

(1) 液态研磨剂。湿研时用煤油、混合脂加研磨微粉配制而成。配比不甚严格，质量分数约占30%～40%，一般微粉越细，其质量分数越小，而混合脂比例增大。当研磨剂由机床自动供给时，其质量分数为10%～15%。

湿研时，为提高研磨效率，其配方：

白刚玉（W14） 16g
硬脂酸 8g
蜂蜡 1g
油酸 15g
航空汽油 80g
煤油 80g

配制时先将硬脂酸和蜂蜡加热熔解，待其冷却后加入汽油搅拌，经过滤后加入研磨粉和油酸调和即成。

干研时，压砂常用研磨剂配方见表8-19。

表8-19　压砂常用的研磨剂配方

序号	成　分	备　注
1	白刚玉（W3.5～W1） 15g 硬脂酸混合脂 8g 航空汽油 200mL 煤油 35mL	使用时不加任何辅料
2	白刚玉（W3.5～W1） 25g 硬脂酸混合脂 0.5g 航空汽油 200mL	使用时，平板表面涂以少量硬脂酸混合脂，并加数滴煤油
3	白刚玉 50g 硬脂酸混合脂 4～5g 与航空汽油及煤油配成 500mL	航空汽油与煤油的比例取决于磨料的粒度 W0.5：汽油9份，煤油1份 W5：汽油7份，煤油3份
4	白刚玉（W10～W3.5）适量，煤油6～20滴，直接放在平板上用氧化铬研磨膏调成稀糊状	

（2）研磨膏。通常分为研磨膏和抛光膏两种。抛光膏也可用于湿研，有些研磨膏也可用于抛光，只是在应用时有所侧重。钢铁类材料研磨主要选用刚玉类研磨膏；硬质合金、陶瓷、玻璃及半导体等高硬度材料研磨，可选用碳化硅、碳化硼类研磨膏，精细研或抛光有色金属选用氧化铬类研磨膏。研磨膏的配方很多，表8-20和表8-21为常用的研磨膏配方。

表 8-20　　刚玉研磨膏

粒度号	成分及质量分数（%）				用　途
	微粉	混合脂	油酸	其他	
W20	52	26	20	硫化油 2 或煤油少许	粗研
W14	46	28	26	煤油少许	半精研及研窄长表面
W10	42	30	28	煤油少许	半精研
W7	41	31	28	煤油少许	精研及研端面
W5	40	32	28	煤油少许	精研
W3.5	40	26	26	凡士林 8	精细研
W1.5	25	35	30	凡士林 10	精细研及抛光

表 8-21　　碳化硅、碳化硼研磨膏

研磨膏名称	成分及质量分数（%）	用　途
碳化硅	碳化硅（F240～W40）83，黄油 17	粗研
碳化硼	碳化硼（W20）65，石蜡 35	半精研
混合研磨膏	碳化硼（W20）35，白刚玉（W20～W10）与混合脂 15，油酸 35	半精研
碳化硼	碳化硼（W7～W1）76，石蜡 12，羊油 10，松节油 2	精细研

金刚石研磨膏是以金刚石微粉和其他配合剂精细配制而成，分水溶性和油溶性两种，以水溶性研磨膏应用普遍。金刚石研磨膏主要用来研磨如硬质合金等高硬度工件。金刚石研磨膏的选择可参考表 8-22。

表 8-22　　人造金刚石研磨膏

规格	颜色	加工表面粗糙度 Ra（μm）	规格	颜色	加工表面粗糙度 Ra（μm）
W14	青莲	0.16～0.32	W2.5	橘红	0.02～0.04
W10	蓝	0.08～0.32	W1.5	天蓝	0.01～0.02
W7	玫红	0.08～0.16	W1	棕	0.008～0.012
W5	橘黄	0.04～0.08	W0.5	中蓝	≤0.01
W3.5	草绿	0.04～0.08			

注　不同粒度研磨膏采用不同颜色以示区别。但各厂家所用颜色不完全一样。

四、精密和超精密研磨

精密和超精密研磨与一般研磨有所不同。一般研磨会产生裂纹、磨粒嵌入、麻坑、附着物等缺陷，而精密和超精密研磨是一种原子、分子加工单位的加工方法，可以使这些缺陷达到最小程度。其加工机理主要为磨粒的挤压使被加工表面产生塑性变形以及化学作用时，工件表面生成的氧化膜的被反复去除。

(一) 油石研磨

油石研磨的机理是微切削作用。由加工压力来控制微切削作用的强弱，压力增加，参加微切削作用的磨粒数增多，效率提高，但压力太大会使被加工表面产生划痕和微裂纹。油石与被加工表面之间还可以加上抛光液，加工效果更好。

油石研磨采用各种不同结构的油石，主要有下列三种。

(1) 氨基甲酸酯油石。利用低发泡氨基甲酸乙酯和磨料混合制成的油石。

(2) 金刚石电铸油石。利用电铸技术使金刚石磨粒的切刃位于同一切削面上，使磨粒具有等高性，平整而又均匀，从而可以获得极细的表面粗糙度加工表面。金刚石电铸油石的制作过程如图8-15所示。电铸油石的铸模是一块有极细表面粗糙度的平板，经过电铸、剥离、反电镀和粘结等工序，即成电镀油石。反电镀的作用是

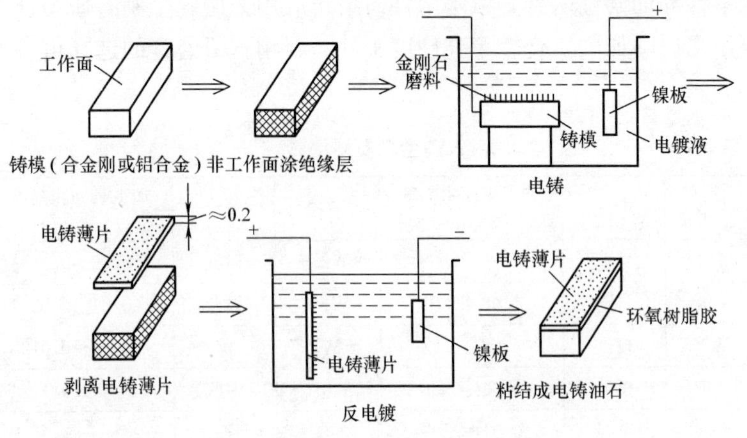

图 8-15 金刚石电铸油石的制作过程

使金刚石工作刃外露。油石可根据要求做成各种形状。

（3）金刚石粉末冶金油石。将金刚石或立方氮化硼等微粉与铸铁粉混合起来，用粉末冶金的方法烧结成块。烧结块为双层结构，只在表层 1.5mm 厚度内含有磨料。将双层结构的烧结块用环氧树脂粘结在铸铁板上，即成油石。这种油石研磨精度高，表面质量好，效率高。

（二）磁性研磨

工件放在两磁极之间，工件和磁极间放入含铁的刚玉等磁性磨料，在磁场的作用下，磁性材料沿磁感线方向整齐排列，如同刷子一般对被加工表面施加压力，并保持加工间隙。研磨压力的大小随磁场中磁通密度及磁性材料填充量的增大而增大，可以调节。研磨时，工件一面旋转，一面沿轴线方向振动，使磁性材料和被加工表面之间产生相对运动。此种方法可用来加工轴类工件的内外表面，也可用来去毛刺。由于磁性研磨是柔性的，加工间隙有几毫米，因此可以研磨形状复杂的不规则工件。研性研磨的加工精度达 1μm，表面粗糙度可达 $Ra0.01\mu$m。对于钛合金有较好的效果。磁性研磨的原理如图 8-16 所示。

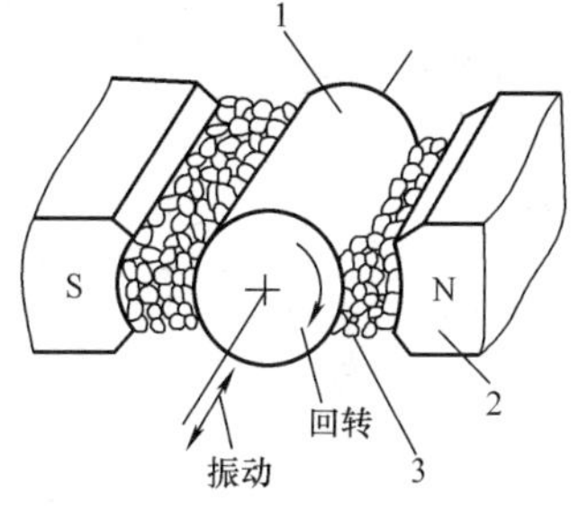

图 8-16　磨性研磨原理

1—工件；2—磁极；3—磁性磨料

（三）滚动研磨

把需要研磨的工件型腔作为铸型，将磨料作为填料加在塑料中浇注而成为研具。研磨时，工件带动研具振动、旋转或摆动，从而使研具和工件型腔间产生相对运动。也可以在研具和被加工型腔表面之间加入游离磨料，或能起化学作用、电解作用的液体，这样能加快研磨过程和提高研磨质量。滚动研磨主要用来加工复杂型腔。

（四）电解研磨

电解研磨是电解和研磨的复合加工。研具既起研磨作用，又是电解加工的阴极，工件接阳极，用硝酸钠水溶液为主配制成的电解液通过研具的出口流经工件表面，在工件表面生成阳极钝化薄膜并被磨料刮除。在这种机械和化学的反复双重作用下，获得极细的表面粗糙度，并提高了加工效率。

除电解研磨外，尚有机械化学研磨、超声研磨等复合研磨方法。机械化学研磨，是在研磨的机械作用下，加上研磨剂中的活性化学物质的化学反应，从而提高了研磨的质量和效率。超声研磨是在研磨中使用研具附加超声振动，从而提高效率，适宜难加工材料的研磨。

五、研磨工艺参数的选择

（一）研磨压力

一般为(0.05～0.3)MPa。研磨压力对效率的影响如图 8-17(a) 所示。通常研磨硬材料（淬火钢等）比软材料高；湿研比干研高；粗研磨比精研磨高。研磨压力可按表 8-23 选取。

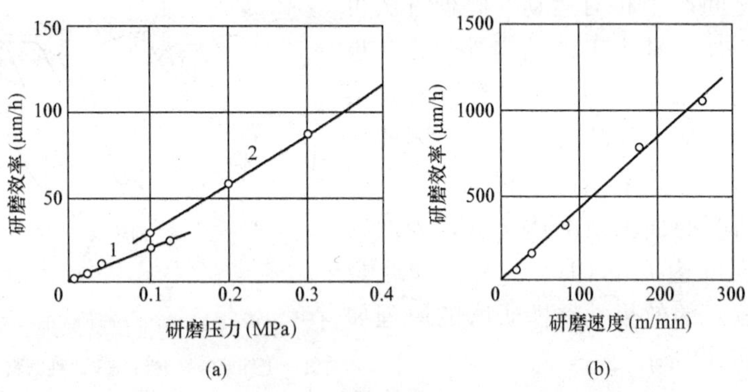

图 8-17 研磨压力及研磨速度对研磨效率的影响

(a) 研磨效率与研磨压力的关系；(b) 研磨效率与研磨速度的关系

1—单盘研磨机，研磨速度 7m/min；2—双盘研磨机，研磨速度 27.5m/min

表 8-23 研磨压力参考值（MPa）

研磨类型	平面	外圆	内孔①	其他
湿研	0.1～0.25	0.15～0.25	0.12～0.28	0.08～0.12
干研	0.01～0.1	0.05～0.15	0.04～0.16	0.03～0.1

① 孔径范围 5～20mm。

（二）研磨速度

研磨速度与效率的关系如图 8-17（b）所示。由图可知，速度越高，研磨效率越高。一般研磨多采用较高压力，较低速度进行粗研；然后采用较低压力，较高速度进行精研。这样既可提高生产效率，又可保证工件表面质量要求。研磨速度可参考表 8-24 选取。

表 8-24　　研　磨　速　度（m/min）

研磨类型	平面		外圆	内孔	其他
	单面	双面			
湿研	20～120	20～60	50～75	50～100	10～70
干研	10～30	10～15	10～25	10～20	2～8

注　1. 工件材质软或精度要求高时，速度取小值。
2. 内径指孔径范围 6～10mm。

（三）研磨余量

确定工件的研磨余量时，除考虑预加工所达到的精度外，还要结合工件的材质、尺寸大小、研磨方法（手工或机动）和最终精度要求等因素。表 8-25 所示为经过精密磨削后的工件研磨余量。对于尺寸小或短的工件建议选用表中较大的数值；尺寸大或长的工件选用较小的数值；不淬硬的工件研磨余量增加约 1/3。

表 8-25　　经过精磨的工件的研磨余量（μm）

研磨种类	研磨平面		研磨外圆	研磨内孔
	按每面	按厚度	直　径	直　径
手工研磨	3～5	6～10	3～8	5～10
机械研磨	5～10	10～20	8～15	—

表 8-26～表 8-28 分别列出了外圆、内孔、平面的研磨余量，其他表面可参照表 8-29 数据表。

表 8-26　　外圆的研磨余量（mm）

直　径	余　量	直　径	余　量
≤10	0.005～0.008	51～80	0.008～0.012
11～18	0.006～0.008	81～120	0.010～0.014
19～30	0.007～0.010	121～180	0.012～0.016
31～50	0.008～0.010	181～200	0.015～0.020

表 8-27　　内孔的研磨余量（mm）

孔　径	铸　铁	钢
25～125	0.020～0.100	0.010～0.040
150～275	0.080～0.160	0.020～0.050
300～500	0.120～0.200	0.040～0.060

表 8-28　　平面的研磨余量（mm）

平面长度	平　面　宽　度		
	<25	26～75	>75～150
≤25	0.005～0.007	0.007～0.010	0.010～0.014
26～75	0.007～0.010	0.010～0.014	0.016～0.020
76～150	0.010～0.014	0.014～0.020	0.020～0.024
151～260	0.014～0.018	0.020～0.024	0.020～0.030

表 8-29　　其他表面的研磨余量（mm）

研　磨　面	余　　量	研　磨　面	余　　量
圆锥面	0.01～0.02	部分球面	0.02～0.05
内螺纹面	0.06～0.10	正球面	0.01～0.05
外螺纹面	0.003～0.005	齿轮齿面	0.01～0.04

六、研磨方法与实例

（一）平板的研磨

1. 平板的研磨运动方式

（1）下平板固定，上平板做圆周运动。

（2）下平板固定，上平板作“8”字形运动。

（3）下平板固定，上平板作 90°或 180°转动。

（4）下平板转动，上平板浮压。

（5）下平板转动，上平板做圆形运动或摆动。

圆周运动和“8”字运动的利弊分析如下：

圆周运动：由上平板自重产生研磨压力。设上、下平板的重心和几何中心点 O 完全重合。当上平板移动距离 s 后，其重心移至点 P，ab 部位的研磨压力增大，并由 a 到 b 逐渐减小（见图 8-18）。当重心由点 P 移至点 Q 时，研磨压力又有增加。因而随上平板重心的圆周运动，下平板四周研磨压力增大，上平板中心部分研磨压力增大，致使上平板逐渐变凹，下平板则逐渐变凸。

“8”字运动：上平板重心运动的轨迹，保持在下平板的对角线上，并沿图 8-19 所示箭头方向作“8”字运动。其研磨压力在下平板的四角最大，并在对角线向着中心逐渐减小，上平板则相反。故这种运动也将导致两块平板的上凹下凸，但其变化速度较圆周运动缓慢。

手工研磨以（1）和（2）两种运动为主。

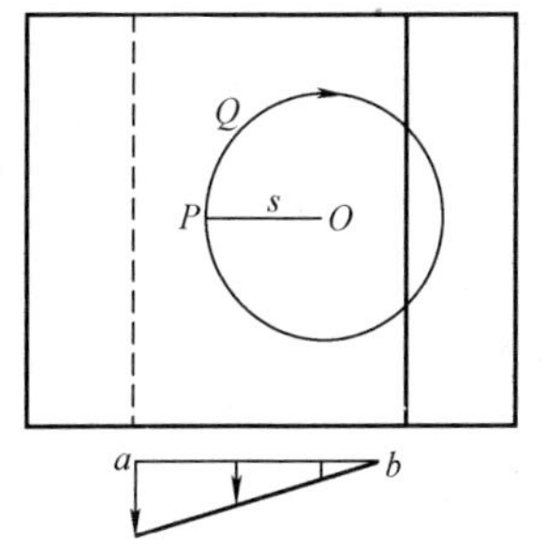

图 8-18 平板的圆周运动

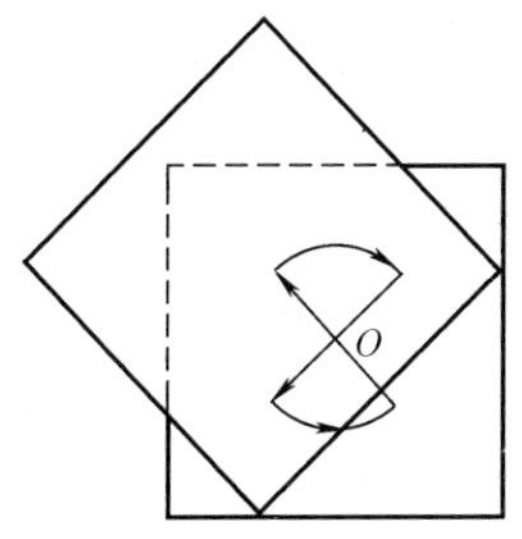

图 8-19 平板的 8 字形运动

2. 平板的研磨方法

（1）三块平板互研法，即三块平板交错互相研磨。其特点是三块平板同时获得理想平面，是应用最广泛的方法。为便于叙述，将三块平板按 1、2、3 编号，用分数表示上下位置。其交错循环方法有：

矩形循环法：对研顺序为 2/1→3/1→3/2→1/2→1/3→2/3，直至达到理想的平面度。

锯齿形循环法：对研顺序为以下三种：

1）2/1→1/3→3/2；

2）1/2→2/3→3/1；

3）2/3→3/1→1/2。

组合循环法：对研顺序为 1/3→2/3→1/2→3/2→3/1→1/2，待基本达到要求后，再改用矩形法或锯齿形法进一步校正。但此法适用于 1、2 号平板呈凸形、3 号平板呈凹形的研磨。

不等距矩形循环法：适于 1 号平板呈凸形，2、3 号平板呈凹形的研磨。其顺序为 1/2→2/3→1/3→2/3→1/2→2/1，待基本达到要求后，再改用矩形或锯齿形法进一步校正。

（2）两块平板互研法，其实质是利用平板研磨规律，不断改换平板的上、下位置。用此法研磨出的平板，不可能同时达到理想的平面度，只能应用其中的一块。

（3）特种研磨方法。有如下 2 种：

1）以小研大。利用小平板，配以适当的研磨运动，研磨大平板，此法多用于对长方形或不规则大平板的研磨。

2）以大研小。利用一平面度较好或微凸的专用大平板研磨小平板。工作时该专用平板始终处于下位，专用平板的硬度必须高于被研平板，工作时采用的研磨运动，必须有利于专用平板的磨损保持均匀。

3. 机用研磨盘的研修

（1）研磨盘的对研。一般也采用三块或两块互研法，且多在研磨机上进行。研磨时，在上盘上涂以适当的研磨剂，上盘浮压而下盘转动，在摩擦力作用下，上、下盘作同向转动，同时推动上盘悬臂绕立柱摆动，其摆幅大小应视两盘凹凸情况具体加以控制。研后要求微凸 0.5～3 条干涉带，即 0.15～1μm。

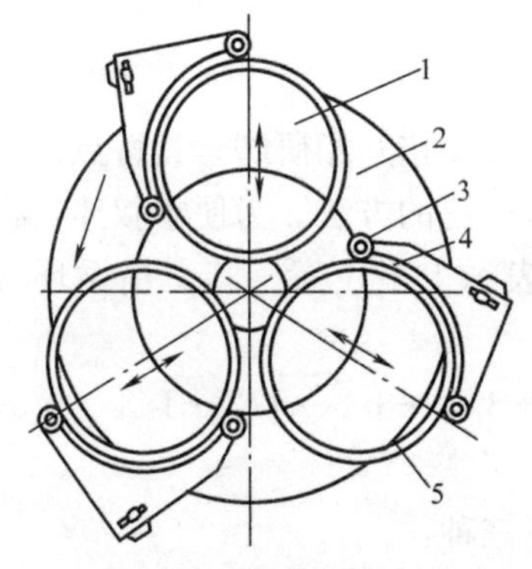

图 8-20 研磨盘校正环校正示意图

1—放置工件处；2—研磨盘；3—滚珠轴承；4—支架；5—校正环（保持架）

（2）用校正环研修研磨盘。当研磨盘呈凸形时，校正环向中心移动，反之则向外移动；如呈波浪形时，则一环向中心、一环向外侧移动，另一环则保持原位。校正环的移动量一般不得超过 5mm。研磨盘校正环校正示意图如图 8-20 所示，也有的采用外圆带齿的校正环，依靠装卸中心齿轮，使校正环得到正转或者反转来修正研磨盘。

4. 平板研磨及其质量检验

（1）平板研磨的分类。有如下3类。

1）粗研。主要是去除加工痕迹，提高吻合性与平面度。选用磨料为180#～W28粒度的刚玉，以煤油为辅料。开始时选用90°或180°，转动次数多些，速度低些。待研磨均匀后，再做正常的圆周运动，但平板移动距离不得大于平板边长的1/3。

2）半精研。选用W20～W7的白刚玉，适当加入一些氧化铬研磨膏或硬脂酸。待三块平板完全吻合，平面度达到要求，粗痕完全去除为止。

3）精研。研磨剂视需要而定。研前对平板和工作环境加以清理，研磨时速度不宜过高，移动距离不宜过大，平板换位次数适当增加。

（2）研磨质量的鉴别。有以下项目和要求：

1）工作面吻合性好，色泽一致；

2）工作面无粗痕、碰伤等缺陷；

3）工作面呈微凸，一般为0.2～0.5μm。

（3）平面度的测定。一般用“0”级刀口形直尺检查光隙，也可用平晶测量，看干涉带的弯曲程度，还可以通过试研加以判断。

（二）平板的压砂

干式研磨，在研磨工件前先对研具进行压砂。所谓“压砂”就是先将研磨剂用手均匀地涂抹在平板表面，晾干，通过平板相互对研，在一定的压力下将磨粒压入平板表面。

经压砂平板精研后的工件，表面纹路细密、光泽，尺寸精度可控制在1μm之内，表面粗糙度可达Ra(0.02～0.04)μm。

1. 压砂用研磨剂

常用的研磨剂配方见表8-19，其中煤油可使研磨剂保持一定程度的湿润，使磨粒分布均匀；硬脂酸可增加研磨剂的黏度、减缓磨粒沉淀速度，以有效防止“逃砂”，在平板对研时起润滑作用。

2. 压砂方法

可按三块平板互研法进行。上平板扣上后，不另加压，并按不同的轨迹移动上平板2～3min；然后按无规则的“8”字形轨迹，柔和、缓慢地推动上平板（推时用手加压），并不时做 90°转位，直到推动时较费力为止，再往复推拉 5～10 次。

压砂一般 1～2 次，最多 3 次，每次一般为 5～8min。每次重复压砂时，须用脱脂棉把残余研磨剂擦净后，方可再行布砂。

压砂后的平板，表面呈均匀灰色，压砂剂呈均匀油亮乌黑色。

3. 压砂常见弊病及产生原因

压砂常见弊病及产生原因见表 8-30。

表 8-30　　压砂常见弊病及产生原因

常见弊病	产生原因
有不均匀的打滑现象，并伴有吱吱声响，平板表面发亮	主要是压砂不进，硬脂酸过多，平板材料有硬层
压砂不均匀	硬脂酸过多，平板不吻合，煤油过少，磨料分布不均匀
平板中部磨料密集	对研平板有凹心，煤油过多
平板表面有划痕	研磨剂中混有粗粒，或磨料未嵌入，硬脂酸分布不均匀
平板表面出现黄色或茶褐色斑块烧伤	润滑剂少，对研速度过大或压力过高，研磨时间过长
研时噪声很大	磨粒呈脆性
平板表面光亮度不一致	磨粒分布不均匀，或所施加的压力不均匀

（三）平面研磨方法

1. 量块研磨

量块技术要求如下。

	0 级	1 级
量块厚度 H 的偏差	±0.1μm	±0.2μm
平面度	±0.1μm	±0.2μm
研磨面粗糙度 Ra	0.010μm	0.016μm
材料	CrMn 或 GCr15	硬度＞64HRC
研磨余量	0.05mm	
研磨前表面粗糙度 Ra	0.20μm	

量块的研磨工艺见表 8-31，在精研前需进行尺寸预选，以保证每批量块尺寸差小于 0.1μm。

表 8-31　　量块研磨工艺

工　序	研磨余量 (μm)	研磨方式	研磨剂粒度	可达到表面粗糙度 Ra (μm)
一次研磨	10	湿研	W7	0.1
二次研磨	4	湿研	W3.5	0.05
三次研磨	1.5	干研	W2.5	0.025
四次研磨	0.6，0.3	干研	W1.5	0.012
精　　研	0.1	干研	W1	0.01～0.008

批量较大的量块或其他成批平面研磨件，主要在研磨机上加工。为保证研磨质量，必须对工件预选，使每批工件的尺寸差都控制在 3～5μm 之内。在精研过程中，应视不同情况，进行一次或几次工件换位，平面工件换位法如图 8-21 所示。

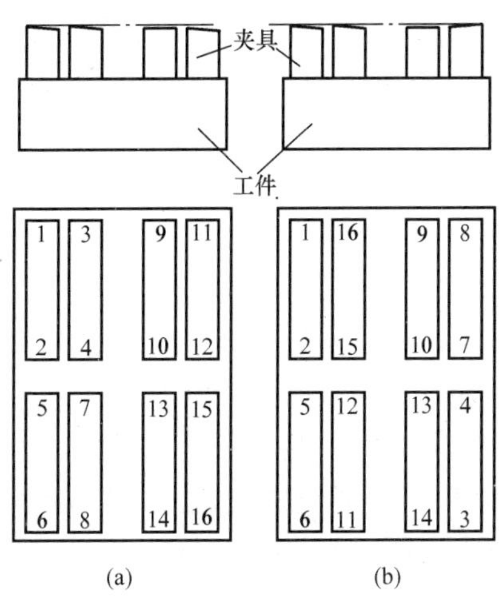

图 8-21　平面工件换位法
(a) 换位前；(b) 换位后

2. 精密 V 形架的研磨

精密 V 形架技术要求：六个面的相互垂直度，相对平面的平

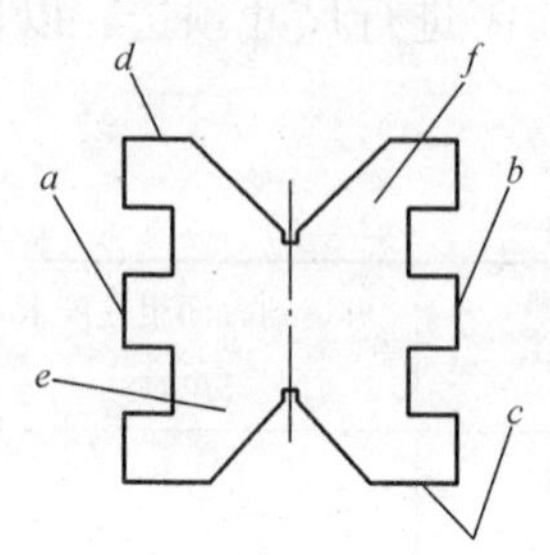

图 8-22 精密 V 形架

行度、V 槽中心线与底面和两侧面的垂直度与平行度以及中心线与两侧面的对称度等允许误差，均不得大于 0.005mm。如系两件成组，则还要求中心线与底面，与两侧面的等高差、等宽差，也不得大于 0.005mm。精密 V 形架如图8-22所示。

其研磨工序如下：

（1）研磨大 V 形槽，达到角度及平面度要求。

（2）研磨 a 面，使之与 V 形槽中心线平行。研磨 b 面，使其平行于 a 面，同时保证 a、b 面与 V 形槽中心线的对称度。

（3）研磨 c 面，使之与 a、b 两面及 V 形槽中心线垂直，然后研磨 d 面，使之与 c 面平行。

（4）研磨 e、f 两面，使之与 V 形槽中心线和与 a、b、c、d 四个面相互垂直。

（5）以研好的各面为基准，在平面磨床上加工出与大 V 形槽对应位置的小 V 形槽。

（6）最后研磨小 V 形槽。如系两件成组，必须两个 V 形架同时研磨，以保证其成对尺寸的一致。

精密 V 形架的研磨，采用高精度标准心棒及千分表进行测量。

（四）外圆研磨方法

1. 外圆半机械研磨

一般利用可调式研磨环在卧式车床上进行。为保证工件的研磨质量，应注意研磨压力和研磨剂的浓度。工件转速应视其直径大小而定，直径＜80mm，可选用 100r/min 左右；直径＞100mm，可选用 50r/min 左右。

2. 双盘研磨机研磨

多用于较大批量生产。研磨时，工件置于上下研磨盘之间的硬木质保持架上按工件尺寸开的斜槽之中，当下研磨盘和偏心保持架旋转时，工件则在槽内做旋转和往复运动。

双盘研磨机可分为单偏心轴式、三偏心轴式和行星轮式三种，可使工件除旋转外分别按周摆线、内摆线和外摆线做复合运动。

圆柱形工件研磨参数可按表 8-32 选用。

表 8-32　　圆柱形工件研磨参数

研磨类型	下研磨盘与保持架速比	研磨速度 (m/min)	偏心量 (mm)	斜角 α (°)
粗研	−0.3～−0.4	50～60	15～18	15～18
精研	−3.5～−1.2	20～30	5～10	15～18

注　速比的负值表示下研磨盘与保持架旋转方向相反。

圆柱形工件研磨前须经预选，并使每批工件的尺寸差控制在 3～5μm 之内。精研前，预选尺寸应保持基本相同，且应把比本批工件最大尺寸大 1μm 的三个工件，分别置于保持架相隔 120°的槽内（其余工件可任意放置于各槽内），适当降低下研磨盘转速，以保证对圆锥度的要求。对圆度要求较高的工件（圆柱度误差≤8μm），必须在研前将圆度控制在 2～3μm 以下。

精研中，还须进行一次到几次工件换位，换位方式视条件而定。圆柱形工件圆盘式研磨换位法参照图 8-23 进行。

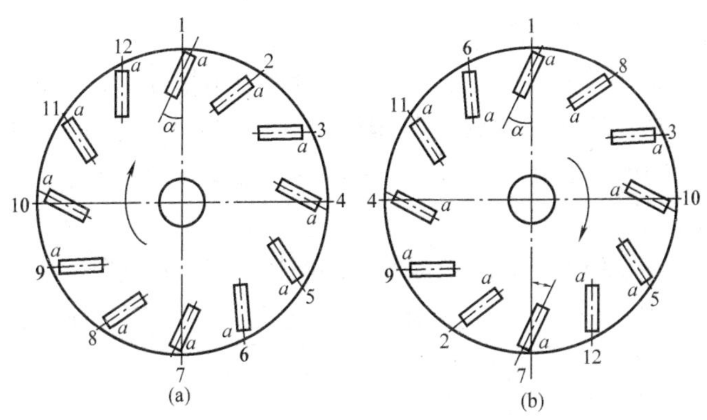

图 8-23　圆柱形工件圆盘式研磨换位法

(a) 换位前；(b) 换位后

3. 无心研磨机研磨圆柱形工件

无心研磨机由大、小研磨辊（滚轮与导轮）和压板（铸铁磨条）组成，压板与工件呈弹性接触，小研磨辊导角 2°～3°，其锥度为0.5°，两辊直径比一般取1.3～1.5，其工作原理如图8-24所示。两辊中心与工件中心连线夹角 α 一般取130°～140°。研磨压力一般选 $p=(0.04\sim0.1)$MPa；研磨速度：小辊取 $v_1=(1\sim2)$m/s，大辊速度 $v_2=(1.5\sim3)$m/s。研后可达到圆度≤0.3μm，圆柱度≤1μm，表面粗糙度可达 Ra0.1μm。

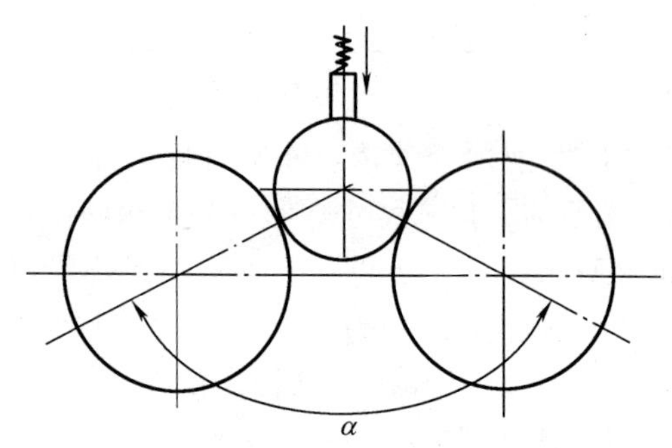

图8-24　无心研磨圆柱工件原理图

4. 镗杆外圆研磨实例

（1）适用范围。研修前镗杆圆柱度误差不超过0.03mm。

（2）研磨工艺。研具用灰铸铁套（HT200），磨料为棕刚玉，粗研用240#～280#，精研用W28～W20，研磨速度为(15～20)m/min。

（3）粗研时要基本上消除膛杆的圆柱度误差；精研时要达到表面粗糙度 Ra0.050μm；用牛皮轮加氧化铬（W7、W5）抛光。

（五）内孔研磨方法

1. 内孔手工研磨

主要使用固定式或可调式研磨棒加工。加工时将工件夹持在V形块上，待研磨棒置入孔内后再调整螺母，使研磨棒产生弹性变形，给工件以适当压力，然后双手转动铰杠，同时沿工件轴线做往复运动。

2. 内孔半机械研磨

主要利用研磨棒在车床上进行。研磨时把研磨棒夹持在车床上，手握工件在研磨棒的全长上做往复移动，均匀研磨。研磨速度一般可控制在(0.3～1)m/s 之间。研磨中可不断调大研磨棒直径，以使工件得到所要求的尺寸和几何精度。

3. 不通孔研磨

在精密组合件中，不通孔较多，其尺寸、几何精度一般均在 1～3μm 之间，Ra0.2μm 以下，配合间隙一般为 0.01～0.025mm，有的可达 0.004mm。由于研磨棒在不通孔中运动受到很大限制，故质量问题较多。

解决的措施有工件研前加工精度尽可能接近对工件的最终要求，研磨余量尽可能压缩到最小；研磨棒工作长度应较孔长长 5～10mm，并使其前端具有大于直径 0.01～0.03mm 的倒锥；粗研时用较粗的研磨剂（如 W20），精研前须洗净残余研磨剂，更换细粒度研磨剂，以确保工件获得较小的表面粗糙度值。

4. 螺纹磨床砂轮轴前、后轴瓦内孔研磨实例

轴瓦材料为双金属（外套为 20 钢，衬瓦为磷青铜 10～0.5）。内表面没有严重的划痕和擦伤。

（1）研磨棒材料。使用灰铸铁 HT200。

（2）研磨方法。用嵌沙法手工研磨。

（3）研磨剂。粗研用 W28 研磨膏；精研用 W7 及 W3.5 研磨膏。研磨液用煤油加入少量 L-AN32 全损耗系统用油。

（4）操作。研磨后孔径应等于主轴轴颈尺寸，公差±0.005mm，圆度及圆柱度误差小于 0.002mm。

研磨棒长度大于两轴承外端距离 150mm，沿全长有两条油沟。研磨时垂直安放研磨棒，并做上下及旋转运动。工作场所及研磨剂应清洁，严禁混入脏物。

5. 内孔研磨常见的质量问题及解决措施

内孔研磨常见质量问题及解决措施见表 8-33。

表 8-33　内孔研磨常见质量问题及其解决措施

质量问题	原因	解决措施
1. 中间小两端大 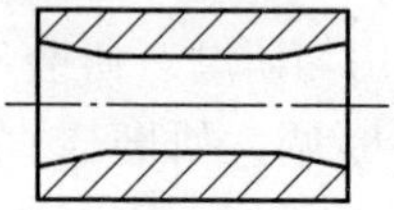	研具与孔配合太紧，操作不稳	调松配合间隙，拿稳工件
2. 多棱孔 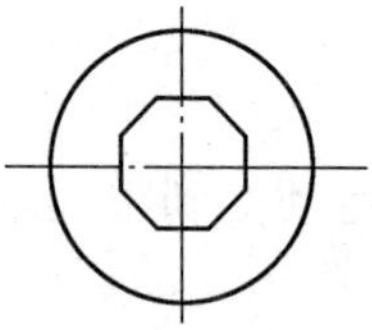	研具与加工孔配合过松，工件没有拿稳	调紧配合间隙，重新校正研具或更换研具，工作时抓稳工作
3. 内孔表面划伤	研具或工件有毛刺，研磨剂中混有较粗磨粒或异物	去毛刺，清洗研具及工件，更换研磨剂
4. 孔的直线度不好，各段错位 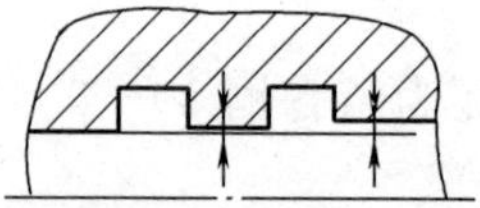	研具与加工孔配合过松，轴向往复运动长短不一	调整配合间隙，专事修整某段孔壁，最后用新研具光整孔壁全长
5. 孔口或槽口附近局部尺寸大 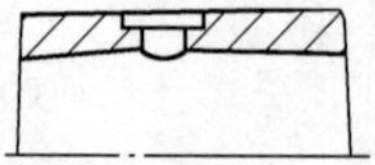	研磨剂在孔口、槽口处积累过多	及时清洗工件，修整后用新研具光整全孔
6. 倒锥 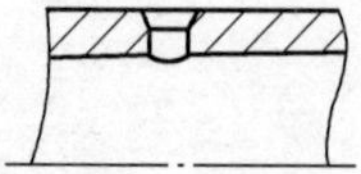	研具倒锥过大，研具在孔底停留时间过长	修整研具，工件要前后移动，以减少倒锥

续表

质量问题	原因	解决措施
7. 喇叭口	研具有正锥或倒锥太小，研具与孔配合太松，工件没有把正	修整研具，调整配合间隙，操作时把稳工件

（六）高精度球体的研磨

1. 柱塞球面研磨

可在车床上手工研磨，研磨方法如图 8-25 所示。研具除沿工件球面任意方向做往复摆动外，还应经常自转。研磨压力可根据测得误差加以控制，主轴转速可取（15～30）m/min，切忌过高，以免引起热变形。

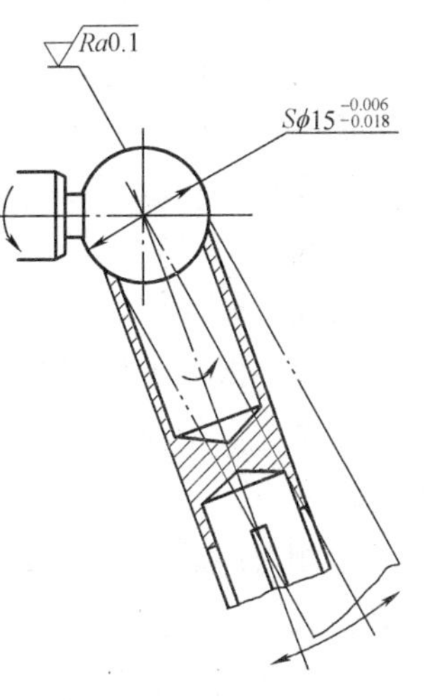

图 8-25　柱塞球面研磨

2. 高精度球面研磨

（1）半球体研磨。一般在玻璃抛光机上加工，但易在垂直半球轴线最大圆周的子午线（经线）方向出现塌边，故须掌握以下环节。

研具一般选取 90%左右珠光体基体的灰铸铁件，内球面只需车成，但须控制研具端面在配合后比工件端面高出 2～3mm，同时要求研具的研磨接触面宽不大于工件弦高的 40%～60%；精研前需要对研具的弧面作相应的修整；研前工件表面粗糙度应预加工至 $Ra0.8\mu m$；操作时还要使工件不断摆动和转动。其工作示意如图 8-26 所示。

（2）整体球研磨。分单件研磨和大批量研磨，二者有所不同。

1）单件整体球的研磨。可用一筒状研具在工件下旋转，操作者手按球体不停转向滚动（见图 8-27）。研具内径可为球体直径的 2/3，研具与工件的接触面宽一般为 3～5mm。

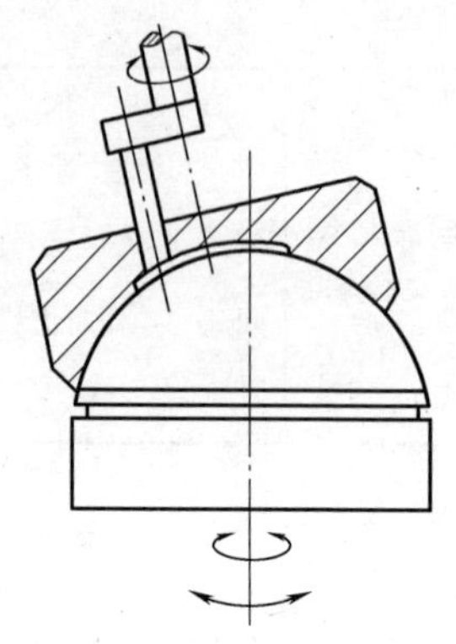

图 8-26　半球体研磨

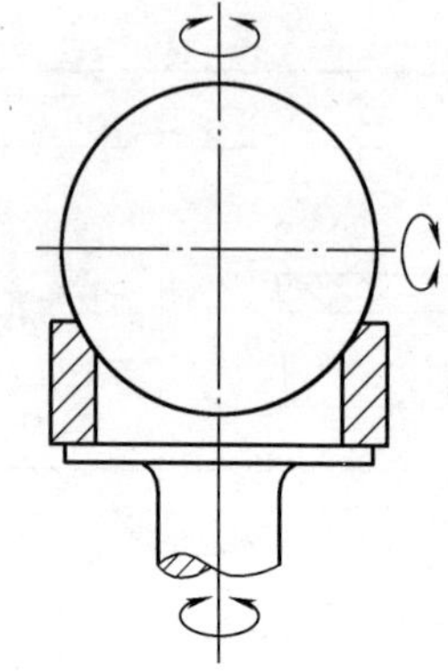

图 8-27　单件整体球研磨

2）较大批量整体球的研磨。大多应用带沟槽的研磨盘在研球机上进行。研磨盘上车有若干同心的 90°（或 80°）V 形沟槽，研磨质量在很大程度上取决于研磨盘的结构和寿命。应用最为广泛的是上盘为平形且固定加压、下盘带槽。工作时下盘转动。研磨盘的沟槽截面形状如图 8-28 所示。

槽深一般取工件直径的 1/3。对称角度的槽研磨效率较高，但从寿命考虑，建议下盘采用不对称槽：$\beta_1=35°$、$\beta_2=55°$，可提高其寿命 10%～15%。精研用固定盘在结构上也作了改进，即在与转动盘相对应的位置上做成不对称的同心槽，可使工件精度进一步提高，其沟槽角度 $\alpha=15°\sim20°$。

研磨速度一般为(80～120)m/min。

针对 40Cr 材料，经渗氮硬度达到 50～52HRC，研后表面粗糙度要求达到 $Ra0.025\mu m$ 时，其研磨剂配制参照表 8-34。

表 8-34　　低粗糙度钢球研磨剂配比（质量分数）

工序	磨料及其配比	煤油	锭子油	液体石蜡	油酸
粗研	Al_2O_3、W20，30	50	10	10	—
精研	Al_2O_3、W10，20	60	10	10	—
超精研	Al_2O_3、W1.5，20	50	15	15	—
抛光	Cr_2O_3、W1 以细，20	50	10	15	5

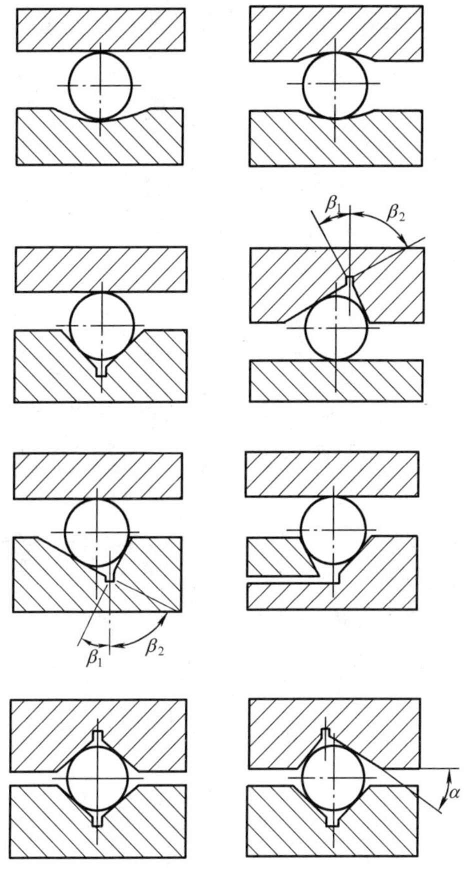

图 8-28　研磨盘沟槽截面形状

七、研磨常见缺陷及消除方法

（一）影响研磨精度的因素

影响研磨精度的因素大致有以下几个方面：

（1）研磨运动的准确性。

（2）研磨剂的性质（种类、粒度等）。

（3）研磨工具材料的性能（硬度、耐磨性、力学性能等）及其制造质量。

（4）工件材料的性能（材料种类、硬度等）。

（5）研磨用量（研磨速度与研磨压力）。

(6) 前道工序预加工精度的准确性及表面质量。

(7) 研磨余量的均匀性。

(8) 研磨液的性质（种类、纯洁程度）。

(9) 操作工人的技术水平。

(10) 工作地点的清洁程度、温度等。

(二) 研磨时常见的缺陷及消除方法

表8-35列出了研磨时常见的缺陷及消除方法，供参考。

表8-35　研磨时常见的缺陷及消除方法

缺陷	主要原因	消除方法
发黑	工件材料硬度不均匀	通过适当的热处理来消除
不光洁	1. 研磨剂中有粗颗粒或其他污秽 2. 工件不洁，预加工时有灰尘和切屑未除去 3. 工件有毛刺 4. 工具和机器不清洁 5. 粗研磨剂和精研磨剂用得不当 6. 工件材料硬度不均匀 7. 研磨液不清洁，有杂质 8. 研磨速度太快 9. 工作地点不清洁，有灰尘	1. 使用较均匀的研磨剂，严格保管研磨剂，防止尘埃混入 2. 工件在研磨之前进行清洗 3. 去毛刺或把边上磨光 4. 清洗工具和机器，把粗研磨和精研磨的工具严格分开使用 5. 粒度要选择得可使磨痕被后来的研磨剂很快地磨去 6. 通过适当的热处理来消除 7. 充分地过滤 8. 减低研磨速度 9. 与易产生灰尘的机器（例如磨床）远离
表面粗糙、暗淡	1. 研磨工具不适合 2. 研磨剂太粗 3. 研磨剂太硬 4. 研磨液不适合	1. 注意研磨工具表面是否光滑 2. 使用较细的研磨剂 3. 使用较软的研磨剂 4. 试用其他研磨液
形状误差	1. 需要研磨的面积太小 2. 预加工不准确 3. 研磨工具有缺陷 4. 研磨工具有跳动 5. 研磨速度太高 6. 研磨压力太大 7. 研磨剂膜太厚 8. 研磨剂粒度太粗 9. 研磨运动不准确 10. 工件材料硬度不均匀 11. 前道工序不准确，使余量分布不均匀 12. 研磨时间太长	1. 用支承夹具研磨或把几个工件拼合起来进行研磨 2. 尽可能使预加工准确 3. 修整工具 4. 重新调整 5. 减小研磨速度 6. 减小研磨压力 7. 减少研磨剂添加量，或使用稀释的研磨液，不断地将较厚处的研磨剂均匀去掉 8. 试用细粒度的研磨剂 9. 重新调整，经常调头研磨 10. 用适当的热处理来消除 11. 使预加工余量尽可能均匀 12. 准确地预加工，减小研磨余量

续表

缺陷	主 要 原 因	消 除 方 法
研磨工具耗损太快	1. 预加工不准确 2. 研磨余量太大 3. 研磨工具太软 4. 研磨运动不准确	1. 准确地预加工，减小研磨余量 2. 准确地预加工，减小研磨余量 3. 试用其他较硬的材料 4. 尽可能使工具表面均匀参与研磨
研磨工时太长	1. 研磨剂不适宜，太软 2. 研磨剂太细 3. 研磨速度太低 4. 研磨压力太小 5. 预加工不良 6. 研磨余量太大 7. 工件形状不宜研磨 8. 研磨剂用量不恰当	1. 试用其他研磨剂，使用较硬的研磨剂 2. 试用较粗粒度的研磨剂 3. 加大研磨速度 4. 加大研磨压力 5. 正确地预加工 6. 减小研磨余量 7. 改进工件形状 8. 减少或增加研磨剂添加量

第三节　抛　　光

一、抛光概述

（一）抛光简介

抛光一般指对工件表面进行的最终的光饰加工。主要目的是去除前道工序的加工痕迹（刀痕、磨纹、划印、麻点尖棱、毛刺等），改善工件的表面粗糙度或使产品获得光亮光滑的表面。作为中间工序，抛光是为涂装、电镀等后续工序提供涂膜、镀层附着能力强的表面，以提高涂装、电镀的质量。经抛光后的工件表面粗糙度值一般可达 $Ra0.4\mu m$ 以下。

（二）抛光机理

抛光加工模型如图 8-29 所示，其机理有以下几种作用。

（1）微切削作用。主要指磨粒切除微量切屑。

（2）塑性流动作用。由于摩擦，接触点温度上升而引起的热塑性流动。

（3）弹性破坏作用。在晶体结构材料中，由于晶格缺陷的存在，一般大约在 $1\mu m$ 的间隔内就有一个位错缺陷。在超精密抛光

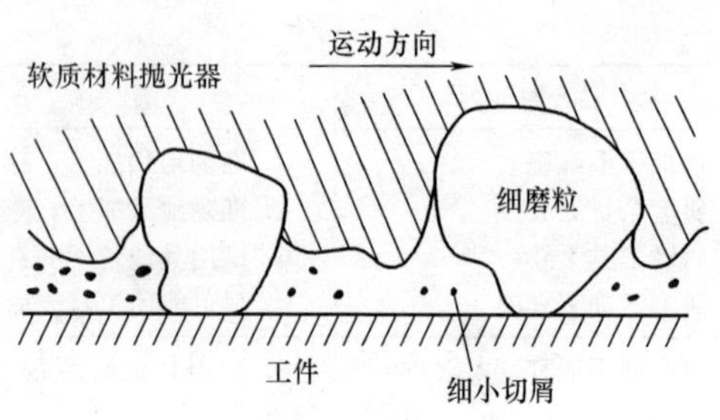

图 8-29　抛光加工模型

时，其加工应力的作用范围是在位错缺陷平均分布间隔（1μm）以内的区域，因此无塑性破坏，也无残留变质层，而是原子单位级的弹性破坏。

（4）化学作用。如在抛光剂中添加活性物质，则在抛光时活性物质会与被加工表面材料起化学反应产生某种生成膜，被磨粒反复去除。

（三）轮式抛光的抛光轮

1. 固定磨料的抛光轮

采用棉布、帆布、毛毡、皮革、纸或麻等材料经缝合、夹固或胶合而成。经修整平衡后，在其周边交替涂敷若干层粘结剂和一定品位的磨粒，达到规定的厚度及质量要求。

2. 粘附磨粒的抛光轮

要求制造材料对抛光剂有良好的保持性能，同时还要具有适当的刚性和柔性。抛光轮的材料、结构和制作方法不同，可取得不同的效果。帆布胶压的最硬，刚性好；棉布非整体缝合的最软，柔性好。柔性好的抛光轮，抛光时仿形能力强，但抛光效率低；刚性好（也称硬度好）的抛光轮，抛光时切除能力强、效率高、但仿形能力差。抛光轮的刚性还与其重量和转速有关。

3. 液中抛光的抛光轮

在液中抛光的抛光轮大多采用脱脂木材或细毛毡制造。脱脂木材如锻木具有木质松软、组织均匀、浸含抛光液多及易于“壳膜”

化的优点，可用于粗、精抛光。细毛毡抛光轮材质松软，组织均匀，且空隙大，浸含抛光液的能力比脱脂木材大，主要用于精抛及装饰抛光。

4. 抛光轮材料的选用

抛光轮材料的性质及选用参见表 8-36。

表 8-36 抛光轮材料的性质及选用

抛光轮用途	选用材料		
	品名	柔软性	对抛光剂保持性
粗抛光	帆布、压毡、硬壳纸、软木、皮革、麻	差	一般
半精抛光	棉布、毛毡	较好	好
精抛光	细棉布、毛毡、法兰绒或其他毛织品	最好	最好
液中抛光	细毛毡（用于精抛）、脱脂木材（椴木）	好（木质松软）	浸含性好

不同的材料通常处理方法也不同，如漂白、上浆、上蜡、浸脂或浸泡药物等，以提高对抛光剂的保持性，增强刚性，延长使用寿命，改善润滑或防止过热燃烧等。但处理时务必注意不要使处理的材料转附到工件表面上，以致难以去除。

5. 粘附磨粒抛光轮的结构与特性

（1）整片式抛光轮。用布料剪裁成圆片叠在一起（一般为18～20层），每片之间需将砂线的经纬错开，用整体缝合法将其缝合而成。根据使用要求可采用同心圆、螺旋线、放射线及网格形等不同的缝合方法。也可以用非整体缝合法，只是在中心孔周围缝合1～2 圈。还可以用钉齿圈或钉齿盘夹固法，这种非整体缝合制成的抛光轮四周松散柔软。

（2）非整片式抛光轮。是用不规则的下脚料排列在两片整体面料之间再进行整体缝合而成。夹层材料也可以不是同一材质的混合料。

（3）折皱式抛光轮。是用斜裁的长布条连续折叠固定在中心夹板间，每层布的排列都和夹板保持在同一平行平面上。可调整其层数、皱折数和中心夹板的直径尺寸来改变其柔软性。这种抛光轮具有良好的通风性，防止工作表面的过热，常用于自动抛光机上。

(4) 指筒状抛光轮。由许多缝折成指筒状的单个布袋装配固定在中心板上成径向排列。具有良好的通风性和柔性，特别适用于复杂形面工件的抛光。

(5) 拍打抛光轮（亦称砂布叶轮)。它有效地利用每片片料之间的分离性。抛光轮在一定转速下旋转的同时，每片片料以适当的压力一片接一片对工件进行拍打抛光。这是一种柔性极好的抛光轮，它的每片片料与旋转方向成 90°直角组装。

(6) 编织式抛光轮。采用经过强化的麻纤维编织而成。

二、抛光用磨料与抛光剂

(一) 抛光用软磨料

抛光用软磨料的种类和特性见表 8-37。

表 8-37　　抛光用软磨料的种类和特性

磨料名称	成　分	颜　色	硬　度	适用材料
氧化铁（红丹粉）	Fe_2O_3	红紫	比 Cr_2O_3 软	软金属、铁
氧化铬	Cr_2O_3	深绿	较硬，切削力强	钢、淬硬钢
氧化铈	Ce_2O_3	黄褐	抛光能力优于 Fe_2O_3	玻璃、水晶、硅、锗等
矾土		绿		

(二) 抛光剂

由粉粒状的抛光用软磨料与油及其他适当成分介质混合而成。抛光剂的种类很多，在常温下可分为固体及液体两种。固体抛光剂又可分为油脂性和非油脂性两类。液体抛光剂又大致分为乳浊状型、液状油脂型及液状非油脂型三类。用得较多的是固体抛光剂，其种类及用途见表 8-38。

在固体抛光剂中使用最普遍的是熔融氧化铝，它和抛光轮间的胶接牢靠，碳化硅则较差。使用受到一定的限制。

表 8-38　　固体抛光剂的种类与用途

类别	种类(通称)	抛光用软磨料	用途	
			适用工序	工件材料
油脂性	赛扎尔抛光膏	熔融氧化铝(Al_2O_3)	粗抛光	碳素钢、不锈钢、非铁金属
	金刚砂膏	熔融氧化铝(Al_2O_3)金刚砂(Al_2O_3、Fe_2O_3)	粗抛光(半精抛光)	碳素钢、不锈钢等
	黄抛光膏	板状硅藻岩(SiO_2)	半精抛光	铁、黄铜、铝、锌(压铸件)、塑料等
	棒状氧化铁(紫红铁粉)	氧化铁(粗制)(Fe_2O_3)	半精抛光精抛光	铜、黄铜、铝、镀铜面等
	白抛光膏	焙烧白云石(MgO、CaO)	精抛光	铜、黄铜、铝、镀铜面、镀镍面等
	绿抛光膏	氧化铬(Cr_2O_3)	精抛光	不锈钢、黄铜、镀铬面
	红抛光膏	氧化铁(精制)(Fe_2O_3)	精抛光	金、银、白金等
	塑料用抛光剂	微晶无水硅酸(SiO_2)	精抛光	塑料、硬橡皮、象牙
	润滑脂修整棒(润滑棒)	—	粗抛光	各种金属、塑料(作为抛光轮,抛光皮带、扬水轮等的润滑用加工油剂)
非油脂性	消光抛光剂	碳化硅(SiC)熔融氧化铝(Al_2O_3)	消光加工(无光加工、梨皮加工),也用于粗抛光	各种金属及非金属材料,包括不锈钢、黄铜、锌(压铸件)、镀铜、镀镍、镀铬面及塑料等

液中抛光用的抛光液，一般采用由氧化铬和乳化液混合而成的液体。氧化铬要严格经 5 ～10 层细纱布过滤，过滤后的磨粒粒度相当于 W5～W0.5。抛光液应保持清洁，若含有杂质或氧化铬和

乳化液混合不均匀，会使抛光表面产生“桔皮”、“小白点”、“划圈”等缺陷，此外还须注意工作环境的清洁。从粗抛过渡到精抛，要逐渐减少氧化铬在抛光液中的比例，精抛时氧化铬所占比例极小。

(三) 氧化铝磨料粒度的选择

通常抛光工序需要分几道，采用不同粒度磨料的抛光轮依次进行。初始粒度取决于工件的材质、余量和前道工序的表面粗糙度。原则上应在满足生产率的情况下，尽可能选择细一点的粒度。如前道工序为磨削，则可选择比砂轮粒度细 F20～F30。终止粒度取决于要求达到的表面粗糙度。其间可按 F30～F40 粒度分档次选择，见表 8-39。

表 8-39　　氧化铝磨料粒度的选择

产　品	抛光工序			
	第 1 道①	第 2 道	第 3 道	第 4 道
铝、压铸件	F150②③			
铝、砂铸件 内表面 外表面	 F34～F36 F60～F80	 F120～F180③		
铝板	F120②	F180②③		
轿车保险杠	F60～F90	F120	F150～F180③	F220③
轿车前灯装饰件	F180～F220②③			
轿车水箱保护栅	F90	F120～F150		
轿车各类装饰件	F36～F54	F90	F120	F220②
钢带锯	F60～F80	F120～F150		
铜、砂铸件	F60～F80②	F150～F180②	F220②	
铜板	F180～F220②③			
灰铸铁	F70～F80	F120～F150		
铁锤头	F46～F60	F100～F120②		

续表

产　　品	抛　光　工　序			
	第1道①	第2道	第3道	第4道
现代圆盘犁	F24～F36	F80	F120～F150	F180～F220
剪刀（剪白铁皮用）	F46	F60	F120～F150	F180
铲（铁锹）刃口	④	F120		
制铲钢带	⑤	F120⑥		
不锈钢板 镜面抛光	F60～F80	F100～F120②	F150	F220②③
不锈钢板 商业性抛光	F80	F120～F150②	F220③	F240②
扳手	⑦	⑧	F120②	
刀具	F80	F120	F220②	
叉草叉子	F60～F70	F100～F120		
除草铲子	F36～F46	F70	F100～F120	
矿用铲叉	F24			

① 需多道抛光的产品，其第一道抛光工序可要也可不要，视其抛光前的表面粗糙度而定。

② 用于油脂轮抛光（即抛光轮加油脂）。

③ 本工序后需进行精抛光。

④ 天然磨料粒度 F30～F46，人造磨料粒度 F36～F46。

⑤ 天然磨料粒度 F36～F70，人造磨料粒度 F36～F60。

⑥ 砂带用于第2道抛光工序。

⑦ 天然磨料粒度 F36～F60，人造磨料粒度 F30～F46。

⑧ 天然磨料粒度 F80～F90，人造磨料粒度 F80。

三、抛光机

（一）单轮抛光机

主要有工件回转进给加工和工件往复进给加工两种。其结构均非常简单，可参见图 8-30 和图 8-31。图 8-32 为平板抛光机。

（二）多轮自动抛光机

（1）回转工作台直径 700mm 自动分度转位抛光机见图 8-33，用于离合器片等工件的抛光。

（2）回转工作台直径 1270mm 连续转动抛光机见图 8-34，用

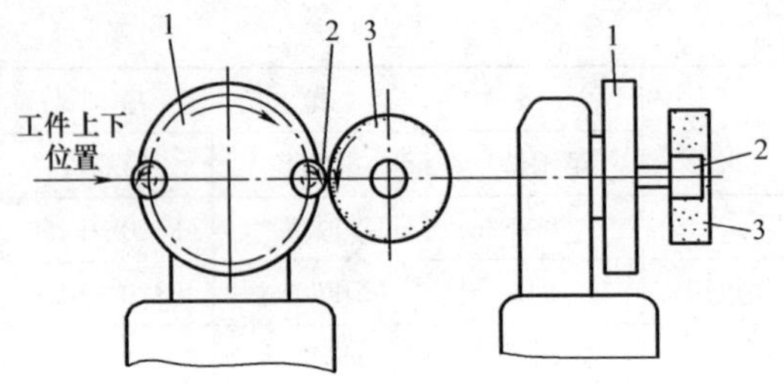

图 8-30 单轮双工位抛光机示意图

1—立式回转台；2—工件；3—抛光轮

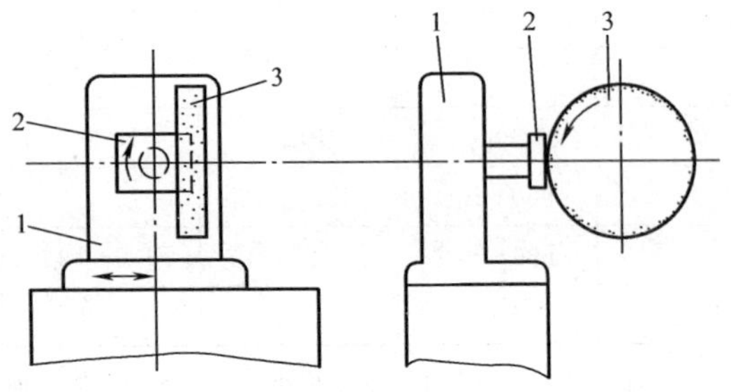

图 8-31 往复运动单轮抛光机示意图

1—滑台；2—工件；3—抛光轮

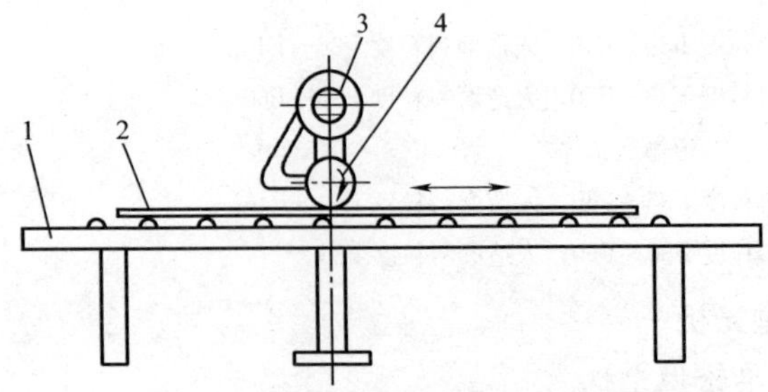

图 8-32 平板抛光机示意图

1—平台；2—工件；3—电动机；4—抛光轮

于转臂等工件的抛光。

(3) 水平回转直线抛光流水线。图 8-35 所示为 12 工位抛光流水线示意图，由 12 台自动或半自动、多轮（2、3、9、10 工位）及单轮抛光机（1、4、5、6、7、8、11、12 工位）组成。

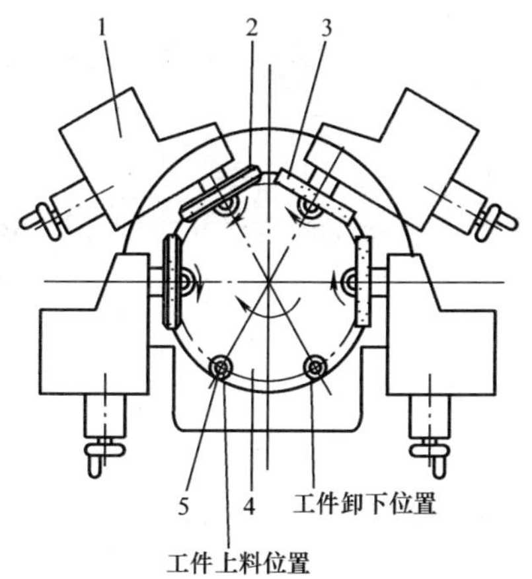

图 8-33　回转工作台直径 700mm
自动分度转位抛光机示意图
1—抛光轮头架；2—砂带（抛光）；
3—抛光轮（抛光）；4—工作台；5 —工件

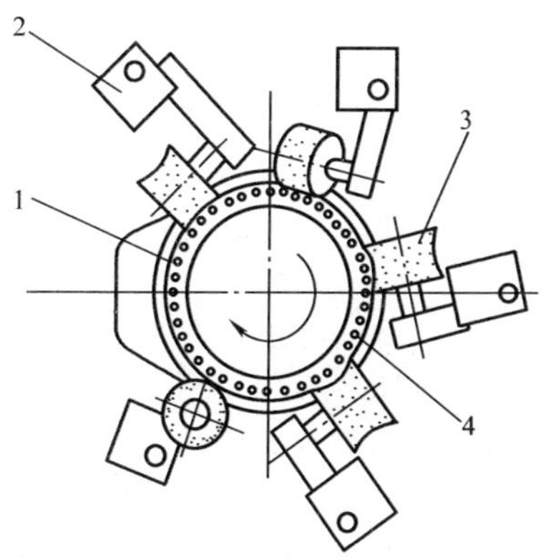

图 8-34　回转工作台直径 1270mm
连续转动抛光机示意图
1—工作台；2—抛光轮头架；3—抛光轮；4—工件

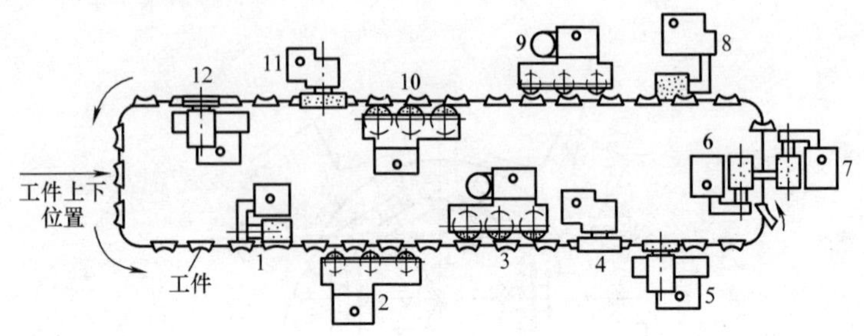

图 8-35　12 工位水平回转直线抛光流水线示意图

（4）抛光机形式、性能及生产率。见表 8-40。

表 8-40　　抛光机形式、性能及生产率

产品		抛光要求	抛光机形式	抛光用工具	生产率（件/h）
铝产品	建筑上用的冲压、拉深件	光亮	直线往复运动抛光机	麻和布抛光轮	1.5～5m/min
	轿车车轮（罩）	光亮	单轴半自动抛光机①	布抛光轮	40～60
	电气工具部件、压铸件②	光亮、美观	万能直线运动抛光机	布抛光轮	300～600
			半自动抛光机	布抛光轮	60～120
			连续回转台抛光机	布抛光轮	300～600
	闪光灯盒	光亮	4 轴半自动抛光机	布抛光轮	200～600
	冲压件轮廓	光亮	回转分度台抛光机	布抛光轮	300
	燃烧加热器头	光亮、美观	回转分度台抛光机	麻和布抛光轮③	300～600
铜产品	门把手	光亮	万能直线运动抛光机	布抛光轮	4000
	水龙头	光亮	回转分度台抛光机	折皱式抛光轮	500～1000

续表

产　　品		抛光要求	抛光机形式	抛光用工具	生产率（件/h）
铜产品	灭火器喷嘴	光亮	回转分度台抛光机	布抛光轮	40～60
	管道器件（阀体、管子、丁弯管）	光亮	万能直线运动抛光机	布抛光轮	>1000
不锈钢产品	汽车外部装饰件	光亮	水平回转直线抛光流水线（滚轮输送）	麻和布抛光轮	④
	阀门摇臂	镜面	连续回转抛光机	麻抛光轮	1600
碳钢和合金钢产品	轿车保险杠	光亮	开式直线抛光机	麻和布抛光轮	80～300
	轿车水箱防护栅	光亮	直线抛光机	麻和布抛光轮	④
	平板	⑤	平板抛光机	砂带	⑥
锌合金压铸件	汽车门手柄	光亮	回转自动抛光机①	布抛光轮	1000
	汽车车轮罩壳	光亮	万能直线抛光流水线	布抛光轮	800
			半自动抛光机	布抛光轮	80
	汽车仪表罩壳	去毛刺抛光	滚轮进给工作台抛光机	砂带	40～50

① 专用抛光机。

② 电动机机壳、齿轮箱壳及手柄。

③ 折皱式和缝合式布或麻抛光轮。

④ 输送速度（3～12）m/min。

⑤ 表面粗糙度 $Ra(0.25\sim0.3)\mu m$。

⑥ 输送速度 12m/min。

（5）带上料机构的抛光轮头架见图 8-36，用于自动抛光机。将抛光剂压实成棒料，放入头架上方的槽内，在抛光间歇时间内对抛光轮上抛光剂。

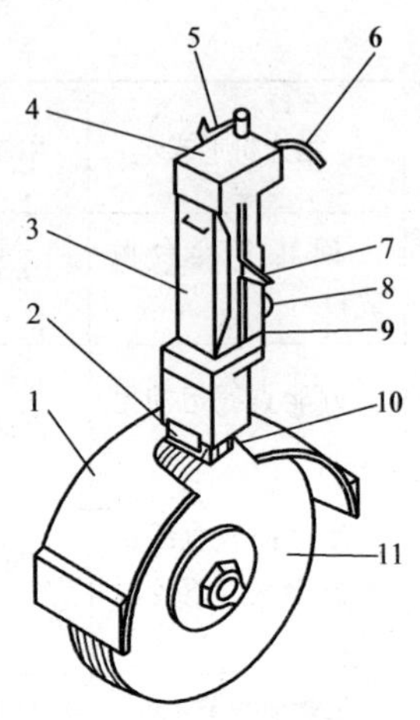

图 8-36　带上料机构的抛光轮头架示意图

1—通风罩；2—弹性挡板；3—抛光剂上料槽；4—塑料板窗口；
5—高度调整手柄；6—压缩空气管；7—进给释放手柄；8—夹紧旋钮；
9—缺料警告标位；10—抛光剂棒；11—抛光轮

(6) 自动抛光机上工件 180°内往复回转机构，如图 8-37 和图 8-38所示。

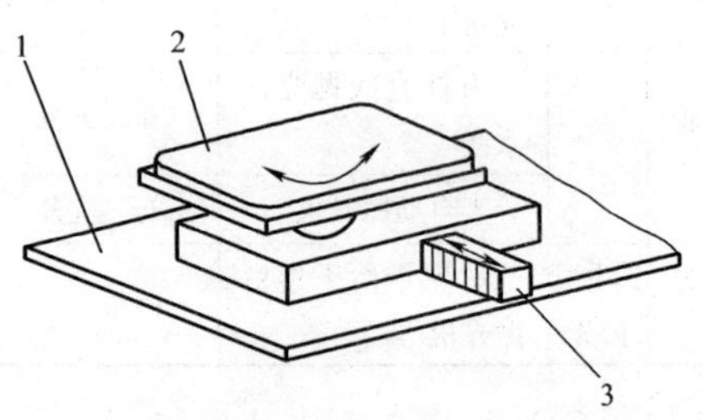

图 8-37　平面 180°内往复回转机构示意图

1—平台板；2—工件；3—齿轮齿条副

(7) 半自动抛光机非圆形工件的仿形抛光机构，如图 8-39 所示。

四、滚磨

滚磨又称滚筒抛光，是将工件和加工介质混合装入滚筒中，滚筒做旋转运动，工件和介质在不规则的运动中相互摩擦、碰撞，以

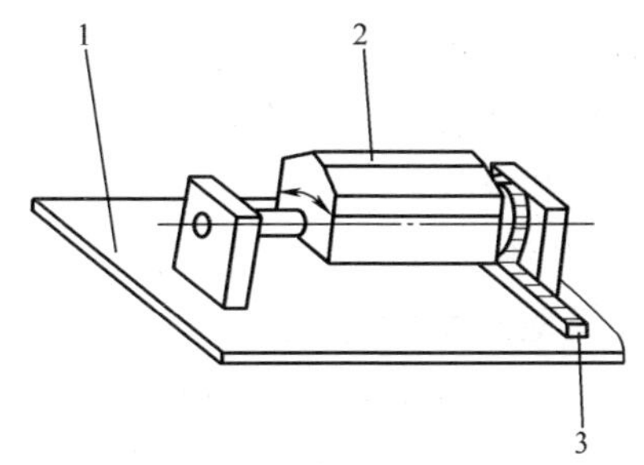

图 8-38　圆周 180°内往复回转机构示意图

1—平台板；2—工件；3—齿轮齿条副

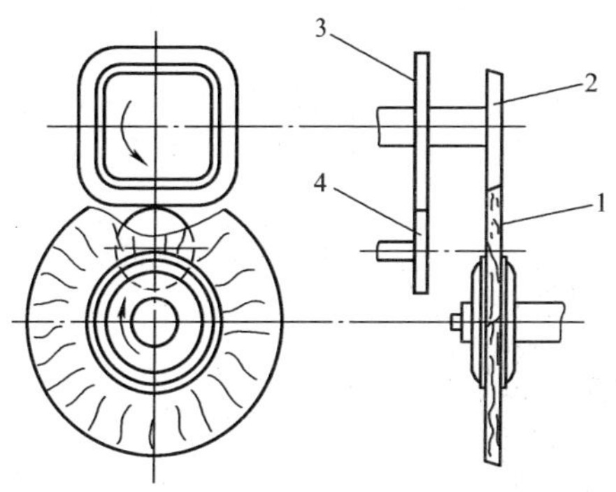

图 8-39　非圆形工件的仿形抛光机构示意图

1—抛光轮；2—工件；3—凸轮；4—靠轮

实现对工件的表面加工。

滚筒为多角形，常用的为八角形。加工介质是磨料与工作液的混合物。常用的磨料有普通刚玉和碳化硅磨料及磨块、熔融氧化铝、天然石料及钢球等。工作液视加工要求可用酸性、碱性或中性水溶液。加工介质除影响加工过程外，还起清洗、润滑、防锈、缓冲等作用。

（一）滚磨加工主要用途

（1）铸锻件和热处理后的工件去飞边、除氧化皮、表面清理。

（2）工件（尤其是小型冲压件）去毛刺、倒棱角。

（3）除去工件表面多余的涂层和镀层。

（4）改善工件表面质量。

滚磨加工具有工件装填简单、能同时进行多件加工、效率高、操作管理容易等优点。缺点是工件的外形及大小受一定限制，不能得到准确的加工形状和尺寸。

（二）滚磨加工类型

滚磨加工主要类型见表 8-41。

表 8-41　　　　滚磨加工主要类型

滚磨类型	加工原理	备注
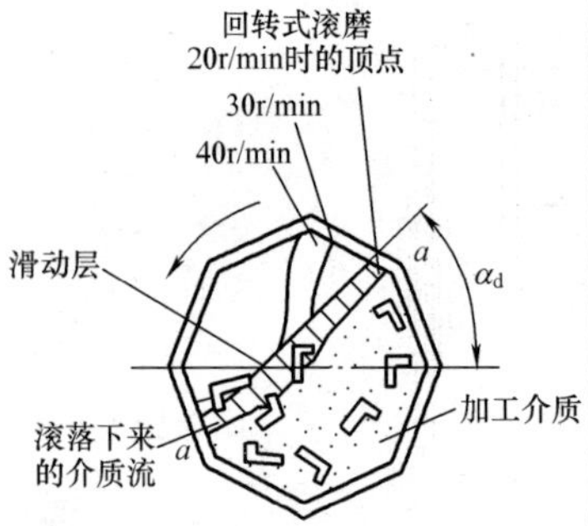 回转式滚磨 20r/min时的顶点 30r/min 40r/min 滑动层 a α_d 加工介质 滚落下来的介质流 a	工件和加工介质随滚筒转动，在某瞬时，处于 a—a 线以下，在重力、离心力、摩擦力的共同作用下，处于动态平衡而保持静止。在 a—a 线以上，则失去平衡而产生滑移，由此引起相互摩擦、碰撞，对工件表面加工 α_d 为动态休止角。n 增大时，α_d 相应增大，滑动层宽度变宽，同时参加工作的磨料和工件数增多，加工效率提高。但 n 太高，会引起混合物剧烈翻倒，反而会损伤工件，并加速磨料破碎	$\alpha_d \leqslant 75°$为宜推荐转速按下式选取： $n=\frac{K}{\sqrt{D}}$ (r/min) 式中，D 为滚筒内切圆直径，单位mm；K 为系数，粗磨 $K=700\sim800$，半精磨 $K=630\sim700$，精磨 $K=540\sim630$
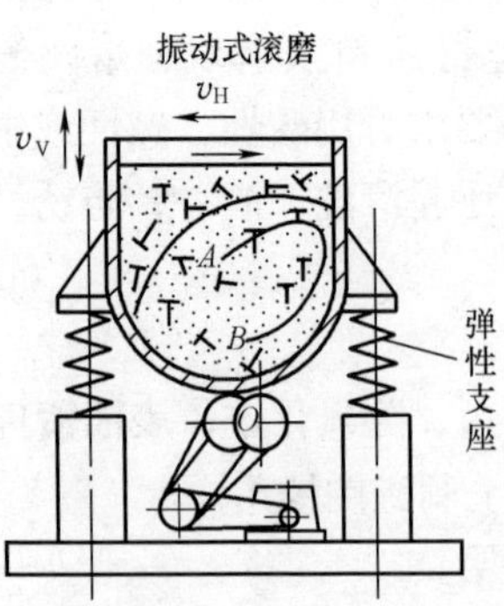 振动式滚磨 v_H v_V A B O 弹性支座	容器置于弹性支座上，容器底部装有偏心激振器，偏心轮使容器（内衬有橡皮）做强迫振动。混合物在容器内壁作用下做不规则运动，工件同磨料相互摩擦、碰撞，实现对工件表面加工	筒内质点运动的轨迹为近似椭圆曲线。对于垂直振幅8～4mm，振动频率的最佳值为12～40Hz，装填总量≤$70V_t$（容器容积），磨料浓度通常在1∶1.5～1∶3.5之间 金属切除率高于回转式滚磨

续表

滚磨类型	加工原理	备注
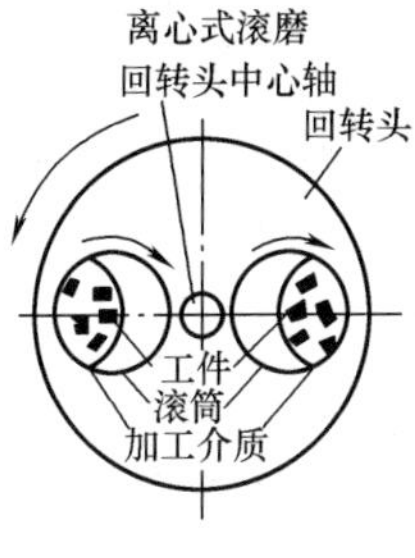 离心式滚磨 回转头中心轴 回转头 工件 滚筒 加工介质	利用行星运动原理，使几个同方向自转的滚筒同时绕某一固定轴心等速公转。可使工件、加工介质获得较大的离心力和速度，并使其经常处于工作状态，因此能大大提高加工效率	金属切除率比振动式滚磨高，可实现自动化生产，不需工人装卸工件。国外已有全自动离心式滚磨机
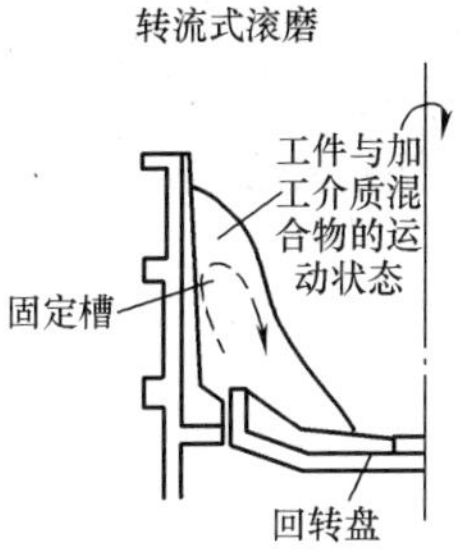 转流式滚磨 工件与加工介质混合物的运动状态 固定槽 回转盘	滚筒由固定槽和回转盘构成。转盘以（150～400）m/min 的圆周速度转动，工件与加工介质在离心力作用下沿槽壁上升（类似洗衣机原理），到达一定高度时由于失去离心力而下落到底部，这样反复循环，使工件与磨料介质间产生强烈的磨削作用	与其他几种型式比较： （1）金属切除率高 （2）可供选择的加工能力范围广 （3）易实现自动化 （4）噪声低，振动小，无工作液飞溅 （5）不能加工薄的工件，也不宜于滚磨 与以上型式比较，金属切除率最高

五、几种新型精密和超精密抛光方法

（一）软质磨粒抛光

软质磨粒抛光的特点是可以用较软的磨粒，甚至比工件材料还要软的磨粒（如 SiO_2、ZrO_2）来抛光。它不产生机械损伤，大大减少一般抛光中所产生的微裂纹、磨粒嵌入、洼坑、麻点、附着物、污染等缺陷，获得极好的表面质量。软质磨粒抛光有以下几种方法。

1. 软质磨粒机械抛光

是一种无接触的抛光方法。利用空气流、水流、振动及在真空中静电加速带电等方法，使微小的磨粒加速，与工件被加工表面产生很大的相对运动，磨粒得到很大的加速度，并且以很大的动能撞击工件表面，在接触点处产生瞬时高温高压而进行固相反应。高温使工件表层原子晶格中的空位增加；高压使工件表层和磨粒的原子互相扩散，即工件表层的原子扩散到磨粒材料中去，磨粒的原子扩散到工件表层的原子空位上，成为杂质原子。这些杂质原子与工件表层的相邻原子建立了原子键，从而使这几个相邻原子与其他原子的联系减弱，形成杂质点缺陷。当有磨粒再撞击到这些杂质点缺陷时，就会将杂质原子与相邻的这几个原子一起移出工件表层。如图 8-40所示。

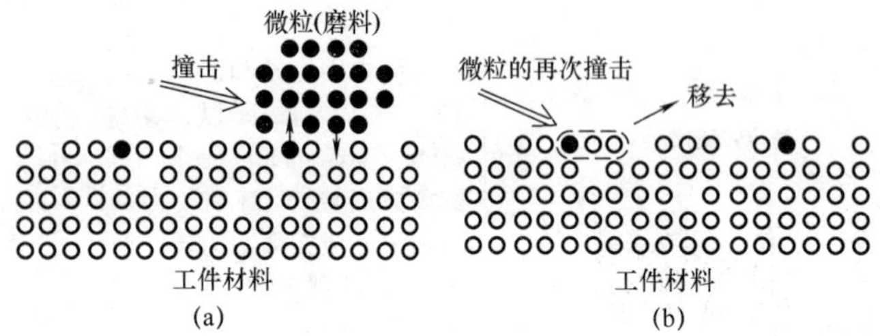

图 8-40 软质磨粒机械抛光过程

(a) 扩散过程；(b) 移去过程

另外，也有不经过扩散过程的机械移去作用。加速了的微小磨粒弹性撞击被加工表面的原子晶格，使表层不平处的原子晶格受到很大的剪切力，致使这些原子被移去。

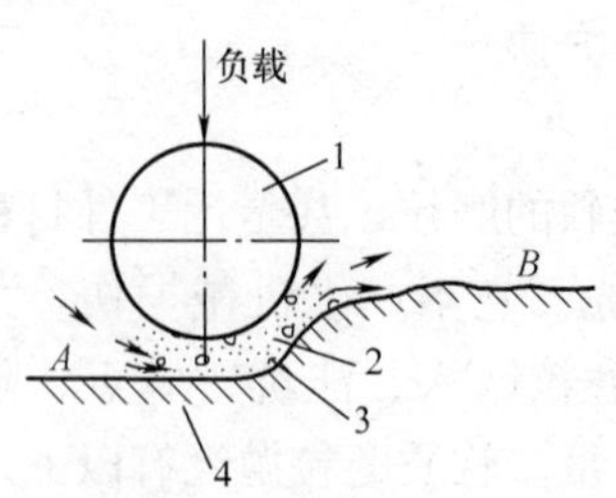

图 8-41 弹性发射加工原理图

1—聚氨酯球；2—磨粒；3—抛光液；4—工件；A—已加工面；B—待加工面

典型的软质磨粒机械抛光是弹性发射加工（ElastiC Emisslon Machining ，简称 EEM)。其原理如图 8-41 所示，它是利用水流加速微小磨粒，要求磨粒尽可能在工件表面的水平方向上作用，即与水平面的夹角（入射角）要尽量小，这样加速微粒使工件表层凸出的原子受到的剪切力最大，同时表层也不易产生晶格缺陷。抛光器是聚氨酯球，抛光时与工件被加工表面不接触。

数控弹性发射加工的试验装置如图 8-42 所示，用数控方法控制聚氨酯球的位置，以获得最佳的几何形状精度，同时使超细微粒加速，对工件进行原子级的弹性破坏。整个装置是一个三坐标数控系统，聚氨酯球 7 装在数控主轴上，由变速电动机 3 带动旋转，其负载为 $2N$。在加工硅片表面时，用直径为 0.1μm 的氧化锆微粉，以 100m/s 的速度和与水平面成 20°的入射角向工件表面发射，其加工精度可达±0.1μm，表面粗糙度为 Rz0.0005μm 以下。

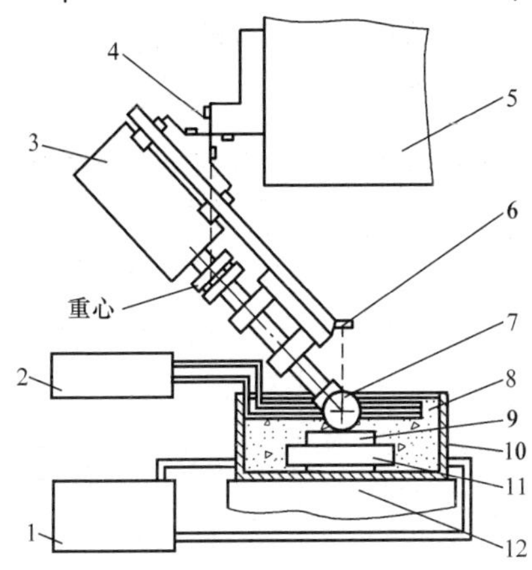

图 8-42　数控弹性发射加工的试验装置

1—循环膜片泵；2—恒温系统；3—变速电动机；4—十字弹簧；5—数控主轴箱；6—加载杆；7—聚氨酯球；8—抛光液和磨料；9—工件；10—容器；11—夹具；12—数控工作台

2. 机械化学抛光

也是一种无接触抛光方法，即抛光器与被加工表面之间有小间隙。抛光时磨粒与工件之间有局部接触，有些接触点由于高速摩擦和工作压力产生高温高压，致使磨粒和抛光液在这些接触点与被加工表面产生固相反应，形成异质结构生成物，这种作用称之为抛光液的增压活化作用。这些异质结构生成物呈薄层状态，被磨粒的机械作用去除（见图 8-43）。这种抛光是以机械作用为主，其活化作用是靠工作压力和高速摩擦由抛光液而产生，因此称为机械化学抛光，是软质磨粒抛光的一种。

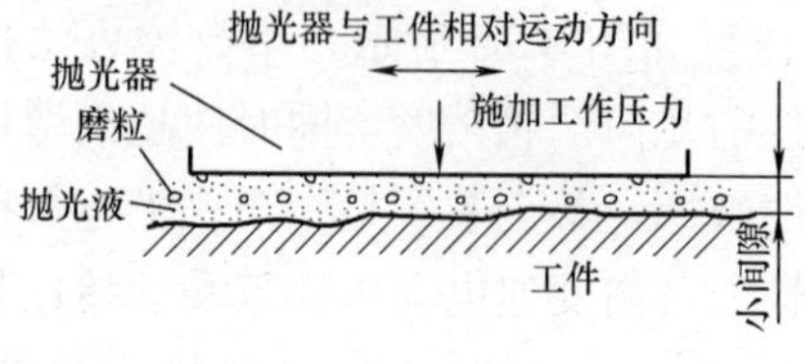

图 8-43　机械化学抛光

3. 化学机械抛光

化学机械抛光强调化学作用，靠活性抛光液（在抛光液中加入添加剂）的化学活化作用，在被加工表面上生成一种化学反应生成物，由磨粒的机械摩擦作用去除，因此是一种软质磨粒抛光方法。由此可以得到无机械损伤的加工表面，而且提高了效率。表 8-42 列举了几种晶体和非晶体材料在化学机械抛光时所用的磨料和添加剂。

表 8-42　　化学机械抛光时所用的磨料和添加剂

工件材料	抛光器材料	磨　　料	抛光添加剂
硅（Si）	聚氨酯	氧化锆（ZrO_2）	NaOCl
		硅石（SiO_2）	NaOH
			NH_4OH
砷化镓（GaAs）			NaOCl
磷化镓（CaP）			Na_2O_3
铌酸锂（$LiNbO_3$）			NaOH

化学机械抛光原理可参考图 8-43，它也是一种非接触式抛光。

用单纯的机械抛光方法对单晶体或非晶体进行抛光时，可以获得很好的效果；但对多晶体（如大部分金属、陶瓷等）进行抛光时，由于在同一抛光条件下，不同晶面上的切除速度各不相同，即单晶表面切除速度的各向异性，就会在被加工表面上出现台阶。这些台阶的高度取决于加工方法和相邻晶粒的晶向。试验表明，化学机械抛光能很好地改善这种状况，不仅能获得极低的表面粗糙度参数值，而且在晶界处台阶很小，同时又极好地保留了边棱的几何形状，满足工件的功能性质要求。例如用 Fe_2O_3 微粉和 HCI 添加剂的抛光液在抛光多晶 Mn-Zn 铁氧体时就可以得到满意的效果。

化学机械抛光是一种精密复合加工方法，在加工过程中，化学作用不仅可以提高加工效率，而且可以提高加工精度和降低表面粗糙度参数值。化学作用所占比重较大，甚至可能是主要的。其关键是根据被加工材料选用适当的添加剂及其成分的含量。类似的加工方法有化学机械研磨、化学机械珩磨等。

（二）浮动抛光

浮动抛光是一种无接触的抛光法，是利用流体动力学原理使抛光器与工件浮离接触。其原理如图 8-44 所示，在抛光器的工作表面上做出了若干楔槽，当抛光器高速回转时，由于油楔的动压作用使工件或抛光器浮起，其间的磨粒就对工件的表面进行抛光，抛光质量与浮起的间隙大小及其稳定性有关。浮起间隙的稳定性与装夹工件的夹具上的负重和抛光器的材料等有关，抛光器为非渗水材料如聚氨酯、聚四氟乙烯等时可获得稳定不变的浮起间隙，但由于工件与这些材料的抛光器之间有粘附作用，只能提供少量的磨粒，因而不能迅速产生工件和磨粒之间的相对运动速度，以致切除率较低，影响抛光效率；而渗水性好的材料能提高磨粒与工件之间的相对运动速度，抛光效率高，但浮动间隙不稳定，降低表面质量。如果夹具上的负重增加，会减弱运动跟随性，使浮动间隙产生波动。浮动抛光可达到 0.3mm：75 000mm 的直线度误差，表面粗糙度可达 $Ra0.008\mu m$。

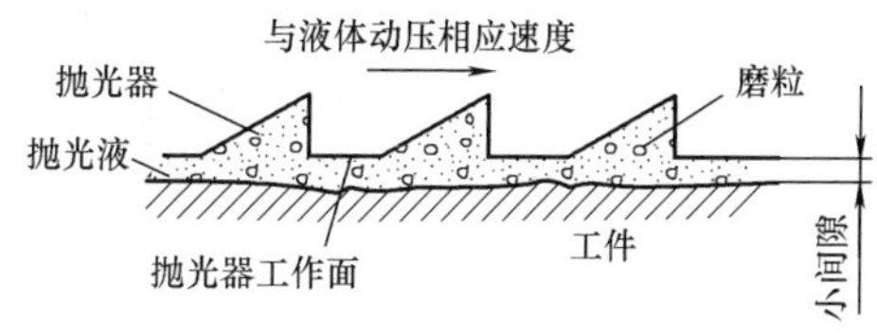

图 8-44　液体动力浮动抛光原理

液体动力浮动抛光的实例之一是加工硅片（见图 8-45），这时硅片就是图中的工件 5，它们的浮起是靠抛光器 6（圆盘工具）高速回转的油楔动压及带有磨粒的抛光液流的双重作用而产生的。浮动抛光可大大减少一般抛光的缺陷，获得极好的表面质量。

（三）液中研抛

液中研抛是在恒温液体中进行研抛，图 8-46 为研抛工件平面的装置，研抛器 7 材料为聚氨酯，由主轴带动旋转，工件 6 由夹具 5 来进行定位夹紧，被加工表面要全部浸泡在抛光液中，载荷使磨粒与工件被加工表面间产生一定的压力。恒温装置 1 使抛光液恒温，其中的恒温油经过螺旋管道并不断循环流动于抛光液中，使研抛区的抛光液保持一定的温度。搅拌装置 4 使磨料和抛光液 8（此处用水）均匀混合。这种方法可以防止空气中的尘埃混入研抛区，并抑制了工件、夹具和抛光器的变形，因此可以获得较高的精度和表面质量。显然，这种方法可以进行研磨或抛光，如果采用硬质材料制成的研具，则为研磨；如果采用软质材料制成的抛光器，则为抛光；当采用中硬橡胶或聚氨酯等材料制成的抛光器，则兼有研磨和抛光的作用。

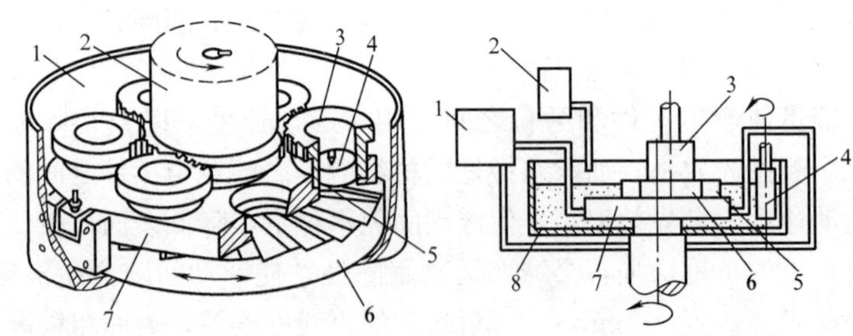

图 8-45 液体动力浮动抛光装置

1—抛光液槽；2—驱动齿轮；3—环（其作用是使工件转动）；4—装工件的夹具；5—工件（硅片）；6—抛光器；7—载环盘

图 8-46 液中研抛装置

1—恒温装置；2—定流量供水装置；3—载荷；4—搅拌装置；5—装工件的夹具；6—工件；7—研抛器；8—抛光液和磨料

（四）磁流体抛光

磁流体是由强磁性微粉（10～15nm 大小的 Fe_3O_4）、表面活化剂和运载液体所构成的悬浮液，在重力或磁场作用下呈稳定的胶体分散状态，具有很强的磁性，磁化曲线几乎没有磁滞现象，磁化强度随磁场强度增加而增加。将非磁性材料的磨粒混入磁流体中，置于有磁场梯度的环境之内，则非磁性磨粒在磁流体内将受磁浮力作用向低磁力方向移动。例如当磁场梯度为重力方向时，如将电磁铁或永久磁铁置于磁流体的下方，则非磁性磨粒将漂浮在磁流体的上表面（如将磁铁置于磁流体的上方，则非磁性磨料将下沉在磁流体的下表面）。将工件置于磁流体的上面并与磁流体在水平面产生相对运动，则上浮的磨粒将对工件的下表面产生抛光加工。抛光压力由磁场强度控制。

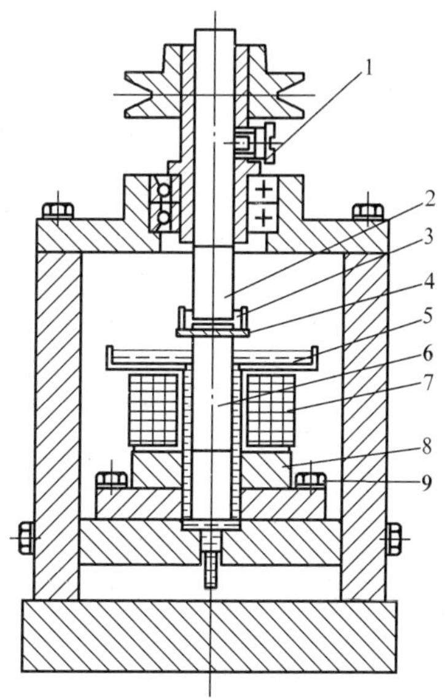

图 8-47　磁流体抛光装置

1—调节螺钉；2—抛光器；3—工件；4—容器；5—冷却水；6—铁心；7—电磁铁；8—非磁性体；9—紧固螺钉

图 8-47 为一比较简单的磁流体抛光装置，工件 3 放在一个充满非磁性磨粒和磁流体的容器 4 中，能回转的抛光器 2 置于工件上方，两者之间的间隙可由调节螺钉 1 来调节。容器置于电磁铁 7 的铁心 6 上。电磁铁通电后，在磁场作用下，磨粒上浮，在抛光器作用下，磨粒抛光工件上表面。电磁铁有循环水冷却，防止升温带来的影响。

图 8-48 是由三块永久磁铁构成的磁流体抛光装置，磁铁排列时使其相邻极性互不相同，从而使得磨粒集中于磁流体的中央部分，以便于进行有效的抛光。装置中配有调温水槽来控制工作温度。

图 8-49 所示是在黄铜圆盘 3 上的环形槽中置入 3mm 厚的发泡聚氨酯抛光器 5 ，其上每间隔 7mm 开有一个直径为 5mm 的孔，孔中注入带有非磁性磨粒的磁流体 4，工件 2 装在夹具上，并有一装置带动回转。黄铜圆盘回转时，带动抛光器回转，并由液压推力加压。调节流过电磁铁的电流，可控制浮起磨粒的数量。电磁铁有冷却水系统。如装上多个电磁铁和夹具，这种装置可进行多件加工。

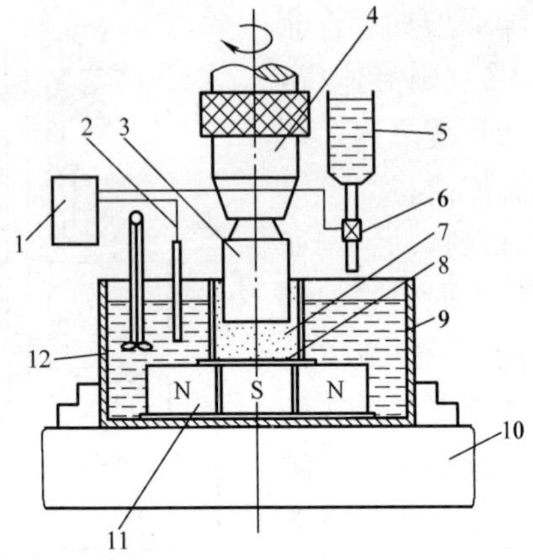

图 8-48 永久磁铁构成的磁流体抛光装置

1—控制开关；2—热电偶测温计；3—工件；4—夹具；5—冷却水；6—电磁阀；7—磁流体和非磁性磨粒；8—容器；9—水槽；10—工作台；11—永久磁铁；12—搅拌器

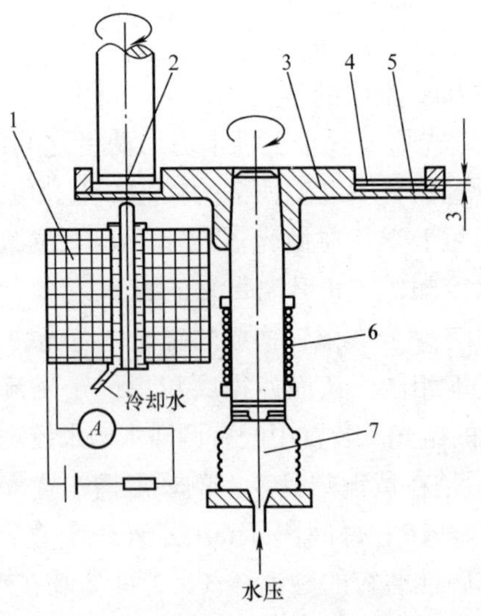

图 8-49 回转式磁流体抛光装置

1—电磁铁；2—工件；3—黄铜圆盘；

4—磁流体和非磁性磨粒；5—抛光器；6—球轴承；7—波纹膜盒

图 8-50 是将磁流体 8 与磨粒 1 分隔的抛光方式，在黄铜圆盘 7 的环槽中置入磁流体，盖上抛光器（橡胶板）2，其上放上磨粒和抛光液 1。工件 6 装在上电磁铁 3 的铁心 5 上。当电磁铁通电后，由于磁流体的作用使橡胶板上凸而加压，工件下表面与抛光器间的磨粒和抛光液产生抛光作用。压力可由通入电磁铁的电流大小来调节。这种抛光方式不必将磨粒加入磁流体中，使磁流体可以长期使用，可进行湿式抛光和干式抛光。

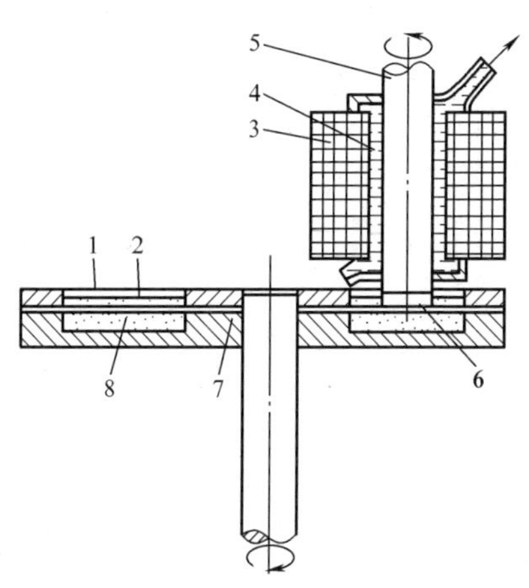

图 8-50　磁流体与磨粒分隔的抛光装置

1—磨粒和抛光液；2—抛光器（橡胶板）；3—电磁铁；
4—冷却水；5—铁心；6—工件；7—黄铜圆盘；8—磁流体

磁流体抛光中，由于磁流体的作用，磨粒的刮削作用多，滚动作用少，加工质量和效率均较高。磁流体抛光不仅可加工平面，还可以加工自由曲面，加工材料范围较广。黑色金属、有色金属和非金属材料均可加工。加工过程控制比较方便。这种方法又称之为磁悬浮抛光。

（五）挤压研抛

挤压研抛又称挤压研磨、挤压珩磨、磨料流动加工等，主要用来研抛各种型面和型腔，去除毛刺或棱边倒圆等。

挤压研抛是利用黏弹性物质作介质，混以磨粒而形成半流体磨料流反复挤压被加工表面的一种精密加工方法。挤压研抛已有专门机床，工件装于夹具上，由上下磨料缸推动磨料形成挤压作用（见图 8-51)。图 8-51（a）为加工内孔，图 8-51（b）为加工外圆表面。

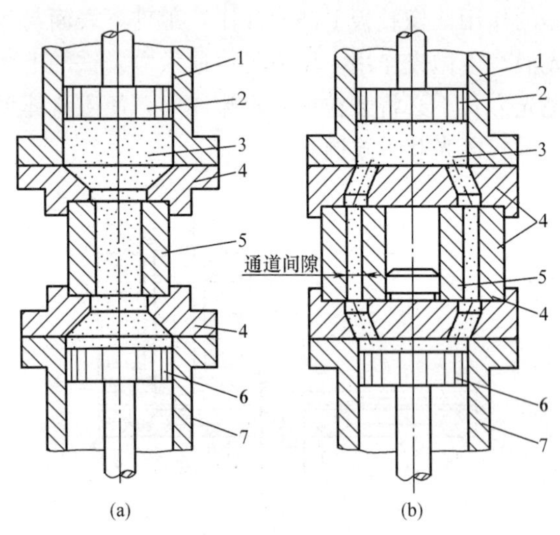

图 8-51　挤压研抛

（a）挤压抛光内表面；（b）挤压抛光外表面

1—上磨料缸；2—上磨料缸活塞；3—磨料流；

4—夹具；5—工件；6—下磨料缸活塞；7—下磨料缸

磨料流的介质应是高黏度的半流体，具有足够的弹性，无粘附性，有自润滑性，并容易清洗，通常多用高分子复合材料，如乙烯基硅橡胶。有较好的耐高、低温性能。磨料多用氧化铝、碳化硅、碳化硼和金刚砂等。清洗工件多用聚乙烯、氟利昂、酒精等非水基溶液。

要正确选择磨料通道的大小、压力和流动速度，它们对挤压研抛的质量有显著的影响。对于挤压研抛外表面，要正确选择通道间隙。磨料通道太小，磨料流动可能不流畅，一般孔最小可达 0.35mm。

（六）超精研抛

超精研抛是一种具有均匀复杂轨迹的精密加工方法，它同时具有研磨、抛光和超精加工的特点。超精研抛时，研抛头为圆环状，装于机床的主轴上，由分离传动和采取隔振措施的电动机作高速旋转。工件装于工作台上，工作台由两个作同向同步旋转运动的立式偏心轴带动作纵向直线往复运动，工作台的这两种运动合成为旋摆运动（见图 8-52）。研抛时，工件浸泡在超精研抛液池中，主轴受主轴箱内的压力弹簧作用对工件施加研抛压力。

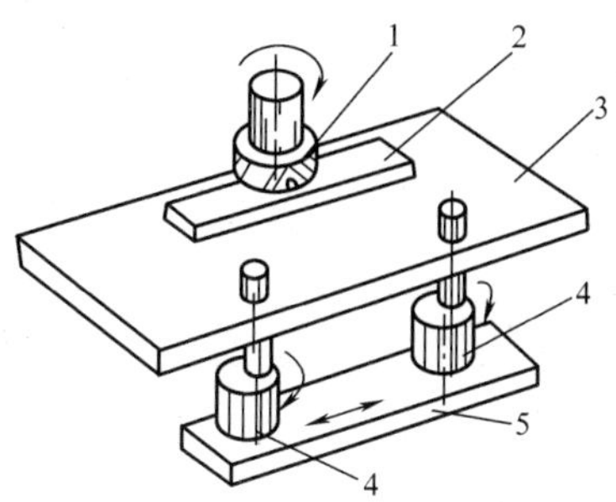

图 8-52　超精研抛加工运动原理

1—研抛头；2—工件；3—工作台；4—双偏心轴；5—移动溜板

超精研抛头采用脱脂木材制成，其组织疏松，研抛性能好。磨料采用细粒度的 Cr_2ZO_3，在研抛液（水）中成游离状态，加入适量的聚乙烯醇和重铬酸钾以增加 Cr_2ZO_3 的分散程度。

由于研抛头和工作台的运动造成复杂均密的运动轨迹，又有液中研抛的特性，因此可以获得极高的加工精度和表面质量。当用它来研抛精密线纹尺时，表面粗糙度可达 $Ra0.008\mu m$，效率也有较大的提高。

六、抛光工艺参数的选择

1. 抛光轮速度

抛光轮速度应根据所抛光的工件材料选取，具体可参考表8-43。

表 8-43　　抛光轮速度推荐值

工件材料	抛光轮速度（m/s）	
	固定磨粒抛光轮	粘附磨粒抛光轮
铝	31～38	38～43
碳钢	36～46	31～51
铬板	26～38	36～46
黄铜和其他铜合金	23～38	36～46

续表

工件材料	抛光轮速度(m/s)	
	固定磨粒抛光轮	粘附磨粒抛光轮
镍	31～38	31～46
不锈钢和蒙乃尔合金①	36～46	31～51
锌	26～36	15～38
塑料	—	15～26

① 蒙乃尔合金(Monel)是一种镍铜铁锰的合金。

2. 抛光直线进给速度

抛光直线进给速度，对于钢件(碳钢和不锈钢)一般为(3～12)m/min，若用砂带抛光取大值。

第四节 高 速 磨 削

一、概述

普通磨削的砂轮速度常在(30～35)m/s之间。当砂轮速度提高到45m/s以上时，则称为高速磨削。将砂轮速度由35m/s提高到(50～60)m/s时，一般生产效率可提高30%～100%，砂轮寿命提高约0.7～1倍，工件表面粗糙度降低约50%，可稳定达到*Ra*(0.8～0.4)μm。

高速磨削的特点如下：

(1) 在一定的金属切除率下，砂轮速度提高，磨粒的当量切削厚度变薄。因此：①磨粒负荷减轻，砂轮的寿命提高；②磨削表面粗糙度降低；③法向磨削力减小，工件加工精度较高。

(2) 如果砂轮磨粒切削厚度保持一定，则 v_s 提高，金属切除率可以增加，生产率提高。应用高速磨削须采取的措施如下：

1) 砂轮主轴转速必须随 v_s 的提高而相应提高，砂轮传动系统功率和机床刚性必须满足要求。

2) 砂轮强度必须足够大，还应经过平衡及采取适当的安全防护装置。

3) 采取有效的冷却及防磨削液飞溅装置。

二、高速磨削砂轮选择

高速磨削除要求砂轮具有足够的强度以保证在高速旋转时不致破裂外，还要求砂轮具有良好的磨削性能，以获得高的磨削效率、寿命和加工表面质量。我国已生产有 60m/s、80m/s 的高速砂轮。

1. 砂轮特性的选择

（1）磨料的选择。主要选用韧性较高的刚玉系磨料。其中棕刚玉 A 应用较普遍，用于磨削一般碳钢和合金钢；磨削球墨铸铁材料时多用 A 或 A 与 GC 的混合磨料。

（2）粒度的选择。粒度大多选用 F60～F80，较普通砂轮粒度偏细。一般精磨时，宜选 F70 或 F80，有利于提高砂轮的切削能力和寿命。加工塑性材料及避免工件表面烧伤时，宜采用粗一些粒度。当 $v_s \geqslant 80$m/s 时，粒度宜选 F80～F100。

（3）硬度的选择。高速砂轮的硬度比普通砂轮稍软一些，一般在 K～N 范围内。精磨时宜选更软一些；余量大或粗磨时宜选硬些。对于磨削一些不平衡的工件（如凸轮轴、曲轴等），由于不宜提高工件转速来减少表面烧伤，砂轮硬度应适当选软些。

砂轮的硬度和粒度，还与砂轮可能达到的破裂速度有关，见图 8-53。随着硬度的提高，同时选用较细的粒度，则砂轮破裂强度相应提高。

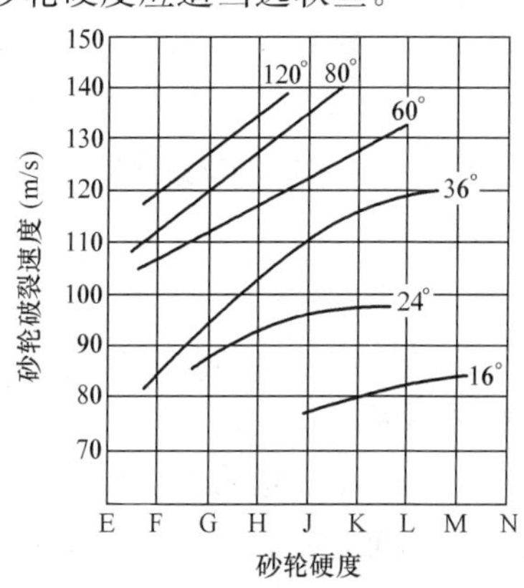

图 8-53　砂轮破裂速度与砂轮硬度、粒度关系

（4）微气孔砂轮。高速磨削时，因进给量加大，砂轮粒度较细，因此要求砂轮表面上有一些微小气孔，以利于磨屑与磨削热的排除，使磨削效率和砂轮寿命得以提高。但气孔不能太大，否则易使磨粒不均匀脱落加剧。

2. 提高砂轮的强度

提高砂轮强度，可通过下述方法实现。

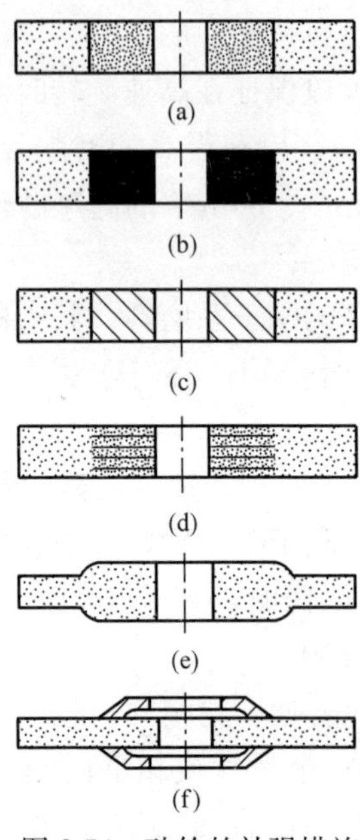

图 8-54　砂轮的补强措施

(1) 改进结合剂。为提高结合剂的强度，在陶瓷结合剂中多采用硼玻璃等结合剂。

(2) 砂轮孔区补强。砂轮旋转时最大拉应力位于孔周壁上，最初的破裂是沿周壁发生，所以采用孔区补强是提高砂轮强度的有效方法之一。常用的砂轮补强措施如图 8-54 所示。

图 8-54 (a)：砂轮孔区部分采用细粒度磨粒和较高的砂轮硬度，砂轮强度可提高 20%～25%。

图 8-54 (b)：孔区部分渗入补强剂（树脂液），通过孔周壁渗透到砂轮内部。用此法砂轮强度可提高 5%～15%，气孔率大的砂轮强度提高得更多。

图 8-54 (c)：用一金属环粘结在砂轮孔区，金属环可用钢或耐热合金制成，用环氧树脂等与砂轮粘结。

图 8-54 (d)：是树脂砂中加玻璃纤维网。

图 8-54 (e)：增加砂轮孔区厚度和图 8-54 (f) 用法兰盘装夹提高孔区强度。这两种方法多用于薄片砂轮，效果明显，对厚砂轮则意义不大。

(3) 改变砂轮的形状，以改变应力分布状况。当砂轮高速运转时，孔壁处应力最大。但孔径越小，应力也越小。所以应尽可能采用孔径与外径比值（$K=r_f/R$）小的砂轮或无孔砂轮。通常砂轮孔径与外径之比不应超过表 8-44 所列数值。

表 8-44　砂轮孔径与外径之比值 K 的最大允许值

砂轮速度（m/s）	<45	45～60	60～80	80～100
K	0.6	0.5	0.33	0.2

无孔砂轮多用法兰盘粘结或在半径 152mm（视砂轮外径大小而定）的圆周上开有几个螺钉孔，用以固定在机床上。

（4）采用新结构梯形砂瓦组合砂轮见图 8-55。当砂轮旋转时，砂瓦由受拉应力变为受压应力，而砂轮材料所能承受的抗压强度是抗拉强度的 6 倍，因此这种砂轮可在较高的速度下工作。

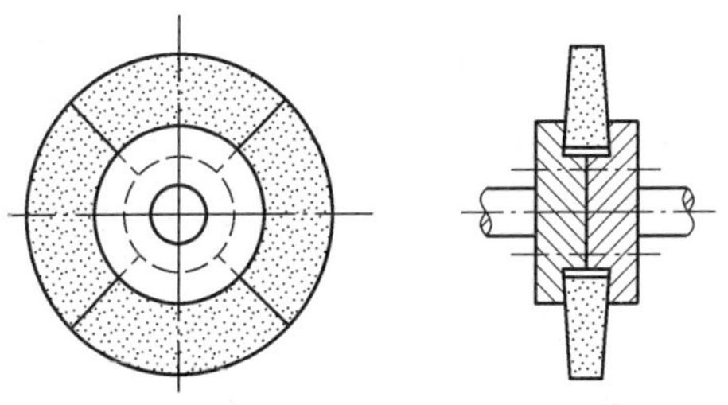

图 8-55　梯形砂瓦组合砂轮

在高速砂轮上必须印有醒目的安全工作速度标志。选择砂轮时要注意安全系数或严格控制 v_s，不得超过安全工作速度。

三、砂轮的平衡与修整

高速砂轮必须经过仔细平衡，因为不平衡会引起振动和离心力剧增。图 8-56 为砂轮不平衡量引起的离心力与砂轮速度的关系。

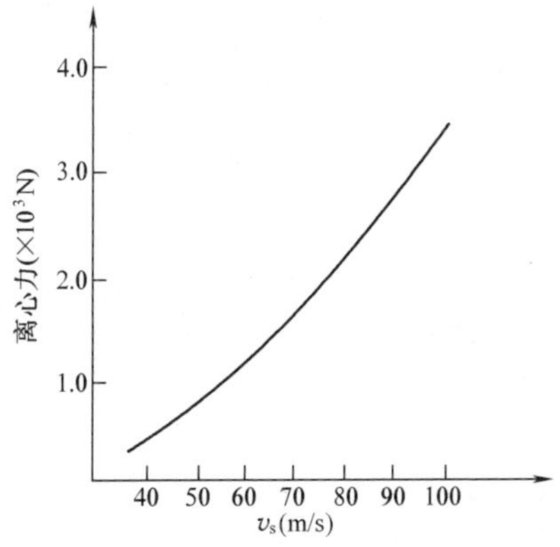

图 8-56　砂轮不平衡量 100g 在不同速度下产生的离心力

砂轮 1　600×63×305

砂轮不平衡是砂轮组织不均匀的一个主要反映。砂轮两端面不平行和内、外径不同轴，也会引起砂轮不平衡，其不平衡最大允许的值如下：

1　600×40×305　　F46L　　80g

1　400×40×50　　F46L　　80g

1　250×25×32　　F46L　　15g

为避免和减少砂轮不平衡的影响，应使砂轮修整机构的作用点和工件的磨削点在同一位置上（见图 8-57）。或用低速修整砂轮，也能起到很好的作用。用单颗金刚石工具的修整参数见表 8-45。采用金刚石滚轮修整，其效果较好，可大大缩短修整时间并减少金刚石的消耗。

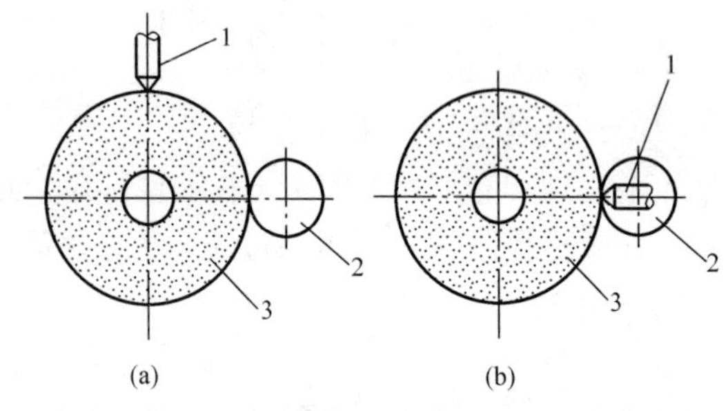

图 8-57　修整机构作用点的位置

(a) 不正确；(b) 正确

1—修整机构；2—工件；3—砂轮

表 8-45　　高速磨削砂轮修整参数

砂轮速度 (m/s)	修整切深 (mm)	修整导程 (mm/r)				修整总量 (mm)	冷却条件
		F46	F60	F80	F100		
50～60	0.01～0.015	0.32	0.24	0.18	0.14	≥0.1	充分冷却
80	0.015～0.02						

四、高速磨削用量的选择

（1）砂轮速度。目前普遍采用（50～60）m/s，有的高达 80m/s。

（2）工件速度。一般砂轮速度与工件速度之比在 60～100 之间。对于刚性差的细长轴和不平衡的工件（如曲轴、凸轮轴等），工件速度不宜太高，其比值可取100～250。

（3）轴向进给量。轴向进给量一般可取（0.2～0.5）B/r（B为砂轮宽度）。

（4）背吃刀量。一般粗磨 $a_p=0.02\sim0.07$mm；精磨 $a_p=0.005\sim0.02$mm。磨细长工件宜选较小值；磨短粗工件宜选大值。高速磨削用量选择见表8-46。

表8-46　　高速外圆磨削钢材的磨削用量

砂轮速度 v_s（m/s）	速　比 v_s/v_w	切入磨削 v_f（mm/min）	纵　向　磨　削	
			纵向进给速度 v_f（m/s）	背吃刀量 a_p（mm）
45	60～90	1～2	0.016～0.033	0.015～0.02
60		2～2.5	0.033～0.042	0.02～0.03
80	60～100	2.5～3	0.042～0.05	0.04～0.05

五、高速磨削对机床的要求

（1）砂轮电动机功率要相应增大，砂轮电动机功率要比普通磨削加大40%～100%，可按下式进行估算

$$P_E=(B/6)-(B/5) \tag{8-1}$$

式中　P_E——砂轮电动机功率，kW；

B——砂轮宽度，mm。

电动机功率加大后，磨床电气箱内有关电气元件的容量也要相应加大，并考虑电动机机座的大小及安装尺寸。

（2）正确选择砂轮主轴与轴承之间的间隙。因砂轮转速提高后，主轴与轴承之间摩擦加剧，易发生因热膨胀而造成“咬死”（也称抱轴）。因此，砂轮主轴与轴承间的间隙要适当增大，一般取0.03～0.04mm，以保证热平衡后有适当的间隙。但间隙也不能过大，以免影响主轴的回转精度与刚度，见表8-47。

表 8-47　　砂轮架主轴轴承类型及间隙要求

轴承类型	轴承间隙要求 (mm)	轴 承 特 点
短三块瓦	0.02～0.03	刚性好，制造简单，调整方便，但间隙容易松动
长三块瓦	0.02～0.03	原理同短三块瓦，但性能比短三块瓦差
短五块瓦	0.02～0.03	制造比短三块瓦复杂，调整间隙麻烦，在外圆磨床上已不多采用
长五块瓦	0.02～0.03	原理与短五块瓦相同，但性能比短五块瓦差，调整同样不方便
对开瓦	0.04～0.06	制造工艺复杂，油膜润滑差，老产品上应用较多，已淘汰
静压轴承	$\frac{6}{1000}$	纯液体摩擦，主轴寿命长，承载能力大，但要另备供油系统
滚动轴承	由等级而定	通用性强，结构简单，但抗震性能差，易磨损，选择时前轴承比后轴承精度应高一级

(3) 采用传动带卸荷装置。当传动带拉紧时，不致影响主轴间隙的大小，以保证砂轮主轴回转中心不受影响。卸荷装置如图8-58所示。卸荷装置要求比较精确，使其回转时不产生附加振动，否则磨削时易产生振纹。当砂轮直径较大（600mm 以上）、转速并不太高时，也可不采用卸荷装置。

(4) 砂轮主轴采用有一定润滑作用而黏度较小的润滑油。加油前，要将主轴箱清洗干净，加油时，要经过仔细过滤，以免混入杂物，造成意外“抱轴”事故。磨削时，主轴箱内油温不得超过40℃。

(5) 轴承的润滑方式以循环冷却为最好，主轴温升小；浸润式与静压轴承也较好。

(6) 冷却系统要相应改进。改进项目及方法如下：

1) 加大切削液的压力和流量，防止工件烧伤。高速磨削时，切削液流量除考虑冷却作用外，还要考虑砂轮的冲洗量，冲洗量可根据实际情况选定。高速磨削可采用流量为 4L/min，扬程为 5.5m 的冷却泵，并相应加大冷却水箱的容积。

2) 改进冷却喷嘴与清洗喷嘴的结构，并安装防飞溅装置。

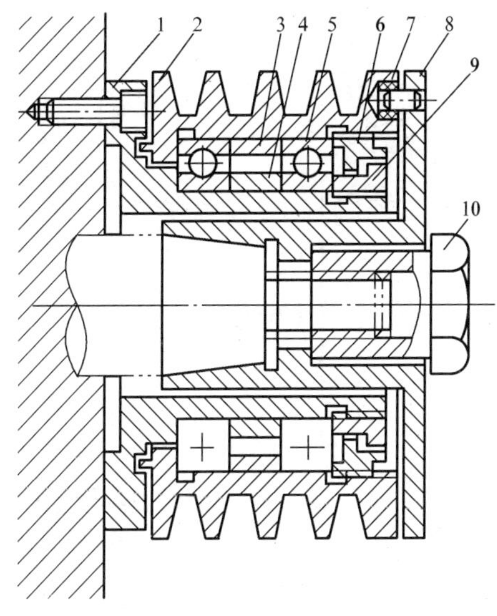

图 8-58　卸荷带轮

1—体座；2—带轮；3、4—垫圈；5—轴承；
6—法兰盘；7—衬套；8—锥套；9、10—螺母

3）采用反射增压器（见图 8-59），普通压力的切削液从管中进入，经长方形孔 1 喷射至砂轮表面，受砂轮高速旋转的离心力作用，又高速反射回增压器底部。增压器底部开有许多凹槽 2 和凸肋 3，切削液反射到凹槽 2 时，产生紊流和涡旋，于凸肋顶 4 处产生动压，射向砂轮表面起冲洗作用。反射到凹槽的切削液产生的涡旋有时还能够形成一股吸引力，将嵌塞在砂轮表面的磨屑清除掉，因此冷却与冲洗效果显著。反射增压器底部凸筋与砂轮表面的间隙 Δ＝1.5～5mm，供液压力为 0.1MPa，流量为 105L/min。图中 5 为切削液导板。

4）切削液要过滤与净化。

（7）加强砂轮防护罩。砂轮速度提高后，其动能也随着急剧增加。因此必须采取以下措施，以防止砂轮意外碎裂伤及人身及设备。

1）砂轮罩钢板的厚度比普通速度的防护罩要增加 40%以上。表 8-48 和表 8-49 为高速磨床防护罩的基本尺寸，可供参考，表中

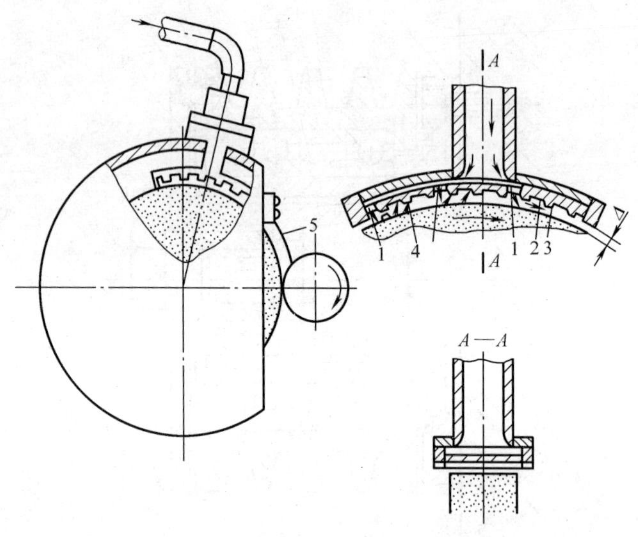

图 8-59 反射增压器

1—长方形孔；2—凹槽；3—凸肋；4—凸肋顶；5—切削液导板

的尺寸符号见图 8-60。

表 8-48 磨削速度 50m/s 时外圆磨床砂轮防护罩基本尺寸 (mm)

砂轮最大直径	400	500	600	750
轮缘厚度 *A*	6	8	11	13
侧板厚度 *B*	6	8	9	10
侧壁凸出轮缘数值 *C*	8	10	12	15
侧壁伸出宽度 *D*	20	25	30	40
搭板厚度 *E*	6	6	10	10
搭板宽度 *F*	40	40	50	50
搭板边缘离孔距离 *G*	20	20	22	22
螺栓直径 *H*	M16	M16	M20	M20
螺栓数	3	4	5	6
焊缝尺寸	5×5	6×6	8×8	10×10
螺栓配置位置（见图 8-60）	1、2、3	1、2、3、4	1、2、3、4、5	1、2、3、4、5、6

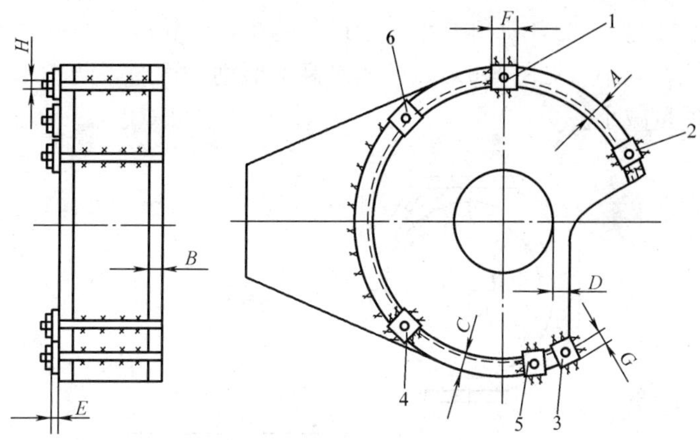

图 8-60　砂轮防护罩基本尺寸

1～6—螺栓位置

表 8-49　　砂轮防护罩钢板最小厚度

砂轮速度 v_s (m/s)	砂轮宽度 B (mm)	砂轮外径 D (mm)											
		150～305		305～405		405～510		510～610		610～760		760～1250	
		A	B	A	B	A	B	A	B	A	B	A	B
30～50	＜100	5.8	4.9	6.3	4.9	7.7	5.8	8.3	6.3	9.0	7.0	11.0	9.7
	100～150	5.8	4.9	6.3	5.4	8.3	6.0	8.8	6.6	9.0	7.0	12.0	9.7
	150～205	7.0	5.6	8.8	7.0	9.4	7.0	10.0	7.0	10.5	7.8	13.0	10.0
	205～305	8.0	6.9	9.3	7.7	9.9	7.7	10.5	7.7	11.0	8.3	14.5	11.0
	305～405	—	—	10.5	9.4	12.0	9.9	12.5	9.9	13.6	10.8	17.0	13.0
	405～510	—	—	—	—	13.0	11.0	13.0	11.0	14.5	12.7	19.0	16.0
50～80	＜50	7.9	6.3	7.9	6.3	7.9	6.3	7.9	6.3	9.5	7.9	12.7	9.5
	50～100	9.5	7.9	9.5	7.9	9.5	7.9	9.5	7.9	9.5	7.9	12.7	9.5
	100～150	11.0	9.0	11.0	9.5	11.0	9.5	11.0	9.5	11.0	9.5	17.4	12.0
	150～205	12.7	9.5	14.0	11.0	14.0	11.0	14.0	11.0	14.0	11.0	19.0	12.7
	205～305	14.0	11.0	15.8	12.7	15.8	12.7	15.8	12.7	15.8	12.7	22.0	15.8
	305～405	—	—	15.8	14.0	19.0	15.8	19.0	15.8	20.0	17.4	26.9	20.0
	405～510	—	—	—	—	20.0	17.4	20.0	17.4	22.0	19.0	30.0	23.8

注　本表指钢板焊接结构，如为铸钢表中尺寸应乘以 1.6。

2）防护罩的开口角要小。开口角越小，砂轮碎裂时碎片飞出的区域就越小（见图 8-61）。尤其是高速磨削平面时，防护罩开口角要尽量减小。

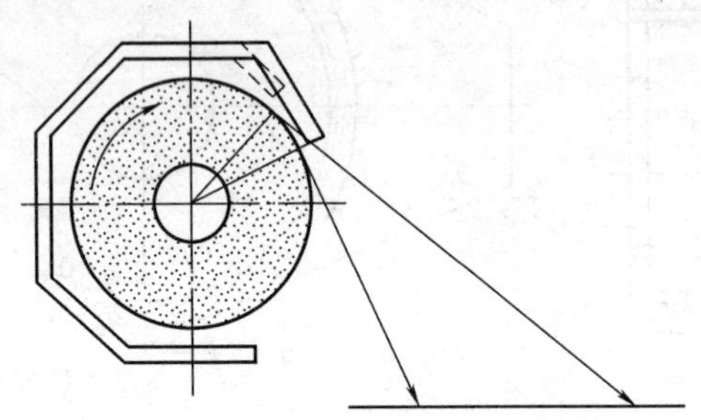

图 8-61　砂轮罩开口角

3）为了减小砂轮碎裂时对罩壳的冲击，在罩内安置一层吸能层填料（见图 8-62）。吸能层常用聚氨酯泡沫塑料、合成树脂或蜂窝状铝合金等作衬垫。当砂轮速度＞80m/s 时，此衬垫能有效地减轻砂轮碎片造成的危害。此外在外圆磨削时，还必须考虑在机床与操作者之间放置活动的防护板。

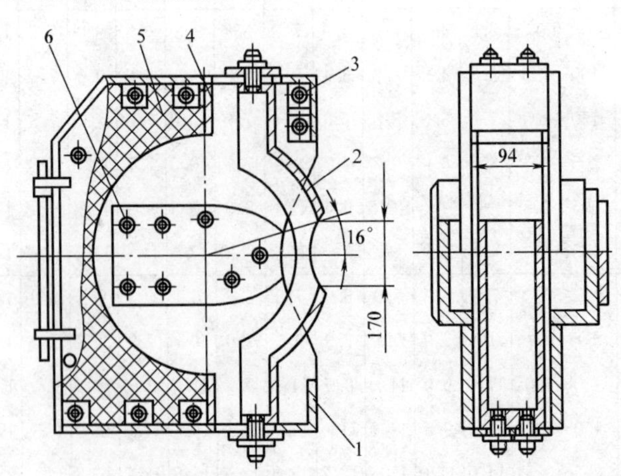

图 8-62　80m/s 高速磨床砂轮防护罩

1—前护罩；2、4—阻力挡板；3—挡板；5—泡沫聚氨酯；6—螺钉

（8）机床必须采取防振措施。磨削过程中，由于电动机、高速

旋转的砂轮及传动带轮等不平衡，V带的厚薄或长短不一致，液压泵工作不平稳等，都会引起机床的强迫振动。磨削过程中砂轮对工件产生的摩擦还会引起自激振动，工件、机床系统刚性差，或砂轮特性选择不当，都会使摩擦力加大，从而使自激振动加剧。

防止振动有如下几个方面的措施：

1）对高速旋转的部件一定要经过仔细地平衡。

2）传动带应选择长短一致，卸荷装置轴承定位套及砂轮的径向跳动应<0.02mm。

3）轴承间隙要调整合适，选择较好的砂轮架导轨形式，如采用塑料贴面导轨与滚柱导轨等。滚柱导轨应检查导轨面的接触精度与滚柱的精度；头架、尾座顶尖的锥面要接触良好；进给机构要消除间隙等。

4）提高机床抗震性能，加大整个系统的刚性。

5）隔离外来振动的影响，采用隔振措施，如在砂轮电动机的底座和垫板之间垫上具有弹性的木板或硬橡胶等。

第五节 缓进给磨削

一、概述

缓进给磨削是强力磨削的一种，又称大背吃刀量缓进给磨削或蠕动磨削。其加工特点是大的背吃刀量和微小的工作进给。与普通磨削相比背吃刀量可达1～30mm，约为普通磨削的100～1000倍，工作进给速度约为（5～300）mm/min。磨削工件，经一次或数次行程即可磨到所要求的尺寸和形状精度。缓进给磨削适于磨削高硬度、高韧性材料，如耐热合金钢、不锈钢、高速钢等的形面和沟槽。其加工精度可达2～5μm，表面粗糙度可达Ra（0.63～0.16）μm，加工效率比普通磨削高1～5倍。

缓进给磨削的特点如下：

（1）背吃刀量大，砂轮与工件接触弧长（见图8-63），金属磨除率高；由于背吃刀量大，工件往复行程次数少，节省了工作台换向时间及空磨时间，可充分发挥机床和砂轮的潜力，提高生产率。

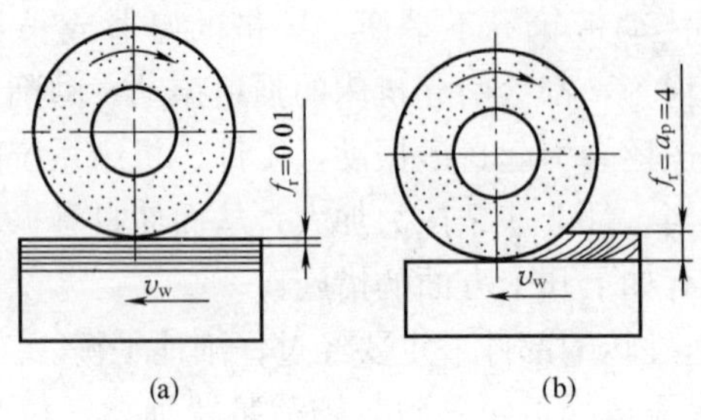

图 8-63　两种磨削方式对比

(a) 普通平面往复磨削；(b) 大背吃刀量缓进给磨削

(2) 砂轮磨损小。由于进给速度低，磨削厚度薄，单颗磨粒所承受的磨削力小，磨粒脱落和破碎减少；工作台往复行程次数少，砂轮与工件撞击次数少，加上进给缓慢，减轻了砂轮与工件边缘的冲击，使砂轮能在较长时间内保持原有精度。

(3) 由于单颗磨粒承受的磨削力小，所以磨削精度高和表面粗糙度低。同时因砂轮廓形保持性好，加工精度比较稳定。此外，接触弧长可使磨削振动衰减不易产生磨削裂纹，减少颤振，使工件表面波纹度及表面应力小，不易产生磨削裂纹。

(4) 由于接触面积大，参加磨削磨粒数多，总磨削力大，因此需要增大磨床功率。

(5) 接触面大使磨削热增大，而接触弧长使切削液难以进入磨削区，工件容易烧伤。

(6) 经济效果好。由于背吃刀量大，磨削几乎不受工件表面状况（如氧化皮、铸件的白口层等）的影响，可直接将精铸、精锻的毛坯磨削成形，可将车、刨、铣、磨等工序合并为一道工序，从而减少毛坯加工余量、降低工时消耗，节约复杂的成形刀具，缩短生产周期及降低成本。因此在生产中得到较多的应用，但主要用于平面磨床。

(7) 设备成本高。

二、缓进给磨削砂轮的选择与修整

(一) 砂轮的选择

1. 磨料

磨料主要根据工件的材料性质选择。磨削一般合金钢和碳钢可选用 WA 或 A 磨料。磨削铸造高温合金等难加工材料可采用 WA 等磨料。

2. 粒度

一般选用 F46～F60 粒度。当成形面圆角小，形面要求精度高及表面粗糙度低，或采用金刚石滚轮修整时，可选细一些。例如磨航空发动机叶片榫齿时，由于圆角小，选用了 F80～F100 粒度。

3. 硬度

为避免磨削表面烧伤，要求砂轮自锐性能好，因此硬度应比普通砂轮软得多。一般选用软级（G－J）砂轮，磨削铸造高温合金等难磨材料，宜选超软级（D、E、F）砂轮。但砂轮越软，形面越不易保持，所以在加工高精度形面时，在不烧伤的前提下，选择偏硬的砂轮。

4. 结合剂

缓进给磨削砂轮一般均采用陶瓷结合剂。如在 SA 或 WA 砂轮的结合剂中加入 0.5%～1.0%的氧化钴，可减少工件表面烧伤及减缓砂轮的磨损。新研制出的聚氨酯结合剂砂轮，磨削时烧伤现象较轻，适用于磨削工具钢、模具钢、非铁金属及铸铁等材料，特别适合于磨削软金属。

5. 组织

由于缓进给磨削金属切除率高，产生热量多，一般采用大气孔或微气孔的松组织砂轮。常用的砂轮组织号为 12～14。

缓进给强力磨削已开始采用 CBN 砂轮，与普通砂轮磨削相比，可显著提高金属切除率，工件热损伤小，可获得高精度和低粗糙度的表面，而且可显著提高砂轮寿命。CBN 砂轮价格昂贵，约为普通砂轮的 500 倍，但其磨损小、寿命长、效率高。在形面磨削时可节约其成本 30%～50%。例如，用缓进给磨削高速钢工件(60HRC)，v_s 为 45m/s，背吃刀量 3mm，在进给速度为 100mm/min 时，取得较好的效果。

6. 砂轮标准

缓进给磨削砂轮标准与普通磨削砂轮标准基本相同，仅其特性参数范围较窄。例如，砂轮组织号为 9～14，硬度在 G～L 范围之间，陶瓷结合剂，其代号 VCF。而普通砂轮陶瓷结合剂，其代号为 V。

（二）砂轮的修整

缓进给磨削砂轮的常用成形修整方法有钢制滚压轮滚压法及金刚石滚轮磨削法等。

钢制滚压轮修整的优点是滚压轮的制造工艺简单、容易实现、成本低。所以多用于多品种、小批量生产或作砂轮粗修整用。

金刚石滚轮修整砂轮的优点是形面精度保持好、使用寿命长、修整时间短，可实现修整过程自动化。适用于大批量生产、工件形状复杂、精度要求高时修整砂轮。在缓进给磨削中多被采用。

缓进给磨削的砂轮修整，除按普通砂轮修整方法修整外，还应注意以下问题：

（1）若希望砂轮磨削力强，可选用滚轮与砂轮的修整速比q_d＝0.8。再在修整刚度允许的条件下，选用较大的修整进给量，无光修。

（2）若希望磨削表面粗糙度低，可选用 q_d＝0.2～－0.8，再选用较小的修整进给量和 30r/min 左右的光修转速。

（3）若希望砂轮寿命长，则应采用顺向修整，q_d 为正值。这时可选用较小的修整速比和较大的修整进给量；或选用较大的修整速比和较小的修整进给量搭配进行。

三、缓进给磨削对机床的要求

1. 磨削功率

磨削功率的确定，通常根据被加工材料及所采用的磨削用量，选取砂轮单位宽度的功率值，参见表 8-50。然后乘以磨削总宽度，即可求得磨床的计算功率。或以砂轮和工件单位接触面积上功率为参考值，参见表 8-51，然后乘以总的接触面积计算出功率值。

表 8-50　　砂轮磨削单位宽度的功率（kW/min）

工件材料	一般磨削用量	加大磨削用量
普通钢及合金钢	0.12～0.18	0.4～0.6
Ni58 及 In-738 耐热合金	0.15～0.25	0.5～0.8

表 8-51 砂轮与工件单位接触面积的功率（W/mm^2）

工 件 材 料	一般磨削用量	加大磨削用量
普通钢及合金钢	5～7	11～15
Ni58 及 In-738 耐热合金	9～10	13～16

按以上两表求出的机床磨削功率，还应分别考虑砂轮硬度及被加工零件表面形状，乘以修正系数 k_1、k_2。k_1、k_2 的值分别按表 8-52 和表 8-53 确定。

表 8-52 砂轮硬度的修正系数 k_1

砂轮硬度 h 值（mm）	>7.0～8.0	>6.5～7.0	>6.0～6.5
k_1	1.0	1.3～1.4	1.6～1.8

注 h 值表示砂轮硬度的凹坑深度。

表 8-53 零件形状的修正系数 k_2

零件表面形状	平 面	叶片曲面	梯形齿面	60°三角齿面
k_2	1.0	1.4～1.5	1.6～1.7	2.0

根据运动参数，磨削功率也可按如下经验公式计算

$$P'=C_P v_s^{\alpha} f_r^{\beta} v_w^{\gamma}$$

式中 P'——砂轮单位宽度的功率，W/mm；

C_P——工件材料系数；

v_s——磨削速度，m/s；

f_r——径向进给量等于背吃刀量，mm；

v_w——工件速度，mm/min。

指数 α、β、γ 及系数 C_P 值参见表 8-54。

表 8-54 指数 α、β、γ 及系数 C_P 值

工 件 材 料	HV	C_P（10^{-3}）	α	β	γ
Q235	115	2.6	1.4	1.3	0.6
45	201	0.6	1.8	1.38	0.77
QT500-7	166	2.0	2.0	1.0	0.48

续表

工件材料	HV	C_P (10^{-3})	α	β	γ
1Cr18Ni9Ti	206	70	1.11	1.0	0.24
GCr15	357	18	1.45	1.0	0.43
W18Cr4V	825	9.91	1.7	0.95	0.53
In-738	338	92.3	1.0	0.62	0.55
苏尔马特合金	509	0.82	2.24	1.0	0.65

上式符合大气孔超软砂轮（h=8.8mm）磨削功率值，在实际应用时应注意不能低于上式计算值。

2. 工作台进给运动

工作台作缓进给时，要求平稳无爬行现象。一般液压传动的平稳性和可靠性均不及机械传动。目前一般均采用丝杠螺母结构或滚珠丝杠副结构，保证机床有较高的传动刚度。此外应能无级调速及有快速退回机构。

3. 机床动、静刚度

工艺系统刚度是引起工件加工误差的原因之一。缓进给磨削要求机床的动、静刚度要高。为了提高系统静刚度，可在前后床身、立柱、滑板等主要构件上采用双层肋壁结构；加大主轴直径；磨头垂直运动导轨和立柱滑板横向移动的侧导向面采用预加负荷滚柱导轨结构，以消除导轨间隙，提高接触刚度。

4. 主轴系统精度

由于缓进给磨削主轴功率大，又是成形磨削，因此要求主轴刚性好，而且不允许有轴向和径向窜动。

图 8-64 所示为平面磨床上采用滚动轴承的磨头结构，前轴承 2 为一对圆锥滚子轴承，承受主要磨削负荷。由于止推环节安排在主轴前端，减少了由于主轴发热伸长对磨削形面位置的影响。中轴承 3 为双排径向圆柱滚子轴承，其径向可以预紧，以获得较高的主轴刚度，并能长时间保持精度。后端支承 5 为径向轴承，仅起辅助支承作用，承受由于电动机转子与风扇的不平衡而引起的离心力；以及电动机磁场对主轴的径向力。轴承靠过盈配合的高压油胀环 1 和

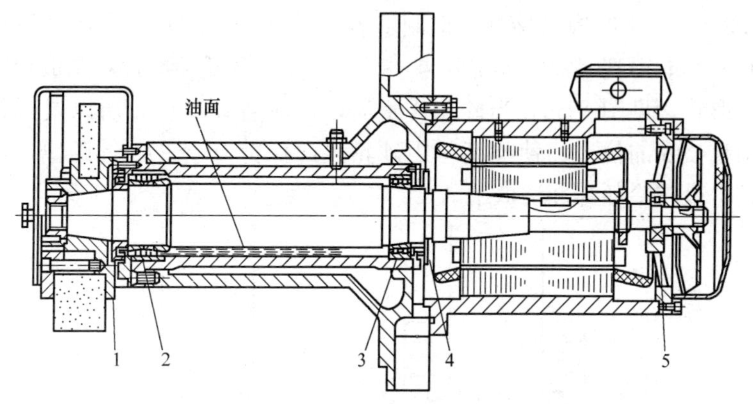

图 8-64 磨头结构

1—前油封；2—前轴承；3—中轴承；4— 中油封；5—后轴承

4 固定。

5. 冷却与冲洗

缓进给磨削存在两个特殊问题：一是磨屑薄而长，易堵塞和粘附于砂轮表面；二是单个磨粒承受的磨削力小，砂轮自锐性差，易使工件表面烧伤。因此要求加强切削液的冷却与冲洗作用。一般冷却喷嘴流量应大于 80L/min[约每 mm 砂轮宽度上为(1.5～2)L/min]，压力为 0.2～0.3MPa；冲洗喷嘴流量为 200L/min，压力为 0.8～1.2MPa。由于大量的磨削热要求冷却系统吸收并散发，因此切削液容器的总容量要大，约 2000L。

喷嘴的形式有小孔式和缝隙式两种，见图 8-65。小孔式喷射流较集中，效果好，多用于冲洗。缝隙式射流不均匀，且缝宽 b 在

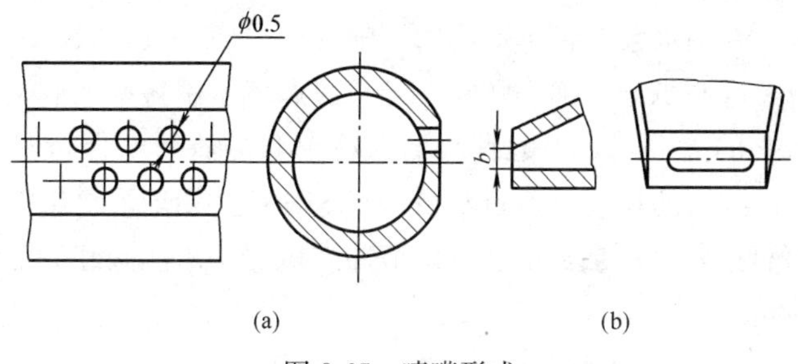

图 8-65 喷嘴形式

(a) 小孔式；(b) 缝隙式

0.3mm 以下时容易堵塞，但制造容易，多用于冷却。为使砂轮型面上都能得到等效的冲洗效果，喷嘴可根据砂轮轮廓形状制成相应的形状，见图 8-66。当砂轮修整后，砂轮直径变小，所以要经常调整喷嘴的位置，使喷嘴口距砂轮表面保持 0.5～1mm 距离，以获得最佳冷却与冲洗效果。

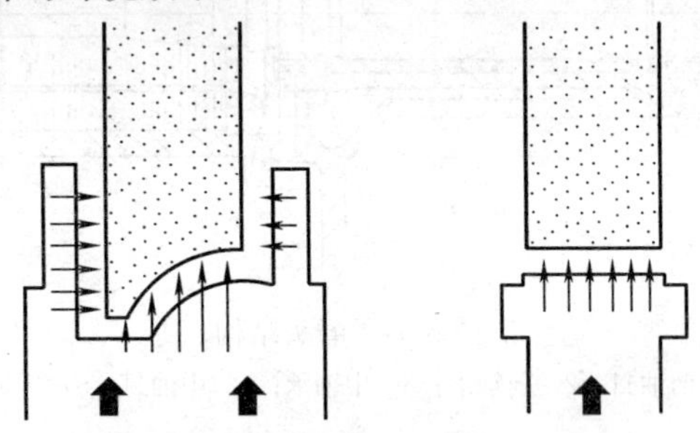

图 8-66　冲洗喷嘴形面与砂轮形面的关系

为保证冷却与冲洗效果，要求切削液中无杂质，在工作循环中始终保持清洁，一般要求采用粗、精两次过滤。冷却系统示意图如图 8-67 所示。为节省占地面积，并保证切削液有较长的流程，将冷却水箱分成三只。第一只沉渣箱 1，容量 400L 左右。沉渣箱中的隔板将其中絮状磨屑和砂轮碎屑沉于箱底。沉渣箱可以除渣 90%以上。经除渣净化后切削液从溢水口流入第二只下水箱 2 中，下水箱 2（容积 600L 左右），分成并列两半，以加长切削液流程。中间设有挡板，使切削液中固体颗料进一步沉淀。图中实线为前半箱中切削液流动方向，虚线为后半箱中切削液流动方向。在后半箱中有一只专用水泵 3 将沉淀后的切削液抽送到 4 只并联的涡旋分离器 4 中，进一步分离细小颗粒。经二次涡旋作用将切削液送入容积为 1000L 的上水箱 5 中贮存。上水箱中有溢流管 6 保持其液面高度。经过滤清的切削液通过水泵 7 和 8 分别将切削液供给冷却喷嘴 9 和冲洗喷嘴 10。泵板上装有调节冲洗压力的溢流阀和调节切削液流量的阀门。

6. 顺磨和逆磨对冷却的影响

平面缓进给磨削如采用顺磨，其冷却条件好，可顺利地把切削

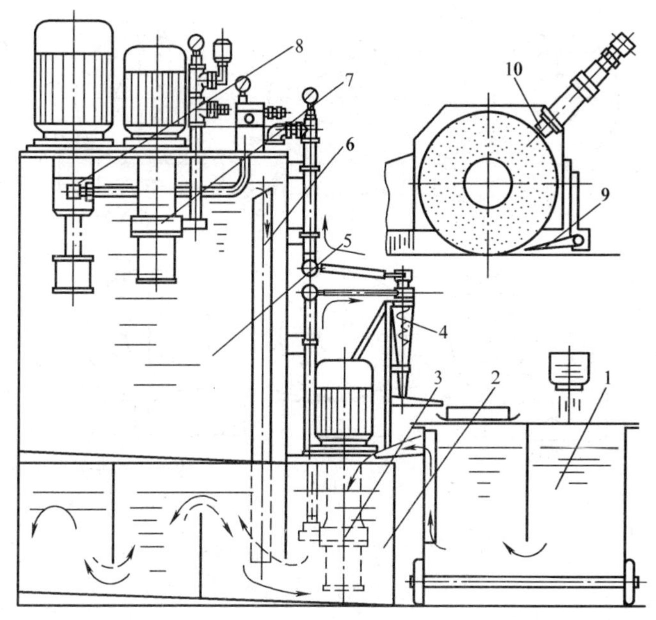

图 8-67　冷却系统示意图

1—沉渣箱；2—下水箱；3—专用水泵；4—涡旋分离器；5—上水箱；6—溢流管；7、8—水泵；9—冷却喷嘴；10—冲洗喷嘴

液带入磨削区。当有磨粒脱落时，也只能落在已加工表面上，被切削液冲走，不会划伤已加工表面，见图 8-68（a)。逆磨时，切削液不易进入磨削区，脱落的磨粒会擦伤已加工表面。实践证明，逆磨后的表面有明显的拉毛现象，而顺磨表面则可得到较低的表面粗糙度和磨削纹理。一般平面成形磨削，粗磨多采用逆磨（因其效率稍高)，精磨多采用顺磨。

当顺磨砂轮开始接触工件时，由于有待加工面可以导流，磨削区有充足的切削液。当工件磨至末端时，切削液开始分流，致使送到该处的切削液不足，因此出现烧伤。顺磨和逆磨容易烧伤的部位不同，前者多在出口端，后者多在进口端，见图 8-68。为使切削液不分流而进入磨削区，在易烧伤端紧靠工件处装一导流板进行导流，可防止工件烧伤。

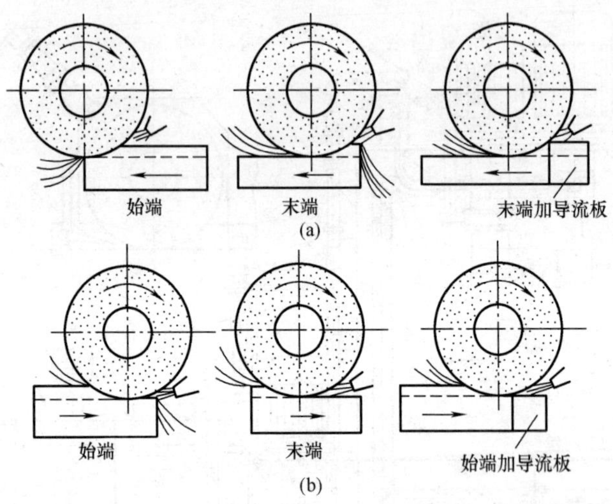

图 8-68　导流板对冷却的作用

(a) 顺磨；(b) 逆磨

四、两种特殊的缓进给磨削简介

(一) 连续修整缓进给磨削

连续修整是一种修整砂轮与磨削同时进行的磨削方法。在磨削过程中，金刚石滚轮始终与砂轮保持接触，边磨削、边将砂轮修锐及整形。

连续修整缓进给磨削技术发展很快，正在部分取代铣削、拉削等切削。与普通往复式磨削、普通缓进给磨削相比具有加工时间短、磨削效率高、加工精度高等优点。其对比见表 8-55。

连续修整法的修整参数如下：

(1) 砂轮速度。与普通磨削速度相同，常用速度 v_s =(30～35)m/s，砂轮 WA60HV，见表 8-55。

(2) 工作台进给速度。断续修整时，v_f <1500mm/min，否则砂轮磨损加快，尺寸精度及表面粗糙度不易保证；连续修整时，v_f ≥1000mm/min，比普通缓进给磨削提高 5～15 倍，因连续修整使砂轮形面及其锋利性始终处于最佳状态，可以大大提高 v_f。

表 8-55　　连续缓进给磨削与其他磨削相比较

工序：磨槽 材料：W6Mo5Cr4V2 66～68HRC	普通往复式磨削 一次加工 12 件	缓进给磨削 一次加工 3 件	连续修整缓进给磨削 一次加工 12 件
纵向进给速度 v_f (mm/min)	15 000	粗磨 300 精磨 1200	1270
切削距离 l_s（mm）	575	125	575
切入与超出距离 l_a+l_b（mm）	330	60	60
工作台移动距离 $L=l_s+(l_a+l_b)$/mm	905	185	635
径向进给量 f_r (mm/行程)	粗磨 0.03 精磨 0.015	粗磨 3.4 精磨 0.6	4（一次切全深）
每进给一次切削时间（s）	3.6	粗磨 37 精磨 10	30
进给次数	粗磨 120 精磨 26 无火花 4	粗磨 1 精磨 1	1
总切削时间①（s）	540	188	30
每件切削时间（s）	45	16	2.5
砂轮修整总量(mm)	0.64	0.32	0.28

① 按加工 2 件计算。

（3）修整量。一般在$(0.25\sim0.5)\times10^{-4}$ mm/r 间选取，在保证质量的前提下，要使修整量尽量小，常选取 0.35×10^{-4}mm/r。有时提高修整速比（$q_d=0.8\sim0.9$）也可得到同样效果。

（二）高速大背吃刀量快进给磨削

为了克服缓进给磨削工件易烧伤问题，在磨削用量上尽量避开高温区，在加大背吃刀量与提高砂轮速度的同时，提高工件进给速度，以提高金属的切除率。这种工艺首先用于较小工件，如钻头沟槽、转子槽、棘轮等的大批量生产。高速大背吃刀量快进给磨削与缓进给磨削的工艺差别见表 8-56。

表 8-56　缓进给磨削与高速快进给磨削比较

磨　削　方　法	缓进给磨削	高速大背吃刀量快进给磨削
砂轮速度 v_s（m/s）	30～35	60～120
工件进给速度 v_f（mm/min）	100～1000	1000～2500
背吃刀量 a_p（mm）	≤30	≤30
砂轮①	WA60HV	WA60HV
磨削液	水基磨削液	油溶性液②

① 有条件最好采用金属或树脂结合剂的 CBN 砂轮。

② 磨削时工件和砂轮完全泡在压力油中。

五、典型零件加工实例

（一）燃气轮机叶片根槽成形磨削

叶片是燃气轮机关键零件之一（见图 8-69），其形状复杂、精度高、材料难加工，主要采用缓进给磨削。

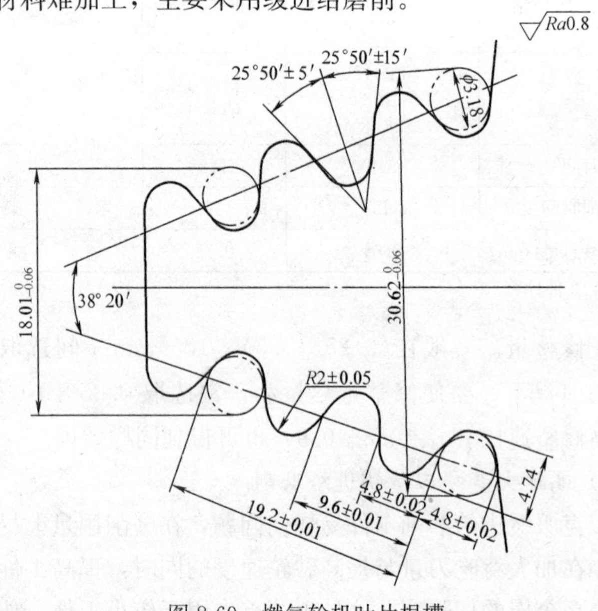

图 8-69　燃气轮机叶片根槽

（1）工件材料。In-738。

（2）机床。卧轴矩台缓进给平面磨床，主轴功率 22kW。

（3）砂轮。P400×40×127(WA80%+GC20%)60EV。

（4）砂轮转速。1450r/min（v_s=30m/s）。

（5）砂轮修整。金刚石滚轮 ϕ110mm × 45mm，滚轮转速 5100r/min（v_d=29.4m/s），修整速比 v_d/v_s=+0.98（同向）。

（6）切削液。合成水基切削液，喷嘴流量 80L/min，喷嘴压力 1.2MPa。

（7）磨削工艺参数。

1）型面深度 4.74mm；最大加工余量 6.7mm。

2）进给次数：全部余量分 6 次切除，各次余量分配为 4.0mm、0.85mm、0.8mm、0.6mm、0.4mm 和 0.05mm。

3）砂轮修整次数：分 3 次，每进给两次修整 1 次。工件纵向进给速度（100～160）mm/min。

4）纵向进给行程：100mm，采用顺磨。

（8）经济效果。加工形面精度高，表面粗糙度达 Ra（0.63～0.32）μm，单件机动时间 12min，比铣削效率提高 4～6 倍，并节约大量特型高速钢刀具。

（二）三爪自定心卡盘卡爪导向槽成形磨削

零件形状如图 8-70 所示，可先加工出槽形，留出磨削余量，热处理后再磨成形。

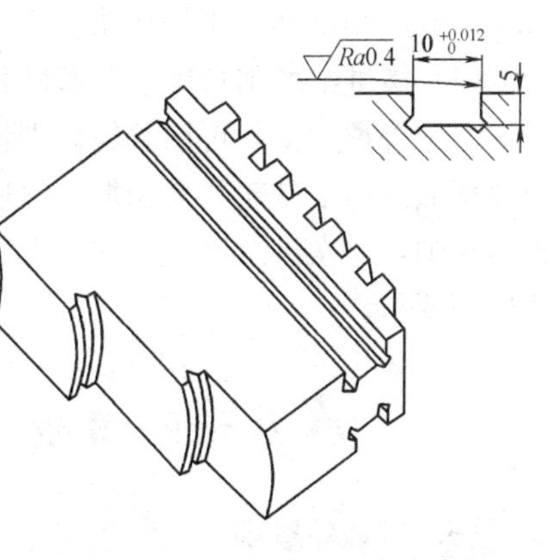

图 8-70 三爪自定心卡盘卡爪导向槽

（1）机床。卧轴矩台平面磨床，主轴功率 22kW。

（2）工件材料。45 钢，渗氮淬火 48HRC。

（3）槽侧留磨余量。0.25mm。

（4）砂轮。P400×10×127 WA46EV，v_s=35m/s。

(5) 修整工具。单颗粒金刚石。

(6) 修整方法。先修两侧面至要求宽度，以后仅需修整砂轮周边。

(7) 工作台纵向进给速度。80mm/min，一次装夹3件。

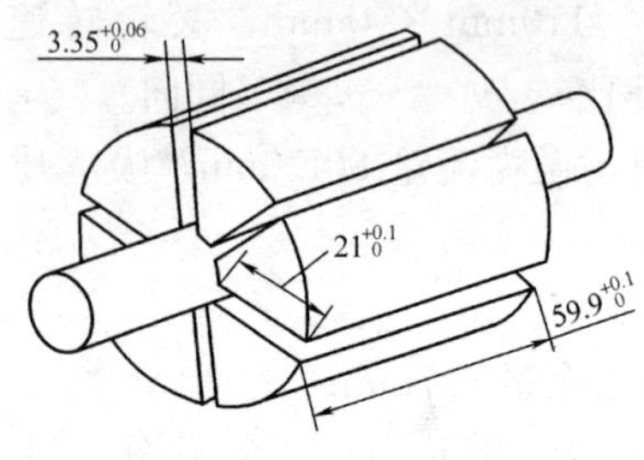

图 8-71　液压泵转子滑槽

(8) 经济效果。加工质量稳定，两侧面粗糙度 $Ra0.4\mu m$ 左右，沟槽平面度、直线度小于 $5\mu m$，生产率提高3~4倍。

（三）液压泵转子滑槽成形磨削

零件形状如图8-71所示。

(1) 工件材料。16MnCr5，硬度61~63HRC。

(2) 砂轮。WA60FV。

(3) 沟槽不经预加工，一次进给磨至全深，两侧面粗糙度达 $Ra0.4\mu m$，精度达到图样要求。

(4) 缓进给磨削特别适于磨削各种精密沟槽。过去加工沟槽先经铣、刨等预加工，再用砂轮分别精磨两侧面，每次进给量小，磨削效率低。由于砂轮薄易变形，致使槽的上下和两端有喇叭口。缓进给磨削，一次进给磨至全深，无需预加工，精度和表面粗糙度可达较高要求。

第六节　宽砂轮与多砂轮磨削

一、宽砂轮磨削

宽砂轮磨削也是一种高效磨削，它靠增大磨削宽度来提高磨削效率。一般外圆磨削的宽度仅50mm左右，而宽砂轮外圆磨削砂轮宽度可达300mm，平面磨削砂轮宽度可达400mm，无心磨削砂轮宽度可达800~1000mm。在外圆和平面磨削中一般采用切入磨削法，而无心磨削除用切入法外，还采用通磨。宽砂轮磨削工件尺寸精度可达6级，表面粗糙度可达 $Ra0.63\mu m$。

（一）磨削特点

（1）由于磨削宽度大，所以磨削力、磨削功率大，磨削时产生的热量也多。

（2）砂轮经成形修整后，可磨成形面，能保证工件成形精度；同时因采用切入磨削形式，比纵向往复磨削效率高。

（3）因砂轮宽度大，主轴悬臂伸长较大。

（4）为保证工件的形位精度，要求砂轮硬度不仅在圆周方向均匀，而且在轴向均匀性也要好，否则因砂轮磨损不均匀，影响工件的精度和表面质量。

由于上述磨削特点，宽砂轮磨削适于大批量工件的磨削加工，如花键轴、电动机轴、麻花钻、缝纫机的上下轴、汽车和拖拉机的驱动轴等。在生产线或自动生产线上采用宽砂轮磨削，可减少磨床台数和占地面积。

（二）宽砂轮磨削用砂轮

宽砂轮磨削应着重选用磨损均匀、形状精度保持好的砂轮。宽砂轮宜选韧性好、形状保持性好的磨料，如铬刚玉、棕刚玉等。因切削负荷大，粒度应选较粗，常用 46#，精磨时可选 60#；宽砂轮硬度选择很重要，硬度高，工件易烧伤，金属切除率低；太软，砂轮消耗增加。根据生产经验，多在 H～K 范围内选用。

（三）宽砂轮磨削对机床的要求

（1）砂轮主轴系统刚性要好，主轴回转精度要高。由于宽砂轮磨削力大，砂轮重量大，要求主轴刚性好，以避免主轴产生变形。为了使主轴有较好的刚性，主轴悬臂长应尽可能缩短，并选择合理的轴承结构。采用静压轴承可得到较好的刚性和回转精度，且易于启动。

（2）头架、尾座应有足够的刚性。头架主轴和尾座套筒悬伸尽可能缩短，以便选用直径较大、悬伸较短的顶尖。为使头架、尾座刚性相等，可选用不同尺寸的顶尖，并使尾座套筒的压簧具有足够的压紧力等。

（3）砂轮架导轨应有足够的刚度。应选择合适的导轨结构，适当加长砂轮架的导轨和增大砂轮架导轨的跨距，同时提高导轨的制造精度。

(4) 合理选择砂轮电动机功率。宽砂轮磨削多用于大批大量生产，电动机功率一般根据加工要求由试验确定。如用于小批生产，可根据下面经验公式估算。

$$P_k = kB/10$$

式中 P_k——砂轮电动机功率，kW；

B——砂轮宽度，mm；

k——与主轴轴承有关的系数，滚动轴承 $k=0.8\sim1.1$；滑动轴承 $k=1.0\sim1.3$。

(5) 切削液的供应。宽砂轮磨削时切削液的供应量应比一般磨削大，可按下列经验公式估算（注：流量 Q 单位为 L/min)。

$$Q \approx B/2$$

宽砂轮磨削时，砂轮回转产生的气流较大，切削液喷嘴和砂轮罩应有挡气流的隔板，喷嘴的形状应保证喷至整个砂轮宽度上。

宽砂轮磨削最好采用控制力磨削，既可充分发挥砂轮的效能，又不致超负荷磨削，以利于操作安全。

(四) 宽砂轮磨削工艺参数

宽砂轮磨削工艺参数的选择原则与普通磨削有相同之处，但也有不同的特点，现以外圆宽砂轮磨削为例说明如下：

1. 工件速度的选择

宽砂轮磨削时工件速度比普通磨削时低。v_w 高时，磨削时易产生自激振动，工件表面质量差，主要表现为波纹度增大，表面粗糙度值增加；砂轮寿命缩短。但 v_w 太低时，易使工件表面烧伤。一般取 $v_s/v_w=120\sim200$，工件直径较小时，宜取较大值。

2. 径向进给速度的选择

径向进给速度 v_r 受工艺系统刚性、砂轮电动机功率及工件形状精度等的限制。当工艺系统刚性不足时，径向进给速度宜选小一些。否则工件变形大。影响加工精度；当径向进给量受磨床功率限制时，应根据机床功率确定径向进给量；宽砂轮磨削多用于成形磨削，当大 v_r 时，砂轮磨损严重，为保证工件有较高的形状精度，宜采用较小的径向进给速度。v_r 一般在(0.5～7)mm/min 范围内选用。

3. 光磨时间的选择

由于宽砂轮磨削力大，致使工艺系统弹性变形也大，因此光磨时间应相应增加，以消除弹性变形的影响，获得较高的精度。一般多采取光磨至火花基本消失为止。

(五) 宽砂轮磨削实例

宽砂轮磨削实例见表 8-57。

表 8-57　　宽砂轮磨削实例

		冷打花键轴外圆	双曲线轧辊成形面	滑阀外圆
施工工件		ϕ50, 200	ϕ120, 230	ϕ21, 115
材　　料		40Cr	9Mn2V 64HRC	20Cr 渗碳淬硬
加工机床		H107 宽砂轮磨床	MB1532	H107 宽砂轮磨床
砂　　轮		PSA 600×250 ×305A 46kV	PSA 600×300 ×305A 46kV	PSA 600×150 ×305MA 60kV
加工余量 (mm)		0.5	2	0.25
砂轮速度 v_s (m/s)		35	35	35
砂轮修整用量	f_d(mm/r)	0.2	0.2	0.4
	a_d(mm)	0.1	0.1	0.1
工件速度 v_w (m/min)		10	10	9.5
径向进给速度 (mm/min)		1.5	手　　进	1.3
光磨时间(s)		火花消失为止	火花消失为止	15
表面粗糙度 Ra (μm)		2.5～1.25	0.63～0.20	0.63～0.20
单件工时对比 (min)	普通外圆纵磨	4	1440	2
	宽砂轮切入磨	0.33	30	0.5

二、多砂轮磨削

多砂轮磨削是在一台磨床上安装几片砂轮，可同时加工零件的几个表面，例如在大量生产中曲轴主轴颈的磨削，见图 8-72。磨削时多片砂轮排列成相应的间隔，各砂轮同时横向切入工件，在一次装夹中完成多轴颈磨削，提高了各轴颈的同轴度和生产效率。多砂轮磨削砂轮片数有的可达 8 片以上，砂轮组合长度达 900～1000mm，实质上是宽砂轮磨削的另一种形式。在生产线上，采用多砂轮磨床可减少磨床数量和占地面积。目前多砂轮磨削主要用于外圆和平面磨床上，近年来在内圆磨床上也出现了采用同轴多片砂轮磨同轴孔的方法。

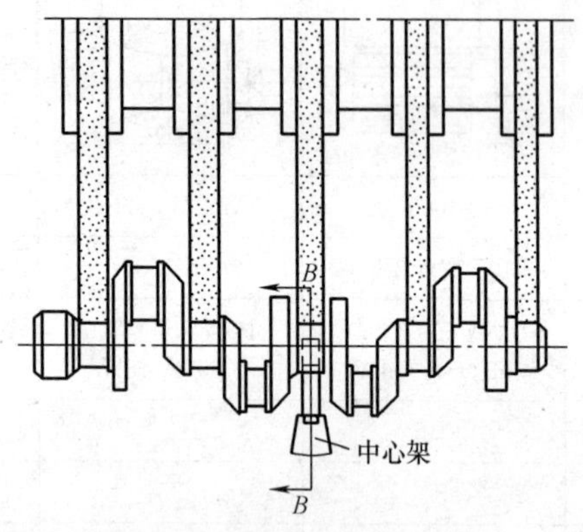

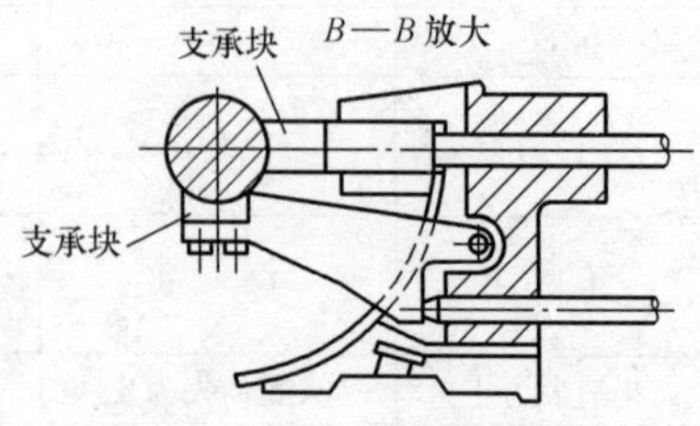

图 8-72　多片砂轮磨曲轴主轴颈

保证各轴颈精度的措施如下：

（1）要求同组砂轮的硬度相同、组织均匀，以保证砂轮的切削性能和磨损基本一致。

（2）根据各轴颈的尺寸分布，可对任何一片或同时对各片砂轮进行修整，以同时达到各轴颈尺寸公差要求，并能自动测量尺寸。

（3）备有自动跟踪的中心架，以提高工件系统的刚度，达到工件的尺寸精度和同轴度要求。中心架有两个支承块（见图 8-72），分别承受磨削的径向力和切向力。中心架支承在被磨削的轴颈上，随着轴颈尺寸的减小，中心架两支承块自动跟进，当轴颈达到最终尺寸时，砂轮和中心架均停止进给。

（4）砂轮片数增多，机床电动机功率应相应增加。要求机床各主要部件，如床身、工作台、砂轮架、头架尾座等有足够的刚度。

第七节　恒压力磨削

一、概述

恒压力磨削是指在磨削过程中，无论其他因素（磨削余量、工件硬度、砂轮钝化等）如何变化，砂轮与工件之间保持预选的工作压力不变，故也称为控制力磨削。

（一）恒压力磨削与定进给切入磨削对比

虽恒压力磨削是切入磨削，但与普通切入磨削有所不同，其比较见表 8-58。

表 8-58　　恒压力磨削与定进给切入磨削比较

项　　目	恒压力切入磨削	定进给切入磨削
进给速度	随压力与砂轮磨钝情况而变换，例如砂轮磨钝，进给速度自动降低	恒定
法向磨削力	恒定	随砂轮磨钝而增大
磨削参数	按最佳磨削比压试验数据选定 F_n，按照工件与砂轮情况自动变换进给速度	为了安全，所选进给速度比最佳值小
空程时间	砂轮可快速接近工件，减少空程时间，提高磨削效率	快速趋近后，为了安全，要有一段空程切入时间

续表

项　目	恒压力切入磨削	定进给切入磨削
工艺系统弹性退让对切入时间的影响	很小	较大
工件精度与表面质量	F_n 恒定，避免超负荷切削，工艺系统弹性变形小，有利于获得正确几何形状与低粗糙度表面	因砂轮钝化等原因，F_n 增大，表面损伤的可能性及工艺系统变形增加
横进给系统结构	结构简单，零件少，体积小，易普及，对机床电气、冷却、液压、砂轮等没有特殊要求，最好采用静压或滚柱导轨	对砂轮、机床电气、冷却及液压有一定要求

（二）恒压力磨削的特点

（1）可减少空行程时间，节约辅助时间，不需光磨阶段，因此磨削时间短。

（2）恒压力磨削过程中，法向磨削力比切向磨削力大 2～3 倍，较易控制。法向力可按下式估算。

$$F_n = CB$$

式中　F_n——法向压力，N；

B——砂轮宽度，mm；

C——常数，其值与砂轮、工件质量有关，一般粗磨为(8～15) N/mm。

由于 F_n 恒定不变，当毛坯尺寸有变化或砂轮磨钝时，仅影响工时延长，仍能可靠地保证达到预定的精度和表面粗糙度。

（3）恒压力磨削是在最佳用量下进行，效率高。又因避免超负荷工作，故操作安全。

（4）恒压力磨削对电气、液压、砂轮等无特殊要求，易于推广。

二、恒压力磨削机理

恒压力磨削的关键是工作压力 F_n 恒定。实现 F_n 恒定的控制方有挂重锤法、差动液压缸法及电气机械组合等方法。现以常用的差动液压缸法为例说明恒压力 F_n 的控制。

图 8-73 为 3MZ1313 轴承磨床控制力示意图。该结构可实现恒压力 F_n，且能实现快速移动和粗进给、精进给三种速度。为提高其灵敏度，头架支承采用交叉滚柱导轨。其工作过程如下：

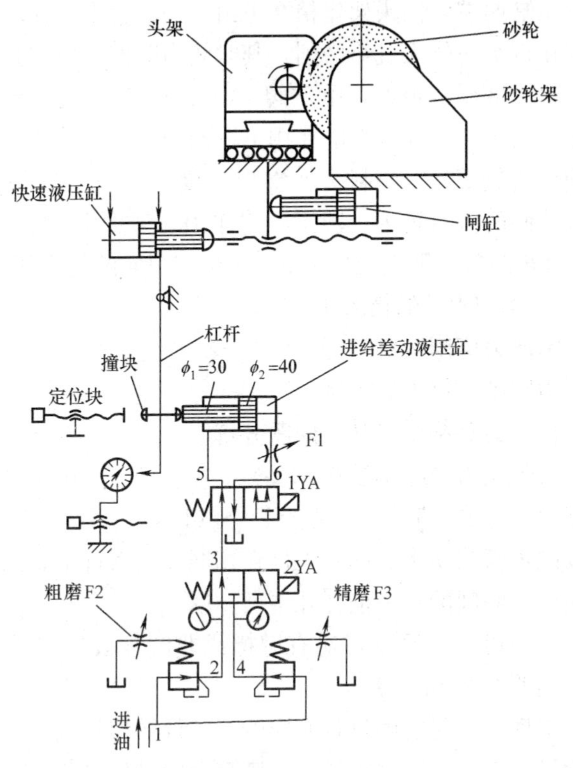

图 8-73　控制力磨削示意图

(1) 快速移动。由快速液压缸实现，工作移动量 20mm，当工件接近砂轮时快速移动结束同时发出信号。

(2) 快速移动粗磨。当快速移动结束信号被接收，此时二位四通电磁阀 1YA 吸合，处于右端位置，则压力油由 1→粗磨减压阀 F_2→2→二位三通电磁阀 2YA→3→二位四通电磁阀→5、6→节流阀 F_1→差动液压缸两端，由于活塞杆两端的面积差使活塞得到一个恒定的推力，推动杠杆作顺时针摆动，使头架被这一恒定力推动，作快速移动进行粗磨。

(3) 精磨进给。当粗磨时杠杆下端碰到百分表，并使百分表移动到预先调整量后，即发出信号，使 2YA 吸合，油路移到右端位置，此时压力油由 1→精磨减压阀 F_3→4→1YA→5、6、节流阀 F_1→差动液压缸两端，使头架作精磨进给。当杠杆下端撞块碰到定位块时，停止进给，作无进给磨削，其时间由时间继电器控制，到时发信号，快速液压缸退回，电磁阀 1YA、2YA 释放，差动液压缸进出油路换向，头架在闸缸的作用下退回原处。

图中节流阀 F1 是控制头架空程速度的，当工件与砂轮接触后，通过此阀的流量较少，甚至不起作用。恒力 F_n 的大小由两减压阀 F2、F3 调节，F2 控制（0.3～0.6）MPa 的粗磨压力，F_3 控制（0.2～0.4）MPa 的精磨压力。

三、恒压力磨削实例

恒压力磨削实例见表 8-59。

四、恒压力磨削中的几个问题分析

(1) 磨削压力与磨削功率的关系，实际上是切向磨削力 F_t 与法向磨削力 F_n 的比值关系。一般 $F_t=[(1/2)\sim(1/3)]F_n$，根据 F_t 的值可以确定磨削功率。同一工件在相同加工条件下，与普通磨削相比，恒压力磨削的功率消耗几乎低 50%。

(2) 采用恒压力磨削，对有键槽或非圆柱表面工件均能磨成圆。圆度误差在 2μm 左右。

(3) 工件转速对磨圆过程有影响。工件转速提高后，相对工件每转进给量减少，磨圆效果较好，磨多台阶轴较平稳。

(4) 在其他磨削用量不变时，工件速度适当降低，可获得较低粗糙度的表面。

(5) 砂轮架导轨阻尼的大小对磨圆的影响不太明显，但阻尼较小时，砂轮架接触工件时有冲击现象，对磨非圆工件影响较大。

(6) 恒压力磨削采用挡块定位，其误差以 1∶1 直接反应到工件上。由于砂轮架切入机构采用丝杠螺母，对定位精度有影响；在进给量不变的情况下，其他因素（如定位误差、工件余量、振摆、砂轮磨损、砂轮架导轨刚性差等）都会引起尺寸变化。经调整后一般尺寸偏差为 0.01mm 左右。

表 8-59 恒压力磨削实例

深沟球轴承
内圈沟道
6309/02
材料 GCr15
62～64HRC

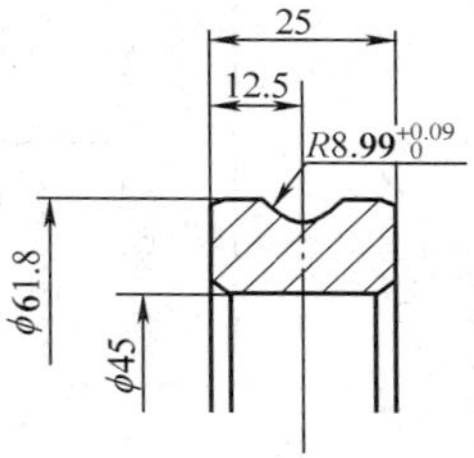

圆锥滚子
轴承外圈
30309/01
材料 GCr15
62～64HRC

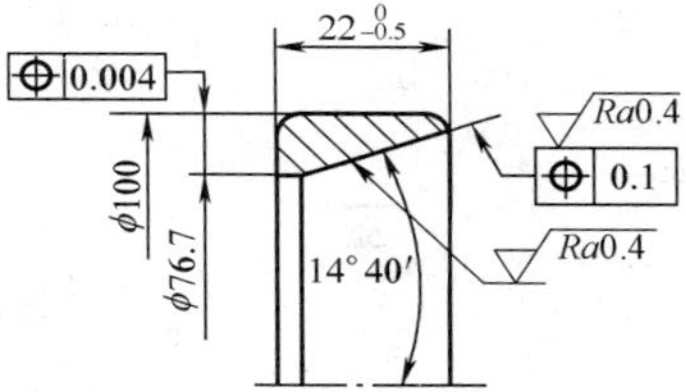

工件	磨削余量（mm）	砂 轮	工件转速（r/min）	砂轮速度（m/s）	磨削进给速度（mm/min）	快速趋近速度（mm/min）	恒压力（N）	单件工时（s）	磨后尺寸精度（μm）	圆度（μm）	表面精糙度 Ra（μm）	功率消耗（kW）
6309/02	$0.25^{+0.2}_{0}$	P500×15×305 WA80LV	320	35	2.6	4	174	12	7	1.6	0.63	1.8
30309/01	$0.4^{+0.15}_{0}$	P 70×50×20 MA80LV	300	50	0.4 （往复次数 105 次/min）	8	350	42	8	1～4	0.4	9

(7) 表面粗糙度不仅取决于磨削压力，而且在更大程度上取决于砂轮修整，一般粗磨表面粗糙度可达 Ra (0.8～1.4) μm；精磨可达 Ra (0.4～0.2) μm。

第八节 硬磨料磨具磨削

一、金刚石砂轮磨削

(一) 金刚石砂轮磨削特点

(1) 可加工各种高硬度、高脆性材料，如硬质合金、陶瓷、玛瑙、光学玻璃、半导体材料等。

(2) 金刚石砂轮磨削能力强，磨削力小，仅为绿色碳化硅砂轮的 (1/4) ～ (1/5)，有利于提高工件的精度和降低表面粗糙度。

(3) 磨削温度低，可避免工件烧伤、开裂、组织变化等缺陷。

(4) 金刚石砂轮寿命长、磨耗小，节约工时，使用经济。

(二) 金刚石砂轮磨削用量选择

1. 磨削速度

人造金刚石砂轮一般都采用较低的速度。国产金刚石砂轮推荐采用的速度见表 8-60。不同磨削形式的磨削速度见表 8-61。

表 8-60　金刚石砂轮磨削速度

砂轮结合剂	冷却情况	砂轮速度 v_s (m/s)	砂轮结合剂	冷却情况	砂轮速度 v_s (m/s)
青　铜	干　磨	12～18	树　脂	干　磨	15～20
	湿　磨	15～22		湿　磨	18～25

表 8-61　不同磨削形式推荐的金刚石砂轮速度

磨削形式	砂轮速度 v_s (m/s)	磨削形式	砂轮速度 v_s (m/s)
平面磨削	25～30	工具磨削	12～20
外圆磨削	20～25	内圆磨削	12～15

通常干磨时砂轮速度要低些；金属结合剂比树脂结合剂砂轮的速度要低些；深槽和切断磨削也应使用较低的速度。

2. 背吃刀量

背吃刀量增大时，磨削力和磨削热均增大，一般可按表 8-62 和表 8-63 选择。

表 8-62　　按粒度及结合剂选择背吃刀量

金刚石粒度	背吃刀量（mm）	
	树脂结合剂	青铜结合剂
70/80～120/140	0.01～0.015	0.01～0.025
140/170～230/270	0.005～0.01	0.01～0.015
270/325 及以细	0.002～0.005	0.002～0.003

表 8-63　　按磨削方式选择背吃刀量

磨削方式	平面磨削	外圆磨削	内圆磨削	刃　磨
背吃刀量（mm）	0.005～0.015	0.005～0.015	0.002～0.01	0.01～0.03

3. 工件速度

工件速度一般在（10～20）m/min 范围选取。内圆磨削和细粒度砂轮磨削时，可适当提高工件转速，但不宜过高，否则砂轮的磨损将增大，磨削振动也大，并出现噪声。

4. 进给速度

进给速度增大，砂轮磨耗增大，表面粗糙度增大，特别是树脂结合剂砂轮更严重。一般选用范围见表 8-64。

表 8-64　　进给速度的选择

磨削方式	进给运动方向	进给速度（m/min）
内、外圆磨削	纵向	0.5～1
平面磨削	纵　向	10～15
	横　向	0.5～1.5 （mm/行程）
刃　磨	纵　向	1～2

二、立方氮化硼(CBN)砂轮磨削

(一)立方氮化硼砂轮磨削特点

(1)热稳定性好。其耐热性(1250～1350℃)比金刚石(800℃)高。

(2)化学惰性强。不易和铁族元素产生化学反应,故适于加工硬而韧的金属材料及高温硬度高、热传导率低的材料。

(3)耐磨性好。对于合金钢磨削其磨耗仅是金刚石砂轮的(1/3)～(1/5),是普通砂轮的1/100,CBN砂轮寿命长,有利于实现加工自动化。

(4)磨削效率高。在加工硬质合金及非金属硬材料时,金刚石砂轮优于CBN砂轮;但加工高速钢、耐热钢、模具钢等合金钢时,CBN砂轮特别适合,其金属切除率是金刚石砂轮的10倍。

(5)加工表面质量高,无烧伤和裂纹。

(6)加工成本低。虽然CBN砂轮价格昂贵,但加工效率高、表面质量好、寿命长、容易控制尺寸精度,所以综合成本低。

(二)立方氮化硼砂轮磨削用量

1. 砂轮速度

CBN砂轮可比金刚石砂轮磨削速度高一些,以充分发挥CBN砂轮的切削能力。国产CBN砂轮推荐速度见表8-65。

表8-65　立方氮化硼砂轮磨削速度

磨削形式	v_s (m/s)		结合剂	备　注
	湿　磨	干　磨		
平面磨削	28～33	20～28	树脂	通常用湿式
外圆磨削	30～35	20～28	树脂	通常用湿式
工具磨削	22～28	15～25	树脂、陶瓷	通常用干式
内圆磨削	17～25	15～22	树脂	通常用湿式

随着砂轮的速度提高,砂轮的磨耗降低,磨削比增大,加工表面粗糙度降低,所以,在机床、砂轮等加工条件的许可前提下,CBN砂轮有采用高速磨削的趋势。例如青铜结合剂砂轮,速度可达(45～60)m/s,切断砂轮(宽度>8mm)磨削速度达80m/s。

2. 背吃刀量

背吃刀适可参考表 8-62 与表 8-63。CBN 砂轮磨粒比较锋利，砂轮自锐性较好，所以背吃刀量可略大于金刚石砂轮。

3. 工件速度和进给速度

工件速度对磨削效果影响较小，一般在(10～20)m/min 范围选择。采用细粒度砂轮精磨时，可适当提高工件速度。轴向进给速度或轴向进给量一般在(0.45～1.8)m/min 范围，粗磨时选大值，精磨时选小值。

三、使用超硬磨料砂轮对机床的要求

使用超硬磨料砂轮与普通磨料砂轮相比，要求加工稳定性高，振动小。因此要求机床具备如下条件：

(1) 砂轮主轴回转精度高，一般要求轴向窜动小于 0.005mm，径向振摆小于 0.01mm。

(2) 磨床必须有足够的刚度，要求比普通磨床刚度提高 50% 左右，若机床静刚度提高 20%，则超硬磨料寿命可提高 50%以上。

(3) 磨床密封必须优良可靠，尤其是头架主轴轴承部分。

(4) 磨床进给机构的精度要高，应保证均匀准确送进，有 0.005mm/次以下的进给机构。

(5) 磨床应有防振措施。

四、切削液的选择

金刚石砂轮常用的切削液有煤油、轻柴油或低号全损耗系统用油和煤油的混合油、苏打水、各种水溶性切削液（如硼砂、三乙醇胺、亚硝酸钠、聚乙二醇的混合水溶液）及弱碱性乳化液等。例如磨硬质合金，普遍采用煤油；若磨削时烟雾较大，可用混合水溶液，但不宜使用乳化液。树脂结合剂砂轮不宜用苏打水。

CBN 砂轮一般不用水溶性切削液，而采用轻质矿物油（煤油、柴油等）。因 CBN 磨粒在高温下会和水起化学反应，称水解作用，加剧磨料的磨损。当必须用水溶液时，应添加极压添加剂以减弱水解作用。

五、超硬磨料砂轮使用实例

金刚石砂轮使用实例见表 8-66。

表 8-66　　金刚石砂轮使用实例

工　序	ϕ30H7 硬质合金 铰刀刃磨前刀面	陶瓷片平面磨削	花岗石切割
工件材料	YG6X	高铝陶瓷片	花岗石 (900mm× 600mm×20mm)
机床	M6025 万能 工具磨床	M7120A 平面磨床	自动液压 切割机床
砂轮	粗磨 1A1/T2 12A2/20[①] 125×13×32 D[①] 170/200 B75	250×15×75 D[①] 100/120 M100 精磨 1A1/T2 250×15×75 D[①] 12～22 B50	1A1/T1 480×1.9×50 D[①] 60/70 M25
磨削用量： v_s (m/s) 轴向进给速度 v_f (m/min) 工件速度 (m/min) 背吃刀量 (mm)	粗磨 15，精磨 20 粗磨 0.5，精磨 0.01 粗磨 0.01， 精磨 0.002	38 轴向进给量 0.5～1mm/st 12 粗磨 0.03， 精磨 0.005～0.001	40 0.6～0.7
切削液	干磨	“401”切削油， 5%浓度	水
磨削效果： 效率 表面粗糙度 Ra (μm) 工具费用/年[②] 砂轮寿命	较 GC 砂轮提高 5～10 倍 0.4～0.2 节约 25%～50% 增加 50 倍以上	0.4	较 GC 砂轮提高 4～7 倍 光亮整洁， 质量提高 节约 60%～75%

① D 为金刚石品种代号 RVD。

② 与应用普通磨料磨具相比。

CBN 砂轮使用实例见表 8-67。

表 8-67 **CBN 砂轮使用实例**

工序	精磨拉刀底平面	轴承套圈外滚道磨削	精密滚珠丝杠
工件材料	W10Mo4Cr4V3Al 66～67HRC	2916Q1N1/01 Cr4Mo4V 62HRC	GQ60×8 GCr15 58～62HRC
机床	M7120A 平面磨床	M228	S7432 丝杠磨床
砂轮	1A1/T 2250×10×75×10×3 CBN 100/120 B100	1A1/T2 90×50×25 CBN 100/120 B100①	1DD1 450×14×305×10×10 CBN 120/140 V150
磨削用量	v_s=18.3m/s v_w=（12～14）m/min f_a=2mm/st f_r=0.005mm/st	v_s=35m/s v_w=20m/min v_f=0.40m/min v_r=0.08mm/min	v_s=30m/s v_w=1.5m/min f_r=0.05～0.1mm
切削液	极压乳化液	碳酸钠、亚硝酸钠等水溶液	特种切削液，流量（50～70）L/min
效果	表面粗糙度 Ra=（0.4～0.2）μm 直线度 500：0.002	Ra=（0.4～0.2）μm 无烧伤 金属磨除率 Z=512mm³/min 磨削比 G=1000 砂轮寿命 T=347min	Ra=0.4μm 精度 D4 无烧伤 加工总长 360m，比金刚石砂轮寿命提高 16 倍以上

① CBN 磨料电镀 Ni 衣。

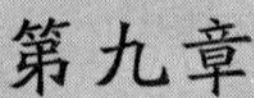

第九章

刀具刃磨

第一节　刀具刃磨的基本知识

一、刀具的几何参数

（一）刀具材料

1. 刀具材料应具备的性能

在金属切削过程中，刀具是在高温下进行切削加工的，同时还要承受较大的切削力、冲击、振动和剧烈的摩擦。刀具寿命的长短以及切削速度的高低，首先取决于刀具是否具有良好的切削性，此外，刀具材料的工艺性能对刀具本身的制造与刃磨质量也有很大影响。因此，刀具切削部分的材料应满足下列要求。

（1）高硬度。刀具切削部分的硬度必须高于工件材料的硬度。常温下硬度应达到60HRC以上。某些难以加工的材料，对刀具硬度要求则更高。

（2）高耐磨性。刀具材料必须具有良好的抵抗磨损的能力，以保证切削刃的锋利性，特别是在高温切削条件下，更需保持应有的耐磨性。通常刀具材料的硬度越高，耐磨性越好。

（3）足够的强度和韧性。刀具材料应具备足够的强度和韧性，才能保证刀具在切削过程中承受总切削力、冲击和振动，防止刀具崩刃或脆性断裂。一般用抗弯强度和冲击韧度来衡量它们的好坏。

（4）高耐热性（又称热硬性）。是指刀具材料在高温下能够保持高硬度的性能。高温下硬度越高则耐热性越好，允许的切削速度也越高。它是评定刀具材料的主要性能指标，一般用温度来表示。

（5）良好的工艺性。为了便于刀具的加工制造，要求刀具材料具有良好的可加工性和热处理性。可加工性主要是指切削加工性能和焊接、锻轧性能；热处理性是指热处理变形小、脱碳层薄和淬透性好等。

此外，还应考虑刀具材料的经济性，否则将难以大量推广使用。

2. 刀具材料的种类

刀具材料的种类很多，有金属材料和非金属材料之分，常用的材料有工具钢、硬质合金、陶瓷和超硬材料四大类。

（1）碳素工具钢和合金工具钢。碳素工具钢是指碳的质量分数为0.65%～1.35% 的优质高碳钢。在碳素工具钢中再加入一些合金元素，如铬、钨、硅、锰等即成合金工具钢。其热处理后硬度为60～64HRC，红硬性为 200～300℃，主要用于制造一些低速、手动工具，如手用丝锥、手动铰刀、圆板牙、丝锥、搓丝板等。

（2）高速钢。高速钢是一种含钨(W）、铬(Cr）、锰(Mo）、钒(V) 等合金元素较多的高合金工具钢。高速钢主要优点是具有高的硬度、强度和耐磨性，且耐热性(达 540～600℃）和淬透性(淬火后硬度为 63～66HRC)良好，允许的切削速度比碳素工具钢高两倍以上。高速钢刃磨后切削刃锋利、颜色白亮，故俗称“锋钢 ”和“白钢”。高速钢是一种综合性能好、应用范围较广的刀具材料。由于制造的刀具刃口强度和韧性高，能承受较大的冲击载荷，能用于刚度较差的机床上，可加工从有色金属到高温合金等范围广泛的工件材料。同时，这种材料工艺性能好，因此，目前高速钢仍是制造刀具，尤其是形状较复杂刀具使用较多的材料，如制造成形车刀、铣刀、钻头、铰刀、拉刀、齿轮刀具和螺纹刀具以及各种精加工刀具。

高速钢按其用途和性能不同，可分普通高速钢和高性能高速钢；按其化学成分不同，又可分为钨系高速钢和钨钼系高速钢。常用高速钢的力学性能见表 9-1。

（3）硬质合金。硬质合金是高硬度、难熔的金属碳化物（WC、TiC 等）微米数量级的粉末，用 Co、Mo、Ni 等作粘结剂，在高温

表 9-1　　常用高速钢的力学性能

类型	牌号	质量分数（%）							硬度 HRC	抗弯强度 σ_{bb} (MPa)	冲击韧度 a_K (kJ/cm²)	600℃ 高温硬度 HRC	磨削性能
		C	W	Mo	Cr	V	Co	Al					
通用高速钢	W18Cr4V	0.70～0.80	17.5～19.0	≤0.30	3.80～4.40	1.00～1.40	—	—	63～66	3430	0.030	48.5	好。棕刚玉砂轮能磨
	W6Mo5Cr4V2	0.80～0.90	5.50～6.75	4.50～5.50	3.80～4.40	1.75～2.20	—	—	63～66	4500～4700	0.050	47～48	较 W18Cr4V 稍差一些，棕刚玉砂轮能磨
高性能高速钢	W12Cr4V4-Mo	1.20～1.40	11.50～13.00	0.90～1.20	3.80～4.40	3.80～4.40	—	—	65～67	3200	0.025	51.7	差
	W6Mo5Cr4-V2Al(501)	1.05～1.20	5.50～6.75	4.50～5.55	3.80～4.40	1.75～2.20	—	0.80～1.20	67～69	3430～3730	0.020	55	较 W18Cr4V 差一些
	W10Mo4Cr4-V3Al(5F6)	1.30～1.45	9.00～10.5	3.50～4.50	3.80～4.50	2.70～3.20	—	0.70～1.20	67～69	3070	0.020	54	较差
	W2Mo9Cr4-VCo8(M42)	1.05～1.15	1.15～1.85	9.00～10.00	3.50～4.25	0.95～1.35	7.75～8.75	—	67～70	2650～3730	0.010	55	好，棕刚玉砂轮能磨

下烧结而成的粉末冶金制品。由于硬质合金中碳化物含量多，且都有熔点高、硬度高等特点，使其常温下硬度可达 89～93HRA（相当于 74～81HRC）。耐磨性和红硬性较高，允许切削温度高达 800～1000℃，切削速度也比高速钢高几倍甚至几十倍，还能加工高速钢刀具难以切削的难加工材料，因此其发展很快，现已成为主要的刀具材料之一。

硬质合金也有不足之处，即抗弯强度和冲击韧度都较高速钢低、脆性大、不耐冲击和振动，刃口不能磨得像高速钢刀具那样锋利，制造也较困难。

常用硬质合金按其质量和使用特性可分为四类：钨钴类（YG）；钨钛钴类（YT）；钨钛钽（铌）钴类（YW）；碳化钛基类（YN）。

常用硬质合金的牌号、化学成分及性能见表 9-2。

常用硬质合金牌号及其应用场合见表 9-3。

（4）超硬刀具材料及其他刀具材料。常见的非金属及超硬刀具材料还有以下几种：

1）陶瓷。主要成分是氧化铝（Al_2O_3），其硬度、耐热性和耐磨性均比硬质合金高，能在 1200℃ 或更高的温度下进行切削加工，因此，允许的切削速度比硬质合金高 20%～25% 。在切削时，摩擦因数小、不粘刀、不容易产生积屑瘤，能获得较小的表面粗糙度值和较好的尺寸稳定性。而且这种材料资源丰富、价格低廉。其最大缺点是脆性大、切削时易崩刃，在使用上受到很大限制。目前我国研制出的非金属陶瓷材料，一般都制成多边形不重磨刀片，主要用于切削硬度为 45～55HRC 的工具钢和淬火钢。

2）立方氮化硼。是 20 世纪 70 年代初发展起来的一种新型刀具材料。它是由立方氮化硼（白石墨）在高温高压下加催化剂转化而成的。其优点是化学稳定性好，可耐 1400～1500℃高温，切削温度在 1200～1300℃ 时也不易与铁系金属起化学反应而导致磨损，切削温度在 1000℃ 以下不会氧化。因此，在高速切削淬硬钢、冷硬铸铁时，刀具的粘结、扩散磨损小。其耐热性比金刚石好，摩擦因数小，硬度和耐磨性仅次于金刚石，且具有良好的切削性能和磨削工艺性，能用一般金刚石砂轮磨削。

表 9-2 常用硬质合金牌号及力学性能

类型	牌号	质量分数(%)					物理性能			
		WC	TiC	TaC (NbC)	Co	其他	硬度 HRA (HRC)	密度 ρ (g/cm^3)	热导率 λ [W/(m·℃)]	抗弯强度 σ_{bb} (MPa)
钨钴类	YG3	97	—	—	3	—	91(78)	14.9～15.3	87.92	1080
	YG6X	93.5	—	0.5	6	—	91(78)	14.6～15.0	75.55	1370
	YG6	94	—	—	6	—	89.5(75)	14.6～15.0	75.55	1420
	YG8	92	—	—	8	—	89(74)	14.5～14.9	75.36	1470
钨钛钴类	YT30	66	30	—	4	—	92.5(80.5)	9.3～9.7	20.93	880
	YT15	79	15	—	6	—	91(78)	11.0～12.7	33.49	1130
	YT14	78	14	—	8	—	90.5(77)	11.2～12.2	33.49	1200
	YT5	85	5	—	10	—	89(74)	12.5～13.2	62.80	1370
钨钛钽(铌)钴类	YW1	84	6	4	6	—	91.5(79)	12.8～13.3	—	1180
	YW2	82	6	4	8	—	90.5(77)	12.6～13.0	—	1320
碳化钛基类	YN05	—	79	—		Ni7 Mo14	93.3(82)	5.56	—	78～930
	TN10	15	62	1		Ni12 Mo10	92(80)	6.3	—	1080

表 9-3 常用硬质合金牌号及其应用场合

牌号	用途
YG3	铸铁、有色金属及合金的精加工、半精加工，切削时不能承受冲击载荷
YG6X	铸铁、冷硬铸铁、高温合金的精加工和半精加工
YG6	铸铁、有色金属及其合金的半精加工和精加工
YG8	铸铁、有色金属及其合金、非金属材料的粗加工，也可断续切削
YT30	碳素钢、合金钢的精加工
YT15 YT14	碳素钢、合金钢在连续切削加工时的粗加工、半精加工及精加工，也可用于断续加工时的精加工
YT5	碳素钢、合金钢的粗加工，可断续切削
YW1 YW2	高温合金、高锰钢、不锈钢等难加工材料及普通钢、铸铁的精加工与半精加工
YN05	低碳钢、中碳钢、合金钢的高速精车，工艺性能较好的细长轴精加工
YN10	碳钢、合金钢、工具钢、淬硬钢连续切削的精加工

立方氮化硼作为一种新型刀具材料，其刀具一般是采用硬质合金为基体的复合立方氮化硼双层刀片，不仅用于制造车刀、镗刀，而且已扩展到面铣刀、铰刀等刀具。主要用于加工一些高硬度(64～70HRC)的淬硬钢和冷硬铸铁、高温合金等难加工材料。

3）金刚石。是自然界中最硬的材料，其硬度可达 10 000HV 。天然金刚石价格昂贵，很少用作刀具材料。人造金刚石是以石墨为原料，经高温、高压烧结而成，主要用于制作高速精细车削、镗削有色金属及其合金和非金属材料的刀具。切削铜合金和铝合金时，切削速度可达(800～3800)m/min。由于金刚石刀具具有耐磨性较高、加工尺寸稳定性好和刀具使用寿命长的特点，所以常应用在数控机床、组合机床和自动机床上，加工后表面粗糙度可达 Ra(0.1～0.025)μm。但金刚石刀具耐热性差(切削温度不宜超过 700～800℃，因其在 788℃ 时开始石墨化变软)，强度低、脆性大、对振动敏感，只宜微量切削；与铁有较强的化学亲和力，故不适合加工黑色金属。

(二) 刀具几何参数及其合理选择

1. 刀具的几何参数

在保证加工质量和刀具使用寿命的前提下，能够满足提高生产效率、降低成本的刀具几何参数，称为刀具的合理几何参数，具体包括以下内容：

(1) 切削刃的形式。有直线刃、折线刃、圆弧刃、月牙弧刃、波形刃等，如图 9-1 所示。

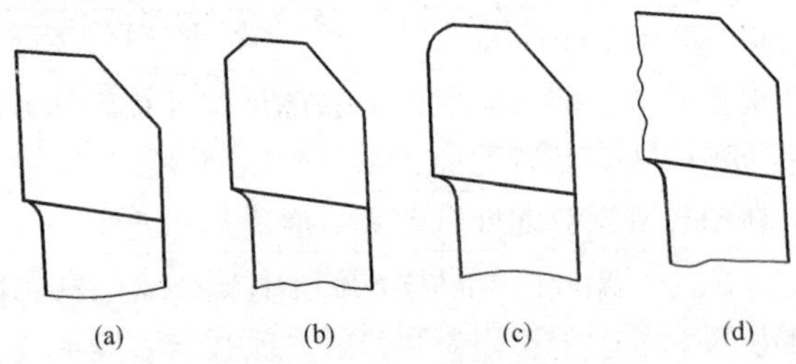

图 9-1 切削刃的形式

(a) 直线刃；(b) 折线刃；(c) 圆弧刃；(d) 月牙弧刃

(2) 刀面形式。包括前面和后面等。

1) 前面形式。常用前面形式如图 9-2 所示。

a. 正前角平面型，如图 9-2(a)所示。其特点是结构简单、切削刃锐利，但强度低、传热能力差。多用于切削脆性材料或用作精加工用刀具、成形刀具和多刃刀具。

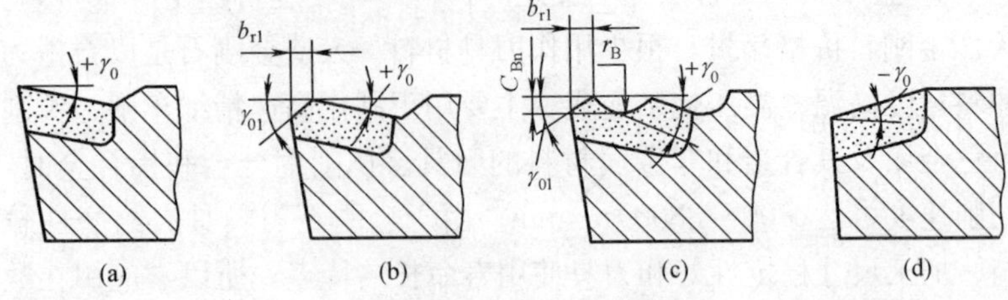

图 9-2 刀具的前面形式

b. 正前角平面带倒棱形，如图 9-2(b)所示。沿切削刃磨出很窄的棱边，称为负倒棱。它可提高切削刃的强度和增大传热能力。多用于粗加工铸件或断续切削。一般倒棱参数选取 $b_{r1}=(0.5\sim1.0)f$，$\gamma_{01}=-5^\circ\sim-10^\circ$(式中 f 为进给量)。

c. 正前角曲面带倒棱形，如图 9-2(c)所示。是在平面带倒棱的基础上，在前面上又磨出一个曲面，称卷屑槽。在粗加工和半精加工时采用较多。

d. 负前角型，如图 9-2(d)所示。为适应切削高强度、高硬度材料时，使脆性较大的硬质合金刀片承受一定的冲击力，而采用负前角。

2) 后面形式。如图 9-3 所示。在一些特殊情况下，如铣刀、拉刀等定尺寸刀具，为了保持刀具直径，常采用后角 $\alpha_{01}=0°$，$b_{\alpha1}=0.2\sim0.8$mm 的刃带[图 9-3(a)]，在切削刚性差的工件时，采用刃带 $b_{\alpha1}=0.1\sim0.3$mm，$\alpha_{01}=-5°\sim-20°$的消振棱[图 9-3(b)]，以增加阻尼，防止或减小振动。

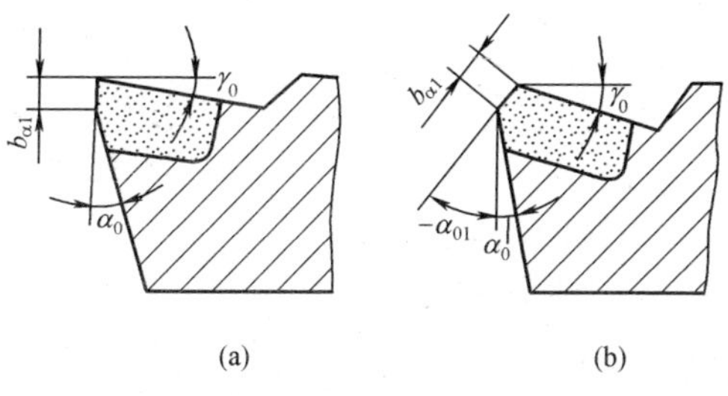

图 9-3　刀具的后面形式

(3) 刀具的几何角度。如图 9-4 所示，由六个独立的基本角度和三个派生角度组成。

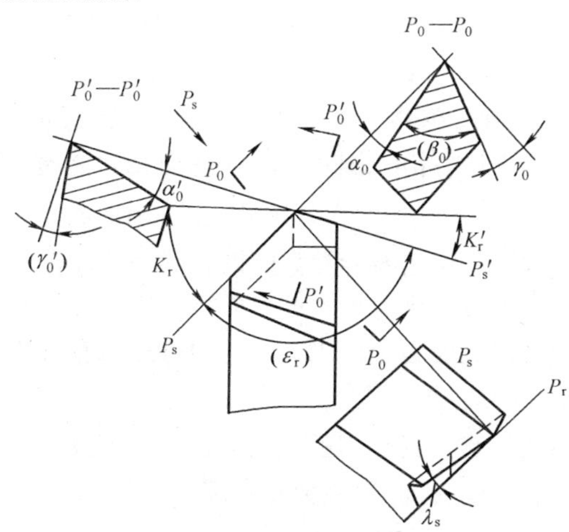

图 9-4　刀具的几何角度

1）六个独立的基本角度的定义如下：

a. 前角 γ_0：是在主正交平面 p_0-p_0 内，前面与基面之间的夹角。

b. 后角 α_0：又叫主后角，是在主正交平面内，后面与切削平面之间的夹角。

c. 主偏角 K_r：是主切削刃在基面上的投影与进给运动方向之间的夹角。

d. 副偏 K'_r：是副切削刃在基面上的投影与背离进给运动方向之间的夹角。

e. 副后角 α'_0：是在副正交平面内，副后面与副切削平面之间的夹角。

f. 刃倾角 λ_s：是在主切削平面内，主切削刃与基面之间的夹角。

2）三个派生角度的定义如下：

a. 刀尖角 ε_r：是主切削刃与副切削刃在基面上的投影之间的夹角。由图 9-4 可知：$\varepsilon_r=180°-(K_r+K'_r)$。

b. 楔角 β_0：在主正交平面内前面和后面之间的夹角。由图 9-4 可知：$\beta_0=90°-(\gamma_0+\alpha_0)$。

c. 副前角 γ'_0：在副正交平面内，前面与基面之间的夹角。其大小与主偏角 K_r，前角 γ_0，刃倾角 λ_s 的大小有关。

2. 刀具几何参数的合理选择

以刀具几何角度为例，各角度的大小对切削影响程度各不相同，其选择原则也各不相同。刀具几何角度的选择原则见表 9-4。

在切削过程中，由于刀尖处强度低、散热条件差，较易磨损和崩刃。为了提高刀尖强度，增大散热面积，提高刀具寿命，可在主副切削刃之间磨出过渡刃和修光刃。常用过渡刃有直线型和圆弧型两种，如图 9-5 所示。

图 9-5(a)所示直线过渡刃的偏角 $K_{r\varepsilon}$，一般取 $K_{r\varepsilon}=K_r/2$；宽度 $b_e=0.5\sim2$mm。直线过渡刃主要用于粗加工、有间断冲击的切削和强力切削的车刀、铣刀上。

表 9-4　　刀具几何角度的选择原则

角度名称	作　　用	选　择　原　则
前角 γ_0	前角大则刃口锋利，切削层的塑性变形和摩擦阻力小，切削力和切削热降低。但前角过大将使切削刃强度降低，散热条件变坏，刀具寿命下降，甚至会造成崩刃	主要根据工件材料，其次考虑刀具材料和加工条件选择： 1. 工件材料的强度、硬度低，塑性好，应取较大的前角；加工脆性材料(如铸铁)应取较小的前角，加工特硬的材料(如淬硬钢、冷硬铸铁等)应取很小的前角，甚至是负前角 2. 刀具材料的抗弯强度及韧性高，可取较大的前角 3. 断续切削或粗加工有硬皮的锻、铸件，应取较小的前角 4. 工艺系统刚度差或机床功率不足时应取较大的前角 5. 成形刀具、齿轮刀具等为防止产生齿形误差常取很小的前角，甚至零度前角
后角 α_0	后角的作用是减少刀具后面与工件之间的摩擦。但后角过大会降低切削刃强度，并使散热条件变差，从而降低刀具寿命	1. 精加工刀具及切削厚度较小的刀具(如多刃刀具)，磨损主要发生在后面上，为降低磨损，应采用较大的后角。粗加工刀具要求刀刃坚固，应采取较小的后角 2. 工件强度、硬度较高时，为保证刃口强度，宜取较小的后角；工件材料软、粘时，后面摩擦严重，应取较大的后角；加工脆性材料，负荷集中在切削刃处，为提高切削刃强度，宜取较小的后角 3. 定尺寸刀具，如拉刀、铰刀等，为避免重磨后刀具尺寸变化过大，应取小后角 4. 工艺系统刚度差(如车细长轴)，宜取较小的后角，以增大后面与工件的接触面积，减小振动

续表

角度名称	作　用	选　择　原　则
主偏角 K_r	主偏角的大小影响背向力 F_p 和轴向力 F_f 的比例，主偏角增大时，F_p 减小，F_f 增大 主偏角的大小还影响参与切削的切削刃长度。当背吃刀量 a_p 和进给量 f 相同时主偏角减小，则参与切削的切削刃长度大，单位刃长上的负荷减小，可使刀具寿命提高，刀尖强度也增大	1. 在工艺系统刚度允许的条件下，应采用较小的主偏角，以提高刀具的寿命。加工细长轴则应用较大的主偏角 2. 加工很硬的材料，为减轻单位切削刃上的负荷，宜取较小的主偏角 3. 在切削过程中，刀具需作中间切入时，应取较大的主偏角 4. 主偏角的大小还应与工件的形状相适应，如车阶梯轴可取主偏角为 90°
副偏角 K'_r	副偏角的作用是减小副切削刃与工件已加工表面之间的摩擦 一般取较小的副偏角，可减小工件表面的残留面积，但过小的副偏角会使径向切削力增大，在工艺系统刚度不足时会引起振动	1. 在不引起振动的条件下，一般取较小的副偏角。精加工刀具必要时可磨出一段 $K'_r=0°$的修光刃，以加强副切削刃对已加工表面的修光作用 2. 系统刚度较差时，应取较大的副偏角 3. 切断、切槽刀及孔加工刀具的副偏角只能取很小值(如 $K'_r=1°\sim2°$)，以保证重磨后刀具尺寸变化量小
刃倾角 λ_s	1. 刃倾角影响切屑流出方向，$-\lambda_s$ 角使切屑偏向已加工表面，$+\lambda_s$ 使切屑偏向待加工表面 2. 单刃刀具采用较大的 $-\lambda_s$ 可使远离刀尖的切削刃处先接触工件，使刀尖避免受冲击 3. 对于回转的多刃刀具，如圆柱铣刀等，螺旋角就是刃倾角，此角可使切削刃逐渐切入和切出，可使铣削过程平稳 4. 可增大实际工作前角①，使切削轻快	1. 加工硬材料或刀具承受冲击负荷时，应取较大的负刃倾角，以保护刀尖 2. 精加工宜取 λ_s 为正值，使切屑流向待加工表面，并可使刃口锋利 3. 内孔加工刀具(如铰刀、丝锥等)的刃倾角方向应根据孔的性质决定。左旋槽($-\lambda_s$)可使切屑向前排出，适用于通孔，右旋槽适用于不通孔

① 实际工作前角应在包括主运动方向及切屑流出方向的平面内测量。当 $\lambda_s\neq0$ 时(此时称为斜角切削)。切屑在前刀面的流动方向与切削刃的垂直方向成 φ_λ 角，$\varphi_\lambda\approx\lambda_s$，此时，实际工作前角 γ_{oe} 可按下式近似计算 $\sin\gamma_{oe}=\sin^2\lambda_s+\cos^2\lambda_s\sin\gamma_n$，当 $\lambda_s>20°$时，随 λ_s 的增加，γ_{oe} 将比 γ_n 显著增大。

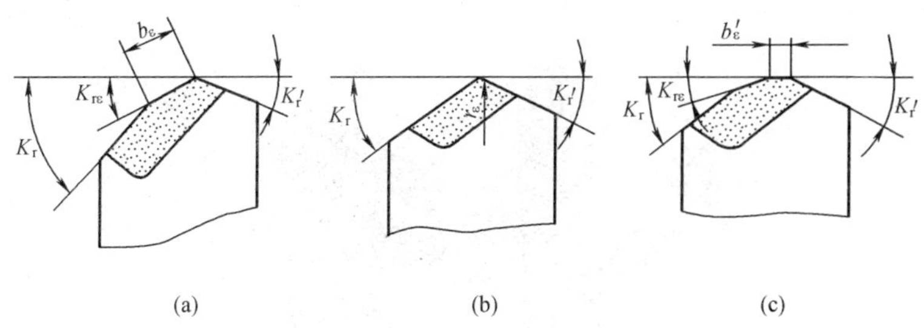

(a)　(b)　(c)

图 9-5　过渡刃和修光刃的形式

(a) 直线过渡刃；(b) 圆弧过渡刃；(c) 修光刃

图 9-5(b)所示为圆弧过渡刃，其半径 r_ε 称为刀尖圆弧半径，一般不宜太大，否则可能引起振动。r_ε 一般根据刀具材料、加工工艺系统刚性或表面粗糙度要求来选择。一般高速钢刀具的 r_ε = 0.2～5mm；硬质合金刀具的 r_ε =0.2～2mm。

当过渡刃与进给方向平行，此时偏角 $K'_{r\varepsilon}=0°$，则该过渡刃称为修光刃，如图 9-5(c)所示。它运用在大进给切削时，要求加工表面粗糙度值较小的情况。修光刃长度一般为(1.2～1.5) f(f 为进给量)。

二、刃磨机床

刀具的刃磨通常可在刃磨机床上进行，常用的刃磨机床有 M6025 型万能工具磨床和 MQ6025A 轻型万能工具磨床，它们装有附件后，可以刃磨铰刀、铣刀、丝锥、拉刀、插齿刀等，同时也可以用来磨削内、外圆柱面和圆锥面及平面等。

(一) M6025 型万能工具磨床

1. 结构和主要技术参数

如图 9-6 所示，该机床主要由床身 1、横向滑板 12、纵向滑板 8、立柱 5、磨头架 6 等组成。

工作台 7 装在纵向滑板 8 上面，工作台的纵向运动由手轮 11 或手轮 3 操纵，转动手轮 3 能使工作台随纵向滑板轻便、均匀地移动。当需要缓慢移动时，则将减速手柄 10 推入，并转动手轮 11，经差动齿轮减速后带动纵向滑板即可；不用慢速时，可拔出减速手柄 10。转动手轮 4，有丝杠、螺母带动横向滑板 12 移动，在刃磨

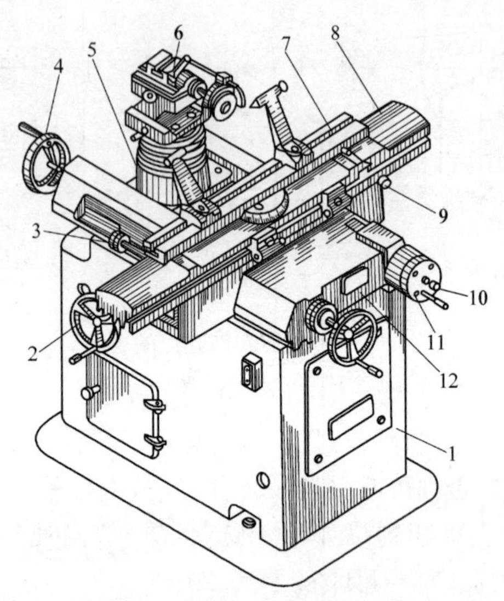

图 9-6　M6025 型万能工具磨床

1—床身；2、3、4、11—手轮；5—立柱；6—磨头架；7—工作台；8—纵向滑板；9—手柄；10—减速手柄；12—横向滑板

时可以控制横向进给。转动手柄 9，工作台 7 相对于纵向滑板 8 可偏转一个角度，偏转的角度较大时，则可从工作台中间部位的刻度盘上读出角度值。工作台的最大回转角度为±60°。工作台上可装顶尖座、万能夹头、万能齿托架等，可适应刃磨各种刀具及满足其他加工的需要。

磨头架 6 装在立柱 5 的顶面上，可绕立柱轴线在 360°范围内任意回转。转动手柄 2，磨头可上下移动，以调整砂轮的高低位置。

M6025 型万能工具磨床的主要技术参数见表 9-5。

表 9-5　　　　M6025 型万能工具磨床的主要技术参数

项　目	参　数
顶尖中心高（mm）	125
前、后顶尖距离（mm）	600
工作台最大移动量（mm）	
纵向	400
横向	250

续表

项　　目	参　　数
砂轮架垂直移动量（mm）	
顶尖中心上	130
顶尖中心下	55
砂轮最大直径（mm）	150
砂轮主轴转速（r/min）	5700，3800

2. 主要附件

M6025型万能工具磨床主要有以下附件：

（1）顶尖座。前、后顶尖座可用螺钉固定在工作台上，如图9-7所示。

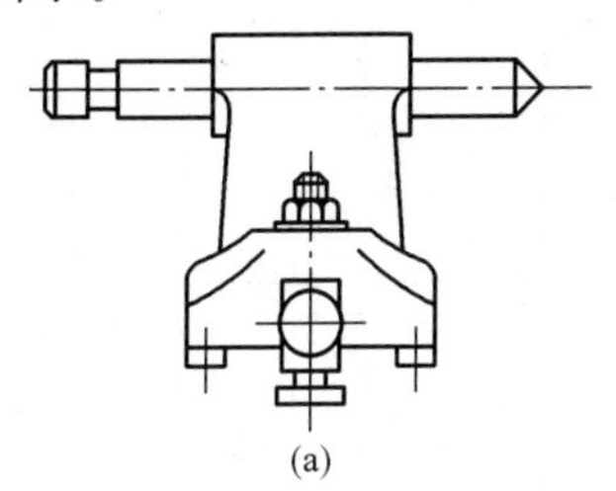

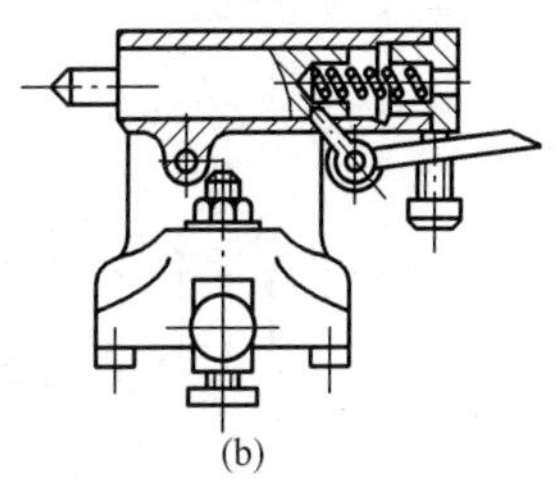

图9-7　顶尖座

(a) 前顶尖座；(b) 后顶尖座

（2）万能夹头。万能夹头（见图9-8）主要用来装夹面铣刀、

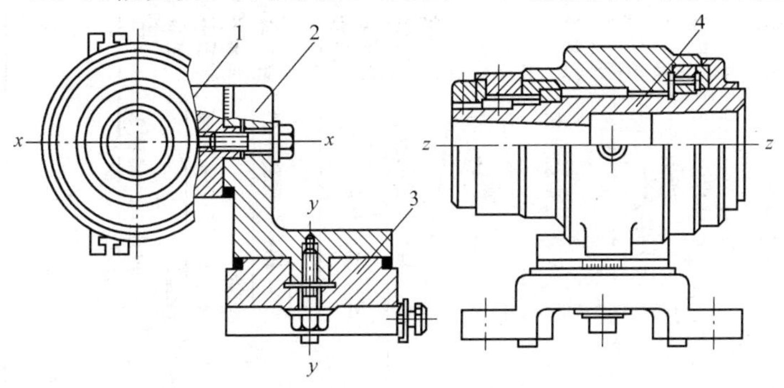

图9-8　万能夹头

1—夹头体；2—角架；3—底座；4—主轴

立铣刀、三面刃铣刀等，以刃磨其端面齿。万能夹头由夹头体 1、主轴 4、角架 2 和底座 3 等组成。夹头体的主轴锥孔的锥度为 7∶24，可用来安装各种心轴。

(3) 万能托齿架。万能托齿架（见图 9-9）的用途是使刀具刀齿相对于砂轮处于正确的位置上，以刃磨出正确的角度。支架 6 可由螺钉将万能托齿架安装在机床适当的位置上。调节捏手 1 和螺杆 3，可调节齿托片 4 的高低位置。齿托片可绕杆 2 和支架 5 的轴线回转一定的角度，以保证托齿片与刀具的刀齿接触良好。

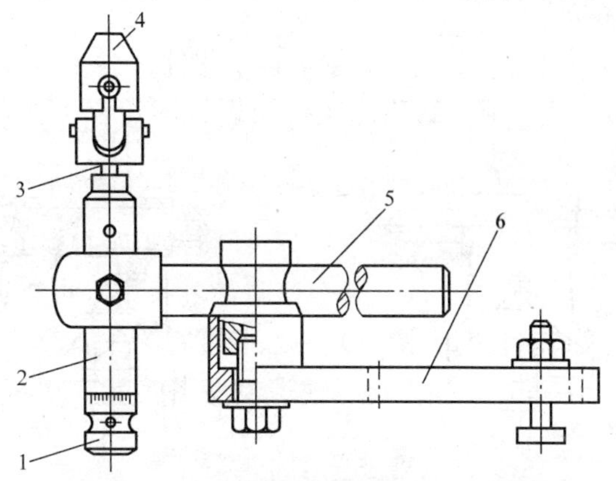

图 9-9　万能托齿架

1—捏手；2—杆；3—螺杆；4—齿托片；5、6—支架

齿托片的形状很多，供刃磨各种尖齿刀具时使用(见图 9-10)。图 9-10(a)和图 9-10(b)为直齿齿托片，适合刃磨直齿尖齿刀具，如锯片铣刀、角度铣刀等。图 9-10(c)为斜齿齿托片，适合刃磨各

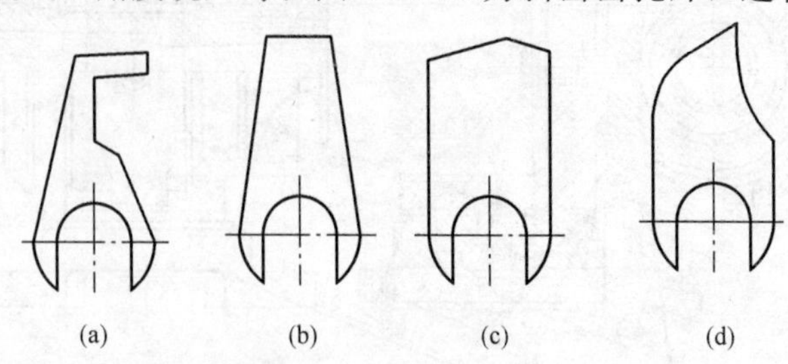

图 9-10　齿托片的形状

(a)、(b)直齿齿托片；(c)斜齿齿托片；(d)圆弧齿托片

种交错齿三面刃铣刀等。图 9-10(d)为圆弧齿托片，适用刃磨各种螺旋槽刀具，如圆柱铣刀、锥柄立铣刀等。

(4) 中心规。中心规（见图 9-11）是用来确定砂轮或顶尖中心高度的工具，由规体 2 和定中心片 1 组成。规体 2 的 A、B 两个平面经过精加工，平行度误差很小，定中心片 1 可装成图 9-11(a) 所示位置，也可调转 180°安装。中心规的 A 面贴住磨头顶面时[见图 9-11(b)]，定中心片所指高度即为砂轮中心高 h_A(等于头架顶面至砂轮轴线的距离)，升降磨头把定中心片对准顶尖的尖端时，即可将砂轮中心与工件中心调整到同一高度上。如果将中心规的 B 面放在磨床工作台上时[见图 9-11(c)]，定中心片所指高度 h_B即为前、后顶尖的中心高度，将它与钢直尺配合，就可以调整齿托片的高度。

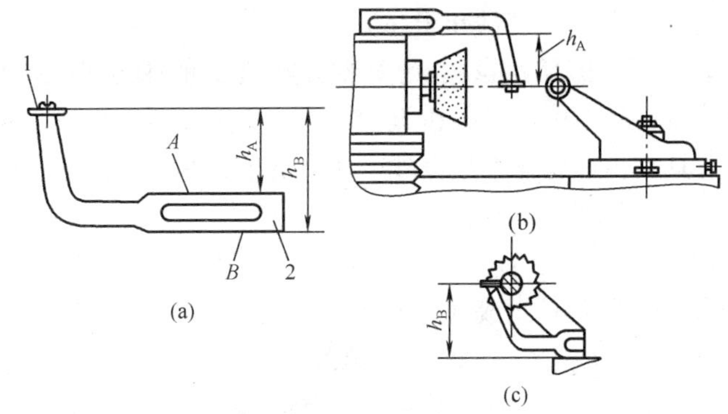

图 9-11 中心规及其使用

(a)中心规；(b)校正砂轮顶尖中心；(c)校正切削刃中心

1—定中心片；2—规体

(5) 可倾虎钳。可倾虎钳（见图 9-12），由虎钳 1、转体 2、3 和底盘 4 组成，常用来装夹车刀等。虎钳安装

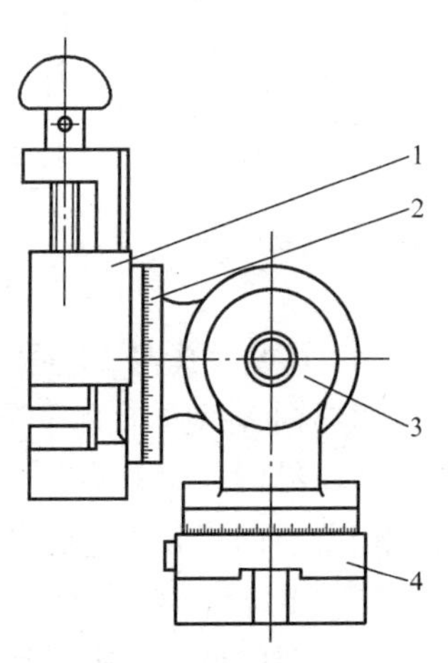

图 9-12 可倾虎钳

1—虎钳；2、3—转体；4—底盘

在转体 3 和 2 上，分别可以绕 $x—x$ 轴、$y—y$ 轴、$z—z$ 轴旋转，以刃磨所需要的角度。

(二) MQ6025A 轻型万能工具磨床

1. 主要部件的名称和作用

MQ6025A 型万能工具磨床是性能较优良的改进型工具磨床。装上附件后，除了可以刃磨铰刀、铣刀、斜槽滚刀、拉刀、插齿刀等常用刀具和各种特殊刀具以外，还能磨削外圆、内圆、平面以及样板等，加工范围比较广泛。

MQ6025A 型万能工具磨床主要由床身 11、磨头架 16、工作台 6、横向滑板 7 等部件组成（见图 9-13）。

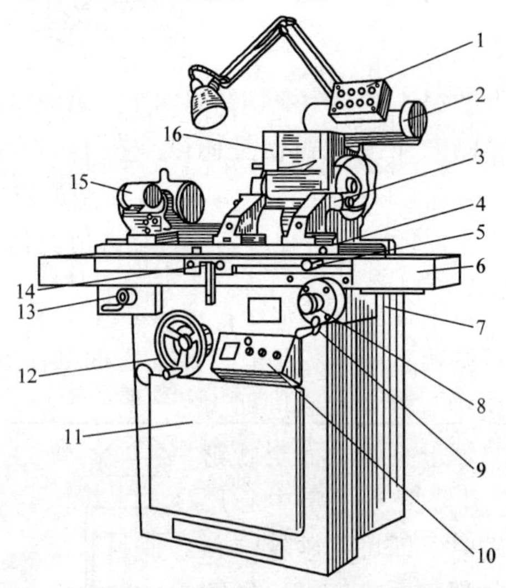

图 9-13　MQ6025A 型万能工具磨床

(1) 床身。床身 11 是一个箱形整体结构的铸件，其上部前面有一组纵向 V 型导轨和平导轨，在后面有一组横向的 V 型导轨和平导轨。纵向导轨上装有工作台，横向导轨上装有横向滑板，床身左侧门及后门内装有电器原件等。

(2) 工作台。工作台 6 分上工作台与下工作台两部分，下工作台装在床身纵向导轨上，导轨上装有圆柱滚针，使工作台能轻便、均匀地快速移动。工作台前后共有四个操作手轮，便于在不同位置操纵工作台进行磨削。当工作台需要以较慢速度移动时，可将结合子 8 拉出，摇动手轮 9 通过行星结构减速，使工作台慢速移动。慢速时，手轮转一圈，工作台移动约 12mm。这时摇动其他手轮，工作台不会移动。当工作台需要以快速移动时，可将结合子 8 推进，摇动手轮 13、19 或 9、25，工作台作快速移动。手轮转一圈，工作台移动 126mm（见图 9-14 或图 9-16）。

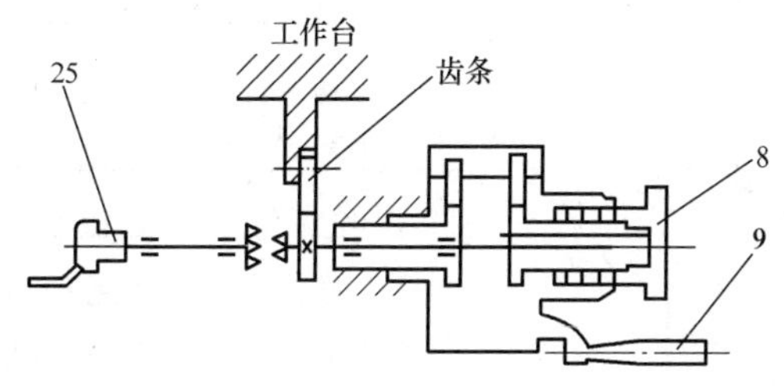

图 9-14 工作台变速手轮

上工作台装在下工作台上面，转动手柄 5 可使上工作台绕轴心转±9°；当需要磨锥度很大的工件或刀具时，可转动手柄 4，使上工作台的插销上升脱开滑板，上工作台就可绕轴心转±60°。在上工作台上可装万能夹头 15、顶尖座 3、齿托片等附件，以刃磨各种刀具及进行其他加工。

（3）横向滑板。横向滑板 7 装在床身横向导轨上，导轨之间有圆柱滚针。横向传动由手轮 12、21 通过梯形螺杆和螺母传动。手轮转一圈为 3mm，一小格为 0.01mm。由于手轮 12、21 装在同一根丝杆上，因此站在机床前面和后面均可进行操作。在横向滑板上装有磨头架及升降机构；摇动手轮 12 或 21，磨头架作横向进给（见图 9-13 或图 9-16）。

（4）磨头及升降机构。磨头电动机采用标准型 A1-7132 电动机零件套装而成，机壳与磨具壳体铸成一个整体；电动机定子由内压装改成外压装，采用微型 V 带带动磨头主轴转动。磨头主轴两端锥体均可安装砂轮进行磨削。转速为 4200r/mim 和 5600r/min 两挡。磨头电动机可根据磨削需要，作正反向运转，由操纵板 10 转向选择开关控制。

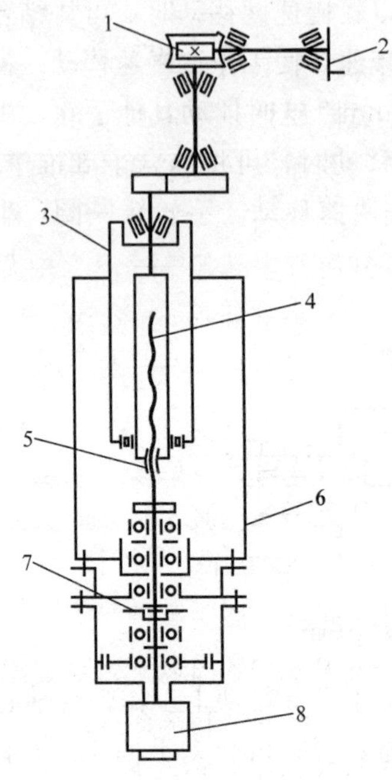

图 9-15　磨头的升降机构

磨头的升降机构如图 9-15 所示，采用圆柱形导轨，由斜键导向。磨头升降分手动和机动二种。手动时，转动手轮 2，通过蜗轮副 1 减速及一对正齿轮升速，通过螺母 5、螺杆 4 使导轨 3 上升或下降。机动时，按升降按钮（操纵板上的机动按钮），电动机 8 启动，通过一齿差减速，经结合子 7 连接螺杆 4，经螺母 5 使导轨升或降。

在圆柱形导轨顶面装有接盘，接盘与磨头体的偏心盘连接，磨头装在偏心盘上面；偏心盘可绕接盘轴在 360°范围内转任意位置。圆柱形导轨在套筒 6 中上下移动，套筒外面装有防护罩，以防止灰尘侵入。

2. 机床的操纵与调整

图 9-16 为 MQ6025A 型万能工具磨床的操纵示意图。

(1) 工作台的操纵和调整。

1) 操作者站立位置的选择。万能工具磨床在进行内、外圆磨削时，由于工作台操纵手柄在机床前面右侧，因此操作者应站在机床前面，这样便于操作和观察。在进行刀具刃磨时，由于磨削形式不同，为了便于操作和观察，操作者一般站在机床工作台后面左侧或右侧。

2) 操纵手轮的选择和操纵方法。根据磨削形式选择操纵手轮，磨内、外圆时，将结合子 8 拉出，操纵手轮 9，工作台作慢速均匀移动（见图 9-13)。刃磨刀具时，结合子在推进位置，操纵手轮 13 或 19，工作台快速移动（见图 9-16)。刃磨时，工作台是快速手动操作，因此握柄姿势必须准确，否则转动不灵活产生中途停顿的现象。准确的操纵姿势如图 9-17 所示；要注意各手指的用力大小和协调。

3) 工作台行程距离的调整。由于工作台是采用圆柱滚针导轨，

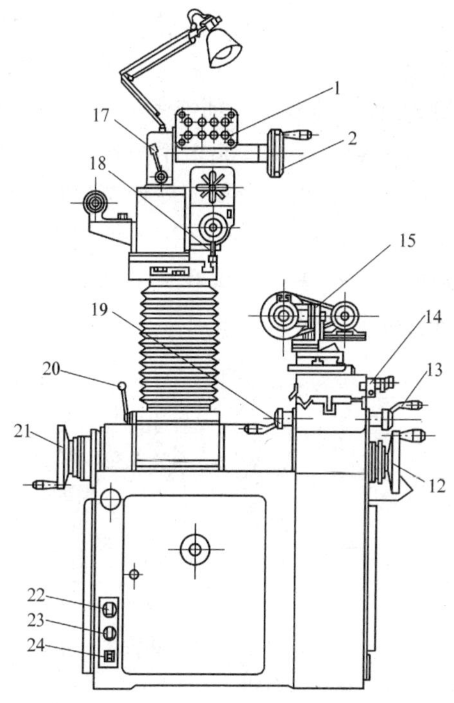

图 9-16 MQ6025A 型万能工具磨床操纵示意图

操纵时稍不注意就会使行程过头；在磨削时为了控制行程，可用挡铁 14 来限位。挡铁使用方法与外圆磨床挡铁使用方法基本相同。

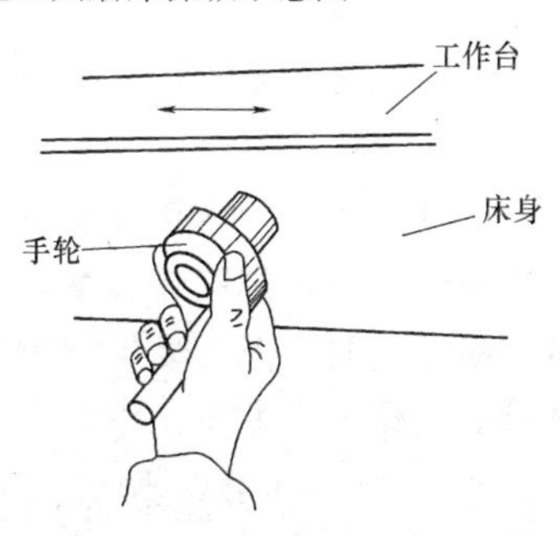

图 9-17 操纵手轮的姿势

(2) 磨头位置的调整和操纵。在进行刀具刃磨时，磨头应从图 9-16 位置（外圆磨削位置）按顺时针方向转 90°，使磨头主轴轴线垂直于工作台轴线。磨头升降手轮 2 和电器操纵板 1 可根据操作需要在水平方向作任意角度转动，转动完毕，可转动手柄 17 锁紧。转动手柄 20，可断开磨头的上下升降，以避免操作时产生误动作。

(3) 砂轮与法兰盘在磨头主轴上的装拆安装步骤。

1）把砂轮装到法兰盘上，用专用扳手将螺母拧紧。

2）把法兰盘连同砂轮一起套入磨头主轴上。

3）插入锁紧销18，使磨头主轴锁紧。

4）旋上内六角螺钉，用内六角扳手拧紧。

5）装上防护罩壳，拔出锁紧销，砂轮安装完毕。

拆卸法兰盘时，须将磨头主轴锁紧，然后将法兰盘内六角螺钉卸下，旋上拆卸扳手，将法兰盘从磨头主轴上顶出。图9-18所示为砂轮和法兰盘装拆示意图。

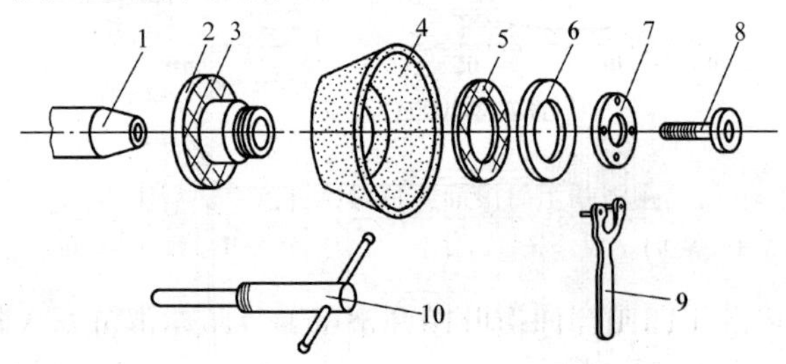

图9-18　砂轮与法兰盘装拆示意图

1—主轴；2—法兰体；3—纸垫；4—砂轮；5—纸垫；6—法兰盖；7—螺母；8—螺钉；9—专用扳手；10—拆卸扳手

(4) 吸尘器的安装。MQ6025A型万能工具磨床吸尘器为圆形筒体。内装有功率为0.55kW的电动机，转速为2800r/min。使用时，将电源插头插入机床插座内，将电器控制面板10上的吸尘、冷却预选开关转到吸尘位置，再按电器操纵板1上的吸尘启动按钮，使吸尘器工作。吸尘管固定在磨头架偏心盘的T形槽内，管口对准砂轮磨削火花，使大部分灰尘被吸去。机床床身左下角三只插座22、23、24分别为吸尘器、切削液泵电动机、头架电动机的电源插座。使用时，可根据需要将电源插头插入相应的插座内。

(5) 操纵练习。第一，能熟练操纵机床各手轮和电器按钮，做到动作无误，姿势正确；第二，能正确使用机床各种附件，熟练调整机床，做好磨削前的准备工作。

(6) 容易产生的问题和注意事项。

1）滑板横向进给手轮前后可以操纵，由于两手轮连接在一根螺杆上，因此，两手轮进给方向相反，操纵时方向不能搞错。

2）当上工作台偏转角度＞9°时，微调手柄无法调整，此时应将插销定位手柄转一个角度，使定位销上升离开滑板槽，然后移动上工作台至需要角度，切不可硬敲工作台，使机床损坏。

3）在摇动手轮作工作台纵向进给时，要将手轮向里推紧，使结合子紧密啮合，以防止手轮在转动过程中结合子脱开，工作台停止移动，影响磨削精度。

三、刃磨砂轮的选用

刃磨刀具的砂轮要选择合适，以使刀具刃磨后具有锋利的切削刃，具有较低的表面粗糙度值，刀面无退火、烧伤等现象。砂轮的选用主要根据刀具材料性能、磨削性质、图样技术要求等，重点是砂轮特性和砂轮形状的正确选择。

（一）砂轮特性的选择

刃磨砂轮的特性通常包括磨料、粒度、硬度、组织和结合剂等。砂轮粒度常用 46# ～100# 。当磨削面积大、余量多时，宜采用粗粒度；若磨削余量小及刀具尺寸小，粗糙度要求小时，则采用细粒度。砂轮的硬度常用 H～K 之间的等级，刃磨高速钢刀具时，当磨削面积、余量大时，一般用 H；磨削面积、余量小时，则用 J；刃磨成形刀具及精密刀具时，宜用 K；刃磨硬质合金刀具时，用 H；而刃磨硬质合金成形刀具或小刀具时，砂轮的硬度选 J。砂轮特性的具体选择见表 9-6。

表 9-6　砂轮特性的选择

<table>
<tr><th rowspan="2">刀具材料</th><th rowspan="2">加工情况</th><th colspan="5">砂轮特性</th></tr>
<tr><th>磨料</th><th>粒度</th><th>硬度</th><th>组织</th><th>结合剂</th></tr>
<tr><td rowspan="2">工具钢</td><td>粗磨</td><td>A</td><td>F40～F60</td><td rowspan="2">K～L</td><td rowspan="6">5</td><td rowspan="6">V</td></tr>
<tr><td>精磨</td><td>WA</td><td>F80～F120</td></tr>
<tr><td rowspan="2">高速钢
及合金钢</td><td>粗磨</td><td>WA</td><td>F46～F60</td><td rowspan="2">J～K</td></tr>
<tr><td>精磨</td><td>WA</td><td>F80～F120</td></tr>
<tr><td rowspan="2">硬质合金</td><td>粗磨</td><td>GC</td><td>F60～F80</td><td>G～J</td></tr>
<tr><td>精磨</td><td>GC</td><td>F120～F150</td><td>H～J</td></tr>
</table>

(二) 砂轮形状的选择

通常情况下，刃磨刀具的前面用碟形砂轮；刃磨后面用碗形或杯形砂轮。杯形砂轮在刃磨过程中直径不变，对无变速装置的磨床更为适用。目前，碗形或杯形砂轮的直径较小，砂轮的圆周速度低，磨粒易变钝，刀具表面粗糙度值较大。因此，为了提高砂轮的圆周速度，可选用直径较大的平形砂轮，经适当调整，用来刃磨刀具的后面。

四、刃磨的方法及步骤

简单刀具的种类很多，刃磨的部位主要是前、后面，其刃磨的方法和步骤基本相同，现简述如下：

(一) 砂轮的选择及修整

根据刀具的材料和技术要求，选择砂轮的特性和形状，并根据加工需要修整砂轮。

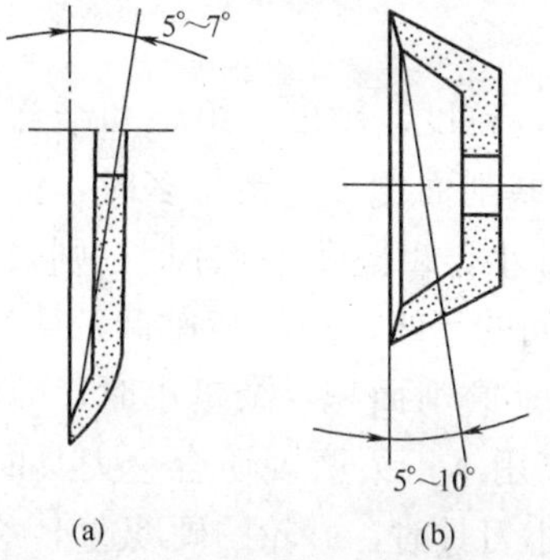

修整砂轮分两步，第一步先用砂条粗修砂轮端面。对碟形砂轮，端面修成边缘高、内侧低的锥面[见图 9-19(a)]；对碗形或杯形砂轮，端面修成内凹形[见图 9-19(b)]。第二步再用金刚石笔精修砂轮端面至要求。

图 9-19 刃磨砂轮的修整

(a)碟形砂轮的修整；(b)碗形或杯形砂轮的修整

(二) 调整砂轮架位置

刃磨时，应根据刀具的角度，将砂轮架在水平面内转动一定角度，使砂轮边缘参加磨削。磨削前可用中心规来找正砂轮与所磨刀面的相对位置。

(三) 装夹方法

不同的刀具刃磨，可用不同的装夹方法。磨车刀、刨刀、刀片可在可倾虎钳上装夹，以刃磨所需的角度；磨铰刀、圆柱铣刀、铲齿铣刀等可用两顶尖装夹，并安装调整好托齿片；磨面铣刀、立铣刀、三面刃铣刀可在万能夹头上装夹，并用齿托片支撑。装夹圆柱铣刀、铲齿铣刀、面铣刀及三面刃铣刀时，均需用心轴紧固。

（四）刃磨

1. 平面刀具的刃磨

平面刀具有车刀、刨刀、刀片等，直接装夹在可倾虎钳上，不需加任何辅助装置即可调整所需位置刃磨各种角度，装夹时必须用百分表找正刀具的基准面。

这类刀具主要刃磨前角、后角、主偏角、副偏角，有的刀片（如机夹可转位车刀）还需磨削周边和断屑槽。刃磨刀具的副偏角可用专用夹具，磨削断屑槽则可将刀片夹在钳口上，再将钳体调成所需角度，用碗形砂轮刃磨。

2. 尖齿刀具的刃磨

尖齿刀具如铰刀、圆柱铣刀、铲齿铣刀、面铣刀等，可用两顶尖装夹或用心轴装夹在万能夹头上，并用齿托片支撑。刃磨的具体步骤如下。

（1）摇动横向进给手轮，使砂轮靠近刀具的前（后）面。

（2）右手握住刀具（或心轴），左手摇动工作台纵向进给手轮，使齿托片支撑在待磨刀齿的前面上。

（3）起动砂轮，缓慢地进行横向进给，使砂轮磨到刀齿的刀面。

（4）左手摇动手轮，使工作台纵向进给，右手扶住刀具（或心轴），使刀齿前面紧贴齿托片，并作螺旋运动。

（5）磨好一齿后，将刀齿退出齿托片。

（6）将刀具转过一齿，继续刃磨另一齿刀面，逐齿刃磨。

（7）磨完一周齿后，砂轮作一次横向进给，继续刃磨，直至符合图样要求。

第二节　铰刀的刃磨

一、铰刀的结构及几何角度

（一）铰刀的分类

铰刀是用于孔的精加工刀具，经铰削后孔的精度可达到IT7～IT8级，表面粗糙度值可达Ra(1.25～0.20)μm，铰削的余量一般很小，因此切屑很薄，为002～005mm。

铰刀的品种规格很多，可按下列方法进行分类：

(1) 按加工孔的形状分圆柱形铰刀和圆锥形铰刀。

(2) 按使用方法分手用铰刀和机用铰刀。

(3) 按连接方法分带柄铰刀（直柄或锥柄）和套式铰刀。

(4) 按铰刀直径的调整分可调节铰刀和不可调节铰刀。

(5) 按铰刀槽形分直槽铰刀和螺旋槽铰刀。

各类铰刀的形状如图 9-20 所示。

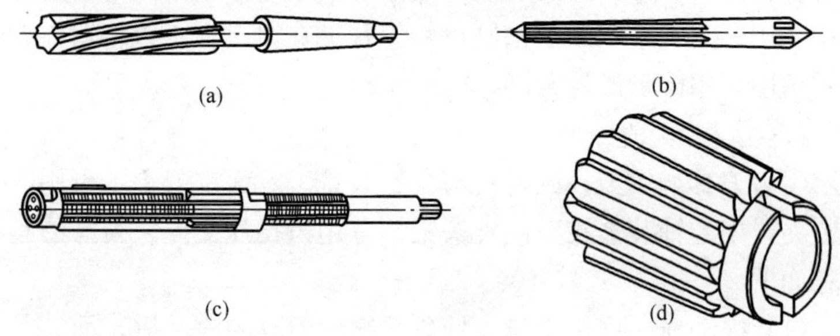

图 9-20 铰刀的种类

(a) 螺旋槽铰刀；(b) 锥度铰刀；(c) 可调节铰刀；(d) 套式机用铰刀

(二) 铰刀的结构用几何角度

1. 铰刀的结构

尽管铰刀的品种规格很多，但基本结构相同。由工作部分，柄部及颈部组成，如图 9-21 所示。铰刀的主要参数有直径 D、切削

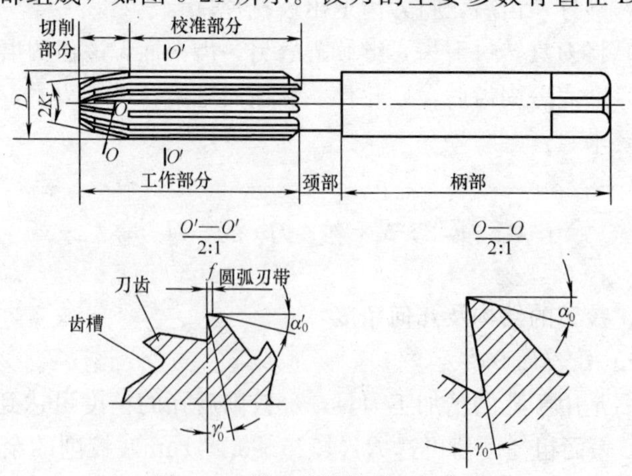

图 9-21 铰刀的结构及几何角度

锥角 $2K_r$、前角 γ_0、后角 α_0、刀齿数 z 等。铰刀的工作部分由切削部分、校准部分及倒锥部分（直径自头部至柄部逐渐减小）组成。切削部分的刀齿叫切削齿，起切削作用。校准部分的刀齿叫校准齿，起校正孔径和压光孔壁的作用。倒锥部分可减少刀齿与孔壁的摩擦，防止校准部分刮大孔径或退刀时划伤孔壁表面，倒锥量一般是以倒锥部分全长上的直径减少量来表示的。机用铰刀的倒锥量在100mm 长度上为 0.02～0.08mm。

2. 铰刀的几何角度

（1）前角 γ_0。一般取前角 $\gamma_0=0°$；加工韧性金属用的铰刀，前角 $\gamma_0=5°\sim10°$；镶硬质合金刀片的铰刀，前角 $\gamma_0=-3°\sim5°$。

（2）后角 α_0。铰刀后角主要是为了减少刀齿与孔壁之间的摩擦，一般取 $\alpha_0=4°\sim8°$。在校准部分刀齿的前刀面与后刀面之间有一条宽约 0.1～0.3mm 的圆弧刃带 f，其作用是在铰孔时起导向，减小铰刀的颤动，并压光孔壁及便于测量铰刀直径等。

（3）切削锥角 $2K_r$。它是对称的两个主切削刃之间的夹角，其半角相当于主偏角。手用铰刀锥角较小，以减少铰孔时的轴向力，并使进给方向准确。一般情况下，取 $2K_r=0°30'\sim1°$；机用铰刀一般取 $2K_r=10°\sim30°$。

（4）螺旋角 β。是指螺旋形刀刃展开成直线后与铰刀轴心线间的夹角。铰孔时，它能使刀齿逐渐切入工件，使铰削工作平稳顺利。标准整体圆柱孔用铰刀，取 $\beta=0°$（即直槽）；当铰削深孔及断续孔时，须使用螺旋槽铰刀，一般取 $\beta=10°\sim30°$。

二、铰刀的刃磨

（一）直齿圆柱铰刀的刃磨

1. 图样和技术要求分析

图 9-22 所示为一机用铰刀。铰刀工作部分材料为 W18Cr4V2，工作部分淬硬 60～63HRC，直径为 $\phi15^{+0.042}_{+0.036}$mm，切削锥角 $2K_r=20°$，刀齿前角 $\gamma_0=3°$，切削齿后角 $\alpha_0=10°$，标准齿后角 $\alpha'_0=8°$，圆弧刃带宽 $f=0.25$mm，齿数 $z=6$，刀齿表面粗糙度 $Ra0.63\mu$m，工作部分和柄部径向圆跳动公差为 0.03mm。

根据工件材料和加工要求，进行如下选择和分析：

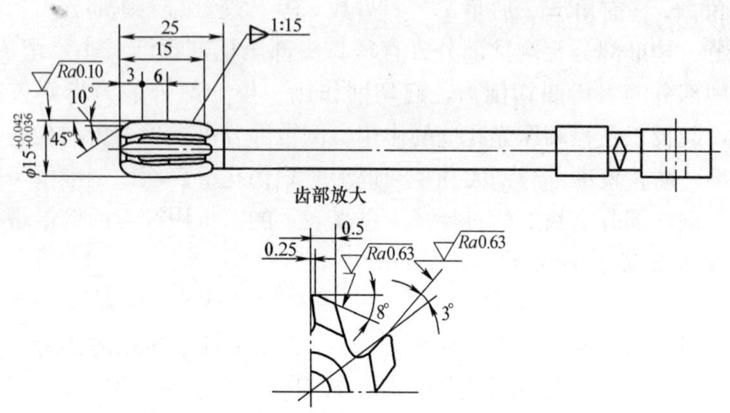

技术要求：

1. 工作部分材料 W18Cr4V2，工作部分淬硬 60～63HRC；
2. 齿数 $z=6$；
3. 切削齿后角 $\alpha_0=10°$，标准齿后角 $\alpha'_0=8°$，圆弧刃带宽 $f=0.25$mm；
4. 工作部分和柄部径向圆跳动公差为 0.03mm；
5. 刀齿表面粗糙度 Ra0.63μm。

图 9-22　铰刀

（1）砂轮的选择。所选砂轮的特性为：磨料 WA；粒度 F46～F80；硬度 K；组织号 5；结合剂 V。刃磨前面用碟形砂轮，将砂轮修成内锥面；刃磨后面用碗形或杯形砂轮，端面修成内凹形（见图 9-19）修整砂轮用金刚石笔。

（2）装夹方法。将铰刀装夹在前、后顶尖间，装夹前检查中心孔，顶尖的预紧力大小要适当。

（3）磨削方法。先刃磨前面，再磨校准部分的外圆、倒锥及切削部分锥面，最后刃磨后面。

（4）磨前面，步骤和方法如下。

1）装夹后，将磨头转过 2°，使砂轮在齿槽间刃磨时只单边接触。

2）调整铰刀与砂轮的相对位置，将砂轮引进齿槽内，由于前角 $\gamma_0=3°$，故砂轮端面相对铰刀中心要偏移一个距离 H（见图

9-23），H 值的计算公式为

$$H=\frac{D}{2}\sin\gamma_0$$

式中 H——砂轮端面对铰刀中心的偏移量，mm；

D——铰刀直径，mm；

γ_0——铰刀前角，(°)。

据此式计算出砂轮端面偏移量 H=0.39mm。

3）刃磨方法。右手扶住铰刀，使刀齿前面靠在砂轮端面上，左手转动手轮，使工作台作纵向运动，起动砂轮，用手给铰刀一个横向作用力，使砂轮刃磨前面。磨完一齿再磨另一齿，直至磨完全部刀齿为止，如图 9-24 所示。

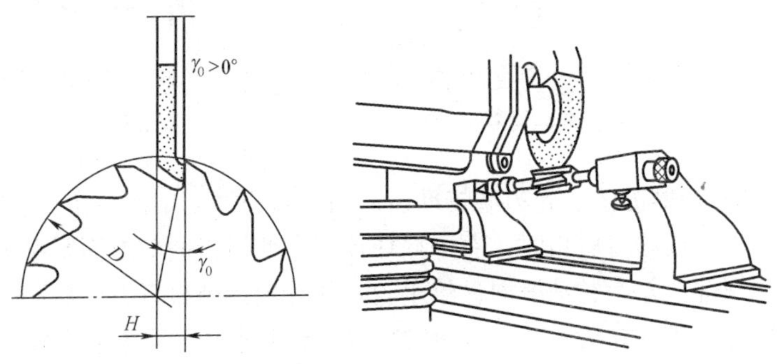

图 9-23 砂轮端面偏移量的计算　　图 9-24 铰刀前面的刃磨

（5）磨校准部分外圆、倒锥和切削锥：这些部位均在外圆磨床上进行，此处从略。

（6）磨后面。步骤和方法如下：

1）更换和修整砂轮，并调整砂轮架位置。将砂轮在水平面内逆时针方向转 1°～3°，使砂轮只有一边和刀齿接触，如图 9-25 所示。

2）安装齿托架，调整齿托片。采用直齿齿托片撑在刀齿的前面上，利用中心规调整齿托片的高度，使被磨切削刃比刀具中心低一个 H 值（见图 9-26），H 值的计算公式为

$$H=\frac{D}{2}\sin\alpha_0$$

式中　H——齿托片比铰刀中心下降值，mm；

D——铰刀直径，mm；

α_0——铰刀后角，(°)。

据此式，本例齿托片铰刀中心下降值 $H=1.043$mm（校准齿部位）。

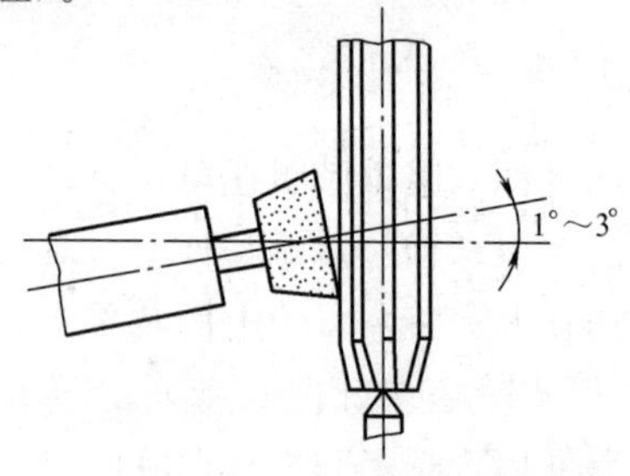

图 9-25　刃磨铰刀后面时砂轮架的位置调整

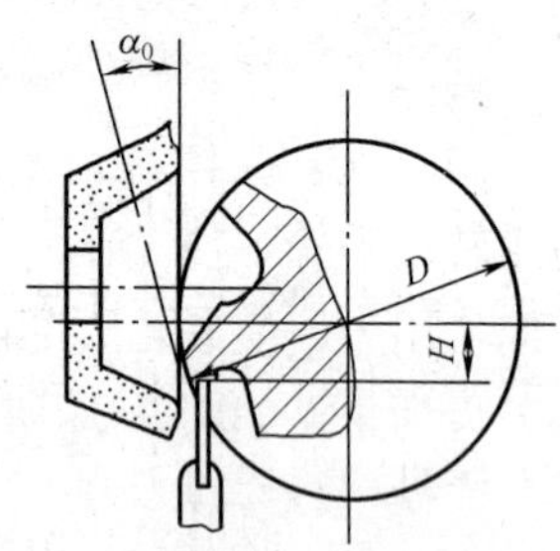

图 9-26　齿托片的安装位置

3）刃磨方法。先刃磨校准齿后角，再刃磨切削齿后角。

刃磨校准齿后角时，右手扶住铰刀，使刀齿的前刀面紧贴齿托片的顶部，左手转动横向进给手轮，使砂轮逐渐接近刀齿后面，接触后停止横向进给。左手换握到工作台纵向进给手轮上，转动手轮，使工作台作纵向进给。一齿磨好后，铰刀向顺时针方向转动，使齿托片撑到第二个齿的前面上，移动工作台刃磨第二个齿的后面，逐齿刃磨。磨完一圈后砂轮作一次横向进给，再逐齿磨削，直至符合要求，如图 9-27 所示。

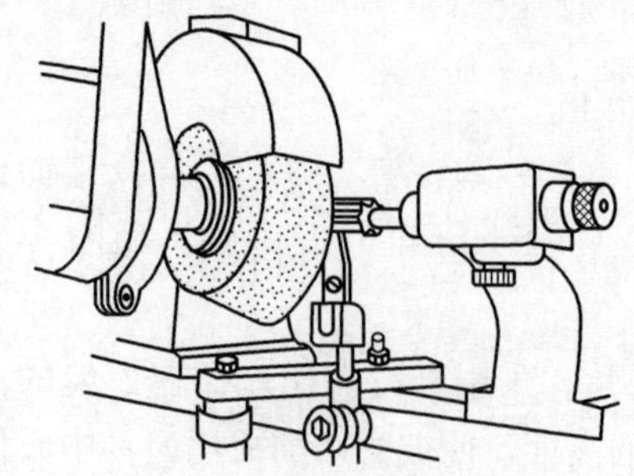

图 9-27　铰刀后面的刃磨

刃磨校准齿后面时，应保证刀齿上圆弧刃带宽 $f=0.25$mm。

校准齿磨好后，将工作台顺时针方向转过一个 K_r 角，即 10°，并调整齿托片

比刀具中心低 $H=(15/2)\times\sin 10°=1.303$mm，然后用同样的方法磨削切削部分的后面。

（7）检查方法。刃磨铰刀的前、后面是为了形成前角和后角。铰刀的前角和后角的检查方法分述如下。

1）铰刀前角的检查。前角可用多刃角尺检测[见图9-28(a)]或用游标高度尺测量[见图 9-28(b)]计算得出角度值。

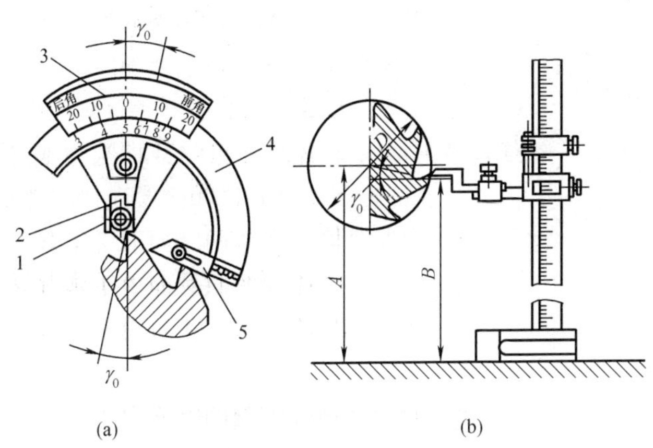

图 9-28　铰刀前角的测量

（a）用多刃角尺检测；（b）用游标高度尺测量

1—测块；2—量尺；3—游标；4—半圆尺；5—靠尺

多刃角尺类似游标万能角度尺，把测块 1 和靠尺 5 放在铰刀相邻的两齿上，测块与铰刀的轴线垂直，转动扇形刻度游标 3，使量尺 2 的测量面与刀齿的前面全部接触，即可从刻度游标上读出铰刀前角的度数。

用游标高度尺测量铰刀的前角，是将卡尺的弯头测量面与刀齿的前面吻合，然后测出高度 A 和 B 的尺寸，再按下式计算前角 γ_0

$$\sin\gamma_0 = 2(A-B)/D$$

式中　A——铰刀中心距平板高度，mm；

B——刀齿前面距平板高度，mm；

D——铰刀直径，mm；

γ_0——铰刀前角，(°)。

2）铰刀后角的检查。后角也可用多刃角尺或游标高度尺检查测量，如图 9-29 所示。

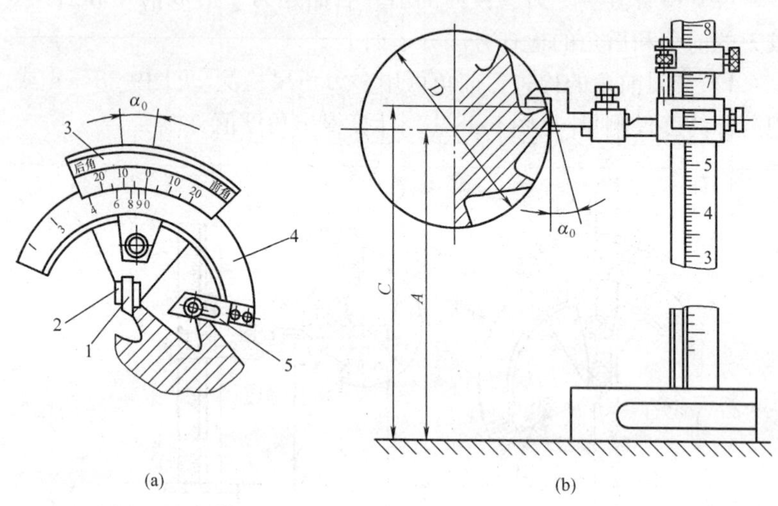

图 9-29　铰刀后角的测量

(a) 用多刃角尺检测；(b) 用游标高度尺测量

1—测块；2—量尺；3—游标；4—半圆尺；5—靠尺

用多刃角尺测量铰刀后角与测量前角的方法基本相同，只是测块 1 的工作面需和后面呈吻合状态，再从扇形刻度游标上读出后角的度数，如图 9-29(a)所示。

用游标高度尺测量铰刀后角如图 9-29(b)所示。当测得高度 A 和 C 时，即可按下式计算

$$\sin\alpha_0 = 2(C-A)/D$$

式中　A——铰刀中心距平板高度，mm；

C——刀齿刃部距平板高度，mm；

D——铰刀直径，mm；

α_0——铰刀后角，(°)。

2. 操作步骤

操作步骤详见表 9-7 铰刀刃磨工艺。

表 9-7　　铰刀刃磨工艺

序号	内容及要求	机床	装备	切削用量 a_p (mm)
1	操作前检查、准备 (1) 修整砂轮，端面修成内锥面 (2) 装夹工件于两顶尖间，装夹前检查中心孔 (3) 调整砂轮架位置，将磨头转过 2°左右 (4) 调整砂轮位置，砂轮端面与铰刀中心线偏移 0.39mm (5) 检查刃磨余量	M6025	碟形砂轮、金刚石笔	0.005～0.01
2	刃磨前面，逐齿刃磨			0.001～0.015
3	精修整砂轮			0.003～0.005
4	精磨前面，保证前角 $\gamma_0=3°$，表面粗糙度 $Ra0.63\mu m$ 以内		多刃角尺、游标高度尺、表面粗糙度样块	0.005～0.01
5	外圆磨削校准部位，切削锥和倒锥，保证径向圆跳动误差不大于 0.03mm，外圆留研磨量 0.01～0.02mm	M1432A		
6	更换砂轮，并修整砂轮，端面成内凹形，装夹工件，调整砂轮架和砂轮位置，将砂轮端面转过约 2°的斜角	M6025	碗形（或杯形）砂轮	0.005～0.01
7	安装齿托片，使齿托片顶端低于铰刀中心 1.043mm		中心规	
8	刃磨校准齿后角，保证后角 $\alpha'_0=8°$，圆弧刃带宽 $f=0.25mm$，前后宽窄一致，表面粗糙度 $Ra0.63\mu m$		多刃角尺、游标高度尺、表面粗糙度样块	0.005～0.01
9	将工作台顺时针方向转过 10°，调整齿托片低于刀具中心 1.303mm			
10	刃磨切削部分后角，保证后角 $\alpha'_0=10°$，表面粗糙度 $Ra0.63\mu m$ 以内		多刃角尺、游标高度尺、表面粗糙度样块	

(二) 硬质合金复合铰刀的刃磨

1. 硬质合金复合铰刀的刃磨工艺

图 9-30 所示的铰刀为一组合体。加工时，将其加工工序分开进行，精铰刀、粗铰刀的粗磨单独进行，并各自留取精磨余量，组合体的最终精度在组合后整体完成。由于粗铰部分和精铰部分的粗磨工艺大致相同，因此粗加工工艺只以精铰刀的加工工艺为代表，省略了对粗铰刀的粗磨工艺。详见表 9-8 和表 9-9。

表 9-8　　精铰刀磨削工艺

工序	工步	工 序 内 容	设备	定位基准
1		清理容屑槽内及后刀面上的堆铜		
2		三爪自定心卡盘夹 ϕ65mm，粗、半精磨内孔，留余量 0.1mm，靠磨右端面	M131	
3		放松卡爪，精磨 1∶50 内孔至尺寸，并精磨端面	M131	
4		以右端吸磨左端，保证 74mm 至尺寸	M7120	
5		专用心轴顶磨前刀面	M6025	中心孔
	(1)	用碳化硅砂轮磨削，清理磨削容屑槽		
	(2)	换人造金刚石砂轮刃磨前刀面		
6		换人造金刚石砂轮，粗、半精磨各部外圆，ϕ80mm 磨至 $\phi 80.1^{+0.03}_{+0.01}$ mm，22mm×5°、10mm×3°至尺寸	M131	中心孔
7		专用心轴顶磨各部后角，留刃带 0.1mm	M6025	中心孔
8		与定位体 5 装配，精磨各部		

表 9-9　　复合铰刀磨削工艺

工序	工步	工 序 内 容	设备	定位基准
1		装配，研中心孔		
2		两顶尖间精刃磨前刀面	M6025	中心孔
3		研中心孔		
4		修整金刚石砂轮，精磨各部外圆。要求：ϕ79.9mm 至尺寸，$\phi 80^{+0.015}_{+0.01}$ mm、22mm×5°、10mm×3°、10mm×5°至尺寸	M131	中心孔
5	(1)	调整机床，保证两顶尖间中心线与机床各方向科行 0.03/500	M6025	中心孔
	(2)	刃磨各外圆刃后角至尺寸，要求：切削部分刃带宽 0.01mm，校准部分 0.08mm		
6		碳化硼研膏配合铸铁套精研 $\phi 80^{+0.015}_{+0.01}$ mm 至 $\phi 80^{+0.01}_{+0.05}$ mm	手工	

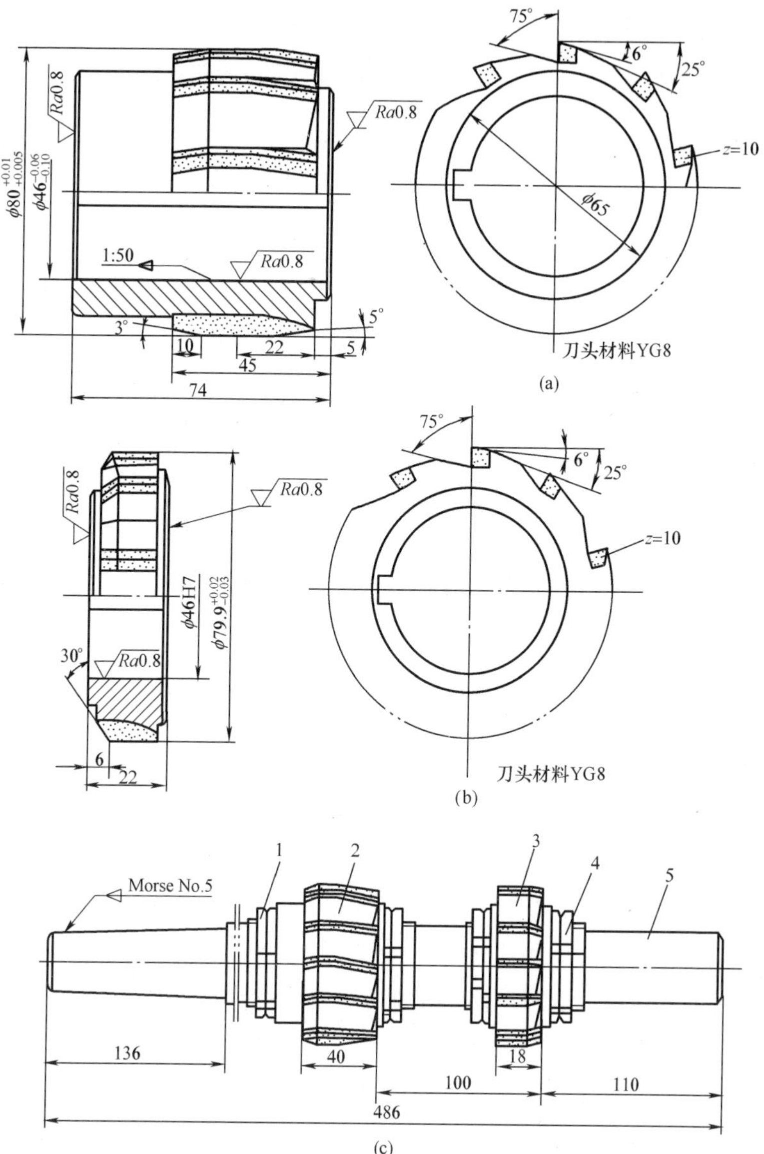

图 9-30　复合式硬质合金铰刀

（a）精铰刀；（b）粗铰刀；（c）组合体

图 9-30(c)所示的铰刀定位体 5，是经过精密加工的定位心轴，各部尺寸精度、相互位置精度均符合技术要求。当精铰刀 2 和粗铰刀 3 经粗加工后，按图示安装位置装配，整个刀具的整体精度都以定位体 5 为基准，加工完成。

2. 工艺分析

图 9-30 所示为复合式硬质合金铰刀，整个铰刀由三部分构成，即铰刀定位体、粗铰刀部分和精铰刀部分。刀刃由硬质合金焊成（YG8）。

（1）铰刀的最终综合精度较高。精铰部分的精度是整个铰刀制造质量的关键，因此，加工后必须满足以下要求：

1）$\phi80^{+0.01}_{+0.005}$mm 外圆的圆度误差应<0.005mm。

2）$\phi80^{+0.001}_{+0.005}$mm 外圆的径向跳动应<0.005mm。

3）精铰部分的切削刃刃带宽度 0.01～0.02mm，修光部分刃带宽度<0.08mm，表面粗糙度 $Ra0.2\mu m$。

（2）整个铰刀采用组合装配式。为保证最终制造质量和操作方便，刀齿部分的粗磨、半精磨采用分开单独磨削，并留取精磨余量，刃齿部分的最终尺寸在组装后的精磨工序完成。

（3）精铰刀体 1∶50 锥孔的几何精度非常重要，加工中须保证 0.005mm 的圆度和>75%的接触率。同时注意各定位端面的加工质量，应保证与内孔轴线的垂直度误差应<0.01mm。

（4）铰刀的刃齿部分均由硬质合金（YG8）焊制而成。整个刀齿的加工重点是整个硬质合金部分。因此，工艺将磨削工序分得很细，并对每一工序逐一提出了具体参数要求。

（5）在对各切削刃齿进行粗磨时，工艺安排了用碳化硅砂轮对前刀面磨削部位的清理磨削，目的是用碳化硅砂轮清理焊接时留在刀齿上的残铜，以防在使用金刚石砂轮时被堵塞。

（6）被加工刀齿为难磨削硬质合金（YG8）。由于硬质合金的磨削特点，选择人造金刚石为磨削工具，其砂轮的特性及磨削参数见表 9-10。

（7）铰刀的制造除需保证加工精度外，还应考虑到具体使用性能。铰刀各工作刃带的最终质量决定刀具的使用性能，因此工艺重点规定了有关工序的加工参数。

表 9-10　　金刚石砂轮的特征及磨削参数

内容			外圆磨削	刃磨
砂轮	特征		1A1 300×25×203×12 RVD 80/100 B75	$12V_2$100×13×20×4 80/100 B75
	线速度(m/s)		25～30	12～18
	冷却方式		湿(煤油)	干
修整参数	修整方式		磨削法	—
	修整工具		P400×50×203 GC F100L5 B35	—
	工件轮线速度(m/s)		0.5～0.8	—
	横向进给量(mm/双程)	粗	0.02～0.04	—
		精	0.01	—
磨削参数	工件圆周速度(m/min)		10～12	—
	工作台移动速度(m/min)		0.5～1	1～2
	横向进给量(mm/双程)	粗	0.01～0.02	0.01～0.03
		精	0.01	0.01
	光磨次数		2	2

(8)铰刀 $\phi80_{+0.005}^{+0.01}$mm 校准部分的尺寸，决定被铰削工件尺寸精度和表面质量，因此工艺最后安排了对校准部分刀齿的手工研磨。

3. 操作要点与技能技巧

(1)在进行完对齿槽的清理磨削后，选择 $12V_2$100×13×20×4RVD 80/100 B75 型金刚石碟形砂轮，按图 9-31 所示位置调整机床横向工作台，保证碟形砂轮的工作端面通过铰刀中心。当位置调整正确后，紧固横向工作台(在以后的磨削操作中不得移动横向工作台)。磨削时应掌握以

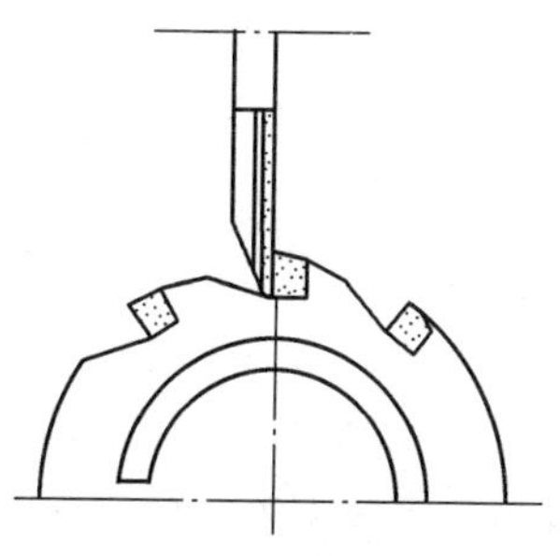

图 9-31　刃磨前刀面时的砂轮位置

下几点要领：

1）工件用心轴安装在分度头（WF100）两顶尖间，并用鸡心夹头固定，使之与分度头连为一体。

2）全部刀齿经焊接而成，相互间的等分误差很大，磨削时应首先找出偏差余量最大的和偏差余量最小的两个牙齿，根据两者余量差值的大小，确定粗磨余量。因横向工作台不得再动，磨削时的进给由分度头角度回转量来控制。

3）以偏差余量最小的一个牙齿对刀，并以最小的磨削余量将对刀齿的前面磨出，退出砂轮，并标记此时分度头手柄位置，调整好分度计数叉，按等分数将工件最大偏差牙(加工余量大的一个牙)摇至磨削位置。分度头手柄每个牙齿的等分数应该摇过的圈数，按下列公式求出：

$$n=\frac{40}{z}$$

式中 n——每分一齿分度头手柄的转数；

40——分度头蜗轮、蜗杆定数；

z——工件总齿数。

图样中铰刀共有 10 个刀齿，因此每转一齿，分度手柄应转过的圈数为 40/10=4，即转 4 圈。

4）参照表 9-10 规定的进给参数，从工件最大偏差(余量最多)齿开始，以最小偏差(牙齿对刀刻度为参照）将前刀面磨至参照刻度，余齿类推。

5）每次用回转手柄进给时，分度手柄的旋转方向，应保证刀具的前刀面始终向着砂轮工作面方向旋转，这样可消除传动间隙对磨削的影响。

(2)选择 1A1300×25×203×12RVD 80/100 B75 型砂轮，在 M1431 磨床上进行外圆柱面的粗、半精磨，外圆留磨量 0.08～0.1mm，同时磨出 22mm×5°和 10mm×3°导向圆锥。操作时横向进给量不可太大，避免因断续磨削产生的冲击力损坏砂轮轮廓。

(3)后刀面的磨削(刃磨）在工具磨床 M6025 上进行，操作工序分两步，即先选 D_1GC80K6V 型碳化硅砂轮，粗、精磨后刀面

25°折线型齿背（将齿背金属磨低于硬质合金面即可），再选 $12V_2$ 100×13×20×4RVD 80/100 B75 人造金刚石砂轮粗磨出 6°后角，并控制刃带宽度 0.1mm。

1）磨削 25°齿背的操作方法如下：

a. 铰刀 25°齿背磨削位置的调整：在工具磨床工作台面上，用游标高度尺按分度头中心高（100mm），校正任意两对应齿前刀面，使其在同一水平面中心线上，如图 9-32 所示。

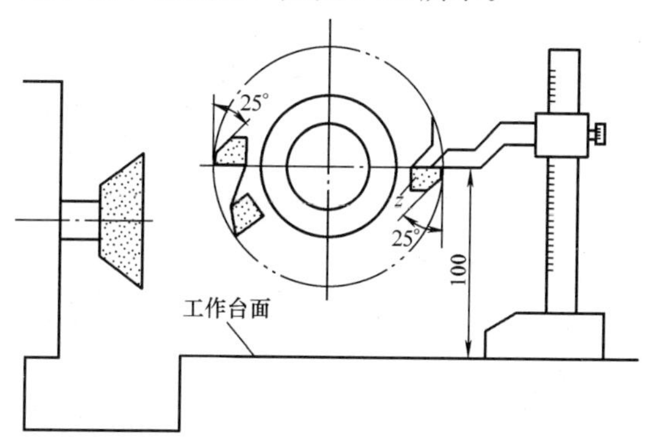

图 9-32　齿背磨削位置的调整

b. 按图示角度（25°）逆时针旋转分度头，使 25°齿背垂直于工作台面，如图 9-33 所示。旋转 25°时，分度头手柄转数 n 用角度等

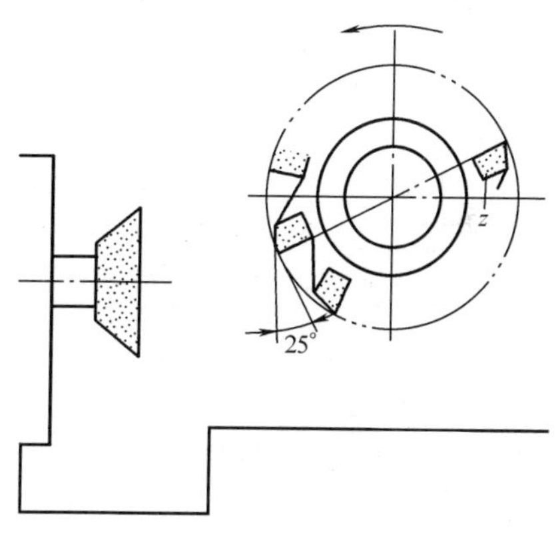

图 9-33　磨 25°齿背时的位置调整

分公式算出

$$n=\frac{\theta}{9^{\circ}}$$

式中 θ——工件需要等分的角度；

9°——分度头角度定值。

由上式 $n=25^{\circ}/9^{\circ}$ 标明摇过 25°的角度时，其分度手柄应转过 $2\frac{7}{9}$ 转，又因 $\frac{7}{9}$ 不足一整圈，因此选分度盘上有 54 孔的孔圈作为等分参照，这样分度手柄在 54 孔圈上应转过的整数圈为 2，另外还将转过 $54\times\frac{7}{9}$ 个孔距，即 43 孔，这样齿背正好与工作台面垂直。

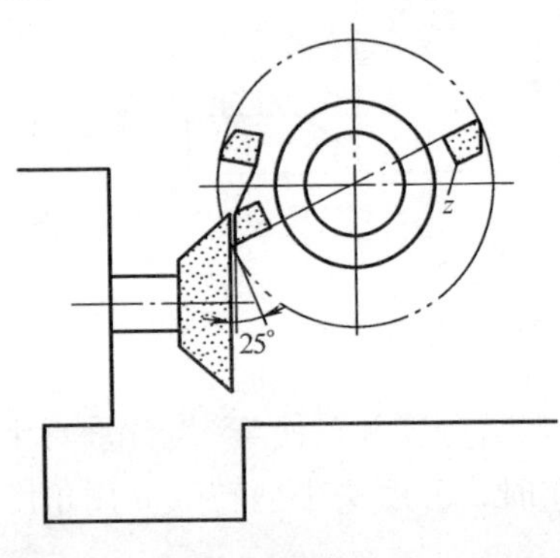

图 9-34　磨 25°齿背时砂轮工作位置

c. 紧固分度手柄，调整砂轮与工件磨削位置，逐齿磨出各个齿背，砂轮工作位置如图 9-34 所示。

d. 25°齿背磨出后，不得高于硬质合金。

2)6°后角的磨削操作如下：

a. 铰刀 6°后角的磨削位置调整时，工件在原磨削位置上(25°)，用分度手柄使铰刀顺时针转 6°即可。

分度手柄所转过的圈数为 $n=6^{\circ}/9^{\circ}=2/3=36/54$，因此手柄应在原 54 孔圈上，按原相反方向转过 36 个孔距 (37 孔)。

b. 紧固分度头锁紧手柄，调整砂轮与工件磨削位置，按表 9-10 磨削参数，逐齿磨出 6°后角。

c. 控制各齿刃带宽度一致。

d. 6°后角刃磨时，应严格注视磨削部位，谨防砂轮磨到齿背金属体。

上述操作结束后，调整 M6025 磨床工作台面，按相同方法分别磨出 10mm×3°和 22mm×5° 处后角及背面。

(4) 铰刀整体精加工操作要点与技巧如下：

1) 前刀面的精刃磨。分度头两顶尖间按图 9-31 调整砂轮磨削位置，并以任意一齿前刀面对刀。对铰刀各齿前刀面的精磨，是整个磨削工序的关键，若操作不当，将直接影响刀具最终的使用性能，其磨削技巧如下。

a. 砂轮进给量的精确控制：粗磨时，砂轮的进给量以分度头圆周回转量来控制。从工件和分度头具体的结构可知，当采用分度盘上 54 孔圈时，分度手柄每摇过 1 个孔距，工件前刀面最外点近似有 0.12mm 的直线移动量，这便超出了砂轮的磨削参数值。因此在对前刀面精磨时，必须采取相应的措施以保证进给精度。常用的方法有百分表法和横向工作台微量进给法。

百分表监视法：精磨进给时，将百分表测头触及在被磨刀齿的前齿面最外端，分度手柄插销不要从盘孔中拔出，松开分度盘紧固螺钉(在分度盘左侧壳体外) 后，用手轻轻拍击分度手柄，观察百分表指针变动情况。以百分表的变动量来控制精磨时的进给量。每次调整完毕，需紧固分度盘螺钉。

横向工作台微量进给法：从图 9-31 砂轮与工件的关系可知，当砂轮端面(工作面)通过工件中心时，磨削出的前刀面为 0°；当工作台横向带动工件向砂轮方向移动时，磨削出的齿前面的角度将发生变化，即出现前角大于 0°的现象（正前角)。根据工件的实际尺寸，当横向工作台每移动 0.01mm，工件前角变化可按下式求出

$$\tan\gamma = \frac{0.01}{D/2} = \frac{2 \times 0.01}{D} \tag{9-1}$$

$$\gamma = 51'$$

式中 D——铰刀外径，mm。

由此可知，精磨时用横向微量移动工作台法控制进给量，不会对铰刀前角造成太大的影响，实质上铰刀在使用中，前刀面适当的正前角有利于切削。

b. 磨削方式：精刃磨时，为了保证各刀齿的等分精度和切削刃宽度的一致性，每做一次砂轮的进给，都应将全部刀齿磨完一

遍，最终采用无进给光磨。

c. 分度头应采取无间隙定位。

2）精磨外圆柱面。工件的外圆柱面精磨操作，主要考虑如何保证工件的几何形状精度(0.005mm)，在机床精度已确定的情况下，工件的特定结构（磨削中的不均衡的断续冲击），将对磨削精度产生一定的影响。对磨削精度产生影响的主要因素，就是金刚石砂轮轮廓精度。砂轮的轮廓精度误差，主要取决于磨具的制造精度和装入法兰盘的同轴度及在使用过程中的不均匀损失和堵塞。因此，对金刚石砂轮的轮廓，应做必要的形状修整，它是保证磨削质量的关键。

金刚石砂轮的修整操作。金刚石砂轮修整时采用磨削法，在加工机床上同机进行，也可在其他机床上进行。操作步骤如下：

a. 卸下金刚石砂轮（连法兰盘一起）。

b. 选 P400×50×203GC100# L5 B35 型绿碳化硅砂轮，安装在砂轮主轴上(需另有一套法兰盘)。

c. 单颗粒金刚石（角度 70°～80°）按精磨参数修整工作砂轮。

d. 用机床备有的砂轮平衡轴，将卸下的金刚石砂轮安装在机床两顶尖间的工件位置上与头架连接，以便驱动旋转。

e. 按下列参数，对金刚石砂轮进行修整：工作砂轮线速度 35m/s，修整的金刚石砂轮 的圆周速度(0.3～0.5)m/s（约 25r/min)，横向进给量：粗修 0.02～0.04mm/双程，精修 0.01mm 双程。

修磨时的操作要点。

a. 用单颗粒金刚石进行。修整工作砂轮时，用充足的切削液对砂轮轮廓进行长时间冲刷。

b. 对金刚石砂轮进行修整时，应严格控制磨削压力，谨防脱落的磨粒嵌入金刚石砂轮表面，并注意磨削过程中的冲刷。

c. 所选工作砂轮的粒度，不得大于被磨金刚石砂轮的粒度（应细 1～2 级）。

3）更换修磨后的金刚石砂轮。对工件各外圆实施最终磨削，要求 $\phi80^{+0.01}_{+0.005}$ mm、$\phi79.9^{+0.01}_{+0.005}$ mm。

4）对切削刃带的控制磨削（重磨 6°后角）。

a. 将工件顶在 M6025 磨床两顶尖间，根据铰刀位置将万能齿托架安装在工作台面上（不可安装在磨头立柱上），根据后角磨削的偏置量 H，用高度尺调出齿托片顶点至工作台面的高度，其 H 值为

$$H=\frac{D}{2}\sin\alpha=D/2\sin 60^{\circ}=4.18(\mathrm{mm}) \tag{9-2}$$

因铰刀刃磨时采取将前刀面向下的安装方式，因此 H 偏置方向应在工件中心以下，所以工作台面至齿托片顶点的距离为 125mm－4.18mm＝120.82mm。

b. 在所有刀刃后面上涂显示剂。一手握刀，使前面紧顶在齿托片上，横向摇动工作台，仔细对刀后，另一手摇动工作台，纵向磨削 6°后面，并控制刃带宽度一致，要求如下：

a）粗铰部分切削刃、修光刃宽度 0.01～0.03mm。

b）精铰部分 22mm×5° 切削刃带宽 0.01～0.03mm。

c）精铰部分校准刃带 0.05～0.08mm。

d）精铰部分 10mm×3°倒锥刃带宽 0.05～0.08mm。

c. 确保刃带宽度的操作技巧。当各刃带将要磨到尺寸时，停止横向进给，采用调整齿托片的方法控制进给量，方法是：用齿托片上的微调装置，向上微量调整齿托片，通过齿托片使刀具向上产生微量的旋转角度，从而改变刀刃在水平方向上的径向尺寸。因为原齿托片支承的刀刃低于刀具中心，当齿托片向上移动后，刀刃向上旋转的同时，增大了水平方向的径向尺寸，这样砂轮在原来位置上又可以磨削到工件。

采取上述方法的优点在于：调整后，铰刀已磨后面与砂轮端面形成一个很小的角度（使后角有微量的减小），这样在磨削时避免砂轮与后刀面的大面积接触而产生振动，可提高刃带的表面质量，同时起到了微量控制进刀的目的。

（5）手工研磨。经过磨削加工后的铰刀，一些机械加工的缺陷，不可避免地残留在加工部位，如在各圆周刃上残留的磨粒划痕、工件因刚性不足产生的多角振纹及机械产生的螺纹磨痕和几何

形状缺陷等。这些缺陷都将影响刀具的使用效果。因此，在机械加工后，配以适当的手工研磨，对提高刀具的使用精度非常有利，这是一项很实用的技巧。其操作方法与要点如下：

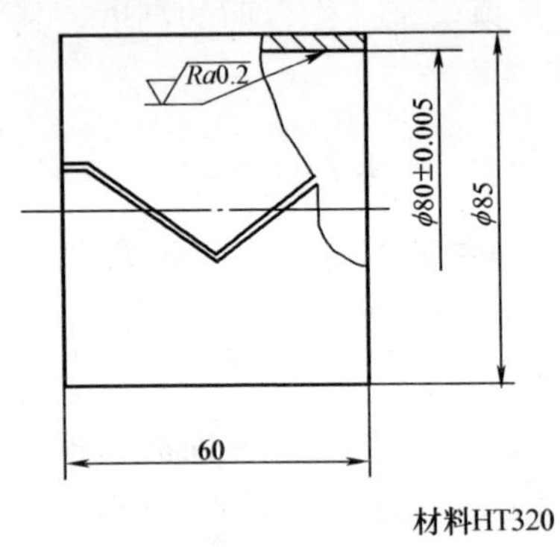

图 9-35　手工研套

1）研磨套的制造。图 9-35 所示研磨套的材料为灰铸铁（HT320），内孔按铰刀外径尺寸（$\phi 80^{+0.01}_{+0.005}$ mm）磨出，一侧外圆按图示形式割开，使其具有一定的弹性作用，并可方便地注入研磨剂。

2）研磨操作如下：

a. 将研套套在铰刀 ϕ80mm 外圆上，将碳化硼研膏从研套外圆上的开口处注入（边转研套边注）。

b. 用手握住研套（用力要均匀，感觉研套内孔包住刀刃即可），按“8”字研磨方式，往复转动研套实施研磨。工件顶在外圆磨床两顶尖间做慢速旋转。

c. 注意事项如下：①研磨过程中，握套手用力应均匀、柔和，往复速度一致。②控制研套的轴向移动距离，避免在研磨过程中窜出。③研磨中随时测量 ϕ80mm 外径，确保 $\phi 80^{+0.01}_{+0.005}$ mm。

4. 铰刀的质量检测与质量分析

对硬质合金铰刀的质量检测，除了外径尺寸外，主要是从它的综合使用情况分析。

铰刀使用在专用镗削机床上，对零件壳体上两处的轴承孔做最终镗铰加工，被加工的轴承孔的技术要求为：

（1）两处轴承孔为 ϕ80H6。

（2）ϕ80H6 圆度误差不大于 0.005mm。

（3）ϕ80H6 表面粗糙度 $Ra0.8\mu m$。

排除机床因素，单从铰刀加工零件的质量问题，分析铰刀的加工质量及对质量缺陷的预防措施，详见表 9-11。

表 9-11　　硬质合金铰刀加工缺陷及预防措施

缺　陷	原　　因	预 防 措 施
尺寸大于图样要求	（1）外径尺寸测量有误，量具误差 （2）铰刀某一齿跳动超差	（1）校对量具，认真测量 （2）控制最终精磨质量，提高加工定位精度
尺寸小于要求	（1）研量过多，测量不及时 （2）切削刃刃带宽不符合要求	（1）研磨时随时测量 （2）注意切削刃的刃带宽度不大于 0.05mm
圆度超差	铰刀的切削刃宽度不一致	（1）刃磨前刀面时注意等分精度 （2）刃磨后角时控制刃带宽度一致
内孔表面产生振纹	（1）刀具径向跳动过大 （2）切削角度不合理，后角大	（1）严格控制精磨质量 （2）刃磨时注意偏移量 H 值
表面粗糙度达不到要求	（1）修光刃表面粗糙度值不符要求 （2）修光刃太宽，产生干涉 （3）刀刃某处有裂纹，将工件表面划伤	（1）严格控制精磨质量，特别是研磨质量 （2）刃磨时控制刃带宽 （3）注意磨削用量，加工中尽可能使用切削液

5. 注意事项

（1）使用金刚石砂轮操作时，应随时注意磨削位置，尽量避免磨具在磨削硬质合金的同时磨削到其他部位的金属体，致使砂轮堵塞。

（2）在使用金刚石砂轮时，应注意对其轮廓的保护，避免发生碰撞。

（3）根据被加工材料（硬质合金）的加工特点，磨削中应尽量改善切削条件，磨削时应尽量供给充足的切削液，刃磨时可以用毛刷蘸油做局部冷却，防止硬质合金碎裂。

第三节　铣 刀 的 刃 磨

一、铣刀的分类

铣刀的种类很多，常用的有圆柱面铣刀、角度铣刀、立铣刀、三面刃铣刀、槽铣刀和成形铣刀等。铣刀的品种规格众多，按刀齿截形可分为如下两类。

1. 尖齿铣刀

尖齿铣刀有圆柱铣刀、立铣刀和三面刃铣刀等。但其齿背都是直线、拆线构成(图 9-36)。例如由两条直线构成的齿背[图 9-36(a)]；由三条直线构成的齿背[图 9-36(b)]；由一条直线和一条曲线构成的齿背[图 9-36(c)]。尖齿铣刀磨损后，一般只刃磨后刀面。

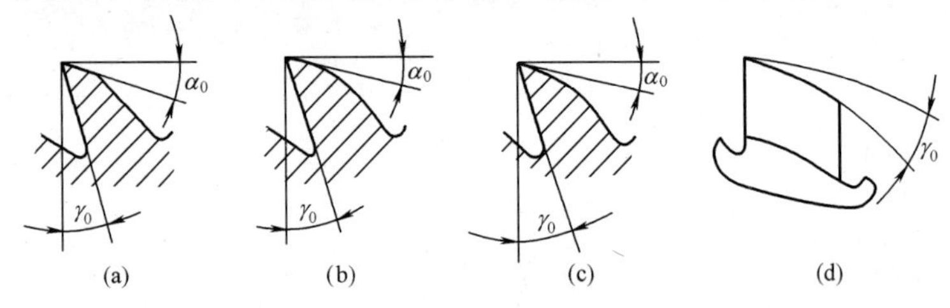

图 9-36　铣刀的齿背形状

2. 铲齿铣刀

铲齿铣刀有齿轮铣刀、螺纹铣刀和半圆铣刀等。用于加工齿轮、螺纹及各种成形表面，铲齿铣刀的齿背曲线经铲削而成，铲削后的齿背曲线量常用的为阿基米德螺旋线[图 9-36(d)]，它具有以下特性：

(1) 沿前刀面刃磨后，刀齿截形保持不变。

(2) 铣刀只修磨前刀面，且重磨后，刀齿后角角度变化很小。

由于铲齿铣刀具有以上特点，故刃磨比尖齿铣刀方便。

二、铣刀的刃磨

(一) 尖齿铣刀的刃磨

尖齿铣刀的刃磨大多在 M6025 型万能工具磨床上进行。新制造的铣刀淬火后需先刃磨前刀面，然后磨外圆，最后刃磨后刀面。尖齿铣刀在切削加工过程中，多数是刀齿的后刀面发生磨损，故刃磨时也只是刃磨后刀面即可。

1. 圆柱铣刀的刃磨

(1) 圆柱铣刀的结构和几何角度。常用圆柱铣刀如图 9-37 所示。它只在圆柱面上有刀齿，切削刃是螺旋线。其主要几何角度有：前角 $\gamma=15°$；后角 $\alpha=12°\sim16°$；螺旋角 $\omega=20°\sim45°$。

(2) 心轴的选择和装夹。圆柱铣刀一般选用内圆定位、端面并

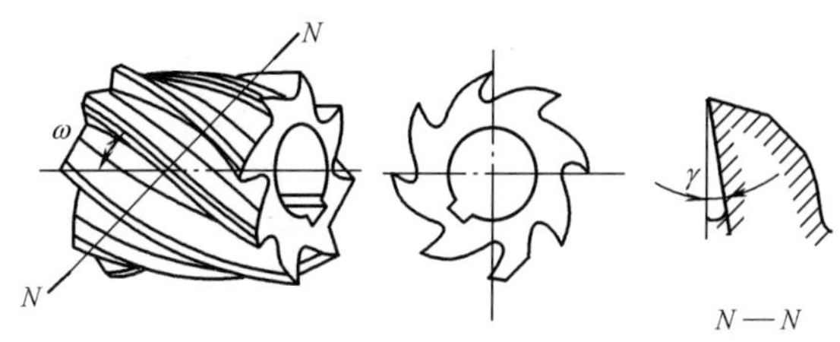

图 9-37 圆柱铣刀

紧的心轴进行装夹；心轴定位外圆与铣刀定位孔为间隙配合。装夹时，把铣刀套进心轴内，铣刀端面与心轴阶台端面靠平，再套上调整垫圈，然后用螺母夹紧，如图 9-38 所示。铣刀装好后，连同心轴一起装在左、右顶尖座之间。

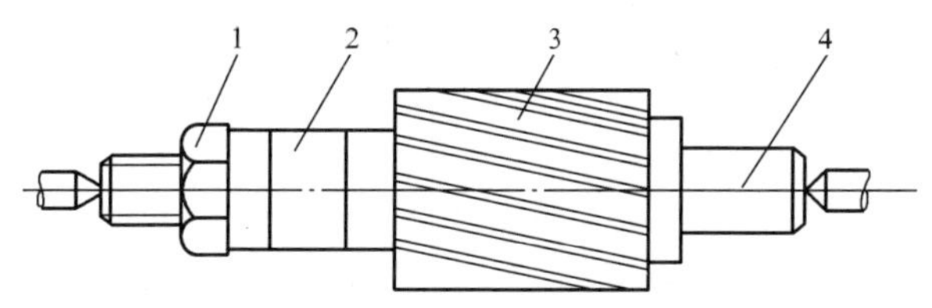

图 9-38 圆柱铣刀的装夹

1—螺母；2—垫圈；3—圆柱铣刀；4—心轴

（3）砂轮的选择和磨头架位置的调整。圆柱铣刀使用后，一般只刃磨后刀面，砂轮的选择和修整与刃磨铣刀后刀面相同。磨头架转 2°～3°，以不使已磨好刀刃碰到砂轮边缘。

（4）齿托片的安装和调整。刃磨圆柱铣刀后刀面一般采用如图 9-10(c)所示的齿托片。齿托片装在固定支杆上，杆子固定在磨头架上；齿托片的高低位置应调整到支承点 A 比铣刀中心低 H 值的位，如图 9-39 所示。齿托片的横向位置应与砂轮很贴近，但不能磨到齿托片。这样，砂轮磨到铣刀后刀面时，齿托片正好撑在前刀面靠近刀刃处。

（5）刃磨方法。圆柱铣刀由于齿托片安装位置与铰刀相比有所不同，因此，刃磨方法也有所不同，具体刃磨步骤如下：

1）摇动横向进给手轮，使砂轮靠近铣刀后刀面。

2）右手握心轴，左手摇动工作台纵向进给手轮，使齿托片撑

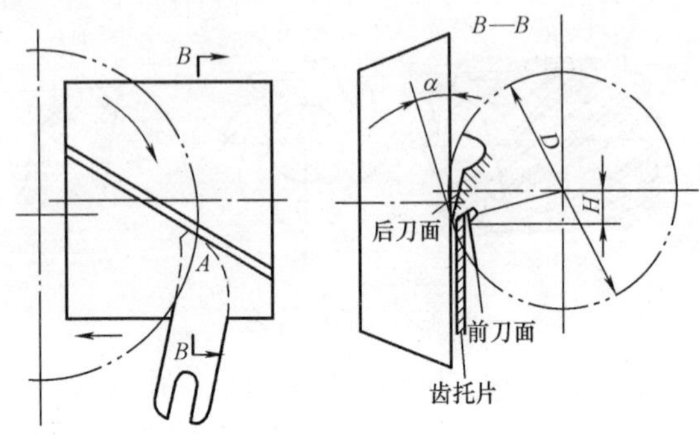

图 9-39　圆柱铣刀齿托片的安装位置

在待磨刀齿的前刀面上。

3）启动砂轮，缓慢地进行横向进给，使砂轮磨到刀齿后刀面。

4）左手摇动手轮，使工作台作纵向进给，右手扶住铣刀心轴，使刀齿前刀面紧贴齿托片，并做螺旋运动。

5）磨完一齿后，将刀齿退出齿托片。

6）将铣刀转过一齿，继续刃磨后面刀齿，逐齿刃磨。

7）砂轮磨完一周齿后，作一次横向进给，然后继续刃磨，直至后刀面留出的圆弧刃带符合要求为止。

2. 错齿三面刃铣刀的刃磨

(1) 错齿三面刃铣刀的结构和几何角度。常用的镶片错齿三面刃铣刃如图 9-40 所示。它由高速钢刀片与结构钢刀体组成，带齿

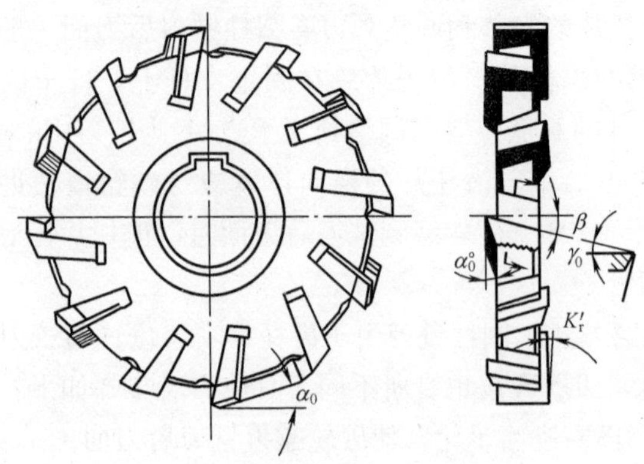

图 9-40　镶片错齿三面刃铣刀

纹的楔形刀片镶紧在刀体楔槽内。刀片宽度尺寸磨损后，可以向端面移出一齿纹补偿，以延长铣刀的使用寿命。刀片分左旋与右旋交错分布，刀片外圆上都有刀刃。左旋刀片右端面有刀刃，右旋刀片左端面有刀刃，无刀刃端面向里缩进一些。因此，三面刃铣刀端面刀刃数（副切削刃数），只有外圆刀刃（主切削刃）数的一半，端刃为正前角。

镶片错齿三面刃铣刀周齿前角 $\gamma_0=15°$；周齿后角 $\alpha_0=12°$；刀齿斜角 $\beta=15°$（即端齿前角）；端齿后角 $\alpha'_0=6°$；端齿副偏角 $K'_r=1°\sim2°$。

（2）圆周齿后刀面的刃磨。刃磨圆周齿后刀面时，铣刀的装夹和刃磨方法与刃磨圆柱铣刀后刀面相同。齿托片选用如图 9-10(b) 所示的斜齿齿托片(齿托片两侧斜角大于刀齿斜角)。齿托片的位置如图 9-41 所示，齿托片顶点比铣刀中心低 H 值$\left(H=\dfrac{D}{2}\sin\alpha\right)$，并在砂轮的磨削圆周线上。这样，错齿三面刃铣刀的左旋和右旋刀片可以一起刃磨。

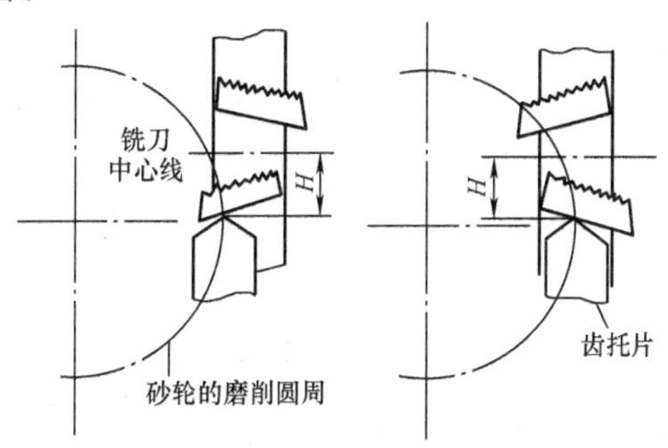

图 9-41　三面刃铣刀圆周齿后刀面的刃磨

（3）端齿后刀面的刃磨。

1）铣刀的装夹刃磨。端齿后刀面用万能夹头装夹。先将万能夹头装到机床工作台上，并在万能夹头的主轴锥孔中装上心轴，然后把铣刀套在心轴定位外圆上，用垫圈、螺钉把铣刀夹紧。

2）万能夹头位置的调整和齿托片的安装。把待磨端齿的刀刃转到水平位置上［图 9-42(a)］，万能夹头主轴绕 $x—x$ 轴线方向转

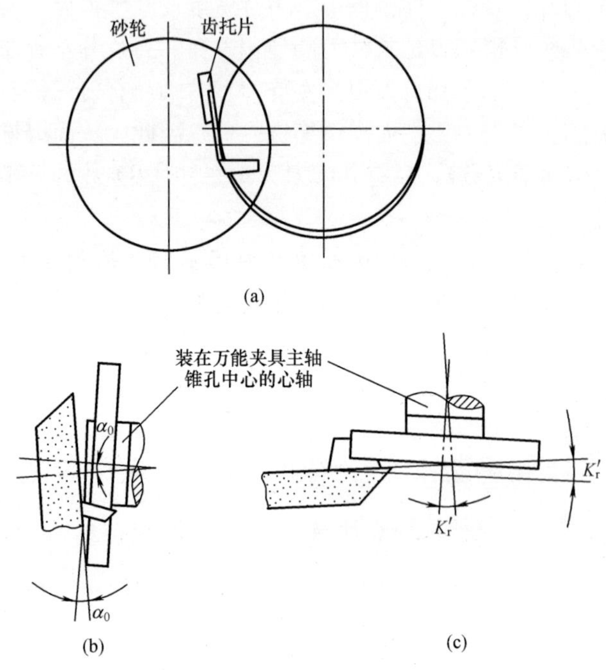

图 9-42　三面刃铣刀端齿后刀面刃磨

α'_0 角（端齿后角），见图 9-42(b)，再将万能夹头支架绕 $y—y$ 轴线方向转 K'_r 角（端齿副偏角），见图 9-42(c)。齿托架装在万能夹头上，弹簧齿托片撑在圆周齿前刀面上。调整好以后，把万能夹头主轴锁紧，使铣刀在刃磨过程中不会变动。

3）刃磨方法。摇动横向进给手轮，使砂轮靠近铣刀端齿；当砂轮磨到端齿后，右手摇动工作台作纵向进给；一齿磨好后，松开锁紧螺钉，转动万能夹头主轴，使齿托片撑在相隔一齿的前刀面上，继续刃磨，直至把一个端面上的端齿全部磨好。然后把铣刀翻身装夹，再刃磨另一端面的端齿。由于刀齿的倾斜方向不同，齿托片位置要重新装夹调整。

3. 螺旋齿刀具角度的测量方法

(1) 螺旋齿刀具法面前角的测量。螺旋齿刀具法面前角 γ_n 是在法剖面内前刀面与基面间的夹角。它与端面前角的关系是

$$\tan\gamma_n = \tan\gamma_p \cos\beta$$

式中　γ_n——法面前角；

γ_p——端面前角；

β——螺旋角。

测量时，只要量出端面前角 γ_n，通过上式换算，即可求得法面前角 γ_p 的度数。通常图样上标注的前角即为法面前角。

(2) 螺旋齿刀具法面后角的测量。螺旋齿刀具法面后角 α_n 是在法剖面内后刀面与切削平面间的夹角。它与端面后角冉的关系是

$$\tan\alpha_n = \frac{\tan\alpha_p}{\cos\beta}$$

式中　α_n——法面后角（°）；

α_p——端面后角（°）；

β——螺旋角（°）。

一般法面后角是不测量的，所以图样上一般只标注端面后角。

4. 容易产生的问题和注意事项

(1) 在刃磨圆柱铣刀和错齿三面刃铣刀圆周齿的后刀面时，应先在外圆磨床上将刀齿外圆磨圆，然后再刃磨后刀面，以保证各刀刃在同一圆周上。

(2) 在刃磨圆柱铣刀后刀面时，铣刀前刀面要紧贴齿托片。工作台移动的同时，手要扶住铣刀顺着螺旋角进行旋转，动作要协调，铣刀螺旋面要在一次转动中磨出，中途不能停顿。在磨到刀齿边缘时，要谨慎操作，防止铣刀前刀面突然离开齿托片，磨坏铣刀刀齿。

(3) 刃磨螺旋槽铣刀时，所用圆弧形齿托片顶面宽度不宜过大，支持面要平滑，与铣刀前刀面接触面要小，且支撑点靠近刀刃处，但不能磨到齿托片。

(4) 在磨头架上装夹齿托片刃磨铣刀，砂轮与铣刀相对位置调整好以后，在刃磨过程中不能升降磨头，否则刃磨出来的刀刃角度会有所改变，不符合图样要求。

(5) 刃磨错齿三面刃铣刀端齿后刀面时，铣刀角度调整好以后，要锁紧万能夹头主轴，以防止刃磨时铣刀转动，磨坏刀齿。端

齿后刀面一般不留刃带，但一端的端齿高低要基本一致，端面跳动误差<0.05mm。

(6) 砂轮在磨削过程中，与刀面接触宽度不宜过大，一般在1mm左右；接触宽度过大，砂轮容易堵塞钝化，磨削温度升高，容易使刀刃表面烧伤。

(二) 铲齿铣刀的刃磨

铲齿铣刀的切削刃大都制成成形刀刃。精度较高的铲齿铣刀在淬火前先铲削齿背，经过淬火之后，再用砂轮铲磨齿背。铲齿铣刀前刀面的刃磨在M6420B型滚刀磨床或M6025A型工具磨床上进行。铣刀装在心轴上（数件或数十件不等），心轴装在机床工作台的前、后两顶尖间，刃磨时的分度工作由装在机床头架上的分度机构完成。用该机床刃磨铲齿铣刀的前刀面，其特点是刃磨效率高、分度精度高、刃磨质量好。但大多数工厂都没有这种专用刃磨机床。因此只能在M6025型万能工具磨床上刃磨。铲齿铣刀一般都是后刀面磨损，但刃磨时都只是刃磨前刀面。

1. 直槽铲齿铣刀前刀面的刃磨

当铣刀的前角 $\gamma_0=0°$时，砂轮平端面应调整到通过铣刀中心[图9-43(a)]，当铣刀的前角 $\gamma_0>0°$时，砂轮平端面和铣刀中心要有位移量 A[图9-43(b)]。A值按下式计算

$$A=\frac{D}{2}\sin\gamma_0$$

式中 A——砂轮平端面与铣刀中心位移量，mm；

D——铣刀直径，mm；

γ_0——铣刀前角，(°)。

2. 螺旋槽铲齿铣刀前刀面的刃磨

图9-44所示的齿轮滚刀是典型的铲齿铣刀。齿轮滚刀相当于开有许多条槽的蜗杆。一般滚刀的前角 $\gamma_0=0°$。

螺旋槽滚刀一定要用碟形砂轮的锥面来刃磨[图9-45(b)]，砂轮轴要倾斜一个滚刀的螺旋角。螺旋槽滚刀若用碟形砂轮的平端面来刃磨，则砂轮的平面要与滚刀的前刀面（螺旋面）发生干涉[图9-45(a)]，结果磨出的前刀面会外凸，滚出的齿轮误差较大。

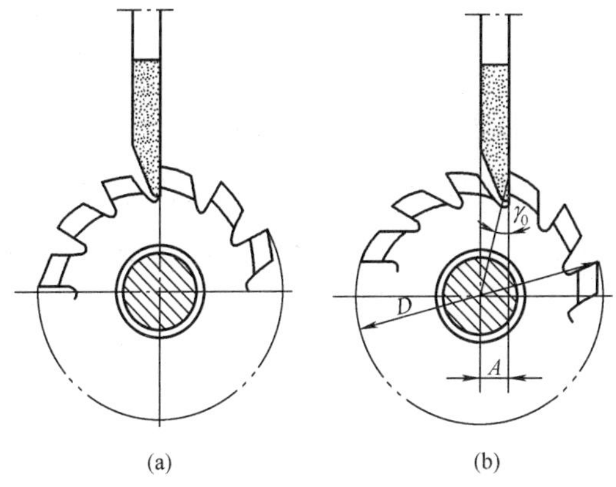

图 9-43 刃磨铲齿铣刀前刀面

(a)$\gamma_0=0°$；(b) $\gamma_0>0°$

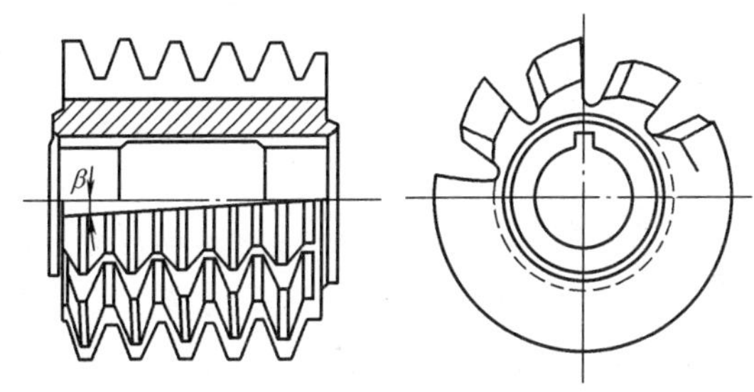

图 9-44 齿轮滚刀

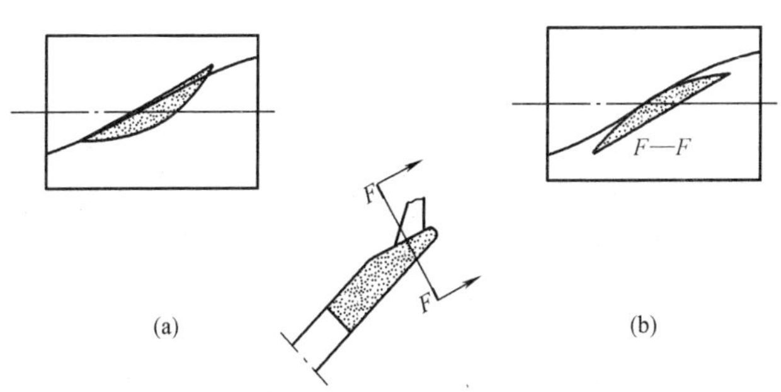

图 9-45 刃磨前刀面时的砂轮干涉

通常在装置滚刀的心轴上装一个靠模(图 9-46)，靠模的槽数、螺旋槽导程与所刃磨的滚刀一样。靠模槽中嵌有支撑板，它固定在

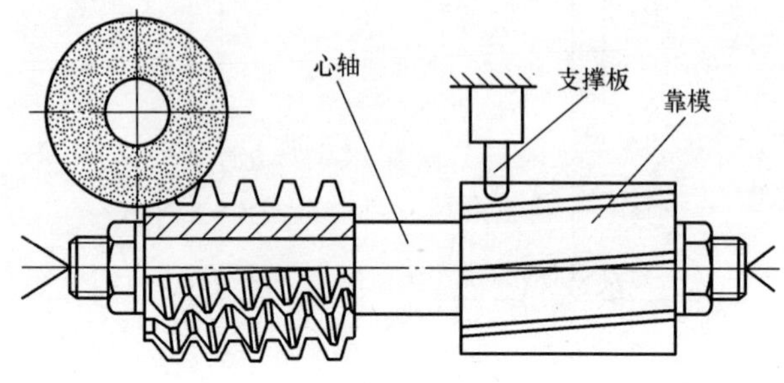

图 9-46　靠模装置

磨头体上。靠模和滚切同时由工作台带动往复移动，磨完一条槽的前刀面后，把撑板移入相邻的靠模槽中，磨另一条槽的前刀面。一圈刀齿的前刀面都磨好后，滚刀圆周方向的进刀同样靠微调节支撑板位置来达到。

3. 铲齿铣刀前角的测量

如图 9-47 所示，将铣刀套在心轴上，心轴顶在测量架的前后顶尖间，将杠杆百分表的测头抵在量块顶面上(量块高度等于顶尖中心高)，把百分表指针调整到零位。然后移动百分表座，把百分表的测头抵在铣刀前刀面的顶部 A，并转动铣刀使百分表读数为零。再移动百分表座，使测头从 A 点移到前刀面的根部 B 点，如百分表在 B 点读数仍为零，就表明铣刀的前角 $\gamma_0=0°$。如 A、B 两点的读数相差 y，铲齿铣刀前角 γ_0 可按下式计算

$$\tan\gamma_0 = \frac{y}{x}$$

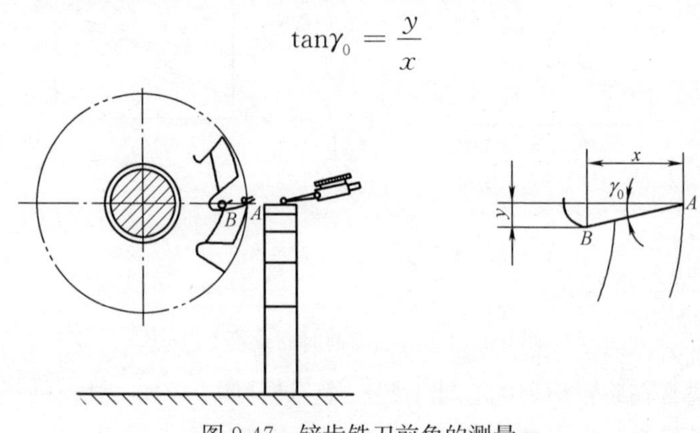

图 9-47　铲齿铣刀前角的测量

式中 y——A、B 两点读数相差，mm；

x——A、B 两点间的距离，mm。

三、铣刀刃磨实例

(一)图样和技术要求分析

图 9-48 所示为一圆柱形铣刀。因磨损需刃磨后面，材料为 W18Cr4V2，热处理淬硬 63～66HRC，铣刀外径 $\phi 63_{-0.05}^{0}$ mm，螺旋角 $\beta=40°$，端面前角 $\gamma_p=15°$，端面后角 $\alpha_p=12°$，齿数 $z=8$，切削刃对中心线的径向圆跳动公差：相邻为 0.03mm，一周为 0.06mm。刃磨面的表面粗糙度 $Ra0.63\mu m$。

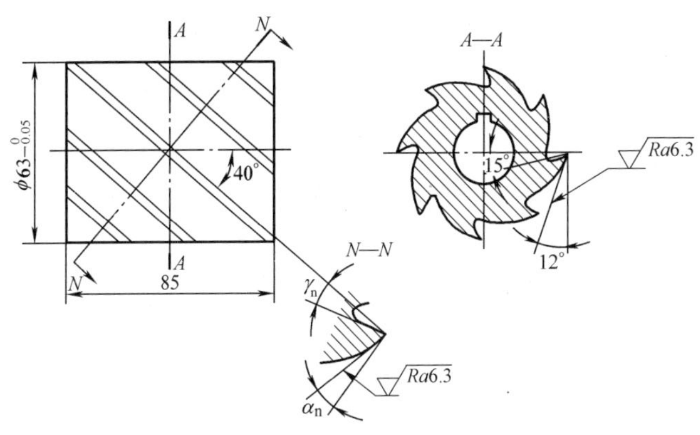

图 9-48 圆柱铣刀

根据工件材料和加工要求，进行如下选择和分析。

1. 砂轮的选择

所选砂轮为 WA60K5V 的杯形砂轮，并将砂轮端面修成内凹形。修整砂轮用金刚石笔。

2. 装夹方法

选用端面夹紧、内孔定位的心轴进行装夹，铣刀在心轴上紧固后装在前、后顶尖之间。装夹前需检查心轴中心孔。

3. 刃磨方法

铣刀刃磨前，应先用心轴装夹修磨外圆、调整好砂轮与铣刀相对位置，利用中心规将砂轮中心和两顶尖中心调整到同高，并将砂轮架转 2°～3°，避免已磨好的切削刃碰到砂轮边缘。同时将齿托架安装在砂轮架上，然后将砂轮中心调低并使齿托片顶端低于铣刀中心 $H=\frac{D}{2}\sin\alpha=\frac{63}{2}\times0.208=6.55\text{mm}$(见图 9-39)。由于铣刀为螺旋齿，故采用圆弧形齿托片，如图 9-10(d)所示。

刃磨时，将铣刀的一齿槽引进齿托片，并将前面紧贴齿托片顶端，左手摇动手轮，使工作台作纵向进给，右手扶住铣刀心轴，铣刀随工作台作纵向进给的同时也做圆周运动即形成螺旋运动。起动砂轮，缓慢地作横向进给，刃磨刀齿的后面。磨好一齿后，退出齿托片，将铣刀转过一齿，继续刃磨，逐齿磨至要求，如图 9-49 所示。

4. 检查方法

圆柱铣刀有端面后角 a_p 和法向后角 a_n，它们与螺旋角 β 有关，其关系式为

$$\tan a_p = \tan a_n \cos\beta$$

一般刃磨后只检查端面后角 a_p。检查后角可用多刃角尺测量，如图 9-50 所示。

(二) 操作步骤

详见表 9-12 圆柱铣刀刃磨工艺。

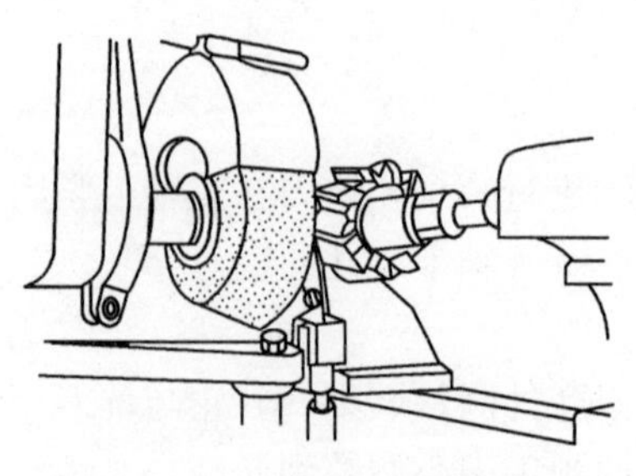

图 9-49 圆柱铣刀的刃磨

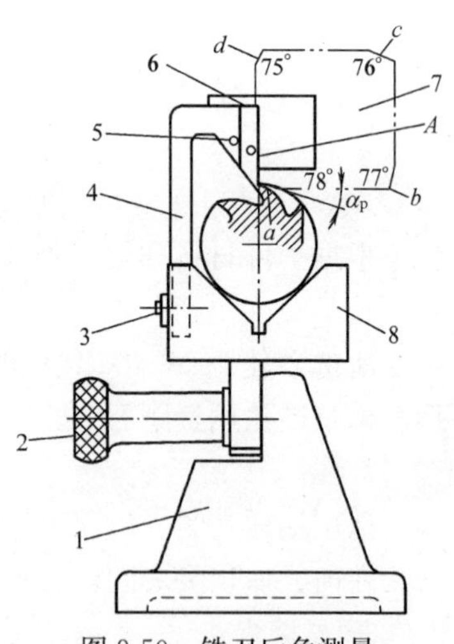

图 9-50 铣刀后角测量

1—底座；2、3—调节螺钉；4—臂架；5—螺钉；6—靠板；7—角度样板；8—V 形块

表 9-12　圆柱铣刀刃磨工艺

序号	内容及要求	机　床	装　备	切削用量 a_p（mm）
1	将铣刀装夹在心轴上，磨削铣刀外圆，保证切削刃对铣刀中心径向圆跳动公差。装夹前检查、研修中心孔	M1320A		
2	刃磨操作前检查、准备 （1）修整砂轮，端面修成内凹形 （2）装夹好铣刀的心轴于两顶尖间 （3）调整砂轮架及砂轮与铣刀相对位置，砂轮架转动 2°～3°，安装调整齿托片，使其顶端比铣刀中心低 6.55mm，使齿托片支撑在待磨齿前面上	M6025		0.01～0.02
3	刃磨后面，逐齿刃磨	M6025		0.01～0.015
4	精修整砂轮	M6025	金刚石笔	0.002～0.01
5	精磨刀齿后面，逐齿刃磨至要求，保证后角 $a_p=12°$，表面粗糙度 $Ra0.63\mu m$	M6025	多刃角尺（或专用后角量具），表面粗糙度量块	0.005～0.01

第十章

数控磨削技术

第一节　数 控 磨 床 概 述

数控即数字控制（Numerical Control，缩写为 NC），是数字程序控制的简称。数控机床是采用数字控制装置或电子计算机进行控制的一种高效能自动化机床，它综合应用了自动控制、计算技术、精密测量和机床结构等方面的最新技术。

随着科学技术的发展，机械产品的形状和结构不断改进，对零件的加工质量要求也越来越高，单件、小批生产的机械产品比重越来越大，特别是在航天、航空、造船以及国防工业的一些部门，加工批量少、精度要求高、形状复杂的零件很多，不适于采用如汽车、拖拉机等行业所用的大批大量生产的自动机床、组合机床和自动线来加工，而一般机床又难以达到加工要求。在此情况下，产生并发展了数控机床，它有效地适应了产品不断变化、多品种、小批量的自动化生产的需要。

磨床往往是处于机械加工中最终工序的机床。由于加工精度要求高，加上磨床采用的磨削工具为砂轮，其不定因素很多。尽管金属切削机床领域内数控车床、车削中心、数控铣床、加工中心等普及已有三十多年历史，而数控磨床却只有十几年的历史。数控磨床迅速发展是在 20 世纪 80 年代，而真正普及、实用则是在 90 年代。由于计算机技术的高速发展，数控技术得到进一步完善，促进了磨床结构的变革，使数控磨床在精度、效率、可靠性等方面，以及柔性化、易操作、易维护等方面达到新的高度。

一、数控机床的特点

数控机床是把加工所需要的各种操作，例如装卸工件、进刀、退刀、变速、开停机、切削液的供给等，通过专用数字计算机的运算，将输入的指令变为机床的各种操作，实现零件的自动加工。当加工对象改变时，除了重新装夹工件和更换刀具外，只需更换一个事先准备好的信息载体（穿孔带、穿孔卡或磁带、磁盘等），不需对机床做任何调整，就能自动加工出所需的工件，具有较高的加工精度和生产效率。

随着科学技术的不断发展，数控技术已逐步应用于各类磨床，图 10-1 所示就是用于模具加工的坐标数控磨床，可精密地磨削模具复杂的形面；图 10-2 所示是用于高精密平面加工的数控平面磨床。

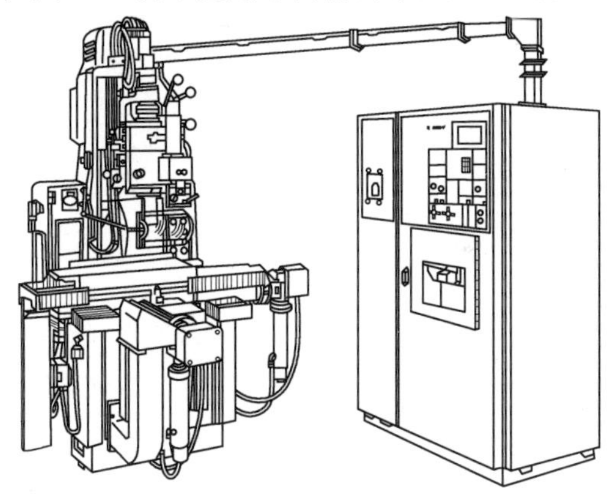

图 10-1　坐标数控磨床

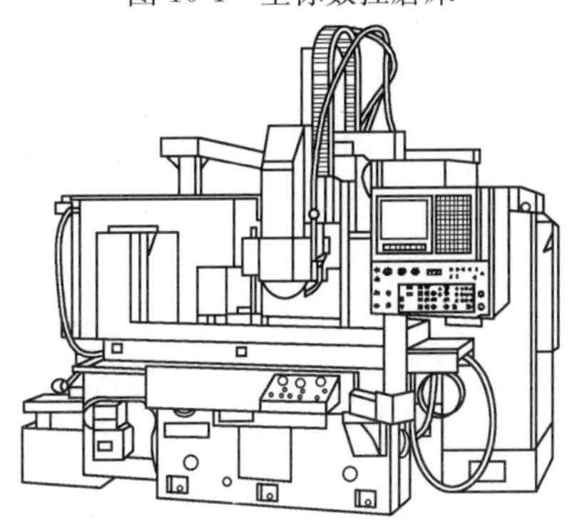

图 10-2　数控平面磨床

我国已经生产的数控磨床有：MGK1320A 型数控高精度外圆磨床，可磨削凸轮、鼓形等复杂形面，磨削的圆度误差为0.000 5mm，表面粗糙度为 Ra0.01μm；MK2110 型数控内圆磨床，可用于内圆、内凹端面、锥孔、外端面的磨削；MK9020 型数控光学曲线磨床，用了三轴计算机控制系统；MK2945 型立式单柱坐标磨床，有两轴计算机控制；MJK1312 型简式数控外圆磨床和 MK8532 型数控曲线凸轮磨床等。都有较高的加工精度，并取得了显著的效益。

数控机床还为实现计算机辅助生产管理（PPC)、计算机辅助设计（CAD)、计算机辅助工艺设计（CAPP）及计算机辅助制造(CAM）等创造了一定的条件。把各种类型的数控机床的计算机联网，再用一台更高级的计算机进行控制，加上采用能自动上下料的工业机器人，以及在机床间自动传送工件的装置（如传送带、有轨电车、无人化小车等)，就能对多种工件按照不同的工艺流动路线在系统中进行加工。这种灵活可变的能适应加工多种产品的自动化生产系统，称之为柔性制造系统（FMS)。用高一级的计算机把所有的 FMS 系统连接起来，就成为无人自动化生产车间。因此，数控机床具有广阔的发展前景。

目前，世界上各专业数控系统厂生产的数控系统大都有磨床专用的系列，这些磨床专用数控系统与车床或铣床使用同型号的数控系统在硬件结构上基本相似，只是在软件方面有所不同，主要根据磨床加工的特殊性提供磨削专用的功能。与普通磨床相比，数控磨床的特点十分突出，尤其是计算机数控技术和砂轮自动平衡、自动检测技术等新技术的综合应用，使得磨床不仅在加工精度、工作效率方面取得质的飞跃，而且在机床的稳定性、可靠性、易维护等方面也得到很大的提高。

1. 加工精度高

加工精度的提高来自于两方面，首先是机床本身精度的提高，如提高床身动静刚性，减少热变形，降低材料热导率，导轨采用滚动导轨、静压导轨、贴塑导轨等。机械进给机构一般采用交流或直流伺服电动机传动滚珠丝杠，再加以双 V 形、平 V 形滚动导轨或静压导轨，使得进给精度达到 0.1～0.25μm。工件主轴采用向心推力球轴承或圆锥滚柱轴承，其回转精度一般能达到 0.2～1μm。砂轮轴一般采用四套高精度滚动轴承或高精度向心推力轴承，其回转精度为 0.5～1μm，另外，随着驱动技术和检测技术的飞速发展，数字驱动技术和高分辨率的光栅检测技术在数控磨床上的广泛应用，保证了高精度加工的实现。

2. 工作效率高

数控技术的应用提高了机床的加工效率，数控系统的自动补偿功能在磨床上得到充分发挥。自动测量等自动控制技术的运用大大缩短了机床的辅助时间。

3. 稳定性强、可靠性高

机床工作的稳定性和可靠性主要包括两个方面，即机床本身的工作安全可靠和加工质量的稳定。随着电子技术的高速发展以及计算机技术的深入运用，软件技术的不断提高，数控系统的功能也在不断增强。如数控系统可以检查编程的刀具轨迹，纠正编程错误，还可以检查刀具与机床、夹具碰撞的可能性等，这些都保证了数控系统本身的稳定、可靠运行，而零件加工程序由计算机存储、管理并直接存入数控系统，使得机床加工质量更加稳定。另外，计算机数控系统一般都具有自诊断功能，可及时指出故障原因，便于维修或预防操作失误，减少停机时间。这一切使得现代数控系统的无故障运行时间大为增加。

4. 机床调整、操作、维护方便

随着计算机技术在数控机床的深入运用，机床厂家根据各种类型的磨削加工方式，编好通用的数控加工程序，用户只需根据所需加工零件的工艺，选择相应的数控程序，填入零件尺寸及工艺参数即可，砂轮修整、补偿等也是采用人机对话方式完成的程序编制。主轴、导轨等润滑采用中央集中润滑，由控制系统自动完成。

二、数控机床的工作原理

1. 数控机床的工作过程

数控机床的工作过程如图 10-3 所示。

在数控机床上加工零件，通常要经过以下几个步骤：

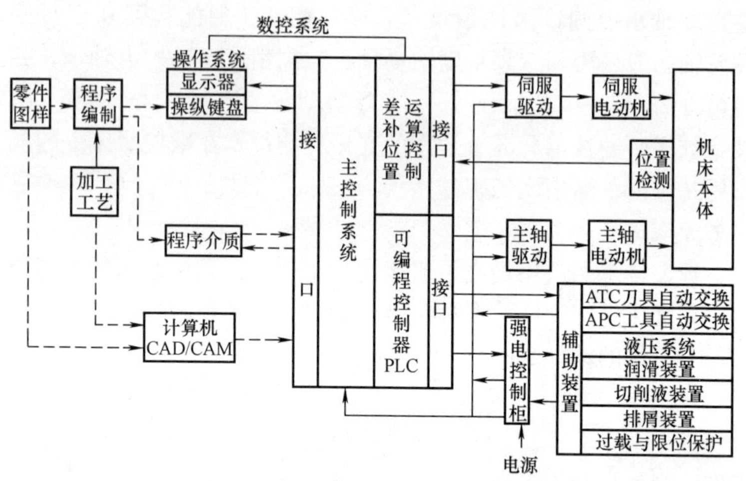

图 10-3　数控机床的主要组成部分与基本工作过程的示意框图

(1) 加工程序设计。根据零件图样要求，确定零件的加工程序以及每一程序中机床所采用的主轴转速、进给速度、工作部件快速趋近或退离的距离、行程长度和机床的其他辅助运动等。

(2) 编制加工程序单。将程序分段，并以数控装置所能识别的代码（数字码、字母码及符号码）编制加工程序单（程序就是对加工工艺过程的描述)，并填写程序单。

(3) 制作信息载体。将加工程序的内容以代码的形式完整记录在信息载体（如穿孔带、磁带或磁盘等）上。信息载体上存储着加工零件所需要的全部信息。

(4) 穿孔带光电转换。将穿孔带放入光电阅读机中，通过它进行光电转换，将穿孔带的代码变成电脉冲信号逐段输入到数控装置中。如是人工输入，则可通过微机键盘，将加工程序的内容直接输送给数控装置。

(5) 代码寄存和运算。数控装置将代码寄存和进行运算，同时又向机床的各个坐标的伺服机构（如步进电机等）分配脉冲。伺服系统接到执行的信息指令后，立即驱动机床，使刀具、加工件严格地按照信息载体上的代码作出规定的相对运动，并控制其他辅助操作（如自动变速、供切削液、刀具转位等），最后加工出合格的工件。

2. 数控机床的工作原理

数控装置内的计算机对以数字和字符编码方式所记录的信息进行一系列处理后，向机床进给等执行机构发出命令，执行机构则按其命令对加工所需各种动作，如砂轮相对于工件的运动轨迹、位移量和速度等实现自动控制，从而完成工件的加工。数控机床的工作原理如图 10-4 所示。

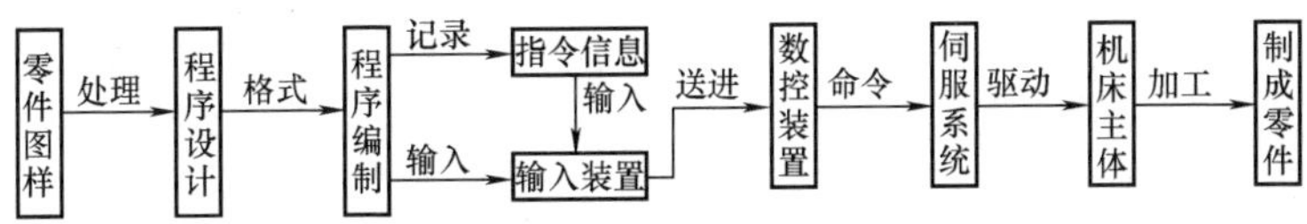

图 10-4　数控机床的工作原理方框图

三、数控磨床常用装置

（一）数控磨床的组成

一般数控磨床都由机床和数控装置（计算机控制箱）组成。现以 MK9020 型数控光学曲线磨床为例说明，该磨床外形如图 10-5 所示。它由光学投影系统、机床和计算机控制箱三大部分组成。

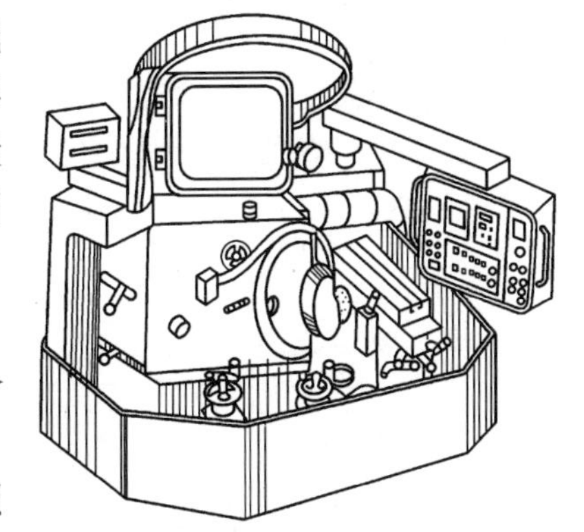

图 10-5　MK9020 型数控光学曲线磨床

1. 光学投影系统

该系统由以下三个部分组成：

(1) 照明部分。有反射照明系统和透射照明系统。

(2) 放大物镜。有放大倍率分别为 10、20、50、100 等的大小物镜。

(3) 反光镜及投影屏。主要用于找正基准线，用放大图检查工件尺寸及成形要求，并作坐标尺寸定位。

2. 机床部分

机床由床身、坐标磨头架、坐标工作台三部分组成，并有磨圆柱体回转中心架、砂轮修整器等附件。

（1）坐标磨头架。坐标磨头架上装有磨具，作上下直线运动，通过蜗杆副，磨具可在$-2°\sim+30°$范围内转动，以磨削刀具后角；同时可将磨头座在水平面旋转$\pm30°$，磨削侧后角。最下面的是一副十字滑板，由计算机控制的两根轴为（X，Y）坐标轴，对在X、Y方向平面内的精密圆弧、直线、斜线和不规则曲线，采用插补的方法进行磨削。X、Y两轴也可以通过手轮，手动按投影放大图作磨削操作。用计算机控制时，每个脉冲当量为1μm，有效读数为6位。

（2）坐标工作台。用手柄旋转丝杠，坐标工作台可在X、Y方向运动，其位移尺寸根据磁性尺数显控制，主要用于工件对基准及接刀位移控制；用手轮可使坐标工作台沿立柱上下移动，以调整工件焦距，使投影清晰。工作台的磁性尺与投影仪的基线可测量工件的X、Y方向尺寸，最小读数值为1μm，有效读数为6位。工作台的最大行程X方向为200mm，Y方向为90mm，并可任意置“0”。

3. 计算机控制箱

计算机控制箱即数控装置，是数控机床的中枢，一般由输入装置、控制器、运算器和输出装置四部分组成，见图10-6。

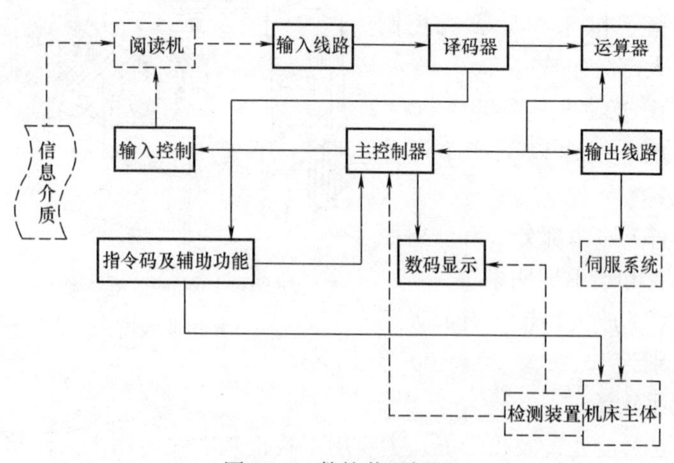

图10-6　数控装置框图

输入装置亦称译码器，即“数码-文字码判别器”，它与光电阅读机相连，把阅读机经过放大器而送来的穿孔带代码信号加以识别，然后将数码送到运算器，将文字码送到控制器。

控制器接受了从输入装置送来的文字码后，一方面控制输出装置，实现机床的各种操作；另一方面，控制运算器的运算，控制阅读机的启动和停止。

运算器接受了从输入装置送来的数码后，在进行数字运算的同时，不断地向输出装置分配脉冲信号。

输出装置与伺服电动机相连，它将来自控制器和运算器的指令信号向各个执行机构的伺服电动机分配脉冲，实现机床各个坐标的运动。

控制装置的四大部分由具有一定逻辑功能的许多逻辑电路所组成。随着数控技术的日益发展，已逐步趋向于用一台小型计算机来代替数控装置（简称为 CNC）。

MK9020 型数控磨床的计算机控制箱是由日本 FANUC 配套的，它可控制三个坐标轴的运动，但只能使两个坐标轴联动，即（X，Y）或（X，B）或（Y，B）。通过计算机输出，使（X，Y）两轴进行坐标移动，以加工直线、斜线、圆弧及各种轮廓曲线，也可使（X，B）或（Y，B）轴联动加工柱面（B 轴为控制 360°回转工作台用，每 1°由 1000 个脉冲组成，可作任意大于 1°/1000 的角度控制）。

计算机控制箱面板上有操作按钮及数控编程手动输入键盘，并可通过 CRT 屏幕显示、校对程序，加工时可观察运动轨迹。

该计算机采用一般国际上通用代码指令 ISO、EIA，也有按机床加工需要的指令，如准备指令（G 代码指令）和辅助指令（M 代码指令）及各种字符代码与加工编程的语言格式。

该机床的数控功能见表 10-1。

表 10-1　　机床的数控功能

序　号	功　　能	序　号	功　　能
1	MDI 和 CRT 字符显示	3	程序储存和编辑
2	简单输入	4	记忆再现

续表

序号	功能	序号	功能
5	中断处理	27	自动停机
6	图形和数据输入	28	暂停/再启动
7	插补	29	吸尘器开关
8	阅读机穿孔机接口	30	冷却装置开关
9	子程序	31	偏置程序
10	砂轮半径补偿	32	时间累加器
11	砂轮偏置量存储	33	工时计时器
12	间距误差补偿存储	34	数据保护
13	位置显示	35	光屏
14	存储序数	36	自动操作
15	最大指令值	37	手摇脉冲发生器
16	程序编辑	38	暂停
17	程序检查	39	干磨
18	顺序号检索	40	单程序段执行
19	跳跃程序段	41	进给量调整
20	任意停机	42	EIA/ISO 代码识别
21	行程极限值存储	43	用户宏指令
22	超越行程	44	4 位数进给
23	多象限圆弧插补	45	参考点返回
24	小数点输入	46	参考点设定
25	自动加速减速	47	自动诊断
26	自动切断电源		

（二）数控磨床常用装置及附件

1. 砂轮平衡装置

为使数控磨床能稳定地达到高要求的尺寸精度及表面粗糙度，在机床必须具有高的几何精度、刚度和性能稳定性的同时，对磨床的振动状况也有严格的要求。如在制造机床时，对电动机和传动带轮都要进行精确平衡。此外，在磨床振动中，最主要也是最不稳定的振源就是砂轮轴系统的不平衡振动。砂轮轴系统的振动是影响加工表面质量的关键因素之一。砂轮轴系统的振动主要由两种原因导致的，一是砂轮未能充分平衡，由于主轴周期性旋转振摆而引起的砂轮振动；二是嵌在结合剂中的磨粒冲击作用，产生不稳定的高频振荡而造成砂轮的不规则振动。

从力学的观点来看，砂轮不平衡是由于砂轮材质的不均匀性及其他加工因素，使整个砂轮的重心与主轴的中心不重合，即由于不平衡质量偏离旋转中心所致。要使砂轮平衡，一般是通过调整平衡块的位置，使重心与旋转中心重合。砂轮平衡技术分为人工平衡、半自动平衡及在线自动平衡。人工平衡是将砂轮支承在平衡架上，通过调整砂轮法兰盘上的平衡块，使砂轮在平衡架上的任何位置都能停转就算达到平衡。由于摩擦力的影响，这种方法的平衡精度较低。半自动平衡是利用传感器在磨床工作转速下，测出砂轮不平衡的大小和相位，停机后人工在砂轮法兰盘上施加和移动平衡块，以实现砂轮平衡，由于这种方法的平衡工作直接在磨床上进行，因此能同时校正砂轮本身与转轴系统的固有不平衡量及由于砂轮磨损不均匀、修整偏差等造成的动态不平衡量。在线自动平衡是在砂轮工作状态下，自动识别不平衡量的大小及相位，并自动完成平衡校正工作。砂轮自动平衡的形式是多种多样的，目前比较常见的有液体式自动动态平衡装置、氟利昂砂轮平衡装置、光电控制砂轮动平衡装置和激光动平衡装置等。

(1) 液体式自动动态平衡装置。液体式自动平衡装置如图 10-7

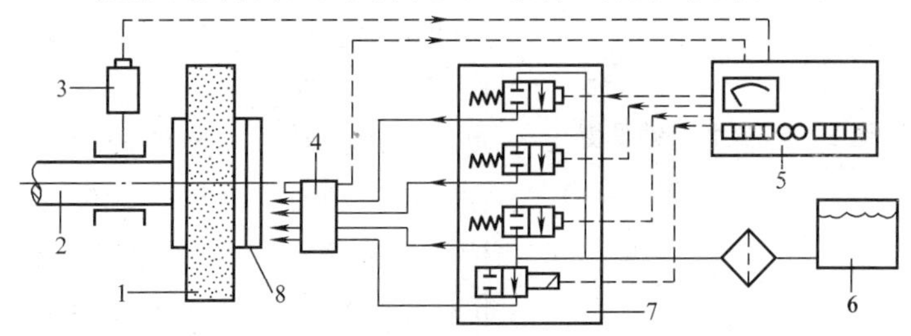

图 10-7 液体式自动动态平衡装置

1—砂轮；2—砂轮主轴；3—测振器；4—喷嘴块；5—电子控制仪；6—磨削液箱；7—阀组块；8—环形器

所示。利用机床本身使用的磨削液，通过阀块组分别进入四只转向阀，然后经喷嘴块中的四个喷嘴头喷入环形器中的四个环形槽及其相对应的四个平衡室内。靠砂轮旋转的离心力，将液体有效地贴附在平衡室内壁，使砂轮得到平衡。

砂轮的不平衡状态通过测振器，将测得的振动信号输入电子控制仪，对于主轴旋转频率、不平衡力矩、振幅、平衡相位（四个腔体所对应的四个相位的不平衡状态）显示和判别，并能连续或断续有选择地自动对四个平衡室补偿液体。当达到所需要的平衡值以后，装置自动停止工作。其平衡值允差可根据需要在仪器中事先设定。

本装置的不平衡量可达到 1g 以内，振幅<0.1μm，平衡精度高，平衡量大。一般直径为 600mm 的砂轮，在不作任何静平衡的情况下可直接上机进行动态平衡，操作方便、省时省力。平衡时无机械接触、无磨损，使用寿命长。缺点是停车后平衡液体从储存槽中流出，因此，每次启动主轴需重新平衡。

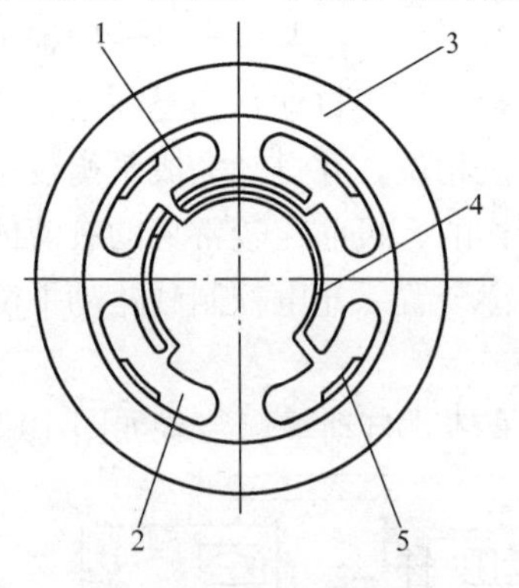

图 10-8　氟利昂动平衡装置示意图

1—氟利昂；2—平衡室；3—法兰盘；4—输送管；5—加热器

（2）氟利昂动平衡装置。图 10-8 是氟利昂动平衡装置的示意图。装置使用 $CBrF_2$ 作为平衡媒介，采用类似加水平衡式动平衡装置的四个平衡室，附加一套加热器，由于平衡控制室控制施加于平衡室的高电流，使液态 $CBrF_2$ 汽化，流向相对的小室而凝结，从而达到平衡状态。这种平衡装置的优点是平衡效果比较好，而且平衡以后，当停机或重新启动时，平衡状态仍继续保持。但是这种装置结构比较复杂、价格昂贵，高电流加热线圈必须经常更换，整个机构的技术要求很高。

（3）光电动平衡装置。图 10-9 是光电动平衡装置的示意图。光电控制砂轮平衡与一般的滑块式平衡器的不同之处是除了平衡块

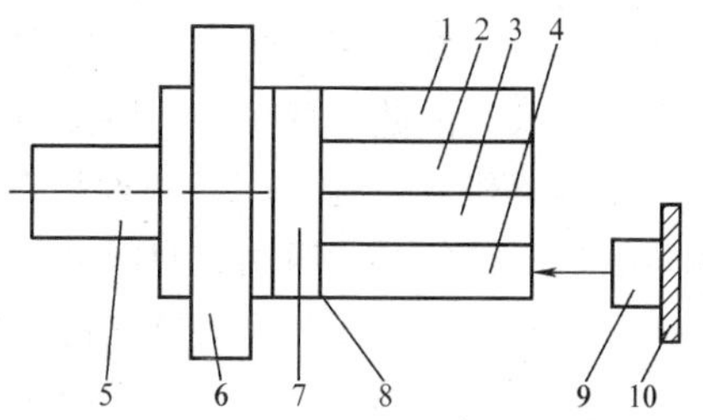

图 10-9 光电动平衡装置的示意图

1—动力源；2—传动机构；3—控制回路；4—光电检测器；5—主轴；6—砂轮；7—平衡传动机构；8—平衡装置；9—光源；10—砂轮罩

的传动结构及其驱动元件为内装式结构之外，在其内部还装有电源、受光元件和控制电路。不平衡量和振动由传感器检测，检测到的信号送入控制器，控制器根据这些信号控制发光元件发出光信号，根据受光元件接受的控制信号，控制电路驱动微型电动机将两个平衡块朝振动减少的方向移动，直至完成平衡工作，即在完全不接触的状态下，由静止的一侧将信号传至回转的一侧，实现平衡砂轮的工作。正是由于光电控制砂轮平衡是在完全不接触的状态下控制平衡块移动的，所以它在调整、使用、维护等方面具有很多优越性，是目前较好的长寿命自动砂轮平衡装置。

2. 在线检测装置

在数控磨床上进行自动测量的典型结构是在线检测装置。从在线量仪的作用来说，磨床上的测量装置可分为尺寸控制和加工定位两大类。尺寸控制就是在线量仪在磨削过程中同时对工件进行连续测量，当工件尺寸符合相应的监控尺寸时，检测装置发出相应的控制信号至数控系统，数控系统根据测量装置反馈回来的信号改变数控加工程序流向或加工参数。用户在零件加工程序中对量仪进行参数设置，设置对加工工件的一个或几个监控尺寸。目前，很多数控外圆磨床都采用在线检测装置来控制工件外圆的加工。加工定位就是在工件加工前通过在线检测装置对工件的测量，确定工件的精确位置。用于加工定位的在线量仪在数控磨床上的应用非常广泛，如外圆磨床上工件的轴向定位，刀具磨床上刀具的定位及一些外形尺寸的测量等。

在线检测装置从控制结构上可分为两种。一种是测量装置将采集的数据直接送到数控系统，运算由数控系统完成或由数控系统传送到其他计算机进行处理。刀具磨床的在线测量装置一般采用这种形式，由于刀具磨床上的测量装置需要测量刀具的外形尺寸，数据运算量很大，因此，数控系统将测量传感器采集的数据传送到计算机，由计算机进行处理。另一种是在线检测装置采用独立的系统，测量数据的采集和运算由它自身完成，数控系统只需将控制参数传入测量装置，其余由测量装置自己完成。

在线检测的形式很多，其主要区别在于使用的测量传感器。数控目前用于在线检测的传感器的种类主要有机械式、光学式、超声波式、电子式和气动式。随着传感器技术的提高以及计算机技术的应用，电子式传感器的应用越来越广泛。采用电子式传感器的测量系统具有精度高、速度快、抗干扰、安装调整方便等特点。数控磨床的在线检测装置目前大多采用这种型式的传感器。

3. 砂轮修整器

砂轮修整器是磨床上不可或缺的装置。对于传统磨床来说，砂轮修整是最困难的部分，它依赖于复杂的机械装置或操作人员的调控能力，修整精度和机床的柔性都受到很大的限制。随着数控技术在磨床上的应用，砂轮修整也有了质的飞跃。数控磨床上的砂轮修整与传统的砂轮修整相比，根本的区别就是数控系统通过加工程序完成砂轮的修整，也就是用软件控制代替传统的机械或手动控制。数控磨床的砂轮修整可借助编制一个简单的二维数控程序在数分钟内就生成任意轮廓，较复杂的轮廓可通过 CAD/CAM 等计算机软件完成数控程序的编制。因此，数控磨床的砂轮修整可达到很高的修整精度，修整时间也大大缩短，而且砂轮轮廓的调整通过改变数控程序即可很方便地实现。

数控砂轮修整装置常见的安装方式有两种。一种是把金刚石修整器设置在工作台面上或头架上，可以充分利用两个进给数控轴的运动实现砂轮外形轮廓的成形修整，这也大大简化了机床结构。另一种是把修整器装在砂轮架后面，单独用两个数控轴来控制修整过程，这样就可以让修整过程和加工过程同时进行，节省了时间，但机床的制造成本也加大了。不论用什么方法修整砂轮，都存在补偿问题。各种数控系统都提供了多种坐标补偿方法，如直接修改坐标值、改变 G54～G59 的零点偏置值、改变刀具补偿值等。现在的数控磨床一般都具有“砂轮管理功能”，存储有当前砂轮的形状尺寸等各种数据，每次修整后自动修改砂轮数据，用户只需在砂轮新安装时输入初始数据，以后的修整补偿工作全由系统自动完成。

第二节　数控机床的坐标系

一、数控机床的坐标轴和运动方向

（一）数控机床的坐标轴和运动方向

对数控机床的坐标轴和运动方向做出统一的规定，可以简化程序编制的工作和保证记录数据的互换性，还可以保证数控机床的运行、操作及程序编制的一致性。按照等效于 ISO 841 的我国标准 JB/T 3051—1999 规定：如图 10-10 所示，数控机床直线运动的坐标轴 *X*、*Y*、*Z*（也称为线性轴），规定为右手笛卡尔坐标系。*X*、*Y*、*Z* 的正方向是使工件尺寸增加的方向，即增大工件和刀具距离的方向。通常以平行于主轴的轴线为 *Z* 轴（即 *Z* 坐标运动由传递切削动力的主轴所规定）；而 *X* 轴是水平的，并平行于工件的装卡

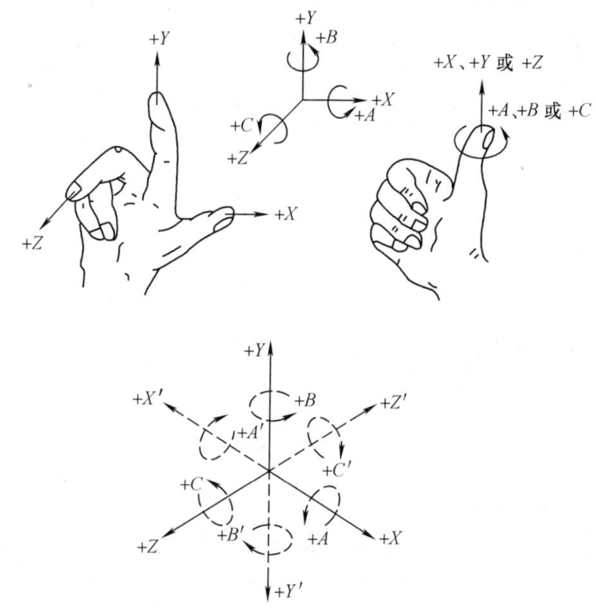

图 10-10　数控机床坐标系

面；最后Y轴就可按右手笛卡儿坐标系来确定。三个旋转轴A、B、C相应的表示其轴线平行于X、Y、Z的旋转运行。A、B、C的正方向相应地为在X、Y、Z坐标正方向向上按右旋螺纹前进的方向。上述规定是工件固定、刀具移动的情况。反之若工件移动，则其正方向分别用X'、Y'、Z'表示。通常以刀具移动时的正方向作为编程的正方向。

除了上述坐标外，还可使用附加坐标，在主要线性轴（X、Y、Z）之外，另有平行于它的依次有次要线性轴（U、V、W）、第三线性轴（P、Q、R）。在主要旋转轴（A、B、C）存在的同时，还有平行于或不平行于A、B和C的两个特殊轴（D、E）。数控机床各轴的标示乃是根据右手定则，当右手拇指指向正X轴方向，食指指向Y轴方向时，中指则指向正Z轴方向。图10-11所示为立式数控机床的坐标系，图10-12所示为卧式数控机床的坐标系。

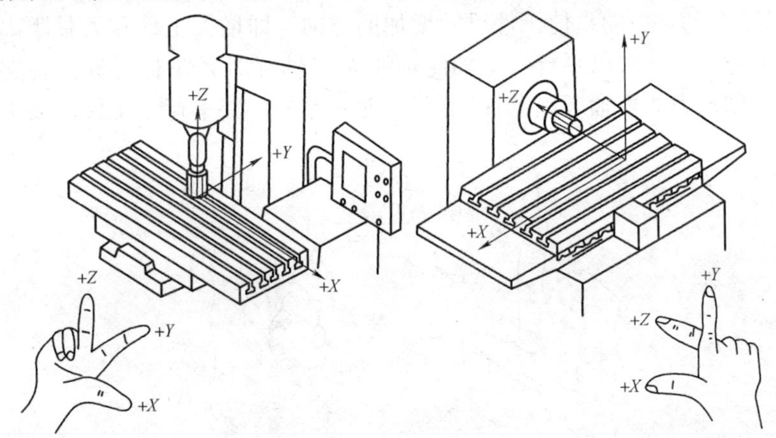

图10-11　立式数控机床坐标系　　　图10-12　卧式数控机床坐标系

（二）数控机床坐标系的象限

如图10-13所示，平面坐标分Ⅰ、Ⅱ、Ⅲ、Ⅳ四个象限，在第Ⅰ象限中，x、y值均为正值；在第Ⅱ象限中x为负值，y为正值；在第Ⅲ象限中，x、y均为负值；在第Ⅳ象限中，x为正值，y为负值。

（三）数控机床主轴运动方向的规定

图10-14所示为立式主轴相对工作台上的原点，规定主轴向上

运动为正（$+z$），向下运动为负（$-z$）；向右运动为正（$+x$），向左运动为负（$-x$）；向后运动为正（$+y$），向前运动为负（$-y$）。上述规定可以保证刀具正确的运动方向。

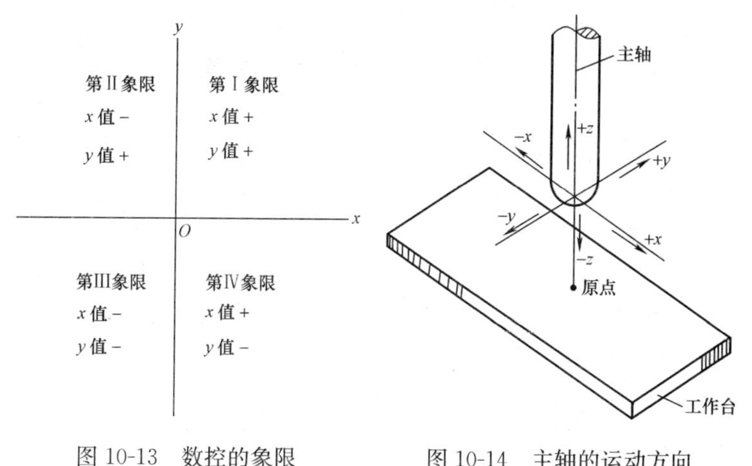

图 10-13　数控的象限　　　　图 10-14　主轴的运动方向

实际上，数控机床的运动轨迹有点位控制、直线控制和轮廓控制三种。在加工曲面时往往要两个方向上作合成运动。

二、绝对坐标系统与相对坐标系统

（一）绝对坐标系统

绝对坐标系统是指工作台位移是从固定的基准点开始计算的。例如，假设程序规定工作台沿 X 坐标方向移动，其移动距离为离固定基准点 100mm，那么不管工作台在接到命令前处于什么位置，它接到命令后总是移动到程序规定的位置处停下。

（二）相对坐标系统

相对（增量）坐标系统是指工作台的位移是从工作台现有位置开始计算的。在这里，对一个坐标轴虽然也有一个起始的基准点，但是它仅在工作台第一次移动时才有意义，以后的移动都是以工作台前一次的终点为起始的基准点。例如，设第一段程序规定工作台沿 X 坐标方向移动，其移动距离起始点 100mm，那么工作台就移动到 100mm 处停下，下一段程序规定在 X 方向再移动 50mm，那么工作台到达的位置离原起点就是 150mm 了。

点位控制的数控机床有的是绝对坐标系统，有的是相对坐标系统，也有的两种都有，可以任意选用。轮廓控制的数控机床一般都是相对坐标系统。编程时应注意到不同的坐标系统，其输入要求不同。

第三节　数控编程技术基础

一、数控编程概述

（一）程序编制概述

1. 数控加工程序的概念

数控机床之所以能够自动加工出各种不同形状、尺寸及精度的零件，是因为这种机床按事先编制好的加工程序，经其数控装置“接收”和“处理”，从而对整个加工过程进行自动控制。

由此可以得出数控机床加工程序的定义是：用数控语言和按规定格式描述零件几何形状和加工工艺的一套指令。

2. 程序编制及其分类

(1) 程序编制的概念。在数控机床上加工零件时，需要把加工零件的全部工艺过程和工艺参数，以信息代码的形式记录在控制介质上，并用控制介质的信息控制机床动作，实现零件的全部加工过程。

从分析零件图样到获得数控机床所需控制介质（加工程序单或数控带等）的全过程，称为程序编制。主要内容有工艺处理、数学处理、填写（打印）加工程序单及制备控制介质等。

(2) 程序编制的分类。有手工编程和自动编程两类。

1) 手工编程。由操作者或程序员以人工方式完成整个加工程序编制工作的方法，称为手工编程。

2) 自动编程。在做好各种有关的准备工作之后，主要由计算机及其外围设备组成的自动编程系统完成加工程序编制工作的方法，称为自动编程（即计算机辅助编程）。

（二）程序编制的一般过程

1. 一般过程

无论是手工编程还是自动编程，其一般过程都如图 10-15

所示。

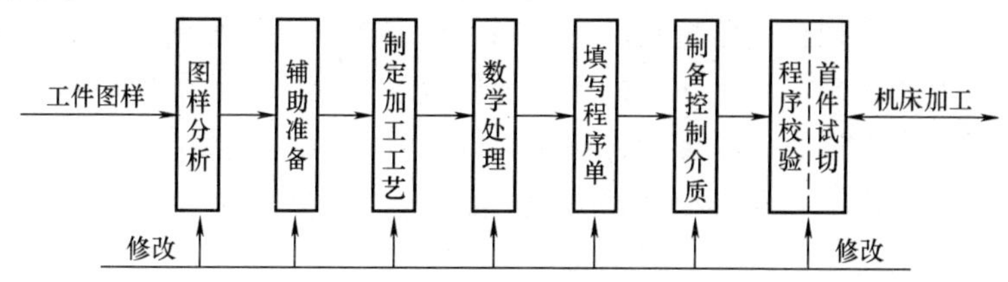

图 10-15　程序编制的一般过程

2. 手工编程的步骤

（1）图样分析。包括对零件轮廓形状、有关标注（尺寸精度、形状和位置精度及表面粗糙度要求等）及材料和热处理等项要求所进行的分析。

（2）辅助准备。包括确定机床和夹具、机床坐标系、编程坐标系、对刀点位置及机械间隙值等。

（3）工艺处理。其内容包括加工余量与分配、刀具的运动方向与加工路线、加工用量及确定程序编制的允许误差等方面。

（4）数学处理。包括尺寸分析与作图、选择处理方法、数值计算及对拟合误差的分析和计算等。

（5）填写加工程序单。按照数控系统规定的程序格式和要求填写零件的加工程序单及其加工条件等内容。

（6）制备控制介质。数控机床在自动输入加工程序时，必须有输入用的控制介质，如穿孔带、磁带及软盘等。这些控制介质是以代码信息表示加工程序的一种方式。穿孔带的制备一般由手工操作完成。

（7）程序校验。包括对加工程序单的填写、控制介质的制备、刀具运动轨迹及首件试切等项内容所进行的单项或综合校验工作。

（三）手工编程的意义

手工编程的意义在于：加工形状较简单的零件（如直线与直线或直线与圆弧组成的轮廓）时，快捷、简便；不需要具备特别的条件（价格较高的自动编程机及相应的硬件和软件等）；对机床操作者或程序员不受特别条件的制约；还具有较大的灵活性和编程费用少等优点。

手工编程在目前仍是广泛采用的编程方式。即使在自动编程高速发展的将来，手工编程的重要地位也不可取代，仍是自动编程的基础，在先进的自动编程方法中，许多重要的经验都来源于手工编程，并不断丰富和推动自动编程的发展。

二、程序编制有关术语及含义

（一）程序

1. 程序段

能够作为一个单位来处理的一组连续的字，称为程序段。

程序段是组成加工程序的主体，一条程序段就是一个完整的机床控制信息。

程序段由顺序号字、功能字、尺寸字及其他地址字组成，末尾用结束符“LF”或“*”作为这一段程序的结束以及与下一段程序的分隔，在填写、打印或屏幕显示时，一般情况下每条程序均占一行位置，故可省略其结束符，但在键盘输入程序段时，则不能省略。

2. 程序段格式

指对程序段中各字、字符和数据的安排所规定的一种形式，数控机床采用的程序段格式一般有固定程序段格式和可变程序段格式。

（1）固定程序段格式。指程序段中各自的数量、字的出现顺序及字中的字符数量均固定不变的一种形式，固定程序段格式完全由数字组成，不使用地址符，在数控机床中，目前已较少采用。

（2）可变程序段格式。指程序段内容各字的数量和字符的数量均可以变化的一种形式，它又包括使用分隔符和使用地址符的两种可变程序段格式。

1）使用分隔符格式。指预先规定程序段中所有可能出现的字的顺序（这种规定因数控装置不同而不同），格式中每个数据字前均有一个分隔符（如 B），在这种形式中，程序段的长度及数据字的个数都是可变的。

2）使用地址符格式。这是目前在各种数控机床中，采用最广泛的一种程序段格式，也是ISO标准的格式，我国有关标准也规定采用这种程序段格式，因为这种格式比较灵活、直观，且适应性强，还能缩短程序段的长度，其基本格式的表达形式通常为：

N××××　G××　X±×××××.×××　Y±×××××.×××　Z±×××××.×××　F××××.×××　S××××/××　T××××　M××＊

（二）各种原点

在数控编程中，涉及各种原点较多，现将一些主要的原点（图10-16）及其与机床坐标系、工件坐标系和编程坐标系有关的术语介绍如下。

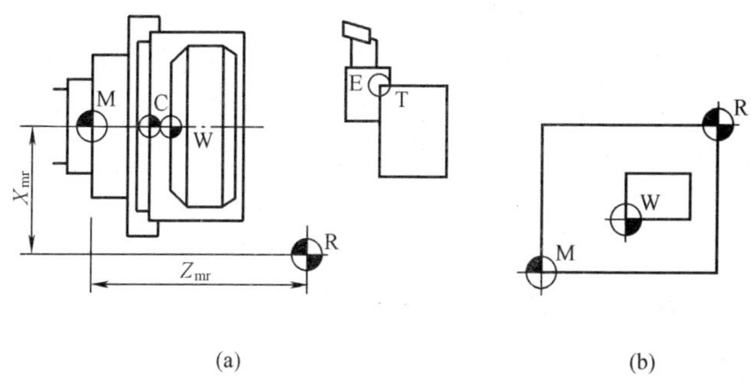

图10-16　数控机床坐标原点

（a）数控车床；（b）数控镗床

1. 机床坐标系中的各原点

（1）机床坐标系原点。机床坐标系原点简称机床原点，也称为机床零位，又因该坐标系是由右手笛卡尔坐标系而规定的标准坐标系，故其原点又称为准原点，并用M（或⊕）表示。

机床坐标系原点的位置通常由机床的制造厂确定、设置在机床上的一个物理位置，其作用是使机床与控制系统同步，建立测量机床运动坐标的起始点。如图10-16(a)数控车床坐标系原点的位置大多规定在其主轴轴线与装夹卡盘与法兰盘端面的交点上，该原点是确定机床固定原点的基准。

(2) 机床固定原点。机床固定原点简称固定原点，用 R（或◐）表示，又称为机床原点在其进给坐标轴方向上的距离，在机床出厂时已准确确定，使用时可通过“寻找操作”方式进行确认。

数控机床设置固定原点的目的主要是：

1）在需要时，便于将刀具或工作台自动返回该点。

2）便于设置换刀点。

3）可作为行程限制（超程保护）的终点。

4）可作为进给位置反馈的测量基准点。

(3) 浮动原点。当其固定原点不能或不便满足编程要求时，可根据工件位置而自行设定的一个相对固定、又不需要永久存储其位置的原点，称为浮动原点。

具有浮动原点指令功能的数控机床，允许将其测量系统的基准点或程序原点设在相对于固定原点的任何位置上，并在进行“零点偏置”操作后，可用一条穿孔带在不同的位置上，加工出相同形状的零件。

2. 工件坐标系原点

在工件坐标系上，确定工件轮廓的编程和计算原点，称为工件坐标系原点，简称为工件原点。它是编程员在数控编程过程中定义在工件上的几何基准点，用 C（或⊕）表示。

在加工中，因其工件的装夹位置是相对于机床而固定的，所以工件坐标系在机床坐标系中位置也就确定了。

3. 编程坐标原点

指在加工程序编制过程中，进行数值换算及填写加工程序段时所需各编程坐标系（绝对与增量坐标系）的原点。

4. 程序原点

指刀具（或工作台）按加工程序执行时的起点，实质上，它也是一个浮动原点，用 W（或⊕）表示。

对数控车削加工而言，程序原点又可称为起刀点，在对刀时所确定的对刀点位置一般与程序原点重合。

机床坐标系是以机床原点为坐标原点所建立的坐标系，是在机床回确定参考点操作完成以后建立的。一旦建立起来，除了受断电的影响外，不受控制程序和设定新坐标系的影响。外圆磨床一般是以卡盘或头架的端面和工件主中心线的交点作为机床原点。机床原点是制造和调整机床的基础，也是设置工件坐标系的基础，出厂前已经调整好，一般不允许用户随意变动（见图 10-17）。

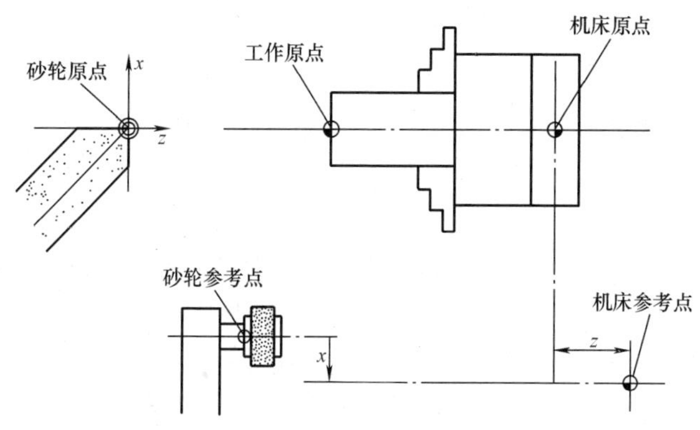

图 10-17　磨床坐标系中的各原点

数控外圆磨床的坐标方向如图 10-18 所示；数控工具磨床的坐标方向如图 10-19 所示。

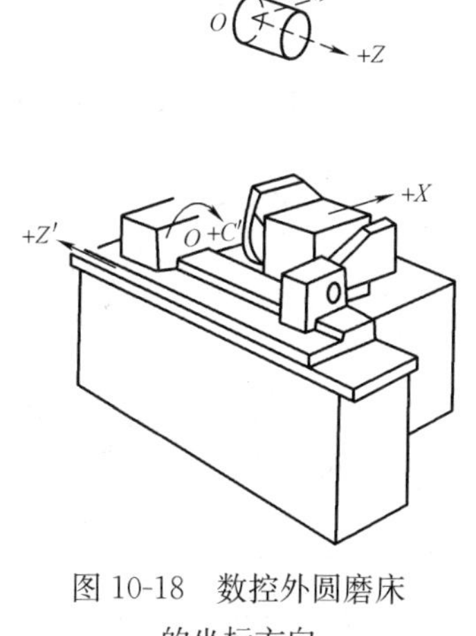

图 10-18　数控外圆磨床的坐标方向

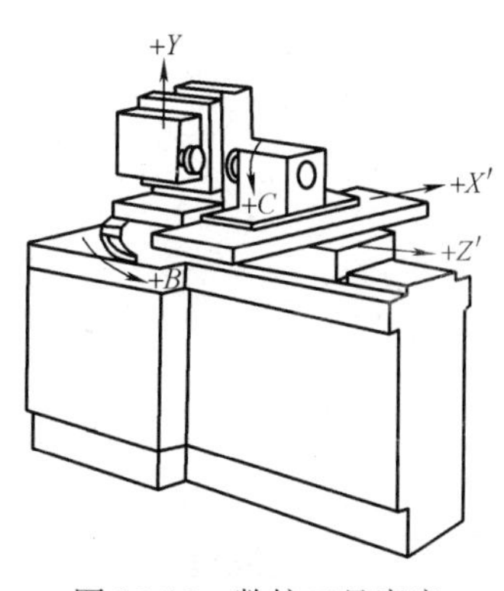

图 10-19　数控工具磨床的坐标方向

(三) 刀具半径补偿的概念

数控系统的刀具半径补偿(Cutter Radius Compensation)就是将计算刀具中心轨迹的过程交由CNC系统执行,编程员假设刀具的半径为零,直接根据零件的轮廓进行编程,因此这种编程方法也称为对零件的编程(Programming the Part),而实际的刀具半径则存放在一个可编程刀具半径偏置寄存器中,在加工过程中,CNC系统根据零件程序和刀具半径自动计算刀具中心轨迹,完成对零件的加工。当刀具半径发生变化时,不需要修改零件程序,只需要修改存放在刀具半径偏置寄存器中的刀具半径值或者选用存放在另一个刀具半径偏置寄存器中的刀具半径所对应的刀具即可。

铣削加工刀具半径补偿分为:刀具半径左补偿(Cutter Radius Compensation Left),用G41定义;刀具半径右补偿(Cutter Radius Compensation Right),用G42定义,使用非零的D##代码选择正确的刀具半径偏置寄存器号。根据ISO标准,当刀具中心轨迹沿前进方向位于零件轮廓左边时称为刀具半径左补偿;反之称为刀具半径右补偿,如图10-20所示;当不需要进行刀具半径补偿时,则用G40取消刀具半径补偿。

注意:G40、G41、G42都是模态代码,可相互注销。

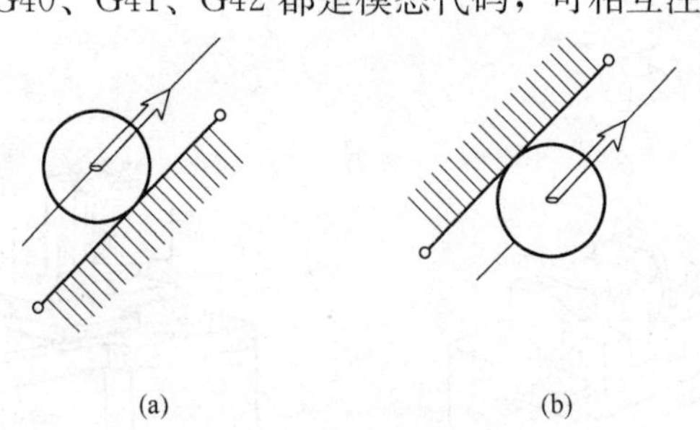

图10-20 刀具半径补偿指令
(a) 刀具半径左补偿;(b) 刀具半径右补偿

三、数控编程过程

编程是按照计算机中特定的代码指令及需要的数字,按一定的格式而编制程序的过程，而数控磨床则按程序进行加工，如图 10-15 所示为数控程序的编制过程。

（一）指令和代码

MK9020 型数控磨床的编程代码及格式见表 10-2～表 10-4。

表 10-2　　指令代码表（地址符号）（一）

功　能	地　址	意　义
程序数	O	1～999
次序数	N	1～9999
准备功能	G	0～99
坐标字	X，Y，Z（B）	±9999.999
辅助功能	M	0～99
停留	X，P	0～9999.999S
子程序	P	1～999999
补偿量	H	0～32
进给	F	0～1000mm/min

表 10-3　　指令代码表（准备功能字符）（二）

G 代码	组别	意　义	基本 B/选择 O
G00	01	定位（快速移动）1000mm/min	B
G01		直线插补（磨削进给）5mm/min	
G02		圆弧插补 *cw*（顺时针）	
G03		圆弧插补 *ccw*（逆时针）	
G04	00	暂停（*s*，*ms*）	
G10		偏置值设定	
G17	02	*X*、*Y* 平面选择	
G18		*Z*(*B*)、*X* 平面选择（转台时用）	
G19		*Z*(*B*)、*Y* 平面选择（转台时用）	
G20	06	英制转换	O
G21		米制转换	
G27	00	回原点检查	B
G28		回原点	
G29		从原点回	
G30		回第二原点	

续表

G代码	组别	意　义	基本B/选择O
G39	07	转角偏置圆弧插补	B
G40		刀具(砂轮)半径补偿取消	
G41		刀具(砂轮)半径补偿(左侧)	
G42		刀具(砂轮)半径补偿(右侧)	
G43	08	刀具(砂轮)长度偏置(+)	
G44		刀具(砂轮)长度偏置(-)	
G49		刀具(砂轮)长度偏置取消	
G54	14	工件坐标系1选择	O
GG55		工件坐标系2选择	
G56		工件坐标系3选择	
G57		工件坐标系4选择	
G58		工件坐标系5选择	
G59		工件坐标系6选择	
G60	00	单方向定位	
G65		宏命令	
G66	10	用户宏模态调用	
G67		用户宏模态调用取消	
G90	03	绝对值数值编程	B
G91		增量值数值编程	
G92	00	坐标系统设定	
G94	05	每分钟进给	
G95		未用	O
G98	04	回到原先平面	B
G99		回到 R 点平面	

表 10-4　　　　指令代码表（辅助功能字符）（三）

M代码	功　能	基本 B/选择 O
M00	程序停止	B
M01	程序停止	
M02	程序结束	
M04	圆弧磨削附件启动（开）	O
M05	圆弧磨削附件停止（关）	
M17	同步进给（开）	
M18	同步进给（关）	
M20	往复运动滑座固定点停止	
M23	砂轮主轴启动	B
M24	砂轮主轴停止	
M25	往复运动滑座启动	
M27	往复运动滑座停止	
M28	机床锁定启动	
M29	机床锁定无效	
M30	纸带结束	
M32	*X* 轴镜像操作启动	
M33	*Y* 轴镜像操作启动	
M35	所有轴镜像操作取消	
M98	子程序调用	
M99	子程序调用结束	

（二）编程格式

程序由程序段组成，而程序段由一系列指令代码构成。各程序段用“程序段结束”加以区别，本机用“;”表示。程序段中的一系列指令，规定了操作、坐标值或地址语句。故程序段由一定的字组合，例如某一程序的一个单程序段为

N1 G90 G92 X0 Y-10. ;

该程序段由 5 个字组成，其中字 G 90，G 为地址，数字为 90，这一字是机床要执行的指令功能。从表 10-1 和表 10-2 可知，G 表示准备功能，G90 表示采用绝对值坐标，G 92 表示坐标系统设定，而 *X*0，*Y*－10. 为坐标字，它表示了砂轮运动方向和坐标值，即砂轮向前方（靠操作者）移动 10mm。

必须注意字中的数值小数点有特殊的含义，如 Y10 和 *Y*－10. 两个字有极大的差别，前者表示 10μm，而后者则表示－10mm，在

数据处理时要注意区分。

该计算机有刀具（砂轮）补偿功能，因此在编制程序时节约了大量的刀具轨迹计算，只要按照图样尺寸计算，再加上砂轮运动起点及终点（即回到砂轮起始点）即可。

【例 10-1】 磨一段长为 10mm 的直线（见图 10-21），编制带有刀具补偿功能的程序，并确定砂轮加工时的走向。

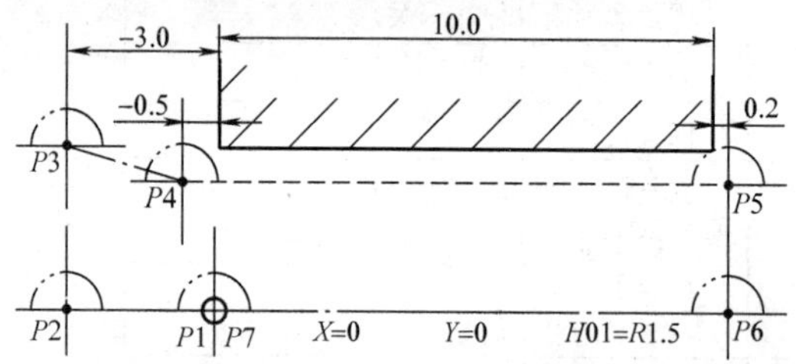

图 10-21　加工直线坐标图

解： 所编制程序见表 10-5。

表 10-5　　磨削工件 10mm 直线的程序

程序段	说明
N1 G40 G90 G92 X0 Y0 ;	序号 1 补除绝对值坐标设定 $X=0$，$Y=0$
N2 G0 X−3. ;	序号 2 快进 向 $X=-3.0$mm 移动
N3 Y−7.5. ;	序号 3 快进 向 $Y=-7.5$mm 移动
N4 G42 X−0.5 H01 ;	序号 4 右偏刀补 快移到 $X=-0.5$mm 刀补 1 号位
N5 G1 X10.2. ;	序号 5 磨速进给 5mm/min 使 X 移到 10.2mm
N6 G0 G40 Y0 ;	序号 6 快进 补除 Y 退到 0
N7 X0 ;	序号 7 快退 X 到 0
N8 M02	序号 8 程序停

该程序具有刀具（砂轮）补偿的直线程序格式及内容，共由 8 段组成。从起点 N1 起以 1000mm/min 的速度快速进给到 N4，同时进行刀具补偿；这时 N4 按 5mm/min 加工到 N5，再快速退回至终点 N7，也就是起点 N1。

【例 10-2】 磨削工件角度形面（图 10-22），编制带有刀具（砂轮）补偿的程序，并确定砂轮加工时的走向。

解： 所编程序见表 10-6。

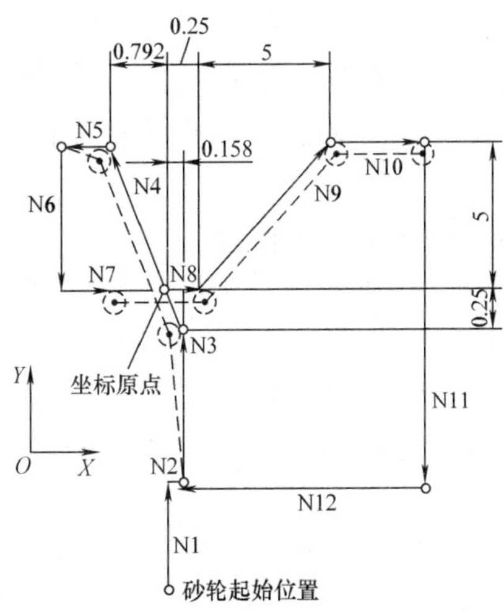

图 10-22　角度形面工件及其磨削程序运动轨迹

表 10-6　　　　　　磨削角度形面工件的程序

程　序　段	说　　明
N1 G90 G92 G40 X0 Y－5　；	编程零点 偏置到 $Y=-5$mm
N2 G0 X－0.158.　；	快速行程到 $X=-0.158$mm 处
N3 G41 G0 Y－1. H01　；	将砂轮偏置到 $Y=-1$mm，刀补 1 号位
N4 G41 X－0.792. Y5　；	砂轮半径左侧补偿 $X=-0.792$mm，$Y=5$mm，磨斜面
N5 G40 G0 X－10.　；	砂轮半径补偿取消，快速行程到 $X=-10$mm处
N6 Y0　；	横向快速行程
N7 G42 G0 X－0.5. H01　；	砂轮偏置快速行程到 $X=-0.5$mm 处，刀补 1 号位
N8 G0 X0.25.　；	磨削进给 5mm/min，使 X 移到 0.25mm 处，磨直线
N9 G1 X5.025. Y5.　；	磨削进给 5mm/min，$X=5.25$mm，$Y=5$mm，磨斜面
N10 G40 G0 X10.　；	砂轮半径补偿取消，快速退出到 $X=10$mm处
N11 Y－5.　；	砂轮退回 $Y=-5$mm 到起始位置
N12 X0　；	砂轮退回起始位置
N13 M02	程序结束

该程序段具有刀具（砂轮）补偿的斜面程序的格式内容，共由十三段组成。从起点 N1 快速进给到 N3 磨斜面，再快速行程至坐标原点磨直线、45°斜面，然后砂轮按程序段快速退回至起始点。

四、程序编制中的数学处理概念

程序编制中的数学处理是根据被加工零件图样，按照已确定的加工路线和允许的编程误差，计算出机床控制系统所需的输入数据，即进行机床各坐标轴位移数据计算和插补计算。这是编程前的主要准备工作之一，不但在手工编程中是必不可少的工作步骤，而且即使采用计算机进行自动编程，也经常需要先对工件的轮廓图形进行数学预处理，才能对有关几何元素进行定义。

对图形的数学处理一般包括两个方面：一方面是根据零件图样给出的形状、尺寸和公差等直接通过数学方法（如三角、几何与解析几何法等）计算出编程时所需的有关各点的坐标值、圆弧插补所需要的圆弧圆心的坐标；另一方面，当按照零件图样给出的条件还不能直接计算出编程时所需的所有坐标值，也不能按零件图样给出的条件直接进行工件轮廓几何要素的定义及进行自动编程时，那么就必须根据所采用的具体工艺方法、工艺设备等加工条件，对零件原图形及有关尺寸进行必要的处理或改动，才可以进行各点的坐标计算和编程工作。

（一）砂轮移动坐标值可按绝对值坐标或增值坐标表示。

1. 绝对值坐标

绝对值坐标是将各点坐标值，都以一个设定的原点（零点）为开始点计算。如图 10-23 所示，砂轮原点到 a 点，再运动到 b 点，其坐标点分别为 $x20$，$y50$；$x40$，$y30$。

2. 增值坐标

增值坐标则不以原点为起始点，而以其前一点为计算的依据进行计算。如图 10-24 所示，砂轮原点到 a 点再运动到 b 点并回复到原点，其增值坐标为 $x50$，$y30$；$x30$，$y-10$；$x-80$，$y-20$。

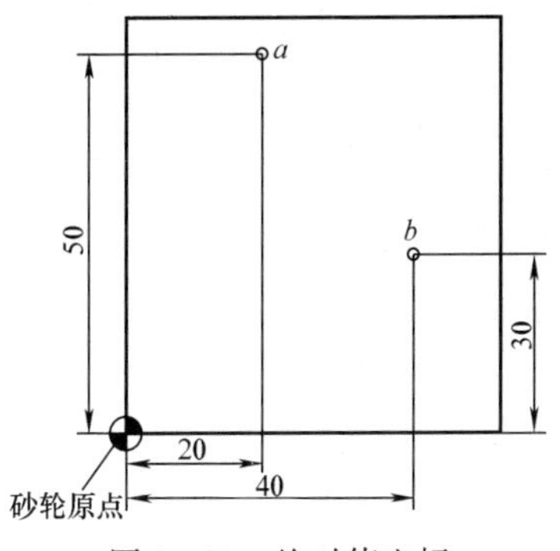

图 10-23　绝对值坐标

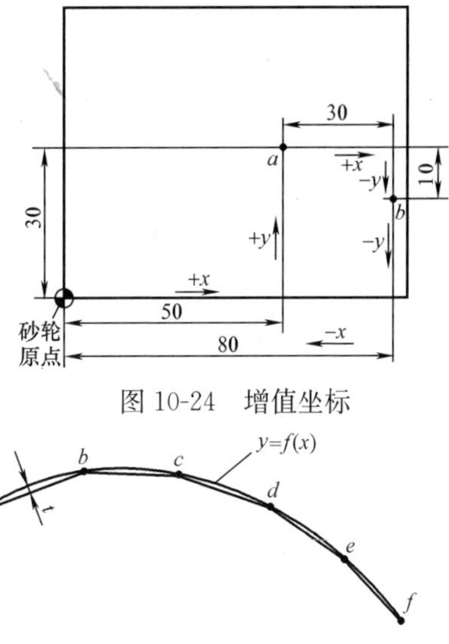

图 10-24　增值坐标

（二）插补计算

加工曲线时，需要用一段一段的直线逼近曲线。如图 10-25 所示，计算曲线上 a、b、c、… 各点的坐标，使逼近的误差最小，这种用许多直线段逼近曲线的计算方法称为插补。

图 10-25　插补

第四节　数控外圆磨床的编程

一、编程概述

外圆磨床一般加工的是轴类零件，在加工过程中，砂轮和工件之间的相对运动主要是砂轮沿工件轴向和径向的运动。一般把砂轮工作台沿工件轴向定为 Z 轴，径向为 X 轴。通过对 X 轴和 Z 轴的控制，数控外圆磨床可以对轴类零件实现直线、圆锥、圆弧的各种曲线的加工，也可以加工圆柱面、端面和梯形轴。

这里以 MK1320 型数控外圆磨床为例，对数控外圆磨床的结构、控制功能、加工方式进行简单的介绍 MK1320 型数控外圆磨床是一种数控直切入磨床。主要用于多轴颈圆柱形类零件的外圆磨削。该数控外圆磨床采用进口两轴联动数控系统（德国 SIEMENS-802D）。分别驱动砂轮架和工作台。机床的砂轮架主轴采用进口原装高精度滚动轴承，刚性较好，精度较高。头架由交流变频电机驱动无级调速，以适应不同工件的磨削。机床具有砂轮自动切入、工作台自动跳挡，工件尺寸的自动测量，两轴联动自动修整砂轮和修整后实现自动补偿。并可根据用户需要配置自动夹紧工件装置及自动测量仪。因此，除人工装卸工件外即可完成对工件的磨削加工。

MK1320 型数控外圆磨床主要技术参数如下。

磨削直径范围	8～200mm
最大磨削长度	500mm
最大砂轮线速度	50m/s
砂轮架进给速度	(0.06～600) mm/min
砂轮架微进给量	每一脉冲 0.001mm
工作台的进给速度	0.1～4m/min
工作台的微进给量	每一脉冲 0.01mm
头架主轴转速（无级）	(40～500) r/min
数控定位精度	
横向（X）	0.01mm
纵向（Z）	0.02mm
数控重复定位精度	
横向（X）	0.002mm
纵向（Z）	0.02mm
磨削顶尖间试件的精度	
圆度	0.003mm
圆柱度	0.004mm
表面粗糙度	$Ra\leqslant 0.2\mu m$

二、机床控制功能

数控磨床的各个部件的控制由数控系统完成，用户在零件加工程序中可以通过指令实现对磨床各部件的控制。在数控编程中，使用 G 指令、M 指令、F 指令、S 指令以及 T 指令代码描述数控磨床的运行方式，加工种类，主轴的启动、停止，冷却液的开启、关闭等辅助功能，以及规定进给速度、主轴转速等。

（一）准备功能指令（G 指令）

准备功能指令由字母 G 和其后的 2 位数字组成，该指令的作用主要是指定数控机床的运动方式，为数控系统的插补运算做准备。表 10-7 列出了一些常用的 G 指令。

表 10-7　　常用的 G 功能指令

G 指令	功　能	说　明
G0	快速定位	G0 *X* _ *Z* _；
G1	直线插补	G1 *X* _ *Z* _ *F* _；
G2	顺时针圆弧插补	G2/3*X* _ *Z* _ *I* _ *K* _ *F* _；（终点和圆心）或 G2/3 *X* _ *Z* _ CR _ *F* _；（终点和半径）
G3	逆时针圆弧插补	
G4	程序暂停	G4 *F* _或 G4 *S* _；*F* 单位为秒，*S* 单位为毫秒
G18	*Z*/*X* 平面选择	模态有效
G40	砂轮半径补偿取消	调用刀具半径补偿，模态有效
G41	砂轮半径左补偿	
G42	砂轮半径右补偿	
G53	取消可设定零点偏置	程序段方式有效
G54	工件坐标系 1 选择	可设定零点偏置，模态有效
G55	工件坐标系 2 选择	
G56	工件坐标系 3 选择	
G57	工件坐标系 4 选择	
G58	工件坐标系 5 选择	
G59	工件坐标系 6 选择	
G70	英制尺寸	模态有效
G71	公制尺寸	
G74	回参考点	G74 *X* _ *Z* _；自身程序段
G75	回固定点	G75 *X* _ *Z* _；自身程序段
G90	绝对尺寸	使用绝对坐标编程，模态有效
G91	增量尺寸	使用增量坐标编程，模态有效
G94	进给率 *F*（mm/min）	模态有效
G95	主轴进给率（mm/r）	
G96	恒定切削速度（m/min）	
G97	取消恒定切削速度	

(二) 进给功能指令 (F 指令)

F 功能指令是机床各个轴的进给速度控制指令,其指令形式是:F+进给速度(或速度代码),进给速度的单位是 mm/min。

(三) 辅助功能指令 (M 指令)

M 功能指令是可见度辅助功能的控制指令,如加工程序的结束,机床主轴的启动、停止,工件的夹紧、松开,冷却液的开关等。不同机床厂家生产的机床,其 M 功能指令代码也有所不同。用户可以根据机床生产厂家提供的 M 功能指令表编写零件加工程序。表 10-8 列出了部分常用的 M 指令。

(四) 主轴转速功能指令 (S 指令)

S 功能指令是主轴转速控制指令,其指令形式是:S+转速值(或指令代码),转速的单位是 r/min。

(五) 刀具功能指令 (T 指令)

T 功能指令是刀具选择控制指令,其指令形式是:T+刀号。对于数控磨床来说,T 功能指令就是砂轮选择。

表 10-8　常用的 M 功能指令

M 指令	功　能	说　明
M0	程序停止	用 M0 停止程序的执行,按启动键加工继续执行
M1	程序有条件停止	与 M0 一样,仅在出现专门信号后才生效
M2	程序结束	在程序的最后一段被写入
M3	主轴顺时针旋转	控制主轴的旋转方向及主轴停转
M4	主轴逆时针旋转	
M5	主轴停转	
M8	开冷却液	
M9	关冷却液	
M15	主轴启动	
M16	主轴停止	
M17	子程序结束	
M40	零件夹紧	
M41	零件松开	
M61	启动砂轮平衡	

续表

M指令	功　　能	说　　明
M70 H03	径向测量头进到测量位	M功能指令＋H参数，能够完成数控磨床的一些复杂控制功能
M70 H04	轴向测量头进到测量位	
M71 H03	径向测量头退回	
M71 H04	轴向测量头退回	
M72 H2003	启动径向测量	
M72 H5003	设置精磨/超精磨切换尺寸	
M72 H5103	设置粗磨/精磨切换尺寸	
M72 H5303	设置径向零位尺寸	
M72 H5403	设置径向零位偏置值	
M72 H2404	启动轴向测量	
M72 H5304	设置轴向零位尺寸	

三、编程实例

（一）加工零件

如图10-26所示为汽车变速器第二根轴。材料：16MnCr5；渗碳淬火，硬度为58～63HRC。

（二）加工内容

（1）磨ϕ49h6外圆，$32^{+0.08}_{0.00}$端面。

（2）磨ϕ44h6外圆。

（3）磨ϕ40k6外圆。

（4）磨ϕ47.992h6外圆。

（三）磨削工艺

（1）按加工内容的次序逐级磨削，各级外圆的磨削余量为0.35mm，端面的磨削余量为0.08mm。

（2）各级磨削都分为粗磨、精磨、超精磨和无进给磨削四个阶段，砂轮线速度为45m/s，工件转数见加工程序。

（3）使用砂轮：单斜边砂轮 PDX2 500×45×203.2 38A100HV127。

（4）使用磨削液：CASTROL SYNTILO 81E。磨削液采用滤纸过滤，磨削液箱容积800L。

（四）加工程序

加工程序中参数的设置主要包括加工的终点尺寸、磨削余量、工件转速、主轴转速和进给转速等。加工过程中砂轮主轴是恒线速度运行的，而进给速度分两部分设置，即消空程（GAP）速度和粗磨速度。所谓消空程（GAP）速度是利用传感技术，在砂轮快速移动到距终点尺寸为设定的 GAP 起始点时，砂轮以较高的速度（GAP 速度 ）进给，当砂轮接触到工件以后自动切换到粗磨进给速度，这样就提高了加工效率。粗磨进给速度的设置有速度和磨削量两种参数，速度为磨削时的进给速度（mm/min），磨削量是指单位时间内磨削掉的金属体积（mm^3/ s），用户可以任意选择各种方式进行设置，磨削量参数可换算为速度参数。精磨和超精磨的进给速度分别为粗磨速度的 33% 和 8%，当然用户也可根据需要对这两个比例参数进行适当修改。

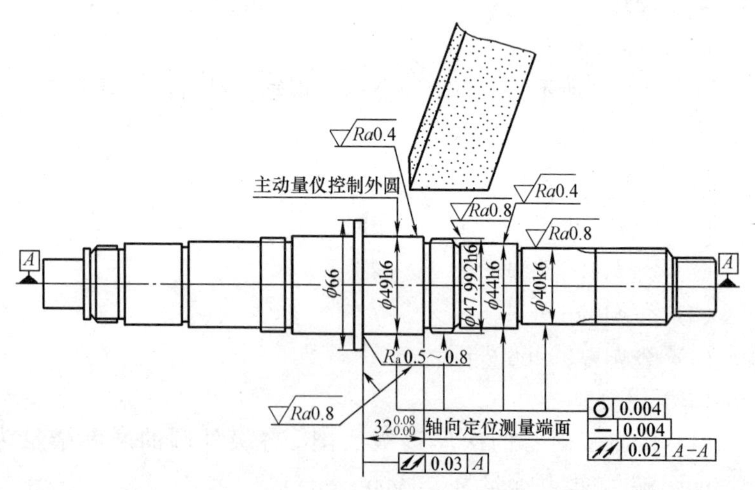

图 10-26　加工零件

工件的轴向定位是通过在线量仪完成的，工件装夹后，加工程序控制量仪对定位端面进行测量，根据测量结果计算出轴向的偏移，并由此得到加工工件的轴向位置补偿量，完成工件的轴向定位。轴向测量及定位计算子程序是 SPF962。

1. 磨削程序

如下所示：

%　　MPFI　　主程序 CMPFD

	M20	关防护门
	M40	零件夹紧
N5	R48=1	主轴选择
	R4=20	砂轮偏转角度
N10	R105=45	砂轮线速度
N12	L1 P1	修整砂轮
	L962 P1	调用 SPF962，工件轴向定位

下面一段程序是磨 ϕ49h6 外圆，$32^{+0.08}_{0.00}$ 轴肩的程序。外圆、端面同时磨削，砂轮在 X、Z 两个方向同时进给，参数设置中的进给速度是以 X 方向设置的，Z 方向的速度由两个方向的磨削余量的比例关系自动计算出来。径向尺寸及粗磨、精磨、超精磨的切换由系统根据在线测量装置的检测结果进行控制。零件的加工实际是由子程序（SPF54）根据设置的参数控制完成的。

N20 R1=48.992	X 方向终点尺寸
R3=0.02	Z 方向终点尺寸
R9=0.8	GAP 起始点（X 方向）
R10=0.6	GAP 起始点（Z 方向）
R17=1	GAP 速度
R12=1.0	磨除速度（mm/s）
R16=24	工件转速（线速度 m/min）
R18=3	无进给磨削时间
L954P1	调用 SPF954（用在线检测）

下面一段程序是磨 ϕ44h6 外圆的程序。这节外圆的加工不用在线测量装置，加工尺寸是数控系统根据上一工序外圆的加工结果来控制的。本工序外圆没有端面加工，因此只有 X 方向的进给。最后调用子程序（SPF950）进行加工。

N25 R1=43.992	X 方向终点尺寸
R3=50	Z 方向终点尺寸
R9=0.45	GAP 起始点（X 方向）
R10=0	GAP 起始点（Z 方向）
R20=7	精磨/超精磨切换点（μm）

```
    R17=1                  GAP 速度
    R12=2.0                磨除速度（mm/s）
    R16=30                 工件转速（线速度 m/min）
    R18=3                  无进给磨削时间
    L950 P1                调用 SPF950（无在线检测）
```

N30、N35 分别是磨 ϕ40k6 外圆和磨 ϕ47.992h6 外圆的子程序。与磨 ϕ44h6 外圆的程序基本一致，最后都是调用相同的子程序（SPF950）。

```
N30（省略）
N35（省略）
N75 M16 G0 X230 M9 M1=5
    M41                           松开工件
    M21                           开门
    M30                           程序结束
```

2. 砂轮修整子程序

砂轮修整程序中关键的部分是修整后的补偿，即在每次修整后系统自动将修整量统计和存储，并在下一次磨削进给中自动补偿。子程序（SPF914）进行修整量的计算，并根据结果修改刀具补偿参数。子程序（SPF915）控制砂轮回到预定位置。

```
%SPF 1                    子程序（SPF1）
N5    R48=1               主轴选择
      R4=20               砂轮偏转角度
      M61                 砂轮平衡
N10   R224=1              两次修整之间零件加工数
      R26=1               修整次数
      R43=45              砂轮线速度
      R173=0              每次修整的修整器补偿（X）
      R174=0              每次修整的修整器补偿（Z）
      R122=0.014          修整量（X）
      @632 R299 R907
      R126=R122 * R299    计算 Z 方向的修整量
```

```
      M8 H1           开冷却液
      ……              砂轮修整（省略）
      L914 P1         调用 SPF914，修整量补偿计算
N9000 L915 P1         调用 SPF915，修整结束
      M9 H1           关冷却液
N9999 M17             子程序结束
```

3. 在线测量控制程序

在线测量控制程序包括量仪的校零和参数设置，量仪的校零就是通过测量一个已知尺寸的工件，将量仪的零位置设置为加工工件的终点尺寸。参数设置就是数控系统将磨削过程中所需要的一些控制参数传送到量仪。

```
%MPF801               主程序（MPF801）
      R19=50          粗磨/精磨切换点
      R20=25          精磨/超精磨切换点
      L934            调用 SPF934
      M30             程序结束
%SPF934               子程序（SPF934）
N2    M70 H3          径向测头进到测量位置
      M72 H2003       启动径向测量
      ……              数据计算（省略）
      M72 H5103       传送粗磨/精磨切换点参数
      M72 H5003       传送精磨/超精磨切换点参数
      M72 H5403       传送零点偏置参数
      M71 H3          径向测头退回
      M17             子程序结束
```

第五节　数控坐标磨床的编程

一、编程概述

坐标磨床是 1940 年前后在坐标镗床加工原理和结构的基础上发展起来的，它利用准确的坐标定位实现孔的精密加工。坐标磨床

具有精密坐标定位装置，是一种精密加工设备，主要用于磨削孔距精度很高的圆柱孔、圆锥孔、圆弧内表面和各种成形表面，适于加工淬硬工件和各种模具（凹模、凸模），是模具制造业、工具制造业和精密机械行业的高精度关键加工设备。

坐标磨床与坐标镗床有相同的结构布局，不同的是镗轴换成了高速磨头。坐标磨床有立式和卧式两种，有单柱的，也有双柱固定桥式的；控制方式有手动、数显和数控。立式坐标磨床应用广泛。

坐标磨床的主要运动有：

(1) 工作台纵、横向坐标定位移动。

(2) 主运动为砂轮的高速旋转，砂轮除高速自转外，还通过主轴行星运动机构慢速公转，并能作轴向运动（主轴往复冲程运动），改变磨头行星运动的半径可实现径向进给，如图 10-27 所示。

(3) 主轴箱还可作位置调整运动，当磨头上安装插磨附件时，砂轮不作行星运动而只作上下往复运动，可进行类似于插削形式的磨削，例如磨削花键、齿条、侧槽、内齿圈、分度板等。

二、数控坐标磨削工艺原理

数控坐标磨床的 CNC 系统可以控制 3～6 轴，如图 10-28 所示。

C 轴——控制主轴回转，主轴箱装在 W 轴滑板上。

U 轴——控制移动偏心量（即进刀量），其装在主轴端面上。U 轴滑板上则装有磨头。

X 轴、Y 轴——控制十字工作台运动。

Z 轴——控制磨头作往复运动。

A 轴或 B 轴——控制回转工作台运动。

（一）圆孔磨削

C 轴控制主轴回转，加上 U 轴移动使磨头作偏心距可变的行星运动，并控制 Z 轴作上、下往复运动，则可磨削圆孔。

（二）二维型曲面磨削

当 CNC 系统有 C 轴同步功能时，在 X、Y 轴联动作平面曲线插补时，C 轴可自动跟踪转动，使 U 轴与平面轮廓法线平行［见图 10-29 (a)］，U 轴可控制砂轮轴线与轮廓在法线方向上的距离，以控制孔磨削的进刀量。

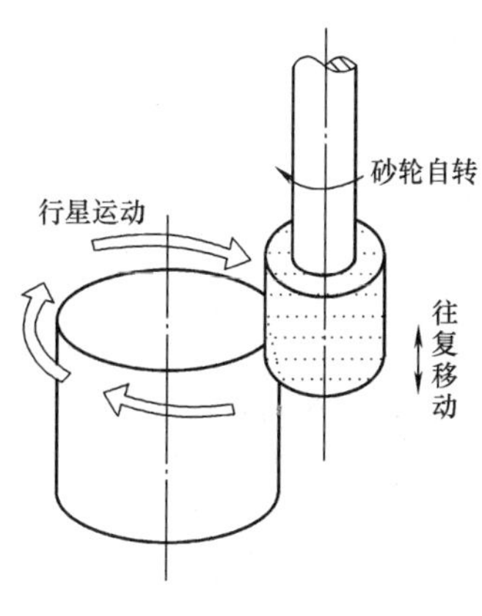

图 10-27 坐标磨削运动

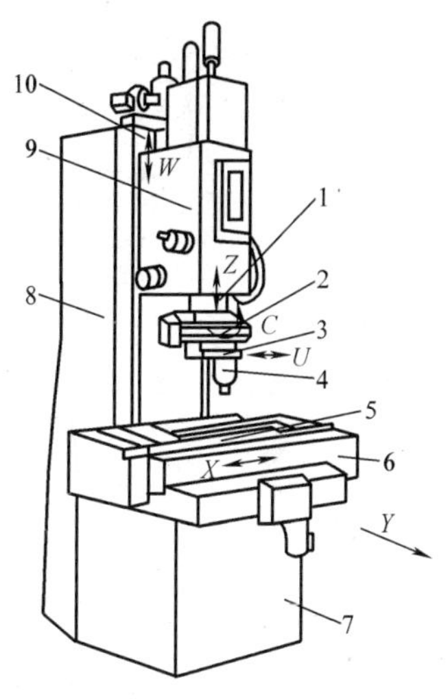

图 10-28 数控坐标磨床

1—主轴；2—C 轴；3—U 轴滑板；4—磨头；5—工作台；6—Y 轴滑板；7—床身；8—立柱；9—主轴箱；10—主轴箱 W 滑板

C 轴功能有对称控制的特点，当 X、Y 轴联动按编程轨迹运动时，只要砂轮磨削边与主轴轴线重合，就可用同一数控程序来磨削凹、凸两模，磨出的轮廓就是编程轨迹，而不必考虑砂轮半径补偿，也容易保证凹、凸两模的配合精度和间隙均匀［见图 10-29(b)］。当只用 X、Y 轴联动作轮廓加工时，必须锁定 C 轴和 U 轴，这时平面插补则必须加砂轮半径补偿，通过改变补偿量可以实现进刀。

三、数控坐标磨床的主要结构

（一）高速磨头

磨头的最高转速是反映坐标磨床磨削小孔能力的标志之一。气动磨头（也称空气动力磨头）最高转速达 250 000r/min，通常为（120 000～180 000）r/min，主要用于提高磨小孔能力的坐标磨床。电动磨头采用变频电动机直接驱动，输出功率较大、短时过载能力

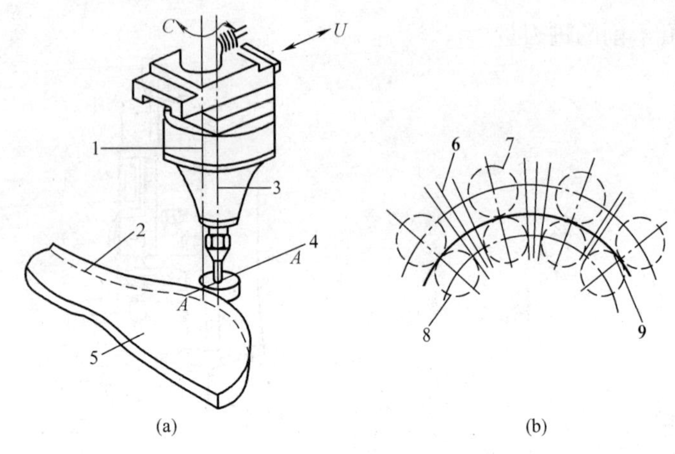

图 10-29 凹、凸两模加工

(a) C 轴、U 轴和轮廓法线方向；(b) C 轴的对称控制

1—主轴轴线；2—处于主轴轴线下部的砂轮磨削面；3—砂轮轴线；4—法线方向；5—工件；6—垂直于工件表面；7—磨削凸模时的砂轮位置；8—磨削凹模开口时的砂轮位置；9—凹模凸模间的相配线（编程的轮廓线）

强、速度特性硬、振动较小，但最高转速较低，主要用于提高磨大孔能力的坐标磨床。气动磨头结构简单紧凑，不需要复杂的变频电器控制系统，由于空气的自冷作用，磨头温升较低，而且从磨头中排出的气体有冷却的作用，如图 10-30 所示。

（二）主轴系统

主轴系统是由主轴、导向套和主轴套组成的主轴部件，主轴往复直线运动机构和主轴回转传动机构组成。主轴在导向套内作往复直线运动（由液压或气动驱动），通常采用密珠直线循环导向套。主轴连同导向套和主轴套一起慢速旋转，使磨头除高速自转外同时作行星运动，以实现圆周进给，通常由直流电动机或异步电动机经齿轮或蜗杆传动实现。主轴部件可由气缸平衡其自重。

（三）工作台

工作台实现纵、横坐标定位移动，其传动由伺服电动机带动滚珠丝杠，导轨常采用滚动导轨，但某些高精度坐标磨床仍有采用两

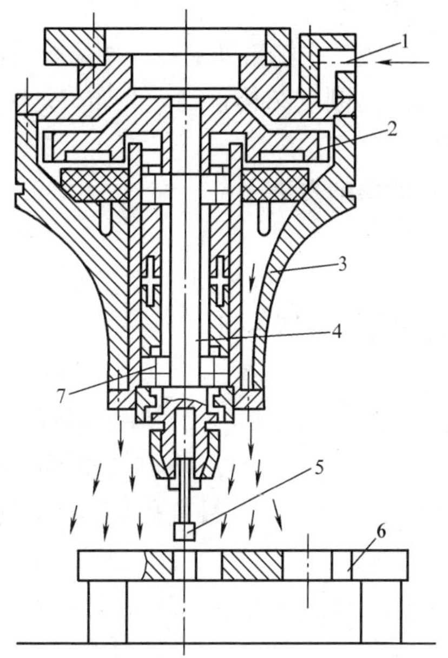

图 10-30　气动磨头

1—进气口；2—叶轮；3—外壳；4—转轴；
5—砂轮；6—工件；7—滚动轴承

个 V 形滑动导轨的，其特点是导向精度很高。

（四）磨圆锥机构

磨圆锥机构是坐标磨床上的重要附件，用以实现锥孔的磨削。根据其在主轴箱的布局形式分为两种类型。一是套筒直接调整倾斜式，以莫尔公司和上海第二机床厂为代表，采用把套筒在回转轴内扳动一个角度，使磨头主轴与工作台面不垂直而成一个角度的直接磨削法。其优点是结构简单，磨圆锥方便可靠，砂轮不需修成锥面，缺点是在磨完锥孔后，恢复套筒位置需仔细调整，磨直孔不方便。第二种类型是以瑞士豪泽厂和宁江机床厂为代表的上下和径向进给组合式，采用套筒上下运动的同时，砂轮作径向进给运动而实现圆锥孔磨削，其结构复杂，磨圆锥孔较麻烦而精度稍差，但磨直孔方便且精度高。

(五) 基础支撑件

床身、立柱、滑座、主轴箱等主要铸件一般采用稳定性好的高级铸铁制造。并采用高刚度结构设计，例如，立柱为双层壁结构，而且是热对称结构。

四、典型形状的磨削方法

(一) 内孔磨削

内孔磨削包括直孔、小孔、沉孔、锥孔等，其基本磨削原理是一样的，只是具体操作上有所不同。

1. 直孔磨削

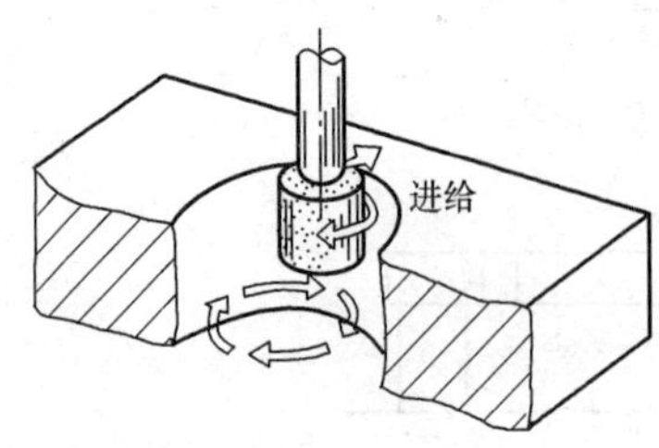

图 10-31　直孔磨削

利用砂轮的高速自转、行星运动和主轴的往复直线运动可进行直孔磨削，如图 10-31 所示，利用行星运动直径的增大，实现砂轮的径向进给。

进行直孔磨削时，砂轮直径受孔径的限制，一般约为孔径的 3/4 左右，当孔径 $>\phi20$ 时，砂轮直径应适当减小；孔径$<\phi8$ 时，砂轮直径应适当增大。

调整主轴往复行程时，以砂轮宽度的 1/2 露出被磨削孔上下两端面的距离为宜。粗磨时，行星转速应快些，行星运动每公转一周，砂轮垂直移动距离约为砂轮宽度的 1/2。精磨时行星转速应慢些，行星运动每公转一周，砂轮垂直移动距离约为砂轮宽度的 1/2～ 1/3。

2. 小孔磨削 ($\phi0.8\sim\phi3$)

采用高速气动磨头，最低转速在 150 000r/min 以上，最高转速可达 250 000r/min，最小磨孔直径可达 0.5mm。磨小孔时需使用小孔磨削指示器。

3. 沉孔磨削

当沉孔带有沉割槽时，其磨削方法与直孔相同。对于没有沉割槽的沉孔，其磨削方法有两种，一是砂轮旋转并作行星运动，扩大行星运动直径作进给；二是按所需孔径大小固定行星运动直径，然后主轴下降作进给，此时是用砂轮底部棱边进行磨削，如图 10-32

所示。当内孔磨削余量大时，第二种方法更为有效。

图 10-33 所示为用成形砂轮对沉孔进行成形磨削，此时，成形砂轮旋转并作行星运动，垂直方向无进给，此种方法适用于磨削余量小的情况。

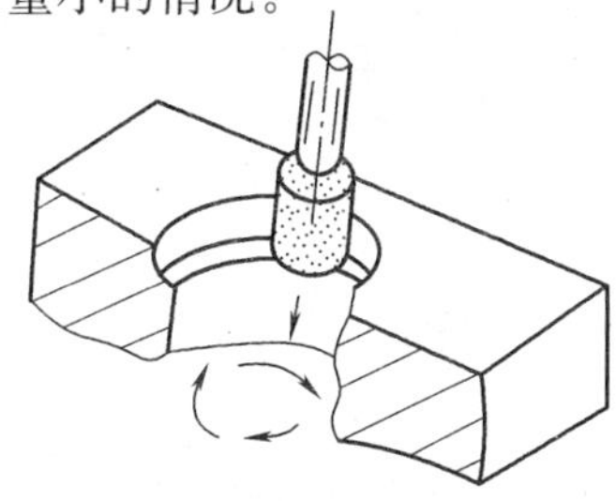

图 10 32 沉孔磨削

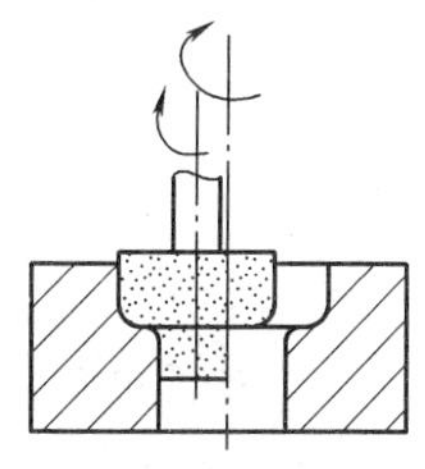

图 10-33 沉孔成形磨削

4. 锥孔磨削

根据机床上磨锥机构形式的不同，其锥孔磨削方法亦不相同。

(1) 对套筒直接调整倾斜式的磨锥机构，只要把套筒调整到所需锥度，使砂轮轴倾斜一个等于被磨锥的角度，即可用与直孔磨削的相同方法进行，如图 10-34 (a) 所示。

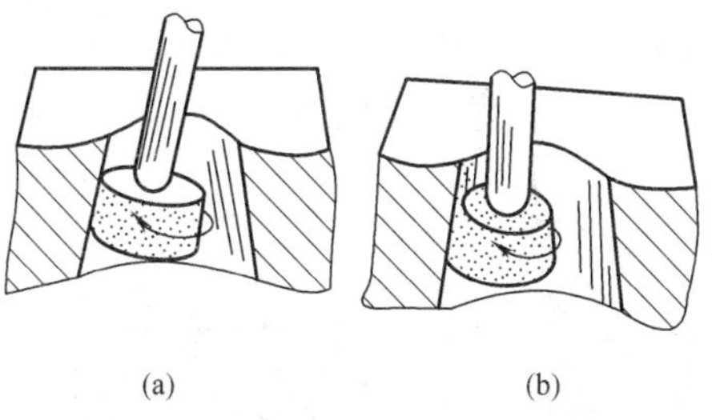

(a) (b)

图 10-34 锥孔磨削（一）

(a) 直线进给磨锥孔；(b) 组合进给磨锥孔

(2) 对上下和径向进给组合式的磨锥机构，需将磨锥机构调整好连接上，在主轴做上下往复运动的同时，连续改变行星运动的半径来实现锥孔磨削，如图 10-34 (b) 所示。对于普通砂轮，需用砂轮修整器将砂轮修正成要求的锥度，如图 10-35 (a) 所示。对于喷镀砂轮，因其不能修正必须使用可调角度板把砂轮扳一个角度来磨削，如图 10-35 (b) 所示。

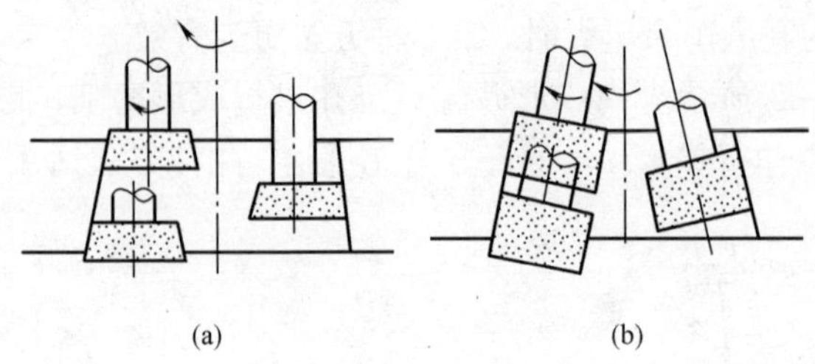

图 10-35　锥孔磨削（二）
(a) 圆锥砂轮磨锥孔；(b) 圆柱砂轮磨锥孔

（二）外圆磨削

如图 10-36 所示，外圆磨削同内孔磨削一样，是利用砂轮的自转、行星运动和主轴的往复直线运动实现的，只是磨削外圆是利用行星运动直径的缩小来实现径向进给。

（三）平面磨削

1. 底面磨削

如图 10-37 所示，砂轮高速自转并作行星回转，以砂轮底面磨削，主轴轴向进给，但进给量要小。为便于排屑，砂轮端面修成 3°左右的凹面。或如图 10-38 所示，采用碗形砂轮，主轴高速旋转着在水平面内走刀，在轴向做少量的进给。

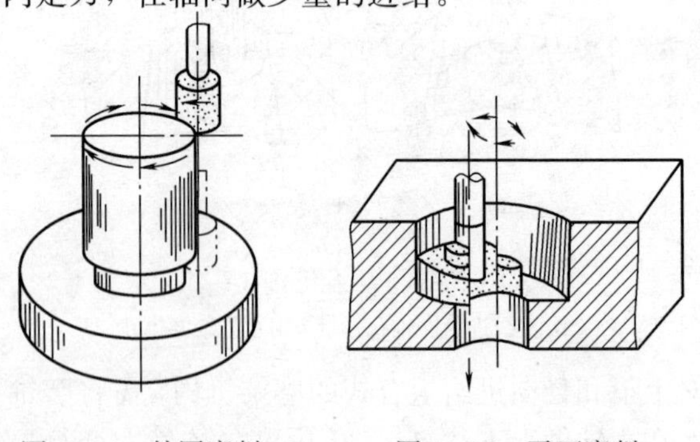

图 10-36　外圆磨削　　　图 10-37　平面磨削

2. 端面磨削

行星主轴一般不开动，而由工作台的移动进行。此种磨削方法效率很低，一般较少采用。

（四）横向磨削

如图10-39所示，砂轮仅自转而不作行星运动，工件作 X 方向或 Y 方向的直线运动，此种方法适用于平面轮廓的精密加工。

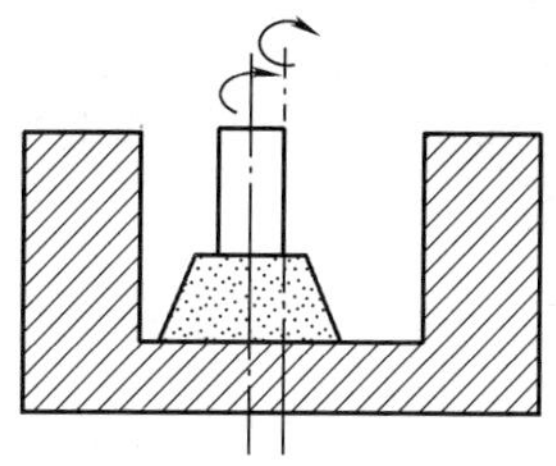

图10-38　碗形砂轮平面磨削

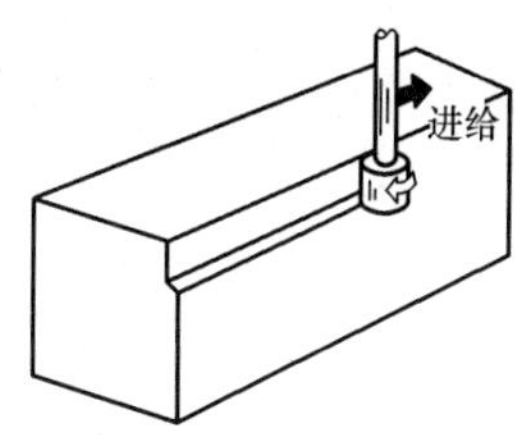

图10-39　横向磨削

（五）垂直磨削

如图10-40所示，砂轮在高速回转下，沿着孔壁或轮廓作上下运动进行磨削。适用于轮廓磨削而余量多的情况，切削量大但产生热量小，其磨削精度取决于进给量（节距）。

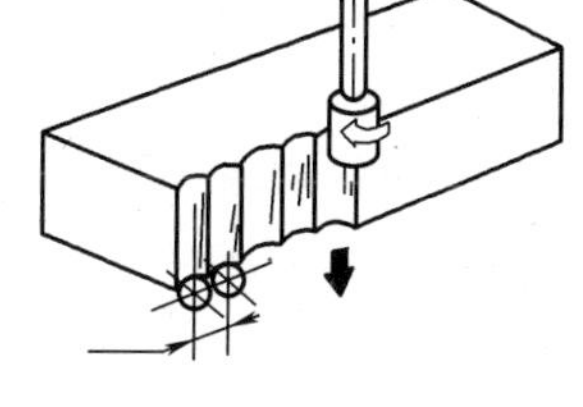

图10-40　垂直磨削

（六）槽的磨削

槽的磨削采用磨槽附件进行。磨槽前，卸下高速磨头换上磨槽附件，砂轮在磨槽附件上的装夹和运动情况如图10-41所示，利用砂轮的圆柱面及侧面进行磨削。

（七）凹球面磨削

砂轮修成成形所需形状，主轴与凹球面的轴线成45°交叉，砂轮的底棱边与凹球面的最低点相切，如图10-42所示。

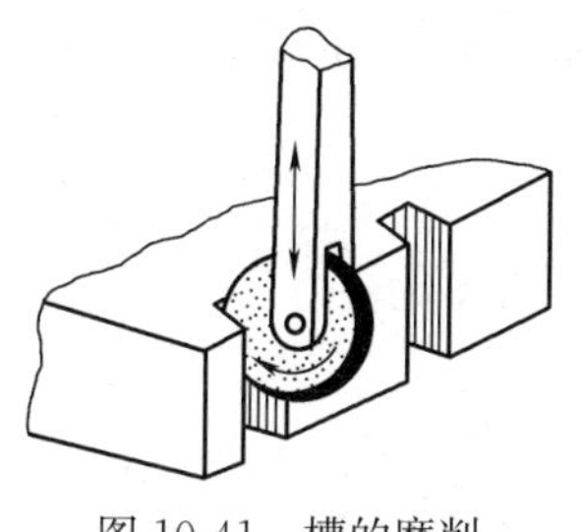

图10-41　槽的磨削

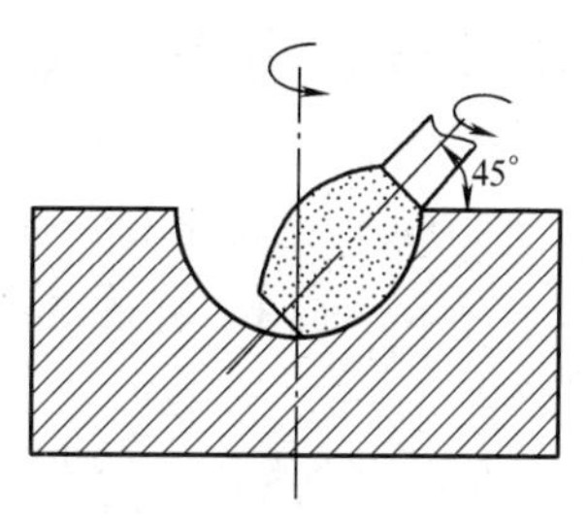

图10-42　凹球面磨削

（八）二维轮廓磨削

采用圆柱或成形砂轮，工件在 X、Y 平面做插补运动，主轴逐渐向下进给，如图 10-43 所示。

（九）三维轮廓磨削

采用圆柱或成形砂轮，砂轮运动方式与数控铣削相同，如图 10-44 所示。

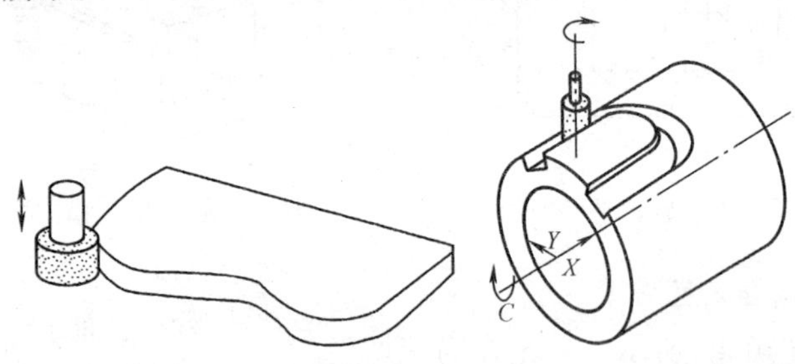

图 10-43　二维轮廓磨削　　图 10-44　三维轮廓磨削

五、NC 程序编制

各机床使用的代码、指令其含义不一定完全相同，这里以 MK2932B 的规定作介绍。

（一）准备功能

准备功能指令由字母 G 和其后的 2 位数字组成。该指令的作用主要是指定数控机床的运动方式，为数控系统的插补运算做好准备，所以在程序段中 G 指令一般位于坐标字指令的前面。

表 10-9 是 MK2932B 机床数控系统的常用 G 指令。

1. G00——快速移动

用来执行快速进给时定位。其指令格式为 G00 α，β，γ，LF。

$$\alpha, \beta, \gamma = X, Y, C\ (\text{或}\ A)$$

指令行程距离可为绝对值或增量值，取决于当时的状态是 G90 还是 G91。MK2932B 机床是四轴三联动，G00 后最多可跟三个坐标字。

2. G01 ——直线插补

用来指令机床做直线运动，指令格式为 ：G01 α，β，γ，F，LF。

3. G02/G03 ——圆弧插补

跨越多象限的圆弧可用一个程序段指令。G02 为顺时针圆弧插

补指令，G03 为逆时针圆弧插补指令。指令格式为

表 10-9 MK2932B 机床数控系统的常用 G 指令

G 代码	组别	功能
G00	1	定位（快速进给）
G01		直线插补（切削进给）
G02		顺时针圆弧插补
G03		逆时针圆弧插补
G04	*3	程序暂停
G17	12	选择 *XY* 平面
G18		选择 *XZ* 平面
G19		选择 *YZ* 平面
G28	*2	自动返回参考点（基准点）
G29		自动从基准点返回
G40	4	撤销刀具补偿
G41		刀具左补偿
G42		刀具右补偿
G43	15～18	刀具偏置＋
G44		刀具偏置－
G53	*5	用基本机床坐标系编程
G54	6	用工件坐标系 1 编程
G55		用工件坐标系 2 编程
G56		用工件坐标系 3 编程
G57		用工件坐标系 4 编程
G58		用工件坐标系 5 编程
G59		用工件坐标系 6 编程
G70	7	英制输入
G71		公制输入
G80	8	取消固定循环
G81～89		固定循环
G90	9	绝对值输入
G91		增量值输入
G92	*10	设定坐标系
G94	13	每分钟进给
G95		每转进给

注 1. 模态 G 代码一经指定，一直有效，必须用同一组 G 代码才能取代。*代码是非模态的，只在一个程序段内有效。

2. 第 15 组的 G40/G41/G42 用于 *X* 坐标，第 16 组用于 *Y* 坐标，第 17 组用于 *Z* 坐标，第 18 组用于第四坐标。

$$G02/G03\ \alpha, \beta, \gamma, \rho, \varepsilon, F, LF$$

式中　ρ，$\varepsilon = I$，J。I，J 是圆心相对于圆弧起点的增量坐标，它与 G90/G91 状态无关。

4. G28——自动返回到基准点功能

所谓基准点是机床的固定点，并非用 G92 或 G54～G59 所设定的工件坐标系原点。指令格式如下。

$$G28\ \alpha, \beta, \gamma, LF$$

G28 指令的程序动作是：先让全部指令坐标快速向中间点定位，然后从中间点全部指令坐标快速运动到基准点。G28 指令是非模态指令，只在本程序段有效。一般用在自动换刀的程序段中，在用 G28 指令前最好先取消刀具补偿和刀具偏置功能。

5. G29——自动从基准点返回功能

中间点与指令点的定位操作与 G00 指令相同。其指令格式为

$$G29\ \alpha, \beta, \gamma, LF$$

G29 指令紧跟在 G28 之后，是非模态的，只在本程序段有效。

6. 刀具偏置功能——G40/G43/G44

其指令格式如下

G43/G44 D，X，G43/G44 D，Y，LF（两轴联动）

G43 为正偏置，G44 为负偏置，D 代码是用来指定偏置存储器中存储的偏置量。取消刀具偏置可用 G40，也可用 D00 取消单个坐标的指令。但注意用 G40 指令取消刀具偏置时，也取消了刀具半径补偿。对于一般操作，建议使用单个坐标取消的 D00 指令。

（二）辅助功能

辅助功能指令亦称 M 指令，它是由字母 M 和其后的两位数字组成的。这类指令主要用于机床加工操作时的辅助性指令。表 10-10 是 MK2932B 型数控磨床常用的 M 指令。

（三）变量 R

变量由 Ri 表示，i=0，1，…，9。除了地址 N 和 G 之外的其他地址都可用 R 来代替数字。在给定一个变量的数值时，一定要在 Ri 后写出给定的数值，如 R112 000 表示变量 R1 的值是

12 000。

一个变量值还可用另一个参数给以修改，若在一变量 Ri 后写上另一变量 Rj，则 Rj 的值被使用时，要在 Ri 的值上加 Rj 的值，这叫作两个变量的变量链，地址 X，Y，C，A，I，J，F 或 R 的值都可扩展成 4 个变量的变量链。

表 10-10　　MK2932B 型数控磨床常用的 M 指令

指　令	功　　能	说　　明
M00	程序停止	停止时所有模态指令不变，再启动时，继续执行下面的程序段
M01	计划停止	只有按下操作面板上的“任选停止”按钮才有效
M02	程序结束	结束后不返回程序头，系统处于清除状态
M07	变频启动	
M09	变频停止	
M10	风动气源停	
M17	子程序结束	子程序最后一定有 M17
M20	吸尘（或冷却）启动	
M21	吸尘（或冷却）停止	
M22	套筒上下气路	
M23	套筒顶停	
M24	磨头电动机启动	
M25	磨头电动机停止	
M30	程序结束和倒带	结束后自动返回程序头，系统处于清除状态
M36	进给速度控制	进给倍率 100%，进给速度与程序中用 F 代码指令同
M37		进给倍率 1%，由 F 代码指令的进给速度被降到 1%

（四）C 轴编程

MK2932B 型连续轨迹数控坐标磨床装有围绕主轴旋转的 C 轴。采用带有 C 轴的 XY 平面内三轴联动插补运动时，由于切削点最后处于主轴中心，砂轮中心与主轴中心的连线始终处于工件法线方向，所以就不需要刀具偏置或刀具补偿，保证了磨削精度。

最小设定单位为 20，“ 即 20”/脉冲。指令格式如下。

C 轴单独旋转：

G01 *C*，*F*，*LF*

三轴联动：

G01 *X*，*A*，*C*，*F*，*LF*

G01 *Y*，*A*，*C*，*F*，*LF*

G01 *X*，*Y*，*C*，*F*，*LF*

G02 *X*，*Y*，*C*，*I*，*J*，*F*，*LF*

G03 *X*，*Y*，*C*，*I*，*J*，*F*，*LF*

(五) *A* 轴编程

A 轴是附加轴，最小设定单位为 0.000 5°。指令格式如下。

A 轴单独旋转：

G01 *A*，*F*，*LF*

两轴或三轴联动：

G01 *X*，*A*，*F*，*LF*

G0 ω1 α，β，*A*，*F*，*LF*

式中，α，β=*X*，*Y*，*C* 中任意两个。

第六节　数控磨床的操作简介

一、光学曲线数控磨床的主要技术参数

图 10-45 所示为光学曲线数控磨床，由光学曲线磨床和控制器组成。

(一) 机床主要规格

加工尺寸	250mm×100mm×130mm
砂轮冲程和频率	0～135mm；(30～100)rec/min
砂轮尺寸	180mm×10mm×31.75mm
	x 轴：150mm；*y* 轴：100mm
砂轮滑座行程和速度	500～0.5mm/min

砂轮回转角　　　　　　±8°

光学投影仪倍率　　　　20，40

(二) 有关数控参数

砂轮滑座的伺服电动机滚珠丝杠最小增量　0.001mm

数控坐标轴　　　　　　x、y 轴

二、光学曲线数控磨床操作简介

(一)操作面板说明

图 10-45 所示为操作面板的简图，有各种开关可控制砂轮主轴、砂轮往复运动的调速以及光学透射的开关。操作面板还有字符显示屏，可以识读有关程序的字符。按键可输入和调用有关程序。其中有数据输入键、复位键、页面键、功能键、光标键和程序编辑键等，见表 10-11。

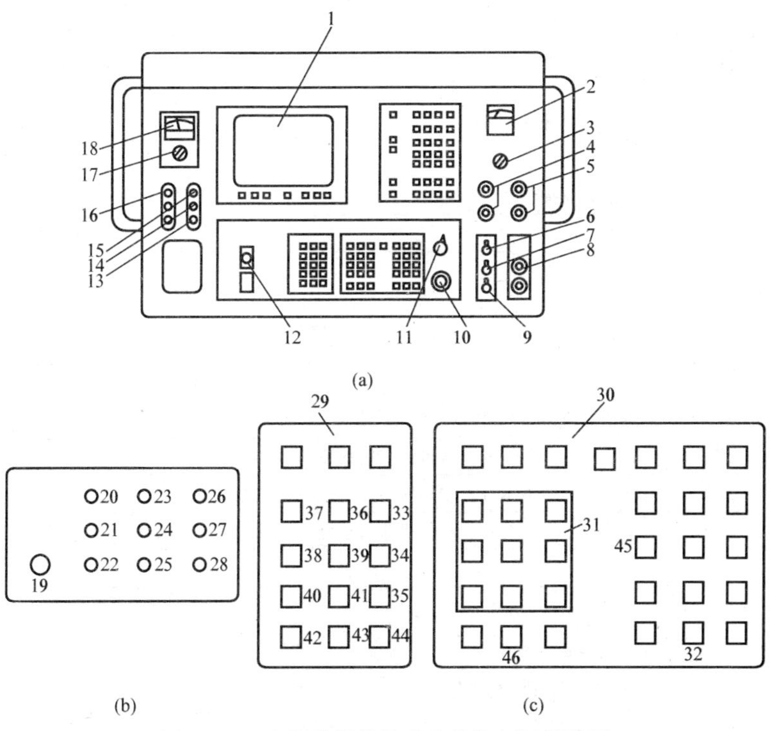

图 10-45　光学曲线数控磨床操作面板的简图

表 10-11　　光学曲线数控磨床操作面板

号码	功 能 名 称
1	带 CRT 字符显示的 MDT、DPL 面板
2	砂轮往复频率表
3	砂轮往复频率调整开关
4	砂轮开、关按钮
5	砂轮往复起动、停止按钮
6	切削液开关
7	集光器开关
8	NC 电源接通、切断按钮
9	冷却器选择开关
10	紧急停机按钮，在故障发生时紧急停车
11	修正调节进给速度旋钮，可即时作微量调节
12	程序保护键，操作时关掉此开关，即可执行某些操作
13	光学投影仪照明电压开关
14	反射投影仪照明开关
15	透射照明开关(投影仪)
16	工作台上升调节按钮
17	砂轮调速旋钮
18	砂轮速度指示器
19	电源指示灯
20	紧急停机指示灯
21	NC 起动自动操作程序灯
22	NC 停止状态指示灯
23	NC 复位指示灯
24	传动带断裂信号灯，机床故障显示
25	润滑系统油箱缺油信号灯，机床故障显示
26	机床空运转指示灯，空运转后才可进入正式加工
27	手轮插入指示灯，表示在机床自动操作时可辅以手动操作
28	程序停止指示灯
29	程序方式按钮 AUTO 自动操作 EDIT 作程序编辑操作 MDT 手动数据输入

续表

号码	功 能 名 称
30	操作方式按钮 OPERATION MOOE HOME 手动参考点复位(控制器电源接通及使用过紧急停车按钮可使用此按钮) JOG 点动，且按 AXTS MOVE 按钮时使坐标运动 HANDL 手轮进给，直接输入图形，用手轮驱动坐标运动 TAPER1 斜线插补 TAPER2 任选 R1 任选
31	第 4 坐标选择 AXIS MOVE 选择 JOG、HOME 后，按这些按钮驱动坐标，放松停止点动 AUTO HOME 参考点复位
32	TAPER/R 斜插补
33	DRr RUN 检查程序进给速率
34	LUB CHECK 润滑油量检查按钮
35	SYNC FEED 同步进给功率执行停止按钮
36	BLOCK DELE 跳动程序段开关
37	SINGL BLOCK 单程序段按钮
38	MACHN LOCK 机床运动自锁按钮
39	HANOL INC 自动运行时，手轮插入
40	POWER OFF 电源自动切断，中断程序
41	END MESGE 工作结束信号
42	CYCLE START 在按 AUTO 后，机床开始自动工作
43	CYCLE STOP 暂停按钮
44	OPT STOP 任选停止
45	Y/E 坐标变换按钮
46	MULTIPCY 手动进给倍率选择控制手动坐标驱动的每个脉冲行程，X_1：0.001mm；X_5：0.005mm；X_{10}：0.01mm

在加工时，将参考点坐标置为原点，则其程序为

G92 INSRT XINSRT YINSRT EOB INSRT

这样，即可确定砂轮的起始点。如图 10-46 所示，按“HOME”键，“AUTO，MOME”灯亮；再按“AUTO，MOME”，“$-Y$”

灯亮,说明 Y 轴向 $-Y$ 方向运动。

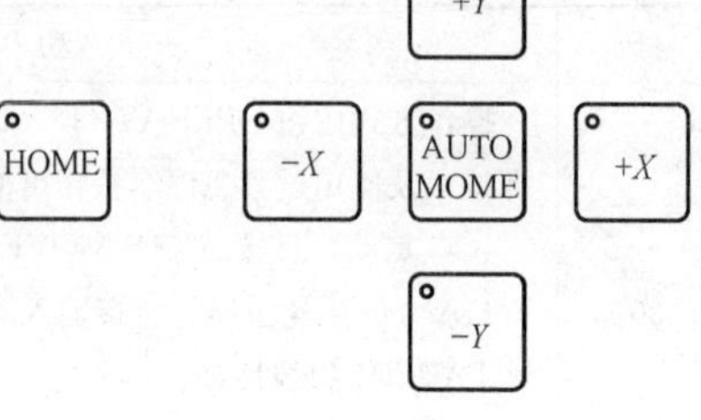

图 10-46　参考点自动返回

如图 10-47 所示，当需斜向插补时按功能键“TAPER2”找正砂轮位置后，再按“START”键，灯亮，用同样方法找正另一点位置。操作时，按“FWD”键，砂轮向 A 点运动，按“FWD”键或“STOP”键砂轮停止运动；继续按“BACK”键，则砂轮反向 B 点插补。

在操作面板上，可输入各种数控程序，圆弧插补找正如图 10-47所示，其简便输入方法如下：

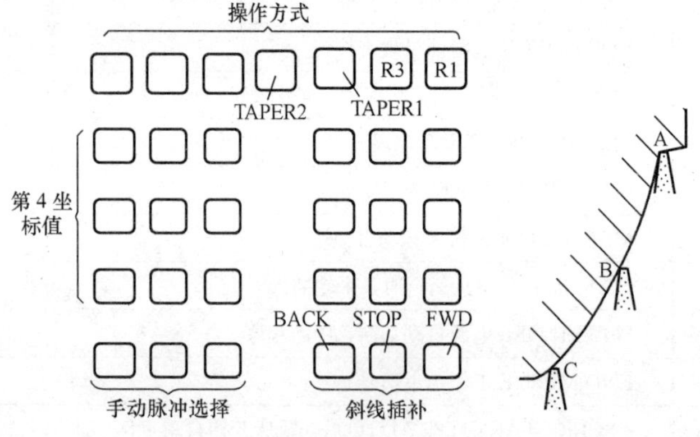

图 10-47　圆弧插补时按键操作步骤

(1) 按“R3”键，用手轮操作，执行在 A 点定位，再按“START”键。

(2) 确认“LED”灯亮后，用手轮操作砂轮至 B 点定位，再按“START”键。

(3) 当“IED”灯亮后，用手轮操作砂轮至 C 点定位，再按“START”键。

(4) 当“LED”灯亮后，表明圆弧 R 的计算已完成。

(5) 按“FWD”键，使砂轮向 A 点运动，至 A 点停止。此时不能再按“FWD”键。若中途停止可再按“FWD”键；若 A 点不停止则可按“BACK”键，使砂轮反向运动。经上述操作可找正工件的位置。

(6) 用进给速度修调钮调节砂轮进给速度，如 100%标度挡为 5mm/min 进给速度。

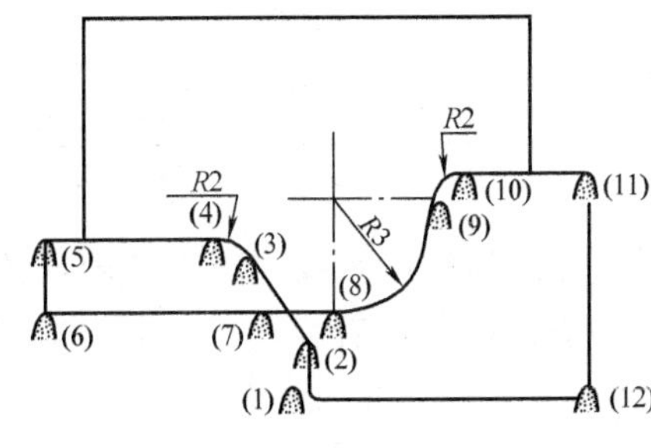

图 10-48　操作面板按键步骤

下面以具体实例说明数控磨削的操作步骤。图 10-48 所示零件的操作面板按键见表 10-12。表中列出按键的步骤及其完成的输入信息功能。砂轮行程中各坐标位置均输入存储器中。操作面板上按键时，要仔细操作。操作后要检查程序是否正确，圆弧插补的半径要计算正确。程序的输入和调用是数控磨床的主要工作。而程序的编制则是工人的重要工作，编程时应该掌握编程规则，特别是 G 功能和 M 功能的用法。

表 10-12　　操作面板按键步骤

序号	操作按键及内容
1	键入 G90，坐标 x、y 程序号绝对值坐标指令，G92 坐标设定，砂轮初始位置(1)存入存储器
2	键入 G0，坐标 x、y 砂轮快速移动位置(2)存入存储器
3	键入 G1 直线插补坐标 x、y 砂轮位置(3)存入存储器
4	键入 G3，坐标 x、y，半径 R 逆时针圆弧插补位置(4)存入存储器
5	键入 G1 直线插补坐标 x、y 砂轮位置(5)存入存储器
6	键入 G0，坐标 x、y 砂轮快退位置(6)存入存储器
7	键入 G0，坐标 x、y 砂轮快速移动位置(7)存入存储器
8	键入 G1，坐标 x、y 砂轮直线插补位置(8)存入存储器
9	键入 G3，坐标 x、y，半径 R 逆时针圆弧插补位置(9)存入存储器

续表

序号	操作按键及内容
10	键入 G2，坐标 x、y，半径 R 顺时针圆弧插补位置(10)存入存储器
11	键入 G1 直线插补坐标 x、y 砂轮位置(11)存入存储器
12	键入 G0，坐标 x、y 砂轮快速移动位置(12)存入存储器
13	键入 G0，坐标 x、y 砂轮快速移动至初始位置

（二）数控操作实例

【例 10-3】 在 MK9020 型数控光学数控曲线磨床上磨削如图 10-49 所示圆弧样板，编制带有刀具（砂轮）补偿功能的程序，并确定砂轮加工时的走向。

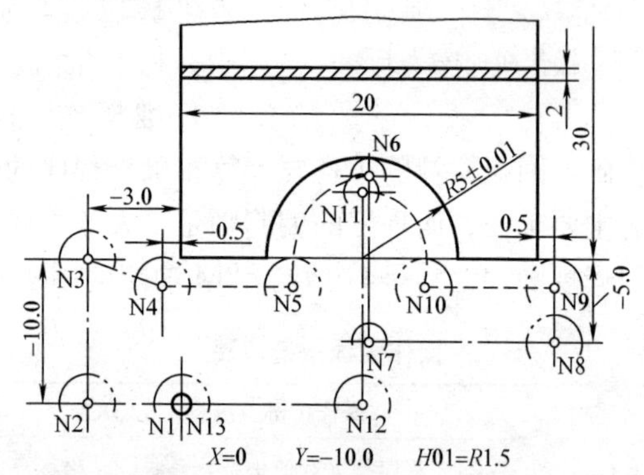

图 10-49 加工圆弧曲线坐标图

解： 程序编制及其操作说明如下。

(1) 图形分析。由图 10-49 可知，该样板的主要精度为 R(5±0.01)mm，圆弧中心与底面两肩在同一直线上，为使圆弧的圆度达到要求，须在编程中采取措施，尽量减少磨削加工时的误差。

(2) 工艺路线。该样板的工艺路线为：下料（35mm×25mm×3mm 板料）→平磨粗加工两平面至厚度 2.5mm→钳工划线加工外形，平面每边留余量 0.4～0.5mm，R5mm 留余量 0.3～0.4mm

→热处理淬硬至 56HRC→校平，翘曲不大于 0.3mm→冰冷处理（在－60℃中放置 8～10h）→平磨两面，厚为 2mm，平行度误差不大于 0.02mm，磨四周，垂直度、平行度误差均不大于 0.01mm，高 30mm 尺寸磨至 30.2mm，宽 20mm 磨至尺寸，并使圆弧对 20mm 的中心对称度误差不大于 0.1mm，表面粗糙度均为 R_a 0.8μm→用数控光学曲线磨床找正 20mm 两面的平行度误差在 0.01mm 之内，并使 30mm 顶面及 R 5mm 有一定的磨量，调准焦距按放大图修整砂轮、输入程序，经过粗、精磨达到图样要求。

（3）编程。根据工艺路线的安排，最后应在数控光学曲线磨床上磨削至规定要求，磨削前应先进行编程计算，并将砂轮外缘修整为 R1.5mm 的凸圆弧，其尺寸精度可用放大图测量，并将砂轮尺寸输入计算机内。由于该工件要求比较高，编程时应考虑尽量减少其机械加工时带来的误差，因此，在编程时应采用 R/4（90°）走向，所编程序如下：

```
0001                              ;
N 1 G 40 G 90 G 92 X0 Y －10. 0.   ;（P1）
N 2 G 0 X －3.0.                   ;（P2）
N 3 Y 0                           ;（P3）
N 4 G 42 X－0.5. H 01              ;（P4）
N 5 G 1 X5. 0.                    ;（P5）
N 6 G 2 X10.0. Y 5.0. R 5.        ;（P6）
N 7 G 0 G40 Y －5.0.               ;（P7）
N 8 X 20.5.                       ;（P8）
N 9 G 41 Y 0 H 01                 ;（P9）
N 10 G 1 X 15.0.                  ;（P10）
N 11 G 3 X 10.0. Y 5.0. R 5.      ;（P11）
N 12 G 0 G 40 Y －10.0.            ;（P12）
N 13 X 0                          ;（P13）
N 14 M 02                         ;
```

由于该计算机具有刀具（砂轮）补偿功能，因此粗磨、半精磨、精磨均可不再重新计算编程，只要改变补偿量“H”值，其轨迹亦相应变化，从而可进行粗、精加工（H＝1.6 粗磨，H＝1.52

半精磨，$H=1.5$ 精磨)。若砂轮实际尺寸已变小，则可在精磨之前实测 R 5mm 之尺寸，再决定精磨的 H 值。

该程序由 14 段组成：N1 为快速进给，清除刀具补偿，使 $X=0$，$Y=-10.0$mm 作为起点 N1；N2 为快速进给，使 $X=-3.0$mm 至 N2；N3 为快速进给，使 $Y=0$ 至 N3；N4 为刀具进行右侧补偿并快速进给，使 $X=-0.5$mm，$Y=0$ 至 N4；N5 为以 5mm/min 磨削速度进给，使 $X=5.0$mm 至 N5；N6 为顺时针加工左侧 1/4 圆弧，使 $X=10$mm，$Y=5$mm 至 N6；N7 为清除刀具（砂轮）补偿并快速退刀，使 $Y=-5.0$mm 至 N7；N8 为快速进给，使 $X=20.5$mm 至 N8；N9 为刀具进行左侧补偿并快速进给，使 $Y=0$ 至 N9；N10 为以 5mm/min 磨削速度进给，使 $X=15.0$mm 至 N10；N11 为逆时针加工右侧 1/4 圆弧，使 $X=10.0$mm，Y=5.0mm 至 N11；N12 为清除刀具（砂轮）补偿并快速退刀，使 $Y=-10.0$mm 至 N12；N13 为快速进给，使 $X=0$ 至终点 N13，也就是下一次加工的起点 N1。

每加工完一次后，变更 H 值就可完成粗磨、半精磨以及精磨过程。但在半精磨后须测量一下实际尺寸，再将 H 值修正后方可进行精磨。尺寸可用放大图或采用工作台的数显尺读数检查。

程序编制后，可用键盘将其输入数控箱内，也可将程序输出穿成纸带或用磁盘保存。

（4）磨削方法。

1）砂轮的选择与修整。选用 WAF120～F180K～N V 平形砂轮，外径为 ϕ150～180mm，厚度为 6mm。砂轮装在法兰盘后要进行静平衡，再将外缘 12～15mm 段修整为 3.5～3.7mm 宽，然后对砂轮进行精平衡。砂轮装在磨头轴上之后精修整成宽度为 3.01mm，再转动修整器将外缘修整成 $R_{-0.005}^{\ 0}$mm，其尺寸可用投影屏放大图检查。

2）工件的装夹。工件可直接压在工作台上，待加工面应凸出工作台边缘，并须找正 20mm 两侧的平行度（误差不大于 0.01mm）。然后对刀定原始位置，进行加工。也可用专用夹具装夹样板，找正定位。

3）磨削。输入程序，按程序指令启动机床进行各种操作，半精磨后需测量实际尺寸、精修整砂轮，再将 H 值修正后，方可进行精磨。

4）测量方法。加工过程中和完工后，须测量样板之精度，一般采用投影法测量。完工检查可在光学投影仪上作比较测量。

投影仪的放大倍率有 10、20、50、100 倍四种，选用放大倍率时，应考虑工件的形状、精度以及工件尺寸的大小，尽可能按较大倍率放大，以获得比较精确的数值，并可采用万能工具显微镜进行放大投影测量及坐标检测。

为实现加工过程的最佳化，数控加工中必须认真对工件图样和技术要求进行工艺分析，预先确定最佳的加工顺序，编制刀具行程最短、合理可靠的程序，各程序段不能颠倒，须有机地组合，以使程序输入机床加工时取得预定的效果。

三、数控磨削程序分析

【例 10-4】 图 10-50 所示为带半圆弧的工件及其程序轨迹，其数控磨削程序分析见表 10-13。

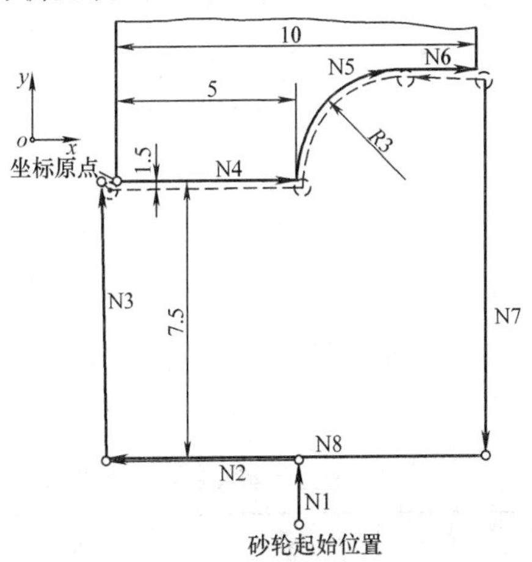

图 10-50　带半圆弧的工件及其程序轨迹

解： 所编程序分析见表 10-13。

【例 10-5】 如图 10-51 所示为带内凹圆弧的工件及其数控程序轨迹，其数控磨削程序分析见表 10-14。

表 10-13　　带半圆弧的工件数控磨削程序分析

程 序 段	分 析 说 明
N1 G40 G90 G92 X0 Y−75	编程零点偏置到一方
N2 G0 X5	砂轮快速引进
N3 Y−15	砂轮引进至工件一端
N4 G42 G1 Y0 H01	砂轮偏置，直线插补
N5 G2 X08 Y3 R3	圆弧插补
N6 G1 X102	直线插补
N7 G40 G0 Y75	砂轮退回起始位置
N8 X0	
N9 M2	程序结束

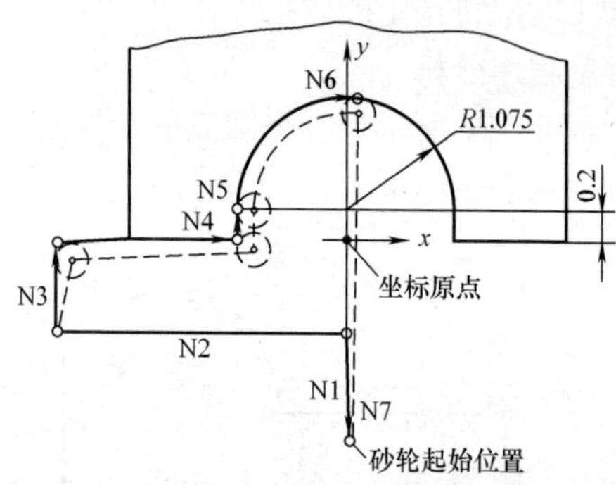

图 10-51　带内凹圆弧的工件及其数控程序轨迹

解： 所编程序分析见表 10-14，该程序采用主程序和子程序合成。

表 10-14　　带内凹圆弧的工件数控磨削程序分析

类别	程 序	分 析 说 明
主程序	M98 P0001	调用 0001 号子程序
	M32	镜像有效
	M98 P0001	调用取镜像后 0001 号子程序
	M35	镜像取消
	M2	程序结束

续表

类别	程　　序	分　析　说　明
子程序	N1 G90 G92 G40 X0 Y−5	编程零点偏置到一方
	N2 G0 X−7	砂轮快速引进
	N3 G42 Y0 H2	砂轮右侧补偿，且偏置
	N4 G1 X−1075	直线插补
	N5 G1 Y02	磨直线段
	N6 G2 X0 Y1275 R1075	顺时针圆弧插补
	N7 G40 G0 Y−5	砂轮退回起始位置
	M99	子程序结束

第七节　数控磨床的维护与保养

一、数控磨床的安装与调试

数控机床的安装与调试是使机床恢复和达到出厂时的各项性能指标的重要环节。由于数控机床价值很高，其安装与调试工作比较复杂，一般要请供方的服务人员来进行。作为用户，要做的主要是安装调试的准备工作、配合工作及组织工作。

（一）安装调试的准备工作

准备工作主要有以下几个方面：

（1）厂房设施，必要的环境条件。

（2）地基准备。按照地基图打好地基，并预埋好电、油、水管线。

（3）工具仪器准备。起吊设备、安装调试中所用工具、机床检验工具和仪器。

（4）辅助材料。如煤油、机油、清洗剂、棉纱棉布等。

（5）将机床运输到安装现场，但不要拆箱。拆箱工作一般要等供方服务人员到场。如果有必要提前开箱，一要征得供方同意，二要请商检局派员到场，以免出现问题发生争执。

(二) 安装调试的配合工作

在安装调试期间，要做的配合工作有以下几个方面：

(1) 机床的开箱与就位，包括开箱检查、机床就位、清洗防锈等工作。

(2) 机床调水平，附加装置组装到位。

(3) 接通机床运行所需的电、气、水、油源；电源电压与相序、气水油源的压力和质量要符合要求。这里主要强调两点，一是要进行地线连接；二是要对输入电源电压、频率及相序进行确定。

数控设备一般都要进行地线连接。地线要采用一点接地型，即辐射式接地法。这种接地法要求将数控柜中的信号地、强电地、机床地等直接连接到公共接地点上，而不是相互串接连接在公共接地点上。并且，数控柜与强电柜之间应有足够粗的保护接地电缆。而总的公共接地点必须与大地接触良好，一般要求接地电阻小于4～7Ω。

对于输入电源电压、频率及相序的确认，有如下几个方面的要求。

(1) 检查确认变压器的容量是否满足控制单元和伺服系统的电能消耗。

(2) 电源电压波动范围是否在数控系统的允许范围之内。一般日本的数控系统允许在电压额定值的85%～110%范围内波动，而欧美的一系列数控系统要求较高一些。否则需要外加交流稳压器。

(3) 对于采用晶闸管控制元件的速度控制单元的供电电源，一定要检查相序。在相序不对的情况下接通电源，可能使速度控制单元的输入熔体烧断。相序的检查方法有两种：一种是用相序表或相序仪确定；另一种是用双线示波器来观察两相之间的波形，两相波形在相位上相差120°。

(4) 检查各油箱油位，需要时给油箱加油。

(5) 机床通电并试运转。机床通电操作可以是一次各部件全面供电，或各部件供电，然后再作总供电试验。分别供电比较安全，但时间较长。检查安全装置是否起作用，能否正常工作，能否达到额定指标。例如启动液压系统时，先判断液压泵电动机转动方向是否正确，液压泵工作后管路中是否形成油压，各液压元件是否正常工作，有无异常噪声，各接头有无渗漏；气压系统的气压是否达到规定范围值等。

（6）机床精度检验、试件加工检验。

（7）机床与数控系统功能检查。

（8）现场培训。包括操作、编程与维修培训，保养维修知识介绍，机床附件、工具、仪器的使用方法等。

（9）办理机床交接手续。若存在问题，但不属于质量、功能、精度等重大问题，可签署机床接收手续，并同时签署机床安装调试备忘录，限期解决遗留问题。

（三）安装调试的组织工作

在数控机床安装调试过程中，作为用户要做好安装调试的组织工作。

安装调试现场均要有专人负责，赋予现场处理问题的权力，做到一般问题不请示即可现场解决，重大问题经请示研究要尽快答复。

安装调试期间，是用户操作与维修人员学习的好机会，要很好地组织有关人员参加，并及时提出问题，请供方服务人员回答解决。

对待供方服务人员，应原则问题不让步，但平时要热情，招待要周到。

二、数控机床的检测与验收

数控机床的检测验收是一项复杂的工作。它包括对机床的机、电、液和整机综合性能及单项性能的检测，另外还需对机床进行刚度和热变形等一系列试验，检测手段和技术要求高，需要使用各种高精度仪器。对数控机床的用户，检测验收工作主要是根据订货合同和机床厂检验合格证上所规定的验收条件及实际可能提供的检测手段，全部或部分地检测机床合格证上的各项技术指标，并将数据记入设备技术档案中，以作为日后维修时的依据。机床验收中的主要工作有以下几个方面。

（一）开箱检查

开箱检查的主要内容有以下几个方面。

(1) 检查随机资料，包括装箱单、合格证、操作维修手册、图纸资料、机床参数清单及软盘等。

(2) 检查主机、控制柜、操作台等有无明显碰撞变形、损伤、受潮、锈蚀、油漆脱落等现象，并逐项如实填写"设备开箱验收登记卡"和入档。

(3) 对照购置合同及装箱单清点附件、备件、工具的数量、规格及完好状况。如发现上述有短缺、规格不符或严重质量问题，应及时向有关部门汇报，并及时进行查询，取证或索赔等紧急处理。

(二) 机床几何精度检查

数控机床的几何精度综合反映了该机床各关键部件精度及其装配质量与精度，是数控机床验收的主要依据之一。数控机床的几何精度检查与普通机床的几何精度检查基本类似，使用的检测工具和方法也很相似，只是检查要求更高，主要依据是厂家提供的合格证(精度检验单)。

常用的检测工具有精密水平仪、直角尺、精密方箱、平尺、平行光管、千分表、测微仪、高精度主轴检验芯棒。检测工具和仪器必须比所测几何精度高一个等级。

各项几何精度的检测方法按各机床的检测条件规定。

需要注意的是，几何精度必须在机床精调后一次完成，不允许调整一项检测一项，因为有些几何精度是相互联系、相互影响的。另外，几何精度检测必须在地基及地脚螺钉的混凝土完全固化以后进行。考虑地基的稳定时间过程，一般要求数月到半年后再对机床精调一次水平。

(三) 机床定位精度检查

数控机床的定位精度是指机床各坐标轴在数控系统的控制下运动所能达到的位置精度。因此，根据实测的定位精度数值，可判断出该机床自动加工过程中能达到的最好的零件加工精度。

定位精度的主要检测内容如下：

(1) 各直线运动轴的定位精度和重复定位精度。

(2) 各直线运动轴参考点的返回精度。

(3) 各直线运动轴的反向误差。

（4）旋转轴的旋转定位精度和重复定位精度。

（5）旋转轴的反向误差。

（6）旋转轴参考点的返回精度。

测量直线运动的检测工具有测微仪、成组块规、标准长度刻线尺、光学读数显微镜及双频激光干涉仪等。标准长度测量以双频激光干涉仪为准。旋转运动检测工具有360齿精密分度的标准转台或角度多面体、高精度圆光栅及平行光管等。

（四）机床切削精度检查

机床切削精度检查是在切削加工条件下对机床几何精度和定位精度的综合检查。一般分为单项加工精度检查和加工一个综合性试件检查两种。对于卧式加工中心，其切削精度检查的主要内容是形状精度、位置精度和表面粗糙度。

被切削加工试件的材料除特殊要求外，一般都采用一级铸铁，使用硬质合金刀具按标准切削用量切削。

（五）数控机床功能检查

数控机床功能检查包括机床性能检查和数控功能检查两个方面。

1. 机床性能检查

以立式加工中心为例介绍机床性能检查内容。

（1）主轴系统性能。用手动方式试验主轴动作的灵活性和可靠性；用数据输入方法，使主轴从低速到高速旋转，实现各级转速，同时观察机床的振动和主轴的温升；试验主轴准停装置的可靠性和灵活性。

（2）进给系统性能。分别对各坐标轴进行手动操作，试验正反方向不同进给速度和快速移动的启、停、点动等动作的平衡性和可靠性；用数据输入方式或MDI方式测定点定位和直线插补下的各种进给速度。

（3）自动换刀系统性能。检查自动换刀系统的可靠性和灵活性，测定自动交换刀具的时间。

（4）机床噪声。机床空转时总噪声不得超过标准规定的80dB。机床噪声主要来自于主轴电机的冷却风扇和液压系统液压泵等处。

除了上述的机床性能检查项目外，还有电气装置（绝缘检查、接地检查)、安全装置（操作安全性和机床保护可靠性检查)、润滑装置（如定时润滑装置可靠性、油路有无渗漏等检查)、气液装置（闭封、调压功能等）和各附属装置的性能检查。

2. 数控功能检查

数控功能检查要按照订货合同和说明书的规定，用手动方式或自动方式，逐项检查数控系统的主要功能和选择功能。检查的最好方法是自己编一个检验程序，让机床在空载下自动运行 8～16h。检查程序中要尽可能把机床应有的全部数控功能、主轴和各种转速、各轴的各种进给速度、换刀装置的每个刀位、台板转换等全部包含进去。对于有些选择功能要专门检查，如图形显示、自动编程、参数设定、诊断程序、参数编程、通信功能等。

三、数控机床的设备管理

设备管理是一项系统工程，应根据企业的生产发展及经营目标，通过一系列技术、经济、组织措施及科学方法来进行。前面所介绍的设备选用、安装、调试、检测与验收等只属于该工作的前期管理部分，接下来它还应包括使用、维修以及改造更新，直到设备报废整个过程中的一系列管理工作。

在设备管理的具体运用上，可视各企业购买和使用数控机床的情况，选择下面的一些阶段进行。

（一）使用初期

在使用数控机床的初期，尚无一套成熟的管理办法和使用设备的经验，编程、操作和维修人员都较生疏，在这种情况下，一般都将数控机床划归生产车间管理，重点培养几名技术人员学习手动编程、自动编程和维修技术，然后再教给操作工，并在相当长的时间内让技术员与操作工人一样顶班操作，挑选本企业典型的关键零件，进行编制工艺、选择刀具、确定夹具和编制程序等技术准备工作，程序试运行，调整刀具、首件试切，工艺文件和程序归档等。

（二）掌握一定技术之后

在掌握了一定的应用技术及数控机床有一定数量之后，可对这些设备采用专业管理，集中使用的方法。工艺技术准备由工艺部门负责，生产管理由工厂统一平衡和调度，数控设备集中在数控段或数控车间，在数控车间无其他类型普通机床的情况下，数控机床可只承担“协作工序”。

（三）应用技术比较成熟时

企业数控机床类型和数量较多，各种辅助设施比较齐全，应用技术比较成熟，编程、操作和维修等方面的技术队伍比较强大，可在数控车间配备适当的普通机床，使数控车间扩大成封闭的独立车间，具备独立生产完整产品件的能力。必要时可实现设备和刀具的计算机管理，使机床的开动率较高，技术经济效益都比较好。

无论采用哪个阶段，设备管理都必须建立各项规章制度。如建立定人、定机、定岗制度，进行岗位培训，禁止无证操作。根据各设备特点，制定各项操作和维修安全规程。在设备保养上，要严格执行记录，即对每次的维护保养都作好保养内容、方法、时间、保养部位状况、参加人员等有关记录；对故障维修要认真做好有关故障记录和说明，如故障现象、原因分析、排除方法、隐含问题和使用备件情况等，并做好为设备保养和维修用的各类常用的备品配件主要有各种印刷电路板、电气元件（如各类熔断器、直流电动机电刷、开关按钮、继电器、接触器等）和各类机械易损件（如皮带、轴承、液压密封圈、过滤网等）。做好有关设备技术资料的出借、保管、登记工作。

四、数控机床机械故障诊断方法

机床在运行过程中，机械零部件受到冲击、磨损、高温、腐蚀等多种工作应力的作用，运行状态不断变化，一旦发生故障，往往会导致不良后果。因此，必须在机床运行过程中或不拆卸全部设备的情况下，对机床的运行状态进行定量测定，判断机床的异常及故障的部位和原因，并预测机床未来的状态，从而大大提高机床运行的可靠性，进一步提高机床的利用率。

数控机床机械故障诊断包括对机床运行状态的监视、识别和预测三个方面的内容。通过对数控机床机械装置的某些特征参数，如振动、温度、噪声、油液光谱等进行测定分析，将测定值与规定正常进行比较，以判断机械装置的工作状态是否正常。现代数控机床大都利用监视技术进行定期或连续监测，可获得机械装置状态变化的趋势性规律，对机械装置的运行状态进行预测和预报。

（一）诊断技术

1. 三个基本环节和四项基本技术

诊断技术的全称应该是设备状态监测与故障诊断技术。诊断技术具体内容包括三个基本环节和四项基本技术。

三个基本环节是检查异常、诊断故障状态和部位、分析故障类型。

四项基本技术是检查测量技术、信号处理技术、识别技术和预测技术。

检查测量技术是准确地确定和测量各种参数以检查设备的运行状态，反映设备的实际状况；信号处理技术是从现在测得的信号中，经过各种变换，把真正反映设备状况征兆的信息提取出来；识别技术是在掌握了观测到的征兆数据后，预测其故障即了解结果并找出原因的技术；预测技术是对识别出来的故障进行预测，预测该故障今后将会怎样发展以及什么时候会进入危险范围。

2. 故障诊断技术

数控机床机械故障的诊断技术，分为简易诊断技术和精密诊断技术。

(1) 简易诊断技术。也称为机械检测技术。它由现场维修人员使用一般的检查工具或通过感觉器官的问、看、听、摸、嗅等对机床进行故障诊断。简易诊断技术能快速测定部位，监测劣化趋势，选择有疑难问题的故障进行精密诊断。

(2) 精密诊断技术。它是根据简易诊断中提出的疑难故障，由专职故障精密诊断人员利用先进测试手段进行精确的定量检测与分析，找出故障位置、原因和数据，以确定应采取的最合适的修理和时间的技术。一般情况都采用简易诊断技术来诊断机床的现时状态，只有对那些在简易诊断中提出疑难问题的机床才进行精密诊断，这样使用两种诊断技术才最经济有效。

（二）诊断方法

数控机床机械故障的诊断方法如表 10-15 所示。

表 10-15　　数控机床机械故障的诊断方法

类型	诊断方法	原理及特征	应　用
简易诊断技术	听、摸、看、问、嗅	使用简单工具、仪器，如百分表、水准仪、光学仪等检测。通过人的感官，直接观察形貌、声音、温度、颜色和气味的变化，根据经验来诊断	需要有丰富的实践经验，目前，被广泛应用于现场诊断
精密诊断技术	温度监测	接触型：采用温度计、热电偶、测温贴片、热敏涂料直接接触轴承、电机、齿轮箱等装置的表面进行测量 非接触型：采用先进的红外测温仪、红外热像仪、红外扫描仪等遥测不宜接近的物体 具有快速、正确、方便的特点	用于机床运行中发热异常的检测
	振动监测	通过安装在机床某些特征点上的传感器，利用振动计巡回检测，测量机床上特定测量处的总振级大小，如位移、速度、加速度和幅频特性等，对故障进行预测和监测	振动和噪声是应用最多的诊断信息。首先是强度测定，确认有异常时，再做定量分析
	噪声监测	用噪声测量计、声波计对机床齿轮、轴承在运行中的噪声信号频谱中的变化规律进行深入分析，识别和判别齿轮、轴承磨损失效故障状态	
	油液分析	通过原子吸收光谱仪，对进入润滑油或液压油中磨损的各种金属微粒和外来杂质等残余物形状、大小、成分、浓度的分析，判断磨损状态、机理和严重程度，有效掌握零件磨损情况	用于监测零件磨损
	裂纹监测	通过磁性探伤法、超声波法、电阻法、声发射法等观察零件内部机体的裂纹缺陷	疲劳裂缝可导致重大事故，测量不同性质材料的裂纹应采用不同的方法

五、数控机床的日常维护

数控机床使用寿命的长短和故障发生的高低，不仅取决于机床的精度和性能，很大程度上还取决于它的正确使用和维护。正确的使用能防止设备非正常磨损，避免突发故障，精心的维护可使设备保持良好的技术状态，延缓劣化进程，及时发现和消除隐患于未然，从而保障安全运行，保证企业的经济效益，实现企业的经营目标。因此，机床的正确使用与精心维护是贯彻设备管理以防为主的重要环节。

数控机床具有机、电、液集于一体、技术密集和知识密集的特点。因此，数控机床的维护人员不仅要有机械加工工艺及液压、气动方面的知识，也要具备电子计算机、自动控制、驱动及测量技术等知识，这样才能全面了解、掌握数控机床以及做好机床的维护保养工作。维护人员在维修前应详细阅读数控机床有关说明书，对数控机床有一个详细的了解，包括机床结构特点、数控的工作原理及框图，以及它们的电缆连接。

对数控机床进行日常维护、保养的目的是延长元器件的使用寿命；延长机械部件的变换周期；防止发生意外的恶性事故；使机床始终保持良好的状态，并保持长时间的稳定工作。

不同型号的数控机床日常维护的内容和要求不完全一样，对于具体的机床，说明书中都有明确的规定（见表 10-16），但总的说来包括以下几个方面：

（1）有切实可行的维护保养制度。这是搞好日常维护的关键所在，如果没有健全的制度，再好的条例也无法得到贯彻。

（2）有明确的操作规程。操作规程是保证数控机床安全运行的重要措施之一，操作者一定要按操作规程操作。操作规程中要明确规定开机、关机的顺序和注意事项，例如开机后首先要手动或程序指令自动回参考点；非电修人员，包括操作者不能随便动电器；不得随意修改参数；机床在正常运行时不允许开或关电气柜门；禁止按动“急停”按钮和“复位”按钮等。

（3）保持良好的润滑状态。定期检查、清洗自动润滑系统，添加或更换油脂油液，使丝杠、导轨等运动部件始终保持良好的润滑状态，以降低机械的磨损速度。

（4）机械精度的检查调整。包括换刀系统、工作台交换系统、丝杠反向间隙等的检查调整，以减少各运动部件之间的形状和位置偏差。

（5）检查各拖插接件有无松动。

（6）经常清扫卫生。如果太脏、粉尘太多，可能影响数控机床的正常工作。如电路板太脏，可能产生短路现象；油水过滤器、空气过滤网太脏，会由于压力不够、散热不好造成故障。所以必须定期清扫卫生。

表 10-16　　　　　　数控机床常规检查内容

序号	检查部位	检查内容	检查周期
1	导轨润滑油箱	检查油标、油量，及时添加润滑油，润滑泵能定时启动打油及停止	每天
2	X、Y、Z 轴向导轨面	清除切屑及脏物，检查润滑油是否充分，导轨面有无划伤损坏	
3	压缩空气气源压力	检查气动控制系统压力，应在正常范围内	
4	气源自动分水滤水器，自动空气干燥	及时清理分水器中滤出的水分，保证自动空气干燥工作正常	
5	气液转换器和增压器油面	发现油面不够及时补足油	
6	主轴润滑恒温油箱	工作正常，油量充足并调节温度范围	
7	机床液压系统	油箱、油泵无异常噪声，压力表指示正常，管路及各接头无泄漏，工作油面高度正常	
8	液压平衡系统	平衡压力指示正常，快速移动平衡阀工作正常	
9	CNC的输入/输出单元	如输入/输出设备清洁，机械结构润滑良好等	
10	各种电气柜散热通风装置	各电气柜冷却风扇工作正常，风道过滤网无堵塞	
11	各种防护装置	导轨、机床防护罩等应无松动、漏水	
12	各电气柜过滤网	清洗各电气柜过滤网	每周
13	滚珠丝杠	清洗丝杠上旧的润滑脂，涂上新油脂	每半年
14	液压油路	清洗溢流阀、减压阀、滤油器，清洗油箱箱底，更换或过滤液压油	
15	主轴润滑恒箱	清洗过滤器，更换液压油	
16	检查并更换直流伺服电机碳刷	检查换向器表面，吹净碳粉，去除毛刺，更换长度过短的电刷，并应跑合后才能使用	每年
17	润滑油泵，滤油器清洗	清理润滑油池底，更换滤油器	

续表

序号	检查部位	检查内容	检查周期
18	检查各轴导轨上镶条，压紧滚轮松紧状态	按机床说明书调整	不定期
19	冷却水箱	检查液面高度，冷却液太脏时需要更换并清理水箱底部，经常清洗过滤	
20	排屑器	经常清理切屑，检查有无卡住等	
21	清理废油池	及时取走废油池中废油，以免外溢	
22	调整主轴驱动皮带松紧	按机床说明书调整	

六、数控磨床故障分析

数控磨床故障原因分析及排除方法见表 10-17。

表 10-17　数控磨床故障原因分析及排除方法

故障类型	原因及排除方法
有报警显示的故障	由数控机床的自诊断功能诊断并显示报警信息。此时，系统立即停止工作，可按报警信息作故障分析和检查
硬件故障	电源接通后，监控发光二极管常亮，可能是 CPU 故障、EPROM 故障、机床数据故障、总线系统故障、印制电路板 PCB 故障、印制电路 PCB 有错误的设定码。NC 单元故障，硬件指示灯报警 排除方法：更换 CPU 模块、存储器模块、显示模块、测量模块、PLC 接口模块、电源模块。排除 CPU 主板的故障及输出接口损坏后，系统仍得不到反馈信号，可修改 PLC 程序，用备用接口代替损坏的接口或更换输入/输出模块

续表

故障类型	原因及排除方法
系统软件故障	系统软件报警分为系统报警和 PLC 报警。系统报警包括：伺服轴报警；主轴急停报警；主轴报警；通信口报警；系统超温报警；程序问题报警；MDA 报警；机床数据问题报警；电池电压不足报警 （1）通信口报警保证数据正确传输，对电缆的连接、系统和传输设备的状态、数据格式、传输识别符、传输波特征等进行监控，并对通信过程的故障报警 （2）PLC 系统报警由 PLC 报警信息显示和 PLC 操作信息显示，指示 PLC 程序错误或 PLC 自身错误 （3）PLC 故障报警指示机床故障 （4）程序报警主要是指程序编制过程中出现的错误，并根据报警信息对新编的程序进行分析和检查，纠正后排除故障。故障主要有程序没有结束符；程序块没在存储器内；一般程序错误等。须及时更正编程错误 （5）脉冲编码器报警 （6）伺服诊断包括过载故障、超硬件限位、电压不足故障、电流故障、编码器断线故障、数据溢出故障。编码器有问题应立即更换、排除故障 （7）机床参数问题主要是刀具补偿参数、R 参数等设置问题或机床故障。应修改程序中相应参数排除故障。缺少数据也会造成停机故障。有些程序的其他数据设置不好，工作区域超限。工件参数变化过大也会造成故障 （8）机床数据的丢失或变动会使机床出现故障。如伺服电动机轴漂移补偿等。修改有问题的数据，排除故障
报警灯显示故障	数据系统硬件报警功能由报警指示灯报警，显示控制单元、系统电源、伺服装置、主轴驱动装置的故障
系统状态显示功能诊断故障	状态显示是显示数控系统与机床之间所传递的接口状态信息，即通过可编程序控制器作信息传递交换。显示的是数字信号。显示 PLC 输入输出信号状态，从而诊断故障
伺服系统故障	伺服系统对数据轴进行数字控制。数控系统通过测量模块向伺服单元发出运动指令，伺服指令将指令经电流，速度双闭环控制，由伺服放大器控制伺服电动机运行；同时反馈元件将位置信号反馈至数控系统的测量模块，构成位置控制。PLC 起运行监视作用
伺服控制单元的故障	伺服放大器、伺服电源板、伺服控制器故障 （1）伺服放大器故障。更换伺服放大器模块 （2）伺服电源模块故障。重新连接电源 （3）伺服控制器故障。更换控制器

续表

故障类型	原因及排除方法
位置反馈部分的故障	位置反馈的故障是由于位置反馈检测元件的损坏，编码器进水或进油，线路反馈插头接触不良等原因引起。损坏的旋转变压器、旋转编码器、感应同步器、磁栅R、光栅R等元件均可交换。编码器污染后，清除油污后就可排除故障
伺服电动机故障	伺服电动机分直流和交流电动机故障 (1) 直流电动机电刷和换向环磨损。维护、更换电刷 (2) 交流电动机绕组故障。更换绕组
砂轮主轴故障	砂轮主轴故障。动静压轴承的故障主要是润滑油太脏或杂粒堵塞润滑油孔，使轴承摩擦发热产生"抱轴"故障。"抱轴"不太严重时，可用金相砂纸修光主轴，刮削轴承保持间隙在0.02～0.04mm内。严重时须更换，同时应清洗油箱并更换润滑油。修磨主轴肩面，修刮轴承及端盖的平面，配磨垫圈，控制轴向间隙。 静压轴承薄膜反馈节流器故障，可更换铜片，清洗节流器的小油孔和进油孔
砂轮修整器故障	砂轮修整器故障。修整器有两种结构：①用金刚石滚轮修整砂轮至一定尺寸；②使用金刚石笔由双轴插补控制成形修整砂轮。故障是修整器E轴找不到参考点，可通过更换零点开关消除故障；金刚石滚轮转速慢，可调整液压马达的液压，使滚轮恢复正常工作
送料机构故障	送料机构故障。上下料装置，自动送料、出料。主要是传送带、液压机械手故障
砂轮自动平衡器故障	砂轮自动平衡器故障。平衡系统故障，指示砂轮没有平衡，砂轮主轴停转。平衡检测器故障可更换传感器；平衡仪电源板故障，可更换电源板；平衡头故障，可更换平衡头
自动测量装置故障	自动测量装置故障。MARPOSS自动测量装置主要是操作故障、测量臂故障、液压系统故障、测量仪故障及接近检测开关故障。修整上述部位，就可排除故障
气动系统故障 1. 电磁控制阀故障 2. 气缸故障	(1) 数控磨床防护门自动开、关失灵，主要是电磁控制阀损坏。须更换电磁换向阀 (2) 数控磨床上下料装置失灵，在排除气缸的故障后，主要调整油雾器，并清洗气缸

续表

故障类型	原因及排除方法
液压系统故障：液压泵故障	齿轮泵故障 （1）齿轮泵的齿面磨损，更换齿轮 （2）泵内零件损坏，引起振动。更换或修复损坏的零件 （3）轴向间隙增大或轴向端面咬毛。更换零件
液压系统故障：溢流阀故障	溢流阀故障 （1）调整弹簧变形，端面不平。更换弹簧 （2）阀座损坏，密封不良。研磨阀座、更换钢球或修磨锥阀 （3）滑阀与阀体孔的间隙太大。研磨阀体孔。再配磨滑阀 （4）阻尼孔堵塞。清洗阀体，疏通阻尼孔，更换液压油
液压系统故障：液压系统压力有较大波动	液压不稳定的故障 （1）齿轮泵吸油管阻塞、滤油器阻塞。清洗滤油器，使齿轮泵吸油通畅 （2）齿轮泵吸油密封不良，吸入空气。修理齿轮泵吸油管道的连接口的破损处，保持其密封良好 （3）溢流阀失灵。修复溢流阀
机床导轨磨损	机床导轨使用多年后磨损，需重新修磨导轨面，达到以下要求： （1）直线度公差为 0.02mm/1000mm （2）直线度任意 250mm 长度上公差为 0.005mm （3）每增加 1000mm 长度公差值增加 0.015mm

第十一章 典型零件磨削工艺分析

第一节 机械加工精度和表面质量

一、机械加工精度

（一）加工精度

产品的质量取决于零件的质量和装配的质量，特别是零件的加工精度将直接影响产品的使用性能和寿命。因此，提高零件的加工精度是很重要的。

在机械加工过程中，由于各种因素的影响，使刀具、磨具和工件间正确的相对位置产生偏差，因而加工出的零件不可能与理想的要求完全符合。机械加工后，零件实际几何参数与理想零件几何参数（几何尺寸、几何要素的形状、表面相互位置）相符合的程度称为加工精度。

零件的加工精度包括尺寸精度、形状精度和位置精度。

（1）尺寸精度。指加工表面的尺寸（如孔径、轴径、长度）及加工表面到基面的位置尺寸精度。尺寸精度用标准公差等级表示，分为 20 级。

（2）形状精度。指加工表面的几何形状（如圆度、圆柱度、平面度等）精度。形状精度用形状公差等级表示，分为 12 级。

（3）位置精度。指加工表面与其他表面间的相互位置（如平行度、垂直度、倾斜度、同轴度等）的精度。位置精度用位置公差等级表示，分为 12 级。

（二）获得加工精度的方法

零件表面的加工方法是多种多样的，但要获得图样要求的公差等级，必须对设备条件、生产类型、技术水平等方面综合考虑，通过技术经济分析，选取技术上可靠、经济上合理的加工方法。而零件表面的尺寸、形状、位置精度间是相联系的。形状误差应限制在位置公差内，位置误差应限制在尺寸公差内。通常是尺寸精度要求高，相应的形状、位置精度要求也高。但对于特殊功用零件的某些表面，其几何形状精度要求更高，但其位置精度、尺寸精度却并不一定要求高。

1. 提高加工精度的工艺措施

提高加工精度的工艺措施大致可归纳为以下几个方面。

(1) 直接减少原始误差法。这是生产中应用很广的一种基本方法。即在查明影响加工精度的主要原始误差因素之后，设法消除或减少它。

(2) 误差补偿法。就是人为地制造一种误差，去抵消另一种原始误差，从而达到提高加工精度的目的。

(3) 误差转移法。误差转移法的实质是转移工艺系统的几何误差、受力变形和热变形等。例如磨削主轴锥孔时，锥孔和轴颈的同轴度公差不是靠机床主轴回转精度来保证，而是靠夹具来保证。当机床主轴与工件采用浮动连接以后，机床主轴的原始误差就不再影响加工精度，而转移到夹具来保证加工精度。

(4) 就地加工法。在加工和装配中，有些精度问题牵涉到很多零部件间的相互关系，相当复杂。如果单纯依靠提高零件精度来满足设计要求，有时不仅困难，甚至不可能。此时若采用就地加工就可解决这种难题。

(5) 误差分组法。在加工中，由于工序毛坯误差的存在，造成了本工序的加工误差。毛坯误差的变化，对本工序的影响主要有两种情况，即复印误差和定位误差。如果上述误差太大，不能保证加工精度，而且要提高毛坯精度或上道工序加工精度又不经济的，就可采用误差分组法，把毛坯或上道工序尺寸按误差大小分成 n 组，每组毛坯的误差就缩小为原来的 $1/n$。然后按各组分别调整刀具与工件的相对位置或调整定位元件，就可大大地缩小整批工件的尺寸分散范围。适用于配合精度很高的场合使用。

（6）误差平均法。是利用有密切联系的表面之间的相互比较和相互修正，或者利用互为基准进行加工，以达到很高的加工精度的方法。

2. 获得加工精度的方法

（1）获得尺寸精度的方法。工件尺寸精度的获得方法有下列四种：

1）试切法。依靠试切工件→测量尺寸→调整刀具→再试切→再调整，这样反复数次，直到符合规定尺寸精度时，才正式切出整个加工表面。

2）调整法。先用一工件按试切法调整好刀具，并使刀具与工件（或机床、夹具）的相对位置在以后的加工过程中保持不变，再成批地加工工件。

3）定尺寸刀具法。用刀具的相应尺寸来保证加工表面的尺寸精度。如孔加工时，常用镗刀块镗孔或用铰刀、拉刀等加工孔来保证工件尺寸。

4）主动测量法。磨削时的加工表面是逐渐接近加工尺寸的，因此，在磨床上，常在加工时采用主动测量。图 11-1 为磨削凸缘肩部平面，用百分表控制尺寸 h。

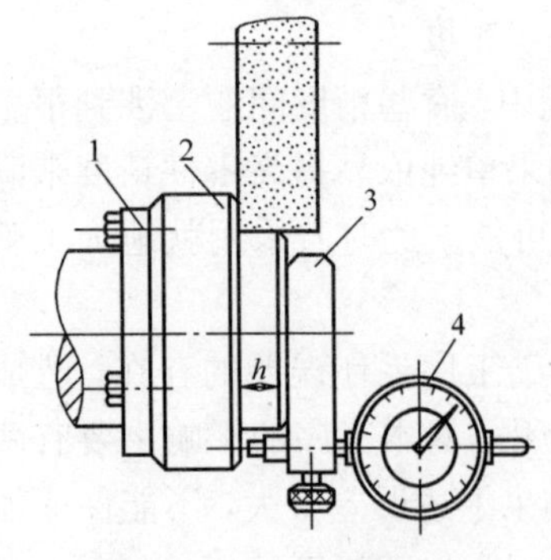

图 11-1　主动测量法

1—磨夹具；2—工件；3—百分表座；4—百分表

（2）获得形状精度的方法。加工工件时，获得形状精度的方法有下列三种：

1）轨迹法。依靠刀尖的运动轨迹来获得所要求的表面几何形状的方法，称为轨迹法。刀尖的运动轨迹取决于刀具与工件的相对成形运动。如用靠模获得曲线运动来加工成形表面等。

2）成形法。利用成形刀具对工件进行加工的方法称为成形法。如用成形车刀加工回转曲面，用成形铣刀铣削成形面，用拉刀拉削内花键等均属成形法，这些加工方法所得到的表面形状精度取决于刀具切削刃的形状精度。

3）展成法。刀具与工件作具有确定速比关系的运动，工件的被加工表面是切削刃在运动中形成的包络面，且切削刃是被加工表面轮廓线的共轭曲线。用这种方法来加工表面，称为展成运动。常见的滚齿、插齿等齿轮加工方法均属展成法。

(3) 获得位置精度的方法。有如下两种：

1）划线找正。对于形状复杂的零件，有必要按零件图在毛坯上划线，并检查它们与不加工表面的尺寸与位置情况，然后按划好的线找正工件在机床上的位置，进行装夹。如箱体加工就需划线找正装夹进行加工，但用划线找正方法加工精度很低，效率也不高。

2）夹具保证。夹具以正确的位置安装在机床上，工件按照六点定位原理在夹具中定位并夹紧，工件的位置精度完全由夹具来保证。用夹具装夹工件，定位精度高且稳定，效率也较高。

二、加工误差

实际几何参数与理想几何参数的偏离程度称为加工误差。加工误差越小，加工精度越高。

（一）加工误差的内容

加工误差的产生是由于在加工前和加工过程中，工艺系统存在很多误差因素，统称为原始误差。它主要包括以下内容。

1. 原理误差

采用近似的加工运动或近似的刀具轮廓而产生的误差。如用成形铣刀加工锥齿轮，用车削方法加工多边形工件等。

2. 装夹误差

工件在装夹过程中产生的误差称为装夹误差。装夹误差包括定位误差和夹紧误差。

(1) 定位误差。是指一批工件在夹具中定位时，工件的设计基准（或工序基准）在加工尺寸方向上相对于夹具（机床）的最大变量。定位误差与定位方法有关，包括定位基准与设计基准不重合引起的基准不重合误差；定位副制造不准确等引起的基准位移误差。

(2) 夹紧误差。结构薄弱的工件，在夹紧力的作用下会产生很大的弹性变形。在变形状态下形成的加工表面，当松开夹紧，变形消失后，将产生很大的形状误差。如图 11-2 所示，三爪自定心卡盘夹持薄壁套筒磨（镗、车)孔，夹紧后套筒微变形成棱圆形[图 11-2(a)]。虽然磨出的孔成正圆形[图 11-2(b)]，但松夹后套筒的弹性恢复，使孔变成了三角棱圆形[图 11- 2(c)]。所以对于薄壁环(套) 形零件，可采用宽的卡爪，或在工件与卡爪间衬一开口圆形衬套[图 11-2(d)、(e)]，使夹紧力均匀分布在薄壁套筒上，减少变形，也可采用轴向夹紧夹具，变径向夹紧为轴向夹紧，减少工件变形。

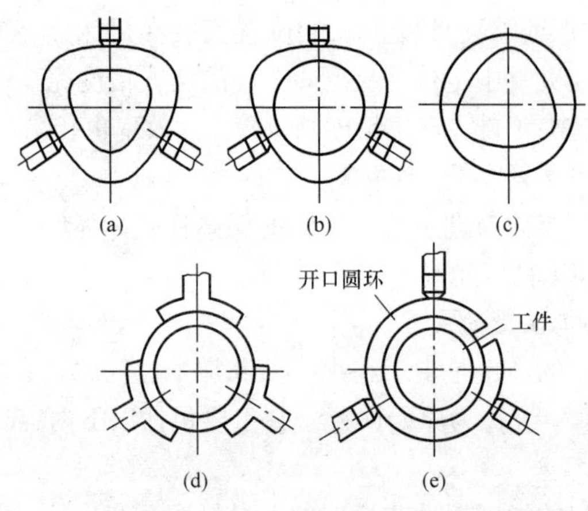

图 11-2　夹紧变形

(a) 工件夹紧；(b) 磨孔；(c) 松开后的工件；
(d) 宽瓜夹紧；(e) 使用开口圆形衬套

3. 测量误差

测量误差是与量具、量仪的测量原理、制造精度、测量条件(温度、湿度、振动、测量力、清洁度等) 以及测量技术水平等有关的误差。

4. 调整误差

调整的作用主要是使刀具与工件之间达到正确的相对位置。试切法加工时的调整误差主要取决于测量误差、机床的进给误差和工艺系统的受力变形。调整法加工时的调整误差，除上述因素外，还与调整方法有关。采用定程机构调整时，与行程挡块、靠模、凸轮等元件或机构的制造误差、安装误差、磨损以及电、液、气动控制元件的工作性能有关。采用样板、样件、对刀块、导套等调整，则与它们的制造、安装误差、磨损以及调整时的测量误差有关。

5. 夹具的制造、安装误差与磨损

机床夹具上定位元件、导向元件、对刀元件、分度机构、夹具体等的加工与装配误差以及它们的耐磨损性能，对零件的加工精度有直接影响。夹具的精度要求，根据工件的加工精度要求确定。

6. 刀具的制造误差与磨损

刀具对加工精度的影响，随刀具种类的不同而不同。

(1) 采用定尺寸刀具加工时，刀具的尺寸误差将直接影响工件的尺寸精度。此外，这类刀具还可能产生“扩切”现象，一般情况为“正扩切”，工件尺寸比刀具尺寸大。但在刀具钝化、加工余量小、工件壁薄易变形时，则产生“负扩切”，工件尺寸比刀具尺寸小。如钻头、铰刀、拉刀及槽铣刀等。

(2) 采用成形刀具（如成形车刀、成形铣刀等）或成形砂轮加工时，刀具（砂轮）的形状误差、安装误差将直接影响工件的形状精度。

(3) 刀具展成加工时，刀具切削刃的几何形状及有关尺寸的误差，也会直接影响加工精度。

(4) 对于车、镗、铣等一般刀具，其制造误差对工件精度无直接影响，但刀具磨损后，对工件的尺寸精度和形状精度也将有一定影响。

7. 工件误差

加工前，工件或毛坯上待加工表面本身有形状误差或与其有关表面之间有位置误差，也都会造成加工后该表面本身及其与其他有关表面之间的加工误差。

8. 机床误差

机床的制造、安装误差以及长期使用后的磨损，是造成加工误差的主要原始误差因素。机床误差主要由主轴回转误差、导轨导向误差、内传动链的传动误差及主轴、导轨等的位置关系误差所组成。

（1）主轴回转误差是指主轴实际回转轴线相对理论回转轴线的“漂移”。主轴回转误差会造成加工零件的形位误差及表面波度和粗糙。

（2）导轨导向误差是机床导轨副运动件实际运动方向与理论运动方向的差值。导轨导向误差会造成加工表面的形状与位置误差。导轨副的不均匀磨损、机床水平调整不良或地基下沉，都会增加导向误差。

（3）机床传动误差是刀具与工件之间速比关系误差。对于车、磨、铣削螺纹，滚、插、磨（展成法磨齿）齿轮，机床传动误差会影响螺距精度和分度精度，造成加工表面的形状误差。

（4）机床主轴、导轨等的位置关系误差，将使加工表面产生形状与位置误差。

9. 工艺系统受力变形产生的误差

工艺系统在切削力、传动力、重力、惯性力等外力作用下产生变形，破坏了刀具与工件间的正确相对位置，造成加工误差。工艺系统变形的大小与工艺系统的刚度有关。

10. 工艺系统受热变形引起的误差

机械加工中，工艺系统受切削热、摩擦热、环境温度、辐射热等的影响将产生变形，使工件和刀具的正确相对位置遭到破坏，引起切削运动、背吃刀量及切削力的变化，造成加工误差。

对于精加工、大型零件加工、自动化加工，热变形引起的加工误差占总加工误差的比例很大，严重影响加工精度。

11. 工件残余应力引起的误差

在没有外力作用下或去除外力后，工件内仍存留的应力称残余应力。具有残余应力的零件，其内部组织的平衡状态极不稳定，有恢复到无应力状态的强烈倾向。残余应力超过一定限度的毛坯或半成品，加工时原有的平衡条件被破坏，残余应力重新分布，使工件达不到预期的加工精度。

（二）加工误差的分类

各种加工误差按其在一批工件中出现规律的不同分为：系统误差和随机误差。

1. 系统误差

当一次调整后顺次加工一批工件时，误差大小和方向都不变，或者按一定规律变化的误差。前者为常值系统误差，与加工顺序无关；后者为变值系统误差，与加工顺序有关。

2. 随机误差

在顺次加工一批工件时，误差大小和方向呈无规律变化的误差。

造成各类加工误差的原始误差，如表 11-1 所示。

三、机械加工表面质量

（一）表面质量的内容

机器零件的加工质量，除了加工精度外，还有加工表面质量，它是零件加工后表面层状态完整性的表征。

随着现代机器制造工业的飞速发展，对机器零件的要求日益提高，一些重要的零件必须在高速、高温、高压和重载条件下工作。表面层的任何缺陷，不仅直接影响零件的工作性能，而且使零件加速磨损、腐蚀和失效，因而必须充分重视零件的表面质量。零件加工表面质量包括如下几个方面内容。

1. 加工表面几何特征

主要由表面粗糙度和表面波度两部分组成，如图 11-3 所示。

（1）表面粗糙度。表示已加工表面的微观几何形状误差。国家标准 GB/T 131—2006 规定，表面粗糙度参数从下列三项选取。

1）表面轮廓的算术平均偏差 Ra。

2）轮廓最大高度 RZ。

表 11-1　造成各类加工误差的原始误差

系统误差		随机误差
常值系统误差	变值系统误差	
原理误差 刀具的制造和调整误差 机床几何误差（主轴回转误差中有随机成分）与磨损 机床调整误差（对一次调整而言） 工艺系统热变形（系统热平衡后） 夹具的制造、安装误差与磨损 测量误差（由量仪制造、对零不准、设计原理、磨损等产生） 工艺系统受力变形（加工余量、材料硬度均匀时） 夹紧误差（机动夹紧）	刀具尺寸磨损（砂轮、车刀、面铣刀、单刃镗刀等） 工艺系统热变形（系统热平衡前） 多工位机床回转工作台的分度误差和其上夹具安装误差	工艺系统受力变形（加工余量、材料硬度不均匀时） 工件定位误差 行程挡块的重复定位误差 残余应力引起的变形 夹紧误差（手动夹紧） 测量误差（由量仪传动链间隙、测量条件不稳定、读数不准等造成） 机床调整误差（多台机床加工同批工件、多次调整加工大批工件）

（2）表面波度。介于宏观几何形状误差与表面粗糙度之间的周期性几何形状误差。其大小是以 l_0 和波高 h_0 表示的。表面波度主要是在加工过程中工艺系统的振动引起的。目前表面波度尚无国家标准。

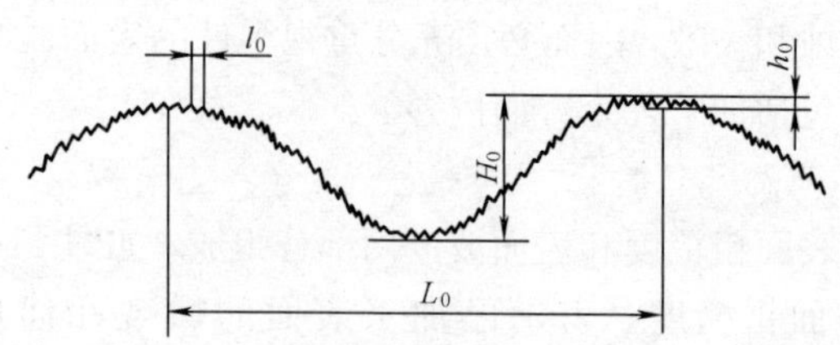

图 11-3　表面粗糙度和波度

2. 加工表面层物理力学性能

其变化主要有以下三个方面的内容。

(1) 加工表面的冷作硬化。指工件经机械加工后表面层的强度、硬度有提高的现象，也称为表面层的冷硬或强化。通常以冷硬层深度 H_0、表面层的显微硬度 H 以及硬化程度 N 表示。其中

$$N=\frac{H}{H_0}\times 100\%$$

式中　H_0——金属原来的硬度；

H——已加工表面的显微硬度。

(2) 加工表面层的金相组织变化。机械加工（特别是磨削）中的高温使工件表面层金属的金相组织发生了变化，大大降低零件使用性能。

(3) 加工表面层的残余应力。对零件使用性能的影响大小取决于它的方向、大小和分布状况。

(二) 提高零件表面质量的方法

1. 控制表面粗糙度的方法

机械加工中造成工件表面粗糙的主要原因可归纳为两个方面：一是切削刃和工件相对运动轨迹所形成的表面粗糙（几何因素）；二是和被加工材料性质及切削机理有关的因素（物理因素），即产生积屑瘤、鳞刺和振动等。

在切削加工中，造成表面粗糙的几何因素是切削残留面积和切削刃刃磨质量。残留面积高度越大，表面越粗糙。根据切削原理可知，残留面积的高度与进给量、刀尖圆弧半径及刀具的主、副偏角有关。为控制切削加工中的表面粗糙度值，可以采取下列措施：

(1) 由于切削速度在某一定范围内容易产生积屑瘤和鳞刺，因此，要合理选择切削速度，一般要避开产生积屑瘤的中等切削速度[(15～30)m/min]。如车削 45 钢时，当切削速度超过 100m/min 时，表面粗糙度值减小并趋于稳定。而进给量应选择较小值才能减少残留面积高度，减小表面粗糙度。

(2) 合理选用刀具材料，选择适当的刀具几何参数。不同的刀具材料，由于化学成分不同，在加工时刀面硬度及刀面粗糙度的保

持性、刀具材料与工件材料金属分子间的亲和程度，以及刀面与切屑和加工表面间的摩擦因数等均有所不同。实践证明，在相同的切削条件下，用硬质合金刀具加工所获得的表面粗糙度值比用高速钢刀具的小。

增大刃倾角 λ_s 对降低粗糙度有利。因为 λ_s 增大，实际工作前角也随之增大，切削过程中的金属塑性变形程度随之下降，于是切削力 F 也明显下降，这会显著地减轻工艺系统的振动，从而使加工表面粗糙度值减小。减小刀具的主偏角 K_r 和增大刀尖的圆弧半径 r_ε，也可减小残留面积，使表面粗糙度值减小。

(3) 切削液对加工表面粗糙度有明显的影响。由于切削液的冷却作用使切削温度降低，切削液的润滑作用使刀具和被加工表面间的摩擦状况得到改善，从而减少了切削过程的塑性变形并抑制积屑瘤和鳞刺的生长，对降低表面粗糙度有很大的作用。

2. 控制表面残余应力的方法

为了长期保持精密零件的精度，避免表面残余应力造成工件变形，要尽可能消除或减小表面残余应力。而在很高的交变载荷下工作的零件，则希望其表面具有很高的残余压应力。采用以下方法可以控制表面残余应力。

(1) 采用滚压、喷砂、喷丸等方法对零件表面进行处理，使表面产生局部塑性变形并向四周扩张。因材料扩张受阻而产生很大的残余压应力，从而有效地提高零件的抗疲劳强度。

(2) 采用人工时效的方法消除表面残余应力。

(3) 采用精细车、精细磨、研磨、珩磨、超精加工等方法。作为工件的最终加工。由于这些加工方法的余量小、切削力和切削热极小，因此不仅可以去除前工序造成的表面变质层及表面残余应力，还可避免产生新的表面残余应力。

(三)各种加工方法所能达到的表面粗糙度

机械加工表面质量主要包括表面的几何形状特征和表面层的物理力学性能的变化两部分。如上所述，表面的几何形状特征又分为表面粗糙度和表面波度。表面层物理力学性能是指表面层的加工硬化、表面层的金相组织变化和表面残余应力。在此，只讲述表面粗糙度。各种加工方法所能达的表面粗糙度见表 11-2。

表 11-2　　　各种加工方法所能达到的表面粗糙度

加工方法		表面粗糙度 Ra(μm)
带锯或圆盘锯割断		>10～80
切　断	车	>10～80
	铣	>10～40
	砂轮	>1.25～5
车削外圆	半精车	>2.5～10
	精　车	>0.63～5
	细　车（金刚石车）	>0.16～1.25
车削端面	粗车	>5～20
	半精车	>2.5～10
	精车	>1.25～10
	细车	>0.32～1.25
切　槽	一次行程	>10～20
	二次行程	>2.5～10
高速车削		>0.16～1.25
钻　孔	≤ϕ15mm	>2.5～10
	≥ϕ15mm	>5～40
扩　孔	粗(有表皮)	>5～20
	精	>1.25～10
锪倒角(孔的)		>1.25～5
带导向的锪平面		>2.5～10
镗　孔	粗镗	>5～20
	半精镗	>2.5～10
	精镗	>0.63～5
	细镗	>0.16～1.25
高速镗		>0.16～1.25

加工方法			表面粗糙度 Ra(μm)
铰孔	半精铰一次铰孔	钢	>2.5～10
		黄铜	>1.25～10
	精　铰	铸铁	>0.63～5
		钢、轻合金	>0.63～2.5
		黄铜、青铜	>0.38～1.25
	细　铰	钢	>0.16～1.25
		轻合金	>0.38～1.25
		黄铜、青铜	>0.08～0.32
圆柱铣刀铣削		粗	>2.5～20
		精	>0.63～5
		细	>0.32～0.63
面铣刀铣削		粗	>0.25～5
		精	>0.32～5
		细	>0.16～1.25
高速铣削		粗	>0.63～2.5
		精	>0.16～0.63
刨削		粗	>5～20
		精	>1.25～5
		细（光整加工）	>0.16～1.25
		槽的表面	>2.5～10
插削		粗	>10～40
		精	>1.25～10
拉削		精	>0.32～2.5
		细	>0.08～0.32
推削		精	>0.16～1.25
		细	>0.02～0.63

续表

加工方法		表面粗糙度 Ra(μm)
外圆磨 内圆磨	半精 （一次加工）	>0.63~10
	精	>0.16~1.25
	细	>0.08~0.32
	用精密修整的砂轮磨削	>0.02~0.08
	镜面磨削 （外圆磨）	≥0.008~0.08
平面磨	精	>0.32~1.25
	细	>0.04~0.32
珩磨	粗 （一次加工）	>0.16~1.25
	精 （细）	>0.03~0.32
刮	粗	>0.63~5
	精	>0.04~0.63
滚压加工		>0.04~0.63
研磨	粗	>0.16~0.63
	精	>0.04~0.32
	细 （光整加工）	≥0.008~0.08
超精加工	精	>0.08~1.25
	细	>0.04~0.16
	镜面的 （两次加工）	≥0.008~0.04

加工方法		表面粗糙度 Ra(μm)
抛光	精	>0.08~1.25
	细 （镜面的）	>0.02~0.16
	砂带抛光	>0.08~0.32
	砂布抛光	>0.08~2.5
	电抛光	>0.01~2.5
螺纹加工	板牙、丝锥 自开式板牙头	>0.63~5
	车刀或梳 削车、铣	>0.63~10
	磨	>0.16~1.25
	研磨	>0.04~1.25
	搓丝模	>0.63~2.5
	滚丝模	>0.16~2.5
齿轮及 花键加工	粗滚	>1.25~5
	精滚	>0.63~2.5
	精插	>0.63~2.5
	精刨	>0.63~5
	拉	>1.25~5
	剃齿	>0.16~1.25
	磨	>0.08~1.25
	研	>0.16~0.63
	热轧	>0.32~1.25
	冷轧	>0.08~0.32
钳工锉削		>0.63~20
砂轮清理		>5~80

四、各种加工方法所能达到的经济精度

1. 各种加工方法能达到的尺寸经济精度

见表11-3～表11-7。

表11-3　孔加工的经济精度

加工方法		公差等级（IT）
钻孔及用钻头扩孔		11～12
扩孔	粗扩	12
	铸孔或冲孔后一次扩孔	11～12
	钻或粗扩后的精扩	9～10
铰孔	粗铰	9
	精铰	7～8
	细铰	7
镗孔	粗镗	11～12
	精镗	8～10
	高速镗	8
	细镗	6～7
	金刚镗	6
拉孔	粗拉铸孔或冲孔	7～9
	粗拉或钻孔后精拉	7
磨孔	粗磨	7～8
	精磨	6～7
	细磨	6
研磨、珩磨		6
滚、金刚石挤压		6～10

表11-4　圆锥形孔加工的经济精度

加工方法		公差等级（IT）	
		锥　孔	深锥孔
扩　孔	粗	11	
	精	9	
磨　孔		≤7	7
镗　孔	粗	9	9～11
	精	7	
研　磨		6	6～7
铰　孔	机　动	8	7～9
	手　动	≤7	

表 11-5　圆柱形深孔加工的经济精度

加工方法		公差等级(IT)
麻花钻、扁钻、环孔钻钻孔	钻头回转	11～13
	工件回转	11
	钻头工件都回转	11
扩钻、扩孔		9～11
深孔钻钻孔或镗孔	刀具回转	9～11
	工件回转	9
	刀具工件都回转	9
镗刀块镗孔		7～9
铰孔		7～9
磨孔		7
珩孔		7
研磨		6～7

表 11-6　外圆柱表面加工的经济精度

加工方法	公差等级(IT)	加工方法	公差等级(IT)
粗车	11～12	精磨	6～7
半精车或一次车	8～10	细磨	5～6
精车	6～7	研磨、超精加工	5
细车、金刚车	5～6	滚压、金刚石压平	5～6
粗磨	8		

表 11-7　端面加工的经济精度

加工方法		直径(mm)			
		≤50	>50～120	>120～260	>260～500
车削	粗	0.15	0.20	0.25	0.40
	精	0.07	0.10	0.13	0.20
磨削	普通	0.03	0.04	0.05	0.07
	精密	0.02	0.025	0.03	0.035

注　指端面至基准的尺寸精度。

2. 表面加工方案的选择

对零件表面加工方案的选择应同时满足加工质量、生产率和经济性等方面的要求。

（1）选择的加工方案要保证达到加工表面的精度和表面粗糙度的要求。各种加工方法都有相应的经济精度，在选择加工方法时应使这种加工方法的经济精度能与零件图样上的精度及表面粗糙度要求相适应，才能达到既满足加工精度要求，又能满足经济性要求。特别要注意避免采用高精度的加工方法加工低精度的零件。对通用机床加工困难、质量难以保证的加工工艺或加工效率低、手工操作劳动强度大的零件，可选择数控机床加工。

（2）在选择加工方法时，要结合零件的材料和热处理要求进行，因为各种加工方法都有一定的局限性。例如钢可以采用磨削加工，而有色金属就不宜采用磨削加工，而适宜采用精密车削、金刚镗削等方法。

（3）在加工方法选择时，还必须考虑零件的生产纲领。在大批大量生产时，尽可能选用专用高效率的加工方法，如可采用拉削的方法代替铣削、镗孔等。

（4）在加工方法选择时，应考虑本厂、本车间的现有设备及技术条件，应充分利用现有设备，挖掘企业潜力，不断改进现有加工方法和设备，积极推广新技术，采用新工艺。

零件上较精确的表面是通过粗加工、半精加工和精加工逐步提高的，在各个阶段中采用的加工方法也是不同的，只考虑最终加工方法的选择是不够的，还应正确地确定从毛坯到成品的整个工艺路线中各加工阶段的加工方法。常见外圆、内孔、平面的加工方案见表 11-8～表 11-10。

表 11-8　　孔加工方案

序号	加工方法	经济精度级	表面粗糙度 Ra（μm）	适用范围
1	钻	IT11～IT12	12.5	加工未淬火钢及铸铁的实心毛坯，也可用于加工有色金属（但表面粗糙度值稍高，孔径小于 15～20mm）
2	钻—铰	IT9	3.2～1.6	
3	钻—铰—精铰	IT7～IT8	1.6～0.8	

续表

序号	加工方法	经济精度级	表面粗糙度 $Ra(\mu m)$	适用范围
4	钻—扩	IT10～IT11	12.5～6.3	同上，但孔径大于15～20mm
5	钻—扩—铰	IT8～IT9	3.2～1.6	
6	钻—扩—粗铰—精铰	IT7	1.6～0.8	
7	钻—扩—机铰—手铰	IT6～IT7	0.4～0.1	
8	钻—扩—拉	IT7～IT9	1.6～0.1	大批量生产(精度由拉刀的精度而定)
9	粗镗(或扩孔)	IT11～IT12	12.5～6.3	除淬火钢外各种材料，毛坯有铸出孔或锻出孔
10	粗镗(粗扩)—半精镗(精扩)	IT8～IT9	3.2～1.6	
11	粗镗(扩)—半精镗(精扩)—精镗(铰)	IT7～IT8	1.6～0.8	
12	粗镗(扩)—半精镗(精扩)—精镗—浮动镗刀精镗	IT6～IT7	0.8～0.4	
13	粗车(扩)—半精车—磨孔	IT7～IT8	0.8～0.2	主要用于淬火钢，也可用于未淬火钢，但不宜用于有色金属
14	粗车(扩)—半精车—粗磨—精磨	IT6～IT7	0.2～0.1	
15	粗镗—半精镗—精镗—金刚镗	IT6～IT7	0.4～0.05	主要用于精度要求高的有色金属加工
16	钻—(扩)—粗铰—精铰—珩磨；钻(扩)—拉—珩磨；粗镗—半精镗—精镗—珩磨	IT6～IT7	0.2～0.025	精度要求很高的孔
17	以研磨代替上述方案中的珩磨	IT6级以上		

表 11-9　　外圆表面加工方案

序号	加工方法	经济精度级	表面粗糙度 Ra（μm）	适用范围
1	粗车	IT11 以下	50～12.5	适用于淬火钢以外的各种金属
2	粗车—半精车	IT8～IT10	6.3～3.2	
3	粗车—半精车—精车	IT7～IT8	1.6～0.8	
4	粗车—半精车—精车—滚压（或抛光）	IT7～IT8	0.2～0.025	
5	粗车—半精车—磨削	IT7～IT8	0.8～0.4	主要用于淬火钢，也可用于未淬火钢，但不宜加工有色金属
6	粗车—半精车—粗磨—精磨	IT6～IT7	0.4～0.1	
7	粗车—半精车—粗磨—精磨—超精加工（或轮式超精磨）	IT5	0.1～Rz0.1	
8	粗车—半精车—精车—金刚石车	IT6～IT7	0.4～0.025	主要用于要求较高的有色金属加工
9	粗车—半精车—粗磨—精磨—超精磨或镜面磨	IT5 以上	0.025～Rz0.05	极高精度的外圆加工
10	粗车—半精车—粗磨—精磨—研磨	IT5 以上	0.1～Rz0.05	

表 11-10　　平面加工方案

序号	加工方法	经济精度等级	表面粗糙度 Ra(μm)	适用范围
1	粗车—半精车	IT9	6.3～3.2	
2	粗车—半精车—精车	IT7～IT8	1.6～0.8	端面
3	粗车—半精车—磨削	IT8～IT9	0.8～0.2	
4	粗刨（或粗铣）—精刨（或精铣）	IT8～IT9	6.3～1.6	一般不淬硬平面（端铣表面粗糙度值较低）
5	粗刨（或粗铣）—精刨（或精铣）—刮研	IT6～IT7	0.8～0.1	精度要求较高的不淬硬平面；批量较大时宜采用宽刃精刨方案
6	以宽刃刨削代替上述方案刮研	IT7	0.8～0.2	

续表

序号	加工方法	经济精度等级	表面粗糙度 $Ra(\mu m)$	适用范围
7	粗刨(或粗铣)—精刨(或精铣)—磨削	IT7	0.8～0.2	精度要求高的淬硬平面或不淬硬平面
8	粗刨(或粗铣)—精刨(或精铣)—粗磨—精磨	IT6～IT7	0.4～0.02	
9	粗铣—拉	IT7～IT9	0.8～0.2	大量生产，较小的平面(精度视拉刀精度而定)
10	粗铣—精铣—磨削—研磨	IT6 级以上	0.1～Rz0.05	高精度平面

第二节　基准和定位基准的选择

一、工件的装夹和基准

(一) 工件的装夹

工件的装夹包括定位与夹紧两个方面。

(1) 工件的定位。确定工件在机床上或夹具中某一正确位置的过程称为定位。

(2) 工件的夹紧。工件定位后将其紧固，使其在加工过程中保持确定位置不变的操作过程称为夹紧。工件从定位到夹紧的过程称为装夹。装夹将直接影响工件的加工精度。另外，工件装夹的快慢，还影响生产效率的高低。

(二) 常用的装夹方法

1. 直接找正装夹

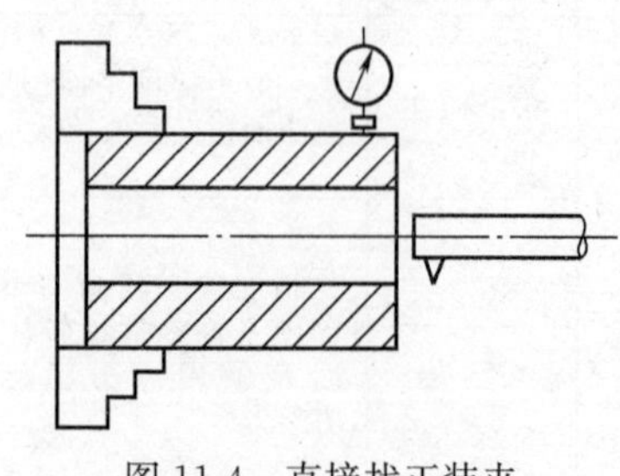

图 11-4　直接找正装夹

用这种方法时，工件在机床上应有的位置，是通过一系列的找正而获得的。具体的方法是在工件直接装上机床后，用千分表或划线盘上的划针，以目测法校正工件位置，一边校验一边找正。

图 11-4 是在车床四爪单动

卡盘上用千分表找正定位，使本工序加工的内孔表面能和已加工的外圆表面保持较高的同轴度。在其他机床上加工时，也常用这类直接找正装夹的方法。

直接找正装夹法的缺点是费时多、生产率低，仅用于单件、小批量生产中（如工具车间、修理车间等）。

2. 划线找正装夹

对于一些质量大，结构复杂的工件，往往先在待加工处划线，然后装上机床，按所划的线进行找正定位。因为所划的线本身有一定宽度，在划线时尚有划线误差，校正工件位置时还有观察误差，因此，该方法多用于生产批量较小，毛坯精度较低及大型工件等不宜使用夹具的粗加工中。

3. 夹具装夹

夹具是机床的一种附加装置，它在机床上与刀具之间的正确相对位置在工件未装夹前已预先调整好。所以在加工一批工件时，不必再逐个找正定位，就能保证加工的技术要求，在成批和大量生产中广泛使用。

二、定位基准的选择

（一）基准及其分类

机械零件由若干表面组成，各表面之间有确定的尺寸及位置公差要求。用来确定几何要素间几何关系所依据的点、线、面称为基准。

根据基准的功用不同，可分为设计基准与工艺基准两大类，见图 11-5。

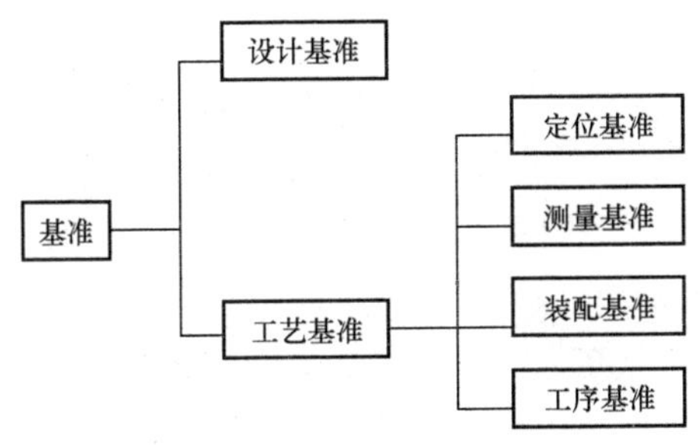

图 11-5　基准的种类

1. 设计基准

在设计图样上所采用的基准，称为设计基准。作为设计基准的点、线、面在工件上不一定具体存在。例如孔的中心线、轴心线、基准中心平面等，而常常由某些具体表面来体现，这些表面称为基面。

2. 工艺基准

在制造工艺过程中采用的基准称为工艺基准。工艺基准包括如下 4 个：

(1) 装配基准。是产品装配时用来确定零件或部件在机器中的相对位置所用的基准。

(2) 测量基准。是测量时所采用的基准。

(3) 定位基准。是在加工中用作定位的基准。

(4) 工序基准。是在工序图上用来确定本工序所加工表面加工后的尺寸、形状、位置的基准。

(二) 定位基准的选择

在零件的机械加工工艺过程中，合理选择定位基准对保证零件的尺寸精度和相互位置精度起决定性作用。

定位基准分粗基准、精基准和辅助基准等。当毛坯进入机械加工的第一道工序时，只能用毛坯上未经加工的表面作基准，称为粗基准。由经过加工的表面作定位基准称为精基准。有时，工件上缺乏合理的定位基面，需要在工件上另外增设专供定位用的基面，称为辅助基面。辅助基准在零件功用上毫无作用，完全是为了加工需要而设置。加工轴类零件时钻中心孔就是一例。

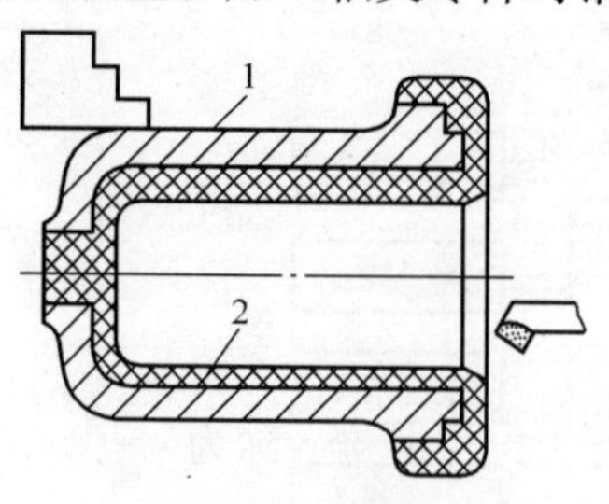

图 11-6　以不加工表面为粗基准

1—外圆；2—内孔

1. 粗基准的选择原则

(1) 若工件必须保证加工表面与不加工表面的位置要求，则应选不加工表面为粗基准，以达到壁厚均匀、外形对称等要求。若有好几个不加工表面，则粗基准应选位置精度要求较高者。如图 11-6 所示工件，设计上要求外圆表面 1 与加工后的内孔表面 2 必须保证一定的同轴度，则应在加工内孔表面 2 时选择不加工表面 1 来做粗基准。

如车削图 11-7 所示的手轮。因为铸造时有一定的形位误差，在第一次装夹时，应选择手轮内缘的不加工表面作为粗基准，这样加工后就能保证轮缘厚度 a 基本相等，见图 11-7（a）。如果选择手轮外圆（加工表面）作为粗基准，加工后因铸造误差不能消除，使轮缘厚薄明显不一致，见图 11-7（b）。也就是说，在车削时，应根据手轮内缘找正，或用三爪卡盘支撑在手轮内缘上找正。

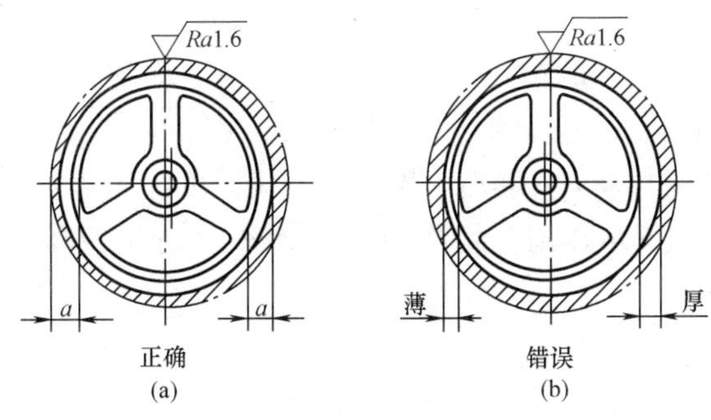

图 11-7　车手轮时粗基准的选择

（a）以内缘作基准；（b）以外圆作基准

（2）若工件上每个表面都要加工，则应以余量小的表面作为粗基准，以保证各表面都有足够的余量。

（3）选为粗基准的表面，应尽可能平整，并有足够的面积，且不能有飞边、浇冒口或其他缺陷。

（4）应选用牢固可靠的表面作为粗基准，否则会使工件夹坏或松动。

（5）由于粗基准定位精度低，在同一尺寸方向上粗基准通常只允许使用一次，以免定位误差太大。在以后的工序中，要选择精基面定位。

2. 精基准的选择原则

主要应考虑减少定位误差和装夹方便，其选择原则如下：

（1）应选用设计基准或装配基准作为定位基准，称为基准重合原则。这样做可以避免基准不重合引起的误差。特别是对于零件的最后精加工工序，更应遵循这一原则。例如机床主轴锥孔最先精磨工序应选择支承轴颈定位。

(2) 应选用统一的定位基准加工各表面，以保证各表面间相互位置精度，称为基准统一原则。除第一道工序外，其余加工表面应尽量采用同一个精基准。采用统一基准能用同一组基面加工大多数表面，有利于保证各表面的相互位置要求，避免基准转换带来误差，而且简化了夹具的设计和制造，缩短了生产准备周期，降低了费用。如一般轴类零件的中心孔，在车、铣、磨等工序中，始终用它作为精基准；箱体零件的一面两销，都是统一基准的实例。

(3) 有些零件的精加工工序，要求余量小而均匀，可用要加工的表面作为精基准，称为自为基准原则。图 11-8 所示为在导轨磨床上磨削床身导轨，安装后，用百分表找正工件导轨表面本身，此时，床脚仅起支承作用。此外，珩磨、铰孔及浮动镗孔等都是自为基准的实例。

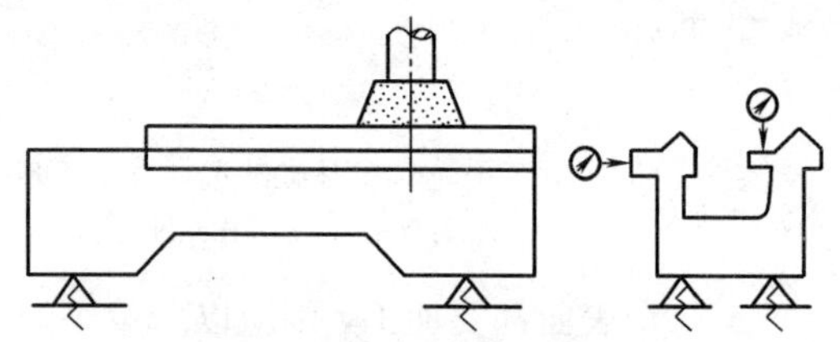

图 11-8　自为基准原则的应用

(4) 选择精度较高、装夹稳定可靠的表面作为精基准，并尽可能选用形状简单和尺寸较大的表面作为精基准。这样可以减少定位误差和使定位稳固。

图 11-9 (a) 所示的内圆磨具套筒，外圆长度较长、形状简单，而两端要加工的内孔长度较短、形状复杂。在车削和磨削内孔时，应以外圆作为精基准。

车削内孔和内螺纹时，应该一端用软卡爪夹住，一端搭中心架，以外圆作为精基准，如图 11-9 (b) 所示。磨削两端内孔时，把工件装夹在 V 形夹具［见图 11-9 (c)］中，同样以外圆作为精基准。

(5) 对于精密零件，有时还用互为基准、反复加工的原则。例

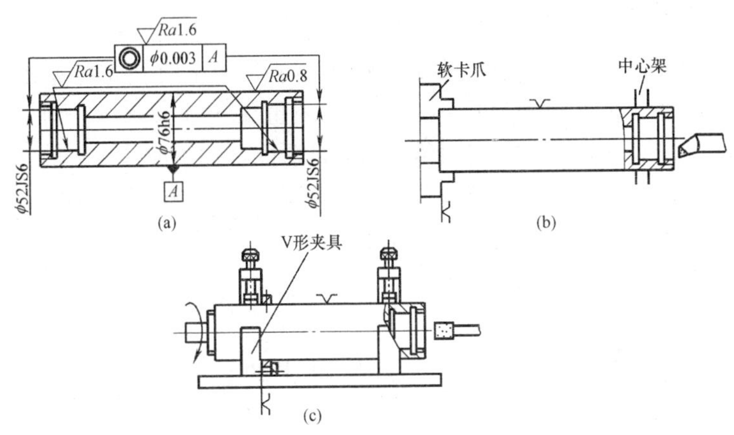

图 11-9　以外圆为精基准

（a）工件；（b）车内孔；（c）磨内孔

如加工精密齿轮，在齿圈高频淬火后，淬火变形可能造成齿圈对内孔不同轴误差。若直接以内孔定位进行磨齿，齿面磨削余量不均匀，淬硬层又较薄，可能将某处的淬硬层全部磨去而有些地方磨不出，从而影响质量。要使磨削余量小而均匀，应先以齿外圆为基准磨内孔，再以内孔为基准磨齿外圆，齿外圆与内孔互为基准，反复加工。

此外，选择的精基面还应考虑工件定位正确，夹具结构简单，夹紧稳定可靠，操作方便等问题。精基面应具有一定的面积，必要时可增加工艺凸台，以扩大定位面。

3. 辅助基准的设置

为了保证加工表面的位置精度，大多优先选择设计基准或装配基准为定位基准，这些基准一般均为零件的重要工作表面。但有些工件为了装夹方便、定位稳定或易于实现基准统一，常常人为地设置一种定位基准，这种基准就是辅助基准。如图 11-10 所示零件上的工艺凸台、轴类零件加工所用的中心孔等，就

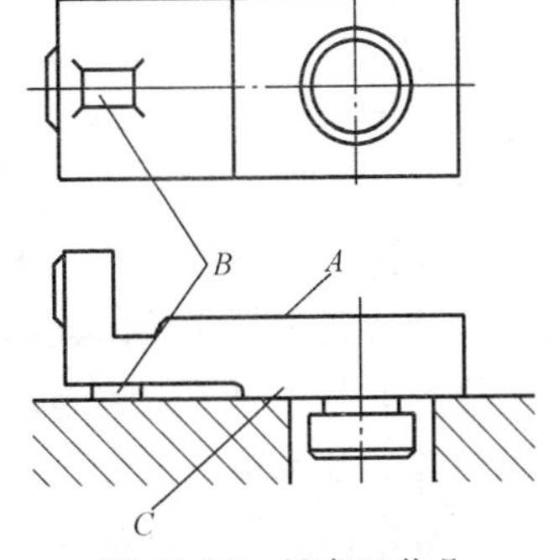

图 11-10　具有工艺凸台的刀架毛坯

A—加工面；*B*—工艺凸台；*C*—定位面

是为了满足加工工艺需要才作出的辅助基准。

此外，零件上的有关表面，因在制造工艺上宜作定位基准而提高其加工精度和表面质量，这种表面也属于辅助基准。例如丝杠的外圆表面，从螺旋副的传动看，是非配合的次要表面，但在丝杠螺纹加工中，外圆表面是导向表面，它的圆度和圆柱度误差直接影响螺纹的加工精度，所以应提高其形状精度，并降低其表面粗糙度。

第三节　工艺规程的制订

在机械行业现代化生产中，必须严格按照工艺规程（即零件产品或零部件制造工艺过程和操作方法等的工艺文件）来组织、实施作业。工艺规程制订得是否合理，直接影响工件的质量、劳动生产率和经济效益。一个零件可以用几种不同的加工方法制造，但在一定的条件下，只有一种方法是较为合理的。因此，在制定工艺规程时．必须从实际出发，根据设备条件、生产类型等具体情况，尽量采用先进工艺，制定出合理的工艺规程。

一、机械加工工艺过程的组成

机械加工工艺过程由一系列工序组成，而工序又可分为若干个安装、工位、工步，它们按一定顺序排列，逐渐地改变毛坯或原材料的形状、尺寸和性能，使之成为合格的零件。机械加工能力的工艺过程如图 11-11 所示。

（一）工序

工序指一个（或一组）工人，在一台机床（或一固定工作地），对一个（或几个）工件所连续完成的那一部分工艺过程。它是组成工艺过程的基本单元，也是制定劳动定额、配备工人、安排计划及成本核算的基本单元。

区分工序的主要依据是：两个不变，一个连续。即工件不变、机床或工作地不变而且加工是连续进行的。

在一个工序内可以采用不同刀具及切削用量来加工不同的表面。

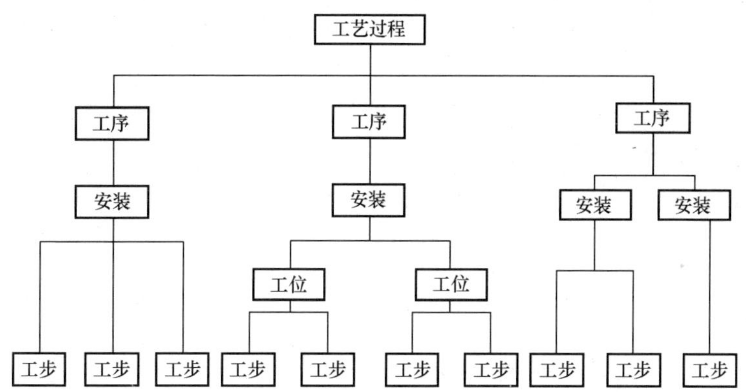

图 11-11　机械加工工艺过程的组成

（二）安装

安装是指工件经一次装夹后所完成的那部分工序。安装包括定位与夹紧两部分。在一个工序中可以有多次安装，但多一次安装就多一次安装误差，而且增加了安装工件的辅助时间，所以应尽量减少安装次数。

（三）工位

工位是安装中的一个部分。在一次安装中，工件在夹具或机床中所占据的每一个确定的位置称工位。工件安装一次至少有一个工位。采用多工位，可以减少安装次数，提高劳动生产率。

如图 11-12 所示，利用回转工作台，工件在一次安装中顺次具

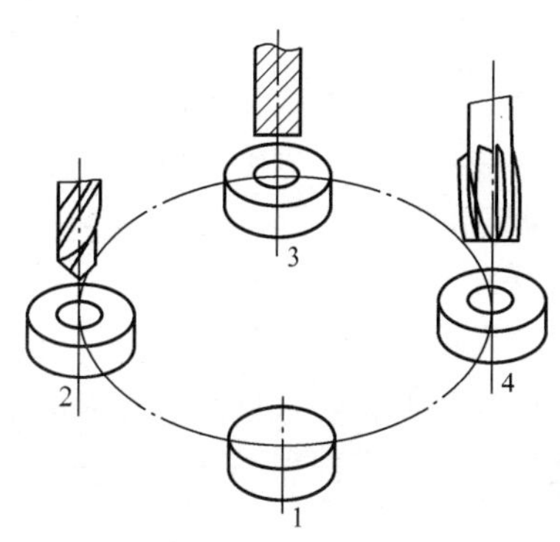

图 11-12　多工位加工

有4个工位，即装卸工件、钻孔、扩孔和铰孔。

(四) 工步

工步是指加工表面、切削工具均保持不变时，所完成的那一部分工序。在一个工序中可以只有一个工步，也可以有多个工步，一般构成工步的任一因素（加工表面、切削工具）改变后，即视为另一工步。但对在一次安装中采用同一把刀具与相同的切削用量，对若干个完全相同的表面进行连续加工时，为了简化工序内容，通常视为一个工步。

二、工艺规程概述

(一) 工艺规程

把工艺规程的各项内容用表格（或以文件）形式确定下来，并用于指导和组织生产的工艺文件称工艺规程。其格式可根据各工厂具体情况自行确定。工艺规程一经确定，有关人员就必须严格遵守。

工艺规程也不应当是固定不变的，它的先进性和合理性是相对的，随着科学技术的发展，新工艺、新技术的不断完善，工艺规程应该做定期的修改。但工艺规程的修改必须有一定的审批手续和进行必要的工艺试验。

工艺规程常见的有以下几种卡片：

1. 机械加工工艺过程卡片

过程卡主要列出零件加工所经过的步骤（包括毛坯制造、机械加工、热处理等)，各工序的说明不具体。一般不用于直接指导工人操作，而多作为生产管理方面使用。但是在单件小批生产时，通常用这种卡片指导生产，这时就应编制得详细一些。工艺过程卡片的格式和内容见表11-11。

2. 机械加工工艺卡片

工艺卡是以工序为单位，详细说明零件工艺过程的工艺文件，它用来指导工人操作和帮助管理人员及技术人员掌握零件加工的全过程，广泛用于批量生产的零件和小批生产的重要零件。工艺卡片的格式和内容见表11-12。

表 11-11　　机械加工工艺过程卡片

项目	（厂名）		机械加工工艺过程卡	产品型号			零（部）件图号		共　页
				产品名称			零（部）件名称		第　页
	材料		毛坯种类	毛坯尺寸			毛坯件数	每台件数	
	工序号	工序名称	工序内容	车间	工段	设备	工艺装备	工　时	
描图								装备	单件
描校									
底图号									
装订号									
	标记	处数	更改文件号	签字	日期	编制（日期）	审核（日期）	会签（日期）	

表 11-12　　机械加工工艺卡片

项目	（厂名）				机械加工工艺卡		产品型号		零（部）件图号			共　页	
							产品名称		零（部）件名称			第　页	
	材料				毛坯种类		毛坯尺寸		毛坯件数			每台件数	
	工序	安装	工步	工序内容	同时加工件数	设备	工艺装备	切削速度（r/min）	进给量（mm/r）	背吃刀量（mm）	进给次数	准备工时	单件工时
描图													
描校													
底图号													
装订号													
	标记	处数	更改文件号	签字	日期	编制（日期）	审核（日期）	会签（日期）					

3. 机械加工工序卡片

工序卡片是用来具体指导生产的一种详细的工艺文件。它根据工艺过程卡片以工序为单元制订，包括加工工序图和详细的工步内容，多用于大批、大量生产。其格式和内容见表 11-13。

表 11-13　　　　机械加工工序卡片

<table>
<tr><td rowspan="2"></td><td rowspan="2">（厂名）</td><td rowspan="2">机械加工
工序卡</td><td>产品型号</td><td></td><td>零（部）件图号</td><td></td><td>共　页</td></tr>
<tr><td>产品名称</td><td></td><td>零（部）件名称</td><td></td><td>第　页</td></tr>
</table>

<table>
<tr><td rowspan="8">项目</td><td rowspan="12">（工序简图）</td><td>车间</td><td>工序号</td><td>工序名称</td><td colspan="2">材料</td></tr>
<tr><td></td><td></td><td></td><td colspan="2"></td></tr>
<tr><td>毛坯种类</td><td>毛坯尺寸</td><td>每批件数</td><td colspan="2">每台件数</td></tr>
<tr><td></td><td></td><td></td><td colspan="2"></td></tr>
<tr><td>设备名称</td><td>设备型号</td><td>设备编号</td><td colspan="2">同时加工件数</td></tr>
<tr><td></td><td></td><td></td><td colspan="2"></td></tr>
<tr><td rowspan="2">夹具名称</td><td rowspan="2">夹具编号</td><td rowspan="2">切削液</td><td colspan="2">工序工时</td></tr>
<tr><td>准终</td><td>单件</td></tr>
<tr><td>描图</td><td></td><td></td><td></td><td></td><td></td></tr>
<tr><td></td><td></td><td></td><td></td><td></td><td></td></tr>
<tr><td>描校</td><td></td><td></td><td></td><td></td><td></td></tr>
<tr><td></td><td colspan="5"></td></tr>
</table>

<table>
<tr><td>底图号</td><td>工步号</td><td>工序内容</td><td>工艺
装备</td><td>切削速度
（r/min）</td><td>进给量
（mm/r）</td><td>背吃刀量
（mm）</td><td>进给
次数</td><td>准备
工时</td><td>单件
工时</td></tr>
<tr><td></td><td></td><td></td><td></td><td></td><td></td><td></td><td></td><td></td><td></td></tr>
<tr><td>装订号</td><td></td><td></td><td></td><td></td><td></td><td></td><td></td><td></td><td></td></tr>
<tr><td></td><td></td><td></td><td></td><td></td><td></td><td></td><td></td><td></td><td></td></tr>
<tr><td></td><td></td><td></td><td></td><td></td><td></td><td></td><td></td><td></td><td></td></tr>
<tr><td></td><td></td><td></td><td></td><td></td><td></td><td></td><td></td><td></td><td></td></tr>
<tr><td></td><td></td><td></td><td></td><td></td><td></td><td></td><td></td><td></td><td></td></tr>
</table>

<table>
<tr><td></td><td></td><td></td><td></td><td></td><td></td><td></td><td></td><td></td></tr>
<tr><td></td><td></td><td></td><td></td><td></td><td></td><td></td><td></td><td></td></tr>
<tr><td></td><td>标记</td><td>处数</td><td>更改文
件号</td><td>签字</td><td>日期</td><td>编制
（日期）</td><td>审核
（日期）</td><td>会签
（日期）</td></tr>
</table>

（二）工艺规程的作用

工艺规程是指导工人操作和用于生产、工艺管理工作及保证产品质量可靠性的主要技术文件，又是新产品投产前进行生产准备和技术准备的依据和新建、扩建车间或工厂的原始资料。典型和标准的工艺规程能缩短工厂的生产准备时间。

（三）制订工艺规程的原则

制订工艺规程的基本原则是：所制订的工艺规程能在一定的生产条件下，以最快的速度、最少的劳动量和最低的费用，可靠地加工出符合图样要求的零件。

（四）制订工艺规程的原始资料

（1）产品图样和产品验收的质量标准。

（2）产品的生产纲领（年产量）。

（3）毛坯图或毛坯供应资料。

（4）本厂的生产条件。包括：生产车间面积；加工设备的种类、规格、型号；现场起重能力；工装制造能力；工人的操作技术水平和操作习惯特点；质量控制和检测手段等。

（5）国内外同类产品工艺技术的参考资料。

三、机械加工工艺规程及制订

（一）制订工艺规程的原始资料

（1）产品的整套装配图和零件图。

（2）产品验收的质量标准。

（3）产品的生产纲领（年产量）和生产类型。生产纲领不同，生产规模也不同，按照产品的生产纲领及投入生产的批量或生产的连续性，可分为如下三种类型：

1）单件生产。即单个生产不同结构和不同尺寸的产品，并且基本没有重复。例如，重型机器制造、专用设备制造和新产品试制等。

2）成批生产。一年中分批制造相同的产品，制造过程有一定的重复性。或一次投入一定数量的相同产品，依照合同组织生产，产品是不断地变换的，部分工具产品（刀具等）就属于批量生产。根据批量大小可分为小批生产、中批生产和大批生产。

3）大量生产。产品数量很大，采用流水生产线生产，大多数设备都在重复进行某一个零件的某一道工序的加工。

（4）毛坯情况。需要加工零件的毛坯材料以及对材料的技术要求等情况。

(5) 本厂的生产条件。制订工艺规程一定要符合现有的生产条件，要了解现有设备的规格、性能、技术状况，了解现有刀具、量具、夹具、辅具等工装的规格和精度，了解工人的技术水平等。

(6) 国内外生产技术的发展情况。制订工艺规程时，要注意消化、吸收、引进、创新国内外的先进技术和先进经验，以制订出更合理、更先进的工艺规程。

(二) 制定工艺规程的步骤

(1) 分析研究产品的装配图和零件图。

1) 熟悉产品的性能、用途、工作条件；明确各种零件的作用及装配位置；了解及研究各项技术条件的必要性；找出其主要技术要求和关键技术问题。

2) 对产品图样进行工艺性审查。审查的主要内容是：图样上规定的各项技术要求是否合理；零件结构的工艺性是否良好；是否缺少必要的尺寸、视图或技术条件。如果发现问题，应及时提出，会同设计员讨论修改。

(2) 确定毛坯。根据产品图样，审查毛坯的材料及制造方法是否合适，从工艺角度，对毛坯制造提出要求。必须适应和毛坯车间共同确定毛坯图。如果可能应考虑采用精密铸造、精密锻造、冷轧、冷挤压、粉末冶金等方法或异型钢材、工程塑料等材料制造毛坯 、以减少机械加工量，甚至不需要机械加工。

(3) 拟订工艺路线，选择定位基面。这是制定工艺规程中关键的一步，需要提出几个方案，进行分析对比，寻求最能保证质量、最经济合理的方案，这里包括：确定加工方法；安排加工顺序；确定定位夹紧方法；安排热处理、检验及其辅助工序（如去毛刺、倒角等)。

(4) 确定各工序采用的设备。如果需要改装设备或自制专用设备，则应提出具体的设备的设计任务书。

(5) 确定各工序所采用的刀具、夹具、量具、辅具，若需设计专用的工装，则应提出具体的设计任务，并编写设计任务书。

(6) 确定各主要工序的技术要求及检验方法。

(7) 确定各工序的加工余量、计算工序尺寸和公差。

(8) 确定切削用量。

(9) 确定工时定额。

(10) 填写工艺文件。

四、制订工艺规程需要解决的主要问题

(一) 工艺路线的拟订

拟订工艺路线是制订工艺规程中关键的一步，它与定位基准的选择有密切的关系。应该多提出一些方案，加以分析、比较。工艺路线不但影响加工的质量和效率，而且影响到工人的劳动强度、设备投资、厂房面积、生产成本等问题，确定工艺路线必须严谨、合理。

在拟订工艺路线时要考虑以下几个方面的问题：

1. 加工方法的选择

选择零件表面的加工方法必须在达到图样要求方面是稳定而可靠的，并在生产率和加工成本方面是最经济、合理的。也就是要选择既能保证技术质量，又能达到经济精度和经济粗糙度的加工方法。

经济精度和经济粗糙度是指在正常生产条件下，零件加工后所能达到的公差等级和表面粗糙度参数值。所谓正常生产条件，是指采用符合质量要求的设备、使用必须的刀具和适当质量的夹具、生产人员要具有一定的熟练程度、合理的工时定额等。

各种加工方法所能达到的经济精度和经济粗糙等级，以及各种典型表面的加工方法均已制成表格，这是在一般情况下可能达到的精度和表面粗糙度，在具体情况下是会有差别的。随着生产技术的发展和工艺水平的提高，同一种加工方法所能达到的精度和表面粗糙度等级也会提高。

选择加工方法常根据经验和通过查表来确定，再根据实际情况或通过工艺试验进行修改。满足同样的精度要求的加工方法一般会有若干种，所以选择时应考虑下列因素：

(1) 要考虑工件材料的性质。例如，淬火钢的精加工要用磨削，有色金属的精加工则要用车削或镗削。

(2) 要考虑工件的形状和尺寸。例如，对于公差为 IT7 的孔采用镗削、铰削、拉削和磨削等都可，但箱体上的孔一般不宜采用拉削或磨削，而常采用镗孔（大孔）和铰孔（小孔）。

(3) 要考虑生产类型，即要考虑生产率和经济问题。大批量生产选用生产率和质量稳定的加工方法，例如，平面和孔采用拉削加工，轴类件可采用半自动液压仿形车床加工，盘类或套类零件可用专用车床加工。单件小批量生产则有所不同，平面一般采用刨削和铣削，孔则采用钻孔、扩孔、和铰孔等，其他表面也采用普通设备加工。甚至在大批量生产中采用珩磨和超精加工来加工较精密零件，大批量生产时常降级使用高精加工度加工方法。毛坯生产也是这样，大批量生产采用金属模铸造、精密铸造、模锻、粉末冶金、精锻等方法，而单件小批量生产则采用木模造型铸造及自由锻造等。

(4) 考虑具体生产条件。要充分利用现有设备和工艺手段，发挥创造性，挖掘企业潜力。还要重视工艺和新技术的应用，提高工艺的水平。有时因设备负荷原因，需改用其他加工方法。

(5) 考虑特殊要求。如表面纹路方向的要求，铰削及镗削孔的纹路方向与拉削的纹路方向是不同的，应根据设计的特殊要求选择相应的加工方法。

2. 加工阶段的划分

零件的加工质量要求较高时，都应划分阶段：

(1) 粗加工阶段。这个阶段要切除较大的余量，因此主要问题是如何获得较高的生产率。

(2) 半精加工阶段。在这一阶段中应为主要表面的精加工做准备（达到一定的加工精度，保证一定的精加工余量），并完成一些次要表面的精加工，如钻孔、攻螺纹、铣键槽等，一般都在热处理之前进行。

(3) 加工阶段。这一阶段要保证各主要表面达到的图样规定的质量要求。

(4) 光整加工阶段。对于精度要求很高、表面粗糙度参数值很小（标准公差 6 级及 6 级以上，表面粗糙度 $Ra \leqslant 0.32\mu m$）的零件，还有要光整加工阶段以提高加工的尺寸精度和降低表面粗糙度值。光整加工阶段一般不用以提高位置精度和形状精度。

3. 划分加工阶段的理由

(1) 粗加工阶段中切除金属较多，产生的切削力和切削热都较大，夹紧力也较大，使工件产生的内应力和变形也大，由此产生的加工误差可通过半精加工及精加工逐步得到纠正，从而保证加工质量。同时各阶段之间的时间间隔相当于自然时效，有利于消除工件上的内应力，使工件有变形的时间，以便于在后道工序中加以修正。

(2) 有利于合理使用设备。粗加工要求使用功率大、刚性好、生产率高、精度要求不高的设备。精加工则要使用精度高的设备。划分加工阶段后，就可以充分发挥粗加工和精加工设备的特点，避免以精代粗，做到合理使用设备。

(3) 便于安排热处理工序，充分发挥热处理的效果。粗加工后工件残余应力大，可进行时效处理，消除残余应力，热处理引起的变形也可在精加工中消除。

(4) 便于及时发现毛坯缺陷。毛坯的各种缺陷，如气孔、砂眼和加工余量不足等，在粗加工后即可发现，可及时修补或报废，避免继续加工后造成更大的浪费。

(5) 精加工、光整加工安排在后道工序，可保护精加工和光整加工过的表面少受磕碰损坏。

应当指出，上述阶段的划分不是绝对的。当加工质量要求不高、工件刚性足够、毛坯质量高、加工余量小时，则可不划分加工阶段，如在自动机床上加工的零件。有些重型零件，由于安装、运输困难，常不划分加工阶段，在一次安装下完成全部粗加工和精加工，或在粗加工后松开夹紧，消除夹紧变形，然后再用较小的夹紧力重新夹紧，进行精加工。但是，对精度要求高的重型零件，仍要划分加工阶段，并安排适当的热处理工序。这就需要根据具体情况而定。

4. 工序的集中与分散

工序集中与分散是拟定工艺路线时确定工序数目（或工序内容

多少）的两个不同的原则，它和设备类型的选择有密切的关系。

（1）工序集中。工序集中就是将工件的加工集中在少数几道工序内完成，每道工序的加工内容较多。采用技术措施的集中称为机械集中，如多刃、多刀、多轴机床、自动机床、加工中心和柔性生产线等；采用人为的组织措施的集中称为组织集中，如在普通车床上进行顺序加工。

工序集中（指机械集中）的特点如下：

1）采用高效专用设备和工装，生产率高。

2）工件装夹次数少，易于保证表面间的位置精度，减少工序间的运输量，缩短生产周期。

3）工序数目少，可减少机床数量、操作工人及产生面积，简化生产计划和生产组织工作，组织集中也具有这一特点。

4）采用结构复杂的专用设备及工艺装备，因而使投资增大，调整和维修复杂，生产准备量大，转换新产品比较费时。

（2）工序分散。工序分散就是将工件的加工分散在较多的工序内进行。每道工序的加工内容很少，最少时每道工序有一个简单工步。工序分散的特点如下：

1）设备及工艺装备比较简单，调整和维修方便，工人容易掌握，生产准备工作量少，易于平衡工序时间，适应产品更换。

2）可采用最合理的切削用量，减少基本时间。

3）设备数量多，操作工人多，占用生产面积大。

工序集中和工序分散各有特点，应根据生产类型、现有生产条件、工件情况等进行分析后选用。

单件小批生产一般采用组织集中。成批生产使用高效设备，一般采用适当集中工序的方法。大批量生产使用较复杂的高效设备，多采用工序集中。结构简单的工件生产（如轴承），可采用工序分散，重型工件生产采用工序集中。精度高、刚性差的精密工件生产采用工序分散。

目前机械加工生产的发展趋势是倾向于工序集中。

5. 加工顺序的安排

（1）切削加工顺序。切削加工顺序的安排要遵循以下原则：

1）先粗后精。先安排粗加工，中间安排半精加工，最后安排精加工和光整加工。

2）先主后次。先安排主要表面的加工，后安排次要表面的加工，主要表面指装配基面、工作表面等，次要表面指非工作表面。

3）先基面后其他。加工一开始，总是先把基面加工出来，再加工其他表面。

4）先面后孔。箱体、支架等工件应先加工平面后加工孔。平面大而平整，作为基面稳定可靠，容易保证孔与平面的位置精度。

为了保证加工质量，有些零件的最后精加工必须放在装配之后或在总装过程中进行。

（2）热处理工序。热处理工序主要用来改善材料的性能及消除内应力。一般可分为：

1）预备热处理。应安排在机械加工前，以改善切削性能、消除毛坯加工时的内应力。如含碳量超过0.5％的碳钢，一般采用退火，以降低硬度；含碳量不大于0.5％的碳钢，一般采用正火，以提高硬度，使切削时切屑不粘刀，表面较光滑。

2）最终热处理。应安排在半精加工之后和磨削之前（但氮化处理应安排在精磨之后），主要用于提高材料的强度及硬度。如淬火后材料的塑性和韧性很差，有很大的内应力，易于开裂，组织不稳定，材料的性能和尺寸会发生变化等原因，淬火后必须进行回火，其中调质处理能获得良好的综合机械性能，也常作为一些零件的最终热处理。

3）去除内应力处理。最好安排在粗加工之后，精加工之前。如人工时效、退火处理。对于精度要求很高的零件在粗加工和半精加工过程中要经过多次去除内应力退火处理，在粗精磨过程中还要经多次人工时效处理。为了消除残余奥氏体，使尺寸稳定不变，还要采用深处理，如精密丝杠、精密轴承、精密量具、油泵油嘴偶件等。

（3）辅助工序。辅助工序安排不当或遗漏，会给后续工序和装配带来困难，从而影响产品质量，甚至不能使用。辅助工序包括检验、去毛刺、去磁、平衡、倒棱边、清洗、涂防锈油等。

(4) 检验工序。检验工序是必不可少的，除各工序操作者自检外，下列情况下还应单独安排检验工序：粗加工结束后，送外车间加工前、后，重要工序加工前、后，全部工序加工完成。

(二) 加工余量的确定

加工余量是指在加工过程中，切去的金属层厚度。工序余量是相邻两个工序的工序尺寸之差，加工总余量（毛坯余量）是毛坯尺寸与工件设计尺寸之差，即各工序余量之和。回转表面的加工余量是指双边余量，切削层厚度为余量的一半；平面的加工余量是指单边余量，等于切削层厚度。

影响加工余量的因素如下：

(1) 上工序的尺寸公差 T_a。

(2) 上工序的位置误差 P_a（包括轴心线弯曲、偏移及平行度、垂直度等误差）。

(3) 上工序表面粗糙度 Ra 和缺陷层厚度 D_a，是切削加工后在表面上留下的一层塑性变形层（这一层金属的组织已遭破坏，必须在本工序中予以切除）。

(4) 本工序的安装误差 ε_b（包括定位误差和夹紧误差）。

(三) 工序尺寸及其公差的确定

工件上的设计尺寸及其公差是经过各加工工序后得到的，每道工序的工序尺寸都不相同。需规定各工序的工序尺寸及公差，才能保证工件设计要求。加工余量确定后，即可计算工序尺寸。工序公差可根据经济精度确定。工序尺寸标注极限偏差时，一般被包容面的工序尺寸取上偏差为零，包容面的工序尺寸取下偏差为零。毛坯尺寸按双向确定上、下偏差。

工艺基准或定位基准与设计基准重合时，表面多次加工，工序尺寸及公差的计算顺序为：先确定各工序余量的基本尺寸，再由后往前，逐个工序推算，由工件上的设计尺寸开始，即由最后一道工序开始向前推算，直到毛坯尺寸。得到工序尺寸后，按经济精度确定每一个工序尺寸的公差，最后确定上、下偏差。

第四节　典型零件的磨削工艺分析

一、磨削工艺分析基础

（一）磨削顺序的安排应遵循的原则

1. 划分加工阶段的原则

精密的零件可将磨削过程划分为粗磨、半精磨、精磨三个阶段。当零件加工要求特别高时，还可增加精密磨削或超精密磨削等工序。

粗磨阶段，其主要任务是磨除工件表面大部分余量。在粗磨阶段，磨削热、磨削力和应力变形等问题较突出。

半精磨阶段的主要任务是完成一般的表面的磨削加工，并消除各主要表面粗磨时留下的误差，为主要面的精磨作好准备。

通过精磨阶段，最终使各主要表面达到精度和表面粗糙度要求，精磨时各表面的磨削余量和磨削用量均较小。工件经精磨后表面粗糙度为 $Ra(0.63\sim0.20)\mu m$，精密磨削工件表面粗糙度为 $Ra(0.10\sim0.05)\mu m$，超精密磨削工件表面粗糙度为 $Ra(0.025\sim0.012)\mu m$。

2. 工序的集中和分散原则

工序集中是指工件的磨削集中在少数工序内完成，而每个工序安排较多的工步，工序分散则相反。

工序集中的特点如下：

（1）有利于采用高效能的磨床和夹具对零件进行加工。

（2）能缩短工艺路线和生产周期，减少工件搬运和安装次数，并有利于保证各加工表面间的位置精度。

工序分散的特点如下：

（1）使用的设备多且比较简单，工人操作技术要求较低。

（2）有利于采用最佳磨削用量。

一般情况下，单件小批生产只能采用工序集中的原则，而大批大量生产则工序可集中或分散。

3. 磨削顺序安排

（1）当工件位置精度要求较高时，可采用统一的基准，以一次装夹完成工件的全部工步，此时应提高统一基面的精度。例如磨削同轴度要求较高的阶台轴时，为了减少几次安装的定位误差，应使几个要求较高的表面在一次装夹中磨出，并设置研磨中心孔工序，以提高中心孔的精度和减小表面粗糙度值。

（2）当工件由两个相互位置精度要求较高的表面组成时，应选用其中精度较高的表面定位，由此来磨削另一面。有时还应遵循互为基准的原则，即相互为基准，两面反复磨削，可逐步缩小工件的加工误差。

（3）热处理工序主要用来改善材料的性能和消除内应力，精密零件在粗磨后精磨前一般需进行人工时效，以消除粗磨所产生的内应力。安排在磨削前的热处理工序主要为淬火，它的作用是提高工件的硬度。氮化能使工件（氮化钢）获得极高的硬度、耐磨性等。因氮化层深度较浅，且变形较小，故一般安排在半精磨以后进行。对于精密零件，有时还需采用冰冷处理，以保证工件磨削后尺寸的稳定。

（二）磨削表面质量分析

磨削表面质量包括工件表面粗糙度、表面波纹度、表面烧伤和表面残余应力及磨削裂纹等四个方面。

1. 影响表面粗糙度的因素

表面粗糙度是磨削加工的主要表面质量要求之一。表面粗糙度影响零件的装配性能，故零件上的装配面常经磨削加工。影响表面粗糙度的因素有以下几方面：

（1）磨削用量的影响很大。磨削用量直接影响磨屑厚度，当磨屑厚度增大时，使工件表面变粗。通常可通过提高砂轮圆周速度，减小工件圆周速度，减小纵向进给量和减小背吃刀量来改善表面粗糙度。

（2）砂轮的粒度及其修整对表面粗糙度的影响最大。因此，加工时要掌握按表面粗糙度选择砂轮粒度的方法；同时掌握砂轮合理修整的方法。砂轮的粒度越细，微刃越精细，则磨削的表面粗糙度值越低。按此选择或达到镜面磨削的高精度技术水平。

（3）工件材料的力学性能也影响表面粗糙度。塑性较好的工件表面，在磨削时会发生较大的变形，而使表面粗糙度变粗。磨削时应注意减小工件表面的塑性变形。脆性材料粗糙度也差。

(4) 切削液良好的润滑清洗作用，有利于减小表面粗糙度值。上述因素有时是综合影响的，如螺旋走刀痕迹误差也影响了表面质量。精密磨削时的工件表面划痕是切削液中的磨粒将工件划伤所致，表面划痕也影响表面粗糙度。

2. 造成表面波纹的因素

表面波纹度是表面的宏观误差，如磨削常见的直波形误差，可直接用肉眼见到。直波形误差是一种磨削振动痕迹，工件的振动、砂轮的振动或机床的振动都会造成表面波纹度误差。

3. 防止表面烧伤的方法

表面烧伤是磨削热和工件磨削温度过高所致。工件表面烧伤后即为不均匀的退火。磨削时应设法减小磨削热和磨削温度。严重的烧伤，其烧伤颜色肉眼就可以分辨。轻微的烧伤则须经酸洗后才能显现。滚动轴承内、外环滚道磨削后，要用酸洗法抽验其有无烧伤。防止烧伤的方法有以下几种：

(1) 合理选择砂轮，要选择硬度较软、组织较疏松的砂轮，并及时修整。使砂轮具有良好的磨削性能，以减少磨削热，加速磨削热的传散，能有效地避免表面烧伤。用砂轮端面磨削时，可将砂轮修成内凹形，以减少与工件的接触面，避免烧伤。

(2) 合理选择磨削用量。减小背吃刀量、提高工件圆周速度和纵向进给量可减少砂轮与工件接触时间，散热以减轻或避免烧伤。

(3) 采用良好的冷却条件。

4. 表面存在残余应力的主要原因

零件磨削后，表面存在残余应力主要有下列三个方面的原因：

(1) 金属金相组织变化引起的应力。例如磨削淬硬的轴承钢，磨削温度使表层金属组织中的残余奥氏体变成回火马氏体，体积膨胀，金属表层产生残余的应力。

(2) 不均匀的热胀冷缩引起的应力。例如磨削导热性较差的材料，表层与里层温度相差较多。表层强度迅速升高又受切削液冷却，因而产生应力。

(3) 塑性变形的残留应力。砂轮磨粒在切削，刻划磨削表面后，工件表面存在残留的应力。

上述残留的应力会降低零件的疲劳强度，与工作应力合成后可能导致磨削裂纹。因此，在磨削时，应尽量减少和避免残留应力。常见的是磨硬质合金产生的磨削裂纹，磨 38CrMoAlA 材料的铁素体脆性所产生的磨削裂纹等。

(三) 提高磨削加工精度的方法

磨削加工是零件精加工，并且磨削加工在零件加工工艺中占据重要地位，因此对磨削加工精度研究是极其重要的。

提高磨削加工精度的基本方法归纳如下：

(1) 较精密的零件的加工可划分为粗磨、半精磨、精磨、精密磨 4 个加工阶段。划分加工阶段可逐步消除工件的加工误差，提高加工精度。在精磨或精密磨削时，使工件的受力变形、受热变形以及工件内应力引起的变形为最小。

(2) 合理选择磨床。目前，外圆磨床的精度分普通级、精密级、高精度级三种。机床精度对加工的影响是最直接的影响。操作时，要熟悉相关机床的精度，以便对加工误差作定量的分析。因为，机床提供了磨削成形运动以获得所需的磨削表面。例如平面磨床工作台导轨的直线度误差将影响工件的平面度公差要求。

(3) 合理选择定位基准，使定位基准与尺寸的工序基准相重合，以减小定位误差。在轴类零件加工中，常以中心孔为定位基准。磨削时，注意对中心孔的研磨是至关重要的工作。有些磨削表面较多的轴类零件，加工中要注意中心孔和顶尖的磨损对加工精度的影响。同理，选择精确的表面为定位基准，可获得较高的加工精度。

(4) 在成批生产中，注意专用夹具的误差对加工精度的影响。专用夹具的误差包括定位误差和夹具制造误差两部分。例如圆柱心轴的定位误差是定位面的配合间隙，夹具制造误差是心轴定位圆柱中心对心轴中心孔的同轴度误差。

(5) 减小测量误差，合理选择精密量具，合理使用量具。

(6) 熟悉精密磨削和超精密磨削特点。

二、中等复杂零件磨削工艺分析

（一）莫氏锥套磨削工艺分析实例

1. 分析图样和技术要求

图 11-13 为莫氏锥套磨削工艺分析实例。轴的 Morse No. 5 圆锥孔用来安装顶尖，其轴线要与两支承轴颈（$\phi 48_{-0.011}^{0}$ mm，$\phi 60_{-0.013}^{-0.005}$mm)的轴线重合，径向圆跳动公差为 0. 005mm。图中 45°外圆锥的径向圆跳动公差为 0. 005mm。

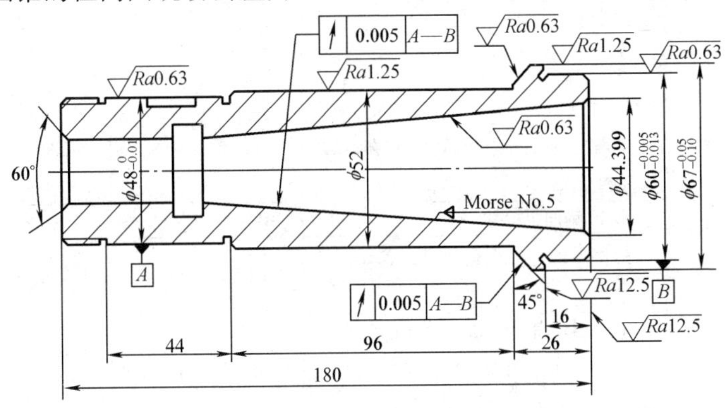

技术要求：工件材料 40Cr，热处理淬硬至 62HRC

图 11-13　莫氏锥套磨削工艺分析实例

2. 磨削工艺分析

该零件的特点是内、外圆间有较高的位置精度要求。各磨削加工表面中，内圆锥 Morse No. 5 是磨削工艺的关键。45°外圆锥其角度较大，磨削时也应注意其加工精度。选择 $\phi 48_{-0.011}^{0}$ mm 和 $\phi 60_{-0.013}^{-0.005}$mm 为磨孔的定位基准，特点是基准重合，定位较稳定，定位误差也较小。上述两外圆磨削的定位基准是人造定位基准 60°圆锥（孔口）。各主要表面的磨削分粗磨、半精磨、精磨三个阶段完成。首先磨出 $\phi 48_{-0.011}^{0}$ mm 和 $\phi 60_{-0.013}^{-0.005}$mm 的外圆。内圆磨削时，采用中心架装夹。精磨时，工件用 V 形夹具装夹。注意减小外圆的圆度误差，以达到内锥孔的径向圆跳动在 0. 005mm 内。外圆磨削的定位基准为 60°中心孔人造定位基准，在外圆磨削前需研磨 60°中心孔。莫氏锥套零件的磨削工艺见表 11-14。

表 11-14　　莫氏锥套零件的磨削工艺

工序	工步	内　容	砂轮特性	机床	基准
1	(1) (2)	粗磨 $\phi48_{-0.011}^{0}$mm 外圆至 $\phi48_{+0.2}^{+0.3}$mm 粗磨 $\phi60_{-0.013}^{-0.005}$mm 外圆至 $\phi60_{+0.2}^{+0.3}$mm	AF60K	M1432A	中心孔
2		用卡盘和中心架装夹，粗磨 Morse No. 5 锥孔，留余量 0.25～0.20mm	AF36K	M1432A	$\phi48_{-0.011}^{0}$mm $\phi60_{-0.013}^{-0.005}$mm
3		热处理，人工时效			
4		研磨 60°孔口中心孔			
5	(1) (2) (3)	半精磨 $\phi48_{-0.011}^{0}$ mm 外圆至 $\phi48_{+0.05}^{+0.06}$mm 半精磨 $\phi60_{-0.013}^{-0.005}$mm 外圆至 $\phi60_{+0.05}^{+0.06}$ mm 磨端面	AF60K	M1432A	中心孔
6		磨 45°锥面至尺寸	AF60K	M1432A	中心孔
7		精磨 $\phi48_{-0.011}^{0}$ mm、$\phi60_{+0.013}^{-0.005}$ mm 外圆至尺寸	AF100L	M1432A	中心孔
8		工件用 V 形夹具装夹，精磨 Morse No. 5 至尺寸，用涂色法检验接触面大于 85％	PAF40K	M1432A	$\phi48_{-0.011}^{0}$mm $\phi60_{-0.013}^{-0.005}$mm

（二）小型套类零件磨削工艺分析实例

1. 分析图样和技术要求

图 11-14 为小型套类零件磨削工艺分析实例。套筒 ϕ50j7 外圆的圆柱度公差为 0.003mm，表面粗糙度为 $Ra0.2\mu$m，两处。ϕ40J7 孔的同轴度公差为 ϕ0.01mm。

2. 磨削工艺分析

套类零件包含了内、外圆磨削。在确定了装夹方式以后，应基准先行，各表面加工的基准先加工好。这类零件通常是以外圆为定位基准来磨削内孔，故应先磨削外圆；并应先研磨 60°中心孔。用粒度较粗的砂轮经细修整后，即可获得较细的表面粗糙度。选用 WAF80L 砂轮，并用带 80°尖角的金刚石修整砂轮，可以磨出 $R_a0.2\mu$m 的表面粗糙度，且可防止产生多角形波纹误差；反之，若砂轮的粒度很细，而修整不当，则常会产生波纹度误差。套类零件的磨削工艺可分成先磨内孔或先磨外圆两种。此套筒采用先磨外

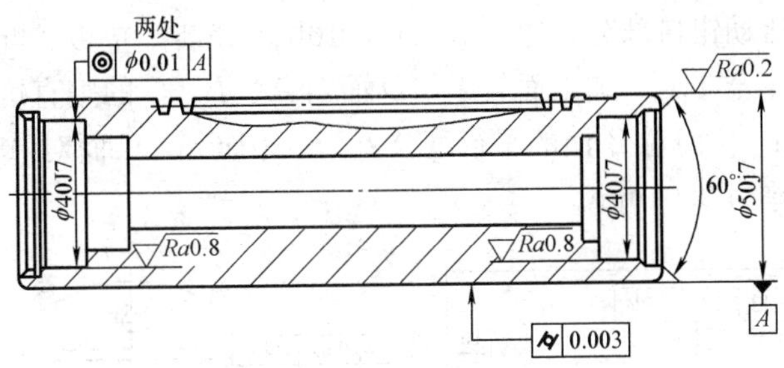

技术要求：工件材料 45 钢，热处理调质 38HRC。

图 11-14 小型套类零件磨削工艺分析实例

圆的方法，然后以外圆为基准定位磨削内孔，以保证同轴度公差要求。这种工艺方法较简便，但对内孔磨削的操作要求较高。内圆磨削时，工件用四爪单动卡盘和中心架装夹，找正外圆同轴度在 0.005mm 内。外圆磨削则用顶尖式心轴装夹，操作时注意工件的夹紧变形，以保证外圆的圆柱度误差在 0.003mm 内。小型套类零件磨削工艺见表 11-15，其中还包括了热处理调质和时效处理。

表 11-15　　小型套类零件磨削工艺

工序	工步	内　容	砂轮特性	机床	基准
1		热处理调质			
2		热处理时效			
3		研磨 60°孔口中心孔			
4		工件用顶尖式心轴装夹，粗磨外圆 φ50j7，留余量 0.10～0.15mm	WAF80L	M1432A	60°孔口中心孔
5		精磨 φ50j7 外圆至尺寸	WAF100K	M1432A	60°孔口中心孔
6	(1) (2)	磨 φ40J7 孔至尺寸，工件用四爪单动卡盘和中心架装夹，找正外圆在 0.005mm 内 调头磨另一端 φ40J7 孔至尺寸	PAF60K	M2110	φ50j7 外圆

（三）平面类磨削工艺分析实例

1. 分析图样和技术要求

如图 11-15 所示为平面类零件磨削工艺分析实例。平口钳钳身材料为灰铸铁 HT200，*D* 面为安装固定钳口部分，*A*、*B*、*C* 三面为装配活动钳口部分，钳身 52mm，10h11 处装配垫板，配磨钳身至间隙配合要求。加工面较多，D 面对 A、B、C 的垂直度公差为 0.01mm。C 面对 B 面的平行度公差为 0.01mm，C 面对 A 面的垂直度公差为 0.01mm。

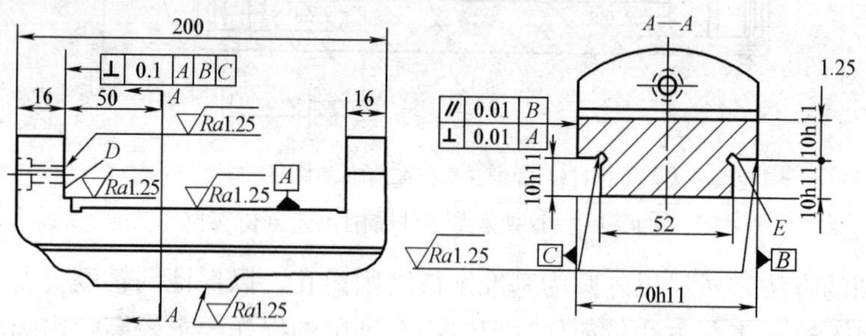

图 11-15　平面类零件磨削工艺分析实例

2. 磨削工艺分析

先磨出两 E 面和底面，并以此为基准磨出钳身上部 A 及 D 面。D 面用砂轮端面磨削，砂轮要修成内凹形。夹具翻转 90°磨 B 面、C 面。磨削 A、B、C、D 四平面用夹具一次装夹完成，可保证各表面间的位置精度要求。钳身的磨削工艺见表 11-16。

表 11-16　　钳身的磨削工艺

工序	工步	内　容	砂轮特性	机床	基准
1	1	磨两 E 面	CF46K	M7120A	B、C 面
	2	磨底面至尺寸 10h11			
2	1	工件用专用夹具装夹，磨 A 面至尺寸 10h11	CF46K	M7120A	两 E 面
	2	磨 D 面			
	3	夹具翻转 90°磨 B 面，注意两面余量均匀			
3	1	磨 C 面至尺寸 70 h11	CF46K	M7120A	B 面

三、车床主轴加工工艺分析

(一) 主轴加工工艺过程

图 11-16 所示，是 CA6140 型车床主轴示意图，在对轴的结构特点、技术要求进行深入分析后，即可根据生产批量、设备条件等

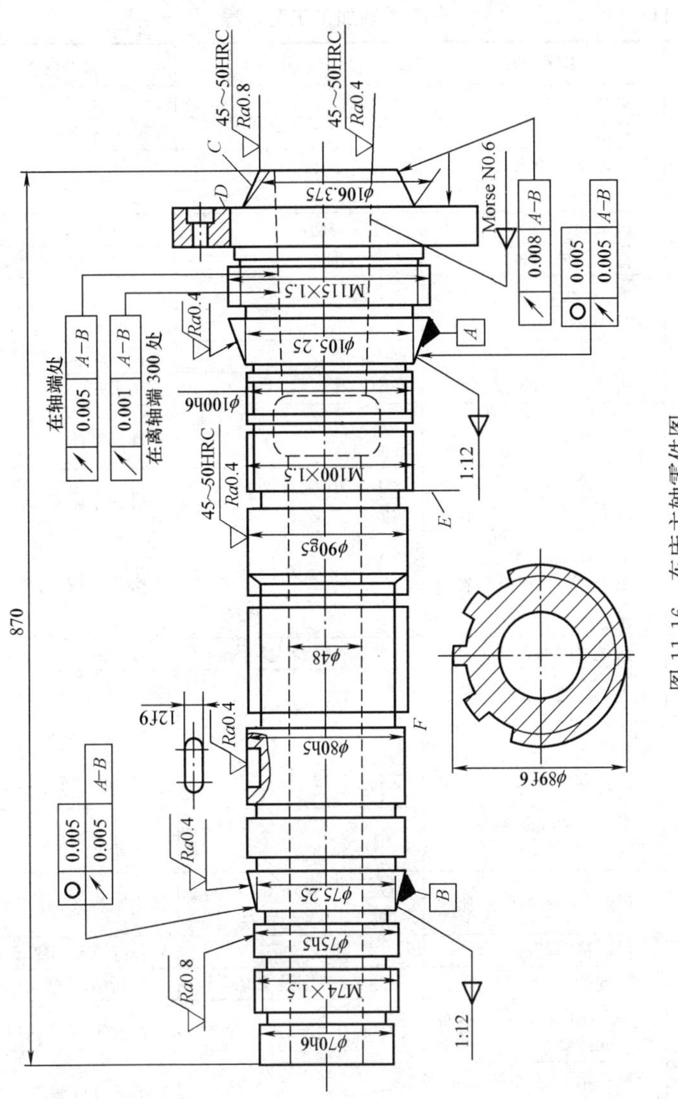

图 11-16　车床主轴零件图

考虑该车床主轴的加工工艺过程。成批生产 CA6140 型车床主轴的加工工艺过程见表 11-17。

表 11-17　　车床主轴加工工艺过程

序号	工序内容	定位基面	加工设备
1	备料		
2	精锻		立式精锻机
3	热处理、正火		
4	锯头		
5	铣端面、钻中心孔	外圆表面	专用机床
6	荒车各外圆面	中心孔	卧式车床
7	热处理、调质 220～240HB		
8	车大端各部	中心孔	卧式车床 C620B 型
9	仿形车小端各部	中心孔	仿形车床 CF7120 型
10	钻深孔 ϕ48mm	大、小端外圆及小端端面	深孔钻床
11	车小端内锥孔（配 1∶20 锥堵）	大、小端外圆及大端端面	卧式车床 C620B 型
12	车大端锥孔（配 MorseNo6 锥堵）、车外短锥及端面	大、小端外圆及小端端面	卧式车床 C620B 型
13	钻大端端面各孔	大端外圆及大端内侧面	Z55 钻床
14	热处理：高频淬火 ϕ90g5、短锥及 MorseNo6 锥孔		
15	精车各外圆并切槽	中心孔	数控车床 CSK6163 型
16	粗磨 ϕ90g5 和 ϕ70h5 外圆	中心孔	万能外圆磨床
17	粗磨 MorseNo6 锥孔	大、小端外圆及小端端面	内圆磨床 M2120 型
18	粗、精铣花键	中心孔	花键铣床 YB6016 型
19	铣键槽	ϕ80h5 外圆及 ϕ90g5	铣床 X52 型
20	车大端内侧面及三段螺纹（配螺母）	中心孔	卧式车床 CA6140 型
21	粗、精磨各外圆及 E、F 两端面	中心孔	万能外圆磨床
22	粗、精磨圆锥面（组合磨三圆锥面及短锥面）	中心孔	专用组合磨床

续表

序号	工序内容	定位基面	加工设备
23	精磨 MorseNo6 锥孔	ϕ80h5、ϕ100h6 外圆及小端端面	主轴锥孔磨床
24	检查	按图样技术要求检查	

（二）主轴加工工艺分析过程

从前面车床主轴加工工艺过程可以看出，在拟定主轴类零件工艺过程时，应考虑下列一些共同性的问题。

1. 合理选择定位基准

中心孔是轴类零件常用的定位基准。因为轴类零件各外圆表面、锥孔、螺纹表面的同轴度，以及端面对旋转轴线的垂直度是其相互位置精度的主要项目，而这些表面的设计基准一般都是轴的中心线，如果用两中心孔定位，则符合基准重合的原则。而且，用中心孔作为定位基准，能够最大限度地在一次安装中加工出多个外圆和端面，这也符合基准统一的原则。

当不能用中心孔时（如加工轴的锥孔时），可采用轴的外圆表面作为定位基准，或是以外圆表面和中心孔共同作为定位基准。

2. 安排足够的热处理工序

在主轴加工的整个过程中，应安排足够的热处理工序，以保证主轴的力学性能及加工精度的要求，并改善工件的切削加工性能。

一般在主轴毛坯锻造后，首先需安排正火处理，以消除锻造应力，改善金属组织、细化晶粒、降低硬度、改善切削性能。在粗加工后，安排第二次热处理——调质处理，以获得均匀细致的回火索氏体组织，提高零件的综合力学性能，同时，索氏体组织经加工后，表面粗糙度值较小。最后，尚须对有相对运动的轴颈表面和经常装卸工具的前锥孔进行表面淬火处理，以提高其耐磨性。

3. 加工阶段的划分

由于主轴是多阶梯带通孔的零件，切除大量的金属后，会引起内应力重新分布而变形。因此，在安排工序时，应将粗、精加工分开，先完成各表面的粗加工，再完成各表面的半精加工和精加工，而主要表面的精加工则放在最后进行。这样，主要表面的精度就不会受到其他表面加工或内应力重新分布的影响。

从上述主轴加工工艺过程可以看出，表面淬火以前的工序为各主要表面的粗加工阶段；表面淬火以后的工序，基本上是半精加工和精加工阶段；要求较高的支承轴颈和 MorseNo6 锥孔的加工，则放在最后进行。同时，还可以看出，整个主轴加工的工艺过程，就是以主要表面（特别是支承轴颈）的粗加工、半精加工和精加工为基准，适当穿插其他表面的加工工序而组成的。

4. 工序安排顺序

经过上述几个问题的分析，对主轴加工工序安排大体如下：

准备毛坯→正火→中心孔→粗车→调质→半精车→精车→表面淬火→粗、精磨外圆表面→磨内锥孔。

四、支架套筒加工工艺分析

（一）支架的技术要求

图 11-17 所示，支架套筒零件是机器中常见的零件之一，其技术要求与结构特点如下：

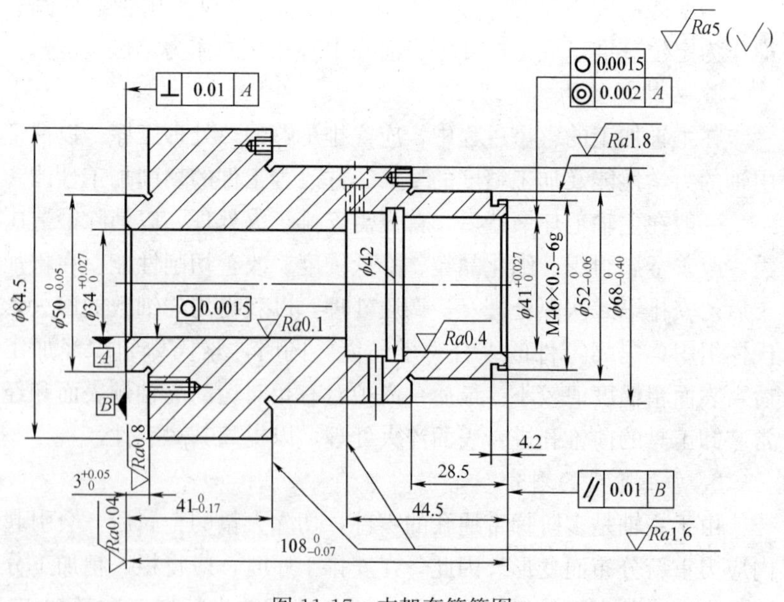

图 11-17 支架套筒简图

(1) 主孔 $\phi 34^{+0.027}_{0}$ mm 内安装滚针轴承的滚针及仪器主轴颈。

(2) 端面 B 是止推面，要求有较小的表面粗糙度值。

(3) 外圆及孔均有阶梯，并且有横向孔需要加工。

(4) 外圆台阶面螺孔，用来固定转动摇臂。

(5) 因转动要求精确度高，所以对孔的圆度及同轴度都有较高要求。

(二) 支架的加工工艺过程

支架的加工工艺过程见表 11-18。

表 11-18　支架的加工工艺过程

序号	工序名称	工 序 内 容	定位与夹紧
1	粗车	(1) 车端面、外圆 $\phi 84.5$mm；钻孔 $\phi 30$mm×70mm (2) 调头车外圆 $\phi 68$mm；车 $\phi 52$mm；钻孔为 $\phi 38$mm×44.5mm	三爪夹小头 三爪夹大头
2	半精车	(1) 半精车端面及 $\phi 84.5$mm、$\phi 34^{+0.027}_{0}$ 及 $\phi 50^{0}_{-0.05}$，留磨量 0.5mm，倒角及车槽 (2) 调头车右端面；车 $\phi 68^{0}_{-0.40}$；$\phi 52$mm 留磨量；车 M46×0.5 螺纹，车孔 $\phi 41^{+0.027}_{0}$ 留磨量，车 $\phi 42$mm 槽，车外圆斜槽并倒角	夹小头 夹大头
3	钻	(1) 钻端面轴向孔 (2) 钻径向孔 (3) 攻螺纹	夹外圆
4	热处理	淬火 60～62HRC	
5	磨外圆	(1) 磨外圆 $\phi 84.5$mm 至尺寸，磨外圆 $\phi 50^{0}_{-0.05}$ mm 及 $3^{+0.05}_{0}$ mm 端面 (2) 调头磨外圆 $\phi 52^{0}_{-0.06}$ mm 及 28.5mm 端面并保证两段同轴度 0.002mm	$\phi 34$mm 可胀心轴
6	粗磨孔	校正 $\phi 52^{0}_{-0.06}$ mm 外圆；粗磨孔 $\phi 34^{+0.027}_{0}$ mm 及 $\phi 41^{+0.027}_{0}$ mm，留磨量 0.2mm	端面及外圆
7	检验		
8	发蓝		
9	喷漆		

续表

序号	工序名称	工 序 内 容	定位与夹紧
10	磨平面	磨左端面，留研磨量，平行度 0.01mm	右端面
11	粗研	粗研左端面 Ra 为 0.16μm，平行度 0.01mm	右端面
12	精磨孔	（1）精磨孔 $\phi 34^{+0.027}_{0}$ mm 及 $\phi 41^{+0.027}_{0}$ mm，一次安装下磨削 （2）精细磨孔 $\phi 34^{+0.027}_{0}$ mm 及 $\phi 41^{+0.027}_{0}$ mm	端面定位，找正外圆，轴向压紧
13	精研	精研左端面至 Ra 为 0.04μm	右端面
14	检验	圆度仪测圆柱度 $\phi 34^{+0.027}_{0}$ mm 及 $\phi 41^{+0.027}_{0}$ mm 尺寸	

（三）支架套加工工艺过程分析

1. 加工方法选择

支架套零件因孔精度要求高，表面粗糙度值又较小（Ra 为 0.10μm），因此最终工序采用精研磨。该孔的加工顺序为钻孔→半精车孔→粗磨孔→精磨孔→精研磨孔。

2. 加工阶段划分

支架套加工工艺划分较细。淬火前为粗加工阶段，粗加工阶段又可分为粗车与半精车阶段，淬火后套筒加工工艺划分较细。在精加工阶段中，也可分为两个阶段，烘漆前为精加工阶段，烘漆后为精密加工阶段。

五、精密轴类零件的机械加工工艺

轴类零件是最常用的机械零件之一，在机械设备中主要用于支撑传动零件，传递转矩。轴类零件主要的加工表面有内外圆柱面、内外圆锥面、螺纹、键槽等。因此应特别注意加工中合理使用中心孔，做到“基准统一”和“基准重合”。

下面以钻床主轴为例，分析轴类零件的加工工艺。

图 11-18 为钻床主轴的零件图，图 11-19 为钻床主轴部件的装配图（部分）。其材料为 40Cr，生产类型为中批生产。

（一）钻床主轴的结构分析

根据对钻床主轴零件图的分析，该零件的结构具有的特点是：

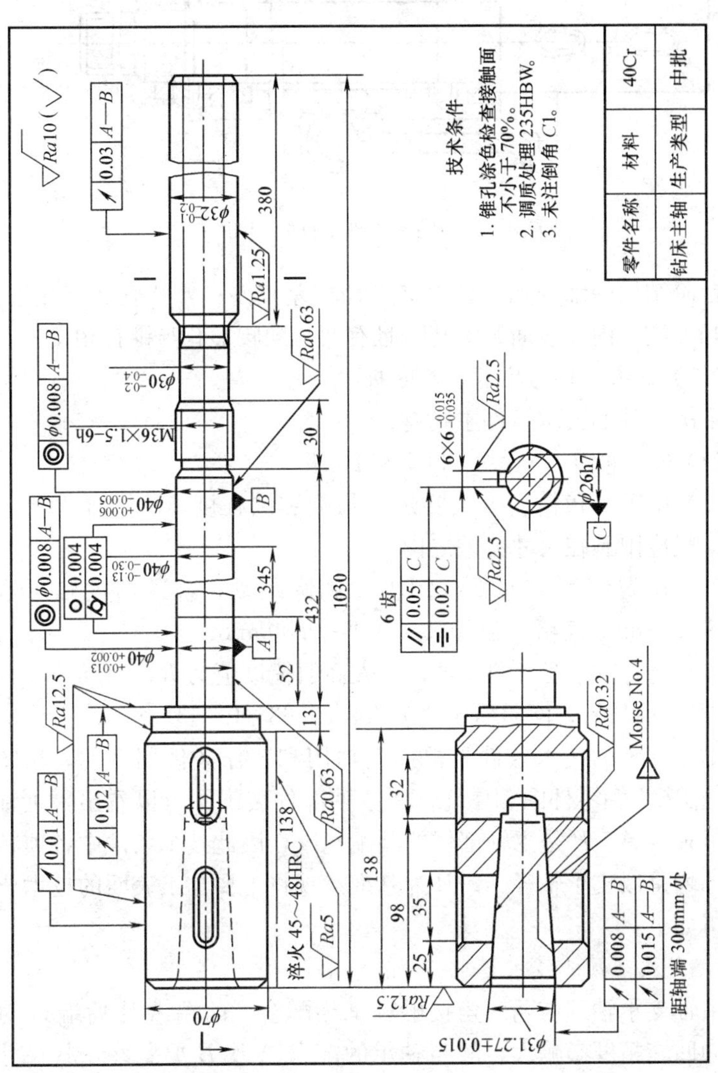
技术条件
1. 锥孔涂色检查接触面不小于 70%。
2. 调质处理 235HBW。
3. 未注倒角 C1。
零件名称
钻床主轴
材料
40Cr
生产类型
中批
Ra10(√)
淬火 45~48HRC
Morse No.4
6 齿
距轴端 300mm 处
M36×1.5-6h
φ26h7
φ70
φ31.27±0.015
1030
432
380
345
138
98
52
35
32
30
25
13

图 11-18　钻床主轴

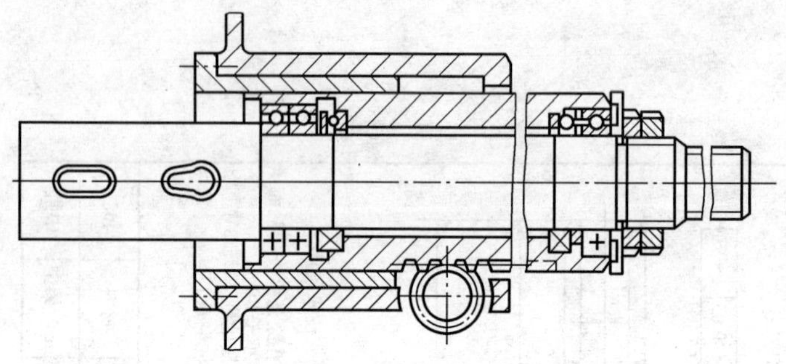

图 11-19 钻床主轴部件装配图

为多台阶结构的细长轴，且外圆直径相差较多；外圆表面有光轴、花键和螺纹；内孔表面为锥孔，且有两径向腰形孔与锥孔相交。

(二) 钻床主轴的技术条件分析

轴类零件的技术条件主要有：

(1) 尺寸精度。一般为 IT5～IT8 级。

(2) 几何形状精度。主要是指圆度和圆柱度，除图样上要求外，一般应限制在尺寸公差之内。

(3) 位置精度。主要有同轴度和圆跳动，普通精度轴可取 0.01～0.03mm,高精度轴可取 0.001～0.005mm。

(4) 表面粗糙度。配合轴颈的表面粗糙度值为 Ra (1.6～0.4) μm，支承轴颈的表面粗糙度值为 Ra (0.63～0.01) μm。

钻床主轴的技术条件是根据其功用和工作条件制订的。从图 11-18 钻床主轴零件图和图 11-19 主轴部件装配图可以看出，主轴的支承轴颈 A、B 是主轴部件的装配基准，因此技术条件中各项精度指标均是以支承轴径 A、B 为基准。现将主要加工表面的技术要求分析如下：

1. 支承轴颈的技术要求

主轴支承轴颈与两对角接触轴承相配合，前端 A 比后端 B 对主轴的回转精度影响大，故与轴承的配合 A 比 B 要紧些，其尺寸精度都按 IT5 级公差制造，都属过渡配合。A、B 的圆度和圆柱度要求都很高 (0.004mm)，而表面粗糙度要求一般 (Ra0.63μm)，这和装配滚动轴承有关。

由于主轴支承轴颈是主轴部件的装配基准，因而它的制造精度直接影响到主轴部件的回转精度。当支承轴颈有同轴度误差时，必将引起主轴的径向圆跳动误差，从而影响工件的加工质量，故 A、B 的同轴度要求很高（ϕ0.008mm）。

2. 锥孔的技术要求

主轴锥孔（Morse No.4）对支承轴颈 A、B 的跳动，在轴端处要求 0.008mm；离轴端 300mm 处要求 0.015mm；锥孔涂色检查接触面不小于 70%，表面粗糙度值为 Ra0.32μm；硬度要求 45～48HRC。

主轴锥孔是用来安装钻头、铰刀或钻夹头、锥度套的，其轴心线与两个支承轴颈的轴心线应尽量重合，否则将影响机床精度和工件加工质量。由于钻床工作时需经常调换钻头、铰刀或工具，要求锥孔有一定的硬度和较低的表面粗糙度值，以减少磨损和保持紧密接触。

3. 轴肩的技术要求

主轴轴肩与角接触球轴承的端面相接触，要求轴肩与支承轴颈 A、B 的端面圆跳动误差在 0.02mm 内，如果端面跳动量过大，会使轴承内圈轴心线倾斜，从而引起主轴的径向圆跳动。

4. 花键的技术要求

主轴的花键部分是与传动主轴的 V 带轮花键孔相配合的，要求其轴心线与支承轴颈 A、B 的径向圆跳动误差在 0.03mm 内，否则在传动时容易引起主轴振动。由于花键采用小径 C（ϕ26h7）定心，故键侧面要求与基准 C 的轴心线平行度公差为 0.005mm、对称度公差为 0.012mm。

5. 螺纹的技术要求

一般控制螺纹轴心线与支承轴颈轴心线的同轴度误差不超过 0.025mm。若同轴度误差较大，螺纹轴心线产生歪斜时，会使主轴部件上的锁紧螺母同样产生歪斜，导致滚动轴承内圈轴心线倾斜，引起主轴的径向圆跳动，因此在加工主轴螺纹时，应与主轴颈在一次安装时同时加工，这样才能控制其同轴度。

通过以上分析可知：钻床主轴的主要加工表面是两个支承轴颈 A，B；Morse No.4 锥孔；轴肩端面和花键部分。其中保证支承轴颈本身的尺寸精度、几何形状精度、两支承轴颈之间的同轴度、锥孔和支承轴颈的相互位置精度，是主轴加工的技术关键。

(三) 钻床主轴的工艺过程分析

1. 毛坯的选择

轴类零件的常用材料、热处理方法等见表 11-19。轴类零件最常用的毛坯是圆棒料和锻件。

表 11-19　　钻床主轴常用材料及热处理

机床主轴种类	材料	预备热处理方法	最终热处理方法	表面硬度(HRC)
车床、铣床、钻床主轴	45	正火或调质	局部淬火后回火	45～52
平面磨床主轴 外圆磨床砂轮架、头架主轴	9Mn2V	锻造后球化退火调质	淬火后去应力回火	62
精密车床主轴	40Cr	调质	局部淬火后回火	52～56
齿轮磨床主轴	20CrMnTi	正火	渗碳淬火后回火	58～63
卧式镗床主轴 高精度外圆磨床砂轮架主轴	38CrMoAlA	调质除应力处理	渗氮	65 以上 (HV>900)

钻床主轴各段直径相差较大，若毛坯采用热轧圆钢，则必须按最大直径来选料，这样既浪费材料，又增加工时，提高零件的生产成本。而采用锻件只需锻成两段直径不同、形状简单的台阶轴，材料经锻造后又能提高零件的强度。

2. 定位基准的选择

轴类零件的定位基准，一般都选择两端中心孔。因为轴类零件各外圆表面、锥孔、螺纹表面、花键表面的同轴度以及端面对旋转轴线的垂直度的设计基准一般都是轴的中心线，如果用两端中心孔定位就能符合基准重合的原则。而且用中心孔作为定位基准，就能够最大限度地在一次安装中加工多个外圆和端面，这也符合基准统一的原则。

但在车削加工外圆时，为了提高生产效率，常采用轴的外圆表面作为定位基准，用三爪自定心卡盘装夹，或以一端外圆和一端中心孔定位，即一夹一顶安装。有些主轴前端加工出锥孔后，中心孔已经消失，为了在精磨时仍能用中心孔作定位基准，必须采用带有中心孔的锥堵（工艺堵头）或锥堵心轴。常用的锥堵有带螺纹和不带螺纹两种，如图 11-20 所示。图 11-20（a）为带螺纹的锥堵，装在主轴右端，当加工结束后，用螺母旋在锥堵螺纹处，旋紧螺母与工件端面接触，即可将锥堵取出。主轴左端装如图 11-20（b）所示的锥堵，其 Morse No. 4 圆锥与主轴圆锥孔相配，另一端铣出两个平面，待加工结束后，用扳手转动锥堵即可取出。钻床主轴上装的锥堵就是这种形式。

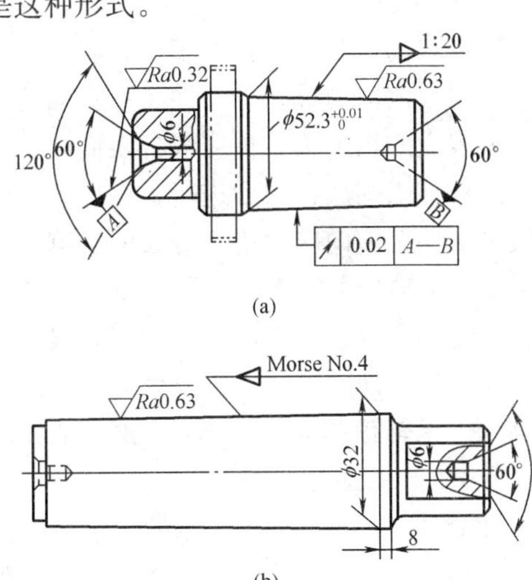

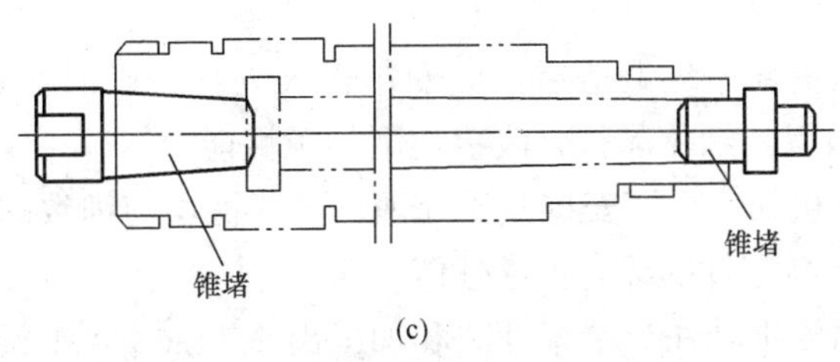

(c)

图 11-20　锥堵

（a）带螺纹的锥堵；（b）不带螺纹的锥堵；

（c）在工件两端装入锥堵

当主轴的锥孔锥度较大（如铣床主轴）或为圆柱孔时，可用带锥度的顶尖式心轴，如图 11-21 所示。

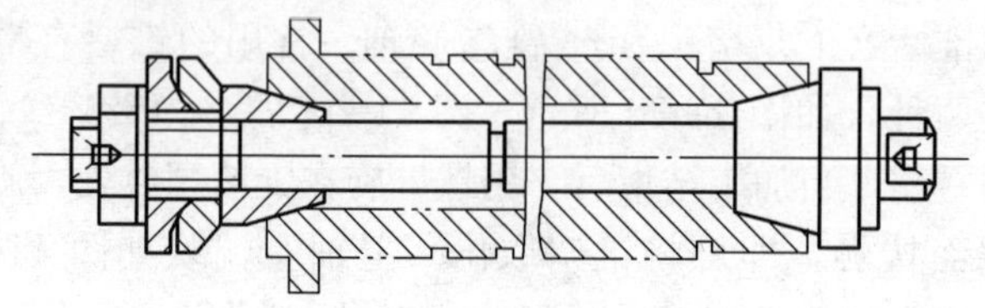

图 11-21　顶尖式心轴

3. 加工阶段的划分

钻床主轴精度要求高，又是多台阶带锥孔和腰形孔的零件，切除大量金属层后会引起内应力重新分布而变形。因此，应将粗、精加工分开，先完成表面的粗加工，再完成各表面的半精加工和精加工，而主要表面的精加工则放在最后进行。这样，主要表面的精度就不会受到其他表面加工或内应力重新分布的影响。

从表 11-20 钻床主轴加工的工艺过程可以看出其加工过程大致划分为三个阶段：①调质以前的工序为粗加工阶段；②调质以后至时效处理前的工序为半精加工阶段；③时效处理后的工序为精加工阶段。要求较高的支承轴颈和 Morse No. 4 锥孔的精加工则放在最后进行。

4. 热处理工序的安排

在主轴加工的整个工艺过程中，应安排足够的热处理工序，以保证主轴的力学性能及加工精度的要求，并可改善工件的切削加工性能。

(1) 在主轴毛坯锻造后，应安排正火处理，以消除锻造应力，改善金属组织，细化晶粒，改善切削加工性能。

(2) 在粗加工后，安排调质处理，可获得均匀细致的回火索氏体组织，提高零件的综合力学性能。

(3) 钻床主轴在半精车外圆和加工出 Morse No. 4 锥孔以及两腰形孔后，安排局部淬火，以提高主轴端的硬度。

(4) 在最后半精磨和精磨前，安排时效处理，目的是消除以前加工时产生的内应力，提高精磨后工件尺寸的稳定性。

5. 主轴锥孔的磨削

钻床主轴锥孔的精磨应安排在主轴的支承轴颈精磨之后，并以支承轴颈为定位基准，符合基准重合的原则。

因钻床主轴较长（1030mm），在一般万能外圆磨床上无法磨削锥孔，需在专用主轴孔磨床上用磨锥孔夹具才能磨削。该夹具如图 11-22 所示，由底座、支承架和浮动夹头三部分组成，两个支承架固定在底座上，作为工件定位基准的两段支承轴颈放在支承架上的两个 V 形块上，V 形块镶有硬质合金，以提高其耐磨性，保持夹具的定位精度。工件的中心高应等于砂轮主轴的中心高，否则磨削后锥孔素线会形成双曲线形状，影响内锥孔的接触精度。后端的浮动夹头用锥柄装在磨床头架主轴的锥孔内，工件尾端插入弹性套内，由弹簧将浮动夹头连同工件向左拉，通过钢球压向镶有硬质合金的锥柄端面，限制工件的轴向窜动。采用这种连接方式可以避免磨床头架主轴误差对工件定位精度的影响。

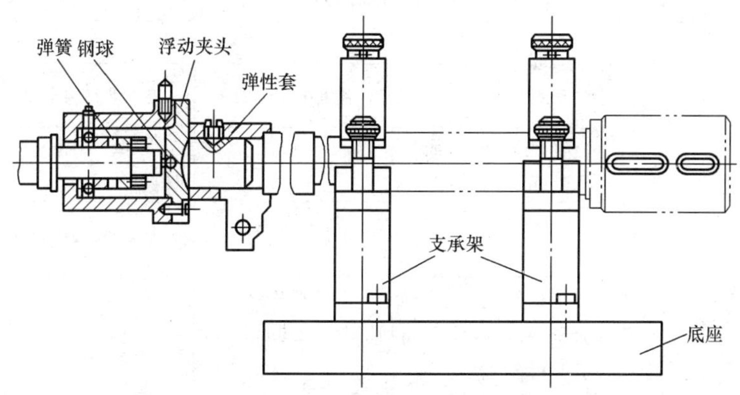

图 11-22　磨主轴锥孔夹具

（四）钻床主轴的加工工艺过程

根据对主轴的结构特点、技术要求和工艺过程进行分析后，结合生产批量、设备条件等制订出钻床主轴的加工工艺路线：锻造→正火→车端面、钻中心孔→粗车→调质→半精车→划线（划腰形孔）→铣（腰形孔）→局部淬火→研中心孔→精车→粗铣花键→粗磨外圆→粗磨锥孔→车螺纹→精铣花键→时效处理→研中心孔→半精磨外圆→磨花键→精磨外圆→精磨锥孔→检验入库。

钻床主轴的加工工艺过程见表 11-20。

表 11-20　　钻床主轴加工工艺过程

序号	工序名称	工序内容	定位及夹紧
1		下料	
2	锻	自由锻	
3	热处理	正火	
4	车	车 $\phi70$mm 端面，钻中心孔	夹 $\phi40^{+0.013}_{+0.002}$mm
		粗车大端外圆，留加工余量 5mm，车 $\phi30^{-0.2}_{-0.4}$mm 至尺寸，备上中心架用	夹小端，顶大端
	车	车小端面，钻中心孔，总长留加工余量 2mm	夹大端，托 $\phi30^{-0.2}_{-0.4}$mm
		粗车小端各外圆，留加工余量 5mm，照顾大端长 138mm，留加工余量 2mm	夹大端，顶小端
5	热处理	调质 235HBW 并校直	
6	车	车 $\phi40^{-0.13}_{-0.30}$mm 至尺寸，备上中心架用	夹大端，顶小端
		半精车小端面，取总长留加工余量 0.5mm，修研中心孔	夹大端，托 $\phi30^{-0.2}_{-0.4}$mm
		半精车长 13mm 处外圆，留加工余量 0.8mm	夹大端，顶小端
	车	半精车 $\phi70$mm 端面和外圆，总长留加工余量 0.2mm，外圆留加工余量 0.5mm，钻孔和粗车内锥孔	夹小端，托 $\phi40^{-0.13}_{-0.30}$mm
		半精车小端各外圆留加工余量 1.5mm	夹大端，顶小端
7	钳	划两腰形孔线	外圆，中心孔
8	铣	铣两腰形孔及倒角至图样要求	一夹、一顶、分度头
9	热处理	138mm 的大端淬火 45～48HRC	
10	研磨	研中心孔	
11	车	精车小端各段外圆留磨量 0.8mm 精车 $\phi70$mm，留磨量 0.8mm	夹大端，顶小端 夹小端，顶大端

续表

序号	工序名称	工序内容	定位及夹紧
12	铣	粗铣花键，留加工余量 1mm	夹大端，顶小端
13	磨	粗磨各段外圆留磨量 0.4mm	一夹，一顶
14	磨	粗磨锥孔，留磨量 0.3mm，装锥堵	夹小端，托大端
15	车	车螺纹 M36×1.5－6h 至图样要求	两端中心孔
16	铣	半精铣花键，留磨量 0.3mm	夹大端，顶小端
17	热处理	时效处理	
18	研磨	修研两端中心孔	
19	磨	半精磨各段外圆，精磨轴各段外圆至图样要求	两端中心孔
20	磨	磨花键至图样要求	两端中心孔
21	磨	精磨锥孔 Morse No.4 和端面至图样要求	A、B 两基准轴颈
22	检验		

（五）注意事项

(1) 对轴类零件上的深孔，如果一次钻削而成时，应安排在调质后进行，因为调质处理会引起主轴的弯曲变形。如果深孔钻削后加一道车孔工序，则钻孔可安排在调质处理之前，热处理的变形由车孔工序加以修正。同时为了有一个较精确的定位基准，深孔加工应安排在外圆粗车或半精加工之后。

(2) 外圆表面的加工，一般先加工大直径外圆，然后加工小直径外圆，以免一开始就降低工件的刚度。

(3) 次要表面的加工如键槽、螺纹孔等一般都放在外圆精车或粗磨后、精磨之前进行。

(4) 主轴上螺纹的加工应在表面淬火之后进行，以免淬火引起变形，影响螺纹轴心线与支承轴颈轴线间的同轴度。

(5) 精密轴类零件的中心孔在半精加工及精加工之前都要进行修整或研磨，以提高中心孔的形状、位置精度。

六、精密套类零件的机械加工工艺

套类零件主要用来支撑旋转轴和轴上零件，在工作时承受径向或轴向载荷。夹具上用钻套或镗套起导向作用。由于套类零件的功用不同，其形状和结构尺寸也不同，但在加工工艺上具有相似性。下面以钻床主轴套为例，分析套类零件的加工工艺。图11-23是钻床主轴套的零件图，材料为45钢，中批量生产。

(一) 钻床主轴套的结构

主轴套的主要表面均为同轴度要求较高的内外旋转面，在轴套的两端有两ϕ75H6孔，内孔中有退刀槽，在ϕ90h5外圆上有齿条。

(二) 钻床主轴套的技术条件

主轴套中间安装钻床主轴，在两端ϕ75H6孔内安装轴承，轴承内孔与主轴轴颈相配合，用来支撑主轴并保证主轴的回转精度，在套的外圆表面上铣成平面，并铣出齿条与主轴箱中齿轮相啮合(图11-18)，由齿轮带动齿条，使主轴套与主轴实现机动或手动进给。主轴套外圆与主轴箱体孔相配，要求主轴套既能在上下运动时无阻滞，又要在主轴旋转时不产生晃动，以保持主轴的回转精度。所以，对主轴套外圆ϕ90h5要根据主轴箱体孔的实际尺寸进行配磨，保证装配间隙在0.010～0.015mm范围内。

主轴套的主要技术条件分析如下：

(1) 外圆表面的轴心线C是设计基准，其尺寸公差等级很高，为IT5级，表面粗糙度值很小，其值为$Ra0.4\mu m$，圆度和圆柱度要求都很高，均为0.004mm，这些技术条件都是为了保证与主轴箱体孔的配合精度和运动平稳。

(2) 两端ϕ75H6孔与基准C的径向圆跳动公差0.015mm，圆度和圆柱度公差均为0.005mm，表面粗糙度值为$Ra0.8\mu m$，这些技术条件都是为了安装角接触球轴承和深沟球轴承的要求，以保证主轴的回转精度。孔的内端面与基准的端面圆跳动公差为0.01mm，因为这两处端面都是推力球轴承的安装基准，它的精度直接影响主轴的轴向窜动。

(3) 中间ϕ55孔的两端3×60°倒角是工艺基准，是专为精磨ϕ90h5外圆时用顶尖式心轴装夹而设计的，以保证两端内孔与外圆有很高的同轴度。

(4) 齿条的齿面与基准C的垂直度公差要求为0.02mm，这项技术条件是保证齿轮与齿条啮合时，接触良好并使转动平稳。

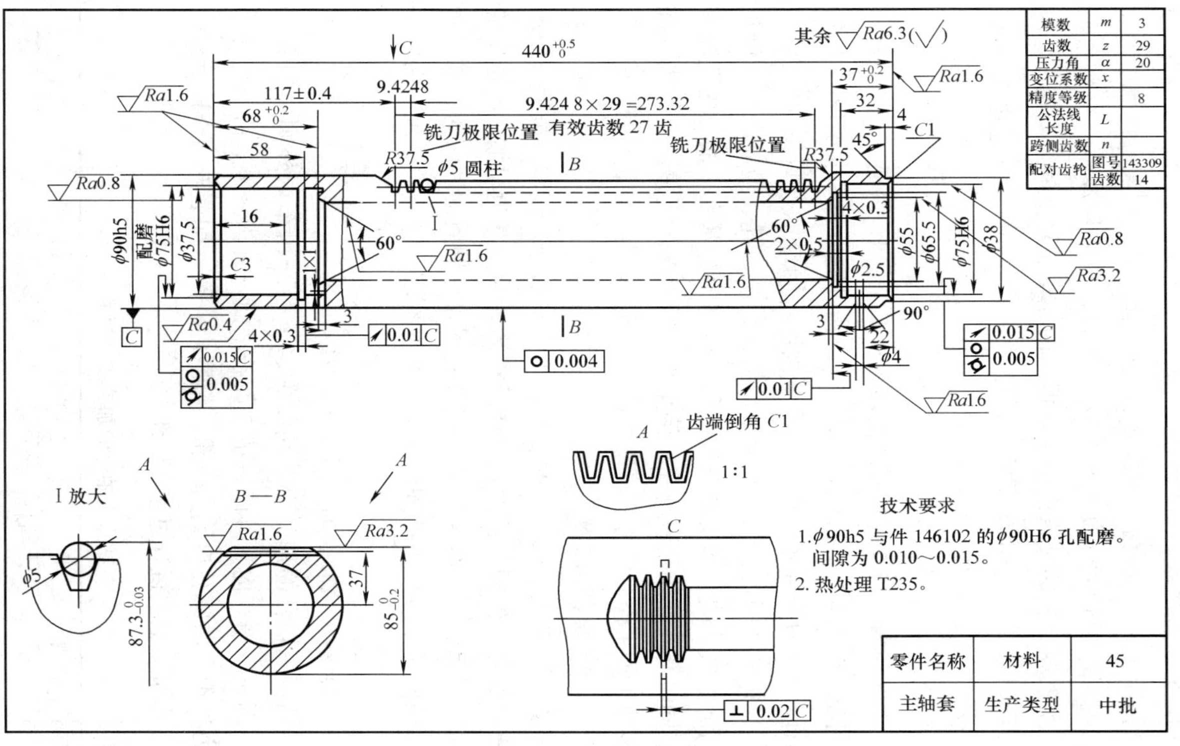

其余 Ra6.3(√)
440 +0.5 0
117±0.4
9.4248
68 +0.2 0
58
9.424 8×29 =273.32
铣刀极限位置 有效齿数 27 齿
铣刀极限位置
37 +0.2 0
32
4
C1
45°
R37.5
ϕ5 圆柱
Ra1.6
Ra0.8
Ra3.2
Ra0.4
ϕ90h5
配磨
ϕ75H6
ϕ37.5
16
C3
60°
2×0.5
4×0.3
ϕ55
ϕ65.5
ϕ38
ϕ2.5
90°
22
ϕ4
3
0.01 C
0.004
0.015 C
0.005
0.02 C
B—B
I 放大
ϕ5
87.3 0 -0.03
37
85 0 -0.2
齿端倒角 C1
1:1
A
B
C

模数	m	3
齿数	z	29
压力角	α	20
变位系数	x	
精度等级		8
公法线长度	L	
跨侧齿数	n	
配对齿轮	图号	143309
	齿数	14

技术要求
1.ϕ90h5 与件 146102 的ϕ90H6 孔配磨。间隙为 0.010～0.015。
2. 热处理 T235。

零件名称	材料	45
主轴套	生产类型	中批

图 11-23　钻床主轴套

(三) 钻床主轴套的加工工艺

1. 毛坯的选择

钻床主轴套的内孔较大，长度也较长，若采用实心棒料，则孔的加工工作量较大，既费材料又费工时，现采用厚壁无缝钢管制造，虽然原材料的价格提高了，但总的成本还是低的。根据零件尺寸查钢材手册，选用的45钢无缝钢管，其规格为外径 ϕ95mm，内孔 ϕ47mm（壁厚24mm)，即 $\phi95\times24$mm。

2. 定位基准的选择

为保证内孔与外圆的同轴度，在加工工艺上，一般先粗车外圆，以外圆为基准加工孔和孔口倒角，再以孔口倒角为基准半精车外圆，然后以外圆为基准半精车内孔。磨削时，同样以孔口倒角为基准，粗、半精磨外圆，再以外圆为基准粗、精磨内孔，最后以孔口倒角为基准精磨外圆。即反复以外圆和孔口倒角为基准，加工内孔和外圆，同时磨外圆前须研磨孔口倒角，这样用多次反复相互作为基准逐步减小加工误差的方法，使内孔与外圆达到很高的同轴度要求。

3. 加工阶段的划分

加工阶段也是以工件的热处理工序来划分，该零件虽然只要求调质热处理，但因零件的精度要求很高，为了避免粗加工时产生的内应力引起变形，故需增加除应力处理。在调质处理前为粗加工阶段，调质后至除应力处理前为半精加工阶段，除应力处理后为精加工阶段。

(四) 钻床主轴套的加工工艺过程

钻床主轴套的加工工艺路线为：下料→粗车内外圆→粗铣平面→调质→精车内、外圆→精铣齿条平面→铣齿→划、钻小孔→除应力处理→研磨孔口倒角→粗、精磨内外圆→配磨外圆→检验。

其加工工艺过程见表11-21。

表11-21　钻床主轴套的加工工艺过程（mm）

序号	工序名称	安装	工序内容	定位与装夹
1	备料		无缝钢管切断，尺寸 $\phi95\times24\times445$	
2	车	1	车左端面，孔口60°倒角	外圆
		2	粗车外圆至 ϕ93，长>436	一顶一夹

续表

序号	工序名称	安装	工序内容	定位与装夹
2	车	3	调头，车端面，控制总长442，外圆φ83为φ86，长度4	外圆
		4	粗车孔φ47至φ52，φ75为φ65，深度为32，孔口倒角3×60°，对基准C的跳动量<0.1	一端夹一端搭中心架
		5	粗车另一端孔至φ65，深度68，孔口倒角3×60°	一端夹一端搭中心架
3	铣		粗铣齿条平面到尺寸88，长度270，铣刀中心距左端130	外圆，V形块
4	热处理		调质T235	
5	车	1	精车外圆为φ90.35	两顶尖
		2	车端面，车准φ83×4和45°圆锥面车准φ55孔和φ65.5孔，车2×0.5槽、保证长度至$37^{+0.15}_{-0.05}$，精车φ75H6孔为φ74.25，车4×0.3槽为4×1、保证长度32，φ55孔口倒角3×60°	一端夹一端搭中心架
		3	调头，车端面保证总长440.5 车准孔φ73.5、长度为$68^{+0.15}_{-0.05}$车端面1×1槽，φ55孔口倒角3×60° 精车φ75H6孔为φ74.25，车4×0.3槽为4×1，保证长度58，孔口倒角1×45°	一端夹一端搭中心架
6	铣		精铣平面至尺寸85.2、长度273.32，铣刀中心距左端面126.4±0.4	外圆，V形块
			用m=3齿条铣刀铣齿，第一齿中心距左端117±0.4，共铣29齿，齿深用φ5圆柱和千分尺测量，控制尺寸87.3(考虑外圆磨余量)	
7	钳		齿端倒角	
			划、钻φ2.5孔，孔口倒90°角，控制直径φ4	V形块
8	热处理		除应力处理	
9	研磨		修研两端3×60°倒角	

续表

序号	工序名称	安装	工序内容	定位与装夹
10	磨	1	粗磨 ϕ90h5 外圆为 ϕ90.10，靠两端面，保证总长 $440^{+0.5}_{0}$ 半精磨 ϕ90h5 外圆为 ϕ90.03	二顶尖
		2	粗精磨右端 ϕ75H6 孔至尺寸，靠内端面，保证尺寸 $37^{+0.2}_{0}$	内孔磨削专用 V 形夹具
		3	调头，粗精磨左端 ϕ75H6 孔至尺寸，靠内端面，保证尺寸 $68^{+0.2}_{0}$	
11	磨		精磨 ϕ90h5 外圆，其大小与主轴孔配磨，保证配合间隙 0.01～0.015	顶尖式心轴
12	检验		检验合格打印记，上油，入库	

（五）注意事项

(1) 当外圆和内孔尚未加工到尺寸要求，铣平面、铣齿条和车槽时，应将高度或深度尺寸加上外圆或内孔的加工余量。

(2) 精磨 ϕ90h5 外圆时，用顶尖式心轴（图 11-24）装夹，因接触面较狭，所以加工精度（同轴度）不太高。该零件两端 ϕ75H6 孔与 ϕ90h5 外圆的径向圆跳动要求 0.015mm，完全可以达到。加工精度要求高的零件可用图 11-25 的专用心轴，加工精度要求更高则需要图 11-26 的密珠心轴。

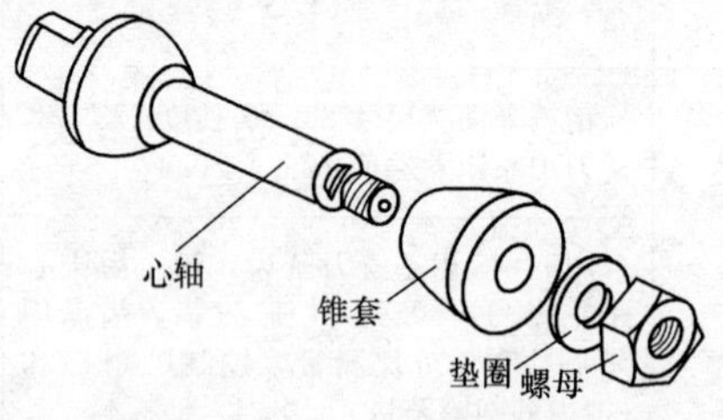

图 11-24 顶尖式心轴

(3) 主轴套外圆 ϕ90h5 与主轴箱体孔的配磨，应根据箱体孔的实际尺寸，配磨 ϕ90h5 外圆以保证间隙为 0.01～0.015mm。配磨后两件均应打上钢印。

外圆与孔配磨，一般都以孔为基准尺寸来配磨外圆。这是因箱

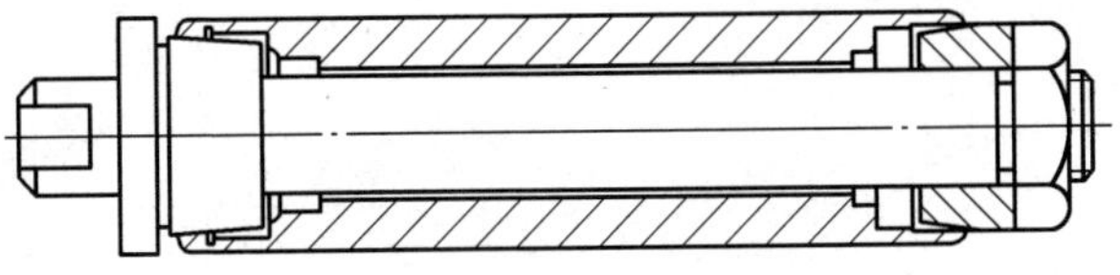

图 11-25　用专用心轴磨套筒外圆

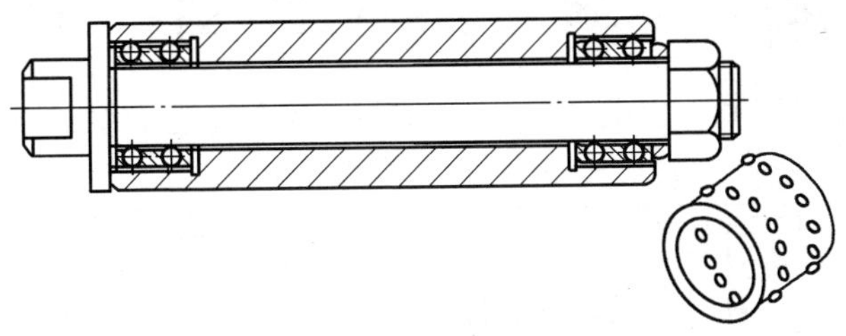

图 11-26　用密珠心轴磨套筒外圆

体孔采用研磨或镗磨为最终加工工序，加工时既要控制孔的圆度、圆柱度、表面粗糙度，还要控制孔的尺寸精度，这样就比较难实现，容易造成因某一项要求达不到而报废。采用按孔实际尺寸配磨轴，就可在孔加工时，放宽尺寸精度，容易达到加工要求而提高生产率 。这样虽增加磨削外圆时的难度，但相对来说要容易得多，因为磨外圆时，圆度、圆柱度和表面粗糙度的要求都不难达到，尺寸精度也比孔容易控制。

七、螺纹磨床主轴的工艺分析

（一）分析零件图

螺纹磨床生产规模为小批生产，螺纹磨床主轴的零件图如图 11-27 所示。工件材料为 38CrMoAlA，其主要技术要求如下。

（1）$2\times\phi70_{-0.035}^{-0.025}$mm 外圆的圆柱度公差为 0.002mm，圆度公差为 0.001mm；

（2）1∶5 锥体用着色法检查，其接触面不少于 80%；

（3）1∶5 锥体对 $\phi70_{-0.035}^{-0.025}$mm 轴线的径向圆跳动公差为 0.001mm；

（4）热处理氮化硬度 HV900。螺纹磨床主轴用于安装砂轮，并使砂轮以 35m/s 的圆周速度旋转，因此要求主轴有极高的旋转精度，即主轴在旋转时有极理想的回转轴线。磨床主轴轴承结构为滑

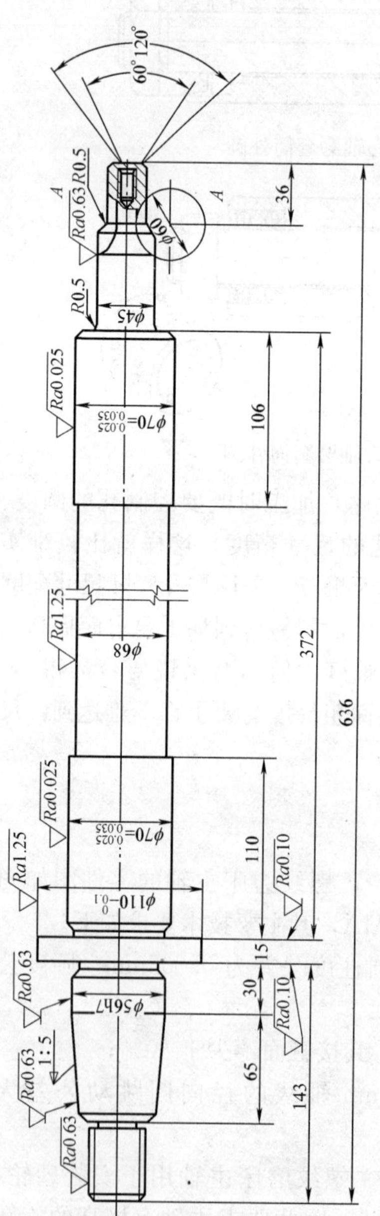

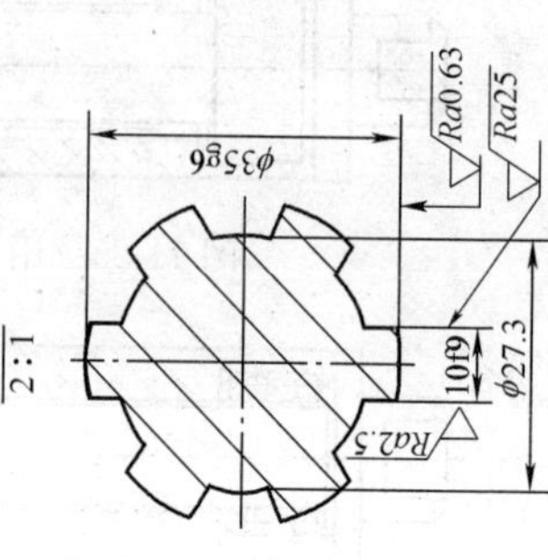

图 11-27　螺纹磨床主轴

动油膜轴承，其中 $\phi70_{-0.035}^{-0.025}$mm 外圈为轴承的支承轴颈，因此要有很高的圆度和圆柱度要求，轴颈的表面粗糙度值也极小，以保证在轴承处形成润滑油膜层。主轴 1∶5 锥度处用于安装砂轮法兰，规定了严格的位置精度。其次 $\phi110$mm 外圆的轴肩需有较好的垂直度要求。

（二）定位基准选择

工件主要是外圆面的磨削，且有较好的刚性，根据基准选择原则可采用中心孔为统一基准定位。

（三）磨削顺序的安排

其工艺过程有以下特点：

(1) 主要表面的加工工序划分得较细，如 $\phi70_{-0.035}^{-0.025}$mm 外圆采用粗磨、半精磨、精磨、精密磨和超精磨 5 个工序，逐步提高加工精度和缩小表面粗糙度值。

(2) 各次要外圆表面和花键，螺纹的磨削均在精磨阶段结束。

(3) 精密磨削阶段的主要加工表面为 $\phi70_{-0.035}^{-0.025}$mm 和 1∶5 锥度等两部分，在此阶段 1∶5 锥度应磨至尺寸（一般磨至上限尺寸，以备修磨）。

(4) 采用三次研磨中心孔的方法，并逐步提高中心孔的精度。最后一次的研磨工序要保证中心孔有极高的圆度并与磨床顶尖有 90％的接触面。

(5) 磨削工序之前，安排一次消除应力的热处理工序。氮化工序安排在半精磨之后，一方面可控制氮化层深度，另一方面氮化引起的变形极小。

（四）磨床、夹具的选择

在批量生产中需将粗磨、精密磨、超精密磨分三台磨床完成。精密与超精密磨床的顶尖除有较高精度外，还须有较好的耐磨性。一般以硬质合金顶尖为理想定位元件。

（五）磨削余量和工序尺寸的确定

以 $\phi70_{-0.035}^{-0.025}$mm 外圆尺寸为例，由外圆的磨削余量表可知磨削的总余量为 0.45～0.65mm，各磨削工序的余量为：

超精密磨　　　　0.005～0.010mm

精密磨　　0.020～0.030mm

精磨　　0.020～0.040mm

半精磨　　0.070～0.090mm

粗磨　　0.340 ～ 0.480mm

按工序余量计算各工序尺寸为：

超精密磨　　$\phi70_{-0.035}^{-0.025}$mm

精密磨　　$\phi70_{-0.030}^{-0.015}$mm

精磨　　$\phi70_{-0.010}^{+0.015}$mm

半精磨　　$\phi70_{+0.010}^{+0.055}$mm

粗磨　　$\phi70_{+0.080}^{+0.145}$mm

螺纹磨床主轴的磨削工艺见表11-22。

表11-22　　螺纹磨床主轴的磨削工艺

工序	工步	内　容	砂轮特性（磨料、粒度、硬度）	机床	基准
1		除应力			
2		研中心孔，表面粗糙度 $Ra0.63\mu m$，接触面大于70%			
3		粗磨外圆，留余量0.07～0.09	PA40K	M131W	中心孔
	1	磨$\phi65h7$			
	2	磨$\phi70_{-0.035}^{-0.025}$至$\phi70_{+0.08}^{+0.145}$			
	3	磨$\phi68$			
	4	磨$\phi45$			
	5	磨$\phi110_{-0.01}^{0}$，且磨出肩面			
	6	磨$\phi35g6$			
4		粗磨1∶5锥度，留余量0.07～0.09		M1432A	中心孔
5		半精磨各外圆，留余量0.05	PA60K	M1472A	中心孔
6		氮化，磁性探伤，去磁			
7		研中心孔，表面粗糙度 $Ra0.20\mu m$，接触面大于75%			

续表

工序	工步	内　　容	砂轮特性（磨料、粒度、硬度）	机床	基准
8		精磨外圆，$\phi68$，$\phi45$，$\phi35g6$，$\phi110_{-0.1}^{0}$，至尺寸 $\phi65h7$，$\phi70_{-0.035}^{-0.025}$留余量0.025～0.04	PA100L	M1432A	中心孔
9		磨花键至尺寸	WA80L	M8612A	中心孔
10		磨螺纹至尺寸	WA100L	S7332	中心孔
11		研中心孔，表面粗糙度 $Ra0.10\mu m$，接触面大于90%			
12		精密磨1∶5锥度至尺寸	WA100K	MMB1420	中心孔
13	1	精密磨$\phi70_{-0.035}^{-0.025}$至$\phi70_{-0.030}^{-0.015}$	WA100K	MMB1420	中心孔
	2	光出$\phi110$肩面			
14		超精密磨$\phi70_{-0.035}^{-0.025}$至尺寸，表面粗糙度$Ra0.025\mu m$	WA240L	MG1432A	中心孔

八、坐标镗床主轴套筒加工工艺

（一）分析零件图

坐标镗床主轴套筒材料为38CrMoAlA（图11-28），主要技术条件为：

（1）（ϕ85mm）、（ϕ90mm）内孔与轴承单配过盈量0.001～0.003mm。

（2）（ϕ105mm）外圆与主轴箱体单配间隙0.004～0.008mm。

（3）（ϕ85mm）、（ϕ90mm）内孔相对（ϕ105mm）外圆的径向圆跳动公差为0.002mm。

（4）外圆素线的直线度公差0.002mm。

（5）齿条齿距的相邻公差为0.016mm，累积公差为0.04mm。

（6）齿条的齿面与轴线垂直度公差为0.02mm。

（7）热处理氮化硬度HV900，并时效处理。

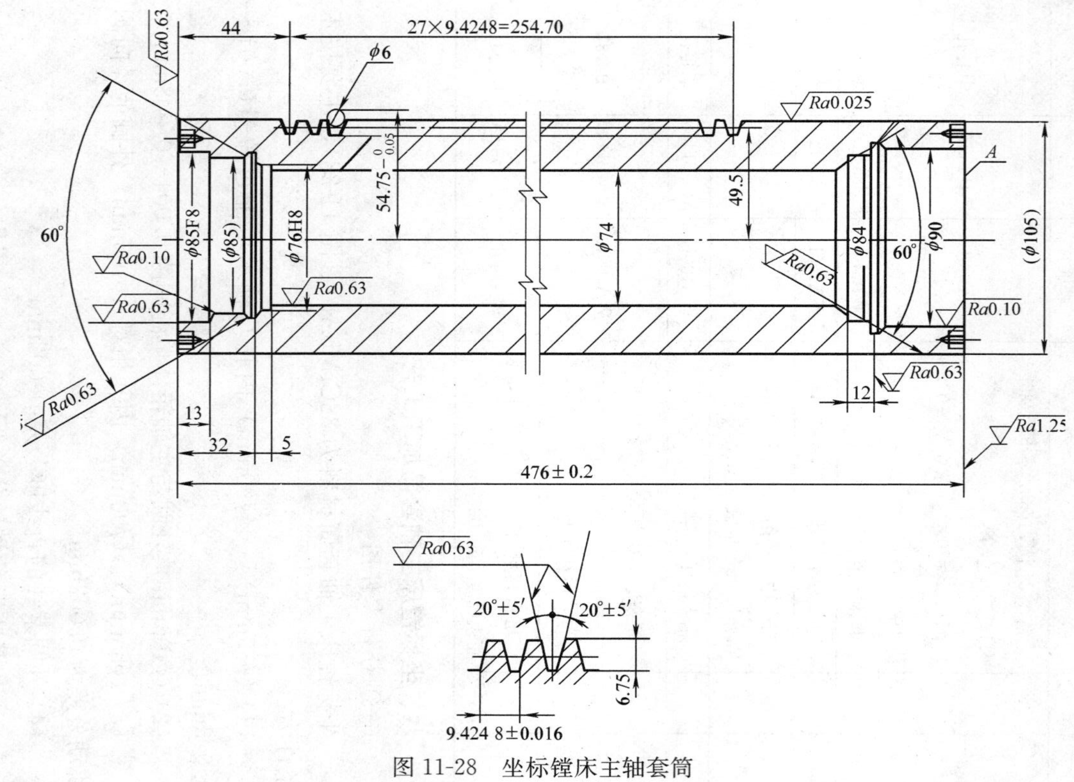

图 11-28　坐标镗床主轴套筒

主轴套筒有很高的制造精度，且主轴套筒内孔的长径比>5，属于深孔工件，技术条件（3）直接影响主轴的回转精度。因此，套筒的内外圆磨削是工艺的关键。

（二）定位基准选择

选择（ϕ105mm）外圆作内圆磨削的统一基准，特点是定位较稳定，定位误差也较小，可保证径向圆跳动在 0.002mm 以内。在安排工序时，需首先磨出（ϕ105mm）外圆。

（三）磨削顺序安排

主要表面的磨削分粗磨、半精磨、精磨、精密磨和超精磨五个阶段完成。在磨削前工件经调质处理（硬度达 28～32HRC）和金相组织检验，在磨削过程中安排磁粉探伤、高温时效处理和氮化热处理。齿条的磨削安排在中间工序进行，内外圆的精密磨和超精密磨安排在最终工序。

（四）磨床和夹具的选择

工件的内外圆磨削采用万能外圆磨床，齿条可采用专用夹具装夹在 M6025A 型工具磨床上磨削。粗磨、半精磨和精磨外圆时，工件用专用心轴装夹，超精磨削外圆时，则用堵头装夹。

由于工件以外圆为定位基准磨削内孔，因此夹具的定位结构方案的选择对磨削精度的影响很大，可采用两个中心架支承。工件传动可采用柔性传动装置，图 11-29 所示为用弦线传动的装置，拨盘

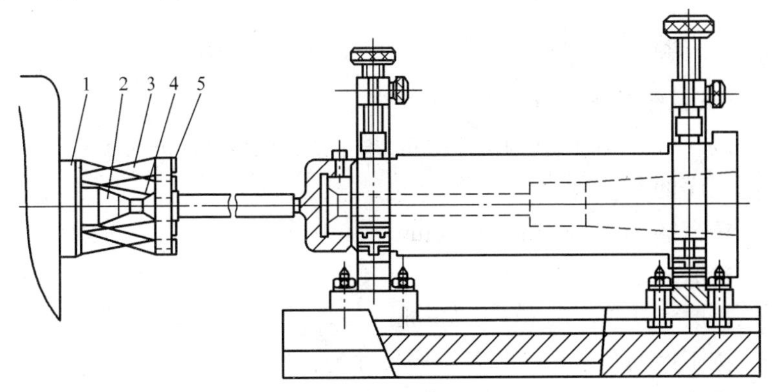

图 11-29　弦线传动装置

1—拨盘；2—平头顶尖；3—尼龙绳；4—球面支承；5—传动盘

1与传动盘5分别钻有32个ϕ5mm的小孔，用尼龙绳3连接。头架主轴孔中装有一个平头顶尖2，传动盘的后端有一球面支承4，以使工件轴向定位。拨盘转动时，传动力由弦线传至传动盘，工件径向圆跳动误差可控制在0.002mm以内。

传动盘为浮动式，其结构如图11-30所示，套筒1与工件连接，卡盘的传动力经壳体3、十字槽垫圈4、钢球5传至传动轴2。由于十字槽垫圈的浮动作用，可使工件平稳地传动。调整螺钉6可消除工件的轴向窜动。

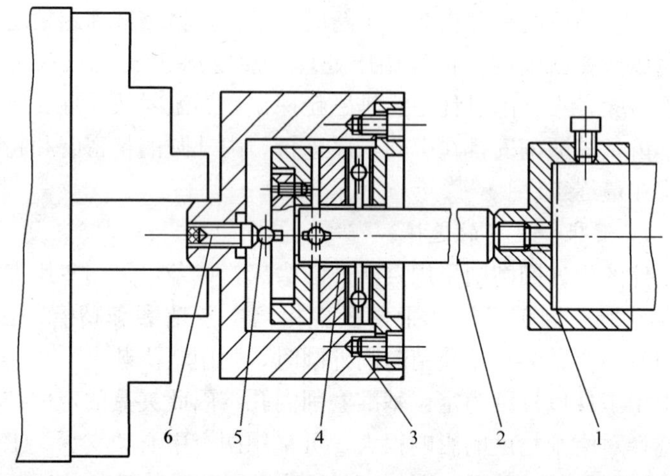

图11-30 浮动传动盘

1—套筒；2—传动轴；3—壳体；4—十字槽垫圈；5—钢球；6—调整螺钉

(五) 磨削余量和工序尺寸的确定

以(ϕ85mm)内孔为例，已知磨削的总余量为0.50～0.60mm。各磨削工序的余量为：

精密磨　　0.09～0.14mm

精磨　　0.20～0.25mm

粗磨　　0.20～0.25mm

按工序的余量可计算各工序尺寸为：

精密磨　　(ϕ85mm) 单配轴承过盈0.001～0.003mm

精磨　　$84.9^{+0.05}_{0}$mm

粗磨　　　$84.7^{+0.05}_{0}$ mm

（六）磨削用量的选择

磨削用量的选择可参考表 11-23。

表 11-23　　坐标镗床主轴套筒内孔磨削参考用量

磨削用量	粗、精磨	精密磨	磨削用量	粗、精磨	精密磨
砂轮速度 (m/s)	20～30	20～30	背吃刀量 (mm)	0.005～0.01	0.005～0.01
工件速度 (m/min)	20～50	7～9	光磨次数	2～4	4～8
纵向进给速度 (m/min)	1.8～3	0.120～0.18			

主轴套筒的磨削工艺过程可见表 11-24。

表 11-24　　坐标镗床主轴套筒磨削工艺

工序	工步	内　容	砂轮特性（磨料、粒度、硬度）	机床	基准
1		上心轴，校正外圆跳动 0.05 以内，粗磨外圆 $\phi105 \sim \phi105.7_{-0.05}^{0}$，表面粗糙度 $Ra1.25\mu m$	WA60K	M131W	内孔
2		磁粉探伤			
3		高温时效			
4	1	上心轴，校正外圆跳动 0.03 以内，半精磨外圆 $\phi105 \sim \phi105.2_{-0.015}^{0}$，表面粗糙度 $Ra0.63\mu m$	WA60K	M131W	内孔
	2	磨两端面至 476.3±0.2 尺寸			
5		粗磨内孔，工件一端夹，一端搭中心架	PA40K	M1432A	外圆
	1	磨 $\phi90 \sim \phi88.7^{+0.035}_{0}$，光出肩面			
	2	磨 $\phi84 \sim \phi84.1^{+0.05}_{0}$			
	3	磨 $\phi74$ 孔，光出即可			
	4	$\phi74$ 孔口倒角 1.5×60°，备工艺用			
	5	反身装夹，磨 $\phi85 \sim \phi84.7^{+0.050}_{0}$，光出肩面			
	6	磨 $\phi76H8 \sim \phi75.8^{-0.05}_{0}$，光出肩面			
	7	磨 $\phi85F8 \sim \phi84.7^{+0.035}_{0}$			
	8	$\phi76$ 孔口倒角 1.5×60°，备工艺用			

续表

工序	工步	内容	砂轮特性（磨料、粒度、硬度）	机床	基准
6		粗磨齿条，工件用夹具装夹	WA60L	M6025A	外圆
7		上心轴，校正外圆跳动 0.01 以内，精磨外圆 $\phi105 \sim \phi105^{+0.12}_{+0.07}$	WA60K	M131W	内孔
8		氮化（HV900）			
9	1	上心轴，精密磨 $\phi105 \sim \phi105^{+0.05}_{+0.04}$，圆度 0.005	WA100K	M1432A	内孔
	2	磨两端面至尺寸 476±0.2			
10		精磨内孔，工件一端夹，一端搭中心架	PA60K	M1472A	外圆
	1	磨 $\phi90 \sim \phi89.9^{+0.015}_{0}$，光出肩面			
	2	磨 $\phi74$ 孔口倒角 2×60°，圆度<0.001			
	3	磨 $\phi85 \sim \phi84.9^{+0.05}_{0}$，光出肩面			
	4	磨 $\phi76H8 \sim \phi75.9^{+0.05}_{0}$，光出肩面			
	5	磨 $\phi85^{+0.09}_{+0.04} \sim \phi84.9^{+0.05}_{0}$			
	6	磨 $\phi76H8$ 孔口倒角 2×60°，圆度<0.001			
11		精磨齿条至尺寸，工件用夹具装夹	WA80L	M6025A	外圆
12		工件两端配闷头，超精密磨 $\phi105 \sim \phi105.05^{0}_{-0.01}$，圆度<0.001	WA240L	MG1432A	内孔
13		镗切中心架，工件跳动 0.002 以内，磨 $\phi90$，$\phi85$，单配轴承，磨 $\phi76H8$，$\phi85F8$ 至尺寸	WA80K	M1432A	外圆
14		装配成部件			
15		精密磨主轴锥孔	WA80K	M1432A	轴承滚导
16		超精密磨 $\phi105$ 外圆 与主轴箱单配间隙 0.004～0.008	WA240L	MG1432A	轴承滚导

第五节 磨削常见缺陷产生原因及消除方法

产生磨削缺陷的主要因素大致可归纳为五个方面：①机床因素，其中包括环境因素，如温度、振动源等对机床的影响；②工艺因素，其中包括工艺方法、工艺参数、工装及人力因素（如操作不当、不文明生产等）；③工件因素；④砂轮因素；⑤磨削液因素。

一、通用磨削中产生缺陷的主要原因

（一）外圆磨削中常见缺陷及其原因

见图 11-31～图 11-42。

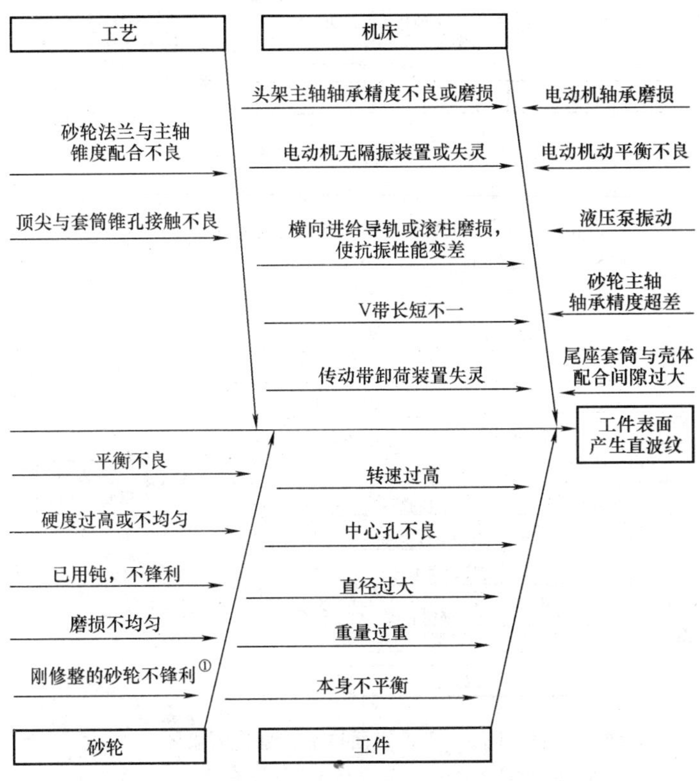

图 11-31 工件表面产生直波纹因果图

①修整用量过细或金刚石已磨损。

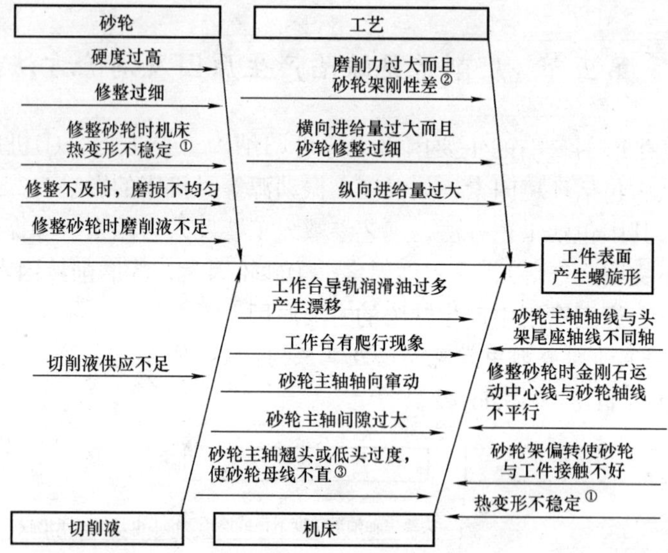

图 11-32　工件表面产生螺旋形因果图

①注意季节，掌握开机后热变形规律，待稳定后再进行工作。

②砂轮不锋利应及时修整和适当减小磨削用量。

③修刮砂轮架或调整轴瓦。

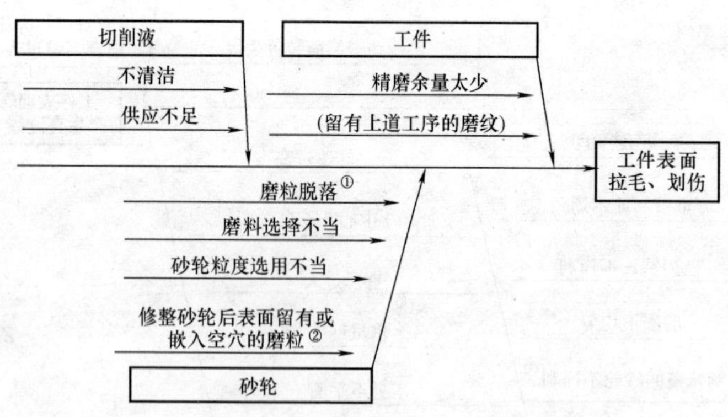

图 11-33　工件表面拉毛、划伤因果图

①应选用质量好的砂轮，并将砂轮两端倒角。

②用粗粒度砂轮磨削较软金属及有色金属时，应先磨一下试件，使突出的磨粒脱落后再进行正常磨削。

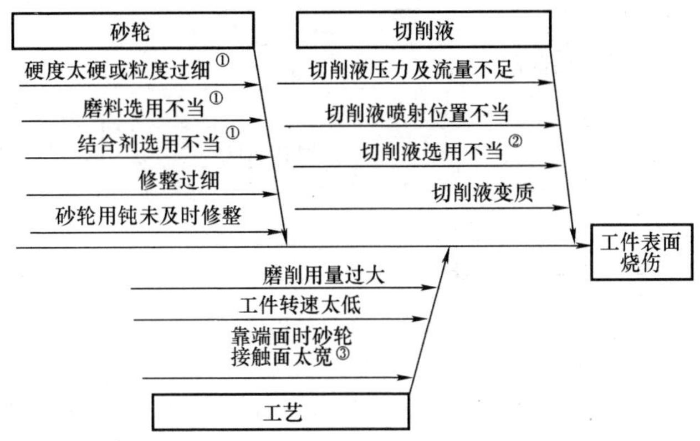

图 11-34　工件表面烧伤因果图

①根据工件材料及硬度等特点选用合适的砂轮，工件硬度≥64HRC时，宜用CBN砂轮。

②根据磨削性质及工件材质特性选择恰当的磨削液。

③接触面不宜宽，应减小到0.5～2mm。

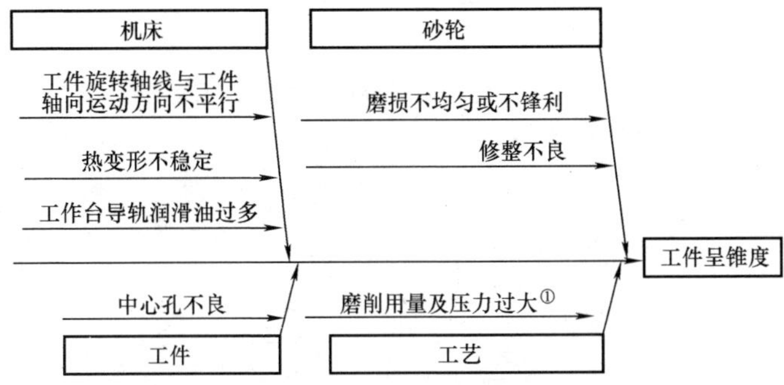

图 11-35　工件呈锥度因果图

①在砂轮锋利情况下，减小磨削用量，增加光磨次数。

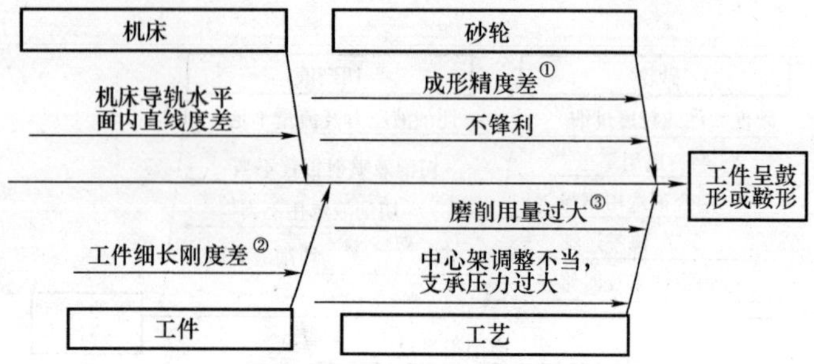

图 11-36　工件呈鼓形或鞍形

①成形磨削时，调整仿形修整板或修复金刚石滚轮的精度。

②用中心架支承，减小磨削用量，增加光磨次数，顶尖不宜顶太紧。

③磨削用量过大，使工件弹性变形产生鼓形；顶尖顶得太紧，磨削用量又过大、工件受磨削热伸胀变形产生鞍形，应减小磨削用量，增加光磨次数，注意工件的热伸胀，调整顶尖压力。

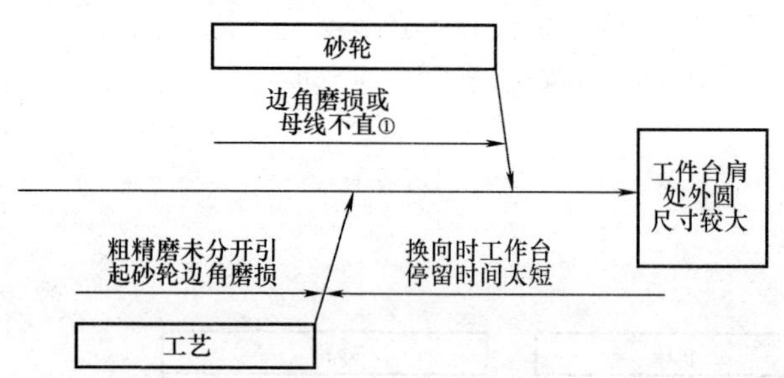

图 11-37　工件台肩处外圆尺寸较大因果图

①应及时修整砂轮。

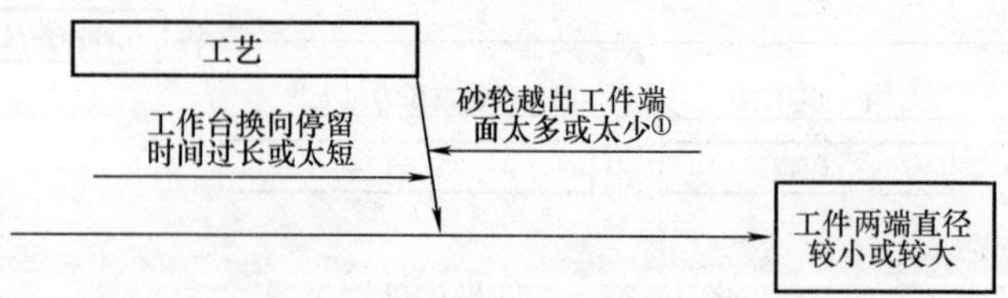

图 11-38　工件两端直径较小或较大因果图

①调整换向挡块位置，使砂轮越出工件端面 1/3～1/2 的砂轮宽度。

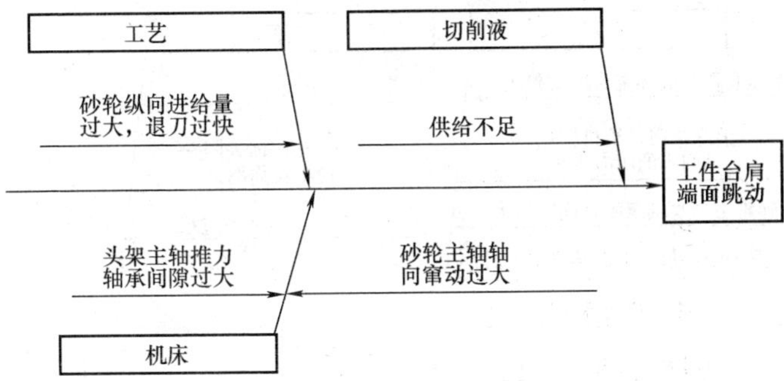

图 11-39　工件台肩端面跳动因果图

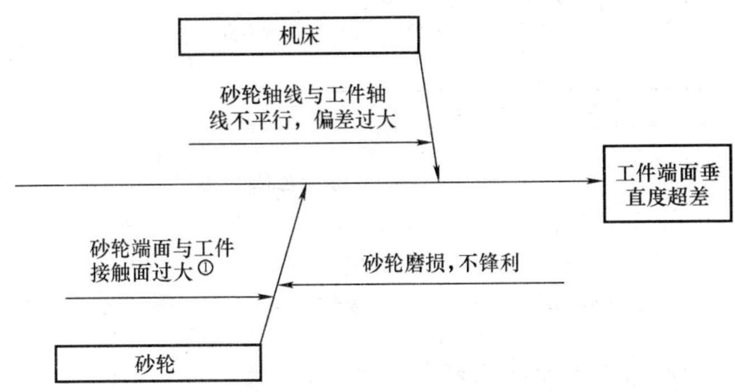

图 11-40　工件端面垂直度超差因果图

①宜在砂轮端面上开槽或将砂轮端面修整成内凹形，使其接触面宽度小于 2mm。

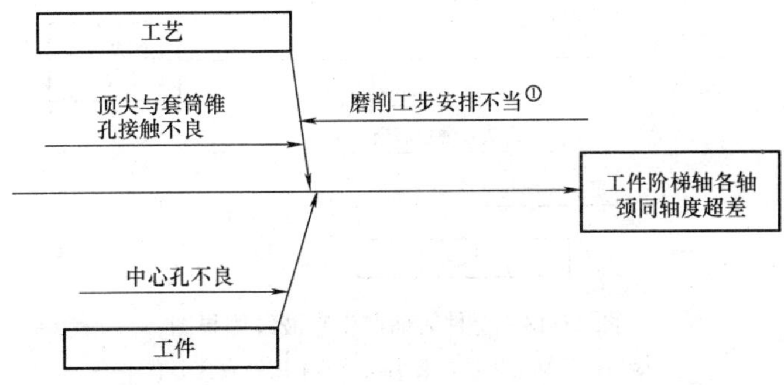

图 11-41　工件阶梯轴各轴颈同轴度超差因果图

①粗、精磨应分开，尽可能在一次装夹中完成精磨。

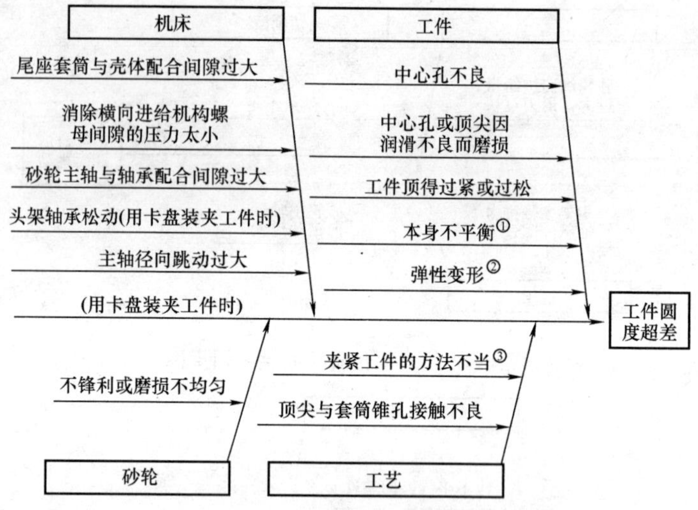

图 11-42　工件圆度超差因果图

①做好工件平衡及配重工作，适当降低工件的转速。

②工件刚性差或余量不均匀，调整好磨削用量，适当增加光磨次数。

③掌握正确的装夹方法和增大夹紧点的面积，使其压强减小。

（二）内圆磨削中常见缺陷及其原因

见图 11-43～图 11-51。

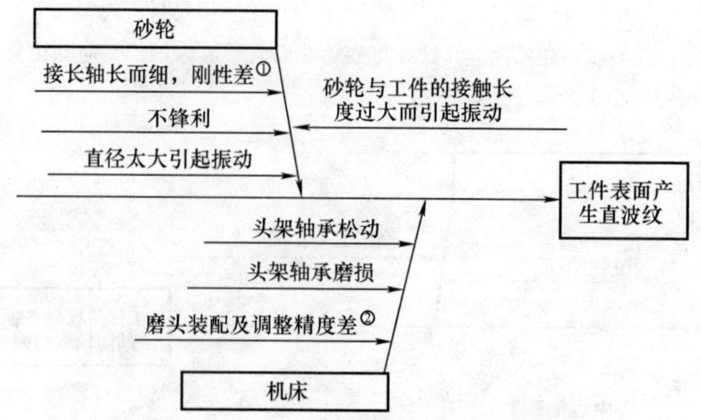

图 11-43　工件表面产生直波纹因果图

①提高接长轴的刚性，磨小孔时可采用硬质合金磨杆。

②调整磨头轴承间隙使其达到精度要求，或适当增加轴承的预加负荷。

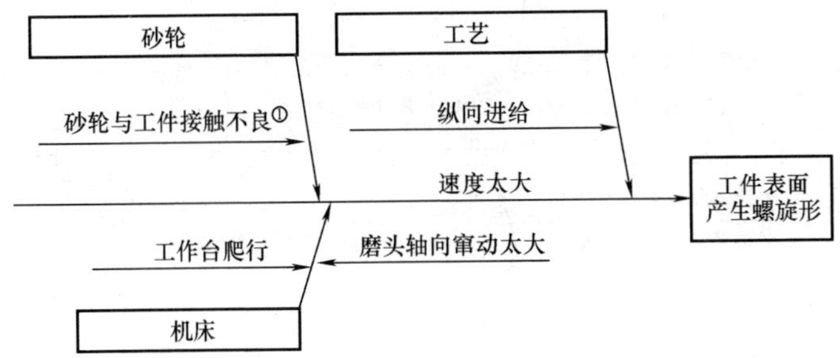

图 11-44　工件表面产生螺旋形因果图

①应注意修整砂轮时金刚石的位置。

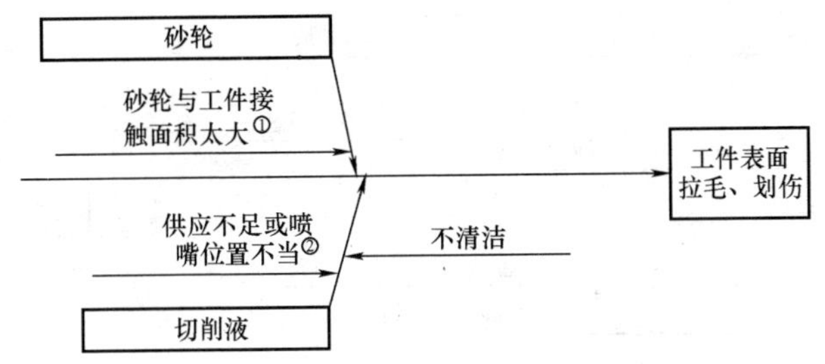

图 11-45　工件表面拉毛、划伤因果图

①因排屑不良，引起拉毛、划伤，应减小砂轮直径。

②调整好喷嘴位置，加大磨削液喷射流量。

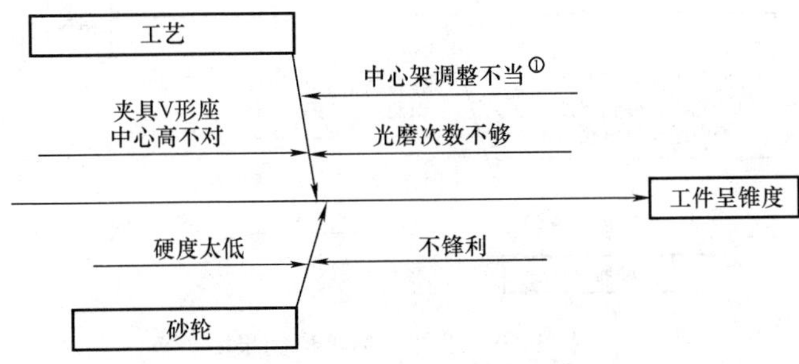

图 11-46　工件呈锥度因果图

①调整中心架，使工件轴线与头架中心的连接相重合。

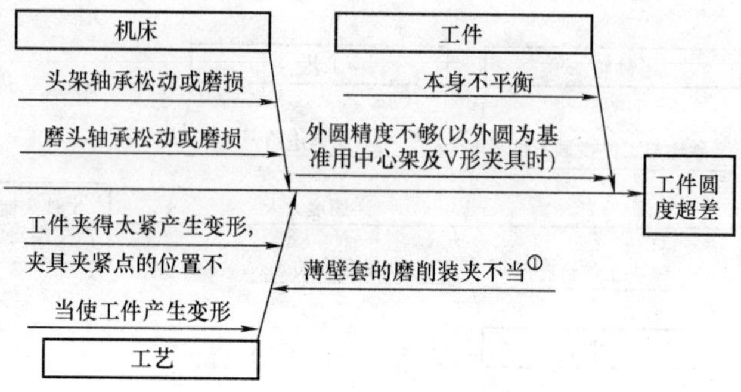

图 11-47　工件圆度超差因果图

①薄壁套磨削宜将工件装入套筒内采用端面压紧。

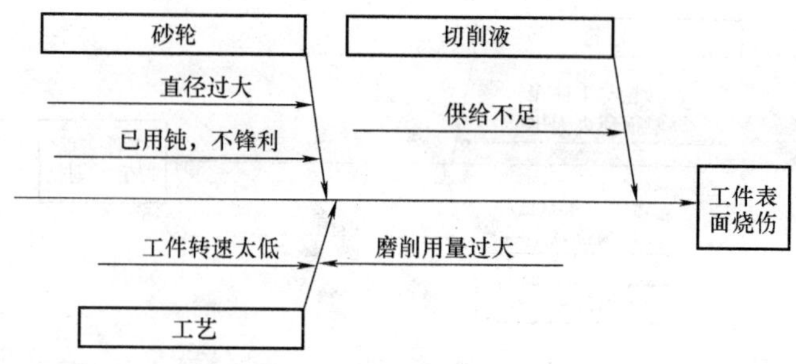

图 11-48　工件表面烧伤因果图

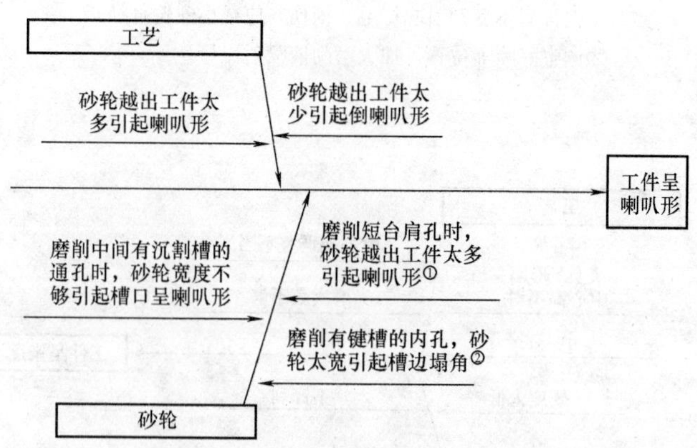

图 11-49　工件呈喇叭形因果图

①选用窄一点的砂轮或将砂轮越出部分的直径修小一些。

②适当减小砂轮宽度或在工件槽内嵌入垫物（胶木或金属）。

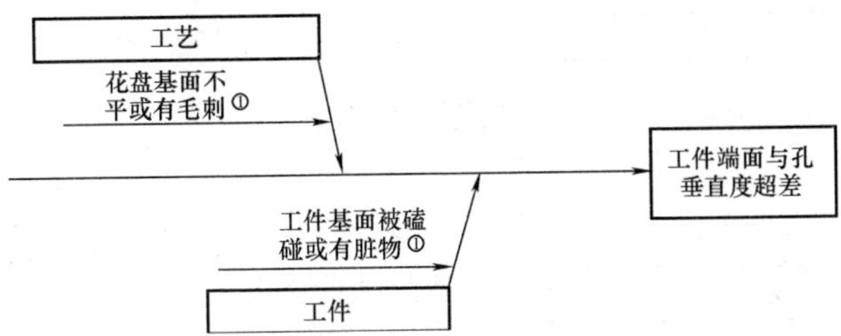

图 11-50　工件端面与孔垂直度超差因果图

①注意文明生产，保护好基面勿使磕碰、划伤、弄脏，应用油石清理基面并擦干净。

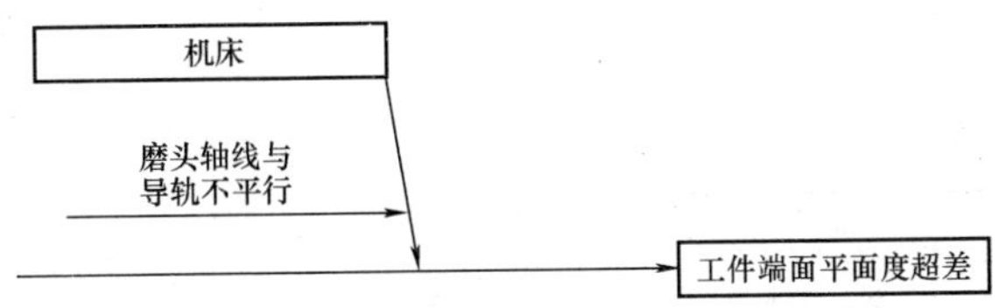

图 11-51　工件端面平面度超差因果图

(三) 平面磨削中常见缺陷及其原因

见图 11-52～图 11-57。

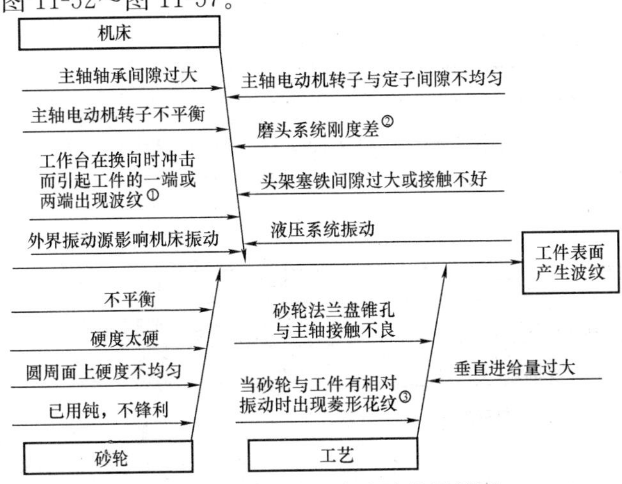

图 11-52　工件表面产生波纹因果图

①把工作台行程调大或调整节流阀以减小换向冲击。

②对各配合滑动面进行修刮和调整，保持其精度要求。

③调整换向时间，使其符合$\frac{\text{工作台换向时间}}{\text{砂轮每转时间}}=$整数，并采取措施消除其他原因的振动。

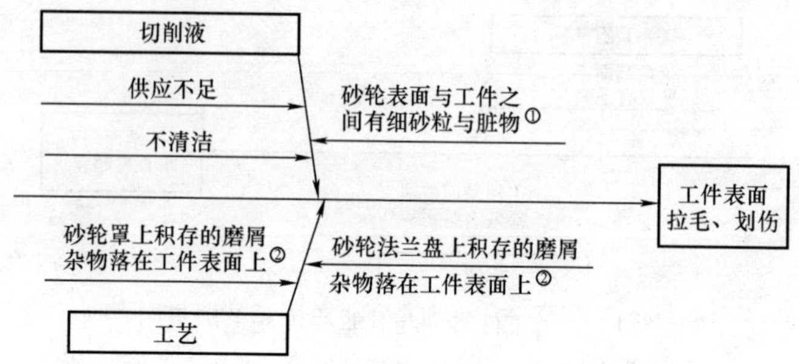

图 11-53　工件表面拉毛、划伤因果图

①注意磨削液的清洁度，在砂轮的左、右两边各装一个喷嘴，进行双向冲洗，并加大压力和流量。

②注意文明生产，经常清理砂轮罩及法兰盘等上的脏物，保持清洁。

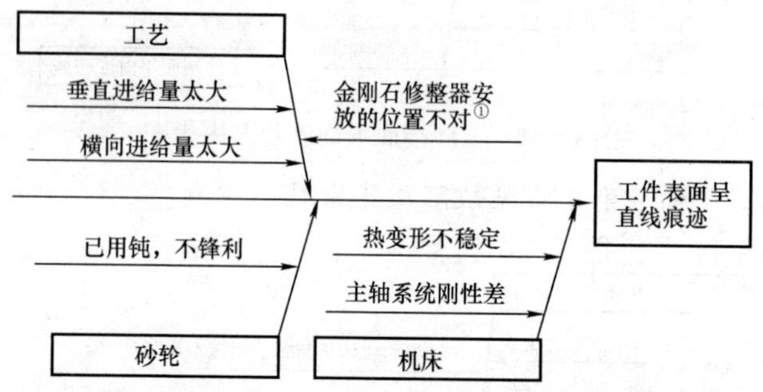

图 11-54　工件表面呈直线痕迹因果图

①应安放在工作台面上，以保持砂轮母线与工件的平行性良好。

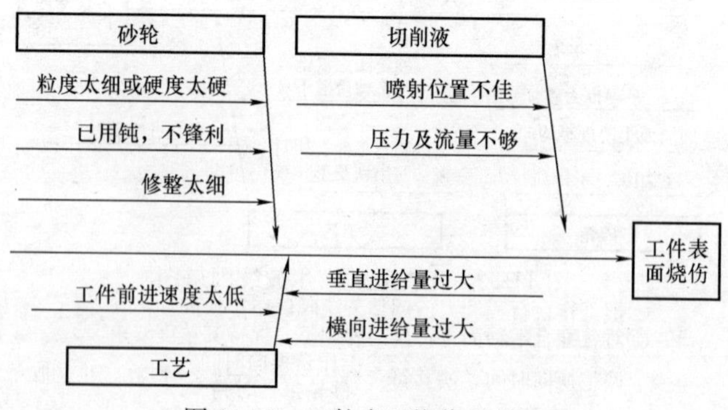

图 11-55　工件表面烧伤因果图

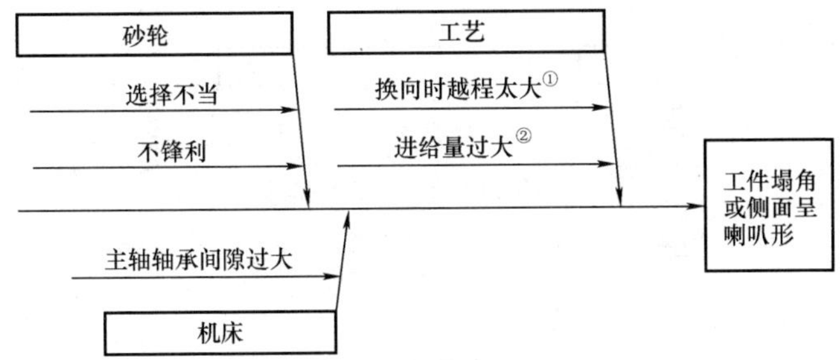

图 11-56　工件塌角或侧面呈喇叭形因果图

①在工件两侧加辅助件与工件一起进行磨削或适当减少越程。

②减小进给量，增加光磨次数。

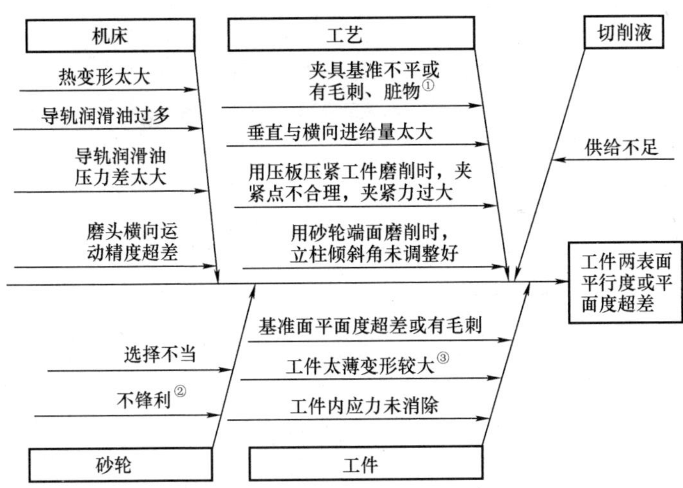

图 11-57　工件两表面平行度或表面平面度超差因果图

①修研夹具基准面；在充磁状态下修磨磁性吸盘面。

②及时修整砂轮，可在砂轮圆周面上开斜槽。

③磨第一面时基准面可用纸或橡皮垫实；可翻身多磨几次；也可采用真空吸盘，吸面上涂油，机械方法挡住；磁力过渡块及剩磁装夹，使工件处在自由状态下磨削。

（四）无心外圆磨削中常见缺陷及其原因

见图 11-58～图 11-68。

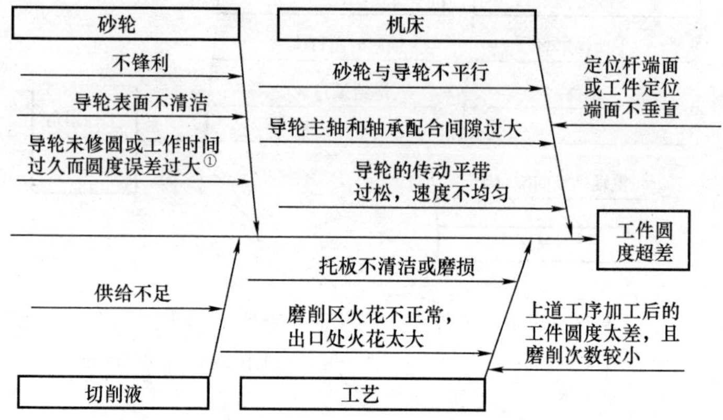

图 11-58　工件圆度超差因果图

①调整回转板角度后再重新修整导轮。

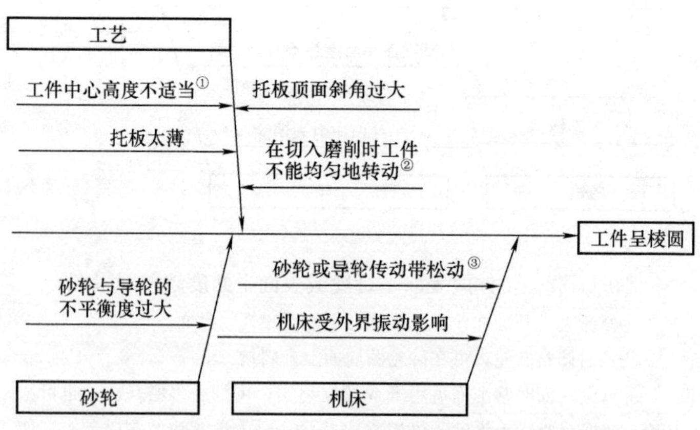

图 11-59　工件呈棱圆因果图

①出现奇数棱圆则提高中心高度；出现偶数棱圆则降低中心高度。

②将导轮倾角调到 15′～30′之间。

③调整皮带的松紧度，使砂轮与导轮速度均匀。

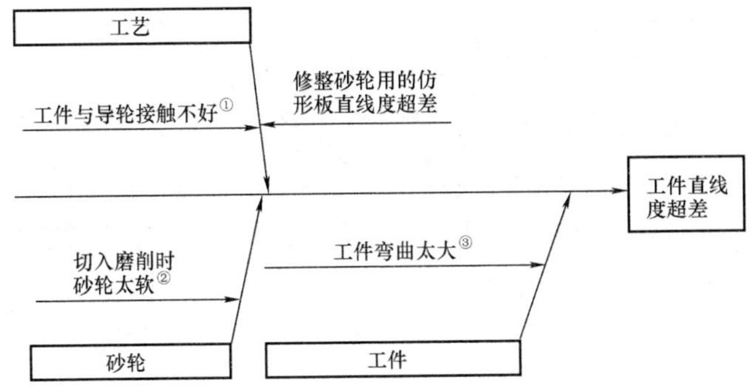

图 11-60　工件直线度超差因果图

①重新调整或修整导轮。

②选用较硬一点的砂轮，注意及时修整，减少切入进给量，增加光磨次数。

③采用低中心磨削法，减小余量，增加光磨次数。

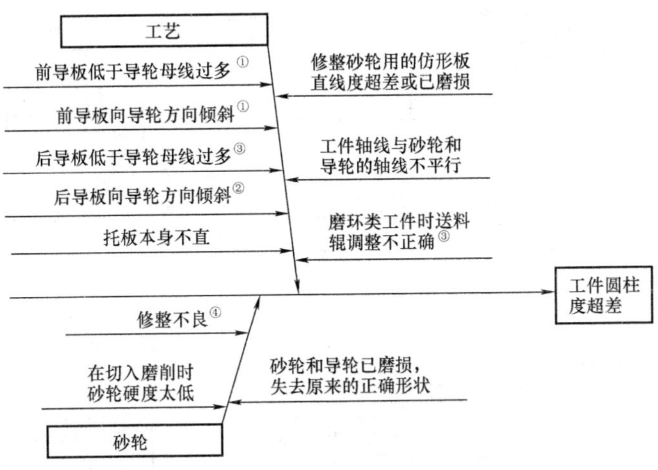

图 11-61　工件圆柱度超差因果图

①造成工件前部直径小，调整前导板高度，使其与导轮母线平行；并保持与后导板在同一直线上。

②造成工件后部直径小，调整后导板高度，使其与导轮母线平行；并保持与前导板在同一直线上。

③按机床说明书要求调整两送料辊。

④根据工件锥度方向调整好修整器位置角度重新修整砂轮。

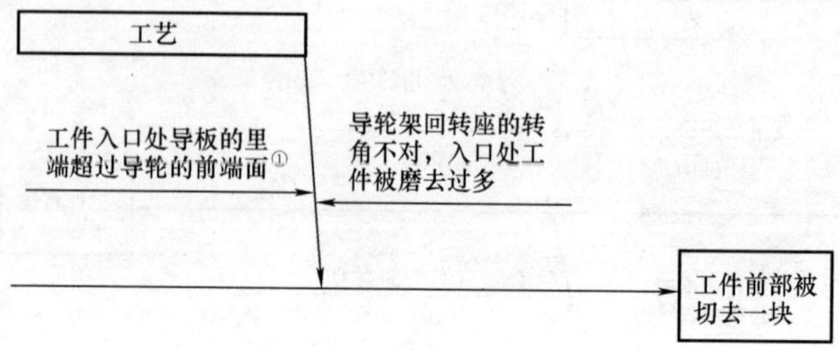

图 11-62　工件前部被切去一块因果图

①调整导板，适当向外移。

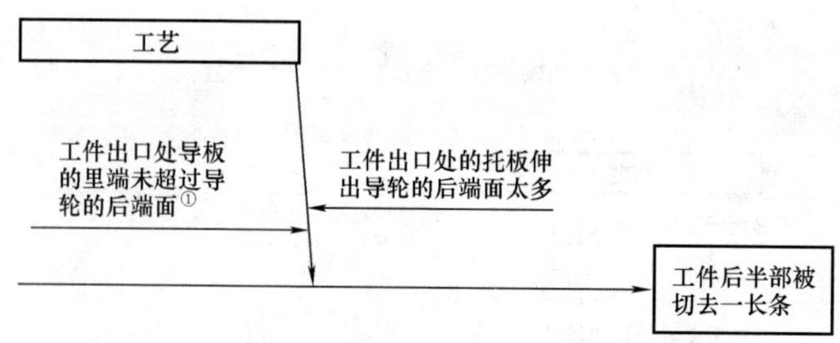

图 11-63　工件后半部被切去一长条因果图

①调整导板使其移离导轮的后端面。

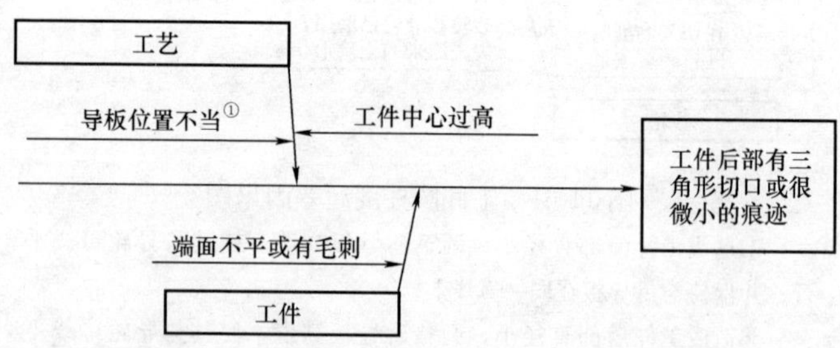

图 11-64　工件后部有三角形切口或很微小的痕迹因果图

①将导板适当向前移。

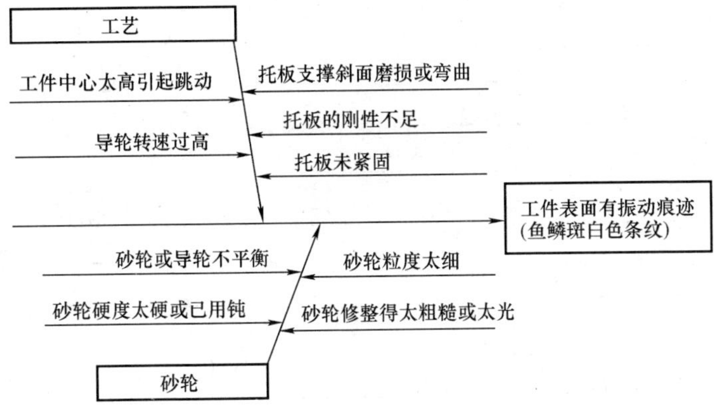

图 11-65　工件表面有振动痕迹因果图

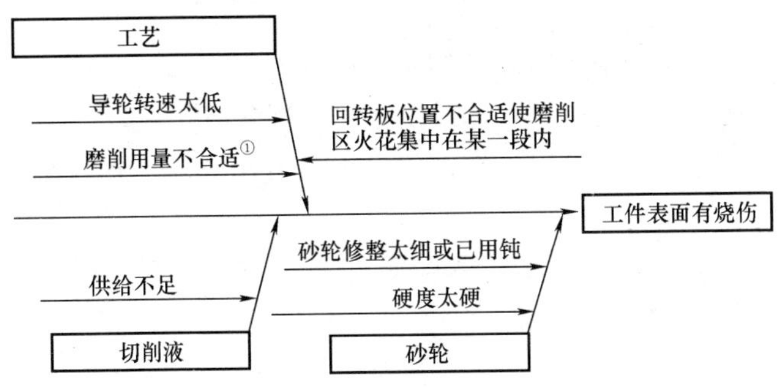

图 11-66　工件表面有烧伤因果图

①磨削用量小时出现烧伤，则增大纵向进给速度；磨削用量大时出现烧伤，则减小进给量增加磨削次数。

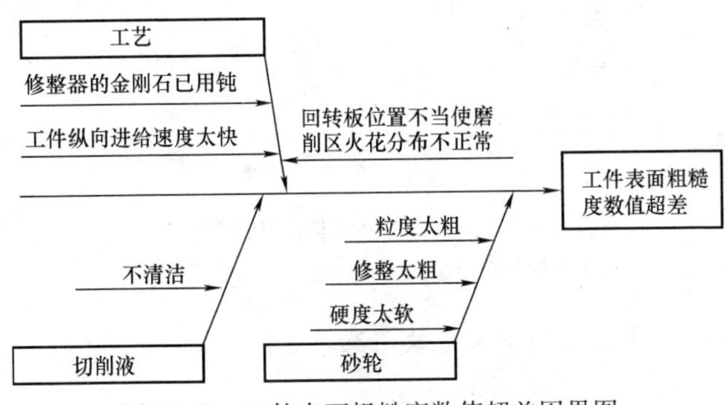

图 11-67　工件表面粗糙度数值超差因果图

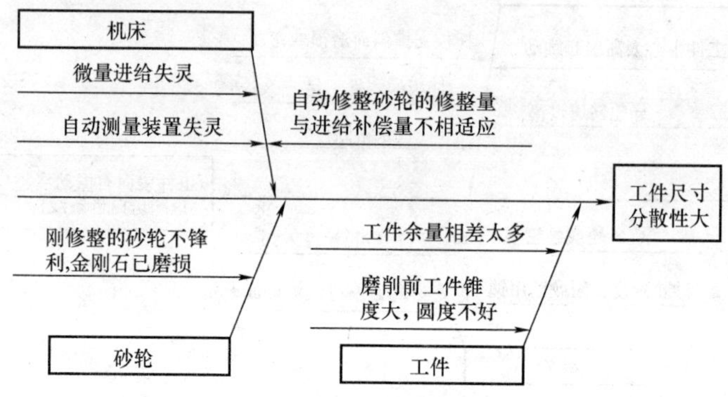

图 11-68　工件尺寸分散性大因果图

二、其他磨削中产生缺陷的主要原因

由于其他磨削与外圆、内圆及平面磨削各有相似，故其磨削缺陷可参照上述磨削来解决，在此仅重点指出其他磨削中出现的特殊缺陷及其产生原因。

（一）曲轴磨削中常见缺陷及其原因

见图 11-69 和图 11-70。

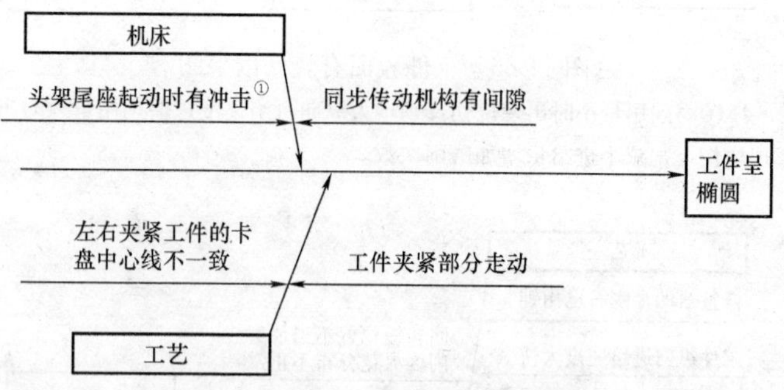

图 11-69　工件呈椭圆因果图

①应使用缓慢起动装置。

（二）凸轮轴磨削中常见缺陷及其原因

见图 11-71～图 11-73。

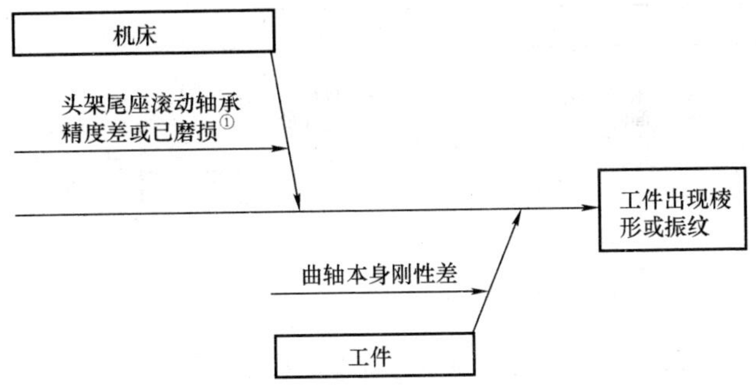

图 11-70　工件出现棱形或振纹因果图

①调换高精度轴承或改用滑动轴承。

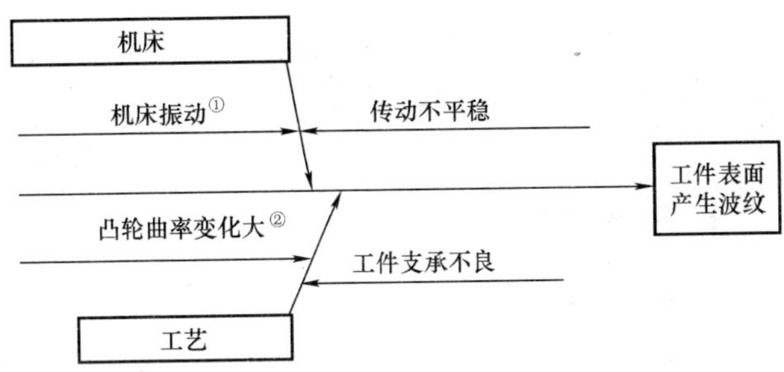

图 11-71　工件表面产生波纹因果图

①将机床高速回转的零部件进行平衡并做好外界振动源的防振工作。

②应使用有恒速磨削的机床或 CNC 机床磨削。

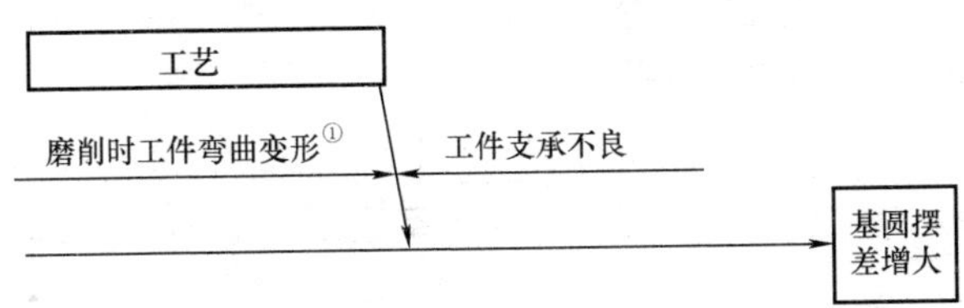

图 11-72　基圆摆差增大因果图

①调整好中心架，并降低切入进给速度，及时修整砂轮。

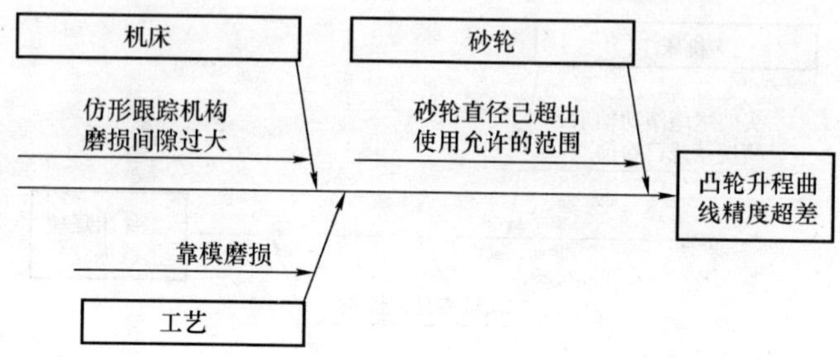

图 11-73　凸轮升程曲线精度超差因果图

(三) 双端面磨削中常见缺陷及其原因

见图 11-74 和图 11-75。

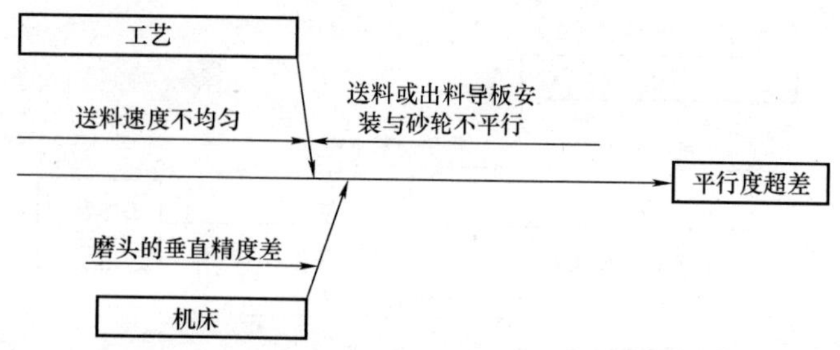

图 11-74　平行度超差（直线通过式）因果图

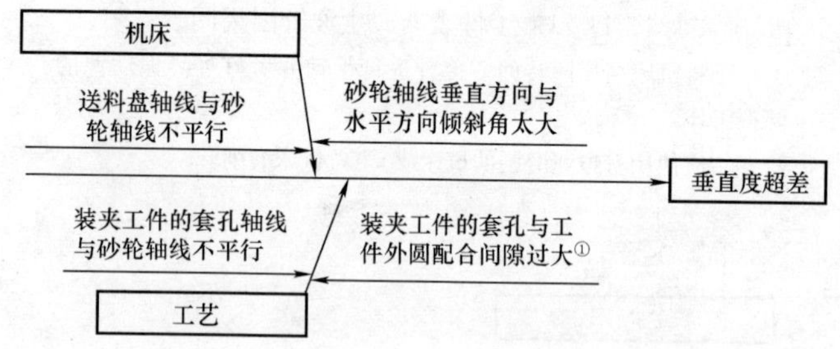

图 11-75　垂直度超差（圆弧通过式）因果图

①换用尺寸合适的套筒，控制工件外圆尺寸的公差。

(四) 导轨磨削中常见缺陷及其原因

见图 11-76。

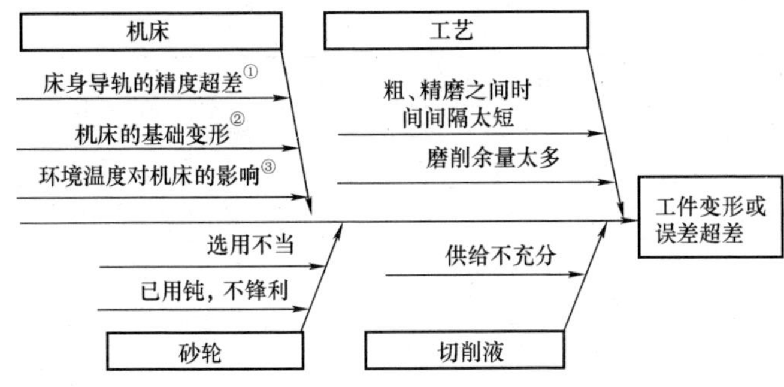

图 11-76　工件变形或误差超差因果图

①对机床床身导轨的精度按说明书要求每半年检查及调整一次。

②机床安装前必须认真做好机床的基础，防止下沉变形。

③机床应安装在温差变化较小的厂房内，并要注意避免阳光和其他热源对机床局部辐射而产生局部变形，精密导轨磨床应安装在恒温室内，在冬夏两季工件进入恒温室后需等 8h 之后，再上机床磨削。

三、磨削缺陷产生原因的综合分析

根据上述磨削缺陷产生的原因，经分析后在表 11-25 中列出磨削常见缺陷产生原因的概率及其消除方法。从表中可以看出，掌握正确的工艺、维护保养好机床及工装精度、正确选用砂轮和正确及时修整砂轮，是减少缺陷的主要措施和途径。

必须强调指出，随着现代磨削技术的发展，磨床采用了自动修整砂轮、自动平衡砂轮和精密滚动轴承应用于砂轮头架等新技术，使原来由这方面因素造成的磨削缺陷大大减少。

表 11-25　磨削常见缺陷产生原因的概率及其消除方法

产生缺陷的主要因素			消除缺陷的主要方法
概率	内　容	频数	
工艺 32.88% (97)	1. 磨削用量过大，磨削力过大，进给太大（垂直、横向、纵向），光磨次数不够	19	1. 正确选用磨削用量
	2. 工装基面不平、有毛刺或工装精度不良等	10	2. 保护好工装基准面及精度并注意及时修复
	3. 顶尖与头架尾座套筒的莫氏锥度配合不良	7	3. 注意文明生产，勿使锥面磕碰、弄脏

续表

产生缺陷的主要因素			消除缺陷的主要方法
概率	内　　容	频数	
工艺 32.88% (97)	4. 工件转速过高或过低；工件前进速度太高或太低	5	4. 按工艺参数合理调整速度
	5. 夹紧工件的方法不当	5	5. 合理选择夹紧方法
	6. 砂轮越出工件端面太多或太少	3	6. 调整使其适当
	7. 砂轮法兰盘与主轴锥度接触不良	3	7. 注意文明生产，勿使锥面磕碰、弄脏
	8. 粗、精磨未分开或间隔时间太短	2	8. 粗、精磨应分开进行，并注意冷却
	9. 中心架支承调整不当	2	9. 调整支承点支承力不宜过大
	10. 砂轮罩及法兰盘上积存磨屑、脏物	2	10. 注意文明生产，经常清扫擦净
	11. 工作台换向停留时间过长或过短	2	11. 根据工件尺寸来调整停留时间
	12. 砂轮端面与工件接触面太大	2	12. 应将砂轮端面修整成内凹形，接触面宽度应小于2mm
	13. 修整器位置不当	1	13. 调整位置，使其适当
	14. 顶尖顶工件过紧	1	14. 适当调整顶力
	15. 砂轮接长轴细而长，刚性差(内圆磨削)	1	15. 增强其刚性
	16. 砂轮直径变小没有及时更换	1	16. 磨削凸轮轴时要特别注意，要及时更换砂轮
	17. 其他方法不当（主要指无心磨削托板、回转板、中心高度、导板、导轮等的调整及双端面磨削的送料、出料导板、送料盘等的调整）	31	

续表

<table>
<tr><th colspan="3">产生缺陷的主要因素</th><th rowspan="2">消除缺陷的主要方法</th></tr>
<tr><th>概率</th><th>内　容</th><th>频数</th></tr>
<tr><td rowspan="10">机床
28.48%
(84)</td><td rowspan="7">砂轮主轴(含磨头及导轮)与头架尾座
12.88%
(84)</td><td>1. 砂轮主轴轴承磨损，间隙过大，精度超差，径向跳动及轴向窜动</td><td>19</td><td>1. 调整、修复或更换轴承（轴瓦）</td></tr>
<tr><td>2. 头架主轴轴承磨损，间隙过大，精度超差，径向跳动及轴向窜动</td><td>7</td><td>2. 调整、修复或更换轴承</td></tr>
<tr><td>3. 砂轮主轴轴线与头架尾座中心连线（或导轮轴线）平行度或同轴度超差</td><td>5</td><td>3. 调整或修复使之恢复精度</td></tr>
<tr><td>4. 尾座套筒与壳体配合间隙过大</td><td>2</td><td>4. 更换套筒</td></tr>
<tr><td>5. 主轴刚度差</td><td>2</td><td>5. 增强主轴刚度</td></tr>
<tr><td>6. 砂轮主轴中心与导轨平行度超差</td><td>2</td><td>6. 调整或修复</td></tr>
<tr><td>7. 头架塞铁间隙过大（平面磨床）</td><td>1</td><td>7. 调整或修复</td></tr>
<tr><td rowspan="3">振动源
5.08%
(15)</td><td>1. 受外界振动源影响</td><td>3</td><td>1. 磨床要远离振动源，并做好防振沟</td></tr>
<tr><td>2. 砂轮与工件的接触面过宽或过长</td><td>2</td><td>2. 减小接触面的宽度或长度</td></tr>
<tr><td>3. 电动机无隔振装置或失灵</td><td>2</td><td>3. 增添隔振装置或修复</td></tr>
</table>

续表

产生缺陷的主要因素				消除缺陷的主要方法
概率		内　容	频数	
	振动源 5.08% (15)	4. 电动机、带轮整体动平衡不好	2	4. 做好整机动平衡工作
		5. 液压系统振动	2	5. 排除故障；消除振动
		6. 砂轮不平衡	2	6. 做好砂轮平衡工作
		7. 传动带卸荷装置失灵	1	7. 修复
		8. 工件本身不平衡	1	8. 做好工件平衡及配重工作
		9. 砂轮与工件的相对振动	1	9. 调整换向时间使其符合 $\frac{\text{工件台换向时间}}{\text{砂轮每转时间}}=$ 整数
机床 28.48% (84)	工件台与导轨 4.06% (12)	1. 工件台导轨润滑油太多，供油压力过大	4	1. 调整润滑油的供给压力及流量
		2. 工件台爬行或换向时冲击	3	2. 修复
		3. 导轨水平面内直线度及精度超差	2	3. 修刮，恢复其精度
		4. 金刚石运动中心线与砂轮轴线平行度超差	1	4. 调整或修刮运动导轨的精度
		5. 工件旋转轴线与工件轴向运动方向平行度超差	1	5. 在检查工件中心孔确认良好后，调整机床
		6. 导轨磨损或变形	1	6. 修刮，使其恢复精度，注意基础变形

续表

<table>
<tr><th colspan="3">产生缺陷的主要因素</th><th rowspan="2">消除缺陷的主要方法</th></tr>
<tr><th>概率</th><th>内　　容</th><th>频数</th></tr>
<tr><td rowspan="11">机床
28.48%
(84)</td><td rowspan="5">电动机与带轮
2.37%
(7)</td><td>1. 带松动或V带长度不一致</td><td>3</td><td>1. 调整或更换</td></tr>
<tr><td>2. 电动机、带轮整机动平衡不好</td><td>1</td><td>2. 做好整机动平衡工作</td></tr>
<tr><td>3. 轴承磨损</td><td>1</td><td>3. 更换</td></tr>
<tr><td>4. 电动机无隔振装置或失灵</td><td>1</td><td>4. 改进增补隔振装置或修复</td></tr>
<tr><td>5. 传动带卸荷装置失灵</td><td>1</td><td>5. 修复</td></tr>
<tr><td rowspan="2">热变形
2.03%
(6)</td><td>1. 机床本身热变形（液压系统及砂轮主轴头）</td><td>4</td><td>1. 注意季节，掌握规律，开机后待热变形稳定后才工作</td></tr>
<tr><td>2. 受环境、外界热源的辐射热变形</td><td>2</td><td>2. 改善环境条件，消除外界影响</td></tr>
<tr><td rowspan="4">横向进给系统
1.69%
(5)</td><td>1. 横向进给机构间隙过大</td><td>2</td><td>1. 调整消除间隙的压力或修复</td></tr>
<tr><td>2. 横向进给导轨或滚柱磨损</td><td>2</td><td>2. 修刮或更换滚柱（注意选配）</td></tr>
<tr><td>3. 砂轮架偏转使砂轮与工件接触不好</td><td>1</td><td>3. 修刮或更换滚柱（注意选配）</td></tr>
<tr><td>4. 砂轮架横向导轨扭曲</td><td>1</td><td>4. 修刮导轨</td></tr>
<tr><td>砂轮
23.39%
(69)</td><td>修整
13.22%
(39)</td><td>1. 已用钝或磨损不均匀，未及时修整砂轮</td><td>21</td><td>1. 应掌握工件的特点及精度变化规律，及时修整砂轮</td></tr>
</table>

续表

产生缺陷的主要因素				消除缺陷的主要方法
概率		内　容	频数	
砂轮 23.39% (69)	修整 13.22% (39)	2. 修整过细或过粗及修整不良	8	2. 根据磨削要求选用正确的修整方法及用量
		3. 金刚石已磨损使刚修整的砂轮不锋利	3	3. 金刚石应及时换方向或更换新的
		4. 砂轮与工件接触长度过大或端面接触过大	2	4. 修整砂轮使其减少接触面，选用合适的砂轮
		5. 导轮磨损、失圆未及时修整	2	5. 注意及时修整
		6. 修整后砂轮表面残留磨粒或嵌入空穴中	1	6. 修整后用细铜丝刷刷一遍
		7. 修整时切削液不足	1	7. 加大切削液供给
		8. 成形精度差	1	8. 仿形板或金刚石滚轮已磨损，应修复
	砂轮选用不当 8.14% (24)	1. 硬度过高或过低	10	应根据工件特点及磨削要求按磨具的特性及其选择规则正确选用砂轮
		2. 粒度过粗或过细	5	
		3. 尺寸或形状选择不当	4	
		4. 磨料选择不当	3	
		5. 结合剂选择不当	2	
	平衡不良 1.02% (3)	平衡不良	3	按砂轮平衡要求进行平衡
	砂轮质量不好 (3)	1. 工件表面硬度不均匀	2	1. 选用优质砂轮
		2. 使用中易脱粒	1	2. 选用优质砂轮

续表

产生缺陷的主要因素			消除缺陷的主要方法
概率	内　　容	频数	
工件 8.13% (24)	1. 前道工序工件精度差	5	1. 提高和控制（QC）前道工序的精度要求
	2. 中心孔不良	4	2. 修研中心孔，注意文明生产
	3. 本身不平衡	3	3. 对工件进行平衡或加配重
	4. 工件精磨余量太少或太多	3	4. 加强 QC 管理，控制精磨余量
	5. 工件细长，刚性差	3	5. 用中心架支承
	6. 工件基面磕碰或有毛刺	3	6. 注意文明生产，轻放轻拿，完善工位器具
	7. 直径过大或重量过重	2	7. 增加辅助支承，适当降低转速
	8. 工件太薄易变形	1	8. 采用适当的工装与方法夹紧工件
	9. 工件本身内应力未消除	1	9. 消除工件内应力
切削液 7.12% (21)	1. 供给不足（压力小，流量小，喷射位置不当）	14	1. 调整压力、流量及喷射的位置
	2. 不清洁	3	2. 更换切削液
	3. 选用不当	2	3. 正确选用切削液
	4. 变质失效	2	4. 及时更换

注　表中的百分数为出现的概率，如切削液 7.12%，即产生磨削缺陷的因素中切削液占 7.12%，切削液（21）为统计资料中切削液影响磨削缺陷出现的次数为 21 次。总计缺陷统计数为 295 例次（受因素分类的影响，故有数例为重复统计，如振动源等）。